Strobl/Blaschke/Griesebner (Hrsg.)
Angewandte Geographische Informationsverarbeitung XV
Beiträge zum AGIT-Symposium Salzburg 2003

Strobl/Blaschke/Griesebner (Hrsg.)

Angewandte Geographische Informationsverarbeitung XV

Beiträge zum AGIT-Symposium
Salzburg 2003

Herbert Wichmann Verlag • Heidelberg

Alle in diesem Buch enthaltenen Angaben, Daten, Ergebnisse usw. wurden von den Autoren nach bestem Wissen erstellt und von ihnen und dem Verlag mit größtmöglicher Sorgfalt überprüft. Dennoch sind inhaltliche Fehler nicht völlig auszuschließen. Daher erfolgen die Angaben usw. ohne jegliche Verpflichtung oder Garantie des Verlags oder der Autoren. Sie übernehmen deshalb keinerlei Verantwortung und Haftung für etwa vorhandene inhaltliche Unrichtigkeiten.

Dieses Werk einschließlich aller seiner Teile ist urheberrechtlich geschützt. Jede Verwertung außerhalb der engen Grenzen des Urheberrechtsgesetzes ist ohne Zustimmung des Verlags unzulässig und strafbar. Das gilt insbesondere für Vervielfältigungen, Übersetzungen, Mikroverfilmungen und die Einspeicherung und Verarbeitung in elektronischen Systemen.

ISBN 3-87907-392-9

© 2003 Herbert Wichmann Verlag, Hüthig GmbH & Co. KG, Heidelberg
Titelbildentwurf: Ruben R. Baumgartner
Druck: J. P. Himmer GmbH & Co. KG, Augsburg
Printed in Germany

Vorwort

Die „AGIT" im fünfzehnten Jahr ...

ist sicherlich eine erfreuliche Entwicklung für alle Beteiligten: Der zunehmende Stellenwert und das immer noch breiter werdende Anwendungsspektrum geoinformatischer Daten, Methoden und Technologien werden damit in umfassender Weise dokumentiert. Während wohl niemand in den ersten Jahren dieser Plattform für den Informations- und Erfahrungsaustausch von Geoinformatik-Anwendern diese Entwicklung vorhersehen konnte, so ist es nun umso wichtiger, der laufenden Anpassung und Abstimmung auf aktuelle Entwicklungen Rechnung zu tragen! Der jährliche AGIT-Band ist zum einen eine wesentliche Dokumentation für alle Mitwirkenden, zum anderen jedoch auch ein breit nachgefragter Statusbericht des Faches nach außen.

Auch bildet das jährliche AGIT-Symposium einen unentbehrlichen Baustein für das auf Salzburg zentrierte Kompetenzfeld in Sachen Geoinformatik. Neben den akademischen Angeboten einschlägiger Studiengänge (postgraduales Magisterstudium „Angewandte Geoinformatik" und Weiterbildung mittels Fernlehre durch die UNIGIS-Studien) und der universitären Forschung hat sich der „GIS-Cluster" in Form eng kooperierender Unternehmen ebenso etabliert wie die außeruniversitäre Forschung im Forschungsstudio „iSPACE" und einer neuen Geoinformatik-Initiative der Landesforschungsgesellschaft Salzburg Research. Nicht zuletzt ist Salzburg mittlerweile Zentrum eines weltweit vernetzten Verbundes von ausbildungsorientierten Projekten, die laufend von der Europäischen Kommission und anderen nationalen und internationalen Organisationen unterstützt werden.

Für alle diese Partner und Interessenten aus Wirtschaft und Anwendung ist der vorliegende Band jeweils ein dringend erwarteter Meilenstein und auch Positionsbestimmung. An keiner anderen Stelle kann das Fach Geoinformatik in seiner gesamten Breite, aber auch über das Spektrum von Grundlagenforschung über Ausbildung bis hin zur breitgefächerten Anwendung in vergleichbarer Form dokumentiert werden. Durch die vielfältigen Beiträge kann wohl jeder Leser für den jeweils individuellen Interessensbereich neue Anregungen und kritische Überlegungen mitnehmen – ein wichtiger Schritt für unseren Fortschritt!

Mit dieser Perspektive sind die Beiträge zum diesjährigen Salzburger AGIT-Symposium mehr als „nur" spannende Lektüre: Zahlreiche Trends und Entwicklungen werden aufgezeigt und illustriert, die zunehmend engere Einbindung der Geoinformatik in die breitere IT-Welt wird anhand konkreter Beispiele deutlich, wie auch neue methodische Ansätze das Anwendungspotential von GIS noch erweitern. Der vorliegende Band gehört als Dokument zum aktuellen „Stand der Geoinformatik" zur Pflichtlektüre über den deutschsprachigen Raum hinaus und bildet eine unentbehrliche Informationsquelle für alle Fachleute!

Die Zusammenstellung dieses Bandes braucht engagierte Mitarbeit zahlreicher Leute – an erster Stelle danken wir dabei den Autoren, die sich der Herausforderung eingehender „peer review" der Beiträge stellen und zudem noch den Termindruck der Herausgeber akzeptieren. Besonders unterstreichen wollen wir die Leistung der Autoren besonders ausgezeichneter (und jeweils beim Titel gekennzeichneter) Beiträge, die vollständige Fassungen der Aufsätze der Begutachtung durch Fachkollegen unterworfen haben – gerade diese Beiträge sind besonders anspruchsvolle Elemente im sich ständig weiterentwickelnden Wissensgebäude rund um Konzepte und Methoden der angewandten Geoinformatik.

Diese Qualitätssicherung wäre unmöglich ohne die engagierten Gutachten, Stellungnahmen und Verbesserungsvorschläge zahlreicher KollegInnen – das Programmkomitee ist mit zahlreichen Fachleuten aus Universitäten, Wirtschaft und auch öffentlicher Verwaltung besetzt – Anerkennung und Dank für ihren Beitrag zur AGIT 2003!! Danken wollen wir an dieser Stelle auch Herrn Gerold Olbrich vom Herbert Wichmann Verlag, der in gewohnt angenehmer Zusammenarbeit den vorliegenden Band betreut und diesen wiederum in qualitativ anspruchsvoller Weise veröffentlicht hat.

Am Zentrum für Geoinformatik der Universität Salzburg (ZGIS) gehört die Organisation des jährlichen AGIT-Symposiums in Verbindung mit der AGIT-EXPO schon seit langem zu den Fixpunkten des Jahres. Mag. Claudia Hutticher hat die Gesamtorganisation geleitet, Mag. Bernhard Zagel die AGIT-EXPO organisiert, und Gerald Griesebner zeichnet insbesondere für die Publikation des Bandes verantwortlich – er ist allen Autoren sicherlich mittlerweile bestens bekannt. Diesen und allen weiteren Mitarbeitern im Rahmen des AGIT-Teams sei an dieser Stelle für ihren Einsatz herzlich gedankt!

Neben anderen Kontaktkreisen kommen auch aus dem jährlichen AGIT-Symposium viele wertvolle Anregungen für die Arbeit am ZGIS. Projekte, Entwicklungsvorhaben, Ausbildungsinitiativen und Grundlagenforschung stehen heute auch für uns auf einer weltweit vernetzten Plattform zahlreicher Kooperationen. Besuchen Sie gelegentlich unsere Web-Seiten auf www.zgis.at – dies ist sicherlich ein Weg, um uns besser kennen zu lernen! Wir verstehen unsere Rolle als die eines Knotens im globalen Netz der Geoinformations-Fachwelt – spätestens zur nächsten AGIT Anfang Juli 2004 würden wir uns freuen, wieder einige Beziehungsfäden in dieses Netz zu knüpfen ...

Wir wünschen eine spannende, interessante und erkenntnisreiche Lektüre!

Josef Strobl, Thomas Blaschke und Gerald Griesebner (Herausgeber)

Inhaltsverzeichnis

ALMER, A., LULEY, P. u. STELZL, H.: Multimediale Präsentation von touristischer Geoinformation auf mobilen Systemen 1

ASSMANN, A. u. JÄGER, S.: GIS-Einsatz im Hochwassermanagement 7

AUBRECHT, P., SCHÖBACH, H. u. WURZER, G.: Mobile Information und geographische Kommunikation als Grundlage optimierter Entscheidungsabläufe und verbesserter Arbeits- sowie Produktionsprozesse 15

BENDER, O. u. JENS, D.: Szenarien und Simulationen der zukünftigen Landschaftsentwicklung auf kommunaler Ebene 21

BENDER, O. u. PINDUR, P.: „RAUMALP" und „GALPIS" – ein Geoinformationssystem für die (österreichischen) Alpen 31

BERLEKAMP, J., GRAF, N., LAUTENBACH, S., REIMER, S. u. MATTHIES, M.: Aufbau eines Entscheidungsunterstützungssystems (DSS) für ein integriertes Flusseinzugsgebietsmanagement am Beispiel der Elbe 41

BRAUNE, S. u. BERTELMANN, R.: Online-Visualisierung des Kartenbestandes der Bibliothek des Wissenschaftsparks Albert Einstein 47

CSIDA, S., RIEGLER, D. u. RIEDL, A.: Kartographische Anforderungen an eine 4D-Animation zur Visualisierung postglazialer Ereignisse gezeigt anhand eines GLOF – Glacial Lake Outburst Flood 53

CZEGKA, W. u. LOCHTER, F. A.: Integration durch Standardisierung und Modularisierung – die Einbindung eines geologischen Dienstes in nationale Geodateninitiativen am Beispiel des LGRB 59

DUMFARTH, E.: Vegetationskartierung mit Schall – submerse Makrophyten im „Visier" von Echosonden 65

GARTMANN, R. u. JUNGERMANN, F.: Zugriffskontrolle in Geodateninfrastrukturen – der Web Authentication and Authorization Service (WAAS) 73

GEISELER, K., WAGNER, W., TROMMLER, M., KIDD, R. u. SCIPAL, K.: Monitoring der Flutkatastrophe von Moçambique im Jahr 2000 auf Basis von SPOT-VÉGÉTATION-Satellitenbilddaten 81

GIETLER, L., HOFER, B., KRCH, M., STUPNIK, K. u. WINTER, S.: Web Mapping à la Cuisine 91

GREWELDINGER, M.: Routenoptimierung für Radfahrer – GIS gestützter Radroutenplaner für den Raum Tübingen/Deutschland 98

GÜNTHER-DIRINGER, D.: Aufbau eines Online-Flussauenbewertungssystems großer Flüsse Mitteleuropas (Rhein, Elbe, Oder und Donau) 104

HÄUSSLER, J. u. **ZIPF**, A.: Multimodale Karteninteraktion zur Navigationsunterstützung für Fußgänger und Autofahrer.. 110

HANSEN, C. M. E., **TOLOTTI**, M., **ETTINGER**, R., **THIES**, H., **CASALES**, P., **TAIT**, D. u. **PSENNER**, R.: GIS- Daten zur Analyse alpiner Seen in Nord-, Ost- und Süd-Tirol (Österreich & Italien).. 120

HAUNSCHMID, R., **VENIER**, R. u. **LINDNER**, R.: ATFIBASE – Entwicklung und Etablierung eines Systems zur Erfassung und Analyse fischökologischer Zustandsparameter 130

HEIM, B., **BRAUNE**, S., **SCHNEIDER**, S., **KLUMP**, J., **SWIERCZ**, S., **DACHNOWSKY**, G.-T., **OBERHÄNSLI**, H. u. **KAUFMANN**, H.: Online-Informationssystem und GIS-Analysen zum Einzugsgebiet des Baikalsees..................... 135

HENNIG, S.: Besuchermonitoring im Nationalpark Berchtesgaden 141

HEURICH, M., **BAUER**, U. u. **ZAHNER**, V.: Auswertung von winterlichen Luchsabspüraktionen im Nationalpark Bayerischer Wald... 147

HEURICH, M., **FAHSE**, L. u. **LAUSCH**, A.: Modelluntersuchungen zur raumzeitlichen Dispersion von Buchdruckern (*Ips typographus*) im Nationalpark Bayerischer Wald.. 153

HEYE, C., **RÜETSCHI**, U.-J. u. **TIMPF**, S.: Komplexität von Routen in öffentlichen Verkehrssystemen 159

HOFFMANN, F., **ZIMMERMANN**, S. u. **MELZER**, A.: Ansatz zur Nährstoffmodellierung in Grünland dominierten Einzugsgebieten 169

HOLZER, J. u. **FORKERT**, G.: Die Erstellung, Verwaltung und Nutzung von 3D-Stadtmodellen mit dem System CITYGRID 175

JÜTTNER, R.: Gelebte GIS-Interoperabilität durch geeignete Datenmodellierung – Chance für die Herausbildung von anwendungs- und systemneutralen Geodatenzentren... 180

KASSEBEER, W. u. **RUFF**, M.: Georisikokarte Vorarlberg – Analyse geogener Gefährdungen mit GIS im regionalen Maßstab 186

KEMPER, G., **ALTAN**, O., **CELIKOYAN**, M. u. **TOZ**, G.: Ballonluftbild- und GIS-basierte photogrammetrische Auswertung kulturhistorischer Objekte in Patara/Türkei... 196

KIEFL, R., **KEIL**, M., **STRUNZ**, G., **MEHL**, H. u. **MOHAUPT-JAHR**, B.:
CORINE Land Cover 2000 – Stand des Teilprojektes in Deutschland 202

KIENZLE, A., **HANNICH**, D. u. **WIRTH**, W.: GIS als Werkzeug bei der
Analyse der Erdbebengefährdung urbaner Räume 208

KINBERGER, M., **KRIZ**, K. u. **NAIRZ**, P.: Automationsgestützte
kartographische Visualisierung im Internet – ein Hilfsmittel für den
Lawinenwarndienst 218

KLUG, H., **LANGANKE**, T. u. **LANG**, S.: IDEFIX – Integration einer
Indikatorendatenbank für landscape metrics in ArcGIS 8.x 224

KOCH, A.: GIS-unterstützte Bewertung der Wahlkreisneueinteilung auf das
Ergebnis der deutschen Bundestagswahl 2002 234

KRAUS, T. u. **SCHAAB**, G.: Biodiversitätsforschung in Westkenia – mit GIS
und Fernerkundung von lokalen Beobachtungen zu Aussagen in Zeit und Raum 244

KRESSLER, F., **FRANZEN**, M. u. **STEINNOCHER**, K.:
Automationsgestützte Erfassung der Landnutzung in Städten mittels
objektorientierter Auswertung von Luftbildern 250

KÜNZER, C. u. **VOIGT**, S.: Vegetation als möglicher Indikator für
Kohleflözbrände? – Untersuchung mittels Fernerkundung und GIS 256

LAUTENBACH, S., **BERLEKAMP**, J. u. **MATTHIES**, M.: Einsatz von GIS
und Geländevisualisierungssoftware in der Umweltbildung – Visualisierung der
Deponie Piesberg 262

LÖSCHENBRAND, F., **MOTT**, C., **ANDRESEN**, T., **ZIMMERMANN**, S.,
SCHNEIDER, T. u. **KIAS**, U.: Objektorientierte Klassifikation hyperspektraler
CASI-Daten zur Ableitung naturschutzfachlich relevanter Landbedeckungs-
Parameter 268

MAKALA, C. u. **HORSCH**, M.: GIS und modellgestütztes Lernen am Beispiel
von Bewertungsaufgaben im Rahmen der Flächennutzungs- und
Landschaftsplanung 274

MEINEL, G. u. **NEUMANN**, K.: Flächennutzungsentwicklung der Stadtregion
Dresden seit 1790 – Methodik und Ergebnisse eines Langzeitmonitorings 280

MEINERT, S., **LAUTENBACH**, S., **BERLEKAMP**, J., **BLÜMLING**, B. u.
PAHL-WOSTL, C.: Ein Framework zur Kopplung von Multi-Agenten-
Systemen und GIS 286

MÜLLER, M. G.: Komponentenbasierte Modellbildung am Beispiel
der Analyse verkehrlicher Umweltwirkungen 292

MÜLLER, M. U. u. POTH, A.: OpenSource meets OpenGIS –
Referenzimplementierung für OGC Web Services wird Freie Software 298

MÜLLER, M. u. VENNEMANN, K.: Aufbau der technischen Infrastruktur
einer Internetplattform für GIS- und modellgestützte Lernmodule im Projekt
gimolus 308

MÜLLER, H. u. WIDDER, S.: Modellierung und Visualisierung einer
geologischen Entwicklung 315

NEUBERT, M. u. MEINEL, G.: Vergleich von Segmentierungsprogrammen
für Fernerkundungsdaten 323

NIEDERER, S. u. KRIZ, K.: Kartographische und methodische Gestaltung für
Online-GIS – am Beispiel eines GIS Portals für den Katastrophenschutz 330

OCHS, T., SCHNEIDER, T., HEURICH, M. u. KENNEL, E.: Entwicklung
von Methoden zur semiautomatisierten Totholzinventur nach Borkenkäferbefall
im Nationalpark Bayerischer Wald 336

PEINADO, O., KÜNZER, C., VOIGT, S., REINARTZ, P. u. MEHL, H.:
Fernerkundung und GIS im Katastrophenmanagement – die Elbe-Flut 2002 342

PETRINI-MONTEFERRI, F., GANGKOFNER, U., HOFFMANN, C.,
KANONIER, J., MAIER, B., REITERER, A. u. STEINNOCHER, K.:
Einsatz höchstauflösender Satellitendaten im Kontext alpiner Naturgefahren 348

PRINZ, T.: GIS-gestützte Bewertungsverfahren in einer zukunftsorientierten
Stadt- und Regionalplanung 358

PUCHER, A. u. KRIZ, K.: STATLAS – Web Services als Basis eines
modularen, grenzübergreifenden statistischen Atlas der EU 364

REITER, K., WRBKA, T. u. GRABHERR, G.: The Compilation of a modern
Landscape Inventory by the Synopsis of Spatial Layers 369

RÖDER, A. u. ROGG, S.: Verjüngungsinventur mit Hilfe von CIR-Luftbildern
in totholzreichen Beständen im Nationalpark Bayerischer Wald 375

ROGG, C., ZIMMERMANN, S., SCHNEIDER, T., ANDRESEN, T.,
MOTT, C. u. KIAS, U.: Monitoring von naturschutzrelevanten Flächen mit
Hilfe objektorientierter Bildanalyse anhand S-W-Luftbilder im
Naturschutzgebiet Osterseen 381

RUDNER, M., SCHRÖDER, B., BIEDERMANN, R. u. MÜLLER, M.:
Habitat modelling in GIMOLUS – webGIS-based e-learning modules using
logistic regression to assess species-habitat relationships 387

RÜCKER, G. u. **BUCHHOLZ**, G.: Ein GIS System zur nachhaltigen
Bewirtschaftung tropischer Regenwälder in West-Malaysia 397

RÜCKER, G.: Ein satelliten- und GIS-gestütztes Waldbrand-Frühwarnsystem
für Tropische Regenwälder in Ost-Kalimantan, Indonesien 403

RÜDISSER, J., **HELLER**, A., **WINTER**, A. M., **FÖRSTER**, K.,
DITTFURTH, A. u. **GSTREIN**, B.: Tirol Atlas – ein Datenbank gestütztes und
vektorbasiertes Atlas-Informationssystem im Internet 411

SCHEFFLER, C., **WAGNER**, W., **SCIPAL**, K. u. **TROMMLER**, M.:
Früherkennung und Beobachtung von Hochwasser anhand von ERS-
Scatterometerdaten am Beispiel der Einzugsgebiete Limpopo und Sambesi im
Zeitraum von 1992 bis 2000 420

SCHISCHMANOW, A., **BÖRNER**, A., **REULKE**, R., **DALAFF**, C. u.
MYKHALEVYCH, B.: Konzept zur Ableitung von Verkehrsdaten und
Verkehrsinformationen auf der Basis eines opto-elektronischen
Sensornetzwerkes 425

SCHLEICHER, C., **KAMMERER**, P., **DE KOK**, R. u. **WEVER**, T.:
Extrahierung von stabilen Strukturen aus Satellitenbildern zur Klassifizierung
von Mosaiken 431

SCHLÜTER, M., **SAVITSKY**, A., **RÜGER**, N. u. **LIETH**, H.: Simulation der
großräumigen Grundwasser- und Überflutungsdynamik in einem degradierten
Flussdelta als Basis für eine ökologische Bewertung alternativer
Wassermanagementstrategien 437

SCHMIDT, F. u. **EHRET**, U.: HBV-IWS-02 und ArcGIS – Entwicklung eines
GIS-gekoppelten hydrologischen Modells 444

SCHMIDT, R., **HELLER**, A. u. **SAILER**, R.: Die Eignung verschiedener
digitaler Geländemodelle für die dynamische Lawinensimulation mit SAMOS ... 455

SCHÖBEL, A. u. **SCHRÖDER**, M.: AnSiM – GIS-gestützte Optimierung von
Anschlusssicherungsmaßnahmen 465

SCHRATT, A. u. **RIEDL**, A.: Rahmenbedingungen rasterbasierter Web3D-
Systeme zur kartografiegerechten Geovisualisierung 474

SCHÜPBACH, B., **SZERENCSITS**, E. u. **WALTER**, T.: Integration von
Infrarot-Ortholuftbilddaten zur Modellierung einer nachhaltigen Landwirtschaft ... 481

STARK, M. u. **TORLACH**, V.: Realisierungsaufwand zur Herstellung einer
Geodatenbasis für die intermodale Routenberechnung zwischen Individual- und
öffentlichem Personennahverkehr 491

STEIDLER, F. u. **BECK**, M.: 3D-Stadtmodelle mit dem CyberCity-Modeler –
Generierung und Echtzeitbegehung 501

STEINNOCHER, K., **HOFFMANN**, C. u. **KÖSTL**, M.: Beobachtung der
Siedlungsentwicklung in österreichischen Zentralräumen 508

TINZ, M. u. **SCHMIDT**, N.: Von der Vorsorge bis zur Krisenbewältigung –
Hochwasser-Risikomanagement im Rahmen der GMES-Initiative 514

TWAROCH, F., **STEINER**, T. u. **MALITS**, R.: Effiziente
Topologiebestimmung von Vektor-GIS-Daten 520

WALZ, U. u. **SCHUMACHER**, U.: Landnutzungsänderungen im
Überschwemmungsbereich der Oberelbe 530

WEDIG, B.: Die visuelle Simulation als Kommunikationsmittel in der
Landschaftsplanung – ein Beispiel für die mögliche Anwendung in der Praxis 537

WIMMER, G.: Das HYPA-Verfahren – eine GIS-basierte Methode zur Ermittlung des Grundwasserdargebotes in Festgesteinsaquiferen des Rheinischen
Schiefergebirges 548

ZIERATH, N., **VOSS**, A. u. **ROEDER**, S.: Kooperation, GIS und
Entscheidungsunterstützung bei Problemen der Standortplanung 557

ZIPF, A.: Die Relevanz von Geoobjekten in Fokuskarten – zur Bestimmung von
Bewertungsformeln unter Berücksichtigung personen- und kontextabhängiger
Parameter 567

Danksagung 577

Autorenverzeichnis 579

Multimediale Präsentation von touristischer Geoinformation auf mobilen Systemen

Alexander ALMER, Patrick LULEY und Harald STELZL

Zusammenfassung

Die rasanten technologischen Entwicklungen im Bereich der Telekommunikation sowie der mobilen Endgeräte ermöglichen einen individuellen, mobilen und positionsbezogenen Informationszugang. Navigationsbezogenen und GIS-orientierten mobilen Anwendungen wird in den kommenden Jahren eine rasante Marktentwicklung vorhergesagt und werden damit ein wichtiger Faktor für die Entwicklungen in der Telekommunikationsindustrie. Tourismusinformation ist vorwiegend geografische Information und neue Visualisierungsstrategien müssen den räumlichen Bezug der Tourismusdaten für ortsbezogene Präsentationsformen sowohl in Internetanwendungen als auch auf mobilen Geräten berücksichtigen. Dieser Beitrag beschreibt den Prototypen eines standortbezogenen, interaktiven, multimedialen Tourismusinformationssystem für „Outdoor"-Aktivitäten auf Basis eines „Persönlichen Digitalen Assistenten" (PDA) welcher in Verbindung mit einem GPS-Modul einen ortsbezogenen Informationszugang ermöglicht. Neben der Datenpräsentation werden die interaktiven Möglichkeiten der individuellen Datengenerierung im Rahmen eines Gesamtkonzepts für die multimediale Präsentation von touristischer Geoinformation für mobile Endgeräte dokumentiert.

1 Einleitung

Ein umfassendes, interaktives Informationssystem für touristische Zielsetzungen muss die Präsentation der Daten auf unterschiedlichen Ausgabegeräten ermöglichen und auf verschiedene Zielgruppen abgestimmte geo-multimediale Online- und Offline-Lösungen zur Verfügung stellen. Mobile Geräte wie Mobiltelefone, PDAs, Pocket PCs und GPS Geräte werden schon heute, und verstärkt in der Zukunft dazu verwendet, Informationen von unterwegs abzufragen bzw. Daten auch Vorort zu erheben. Ein wichtiger Parameter für einen gezielten und damit nutzerfreundlichen Informationszugang („Customisation") ist die aktuelle Position des Nutzers. Diese individuelle, geographische Information ermöglicht neben einen thematischen auch einen geographischen Informationszugang („Location Based Services") und spielt für die Akzeptanz eines mobilen Informationssystems eine wesentliche Rolle. Durch diese Personalisierung auf Basis von georeferenzierten Daten wird es möglich, sich von der Informations-Quantität zu distanzieren und Informations-Qualität zu liefern (FRITSCH 2001).

Das Prototypkonzept für ein mobiles Informationssystem auf Basis eines PDAs in Verbindung mit einem GPS-Modul ermöglicht es Touristen eine „digital geführte" Wanderung, Radroute oder „Sightseeingtour" anzubieten. Die Einbeziehung von Bild, Ton, Text und Videoelementen sowie die Verwendung von Satellitenbildern, Luftbilddaten und Karten bietet dem Benutzer somit ein „Multimedia Location Based Service" (MLBS).

Eine wesentliche Funktionalität über die Visualisierung von tourismusrelevanten Informationen hinaus ist in diesem mobilen Informationssystem die Möglichkeit der individuellen Datenerfassung. Durch die Implementierung von Datenerfassungsfunktionalitäten besteht für den Nutzer nicht nur die Möglichkeit standortbezogene Informationen abzurufen, sondern auch selbst individuell erhobene Information in das System zu integrieren. Grundsätzlich ergibt sich damit die Möglichkeit der Erhebung von georeferenzierter Tourismusinformation die für einen vollständigen Datenaufbau in einem solchen Informationssystem von wesentlichem Interesse ist. In der nachfolgenden Abbildung ist das Gesamtkonzept für das mobile Tourismusinformationssystem dargestellt.

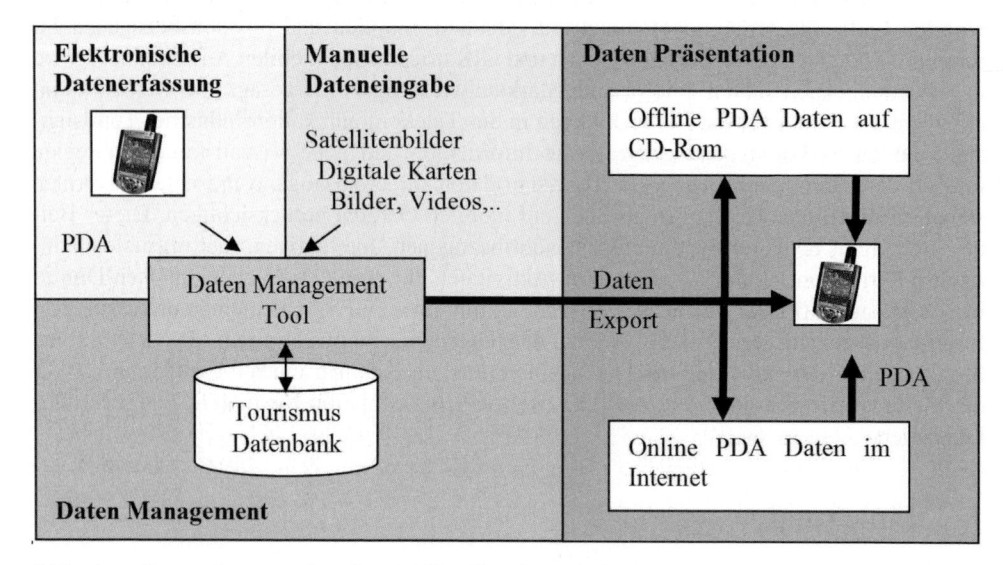

Abb. 1: Gesamtkonzept für ein mobiles Tourismusinformationssystem

Ein wichtiges Modul in dem oben dargestellten Gesamtkonzept ist das Daten Management Tool (DMT). In einem zukünftigen Entwicklungsschritt werden die detaillierten Anforderungen an ein DMT im Rahmen des Gesamtkonzepts mit potentiellen Anwendern diskutiert und festgelegt sowie ein Prototyp realisiert. Die einzelnen Module des Systems stellen somit folgende Funktionalitäten zur Verfügung:

- Eine geo-multimediale, mobile Datenpräsentation auf Basis eines PDAs in Verbindung mit einem GPS Modul. Die Daten werden direkt aus dem DMT auf den PDA exportiert oder zu Installationspaketen zusammengestellt und über Internet oder CD-Rom auf den PDA transportiert.
- Die manuelle Dateneingabe über das DMT ermöglicht den Aufbau der Tourismusdatenbank sowie eine einfache Datenaktualisierung.
- Die individuelle, mobile Datenerfassung sowohl für den Systemnutzer als auch für den Aufbau der geo-multimedialen Datenbasis unter Verwendung des DMTs.
- Datenmanagement auf Basis einer geo-multimedialen Datenbank.

2 Datengrundlagen

Der Raumbezug von Tourismusinformation kann abhängig vom angestrebten Darstellungsmaßstab auf Basis von Luft- und Satellitenbildkarten sowie auf Basis von digitalen Karten anschaulich gestaltet werden. Für den Einsatz von Fernerkundungsdaten ist es erforderlich, diese in eine bestimmte Referenzgeometrie unter Verwendung eines digitalen Geländemodells zu entzerren (RAGGAM et al. 1999, Seite 31). Als Referenzdaten dienen topographische Daten, digitale und analoge Luftbildkarten oder Vermessungspunkte.

Um hochauflösende Farb-Satellitenbilddaten zu erzeugen, werden hochauflösende panchromatische Daten (z.B.: SPOT PAN, IRS-1C/D PAN, Orthophotos, etc.) mit weniger gut auflösenden multispektralen Daten (z.B. Landsat TM) fusioniert. Für eine Datenfusion können abhängig von den Ausgangsdaten verschiedene Algorithmen eingesetzt werden. Gute visuelle Ergebnisse liefert z.B. die Datenfusion welche auf Basis von SPOT PAN und Landsat TM Satellitenbilddaten erzeugt wurde (siehe nebenstehende Abbildung) und als Ergebnis ein 10-Meter-Echtfarbenbild ergibt (siehe ALMER & STELZL 2002). Neben Satellitenbilddaten, welche die Landschaft besonders realistisch wiedergeben, kommen im Rahmen der räumlichen Datenvisualisierung auch digitale Karten zum Einsatz. Diese sind je nach Projektion ebenfalls in die Referenzgeometrie zu entzerren. Digitale Karten und Satellitenbilder bilden den Hintergrund für eine innovative, geo-multimediale Präsentation von Tourismusinformation. Je nach Themenschwerpunkten des Informationssystems sind folgende Daten relevant:

Abb. 2: Karte vs. Satellitenbild

- Touren und Tourpunkte: Die Koordinaten einer Wander- oder Biketour, die wichtigsten Wegpunkte, Hütten und Aussichtspunkte entlang einer Tour
- Touristische Infrastruktur: Infostellen, öffentliche Einrichtungen, Sportstätten, etc.
- Sehenswürdigkeiten: Burgen, Schlösser, Museen, Ausgrabungen, etc.

Diese Beispiele zeigen, dass Tourismusinformation vorwiegend räumliche Information ist, welche in Punkt, Linien und Polygoninformationen unterteilt werden kann. Jedes Objekt ist im Sinne der Präsentation ein Punkt mit Koordinatenangaben, welcher mit entsprechend vielen multimedialen Informationen verknüpft werden kann. Diese Daten reichen von Texten über Fotos, Videos bis hin zu 3D-Animationen. Die thematische und räumliche Verknüpfung der Informationen ermöglicht eine interaktive Präsentation von touristischen Themen und damit einen gezielten Informationszugang für den Nutzer des Systems.

3 Realisierung eines Prototypen

Der Prototyp des mobilen Tourismusinformationssystems ist auf einem Compaq iPAQ Modell 3680 (PocketPC) entwickelt worden. Das Display besitzt eine Auflösung von 320 × 240 Pixel und eine Farbtiefe von 16 Bit (65.000 Farben). Als Betriebssystem wird Microsoft PocketPC 2002 verwendet. Zur Bestimmung der Position wir das „NAVMAN 3000" GPS Gerät verwendet. Dieses Gerät wurde speziell für den iPAQ entwickelt und kann direkt an den PocketPC angesteckt werden. Durch einen integrierten Compact Flash (CF)-Kartenleser kann in dieser Hardwarekonfiguration eine CF-Speicherkarte zur Erweiterung der Speicherkapazität verwendet werden. CF-Karten gibt es derzeit mit einer Kapazität bis zu einem Gigabyte. Der iPAQ besitzt zusätzlich 64 MB RAM und 32 MB ROM. Als CPU kommt eine StrongARM Prozessor mit 205 MHz zum Einsatz. Weiterhin besitzt dieser PDA einen integrierten Lautsprecher sowie ein Mikrofon.

Abb. 3: iPAQ mit GPS Modul

Der entwickelte Prototyp basiert auf einer geo-multimedialen Tourismusdatenbank, welche lokal am mobilen Gerät gespeichert ist, und über das Datenmanagementtool aktualisiert werden kann. Veränderungen in der Datenbank können zur Laufzeit in die Applikation übernommen werden. Als Datenbank wird eine Microsoft PocketAccess Datenbank verwendet, welche kompatibel zu einer Microsoft Access Datenbank ist.

Folgende Funktionalitäten und thematischen Schwerpunkte wurden im ersten Prototypen realisiert:

- Information über die gesamte Tourismusregion
- Geografisch geführte Themenwanderungen
- Tourismus Highlights wie Wanderungen, Radtouren, Sehenswürdigkeiten,...
- Informationen über die relevante Infrastruktur

Für den Nutzer stehen im Detail folgende Funktionalitäten zur Verfügung:

- Infrastruktur Datenbank mit Suchfunktionen
- Detaillierte multimediale Infrastrukturinformation (Video,Ton,Text,Bilder,...)
- Liste der verfügbaren Touren mit detaillierter Zusatzinformation
- 2D-Karte mit Satellitenbildern und Strichkarten
- Freie Navigation und Zoom in der 2D Karte
- Infrastruktur und Infopunkte über Symbole in der digitalen Karte
- Tourverlaufvisualisierung in der digitalen Karte
- GPS Anbindung – anzeigen der aktuellen Position und Bewegungsrichtung
- Touraufzeichnung – speichern der Koordinaten einer zurückgelegten Wanderung mit multimedialen Zusatzinformationen
- Speichern von Weg- bzw. Infopunkten in der Karte mit Detailinformationen

Zur multimedialen Präsentation der Tourismusinformation werden Bilder, Ton, Text und Videoelemente auf dem PDA bereitgestellt, um die Leistungsfähigkeit dieser Geräte voll auszunutzen. Alle Informationen werden dem Benutzer in ihrem räumlichen Kontext in einer digitalen Karte und einem Satellitenbild dargestellt. Die digitale Karte ermöglicht die manuelle Navigation aber auch die automatische Anpassung an die aktuelle Position. Spezielle Informationspunkte werden in der Karte als Symbole dargestellt und zeigen dem Benutzer an, dass zusätzliche multimediale Informationen zu diesem Punkt in der Tourismusdatenbank gespeichert sind. Für Informationspunkte sind Beschreibungen, gesprochene Texte oder kurze Videos verfügbar. In der Karte können ebenfalls Wander-, Rad- und Schitourenverläufe dargestellt werden sowie der eigene Standort und die Bewegungsrichtung (ALMER, ZEINER, STELZL, LULEY 2002).

Der Prototyp bietet neben der Präsentation bzw. Visualisierung von Tourismusinformationen ebenfalls die Möglichkeit Tourismusdaten zu erheben. Der Benutzer hat die Möglichkeit zurückgelegte Strecken, wie zum Beispiel Wanderungen, Radtouren oder Stadtspaziergänge, aufzuzeichnen und am PDA zu speichern. Während der Aufzeichnung werden zusätzlich die Eckdaten der zurückgelegten Strecke laufend ermittelt und angezeigt. Zu den Eckdaten gehören die Dauer, Länge, Höhenmeter und die Durchschnittsgeschwindigkeit. Diese Touren werden in der lokalen Tourismusdatenbank abgelegt und stehen in der Applikation zur Visualisierung zur Verfügung. Beim Speichern von Touren können zusätzlich noch Text-, Audio- und Bildinformationen erfasst und gespeichert werden. Es ist außerdem möglich einzelne Standorte, wie zum Beispiel Aussichtspunkte oder Gasthäuser, mit multimedialen Zusatzinformationen zu speichern. Die Punkte werden nach dem Speichern in der Karte über Symbole dargestellt und erweitern die vorgespeicherte Infrastruktur in der Datenbank.

Abb. 4: Screenshots der Applikation

In Abbildung 4 sind Screenshots der Applikation dargestellt. Die Abbildung links zeigt die 2D Karte mit Satellitenbild und eingeblendeter Tour sowie die eigene Position mit der derzeitigen Bewegungsrichtung. In der Mitte ist das „Graphic User Interface" der Touraufzeichnung abgebildet. Der Screenshot rechts zeigt die Ansicht der Detailinformationen zu einer Tour, wobei neben Text- und Bildinformation auch Ton und Video für die Tourbeschreibung integriert werden können.

4 Ausblick

Der vorliegende Beitrag zeigt Möglichkeiten auf, Tourismusinformation in ihrem räumlichen Kontext auf einem PDA innovativ und nutzerfreundlich zu präsentieren. Durch die Verwendung eines GPS-Moduls wurden ortsbezogene Anwendungen realisiert und durch die Integration von multimedialen Objekten eine zielgruppenorientierte Präsentation von Tourismusinformation umgesetzt („Multimedia Location Based Service"). Für den Einsatz des skizzierten Gesamtkonzeptes in den Tourismusregionen ist eine effiziente Dateneingabe und Datenaktualisierung erforderlich. Im nächsten Entwicklungsschritt wird ein Prototyp für ein Daten Management Tool („Non Expert Tool") realisiert. Für ein mobiles Tourismusinformationssystem bieten sich viele weitere Themen für nutzerorientierte Anwendungen im Indoor- und Outdoorbereich an. Durch die Verwendung aktueller Technologien wie GPRS, UMTS und WLAN sind Breitband-Online-Lösungen als auch genaue Indoor-Positionierungen realisierbar. Mobile Informationssysteme ermöglichen somit den Aufbau interessanter Serviceleistungen für die Besucher einer Tourismusregion. Die wichtigste Komponente des Gesamtkonzepts, um ein vollständiges „Location Based Service" anbieten zu können, ist der Aufbau einer geo-multimedialen Datenbasis. Nur durch die umfassende Präsentation einer Region kann ein eindeutiger Mehrwert für den Benutzer geschaffen werden.

Literatur

ALMER, A. & STELZL, H. (2002): *Multimedia Visualisation of Geoinformation for Tourism Regions based on Remote Sensing Data.* ISPRS - Technical Commission IV/6, ISPRS Congress Ottawa, 8-12 July 2002.

ALMER, A., ZEINER, H., DERLER, C., STELZL, H. &LULEY P. (2002): *National Park Information System.* Environmental Communication in the Information Society. Proceedings of the 16th International Conference. Informatics for Environmental Protection. Vienna, Austria. 25-27 September 2002.

FRITSCH, D. (2001). *Positionsbezogene Dienste: Mit Mehrwert angereicherte Geo*daten. Geo-Informationssysteme, 9/2001.

RAGGAM, J. et al. (1999): *RSG in ERDAS IMAGINE. Remote Sensing Software Package Graz.* Field Guide. RSG Release 3.23. JOANNEUM RESEARCH Forschungsgesellschaft mbH. Graz.

GIS-Einsatz im Hochwassermanagement

André ASSMANN und Stefan JÄGER

Dieser Beitrag wurde nach Begutachtung durch das Programmkomitee als „reviewed paper" angenommen.

Zusammenfassung

Für Geoinformationssysteme stehen von der Datenerfassung über die Modellierung bis hin zur Planungsunterstützung vielfältige Werkzeuge zur Verfügung. Eine einheitliche Datenhaltung erleichtert dabei die Arbeiten und ermöglicht zudem eine bessere Auswertung der Ergebnisse. Der vorliegende Artikel zeigt Beispiele aus verschiedenen Bereichen des Hochwassermanagements, in denen der GIS-Einsatz eine Bearbeitung entweder deutlich erleichtert oder gar erst ermöglicht. Dabei werden verschiedene Vorgehensweisen und Werkzeuge vorgestellt.

1 Einleitung

Spätestens die Ereignisse an der Elbe haben gezeigt, was man sich unter Hochwassern höherer Jährlichkeit vorzustellen hat. Die Sensibilisierung der Bevölkerung und der Politik für derartige Ereignisse in den Ruhephasen zwischen den Hochwassern ist eine wesentliche Aufgabe aller, die in der Wasserwirtschaft tätig sind.

Neben den großen Einzugsgebieten, für die entsprechende Arbeiten zumindest teilweise angegangen werden, steht aber die Vielzahl der kleinen bis sehr kleinen Einzugsgebiete, die häufig bei derartigen Überlegungen übersehen werden. Dies liegt sicher zum Teil daran, dass bei einem Eintreten derartige lokale Katastrophen schon aufgrund ihrer kurzen Dauer wenig medienwirksam sind. Zum anderen sind die Schäden des Einzelfalls verhältnismäßig gering, in der Summe liegen die Schäden aber in der gleichen Größenordnung wie die großen Hochwasserkatastrophen.

In diesem Artikel soll es vor allem um Werkzeuge gehen, mit denen die Katastrophenvorsorge als auch das Katastrophenmanagement optimiert werden kann. Nach wie vor geht der größte Teil der Investitionen direkt in bauliche Maßnahmen, die zu Grunde liegenden Ursachenanalysen und Risikoabschätzungen werden häufig nur oberflächlich durchgeführt.

2 Spektrum der hydrologischen GIS-Funktionen

Geoinformationssysteme stellen eine Vielzahl von hydrologisch relevanten Funktionen zur Verfügung. Besonders die Rasterbasierten Systeme (z.B. GRASS) bzw. Module (ArcView Spatial Analyst) ermöglichen bereits in der Grundausstattung die Berechnung einer Vielzahl von hydrologisch relevanten Parametern wie Neigung und Exposition, aber auch Einzugsgebietsgröße, Fließrichtung, Flussordnung (GÜNDRA, ASSMANN & JÄGER 2000). Bei ArcView sind viele dieser Funktionen über die Beispiel-Erweiterung „Hydro" zugänglich. Weitere Aufgaben wie die Erstellung von Stauvolumenkurven oder die Errechnung von Parametern für hydrologische Modelle (bis zur Wasserscheide verlängerte Gewässerlänge) oder aber die Ausweisung Rückstau-gefährdeten Bereiche lassen sich mit Hilfe der enthaltenen Makrosprachen (Visual Basic, Avenue, AML oder bei GRASS mit Shell-Scripten und r.mapcalc) lösen.

Die nächste Stufe ist dann die Integration komplexer Modelle. Diese kann sehr lose über gemeinsame Schnittstellen erfolgen oder es können die Modelle komplett in das GIS integriert sein, wie beispielsweise das Überflutungsmodell FloodArea (geomer GmbH). Hierbei erfolgt die Bedienung anhand der erweiterten ArcView-Oberfläche und es werden die GIS-Formate benutzt. Dies erleichtert Daten-Handling und Bedienung. Mit dem genannten Werkzeug sind dann z.B. Berechnungen von Überschwemmungsbereichen, die Simulation von Deichbrüchen etc. möglich. Für die komplexeren Fragestellungen, die also entweder über Makros oder integrierte Modelle bearbeitet wurden, sollen im folgenden einige Beispiele aufgeführt werden.

3 Erstellung und Anwendung von Gefahren- und Risikokarten

3.1 Bestandsaufnahme der überschwemmungsgefährdeten Bereiche

Um die Überschwemmungsgefährdung eines Gebietes zu beurteilen, gibt es zwei verschiedene Vorgehensweisen. Die erste ist eine Aufnahme und Interpretation vergangener Hochwasserereignisse. Hier können Hochwasser-Kartierungen, historische Hochwassermarken und textliche Beschreibungen wichtige Hinweise liefern. Eine weitere, bisher kaum verwendete Informationsquelle ist jedoch die Landschaft selber. Sowohl das Relief als auch die Böden enthalten vielfache Hinweise auf vergangene Hochwasser. Bei digitalen Relief- und Bodeninformationen lässt sich dies zum Teil automatisieren.

Der zweite Weg ist die Modellierung von Überschwemmungsflächen. Ausgehend von einer Niederschlagssimulation wird zunächst das Wasseraufkommen abgeschätzt und dann die sich daraus ergebenden Wasserstände und Überschwemmungsflächen ermittelt. Die Modelle werden aus Kostengründen meist nur beim Bau von Rückhaltemaßnahmen eingesetzt. An größeren Flüssen liegen meist 1D-Berechnungen vor, jedoch fehlt eine Übertragung in die Fläche. Eine reine Übertragung der Höhenwerte ist nur bei sehr einfachen Fließverhältnissen sinnvoll.

Mit der ArcView-Erweiterung FloodArea (geomer GmbH) liegt nun ein intuitiv zu bedienendes vereinfachtes 2D-Modell vor. Die Fließgeschwindigkeiten werden nach Manning-Strickler errechnet. Da der Fließvorgang volumentreu abgebildet wird, werden auch Retentionseffekte realistisch nachgezeichnet. Die Wasserzufuhr kann je nach vorhandenen Daten auf unterschiedliche Arten erfolgen: als variabler Wasserstand, als Ganglinie (auch mehrere) oder für kleine Gebiete auch als Starkregen.

Bezüglich der Auswertung abgelaufener Ereignisse gibt es auch die Möglichkeit, Überschwemmungsflächen aus einzelnen Hochwassermarken zu errechnen. Die einzelnen Marken werden dabei hydraulisch sinnvoll interpoliert.

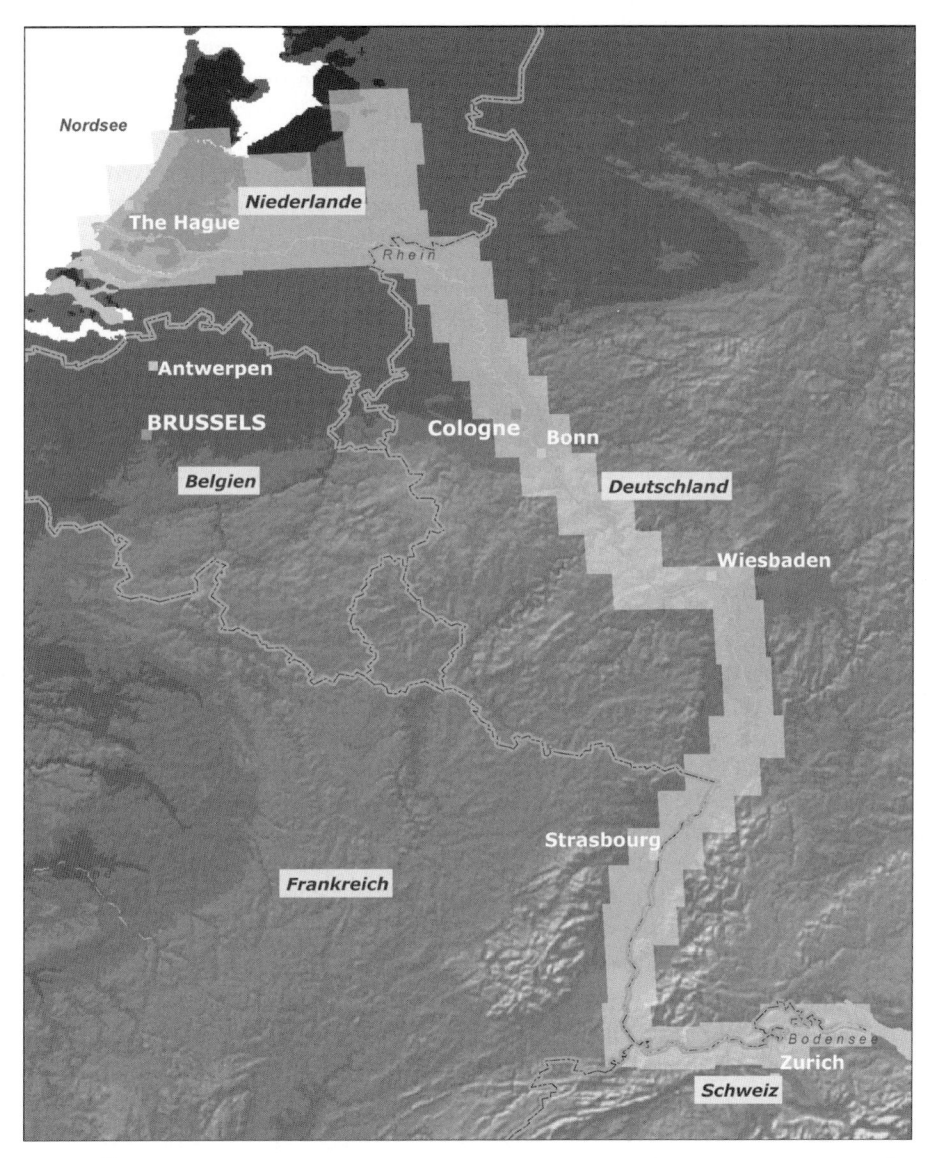

Abb. 1: Übersicht des im Rheinatlas abgebildeten Gebietes, für jedes Kartenblatt gibt es jeweils eine Darstellung der Überschwemmungstiefen und als Folie die Darstellung der Risiken (Werte und Personen)

3.2 Erstellung von Risikokarten

Gefahren- und Risikokarten gewinnen zusehends an Bedeutung, wenn es darum geht das Bewusstsein für die durch Naturgefahren gegeben Risiken zu verbessern oder überhaupt erst auszubilden. Die Adressaten der Gefahren- und Risikokarten sind zum einen die für die Raumplanung zuständigen Organisationen, wie z.B. die Raumordnungsverbände. Zum anderen richten sich die Gefahren- und Risikokarten aber auch direkt an die Öffentlichkeit. Schließlich besteht ein sehr großes Potential für Schadensminimierung nicht nur durch die Verbesserung des technischen Hochwasserschutzes, wie etwa durch die Erhöhung von Deichen, sondern gerade in der bewussten Vorbereitung der betroffenen Bevölkerung auf die Gefahr. Natürlich verhindern Gefahren- und Risikokarten keine Hochwasserereignisse, sie tragen aber dazu bei deren Auswirkungen zu minimieren.

Beispielhaft für solche Karten sei hier der von der Internationalen Kommission zum Schutz des Rheins veröffentlichte Rheinatlas (IKSR, 2001) genannt. Der Atlas enthält je 41 Karten (Abb. 1, www.rheinatlas.de) und Folien im Maßstab 1:100 000, die das latent bestehende Restrisiko der Hochwassergefährdung entlang des Rheins, vom Bodensee bis zur Mündung, zeigen. Er ist Teil des Aktionsplans Hochwasser der IKSR, der alle nationalen und internationalen Aktivitäten zur Verbesserung der Hochwasservorsorge am Rhein bündelt. Der Kartenteil wird ergänzt durch einen ausführlichen Textteil, der die Vorgehensweise bei der Berechnung der Überschwemmungsflächen und der potentiellen Schäden erläutert. Im Textteil sind weiterhin in tabellarischer Form die Schadensrisiken und die Zahl der in gefährdeten Zonen lebenden Menschen zusammengefasst.

Der Atlas ist das Ergebnis der Zusammenarbeit von GIS-Experten, Wasserwirtschaftsingenieuren und Ökonomen mit dem behördlichen Hochwasserschutz aus der Schweiz, Deutschland, Frankreich und den Niederlanden. In Expertengesprächen wurden für die verschiedenen Rheinabschnitte Definitionen für ein extremes Hochwasserereignis getroffen. So wurde beispielsweise für die nicht staugeregelte Oberrheinstrecke ein Extremereignis als ein Wasserstand mit einer Wiederkehrwahrscheinlichkeit von 200 Jahren definiert und ein halber Meter addiert. Weiterhin wurden Deichbrüche an ungünstiger Stelle angenommen. Auch für 10-jährliche und 100-jährliche Ereignisse, die ebenfalls im Rheinatlas dargestellt sind, wurden Berechnungen durchgeführt. Details zu den hydrologischen und hydraulischen Annahmen finden sich im Rheinatlas selbst. Die hydrodynamischen Berechnungen wurden mit der ArcView-Erweiterung FloodArea durchgeführt.

Obwohl die Darstellung von Überschwemmungstiefen in Karten keine ungewöhnliche Sache ist, ist der Rheinatlas doch in vielerlei Hinsicht neu und Beispiel gebend. Zum ersten Mal sind für eine solch lange Flussstrecke (etwa 1000 Kilometer vom Bodensee bis Rotterdam) derartige Karten erstellt worden. Erstmals wurde ein hydrodynamisches Modell zur Berechnung eingesetzt und erstmals werden Schadensrisiken, also auch die monetären Auswirkungen flächenhaft dargestellt.

3.3 Informationssysteme für die Versicherungswirtschaft

Jedoch nicht nur der institutionalisierte Hochwasserschutz bedient sich der Methoden der Geoinformatik. Während die Gefahren- und Risikokarten die wissenschaftlich fundierten Grundlagen, d.h. die Überschwemmungsflächen liefern, ist es durch die Verknüpfung von Adress-Geokodierung und Gefahrenzonierungsflächen möglich, die Gefährdung hausnummerngenau zuzuordnen. Die deutsche Versicherungswirtschaft entwickelt dazu ein eigenes System für die Zonierung von Überschwemmungsrisiken, Rückstau und Starkregen (ESRI 2002).

3.4 Simulation von Deichbruchszenarien

Große Bereiche entlang der großen Flüsse sind durch Deiche geschützt. Bei den Hochwassern an Rhein, Oder und zuletzt an der Elbe wurden die Deiche mit großem Aufwand gehalten, obwohl der Bemessungswasserstand vielerorts längst überschritten war. Dabei ist zu beobachten, dass das Bewusstsein verlorengegangen ist, dass Schutzmaßnahmen nur bis zu einem bestimmten Schutzziel ausgelegt sind. Das jenseits dieses Schutzziels eigentlich das Versagen „normal" ist, wird nicht akzeptiert. Dies ist insofern auch verständlich, da man sich hinter den Deichen ja immer sicher geglaubt hat.

Eine wichtige Aufgabe ist somit, den Fall eines Deichversagens im Bewusstsein zu halten und so das Risiko hinter den Deichen zu minimieren. Hierfür sind zum einen die maximal zu erwartenden Wasserstände (wie im Rheinatlas) eine wichtige Information. Von eben so großer Bedeutung ist aber eine Darstellung des zeitlichen Verlaufs der Überflutung nach einem Deichbruch. Erst hierdurch wird das eigentliche Gefahrenpotential dargestellt und zeigt, welche Zeit und Verkehrswege für eine Evakuierung verbleiben.

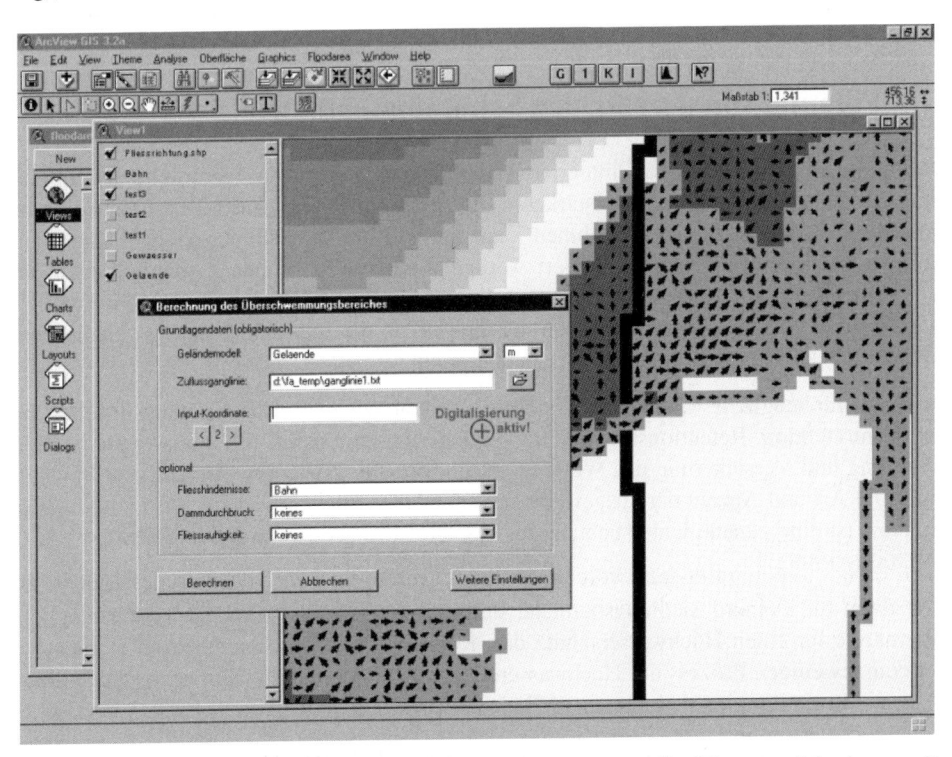

Abb. 2: Screenshot einer Modellrechnung mit FloodArea, die Wasserzufuhr kann z.B. über die Einspeisung von bis zu 10 verschiedenen Ganglinien erfolgen, bei Bedarf lassen sich jeweils die aktuellen Fliessrichtungen ausgeben

Letztgenannte Information ist natürlich nicht nur für die Gefahrensensibilisierung von Bedeutung, sondern ist eine wichtige Grundlage für die Arbeit der Katastrophendienste. Neben den genannten Informationen sind auch die Wasserstände und die auftretenden Strömungsgeschwindigkeiten relevant. Da bei hohen Fließgeschwindigkeiten mit erhöhten Schäden an Gebäuden und Verkehrswegen zu rechnen ist, sind solche Bereiche besonders zu beachten.

Zur Bereitstellung dieser Grundlagendaten gibt es zwei Vorgehensweisen. Die erste ist, bereits vor einem Hochwasser für alle wesentlichen Varianten Simulationsrechnungen zu erstellen und diese für den Ereignisfall aufzubereiten. Bei einem Deichbruch muss dann nur die ähnlichste Variante ausgewählt werden; entsprechendes Kartenmaterial kann bereits bei den Katastrophendiensten vorliegen, so dass die Arbeitsgrundlagen ohne Verzögerung bereitstehen.

Alternativ können die Vorhersagen im operationellen Dienst erstellt werden. Vorteil hierbei ist, dass die realen Daten Eingang finden und auch komplexe Situationen (z.B. bei zwei Versagensstellen) abgebildet werden können. Nachteile sind die Verzögerung durch die Erstellung der Simulation und das anschließende Verteilen der Karten oder anderen Arbeitshilfen. Zu beachten ist daneben, dass die Vorhersagequalität natürlich eine möglichst exakte Einschätzung der Deichbruchstelle (Breite, Tiefe, zeitliche Entwicklung) voraussetzt. Nach dem aktuellen Ausrüstungsstand ist überwiegend sicher noch die erste Variante vorzuziehen, die zweite sollte aber als sinnvolle Ergänzung nicht außer Acht gelassen werden.

4   Planung von dezentralen Schutzmaßnahmen

Dezentrale, in die Landschaft integrierte Maßnahmen nutzen das natürliche Retentionspotential einer Landschaft und verstärken es anhand geringer Eingriffe. Durch eine Kombination verschiedener Einzelmaßnahmen kann optimal auf die sehr unterschiedlichen zum Abfluss beitragenden Prozesse reagiert werden. Sinnvoll ist es dabei, möglichst nah am Entstehungsbereich des Oberflächenabflusses anzusetzen. Durch die ökologische Ausrichtung der Konzeption werden zusätzlich der Eingriff in die Landschaft gering gehalten und positive Effekte für Natur- und Bodenschutz erreicht.

Beispiele für mögliche Maßnahmen sind erosionshemmende Bewirtschaftung, Flächen zur Sedimentretention, Retentionsareale, Laufverlängerungsmaßnahmen, Gewässerrandstreifen, Ableitung und Versickerung des Wegwassers und Siedlungswasserwirtschaftliche Maßnahmen. Die Art und Anzahl der ausgewählten Maßnahmen hängt von der jeweiligen Situation ab, dazu ist eine genaue Untersuchung des Gebietes dringend notwendig (ASSMANN 2001, ASSMANN 1999).

Vor allem für kleinere Siedlungsbereiche stellen solche Konzepte oft die einzig mögliche Alternative für einen Hochwasserschutz dar. Konventionelle Rückhaltebecken würden weder dem jeweiligen Prozess der Hochwasserentstehung Rechnung tragen, noch stände die zu tätigende Investition im Verhältnis zum Schadensrisiko.

Dezentrale Hochwasserschutzkonzepte verlangen ein umfassendes Verständnis der Hydrologie eines Einzugsgebietes. Will man die Arbeiten im Gelände auf ein Mindestmaß reduzieren, was meist aus Kostengründen notwendig ist, können Geoinformationssysteme ein wichtiges Hilfsmittel sein, mit dem Problemgebiete (sogenannte abflusswirksame Flächen) als auch geeignete Standorte für Maßnahmen weitgehend eingegrenzt werden können.

Neben einfachen Abfragen wie „zeige mir alle Flächen, die geringe Neigungen, Akkumulations-Böden und keine Bebauung haben" ermöglicht ein GIS auch die Generierung neuer Information. Im Rahmen einer Planung dezentraler, integrierter Hochwasserschutzmaßnahmen müssen beispielsweise die folgenden Fragen beantwortet werden:

- Wie viel Wasser kommt aus einem bestimmten Teileinzugsgebiet?
- An welchen Stellen ist das meiste Stauvolumen pro Fläche erreichbar?
- In welchen Bereichen konzentriert sich das abfließende Wasser?
- In welchen Bereichen führt ein Rückstau zu einer Gefährdung von Siedlungs- bzw. Verkehrsflächen?
- Welche Wegabschnitte konzentrieren das abfließende Wasser, d.h. verlaufen über eine vorgegebene Distanz in Gefällerichtung?

Alle diese Fragen lassen sich mit Hilfe der in ArcView bzw. dem Spatial Analyst vorhandenen Funktionen beantworten, bedeuten aber für die Eingrenzung und Bewertung potentieller Maßnahmen einen erheblichen Erkenntnisgewinn.

5   Diskussion und Ausblick

Geoinformationssysteme bieten bei konsequentem Einsatz vielseitigen Nutzen in fast allen Bereichen des Hochwassermanagements. Neben dem Einsatz für die Planung wird zunehmend auch der Einsatz von Überschwemmungsmodellen im operationellen Dienst erfolgen (TINZ 2000), dies ist vor allem in Bereichen relevant, wo aufgrund des Zusammenflusses mehrerer Gewässer sehr komplexe hydraulische Verhältnisse anzutreffen sind.

In der Zukunft werden auch Werkzeuge für die Einsatzplanung und -steuerung, für die Koordination der Einsatzkräfte sowie zur Bedarfsanalyse vorliegen. Wichtig ist es, dass die Softwarewerkzeuge dabei leicht bedienbar bleiben und dennoch zuverlässige Ergebnisse liefern.

Literatur

ASSMANN, A. & E. RUIZ RODRIGUEZ (2002): *Modellierung im GIS - Erfahrungen beim Einsatz eines rasterbasierten Modells für Überschwemmungssimulationen.* In: GeoBIT 7/2002. S. 14-16

ASSMANN, A. (2001): *Dezentraler, integrierter Hochwasserschutz – vom Konzept zur Planung.* In: Heiden, S., Erb, R. & F. Sieker (Hrsg.) (2001) Hochwasserschutz heute – Nachhaltiges Wassermanagement. Initativen zum Umweltschutz Band 31. Berlin

ASSMANN, A. (1999): *Die Planung dezentraler, integrierter Hochwasserschutzmaßnahmen - dargestellt anhand der Standortausweisung von Retentionsarealen an der Oberen Elsenz, Kraichgau.* In: Schriftenreihe des Landesamtes für Flurneuordnung und Landentwicklung Baden-Württemberg, Heft 11. Kornwestheim

ASSMANN, A. & H. GÜNDRA (1999): *Die Bedeutung integrierter Planungsverfahren für die Umsetzung dezentraler Hochwasserschutzmaßnahmen.* In: Hydrologie und Wasserwirtschaft 43. S. 160-164

ESRI (2002): *GIS für Versicherungen: Softwareentwicklung für Überschwemmungszonen.* In: arcaktuell 4/2002, S. 4

GÜNDRA, H., A. ASSMANN & S. JÄGER (2000): *Ableitung geomorphometrischer Parameter mit hydrologischer Relevanz und die Bewertung der zugrunde liegenden Digitalen Höhenmodelle.* Hydrologie und Wasserwirtschaft 43. S. 160-164

IKSR, Internationalen Kommission zum Schutz des Rheins (2001): *Atlas 2001 - Atlas der Überschwemmungsgefährdung und möglichen Schäden bei Extremhochwasser am Rhein.* Koblenz

JÄGER, S. (2002): *Ein neuer Rheinatlas - Hydrodynamische Modellierung für eine bessere Hochwasservorsorge.* In: arcaktuell 2/2002. S. 38-39

TINZ, M. (2000): *GIS-Modellkopplung als Grundlage für Überschwemmungsvorhersagen - Methodik, technische Umsetzung und Einsatzfelder*, Diplomarbeit am Institut für Landschaftsplanung und Ökologie, Stuttgart

Mobile Information und geographische Kommunikation als Grundlage optimierter Entscheidungsabläufe und verbesserter Arbeits- sowie Produktionsprozesse

Peter AUBRECHT, Hans SCHÖBACH und Gernot WURZER

Zusammenfassung

Die heutigen Hoffnungsträger der Informationstechnologien befassen sich mit Themen wie WebServices, mobile Applikationen und Sicherheit im Internet. Gerade Mobilität, Vernetzung und Datendienste können in Kombination mit den sich laufend verbessernden Telekommunikationstechnologien einen bedeutenden Wirtschaftsfaktor in der derzeit stagnierenden IT Branche spielen. Die Technologie und deren Einsatz, welcher auf den nächsten Seiten vorgestellt wird, baut auf Funknetze, Navigationssysteme und Softwarekomponenten auf, welche die Übermittlung und Übertragung von – allgemein gesprochen – digitalem Content ermöglicht. Dieser Content wird mobil gemacht, von einem oder mehreren Datenservern abgerufen und auf so genannten mobilen Geräten dargestellt.

1 Einleitung

Im Mittelpunkt der hier vorgestellten Projektidee soll jedoch nicht die Technologie stehen, sondern vielmehr der Nutzen für unterschiedlichste Applikationen und Anwender. Schwerpunkt bilden Arbeits- sowie Produktionsprozesse aus den Bereichen technische Wartungsdienste und Fertigungsindustrie.

Auf Grund der sich laufend verbesserten Datenübertragung bezüglich Datenvolumen und Geschwindigkeit gewinnen mobile Datendienste, mobile Informationen und standortbezogene Informationssysteme zunehmend an Bedeutung. Tägliche Arbeiten sowohl im Büro als auch im Außendienst können durch das Vorhandensein mobiler Informationen unterstützt werden. Gerade für technische Wartungsdienste und in Bereichen Fertigungsindustrie, wo einerseits das Zusammenspiel von Zentrale und Außendienst das Um und Auf einer funktionierenden Zusammenarbeit bildet, andererseits eine laufende Kontrolle von Maschinenparks und rasche Reparaturen von immenser wirtschaftlicher Bedeutung ist, können mobile Technologien zu einer Wertsteigerung der unterschiedlichsten Prozesse führen. Arbeitsabläufe und Produktionsprozesse können wesentlich unterstützt werden, Entscheidungsfindungen auf Basis mobiler Information beschleunigt, sowie die Koordination in Notfällen verbessert werden.

2 Funknetze als Basis zur Datenübertragung geographischer Informationen

Nicht nur herkömmliche Mobilfunknetze wie GSM oder GPRS werden genutzt. Zahlreiche Provider im Bereich wireless lan bieten bereits vor allem in den Städten Funknetze an, welche ebenfalls zur Datenübertragung genutzt werden können. Auf großräumigen Fabrikgeländen und in Maschinenhallen kommt es vermehrt zum Einsatz von wireless lan Technologien. Das derzeit im Aufbau befindliche Funknetzwerk TETRA soll vor allem zum Datentransfer von behördeninternen Informationen dienen (Polizei, Rettung, Feuerwehr). Dieses System ist jedoch bei den möglichen Nutzern nicht unumstritten. Aber auch über Satellitentelefone wäre eine Übertragung möglich, was vor allem im Bereich internationale Hilfsorganisationen enorme Vorteile hätte.

Es zeigt sich bereits jetzt, dass jede Applikation ihre ganz spezifische Anforderung an die Technik hat. Sei es nun die zu übermittelnde Datenmenge über eine bestimmte Funkfrequenz oder die Funktionalität bzw. Möglichkeiten am mobilen Gerät. Unabhängig davon, ob und wann UMTS realisiert wird, ist das Problem der Datenmenge evident. Denn je mehr Datenvolumen rein vom technischen Gesichtspunkt aus geschickt werden kann, umso mehr Daten werden transportiert. Eine logische Schlussfolgerung daraus ist eine variable Datenhaltung, eine Trennung der Informationen nach ihrer Priorität sowie spezielle Komprimierungs- und Nachladeverfahren.

2.1 Datenhaltung variabel

Natürlich kann nicht unerwähnt bleiben, dass es abhängig von der geographischen Position und der umgebenden topographischen Situation zu Problemen bezüglich der Verbindung mit Funknetzen kommen kann. Wie auch im Mobilfunkbereich ist man hier abhängig von der Flächenabdeckung des Funknetzes des Providers. Auch wenn die Netze immer dichter werden bleibt das Problem von kurzfristigen Netzabbrüchen bestehen. Der logische Schluss daraus ist die Möglichkeit einer Datenhaltung auch auf dem mobilen Gerät. Somit kann der Nutzer auch in Gebieten arbeiten, welche nur eine schlechte bzw. fehlende Netzabdeckung aufweisen. Alle Arten von Informationen – sowohl Graphik als auch Datenbankinformationen – können lokal gehalten werden. Der Benutzer wird laufend darüber informiert, in welchem Status sich das mobile Gerät befindet (Funknetz vorhanden/nicht vorhanden, online/offline, Datenübertragung aktiv usw.).

2.2 Komprimierungs- und Nachladeverfahren

Ungeachtet dessen, dass es mit zukünftigen Funkmedien wie UMTS möglich sein wird, auch große Datenmengen zu übertragen, wird es den Engpass Mobilfunk immer geben. Denn je mehr diese Technologien bezüglich Datenübertragung bieten, desto mehr Daten werden übertragen. Daher wurden spezielle Komprimierungs- und Nachladeverfahren entwickelt, welche es erlauben, bereits heruntergeladene Informationen auf dem mobile Gerät abzulegen. Die Informationen können mit einem Verfallsdatum versehen werden und werden danach wieder automatisch gelöscht. Um den Datentransfer über Mobilfunk weitgehend zu reduzieren, wird auch zwischen statischen und dynamischen Daten unterschieden. Nur jene Informationen werden online aktualisiert, welche sich in einem bestimmten Zeitraum verändert haben.

3 Geographische Kommunikation in den Bereichen Fertigungsindustrie und Technischer Wartungsdienst

Alle Informationen, welche einen geographischen Bezug haben, bilden den Content für mobile Applikationen. Dadurch ist natürlich die Bandbreite möglicher Anwendungen enorm. Angefangen von simplen Orientierungshilfen (Straßenkarte, Wanderkarte usw.) bis hin zu komplexen Sachverhalten (Schaltstellenpläne, Einsatzpläne, Gebäudeinformationen, komplexe Leitungsnetze etc.) können Daten und Informationen auf mobilen Geräten visualisiert werden und somit entscheidend den täglichen Arbeits- und Entscheidungsprozess beeinflussen. Das Zusammenspiel von aktueller Position Vorort mittels Satellitennavigation und Daten am mobilen Gerät ist als Basis für Location Based Services zu sehen. Gerade jene Bereich, wo die Kommunikation zwischen Zentrale und Außendienst eine zentrale Rolle für die Qualität einer Dienstleistung spielt, sind mobile aktuelle Daten und Informationen von entscheidendem Vorteil. Der Zugriff auf Fremdserver ermöglicht eine mobile Kontrolle von Produktionseinrichtungen und Anlagen. Das reicht von Informationen über den Zustand einer Maschine bis hin zu deren exakter Position.

3.1 Mobile SCADA Applikationen im Kontext von GIS- und ortrelevanten Daten

Die dynamisch verknüpften real-time Daten der SCADA Ebene, die eine direkte Kommunikation mit der Feldbus- oder Steuerungs-Ebene herstellt, spiegelt alle relevanten Zustände der Produktionseinrichtungen und Anlagen in ihrem geographischen Zusammenhang auf dem MES Server.

Diese Information steht den mobilen Applikationen über eine drahtlose Internet-Schnittstelle zur interaktiven Präsentation und Fernsteuerung in einem ortbezogenen GIS Kontext zur Verfügung.

Der drahtlose Zugriff zu den GIS- und Applikations- Daten Servern benutzt Standard Internet Protokolle (HTTP/XML) und kombiniert Daten aus verschiedenen Quellen in eine aktualisierende, mobile Arbeitsumgebung. Die Informationen werden vorgangsbezogen, selektiv dargestellt und auf alle Benutzerprofile, die im gleichen Kontext arbeiten, projiziert. Dies ist speziell nutzbar für Teams, die in einem Mission-Critical Umfeld arbeiten, wie z.B. mobile Wartung von Kommunikationseinrichtungen, petrochemische Anlagen usw.

Es ist wichtig, dass alle Mitglieder des Teams während ihres Vor-Ort Einsatzes Zugang zu den aktuellen Echt-Zeit Informationen haben und somit koordiniert arbeiten können. Hierdurch ergeben sich immense Vorteile für die Steuerung von produktionsrelevanten Arbeitsabläufen, die zu einem erheblichen Kostenvorteil führen.

3.1.1 Mobiles Produktionsleit- und Wartungs-Informations-System

Auf der Basis der o.g. Infrastruktur der mobilen Datenkommunikation im Echtzeitbetrieb eröffnen sich enorme Rationalisierungspotentiale in der automatisierten Fertigung und Anlagenwartung.

Konzepte wie Just-In-Time Production, Supply Chain Management, E-Business-On-Demand eröffnen für moderne hochautomatisierte Fertigungsbetriebe immense Chancen auf einem globalisierten Markt. Sie erfordern jedoch eine Fertigungsorganisation, die agil und flexibel auf ständig wechselnde Anforderungen in Bezug auf Quantität, Qualität und Produktmix reagieren kann.

Supply, Demand und Logistik müssen im Echtzeitbetrieb koordiniert und überwacht werden. Diese Dynamik überfordert alle zzt. eingesetzten Fertigungs-, Planungs- und Steuerungs-Systeme.

Hier setzt die mobile Applikation durch Integration von SCADA, GIS und lokalitätsbezogener Dienste an. Durch die Verfügbarkeit vom Echt-Zeit Information auf einem mobilen Client für alle für den Produktionsablauf und die Wartungsdienste verantwortlichen Mitarbeiter und Filterung der Informationen im Bezug auf die geographische Position im Umfeld der Fertigungs- und Prozess Überwachung und Prozesssteuerung können Engpässe, Störungen und Abweichungen der Prozessparameter und Materialqualität umgehend erkannt und behoben werden.

So wird zum Beispiel eine Maschinen- oder Anlagen-Störung von der SCADA Ebene im Echtzeitverfahren erkannt und analysiert. Die Relevanz der Störung wird in ihrem Kontext und der Historie sowie ihrer Häufigkeit und Ursache gewichtet und dann an die mobilen Clients der Wartungsdienstmitarbeiter gesendet. Sollte die Maschinenstörung Auswirkungen auf die Terminsituation eines Fertigungsauftrages haben wird ebenfalls eine Nachricht an die mobilen Clients der Produktionssteuerung abgesetzt.

Diese Informationen ermöglichen den Verantwortlichen Mitarbeitern eine umgehende Reaktion auf die Situation, wobei alle relevanten Information für eine Entscheidungsfindung auf dem mobilen Endgerät überall und zu jeder Zeit zur Verfügung stehen.

Da die mobilen Endgeräte drahtlos mittels Internet-Protokolle mit dem SCADA, MES (Manufacturing Execution System) und GIS Server bidirektional kommunizieren, können Eingriffe in die Auftragssteuerung, die Prozesssteuerung der SPS und die Materialdisposition direkt auf dem mobilen Client durchgeführt werden.

Für die Wartungsdienste stehen auf dem mobilen Gerät alle relevanten Informationen wie Schaltpläne, CAD Zeichnungen, Bildinformationen, Arbeitsanweisungen und Ersatzteilinformationen zur Verfügung. Hierdurch wird die Störungsbeseitigung und Ursachenanalyse wesentlich effizienter und die Stillstandszeiten von Maschinen und Anlagen bedeutend reduziert.

Da alle Eingaben auf dem mobilen Client im Rahmen einer Transaktionsverarbeitung auf den zuständigen Applikationsservern gespeichert werden, stehen diese veränderten Informationen wie z.B. die neue Position einen Materialpuffers oder die revidierte Störungsursache allen anderen mobilen Geräten sofort zur Verfügung. Hierdurch kann z.B. die Koordination von Wartungsteams wesentlich optimiert werden.

Die hier aufgeführten Beispiele lassen sich beliebig erweitern, aber es wird schon jetzt klar das durch die mobile Verfügbarkeit von relevanter Information und der Möglichkeit direkt auf die Prozessebene einzuwirken, enorme Potenziale erschlossen werden um den Eingangs geschilderten Rahmenbedingungen einer hoch automatisierten Fertigung mit globaler Vernetzung gerecht zu werden.

Dies bedeutet nicht nur eine Reduzierung der Stückkosten, sondern auch eine Produktivitätssteigerung um bis zu 30 %, wie Anwendungsfälle in der Praxis gezeigt haben.

Das wichtigste aber ist unserer Meinung nach die Erreichung oder Erhaltung einer globalen Wettbewerbsfähigkeit in Zeiten ökonomischer Turbulenzen.

3.2 Mobile Informationen für den technischen Außendienst

Das Herz für eine funktionierende Energiewirtschaft ist das Zusammenspiel zwischen Zentrale und Technikern Vorort. Sowohl im Notfall als auch für den täglichen Wartungsdienst können aktuelle mobile Informationen zu einer wesentlichen Qualitätssteigerung führen. Eine laufende Versorgung in immer gleichbleibender Qualität, unabhängig von äußeren Umständen sind die Grundprämissen einer funktionierenden Energieversorgung. Sowohl die laufende Wartung der Infrastruktur als auch das rasche Behebung von möglichen Mängel kann durch das Vorhandensein mobiler Grundlagendaten unterstützt bzw. verbessert werden.

Im Notfall ermöglichen mobile Informationen das rasche Auffinden der Störung. Über Suchroutinen können mittels Mobilfunk Datenbankinformationen abgerufen werden. Der Techniker kann sich somit unmittelbar nach Bekannt werden der Störung über das betroffene Objekt in Form von Karten informieren (z. B. Art der Station, Leitungen in der nächsten Umgebung, Katasterpläne, Naturstand). Zusätzliche Unterlagen wie aktuelle Schaltstellenpläne unterstützen den Techniker in seiner täglichen Arbeit. Das Organisieren der großformatigen, analogen Unterlagen und deren Wartung entfällt somit zur Gänze. Wichtig für den Einsatz derartiger neuer Technologien ist die Voraussetzung, dass der tägliche Arbeitsprozess wesentlich unterstützt wird und somit der Anwender die Qualität seiner Arbeit steigern kann. Die Benutzerführung muss exakt den Arbeitsprozessen angepasst werden, um einen eindeutigen Benefit zu erzielen. Alle notwendigen Informationen sind Vorort (Aufträge, Anfahrtsrouten, Dokumentationen, Pläne etc.), die Durchlaufzeit pro Auftrag reduziert sich und Entscheidungen können rascher getroffen werden.

4 Zusammenfassung

Schwerpunkt der hier vorgestellten Technologie sind raumbezogene, geographische Daten, deren Erfassung, Haltung, Pflege und Auswertung gemeinsam mit den dafür notwendigen Softwarepaketen einen enormen Wert darstellen. Der Nutzen dieser Daten hat sich bisher auf die Zentrale bzw. das Büro beschränkt. Eine Mobilmachung dieser Daten führt zu einer enormen Wertsteigerung. Einerseits kann durch beschleunigte Arbeits- und Entscheidungsprozesse eine Kostenreduktion herbeigeführt werden, andererseits kann durch mobile Anwendungen der eigene Kundenkreis qualitativ besser unterstützt werden.

Wertsteigerung der eigenen, kostenintensiven Daten, verbesserte Prozesse und Reduzierung von Aufwand und Kosten können durch die hier vorgestellte Technologie erzielt werden.

Schwerpunkte der Einsatzmöglichkeiten der hier vorgestellten Technologie liegt in all jenen Bereichen, welche durch das Vorhandensein mobiler Daten und Informationen bestimmte Arbeitsabläufe und Produktionsprozesse unterstützen und verbessern können. Abläufe zwischen Zentrale und Außendienst können optimiert werden, die technischen Teams können besser koordiniert werden bzw. Rettungsteams rascher und noch effizienter Hilfe leisten. Aus wirtschaftlichen Gesichtspunkten ergibt das geringere Kosten und Aufwendungen, erhöhte Kundenzufriedenheit und höhere Umsätze.

Literatur

AUBRECHT, P. & G. WURZER (2002): Wertsteigerung von Location Based Services durch Einsatz von Indoor GPS Technologien [Value Added Location Based Services by Using Indoor GPS Technologies]. In: ZIPF, A. & J. STROBL (Hrsg.): Geoinformation mobil – Grundlagen und Perspektiven von Location Based Services. Wichmann Verlag, Heidelberg

AUBRECHT, P. & G. WURZER (2003): Multidirektionale Kommunikation im Bereich standortbezogene geographische Informationssysteme [Multidirectional Communication in The Field of Location Based Information Systems]. In: SCHRENK, M. (Ed.): CORP 2003, Technische Universität Wien, Tagungsband

AUBRECHT, P. & G. WURZER (2002): Katastrophenmanagement multidirektional [Disaster Management multidirectional]. In: RETTmobil: Das Magazin für Führungskräfte in Rettungsdienst, Verwaltungen und Hilfsorganisationen, 02/2002

BANKO, G. & P. AUBRECHT (2002): Das Europäische Bodenbedeckungsmodell CLC2000 und dessen Umsetzung in Österreich unter Einsatz mobiler Endgeräte [The European Land Cover Model CLC2000 and its Implementation in Austria using Mobile Devices]. In: STROBL, J., T. BLASCHKE, G. GRIESEBNER (Hrsg.): Angewandte Geographische Informationsverarbeitung XIV. Beiträge zum AGIT-Symposium Salzburg 2002. Wichmann Verlag, Heidelberg

Szenarien und Simulationen der zukünftigen Landschaftsentwicklung auf kommunaler Ebene

Oliver BENDER und Doreen JENS

Dieser Beitrag wurde nach Begutachtung durch das Programmkomitee als „reviewed paper" angenommen.

Zusammenfassung

Der Beitrag befasst sich mit der Zukunftsbeschreibung für mitteleuropäische Landschaften aus wissenschaftlicher und planerischer Perspektive. Aufbauend auf einer Diskussion der bislang üblichen „Leitbild-basierten" Szenarien wird dafür plädiert, eine entsprechende Zukunftsexploration für kleinräumige Landschaftsausschnitte nach Möglichkeit künftig anhand sog. „Simulationen" stärker quantitativ auszurichten. Die Grundlage dafür bietet ein katasterbasiertes diachronisches Geoinformationssystem (KGIS), in welchem naturräumliche und sozioökonomische (betriebliche) Einflussfaktoren für den rezenten Landschaftswandel so weit als möglich statistisch analysiert werden. Das Simulationsmodell „rechnet" damit, dass die zukünftige (Parzellen)-Nutzung von der Ausprägung derartiger Attribute bestimmt wird. Auf diese Weise kann für jede einzelne Nutzungsfläche (gemäss ihrer Kulturart) ermittelt werden, ob eine Weiter- oder Umnutzung oder ein Brach- bzw. Wüstfallen anzunehmen ist. Abschließend wird diskutiert, welchen Sinn solche realitätsnahen Vorhersagen für die Landschaftsplanung haben können.

1 State of the Art

In der Zukunftsforschung wird zwischen quantitativen und qualitativen Methoden unterschieden. Für die Entwicklung von Kulturlandschaften waren davon bisher Prognosen (quantitativ) sowie Szenarien und Leitbilder (qualitativ) von Bedeutung. Alle derartigen Zukunftsexplorationen basieren auf einer Analyse des Ist-Zustandes, ggf. auch der historischen Entwicklung. Prognosen, weil sie auf eine möglichst genaue Voraussage der zukünftigen Situation abzielen, stellen diesbezüglich die höchsten Ansprüche. Hier gehören zum *Projektans* die „Einflussfaktoren", die vorher definiert werden müssen, insbesondere Aussagen über das Verhalten von definierten Gruppen („Verhaltensträgern", STIENS 1996).

Weil diese Anforderungen in der Regel nicht hinreichend erfüllbar sind, werden in der Planungswissenschaft anstelle der notwendigen Datengrundlagen für ein valides Prognosemodell normative Aspekte gesetzt. Deshalb sind hier bislang „Szenarien" dominierend, die von sog. „Leitbildern" nicht sauber getrennt werden bzw. möglicherweise auch nicht zu trennen sind (vgl. KONOLD, SCHWINEKÖPER & SEIFFERT 1993: über „Szenarien" [im Titel] wird dort im Text nichts ausgesagt).

„Szenarien eignen sich nicht zur Vorausschätzung ‚wahrscheinlichster' Entwicklungen; dafür umso besser für die Aufgabenstellung, verschiedenartige Problemstellungen und Wirkungszusammenhänge zu konstruieren (...), die auf die räumliche Planung in der Zukunft zukommen *könnten"* (STIENS 1996, S. 17). Das eröffnet die Möglichkeit, „Wenn-Dann"-Zukunftsbilder zu entwerfen, indem man die zugrunde gelegten Annahmen (z. B. über Wirtschaftsentwicklung und politische Rahmenbedingungen) systematisch variiert (Umweltbundesamt 1997). Dabei können auch Faktoren einbezogen werden, die bei traditionellem (quantitativen) Vorgehen außerhalb des Ansatzes bleiben, weil sie nicht mit Daten belegbar oder Zahlen messbar sind. Wenn der Gestaltungsspielraum allerdings normativ eingeschränkt wird, wird eine Grenze überschritten hin zu den „Leitbildern" als „gewünschte (Soll)-Zustände" (GAEDE & POTSCHIN 2001, S. 20, 23), die ihrerseits kein unmittelbares Ergebnis von wissenschaftlicher Tätigkeit mehr darstellen können.

Es bleibt festzuhalten, dass speziell auf der Lokalebene der Kulturlandschaftsforschung (Maßstab 1:5.000) Prognosen bislang unüblich geblieben sind, und zwar aufgrund

- fehlender oder unzugänglicher Daten: Dies betrifft weniger die Makro- (wie ROWECK 1995 behauptet) oder Mesoebene (Prognosen auf Basis von Gemeindestrukturdaten wie z. B. bei KIRCHMEIR et al. 2002), sondern eben ganz besonders die Mikroebene;
- diesbezüglich unzureichender Anwendung der Geoinformationstechnologie: z. B. bei handkolorierten Karten mit „Szenarien" (z. B. KRETTINGER et al. 2001) oder „Fotosimulationen" (z. B. LANGE 1995, JOB 1999).

2 Problemstellung

Wie bereits festgestellt, basieren „Szenarien" (wie z. B. „Agrarlandschaft", „Kleinstrukturierte Kulturlandschaft", „Historische Landschaft", „Arten- und biotopreiche Landschaft", „Waldlandschaft", „Erholungslandschaft" bei KRETTINGER et al. 2001) mehr oder weniger deutlich auf „Teil"-Leitbildern (vgl. „historische", „ästhetische", „biotische", „Natur-", „abiotische" und verschiedene „Nutzungsleitbilder" z. B. bei PLACHTER 1995). Sie sind daher implizit zu normativ bzw. bewusst unrealistisch, zumal die extreme Variation der Rahmenbedingungen höchstwahrscheinlich auch nicht eintreten wird. Das oft geforderte oder intendierte integrative Leitbild (z. B. ROWECK 1995) ist zudem – ohne nachvollziehbaren Umwidmungsablauf etwa in einem GIS – nur schwer flächenscharf zu ermitteln (vgl. MOSIMANN 2001).

Daraus lässt sich ableiten, dass „Szenarien" weniger an qualitativen „Leitbildern" ausgerichtet werden sollten, sondern wesentlich stärker als bisher den Charakter von „Simulationen" annehmen könnten. Letztere „gehen bei der Anwendung von Modellen über die Prognose hinaus, indem sie vor allem zur *ausführlichen* Exploration von Zukunft und zur Simulation *möglicher* künftiger Situationen dienen" (STIENS 1996, S. 63). „Der experimentelle Charakter der Simulation entspricht in besonderer Weise dem iterativ ablaufenden Lösungsfindungsproze ß in der Planung" (MEISE & VOLWAHSEN 1980, S. 282). Sie eignet sich somit als Frühwarninstrument, für Ex-ante-Analysen sowie als Planungs- und Lehrmethode (STIENS 1996, S. 64).

Die Grundlage für die Herstellung von Simulationen zur zukünftigen Entwicklung lokaler Landschaftsausschnitte liegt deshalb in der Bereitstellung der notwendigen Datenbasis (Kapitel 3) und in einer entsprechenden Modellierung (Kapitel 4). Schließlich bleibt zu fragen, wie viele lokale Untersuchungen (zu den relevanten Maßstabsebenen vgl. MOSIMANN 2001) im Sinne einer bottom-up Strategie (vgl. STIENS 1996, S. 118) benötigt werden, um die künftige großräumige Landschaftsentwicklung schärfer abzubilden, als es mit mittel- und kleinmaßstäbigen Ansätzen bislang geschieht (vgl. KIRCHMEIR et al. 2002).

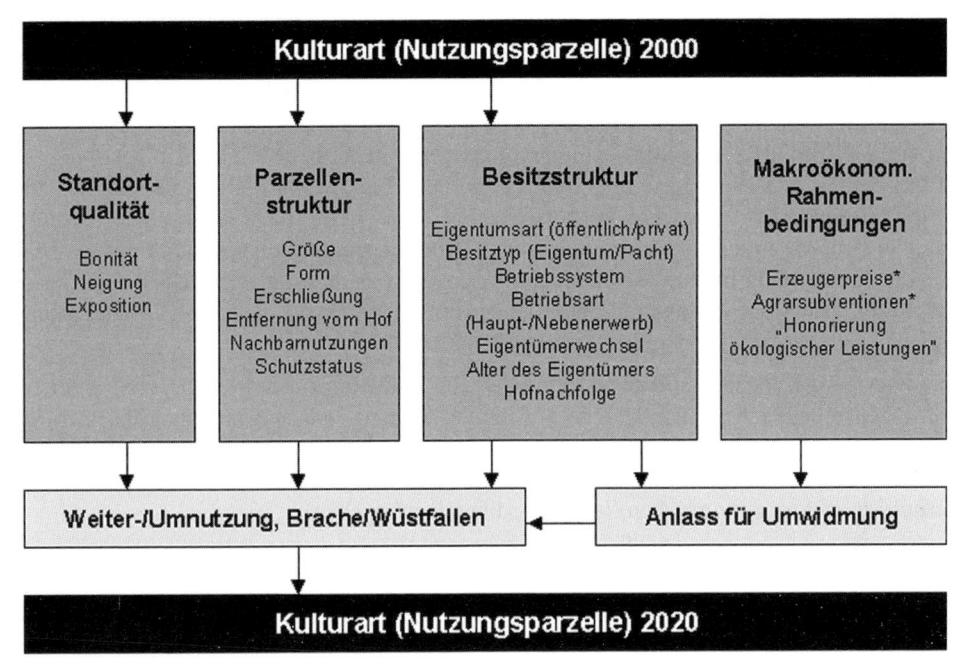

Kulturart (Nutzungsparzelle) 2000

Standort- qualität	Parzellen- struktur	Besitzstruktur	Makroökonom. Rahmen- bedingungen
Bonität Neigung Exposition	Größe Form Erschließung Entfernung vom Hof Nachbarnutzungen Schutzstatus	Eigentumsart (öffentlich/privat) Besitztyp (Eigentum/Pacht) Betriebssystem Betriebsart (Haupt-/Nebenerwerb) Eigentümerwechsel Alter des Eigentümers Hofnachfolge	Erzeugerpreise* Agrarsubventionen* „Honorierung ökologischer Leistungen"

Weiter-/Umnutzung, Brache/Wüstfallen ← **Anlass für Umwidmung**

Kulturart (Nutzungsparzelle) 2020

Abb. 1: KGIS-Datenbasis und Grundmodell eines Simulationsablaufs für die künftige Landschaftsentwicklung auf lokaler Maßstabsebene.
(* = nicht in der Datenbasis enthalten)

3 Grundlagen

Mit dem katasterbasierten diachronischen Geoinformationssystem KGIS werden Daten zur historischen Landschaftsentwicklung einschließlich der betrieblichen Einflussfaktoren (Abbildung 1) für zwei jeweils ca. 2.000 ha Untersuchungsgebiete auf der Fränkischen Alb und im Bayerischen Wald zusammengestellt (BENDER, BÖHMER & JENS 2003). Dabei handelt es sich um eine bewusste Auswahl von Mittelgebirgsregionen, die wegen des latenten Rückzugs der Landwirtschaft einem Veränderungsdruck ausgesetzt sind, wobei die resultierenden „neuen Landschaften" (KRETTINGER et al. 2001) hier im Gegensatz zu suburbanen Wachstumsregionen (vgl. BREUSTE 1995) nicht vorbestimmt erscheinen. Trotzdem erhebt das in KGIS implizierte Landschaftsmodell („Landschaft als räumliche Variation von Vegetations- und somit Landschaftseinheiten, die durch eine unterschiedliche Art der menschlichen Nutzung bedingt sind", BENDER, BÖHMER & JENS 2003, S. 517) den Anspruch – entsprechend der Datenverfügbarkeit (v. a. der Kataster) – generell in Mitteleuropa anwendbar zu sein.

KGIS beschreibt und analysiert somit auf großer Maßstabsebene die Landschaftsentwicklung der vergangenen 150 Jahre. Es werden die Veränderungen nicht nur parzellenscharf erfasst, sondern auch hinsichtlich eines Zusammenhangs mit naturräumlichen bzw. sozioökonomischen Rahmenbedingungen statistisch untersucht. Im Ergebnis sollen die Bedingungen des rezenten Landschaftswandels soweit als möglich anhand messbarer Einflussgrößen festgestellt werden (Abbildung 1).

Hinsichtlich der vorwiegend qualitativ bemerkbaren Steuerungsfaktoren lassen sich weiters aufgrund der Untersuchungen folgende Hypothesen aufstellen: Solange auf der Makroökonomischen Ebene (Agrarpolitik) keine gravierenden Paradigmenwechsel erfolgen, neigt die Mikroebene (Landschaftsgestaltung durch Agrarbetriebe) zur Ausbildung persistenter Nutzungsstrukturen. Erst endogene betriebliche Faktoren (Erwerbsart, Hofnachfolge) führen dann zu Brüchen in der lokalen Entwicklung. Dabei bestimmt die sozioökonomische Makroebene längerfristig die intensiven Hauptnutzungen (vgl. AIGNER et al. 1999) und (neuerdings) die „Honorierung ökologischer Leistungen" mittelfristig die extensiven Nebennutzungen.

Die Konversionswahrscheinlichkeit einer Parzelle (Nutzungsfläche) hängt somit einerseits von deren relativer Eignung für eine bestimmte Nutzung und andererseits von einem betriebswirtschaftlichen Anlass zur Umwidmung ab. Letzterer kann sich aus Betriebsübernahmen oder -aufgaben, aus einem Wechsel von Betriebstyp oder -system oder aus der Änderung der makroökonomischen Rahmenbedingungen ergeben.

4 Modellierung

Ein auf KGIS basierendes Simulationsmodell „rechnet" damit, dass die zukünftige Parzellennutzung von der Ausprägung verschiedener Attribute in den Komplexen ‚Standorteigenschaften', ‚Parzellenstruktur', ‚Besitzstruktur' und ‚makroökonomische Rahmenbedingungen' (Abbildung 1) bestimmt wird (vgl. BOGNER & EGGER 1998). Eine eindeutige Zuordnung zu einer zukünftigen (neuen) Nutzung ist gewährleistet, indem der Simulationsablauf für jede Kulturart bzw. jeden potentiellen Veränderungstyp eine eigene Abfolge von Regeln festlegt; immanente „Nutzungskonflikte", die ein hierarchisches Modellieren verlangen würden (vgl. TÖTZER, RIEDL & STEINNOCHER 2000), werden dadurch vermieden. „Auffüllalgorithmen" (z. B. bei BOGNER & EGGER 1998), mit denen Flächen entsprechend der jeweiligen Höhe einer Bewertung sukzessive umgewidmet werden, bis ein Zielwert erreicht ist, sind allerdings eher zur Visualisierung von Leitbildern geeignet.

Szenarien und Simulationen der zukünftigen Landschaftsentwicklung 25

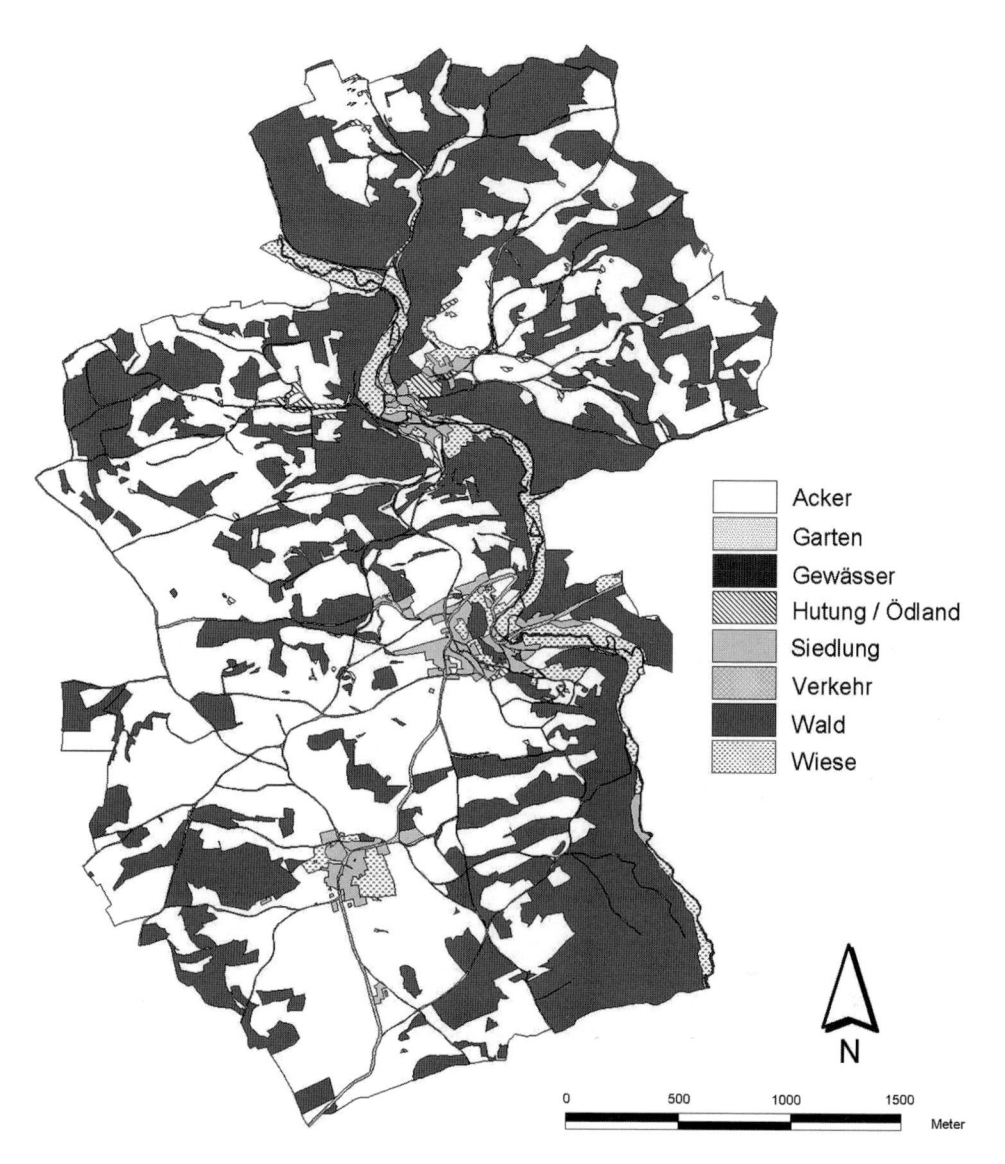

Abb. 2: Status-quo (2000) der Kulturartenverteilung in der Gemarkung Wüstenstein (Nördliche Fränkische Alb, Lkr. Forchheim, Bayern) nach KGIS (BENDER, BÖHMER & JENS 2003, Quelle: Amtliches Liegenschaftsbuch für die Gemarkung Wüstenstein 2000). Der Status-quo bildet den Ausgangspunkt für die Entwicklung von Szenarien (Abbildung 3) bzw. den Ablauf von Simulationen (Abbildung 4).

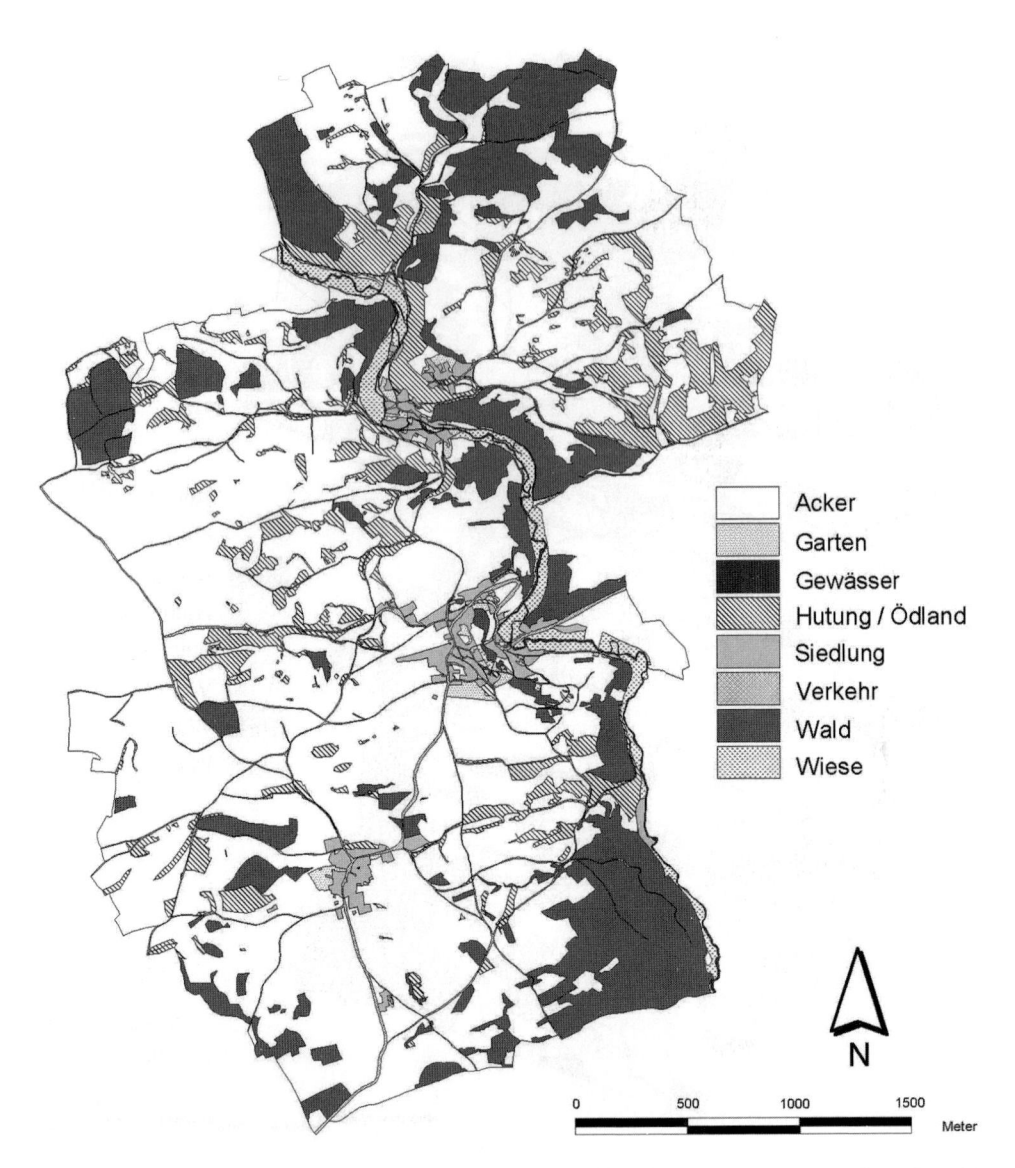

Abb. 3: „Historisches Leitbild" (vgl. ROWECK 1995) bzw. Szenario „Historische Landschaft" (vgl. KRETTINGER et al. 2001) Wüstenstein. Hier werden die agrarischen und forstlichen Nutzungen aus dem Jahr 1850 (nach der Kataster-Uraufnahme) mit dem aktuellen Bestand bei den Siedlungen und Verkehrswegen kombiniert. Das historische Leitbild/Szenario erhält seine Berechtigung daraus, dass die Zeit um 1800 den „Höhepunkt der postglazialen Entwicklung der Artendichte" markiert (ROWECK 1995, S. 25). Es kann – aber muss nicht, je nach den lokalen Verhältnissen – standortgerechte und nachhaltige Nutzungen widerspiegeln.

Szenarien und Simulationen der zukünftigen Landschaftsentwicklung 27

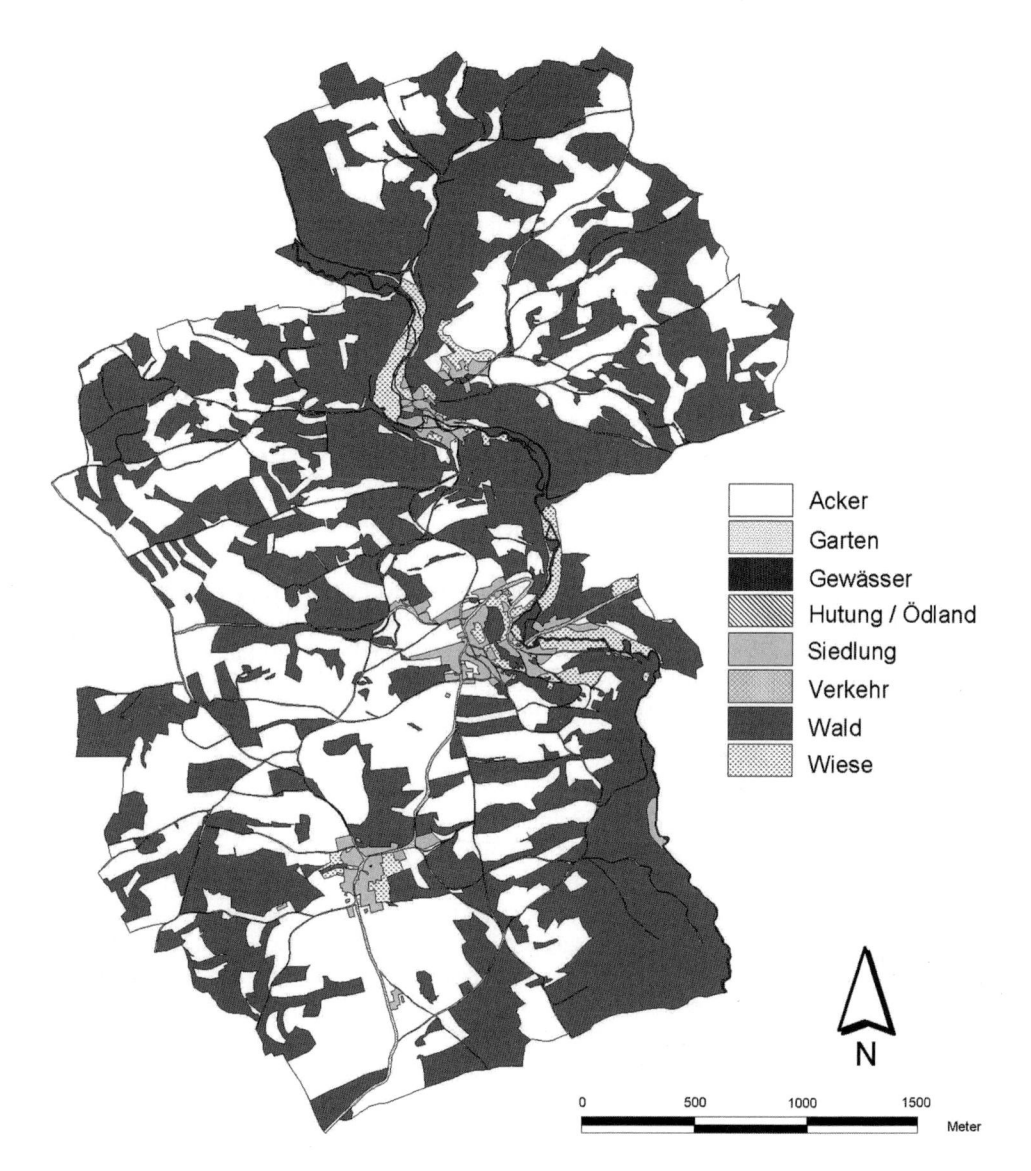

Abb. 4: Simulation der Landschaftsentwicklung in Wüstenstein für 2020 (bei Annahme, dass die „Honorierung ökologischer Leistungen" künftig entfällt) mit Aufforstung
(1) aller Hutungs- und Ödlandparzellen,
(2) aller Ackerparzellen, deren Besitzer älter als 70 Jahre sein werden bzw. deren Ackerbonität weniger als 20 % über dem Durchschnitt liegt,
(3) aller Wiesenparzellen, deren Besitzer älter als 70 Jahre sein werden bzw. die mehr als 100 m von Siedlungsflächen entfernt sind.

Ausgehend von den jeweiligen Kulturarten kann man in einem KGIS-basierten Simulationsmodell eine Variation der zuvor bestimmten Einflussgrößen vornehmen. Einfache Trendextrapolationen sind für die Festlegung von Schwellwerten, deren Über- oder Unterschreiten eine Flächenumwidmung induziert, jedoch problematisch. Daher können mit der beschriebenen quantitativen Methode nur „Richtwerte" erzeugt werden, die einer Korrektur durch qualitativ gewonnene Informationen bedürfen. Schließlich wird eine Abfrage durch Kombinationen von Booleschen Ausdrücken vorgenommen (z. B.: Bonität < z und Hangneigung > y bzw. Bonität < x oder Hangneigung > v führt zur Nutzungsaufgabe, ...) oder das „unsichere Wissen" mit Hilfe von Zielfunktionen und gewichteten Zielerträgen in Fuzzy Logic umgesetzt (HOCEVAR & RIEDL 2003).

Im Endeffekt wird in der Simulation für jede einzelne Parzelle festgestellt (z. B. Abbildung 4), ob eine Weiter- oder Umnutzung – dabei können aus der betrieblichen Nutzung gefallene Flächen unter gewissen Voraussetzungen dem Pachtmarkt zur Verfügung gestellt werden – oder ein Brach- bzw. Wüstfallen anzunehmen ist.

Eine Implementierung des Simulationsmodells ist grundsätzlich sowohl auf Grundlage eines Vektor- wie auch eines Rastermodells denkbar. Vektorbasiert entspricht es in idealer Weise dem Landschaftsmodell des Katasters. Hingegen widerspiegelt ein Rasteransatz mit geeigneter räumlicher Auflösung die zum Teil kleinräumig wechselnden naturräumlichen Gegebenheiten besser und berücksichtigt, dass es in Zukunft wohl auch zu Parzellenveränderungen (Teilungen) kommen wird. Abschließend sollten aber die Rasterzellen wieder zu Parzellen „sinnvollen" Zuschnitts rekombiniert werden.

In jedem Fall muss man sich dessen bewusst sein, dass zwar ein kausaler Entwicklungsablauf „simuliert", aber kein zwingendes Geschehen vorweggenommen werden kann. Letztlich steht es dem jeweiligen Anwender im Rahmen der ihm verfügbaren Daten offen, wie komplex er sein Modell aufbauen will. Zumindest sollte mit dem Simulations-„Werkzeug" generell ein besseres Verständnis für das Werden der zukünftigen Landschaft erzielbar sein. Eine Anwendung mit aneinander gereihten Abfragen („Queries") in der vorgegebenen Funktionalität eines GIS wird diesem didaktischen Aspekt möglicherweise sogar eher gerecht als eine programmierte Applikation (vgl. HEINRICH & AHRENS 1999), die den Entscheidungsablauf „verdeckt". Besonders gut geeignet erscheint eine auf Datenflussdiagrammen aufgebaute visuelle Programmiersprache wie MapModels, das allerdings nur auf Basis der Rasterumgebung von ArcView Spatial Analyst zur Verfügung steht (HOCEVAR & RIEDL 2003).

5 Anwendungen

Das Simulationsmodell wird für eine Einbeziehung in den Prozess der kommunalen Landschaftsplanung entwickelt. Nur in diesem Fall werden üblicherweise auch die sensiblen betrieblichen Daten zur Verfügung stehen. Allerdings bleibt die Größe des bearbeiteten Gebietes dabei möglicherweise unter dem für eine landschaftstypologische Forschung notwendigen Mindestmaß zurück (vgl. MOSIMANN, KÖHLER & POPPE 2001), zumal die Flächenanteile der Kulturarten teilweise sehr niedrig sind und die Entwicklung insgesamt stark von endogenen Faktoren geprägt wird. Umgekehrt bleibt zu fragen, welchen Nutzen die Landschaftsplanung nicht nur von Leitbildern und Szenarien (vgl. NIEDZIELLA 2000), sondern speziell von einer realitätsnahen Simulation der künftigen Landschaftsentwicklung hat.

Generell wird anhand des „katasterbasierten diachronischen Geoinformationssystems" (BENDER, BÖHMER & JENS 2002) gezeigt, wie das Konzept der „Veränderungstypen" eine Identifikation der Kultur- oder Nutzungsarten als Biotoptypen erleichtert. Mit Hilfe der Sukzessionsforschung ist schließlich eine qualitative Interpretation unter naturschutzfachlichen Gesichtspunkten fortzuführen (vgl. das „nutzungsbedingte Sukzessionsschema" von BENDER 1996).

Schließlich stellt sich die Frage, welche Landschafts-Leitbilder überhaupt *realistisch* sind – eine Bewertung bereits *realer* Landschaftsveränderungen (Sukzessionsfolgen) hat kürzlich HUNZIKER (2000) bei den „landschaftskonsumierenden" Einheimischen und Touristen abgefragt – bzw. inwieweit aufgrund eines Leitbildes die in großen Teilen sozioökonomisch determinierte Entwicklung beeinflusst werden kann. Es ist davon auszugehen, dass ein Simulationsmodell wie das hier vorgestellte mehr zur Antwort beitragen kann als die bis dato üblichen „Szenarien".

Literatur

AIGNER, B., DOSTAL, E., FAVRY, E., FRANK, A., GEISLER, A., HIESS, H., LECHNER, R., LEITGEB, M., MAIER, R., PAVLICEV, M., PFEFFERKORN, W., PUNZ, W., SCHUBERT, U., SEDLACEK, S., TAPPEINER, G. & G. WEBER (1999): *Szenarien der Kulturlandschaft.* – Forschungsschwerpunkt Kulturlandschaft 5. Wien

BENDER, O. (1996): *Landschaftsentwicklung im Vorderen Bayerischen Wald.* In: Mitteilungen der Fränkischen Geographischen Gesellschaft 43. Erlangen, S. 235-257

BENDER, O., BÖHMER, H. J. & D. JENS (2002): *Spatial Decision Support im Naturschutz auf Basis diachronischer Geoinformationssysteme.* In: Angewandte Geographische Informationsverarbeitung XIV. Beiträge zum AGIT-Symposium Salzburg. Heidelberg, S. 20-29

BENDER, O., BÖHMER, H. J. & D. JENS (2003): *KGIS, ein katasterbasiertes Kulturlandschaftsinformationssystem als Grundlage für die Landschaftsplanung.* In: Beiträge zum 8. Symposion zur Rolle der Informationstechnologie in der und für die Raumplanung, CORP. Wien, S. 517-524

BOGNER, D. & G. EGGER (1998): *Simulationsmodell „Landwirtschaftliche Nutzung und ihre Auswirkungen auf die Umwelt".* In: Angewandte Geographische Informationsverarbeitung IX. Salzburger Geographische Materialien 26. Salzburg

BREUSTE, J. (1996): *Landschaftsschutz – ein Leitbild in urbanen Landschaften.* In: 50. Deutscher Geographentag Potsdam 1995. Band 1. Stuttgart, S. 133-143

GAEDE, M. & M. POTSCHIN (2001): *Anforderungen an den Leitbild-Begriff aus planerischer Sicht.* In: Berichte zur deutschen Landeskunde 75 (1), S. 19-32

HEINRICH, U. & B. AHRENS (1999): *Ein regelbasiertes System zur Erstellung von Landnutzungsszenarien mit einem Geographischen Informationssystem.* In: Angewandte Geographische Informationsverarbeitung XI. Beiträge zum AGIT-Symposium Salzburg. Heidelberg, S. 257-264

HOCEVAR, A. & L. RIEDL (2003): *Vergleich verschiedener multikriterieller Bewertungsverfahren mit MapModels.* In: Beiträge zum 8. Symposion zur Rolle der Informationstechnologie in der und für die Raumplanung, CORP. Wien, S. 299-304

HUNZIKER, M. (2000): *Welche Landschaft wollen die Touristen?* In: Egli, H.-R. (Hrg.): Kulturlandschaft und Tourismus. Bern, S. 63-85

JOB, H. (1999): *Der Wandel der historischen Kulturlandschaft und sein Stellenwert in der Raumordnung. Eine historisch-, aktual- und prognostisch-geographische Betrachtung traditioneller Weinbau-Steillagen und ihres bestimmenden Strukturmerkmals Rebterrasse, diskutiert am Beispiel rheinland-pfälzischer Weinbaulandschaften.* – Forschungen zur deutschen Landeskunde 248. Flensburg

KIRCHMEIR, H., ZOLLNER, D., DRAPELA, J. & M. JUNGMEIER (2002): *Prognose regionaler Landschaftsentwicklungen unter Berücksichtigung von naturräumlichen und sozioökonomischen Faktoren.* In: Angewandte Geographische Informationsverarbeitung XIV. Beiträge zum AGIT-Symposium Salzburg. Heidelberg, S. 244-253

KONOLD, W., SCHWINEKÖPER, K. & P. SEIFFERT (1993): *Szenarien für eine Kulturlandschaft im Alpenvorland.* In: Kohler, A. & R. Böcker (Hrg.): Die Zukunft der Kulturlandschaft. 25. Hohenheimer Umwelttagung. Weikersheim, S. 49-65

KRETTINGER, B., LUDWIG, F., SPEER, D., AUFMKOLK, G. & S. ZIESEL (2001): *Zukunft der Mittelgebirgslandschaften. Szenarien zur Entwicklung des ländlichen Raums am Beispiel der Fränkischen Alb.* Bonn-Bad Godesberg

LANGE, E. (1995): *Landschaft gestern – heute – morgen: Ein digitaler Ansatz zur Visualisierung.* In: Laufener Seminarbeiträge 4/95, S. 111-120

MEISE, J. & A. VOLWAHSEN (1980): *Stadt- und Regionalplanung. Ein Methodenhandbuch.* Braunschweig, München

MOSIMANN, TH. (2001): *Funktional begründete Leitbilder für die Landschaftsentwicklung.* In: Geographische Rundschau 53 (9), S. 4-10

MOSIMANN, TH., KÖHLER, I. & I. POPPE (2001): *Entwicklung prozessual begründeter landschaftsökolgischer Leitbilder für funktional vielfältige Landschaften.* In: Berichte zur deutschen Landeskunde 75 (1), S. 33-66

NIEDZIELLA, I. (2000): *Entwicklungskonzept Donaumoos. Wege und Leitbildfindung und Akzeptanzförderung.* In: Natur und Landschaft 75 (1), S. 28-34

PLACHTER, H. (1995): *Der Beitrag des Naturschutzes zu Schutz und Entwicklung der Umwelt.* In: Erdmann, K.-H. & H. G. Kastenholz (Hrg.): Umwelt- und Naturschutz am Ende des 20. Jahrhunderts. Berlin, Heidelberg, S. 197-254

ROWECK, H. (1995): *Landschaftsentwicklung über Leitbilder? Kritische Gedanken zur Suche nach Leitbildern für die Kulturlandschaft von morgen.* In: LÖBF-Mitteilungen 20 (4), S. 25-34

STIENS, G. (1996): *Prognostische Geographie.* – Das geographische Seminar. Braunschweig

TÖTZER, T., RIEDL, L. & K. STEINNOCHER (2000): *Räumliche Nachklassifikation von Landbedeckungsdaten mit MapModels.* In: Beiträge zum 5. Symposion zur Rolle der Informationstechnologie in der und für die Raumplanung, CORP. Wien, S. 391-399

Umweltbundesamt (Hrg.) (1997): *Nachhaltiges Deutschland. Wege zu einer dauerhaft umweltgerechten Entwicklung.* Berlin

„RAUMALP" und „GALPIS" – ein Geoinformationssystem für die (österreichischen) Alpen

Oliver BENDER und Peter PINDUR

Dieser Beitrag wurde nach Begutachtung durch das Programmkomitee als „reviewed paper" angenommen.

Abstract

RAUMALP, an interdisciplinary research project of the Austrian Academy of Sciences, shall examine problem areas of spatial development on community level in the Austrian alpine region. The aim is the investigation of scientific basics for political decision finding, especially for the regional-specific realisation of the Alpine Convention. All ascertained information shall be included in "GALPIS", a comprehensive Alpine Space Information System. GALPIS based on ESRI ArcGIS and MS Access software works with data from different sources, like ISIS, the electronic data base of Statistic Austria, and original data and maps gathered and elaborated by the working groups of RAUMALP. This also includes ecological raster data. Dealing with administrative units, „real" space and raster space, RAUMALP will integrate the different space levels mostly to administrative spatial units representing the existing 1145 communities of the RAUMALP study area. This will be realised by overlay of grids, types of land use and community polygons. Major task of GALPIS is a conversion of former communal data (p. e. 1451 communities in 1951) that should represent the recent administrative boundaries. By this way it is possible to make thematic and time-integrative analyses of community data. GIS modelling of the six case studies is more complex. The conceptual model has to integrate several vector and raster layers such as land plots ("Digitale Katastralmappe"), types of land use ("Land Use and Land Cover Austria" by M. SEGER) and biodiversity. P. e., the working group settlement is using a logical data model based on the entity "building" with the attributes "construction", "function", etc.

1   RAUMALP als Plattform für ein Alpeninformationssystem

Mit dem Europäischen Raumentwicklungskonzept (EUREK) und der Alpenkonvention rückt das normative Konzept einer nachhaltigen Raumentwicklung in das Zentrum des politischen Handelns. In Anlehnung an dieses Konzept sind drei grundlegende Ziele abzuleiten, die auch und sogar besonders für eine alpenorientierte Regionalpolitik Bedeutung besitzen: der Erhalt des wirtschaftlichen und sozialen Zusammenhalts, der natürlichen Lebensgrundlagen und des kulturellen Erbes sowie die Schaffung einer ausgeglichenen Wettbewerbsfähigkeit. So konsensfähig diese Ziele auch erscheinen, so schwer wiegt allerdings ein Defizit an entsprechenden Grundlagenarbeiten.

Deshalb wurde im Jahr 2001 auf Anregung des Internationalen Wissenschaftlichen Komitees Alpenforschung (ISCAR) und unter Förderung des Österreichischen Nationalkomitees das Projekt „RAUMALP" („Raumstrukturelle Probleme im Alpenraum. Siedlung, Tourismus, Agrarwirtschaft und Biodiversität im Spannungsfeld wirtschaftlicher Entwicklungen und alpiner Raumordnung") in die Wege geleitet. Es wird am Institut für Stadt- und Regionalforschung der Österreichischen Akademie der Wissenschaften koordiniert. Im Laufe von drei Jahren sollen Grundelemente der Raumstruktur und Raumordnung ermittelt werden, die zur Identifizierung von Problemzonen und -feldern räumlicher Entwicklung dienen und somit eine wichtige Grundlage für Einzelstudien einerseits sowie für politische Entscheidungsprozesse andererseits darstellen.

Zentrales Instrument von RAUMALP ist das Geographische Alpeninformationssystem „GALPIS". Nun ist die Idee eines solchen „Alpeninformationssystems" nicht mehr neu: Im Jahr 1994 bereits hatte die Alpenkonvention die Einrichtung eines „Alpenbeobachtungs- und -informationssystems" (ABIS, engl. SOIA) in Auftrag gegeben. Wegen großer Schwierigkeiten bei der zeitlichen und räumlichen Harmonisierung von Daten aus acht Alpenstaaten (Deutschland, Frankreich, Italien, Liechtenstein, Monaco, Österreich, Schweiz, Slowenien) funktioniert ABIS acht Jahre nach der Implementierung jedoch noch lange nicht als das umfassende und leistungsfähige Informationssystem, als das es konzipiert wurde.

Dabei haben BÄTZING (1993), BÄTZING & DICKHÖRNER (2001) und PERLIK (2001) gezeigt, dass alpenweit raumbezogene Daten erhebbar, harmonisierbar und darstellbar sind. Zunächst gilt dies allerdings nur für die Bevölkerungsstatistik, während es bislang noch kaum gelungen ist, alpenweit mit klarem Raum- und Zeitbezug Entwicklungen im Wirtschafts- oder Naturraum zu dokumentieren. Dies bleibt daher ein Desiderat, und es verwundert nicht, dass angesichts der Dringlichkeit auf verschiedene Weise daran gearbeitet wird. Zwei Projekte, das im Vierten Rahmenprogramm der EU geförderte und von der Europäischen Akademie Bozen koordinierte Projekt SUSTALP (Evaluation von EU-Instrumenten zur umweltgerechten Gestaltung der Landwirtschaft im Alpenraum; 1997–1999) und das aus Mitteln des Fünften Rahmenprogramms der EU geförderte und von einem österreichischen Consulting Büro koordinierte Vorhaben REGALP (Regional Development and Cultural Landscape Change: The Example of the Alps; 2001–2004) beinhalten auch die Sammlung und digitale Verwaltung und Bearbeitung raumbezogener Daten, dies aber mit thematischer und regionaler (Fallstudien) Spezifizierung.

RAUMALP unterscheidet sich von den genannten Projekten vor allem dadurch, dass es eine flächendeckende Erhebung und Analyse anstrebt, thematisch nicht fixiert, somit ganzheitlich und offen für spätere Erweiterungen ist, einer induktiv-explorativen Forschungslogik folgt sowie regional bottom-up aufgebaut ist. RAUMALP wird zunächst als Pilotstudie im österreichischen Alpenanteil durchgeführt und soll erst in einer zweiten Phase als Interreg-IIIb-Projekt über jeweils nationale, aber in Design und Methode aufeinander abgestimmte Projekte die Einbeziehung des gesamten Alpenbogens gewährleisten. Es bleibt zu hoffen, dass die Erfahrungen aller konkurrierenden Vorhaben für die Internationalisierung von RAUMALP wie auch für die Regionalisierung der anderen Projekte nutzbar gemacht werden können.

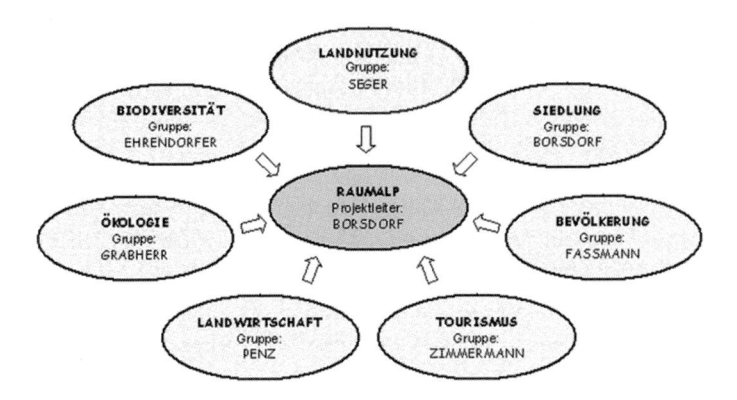

Abb. 1: RAUMALP-Themenfelder und Arbeitsgruppen

2 Die RAUMALP-Projektstruktur

Auf der explorativen und auf der analytischen Ebene von RAUMALP arbeiten sieben Arbeitsgruppen als Projektpartner, die am Institut für Stadt- und Regionalforschung koordiniert werden (Abbildung 1). Die von den Arbeitsgruppen erarbeiteten Daten werden im zentral geführten GALPIS gesammelt und verwaltet. Dieses Informationssystem, das allen Teams als Arbeitstool zur Verfügung steht, soll die Verschneidung von ökologischen und geographischen Daten auf Gemeindeebene ermöglichen. GALPIS stellt somit die Basis für alle weiteren Arbeitsschritte wie Analysen, Simulationen, Modellrechnungen, etc. dar.

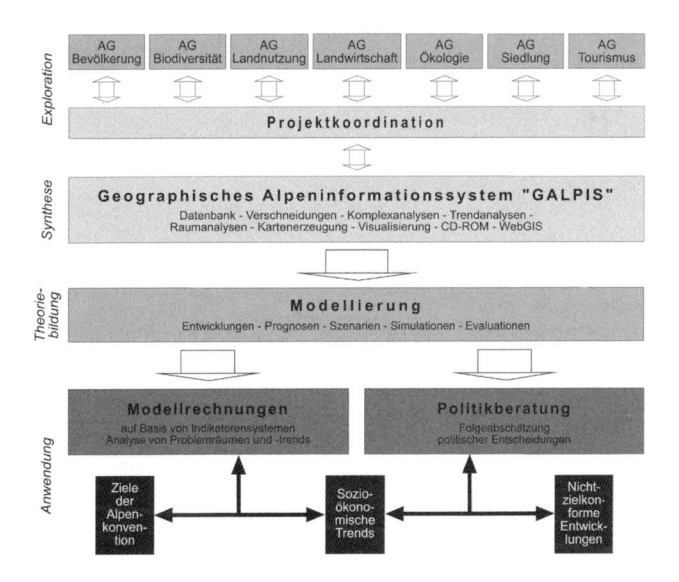

Abb. 2: RAUMALP-Forschungsdesign

RAUMALP orientiert sich im Forschungsdesign an dem bereits abgeschlossenen Projekt „Österreich – Raum und Gesellschaft" (LICHTENBERGER 2000). Es unterscheidet sich davon jedoch durch die räumliche Fixierung auf den Alpenanteil Österreichs, die größere Erhebungstiefe (Ausweitung der Variablen), die Einbeziehung der Biodiversität, des Tourismus, erweiterter Merkmale der Agrar- und Siedlungsstruktur, und der Bevölkerung, ferner durch die interdisziplinäre Vernetzung von Sozial- und Naturwissenschaften und die angestrebte internationale Ausweitung auf den gesamten Alpenraum. Die bereits vorhandenen Datenbanken aus anderen Projekten (Artenbestandsaufnahme, BELCOM, GLOBE, Ortsbauernerhebung, etc.) sollen übernommen, aktualisiert und weiter vertieft werden.

RAUMALP folgt einer exploratorisch-induktiven Logik (vgl. Abbildung 2). Die Vorteile dieses Forschungsansatzes liegen in der Flexibilität für etwaige, durch den Erkenntnisfortschritt oder externe Anforderungen nötige Anpassungen und Erweiterungen, in der Einpassbarkeit von Ergebnissen und Daten von Nicht-Projektpartnern sowie in der prinzipiellen Untersuchungsbreite, die nicht durch enge theoretische Vorgaben, Axiome oder Paradigmen eingeschränkt wird.

Um die unterschiedlichen Interessen und Methoden der verschiedenen Arbeitsgruppen einerseits kompatibel zu machen, andererseits aber Freiräume für eigene Fragestellungen, Vertiefungsrichtungen, etc. einzuräumen, wird das Projekt RAUMALP als Mehrebenenanalyse durchgeführt (Abbildung 3). Diese Ebenen werden durch den Rasterraum, den Verwaltungsraum („Statistischer Raum"), den Realraum und die Fallstudien gebildet. Auf den ersten drei Ebenen erfolgt die Datenerhebung flächendeckend im gesamten Untersuchungsgebiet (Abbildung 4). Dabei arbeiten die ökologischen Arbeitsgruppen im Raster- bzw. Realraum und die geographischen Arbeitsgruppen im Statistischen Raum bzw. ebenfalls im Realraum.

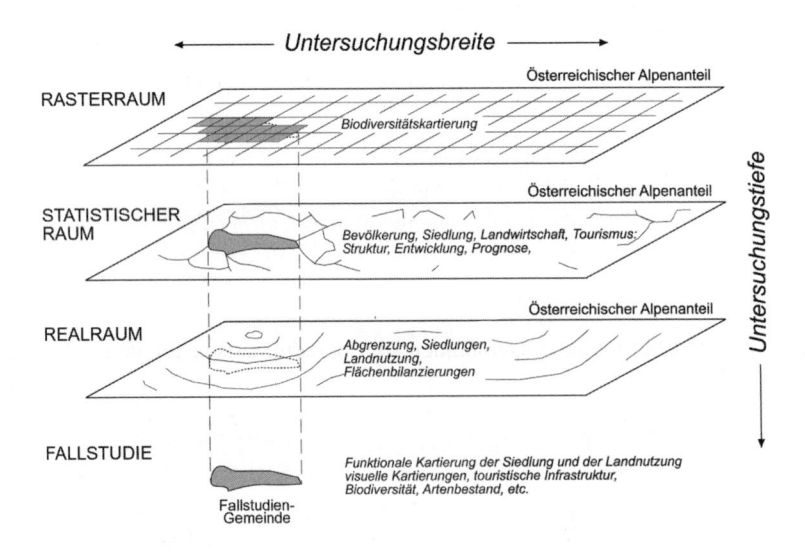

Abb. 3: Konzeption der Mehrebeneanalyse in RAUMALP

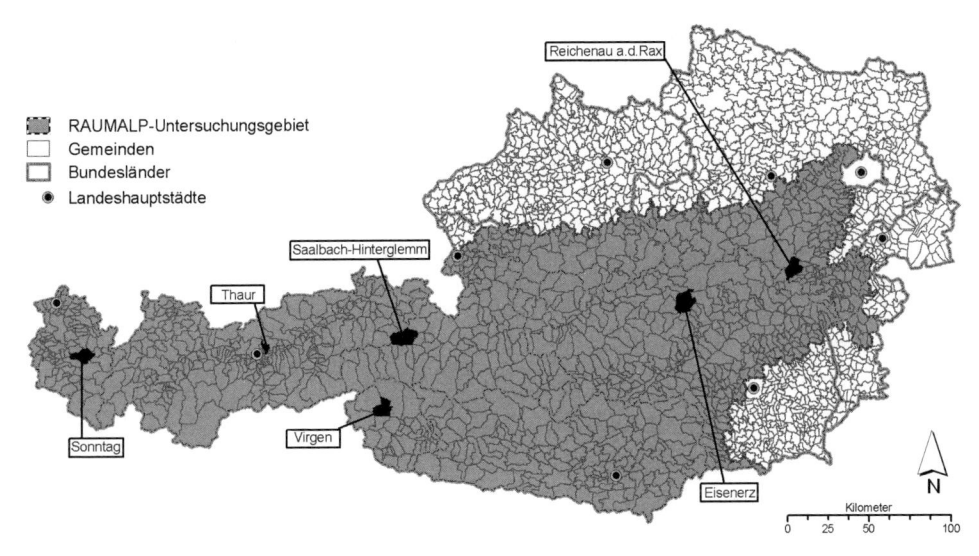

Abb. 4: RAUMALP-Untersuchungsgebiet mit den Fallstudien-Gemeinden (schwarz)

Der Rasterraum wird durch annähernd quadratische im geographischen Koordinatennetz aufgehängte Rasterflächen (3' x 5'-Einheiten) gebildet. Auf diese Raumeinheiten sind die Daten zur Biodiversität, insbesondere die Verbreitung der Gefäßpflanzenflora bezogen (NIKLFELD 1997 und 1999).

Den statistischen Raum bildet das System der politischen Gemeinden (1145 Alpengemeinden). Daten zur Bevölkerung, Landwirtschaft, Siedlung und zum Tourismus werden vorwiegend auf dieser Ebene erhoben. Verwendung finden Daten aus der amtlichen Statistik, aber auch gemeindebezogene Daten aus anderen Datenquellen. Der Adaptions- und Verarbeitungsprozess mündet u. a. in Typenbildungen, Prognosen oder die Berechnung von Bilanzen.

Naturraum und Landnutzung sind im statistischen Raum nur unzureichend abbildbar. Daher beziehen sich die Erhebungsmuster für Ökologie und Bodennutzung auf den gegebenen Landschaftsraum, den Realraum, wie er im Projekt benannt wird. Informationen dazu werden über die Analyse hochauflösender Satellitenbilder und Feldstudien gewonnen (SEGER 2000).

Auf der Fallstudienebene (sechs Gemeinden, die paradigmatisch für den österreichischen Alpenraum stehen: Eisenerz/Steiermark, Reichenau a. d. Rax/Niederösterreich, Saalbach-Hinterglemm/Salzburg, Sonntag/Vorarlberg, Thaur/Tirol, Virgen/Osttirol) werden zusätzliche Daten erhoben, um die Untersuchungstiefe von RAUMALP exemplarisch zu erweitern. Dabei behandelt jede Arbeitsgruppe alle Fallstudien-Gemeinden nach einer einheitlichen Methode. Dadurch werden idiographische Beschreibungen vermieden und die komparativen Prozesse erleichtert. Um die Daten aus den Fallstudien mit den Daten aus der flächendeckenden Analyse direkt verknüpfen zu können, wird das Untersuchungsgebiet der Fallstudien durch die Gemeindegrenzen festgelegt.

3 GALPIS als zentrales Arbeitsinstrument von RAUMALP

3.1 Die Modellierung und Datenaufnahme von GALPIS

Die Modellierung eines Geoinformationssystems bedeutet eine schrittweise Abstraktion vom konzeptuellen Modell der realen Welt bis zum physischen Datenmodell in der EDV. In GALPIS hängt sie von den vier vorgegebenen RAUMALP-Analyseebenen ab (vgl. Abbildung 3). Bei der Repräsentation des kompletten Untersuchungsgebiets dominiert der „statistische Raum" in Gestalt eines „Gemeinde-GIS". Daten aus dem „Realraum" (SEGER 2000) bzw. dem „Rasterraum" (vgl. NIKLFELD 1997, WRBKA et al. 2002) werden zu analytischen Zwecken durch Verschneidung in den „statistischen Raum" transformiert. In die sechs Fallstudien-GIS werden Daten aus allen Analyseebenen eingebracht, zumeist auch in wesentlich größeren Erhebungs-Maßstäben.

1) Konzeptuelles Modell

Σ Gemeinden = Österreich / RAUMALP-UG

2) Logisches Modell / Entity-Relationship-Model

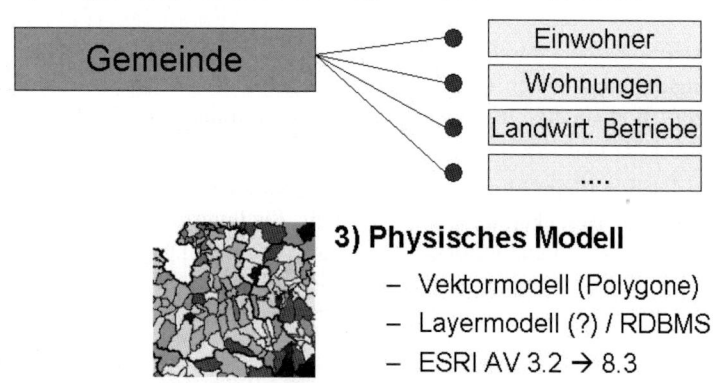

Gemeinde → Einwohner, Wohnungen, Landwirt. Betriebe, ...

3) Physisches Modell
- Vektormodell (Polygone)
- Layermodell (?) / RDBMS
- ESRI AV 3.2 → 8.3

Abb. 5: Modellierung des „Gemeinde-GIS"

Der „Workflow" folgt dem Ablauf „Konzeptuelles Modell" (hier: Verwaltungsgrenzen-Karte, Katastralmappe) – „Logisches Modell" (Entity-Relationship-Model) – „Physisches Modell" (GIS-Implementierung in der EDV). Im konzeptuellen Raum wird das RAUMALP-Untersuchungsgebiet durch die Summe seiner 1145 Gemeinden (bzw. Österreich durch 2359 Gemeinden) repräsentiert. Das Logische Modell verbindet die Entitäten „Gemeinde" mit den Attributen zum Beispiel aus der amtlichen Statistik Austria bzw. aus den Kartierungen der RAUMALP-Projektpartner. Schließlich ist nur ein einfaches Vektormodell zu implementieren, das mit einer Relationalen Datenbank gekoppelt ist (Abbildung 5).

Im Gegensatz dazu sind für die Fallstudien mehrere Konzeptuelle Modelle vorgesehen: Die sechs Untersuchungsgemeinden werden entweder durch ihre Katasterparzellen (Eigentums- bzw. Nutzungsparzellen), ihre Landnutzungs- bzw. Bodenbedeckungseinheiten (vgl. SEGER 2000; Abbildung 6, links) oder durch ein reguläres Rasternetz (Abbildung 6, Mitte) abgebildet. Dem entsprechend kommen sehr verschiedene Logische Modelle zum Tragen: die Arbeitsgruppe Siedlung zum Beispiel verwendet die Entitäten „Gebäude" (aus der Digitalen Katastralmappe; Abbildung 6, rechts) und zugehörige Attribute vorwiegend aus eigenen Geländeaufnahmen (zum Beispiel für die Bauweise oder Funktion) sowie Karten- und Bildinterpretationen. Im Endeffekt entsteht hier ein Layer-GIS mit vielen raum-zeitlichen Informationsebenen im Vektor- und Rasterformat (Abbildung 7; BENDER et al. 2003).

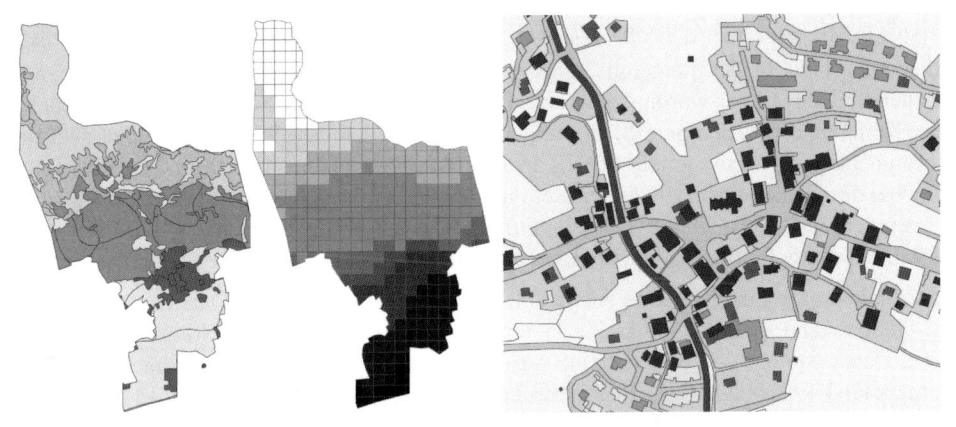

Abb. 6: Datenaufnahme in das „Fallstudien-GIS" in verschiedenen Maßstabsebenen und Themenlayern: Realraumanalyse (links) und ökologische Rasterdaten Thaur (Raster 250 m, mitte) bzw. Siedlungskartierung Virgen (Ausschnitt, rechts)

1) Konzeptuelles Modell

$\sum$ Parzellen = Gemeinde / $\sum$ Landnutzungsarten = Gemeinde
$\sum$ Rasterzellen = Gemeinde

2) Logisches Modell /Entity-Relationship-Model (z.B.)

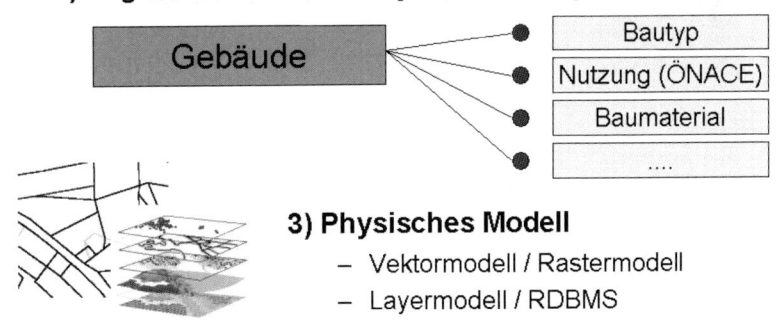

Gebäude
- Bautyp
- Nutzung (ÖNACE)
- Baumaterial
- ….

3) Physisches Modell
– Vektormodell / Rastermodell
– Layermodell / RDBMS

Abb. 7: Modellierung des „Fallstudien-GIS"

3.2 Raum-zeitliche Datenharmonisierung im Gemeinde-GIS

Im „statistischen Raum" des Gemeinde-GIS sind Verschneidungen auf Ebene der Geometriedaten (Gemeinde-Polygone) nicht erwünscht. Ziel ist die Veranschaulichung temporaler Unterschiede allein aus der Attributebene. Daraus ergibt sich ein wesentliches Problem von RAUMALP, dessen Lösung aber auch in nicht unerheblichem Maße den innovativen Charakter des Projektes ausmacht: die zeitliche „Harmonisierung" des umfangreichen amtlichen Datenbestandes aus den Zeitscheiben 1971–1981–1991–2001.

Gemeinden sind in der jüngeren Vergangenheit nicht nur zusammengelegt worden, ihre Flächen und Bewohner wurden zum Teil auch auf verschiedene Gemeinden aufgeteilt. Andere Kommunen wurden geteilt, in einigen Fällen wieder zusammengelegt oder nach der Zusammenlegung wieder geteilt (ÖSTZ 1984, 1992, Statistik Austria 2001). Aus dem Rückgang bei der Gemeindeanzahl zu den Zeitpunkten der Volkszählungen zwischen 1951 (4039 Gemeinden) und 2001 (2359 Gemeinden) für Gesamt-Österreich kann ein Eindruck der tatsächlich stattgefundenen Veränderungen im statistischen Bezugsraum gewonnen werden.

Im Projekt wurde eine Methode entwickelt, alle gemeindebezogenen Daten auf den aktuellen Gebietsstand (Volkszählung 2001) umzurechnen (Abbildung 8). Solcherart harmonisierte Daten werden von der Statistik Austria bislang allein für die Einwohnerzahlen zum Gebietsstand 1991 angeboten. Rechnerische Grundlage der Harmonisierung in RAUMALP ist ein Nachverfolgen der Gebiets- und Bewohnerübergänge zwischen einzelnen Kommunen, wobei geringfügige Gebietsabtretungen, bei denen maximal 100 Einwohner umgemeindet worden sind, außer acht gelassen werden. Aus der elektronischen Datenbank der Statistik Austria („ISIS", 1971–2001) sind im RAUMALP-Untersuchungsgebiet zum aktuellen Gebietsstand 41 bzw. österreichweit 131 Gemeinden (mit 3,1 % der Bevölkerung und 4,4 % der Staatsfläche) betroffen. Je nach thematischer Zuordnung der einzelnen Variablen erfolgen die Umrechnungen entsprechend der jeweiligen prozentualen Veränderung im Gebiets- oder Einwohnerstand. Dabei entspricht die Summe der umgerechneten Werte stets der Summe der Ausgangswerte, so dass im Rahmen der gewählten Methode eine hundertprozentige Genauigkeit der raum-zeitlichen Datenharmonisierung erreicht wird.

1	RAUMALP-ISIS---Gemeinde-Referenz			Auftei.-faktoren		Veränderungsdaten		umzurechnende Werte		umgerechn. Abs.-Werte		umgerechn. %-Werte	
2	RAUM-ALP	gem-code	gemname	Ew. [%]	Fläche [%]	Tren-nung	Zus-leg.	V-Jahr	n. Ew.	n. Fläche	n. Ew.	n. Fläche	n. Ew.	n. Fläche
685	ja	31812	Grimmenstein						1132	56	1132	56	1132	56
686	ja	31813	Grünbach am Schnee	71,75	45,28	91a		91	1050	49	753	22	1050	49
687	ja	31814	Kirchberg am Wechsel						1615	134	1615	134	1615	134
688	ja	31815	Mönichkirchen						5463	42	5463	42	5463	42
689	ja	31817	Natschbach-Loipersbach						0	35	0	35	0	35
690	nein	31818	Neunkirchen						1201	80	1201	80	1201	80
691	ja	31820	Otterthal	35,11	12,38	85a		85	534	108	188	13	534	108
692	ja	31821	Payerbach						2219	50	2219	50	2219	50
693	ja	31823	Pitten						204	51	204	51	204	51
694	LÖSCH	31824	Pottschach ^	33,69	12,58	74-		74	0	0	LÖSCH	LÖSCH	LÖSCH	LÖSCH
695	ja	31825	Prigglitz						438	47	438	47	438	47
696	ja	31826	Puchberg am Schneeberg						7721	107	7721	107	7721	107
697	ja	31827	Raach am Hochgebir	21,7	26,26	85n		85	SUP	SUP	116	28	534	108
698	LÖSCH	31828	Raglitz ^	3,42	10,77	74-		74	0	0	LÖSCH	LÖSCH	LÖSCH	LÖSCH
699	ja	31829	Reichenau an der Rax						6643	101	6643	101	6643	101

Abb. 8: Semiautomatisches Umrechnungssheet für die „Harmonisierung" von ISIS-Daten auf Gebietsstand 2001

3.4 Modellauswahl und Kopplung

Als Grundlage für das DSS dienen GIS-gestützte, raumbezogene Daten und Modelle, die in Forschungsprojekten, wie den Verbundprojekten Elbe-Ökologie und Elbe 2000 des BMBF, in großem Umfang erhoben bzw. entwickelt wurden. Grundsätzlich wird nur mit vorhandenen Daten sowie kalibrierten, validierten Modellen gearbeitet. Neuerhebungen oder -entwicklungen finden nicht statt. Damit erfüllt das DSS auch den Wunsch, vorhandene Forschungsergebnisse unterschiedlicher Disziplinen einem breiteren Anwenderkreis verfügbar zu machen.

Für die Prozesse, die in jedem der vier Module abgebildet werden, wurden entsprechende Simulationsmodelle und die notwendigen, meist GIS-gestützten Datengrundlagen ausgewählt. Bei der Auswahl stellten insbesondere die konsistente Abbildung der Einzelprozesse, deren Verknüpfung über Modulgrenzen hinweg und eine konsistente Datenbasis eine große Herausforderung dar.

Im Modul Einzugsgebiet wurde für die Niederschlag-Abfluss-Simulation das Modell HBV-D ausgewählt (KRYSANOVA et al. 1999). HBV-D ist ein verteiltes konzeptionelles hydrologisches Modell, das für die 132 Teileinzugsgebiete des deutschen Teils der Elbe kalibriert wird. Es liefert Tageswerte des Abflusses, jedoch lassen sich auch Langzeit-Statistiken erzeugen. Nährstofffrachten (Phosphor, Stickstoff) werden durch das Modell MONERIS (BEHRENDT ET AL. 1999) berechnet. Es ist ebenfalls für die oben genannten 132 Teileinzugsgebiete parametrisiert und ermöglicht die mittlere, langjährige Simulation der P- und N-Frachten von Punktquellen und diffusen Quellen. Für das Fließgewässernetz ist das Modell GREAT-ER in das DSS integriert worden (MATTHIES et al. 2001, MATTHIES et al. 2003). Es unterteilt das digitale Fließgewässernetz in Abschnitte von ca. 2 km Länge und liefert Konzentrationen an Schadstoffen, die aus Punktquellen (z.B. aus Kläranlagen) freigesetzt werden. Das Wasserqualitätsmodell der ATV-DVWK (2003) wird in das DSS integriert und mit dem Fließgewässernetz verknüpft werden.

Hinsichtlich der Geodaten wird soweit als möglich auf verfügbare amtliche Daten zurückgegriffen (CORINE Landcover, Bodendaten, Klimadaten). Da das Konzept vorsieht, dass das DSS kostenlos an die Nutzer abgegeben wird, mussten entsprechende Nutzungsvereinbarungen mit den Datenlieferanten getroffen und sichergestellt werden, dass die Daten verschlüsselt im DSS vorgehalten werden, um eine Fremdnutzung auszuschließen. Alle Geodaten wurden mit GIS (ArcGIS, Arc/Info, ArcView) prozessiert, um eine konsistente, georeferenzierte Datenbasis zu erzeugen.

3.4 Softwaretechnologie

Die softwaretechnologische Grundlage des DSS stellt das spezifische Framework GEONAMICA (HAHN & ENGELEN, 2000) dar, das von dem Research Institute of Knowledge Systems (RIKS) in Maastricht, einem Projektpartner, in den letzten 10 Jahren entwickelt wurde. Das Framework hat sich für die Erstellung verschiedener DSS, z.B. des Systems WadBOS für das niederländische Wattenmeer (RIKS, 2003) bewährt. Es beinhaltet neben GIS-Komponenten Komponenten zur Modellverknüpfung, zur Dokumentation von Daten und Modellen (Bibliotheksfunktion) sowie DSS-spezifische Werkzeuge. Um eine durchgängige Benutzerführung zu gewährleisten, werden eventuell vorhandene Oberflächen der Modelle entfernt und die Modelle unter einer einheitlichen grafischen Benutzerschnittstelle (GUI) integriert.

4 Ausblick

Nach Abschluss der umfassenden Systemanalyse ist das Elbe-DSS zurzeit in der Phase der Implementierung und Kalibrierung. Ein erster Prototyp beinhaltet Landnutzungsszenarien und Maßnahmen zur Verbesserung der langjährigen Wasserverfügbarkeit und -wasserqualität. In der nächsten Phase werden dynamische Modelle in das Modellierungs-Framework integriert.

5 Danksagung

Die Autoren danken dem DSS-Entwicklerteam für die gute Zusammenarbeit, der Bundesanstalt für Gewässerkunde, dem Bundesministerium für Bildung und Forschung und dem Umweltbundesamt für ihre finanzielle Unterstützung und Datenlieferungen.

Literatur

ATV-DVWK (2003): *Water quality model*
http://www.erftverband.de/aufgaben/projekt/gwguete1/kurzbesc/abstract.htm

BEHRENDT, H., HUBER, P.-H., OPITZ, D. SCHMOLL, O., SCHOLZ, G & R. Uebe (1999): *Nährstoffbilanzierung der Flussgebiete Deutschlands*, UBA Texte 75/99, Berlin

BfG (Bundesanstalt für Gewässerkunde) (2000): *Decision Support Systems (DSS) for river basin management*, Koblenz

BfG (Bundesanstalt für Gewässerkunde) (2001): *Towards a Generic Tool for River Basin Management - Feasibility study*, Koblenz

HAHN, B. & G. ENGELEN (2000): *Concepts of DSS Systems*. In: BfG 2000, pp 9-44.

RIKS (Research Institute for Knowledge Systems) (2003): Maastricht (Netherlands), http://www.riks.nl/projects/WADBOS

KRYSANOVA, V., BRONSTERT, A. & D.-I. WOHLFEIL (1999): *Modelling river discharge for large drainage basins: from lumped to distributed approach*, Hydrolog. Sci. J. 44 (2), 313-331

MATTHIES, M., BERLEKAMP, J., KOORMANN, F. & J.O. WAGNER (2001): *Georeferenced regional simulation and aquatic exposure aseessment*. Wat. Sci. Techn. 43(7), 231-238

MATTHIES, M. & J. KLASMEIER (2003): *Geo-referenced stream pollution modeling and aquatic exposure assessment*. MODSIM 2003

Online-Visualisierung des Kartenbestandes der Bibliothek des Wissenschaftsparks Albert Einstein

Stephan BRAUNE und Roland BERTELMANN

Zusammenfassung

Der Kartenbestand der Bibliothek des Wissenschaftsparks Albert Einstein soll in einer Übersichtskarte visualisiert und im Internet recherchierbar gemacht werden. Es wird eine Online-Visualisierung des Kartenbestandes mit dem UMN-Mapserver vorgestellt.

Bisher sind internetbasierte graphische Suchmöglichkeiten in den Kartensammlungen von Bibliotheken nicht die Regel (CROM 1999). Die Suchmöglichkeiten basieren auf der klassischen verbalen Erschließung in nach bibliothekarischen Regeln geführten Datenbanken.

1 Kartensammlung der Bibliothek

Die geowissenschaftlichen Institute GeoForschungsZentrum Potsdam, Potsdam Institut für Klimafolgenforschung und Alfred-Wegener-Institut für Polar- und Meeresforschung Forschungsstelle Potsdam haben ihren Sitz im Wissenschaftspark Albert Einstein und betreiben dort eine gemeinsame Bibliothek mit einem Bestand von über 100 000 Bänden, ca. 400 laufenden Zeitschriften und dem Zugang zu ca. 900 elektronischen Zeitschriften. Teil des Bestands ist eine historisch gewachsene Landkartensammlung von ca. 40 000 Karten. Die Sammlung besteht nicht nur aus topographischen, sondern auch aus einer Vielzahl thematischer Karten. Die erfassten Regionen verteilen sich über die gesamte Erde unter Einschluss der Polargebiete. Diese Karten sind weitgehend nicht durch Kataloge erschlossen. Nur für einen Teilbestand liegt ein traditioneller Zettelkatalog vor. Von ca. 2000 Blättern sind die Metadaten nach bibliothekarischen Regeln (RAK-KARTEN 1987) erfasst und über das Bibliothekssystem zugänglich. Bei etwa 500 dieser Blätter beinhalten diese Metadaten die geographischen Koordinaten. Die Erschließung aller Einzelkarten mit vollständigen bibliothekarischen Metadaten ist momentan nicht leistbar.

Aus diesen Gründen wird der Bestand zurzeit nur mäßig genutzt. Eine Erfahrung, die alle Bibliotheken machen: Bestand, der nicht elektronisch recherchierbar ist, ist faktisch nicht existent. Beim Sondermaterial Karten bietet sich über die verbale Erschließung hinaus natürlich eine visuell basierte Suche an. Das Gros der Kartenbestände in deutschen Bibliotheken ist momentan nicht über eine geographisch-visuelle Oberfläche recherchierbar.

An diesem Punkt setzt das hier beschriebene Projekt an. Die gängige Form der Publikation einer traditionellen Karte war/ist das Kartenwerk, gebildet aus einer Vielzahl von Einzelkarten. Eine tabellarische Erfassung weniger elementarer Metadaten (CROM 1992, CROM 1999) ist für die Gesamtheit dieser Kartenwerke mit wenig Arbeitsaufwand leistbar. Erfasst werden u.a. Kartenwerktitel, Signatur, Koordinaten der Eckpunkte (links oben und rechts unten) und Kartenmaßstab. Zusätzlich werden URLs von dazugehörigen Internetresourcen aufgenommen und gescannte Indexblätter im Intranet abgelegt, die z.B. Vermerke zur Vollständigkeit des vorliegenden Werks enthalten.

Es bietet sich an, den Teil des Kartenbestandes, dessen Lage durch die Eckpunktkoordinaten bekannt ist, geographisch zu veranschaulichen und diese Veranschaulichung auch im Internet anzubieten. Das kann mit einem Mapserver umgesetzt werden. Im ersten Ausbauschritt enthält diese Online-Visualisierung Daten, die einmalig aus dem Bibliothekskatalog exportiert wurden, später ist hier ein automatischer Datenabgleich realisierbar. Die Recherche über ein graphisches Interface erlaubt eine Beschränkung auf sehr wenige Elemente und kommt dem Suchverhalten der Wissenschaftler entgegen.

2 Umsetzung/Daten

Die Landkarten aus dem Bibliotheksbestand überlappen sich und lassen sich demzufolge nicht in Form einer einzigen Shape-Datei mit Polygon-Topologie ablegen. Darüber hinaus liegen Karten zu praktisch allen Regionen der Erde in unterschiedlichem Maßstab, Inhalt usw. vor. Diese Ausgangssituation unterscheidet das vorgestellte Modell grundlegend von Informationssystemen über regionale Kartenbestände weitgehend einheitlicher Beschaffenheit wie z.B. der Online-Katalog HYDROGEOLOGISCHE KARTEN BRANDENBURG.

Eine Möglichkeit zur Darstellung eines derart heterogenen Kartenbestandes besteht darin, aus den Umrissen der Karten ein Linien-Shape zu erzeugen. Diese Umrisse können wegen der unterschiedlichen Lage der Karteninhalte nicht einfach als Rechtecke mit den Eckpunkten maximaler West-Ost- und Nord-Süd-Ausdehnung entlang der Längen- und Breitengrade gezeichnet werden. Das würde zu trapezartigen bzw. in der Nähe der Pole zu fast dreieckigen Figuren führen, die nichts mit den realen Karteninhalten zu tun haben.

Um den gesamten Kartenbestand nach einem möglichst einfachen Schema einheitlich zu veranschaulichen, wird aus den Eckpunktkoordinaten der Kartenmittelpunkt und die Länge (Bogenlänge) der Kartendiagonale berechnet. Um den Kartenmittelpunkt wird dann ein Rechteck gezeichnet, dessen Diagonale der Kartendiagonale entspricht und dessen Längsachse in Nord-Süd-Richtung ausgerichtet ist. Die Rechteckseiten sind Großkreisabschnitte, die Seitenverhältnisse entsprechen den Kartenabmessungen. Dieses Verfahren ist in Abbildung 1 am Beispiel des Kartenwerks Türkei schematisch dargestellt. Es lässt sich auf alle Kartenwerke und einzelnen Kartenblätter unabhängig von der Lage auf der Erde anwenden und liefert in allen kartographischen Projektionen einen anschaulichen Eindruck von der Lage des Kartenblattes, wie in Abbildung 2 gezeigt ist.

Abb. 1: Beispiel der Konstruktion der Kartenumrisse am Beispiel Kartenwerk Türkei aus den Eckpunktkoordinaten E24°-E45°/N42°-N36°.

3 Umsetzung/Software

Die Kartenumrisse werden zusammen mit den anderen Metadaten der Karten (Signatur, Titel, Maßstab und weitere Informationen) in einer Shape-Datei mit Linien-Topologie abgelegt. Die Metadaten zu den Karten liegen in der Sachdatentabelle der Shape-Datei.

Zum Erstellen der Geometrie einer solchen Shape-Datei müssen ausreichend viele Punkte entlang des Kartenumriss-Rechtecks (Orthodrome) berechnet werden. Diese Berechnung wird mit der Programmiersprache Perl unter Zuhilfenahme der mathematischen Standardfunktionen ausgeführt. Aus diesen Punkten wird mit ArcInfo (*generate*) ein Linien-Coverage erzeugt, das die Umrisse der erfassten Karten enthält. Die Kartenumrisse werden mit den Metadaten zu den Karten, die tabellarisch vorliegen, unter Verwendung des Programms ArcView verbunden und zusammen mit diesen im Shape-Format abgespeichert.

Im gegenwärtigen Ausbauschritt wird die Shape-Datei im Fall einer Neuerfassung von Karten völlig neu angelegt. Die Prozedur ist nicht vollständig automatisiert, da Programme unter dem Betriebssystemen UNIX und Windows verwendet werden. Abhängig von der Häufigkeit der Aktualisierung des Kartenkatalogs ist ein automatischer Abgleich des Bibliothekskatalogs mit den Shape-Dateien für die Kartenvisualisierung über eine definierte Schnittstelle und unter Verwendung von ArcInfo oder alternativ von frei verfügbarer Software (z.B. shapelib) eine Ausbaumöglichkeit dieser Anwendung.

Für die Online-Darstellung der Shape-Datei mit den Kartenumrissen vor einer Hintergrundkarte (Weltkarte) wird der UMN MapServer (FISCHER 2002) verwendet.

4 Stand der Realisierung

Das Linien-Shape mit den Kartenumrissen und die Hintergrundkarte liegen zunächst in geographischer Projektion (WGS84) vor, wird aber zur Online-Präsentation auch in Mollweide-Projektion und – zur besseren Veranschaulichung der Polargebiete – in stereographische Projektion (Nord- und Südhalbkugel) umgerechnet (KUNITZ 1990). Die nach der vorgestellten Methode berechneten Umrisse der Kartenwerke sind in Abbildung 2 in den genannten Projektionen dargestellt. Zur Veranschaulichung des Kartenmaterials von Europa und Deutschland werden diese Bereiche außerdem in Lambertprojektion angeboten.

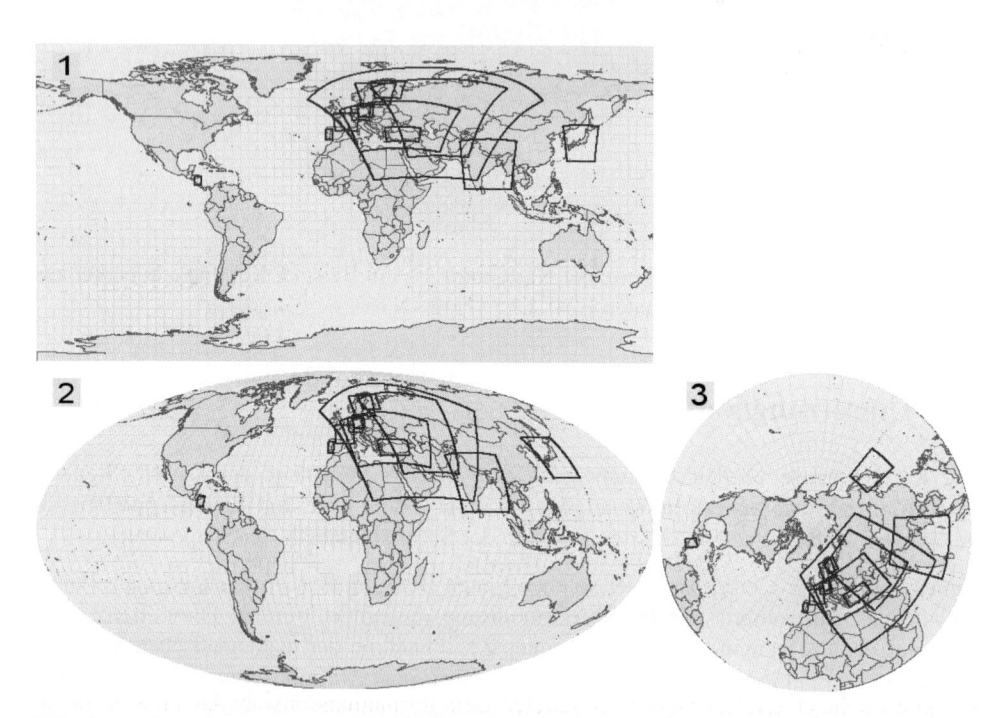

Abb. 2: Visualisierung ausgewählter Kartenwerke in verschiedenen Projektionen:
[1] geographische Projektion,
[2] Mollweideprojektion,
[3] stereographische Projektion am Nordpol.

Der Nutzer bekommt eine Übersicht über die in der Bibliothek vorhandenen und mit dem vorgestellten Programm erfassten Kartenwerke und Einzelkarten. Die Darstellung in mehreren Projektionen ermöglicht ihm einen anschaulichen Eindruck über den Kartenbestand von allen Gebieten der Erde, insbesondere auch von den Polargebieten.

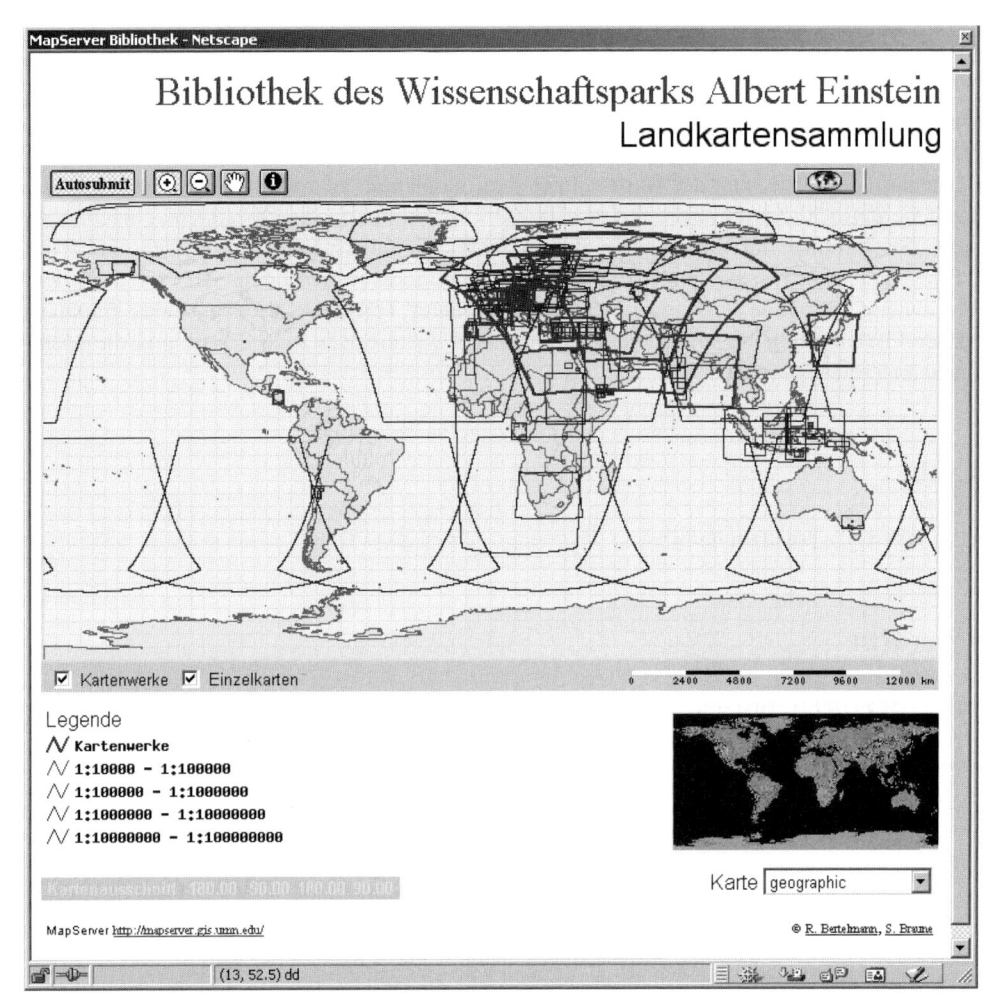

Abb. 3: Online-Visualisierung des zurzeit erfassten Kartenbestandes aus Nutzersicht. Die Linien sind mit den Metadaten der Karten/Kartenwerke verlinkt. Es kann hineingezoomt und in eine andere Projektion gewechselt werden.

Die graphische Oberfläche ist der verbreiteten Geoinformationssoftware ArcView nachempfunden. Der Nutzer kann in einen Ausschnitt der Übersichtskarte hineinzoomen oder die Metadaten zu den eingezeichneten Karten abfragen. Die in der Übersichtskarte eingezeichneten Kartenumrisse sind verweissensitiv, beim Anklicken eines Kartenumrisses erhält der Nutzer ein neues Browser-Fenster mit den Metadaten zu der jeweiligen Karte.

Die Ausgabe für den Nutzer erfolgt ausschließlich im Format HTML, das zur besseren Nutzerführung (z.B. zum Aufziehen eines Zoom-Rechtecks) mit Javascript erweitert wurde, und mit Grafiken im Format PNG. Die vorgestellte Lösung erfordert keine clientseitigen Anpassungen oder Plug-Ins und kein Java-Applet. Abbildung 3 zeigt das Browserfenster des Nutzers mit der Übersichtskarte und den verweissensitiven Umrissen der Kartenwerke.

5 Ausblick

Durch den Export der bisher erfassten Daten aus dem Bibliothekssystem sind zurzeit ca. 500 Einzelkarten über die vorgestellte graphische Oberfläche im Internet recherchierbar. An der pauschalen Erfassung der Kartenwerke wird momentan gearbeitet, bis Mitte des Jahres 2003 werden 150 Kartenwerke mit ca. 10 000 Einzelkarten in die Oberfläche eingebunden sein. Das Interface soll im Sommer diesen Jahres für die Nutzung im Wissenschaftspark freigegeben werden und damit den Kartenbestand stärker in den Focus der Nutzer stellen. Mit äußerst geringem Aufwand ist damit ein größerer Teil des Kartenbestandes graphisch recherchierbar gemacht. In der Perspektive sollen weitere Bestände erfasst und die Metadaten angereichert werden.

Link

http://www.gfz-potsdam.de/bib/

Literatur

CROM, W. (1992): Erschließung von Karten für Benutzer wissenschaftlicher Bibliotheken. Fachhochschule für Bibliotheks- und Dokumentationswesen in Köln. Köln, 1992.
CROM, W. (1999): A map collection in the Internet. LIBER Quarterly, the Journal of European Research Libraries, Vol. 9 (1999), No 2
FISCHER, TH. (2002): UMN MapServer. Handbuch und Referenz. Berlin, MapMedia, 2002.
Hydrogeologische Karten Brandenburg (2001): Katalogserver des Landesamtes für Geowissenschaften und Rohstoffe Brandenburg, http://katalog.lgrb.de/hyk/ (Data accessed: [08.04.2003])
KUNTZ, E. (1990): Kartennetzentwurfslehre. Wichmann, Karlsruhe, 2. Aufl.
RAK-Karten (1987): Sonderregeln für kartographische Materialien. Berlin: Dt. Bibliotheksinstitut, 1987 - XII, 66 S. (Regeln für die alphabetische Katalogisierung, 4)

Kartographische Anforderungen an eine 4D-Animation zur Visualisierung postglazialer Ereignisse gezeigt anhand eines GLOF – Glacial Lake Outburst Flood

Sascha CSIDA, Dieter RIEGLER und Andreas RIEDL

Zusammenfassung

Die vorliegende Animation verfolgt das Ziel, postglaziale Prozesse, im speziellen einen 1994 stattgefundenen Gletscherseeausbruch – GLOF (Glacial Lake Outburst Flood) – für ein wissenschaftliches bzw. allgemeines Publikum zu visualisieren. Daraus ergeben sich im Hinblick auf den Animationsverlauf konkrete Anforderungen an Qualität und Aufbereitung der zugrunde liegenden Basisdaten (Höhenmodelle, Satellitenbilder ...). Die realisierte Animation wird als fernsehgerechter Kurzfilm aufbereitet und kann als erste Annäherung zum Thema gesehen werden. Die Erkenntnisse dieser Realisierung machen weitere Überlegungen zu komplexeren (analytischen) Animationen möglich.

1 Einleitung

Die Auswirkungen der klimatischen Veränderungen und damit verbundene häufigere und zerstörerische Überschwemmungskatastrophen sind dieses Jahr in Österreich und Europa bereits real geworden. In Anbetracht des anhaltenden Klimawandels stellen auch postglaziale Prozesse in vielen alpinen Räumen – im vorliegenden Fall der Ausbruch eines Gletschersees und der damit ausgelösten Flutwelle (GLOF) – eine potentielle Gefahrenquelle dar. Konkret hat ein solcher GLOF in Lunana, NW-Bhutan, 1994 tatsächlich stattgefunden (HÄUSLER 2000). Die Prozesse während des GLOFs, als auch seine Auswirkungen und dessen Ursachen wurden – zum besseren Verständnis – in einer 4D-Animation realitätsnahe rekonstruiert und visualisiert. Der Animationsablauf selbst, bzw. das dafür nötige Storyboard, wurde aus jenen Ergebnissen abgeleitet, welche durch intensive Untersuchungen des Instituts für Geologie der Uni Wien im Rahmen des Projekts "Geohazards in the high-mountain-region of Bhutan" vor Ort gewonnen wurden.

2 Animationsablauf – Storyboard

Im Storyboard werden jene Schlüsselszenen der Animation, die für das Verständnis über Genese und Verlauf des GLOF nötig sind, definiert. Für eine Zielgruppenspezifische Visualisierung des Sachverhaltes wurde das Storyboard in drei Hauptabschnitte gegliedert, welche jeweils durch einen signifikanten „Maßstabssprung" im Endprodukt gekennzeichnet sind und in den folgenden Abschnitten eingehender betrachtet werden.

2.1 Einleitung – Überblick über das Untersuchungsgebiet

Der geographische Bezug wird ausgehend von einer kleinmaßstäbigen Darstellung durch zoomen des Bildausschnittes (Südasien – Himalaja – Bhutan – Untersuchungsgebiet), sowie zusätzlich durch, die Orientierung erleichternde kartographische Elemente (Staatsgrenze, Namengut ...) hergestellt.

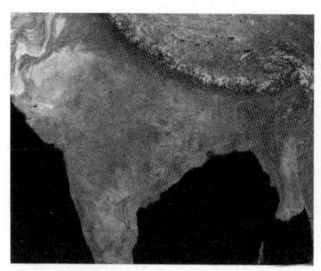

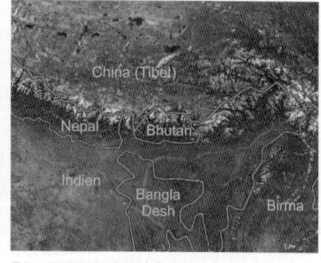

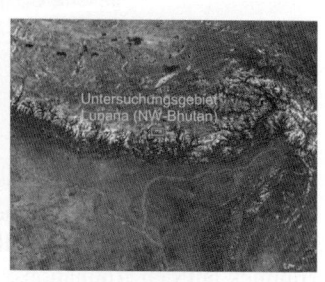

| Subkontinent | Bhutan und Nachbarstaaten | Untersuchungsgebiet |

Abb. 1: Auszug aus dem Storyboard – Herstellen des geographischen Bezugs

2.2 Hauptteil – Entstehung eines GLOF

Um einen Einblick in die Lage- und Größenverhältnisse (Gletscher, Seen ...) zu geben, beginnt der Hauptteil mit einer großmaßstäbigen Karte des Untersuchungsgebietes und einem anschließenden bodennahen Überflug (Vogelperspektive) entlang des Pho Chhu Tales bis zum Ort des Geschehens (Luggye-Gletscher, welcher vom Lake Outlet des Druk Chung I geflutet wird). Am Luggye und Druk Chung I Gletscher ist zunächst die Ausgangssituation mit dem zwischen Endmoräne und Gletscher entstandenen, See und dem, in einer kleinen Rinne aus der Endmoräne (Druk Chung I), abfließenden Wasser zu sehen.

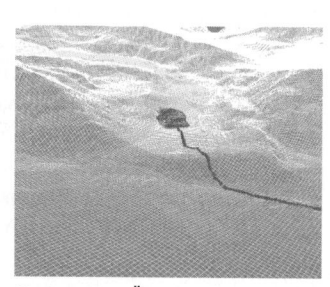

| Pfad des Überflugs | Überflug mit Luggye See | Endposition Überflug |

Abb. 2: Auszug aus dem Storyboard – Überflug des Untersuchungsgebiets

Um den Zuschauern die folgenden temporalen Verhältnisse der einzelnen Ereignisse besser vermitteln zu können, wird zusätzlich eine analoge Uhr eingeblendet. Durch die Entleerung eines subglazialen Wasserreservoirs aus den basalen Bereichen der Eismasse, kommt es zum Ansteigen des Seespiegels um 1,75 m in 48 Stunden. Der Prozess der Wasserentleerung aus den Reservoirs wird durch zwischenzeitliches einblenden eines 2D-Profiles (Schnitt durch Eiskörper, Gletscher ...) veranschaulicht.

Als Folge des signifikanten Wasserspiegelanstiegs läuft der See über und ein erster GLOF entsteht. Die Dauer bis zum Peak-Flow (Einbruch der Endmoräne) wurde mit 2 Std. festgelegt, die entstehende Flutwelle (Abflußspitze 2000 m³/s Wasser und Sediment) fließt über den Luggye Gletscher in den Luggye See. Die Kamera verfolgt die Flutwelle bis zum Erreichen des Luggye Sees mit – Schnitt.

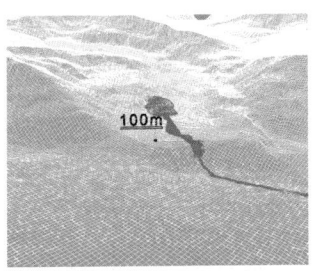

| GLOF aus dem Druk Chung | Welle – Kameraposition 1 | Welle – Kamerapositon 2 |

Abb. 3: Auszug aus dem Storyboard – GLOF 1 aus dem Druk Chung See in den Luggye See (Drahtgitter)

Die neue Kameraposition befindet sich im Vordergrund des Luggye Sees. Im hinteren Bereich des Luggye Sees entsteht eine Welle und bewegt sich Richtung Osten über den See auf die Kamera zu (reale Dauer ca. 85 s). Der Abfluss des Luggye Outlet wird erhöht bis der Peak-Flow von ca. 2500 m³/s erreicht ist.

2.3 Schlussteil – Auswirkungen eines GLOF

In einer Übersichtskarte wird der Verlauf der Flutwelle (Partikelsystem) durch das Pho Chhu Tal bis nach Punaka gezeigt. Die zerstörerischen Auswirkungen werden beim Passieren der einzelnen Dörfer an entsprechender Stelle eingeblendet.

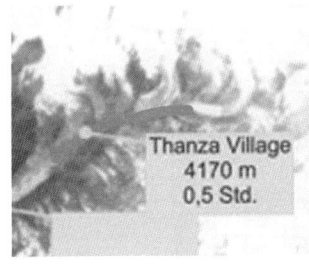

| Bild 000 | Bild 250 | Bild 750 |

Abb. 4: Auszug aus dem Storyboard – GLOF durch das Pho Chhu Tal

3 Partikelsysteme

Zur Simulation der fließenden Bewegungen des Wassers stehen im Animationsprogramm (Cinema4D) Partikelsysteme zur Verfügung. Die Form der Partikel wird vom Benutzer definiert. Im vorliegenden Fall wurden für die erstellten Partikelströme leicht abgerundete

Würfel verwendet (um die blockartige Struktur der Geschiebewelle hervorzuheben). Neben dem eigentlichen Emitter steht in Cinema4D eine Vielzahl von Objekten zur Verfügung. Sie werden Modifikatoren genannt und können durch ihre spezifischen „physikalischen" Eigenschaften (Graviation, Reflexion, Wind, usw.) die Partikel in ihrer Richtung und Geschwindigkeit bzw. ihrer Existenz (Vernichter) beeinflussen. Alle Objekte besitzen eine Vielzahl von Einstellungsmöglichkeiten und ermöglichen so die Darstellung eines fließenden Baches bzw. einer Flutwelle. Für analytische Simulationen (z.B.: Ermittlung von Gefährdungsflächen durch Hochwassersimulationen) müssten die Partikelsysteme mit C.O.F.F.E.E. (objektorientierte Programmiersprache) adaptiert werden.

4 Anforderungen an die Datenqualität

Das Storyboard und in weiterer Folge die Kameraparameter (Position, Brennweite, Orientierung, ...) bestimmen die nötig Datenqualität von Höhenmodellen (Basis für die Geometrie des Geländes) und Satellitenbildern (Basis für die Textur der Geländeoberfläche). Um entsprechend den kartografischen Qualitätskriterien die gewünschten Auflösungen/Detailgrade zu erreichen, musste folgende Bedingung erfüllt sein: Mindestens eine Rasterzelle des Modells wird in einem Pixel des gerenderten Film(formates) abgebildet (lpo >= ppi). Für jede (variierende) Flughöhe ergibt sich eine entsprechende minimale Auflösungen der Daten. Entsprechend dem Storyboard wurden drei durchschnittliche Flughöhen mit den dazugehörenden Detailgraden abgeleitet.

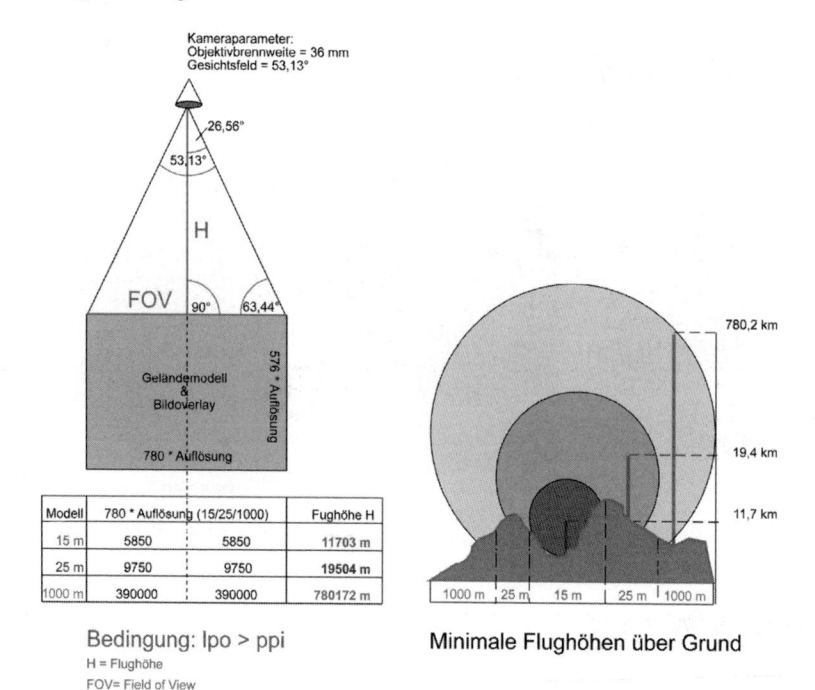

Abb. 5: Berechnung der Minimalflughöhe der Kamera über dem Filmgelände hinsichtlich Auflösung bzw. LOV (Level of Detail) und FOV (Field of View)

Eine Auflistung der verwendeten Basisdaten bietet folgende Tabelle

Tabelle 1: Basisdaten

Originärdatensatz	Auflösung – geometrisch/spektral
Landsat TM	geometrisch 30 × 30 m/120 m
	multispektral 7 Bänder
IRS1D	geometrisch 6 × 6 m
	panchromatisch 8 bit
GTOPO 30 – Modell 1000	1000 m
Höhenmodell – Modell 25	25 m
Höhenmodell – Modell 15	15 m

3 Datenfusion am Beispiel des Höhenmodells

Der Zweck der Datenfusion liegt primär in der Optimierung des Renderprozesses auf hohem grafischen Qualitätsniveau. Basierend auf den im Storyboard beschriebenen Flugpfad und den Kameraeinstellungen, wurden mittels Sichtbarkeitsanalysen die Bereiche unterschiedlicher Modellauflösungen ermittelt. Stellvertretend sei hier der Bereich zwischen dem Höhenmodell für die Randzone (25m) und der Kernzone (10m) dargestellt.

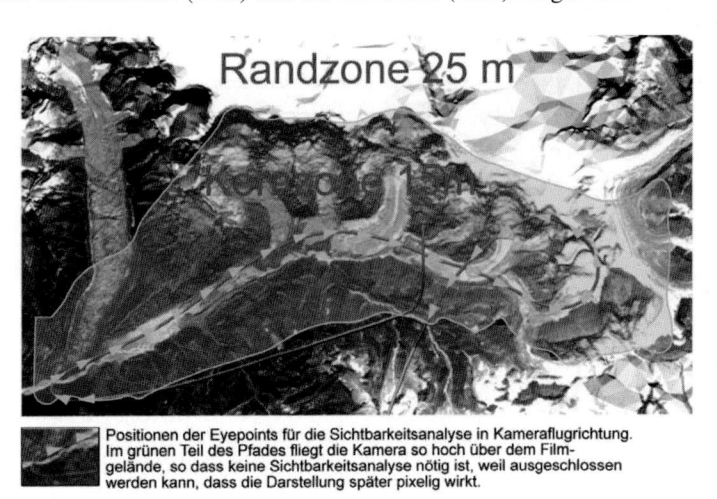

Abb. 6: Bereich verschiedener Modellgenauigkeiten

Die Analyse und Fusion der Modelle erfolgte in ARC/INFO. Durch exportieren ins DEM-Format war eine problemlose Weiterverwendung im Animationsprogramm gegeben.

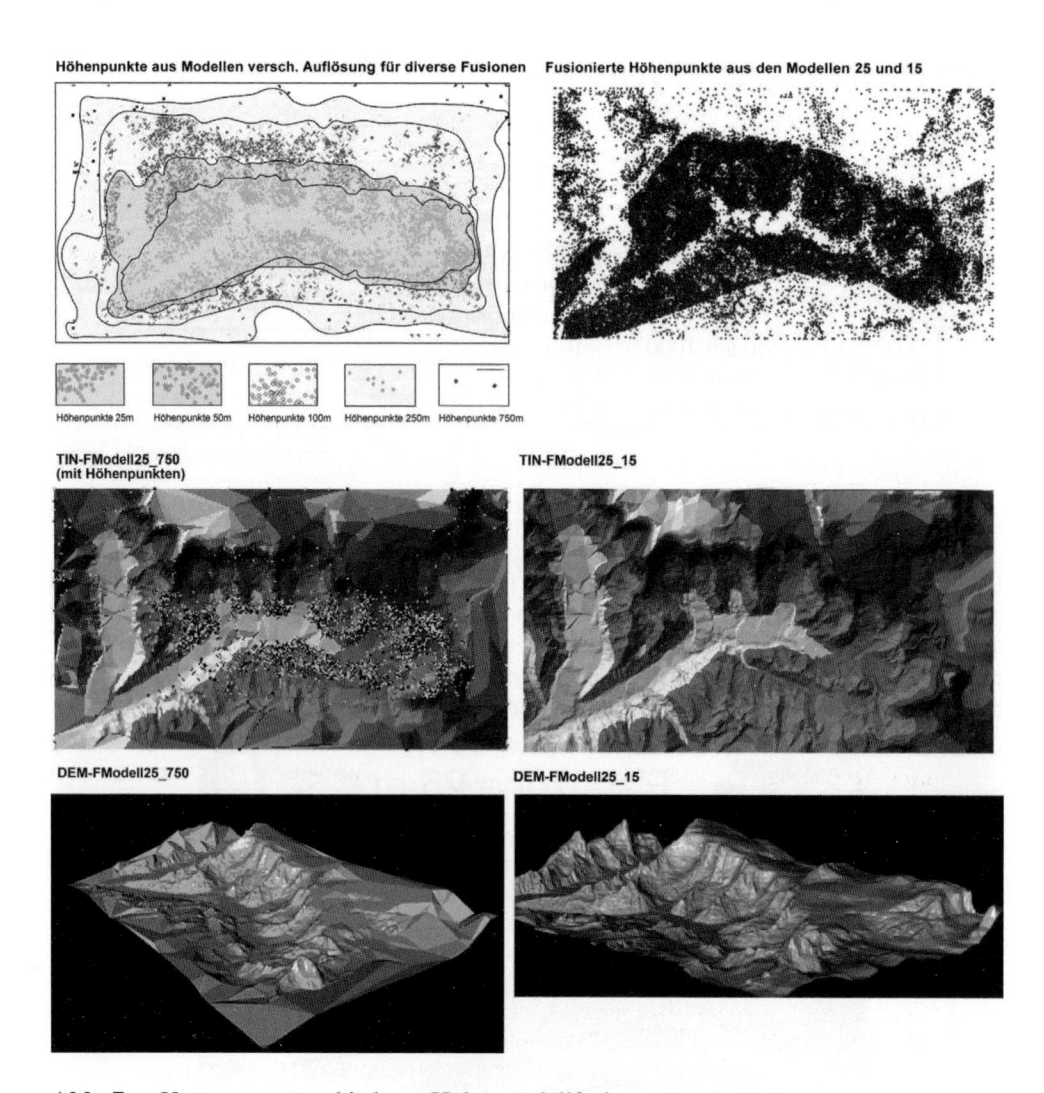

Abb. 7: Umsetzung verschiedener Höhenmodellfusionen

Literatur

HÄUSLER, LEBER, SCHREILECHNER, MORAWETZ, LENTZ, SKUK, MEYER, JANDA, BURGSCHWAIGER (2000): *Raphstreng Tsho Outburst Flood Mitigatory Project* (Lunana; Northwestern Bhutan): Phase II, Universität Wien, Institut f. Geologie, Wien

KOCH, S. (2001): *Data Fusion*. Fakultät Informatik, Universität Stuttgart. http://www.informatik.uni-stuttgart.de/ipvr/

MAXON (2001): *Cinema4D – Referenz-Handbuch V.7*. Maxon Computer GmbH, Friedrichshafen

Integration durch Standardisierung und Modularisierung – die Einbindung eines geologischen Dienstes in nationale Geodatenintiativen am Beispiel des LGRB

Wolfgang CZEGKA und Frank A. LOCHTER

Zusammenfassung

Das LGRB (Landesamt für Geowissenschaften und Rohstoffe Brandenburg) engeagiert sich bei dem Aufbau von Geodateninfrastruktur-Initaitiven, um die Wirksamkeit seiner Geodaten zu verbessern.

Diese Initiativen vernetzen Produktkataloge für Geodaten unterschiedlicher Anbieter (Provider). Ein gebündeltes Angebot wird grundsätzlich mehr Beachtung finden, als ein einzelnes Portal. Der Grundsatz der dezentralen Erfassung aller beschreibenden Produktinformation (Metadaten) bei den spezifischen und kompetenten Datenprovidern kann eingehalten werden, obwohl der Nutzer über ein zentrales Portal recherchieren kann.

Der dauerhafte Betrieb einer informationstechnischen Infrastruktur verursacht hohe laufende Kosten. Deshalb müssen sehr detailliert die sog. Total Cost of Ownership eingeschätzt werden. IT-Technologie veraltet sehr schnell, deshalb ist dieser Kostenanteil besonders zu untersuchen. Ziel des LGRB ist es die Entwicklung der Technologie von Internet-Produktkatalogen (WWW Katalogservice) für Geodaten weitestgehend arbeitsteilig mit Institutionen die ähnliche Aufgabenstellungen bearbeiten und unter „Open Source" Regeln durchzuführen. Die Orientierung auf „Open Source" bringt weitere Vorteile:

- Bedenken bzgl. der Datensicherheit der Applikationen können ausgeräumt werden (offener Quellcode).
- Partner können diese Quellen arbeitsteilig nutzen und zusätzliche Module entwickeln. Sind diese dann wieder als „Open Source" angelegt, können sie sehr schnell und kosteneffizient entwickelt, verteilt und zu komplexen Systemen integriert werden.
- Die eingesetzten Open Source Lösungen werden konform zu „freien" (nicht firmenspezifischen) und offenen Standards (ISO, OGC) gehalten, die eine größtmögliche Zukunftssicherheit der Systeme gewährleisten.

1 Einleitung

Geowissenschaftliche Fachdaten (orts- und raumbezogene Beschreibung der Gegebenheiten eines Landes) sind die Grundlage für eine moderne effektive Landesplanung und seine nachhaltige Nutzung. Darüber hinaus sind und werden die Geodaten noch zunehmend zu einem Wirtschaftsfaktor. Mit den umfassend im Landesamt für Geowissenschaften und Rohstoffe Brandenburg (LGRB) vorliegenden Geodaten bestehen günstige Voraussetzungen, sich diesen Anforderungen einer modernen Informationsgesellschaft zu stellen.

Im Folgenden werden Projekte skizziert, in denen das LGRB (Landesamt für Geowissenschaften und Rohstoffe Brandenburg) aktiv ist:
1. Katalogservice des LGRB,
2. GIB – Initiative Geodaten Infrastruktur Brandenburg,
3. Portal der Geologischen Dienste

Zusammenfassend lässt sich sagen, das die Integration eines kleinen geologischen Fachdienstes mit regionalen Aufgaben in regionale und nationale Initiativen transparent werden soll.

2 Katalogservice des LGRB

Zum 10. Jahrestag des Landesamts für Geowissenschaften und Rohstoffe Brandenburg am 09. April 2002 sowie zum „Jahr der Geowissenschaften" hat das LGRB, als erstes geologisches Landesamt der Bundesrepublik Deutschland einen Internet-Katalogservice unter der URL: http://katalog.lgrb.de im Internet verfügbar gemacht. Das System dient primär dem Suchenden. Das Konzept ist auf die Nutzer des LGRB ausgerichtet. Der Kunde soll über einen Standard-Internet-Browser (ohne zusätzliche Plug-Ins) räumlich und inhaltlich nach Geodaten-Produkten recherchieren und diese einfach bestellen können.

Dieses Geoportal - vom Design her derzeit bewusst schlicht ist ein erster online verfügbarer WWW-Service in der Geodaten Infrastruktur Brandenburg (s. Abschnitt 3).

Der Katalogservice besteht aus Modulen, die über klar definierte Schnittstellen miteinander arbeiten. Derzeitig sind folgende Module installiert:
- OGC konformer WWW Map Server (Internet-Landkarten)
- OGC konformer WWW Katalogserver (Haltung/Recherche der ISO Metadaten)
- WWW-Portal (Nutzeroberfläche im Internet).

Als WWW-Mapserver wird ein „Open Source" Standardprodukt eingesetzt, welches völlig frei im WWW verfügbar ist. Dieser WWW-Service ist konform zu den Standards des OGC. Der Katalogserver ist ein WWW-Service, der über eine international genormte Abfragesprache Recherchebedingungen zu Raum- Sach- und Zeitbezug über Produkte entgegennimmt, eine Produktrecherche startet und die Treffer konform zu ISO Standards liefert. Er ist das Metainformationssystem zu den Produkten. Da ein solcher Katalogserver ein klar definiertes Verhalten hat, kann er nicht nur in der Infrastruktur des LGRB sondern auch aus anderen Projekten abgefragt werden. So wird am LGRB nur ein Metainformationssystem gepflegt, dieses aber für mehreren Projekte aus dem WWW heraus abfragbar. Diese Projekte sind z.B. die GIB (s. Abschnitt 3), das WWW-Portal der staatlichen geologischen Dienste (s. Abschnitt 4), aber auch das hier nicht beschriebene Deutsche Forschungsnetz Naturkatastrophen. Die Anzahl solcher Projekte ist beliebig.

Eine erfreuliche Wirkung des WWW-Kataloges ist die Transparenz des Datenangebotes für das LGRB und seine Nutzer. Der WWW-Katalog dient auch der Schwerpunktsetzung beim Datenprovider.

Um rasch den Bedarf an Geobasisinformationen abzudecken, werden die bis jetzt nur in analoger (gedruckter) Form vorliegenden Geologischen Karten im Maßstab 1: 25 000 hochauflösend gescannt, georeferenziert, mit ISO-Metadaten versehen und auf CD bereitgestellt. Diese georeferenzierten geologischen Rasterkarten können in die marktüblichen Geoinformationssysteme eingeladen und dort weiterverarbeitet werden. Aus diesen Rasterkarten können qualitativ hochwertige Ausdrucke der Geologischen Karte erstellt werden („print on demand"-Service).

In einer zweiten Phase werden die amtsintern vorhandenen und zukünftig erstellten vektoriellen Geodaten als Geodatenprodukt aufgearbeitet. Außerdem werden dazu geeignete digitale Kartenwerke auch als Internetpräsentation aufgearbeitet.

Neben dem Produktkatalog stellt das LGRB auch einzelne Geodatensätze in das Internet ein. So wurde bereits die Hydrogeologische Übersichtskarte des Landes Brandenburg im Maßstab 1:25000 als WWW-Applikation (http://katalog.lgrb.de/hyk/) implementiert und es werden weitere Geodatenbestände für eine solche Präsentation vorbereitet.

Bei der Entwicklung des Portals wurden die Standards und Standardentwürfe des OpenGis Consortium (OGC) (www.opengis.org) und der ISO genutzt.

Aus der beruflichen Erfahrung heraus lässt sich sagen, dass nicht der Aufbau eines Informationssystems das Problem ist, sondern der dauerhafte Betrieb einer informationstechnischen Infrastruktur. Deshalb muss der für die IT-Systeme Verantwortliche sehr detailliert die sog. Total Cost of Ownership, d.h., die Gesamtkosten eines IT-Systems einschätzen. Diese Kosten ergeben sich nicht nur aus den Erstellungskosten, sondern auch aus den Betriebskosten für das System. Da IT-Technologie sehr schnell veraltet, ist gerade dieser Kostenanteil besonders zu untersuchen. Ziel des LGRB ist es die Entwicklung der Technologie von Internet-Produktkatalogen (WWW Katalogservice) für Geodaten weitestgehend arbeitsteilig mit Institutionen die ähnliche Aufgabenstellungen bearbeiten und unter „Open Source" Regeln durchzuführen. Die einzelnen Module des LGRB Katalogservice sind als „OpenSource" Projekt entwickelt worden. Die Orientierung auf „Open Source" bringt zwei Vorteile. Bedenken bzgl. der Datensicherheit ausgeräumt werden, da die Quellcodes der Programme frei vorliegen. Partner können diese Quellen arbeitsteilig nutzen und zusätzliche Module entwickeln. Sind diese dann wieder als „Open Source" angelegt, können sie sehr schnell und kosteneffizient entwickelt, verteilt und zu komplexen Systemen integriert werden. Die Softwaremodule sollen mit Eigen- oder Weiterentwicklungen kombiniert werden. (vgl. auch CZEGKA, LOCHTER ET AL 2002 oder BRAUNE, CZEGKA ET AL. 2001).

3   GIB – Initiative für eine Geodaten Infrastruktur in Brandenburg

Die Initiative „Geodaten Infrastruktur Brandenburg (GIB)" ist eine Kooperation verschiedener brandenburgischer Forschungsinstitutionen, Fachbehörden und Landesbetriebe. Das Ziel besteht darin, eine Geodateninfrastruktur für die Region Brandenburg zu entwickeln, in operationellen Betrieb zu nehmen und diese auch langfristig zu betreiben. Initiatoren der GIB sind das GeoForschungsZentrum Potsdam, das Landesumweltamt Brandenburg (LUA), der Landesbetrieb Landesvermessung und Geobasisinformation Brandenburg (LGB) sowie das Landesamt für Geowissenschaften und Rohstoffe Brandenburg (LGRB). Die GIB ist offen für **alle** Firmen, Institutionen und Organisationen, die sich aktiv einbringen wollen.

Durch den gemeinsamen Aufbau einer Geodateninfrastruktur in Brandenburg sind erhebliche Synergien bei den beteiligten Einrichtungen sowie folgende Potentiale zu erwarten:

- Aufbau eines transparenten Geodatenmarktes in Brandenburg.
- Schaffung wesentlicher Voraussetzungen für E-Government.
- Know-How-Transfer zwischen den Einrichtungen und abgestimmte Entwicklung von Technologien mit Effektivierung des Mitteleinsatzes.
- Integration in eine nationale und internationale Geodateninfrastruktur durch die strenge Einhaltung internationaler Standards (OGC, ISO).
- Erschließung neuer nutzerfreundlicher Anwendungen durch die Einbeziehung und Verknüpfung der vielfältigen Fachdaten.

Um diese Potenziale zu realisieren, planen die Mitglieder der GIB WWW Katalogservices nach den Standards der ISO und des OGC (www.opengis.org) aufzubauen und zu vernetzen. Über die beteiligten Portale können sich Kunden über alle Geobasis- und Geofachdaten der angeschlossenen GIB Mitglieder informieren. Zum Betrieb der in der GIB vorhandenen und geplanten Katalogserver wurde vom LGRB und dem Landesbetrieb für Geobasisdaten Brandenburg (LGB) Ende des Jahres 2001 eine Metadatengemeinschaft (Metadatencommunity) gebildet und ein ISO konformes Metadatenmodell entwickelt. Das LGRB/LGB Metadatenmodell ist kompatibel zu den Kernelementen der Vornorm (Draft International Standard DIS) ISO 19115 der International Organization for Standardization (ISO) vom September 2001 (O.A. 2001). Die Vornorm hat jedoch eine solche Reife, dass zur Verabschiedung des Standards nur noch mit geringfügigen Änderungen gerechnet wird. Das Metadatenmodell benutzt deshalb lediglich Kernelemente und einige weiterreichen Metadatenelemente der ISO-DIS, die als „fest" gelten.

Das ISO-DIS Modell definiert mehr als 300 unterschiedliche Metadatenelemente. Diese Metadatenelemente sind in M = (Mandatory) verpflichtende, O = (Optional) optionale und C = (Conditional) unter bestimmten Umständen verpflichtende Elemente unterteilt.

Das ISO-DIS Metadatenmodell ist aus schalenförmigen Schichten, den Kern (essential profile; core) Komponenten, den weiterreichenden (comprehensive) und den erweiterten (extendend) Metadatenelementen aufgebaut. In der Praxis bildet jede Metadatencommunity ihr spezifisches Community Profil aus (Abbildung 2). Die Metadatencommunity LGRB/LGB bewegt sich im Bereich der Kernmetadatenkomponenten.

Das vom LGRB und LGB gemeinsam entwickelte Metadatenmodell ist vollständig ISO-DIS 19115 kompatibel, d.h.:

- es vollzieht die von ISO-DIS19115 vorgegebene Semantik nach,
- nutzt die in der ISO-DIS 19115 definierten Datenelemente „eindeutig" (in Nomenklatur und Inhalt) und
- erhält die von ISO-DIS 19115 definierten Verbindungen innerhalb der „ISO 19100 Familie".
- das ISO_DIS 19115 konforme Metadatenmodell der GIB wurde in XML ausgeführt.

Das LGRB leitet eine sog. Special Interest Group „Metadaten" (SIG Metadaten) im Rahmen der GIB-Initiative. In dieser SIG wird der ISO Standard publiziert und weitere Mitglieder in die Metadatencommunity aufgenommen. So sind neben dem LGRB und dem

LGB z.Z. das Landesumweltamt, das GeoForschungsZentrum Potsdam und die Firma Delphi IMM Mitglieder. In der SIG wurde eine Übereinkunft erzielt, dass alle laufenden Entwicklungen auf diesem bestehenden Metadatenmodell aufsetzen. Erst wenn die ISO 19115 verabschiedet ist, wird es falls notwendig zu einer Weiterentwicklung kommen, die aber in jedem Falle keinen großen Aufwand macht, da die Metadaten im XML Format vorliegen (vgl. CZEGKA et al. 2002) und Migrationen einfach durch Style-Sheet- Transformationen (XSLT) erfolgen können.

4 Gemeinsames WWW-Portal der staatlichen geologischen Dienste

Die IT-Verantwortlichen der Staatlichen Geologischen Dienste „SGD" (BIS-Steuerungsgruppe) erarbeiten in einer Arbeitsgruppe der Länder Niedersachsen, Mecklenburg-Vorpommern, Baden Württemberg und Brandenburg zusammen mit der Bundesanstalt für Geowissenschaften und Rohstoffe (BGR) eine erste Version für ein gemeinsames Web-Portal der SGD. Dort sollen über den URL www.infogeo.de :

- allgemeine Informationen über die Aufgaben der SGD, aber insbesondere
- Angaben über Leistungen/Produkte der SGD und deren Bezugsbedingungen

bereitgestellt werden. Damit wird dieses Portal zentraler Einstiegspunkt für alle geologischen Dienste in Deutschland. Die Produkte und Leistungen der SGD sollen über einen WWW-Katalogservice zur Verfügung gestellt werden. Die mögliche Architektur dieser Lösung ist in Abb. 1 dargestellt.

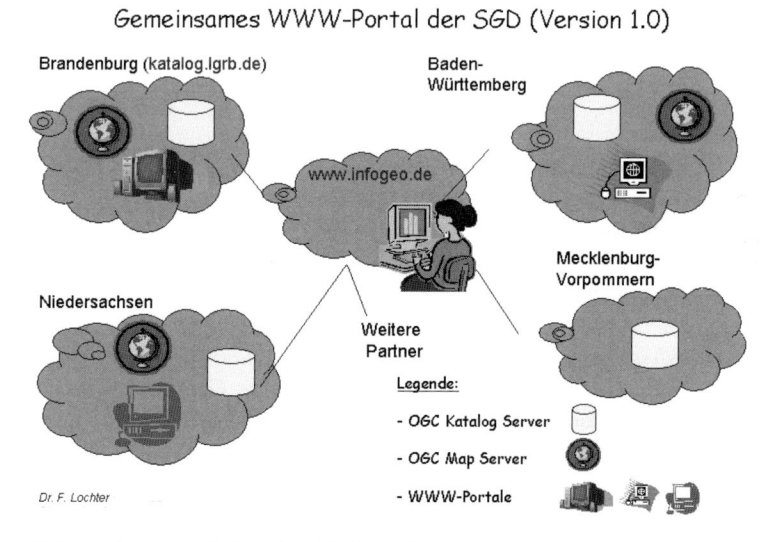

Abb. 1: Skizze einer möglichen Architektur des Portals der SGD „INFOGEO.DE"

Dabei wird auf die Einhaltung der ISO 19115 (Mindestdatensatz gemäß „Essential Profile") zur Erstellung der Metadaten geachtet. Der WWW-Katalogservice wird in den Komponenten WWW-Map Server, WWW-Katalogserver konform zu den OGC Standards implementiert.

Die in Brandenburg entwickelten Module des WWW-Katalogservice werden in diesem Projekt wieder verwendet und daher gemeinsam und kostenteilig weiterentwickelt.

6 Schlussbemerkung

Es ist abschließend festzustellen, dass vernetzte Produktkataloge für Geodaten von viel größerer Bedeutung sind, als singuläre Angebote eines Providers. Ein gebündeltes Angebot wird grundsätzlich mehr Beachtung finden, als ein einzelnes Portal. Der Grundsatz der dezentralen Erfassung aller beschreibenden Produktinformation (Metadaten) bei den spezifischen und kompetenten Datenprovidern kann eingehalten werden, obwohl der Nutzer über ein Portal recherchieren kann.

Problematisch gestalten sich die Diskussionen zur Abgleichung der Inhalte der Metadaten und der gemeinsamen Interpretation der ISO Vornorm für Metadaten. Außerordentlich schwierig ist auch die Finanzierung solcher Projekte. Zum einen sind die Mittel im öffentlichen Bereich stark limitiert und zum anderen ist der Mehrwert, der durch den Aufbau solcher Infrastrukturen geschaffen wird, nicht direkt bei den Geodatenprovidern wirksam, sondern bei den Konsumenten. Die Wirtschaftlichkeitsbetrachtung muss deshalb ganzheitlich gemacht werden. Andere Länder wie Kanada, Holland oder Australien sind hinsichtlich dieses Punktes erheblich fortgeschrittener als Deutschland und haben den volkswirtschaftlichen Wert von Geodaten erkannt und erfolgreiche nationale Initiativen gestartet

Literatur

O.A. (2001): *Draft international Standard ISO/DIS 19115 (ISO/TC211) Geographic information - Metadata* (Version: 2001-09-20). ISO, Genève

BRAUNE, S., W. CZEGKA, & F. MIE (2001): Einsatz von Metaserver und GeoLocator in online Geoinformationssystemen. Z. geol. Wiss. 29, S. 431-438

CZEGKA W., F.A. LOCHTER, & S. FREY (2002): *Geo-Daten für Brandenburg. - Das ISO 19115 konforme Metadatenmodell des LGRB (Landesamt für Geowissenschaften und Rohstoffe Brandenburg) und LGB (Landesvermessung und Geobasisinformation Brandenburg) im Rahmen des Katalogservice der Initiative Geodaten Infrastruktur Brandenburg (GIB).* In: Strobl. J., Blaschke, T. & G. Griesebner (Hrsg.): Angewandte Geographische Informationsverarbeitung XIV, Wichmann, Heidelberg, 93-99

Vegetationskartierung mit Schall – submerse Makrophyten im „Visier" von Echosonden

Erich DUMFARTH

> Dieser Beitrag wurde nach Begutachtung durch das Programmkomitee als „reviewed paper" angenommen.

Zusammenfassung

Angeregt durch die Wasserrahmenrichtlinie der EU entstand in den letzten Jahren der Bedarf nach Methoden für eine rasche, kostengünstige und einfach zu überprüfende Kartierung der Vegetation unter Wasser. Die vorliegende Arbeit stellt eine Methode vor, durch die mittels digital aufzeichnender Echosonden entsprechendes Datenmaterial aufgenommen wird. Dessen Verarbeitung erfolgt in einer eigenen Applikation mit dem Namen "Sonarview". Diese in ArcView integrierte Applikation ermöglicht es, die binären Daten der Echosondenaufzeichnung in ArcView-Grid-Daten zu konvertieren. Durch verschiedene Werkzeuge kann aus der Fülle der aufgezeichneten Daten jenes Material selektiert werden, dass das Vorkommen von Unterwasservegetation signalisiert. Daraus ergeben sich unschwer Verbreitungskarten und andere Folgeprodukte.

1 Einleitung und Problemstellung

Die Wasserrahmenrichtline (2000/60/EG) der EU verpflichtet die Mitgliedstaaten zur Herstellung eines "guten ökologischen Zustandes" ihrer Gewässer. Unter anderem wird eine eindeutige Beurteilung aller Stillgewässer (Seen) ab einer Größe von 50 ha gefordert. Diese Beurteilung erfolgt durch bestimmte "Qualitätskomponenten", zu denen auch die Makrophytenvegetation (Wasserpflanzen) zählt. Die Vegetation im und unter Wasser ist ein entscheidender Strukturfaktor für die gesamte Biozönose. Um Aussagen über den Zustand eines Gewässers ableiten zu können, muss die gesamte pflanzenbewachsene Uferzone, das Litoral, bis hinab zur Vegetationsgrenze in der Tiefe der Seen in die Betrachtung einbezogen werden. Die flächige Kartierung emerser Makrophytenbestände stellt methodisch keine besondere Herausforderung dar. Völlig anders hingegen stellt sich das Problem in Hinblick auf submerse Makropyhten, also jene Pflanzenbestände in den Seen, die vollständig untergetaucht sind. Eine genaue vermessungstechnische Erfassung dieser Vegetation war bislang in den größeren Seen mit einigermaßen vertretbarem Aufwand kaum möglich. Die übliche Methode einer flächigen Tauchkartierung unterteilt das Litoral in mehrere festgelegte Tiefenzonen, die gleichzeitig von einigen Tauchern bearbeitet werden. Mit dieser Vorgehensweise sind Aufwand (Geräte, Zeit, Personal) und Kosten recht beträchtlich. Zudem bleibt auch die eindeutige räumliche Zuordnung der von den Tauchern kartierten Bestände einigermaßen ungenau, da eine exakte Positionierung durch den Taucher unter Wasser praktisch kaum möglich ist. Bei Übertragung der Ergebnisse auf herkömmliche Seenkarten entstanden Scheingenauigkeiten mit teils beträchtlichen Fehlern. Ausbreitungsgrenzen und

Flächenbilanzen konnten als Basisaufnahmen für die Beobachtung der weiteren Entwicklung der Makrophytenbestände nur dann verwendet werden, wenn zusätzlich zur Tauchkartierung eine genaue Vermessung der Bestandsgrenzen an ausgewählten Transekten erfogte, was den Aufwand, und damit die Kosten, noch weiter beträchtlich erhöhte. Die erörterten Probleme waren wesentliche Triebfeder in der Entwicklung eines methodisch neuen Ansatzes zur Erfassung submerser Makrophytenbestände. Von der Firma ICRA mit Unterstützung von Herrn Dr. Paul Jäger, Abt. Gewässerschutz des Amtes der Salzburger Landesregierung, und Frau Mag. Karin Pall von der Firma Systema erarbeitet, soll dieser Ansatz hier kurz umrissen werden. In dessen Zentrum steht die Sondierung des Gewässerkörpers und sämtlicher darin befindlicher Inhalte inklusive der Vegetation mittels Schall. Die digital aufgezeichneten Rohdaten der Sondierung bilden das Ausgangsmaterial für die weitere Verarbeitung in Hinblick auf die Kartierung submerser Makrophyten. Eine eigens erstellte Applikation bietet eine Reihe von Werkzeugen, mit deren Hilfe es möglich ist, aus der Fülle der Messwerte jene zu isolieren, die das Vorhandensein von Unterwasservegetation belegen.

2 Echosondierung des Gewässerkörpers

Informationsträger für die Erkundung des Raums zwischen Wasserspiegel und Gewässergrund ist die Ausbreitung einer Schallwelle, die als Schwingung durch das elastische Medium des Wassers verläuft. In der einfachsten Form wird so die Wassertiefe bestimmt. Moderne wissenschaftliche Geräte, sogenannte Echosonden, arbeiten nach dem gleichen Prinzip, erfüllen aber wesentlich höhere Anforderungen. Sie messen nicht nur die Wassertiefe, sondern sammeln Informationen über alles, was sich zwischen Oberfläche und Gewässergrund befindet (MEDWIN & CLAY 1997, URICK 1983).

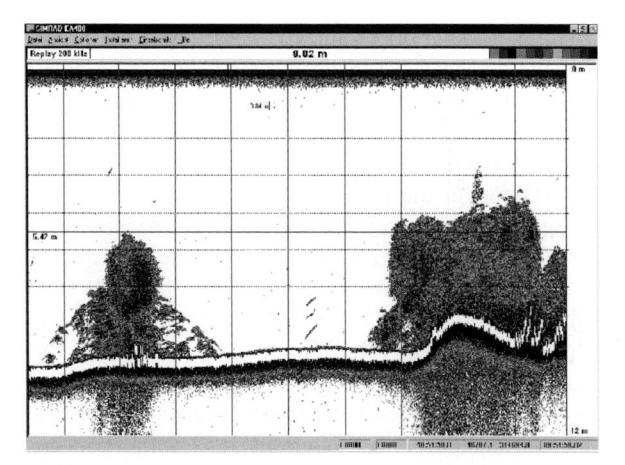

Abb. 1: Szenenbild eines digitalen Echogramms (Weyerbucht des Mattsees, Salzburg) Durch die sogenannte "White Line" wird der gemessene Grund deutlich hervorgehoben. Deutlich erkennbar der Bewuchs mit mehrere Meter hohen submersen Makrophyten. Die linke Pflanze ist seitlich von Fischen flankiert.

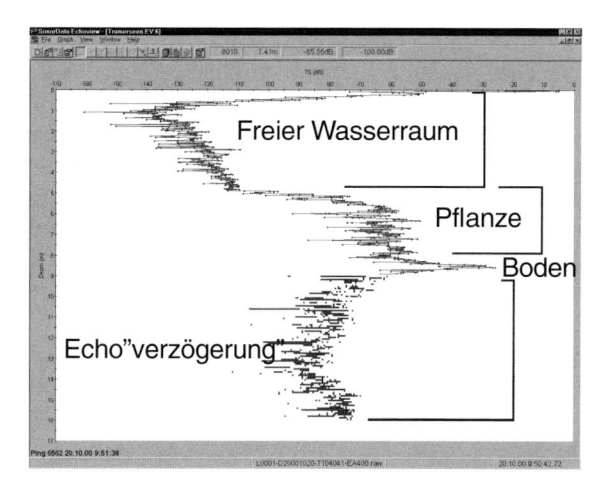

Vegetationskartierung mit Schall – submerse Makrophyten im Visier von Echosonden 67

[Graph eines Ping mit Beschriftungen: Freier Wasserraum, Pflanze, Boden, Echo"verzögerung"]

Abb. 2: Graph eines Ping. Der massive Ausschlag nach rechts in einer Tiefe von rund 8 Meter markiert die Lage des Bodens. Darüber befindliche Ausschläge werden durch die submerse Vegetation verursacht. Die Ausschläge unter dem Boden, in der Abb. mit Echo"verzögerung" bezeichnet, entstehen durch Reflexion und Ablenkung des Signals an der Pflanze, deren Stengel und Blätter und dem dadurch bedingten längeren Rückweg des ausgesendeten Signals zum Schwinger, der Sender- und Empfängereinheit der Echosonde.

Jede Echosonde besteht aus Sender und Empfänger. Der Sender produziert eine Folge hochfrequenter Geräuschimpulse, sogenannte Pings. Diese laufen als gebündelte Schallwellen durch das Wasser. Treffen sie auf einen Gegenstand, etwa eine Pflanze oder den Gewässergrund, werden sie von dort reflektiert und vom Empfänger als Echo des ausgestrahlten Impulses registriert. Aus der Laufzeit berechnet sich die Tiefe bis zu den registrierten Objekten. Die Ergebnisse werden digital aufgezeichnet und in Form von Echogrammen graphisch dargestellt. Für die Aufzeichnung wird das ausgesendete Signal von der Wasseroberfläche bis hinunter zum Grund in kleine Scheiben (Samples) zerlegt, die bei einer Frequenz von 200 kHz rund einen Zentimeter durchmessen. Jedes Sample enthält die am Empfänger ankommenden Spannungswerte als Verhältnis von ausgesendetem zu wieder empfangenem Signal. Dieses Verhältnis wird als negativer Dezibel-Wert (dB) mit entsprechender Tiefenzuweisung gespeichert. 0 dB entsprechen einer Stahlplatte direkt unter dem Schwinger: das gesamte ausgesendete Signal gelangt zurück zum Empfänger; –90 dB weisen auf Schwebstoffteilchen oder Plankton im Wasser hin: nur ein sehr geringer Teil des ausgesendeten Signals wird vom Empfänger registriert. Ausgefeilte Algorithmen suchen in den Echos nach der für Boden typischen "Signatur". Durch die Aufzeichnung des gesamten Signalspektrums ist es möglich, mittels verschiedener Filter und Selektionskriterien das digitale Echogramm für unterschiedliche Bedürfnisse auszuwerten, selbstverständlich die Gewässertiefe, aber ebenso auch in Hinblick auf submerse Vegetation.

Um die von der Echosonde Ping für Ping und Sample für Sample aufgezeichneten Daten auch geographisch eindeutig zuordnen zu können, werden auf dem Messboot per GPS Positionsdaten gesammelt. Durch die Einbeziehung von GPS-Korrekturdaten, wie etwa jene des ALF-Datendienstes des BKG (Bundesamt für Kartographie und Geodäsie), erfolgt deren 'Veredelung' zu Differential GPS-Positionsdaten (DGPS). Um Abschattungseffekte durch die Topographie oder anderer Störquellen zu unterbinden, empfiehlt sich der Aufbau einer Art 'Relaisstation' mit einwandfreiem Empfang der Korrekturdaten. Von dieser werden die Korrekturdaten per GSM-Modem an das Messboot gefunkt und dort in real-time in die Berechnung der Positionen einbezogen. Eine weitere Verbesserung der Positionsgenauigkeit empfiehlt sich durch den Einsatz von GPS-Geräten, die für hydrographische Vermessungsarbeiten optimiert sind und die daher auch die auf Wasseroberflächen unvermeidlichen Multipath-Effekte bzw. deren Auswirkungen berücksichtigen. Die Bündelung des Datenstroms aus den drei verschiedenen Gerätequellen (Echosonde und GPS auf dem Messboot, RTCM-Empfänger bei der Relaisstation und per GSM-Modem mit dem Messboot ständig verbunden) fügt der Information, was sich in welcher Gewässertiefe befindet, noch die horizontale Position hinzu und erlaubt damit eine genaue vertikale und horizontale Einordnung aller Objekte innerhalb des Gewässerkörpers, den Grund ebenso wie allfällig vorhandene submerse Makrophyten. Die Positionsdaten des DGPS werden in die digitalen Echogramme derart integriert, dass auf Grund der niedrigeren Messfrequenz des DGPS (DGPS: 1 Messung pro Sekunde; Echosonde: 10 Messungen pro Sekunde) nur jeder zehnte Ping mit einer ihm zugehörigen Position verbunden wird. Nachträglich erfolgt mit deren Hilfe für alle anderen Pings die Berechnung der horizontalen Position und damit eine lückenlose räumliche Verortung der gesamten Messfahrt.

3 Applikation „SonarView" zur Kartierung submerser Makrophyten in ArcView

Die aufgezeichneten sowohl horizontal wie vertikal eindeutig verorteten Rohdaten der Sondierung liegen als binäre Daten vor. Mittels einer von der Firma ICRA programmierten Schnittstelle werden sie in ArcView-Grid-Daten konvertiert. Bei der Konvertierung erfolgt auch eine Korrektur der Rohdatenwerte, durch den sogenannten Time varied gain, kurz TVG. Dieser ist notwendig, um den Signalverlust auszugleichen, der durch die Absorption des Signals im Wasser, vor allem aber durch die mit der Wassertiefe zunehmende Vergrößerung des Schallkegels bedingt ist. Diese beim Import der Rohdaten automatisch vorgenommene Korrektur der Daten erfolgt nach der Formel:

$$TVG = 20 \cdot log(r) + 2 \cdot a \cdot r$$

Dabei steht r für die Distanz zwischen dem Schwinger und einem Sample und a für den Absorptionskoeffizient des Signals im Wasser, ausgedrückt in dB pro Meter.

Die Schnittstelle ist Bestandteil einer eigenen Applikation, die auf der GIS-Standardsoftware ArcView basiert und in diese völlig integriert ist. Damit sind die Ergebnisse der Sondierung über Spezialanwendungen hinaus breit kommunizierbar - nahezu jede größere Behörde im deutschsprachigen Raum verwendet ArcView.

Ihre Ergebnisse entsprechen praktisch Schnitten oder Präparaten durch den Gewässerkörper und sind einem entzerrten und georeferenzierten 'Foto' vergleichbar. Ähnlich einem Orthofoto kann auf diesen Aufnahmen für jeden einzelnen Punkt, für jedes darauf sichtbare Objekt, die genaue Position angegeben werden, vor allem aber auch die exakte Lage über Grund bzw. unter dem Wasserspiegel sowie die diesem Objekt zugehörigen dB-Werte.

Damit sind diese Aufnahmen eindeutige „Zeugen" dessen, was sich zu einem gegebenen Zeitpunkt an bestimmten Positionen zwischen Wasserspiegel und Gewässergrund befand. Im Unterschied zu Tauchkartierungen, die letztlich auf der Bewertung eines Sachbearbeiters im Gelände beruhen und damit bis zu einem gewissen Grad subjektiv bleiben, können mit Hilfe dieser Aufnahmen die konkreten örtlichen Gegebenheiten zum Zeitpunkt der Sondierung jederzeit überprüft und neu bewertet werden.

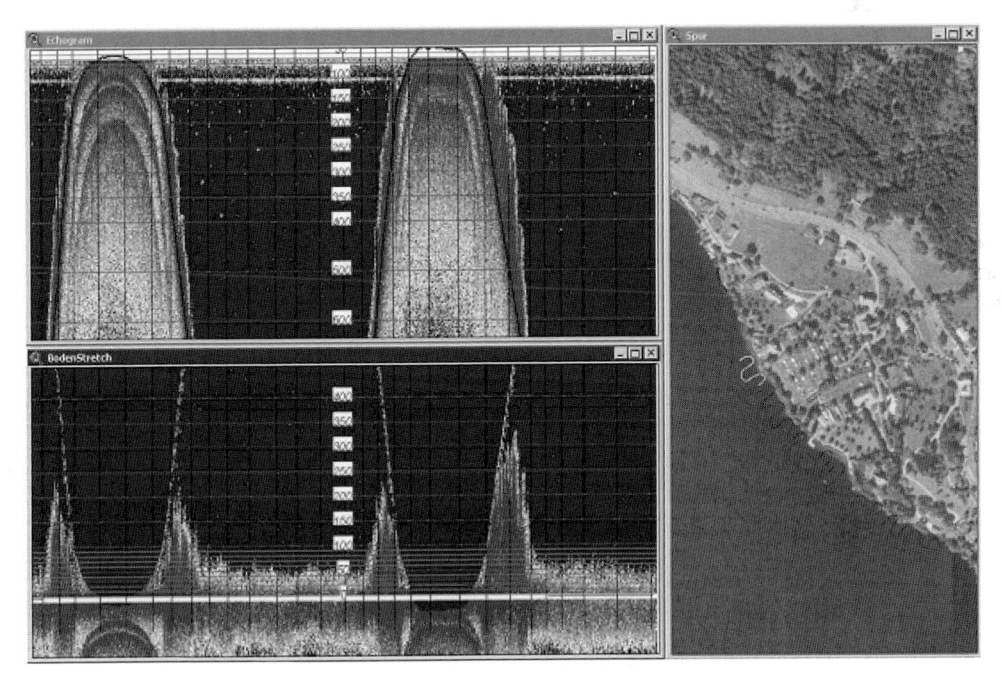

Abb. 3: Ein digitales Echogramm vom Millstättersee (Kärnten) in der ArcView-Applikation „Sonarview". Links oben das 'Echogrammfenster' mit dem Ergebnis der Sondierung, den dB-Werten als Informationsträger über Objekte im Wasser. Darunter der 'Bodenstretch' mit der Streckung des steilen Gewässergrundes auf eine Gerade, von der sich nach oben hin die Unterwasservegetation deutlich abhebt. Rechts die 'Spur' mit der aufgezeichneten Messstrecke. Die Fenster sind derart verlinkt, dass für jedes Sample im Echogrammfenster die Position einfach abgefragt werden kann.

Die Abbildung 3 zeigt eine solche Aufnahme. Oben links in der Abbildung befindet sich das 'Echogrammfenster'. In ihm sind die in ArcView-Grid-Daten konvertierten Daten der Sondierung zu sehen. Die schwarze Linie, die durch die Echogramme verläuft, markiert den aus den Daten berechneten Gewässergrund. Die Farbwerte informieren über Größe beziehungsweise Härte der Objekte im Wasser. Je nach Zweck der Darstellung kann die Farbskala geändert und so eher kleine und schwache Echos, wie beispielsweise planktongroße Objekte, herausgehoben werden, oder umgekehrt eine Heraushebung der effektivsten Reflektoren, also des Grundes oder auch submerser Pflanzen, erfolgen. Im Beispiel sieht man deutlich den Grund und einen dichten Pflanzenbewuchs.

An das „Echogrammfenster" schließt das Fenster des „Bodenstretch" an. Der Bodenstretch streckt den Boden derart, dass der Grund als gerade Linie verläuft, von dem sich die submersen Makrophyten nach oben erstrecken. In diesem Fenster können mit speziellen Digitalisierungswerkzeugen die erkannten Pflanzenbestände digitalisiert und attributiert werden.

Rechts außen befindet sich das „Spurfenster". Es enthält die gefahrene Strecke des Messboots, im Beispiel hinterlegt mit dem Orthofoto zur geographischen Orientierung. Die Fenster sind derart miteinander verbunden, dass es jederzeit möglich ist festzustellen, wo genau sich ein im Wasserkörper befindliches Objekt auf der „Spur" befindet. Dies erlaubt eine genau Orientierung innerhalb der Echogramme. Es ist stets klar, wo man sich innerhalb des Wasserkörpers befindet. Zudem kann dadurch auch ein bestimmtes Objekt jederzeit zu einem späteren Zeitpunkt erneut aufgesucht werden (Vergleichsmessungen u.ä.).

Wesentlich für die Kartierung submerser Makrophyten ist die möglichst exakte Bestimmung des Bodens. Dies gilt vor allem für niederwüchsige Arten, die nur 10 oder 20 Zentimeter über diesem hinausragen. Bereits auf dem Messboot erfolgt in real-time durch die Software des Echosounders eine erste Festlegung des Gewässergrunds. Nachträglich kann dies sozusagen überwacht in „Sonarview" erfolgen. Dabei werden in die Berechnung mehrere Parameter einbezogen. Bei jedem Ping wird jenes Sample gesucht, das den 'härtesten', also den am nähesten bei 0 liegenden negativen dB-Wert aufweist. Von diesem ausgehend wird in Richtung der Wasseroberfläche entlang des Ping aufgestiegen, bis schließlich mehrmals hintereinander ein Schwellwert erreicht wird, der einen Übergang in eine Zone mit anderen dB-Werten signalisiert, beispielsweise den freien Wasserkörper. Weiters werden die Festlegungen der unmittelbar vor- und nachfolgenden Pings berücksichtigt: auch hier werden Toleranzbereiche als zulässige Abweichungen zwischen benachbarten Pings definiert. Nach Abschluss der Berechnungen liegt der Boden als Graphikobjekt vor. Zusätzlich ist es möglich, den erkannten Boden örtlich durch verschiedene Digitalisierungswerkzeuge sozusagen auch händisch zu korrigieren.

Durch eine ganz ähnliche Prozedur wie für die Definition des Bodens werden pro Ping Abweichungen vom erkannten Boden gesucht. Auch dabei fließen in die Berechnung entsprechende Parameter ein, die auf Toleranzen in Hinblick auf die für Unterwasservegetation typischen dB-Werte basieren. Vom erkannten Boden wird Ping für Ping aufwärts gesucht, bis ein solcher Toleranzwert erreicht bzw. überschritten wird. In vegetationslosen Bereichen eines Gewässers wird dies unmittelbar an der Bodenkante erfolgen; dort hingegen, wo der Boden wie in der Abbildung 3 durch Vegetation bedeckt ist, erfolgt die Festlegung der Grenze an der Vegetationskante. Daraus resultiert eine Linie, die nicht nur die Unterwasservegetation in ihrer horizontalen Erstreckung entlang des Echogramms beschreibt, sondern darüber hinaus auch noch automatisch durch die Verschneidung mit der Bodenlinie die Wuchshöhe der Vegetation bestimmt. Auch diese Linie kann nachträglich händisch durch spezielle Digitalisierungswerkzeuge korrigiert und an örtliche Gegebenheiten angepasst werden.

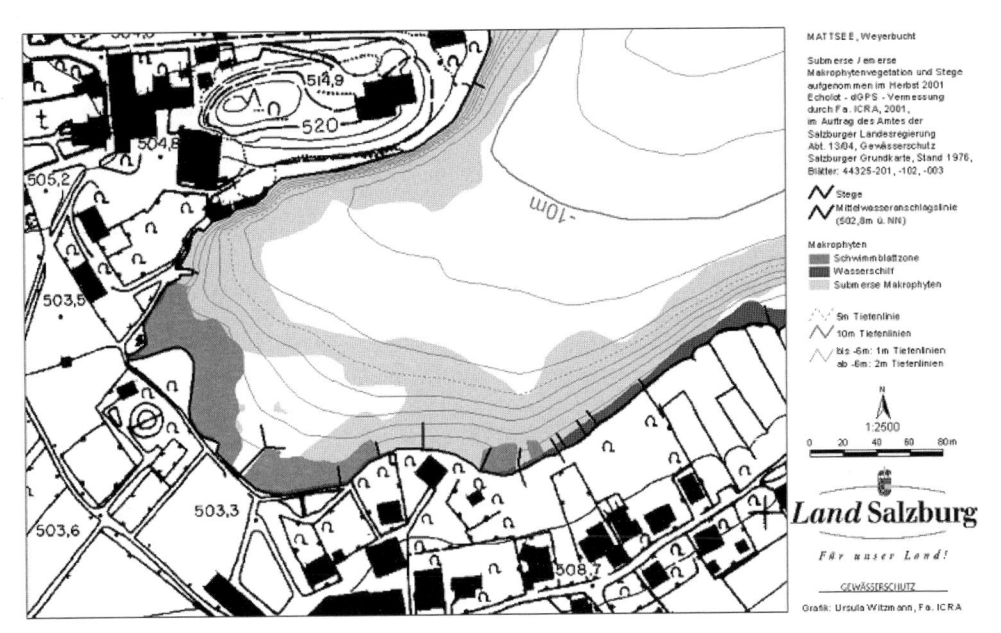

Abb. 4: Bestände emerser und submerser Makropyhten im Mattsee, Salzburg (Ausschnitt Weyerbucht). Im Jahr 2000 aufgenommene digitale Echogramme stellten die Basis für die Bestandsgrenzen der Unterwasservegetation.

Nach erfolgter Digitalisierung der submersen Makrophyten, ihre Verbreitung sowie ihre Wuchshöhe, können innerhalb von ArcView verschiedene Folgeprodukte abgeleitet werden. Dies umfasst unter anderem Karten zur Tiefenausbreitung, Wuchsdichte und Wuchshöhenzonierung. Die Abbildung 4 ist ein Beispiel für ein solches Folgeprodukt.

Die Entwicklung der vorgestellten Methodik zur Kartierung der Unterwasservegetation durch Schall geschah aus den Bedürfnissen der Praxis heraus. Im Jahr 2002 erfolgte mit ihrer Hilfe die Kartierung der Unterwasservegetation von Mondsee (Oberösterreich), Zellersee (Salzburg) und Millstättersee (Kärnten). Die vermessungstechnisch aufgezeichneten Schnitte durch die Gewässerkörper der genannten Seen entsprechen in Summe einer Strecke von 380 Kilometer, das entspricht grob der Fahrt von München nach Wien. Die Echogramme der drei genannten Seen beinhalten rund 6480 Profile im Litoral. Die Schnitte durch die Gewässerkörper setzen sich aus ca. 2,5 Millionen Pings zusammen und bilden ein die Seen beschreibendes Datenvolumen digital aufgezeichneter Echogramme von rund 6,8 Gigabyte.

Literatur

Biosonics (2002): *EcoSAV- Submerged Plant Detection and Assessment.*
    http://www.biosonicsinc.com/ecosav.shtml
DUMFARTH, E. (2001): *Blick in die Tiefe - Echosonden als Werkzeuge für die Fernerkundung zwischen Wasserspiegel und Gewässergrund.* In: GEOBIT, 11, 24-26

JÄGER, P., K. PALL. & E. DUMFARTH (2002*): Zur Methodik der Makrophytenkartierung in großen Seen.* In: Österreichs Fischerei, (55) 10, 230-238
MEDWIN, H. & C.S. CLAY (1997*): Fundamentals of acoustical oceanography.* Academic Press, Boston, San Diego, New York
URICH, R.J. (1983): *Principles of underwater sound*, 3rd edition. Peninsula Publishing, Los Altos
SABBOL, B.M. & J. BURCZYNSKI (1998): Digital echo sounder system for characterizing vegetation in shallow-water environments. In: Proceedings of the Fourth European Conference On underwater Acoustics, 165-171. Edited by A. Alipii & G.B. Canelli. Rome

Zugriffskontrolle in Geodateninfrastrukturen – der Web Authentication and Authorization Service (WAAS)

Rüdiger GARTMANN und Felix JUNGERMANN

Dieser Beitrag wurde nach Begutachtung durch das Programmkomitee als „reviewed paper" angenommen.

Zusammenfassung

Die fortschreitende Standardisierung von Internet-GIS-Technologien lässt die verteilte Nutzung von Geoinformationen über das Internet mehr und mehr Realität werden. Für einen kommerziellen Vertrieb von Geoinformationen sind diese Technologien alleine jedoch noch nicht ausreichend. Hier werden zusätzlich traditionelle E-Commerce-Funktionalitäten wie die Unterstützung von Preisberechnung und Verkaufstransaktionen sowie die Gewährleistung des Zugriffsschutzes benötigt. Dieses Papier soll aufzeigen, wie ein Zugriffsschutz in verteilten Geo-Web-Service-Umgebungen realisiert und wie dieser in bestehende OGC-konforme Geodateninfrastrukturen integriert werden kann.

1 Einleitung

Weltweit schreitet die Entwicklung von Geodateninfrastrukturen voran. Im Rahmen dieser Infrastrukturen stellen Anbieter ihre Geoinformationen über standardisierte Web-Services zur Verfügung. Hierdurch soll eine breitere Nutzung dieser Ressourcen durch einen vereinfachten Zugang sowie eine effizientere Nutzung durch vielfältige Integrationsmöglichkeiten unterschiedlicher Datenbestände erzielt werden. Durch die Standardisierungsbemühungen des OpenGIS Consortiums (OGC) stehen bereits eine Reihe von Diensten für die Nutzung über das Internet zur Verfügung.

Allerdings sind diese Geoinformationen in der Regel wertvoll und nicht öffentlich, wie etwa personenbezogene oder militärische Daten. Diese Daten sind zum Teil nur bestimmten Benutzergruppen zugänglich, zudem sollen sie in der Regel kommerziell genutzt, also verkauft werden. Nachdem mit dem Web Pricing and Ordering Service (WPOS) (WAGNER 2002) bereits eine Lösung zur Abwicklung von kommerziellen Transaktionen mit Geodaten in den Standardisierungsprozess des OGC eingereicht wurde, besteht der nächste Schritt darin, den Zugriff auf Geodatenbestände nur berechtigten Personen, also Personen, die dafür gezahlt haben oder die eine anderweitige Berechtigung besitzen, zu gestatten. Eine wichtige Forderung in diesem Zusammenhang ist hierbei, die Vorteile von Geodateninfrastrukturen damit nicht aufzugeben. Im Einzelnen bedeutet dies, dass diese Dienste für berechtigte Benutzer nach wie vor über das Internet zugreifbar bleiben und dass weiterhin Standardsoftware einsetzbar sein soll, die die vom OGC spezifizierten Schnittstellen unterstützt und nicht mit zusätzlichen Sicherheitsfunktionen erweitert werden muss. Bislang gibt es für diese Problemstellung seitens des OGC noch keine Lösung.

Im Rahmen der Geodateninfrastruktur Nordrhein-Westfalen (GDI NRW) wurde ein Ansatz entwickelt, um diesen Anforderungen gerecht zu werden. Der hier vorgestellte Web Authentication and Authorization Service (WAAS) (GARTMANN & JUNGERMANN 2003) ist das vorläufige Ergebnis dieser Arbeiten.

2 Authentisierung und Autorisierung mit dem WAAS

Der WAAS ist ein Dienst, der Benutzer authentisieren und für Zugriffe auf Geo-Services autorisieren kann. Hierzu muss der Benutzer bei diesem Dienst registriert sein. Eine Authentisierung erfolgt, wenn der Benutzer durch einen speziellen WAA-Client dem WAAS mitteilt, welche Ressource, also welchen Geo-Service, er nutzen will. Zudem muss er sich gegenüber dem WAAS authentifizieren. Dies kann durch verschiedene Verfahren geschehen, beispielsweise durch Verwendung von Passwörtern, durch Kryptographiekarten oder mit Hilfe von biometrischen Verfahren. Eine Festlegung auf ein bestimmtes Verfahren ist nicht Bestandteil der WAAS Spezifikation und soll flexibel gehalten werden. Der WAAS prüft nun die Identität des Benutzers. Fällt die Prüfung positiv aus, so erstellt der WAAS ein digital signiertes Zertifikat, welches den Benutzer berechtigt, die gewünschte Ressource zu nutzen. Dieses Zertifikat kann er nun der Ressource vorlegen und damit seine erfolgreiche Authentifizierung nachweisen. Der eigentliche Geodienst wird hierbei durch einen sogenannten Web Security Service (WSS) (DREWNAK 2003) geschützt, der das Zertifikat prüft und nur berechtigte Requests an den Geo-Service weiterleitet.

Zur Erstellung des Zertifikats wird das SAML-Format (Security Assertions Markup Language) verwendet, welches von OASIS spezifiziert worden ist (OASIS 2002). Dieses Format erfüllt die sich aus dieser Problemstellung ergebenden Anforderungen und ist flexibel genug, um auch Erweiterungen des WAAS-Protokolls zu unterstützen.

Der Vorteil dieser Lösung gegenüber einer Authentisierung durch den Geodienst selbst ist, dass hier der Benutzer dem Geodienst nicht bekannt sein muss. Er muss lediglich einem (von mehreren möglichen) WAAS bekannt sein und kann sich somit für jeden Dienst innerhalb einer Geodateninfrastruktur authentifizieren. Ein WAAS kann auch die Authentifizierung für mehrere Geodienste übernehmen. Dieses Verfahren entlastet so den Benutzer davon, bei allen zu benutzenden Diensten separate Accounts anzulegen und möglicherweise sogar noch unterschiedliche Authentifizierungsverfahren nutzen zu müssen. Auf der anderen Seite entfällt für die Geodienste der Aufwand, eine eigene Benutzer- und Rechteverwaltung zu unterhalten.

Ebenso wie der Web Pricing and Ordering Service stellt der WAAS keinen geospezifischen Dienst im eigentlichen Sinne dar. Es handelt sich hierbei um einen Zusatzdienst, der Geodateninfrastrukturen ergänzt, aber mit der eigentlichen Verarbeitung der Geoinformationen nicht interagieren soll. Sowohl der eigentliche Geodienst als auch der Client, mit dem dieser aufgerufen wird, sollen durch die Verwendung des WAAS nicht durch WAAS-spezifische Funktionalitäten erweitert werden müssen. Die eigentliche Funktionalität des WAAS wird völlig transparent für die eigentlichen Geodienste in das Protokoll, das von den Geodiensten verwendet wird, hineingeschachtelt. Eine schematische Darstellung findet sich in Abb. 1.

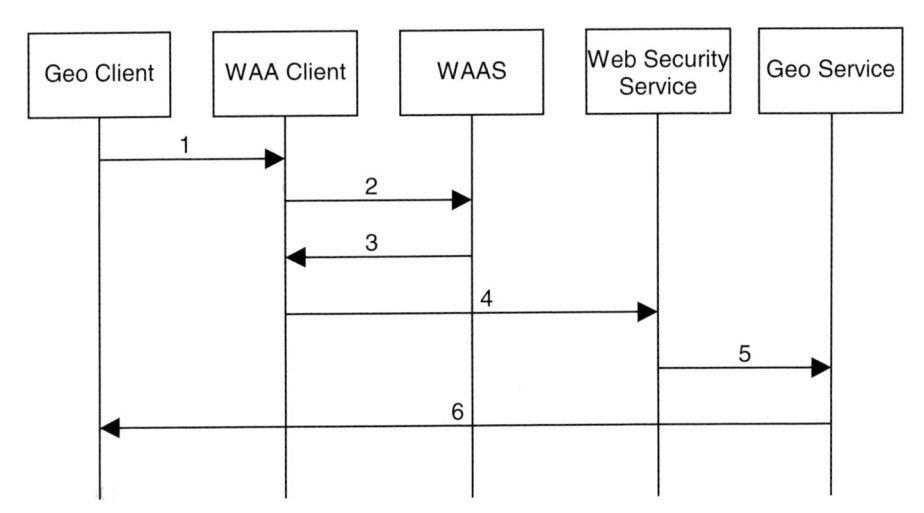

Abb. 1: Sequenzdiagramm eines zugriffsgeschützten Geoservice-Aufrufs

Der Geo Client besitzt keinerlei WAAS-Fähigkeiten. Mit diesem Client kann der Benutzer einen Request erzeugen, den er ohne Zugriffsschutz direkt an den Geo Service richten würde. Unter Verwendung des WAAS wird dieser Request jedoch an den WAA Client gesandt (1), der sich aus Sicht des Geo Clients genau wie ein Geo Service verhält. Der WAA-Client sendet nun einen „Authenticate"-Request an den WAAS (2), in dem er den ursprünglichen Geo-Request sowie seine Authentifizierungsinformationen übersendet. Der WAAS sendet nach erfolgreicher Authentisierung als Response das Zertifikat zurück (3). Nun sendet der WAA Client den Geo-Request sowie das Zertifikat an den Web Security Service (4). Akzeptiert dieser das Zertifikat, so leitet er den Geo-Request an den Geo Service weiter (5), der die gewünschte Antwort an den Geo Client übergibt (6).

Die vom WAAS ausgegebenen Zertifikate beziehen sich lediglich auf eine bestimmte Ressource, soll eine weitere Ressource aufgerufen werden, so wird ein neues Zertifikat benötigt. Zudem besitzen sie einen Gültigkeitszeitraum, der auf wenige Minuten beschränkt werden sollte, so dass dieses Zertifikat nicht speicherbar und für spätere, womöglich unberechtigte, Zugriffe verwendbar ist. Der WAA-Client und der Web Security Service besitzen die Möglichkeit, eine Session aufzubauen. So wird es ermöglicht, dass ein Benutzer nicht für jeden einzelnen Request ein neues Zertifikat einholen muss. Dieses wird nur beim initialen Request benötigt, alle weiteren Requests in der gleichen Session können ohne Zertifikat verarbeitet werden.

Die Initiierung des WAAS-Protokolls beim Aufruf eines Geo-Services geschieht, indem der Geo-Service in seinen Capabilities sowie in den Metadaten, die diesen Service beschreiben, angibt, dass zu seiner Nutzung ein Zertifikat eines WAAS erforderlich ist. Somit wird der Geo-Client angewiesen, nicht den Geo-Service direkt, sondern einen WAA-Client anzusprechen. Dieser WAA-Client agiert aus Sicht des Geo-Clients genau wie ein Geo-Service, initiiert jedoch den Authentisierungsprozess.

3 Prinzip der Protokollschachtelung

Die vom OGC spezifizierten Web Services beziehen sich auf reine Geo-Services. Mit diesen Diensten ist es möglich, komplexe Geodateninfrastrukturen aufzubauen, die es erlauben, verteilte Geoinformationen über Internetprotokolle zu integrieren und zu nutzen. Zusatzdienste wie Authentisierung oder Verkaufstransaktionen sind in diesen Diensten nicht berücksichtigt. Bei der Entwicklung von Zusatzdiensten ist es daher anzustreben, diese so zu spezifizieren, dass deren Nutzung keine Auswirkung hinsichtlich der Implementierung der bereits vorhandenen Infrastrukturen hat. Vorhandene Geo-Clients sollen also ungestört mit ihren Geo-Services kommunizieren, unabhängig davon, ob diese Interaktion durch einen Zusatzdienst wie den WAAS unterstützt wird. Die Nutzung solcher Zusatzdienste soll somit für die Geodienste völlig transparent geschehen.

Um dieses Ziel zu erreichen, müssen das Geo-Protokoll und das WAAS-Protokoll auf unterschiedlichen logischen Schichten realisiert werden. Das Verfahren wird bereits vom Web Pricing and Ordering Service genutzt (vgl. WAGNER 2002) und wird in Abb. 2 veranschaulicht.

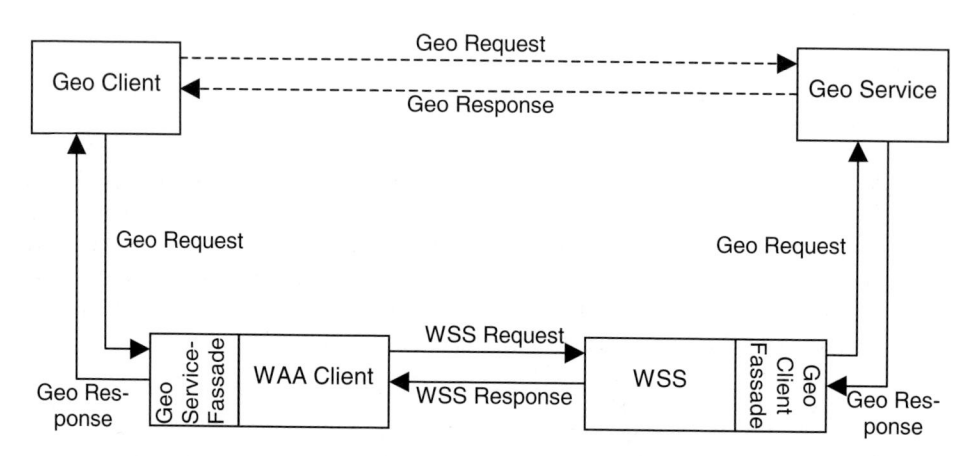

Abb. 2: Prinzip der Protokollschachtelung

In der Abbildung wird auf die Darstellung der Kommunikation mit dem WAAS zur Einholung des Zertifikats verzichtet, da dies für die Beschreibung des Protokollschichtungsansatzes nicht von Relevanz ist. Die gestrichelten Pfeile stellen die Kommunikation ohne Zugriffsschutz dar. In diesem Fall sendet der Geo Client einen Request an den Geo Service und bekommt die entsprechende Response.

Die durchgezogenen Pfeile veranschaulichen das Verfahren bei Benutzung des Zugriffsschutzes. Der Geo Client erzeugt den gleichen Request als würde er direkt den Geo Service ansprechen. Statt des direkten Aufrufs wird dieser Request aber an den WAA Client umgeleitet. Dieser WAA Client bietet die gleichen Operation an wie der Geo Service, er besitzt also sozusagen eine Geo Service Fassade. Das bedeutet, er nimmt jeden request entgegen, führt die Authentisierung durch und leitet den Request zusammen mit den Authentisierungsinformationen an den WSS weiter, der den eigentlichen Geo-Service kapselt. Hierzu transformiert er den Geo Request nun in das WSS Protokoll. Dieses Protokoll muss die benötigten Funktionalitäten des gekapselten Dienstes, hier also des WSS, aufnehmen sowie den eigentlichen Geo Request mittransportieren. In diesem Fall geschieht dies dadurch, dass dem Geo Request ein Zertifikat hinzugefügt wird. Der WSS prüft das Zertifikat, extrahiert den ursprünglichen Geo Request und sendet ihn an den Geo Service. Dabei agiert der WSS als Geo Client, er besitzt sozusagen eine Geo Client Fassade und ist für den Geo Service nicht von anderen Geo Clients unterscheidbar. Der Geo-Service produziert die Response auf den an ihn gerichteten Request und leitet diese durch den WSS und den WAA-Client wieder an den Geo-Client zurück.

Auf diese Weise können beliebige Zusatzdienste in bestehende Geodateninfrastrukturen eingebettet werden. Unabhängig von der Art des Zusatzdienstes ist für dieses Schachtelungsverfahren die Fassadentechnik sowie der Transport des Geoprotokolls im Protokoll des Zusatzdienstes kennzeichnend. Dieses Verfahren kann auch mehrfach angewandt werden, etwa indem ein WPOS Protokoll noch in das WSS Protokoll hineingeschachtelt wird. In diesem Fall müsste der WPO Client eine WSS Fassade und der WPOS eine Fassade des WAA Clients besitzen. In das WPOS Protokoll müsste dabei das WSS Protokoll aufgenommen werden.

4 Sicherheit des Verfahrens

Um die Sicherheit des Protokolls zu gewährleisten, muss die komplette Kommunikation zwischen WAA-Client, WAA-Service und Web Security Service verschlüsselt werden. Hier bietet sich das Secure Socket Layer (SSL) Verfahren an, dass sich mittlerweile als Standard-Verschlüsselungsverfahren im Internet etabliert hat. Die Verwendung von SSL geschieht für die Anwendung völlig transparent. Bei diesem Verfahren verfügen Server über ein SSL-Zertifikat, das von unabhängigen Zertifizierungsstellen herausgegeben wird und vom Client jederzeit verifiziert werden kann. Hierdurch wird sichergestellt, dass kein Angreifer einen falschen WAAS zur Verfügung stellt, der die Authentifizierung des Clients missbräuchlich nutzen kann, da dieser nicht über das korrekte SSL-Zertifikat verfügt.

Der gleiche Mechanismus wirkt auch bei der Kommunikation zwischen WAA-Client und Web Security Service und stellt sicher, dass kein falscher WSS das Zertifikat des Clients entgegennehmen kann, um es anschließend missbräuchlich zu benutzen.

Zudem ist die Kommunikation mit SSL durch einen symmetrischen 128 Bit Schlüssel chiffriert. Ein Brechen dieses Schlüssels ist bislang praktisch nicht realisierbar, vor allem dann nicht, wenn die Gültigkeit eines Zertifikats auf wenige Minuten beschränkt ist und das Brechen des Schlüssels in diesem Zeitraum erfolgen müsste.

Die Kommunikation zwischen Geo-Client und WAA-Client sowie zwischen WSS und Geo-Service kann in einem geschützten Bereich stattfinden, etwa hinter einer Firewall oder ebenfalls mit SSL verschlüsselt.

5 Kaskadierung von Diensten

Bislang war immer von einem Benutzer die Rede, der sich gegenüber dem WAAS authentifizieren muss. Dies muss nicht zwangsläufig immer ein menschlicher Benutzer sein, vielmehr ist dies vermutlich in voll ausgeprägten Geodateninfrastrukturen eher die Ausnahme. Ebenso können Client-Applikationen dieses Verfahren nutzen, um sich gegenüber Services zu authentifizieren. Insbesondere bei Web Service Kaskaden, bei denen mehrere Web Services aufeinander aufbauen, ist dies von Relevanz.

Technisch ist es ohne Belang, ob ein menschlicher Benutzer oder ein kaskadierender Dienst beim WAAS ein Zertifikat anfordert. Bei Kaskaden nimmt ein Geo Service zusätzlich die Rolle eines Geo Clients ein, wenn er wiederum einen Request an einen weiteren Geo Service absetzt. Zu beachten ist, dass sich in der derzeitigen Architektur mit dem WAAS jeweils ein Geo Client gegen den von ihm genutzten Geo Service authentifiziert. Das bedeutet, dass die Identität des initialen Clients nicht über mehrere Stufen einer Kaskade hinweg übermittelt wird.

Dies erscheint jedoch auch nicht notwendig. Schließlich besitzt der Client, der den initialen Request abgesetzt hat, keine Informationen darüber, welche Dienste in dieser Kaskade aufgerufen werden. Alle Requests, die der kaskadierende Dienst absetzt, sind für diesen Client transparent. Wenn jedoch in den vom WAAS ausgegebenen Zertifikaten die anzusprechende Ressource referenziert wird, so besitzt dieser Client keine Möglichkeit, Zertifikate für Requests, die von kaskadierenden Services abgesetzt werden, zu erzeugen, da er die Requests nicht kennt. Aus Sicht des Clients erbringt der von ihm angesprochene Service die komplette Leistung.

Unter der Voraussetzung, dass alle angesprochenen Services in einer Kaskade vertrauenswürdig sind, besteht allerdings die Möglichkeit, dass sie die Identität des initialen Clients in ihre nachgelagerten WSS-Requests aufnehmen und diese weiterleiten. So erhalten alle an der Kaskade beteiligten Dienste neben der Identität des Dienstes, der sie aufruft, auch die Identität des Clients, der den Ausgangspunkt der Kaskade darstellt.

Der Bedarf für eine solche Lösung ist allerdings bislang noch nicht absehbar und hängt in erster Linie von organisatorischen und rechtlichen Faktoren ab. So ist etwa zu klären, inwieweit eine amtliche Stelle nicht-öffentliche Geo-Daten innerhalb einer Kaskade an einen weiteren Dienst abgeben und die Prüfung der Berechtigung des zugreifenden Benutzers delegieren darf.

6 Zusammenfassung und Ausblick

Der momentane Stand der Spezifikation und Implementierung des WAAS ist bislang noch auf die Authentisierung beschränkt. Dies ist gleichbedeutend damit, dass ein registrierter Nutzer Dienste ohne weitere Einschränkung nutzen kann, das heißt, ein authentisierter Benutzer ist gleichzeitig auch für den Dienst autorisiert. In der Praxis wird dies in den überwiegenden Fällen als ausreichend angesehen.

Im nächsten Schritt ist geplant, ein feineres Autorisierungsmodell zu entwickeln. Dies erfordert, dass Geo-Ressourcen ihr Berechtigungsmodell in einem XML-Format angeben. Hierzu sollten sinnvollerweise Benutzergruppen definiert werden, denen einzelne Benutzer zugeordnet werden. An dieser Stelle ist anzumerken, dass für eine Autorisierung, die nicht nur die Berechtigung zum allgemeinen Zugriff auf einen bestimmten Service, sondern Berechtigungen für den Zugriff auf Datenbestände oder Funktionalitäten eines Services prüft, eine Interpretation des Geo-Requests durch den WAAS notwendig wird. In diesem Fall benötigt der WAAS Kenntnisse des verwendeten Geo-Protokolls und ist nicht mehr absolut generisch. Daher ist zu diskutieren, ob eine so feingranulare Zugriffskontrolle notwendig und praktikabel ist.

Zu beachten ist, dass das hier beschriebene Authentisierungsverfahren für die Anwendung in Infrastrukturen entwickelt wurde. Viele Geodatenportale bieten bereits jetzt Zugriffskontrollverfahren an, wie etwa die Abfrage von Passwörtern oder die Verwendung von Signaturkarten. Diese Verfahren sind darauf ausgelegt, dass ein Benutzer mit einem Portal kommuniziert, das ihm bekannt ist und bei dem er einen Account besitzt. Für dieses Use Case wird keine weitergehende Technologie benötigt.

Als Bestandteil von Geodateninfrastrukturen greift ein solches Portal jedoch nicht bzw. nicht ausschließlich auf einen eigenen, lokalen Datenbestand zu, sondern es nutzt weitere, externe Services. Erfordern diese Services eine Zugriffskontrolle, so kann diese über WAAS gewährleistet werden. Die Kommunikation des Benutzers mit dem Portal ist davon nicht berührt und kann weiterhin über traditionelle Zugriffskontrollverfahren gesichert werden.

Als Vorteil des WAAS ist zu sehen, dass es sich hier um einen generischen Ansatz handelt, der in allen Web-Service-Infrastrukturen so zum Einsatz kommen kann. Auch wenn es innerhalb des OGC Bestrebungen gibt, das Basic Service Model, welches die grundlegende Struktur aller OGC-konformen Web-Services definiert (OPENGIS CONSORTIUM 2001), zu modifizieren, kann der hier beschriebene WAAS weiterhin unverändert genutzt werden. Auch eine Nutzung innerhalb von nicht-geo Web-Service-Infrastrukturen ist problemlos möglich.

Der hier beschriebene WAAS wurde innerhalb eines Testbeds im Rahmen der Geodateninfrastruktur Nordrhein-Westfalen (GDI NRW) im Jahr 2002 erfolgreich entwickelt, implementiert und erprobt. Die als Ergebnis dieser Testbed-Aktivitäten entstandene Spezifikation wird als offizielles GDI NRW-Dokument in der Version 0.1 öffentlich publiziert.

Literatur

DREWNAK (2003): *Testbed II – Web Security Service*, www.gdi-nrw.org
GARTMANN, R. & F. JUNGERMANN (2003): *Testbed II – Web Authentication & Authorization Service*, www.gdi-nrw.org
OASIS (2002): *Assertions and Protocol for the OASIS Security Assertion Markup Language (SAML)*, /www.oasis-open.org/committees/security/docs/cs-sstc-core-01.pdf
OPENGIS CONSORTIUM (2001): *Basic Services Model Draft Candidate Implementation Specification*, www.opengis.org

WAGNER (2002): *Perspektiven mit dem Complex Configuration & Pricing Format (XCPF) und dem kaskadierfähigen Web Pricing & Ordering Service*. (AGIT-Symposium 14, 2002, Salzburg). In: STROBL, J. et al. (Hrsg.): Angewandte Geographische Informationsverarbeitung XIV, Beiträge zum AGIT-Symposium Salzburg 2002, 573-578. Wichmann, Heidelberg

WAGNER, GARTMANN (2002): *GIS Meets eBusiness. Web Pricing & Ordering Service (WPOS)*. (Geospatial Information & Technology Association (Annual Conference), 25, 2002, Tampa/Fla.) In: Geospatial Information & Technology Association (GITA), GITA Annual Conference 25 Tampa, USA, 2002

Monitoring der Flutkatastrophe von Moçambique im Jahr 2000 auf Basis von SPOT-VÉGÉTATION-Satellitenbilddaten

Katrin GEISELER, Wolfgang WAGNER, Marco TROMMLER,
Richard KIDD und Klaus SCIPAL

Dieser Beitrag wurde nach Begutachtung durch das Programmkomitee als „reviewed paper" angenommen.

Zusammenfassung

Flutmonitoring mit Hilfe von Fernerkundung entwickelte sich in den letzten Jahren zu einer nützlichen und unerlässlichen Methode, um das Ausmaß von Flutereignissen besser zu erfassen. Die Untersuchung von SPOT-VÉGÉTATION-Daten am Beispiel der großen Flut in Moçambique des Jahres 2000 ist Gegenstand der folgenden Studie, um als zentrale Frage die Effizienz der Daten hinsichtlich ihrer Anwendbarkeit für multitemporale Analysen bei großflächigen Flutkatastrophen zu klären.

1 Einleitung

Jedes Jahr zerstören Überschwemmungen einen Teil des menschlichen Lebensraums, im schlimmsten aller Fälle sogar Leben. So auch im Jahr 2000 in Moçambique, als die folgenschwerste Flut seit 150 Jahren stattfand und bis zu 800 Menschen starben. Das Fehlen unterstützender Daten über Ausmaß und Schwere der Flut erschwerte den effektiven Einsatz von Hilfsorganisationen während der Katastrophe (CHRISTIE & HANLON 2001).

Am 24. März 1998 wurde der SPOT-4 Satellit gestartet, der speziell für Einsätze auf dem Umweltsektor konzipiert wurde. Das an Bord implementierte VÉGÉTATION-Instrument bietet ein breites Anwendungsspektrum: Lokalisierung von Waldbränden (FRASER & LANDRY 2000), multitemporale Analysen von Landnutzungsänderungen (GIRI, MOE & SHESTRA 2000), Einbeziehung in Frühwarnsysteme zur Erkennung von Heuschreckenplagen (CHERLET et al. 2000), Waldkartierung (JEANJEAN & GÜLINCK 2000), etc.

Gegenstand dieser Arbeit war die Untersuchung der Nutzbarkeit von SPOT-VÉGÉTATION-Daten hinsichtlich des Flutmonitoring. Es sollte geklärt werden, ob die Daten als effiziente Grundlage für multitemporale Analysen von großräumigen Flutkatastrophen dienen können. Dies geschah am Beispiel der großen Flut von Moçambique im Jahre 2000, insbesondere für die Region um die Flüsse Limpopo und Incomáti im Süden Moçambiques, welche am schlimmsten betroffen war (Abbildung 1).

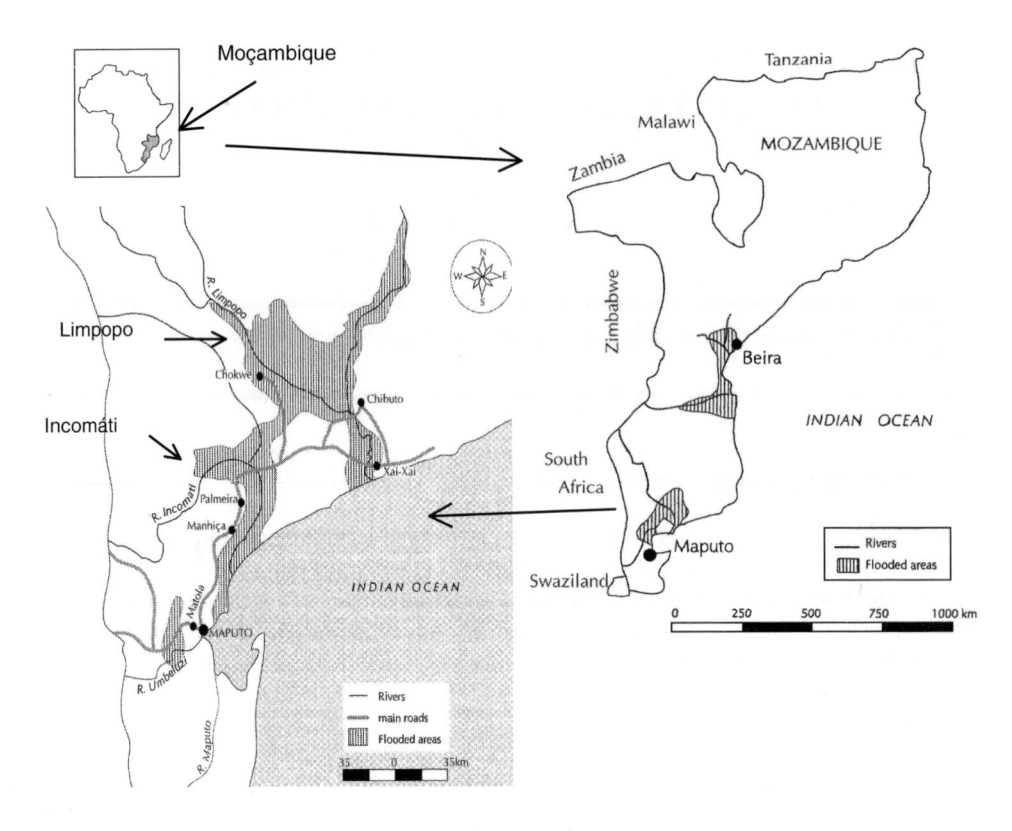

Abb. 1: Überblick über die von der Flut betroffenen Regionen im Frühjahr 2000 (nach CHRISTIE & HANLON 2001)

2 Aufnahmesystem SPOT-VÉGÉTATION

Das VÉGÉTATION-Instrument ist auf dem Satelliten SPOT-4, einem Satelliten des französischen Programms *Satellite Probatoire pour l'Observation de la Terre* (SPOT), installiert. SPOT-VÉGÉTATION setzt sich aus vier Sensoren, davon zwei im sichtbaren Wellenlängenbereich (B0=Blau und B2=Rot), einer im nahen (=B3) und der letzte im kurzwelligen Infrarotbereich (=SWIR) zusammen (Tab.1). Es wird eine geometrische Auflösung von $1,15 \times 1,15$ km im Nadir und bis zu $1,5 \times 1,5$ km bei einem Beobachtungswinkel von 50° erreicht. Das System besitzt mit täglichen Aufnahmen eine hohe zeitliche Auflösung. SPOT-VÉGÉTATION-Produkte sind als S(ynthetische)- oder als P(hysikalische)-Produkte erhältlich. Neben der Befreiung von Systemfehlern, wie z.B. von Fehlregistrierungen der einzelnen Kanäle oder von Kalibrierungsfehlern aller Detektoren, werden S-Produkte zusätzlich einer Atmosphärenkorrektur (SMAC-Modell) unterzogen und stehen als 1- oder 10-Tageskompositionen zur Verfügung.

Tabelle 1: Spektrale Eigenschaften

Spektrales Band	Wellenlängenbereich
B0 (sichtbares Blau)	0,43 - 0,47 µm
B2 (sichtbares Rot)	0,61 - 0,68 µm
B3 (nahes Infrarot)	0,78 - 0,89 µm
SWIR (kurzwelliges Infrarot)	1,58 - 1,75 µm

3 Auswertung der Fernerkundungsdaten

3.1 Datengrundlage und Referenzdaten

Für die Untersuchung standen nicht-georeferenzierte, von atmosphärischen Einflüssen befreite Standard-S1-Produkte (tägliche Beobachtungen) im Zeitraum vom 1. November 1999 bis 31. Dezember 2000 zur Verfügung. Die Wahl fiel auf S1-Produkte, um so dem schnelllebigen Charakter einer Flut entgegenzukommen.

Schlechte Witterungsverhältnisse, aufgrund der über Moçambique ziehenden Cyklone und damit einhergehend deren dichte Wolkendecken, bedingten jedoch den Ausschluss vieler Datensätze. Im Untersuchungszeitraum von Anfang Januar bis Ende April 2000 standen nur je sechs Datensätze für die Limpoporegion und die Region um Beira (um die Flüsse Save und Búzi) zur Verfügung (Tabelle 2). Neben auftretendem Informationsverlust wird somit die Anfertigung von Simultananalysen und multispektralen Analysen erheblich erschwert.

Tabelle 2: Übersicht über die wolkenfreien Aufnahmezeitpunkte

Fluss/Monat	Januar 2000	Februar 2000	März 2000
Limpopo/Incomáti	12., 22., 25., 26.	–	04., 25.
Save/Búzi	22., 23., 26.	11.	04., 25.

Aus den in Tabelle 2 aufgelisteten potentiellen Untersuchungstagen wurden der 22. Januar und der 4. März 2000 für das Untersuchungsgebiet Limpopo/Incomáti gewählt. Aufgrund eines für den 20. März 2000 vorliegenden Referenzdatensatzes (Vektorlayer, vom *Joint Research Centre*) wurde dieser Tag als zusätzlicher Untersuchungstermin aufgenommen.

3.2 Die spektralen Kanäle

Der erste Schritt galt der Untersuchung der einzelnen spektralen Kanäle hinsichtlich der Trennbarkeit relevanter Objektklassen bzw. der Frage des Informationsgehaltes der einzelnen Kanäle. Ansatz dafür war die unüberwachte *IsoData*-Klassifikation sein (Abbildung 2). Die eindeutigsten Ergebnisse lieferten die Kanäle B3 und SWIR. Sie hinterließen einen leicht zu interpretierenden Gesamteindruck und eine akzeptable Klassenzuweisung zu den Klassen „Wasser", „Feuchtgebiet", „Boden/Vegetation" und „Wolken". Störende Einwirkungen, wie z.B. die Sensibilität der Kanäle B0, B2 und auch B3 gegenüber atmosphärischen Einflüssen, erschweren die Interpretierbarkeit, weshalb die Vorteile aller Kanäle in Kombination genutzt werden sollten; von einer autarken Nutzung der einzelnen Kanäle wird abgeraten.

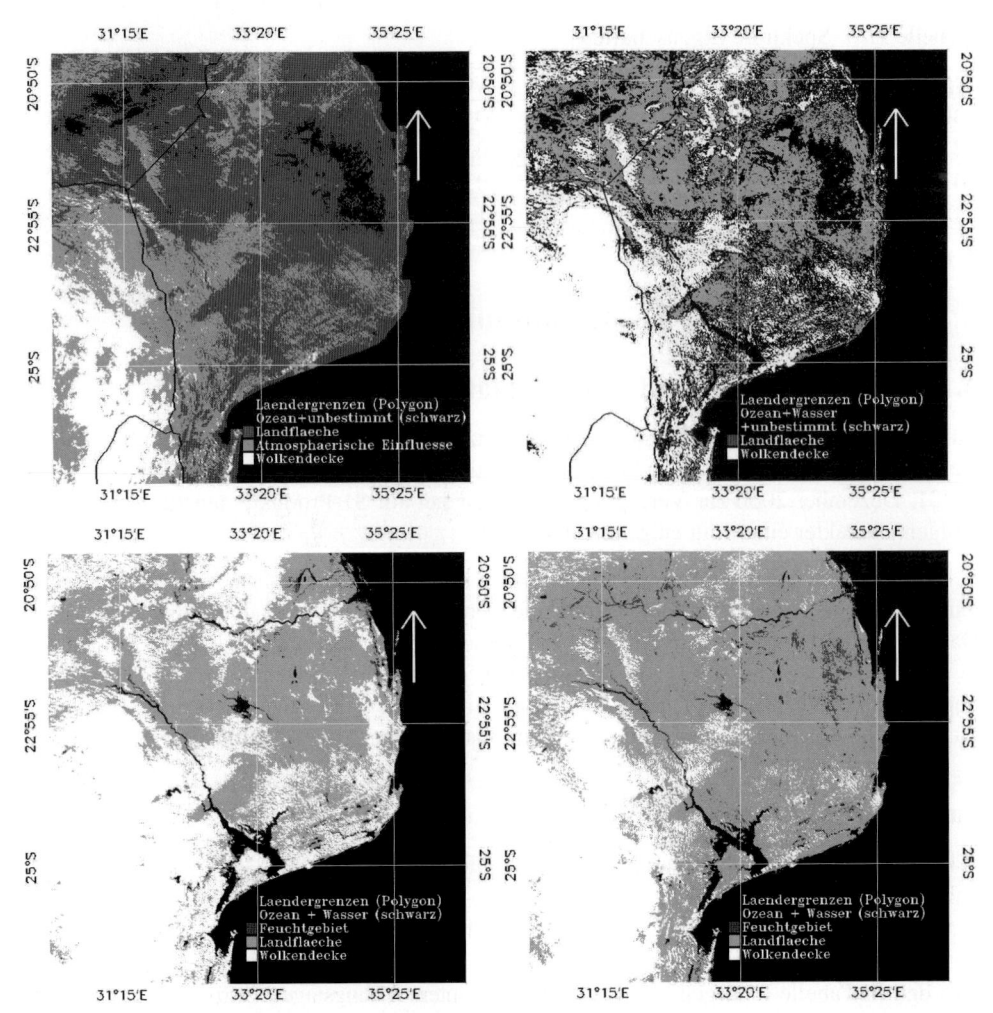

Abb. 2: *IsoData*-Klassifikation für den 4. März für die Kanäle B0 (oben links), B2 (oben rechts), B3 (unten links) und SWIR (unten rechts)

3.3 Datenauswertung

Auf Basis unüberwachter *IsoData*-Klassifikationen mit anschließenden Filterungen wurden für die Untersuchungstage 22. Januar, 4. März und 20. März 2000 Signaturanalysen durchgeführt. Zur Unterstützung der Analyse wurden die Originalkanäle in der Farbkomposition Rot = Kanal B3; Grün = Kanal SWIR; Blau = Kanal B0 zu Grunde gelegt, da:

- durch Zuweisung von NIR (B3) zu Rot „Boden/Vegetation" detektierbar ist,
- Zuweisung von SWIR zu Grün erste visuelle Einschätzungen über den Feuchtigkeitszustand einer Fläche zulässt (niedrige Reflexion deutet auf hohen Wassergehalt hin),
- Zuweisung von B0 zu Blau die Selektion atmosphärisch beeinflusster Pixel für die Erstellung der Spektralprofile unterbindet.

Mit Hilfe der Analyse konnten sechs Signaturen bestimmt werden: „Wasser: tief", „Wasser: flach", „Feuchtgebiet", „Boden/Vegetation", „Wolkendecke: mittel" und „Wolkendecke: stark" (Anm.: bei der Analyse wurde rein von den spektralen Eigenschaften ausgegangen, da keine relevanten Referenzdaten vorlagen). Das Diagramm in Abbildung 3 zeigt die Reflexionsprofile für den 4. März 2000.

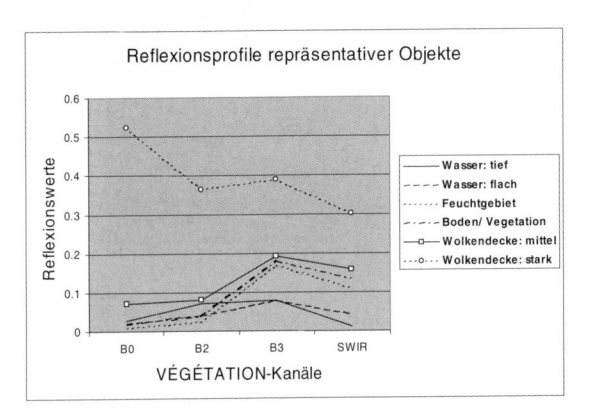

Abb. 3: Reflexionskurven repräsentativer Objektklassen für den 4. März 2000

Die Trennung einiger der Objektklassen gestaltete sich schwierig, besonders die zwischen den Klassen „Wasser: flach" und „Boden/Vegetation" in den Kanälen B0 und B2. Bestätigt wurde dies mit Hilfe der zu den Profilen angefertigten Scatterplots. Die Scatterplots wiesen Korrelationen zwischen den Objektklassen auf, sodass eine Klassifikation nicht ohne Fehlzuweisungen zu erwarten war. Zur Dekorrelierung der Kanäle bzw. zur leichteren Bestimmung der Trainingsgebiete für eine überwachte Klassifikation wurde im nächsten Schritt eine Hauptkomponententransformation (HKT) durchgeführt.

Abbildung 4 zeigt das Ergebnis einer unüberwachten *IsoData*-Klassifikation auf Basis der ersten Hauptkomponente unter Verwendung von 15-20 vordefinierten Klassen, die anschließend auf fünf Klassen zusammengefasst wurden. Auf Basis dieser unüberwachten Klassifikation wurden erneut Reflexionsprofile und anschließend Scatterplots erstellt.

Wie angenommen, war auf Basis der Scatterplots nach der HKT die Trennbarkeit der Objektklassen durchführbar. Beste Trennbarkeiten konnten dabei für die Kombination der ersten Komponente mit denen der anderen erreicht werden. Die HKT war notwendig, da durch die HKT die Schwellenwerte für die Erstellung der Trainingsgebiete optimiert werden konnten und somit eine bessere Trennbarkeit der Klassen ermöglicht wurde.

Die Schwellenwerte wurden aus den nach der HKT angefertigten Scatterplots abgeleitet. Die simple Übertragung der erhaltenen Schwellenwerte von einem auf die anderen Untersuchungstage wurde aufgrund systematischer Veränderungen zwischen den Zeitpunkten, wie z.B. unterschiedlicher Sonnenstand, verhindert. Nach interaktiver Korrektur der abgeleiteten Werte ließen sich die Trainingsgebiete bilden.

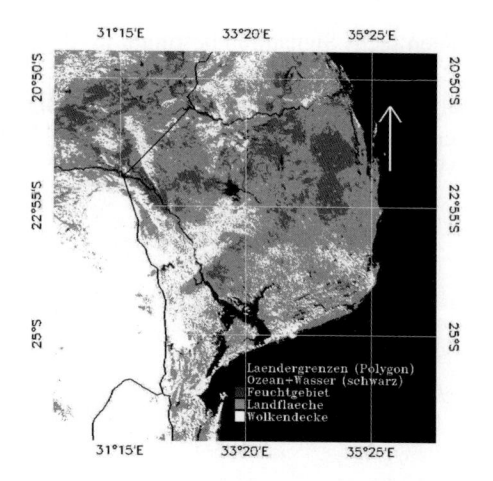

Abb. 4: *IsoData*-Klassifikation mit HK 1 für den 4. März 2000

Zusätzliche Sicherheit bei der Entscheidung für die „richtigen" Schwellenwerte sollte die *Jeffries Matusita*-Trennbarkeitsanalyse geben. Die beste Trennbarkeit der Objekte ergab sich dabei unter Verwendung aller vier Komponenten bzw. aller Originalkanäle und lag zwischen 1,43 („Boden/Vegetation" und „Wasser + Feuchtgebiet") und 1,94 („Wasser + Feuchtgebiet" und „Wolken"), wobei 0 bis 1,0 auf sehr schlechte, 1,0 bis 1,9 auf ausreichende und 1,9 bis 2,0 auf gute Trennbarkeit hindeuten.

Auf Basis der erstellten Trainingsgebiete wurden für die Untersuchungstage die überwachten Klassifikationen, nach den Ansätzen der *Minimum Distance*-, *Mahalanobis*- und *Maximum Likelihood*-Klassifikation, durchgeführt. In den Abbildungen 5 und 6 sind die Ergebnisse der Klassifikationen zu sehen – sie fielen sehr unterschiedlich, besonders im Maß der Ausdehnung der Klasse „Wasser + Feuchtgebiet", aus.

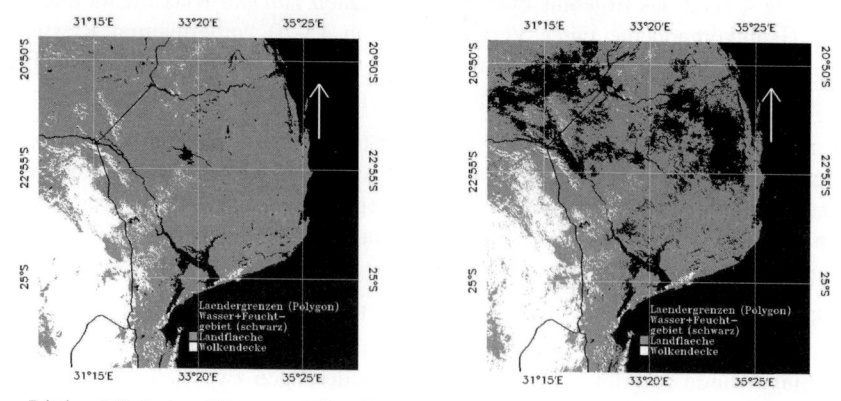

Abb. 5: Links: *Minimum Distance*-Klassifikation; rechts: *Mahalanobis*-Klassifikation

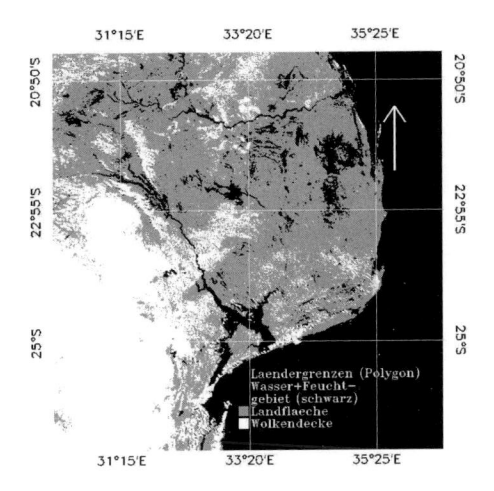

Abb. 6: *Maximum Likelihood*-Klassifikation

Bei der *Minimum Distance*-Klassifikation ist auffällig, dass die Region zwischen Limpopo und Save „nur" als „Boden/Vegetation" klassifiziert wurde – ausgehend von den Einzelbandklassifikationen wären größere als „Wasser" oder „Feuchtgebiet" identifizierte Bereiche zu erwarten gewesen. Die *Mahalanobis*-Klassifikation dagegen klassifizierte in diesem Gebiet die Klasse „Wasser + Feuchtgebiet", jedoch hinterließ dies einen zu großflächigen Eindruck. Bei der *Maximum Likelihood*-Klassifikation befand sich die Klasse „Wasser + Feuchtgebiet" ebenfalls an der Stelle, an der sie vermutet wurde und hinterlässt, verglichen mit den Einzelbandklassifikationen, den besten Eindruck.

Zusätzlich zu den Klassifikationen auf Basis aller vier Hauptkomponenten wurden ferner Klassifikationen auf Basis der restlichen Bandkombinationen erstellt. Die Ergebnisse überraschten: für den 22. Januar und den 20. März 2000 ließen sich trotz höherer Klassentrennbarkeit auf Basis aller vier Hauptkomponenten (z.B. „Wasser + Feuchtgebiet" und „Wolken": 1,93), als auf Basis der ersten beiden Hauptkomponenten (z.B. „Wasser + feucht" und „Wolken": 1,79), die Klassen rein visuell besser im zweiten Fall identifizieren. Besonders bei der *Maximum Likelihood*-Klassifikation des 20. März 2000 fielen die Abweichungen zwischen den Klassifikationen auf (Abbildung 7): in der Klassifikation mit allen Komponenten (links) wurde ein Gebiet als „Wolken" definiert, welches in den Originaldaten und der Klassifikation basierend auf den ersten beiden Hauptkomponenten (rechts) nicht vorzufinden war. Dies hat zur Folge, dass sich durch zusätzliche Kontrollen der Klassifikationen die Auswertezeit, und somit die Kosten der Auswertung erhöhen.

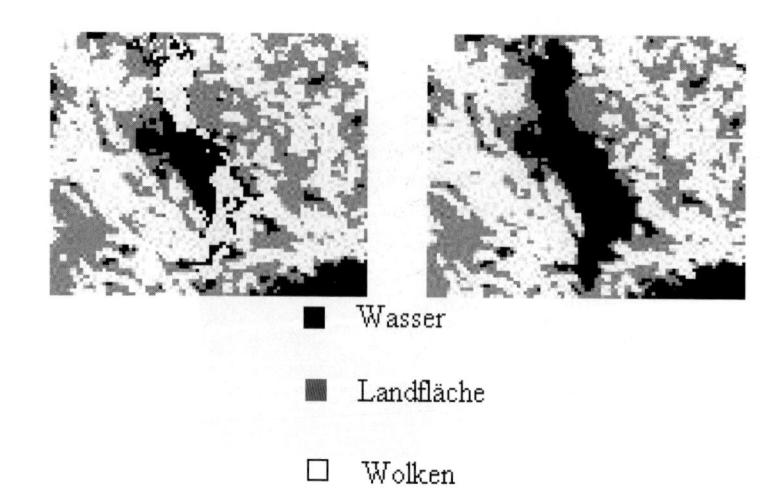

Abb. 7: Maximum Likelihood-Klassifikation für den 20. März 2000. Links: mit allen vier Hauptkomponenten; rechts: nur mit den ersten beiden Hauptkomponenten.

Erstrebenswert bei der Überwachung von Flutereignissen (schnelllebiger Charakter) ist die Erstellung von multitemporalen Analysen. Trotz mangelnden Datenmaterials (Tabelle 2) konnten auf Basis von SPOT-VÉGÉTATION-Daten eindrucksvoll die Ausdehnungsunterschiede der Flussläufe, besonders die des Limpopo, mit Hilfe einer Wasserlayer-Erstellung extrahiert werden (Abbildung 8).

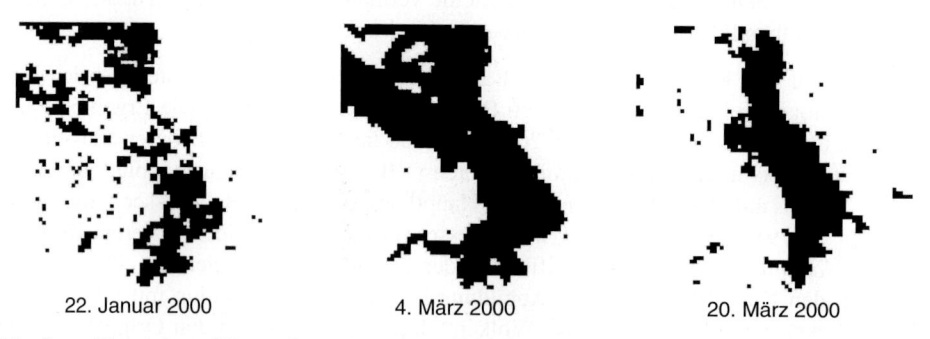

Abb. 8: Abgeleitete Wasserlayer Unterlauf des Limpopo)

3.4 Validierung

Die Qualität der Klassifikationsergebnisse wurde mit Hilfe eines Vergleichsdatensatzes überprüft; dieser ließ eine nachträgliche Kontrolle, jedoch keine Grundlage zur Trainingsgebietsbestimmung zu. Auf Basis einer multitemporalen SAR-Szene (Kombination aus 22. November 1995, 27. April 1997 und 16. März 2000) bzw. eines aus dieser abgeleiteten Wasserlayers konnte zufriedenstellend die Erfassung des Überschwemmungsgebietes am Unterlauf des Limpopo realisiert werden.

Abbildung 9 stellt den Vergleich der beiden Datensätze eindrucksvoll gegenüber; abgesehen von zwei bis drei Randpixeln sind der aus den SAR-Daten abgeleitete und der aus den SPOT-VÉGÉTATION-Daten abgeleitete Layer (Abbildung 7, rechts) deckungsgleich. Das durch die SPOT-VÉGÉTATION-Daten nicht als Wasser identifizierte Gebiet (gekennzeichnet durch die Ellipse), ist auf das Vorhandensein von Wolken zurückführbar.

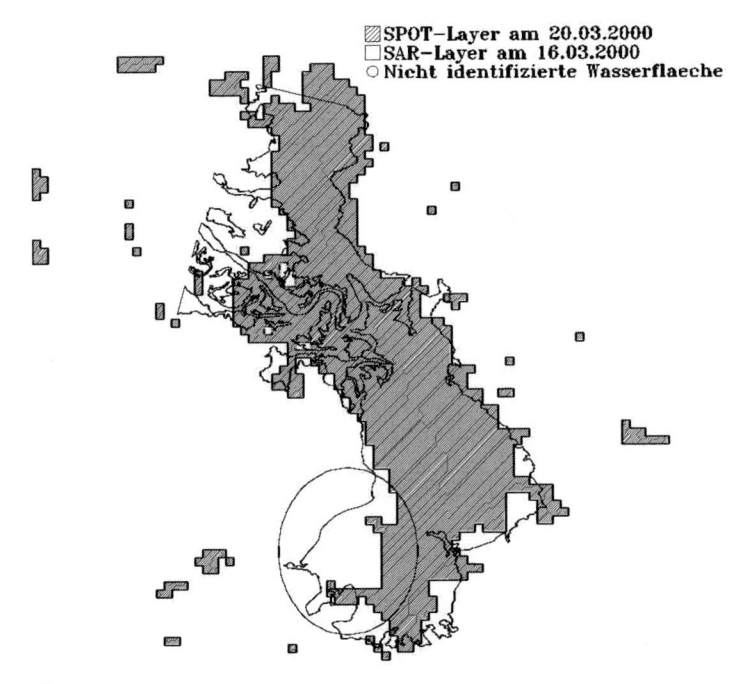

Abb. 9: Überlagerung des ERS- (16. März 2000) und des SPOT-Datensatzes (20. März 2000)

4 Fazit

Die Unterstützung mit Hilfe von Fernerkundungsdaten gewinnt bei Krisensituationen an Bedeutung. Optische Daten, wie SPOT-VÉGÉTATION-Daten weisen z.B. bei der Erfassung von großflächigen Überflutungsgebieten hohe Genauigkeit auf. Besonders die Effizienz des kurzwelligen Infrarotskanals SWIR hinsichtlich seiner Einsetzbarkeit bei der Wasserdetektion und der Interpretation der anderen Kanäle ist eine wichtige Voraussetzung bei der Lösung verschiedener Fernerkundungsprobleme. Der Nachteil der Daten ist jedoch die erhebliche Reduzierung zu interpretierender Bilder aufgrund ihrer Wetterabhängigkeit. Die Erstellung von Simultananalysen bei Überschwemmungen wird dadurch beträchtlich erschwert. Dieser Umstand wird durch die hohe zeitliche Auflösung des SPOT-VÉGÉTATION-Aufnahmesystems gemildert, so dass die Analyse von Daten weniger zeitlich auflösenden Systeme mit VÉGÉTATION-Daten unterstützt werden können.

Daher besteht die Forderung nach synergistischer Ausnutzung verschiedenster Datenquellen. Die Vorteile optischer (sofortige visuelle Interpretierbarkeit) und Radardaten (keine

Wetterabhängigkeit) sowie deren Verschneidung mit GIS-Daten kann das volle Potenzial von Fernerkundungsdaten ausschöpfen.

Danksagung

Der französischen Raumfahrtsbehörde CNES sei für die im Rahmen der VEGA 2000 Initiative des Vegetation Programms aufgenommenen SPOT-VÉGÉTATION-Daten gedankt.
Besonderer Dank geht an Guillermo Castilla (JRC) und der Europäischen Raumfahrtbehörde ESA für die Bereitstellung der multitemporalen SAR-Szene.
Den Mitarbeitern des Projekts *Flood Assessment and Hazard Mitigation (FLAME)* sei wegen der Bereitstellung zusätzlicher Daten gedankt.

Literatur

CHERLET, M., P. MATHOUX, E. BARTHOLOMÉ & P. DEFOURNY (2000): *SPOT VEGETATION Contribution to Desert Locust Habitat Monitoring*. In: vegetation 2000 proceedings, 3.-6- April 2000, Space Application Institute, JRC, Ispra, 247-257

CHRISTIE, F. & J. Hanlon (2001): *Moçambique & the Great Flood Of 2000*. The International African Institute, James Currey, Oxford

CNES: Centre National d'Études Spatiales. http://vegetation.cnes.fr

ESA: European Space Agency. http://www.esa.int

FLAME: Flood Assessment and Hazard Mitigation. http://www.geo.sbg.ac.at

FRASER, R.H., Z. LI & R. LANDRY (2000): *SPOT VEGETATION for characterizing boreal forest fires*. In: International Journal of Remote Sensing, (21) 18, 3525–3532

GEISELER, K. (2002): *Monitoring der Flutkatastrophe von Moçambique im Jahr 2000 auf Basis von SPOT-VÉGÉTATION-Satellitenbilddaten*. Diplomarbeit, Technische Universität Dresden in Zusammenarbeit mit dem IPF, Technische Universität Wien

GIRI, C., T.A. MOE & S. SHESTRA (2000): *Multi-temporal Analysis of the VEGETATION Data for Land Cover Assessment Monitoring in Indochina*. In: vegetation 2000 proceedings, 3.-6. April 2000, Space Application Institute, JRC, Ispra, 103-113

JEANJEAN, H. & H. GÜLINCK (2000): *European Forest Mapping using VEGETATION data*. In: vegetation 2000 proceedings, 3.-6. April 2000, Space Application Institute, JRC, Ispra, 321-326

Web Mapping à la Cuisine

Lydia GIETLER, Barbara HOFER, Martin KRCH,
Kerstin STUPNIK und Stephan WINTER

*Dieser Beitrag wurde nach Begutachtung durch das Programmkomitee als „reviewed paper"
angenommen.*

Zusammenfassung

Dieses Paper stellt unsere Erfahrungen mit einem Vorabdruck des *Web Mapping Cookbook* des OGC dar. Ziel des „Kochbuchs" ist die Förderung von Web Mapping Lösungen, die mit dem offenen Industriestandard eines Web Mapping Service des Open GIS Consortiums konform sind. Das Cookbook stellt verschiedene, kommerzielle und freie Implementationen des Web Mapping Standards in einer Weise vor, dass sie Schritt für Schritt nachvollzogen werden können. Wir konnten das Cookbook vorab testen und haben untersucht, ob und wie mit einer solchen Anleitung ohne spezielle Vorkenntnisse ein Web Mapping Service mit akzeptablem Aufwand eingerichtet werden kann. Wir berichten über das Prinzip von Web Mapping, unsere Implementierung, und den dafür betriebenen zeitlichen und finanziellen Aufwand.

1 Einleitung

Die Standardisierung von offenen Schnittstellen (Interfaces) erlaubt es, dass Software-Module unterschiedlicher Hersteller miteinander kommunizieren. Das Open GIS Consortium (OGC) ist eine Organisation, die derartige Schnittstellen spezifiziert, mit dem Ziel, geografische Informationen im World Wide Web standardisiert zugänglich zu machen. OGC entwickelte neben einer Reihe anderer Spezifikationen das Web Map Service (WMS) Interface (OGC 2002).

Um die Implementierung des WMS Interfaces zu erleichtern, verfasste OGC das *OGC WMS Cookbook* (KOLODZIEJ 2002). Dieses „Kochbuch" enthält neben einem Überblick über Web Mapping, verschiedene Schritt-für-Schritt-Anleitungen für die Einrichtung eines WMS. Wir hatten die Gelegenheit, eine Vorabversion des Cookbooks im Rahmen der Lehrveranstaltung *Interoperabilität* am Technikum Kärnten in Bezug auf die Realisierbarkeit eines WMS gemäß OGC zu untersuchen. Ziel der Untersuchung war es, zu prüfen, ob und wie es ohne spezielle Web Mapping Kenntnisse möglich ist, einen OGC WMS mit akzeptablen finanziellen und zeitlichen Aufwendungen zu realisieren. Zur Durchführung dieses Vorhabens wurde ein WMS laut Anleitung des *OGC WMS Cookbooks* implementiert.

In diesem Paper berichten wir über unsere Erfahrungen. Es gliedert sich in die Kapitel OGC WMS Cookbook, Problemstellung, Applikationsaufbau, Test, Diskussion und Zusammenfassung und Konklusio. Im Kapitel OGC WMS Cookbook werden Informationen über Web Map Services und das Cookbook gegeben. In der Problemstellung wird näher auf den Gegenstand der Untersuchung eingegangen. Die Kapitel Applikationsaufbau und Test befassen sich mit der Implementation eines WMS. Eine kritische Betrachtung der Resultate erfolgt in der Diskussion. Abgeschlossen wird das Paper mit Schlussfolgerungen und weiterführender Arbeit im Kapitel Konklusio.

2 OGC WMS Cookbook

Ein Web Map Service stellt georefenzierte Karten für das World Wide Web bereit (OGC 2002). Technisch gesehen stellt es eine Erweiterung eines Webservers dar, die auf verschiedene Weise realisiert werden kann (scripts, servlets, o.Ä.). Eine Anfrage an einen Web Map Service ruft über eine URL (Universal Ressource Locator) eine von drei Operationen auf: *GetCapabilities* liefert Metadaten über vorhandene Daten und mögliche Anfrageparameter, *GetMap* liefert eine Karte in einem Web-verträglichen Format (JPEG, PNG, o.ä.), und *GetFeatureInfo* liefert weitere Informationen über einzelne Objekte, die auf einer Karte abgebildet sind. Da die Schnittstellen offen sind, können Web Map Services kaskadisch Karten generieren. Auf der Nutzerseite ist keine weitere Software außer dem Webbrowser erforderlich. Im Gegensatz dazu benötigen proprietäre Web Mapping Lösungen auf der Nutzerseite oft zusätzliche Software (PlugIns). Abgesehen davon sind diese auch nicht interoperabel, da die Syntax der Serveranfragen nicht offen liegt.

Derzeit existieren mehrere WMS verschiedener Hersteller, die angeben, die WMS Spezifikation zu implementieren. Diese Services werden von OGC als die Spezifikation *implementierende* Services bezeichnet. OGC bietet den Herstellern darüber hinaus die Möglichkeit, ihre Produkte in einer Testumgebung auf ihre Übereinstimmung mit der Spezifikation zu testen. Produkte, die bei einem solchen Test als übereinstimmend verifiziert werden, werden als *mit der Spezifikation konform* bezeichnet. Es gibt derzeit noch keine WMS, die diesen Status erhalten haben, da entsprechende Überprüfungen in der Testumgebung noch nicht abgeschlossen wurden. Implementierende Services sind auf der Homepage von OGC angeführt[1], wobei die Liste Ende Januar insgesamt 104 Einträge umfasste.

Das *OGC WMS Cookbook* soll durch Schritt-für-Schritt-Anleitungen, sogenannte *Rezepte*, die Implementierung eines WMS auch unerfahrenen Benutzer ermöglichen (KOLODZIEJ 2002). In diesem Cookbook wird ein Überblick über Web Mapping gegeben, dann die Systemarchitektur von Web Map Services anhand von Beispielen erläutert, und anschließend werden fünf Implementierungsrezepte präsentiert. Die Rezepte beziehen sich auf kommerzielle wie auch auf frei erhältliche Software (ESRI, lat/lon, University of Minnesota, International Interfaces und MIT). Das Cookbook geht in Teilen auf ältere Quellen zurück (DOYLE 2001; MCKENNA 2001).

Neben dem Cookbook sollte der Leser auch Zugriff auf die *Web Map Service Specification* (OGC 2002) haben, wie im Cookbook ausdrücklich vermerkt. Die Spezifikation beschreibt insbesondere die drei zentralen Operationen.

---

[1] http://www.opengis.org/testing/product/index.php (besucht am 31.01.2003)

3 Problemstellung

Im Rahmen der Lehrveranstaltung *Interoperabilität* am Technikum Kärnten wurde im Wintersemester 2002/2003 untersucht, ob und mit welchem Aufwand Personen ohne tiefere Spezialkenntnisse über Web Mapping mit Hilfe des *OGC WMS Cookbooks* ein Web Map Service implementieren können. Für diese Untersuchung wurde den Studenten/-innen ein Draft des *OGC WMS Cookbook* zur Verfügung gestellt. Da die Studenten/-innen mit der Programmiersprache Java vertraut sind, fiel ihre Wahl auf das Rezept *deegree Web Map Server*, ein Java Framework zur Implementierung von Web-basierten GIS-Applikationen. Darüber hinaus wird *deegree* unter der GNU General Public Licence kostenlos zur Verfügung gestellt.

Entsprechend der *OGC WMS Interface Specification* muss ein WMS die Server-Anfragen (Requests) *GetCapabilities* und *GetMap* implementieren. Neben diesen beiden verpflichtenden Server-Anfragen besteht die Möglichkeit, die Server-Anfrage *GetFeatureInfo* zu implementieren. Ein Interface regelt die Kommunikation zwischen mehreren Softwarekomponenten. Diese Interfaces sind keine Implementierung, sondern definieren nur deren Verhalten. Die tatsächliche Implementierung der Interfaces ist unabhängig von Programmiersprachen.

Erhält der *deegree WMS* eine der oben genannten Server-Anfragen von einem Web-Client, ist er in der Lage, diese zu beantworten. Die Antwort auf die *GetCapabilities* Anfrage enthält Informationen zu den Funktionalitäten und den vorhandenen Geodaten des befragten Servers. *GetMap* retourniert eine Karte in Form eines Rasterbildes, dessen Inhalt aus einer oder mehreren Geodatenquellen stammt. *GetFeatureInfo* erlaubt es, Zusatzinformationen, wie zum Beispiel Attributinformationen, Metadaten, etc. abzufragen. Abbildung 1 zeigt eine Skizze der von den Studenten/-innen realisierten Architektur des *deegree WMS*.

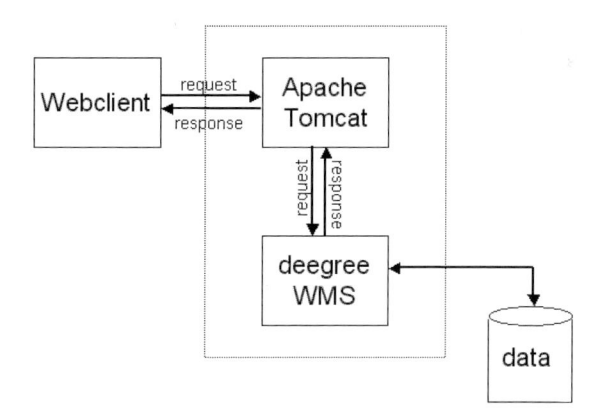

Abb. 1: Die Architektur des von den Studenten/-innen realisierten WMS

Laut OGC können Implementationen, die der WMS Spezifikation entsprechen, als kaskadierende Map Server eingesetzt werden. Ein kaskadierender Map Server verhält sich gegenüber anderen Map Servern wie ein Client und gegenüber einem Client wie ein Map Server. Dies erlaubt die Erstellung von Karten aus verteilten Datenquellen (OGC 2002).

4 Applikationsaufbau

Die Implementierung des *deegree WMS* erfolgte auf einem Standard-PC mit dem Betriebssystem Windows XP, der Java Virtual Machine JDK 1.3 und Apache-Tomcat 4.0. Das *deegree* Package wird im Internet von der Firma *lat/lon*© unter der GNU General Public Licence zum Download zur Verfügung gestellt[2]. Nach der erfolgreichen und problemlosen Installation wurden anhand des *OGC WMS Cookbooks* folgende Schritte durchgeführt: Konfiguration des Servers, Einbinden von Geodaten und Definieren von Styles und Maßstabsbereichen zur Darstellung der einzelnen Layer. Diese Arbeitsschritte wurden durch Anpassen der im *deegree* Package enthaltenen XML-Dateien durchgeführt.

Um die Funktionalität des *deegree WMS* dem Benutzer zur Verfügung zu stellen, wird eine Benutzeroberfläche benötigt. Die Implementierung der Benutzerschnittstelle, durch die die Karte in einem Bereich des Browserfensters dargestellt wird, erfolgte in HTML. Java Scripts wurden zur interaktiven Generierung der beiden Server-Anfragen *GetCapabilities* und *GetMap* erstellt. Das Java-Script für die Generierung der Server-Anfrage *GetFeatureInfo* wurde bis dato aus Zeitgründen nicht implementiert.

Die Server-Anfrage *GetCapabilities* erlaubt es, Metainformationen über den Server im XML-Format abzufragen, wodurch die Informationen sowohl für Menschen als auch für Computer verständlich sind. Zu diesen Metainformationen gehören eine Kurzbeschreibung des Service (Name, Titel, URL, Schnittstellen, Ausgabeformate, Fehlermeldungsformate) und eine Liste der verfügbaren Layer mit ihren räumlichen Referenzsystemen, ihrer räumlichen Ausdehnung und ihren Styles.

Jede Kartendarstellung, damit auch Grundfunktionalitäten wie Zoom und Pan, wird mittels der Server-Anfrage *GetMap* realisiert. Dies geschieht durch unterschiedliche Zusammenstellung von Layerliste, Styles der einzelnen Layer, räumlichen Referenzsystemen und BoundingBoxes in den einzelnen Server-Anfragen. Weitere Parameter der Server-Anfrage *GetMap* sind das Ausgabeformat, Breite, Höhe, Hintergrundfarbe sowie Transparenz der Karte, Format der Fehlermeldungen, Name und Version der Server-Anfrage. Abbildung 2 zeigt ein Beispiel einer *GetMap* Server-Anfrage. In Abbildung 3 wird das Ergebnis dieser Anfrage an den *deegree WMS* der Studenten/-innen dargestellt.

```
http://vntpc406/degree/wms?WMTVER=1.0.0&REQUEST=map&LAYERS=wor
ld,WorldBorders,Austria,AustriaMainRivers,WorldCities&STYLES=default,wb,de
fault,default,citystyle&BBOX=4,47,13,58&SRS=EPSG:4326&WIDTH=641&HEI
GHT=481&FORAT=JPEG&EXCEPTIONS=INIMAGE&TRANSPARENT=FAL
SE&BGCOLOR=0xffffff&
```

Abb. 2: Beispiel einer *GetMap* Server-Anfrage

---

[2] http://deegree.sourceforge.net/src/index.html (besucht am 31.01.2003)

5 Test

Die Studenten/-innen haben ohne spezielle Kenntnisse über Services binnen vier Wochen Teilzeitarbeit (in Summe etwa 60 Personenstunden) den *deegree WMS* mit Hilfe des *OGC WMS Cookbooks* implementiert, welcher derzeit im Intranet des Technikum Kärnten zugänglich ist. Der erwähnte Zeitaufwand umfasst sowohl Einarbeitung in die Thematik als auch die konkrete Realisierung des Servers. Der erstellte WMS bietet nachfolgende Daten und Funktionalitäten an:

- Rasterdaten: TIFF-, GIF-, BMP-, JPEG-, PNG-Format
- Vektordaten: ESRI Shape-Format
- Layerschaltung
- Rudimentäre Zoomfunktion
- Rudyimentäre Panfunktion

Abbildung 3 zeigt einen Screenshot des von den Studenten/-innen erstellten WMS. Der Inhalt der Karte wurde aus einer JPEG-Datei und vier Shape-Dateien zusammengestellt. Die Auswahl der Layer erfolgt über Checkboxen, Zoom- und Panfunktionen sind über Comboboxen realisiert.

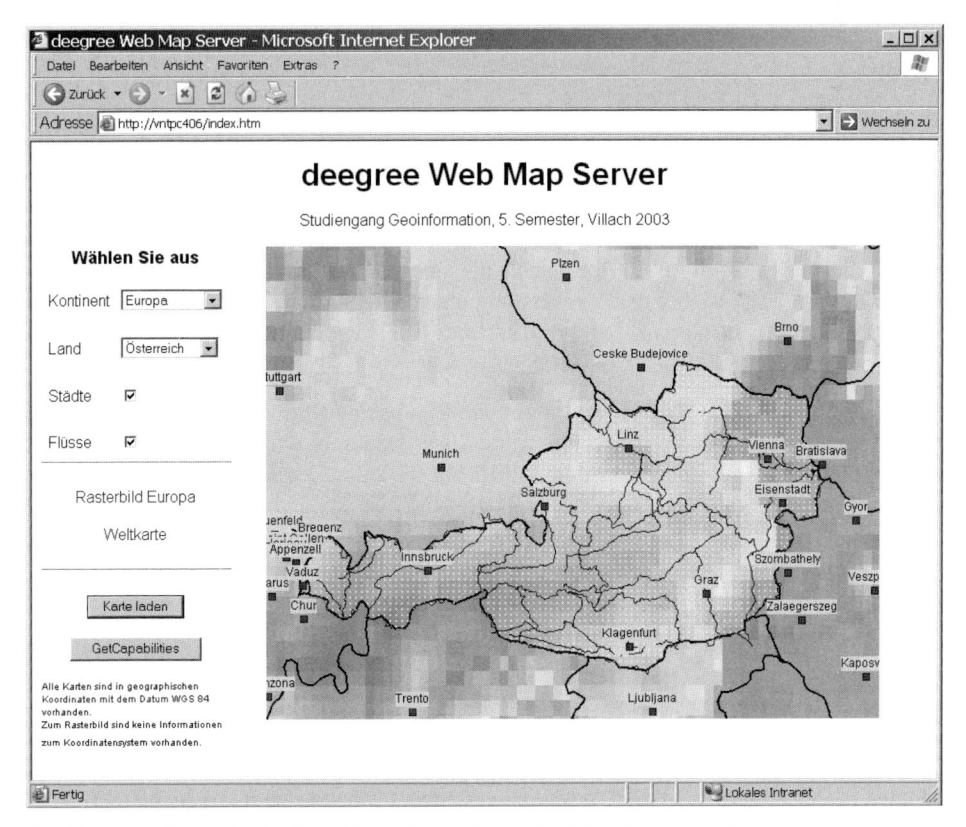

Abb. 3: Ergebnis, der in Abbildung 2 gezeigten *GetMap* Server-Anfrage

Durch die Implementierung der Server-Anfragen *GetCapabilities,* und *GetMap* sind die Anforderungen an einen WMS entsprechend OGC erfüllt. Die Vielzahl an Funktionalität, wie zum Beispiel Netzwerkanalysen oder das Editieren der Geometrie von Objekten, die im Allgemeinen von generischen Map Servern zur Verfügung gestellt wird, geht weit über die WMS Spezifikation des OGC hinaus.

6 Diskussion

Das *OGC WMS Cookbook* beinhaltet neben einer Einführung in Web Mapping und Interoperabilität detaillierte Anweisungen zur Implementierung und Nutzung des OGC WMS Interfaces. Die Einführung in Web Mapping und Interoperabilität trägt zum Verständnis des Aufbaues und der Funktionalität eines WMS bei. Mit Hilfe des *deegree WMS* Rezeptes ist es ohne großen Aufwand und ohne spezielle Vorkenntnisse möglich, einen nicht kaskadierenden Web Map Server zu implementieren.

Die notwendigen Schritte zur Konfiguration des Servers konnten anhand des *deegree WMS* Rezeptes problemlos durchgeführt werden. Auch zum Einbinden von Geodaten und zum Definieren von Styles und Maßstabsbereichen zu ihrer Darstellung finden sich im Cookbook mehrere Codebeispiele mit Erklärung. Diese erleichtern das Anpassen des Servers. Dennoch konnten von den Studenten/-innen Verbesserungspotential wie zum Beispiel die Aktualität der Links (Downloadpages, etc.) identifiziert werden, die an den Editor des *OGC WMS Cookbooks* weitergeleitet wurden.

Da *deegree* ein Java-Framework zur Implementation von Web-basierten GIS-Applikationen ist, beinhaltet das *deegree* Package keine Schnittstelle zum Benutzer. Die *OGC WMS Specification* bezieht sich auf die Funktionalität des Servers und überlässt die Gestaltung der Benutzerschnittstelle dem Entwickler. Dies steht im krassen Gegensatz zu proprietären Web Servern, die eine vorgefertigte Oberfläche mit ausgefeilter Zoom- und Panfunktionalität anbieten. Hingegen muss bei der Verwendung eines WMS nach OGC für jede Zoom- und Panoperation eine neue Server-Anfrage *GetMap* erstellt werden, die, zum Beispiel mittels JavaScript, erst erzeugt werden muss.

Im *deegree WMS* Rezept wird derzeit nicht darauf eingegangen, wie der *deegree WMS* als kaskadierender Map Server zu konfigurieren ist. Dadurch wird der Interoperabilitäts-Gedanke nicht voll ausgenutzt, da der Zugriff auf verteilte Datenquellen nicht ermöglicht wird. Zur Erstellung eines nicht kaskadierenden WMS ist das deegree Rezept hervorragend geeignet.

7 Zusammenfassung und Conclusio

Den Studenten/-innen des Technikum Kärnten wurde es ermöglicht, das *OGC WMS Cookbook* vorab zu testen. Ziel war es zu prüfen, ob Personen ohne spezielle Vorkenntnisse im Web Mapping Bereich mit geringem zeitlichen und finanziellen Aufwand mit Hilfe des Rezeptes in der Lage sind, einen WMS zu erstellen. Anhand des *deegree WMS* Rezeptes wurde ein nicht kaskadierender WMS erstellt. Dieser WMS erfüllt alle Kriterien der *OGC WMS Interface Specification*.

Die Untersuchungen der Studenten/-innen zeigen, dass das *deegree* WMS Rezept von einer Person mit einem Zeitaufwand von rund 60 Stunden umgesetzt werden kann. Abgesehen von den Kosten für die Hardware und das Betriebssystem entstehen keine weiteren finanziellen Aufwendungen, da die übrigen Softwarekomponenten frei erhältlich sind.

Als fortführende Arbeit bietet sich – neben der Integration eines JavaScripts in die Benutzeroberfläche zur Erzeugung der Server-Anfrage *GetFeatureInfo* – eine Verfeinerung der Zoom- und Panfunktionalitäten an. Eine weitere Herausforderung stellt das Konfigurieren des WMS als kaskadierenden Web Map Server dar.

Danksagung

Dieses Paper verdankt sein Zustandekommen der Vorarbeit von Kris Kolodziej, MIT, und Cliff Kottman, OGC, die das OGC Web Mapping Cookbook zusammengestellt und uns für unser Experiment vorab überlassen haben. Besonderer Dank geht an Adrijana Car, Studiengangsleiterin Geoinformation, Technikum Kärnten.

Referenzen

DOYLE, A. (2001): WMS Cookbook. International Interfaces, Inc.
    http://www.intl-interfaces.net/cookbook/WMS

KOLODZIEJ, K. (Hrsg.) (2002): OGC WMS Cookbook. Open GIS Consortium Inc., Cambridge

MCKENNA, J. (2001): Mapserver WMS HowTo. University of Minnesota
    http://mapserver.gis.umn.edu/doc/wms-howto.html

OGC (2002): Web Map Service Implementation Specification. OGC 01-068r3, Open GIS Consortium Inc.

Routenoptimierung für Radfahrer – GIS gestützter Radroutenplaner für den Raum Tübingen/Deutschland

Mark GREWELDINGER

1 Einleitung

Fahrradfahren in Form von Radwandern und Fahrradtourismus erfreut sich zunehmender Beliebtheit in Deutschland. Einer Radreiseanalyse des ADFC zufolge haben mehr als zwei Millionen Deutsche im Jahr 2000 eine Radreise unternommen (ADFC 2001, BfVBW 2002). Dieses Touristenpotential ist auch für das am Neckarradweg gelegene Tübingen nutzbar, worauf die Idee zur Entwicklung eines anwendungsbezogenen Radroutenplaners fußt.

Der Nutzer dieser Anwendung soll interaktiv Start- und Endpunkt der Tour definieren können, worauf einerseits distanzoptimierte und andererseits Routen mit geringstmöglichem Höhenunterschied generiert werden. Ortsunkundigen muss zudem die ungefähre Fahrzeit angegeben werden können. Eine bessere Vorstellung der zu fahrenden Strecke soll durch die Erstellung eines Streckenprofils erreicht werden. Um die Gesamtheit dieser Funktionen in einem Programm implementieren zu können, muss ein GIS erstellt werden, das den Raum Tübingen sowie den angrenzenden ‚Naturpark Schönbuch' abdeckt.

2 Vorgehensweise – Methoden

Eine Visualisierung des Verlaufs einzelner Arbeitsschritte, sowie der verwendeten Datenquellen steht in Abbildung 1 in Form eines Flussdiagramms zur Verfügung.

2.1 Konzeption

Aus der starken Reliefierung des Tübinger Raumes ergeben sich zwei Gründe, welche die Erstellung eines digitalen Geländemodells zur Einbindung in das Routennetzwerk unerlässlich machen:

- Der **Distanzunterschied** von einer Strecke auf der zweidimensionalen Karte und der realen Distanz im dreidimensionalen Raum soll berücksichtigt werden.
- Da der Kraftaufwand im Falle des Fahrrad-Routenplaners, anders als beim Auto-Routenplaner, einen entscheidenden Parameter für die Routenwahl darstellt, muss der Faktor **Höhenunterschied** mit in die Routenkalkulation einfließen. Beim Höhenunterschied, der innerhalb eines Segments AB überwunden wird, soll jedoch nicht nur die absolute Differenz ‚A minus B' errechnet werden, sondern vielmehr der ‚kumulative Anstieg', bzw. der ‚kumulative Abstieg', nachfolgend als ‚kumulative Höhendifferenz' bezeichnet.

Die Streckenführung basiert z.T. auf den Rad- und Wanderwegen der Freizeitkarte des Landkreises Tübingen, sowie auf selbstgewählten Verbindungsstrecken. Letztere sind bei längeren Radrouten unumgehbar, da das beschilderte Radwegenetz keinen lückenlosen Verband bildet und/oder an manchen Stellen verkehrsberuhigtere Alternativrouten aufgrund täglicher Erfahrung als angebracht erscheinen.

Als weiteres, gängiges Feature eines Routenplaners ist die Fahrzeit zu implementieren. Da hierzu auf keine vorhandenen Datensätze zurückgegriffen werden kann, wurden die Daten selbst erhoben: die Fahrzeit, eventuelle Einbahnstraßen, sowie die Anfangs- und Endpunkte der einzelnen Segmente. Jedes Streckensegment AB muss sowohl von A nach B als auch von B nach A befahren werden, um Zeitunterschiede zwischen Bergauf- und Bergabfahrten deutlich zu machen. Ein höherer Authentizitätsgrad wird durch die Berücksichtigung von Abbiegewiderständen/ Impedanzwerten an Ampeln und Hauptstraßenüberquerungen erzielt. Diese Arbeit soll die wesentlichen Voraussetzungen schaffen, um einen GIS-gestützten Routenplaner z.B. als touristisches Informationssystem im Internet zu vermarkten. In das Projekt eingebundene Fotos erhöhen den Realitätsbezug und damit die Attraktivität des Routenplaners.

2.2 Realisierung

2.2.1 Digitales Geländemodell (DGM)

Zur Erstellung eines DGMs steht die Raster-Version der Schwarzplatte ‚Höhenlinien' der TK 25, Blatt 7420 des Landesvermessungsamtes Baden-Württemberg zur Verfügung. Die Vorlage wird in *ArcInfo* georeferenziert (*REGISTER*) sowie die Raster-Linien in Vector-Daten umgewandelt (*GRIDLINE*). Im zweiten Schritt wird in *GeoMedia* eine halbautomatische Vektorisierung/ -erkennung der einzelnen Fragmente vorgenommen, woraus die gewünschten 625 Isohypsen hervorgehen. Nach der Attributisierung der Höhenlinien werden die trigonometrischen Punkte ebenfalls digitalisiert und beide Dateien in *ArcInfo* zu einem hydrologisch korrekten DGM interpoliert (*TOPOGRID*).

2.2.2 Radwegenetz

Das Radwegenetz mit 175 Einzelsegmenten wird digitalisiert und mit Straßennamen sowie einer ID attributisiert. Durch die Umwandlung des Shapefiles in ein 3D-Shapefile auf Grundlage des DGMs werden Höheninformationen übertragen – vorerst jedoch für den ‚Network Analyst' unlesbar. Die kumulative Höhendifferenz kann durch die ‚Route Statistics' Extension (SMITH 2002) aus dem ‚ShapeZ' Feld in einen tabellarischen, explizit numerischen Wert umgewandelt werden. Gleichzeitig wird die Streckenlänge der 2D- sowie der 3D-Karte angezeigt.

Die Datenerhebung i.e.S. stellt das Abfahren der digitalisierten Strecken dar. Es werden folgende Parameter erhoben:

- Die Klassifizierung der Straßenart nach Fahrradtauglichkeit,
- die Fahrtzeit, die ein Radfahrer für einen einzelnen Streckenabschnitt benötigt
- und die Überprüfung der Genauigkeit des erstellten DGMs durch das Altimeter ‚Ciclocontrol' (vgl. Kapitel 4). Jedes Segment des 160 km langen Netzwerks muss aus beiden Richtungen abgefahren werden, damit der Zeitunterschied zwischen positiver und negativer Steigung deutlich wird. Markante Stationen auf den Radrouten werden fotogra-

fiert, um diese in Form von Hotlinks mit den jeweiligen Punkten auf der Karte zu verbinden.

Routenkalkulationen mit dem ‚Network Analyst' können nun bereits durchgeführt werden. Dabei werden im ArcView Programm ArcInfo-Funktionen genutzt: Eine Info-Tabelle sowie die ‚Network Index directory' wird erstellt und der Nutzer kann an beliebigen Orten ‚Events' platzieren. Durch ‚Dynamic Segmentation' werden die Anteile des Cost-fields (Fahrzeit, Höhendifferenz, Weglänge) als Endprodukt dargestellt. und negativer Steigung deutlich wird. Markante Stationen auf den Radrouten werden fotografiert, um diese in Form von Hotlinks mit den jeweiligen Punkten auf der Karte zu verbinden.

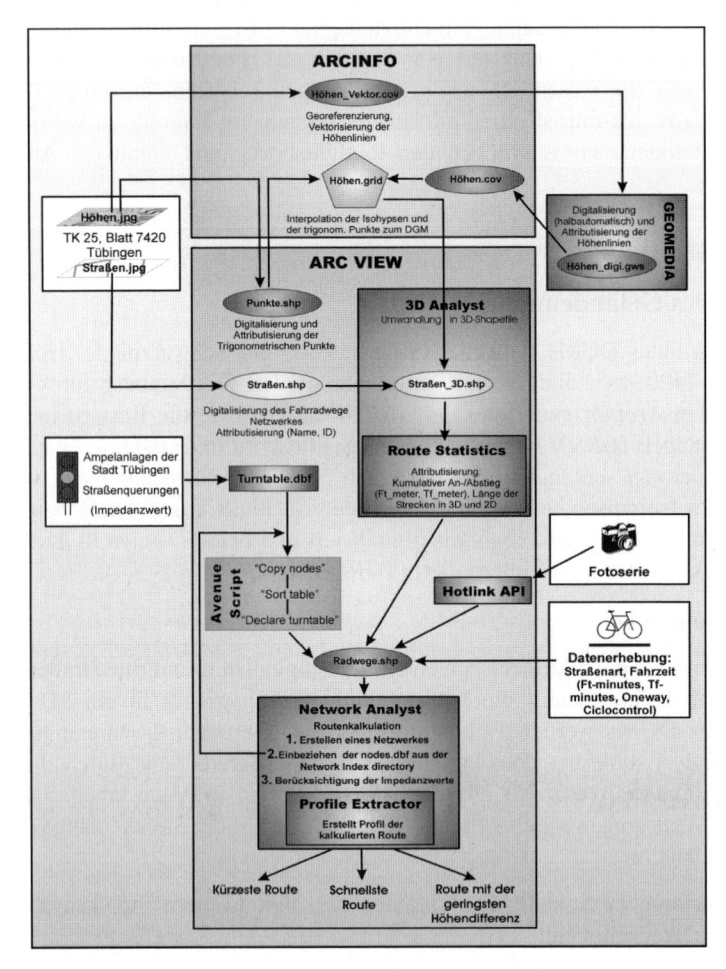

Abb. 1: Flussdiagramm der wesentlichen Arbeitsschritte und Datenquellen zur Erstellung des Fahrradroutenplaners (eigene Darstellung).

Bis hierher wurden nur lineare, räumliche Daten und ihre Attribute bearbeitet. Eine neue Kategorie, die Turntable, bezieht sich nun auf die Berührungspunkte der Streckensegmente, die Knoten. Wartezeiten an Ampeln oder bei Überquerungen von Hauptstraßen können dadurch im Routennetzwerk berücksichtigt werden. Eine einmalige Routenkalkulation mit dem ‚Network Analyst' erstellt eine Network Index Directory. Die in dieser Datenbank enthaltene Datei ‚nodes.dbf' lässt sich mit Hilfe des ‚Copy nodes'-Skripts in die Attributtabelle des Straßen-Datensatzes einfügen. Zudem wird auch ein Feld ‚Record' generiert, welches dem Straßensegment eine eindeutige Identifikationsnummer (ID) zuweist. Beide IDs von aufeinander stoßenden Segmenten, sowie die Knotenpunktnummer werden in die Turntable übertragen. Nach zwei weiteren Schritten, der Sortierung (‚Sort table'-Skript) und dem Zuweisen der Tabelle (‚Declare Turntable'-Skript) wird die Turntable vom ‚Network Analyst' berücksichtigt (ArcView Help, ESRI KnowledgeBase).

2.2.3 Profile Extractor und Hotlinks

Die ‚Profile-Extractor'-Extension (http://www.ian-ko.com) ermöglicht es, ausgewählte Streckenabschnitte, oder die im vorangegangenen Schritt kalkulierten Routen, als Profil darzustellen. Einen Eindruck von dem durch den Routenplaner abgedeckten Gebiet bekommt man durch die (vorerst) 19 verlinkten Fotos. Mit Hilfe der `Hotlink API` (Application Programming Interface)-Extension lassen sich die beschränkten ArcView-Möglichkeiten durch mit Windows assoziierte Programme erweitern.

3 Ergebnisse

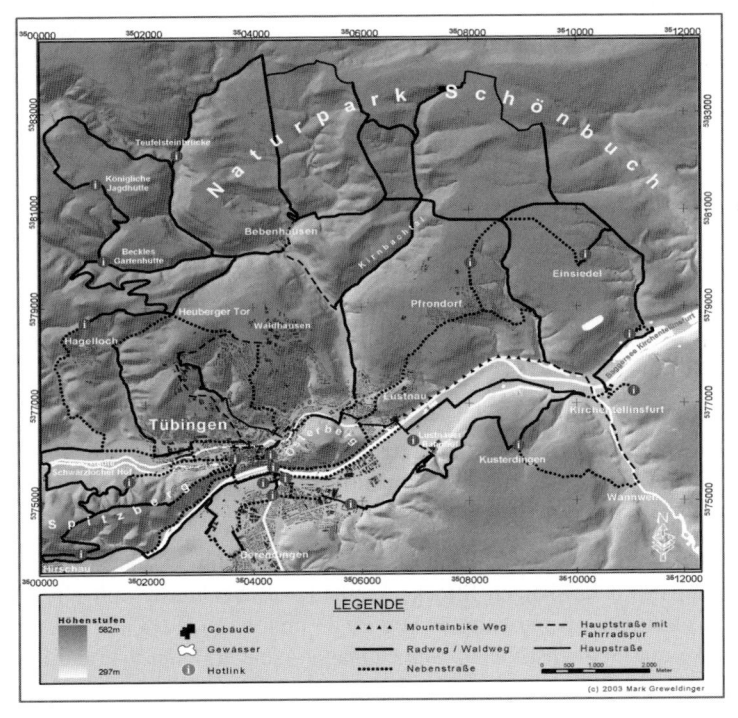

Abb. 2: Gebiet des Radroutenplaners (eigene Darstellung mit ArcMap 8)

Im ‚Network Analyst' können Routen berechnet werden, die entweder die kürzeste Strecke zwischen zwei Punkten, die schnellste Strecke oder aber die bequemste Strecke (geringster Höhenunterschied) darstellen. Das Untermenü ‚Directions' ermöglicht es die jeweils nicht berücksichtigten Parameter für die Routenoptimierung anzuzeigen. Durch die beiden Features ‚Hotlinks' und ‚Profile Extractor' wird eine stärkere Visualisierung der Routen erreicht.

4 Fehleranalyse

Die Grundlage von zwei Routen-Outputs, der Längenangabe und der kumulativen Höhendifferenz, stellt das DGM dar. Unter Berücksichtigung der prozessbedingten Fehlerquellen (Generalisierung der TK 25, Interpolation) muss überprüft werden, wie hoch die Übereinstimmung des DGM mit der Realität ist:

Für die kumulative Höhendifferenz jedes Teilsegments wird für 88% der Streckensegmente ein zu hoher Wert angezeigt. Während anthropogene topographische Strukturen, wie Bahndämme nicht in der TK 25 aufzufinden sind, werden natürliche Strukturen z.B. Kerbtäler als solche dargestellt. In Wirklichkeit werden diese in manchen Fällen allerdings mit Hilfe eines Straßendammes überquert. Aufgrund dessen wird die kumulative Höhendifferenz der Streckensegmente überschätzt. Abbildung 3 zeigt einen Vergleich der ‚tatsächlichen' Höhendifferenz (Ciclocontrol) mit der Höhendifferenz basierend auf dem DGM. In 25 von 26 Fällen wird ein zu großer Wert angegeben. Dabei ist anzumerken, dass auch das Höhenmeter gewissen Ungenauigkeiten aufgrund von Temperatur- und Luftdruckschwankungen ausgesetzt ist.

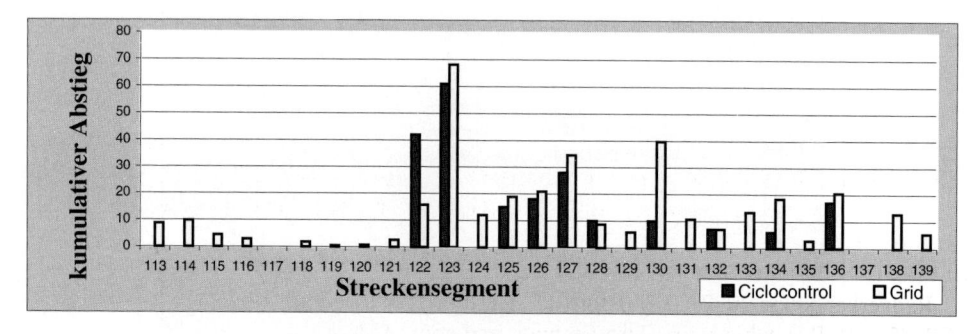

Abb. 3: Vergleich zwischen dem kumulativen Abstieg einer Auswahl von Streckensegmenten auf DGM-Basis und dem Altimeter ‚Ciclocontrol'.

Der Vergleich von einer Routenkalkulation mit und ohne Berücksichtigung der Impedanzwerte ergibt auf der 8 km langen Strecke Freibad – Bebenhausen mit einer kumulativen Höhendifferenz von 117 m eine Fahrzeit von 30,73 min. bzw. 28,33 min. Da es sich hierbei um eine Strecke mit möglichst vielen Ampelanlagen handelt, kann man die Impedanzwerte als vernachlässigbar erklären.

5 Ausblick

Die Veröffentlichung eines solchen Routenplaners im Internet wirft verschiedene Schwierigkeiten auf: Um die teure Anschaffung von ArcIMS zu vermeiden und dennoch eine interaktive Karte im Internet veröffentlichen zu können, wäre als Lösung die Erstellung einer Homepage mit Hilfe des HTML-ImageMapper von Alta4 (http://www.alta4.com/) denkbar. Ein touristisch nutzbarer GIS-Radroutenplaner sollte sinnvoller Weise zudem auf die benachbarten Kartenblätter ausgedehnt werden. Aufgrund der Zeitintensität, die das Abfahren der Routen bedingt, lässt sich dies nur mit erheblichem Kostenaufwand bewerkstelligen. Eine Methode diesen Prozess der Datenerhebung zu verkürzen wäre das Erstellen einer Zeitformel, die abhängig von Steigungsklassen auf verschiedene Streckensegmente angewendet werden kann. Die Genauigkeit solcher Berechnungen wäre noch zu überprüfen.

Da es sich bei dem Arbeitsgebiet um Höhendifferenzen von maximal 200-300m Höhe handelt fällt der Unterschied 2D-Länge und wahre Länge auf der 3D-Karte nicht ins Gewicht. So beträgt der Längenunterschied auf meinen Streckensegmenten nur wenige Dezimeter bis einige Meter, abhängig von der Steigung und der Streckenlänge. Bei einem Routenplaner im Hochgebirge – z.B. als Wanderroutenplaner – könnten sich erhebliche Längenunterschiede ergeben, die unbedingt mit einkalkuliert werden müssen.

Dank

Mein Dank gilt dem Lehrstuhl Prof. Pfeffer, Physische Geographie der Universität Tübingen, für die Bereitstellung des technischen Geräts sowie Dr. Rosner, der das Projekt beratend begleitet hat.

Literatur

ALLGEMEINER DEUTSCHER FAHRRAD CLUB (2001): Radreiseanalyse 2001. Präsentation im Rahmen der Veranstaltungsreihe Fahrradtourismus auf der Internationalen Tourismusbörse Berlin

BUNDESMINISTERIUM FÜR VERKEHR, BAU- UND WOHNUNGSWESEN (2002): Nationaler Radverkehrsplan 2002-2013. FahrRad!. Berlin

ESRI (2002): Sort table script. http://support.esri.com

SMITH, M (2002): Route Statistics Extension for ArcView. Worcestershire County Council (mailto:MSSmith@worcestershire.gov.uk)

VANDERWAL, M. (1999): Hotlink API (v.1.1). http://arcscripts.esri.com

Aufbau eines Online-Flussauenbewertungssystems großer Flüsse Mitteleuropas (Rhein, Elbe, Oder und Donau)

Detlef GÜNTHER-DIRINGER

1 Voraussetzungen

Die Überschwemmungsgebiete entlang der Flüsse, die Flussauen, gehören zu den artenreichsten Ökosystemen in Europa. Obwohl sie nur 6 bis 8 % der Landfläche einnehmen, beherbergen sie mehr als 2/3 aller vorkommenden Lebensgemeinschaften. In der Vergangenheit waren die Auen jedoch Schauplatz vielfältiger anthropogener Veränderungen, welche die ehemals vorhandenen Auengebiete größtenteils zerstörten. Die Aufgabe des heutigen Auenschutzes, dem sich das WWF-Auen-Institut widmet, besteht zum einen in der Unterschutzstellung noch vorhandener, wertvoller Auengebiete und zum anderen in der Renaturierung bereits gestörter oder zerstörter Bereiche.

Um die begrenzten Ressourcen des Auenschutzes möglichst optimal einzusetzen, soll mit dem zu entwickelnden naturschutzfachlichen Bewertungssystem die Möglichkeit gegeben sein nicht nur punktuelle oder regionale Bewertungen durchzuführen, sondern die Auen gesamter Flusssysteme auf ihre Wertigkeit hin zu überprüfen und miteinander zu vergleichen. Aus der spielt auch die Visualisierung der Bewertung für mögliche Entscheidungsträger eine wichtige Rolle.

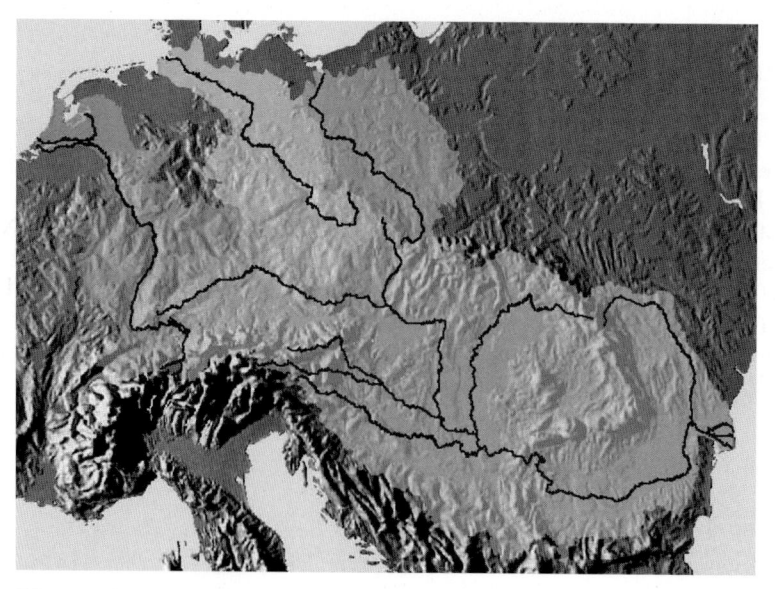

Abb. 1: Untersuchte Flüsse mit ihren Einzugsgebieten

2 Datengrundlagen

Grundbedingung für die gesamthafte Bewertung von Flusssystemen ist die Existenz homogener Datensätze des gesamten Untersuchungsraums. Je größer und internationaler aber ein Untersuchungsgebiet wird, desto schwieriger wird die Verfügbarkeit bzw. Vergleichbarkeit naturschutzfachlicher Daten. Aus diesem Grund scheiden mögliche Datengrundlagen wie beispielsweise Biotoptypenkartierungen, Bioindikatoren, Inventarlisten, Überflutungshäufigkeiten (auf der Basis von digitalen Geländemodellen in Kombination mit hydrologischen Daten) etc. aus. Im Gegensatz dazu liegen durch WWF-eigene Erhebungen flächendeckende Informationen über die Abgrenzung der aktuellen und ehemaligen Überschwemmungsgebiete vor. In Kombination mit den CORINE-Landnutzungsdaten (CORINE-LandCover; EU-finanzierte Landnutzungskartierung mit 44 Landnutzungsklassen und einer räumlichen Auflösung von 100 m, auch verfügbar für die PHARE-Staaten Osteuropas) bilden sie die räumliche Datenbasis und grenzen gleichzeitig das Untersuchungsgebiet ab.

3 Methode

Als Eingangsdaten dient die gesamte morphologische Aue mit ihren beiden anthropogen entstandenen Auentypen, der rezenten Aue (aktuelle Überflutungsaue) und der Altaue (Bereiche, die aufgrund von Deichen, Aufschüttungen, etc. nicht mehr überflutet werden). Diese beiden Auenbereiche müssen zunächst in einzelne bewertbare Abschnitte regionalisiert werden. Als Grundprinzip gilt: bei jeder signifikanten Änderung der Auenbreite wird ein Abschnitt festgelegt, bei einer Mindestgröße von ca. 10 km. Jeder eindeutig identifizierbare Abschnitt wird in vier Teilkompartimente gegliedert: linkes und rechtes Ufer sowie Altaue und rezente Aue (sofern rezente Aue und Altaue an beiden Ufern auftreten). Insgesamt wurden ca. 2.500 Teilkompartimente generiert und einer Bewertung unterzogen.

Jedem Teilkompartiment werden durch entsprechende GIS-Operationen Faktoren zugeordnet, die unterschiedlich gewichtet werden:

Faktor 1: Auentyp: a) Rezente Aue, b) Altaue, c) gesteuert geflutete Bereiche, z. B. Polder, Ausleitungsstrecken, Rückstaubereiche, etc.
Faktor 2: Breite des Auengebietes, aufgeteilt in 6 Klassen: < 100 m; < 500 m; < 1.000 m; < 2.500 m; < 5.000 m; > 5.000 m
Faktor 3: Landnutzungsverteilung: Wald, Gewässer, Feuchtgebiete, Wiesen, Landwirtschaft, Siedlungen

Durch die Kombination der drei Faktoren mit entsprechenden Gewichtungen für die auftretenden Ausprägungen der einzelnen Faktoren, ergibt sich für jedes Teilkompartiment ein berechneter Wert, der in vier Qualitätsstufen klassifiziert und visualisiert wird. Die Gewichtung der einzelnen Faktoren und die Klassengrenzen wurden aufgrund von Erfahrungswerten vor Ort in einem iterativen Prozess optimiert. Die Methode wurde im Rahmen des WWF-Projektes "Evaluation of wetlands and floodplains in the Danube River Basin" (UNDP/GEF 1999, GÜNTHER-DIRINGER 1999) zunächst entwickelt und konnte in der vorliegenden Arbeit vertieft und auf andere Flussgebiete übertragen werden.

4 Verfizierung der Methode

Aufgrund des vom WWF-Auen-Institut erstellten Oder-Auen-Atlas, der im Gegensatz zu anderen großen Flüssen eine einheitliche, aktuelle Biotoptypenkartierung der Auen des gesamten Laufs der Oder beinhaltet, können diese vorliegenden digitalen Daten verwendet werden, um die beschriebene Methode zu verifizieren (RAST et al. 2000, GÜNTHER-DIRINGER 2000). Aufbauend auf den oben beschriebenen Teilkompartimenten wird der prozentuale Anteil der Biotoptypen an der Gesamtfläche des Teilkompartiments berechnet und ebenso in vier Qualitätsstufen klassifiziert und visualisiert. Diese Auswertung kann direkt mit der oben beschriebenen Bewertung in Beziehung gesetzt werden und die dort vorgenommenen Gewichtungen und Klassengrenzen können derart variiert werden, dass sie der Bewertung aufgrund der detaillierteren Biotoptypendaten des Oder-Auen-Atlas weitgehend entsprechen. Die Ergebnisse der Verifizierung können im Folgenden auf die Bewertung der anderen Flusssysteme übertragen werden, bei denen diese Detaildaten nicht vorliegen.

5 Bewertungsergebnisse

Als wichtiges Kriterium für die Bewertung eines Flussabschnittes kann das Verhältnis von rezenter Aue zum gesamten natürlichen Überflutungsraum, der morphologischen Aue angesehen werden. Je umfassender die anthropogenen Flussbaumaßnahmen durchgeführt worden sind, desto weniger Raum bleibt dem Fluss für seine periodischen Überflutungen. Als zweites Kriterium kann die Verteilung der berechneten Klassen des ökologischen Potenzials innerhalb der Flussabschnitte gelten.

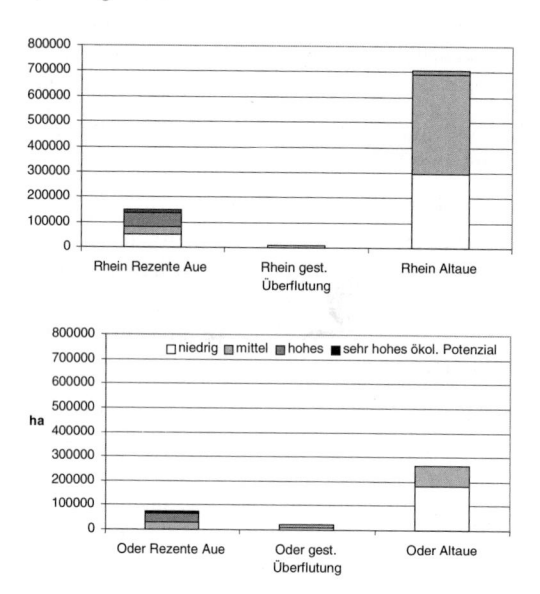

Abb. 2: Beispielhafte Auswertung von Rhein und Oder

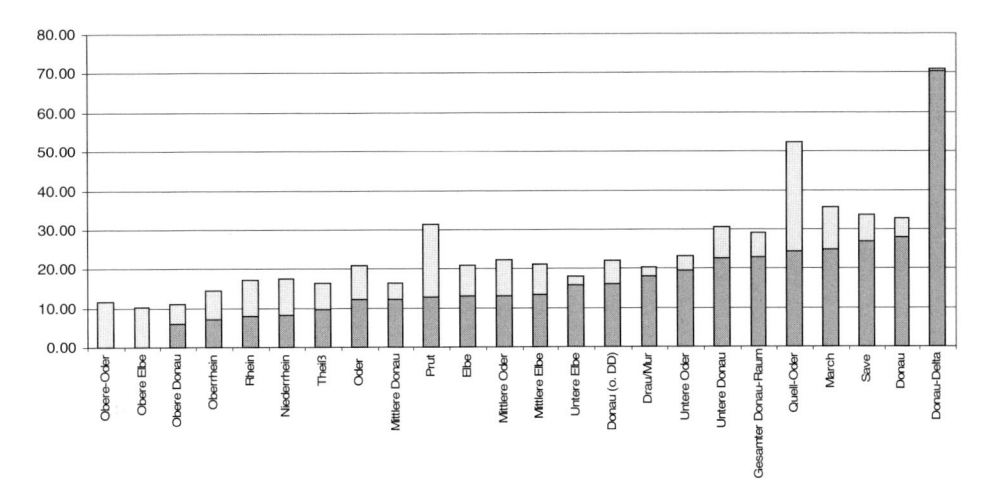

Aufbau eines Online-Flussauenbewertungssystems großer Flüsse Mitteleuropas 107

Abb. 3: Prozentualer Anteil der rezenten Aue an der morphologischen, mit Darstellung des Flächenanteils der hoch bewerteten Klassen 3 und 4 des ökologisches Potenzial.

6 Visualisierung

Ein Grundproblem bei der Visualisierung von Flussauen ist der lineare Charakter entlang der Flüsse und ihre im Verhältnis zur Länge des Flusses geringe Breite (nur selten mehr als 5 km). Aus diesem Grund kann die Darstellung der Klassifizierungsergebnisse in der Originalausdehnung der Auengebiete nur in einem relativ großen Maßstab erfolgen (bis ca. 1:250.000). Da es aber gerade um eine Visualisierung gesamter Flusssysteme geht, muss eine Symbolisierung durchgeführt werden, die eine adäquate Darstellungsform in kleineren Maßstäben erlaubt. Hier wurde ein dreistufiges Visualisierungssystem entwickelt, welches je nach Maßstabsbereich Verwendung findet:

- Darstellungsvariante A (1:50.000 – 1:250.000)

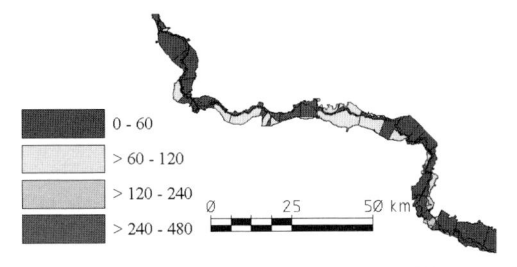

Abb. 4: Ergebnisdarstellung in Originalabgrenzungen der Teilkompartimente

- Darstellungsvariante B (1:250.000 – 1:1.000.000)

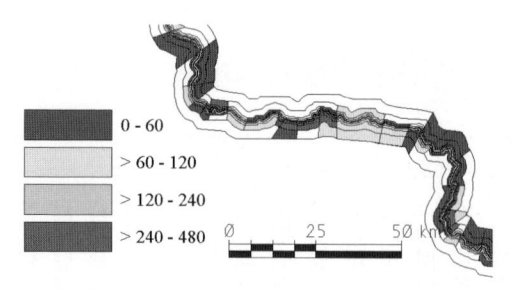

Abb. 5: Ergebnisdarstellung in generalisierten, gebufferten Originalabgrenzungen der Teilkompartimente

- Darstellungsvariante C (< 1:1.000.000)

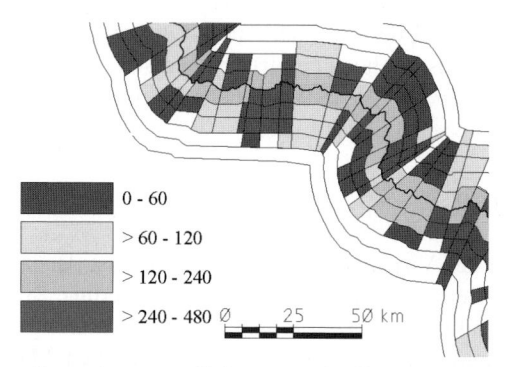

Abb. 6: Ergebnisdarstellung in generalisierten, gebufferten und überhöhten Breiten der Teilkompartimente

Die einzelnen Teilkompartimente in den unterschiedlichen Darstellungsvarianten sind abhängig von ihrer räumlichen Lage mit identischen IDs versehen. Dadurch können Informationen, die auf der Basis einer Darstellungsvariante generiert werden, auf die anderen Darstellungsvarianten problemlos übertragen werden.

Offline-/Online-Präsentation

Insgesamt wurden in der vorliegenden Arbeit mehr als 8.000 Flusskilometer mit einer Gesamtlänge der Talräume von ca. 4.500 km untersucht und bewertet. In einem Maßstab von 1:100.000 entspricht dies einer Kartenlänge von ca. 45 Metern. Aus diesen offensichtlichen Gründen wird eine digitale Präsentation bevorzugt. Das eingesetzte GIS-System TNTmips bietet hierfür die Möglichkeit der Erstellung digitaler Atlanten, in denen Display-Layouts entweder über Hyperlinks miteinander verknüpft oder durch die Auswahl von adäquaten Maßstabsgrenzen für unterschiedliche Visualisierungsebenen erstellt werden können.

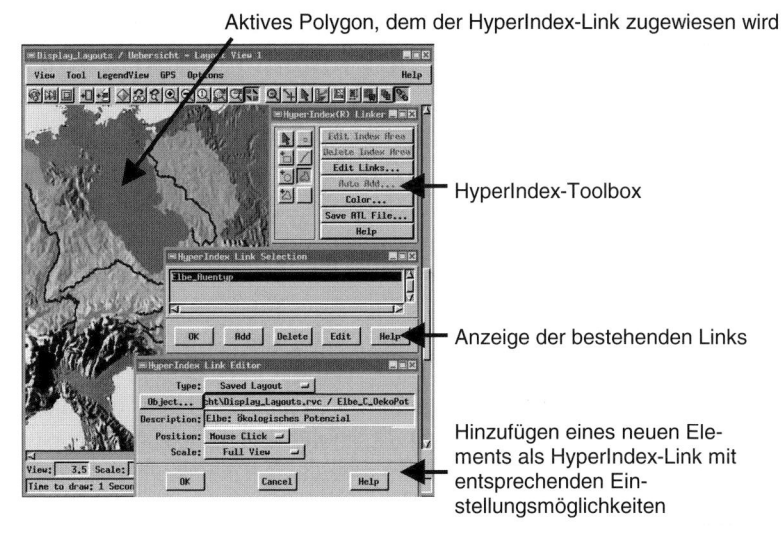

Abb. 7: HyperIndex-Link-Funktionalität

Diese digitalen Atlanten können entweder offline, mit Hilfe der Public-Domain-Software TNTatlas auf CD oder online, mit Hilfe von TNTserver publiziert werden (s. a. GÜNTHER-DIRINGER & DÖPKE 2001). Auf diese Weise können neben den beschriebenen Daten der Flussauenbewertung auch detailliertere Projektdaten des WWF-Auen-Instituts integriert und zu einem komplexen, inhaltsreichen Flussaueninformationssystem ausgebaut werden.

Literatur

GÜNTHER-DIRINGER, D. (1999): Bewertung der Flußauen im Donau-Einzugsgebiet. In: STROBL, J. & T. BLASCHKE (Hrsg). Beiträge zum AGIT-Symposium, Salzburg 1999. In: Salzburger Geographische Materialien, 26, 245-252

GÜNTHER-DIRINGER, D. (2000): Der Oder-Auen-Atlas. Eine GIS-basierte ökologische und wasserbauliche Aufnahme und Bewertung von über 800 Flusskilometern. In: CREMERS, A. B., & K. GREVE (Hrsg.): Umweltinformatik für Planung, Politik und Öffentlichkeit. 12. Internationales Symposium „Informatik für den Umweltschutz" der Gesellschaft für Informatik (GI), Bonn, 59-69

GÜNTHER-DIRINGER, D. & M. DÖPKE (2001): Die Online-Version des Oder-Auen-Atlas. In: STROBL, J., T. BLASCHKE & G. GRIESEBNER (Hrsg.):Beiträge zum AGIT-Symposium, Salzburg 2001, 215-220

RAST, G., P. OBRDLIK & P. NIEZNANSKI (2000): Oder-Auen-Atlas. Rastatt, 103S. + Karten

UNDP/GEF (1999): Evaluation of wetlands and floodplain areas in the Danube River Basin. Wien, 89 S.

Multimodale Karteninteraktion zur Navigationsunterstützung für Fußgänger und Autofahrer

Jochen HÄUSSLER und Alexander ZIPF

Dieser Beitrag wurde nach Begutachtung durch das Programmkomitee als „reviewed paper" angenommen.

Zusammenfassung

Eine wesentliche Frage bei mobilen Navigationssystemen ist, wie mit einem kartenbasierten System geeignet interagiert werden kann. In diesem Beitrag werden Interaktionskombinationen und konkrete Dialogszenarien am Beispiel der Karteninteraktion und der Routenplanung dargestellt und diskutiert, die in dem Prototypen eines multimodalen[1] Dialogsystems realisiert wurden. Hierfür werden wichtige Schnittstellen vorgestellt. Hervorzuheben ist dabei, dass die Multimodalität direkt auf Schnittstellenebene seitens des Kartenmoduls unterstützt wird. Sämtliche räumlichen Berechnungen wie Koordinatentransformationen, die zur Interaktion mit Karten notwendig sind, bleiben transparent, was die Verwendung dynamischer Kartendienste in Dialogsystemen stark vereinfacht. Die Karteninhalte werden dem Dialogsystem mitsamt relevanter Metadaten übergeben, diese können dann für den weiteren Dialog verwendet werden. Wir geben somit einen Ausblick und Referenzentwurf für zukünftige multimodale mobile GIS, die über herkömmliche Techniken hinausgehende Interaktionsparadigmen nutzen.

1 Einleitung

Mobile GIS-Lösungen ermöglichen Unterstützung bei Navigation und Orientierung oder können ortsbezogen Informationen anbieten (vgl. ZIPF 2002a). Die meisten derartigen Systeme sind entweder als Autonavigationssysteme konzipiert oder als Location Based Services (LBS) für Handys oder PDAs, die typischerweise von Fußgängern in Anspruch genommen werden. Gerade bei mobilen Systemen wird deutlich, dass Interaktionsparadigmen nicht direkt vom Desktop übernommen werden können, sondern weitergehende Überlegungen anzustellen sind. Bisherige Arbeiten beschäftigten sich vor allem mit mobiler Navigationsunterstützung und mobiler – insbesondere adaptiver, kontextueller und personalisierter Kartographie und Interaktion mit ortsbezogenen Diensten (vgl. ZIPF 2002b, DRANSCH 1999, REICHENBACHER et al. 2002). Weiter gibt es Arbeiten zur multimodalen Interaktion mit Karten (OVIATT 1996, RAUSCHER et al. 2002, MERTEN & BERLIN 2002, HEINEN et al. 2002) oder grundlegende Überlegungen zur Interaktion mit Visualisierungssystemen (Medyckyj-Scott 1994). In diesem Beitrag wird gezeigt, wie sowohl Mobilität, als auch Multimodalität in einem GIS zur Navigationsunterstützung kombiniert werden können, welche Anforderungen an entsprechende Kartenmodule gestellt werden und wie diese Anforderun-

---

[1] Unter „Modalitäten" werden in diesem Beitrag ausschließlich *Interaktions*modalitäten verstanden, also Sprache, Gestik etc.

gen von diesem direkt auf Schnittstellenebene unterstützt werden. Dies erleichtert dem die Gesamtinteraktion steuernden Dialogsystem die Nutzung interaktiver Kartendienste, da die Dialogkomponenten keine Interna (Projektionen etc.) von Karten- oder GIS-Komponenten kennen muss. Im Rahmen des BMBF-Leitprojekts zur Mensch-Technik-Interaktion (MTI) *SmartKom* wird vom European Media Laboratory (EML) u.a. zusammen mit der Daimler-Chrysler AG oder dem Deutschen Forschungsinstitut für Künstliche Intelligenz (DFKI) an einem System gearbeitet, das Fußgänger- und Autonavigationssysteme integriert: *Smart-Kom Mobil* (WAHLSTER 2002). SmartKom Mobil ist als mobile Plattform für diverse Informationsdienste ein persönlicher Begleiter im Büro, zu Hause, im PKW und zu Fuß. Es ist möglich, ohne spezielle Umschaltungen im Rahmen eines Dialogs mediale Kombinationen, d.h. gemischte Nutzung von Stifteingabe, Graphik und Sprache zu realisieren. Als mobiles Endgerät für die vom EML in Java entwickelte Fußgängernavigation kommt ein PocketPC zum Einsatz. Die Kommunikation mit dem Server geschieht über ein drahtloses Netzwerk, die Positionierung mittels GPS. Ein Hauptinteresse von SmartKom Mobil ist die Steuerung der Interaktionsmodalitäten. Grundsätzlich existieren die Modalitäten Spracheingabe, Sprachausgabe, Eingabe durch Zeigegesten auf dem Display (geräteabhängig) und graphische Ausgabe auf dem Display. Diese Modalitäten können in verschiedenen Kombinationen auftreten. Die Systemausgaben müssen an die jeweiligen Ein- und Ausgabemodalitäten angepasst und „verteilt" werden. Dabei ist besonders zu beachten, in welcher Form Eingabeaufforderungen ausgegeben werden müssen (graphisch oder per Sprachausgabe) und wie Benutzereingaben erwartet werden. In diesem Beitrag wollen wir uns auf das mobile Szenario im PKW und zu Fuß und damit die Anforderungen und realisierten Ergebnisse im Bereich multimodaler Karteninteraktion und integrierter Routenplanung konzentrieren. Die für SmartKom zentralen Aspekte des Sprachverstehens, der Intentionserkennung und der Präsentationsplanung, sowie weitergehende Aspekte der inkrementellen Zielführung bleiben ausgeklammert (s. hierzu www.smartkom.org). Es wird hingegen beleuchtet, wie das Dialogsystem komplexe Geodienste auf möglichst effiziente und einfache Art und Weise nutzen kann, wenn die Intention des Benutzers korrekt erkannt wurde.

2   Multimodale Karteninteraktion

Im SmartKom-Projekt werden verschiedene Anwendungen realisiert, die besonders geeignet sind, die multimodale Interaktion des Systems zu entwickeln und zu testen. Im Falle von SmartKom Mobil sind dies die integrierte Routenplanung und die inkrementelle Zielführung. Da beide Anwendungen einen starken Raumbezug haben, bietet es sich an, dem Benutzer eine Karte sowohl als räumliche Orientierungshilfe, als auch als Werkzeug an die Hand zu geben, um auf räumlich verortbare Dinge Bezug zu nehmen. Es wurden deshalb Anstrengungen unternommen, eine intuitive und universell einsetzbare multimodale Karteninteraktion zu realisieren, die als „Sub-Anwendung" für die Routenplanung und Zielführung dient. Die Karten-Interaktionen können dabei folgendermaßen untergliedert werden:
- *Informative Karteninteraktionen*: Die bestehende Karte (und enthaltene Meta-Information) werden verwendet, um Objekte zu identifizieren, auszuwählen oder Informationen darüber auszugeben. Die Karte selbst wird dabei nicht verändert.
- *Manipulative Karteninteraktionen:* führen zur Neuberechnung der Karte. Sie können weiter untergliedert werden in:

- **Karten-Navigation:** Es wird eine Karte mit dem gleichen Inhalt wie die bestehende Karte angezeigt, jedoch mit verändertem Ausschnitt (zoom, pan)
- **Ein-/Ausblenden von Objekten:** Der Karteninhalt wird verändert. Z.B. können andere oder zusätzliche Objekte auf der Karte angezeigt werden.

SmartKom verfügt über zwei Module, die Karten generieren können, einmal für Fußgänger und einmal für Autofahrer. Diese heißen *service.navigation.car* und *service.navigation.pedestrian*. Beide Module unterstützen die gleiche Schnittstelle und werden jeweils für bestimmte Zwecke eingesetzt. Das Modul *service.navigation.car* von DaimlerChrysler dient zur Visualisierung von Straßenkarten sowie zur Kfz-spezifischen Routenplanung. Die Kfz-Karte wird in SmartKom in folgenden Dialogschritten verwendet:

- Auswahl einer Start-Stadt bei der Routenplanung
- Anzeige einer Kfz-Route
- dynamische Parkplatz-Auswahl

In den übrigen Fällen wird das Modul *service.navigation.pedestrian* – eine Eigenentwicklung des EML – eingesetzt.

2.1 Ablauf einer multimodalen Karteninteraktion

Um den *Ablauf einer multimodalen Karteninteraktion* darzustellen, werden nun typische Dialogbeispiele aufgeführt, wie sie mit dem realisierten Prototypen bereits möglich sind. Die Karteninteraktion ist sehr flexibel und besteht aus einer Reihe von Anweisungen des Benutzers, die vom System erkannt und – basierend auf dem aktuellen Kontext und der aktuell angezeigten Karte – korrekt umgesetzt werden müssen.

a) Hineinzoomen ohne Geste:
1. **SMA:** [Präsentiert eine Karte]
2. **USR:** [Bitte] hineinzoomen|zoomen|vergrößern...
3. **SMA:** [Display: neue Karte mit gleichem Mittelpunkt aber anderer Zoomstufe als aktuelle Karte]

b) Hineinzoomen mit Zeigegeste
4. **SMA:** [Präsentiert eine Karte]
5. **USR:** <Zeigt auf eine Stelle in der Karte> **[Bitte] [da] hinzoomen.**
6. **SMA:** [Display: neue Karte mit neuem Mittelpunkt u. Maßstab]

c) Hineinzoomen mit Einkreisegeste
4. **SMA:** [Präsentiert eine Karte]
5. **USR:** <Kreist eine Region auf der Karte ein> **[Bitte] [da] hinzoomen.**
6. **SMA:** [Display: neue Karte mit neuem Mittelpunkt u. Maßstab]

d) Hinauszoomen (nur ohne Geste):
7. **SMA:** [Präsentiert eine Karte]
8. **USR:** **[Bitte] rauszommen.**
9. **SMA:** . [Display: neue Karte mit kleinerem Maßstab]

e) Verschieben (pan) ohne Geste:
10. **SMA:** [Präsentiert eine Karte]
11. **USR:** **Nach (rechts|links|oben|unten|Norden|Süden|Westen|Osten) verschieben.**
12. **SMA:** [Display: neue Karte mit gleichem Maßstab und verschobenem Mittelpunkt]

f) Verschieben (pan) mit Geste:
13. **SMA:** [Präsentiert eine Karte]
14. **USR:** <Zeigt auf eine oder zwei Stellen in der Karte oder zieht eine Linie> **[Bitte] [weiter] nach da [verschieben]**
15. **SMA:** [Display: neue Karte mit gleichem Maßstab aber entspr. verschobenem Mittelpunkt]

g) Wieder den letzten Ausschnitt anzeigen:
16. **SMA:** [Präsentiert eine Karte]
17. **USR:** **Ich möchte wieder den letzten Ausschnitt haben.**
18. **SMA:** [Display: vorige Karte wird wieder angezeigt]

Weitere Dialogschritte betreffen das sprachgesteuerte *Ein-/Ausblenden von Objekten*. Die Karte wird hierbei inhaltlich verändert und der Ausschnitt evtl. angepasst. Der Ablauf im System ist jeweils folgendermaßen: Die (multimodale) Eingabe des Benutzers wird analysiert erkannt. Es wird eine entsprechende Anfrage an eines der Kartenmodule geschickt. Die zurückgegebene Information wird vom Dialogsystem präsentiert oder weiterverarbeitet.

2.2 Karten-Navigation

Die vom Kartendienst zur Verfügung gestellten Funktionen für die Karten-Navigation sind in der Schnittstelle *GeographicalMapInteraction* definiert. Bei deren Definition wurde auf eine möglichst leichte Verwendbarkeit der Dienste durch die Dialogkomponenten geachtet. Daher existieren für typische Interaktionsausprägungen spezifische Parameter. Es wird eine neue Karte unter Referenzierung (mapKey) einer in einem vorherigen Dialogschritt erzeugten Karte angefordert. Dabei verwaltet der Kartendienst intern eine session-abhängige Historie von Kartenanfragen. Der Vorteil liegt darin, dass der anzuzeigende Ausschnitt unter Bezugnahme auf die referenzierte Karte angegeben wird und keine Koordinatenumrechnung seitens der Dialogkomponente nötig ist. Die Bildkoordinaten werden dabei bezogen auf den Nullpunkt des Bildes übergeben. Die Umrechnung der Pixel in Geokoordinaten erfolgt erst im jeweiligen Karten-Modul. Dies ist insbesondere bei gedrehten (nicht genordeten) Karten im mobilen Kontext hilfreich, da relativ aufwändige Berechnungen nötig sind.

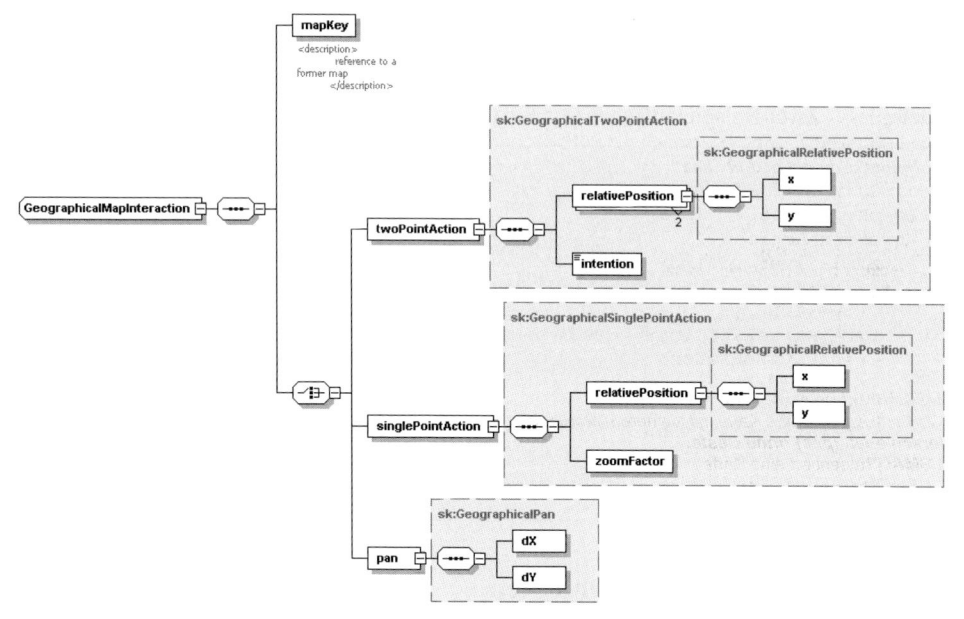

Abb. 1: Schnittstellendefinition von GeographicalMapInteraction (XML Schema)

Die Schnittstelle ist in Abbildung 1 in Form eines XML-Schema-Diagramms (XMLSpy) dargestellt. Jeder Request enthält einen *mapKey*, durch den eine bestehende Karte referenziert wird. Zudem kann ein Request entweder die Elemente *twoPointAction* + *action*, *singlePointAction* + *zoomFactor* oder das Element *pan* enthalten. Diese drei Kombinationsmöglichkeiten stehen stellvertretend für die von uns berücksichtigten Eingabemöglichkeiten:

- **punktuelle Zeigegeste + Spracheingabe:** *singlePointAction*. Durch die Zeigegeste gibt der Benutzer den neuen Kartenmittelpunkt an, durch Spracheingabe gibt er an, ob er hinaus- oder hineinzoomen (zoomFactor) oder nur Verschieben möchte (zoomFactor=1). Entspricht den Dialogschritten b) und f) in Abschnitt 2 und Beispiel 2 in Tabelle 1.
- **komplexe Zeigegeste + Spracheingabe:** *twoPointAction*. Lineare oder umkreisende Zeigegesten können auf zwei Punkte (minimaler und maximaler X- und Y-Wert) reduziert werden. Zusammen mit einer Sprachangabe, aus welcher die Intention der Geste hervorgeht, kann so eine vergrößerte, verkleinerte, verschobene oder gedrehte Karte angefragt werden (mögliche Werte des Elements action: pan, zoomIn, zoomOut, rotate). Abbildung 2 verdeutlicht, wie eine Einkreisegeste in eine TwoPointAction umgesetzt wird, um die Karte zu vergrößern. (s.a. Dialoge c) u. f) in Abschnitt 2)
- **nur Spracheingabe:** *pan*. Dialogbeispiel e) zeigt, dass Karteninteraktion auch monomodale Eingaben umfassen kann. In diesem Fall kann durch das Element pan einfach eine um einen relativen Betrag verschobene Karte angefordert werden. Eine andere monomodale Eingabe ist das Herauszoomen: Dies kann z.B. einfach mit einer SinglePointAction und der Bildmitte als relative Position realisiert werden.

Tabelle 1: Zwei Beispielanfragen zur Karteninteraktion

TwoPointAction mit action „pan"	*SinglePointAction*
```<geographicalMapInteraction> <mapKey>123456</mapKey> <twoPointAction> <relativePosition> <x>50</x> <y>120</y> </relativePosition> <relativePosition> <x>150</x> <y>210</y> </relativePosition> <action>pan</action> </twoPointAction> </geographicalMapInteraction>```	```<geographicalMapInteraction> <mapKey>123457</mapKey> <singlePointAction> <relativePosition> <x>50</x> <y>120</y> </relativePosition> <zoomFactor>1.5</zoomFactor> </singlePointAction> </geographicalMapInteraction>```

2.3 Ein-/Ausblenden von Objekten

Die erste Karte, die in einem Dialog angezeigt wird, kann nicht per *GeographicalMapInteraction*-Request angefordert werden. Hierfür existiert die Schnittstelle *GeographicalNewMap*. Sie ist eng an die WebMapServer Spezifikation (WMS) des OpenGIS Consortium angelehnt (*getMap*) und dient sowohl als Kartenanfrage aber insbesondere auch als inhaltliche Beschreibung einer zurückgelieferten Karte. Neben den bekannten Kartenparametern wie Größe in Bildpunkten, Maßstab, Geokoordinaten des dargestellten Ausschnitts und Angaben zum Kartenstil, können darüber hinaus sog. *VendorObjects* enthalten sein – Objekte bestimmter Objekttypen, die auf einer Karte eingezeichnet sind (Response) bzw. werden sollen (Request). Es handelt sich dabei entweder um Objekte vom Typ *Location*, das sind verortete Realweltobjekte wie Gebäude (z.B. Kirchen), Einrichtungen (z.B. Geschäfte) oder einfach mit einer Semantik versehene Stellen (z.B. aktueller Standort des Benutzers) oder um berechnete *Routen*. Letztere beinhalten neben Start, Ziel und Zwischenstops, die Geometrie der Tourabschnitte mit verschiedenen Metadaten zum jeweiligen Streckenabschnitt. *Jede* Karte, die an das Dialogsystem zurückgegeben wird, wird komplett durch diese Metadaten vom Typ *GeographicalNewMap* beschrieben. Sollen nun Objekte, die auf einer Karte dargestellt sind ausgeblendet werden, so sendet das Dialogsystem diese Metainformationen als Anfrage an das Kartenmodul zurück, entfernt aber vorher die auszublendenden Objekte. Das Einblenden von Objekten erfolgt in zwei Schritten: Erst stellt das Dialogsystem eine Anfrage nach Objekten eines bestimmten Typs oder Namens etc. innerhalb eines angegebenen Gebiets (Punkt mit Radius mit Parameter *SearchArea, Name, Type* etc.) an das Kartenmodul und fügt die zurückgelieferten Objekte in einem zweiten Schritt einer entspr. Kartenanfrage hinzu. Abbildung 3 zeigt einige Beispielkarten mit eingezeichneten Objekten und Routen (gemäß der oben erwähnten Metadaten), sowie dem animierten Avatar (Virtueller Bildschirmcharakter) namens „Smartakus", der den Nutzer durch alle Anwendungen von SmartKom führt. Dieser wird nicht vom Kartendienst realisiert, sondern vom Dialogsystem zusätzlich eingeblendet.

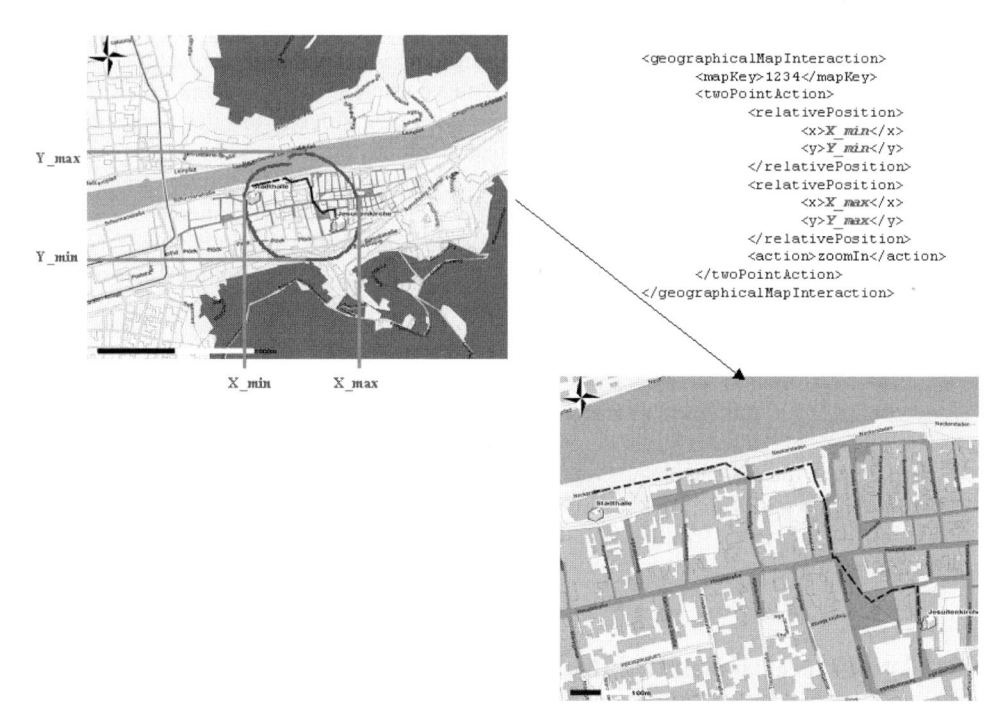

Abb. 2: Umsetzung einer Einkreisegeste in eine TwoPointAction zum Zoomen

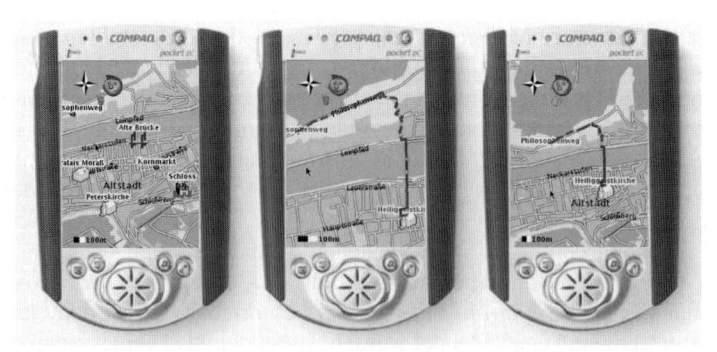

Abb. 3: Dynamisch generierte Karten mit animiertem Avatar „Smartakus"

2.4 Informative Karteninteraktionen

Neben der einfachen Möglichkeit, Objekte ein- und auszublenden, erfüllen die VendorObjects einen weiteren, für ein multimodales Karteninteraktionssystem zentral wichtigen Zweck: Die auf der Karte dargestellten Objekte können selbst zum Gegenstand des weiteren Dialogs werden. Im vorliegenden System werden nach jeder Kartenanfrage die zurückgelieferten VendorObjects analysiert. Die Namen und Objekttypen – beides Attribute der ‚locations' – werden vom Dialogsystem registriert und beispielsweise dem dynamischen Erkennerlexikon und der Kontextmodellierung hinzugefügt. Ohne diese Informationen könnte ein Dialogsystem beispielsweise eine sprachliche Benutzereingabe nicht erkennen und richtig interpretieren, in der ein Benutzer ein dargestelltes Objekt anhand seines Namens auswählt. *Mit* dieser Information aber kann versucht werden, anhand der Karte das Objekt zu ermitteln, auf das sich der Benutzer mit seiner Zeigegeste oder Spracheingabe bezieht. In unserem Fall wird zudem unterschieden, ob der Nutzer bei der Anfrage sprachlich auf einen Objekttyp einschränkt: Wird kein Objekttyp angegeben, wird geprüft, ob mit der Zeigegeste eines der momentan auf der Karte sichtbaren Objekte gemeint sein könnte. Gibt der Benutzer einen Objekttyp an (z.B. „Kirche"), wird dies ebenfalls zuerst geprüft. Darüber hinaus sind in den Metadaten zur Karte Angaben darüber enthalten, *wie* jedes VendorObject dargestellt ist. So wäre es zudem für das Dialogsystem möglich, zwischen einer roten und einer gleichzeitig dargestellten blauen Route zu unterscheiden.

Wird im Bereich der angezeigten Stelle jedoch kein in Frage kommendes Objekt gefunden (ist es also nicht auf der Karte eingezeichnet), kann mittels einer neuen Anfrage überprüft werden, ob sich an der Position in der Realität nicht doch ein entsprechendes Objekt befindet. Dies ähnelt der in der „Web Map Server" Spezifikation des OpenGIS-Konsortiums definierten *GetFeatureInfo*-Anfrage (OGC 2000). Dies macht Sinn, da manche Objekte auch ohne Symbol vom Benutzer direkt erkannt werden können, z.B. Plätze oder Kirchen anhand ihres Grundrisses.

3 Integrierte Routenplanung

Wie bereits erwähnt, werden Karten vielfach als ‚Mittel zum Zweck' eingesetzt, als Werkzeug, um räumliche Sachverhalte darzustellen und darüber zu kommunizieren. Die informativen Karteninteraktionen stellen dabei den ‚Kitt' zwischen Karteninteraktion und der übergeordneten Aufgabe dar. Die Verwendung von Karten als natürlicher Bestandteil eines zielgerichteten Dialoges soll nun abschließend anhand der in SmartKom Mobil realisierten integrierten Routenplanung veranschaulicht werden.

Integrierte Routenplanung bedeutet Planung einer Route, die aus Kfz- und Fußgänger-Teil besteht, als *eine* Aufgabe. SmartKom unterstützt den Benutzer dabei, eine Sehenswürdigkeit in Heidelberg auszuwählen und eine geeignete Parkmöglichkeit in der Nähe des Ziels zu finden, jeweils mit Hilfe von Karten. SmartKom berechnet die Kfz-Route vom Ausgangsort des Benutzers zum Parkhaus in Heidelberg und von dort weiter zu Fuß zur ausgewählten Sehenswürdigkeit. Die Routen werden auf entsprechenden Karten präsentiert. Der Grobablauf der Routenplanung folgt diesen Schritten:

1. Begrüßung und Start der Aufgabe Routenplanung
2. Angabe der Parameter in variabler Reihenfolge
3. Bestätigung der Parameter - evtl. Korrektur
4. Berechnung der Routen
5. Ausgabe der Routen
6. Rückfrage – bei Missfallen Wiederholung

Ein konkreter Beispieldialog gestaltet sich folgendermaßen:

1. *USR:* **Ich will nach Heidelberg fahren.**
2. *SMA:* Wo wollen Sie starten? *[Präsentiert Karte von Süddeutschland (car)]*
3. *USR:*   a) **In Saarbrücken.**
   b) <Zeigt auf Saarbrücken>
4. *SMA: [Präsentiert Stadtplan (pedestrian), einige Sehenswürdigkeiten sind standardmäßig dargestellt]* Hier sehen Sie eine Karte von Heidelberg. Wohin wollen Sie fahren?
5. *USR:* <Zeigt auf Rathaus> **Bitte gib mir Informationen darüber.**
6. *SMA:* [Zeigt Touristen-Informationen zum Rathaus]
7. *USR:* **Da will ich hin.**
8. *SMA:* Parkraum Funktionalität ermittelt z.B. die 5 dem Ziel am nächsten liegenden Parkmöglichkeiten und präsentiert diese auf einem Umgebungsplan (Parklocations von service.navigation.car, Karte von service.navigation.pedestrian)] Wo wollen Sie parken?
9. *USR:* <Zeigt auf ein Parkhaus> **Ich möchte Informationen dazu.**
10. *SMA:* [Präsentiert Informationen zum gewählten Parkhaus]
11. *USR:* **Das gefällt mir nicht.**
12. *SMA:* [Präsentiert wieder den Umgebungsplan mit den 5 nächsten Parkmöglichkeiten] Wo wollen Sie dann parken?
13. *USR:* <Zeigt auf ein Parkhaus am Bahnhof> **Ich will das da.**
14. *SMA:* Wollen Sie den schnellsten oder den kürzesten Weg nach Heidelberg?
15. *USR:* **Den schnellsten.**
16. *SMA:* Die Route wird berechnet...
17. *SMA:* [zeigt Strassenkarte] Hier sehen Sie die Karte mit der Route nach Heidelberg. Ich kann auch eine Karte mit dem Fußweg vom Parkhaus am Bahnhof zum Rathaus zeigen.
18. *USR:* **Bitte vergrößern.**
19. *SMA:* [Präsentiert vergrößerten Ausschnitt der Straßenkarte] (service.navigation.car)
20. *USR:* **Wie sieht denn die Fußgängerkarte aus?**
21. *SMA:* [Präsentiert Fußgängerplan (service.navigation.pedestrian)] Bitte sehr.
22. *USR:* **Danke. Ich brauche eine weitere Route. Vom Rathaus muß ich dann zum Schloss.**
23. *SMA:* [Präsentiert Route (pedestrian)] Dies ist der Fußweg vom Rathaus zum Schloss.

In diesem Dialog kommen alle in Kapitel 2 vorgestellten Kartenfunktionalitäten vor. Es wird an verschiedenen Stellen eine inhaltlich neue Karte berechnet (2, 4, 17, 21, 23). Die dargestellten Objekte fließen in das Dialogsystem ein (Saarbrücken, Rathaus, Parkhaus) und sind im weiteren Verlauf Gegenstand des Dialogs. In den Schritten 3, 5, 9, 13 referenziert der Benutzer multimodal bzw. rein sprachlich (3a) auf Kartenobjekte und wählt sie für bestimmte Aufgaben aus: Als Start, Ziel, zur weiteren Information etc. Die dargestellten Karten werden durch den Benutzer manipuliert (18).

4 Zusammenfassung und Ausblick

In diesem Beitrag konnte gezeigt werden, wie Sprache, Gestik und Graphik bei der Interaktion mit mobilen GIS-basierten Diensten im Auto oder als Fußgänger zukünftig zusammenwirken können. Die vorgestellte Funktionalität wird von Prototypen des SmartKom-Systems bereits vollständig realisiert. Als weitere Anwendung für das Mobilszenario wird derzeit die inkrementelle Zielführung realisiert, in der zuvor geplante Fußgänger-Routen ausgeführt werden. Auch hier spielen interaktive Karten eine wesentliche Rolle, wenngleich andere Herausforderungen im Vordergrund stehen. Bestandteil der inkrementellen Zielführung sind die inkrementelle Wegbeschreibung für Fußgänger unter Berücksichtigung der aktuellen Geo-Position sowie ein Parkraum-Dienst im KFZ. Die inkrementelle Zielführung (Fußgänger) läuft folgendermaßen ab:

(1) Das Modul service.navigation.pedestrian erhält einen Request mit der Aufforderung, eine (übergebene) Route zu navigieren.
(2) Das Modul liefert abhängig von der Benutzerposition inkrementell Ausgaben, die Weginstruktionen oder Hinweise auf am Weg liegende Sehenswürdigkeiten enthalten.
(3) Der Benutzer ist am Ende der Route angekommen.

Im Schritt (2) werden vom Modul inkrementell Ausgaben vom Typ *GeographicalIncrementalGuidance* gegeben. Dieser beinhaltet Weginstruktionen und/oder Objekt-Informationen über eine Sehenswürdigkeit, an der der Benutzer soeben vorbeigeht. Wir möchten hierzu folgende Aspekte und sich daraus ergebende Anforderungen erwähnen:

- Die Ausführung erstreckt sich über einen längeren Zeitraum. Der Nutzer möchte u.U. zwischendurch andere SmartKom-Funktionen nutzen, ohne die Zielführung abzubrechen. Hierbei müssen konkurrierende Systemausgaben behandelt werden.
- Die äußere Situation und die Nutzerpräferenzen (bzgl. Interaktion) können variieren: Gleiche Interaktionsschritte treten daher in unterschiedlichen Modalitäten-Kombinationen auf. Das System soll sowohl bei expliziten Nutzereingaben, als auch bei automatisch erkanntem Umgebungswechsel bestimmte Kombinationen anbieten.

Mit der Evaluierung des Prototypen und der Auswertung der Evaluierungsergebnisse wird das Projekt im Herbst 2003 enden. Man kann jetzt schon sagen, dass man mit dem realisierten Ergebnis einen weiteren Schritt zu flexibleren und damit dem Benutzer entgegenkommenden multimodalen Interaktionsmechanismen für mobile GIS-basierte Dienste und insbesondere Navigationssysteme für Fußgänger und Autofahrer vorangekommen ist. Darauf aufbauende Untersuchungen sollen klären, welche Interaktionsformen in welchen Situationen für welche Benutzer am geeignetsten sind. Dies wird erst mittels der realisierten Prototypen real durchführbar.

Danksagung

Diese Arbeit erfolgte am European Media Laboratory, EML in Heidelberg im Rahmen des von der Klaus-Tschira Stiftung (KTS, Heidelberg) und des BMBF im Schwerpunktprogramm Mensch-Technik-Interaktion geförderten Projektes SmartKom. Wir danken allen Mitarbeitern des EML und Projektpartnern in SmartKom, insbesondere Sven Krüger (früher EML, jetzt quadox AG), Dennis Pfisterer (EML), sowie Wolfgang Minker und Dirk Bühler (beide früher DaimlerChrysler AG) für ihre Beiträge zur Realisierung des Systems.

Literatur

BÜHLER, D., J. HÄUßLER, S. KRÜGER, & W. MINKER (2002): *Flexible Multimodal Human-Machine Interaction in Mobile Environments.* In: Proceedings of the ECAI 2002 Workshop on Artificial Intelligence in Mobile System (AIMS), Lyon (F), 07/2002

DRANSCH, D. (1999): *Anforderungen an die Mensch-Computer-Interaktion in interaktiven kartograph. Visualisierungs- und Informationssystemen.* In: KN 50. Jg., S. 197-202

HÄUßLER, J, KRÜGER, S. MINKER, W & BÜHLER, D. (2002): *Spezifikation Mobilszenario.* Smartkom interner Technical Report. Heidelberg

HÄUßLER, J, KRÜGER, S. PFISTERER, D. (2002): *Spezifikation Mobilszenario 2002. Teil II: Architektur und Schnittstellen.* Smartkom interner Technical Report. Heidelberg

HEINEN, T., ROPINSKI, T., WERTH, M. & FUHRMANN, S. (2002*): Multimodale Interaktionen in desktop-basierten geo-virtuellen Visualisierungsumgebungen.* AGIT 2002 156-161

MEDYCKYJ-SCOTT, D. (1994): *Visualization and Human-Computer Interaction in GIS.* In: H. M. Hearnshaw & D. J. Unwin (Eds.): Visualization in Geographical Information Systems. Chichester, Wiley & Sons, pp. 200-211

MERTEN, S. UND BERLIN, K (2002): *Constraint-basierte 3D-Interaktionen zur Gestaltung von Planungsentwürfen.* AGIT 2002. Wichmann. Heidelberg

OGC (2000): Open GIS Consortium, *Web Map Server (WMS) Specification.* www.opengis.org/specs

OVIATT, S. (1996): *Multimodal Interfaces for Dynamic Interactive Maps.* CHI 1996. Conference on Human Factors in Computing Systems. Vancouver, Canada

RAUSCHERT, I., AGRAWAL, P., SHARMA, P., FUHRMANN, S., BREWER, I. & A. MACEACHREN (2002): *Designing a human-centered, multimodal GIS interface to support emergency management.* ACM GIS 2002. Proceedings of the tenth ACM international symposium on Advances in geographic information systems. McLean, Virginia, USA. ACM Press. pp.119-124

REICHENBACHER, T., ANGSÜSSER, S. & MENG, L. (2002): *Mobile Kartographie - eine offene Diskussion.* In: Kartographische Nachrichten, 52. Jg., H. 4. Bonn: 164-166

WAHLSTER W. (2002): *Multimodal Interfaces to Mobile Webservices.* ICT Congress. Den Haag (Niederlande). 05.09.2002.

ZIPF, A. & RICHTER, K.-F. (2002): *Using FocusMaps to Ease Map Reading.* Developing Smart Applications for Mobile Devices. KI – Künstliche Intelligenz (Artificial Intelligence). Sonderheft: Spatial Cognition. 04/02. S. 35-37

ZIPF, A. (2002a): *Auf dem Weg in die mobile Geo-Informationsgesellschaft.* In: Zipf, A. & Strobl, J. (Hrsg.)(2002): Geoinformation mobil. Wichmann Verlag. Heidelberg

ZIPF, A. (2002b): *User-Adaptive Maps for Location-Based Services* (LBS) for Tourism. ENTER 2002, Innsbruck, Austria. 329-338

GIS- Daten zur Analyse alpiner Seen in Nord-, Ost- und Süd-Tirol (Österreich & Italien)

Claude M. E. HANSEN, Monica TOLOTTI, Renate ETTINGER,
Hansjörg THIES, Pilar CASALES, Danilo TAIT und Roland PSENNER

Dieser Beitrag wurde nach Begutachtung durch das Programmkomitee als „reviewed paper" angenommen.

Zusammenfassung

Im EU-Projekt EMERGE wurden 5160 hochalpine Seen für eine pan-europäische Studie untersucht. In dieser Arbeit wird der Distrikt Tirol, einer von weiteren 12 Distrikten, mit seinen 465 Seen, behandelt. 31 Seen des Distriktes wurden ausgewählt um eine Methode zu entwickeln und zu evaluieren, nach der anschließend alle Distrikte ausgewertet werden sollten. Die Hauptziele dieser Studie waren: 1) Umweltvariablen zusammenzustellen, welche ähnliche Lebensgemeinschaften repräsentieren; 2) räumliche Variablen zu definieren, welche die biologischen Gegebenheiten widerspiegeln, und 3) hochalpine Seen nur anhand von räumlichen Variablen zu gruppieren, da eine Beprobung aller Seen während der kurzen Sommerperiode nicht durchführbar ist.

Zu diesen Zwecken wurde eine GIS- Datenbank zusammengestellt, welche geomorphologische (z.B. See- und Einzugsgebietsgröße, Geologie, Boden, Orientierung), geographische und chemische Parameter mit räumlichem Bezug zusammenfasste. Zur Evaluierung und Eichung des Modells wurden zusätzliche Daten an ausgewählten Seen im Spätsommer 2000 erhoben. Multivariate statistische Verfahren dienten in erster Linie zur Auswahl, Modellierung und Evaluierung signifikanter räumlicher Variablen.

Die statistisch ermittelten Variablen, welche zu über 83 % die Varianz innerhalb des chemischen Datensatzes erklärten, wurden zur Bildung von Seengruppen herangezogen. Hauptgruppen konnten anhand der Geologie (z.B. Kalk, Silikat), der Höhe (Temperatur, Niederschlag, Eislegung) und der Seemorphologie (z.B. Seegröße, Seetiefe) erstellt werden.
Wir können daher sagen, dass durch die Kombination von räumlichen Daten und der an einigen Seen im Feld erhobenen Parameter eine Klassifizierung mit anschließender Evaluierung von vielen schwer erreichbaren alpinen Seen prinzipiell möglich ist.

1 Einleitung

Geographische Informationssysteme (GIS) dienen im Allgemeinen der Erfassung, Bearbeitung und Speicherung räumlicher, geo-referenzierter Daten. In den letzten 30 Jahren hat sich das GIS zu einem allumfassenden Werkzeug und einer eigenen Wissenschaft entwickelt. Diese Entwicklung hat auch vor der Biologie nicht halt gemacht. Vegetationskundler und Ökologen bedienen sich bereits seit mehr als einem Jahrzehnt der unzähligen Hilfsmittel zur geo-referenzierten Datenerfassung und grafischen Aufbereitung der oftmals unter schwierigsten Bedingungen im Feld erhobenen Datenmengen (MAGUIRE et al. 1991, BLASCHKE 1997).

Als wirklich ausgereiftes Analysewerkzeug steckt das GIS allerdings noch in den Kinderschuhen. Viele Verfahrenstechniken sind bereits entwickelt und auch von den Regierungen in ihre Programme mit aufgenommen worden (BLASCHKE 1997). Nur wenige aber werden auch in der Praxis eingesetzt. Dieses nicht zuletzt deshalb, weil die Techniken die zum Einsatz kommen, oftmals noch nicht ausreichend entwickelt und erprobt oder sehr kompliziert und aufwendig in der Anwendung sind.

Nichtsdestotrotz erfährt das GIS einen steigenden Bedarf auch in speziellen Disziplinen, wie unter anderem in der Limnologie. So schreibt die 2000 verabschiedete Wasserrahmenrichtlinie der Europäischen Union (EUWRRL, Richtlinie 2000/60/EG zur Schaffung eines Ordnungsrahmens für Maßnahmen der Gemeinschaft im Bereich der Wasserpolitik) bis zum Jahr 2015 eine Gewässerinventarisierung mit zusätzlichem zukunftsorientiertem Gewässermanagement in Richtung einer nachhaltigen Entwicklung vor.

In vielen Ländern der europäischen Union und EU-Beitrittsländer wird bereits seit einigen Jahren eifrig kartiert, inventarisiert und analysiert. Dieses ist in vielen flacheren Gebieten ein aufwendiges aber dennoch machbares Unterfangen. Gebiete wie die Alpen, Karpaten und Pyrenäen stehen jedoch vor einem mehr oder weniger unlösbar scheinenden Problem. Entlegene Berggebiete sind zumeist nur wenige Wochen im Sommer schnee- und eisfrei. Daher reicht die Zeit oftmals nicht aus, um unter Einsatz eines vertretbaren Aufwands flächendeckende Erhebungen durchzuführen. Auf der anderen Seite liegt das Interesse an entlegenen alpinen Gewässern im besonderen in ihrer Abgeschiedenheit. Anthropogene Einflüsse wirken sich oftmals gar nicht oder doch nur sehr gering auf diese abgeschiedenen Ökosysteme aus. Hochalpine Seen dienen somit hervorragend als Indikatoren regionaler und globaler Veränderungen (CARRERA et al. 2002).

2 Ziel der Studie

Das Hauptziel dieser Studie war es, im Rahmen des EU-Projektes EMERGE[1] eine Methode zu entwickeln, anhand welcher schwer erreichbare hochalpine Seen Großgruppen zugeordnet und somit eingeschätzt werden können. Ähnliche Ansätze wurden bereits von KAMENIK et al. (2001) durchgeführt. Zu diesem Ziel mussten Informationen zu allen 465 Seen im Distrikt Tirol (Österreich und Italien) aus unterschiedlichsten Quellen zusammengetragen und räumlich aufgearbeitet werden. Wegen einer späteren pan-europäischen Analyse von 5160 Seen musste der Datensatz zusätzlich homogenisiert, vereinheitlicht und in einer gemeinsamen Projektdatenbank zusammengeführt werden. Wegen der europaweiten Verbreitung der Seen wurde eine räumliche Verortung angestrebt. Dieses ließ sich am leichtesten in einem GIS verwirklichen.

---

[1] EU RTD Projekt EMERGE (European Mountain lake Ecosystems: Regionalisation, diaGnostics & socio-economic Evaluation): EVK1-CT-1999-00032; http://www.mountain-lakes.org/; Seen Distrikt Koordinator für Tirol: Prof. Dr. R. Psenner

3 Untersuchungsgebiet

Das Untersuchungsgebiet beschränkt sich auf die Landesgrenzen von Nordtirol (NTY; Österreich) und Südtirol (STY; Autonome Provinz Bozen, Italien). Der Distrikt Tirol (LDT) umfasst 465 Seen (siehe Abbildung 1). Nach dem gemeinsamen EMERGE Protokoll mussten alle Seen oberhalb der Waldgrenze (±1800 m ü.N) liegen, eine minimale Seeoberfläche von 0.5 Hektar aufweisen, und durften sich nicht im direkten Einflussbereich von Almwirtschaft, Tourismus oder sonstigen anthropogenen Einflüssen befinden.

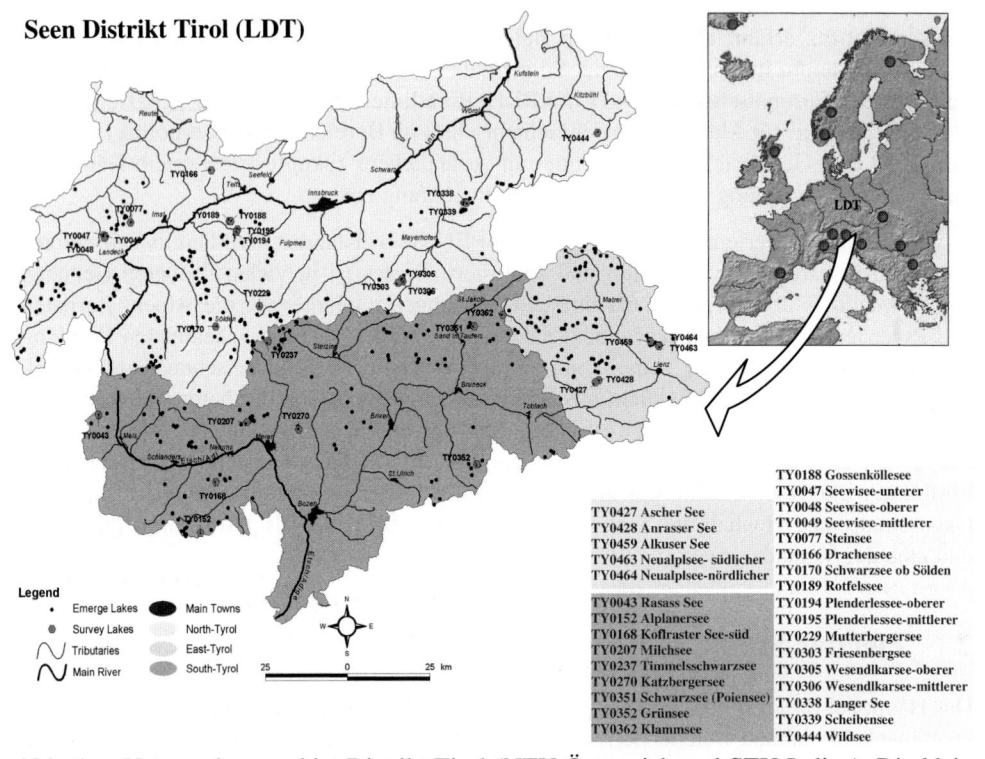

Abb. 1: Untersuchungsgebiet Distrikt Tirol (NTY Österreich und STY Italien). Die kleine Karte zeigt die Lage der 13 Distrikte des EU-Projektes EMERGE

4 Methoden

Eine chemische und biologische Stichprobenuntersuchung von 31 Seen fand im Spätsommer 2000 (Ende Juli – Ende September) statt. Eine geomorphologische Charakterisierung der Einzugsgebiete wurde ebenfalls durchgeführt. Zusätzliche Umweltparameter wurden anhand von GIS-Techniken ermittelt und in einer lokalen GIS- Datenbank verwaltet.

Alle 465 Seen wurden anhand ihrer geographischen Lage von Westen nach Osten und von Norden nach Süden eine Seenkodierung (*Lake code*) zugewiesen. Lage und Größe der meisten Seen konnten aus der GIS-Datenbank des TIRIS (Tiroler Raumordnungs-Informationssystem) direkt übernommen werden. Sowohl Einzugsgebiete als auch fehlende Seen wurden von digitalen ÖK50 (topographischen Österreichkarten im Maßstab 1:50 000) der BEV (Bundesamt für Eich- und Vermessungswesen, Auflage 1999) am Bildschirm digitalisiert. Zur besseren Visualisierung und leichteren Einschätzung der Einzugsgebiete wurden die Höhenlinien nach 20 Meter Höhenstufen eingefärbt und über die digitale ÖK50 gelegt. Weitere morphologische Parameter (wie Seehöhe, höchster Punkt im Einzugsgebiet, mittleres Gefälle, Hangneigung, mittlere Einzugsgebietshöhe, Ausrichtung, Tal-Orientierung, Zufluss und Abfluss, Position der Seen in einer Kette, etc.) wurden nach den gleichen Kriterien wie die Polygone der See- und Einzugsgebietsfläche erstellt. Angaben zu den Datengrundlagen sind in Tabelle 1 aufgelistet.

Tabelle 1: Metainformationen der zur Generierung der räumlichen Variablen verwendeten Vektor und Rasterdaten

Datentype	Quelle	Auflösung	Beschreibung
Landsat 5 TM	EROS Data Center	30x30 m	Kanäle 1-7 verwendet zur Klassifizierung von Lithologie, Boden und Vegetationsbedeckungstypen
Corine Land Cover	European Environment Agency NATLAN	250x250 m	Version 6, 1999, verwendet zur Kontrolle der Tirol Atlas und Satelliten Klassifizierung
Höhenmodell NTY	Tiroler Raumordnungs-Informationssystem TIRIS (A)	50x50 m	ArcInfo coverage raster grid
ÖK50 digitale Karte		1:50 000	geo-referenzierte Digitalkarte
Seen Polygone NTY		1:50 000	Vector Dateien (BMN Median 28 und 31) digitalisiert von der ÖK50
Höhenlinien STY Seen Polygone STY	Amt für Raumordnung Bozen (I)	1:10 000	Vector Dateien im Gauss-Boaga Koordinatensystem
Geologische Karte Vegetations- Karte Bodenkarte	Universität Innsbruck Institut für Geographie Tirol Atlas	1:300 000 1:300 000 1:300 000	Am Trommelscanner eingescannte und ortho-rectifizierte A1 Karten

BMN = Bundesmeldenetz; ÖK50 Österreichkarte

Umweltparameter, wie Boden, Geologie und Vegetationsbedeckung, wurden mittels Bildklassifikation aus Landsat 5 Bildern der Jahre 1993 bis 1995 generiert. Die Kombination verschiedener Kanäle erlaubte eine Klassifizierung in Geologie-, Vegetation- und Bodentypen.

Weitere Daten wurden aus dem GIS-Datenbestand und der Felderhebung abgeleitet. Vegetationsbedeckung, Geologie und Boden wurden als relative Größen zum Einzugsgebiet angegeben. Seefläche und Einzugsgebietsgröße wurden logarithmiert, um die große Standardabweichung dieser Parameter zu reduzieren.

Allgemein wurde eine Hauptkomponentenanalyse (*Principal Component Analysis*, PCA) und eine direkte Gradientenanalyse (*Redundancy Analysis*, RDA), mittels der Software CANOCO® 4.0 (TER BRAAK & SMILAUER 1998), durchgeführt. Die RDA wurde für eine kombinierte Evaluierung der Häufigkeiten und Verbreitung hinsichtlich Seechemie und räumlichen Variablen angewendet (vgl. HANSEN et al. 2002). Die Signifikanz jeder Variable der ersten Versuchsanordnung wurde durch einen „*Monte Carlo permutation test*"

(199 permutations) getestet. Alle Variablen, deren Signifikanz höher als 80 % war (p < 0.20), wurden für eine Varianzanalyse in einen neuen Datenbestand übernommen (vgl. KERNAN et al. 2000). Es wurde darauf geachtet, dass gleichwertige Variablen unterschiedlicher Quellen nicht doppelt im Datenbestand enthalten waren. So wurde z.B. die Vegetation aus der Satellitenklassifizierung durch die Tirol Atlas Karten ergänzt, verbessert oder bestätigt und als ein einziger Datensatz in die GIS-Datenbank übernommen. Auf diese Art und Weise konnte dem Phänomen der Autokorrelation einzelner Variablen entgegengewirkt werden. Für die Analyse wurden die räumlichen Variablen in weiterer Folge in drei Gruppen geteilt (s. Abb. 2): Habitat (*P = Seeparameter*), Einzugsgebiet (*C = Einzugsgebiet*) und geographische Angaben (*G = Geographie*).

5 Resultate und Diskussion

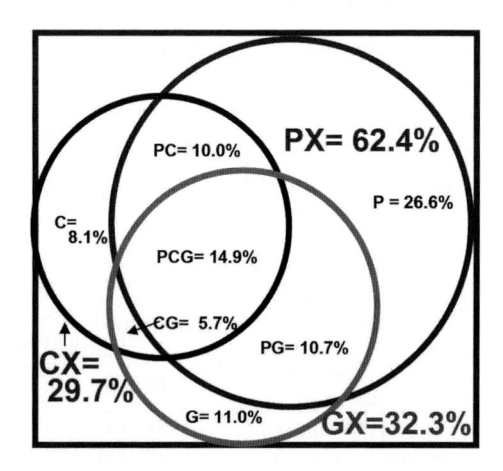

Abb. 2: Die Kreise stellen den Anteil der erklärten Varianz an der Gesamtvarianz für 21 Chemieparameter der Seen dar (Erklärung siehe Text)

Bei der multivariaten Auswertung konnte anhand der Wasserchemie für alle räumlichen Variablen, welche sich in einer „forward selection" als wahrscheinlich signifikant (p < 0.20) erwiesen hatten, eine Varianz (TX) von 83.8 % erklärt werden. 16.2 % der Varianz (UX) konnte nicht erklärt werden. Für das Habitat wurden folgende signifikanten räumlichen Variablen selektiert: Eisbedeckung des Sees (p = 0.035); Wasseraufenthaltszeit im See (p = 0.015) und Trübungsgrad (p = 0.075). Die erklärte Varianz aller Habitats-Variablen (PX) betrug 62.4 % und erklärte somit den größten Anteil der Varianz (s. Abb. 2). Die Geographie (GX) erklärte mit 32.3 % den zweitgrößten Anteil der Varianz. Die signifikanten Variablen waren: Distanz der Seen zueinander (p = 0.05); Distanz zum Distrikt Rila (Bulgarien) (p = 0.065); Distanz zum Retezat-Gebirge (Rumänien) (p = 0.065); Distanz zum Atlantik (Westen) (p = 0.040) und die Distanz zu den Pyrenäen (Spanien) (p = 0.175). Das Einzugsgebiet erklärte 29.7 % der gesamten Varianz und wurde durch Kalkgestein im Einzugsgebiet (p = 0.03), Fläche des Einzugsgebietes (p = 0.065), Sträucher im Einzugsgebiet (p = 0.0145) und Tonschiefer im Einzugsgebiet (p = 0.019) signifikant vertreten.

Tabelle 2: Validierung der ermittelten Klassen anhand einer multivariaten Analyse (RDA). Die als signifikant (p < 0.05) ausgewiesenen Umweltvariablen Geologie, Boden und Vegetation wurden exemplarisch verwendet um klassenspezifische Seetypen auszuweisen und zu bestätigen.

RDA	* signifikant $p < 0.05$
$\sum_{eingenvalue}$	42.53%
λ_1 / λ_2	0.269 / 0.081
$n_{species}$	21
n_{sites}	31

Seenkode	Seehöhe [*m ü.N.*]	P-Chemie	Klassierung
TY0166	1874	Rendzina*	Seen in Kalkgebieten mit überwiegend Rendzina-Böden und typischer Latschen- und Almweidenvegetation
TY0352	2043	Kalkgestein/Strauchvegetation*	
TY0077	2222	Rendzina*/alpines Grass	
TY0048	2469	Rendzina*	
TY0049	2425	Rendzina*	
TY0338	2232	Semi- Podsole	Seen in geologischen Mischzonen mit vereinzelt tiefgründigeren Mischböden und Latschenvegetation
TY0339	2290	Tiefgründige Böden*	
TY0306	2368	Ton & Schiefergestein	
TY0152	2387	Semi- Podsole	
TY0168	2405	Ton & Schiefergestein*	
TY0459	2432	Semi- Podsole	
TY0463	2438	Ton & Schiefergestein *	
TY0464	2440	Semi- Podsole/alpines Grass	
TY0188	2413	Semi- Podsole	Typische Silikat dominierte Seen höherer Lagen mit silikatischen Semi-Podsolen und überwiegend spärlicher Pioniervegetation
TY0194	2344	Silikatgestein	
TY0303	2450	Silikatgestein	
TY0229	2479	Silikatgestein	
TY0428	2538	Pioniervegetation	
TY0207	2540	Semi- Podsole	
TY0170	2796	Pioniervegetation	

Um die Ergebnisse der Analyse von 31 Seen auf den gesamten GIS-Datenbestand (138 räumliche Variablen) aller 465 Seen des Distriktes umsetzen zu können, durften in weiterer Folge nur räumliche Variablen, die in beiden Datensätzen enthalten waren, weiterverwendet werden. Somit reduzierte sich die Anzahl signifikanter räumlicher Variablen von ursprünglich 43 auf 25.

Die räumlichen Variablen des Einzugsgebietes erwiesen sich als wesentlich aussagekräftiger hinsichtlich der Seechemie, was den aus der Literatur bekannten Einfluss des Einzugsgebietes und im Besonderen der Geologie auf die Chemie eines Sees bestätigte.

Aus diesem Grund haben wir unsere weiteren Analysen auf Geologie, Boden und Vegetation eingeschränkt, was 10 signifikante räumliche Variablen für die Klassifizierung und Validierung übrig ließ.

Tabelle 2 zeigt das Ergebnis einer RDA aller 31 Seen für 21 chemische Parameter. 20 von den 31 Seen konnten in drei Großklassen aufgeteilt werden, wobei sich eine dominante Unterteilung der Großklassen nach Geologie zeigte. Diese Dreiteilung war in den Alpen zu erwarten. Die italienischen Dolomiten und die österreichischen Kalkalpen gruppieren sich zu einer Gruppe von Seen, deren Bodentyp hauptsächlich Rendzina ist und deren Vegetation sowohl aus Latschenfeldern als auch aus Almweiden besteht. Die Zentralalpen rund um den Alpenhauptkamm sind von Silikat dominiert. Die durchschnittlich höher liegenden Seen und Einzugsgebiete weisen vermehrt Pioniervegetation und nährstoffärmere Podsol-Böden auf. Die dritte Gruppe besteht aus Seen, deren Einzugsgebiete unterschiedliche geologische Zusammensetzungen an Kalken, Tonschiefern und/oder Silikaten ausweisen.

Abb. 3: Klassifizierung hochalpiner Seen anhand von signifikanten Umweltvariablen. Die Klassen formieren sich hauptsächlich anhand der geologischen Verhältnisse im Einzugsgebiet, der höhenspezifischen klimatischen Veränderung und der Seentypologie.

Da die Geologie einen starken Einfluss auf die Seechemie ausübt, kann eine erste Unterteilung, hinsichtlich unserer Untersuchungen, nur anhand der Kalke über Mischgesteine (wie Ton und Schiefergesteine) bis zu Silikaten erfolgen (Abbildung 3).

Im Gebirge werden die lokalen klimatischen Bedingungen bei jedem See hauptsächlich von seiner Höhenlage und der Morphologie seines Einzugsgebietes bestimmt. Aus diesem Grund gruppieren sich klimaabhängige Variablen in einer zweiten Großgruppe namens Höhe. Der Bodentyp wird vom geologischen Untergrund und der Vegetation direkt und vom Klima (Niederschlag, Schneelage, Dauer der Schneebedeckung) indirekt beeinflusst.

Seenspezifische Merkmale, wie Seegröße, Seeform und Seetiefe, bilden den dritten Klassifizierungstyp der als Typologie bezeichnet wurde. Diese morphologischen Variablen sind nicht so dominant wie Geologie und Höhe, müssen aber dennoch besonders im Gebirge als wesentliche Kriterien bei der Seenklassifizierung beachtet werden.

6   Anmerkungen zur Datenbank

Bei der Generierung der räumlichen Variablen haben sich bereits Probleme gezeigt, die sicherlich die Analyse beeinflusst haben. So sind z.B. Seeflächen, Einzugsgebiete etc. nicht von derselben Person digitalisiert worden und, wegen Mangel an Datengrundlagen, aus unterschiedlichen Datenbeständen zusammengestellt worden. Diese Unterschiede wirken sich auf die Auswertung aus. Es bleibt aber festzustellen, ob und wie stark dieser Unterschied eine wesentliche Veränderung in der Analyse hervorruft.

Aufgrund unterschiedlichen Alters, Herstellungsverfahrens und unterschiedlicher Generalisierung der verwendeten Kartengrundlagen musste die Lagegenauigkeit des GIS-Datenbestandes als eher gering eingestuft werden. Dieses stellt aber insofern kein Problem dar, als die Daten sowieso nur auf ihre relative Lage zueinander verglichen wurden. Den Attributdaten der Kartengrundlagen kann aber durch doppelte Auswertung zweier Kartensätze (ÖK50, Tirol Atlas, Corine Land Cover Daten) eine höhere Genauigkeit zugesprochen werden. Natürlich muss diese Aussage hinsichtlich Kartenqualität relativiert werden, da im Kartenmaterial enthaltene Ungenauigkeiten mit übernommen werden mussten. Die Umweltparameter, welche über die Satellitenbilder generiert wurden, besitzen hingegen eine hohe Lagegenauigkeit, jedoch eine geringe Attributgenauigkeit.

Anzumerken bleibt auch, dass die meisten räumlichen Daten nicht dreidimensionalen Bedingungen entsprechen (z.B. Einzugsgebietsfläche der Karte ist nicht gleich Einzugsgebietsfläche im Gelände), da sie von ehemals analogen Karten digitalisiert oder abgeleitet wurden.

Geographische Variablen wie die Distanz zu anderen Distrikten wirken sich hinsichtlich einer Klassifizierung bezogen auf den Seen Distrikt Tirol gering oder nicht aus. Bei der geplanten pan-europäischen Analyse werden diese aber mit Sicherheit mehr Gewicht hinsichtlich der europaweiten Klassifizierung haben. Aus methodischen Gesichtspunkten wurden sie daher in dieser Arbeit auch beibehalten. Im Seendistrikt Tirol spielt lediglich die geographische Variable Seehöhe eine wesentliche Rolle bei der Klassifizierung (siehe Abbildung 3).

7   Schlussfolgerung

Von der Methode her würde eine Klassifizierung nicht nur in Großklassen, sondern auch in Unterklassen, möglich sein. Eine Grundbedingung hierfür wären jedoch detailliertere räumliche Daten. Ein möglicher Lösungsansatz könnte in der Verwendung von Fernerkundungsdaten (aus Flugzeugen oder Satelliten) bestehen. Sowohl optische und thermische als auch Sonar- und Radar-Sensoren werden mittlerweile erfolgreich mit hoher Bodenauflösung eingesetzt. Bereits die verwendete Landsat 5-Satellitenbildklassifikation hat gezeigt, dass bessere Datengrundlagen auch für abgelegene Gebiete verbesserte Resultate liefern können. Lediglich die Kosten und Verfügbarkeit stellen noch ein Hindernis zum vermehrten Einsatz dar.

Eine größere, aktuellere, detailliertere und erschwinglichere kartographische und fernerkundliche Datenauswahl wäre äußerst wünschenswert, damit in der Zukunft auch schwer erreichbare hochalpine Seen erfasst und bewertet werden könnten.

Mit dieser Arbeit wurde ein erster Ansatz einer Klassifizierung hochalpiner Seen mittels räumlicher Variablen erarbeitet. Das Validierungsergebnis, wonach 20 der 31 Seen anhand ihrer Chemie in die definierten Großklassen eingestuft werden konnten, lässt darauf schließen, dass nahezu zwei Drittel aller Distriktseen klassifizierbar sind und somit hinsichtlich ihres chemischen und physikalischen Zustandes eingeschätzt werden können.

Es ist abzuwarten, ob in weiterer Folge weitere Unterklassen ermittelt und Seen diesen zugeordnet werden können. Diese Studie hat sich im wesentlichen auf die räumlichen Variablen des Einzugsgebietes hinsichtlich der Seechemie beschränkt. Sollte es möglich sein, weitere der 138 Variablen der Projekt GIS-Datenbank in die Methodik einzubinden, so werden sich sicherlich auch weitere Klassen bilden lassen.

Danksagung

Wir möchten uns bedanken bei Joseph Franzoi und Werner Müller für die chemischen Analysen, bei Wolfgang Mark, Nicolaus Medgyesy und Reinhard Lackner für die Hilfe bei der Probennahme im Feld, bei Gernot Schwendinger und Peter Acs für die Hilfe beim Digitalisieren und bei Cornelia Schütz und Martin Kernan für die hilfreichen Tipps bei der Datenanalyse und Interpretation der multivariaten Analyse.

Die Daten wurden freundlicherweise vom TIRIS (Tiroler Raumordnungs- Informationssystem, Tiroler Landesregierung) und dem BEV (Bundesamt für Eich- und Vermessungswesen) zur Verfügung gestellt.

Diese Studie wurde von der Europäischen Union (EU-Projekt EMERGE, EVK1-CT-1999-00032) und dem Österreichischen Bundesministerium für Bildung, Wissenschaft und Kultur (BMBWK) unterstützt.

Literatur

BLASCHKE, T. (1997) Landschaftsanalysen und –Bewertung mit GIS – Methodische Untersuchungen zu Ökosystemforschung und Naturschutz am Beispiel der bayrischen Salzachauen; Forschungen zur Deutschen Landeskunde Band 243; Deutsche Akademie für Landeskunde, Selbstverlag, 54286 Trier, 320 S.

CARRERA, G., P. FERNANDEZ, J.O. GRIMALT, M. VENTURA, L. CAMARERO, J. CATALAN, U. NICKUS, H. THIES & R. PSENNER (2002) Atmospheric deposition of organochlorine compounds to remote high mountain lakes of Europe; Environ. Sci. Technol. 36: 2581-2588

HANSEN C.M.E., TOLOTTI M., ETTINGER R., THIES H., TAIT D. AND R. PSENNER (2002) The application of geographic information science (GIS) for data synthesis and evaluation of remote high mountain lakes in the lake district Tyrol (Austria & Italy); in Pillmann, W. and K. Tochtermann: Part 1, pp. 597-604; ISEP, http://www.isep.at

HILDEBRANDT, G. (1996) Fernerkundung und Luftbildmessung für Forstwirtschaft, Vegetationskartierung und Landschaftsökologie; Wichmann Verlag Heidelberg ISBN 3-87907-238-8 676 S.

KAMENIK, C., SCHMIDT, R., KUM, G., PSENNER, R. (2001) The influence of catchment characteristics on the water chemistry of mountain lakes; Arct. Antarct. Alp. Res. 33: 404-409

KERNAN, M., HUGHES, M., HELLIWELL, R.C. (2000) Chemical variation and catchment characteristics in high altitude lochs in Scotland, UK; Water, Air and Soil Pollution 1169-1174

MAQUIRE, D., GOODSCHILD M., RHIND D. (1991) Geographical Information Systems; Volume -2 Cambridge

TER BRAAK, C.J.F. & SMILAUER, P. (1998) Canoco Reference Manual and User's Guide to Canoco for Windows: Software for Canonical Community Ordination (Version 4); Ithaca, NY, USA: Microcomputer Power. 351 S.

ATFIBASE – Entwicklung und Etablierung eines Systems zur Erfassung und Analyse fischökologischer Zustandsparameter

Reinhard HAUNSCHMID, Robert VENIER und Robert LINDNER

Zusammenfassung

Am Institut für Gewässerökologie, Fischereibiologie und Seenkunde in Mondsee werden seit mehr als 20 Jahren Daten über Vorkommen und Abundanz von Fischarten und somit über den ökologischen Zustand von Gewässern gesammelt. Um diese Daten für die Umsetzung der EU-Wasserrahmenrichtlinie (2000/60/EG, WRRL) nutzbar zu machen musste die Datenhaltung hin zu einem modernen GIS-unterstützten Erfassungssystem weiterentwickelt werden. Gefordert war die Etablierung eines komplexen Softwaresystems rund um eine zentrale Datenbank mit Schnittstellen zu einem GIS sowie zu anderen Softwarepaketen (z.B. Statistik). Durch die Etablierung dieses Softwaresystems können die Befischungsstellen in einen räumlichen Bezug zueinander sowie zu anderen Datenbeständen gestellt werden. Die Kombination der Möglichkeiten komplexer inhaltlicher Sachabfragen mit jenen eines GIS erlaubt die Verknüpfung von Befischungsdaten und Analyseergebnisse mit anderen Datenquellen für die Erstellung von Bewirtschaftungskonzepten, ökologischen Zustandsberichten sowie für die Ausarbeitung von Forschungsprojekten.

1 Einleitung

Das Institut für Gewässerökologie, Fischereibiologie und Seenkunde in Mondsee (IGF, eine Abteilung des Österreichischen Bundesamtes für Wasserwirtschaft) sammelt seit mehr als 20 Jahren Daten über Vorkommen und Abundanz von Fischarten und somit über den ökologischen Zustand von Gewässern. Diese werden an über 600 Beprobungsstellen in ganz Österreich erhoben und bisher in erster Linie in Form von Zettelkarteien archiviert. Die Nutzung dieser wertvollen Grundlagen für eine Gesamtbeurteilung des ökologischen Zustands der Gewässer war daher nur eingeschränkt möglich.

Mit dem Inkrafttreten der EU-Wasserrahmenrichtlinie (2000/60/EG, WRRL) zu Beginn des Jahres 2001 wurden erstmals europaweite Standards für die Beschreibung des ökologischen Zustands von Gewässern etabliert sowie Zielsetzungen und Standards für ihren Schutz vorgegeben. Die Wasser- und Gewässerschutzpolitik auf EU- und auf nationaler Ebene erhielt damit eine völlig neue Basis. Alle Mitgliedsstaaten sind nunmehr verpflichtet, den Zustand der Oberflächengewässer einerseits zu erfassen, und andererseits ihre gute ökologische Funktionalität zu erhalten bzw. zu verbessern. Hinter dieser allgemeinen Zielsetzung steckt die Forderung nach der Schaffung eines gemeinsamen, grenzüberschreitenden Ordnungsrahmens für den Schutz der Binnenoberflächengewässer. Der Gewässerzustand, Erhaltungsziele, sowie Gewässerschutzmaßnahmen sollen europaweit einheitlich dokumentiert werden.

Um den Forderungen der Wasserrahmenrichtlinie zu entsprechen, ist zuerst eine exakte Erhebung und Beschreibung des Ist-Zustands der Gewässer notwendig. In diesem Zusammenhang erhielten die vom Bundesamt langjährig gesammelten Befischungs-Daten eine neue Bedeutung. Die in der Richtlinie angeführten Dokumentations- und Berichtspflichten erfordern eine breitgefächerte Datenanalyse. Dazu war es notwendig, die Daten effizienter nutzbar zu machen. Die Daten mussten außerdem in ihren räumlichen Bezug gesetzt werden um so die Verknüpfung zu anderen Datenbeständen (z.B. Dokumentationen über wasserbautechnische Maßnahmen) zu ermöglichen. Die Aussagekraft der erhobenen Daten sollte dadurch sowohl in qualitativer Hinsicht gesteigert werden.

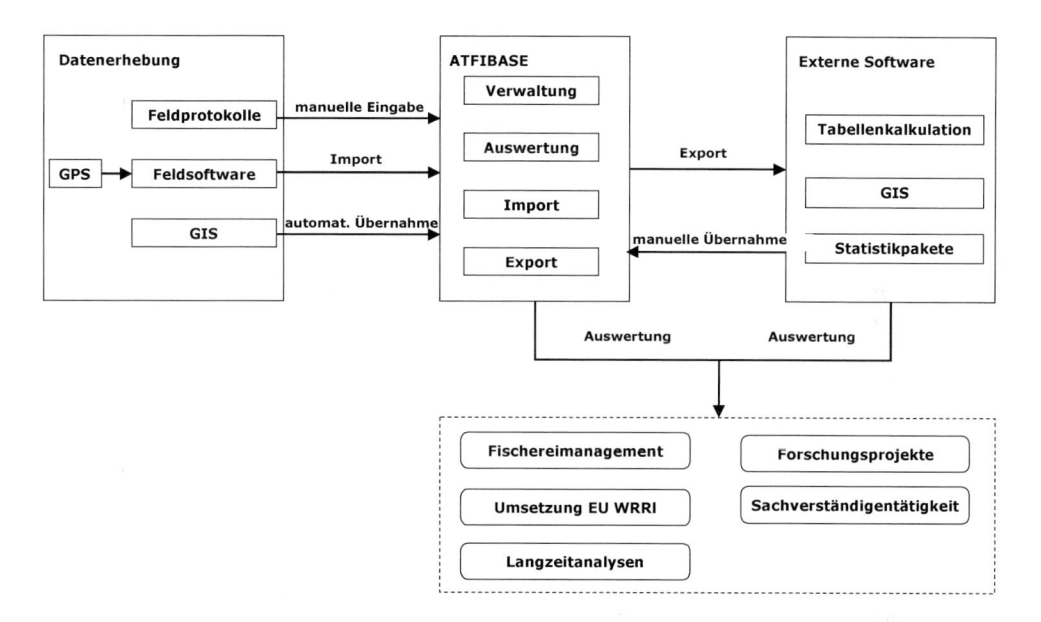

Abb. 1: Workflow bei der Umsetzung von ATFIBASE. Von der Befischung über die Verwaltung und Analyse der Daten hin zu fachlich fundierten Entscheidungsgrundlagen im Fischereimanagement sowie für die Umsetzung der EU Wasserrahmenrichtlinie.

Um umfassende Aussagen über den Zustand von Gewässern zu ermöglichen müssen diverse Parameter berücksichtig werden. Diese Parameter reichen von der Fischartenzusammensetzung über Abundanz- und Biomasseschätzungen, bis zu Angaben über den Parasitierungsgrad und Fischkrankheiten. In diese Zustandsbewertung müssen auch anthropogene Beeinflussungen, physikalische und chemische Parameter einfließen. Die Umsetzung dieser Anforderungen war nur durch die Umstellung der bisherigen Arbeitsabläufe hin zu einer modernen, EDV-gestützen Datenerfassung und -verwaltung zu bewerkstelligen. Das IGF beauftragte deshalb die Firma Biogis mit der Erstellung, Entwicklung und Implementierung eines komplexen Softwaresystems rund um eine zentrale Datenbank mit Schnittstellen zu einem GIS sowie zu anderen Softwareprodukten. Das zu etablierende System sollte einerseits ein Hilfsmittel zur Umsetzung der WRRL sein, darüber hinaus aber auch für allgemeine Fragen des Fischereimanagements, für Aufgaben im Rahmen von Monitoring-Programmen, sowie als Grundlage für eigenständige Forschungsprojekte einsetzbar sein. Gefordert war die direkte Einbindung und Standardisierung aller Arbeitsschritte von der Datenerfassung (im Feld und im Büro) über die Verwaltung bis hin zu (auch räumlichen) Analyse- und Auswerteverfahren (Abb. 1 gibt einen Überblick über den workflow von ATFIBASE).

2 Systemimplementierung und Datenerfassung

Die Analyse der Arbeitsabläufe bei der Verwendung fischereibiologischer Daten zur Umsetzung der WRRL können grob vier Aufgabenbereiche und damit Anforderungen an das ATFIBASE identifiziert werden: Datenerhebung, Datenverwaltung, standardisierte Auswertung, Spezialauswertung.

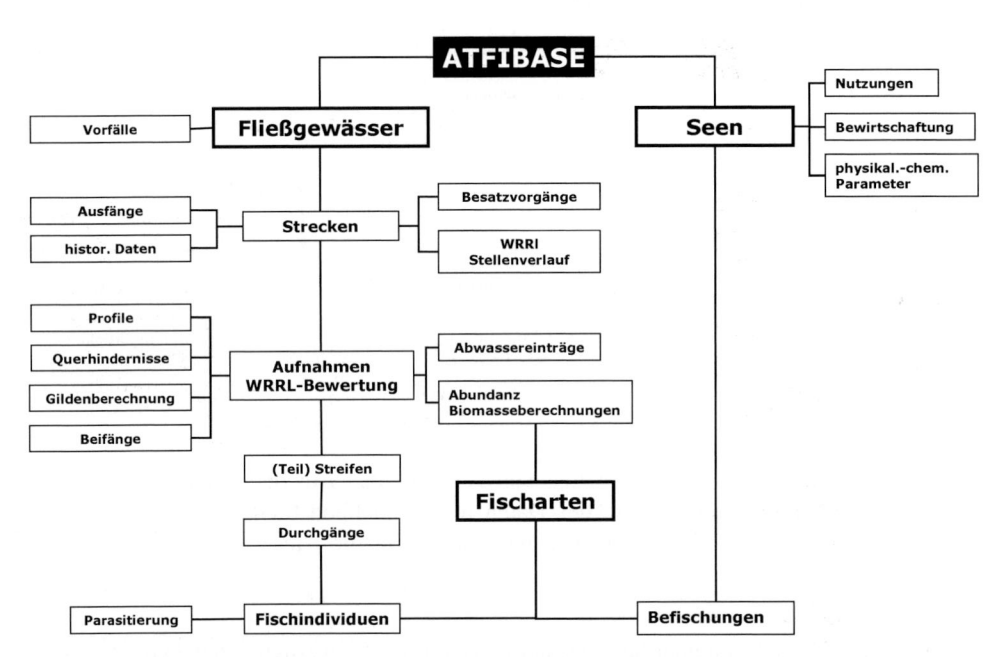

Abb. 2: Vereinfachtes Schema des Datenmodells in ATFIBASE. Die detaillierte Umsetzung erfolgte in 36 Primärtabellen und über 50 weiteren Tabellen für Analyseergebnisse und Nachschlagewerte.

2.1 Datenverwaltung

Die zentrale Datenhaltung für ATFIBASE erfolgt in einem Client/Server System auf der Basis des MS SQL-Servers, der Client wurde in MS Access umgesetzt. Die Umsetzung des komplexen relationalen Datenmodells erfolgt in 36 Primärtabellen und über 50 weiteren Tabellen für Analyseergebnisse und Nachschlagewerte (vereinfachte Darstellung des Datenmodells siehe Abb. 2).

2.2 Datenerfassung

Bei der Datenerfassung ergeben sich zwei große Bereiche mit sehr unterschiedlichen Anforderungen an die Arbeitsumgebung: (1) Die Eingabe vorhandener Datenbestände und (2) die laufende Erfassung neu erhobener Daten. Die Eingabe vorhandener Datenbestände (Zettelkartei) erfolgt durch einen Sachbearbeiter über Clientseitige Eingabemasken In diesem Fall erfolgt die Georeferenzierung der Befischungsstellen über die Integration eines GIS (Schnittstelle zu ArcGIS). Dadurch ist einerseits eine effiziente Dateneingabe gewährleistet, andererseits hilft die automatische Übernahme von Attributwerten aus vorhandenen GIS-Datenschichten, Eingabefehler zu vermeiden und trägt so zur Homogenisierung der Datenbestände bei.

Da ArcGIS 8.x von sich aus zu wenige Möglichkeiten für das Zusammenspiel mit externen Datenquellen bietet, wurde es um eigene, in VBA programmierte Routinen als Schnittstellen zur Datenbank erweitert. Durch Setzen eines Punktes in die Karte eines GIS-Projekts wird die Lage einer Befischungsstelle festgelegt, die Übernahme von Koordinaten sowie Sachdaten aus den Datenschichten in die Datenbank erfolgt automatisch. Dabei können die zugrundeliegenden Geodaten in unterschiedlichen Projektionssystemen vorliegen (z.B. Übersichtskarten in Lambert-, Österreichische Karten 1 : 50.000 in Bundesmeldenetz-Koordinaten). Bei der Übernahme der Daten in die Datenbank werden die projizierten Koordinaten automatisch in geografische Koordinaten (Datum WGS84) umgerechnet. Durch diese automatisierte Projektionsumrechnung ist die Kompatibilität der Sachinformationen in der Datenbank zu allen georeferenzierten Datenbeständen gegeben. Eine grenzüberschreitende Auswertung wird dadurch möglich.

Eine ganz besondere Herausforderung stellt die laufende Erfassung neu erhobener Befischungsdaten dar. Eine standardisierte, einfache, effiziente und vor allem möglichst fehlerfreie Erfassung muss gewährleistet werden. Dies wird durch die computergestützte Dateneingabe direkt an der Befischungsstelle mithilfe einer eigens entwickelten Feldsoftware ermöglicht. Die Georeferenzierung erfolgt ebenfalls an Ort und Stelle per GPS.

3 Auswertemöglichkeiten

3.1 Standardisierte statistische Auswertefunktionen

Als wichtigste primäre Auswerteschritte wurden Berechnungsmethoden für Abundanzen und Biomasse in ATFIBASE integriert. Um die statistisch korrekte Berechnung von Abundanzen und Biomasse sicherzustellen, müssen bei der automatisierten Auswahl der Berechnungsmethode die unterschiedlichen Beprobungsmethoden berücksichtigt werden (Moran Zippin, DeLury, Streifenbefischung, CPUE, CMR). Die Bestands- und Biomasseschätzungen werden für Wild- und Besatzfische getrennt berechnet. Darüber hinaus können über die automatisierte Auswertung ökologischer Gilden (wie z.B. Laich- und Strömungsgilden) Aussagen über den ökologisch-morphologischen Zustand der Gewässer getroffen werden.

3.2 GIS-Auswertung

Eine der inhaltlichen Hauptgründe für die Etablierung von ATFIBASE war die Forderung nach der Herstellung eines räumlichen Bezugs zwischen den einzelnen Befischungsstellen sowie zu anderen Datenbeständen. Die Georeferenzierung der Befischungsstellen gewährleistet über die gemeinsame Eigenschaft der räumlichen Nähe die Herstellung einer Relation zu externen Datenquellen, wie z. B. Kraftwerksstandorten, Gewässerverbauungen, Umlandnutzungen etc.

Die Kombination der Möglichkeiten komplexer inhaltlicher Sachabfragen mit jenen eines GIS (Pufferungen, räumliche Verschneidungen, etc.) erlaubt die Verknüpfung von primären Befischungsdaten und Analyseergebnissen mit Daten aus unterschiedlichen Quellen über ihren gemeinsamen räumlichen Bezug.

Aus der vorhandenen großen Anzahl an Fischbestandsdaten können mithilfe von ATFIBASE Bewirtschaftungskonzepte abgeleitet werden, die den Grundstein für eine gewässerverträgliche Fischerei liefern. Die Erstellung von Verbreitungskarten von Fischkrankheiten (z.B. des immer häufiger auftretenden Phänomens „Schwarze Bachforelle") und eventuelle Verbindungen zu Abwassereinträgen können rasch hergestellt werden. Die Analyse des Zusammenhangs zwischen historischer Fischartenverteilung und aktuellen Befischungsdaten kann Aufschluss über gravierende ökologische Veränderungen in den Fliessgewässern ergeben. Referenzartengemeinschaften lassen sich schnell formulieren und mit aktuell vorkommenden Artengemeinschaften vergleichen. Schutzbereiche bzw. Gewässerabschnitte, deren guter ökologischer Zustand wiederhergestellt werden muss, können mittels ATFIBASE und GIS abgegrenzt werden.

Online-Informationssystem und GIS-Analysen zum Einzugsgebiet des Baikalsees

Birgit HEIM, Stephan BRAUNE, Sabine SCHNEIDER, Jens KLUMP, Steffi SWIERCZ, Gangolf-Thorsten DACHNOWSKY, Hedwig OBERHÄNSLI und Hermann KAUFMANN

Zusammenfassung

Im Rahmen interdisziplinärer internationaler Großprojekte wird eine Vielzahl von Daten mit unterschiedlichsten Methoden und Ansätzen erhoben. Gerade diese Interdisziplinarität birgt jedoch auch die Gefahr, dass dieser komplexe Datenpool unüberschaubar wird und dadurch nicht optimal genutzt werden kann.

Geoinformationssysteme in Form von Online-GIS sind geeignete Werkzeuge, um einfach aber effizient zwischen den einzelnen Arbeitsgruppen zu vermitteln, die Datenmengen zu strukturieren, in ihrem räumlichen Kontext zu visualisieren und interpretierbar zu machen. Zu diesem Zweck werden innerhalb des EU-Projektes CONTINENT (High Resolution CONTINENTal Paleoclimate Record in Lake Baikal) Gelände- und Bohrungsdaten, Laboranalysen, sowie im Internet kostenfrei zur Verfügung gestellte Geodaten zu einem Online-Informationssystem zusammengefasst.

Einige Projektarbeiten erfordern Analysen der Geodaten. So werden mit Hilfe von GIS u.a. die Flusseinzugsgebiete des Baikalsees generiert und berechnet sowie zur Abschätzung der Erosion relevante Parameter miteinander verschnitten.

1 Das Projekt CONTINENT

1.1 Zielsetzung

Im Rahmen des EU-Projektes CONTINENT (High Resolution CONTINENTal Paleoclimate Record in Lake Baikal) wird aus Seesedimentkernen anhand einer Vielzahl von Klima-Proxies hochaufgelöst das Paläoklima der letzten 150.000 Jahre abgeleitet.

Der Baikalsee ist der tiefste (1.628 m maximale Tiefe, ca. 1.000m durchschnittliche Tiefe), der volumenreichste und älteste See der Erde mit einer weit zurückreichenden Sedimentablagerung (ca. 25 Mio. Jahre v.H.). Damit ist er ein wichtiges kontinentales Klimaarchiv. Für die Interpretation der Klima-Proxies in den rezenten Kernsedimenten wird der Ist-Zustand des Seekörpers sowie des Einzugsgebietes u.a. durch limnologische, botanische, geochemische und geologische Untersuchungen bestimmt.

1.2 Daten und Datenmanagement

In einer Bohrkampagne im Sommer 2001 wurden in den Teilbecken des Baikalsees Langkerne genommen, die von den CONTINENT-Projektpartnern analysiert werden.

Mit Schiffs-, Eis- und Geländekampagnen 2001 bis 2003 wird von einem interdisziplinären Team eine komplexe Datenvielfalt erhoben (z.B. Sedimentfallen, Kernbohrungen, geochemische Seesedimentuntersuchungen, Beprobung der Wassersäule auf Pigmente und Biomarker, Fluoreszenz-, CTD-Messungen und Messungen des Unterwasserlichtfeldes, großflächige Sonar- und Seismikdaten der Bohrungsstellen). Weiterhin werden geologische, pedologische und botanische Geländearbeiten zur Charakterisierung des Einzugsgebiets durchgeführt. Insgesamt sind bisher von 272 Lokationen Messungen und Probenahmen erfasst.

Die Gelände- und Labordaten werden zentral am GeoForschungsZentrum Potsdam im ICDP Information Network (**I**nternational **C**ontinental **S**cientific **D**rilling **P**rogram) erfasst und verwaltet. Das ICDP Information Network besteht aus dem Drilling Information System (DIS) zur Erfassung der Daten und den jeweiligen Projektportalen als Zugang zum Data Warehouse, in dem die Daten online vorgehalten werden. Das Information Network wird von der Operational Support Group des International Continental Scientific Drilling Program betrieben.

2 Das Pilotprojekt Baikal Web-GIS

2.1 Intention und Aufbau

Im Gegensatz zu den klassischen Bohrprojekten (Bohrpunkte, tiefenbezogene Datenerfassung) müssen im CONTINENT Projekt zusätzlich Flächendaten integriert und analysiert werden. Daher wird das Baikal Web-GIS als Pilotprojekt innerhalb des ICDP Information Network aufgebaut. Der wohl größte Vorteil eines Web-GIS liegt darin, dass der Nutzer keine eigene GIS Software benötigt und dass „Geodatensätze, die sich auf Fremdrechnern befinden, mit vergleichsweise geringem technischen Aufwand unmittelbar in Form einer Karte zu visualisieren [sind]" (DICKMANN 2001). Den bisher größtenteils GIS-ungeübten Projektteilnehmern wird es so mit dem Online-Angebot ermöglicht, relativ einfach die eigenen Daten im geographischen Kontext zu interpretieren.

Neben der Integration der eigentlichen Projektdaten werden im Baikal Web-GIS unterschiedliche thematische Layer (z. B. Geologie, Boden, Gewässernetz, Städte, Bahnlinien) über den ArcIMS Mapserver der Firma ESRI zur Verfügung gestellt. Dieser Mapserver hat eine Schnittstelle entsprechend den Vorgaben des Open-GIS-Consortiums, über die er im Bedarfsfall mit anderen Mapservern vernetzt werden kann (http://www.opengis.org/; OPEN GIS CONSORTIUM INC. 2002).

Damit können die Messlokationen und Probennahmestellen mit verschiedenen topographischen oder geologischen Hintergrundkarten oder Satellitendaten (Landsat TM, SeaWiFS, MODIS) wahlweise kombiniert dargestellt werden. Jeder Nutzer kann sich die Layer der verschiedenen Fachdisziplinen zu thematischen Karten zusammenstellen.

Alle Messlokationen sollen mit Informationen über die wissenschaftlichen Untersuchungen verknüpft werden. Dabei erweist es sich als problematisch, dass an einem Punkt eine Vielzahl unterschiedlicher Aktivitäten ausgeführt wurden. Aktivitätsdaten sind beispielsweise Bohrungsdaten sowie Probenahme (Sedimentprobe, Wasserprobe, etc)- und Messdaten (Fluoreszenz, CTD, Irradianz, etc). Diese Daten müssen noch mit Laboranalysen und geophysikalischen Labormessungen verknüpft werden.

2.2 Datenquellen, Bearbeitung und Dokumentation

Zahlreiche Organisationen stellen als Download oder CD ROM räumliche Datensätze kostenlos für wissenschaftliche Zwecke zur Verfügung. Für das Baikal-GIS wurden geeignete Daten recherchiert und integriert. Diese liegen meist im ESRI-Austauschformat e00 vor und können mit ESRI-Softwareprodukten problemlos bearbeitet werden. Die Datensätze wurden auf UTM, WGS84 projiziert und auf das Untersuchungsgebiet (ca. 542.500 km^2) ausgeschnitten. Gegebenenfalls wurden Attributdaten geändert oder ergänzt.

Vom *US Geological Survey (USGS)* wurden das Digitale Höhenmodell GTOPO30 und Daten zu Geologie heruntergeladen. Aus den GTOPO30-Rasterdaten wurde eine farbkodierte topographische Karte generiert sowie Höhenlinien abgeleitet. Die Datenbank *Digital Chart of the World (DCW)* lieferte ein sehr hoch aufgelöstes Gewässernetz, Eisenbahn- und Straßennetz sowie Siedlungspunkte und -polygone. Ein vergleichsweise weniger detailliertes Gewässernetz stellt das *Generic Mapping Tool (GMT)* der Universität Hawaii zur Verfügung. Das *International Institute of Applied Sciences (IIASA)* stellt Daten zur Landnutzung und vorherrschenden Baumarten zur Verfügung. Außerdem konnten von einem Server der NASA Satellitendaten im MrSID Format heruntergeladen werden. Dabei handelt es sich um Landsat Thematic Mapper (TM) Mosaikkacheln vom Anfang der 90er Jahre. Die Daten sind Kompositbilder der Spektralkanäle 7 (Short Wave Infrared), 4 (Near Infrared), 2 (Green) und können mit dem frei erhältlichen MrSID Viewer als GeoTIFF exportiert werden.

Die Qualität dieser kostenlos erhältlichen Daten ist teilweise sehr hoch und für die Projektbedürfnisse ausreichend.

Die über den Mapserver bereit gestellten Daten werden unter Verwendung des Metadaten-Editors von ArcCatalog im XML-Format dokumentiert. Diese Dateien können in den ISO19115 Standard für Metadaten (ISO 2003) transformiert werden.

3 Das Baikal-GIS als Werkzeug

Durch die Nutzung des Baikal-GIS als Werkzeug werden für das Projekt wichtige neue und höherwertige Daten generiert. Dafür können zu einem großen Teil die frei verfügbaren Datensätze genutzt werden. Bisher haben sich mehrere Anwendungen aus den Anforderungsanalysen der Nutzergemeinde ergeben.

Wichtige Klimaproxies der rezenten Seesedimente, die in Bezug auf das Einzugsgebiet interpretiert werden, sind u.a. die Tonfraktionen (FAGEL 2003) und die Pollenarten. Das

Flusseinzugsgebiet des Baikalsees (Gesamteinzugsgebiet und Teileinzugsgebiete) wurde auf der Grundlage des DEM und der Gewässernetzdaten bestimmt (SWIERCZ et al. 2003). Zur Erosionsabschätzung werden relevante Parameter (Hangneigung, Geologie, Boden, Klima, Landnutzung) aus dem GIS-Datensatz generiert, evaluiert und in einem Soft System Approach miteinander verschnitten.

Durch Verschneidung der Polygon-Datei Geologie innerhalb der Haupt-Flusseinzugsgebiete werden diejenigen Gesteinsprovinzen interpretiert und quantifiziert, die potentielle Liefergebiete für signifikante Tonfraktionen sind.

Aus dem Landsat TM-Szenen können die Hauptvegetationsklassen Trockensteppe, Taiga, Grassland unterschieden und klassifiziert und damit die vorliegenden Landnutzungspolygone verifiziert und regional angeglichen werden. Mit der neu erstellten Vegetationsverteilung lassen sich die Pollendominanzen (Wald/Steppe) des äolischen und fluvialen Einzugsgebietes abschätzen.

4 Ausblick

Das Baikal-GIS entsteht als Pilotprojekt am Daten- und Rechenzentrum des GFZ Potsdam. Es ist eine Komponente des ICDP Information Network zum Datenmanagement von raumbezogenen interdisziplinären geowissenschaftlichen Projekten.

Von den Projektteilnehmern, und auch darüber hinaus, wurde das Baikal-GIS positiv aufgenommen und wird als wertvolles Werkzeug geschätzt. Im Laufe der Zeit sollen die Projektteilnehmer zu weiteren speziellen Anwendungen des Baikal-GIS angeregt werden. In Zukunft ist geplant, mit lokalen sibirischen GIS-Projekten, z.B. Intas, zu kooperieren.

Tabelle 1: Ausgewählte Baikal-GIS Layer und Quellenangaben (vgl. Abb.1)

Layer	Quelle
Activity	*Projektdaten CONTINENT*
Contour Line	*USGS, generiert aus GTOPO30*
Boundary	*DCW*
Railroad	*DCW*
Road	*DCW*
Settlement	*DCW*
Lake Sediment	*GEOPASS*
River Low Resolution	*GMT*
River High Resolution	*DCW*

Layer	Quelle
Lake Baikal/Inland Water Body	*DCW*
Geological Province	*USGS*
Geology	*USGS*
Soil	*FAO*

Topography	USGS, generiert aus GTOPO30
Satellite Image Landsat TM	NASA

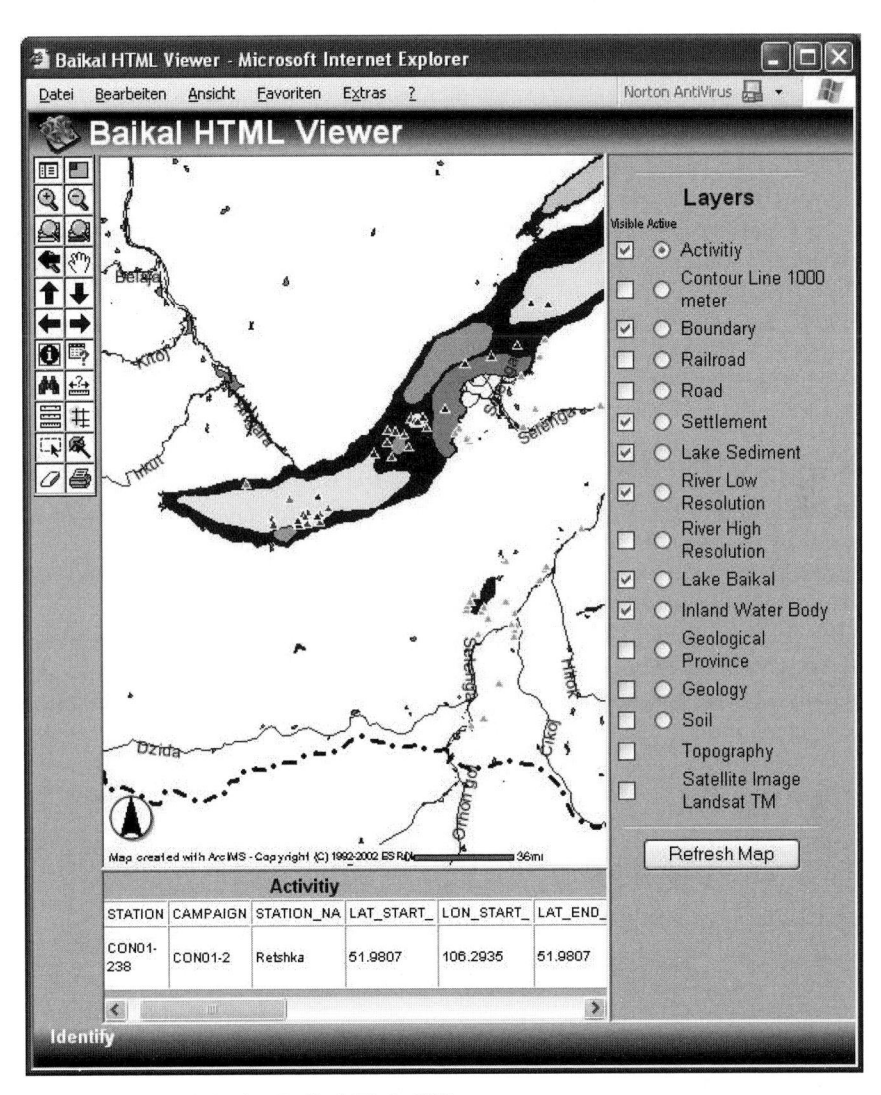

Abb. 1: Internetansicht des Baikal Web-GIS

Referenzen

o.A. (2003): Final Draft International Standard ISO/FDIS 19115:2003(E), (ISO/TC211) Geographic Information – Metadata. ISO, Genève

CONTINENT: High-resolution CONTINENTal paleoclimate record in Lake Baikal (http://continent.gfz-potsdam.de)

DICKMANN, F. (2001): *Web-Mapping und Web-GIS*. Westermann Schulbuchverlag GmbH, Braunschweig

Digital Chart of the World (2000): Penn State University Libraries. http://www.maproom.psu.edu/dcw/ (Date accessed: [22.01.2003])

FAGEL, N. ET AL. (2003): *Late Quaternary clay mineral record in Central Lake Baikal (Academician Ridge, Siberia)*. In: Palaeogeography, Palaeoclimatology, Palaeoecology, 193, S. 159-179

FAO (1999): *Land and Water Digital Media Service. Soil and Physiographic Database for North and Central Asia.* (CD ROM)

GEOPASS Lake Baikal Research Group: **EAWAG**, Environmental Isotopes Group, Switzerland.
http://www.eawag.ch/research_e/w+t/UI/baikal/projects/sediments/e_sediments.html

Intas 99-1669 Project Team (2002): *A new bathymetric map of Lake Baikal.* (CD ROM)

International Institute for Applied Systems Analysis (2002): *Land Resources of Russia.* http://www.iiasa.ac.at/Research/FOR/russia_cd/guide.htm (Date accessed: [24.01.2003])

NASA: http://zulu.ssc.nasa.gov/mrsid (Date accessed: [20.01.2003]).

Open GIS Consortium Inc. (2002): *Web Map Service Implementation Specification*. Version 1.1.1. Open GIS Publicly Available Standard
http://www.opengis.org/techno/specs/01-068r3.pdf (Date accessed: [22.04.2003]).

U.S. Geological Survey, EROS Data Center (2002): GTOPO30
http://edcdaac.usgs.gov/gtopo30/gtopo30.html (Date accessed: [24.01.2003])

U.S. Geological Survey, Central Energy Data Management (2001): World Energy Resources
http://energy.cr.usgs.gov/oilgas/wep/products/geology.htm (Date accessed: 24.01.2003).

SWIERCZ, S. ET AL. (2003): *GIS supported characterisation of the Lake Baikal catchment area.* In: Berliner Paläobiologische Abhandlungen, Band 2, S. 116-118

Besuchermonitoring im Nationalpark Berchtesgaden

Sabine HENNIG

Zusammenfassung

Eine wesentliche Grundlage für das Schutzgebietsmanagement in Nationalparken ist die Erfassung seiner Besucher: Zum einen besteht eine Konfliktsituation zwischen der Zugänglichkeit der Schutzgebiete für die Allgemeinheit und deren Naturschutzfunktion. Zum anderen kommt Nationalparken die Aufgabe der Umweltbildung bzw. -kommunikation zu. Da die erfolgreiche Vermittlung umweltrelevanter Ziele personelle, finanzielle und materielle Mittel benötigt, gewinnen - insbesondere vor dem Hintergrund eines rückläufigen Umweltbewusstseins der deutschen Bevölkerung - Planung und Marketingmaßnahmen sowie Erfolgskontrollen und die Evaluierung des Mittel- und Personeneinsatzes immer mehr an Bedeutung (StMLU 2001, REVERMANN und PETERMANN 2003, BANU 1999). Um der Tragfähigkeit der Schutzgebiete und den Zielen der Umweltbildung gerecht zu werden, kommt Besuchermonitoring zum Einsatz (MUHAR et AL. 2002). Nicht nur die zahlenmäßige Erfassung der Besucher ist hierbei relevant, auch die Aufnahme von sozioökonomischen Faktoren spielt eine Rolle. Dabei sollen die erhobenen Daten nicht nur nach statistischen Verfahren ausgewertet werden. Ihrer Umsetzung, Analyse und kartographischen Darstellung in GIS kommt für die unterschiedlichsten Planungsaktivitäten in den Schutzgebieten Bedeutung zu.

Im Nationalpark Berchtesgaden ist das Besuchermonitoring derzeit schwerpunktmäßig auf die Erfassung der Teilnehmer des Umweltkommunikationsangebots ausgerichtet. Neben der statistischen Auswertung der erhobenen Daten werden Geodaten miteinbezogen. Während die Umsetzung des georäumlichen Bezugs für die Herkunft der Besucher oder die Frequentierung der Informationsstellen problemlos möglich ist, zeigen sich bei der Darstellung der Wegewahl der Besucher Schwierigkeiten. Gerade die Bereitstellung geeigneter Geometrien für die Frequentierung des Schutzgebiets durch seine Besucher ist jedoch eine wichtige Grundlage für weitere Planungen und das Management des Nationalparks Berchtesgaden.

1 Nationalparke und Besuchermonitoring

1.1 Umweltkommunikation und Monitoring

Als Umweltkommunikation werden nach WWF (1996) die Teilbereiche Öffentlichkeitsarbeit, Umweltbildung und Informationsarbeit zusammengefasst. Tabelle 1 nennt die Beiträge von Nationalparken zur Umweltkommunikation.

Tabelle 1: Angebot zur Umweltkommunikation in Nationalparken (Quelle: REVERMANN und PETERMANN 2003, StMLU 2001)

Angebot	Beschreibung / Definition	Status
Veranstaltungen	Führungen, Vorträge, Erlebnistage, kulturelle Begleitprogramme	Aktiv
Informationsstellen	Personelle Beratung und Information, Ausstellungen	Aktiv
Informationsmaterial	Karten, Broschüren, Bücher, Internet, Video etc.	Passiv
Landschaftsmöblierung	Lehrpfade, Schilder, Wege, Lenkungsmaßnahmen	Passiv

Insbesondere über das „aktive" Umweltkommunikationsangebot erfolgt die Vermittlung von Informationen und Werten intensiver. Dabei wird in den geführten Veranstaltungen versucht, die Menschen zur Auseinandersetzung mit den Folgen ihres Tuns in der natürlichen, der gebauten und der sozialen Umwelt zu befähigen und zu umweltgerechtem Handeln als Beitrag zur nachhaltigen Entwicklung zu bewegen (BANU 1999).

1.2 Monitoring von Besuchern als Teilnehmer des Umweltkommunikationsangebots

Monitoring ist die regelmäßige und systematische Beobachtung eines Sachverhalts mit standardisierten Methoden (www.scn.org/ip/cds/cmp/modules/mon-wht.htm). Auch beim Besuchermonitoring ermöglicht die problembezogene Ausrichtung des Monitorings auf z.B. Besucherlenkung, Infrastruktur oder ökosystemare Auswirkungen, die Festlegung der Vorgehensweise bzgl. der entsprechenden Methodik (MUHAR et al. 2002). Tabelle 2 stellt die gängigen Techniken der Datenerhebung vor.

Tabelle 2: Datenerhebungstechniken zum Besuchermonitoring (Quelle: MUHAR et al. 2002)

Methoden	Beispiele
Interviews	Mündliche oder schriftliche Befragungen
Direkte Beobachtungen	„Wandernde" Beobachter (z.B. „Ranger"), feste Beobachtungspunkte
Indirekte Beobachtungen	Automat. Kameras, Video, Luftbilder, Satellitenbilder
Automatische Zählungen	Tickets, Genehmigungen, Teilnahme, druckempfindliche Matten
Selbstregistration	Gipfel-, Hütten-, Wegebücher
Nutzungsspuren	Müll, Vegetationsschäden, Fußspuren, Erosion

In Großschutzgebieten, wie Nationalparken, Biosphärenreservaten und Naturparken kann sich Besuchermonitoring als eine Möglichkeit der Ausrichtung auf die verschiedenen Typen von Besuchern beziehen. Sie können nicht nur durch ihre Nutzungsansprüche und ihr Raumverhalten, wie z.B. Wegewahl, Art der Nutzung, zeitliche Aspekte (Aufenthaltsdauer, Tages- und Jahreszeit) und ihr Verhalten in der Natur charakterisiert werden. Aus Sicht der Schutzgebiete bietet sich auch eine Differenzierung in „aktive" und „passive" Besucher an: Im Gegensatz zu „passiven" nehmen „aktive" Besucher das personell betreute Angebot der Einrichtungen als Umweltkommunikationsangebot wahr. Sie sind relativ leicht in ihrer

Anzahl und nach sozialökonomischen und psychologischen Faktoren (bzgl. Naturverständnis und- verhalten) zu erfassen und zu analysieren (vgl. Tabelle 3).

Tabelle 3: „Aktive" und „passive" Besucher

Monitoring	„Aktive" Besucher	„Passive" Besucher
Nutzung	Aktive Teilnahme am Angebot	Keine Teilnahme am Angebot
Zugang	Leicht verfügbar, Kontakt besteht	Schwer verfügbar, kein Kontakt
Ausrichtung	Umweltbildungsvermittlung	Tragfähigkeit des Schutzgebiets
Aufnahme	Sozioökonomische, psychologische Faktoren	Ökologische Faktoren

Besuchermonitoring, bzgl. einer Angebotsevaluierung für „aktive" und „passive" Umweltkommunikation, fokussiert den Teilnehmer bzw. den „aktiven" Besucher des Schutzgebiets. Erst die Erfassung der Teilnehmer hinsichtlich des genutzten Angebots sowie die Auswertung und Evaluation der gewonnen Daten, ermöglicht u.a. die Verbesserung des bestehenden Angebots. Da auch für den Naturschutz Ideale alleine nicht ausreichen, um bei Mitmenschen ökologische Handlungsweisen zu bewirken, ist eine dauerhafte Überprüfung mehr als sinnvoll. Denn nur der überlegte Einsatz der materiellen, finanziellen und personellen Mittel ermöglicht es, das Ziel einer qualitativ hochwertigen Umweltbildung zu erreichen.

2 Anwendung im Nationalpark Berchtesgaden

Erfolgreiche Umweltkommunikation kann nicht nur an Besucherzahlen gemessen werden. Aus diesem Grunde werden im Nationalpark Berchtesgaden die Daten zum Besuchermonitoring, in Anlehnung an sozialempirische Methoden, erhoben. Ihr Raumbezug wird für weitergehende Analysen und eine aussagekräftige visuelle Kommunikation der Ergebnisse miteinbezogen.

2.1 Aufnahme der Sachdaten

Im Nationalpark Berchtesgaden ist die Datenerfassung des Besuchermonitorings zum Angebot der „aktiven" Umweltkommunikation ein Kompromiss zwischen Datenbedarf und der Leistungsfähigkeit sowie der Zumutbarkeit für das Personal. Tabelle 4 gibt einen Überblick über das „aktive" Umweltkommunikationsangebot im Nationalpark Berchtesgaden, das derzeit in das Monitoring eingeht. Die verwendete Methodik und das Vorgehen bei der Datenaufnahme werden kurz umrissen.

Tabelle 4: Angebot zur Umweltkommunikation des Nationalpark Berchtesgaden

Angebot	Beschreibung / Definition	Aufnahmeart	Aufnahme
Wanderprogramm	Festangebotene Veranstaltung, Teilnehmer zunächst unbekannt	Führungspersonal, Bewertungskarten, Teilnehmer	Thema, Dauer, Wetter, Route, Teilnehmeranzahl
Exkursionen	Gebuchte Veranstaltung, Gruppe und Teilnehmer bekannt	Anmelde- bzw. Fragebogen an Gruppenleiter	Thema, Dauer, Route, Institution, Herkunft, Art, Teilnehmeranzahl, wiederholter Besuch, Informationsquelle
Sonderveranstaltungen	Festangebotene oder gebuchte Veranstaltung Gruppe unbekannt	Durchführender der Veranstaltung	Ort, Dauer, Thema, Teilnehmeranzahl
Informationsstellen	Besucher	Betreuungspersonal	Besucherzählungen (2h-Intervalle)

2.2 Bereitstellung der Geometriedaten

Die Teilnehmer am „aktiven" Umweltkommunikationsangebot verfügen über unterschiedlichen Raumbezug. Dieser kann nicht immer problemlos umgesetzt werden. Während natürliche Umweltdaten mit Raumbezug leicht zu gewinnen sind, können bei anthropogenen Umweltdaten Probleme bestehen. Zwar verfügen viele anthropogene Sachverhalte über einen eindeutigen Raumbezug, wie z.B. land- und fortwirtschaftliche Nutzung, Fahrverkehr, Gebäudenutzung sowie bzgl. Erholungsnutzung und „aktivem" Umweltkommunikationsangebot die Herkunft der Besucher und die Frequentierung der Informationsstellen. Schwierigkeiten bereiten aber Angaben zum Aufenthalt der Besucher bzw. die Veranstaltungsroute des „aktiven" Umweltkommunikationsangebots im Gelände des Nationalparks.

Die Summe der gewählten Routen der Veranstaltungen folgt in den wenigsten Fällen einem einzigen Weg. Um von Punkt „A" zu Punkt „B" zu kommen, stehen im Nationalpark verschiedene Forststraßen, Wanderwege oder Steige zur Verfügung. Auch sind viele Aktivitäten von vorneherein nicht an einen einzigen Weg gebunden. Manche Veranstaltungen nutzen aus pädagogischen und didaktischen Gründen nicht das Hauptwegenetz des Nationalparks. Gerade bei der Vermittlung ökologischer Themen spielen die Jahreszeit und die Ortswahl eine Rolle. Des Weiteren kann die tatsächliche Wegewahl im Rahmen von Führungen nicht erfasst werden (Zeitaufwand und Belastung des Personals). Die Bindung der Sachdaten „Veranstaltungsroute" an das Wegenetz ist insgesamt wenig geeignet: Die Darstellung der geführten Veranstaltungen nur anhand des Hauptwegenetzes ist wenig aussagekräftig, ebenso wie die Darstellung aller im Rahmen der Veranstaltungen gewählten Wege. Überlegungen für die räumliche Darstellung auf die naturräumliche Gliederung des Nationalparks zurückzugreifen, haben sich als zu „großräumig" erwiesen. Punktgeometrien, als Zentroide in dem betroffen Großraum der Wege, entfremden die Wege in ihrer linearen Ausprägung.

Um eine Aussage zur räumlichen Verteilung der „aktiven" Besucher im Nationalpark zu treffen, kommt ein komplexes Verfahren zum Einsatz. Die Routen aller durchgeführten Veranstaltungen werden nach der Vorgehensweise der Abb. 1 „generalisiert": Die gewählten Wege werden nach ihrem Veranstaltungsziel klassifiziert. Unter Einbeziehung z.B. von Expertenwissen, des Geländes, des Lebensraums und von „Naturattraktionen" wie Lawine, Windwurf und Bergsturz werden relevante Wege ausgewählt. In Abhängigkeit der genannten Faktoren und dem Besuchertyp „aktiver Besucher" als Teilnehmer an Führungen werden diese dann entsprechend „intelligent„ gepuffert. Vergleichbar einer Bounding Box werden sie zu „Routen Polygonen" zusammengefasst. Die „Routen Polygone" sind dabei letztlich Platzhalter für die jeweiligen im Großraum genutzten Routen. Sie stellen die Anzahl „aktiver" Besucher in den einzelnen Gebietsbereichen dar.

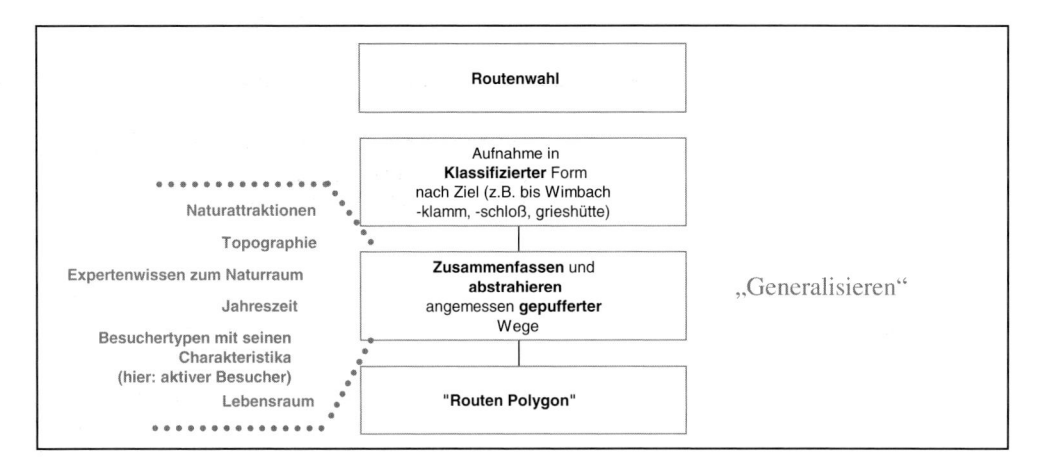

Abb. 1: Vorgehensweise bei der Erzeugung von „Routen Polygonen"

Einen Überblick zur Veranschaulichung über die genannten Möglichkeiten, d.h. Wegenetz, Naturraum, Zentroid und „Routen Polygon" gibt Abb. 2.

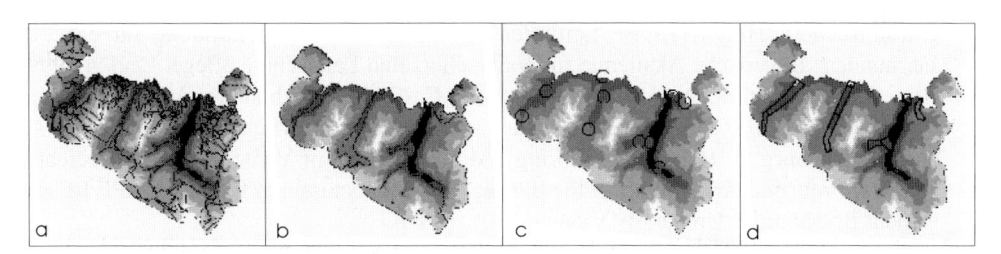

Abb. 2: Veranstaltungsrouten gebunden an: a. Wegenetz, b. Naturraum, c. Zentroid, d. „Routen Polygone"

3 Ausblick

Das „Routen Polygon" ist eine erste Überlegung der Bereitstellung von Geometriedaten für das Besuchermonitoring im Nationalpark Berchtesgaden. In zukünftiges Monitoring soll verstärkt das Naturverständnis der Besucher, Aspekte des Marketings und Akzeptanzförderungen einfließen. Letztlich ermöglichen die bisherigen Erfahrungen den Auf- und Ausbau auch des Monitorings „passiver" Besucher und des „passiven" Umweltkommunikationsangebots.

Während im biologischen Bereich versucht wird, die Verbreitung von Flora und Fauna anhand von Daten und Expertenwissen der entsprechenden Spezies zu modellieren, ist dies nicht ohne weiteres auf Besucher von Schutzgebieten übertragbar. Notwendig ist zunächst die Kategorisierung der Besucher hinsichtlich ihres Raum- und Zeitverhaltens sowie sonstiger Verhaltensmuster. Nach der Unterteilung in „aktive" und „passive" Besucher soll in Zukunft ihre weitergehende Untergliederung nach der Nutzungsform (Ski, Fahrrad, Fuß etc.) erfolgen. Im Zusammenhang mit Naturraum, Wegenetz, Höhenlinien und menschlichem Verhalten wird dann versucht, geeignete Geometrien für Analyse und Darstellung der Daten zur Verfügung zu stellen. Im Weiteren können durch die Kombination der Ergebnisse mit *natürlichen* Geodaten des Schutzgebiets Aussagen getroffen werden, welche Besuchergruppen und –mengen in welchen Bereichen des Nationalpark toleriert werden können, welche Nutzungen gelenkt, reguliert, reduziert oder gar zu unterbinden sind (MUHAR et al. 2002). Grundsätzlich werden Geometrien benötigt, die Analysen zu Besuchermanagement und der touristischen Tragbarkeit ermöglichen. Ziel muss es sein, Zahlen und Raum in Einklang zu bringen, um Nutzung und Schutz im Nationalpark im Gleichgewicht zu halten.

Literatur

BANU (Bundesweiter Arbeitskreis der staatlich getragenen Bildungsstätten im Natur- und Umweltschutz) (Hrsg.) (1999): Leitlinien zur Natur- und Umweltbildung für das 21. Jahrhundert; Bayerische Akademie für Naturschutz und Landschaftspflege, Laufen 1999

MUHAR, A., ARNBERGER, A. und BRANDENBURG, C. (2002): Methods for Visitor Monitoring in Recreational and Protected Areas: an Overview. In: Muhar, A., Arnberger, A. und Brandenburg, C. (Hrsg): Monitoring and management of Visitor Flows in Recreational and Protected Areas. Institut for Landscape Architecture and LANDSCAPE Management Bodenkultur University Vienna. 2001. S. 1-6

REVERMANN, C. und PETERMANN, T. (2003): Tourismus in Großschutzgebieten. Impulse für eine nachhaltige Regionalentwicklung. Edition Sigma

StMLU (Bayerisches Staatsministerium für Landesentwicklung und Umweltfragen) (Hrsg.) (2001): Nationalparkplan. http://www.nationalpark-berchtesgaden.de

UMWELTSTIFTUNG WWF Deutschland (1996): Rahmenkonzept für Umweltbildung in Großschutzgebieten, Naturschutzstelle Ost. Eigenverlag, Potsdam

www.scn.org/ip/cds/cmp/modules/mon-wht.htm (geladen am 24.01.2003)

Auswertung von winterlichen Luchsabspüraktionen im Nationalpark Bayerischer Wald

Marco HEURICH, Ulrike BAUER und Volker ZAHNER

Zusammenfassung

Seit 1995 werden im Nationalpark Bayerischer Wald bei Schneelage Abspüraktionen im monatlichen Turnus durchgeführt. Dazu werden an einem Tag 375 km (2,6 km/km²) auf standardisierten Routen zurückgelegt und alle Tierspuren, die Routen kreuzen, erfasst. Ziel dieser Abspüraktionen ist, die Anzahl der im Gebiet vorkommenden Luchse, sowie die Bestandestrends von Reh, Rothirsch und Wildschwein nachzuzeichnen und Informationen über deren räumliche Verteilung und deren Beziehungen zu bestimmten Habitatfaktoren abzuleiten. Im Rahmen dieser Arbeit wurde ein Verfahren zur Dateneingabe und -analyse auf Basis eines Geoinformationsystems entwickelt, sowie die Methodik der Abspüraktionen überprüft. Die Ergebnisse zeigen, dass sich dieses Verfahren gut eignet, die Ziele, die mit den Abspüraktionen verfolgt werden zu erreichen.

1 Einleitung

Böhmerwald und Innerer Bayerischer Wald bilden mit 2.400 km² eines der größten zusammenhängenden Waldgebiete Mitteleuropas. Aufgrund dieser günstigen Voraussetzungen begann Anfang der 80er Jahre eine planmäßige Wiederansiedlung von Luchsen in der damaligen Tschechoslowakei. Dabei wurden zwischen 1982 und 1987 insgesamt 17 Tiere aus den Karpaten freigelassen (HEURICH & WÖLFL 2002).

Wegen der großen Bedeutung der geschlossenen Wälder entlang des Grenzkammes als Source-Habitat für die Luchspopulation hat sich die Nationalparkverwaltung Bayerischer Wald zu einem intensiven Luchsmonitoring entschlossen (KIENER & STRUNZ 1996). Neben dem Sammeln von Zufallsbeobachtungen werden seit 1995 in den Wintermonaten gezielte Abspüraktionen zur Ermittlung des Luchsbestandes durchgeführt. Um dem Auftrag der Nationalparkforschung, nämlich die Entwicklung der natürlichen und naturnahen Lebensgemeinschaften zu untersuchen, gerecht werden zu können, sollen im Rahmen dieser Aktionen auch die im Gebiet vorkommenden Paarhuferarten Reh, Rothirsch und Wildschwein sowie das Vorkommen seltener und geschützter Arten erfasst werden.

Ziel dieser Abfährtaktionen ist, die Ermittlung der Anzahl der im Gebiet vorkommenden Luchse, sowie die Bestandestrends der anderen Tierarten nachzuzeichnen und Informationen über deren räumliche Verteilung sowie Beziehungen zu bestimmten Habitatfaktoren abzuleiten.

2 Methodik und Ergebnisse

2.1 Datenerfassung im Gelände

Die Abspüraktionen finden monatlich - je nach Schneelage - von November bis April möglichst ein bis zwei Tage nach Neuschneefall statt. Während einer Abspüraktion sollen an einem Tag alle 38 Routen zeitgleich begangen werden. Die Routen sind gleichmäßig über den Nationalpark verteilt und so miteinander vernetzt, dass kein Luchs zwischen den Routen hindurchschlüpfen kann. Um einen reibungslosen Ablauf der Aktion zu gewährleisten, sind die Routen in 7 Gruppen aufgeteilt. Jeder Gruppe sind bestimmte Mitarbeiter zugeordnet, deren Einsatz vom Gruppenkoordinator geleitet wird. In einem Durchgang wird eine Weglänge von insgesamt 374 km zurückgelegt. Dies entspricht einer Begangsdichte von 2600 lfm/km². Die Mitarbeiter gehen die Routen ab, suchen nach den Spuren der oben genannten Tierarten und zeichnen die frischen Fährten (Alter bis etwa einen Tag), die die Routen kreuzen, in topographische Karten mit dem Maßstab 1:25.000 ein. Es wird immer nur eine Spur eingetragen, auch wenn mehrere Tiere gleichzeitig die Route überqueren. Beim Luchs werden zusätzlich die Breite des Pfotenabdrucks, der Abstand der Pfotenabdrücke, d.h. die halbe Schrittlänge im Trab, das Alter der Spur und deren Richtung aufgenommen, um verschiedene Tiere unterscheiden zu können. Darüber hinaus werden im Begangsprotokoll auch zusätzliche Informationen wie Name des Begehers, Datum, Uhrzeit, Schneesituation, Probleme bei der Spurerkennung und sonstige Beobachtungen erfasst. Können aus besonderen Gründen Routen nicht begangen werden oder mussten Routen abgeändert werden, so wird dies ebenfalls dokumentiert.

Abb. 1: Lage der Routen und Verteilung der Rehe bei den Abspüraktionen 1999

2.2 GIS-Analyse

Grundlage für die Auswertungen ist die Annahme, die Abspürrouten als eindimensionalen Linentransekt anzusehen, der systematisch über die Fläche verteilt ist. Deshalb wurden nur die Tierspuren ausgewertet, die die Routen kreuzten. Liefen Tiere längere Zeit auf einer Route, wurde der Punkt des Auftreffens und der Punkt des Verlassens des Transekts erfasst. Für die Analysen wurde Arc View 3.2 eingesetzt.

2.3 Digitalisierung

Als Grundlage für die Datenerfassung wurden die Abspürrouten aus im ReferenzGIS Nationalpark Bayerischer Wald vorliegenden Objektprimitiven, wie Wander- und Radwegen, Forststraßen, Linien und Schneisen, zusammengestellt. Weil teilweise z.B. aufgrund von Windwürfen oder hoher Schneelage von den vorgegebenen Routen abgewichen wurde, musste für jede Abspüraktion das Routennetz entsprechend den tatsächlich begangenen Wegen korrigiert und neu berechnet werden. Für die Eingabe der Spurbeobachtungen wurde die TK 1:25.000 als Hintergrund gewählt. Mit Hilfe dieser Grundlage wurden alle Spuren aus den Begangsprotokollen, die die Routen kreuzen als Punkt lagerichtig digitalisiert und mit der Tierart und dem Datum der Abspüraktion attributiert. Beim Luchs wurden darüber hinaus die beschriebenen Zusatzinformationen eingegeben. Spuren, die bei Abweichungen von den vorgegebenen Routen erfasst wurden, bekamen zusätzlich das Kennzeichen SI.

2.4 Ableitung der relativen Spurhäufigkeit

Um die Populationsentwicklung der einzelnen Arten im Nationalpark quantifizieren zu können, wurde ein Spurindex aus der Anzahl der aufgenommenen Spuren je Art und der Länge der begangenen Routen in Kilometern berechnet. Für die Herleitung des Spurindex der einzelnen Jahre wurde der Mittelwert aus den Spurindizes der einzelnen Monate gebildet. Insgesamt wurden in den Wintern 1995/96 bis 2000/01 7379,64 km auf den Routen zurückgelegt. Es wurden 6711 Spuren erfasst. Davon waren 2593 Rothirsch_ 2340 Wildschwein-, 1372 Reh- und 406 Luchsspuren. Der durchschnittliche Spurindex des Rothirsches betrug 0,35, der des Wildschweins 0,32, der des Rehs 0,19 und der des Luchses 0,06. Diese Reihenfolge bestätigt sich für alle untersuchten Jahre, nur im Winter 1995/96 war der Spurindex vom Wildschwein höher als der vom Rothirsch. In Abbildung 2 ist die Veränderung der Spurindizes über die Jahre dargestellt. Des Weiteren wurde untersucht, inwieweit sich der Zeitpunkt der Abspüraktion und die Schneehöhe auf den Spurindex auswirken: Für die Arten Luchs, Rothirsch und Reh gilt, dass der Spurindex im Dezember seinen höchsten Wert erreicht und anschließend bis zum April langsam abfällt. Beim Wildschwein zeigt sich ein davon abweichendes Muster. Der Spurindex steigt hier zunächst bis in den Februar an, geht anschließend zurück und steigt im April wieder an. Vergleicht man die Veränderung der Indizes der einzelnen Monate über die untersuchten Jahre, so folgt der Verlauf der Monatsindizes bei den Arten Luchs, Rothirsch und Reh sehr gut dem Verlauf des Gesamtindex. Nur das Niveau ist unterschiedlich. Beim Wildschwein stimmen der Verlauf des Gesamtindex und der der Monatsindizes oft nicht überein. Um den Einfluss der Schneehöhe auf den Spurindex zu untersuchen wurden, für alle Abspüraktionen – nach Arten getrennt – Spurindex und Schneehöhe gegeneinander aufgetragen. Die Schneehöhen stammen aus Messungen der im Nationalpark gelegenen Wetterstation Waldhäuser (948m).

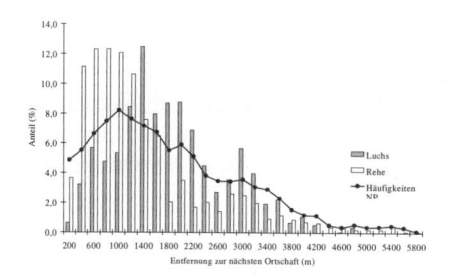

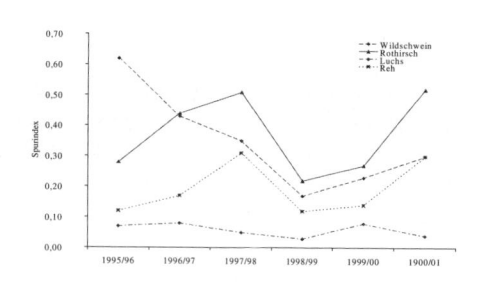

Abb. 2: Häufigkeitsverteilung von Spuren in Abhängigkeit von der Entfernung von Siedlungen (links) Entwicklung der Spurindizes für Wildschwein, Rothirsch, Luchs und Reh (rechts)

Die Ergebnisse zeigen, dass der Einfluss der Schneehöhe auf die Spurindizes der einzelnen Arten unterschiedlich ist. So kann beim Luchs kein Zusammenhang zwischen Schneehöhe und Spurindex festgestellt werden. Bei den anderen Arten ist der Spurindex bei einer Schneehöhe unter 10 cm gering, steigt anschließend bis zu einem Maximalwert an, um bei höherer Schneelage wieder abzufallen. Für Reh, Rothirsch und Wildschwein kann abgeleitet werden, dass bei einer Schneelage zwischen 15 und 50 cm die Schneehöhe keinen erkennbaren Einfluss auf den Spurindex hat. Bei Schneehöhen über 70 cm, beim Wildschwein schon ab 50 cm, sinkt der Spurindex stark ab.

2.5 Visualisierung und Analyse der Habitatnutzung

Im nächsten Schritt visualisierten wir die räumliche Verteilung der verschiedenen Tierarten. Da die Datenerfassung nur auf einer Linie erfolgte, ist auch nur eine Analyse in einer Dimension möglich. Um dennoch einen Überblick über die Verteilung der Tiere im Gelände zu bekommen, wurden alle bei der Abspüraktion erfassten Spuren visualisiert und mit den Abspürrouten dargestellt (siehe Abbildung 1). Für die Analyse der Bedeutung einzelner Habitatfaktoren konnte auf verschiedene „flächenhafte Datenlayer" (Höhenlage, Zonierung, Exposition, Neigung, Waldstrukturen, Entfernung von Siedlungen und Straßen) aus dem ReferenzGIS-Nationalpark Bayerischer Wald zurückgegriffen werden. Als erster Schritt wurde ein Overlay der Abspürrouten mit dem jeweiligen „flächenhaften Datenlayer" durchgeführt. Daraus wurde die Häufigkeit der Attribute der jeweiligen Datenschichten ermittelt. Im zweiten Schritt wurde ein Overlay der Spurbeobachtungen mit dem betreffenden flächenhaften Datenlayer durchgeführt. Die Lageerfassung der Tierspuren ist im Naturwald aufgrund fehlender Orientierungspunkte und der den Begehern zur Verfügung stehenden Kartengrundlage mit einer gewissen Ungenauigkeit behaftet. Um diesen Lagefehler zu quantifizieren, wurden Teilnehmer der Abspüraktionen befragt. Auf Basis dieser Ergebnisse wurde der mittlere Lagefehler gutachtlich auf 50 m festgelegt. Um diesen Fehler bei der Auswertung zu berücksichtigen, wurden die erfassten Spuren mit 50 m gebuffert und die begangen Routen mit diesem Buffer verschnitten. Anschließend wurden die resultierenden Linienabschnitte mit den flächenhaften Datenlayern des ReferenzGIS-Nationalpark-Bayerischer-Wald verschnitten und Häufgkeitsverteilungen erstellt. Im dritten Arbeitsschritt wurden die resultierenden Häufigkeitsverteilungen mittels CHI² Test verglichen, um Rückschlüsse auf die Nutzung verschiedener Habitate ziehen zu können. Beispielhaft wurde analysiert, ob die erfassten Arten durch menschliche Siedlungen in ihrer Raumnutzung beeinträchtigt werden. Als Grundlage für die Modellierung der menschlichen Siedlungen wurden die Geobasisdaten (ATKIS) des Bayerischen Landesvermessungsamtes verwendet. Aus diesen Daten wurden alle Flächen größer 0,5 ha selektiert und anschließend gebuffert. Die Tiefe der einzelnen Bufferringe betrug 200 m. Die weitere Analyse erfolgte wie oben beschrieben. In Abbildung 2 erkennt man, dass sich Rehe bevorzugt in einer Entfernung von weniger als 1200 m von Ortschaften aufhalten. Obwohl Rehe die Hauptbeutetiere des Luchses sind (HEURICH & WÖLFL 2002) und sich Luchse deshalb vor allem in Bereichen mit stärkerem Rehvorkommen aufhalten sollten, ist die Wahrscheinlichkeit einen Luchs in der Nähe von Ortschaften anzutreffen geringer als in größerer Entfernung. Luchse bevorzugen offensichtlich die Bereiche des Parks, die mehr als 1200 m von Ortschaften entfernt sind. Auch bei einer Analyse der Managementzonen (Naturzone: ohne menschliche Eingriffe; Randzone: mit Managementmaßnahmen wie Borkenkäferbekämpfung und Regulierung von Reh, Rothirsch und Wildschwein) findet man das gleiche Muster: Rehe sind signifikant häufiger in der Randzone des Nationalparks anzutreffen, während Luchse diese Zone meiden. Sie bevorzugen die Naturzone ohne direkte menschliche Eingriffe. Für den Rothirsch ergibt sich bei der Entfernung zu den Ortschaften ein ähnliches Muster wie beim Luchs, es ist allerdings nicht so stark ausgeprägt. Das Gleiche gilt für die Nutzung der Managementzonen. Die Rothirsche meiden zwar auch die Randzone, allerdings konnte dafür keine Signifikanz auf dem 5 % Niveau nachgewiesen werden. Die Raumnutzung der Wildschweine wird kaum durch die Ortschaften beeinflusst, nur in einem Streifen von 200m zu den Siedlungen sind sie weniger häufig anzutreffen. Auch die Nutzung der verschiedenen Managementzonen unterscheidet sich nicht.

3   Diskussion

Meist wird das Abfährten von Tieren nur unsystematisch zum Verfolgen von Einzeltieren oder für jagdliche Zwecke angewendet. Während im englischsprachigen Raum systematisches Abfährten zur Bestandeserfassung kaum eingesetzt wird (SUTHERLAND, 2000), spielt diese Methode im osteuropäischen und russischen Raum eine größere Rolle. Dort wird vor allem die sogenannte „Rein-Raus-Methode" angewendet. Bei diesem Verfahren wird das Untersuchungsgebiet in Einheiten von kleiner als 50 ha aufgeteilt und alle ein- und auswechselnden Fährten möglichst an zwei aufeinanderfolgenden Tagen bestimmt. Am Ende der Aktion kann für jeden Block die absolute Anzahl der dort vorkommenden Tiere ermittelt werden (JEDRZEJEWSKA & JEDREZEJEWSKI 1998). Um diese Methode auch im Nationalpark anwenden zu können, wäre ein gegenüber dem bisherigen Verfahren 10 mal höherer Personalaufwand notwendig. Mit der neu entwickelten Auswertemethodik können fast alle Fragestellungen der Nationalparkverwaltung – trotz wesentlich geringeren Aufwandes – beantwortet werden. Das Ziel, die Anzahl der im Gebiet vorkommenden Luchse zu erfassen, wurde bereits bisher mit der Spurrekonstruktion auf Karten erreicht. Die Anwendung eines GeoInformationssystems bringt hier nur insoweit Vorteile, dass die Bestandesrekonstruktion in einer digitalen Umgebung stattfinden kann und die Ergebnisse aufeinanderfolgender Abspüraktionen gemeinsam visualisiert werden können. Das Ziel die Bestandestrends der bearbeiteten Arten Reh und Rothirsch kann mit dem Verfahren der Mittelwertbildung über die Abspüraktionen eines Winters gut nachgezeichnet werden. Auch wenn die Spurindizes durch Schneehöhe und Jahreszeit beeinflusst werden, so sind sie bei diesen Arten doch sehr robust. Dies gilt nicht für das Wildschwein, hier weichen die Spurindizes der einzelnen Aktionen auch in der Tendenz stark voneinander ab, so dass die Interpretation der Spurindizes schwierig ist. Die Interpretation der Indizes bei Schneehöhen über 50 cm ist nicht möglich, da nicht bekannt ist, zu welchem Anteil die Individuen der jeweiligen Art bei diesen Schneehöhen aus dem Parkgebiet auswandern oder nur ihre Aktivität reduzieren. Auch die Vereinfachung, nur die Schneehöhen der Wetterstation als Referenz zu verwenden, ist bei Höhenlagen im Park zwischen 650 und 1450 m problematisch. In einer Folgestudie soll auf Basis von Telemetriestudien die täglichen Wegstrecken der Individuen sowie die Wahrscheinlichkeiten die Routen zu überqueren hergeleitet werden. Aus diesen Ergebnissen könnten Korrekturwerte ermittelt werden, um auf die Anzahl der Tiere zu schließen. Auch das Ziel, Beziehungen zu bestimmten Habitatfaktoren abzuleiten, konnte erreicht werden. Allerdings ergeben sich durch das Verändern und Weglassen von Routen erhebliche Probleme: Zum einen müssen alle Abweichungen von den Standardrouten digitalisiert werden und was noch schwerer wiegt: bei Habitatanalysen über mehrere Jahre müssen die Häufigkeitsverteilungen der „flächenhaften Datenlayer" zunächst für jede einzelne Abspüraktion hergeleitet und anschließend aggregiert werden. Dies ist notwendig da eine Gegenüberstellung der gesamten Routen mit den gesamten Spurbeobachtungen einer Art nur dann korrekt möglich ist, wenn bei jeder Abspüraktion alle Routen vollständig begangen worden wären. Für selten auftretende Arten wie dem Luchs ist die Anzahl der Beobachtungen während einer Abspüraktion meist zu gering, um abgesicherte Ergebnisse erzielen zu können.

Literatur

HEURICH, M. UND WÖLFL, M (2002): Der Luchs im Bayerisch Böhmischen Grenzgebirge. AFZ-Der Wald 12/2002. S. 622-624

JEDRZEJEWSKA, B. UND JEDREZEJEWSKI, W. (1998): Predation in vertebrate communities: the Bialowieza Primerval Forest as a Case Study. Ecological Studies; vol.135. Springer Verlag, Berlin/Heidelberg

KIENER, H. & STRUNZ, H.: (1996): ... wieder dahoam. Die Rückkehr des Luchses nach Ostbayern. Nationalpark, Nr. 91:6-12

MORRISON M.L., BLOCK, W.M., STRICKLAND, M.D., KENDALL, W.L. (2001): Wildlife study design. Springer Series on environmental management. Springer Verlag

SUTHERLAND, W.J. (2000): Ecological Census Techniques. A handbook. Camridge University Press

Modelluntersuchungen zur raum-zeitlichen Dispersion von Buchdruckern (*Ips typographus*) im Nationalpark Bayerischer Wald

Marco HEURICH, Lorenz FAHSE und Angela LAUSCH

Zusammenfassung

Im Nationalpark Bayerischer Wald ist es insbesondere seit Anfang der 90er Jahre zu einem massiven Befall durch Borkenkäfer (*Ips typographus*) gekommen, durch den Fichtenwälder auf ca. 3.600 ha abgestorben sind. Bislang konnte für Borkenkäfer noch kein befriedigendes Verständnis der raum-zeitlichen Befallsdynamik in Wäldern erlangt werden. Ziel dieses Projektes ist es, die aus Luftbildern kartierten Muster mit den Ergebnissen eines Simulationsmodells zu vergleichen, um ein prinzipielles Verständnis für die Faktoren und Prozesse zu gewinnen, die die Ausbreitung der Käfer bestimmen.

1 Einleitung

Der Nationalpark Bayerischer Wald ist der älteste Nationalpark in Deutschland. Leitbild für das Management im Nationalpark ist der so genannte Prozessschutz. Der Natur soll innerhalb des Parks so weit wie möglich Gelegenheit gegeben werden, sich selbst in allen Facetten ohne lenkende Eingriffe des Menschen zu entwickeln. Seit 1970 ist auf diese Weise ein Lebensraum entstanden, der vielen Pflanzen und Tieren ein Refugium bietet, das sie anders wo kaum noch finden.

Orkanartige Stürme warfen 1983 und 1984 unzählige Bäume auf einer Gesamtfläche von 173 ha zu Boden. Entsprechend der Zielsetzung des Nationalparks wurden die Sturmwürfe innerhalb der Naturzone des Nationalparks nicht aufgearbeitet und die auftretenden Borkenkäfer nicht bekämpft. Dies bot dem Buchdrucker – einem der gefürchtetsten Forstschädlinge Mitteleuropas – die Chance, sich auf den gefallenen und damit geschwächten Fichten massenhaft zu vermehren. In den folgenden Jahren stieg die Käferpopulation stark an, so dass selbst gesunde Bäume befallen wurden und anschließend abstarben. Nach einem Rückgang der Buchdruckeraktivität Ende der 80er, Anfang der 90er Jahre aufgrund ungünstiger Witterung (HEURICH et al. 2001) stieg die Fläche der jährlich abgestorbenen Altfichten seit 1992 zunächst langsam, danach sprunghaft an, blieb anschließend auf hohem Niveau und ging erst 2001 wieder zurück. Damit ergibt sich mittlerweile eine gesamte Totholzfläche von 3.610 ha (RALL und MARTIN, 2001; vgl. Abbildung 1).

Obwohl der Buckdrucker wissenschaftlich sehr gut untersucht ist, konnte noch kein befriedigendes Verständnis hinsichtlich seiner raum-zeitlichen Dynamik in Wäldern erlangt werden. Es ist eines der Ziele dieses Forschungsprojektes, zu die aus Luftbildern kartierten, mit einem GIS zu analysieren und die Muster mit den Ergebnissen eines Simulationsmodells zu vergleichen. Man erhofft sich dadurch ein prinzipielles Verständnis der die Ausbreitung bestimmenden Faktoren und besitzt mit den Luftbildern die Möglichkeit, das Simulationsmodell an die Realdaten anzupassen.

2   Erfassung der Totholzflächen

Um das Ausmaß und die Auswirkungen dieser Massenvermehrung zu dokumentieren, werden seit 1988 jährlich Befliegungen des Nationalparkgebietes durchgeführt. Dabei wurden Color-Infrarot-Stereo-Luftbilder in Maßstäben zwischen 1:10.000 und 1:15.000 aufgenommen. Bis ins Jahr 2000 wurden die Bilder mit Hilfe eines Stereoskops und transparenten Folien kartiert, anschießend auf Karten hochgezeichnet und diese schließlich digitalisiert (NUESSLEIN et al. 1999). Seit 2001 werden die Luftbilder mit einem photogrammetrischen Scanner in einer Auflösung zwischen 15 und 20 µm gescannt. Auf Grundlage dieser Scans erfolgt eine Blocktrangulation und Orthobildberechnung. Die Interpretation der Totholzflächen erfolgte visuell mit dem StereoAnalyst der Firma ERDAS, der eine 3D-Ansicht der Waldbestände ermöglicht. Hierzu wird im StereoAnalyst das Auswertungsergebnis des Vorjahres den aktuellen Luftbildern überlagert. Dadurch können die Veräderungen gegenüber dem Vorjahr direkt am Bildschirm stereoskopisch deliniert werden (RALL & MARTIN 2001). Um den Aufwand für die Erfassung in Grenzen zu halten, wurden Gruppen von weniger als 5 Bäumen nicht kartiert. Für die Interpretation der Ergebnisse ist die Unterscheidung zwischen Befliegungsjahr und Befallsjahr von großer Bedeutung. Da im Frühsommer befallene Bäume erst etwa ab Anfang August erkannt werden können, wird bei Befliegungen im Juni und Juli immer der Zugang an Totholzflächen des Vorjahres erfasst. Im Gegensatz dazu wird bei einer Befliegung im Herbst weitgehend der aktuelle Stand der Totholzflächenentwicklung dokumentiert. Da ein Teil der Befliegungen im Sommer und ein Teil im Herbst stattfand, wird im Folgenden das Befallsjahr als Bezugsrahmen genommen.

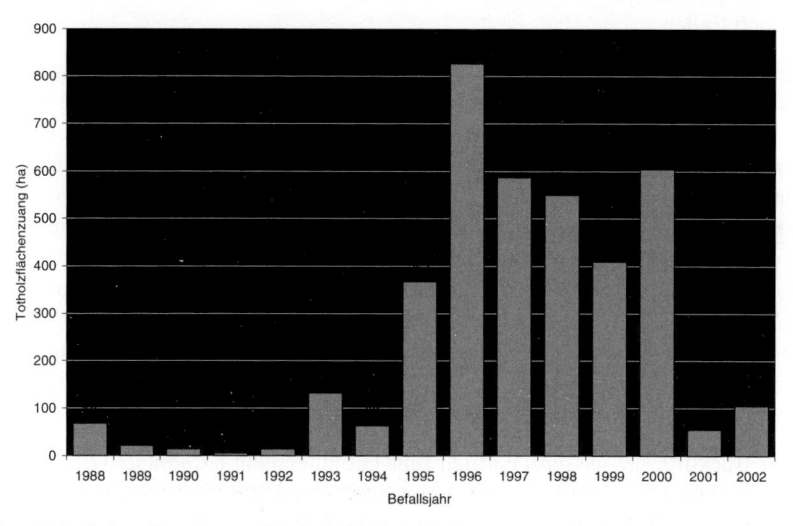

Abb. 1:   Jährlicher Zugang an Totholzflächen in Folge von Borkenkäferbefall

3 Struktur- und GIS-Analysen zur Erfassung des raum-zeitlichen Musters der Totholzflächen

Die Muster und raum-zeitliche Dynamik der Totholzflächen des Buchdruckers können neben rein deskriptiven aräumlichen Beschreibungen sehr sinnvoll mit geostatistischen Verfahren (räumliche Statistik) untersucht werden. Bei diesen Verfahren werden unter Einbeziehung der räumlichen Dimension (x,y-Koordinaten) die räumlichen Lageparameter ermittelt. Die Berechnungen geostatistischer Kenngrößen wurden mit der Software CrimeStat II (LEVINE 1999) durchgeführt.

Zielstellung der Untersuchung war es, die raum-zeitlichen Veränderungen („Wanderung") des Totholzflächenschwerpunktes von 1993 bis 2001 zu ermitteln. Ein wichtiger Indikator für die räumliche Lageverschiebung der Flächen ist der Ungewichtete Räumliche Mittelwert (eng. Unweighted spatial mean oder mean center).

Die Berechnung des Räumlichen Mittelwertes der Flächen erfolgte auf der Grundlage von Punkten, die jeweilig einer Fläche zugeordnet werden. Zur Generierung dieser Punktwerte für jede Totholzfläche wurden zwei methodisch unterschiedliche Ansätze verfolgt:

1. Berechnung der Centroide (Flächenschwerpunkten) für jede Totholzeinzelfläche
2. Erstellung von über eine Fläche gleichmäßig verteilte Einzelpunkte im Abstand von 4 m × 4 m (Systematisches Punktnetz).

Die Ergebnisse beider zur Anwendung gekommenen Verfahren zeigen in Abbildung 2, dass der Schwerpunkt der Totholzflächen jährlich „wandert". Erkennbar ist, dass diese Verschiebung des Totholzschwerpunktes ungerichtet (zufällig) erfolgt. Dieses Ergebnis scheint im Widerspruch mit der teilweise geäußerten Hypothese zu stehen, dass Käferlöcher sich in einer bestimmten Vorzugsrichtung vergrößern. Auf Landschaftsebene wird dieser Effekt aber offensichtlich herausgemittelt.

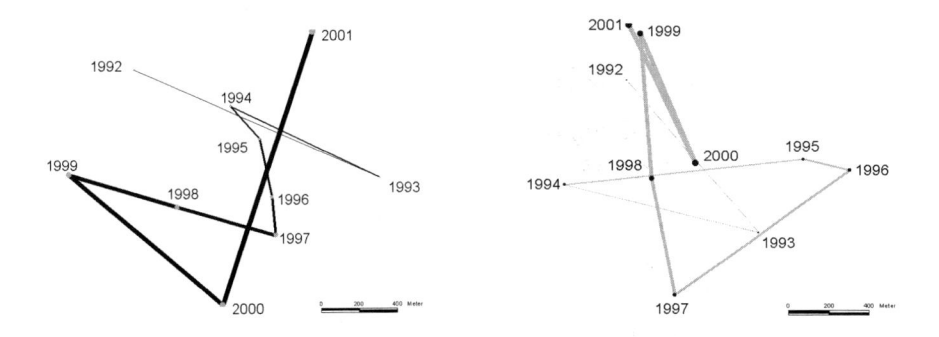

Abb. 2: Berechnung des Ungewichteten Räumlichen Mittelwertes (engl. mean center) der Totholzflächen von 1992 bis 2001. Berechnungsgrundlage: Centroide der Totholzflächen (linke Abbildung), Systematisches Punktnetz mit 4mx4m Zellabstand (rechte Abbildung).

Zur weiteren Charakterisierung und Beschreibung der raum-zeitlichen Veränderung des Musters der Totholzflächen von 1992 bis 2001 wurden wichtige Kenngrößen für die räumliche Anordnung der Flächen ermittelt. Durch geeignete Strukturindikatoren lassen sich Trends der Musterveränderung ermitteln (Lausch & Herzog 2002).

Die Totholzflächen, die auf Grundlage der Luftbildinterpretation vektoriell vorlagen, wurden mit einer Zellgröße von 4x4 m gerastert. Die Rasterung der Totholzflächen hat den Vorteil, dass ein direkter Vergleich mit den Ergebnissen des Simulationsmodells möglich ist. Die Berechnungen wichtiger Kenngrößen von Struktur und Muster erfolgte unter Nutzung der Geostatistik-Software FRAGSTATS (Vers. 3.3, MC GARIGAL & MARKS 1995).

Wie in der Abbildung 3 ersichtlich, steigt die Mittlere Totholzflächengröße von 1992 bis 1996 stetig an, erreicht im Befallsjahr 1996 seinen Höhepunkt und fällt bis zum Jahr 2001 wieder auf das gleiche Niveau wie 1992. Die größten Totholzeinzelflächen (Patches) gibt es im Befallsjahr 1996. Die größte mittlere Entfernung der Einzelflächen untereinander wurde für das Befallsjahr 1994 ermittelt. In den nachfolgenden Jahren kommt es zur stärkeren Aggregation (Klumpung) der Flächen. Diese erreicht 1996 ihren Höhepunkt. Eine stärkere Zerstreuung der Einzelflächen wird ab dem Befallsjahr 1999 ersichtlich. Diese nimmt bis 2001 noch weiter ab.

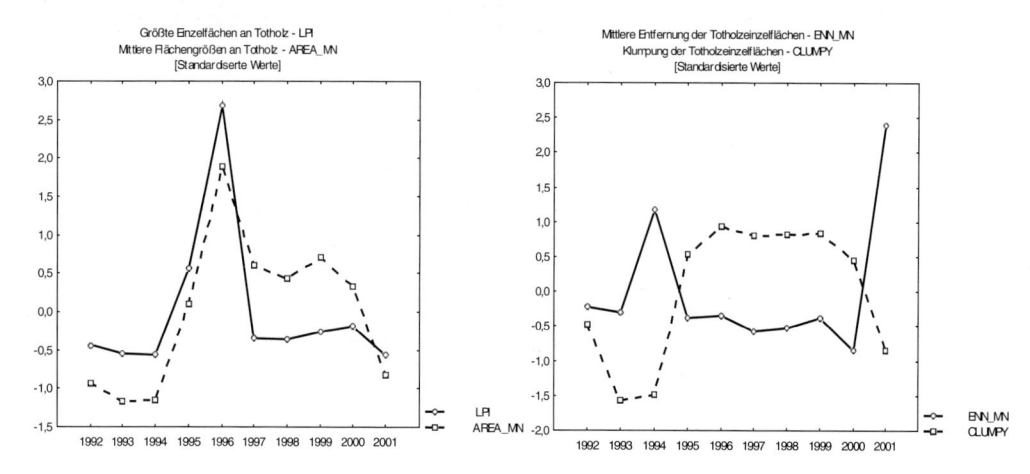

Abb. 3: Berechnung wichtiger Kenngrößen (Relativwerte) des Totholzmusters und deren Veränderungen von 1992 bis 2001

4 Vergleich mit einem Simulationsmodell

Parallel dazu wurde ein in Borland C++ Builder 5.0 programmiertes komplexes Simulationsmodell entwickelt, in das zahlreiche biologische Prozesse integriert wurden. Dieses Modell simuliert die Ausbreitung des Buchdruckers in Fichtenwäldern auf einem Gitter, das aus 128 mal 128 Zellen besteht. Jede Gitterzelle repräsentiert eine Fichte und besitzt bestimmte Eigenschaften, wie zum Beispiel den aktuellen Zustand der Fichte, die Anzahl der sich dort befindenden Buchdrucker und so fort. Diese Eigenschaften werden pro Zeitschritt gemäß bestimmter Regeln aktualisiert, die die Biologie der Buchdrucker und der Fichten abbilden. Dazu gehören das Dispersionsverhalten der Käfer und Strategien zur Besiedelung von Fichten, die Reproduktionsdynamik und Mortalitätsfaktoren. Diese Regeln laufen auf einer kleineren Skala ab als die Dynamik der Totholzflächen auf der Landschaftsebene. Das Modell wurde als Bottom-up-Ansatz konzipiert, um ein Verständnis für die maßgebenden Faktoren der beobachteten Ausbreitung zu erhalten (FAHSE & HEURICH, *in Vorbereitung*). Neben der Problemstellung, welche Managementmaßnahmen für die Eindämmung einer Borkenkäfergradation sinnvoll sind, wurde mit dem Modell untersucht, inwieweit sich die Ausbreitungsmuster auf Landschaftsebene als emergente Eigenschaften der Systemkomponenten verstehen lassen. Abbildung 4 vermittelt einen graphischen Eindruck der typischerweise entsehenden Modellmuster.

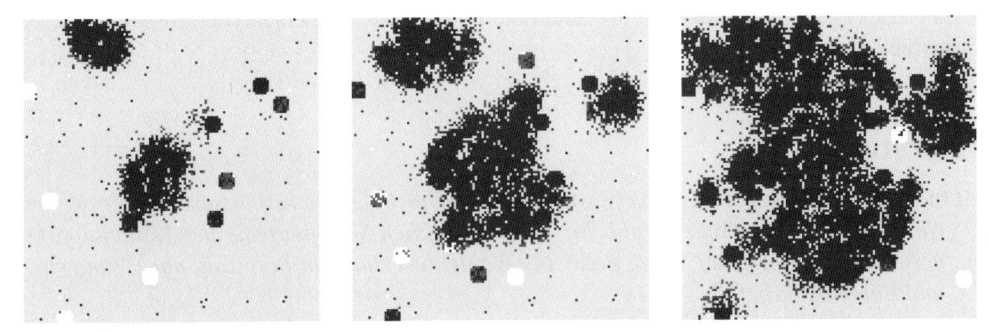

Abb. 4: Typische zeitliche Dynamik der Totholzflächen, die mit dem Simulationsmodell generiert werden. [hellgrau: gesunde Fichten; schwarz bzw. dunkelgrau: Totholz bzw. aktuell befallene Fichten; weiß: Störstellen (Windbruch)]

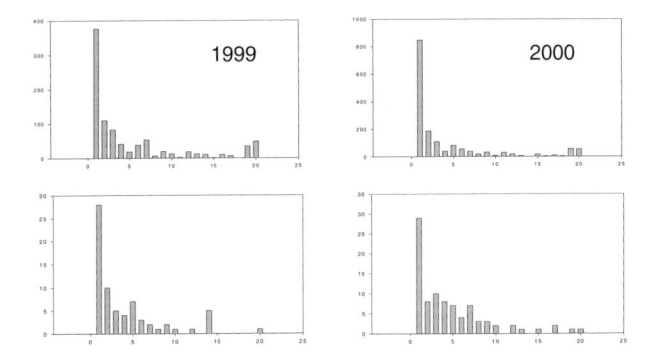

Abb. 5: Verlauf der Häufigkeitsverteilung der Totholzflächen zweier aufeinanderfolgenden Jahre im Vergleich. Oben: Realdaten; unten: Simulationsdaten. Zur Einteilung der Klassen siehe Text.

Mit diesem Simulationsmodell wurden zahlreiche Analysen durchgeführt. Abbildung 5 illustriert beispielsweise einen Vergleich zwischen Modellergebnissen und den Realdaten der Totholzdynamik. Hierfür wurden jeweils die Häufigkeitsverteilungen der Patchgrößen aufgenommen. Da das Modell allerdings auf einem größeren Maßstab abläuft als die Datenerhebung, wurde für einen Vergleich eine relative Klasseneinteilung vorgenommen; d.h. die 20 Größenklassen ergeben sich jeweils durch eine äquidistante Einteilung zwischen minimaler und maximaler Patchgröße. Bei der Modellauswertung wurde ferner in Analogie zur Luftbildinterpretation nur Patches mit einer Mindestgröße von 5 Bäumen berücksichtigt.

Man erkennt im qualitativen Verlauf eine recht gute Übereinstimmung. Sowohl die Realdaten als auch die Simulationsergebnisse ergeben eine annähernd exponentiell verteilte Totholzflächengröße. Weitere Analysen zum Verhältnis von Ergebnissen von Luftbildinterpretationen und der Modellsimulationen zeigen, dass die Dynamik der Befallsmuster sowohl durch zufallsbedingte als auch durch räumlich heterogene Faktoren bestimmt wird. Insbesondere erscheinen in diesem Zusammenhang standortbezogene Parameter, die die Konkurrenzsituation der Käfer beeinflussen, als Schlüsselgrößen. Da diese Faktoren durch Zufallseffekte überlagert werden, ist eine deterministische Vorhersage der Befallsdynamik prinzipiell nicht möglich.

Literatur

HEURICH, M., REINELT, A. & L. FAHSE (2001): *Die Buchdruckermassenvermehrung im Nationalpark Bayerischer Wald. In: Wissenschaftlich Schriftenreihe der Nationalparkverwaltung Bayerischer Wald, Band 14: Waldentwicklung im Bergwald nach Windwurf und Borkenkäferbefall;* S. 9-48

LAUSCH A., HERZOG F., (2002): *Applicability of landscape metrics for monitoring of landscape change: issues of scale, resolution and interpretability. - Ecological Indicators Vol 2, Issue 1-2,* pp. 3-15

LEE, Y., WONG, D.W.S. (2001*): Statistical analysis with ArcView GIS. John Wiley & Sons, inc., New York, 192 p.*

LEVINE, N. (1999): CrimStat II – *Office of Research and Evaluation, National Institute of Justice (NIJ), Washington, DC.*

MC GARIGAL, K., MARKS, B.L. (1995*): Fragstats: Spatial Pattern Analysis Program for Quantifying Landscape Structure. US Department of Agriculture, Forest Service, Pacific Northwest Research Station, Portland, USA Gen. Tech. Peport PNW-GTR-351.*

NÜSSLEIN, S., FAISST, G., WEISSBACHER, A. MORITZ, K., ZIMMERMANN, L., BITTERSOHL, J., KENNEL, M., TROYKE, A. & H. ADLER (1999): *Zur Waldentwicklung im Nationalpark Bayerischer Wald 1999 Bayerische Landesanstalt für Wald und Forstwirtschaft;* 47 S.

RALL, H., & K. MARTIN (2002): *Luftbildauswertung zur Waldentwickung im Nationalpark Bayerischer Wald 2001. Berichte aus dem Nationalpark, Heft 1/2002*

Komplexität von Routen in öffentlichen Verkehrssystemen[1]

Corinna HEYE, Urs-Jakob RÜETSCHI und Sabine TIMPF

Dieser Beitrag wurde nach Begutachtung durch das Programmkomitee als „reviewed paper" angenommen.

Zusammenfassung

Mit den derzeit üblichen Reiseplanern im Internet ist es nur möglich, die schnellste oder die kürzeste Verbindung von einer Haltestelle zu einer anderen zu finden. In dieser Arbeit wird das Umsteigeverhalten im Hinblick auf eine einfachere Haltestellengestaltung untersucht. Dabei sollen zeitliche Phänomene wie Tageszeit oder Wetter und persönliche Merkmale wie körperliche Behinderungen oder das Mitführen von sperrigen Gegenständen unberücksichtigt bleiben. Das Anliegen dieser Arbeit besteht darin, den einfachsten Weg in öffentlichen Verkehrssystemen finden zu können. Ziel ist die Ableitung eines numerischen Maßes der Kompliziertheit einer Haltestelle, welches in einen Routenplaner integriert werden kann und einen Beitrag zum allgemeinen Verständnis der Raumwahrnehmung leistet.

1 Einleitung

Nahezu jeder Anbieter im öffentlichen Verkehr bietet seinen Kunden im Internet die Möglichkeit, eine Route von einer Haltestelle zu einer anderen zu finden. Dies geschieht üblicherweise, indem zunächst alle Direktverbindungen geprüft und zur Auswahl angeboten werden, danach folgen alle Verbindungen mit einmaligem Umsteigen, die in Abhängigkeit von der Reisedauer zur Auswahl gestellt werden. Im Anschluss daran werden Verbindungen mit mehrmaligem Umsteigen geprüft. Bei einer vom Anbieter willkürlich festgelegten Anzahl von Umsteigevorgängen wird dieser Algorithmus abgebrochen. So findet der Nutzer eine schnelle Route mit einer minimalen Anzahl an Umsteigevorgängen. Da das Umsteigen zweifellos der unerfreulichste Teil bei der Nutzung öffentlicher Verkehrssysteme darstellt, führt dies für die Nutzer zu akzeptablen Ergebnissen.

Was passiert aber, wenn zwei Routen zur Auswahl gestellt werden, die über eine ähnliche Reisedauer und dieselbe Anzahl an Umsteigevorgängen verfügen? Da meist keine zusätzlichen Informationen geliefert werden, kann der Nutzer, der mit dem Verkehrsnetz nicht so vertraut ist, keine Entscheidung treffen. Wir wollen einen wesentlichen Beitrag dazu leisten, dass der Nutzer öffentlicher Verkehrsnetze zukünftig die einfachste Route auswählen kann. Was dabei vom Nutzer als einfach empfunden wird, ist ein wichtiger Teil der Untersuchung. Die Charakterisierung einer einfachen Route in öffentlichen Verkehrssystemen ist zentral für das allgemeine Verständnis der Prozesse der Wegfindung. In diesem Sinne soll die Ar-

---

[1] Finanziert vom Schweizerischen Nationalfonds

beit einen wesentlichen Beitrag zu einer Theorie der Raumwahrnehmung leisten und in ein allgemeines Modell der Wegfindung im öffentlichen Verkehr münden[2].

2 Wegfindung im öffentlichen Verkehr

Untersuchungen der Transportsysteme, speziell der öffentlichen Verkehrssysteme, zielen häufig auf die Optimierung des Netzwerkes sowie eine Effizienzsteigerung sowohl für die Anbieter als auch für die Nutzer. In dieser Studie geht es hingegen darum, das Navigieren im öffentlichen Verkehrssystem aus der detaillierten Sicht eines Reisenden zu betrachten (TIMPF 2002). Es soll der Frage nachgegangen werden, welche Faktoren das Finden eines Weges innerhalb dieses Systems für einen Nutzer öffentlicher Verkehrsmittel komplex erscheinen lassen.

Man kann drei verschiedene Arten von Komplexität unterscheiden: physisch, persönlich und zeitlich abhängige Komplexität. RAUBAL (1998) bestimmt die Komplexität der Wegfindung in geschlossenen Räumen anhand von *image schemata*, die aus der physischen Struktur der Umgebung abgeleitet werden. Grundidee ist, dass die zeitliche und persönliche Komplexität aus der physischen Komplexität abgeleitet werden kann, da sie aus der unterschiedlichen Wahrnehmung der physischen Charakteristika des für die Wegfindung relevanten Raumes resultiert. Daher konzentrieren wir uns auf die Betrachtung der physischen Komplexität.

WORBOYS & RAUBAL (1999) kombinieren *image schemata* mit *affordances* (GIBSON 1986), um die physische Umgebung der menschlichen Perzeption entsprechend zu modellieren. *Affordances* sind die Möglichkeiten, die eine Umgebung dem Menschen gewährt. Worboys und Raubal unterscheiden *action* und *information affordances*, letztere erlauben zielgerichtetes Entscheiden. Wie gut sich in einer Umgebung ein Weg finden lässt, ist eng damit verknüpft, welche *affordances* zur Verfügung stehen. GÄRLING (1986) schlägt diesbezüglich drei Aspekte vor, die für die erfolgreiche Wegfindung wichtig sind:

- *degree of (architectural) differentiation,*
- *degree of visual access, and*
- *complexity of spatial layout* (GÄRLING 1986).

Dabei wird *degree of visual access* oder auch *legibility* als das Einsehen in die gesamte Route verstanden. Dies ist in städtischen Umgebungen eher selten der Fall (Montello1993).

Die *complexity of spatial layout* wird durch die Anzahl der möglichen Ziele und daraus resultierenden Routen bestimmt und nimmt auch mit der Größe der Umgebung zu. "A simple layout should facilitate both the formation and execution of travel plans by making it easier to choose destinations and routes, to maintain orientation, and to learn about the environment" (Evans et al., 1984, as cited in Gaerling 1986). Damit bedingen sich *complexity of spatial layout* und *degree of visual access* gegenseitig und sind schwer voneinander zu trennen.

---

[2] Innerhalb des Projektes „Problem-solving knowledge for multi-modal wayfinding" an der Universität Zürich (http://www.geo.unizh.ch/~timpf/projects.html) wird an einem solchen Modell gearbeitet.

Degree of (architectural) differentiation wird von der Vielseitigkeit der städtischen Bauten bestimmt. Auch Umwege und die Anzahl der Verzweigungen (Winter 2002, Golledge 1995) spielen dabei eine entscheidende Rolle.

Beim Finden der einfachsten Route in öffentlichen Verkehrssystemen ist vor allem das Ein-, Aus- und Umsteigen relevant. Im Gegensatz zum Individualverkehr müssen während der Fahrt keine Entscheidungen getroffen werden, außer an welcher Haltestelle man aussteigen muss. Dies ist vor allem ein Problem der Information innerhalb des Verkehrsmittels und ist damit nicht routenspezifisch, sondern vom jeweiligen Anbieter abhängig, der innerhalb einer Stadt meist derselbe ist.

Da die Komplexität einer Route in öffentlichen Verkehrssystemen nur während des Umsteigens entsteht, wird die Komplexität einer Haltestelle zum zentralen Gegenstand dieser Studie. Wendet man nun die physische Komplexität auf die spezifische Situation an Haltestellen der öffentlichen Verkehrssysteme an, so ergeben sich für eine Haltestelle folgende physischen Charakteristika:

- Anzahl der Haltepunkte innerhalb einer Haltestelle,
- Anzahl der möglichen Verbindungen zwischen den Haltepunkten,
- Anzahl der nicht-sichtbaren Haltepunkte,
- Anzahl der an- und abfahrenden Linien,
- Anzahl der zu querenden Straßen,
- Art der Straßenquerung (Unterführung, Ampel, Zebrastreifen, etc.),
- Distanz zwischen den Haltepunkten,
- Beschilderung (vgl. Abb. 1.).

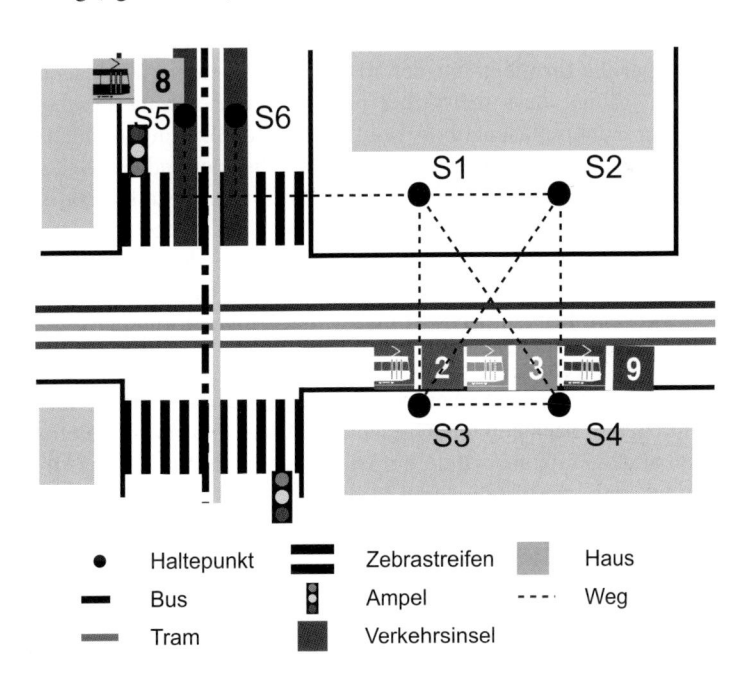

Abb. 1: Schema einer Haltestelle

Die oben beschriebenen Routenfinder suchen die Route mit Hilfe eines Algorithmus zur Berechnung des kürzesten Weges wie beispielsweise jener von DIJKSTRA (1959). Um die Komplexität einer Haltestelle in die Bestimmung einer optimalen Route zu integrieren, benötigen wir ein numerisches Maß.

Im Bereich des *human wayfinding* gibt es bislang nur wenige Ansätze, die Komplexität einer Route zu quantifizieren. Einer der wenigen Ansätze dient der Ermittlung des Informationsgehalts einer Routenbeschreibung (FRANK 2002). Diese Überlegungen sind nur schwerlich auf unser Problem zu adaptieren, weil es dort vor allem darum geht, angepasst an eine bestimmte Situation den praktischen Nutzen einer Routenbeschreibung für den jeweiligen Nutzer zu bestimmen. Es geht also stark um persönliche Merkmale und weniger um die physische Komplexität einer Route wie wir sie untersuchen.

3   Einflussfaktoren auf das Umsteigen

Nicht alle physischen Charakteristika einer Haltestelle haben in der selben Art und Weise einen Einfluss auf die Komplexität des Umsteigevorgangs. Ziel einer Internetbefragung[3], die im Herbst letzten Jahres in Zusammenarbeit mit den Verkehrsbetrieben Zürich (VBZ) stattfand, war es, den jeweiligen Einfluss der physischen Charakteristika einer Haltestelle auf das Umsteigen und den Einfluss des Umsteigens insgesamt auf die Komplexität einer Route genauer zu analysieren.

Zu diesem Zweck war eine möglichst große Anzahl an Personen, die häufig das öffentliche Verkehrsnetz der Stadt Zürich nutzen, vonnöten, da „Experten" des jeweiligen Systems am besten die Einfachheit oder die Kompliziertheit einer Haltestelle beurteilen können. Diese Zielgruppe sollte über die Einstiegsseite der VBZ erreicht werden. Der Nachteil einer Internetbefragung ist allerdings, dass meist eher jüngere Personen angesprochen werden und damit die Befragung nicht repräsentativ sowohl für die Bevölkerung als auch für die Nutzer öffentlicher Verkehrssysteme sein kann. Sie ermöglicht auf der anderen Seite aber, von den persönlich und zeitlich variierenden Faktoren der Nutzer zu abstrahieren, da die 300 Befragten junge, von körperlichen Bewegungseinschränkungen weitgehend verschonte Nutzer der öffentlichen Verkehrssysteme waren. Der Fragebogen gliederte sich grob in zwei Teile. Der erste Teil diente der Analyse des Umsteigeverhaltens. Ein zweiter Teil widmete sich der Charakterisierung der Teilnehmenden (http://www.geo.unizh.ch/~cheye).

Es kann davon ausgegangen werden, dass sich die meisten Nutzer öffentlicher Verkehrssysteme bislang nicht mit der Frage beschäftigt haben, welche Faktoren im Einzelnen das Umsteigen komplizierter oder einfacher gestalten. Daher mussten die Befragten zunächst mit dem Problem allgemein konfrontiert werden, ohne sie dabei allerdings in die eine oder die andere Richtung zu beeinflussen. Denn es sollte in der Befragung auch gezeigt werden, inwieweit die physischen Charakteristika für die angesprochene Zielgruppe einen Einfluss auf die Komplexität einer Haltestelle haben. Daher wurden den Befragten zu Beginn sieben Haltestellenpaare zur Auswahl gestellt, bei denen sie entscheiden sollten, welche von beiden als komplizierter zum Umsteigen empfunden wird, wenn es denn einen Unterschied für die Befragten gab. Bei den Haltestellen handelte es sich um möglichst bekannte Haltestellen der

---

[3] Ein Pre-Test fand im Sommer 2002 am Geographischen Institut der Universität Zürich statt.

Stadt Zürich, die sich in einigen wenigen markanten Eigenschaften unterschieden. Diese Frage diente vor allem der Sensibilisierung für diese Problemstellung. Danach folgt eine offene Frage nach den Hauptkriterien ihrer Entscheidungsfindung.

Die von den Befragten genannten Kriterien belegen, dass die physischen Charakteristika tatsächlich einen entscheidenden Einfluss auf das Umsteigen ausüben. Knapp 80% aller Befragten nannten physische Faktoren, knapp zwei Drittel sogar ausschließlich. Demgegenüber nannte nicht einmal jeder zehnte Befragte ausschließlich Kriterien, die zu den persönlichen und zeitlich abhängigen Faktoren zählen wie Anschlüsse, Sicherheit oder Bekanntheitsgrad einer Haltestelle. Unter den physischen Kriterien mit Abstand am wichtigsten sind die Distanz zwischen den Haltepunkten und das Überqueren von Straßen beim Umsteigen mit jeweils mehr als ein Drittel aller Nennungen. Die Anzahl der Linien und die Beschilderung sind deutlich weniger wichtig (vgl. Tabelle 1).

Bei einer offenen Frage besteht immer das Risiko, dass viele Personen entweder gar nicht antworten oder allgemeingültige Antworten geben, so dass die Ergebnisse insgesamt schwer auswertbar sind. Dies ist hier nicht der Fall. Lediglich 22 Personen antworteten gar nicht. Das Kriterium „Übersichtlichkeit", das von 105 Personen genannt wurde, ist hingegen schwer zu interpretieren, da die Frage offen bleibt, was eine Haltestelle unübersichtlich werden lässt. Die Mehrheit nannte „Übersichtlichkeit" allerdings in Kombination mit anderen Kriterien, nur 7 Personen gaben ausschließlich dieses Kriterium an.

Tabelle 1: Kriterien, die zur Einstufung der Haltestellen führen (eigene Erhebung), offene Frage (22 missing values)

		Anzahl der Nennungen
physisch	Distanz zwischen Haltepunkten	125
	Straßenquerungen	113
	Beschilderung	55
	Anzahl der Linien	33
	Wechsel zwischen Bus und Tram	32
	Kompaktheit	25
	Anzahl der Haltepunkte	21
	Anzahl der Richtungen	16
	Umwege	6
persönlich u. zeitlich	Übersichtlichkeit	104
	Sicherheit	27
	Anschlüsse	25
	Bekanntheitsgrad	13
	viele Personen / Hektik	8
	anderes	13

Da bei einer offenen Frage nicht jeder überhaupt und vor allem nicht jeder zu allen Faktoren eine Aussage trifft, folgte ein ausführlicher Teil mit Aussagen zum Umsteigen allgemein und zu den Kriterien, die am relevantesten für das Umsteigeverhalten erscheinen. Um eine klare Aussage zu erzwingen wurden vier Antwortkategorien vorgegeben.

Auch hier bestätigt sich, dass die physischen Faktoren einen entscheidenden Einfluss auf das Umsteigen ausüben. Jeweils knapp zwei Drittel der Befragten empfinden die physischen Hindernisse als störend. Mehr als drei Viertel ist es unangenehm, beim Umsteigen längere Strecken zurück zu legen oder die Stelle nicht sehen zu können, an der der nächste Bus oder die nächste Straßenbahn abfährt. Am ehesten mit dem zuvor genannten Kriterium „Übersichtlichkeit" stimmt die Aussage „Es ist mir angenehm, wenn ich die gesamte Haltestelle überblicken kann" überein, der 90 % aller Teilnehmenden zustimmten.

Der Umsteigevorgang stellt für die Hälfte aller Teilnehmenden einen störenden Faktor bei der Nutzung öffentlicher Verkehrsmittel dar. Die Ergebnisse zeigen allerdings deutlich, dass ein zu entwickelnder Algorithmus, der die Komplexität einer Haltestelle berücksichtigt, die Zeitkomponente nicht vernachlässigen darf. Denn nur gut ein Drittel aller Befragten ist bereit, einen Umweg in Kauf zu nehmen, um einem Umsteigevorgang zu vermeiden.

Insgesamt zeigt sich, dass eine „Haltestelle der kurzen Wege" als ideal empfunden wird. Denn bei einer erneuten offenen Frage nach Verbesserungsvorschlägen wurden häufig „kürzere Wege" genannt (vgl. Tabelle 2). Das fällt vor allem deshalb auf, weil bei dieser Frage nicht so sehr die Vereinfachung der physischen Charakteristika, sondern sehr viel häufiger verbesserte Informationen gefordert wurden. Mehr als die Hälfte aller Befragten forderten eine bessere Beschilderung oder elektronische Anzeigetafeln und nur knapp ein Drittel nannte bauliche Maßnahmen. Auch verbesserte Anschlüsse scheinen das Umsteigen entscheidend angenehmer gestalten zu können. Daher sollte überlegt werden, die Frequenz oder die durchschnittliche Wartezeit mit in das Komplexitätsmaß als Faktor einzurechnen.

Tabelle 2: Anteil der Zustimmung zu vorgegebenen Aussagen zum Umsteigen (eigene Erhebung)

	Aussagen zum Umsteigen	stimme eher zu [%]
physisch	Treppensteigen stört mich beim Umsteigen.	68
	Längere Strecken stören mich beim Umsteigen.	85
	Beim Umsteigen überquere ich nur ungern eine Strasse.	60
	Es stört mich, wenn ich beim Umsteigen die Stelle nicht sehen kann, wo ich wieder einsteigen muss.	74
	Beim Umsteigen überquere ich lieber eine Straße bei einer Ampel als mit einer Über- oder Unterführung.	75
	Mir ist egal, wie eine Haltestelle konstruiert ist.	11
	Die Beschilderung an Zürcher Haltestellen halte ich für ausreichend informativ.	73
*	Unterführungen sind mir zu jeder Tageszeit unangenehm.	60
	Unterführungen sind mir nachts unangenehm	81
allgemein	Umsteigen stört mich.	49
	Umsteigen bedeutet Stress für mich.	30
	Zweimal Umsteigen empfinde ich als zu viel.	56
	Ich nehme auch einen Umweg/längere Fahrzeit in Kauf, wenn ich dann nicht umsteigen muss.	37

* zeitlich

4 Entwicklung eines Komplexitätsmaßes

Das Netz der öffentlichen Verkehrssysteme lässt sich als Graph darstellen. Dabei sind die Haltestellen die Knoten und die Verbindungen zwischen den Haltestellen die Kanten. Da allerdings die Haltestelle wiederum einen Graphen aus Kanten und Knoten repräsentiert, stellt das Netz eines städtischen öffentlichen Verkehrsunternehmens ein zweistufiges hierarchisches System dar (vgl. Abb.2).

Wie bereits oben erwähnt, spielt bei der Berechnung der Komplexität einer Route in öffentlichen Verkehrssystemen lediglich das Ein-, Um- und Aussteigen eine Rolle, weil zwischen den Haltestellen innerhalb der Verkehrsmittel keine zusätzliche routenspezifische Komplexität entsteht. Da bei jedem Umsteigevorgang neue Komplexität hinzukommt, berechnen wir die Komplexität einer Route als Summe der Einzelkomplexitäten, d.h. der am Prozess beteiligten Haltestellen.

Damit berechnet sich die Komplexität einer Route wie folgt:

$$CR = \sum_{j=1}^{r} CS_j$$

mit CS: Komplexität der Haltestelle und
    CR: Komplexität der Route.

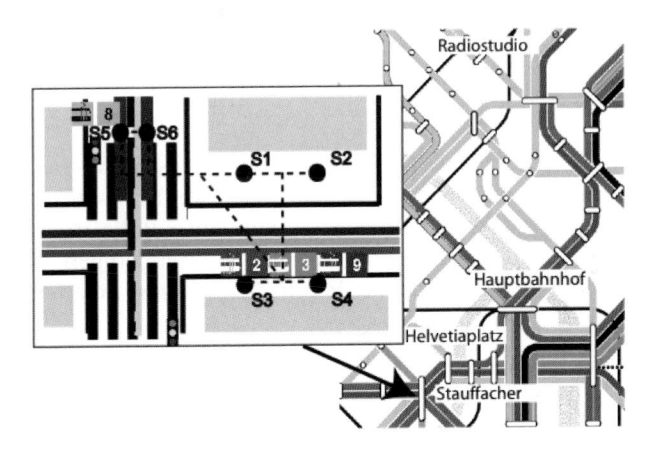

Abb. 2: Hierarchischer Graph

Wie berechnet sich aber die Komplexität einer Haltestelle? Die Ergebnisse der Befragung und die theoretischen Überlegungen münden in folgende Aussagen zur Quantifizierung der Komplexität einer Haltestelle:

1. Je mehr Möglichkeiten es zum Umsteigen gibt, d.h., je mehr Linien an einer Haltestelle ankommen bzw. abfahren, desto komplizierter wird eine Haltestelle.
2. Je mehr Routen zur Auswahl stehen, also je mehr Haltepunkte es gibt, desto unübersichtlicher wird eine Haltestelle.
3. Je länger die Distanz zwischen den Haltepunkten ist, desto unübersichtlicher und komplizierter wird eine Haltestelle.

4. Die Komplexität einer Haltestelle nimmt mit der Anzahl der Hindernisse auf dem Weg von einem Haltepunkt zu einem anderen zu.
5. Das Queren von Straßen ist eines der Haupthindernisse, sei es über Brücken, Ampeln, Zebrastreifen oder Unterführungen.
6. Wenn aber nur eine lange Strecke zurück gelegt werden muss, hat dies nur einen unbedeutenden Einfluss auf die Komplexität einer Haltestelle.
7. Je mehr Haltepunkte nicht sichtbar sind, desto komplizierter wird eine Haltestelle.

Dies führt zur folgenden ersten Annäherung an ein Komplexitätsmaß einer Haltestelle:

$$CS \approx n + \sum_{i=1}^{n} CP_i + \sum_{j=1}^{m} CW_j$$

mit n: Anzahl der Haltepunkte
  m: Anzahl der Wege
  CP: Komplexität eines Haltepunktes
  CW: Komplexität eines Weges zwischen zwei Haltepunkten.

Wenn ein Nutzer an einem bestimmten Haltepunkt angelangt ist, muss er nur noch entscheiden, in welches Verkehrsmittel er einsteigen möchte, daher ist dort nur die Anzahl der ankommenden Linien relevant. Damit resultiert die Komplexität eines Haltepunktes CP aus der Anzahl der ankommenden Linien. Die Komplexität eines Weges zwischen zwei Haltepunkten CW wird durch die Anzahl der Hindernisse (zunächst nur die Straßenquerungen und nicht-sichtbaren Haltepunkte) pro Weg[4] bestimmt. Gewichtet man all diese Faktoren zunächst gleich, ist die Komplexität einer Haltestelle die einfache Summe aus Anzahl der Haltepunkte, Anzahl der ankommenden Linien, Anzahl der zu überquerenden Straßen und Anzahl der nicht-sichtbaren Haltepunkte.

Da aber nicht immer die gesamte Haltestelle für einen Umsteigevorgang von belang ist, muss zunächst der relevante Teil einer Haltestelle eruiert werden. Ferner spielt das Aussteigen bei einer Route im öffentlichen Verkehrssystem keine Rolle mehr, wenn man eine Route als Verbindung von einer Haltestelle zu einer anderen definiert. Denn dann ist mit dem Aussteigen aus dem Verkehrsmittel der Wegfindungsprozess im öffentlichen Verkehrssystem abgeschlossen.

In Abbildung 3 ist ein Beispiel in der Stadt Zürich dargestellt, in dem man von der Haltestelle „Radiostudio" zur Haltestelle „Stauffacher" fahren möchte. Der Fahrplan der VBZ bietet einem zwei Möglichkeiten an. Beide Routen dauern 22 Minuten und beinhalten jeweils einen Umsteigevorgang. Eine sehr einfache Haltestelle markiert den Anfang der Route. Route 1 führt über die Haltestelle „Helvetiaplatz". Es handelt sich um eine relativ komplizierte Haltestelle, weil viele Straßen überquert werden müssen und die gesamte Haltestelle von Relevanz ist. Route 2 geht über die Haltestelle „Hauptbahnhof", an der zwar viele Linien abfahren, aber dadurch, dass nur ein Teil der Haltestelle in die Berechnung einfließt, wird sie verhältnismäßig einfach.

Man würde sich also in diesem Fall für die Route über „Hauptbahnhof" entscheiden, da sich die Komplexität der jeweiligen Routen wie folgt berechnet:

---

[4] Anzahl der nicht-sichtbaren Haltepunkte kann nur null oder eins sein.

$$CR1 \approx \sum_{j=1}^{2} CS_j = 6 + 22 = 28$$

$$CR2 \approx \sum_{j=1}^{2} CS_j = 6 + 12 = 18$$

Haltepunkte:	2
Wege:	2
Linien:	4
nicht-sichtbare Hp.:	0
Strassenquerungen:	0
Komplexität:	**6**

Haltepunkte:	4
Wege:	12
Linien:	4
nicht-sichtbare Hp.:	0
Strassenquerungen:	14
Komplexität:	**22**

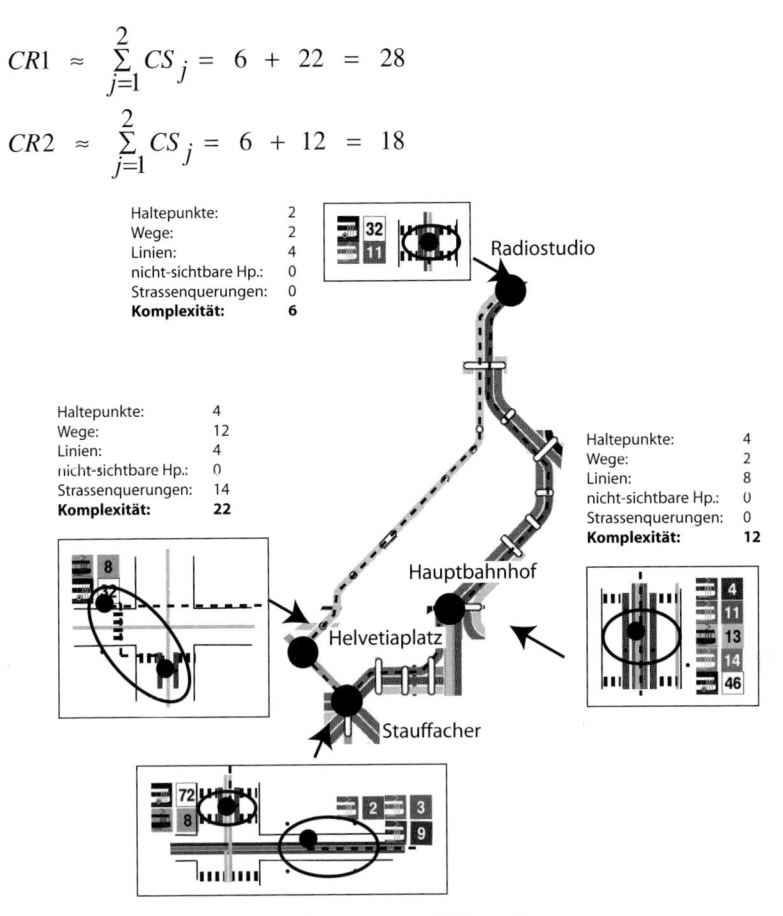

Haltepunkte:	4
Wege:	2
Linien:	8
nicht-sichtbare Hp.:	0
Strassenquerungen:	0
Komplexität:	**12**

Abb. 3: Routenspezifische Komplexität einer Haltestelle

5 Schlussfolgerungen

Haltestellen werden sehr unterschiedlich durch die jeweiligen Nutzer wahrgenommen. Die Ergebnisse der Umfrage haben zudem gezeigt, dass die physischen Charakteristika eine sehr viel größere Rolle spielen als erwartet. Dies ist vor allem deshalb erwähnenswert, da die Befragten einer Gruppe angehören, bei denen die physischen Hindernisse noch keine Barrieren darstellen. Ferner wurde deutlich, dass es zwar sehr einfache Haltestellen gibt, die aber als unangenehm empfunden und daher durch die Nutzer eher gemieden werden. Ob eine Haltestelle als unangenehm oder komplex empfunden wird, kann häufig nicht klar getrennt werden.

Die erste Annäherung in einer ungewichteten Summe des Komplexitätsmaßes für Haltestellen liefert bereits zufriedenstellende Ergebnisse. Ein nächster Schritt ist die konkrete Umsetzung in einen Algorithmus. In der Validierung der Komplexität von Routen wird die Frage geklärt werden müssen, wie die Einzelkomponenten bei den Haltestellen zu gewichten sind. Die Tatsache, dass das Maß eine einfache Summe ist, bietet die Möglichkeit, angepasst an unterschiedliche Nutzergruppen die Einzelkomponenten verschieden zu gewichten, und damit die Komplexität in Abhängigkeit von persönlichen und zeitlichen Faktoren zu berechnen. Weitere zu klärende Forschungsfragen in diesem Zusammenhang sind sicherlich die Quantifizierung des Einflusses der zeitlichen Phänomene wie Anschlüsse in Form von durchschnittlichen Wartezeiten oder Frequenz und die Bestimmung des für einen Umsteigevorgang relevanten Teiles einer Haltestelle. Dazu muss ein Weg gefunden werden, eine Haltestelle so in sich überlappende Teilhaltestellen zu gliedern, dass die Teile alle relevanten (und nur die relevanten) Elemente der Haltestelle umfassen.

Literatur

DIJKSTRA, E. W. (1959). "A note on two problems in connection with graphs." Numerische Mathematik(1): 269-271

EVANS, G. W., M. A. SKORPANICH, et al. (1984). "Effects of stress, path configuration, and landmarks on urban cognition." Journal of Environmental Psychology

FRANK, A.U. (to appear). Pragmatic Information Content: How to Measure the Information in a Route Description. In *Perspectives on Geographic Information Science*. (Goodchild, M., Duckham, M., & Worboys, M., eds.), London, Taylor and Francis

GÄRLING, T., BÖÖK, A., & LINDBERG, E. (1986). Spatial orientation and wayfinding in the designed environment: A conceptual analysis and some suggestions for postoccupancy evaluations. Journal of Architectural and Planning Research, 3, 55-64

GIBSON, J. J. (1986). The ecological approach to visual perception. London, Lawrence Erlbaum Associates.Gluck, M. (1991). Making Sense of Human Wayfinding: Review of Cognitive and Linguistic Knowledge for Personal Navigation with a New Research Direction. In: Cognitive and Linguistic Aspects of Geographic Space. D. M. Mark and A. U. Frank. Dordrecht, The Netherlands, Kluwer Academic Publishers: 117-135

GOLLEDGE, R. G. (1995). Path Selection and Route Preference in Human Navigation: A Progress Report. In: Spatial Information Theory-A Theoretical Basis for GIS. Frank, A.U. & W. Kuhn. Berlin-Heidelberg-New York, Springer. 988: 207-222

HEYE, C. (2002). Deskriptive Beschreibung der Ergebnisse der Internetbefragung: Umsteigen an Haltestellen der VBZ. Bericht an die VBZ.
http://www.geo.unizh.ch/~cheye/

MONTELLO, D. R. (1993). „Scale and Multiple Psychologies of Space". In: Spatial Information Theory: Theoretical Basis for GIS. A. U. Frank and I. Campari. Heidelberg-Berlin, Springer Verlag. 716: 312-321

RAUBAL, M. AND M. WORBOYS (1999). „A formal model of the process of wayfinding in built environments". In: Spatial Information Theory – cognitive and computational foundations of geographic information science, Stade, Springer-Verlag, LNCS 1661

RAUBAL, M. AND M. EGENHOFER (1998). "Comparing the complexity of wayfinding tasks in built environments." Environment & Planning B 25(6): 895-913

TIMPF, S. (2002). "Ontologies of Wayfinding: a traveler's perspective." Networks and Spatial Economics 2(1): 9-33

WINTER, S. (2002). „Modeling Costs of Turns in Route Planning". Technical Report. Vienna, Institute for Geoinformation, Technical University Vienna

Ansatz zur Nährstoffmodellierung in Grünland dominierten Einzugsgebieten

Florian HOFFMANN, Stefan ZIMMERMANN und Arnulf MELZER

Zusammenfassung

Der Hopfensee gehört zu den am stärksten nährstoffbelasteten Seen in Bayern. Probleme bereiten vor allem Phosphoreinträge aus diffusen Quellen. Um Maßnahmen zu deren Reduzierung treffen zu können wurde eine GIS-gestützte, flächenscharfe Modellierung vorgenommen. Dabei wurde besonderes Augenmerk auf das Austragsgeschehen von Grünlandflächen gelegt.

Die quantitative Berechnung der Phosphorfrachten baut auf einer Simulation der Wasserflüsse auf. Durch aktuelle Forschungsergebnisse und Messungen lassen sich den einzelnen Wasserflüssen Nährstoffkonzentrationen zuweisen. Die mittels eines GIS berechneten Phosphorausträge werden in einer Gewässergefährdungskarte zusammengefasst, die als Grundlage für Umsetzungsmaßnahmen in der Landwirtschaft dient. Extensivierungsmaßnahmen und andere den Phosphoreintrag verringernde Maßnahmen können dadurch gezielter und effizienter als bisher umgesetzt werden. Die Validierung ergibt ein hohes Bestimmtheitsmaß der Regression zwischen den Messwerten und den Modellierungsergebnissen.

1 Einleitung

Die Wasserrahmenrichtlinie (WRRL) sieht eine Abschätzung der Belastung der Oberflächengewässer durch Stoffeinträge aus punktuellen und diffusen Quellen, sowie Maßnahmen zur Verminderung dieser Einträge vor. Bisherige Modell- und Bilanzierungsmethoden bilden den Stoffaustrag unter Grünland gar nicht oder nur sehr stark vereinfacht ab. Da aber in den Einzugsgebieten vieler Voralpenseen überwiegend Grünlandnutzung betrieben wird, ist es notwendig genau diesen Nährstoffeintragspfad zu bewerten.

Bei der Eutrophierung von Seen ist vor allem Phosphor relevant, so dass man sich bei der Modellierung auf diesen beschränken kann. Um Maßnahmen zur Verringerung der Phosphoreinträge treffen zu können, müssen die diffusen Quellen und ihre räumliche Verbreitung möglichst quantitativ berechnet werden.

Am Beispiel des Hopfensees wurde in Zusammenarbeit mit dem Wasserwirtschaftsamt (WWA) Kempten eine Modellierung der Phosphoreinträge durchgeführt. Da in der Vergangenheit durch Maßnahmen die punktuellen Nährstoffeinleitungen schon weitgehend reduziert werden konnten, kommen für die weiterhin hohen Phosphoreinträge vor allem die diffusen Quellen in Frage. Da die landwirtschaftliche Nutzung im Einzugsgebiet zu 100 % aus Grünlandnutzung besteht, wurde vom Modellierungsansatz eine flächig differenzierte Berechnung des Phosphoraustrages auf Grünlandflächen gefordert.

Der bei Füssen im Allgäu gelegne Hopfensee hat ein Einzugsgebiet von 3322 ha, wovon 2191 ha landwirtschaftlich als Grünland genutzt werden. Mit 192 ha Seefläche, einer geringen mittleren Tiefe und einer Wassererneuerungszeit von 127 Tagen, reagiert der Hopfensee sehr empfindlich auf die eingetragenen Phosphorfrachten.

2 Berechnungsansatz

Bei der Abschätzung der Phosphorausträge im Einzugsgebiet des Hopfensees konnte bis auf die Kartierung der Landnutzung auf schon vorhandenes digital aufbereitetes Kartenmaterial im Maßstab 1:5000 zurückgegriffen werden. Um die Phosphoreinträge quantitativ abschätzen zu können, wurde eine Modellierung der Wasserflüsse mit dem Programm WaSim-ETH (SCHULLA 1997) durchgeführt. Auf diesen Berechnungen aufbauend wurden die Phosphorfrachten für die Eintragspfade Oberflächenabfluss, Interflow, Grundwasser, Drainage und Erosion berechnet. Da hier Literaturdaten aus dem Alpenvorland und Messwerte aus dem Einzugsgebiet vorlagen, war eine flächig detaillierte Berechnung möglich. Für die Eintragspfade Direkteintrag durch Weidewirtschaft und Hofflächen sowie Kanalisation, lagen nur allgemeine Schätzwerte nach HAMM (1991) vor, so dass hier keine detaillierte flächenbezogene Modellierung vorgenommen werden konnte.

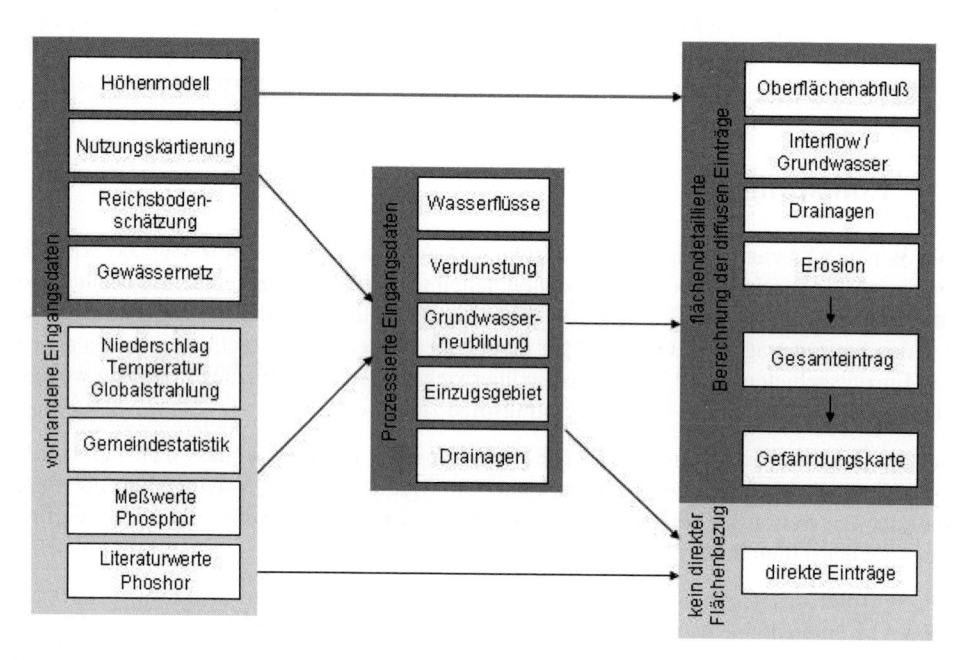

Abb. 1: Ablaufschema der Modellierung des Phosphoreintrages in den Hopfensee

Die Berechnung der Wasserflüsse erfolgte unter Linux mit dem Programm Wasim-ETH (SCHULLA 1997). Dabei wurde der Berechnungsansatz nach Penan-Moneith und das Bodenmodell nach dem Topmodelansatz verwendet. Die Berechnung erfolgte aufbauend auf den Eingangsdaten Niederschlag, Temperatur, Globalstrahlung, Landnutzung und Bodenart. Die weitere Bearbeitung und Zuordnung der Phosphorfrachten erfolgte mit dem Spatial Analyst unter ArcGIS, wobei eine Rasterauflösung von 10 × 10 m verwendet wurde.

Für die Berechnung des Oberflächenabflusses wurden aktuelle im bayerischen Voralpenland gemessene Phosphor-Frachten (POMMER et al. 2000) mit den berechneten Wasserflüssen multipliziert. Oberflächenabfluss tritt nur nach langanhaltenden Niederschlägen oder Starkregenereignissen auf, so dass nur ca. 7 % der Niederschlagsmenge abzüglich Verdunstung als Oberflächenabfluss in die Gewässer gelangen. Da Oberflächenabfluss nur auf geneigten Flächen auftritt (SCHMIDT & PRASUHN 2000) wurden nur die Flächen mit einer Hangneigung größer 3% ausgewählt.

Die Berechnung des Phosphoraustrages über die Austragspfade Interflow und Grundwasser erfolgte nach dem Ansatz von RENGER & STREBEL (1980). Als wichtige Grundlage hierfür diente die anhand der Wasserflüsse berechnete Grundwasserneubildungsrate.

Zur Berechnung der Phosphorfrachten aus den drainierten Flächen standen neben einer genauen Kartierung der Drainagegräben und -Einleiter auch Phosphorkonzentrationsmessungen aus dem Einzugsgebiet zur Verfügung. Um die Drainagen in die Modellierung mit einzubeziehen mussten die drainierten Flächen ermittelt werden. Dazu wurden zum einen ein Puffer von 25 m um die kartierten Drainagen gelegt und zum anderen aus dem Höhenmodell Flächen mit überdurchschnittlich viel Zuschusswasser aus der Umgebung ermittelt. Die so berechnete Fläche ergibt 485 ha, was 22 % der Grünlandflächen darstellt. Da bei Drainagen in organischem Boden ein ca. dreimal so hoher Phosphoraustrag wie bei mineralischem Boden zu erwarten ist, wurden die berechneten Drainageflächen diesbezüglich ausgewählt.

Die Abschätzung des Bodenabtrages wurde analog zu der Allgemeinen Bodenabtragsgleichung (ABAG) (SCHWERTMANN et al. 1986) vorgenommen.

Die einzelnen Austragspfade werden zu einer Gesamtaustragskarte zusammengefasst und mit zu erwartenden Phosphorausträgen anderer von Ackerland geprägter Einzugsgebiete verglichen. Dabei ergibt sich im Vergleich zu von Ackerland dominierten Einzugsgebieten ein relativ geringer Phosphoraustrag.

Um den Phosphoraustrag bezüglich seines Gefährdungspotenzials für den Hopfensee einzustufen wurde die zur Erreichung eines mesotrophen Zustandes akzeptable Phosphormenge nach VOLLENWEIDER & KERKES (1982) berechnet. Diese liegt durch die morphometrische Ausprägung des Hopfensees mit 1200 kg/a sehr niedrig, so dass die siebenstufige Gefährdungskarte viele Flächen mit Handlungsbedarf ausweist.

3 Ergebnisse

Die Berechnung der Phosphoreinträge ergibt eine Gesamtsumme von 3,258 t/a, was einem durchschnittlichen Phosphoraustrag von 0,98 kg/ha·a im Einzugsgebiet entspricht. Die Spanne der Phosphorausträge reicht dabei von 0,01 bis 4,5 kg/ha·a. Die Phosphorfrachten sind bezüglich Ihrer Eintragspfade in Tabelle 1 angegeben.

Tabelle 1: Zusammenstellung der Phosphoreinträge in den Hopfensee

Eintragspfad	P-Gesamt in t/a EZG
Kanalisation	0,42
Atmosphärische Deposition ins Gewässer	0,08
Waldsstreu	0,05
Direkteinträge von Hofflächen	0,149
Direkteinträge durch die Weidewirtschaft	0,416
Oberflächenabfluss / Abschwemmung	**0,131**
Interflow (Zwischenabfluss)	**0,55**
Grundwasserabfluss	**0,11**
Drainageabfluss	**0,635**
Erosion	**0,717**

Die Gefährdungskarte grenzt die Maßnahmenbereiche sehr kleinflächig ab. Durch die exponentielle Einteilung der Skala tragen die als stark und sehr stark eingestuften Flächen überproportional zur Phosphorbelastung bei. Die mit einem Gefährdungspotential von stark und sehr stark eingestuften Flächen haben einen Anteil von 53 % am Gesamtphosphoraustrag obwohl sie nur 23 % der landwirtschaftlichen Flächen ausmachen. Auf diesen Flächen durchgeführte Maßnahmen versprechen eine besonders hohe Effektivität und können anhand der Detailkarten zu den Austragspfaden gezielt vorgenommen werden. Eine Bewertung der einzelnen Eintragspfade lässt folgende Schlussfolgerungen bezüglich einer Maßnahmenplanung zu:

- Kanalisation und Direkteinträge durch Weidewirtschaft sind mit 0,84 t/a sehr bedeutende Eintragspfade. Der Berechnungsansatz ist aber sehr allgemein und auch eine räumliche Zuordnung ist nur bedingt möglich, so dass hier nur sehr allgemeine Maßnahmenempfehlungen gegeben werden können
- Der Oberflächenabfluss spielt mit 4 % am Gesamteintrag eine untergeordnete Rolle
- Interflow und Grundwasser ist mit 20 % am Gesamteintrag sehr bedeutend, die Modellierung ergibt aber eine relativ gleichmäßige Verteilung über das Einzugsgebiet, so dass eine flächendetaillierte Formulierung von Maßnahmen auf dieser Grundlage nicht möglich ist
- Die bei der differenzierten Berechnung des Phosphoraustrages besonders durchschlagenden Faktoren sind die Drainagen und die Erosion. Diese sind mit 19 % und 22 % für das Gesamtergebnis sehr bedeutend und für die Formulierung von Maßnahmen besonders relevant

Abbildung 2 zeigt in einem Ausschnitt die hohe räumliche Auflösung der modellierten Phosphoraustäge. Die dunklen sehr stark belastenden Bereiche entstehen vor allem durch drainierte intensiv genutzte Grünlandflächen und Weiden auf steilen Hanglagen.

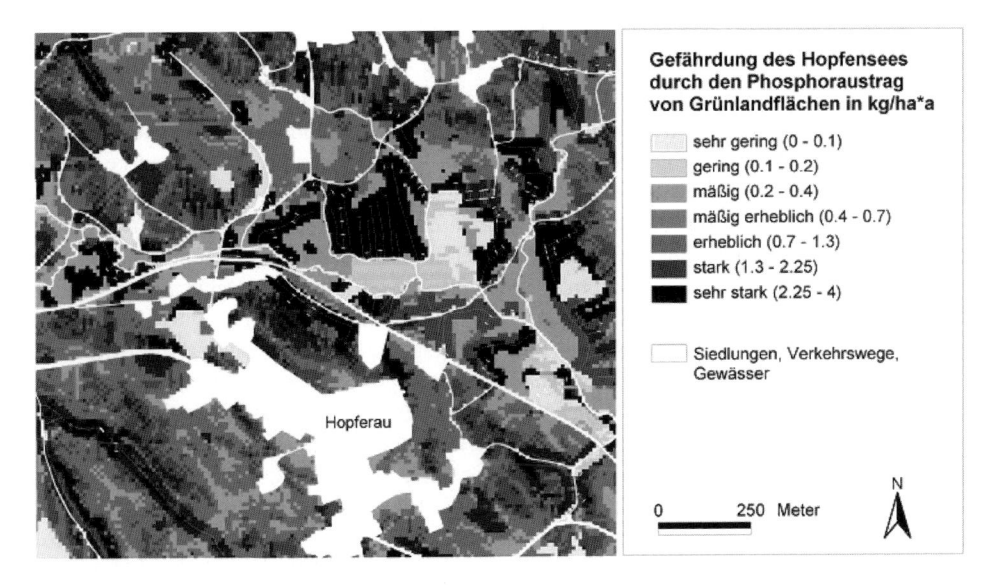

Abb. 2: Ausschnitt aus der Gefährdungskarte

4 Validierung

Die Validierung erfolgte anhand von Messungen mittels Dauerprobennehmern und Schöpfproben. Bei den Dauerprobennehmern konnte die gemessene jährliche Phosphorfracht mit dem Modellierungsergebnis verglichen werden. Dies war für die Teileinzugsgebiete des Doldener Baches und der Hopfensee Achen möglich. Beim 2384 ha großen Einzugsgebiet der Hopfensee Achen ergibt die Modellberechung mit 2735 kg/a eine um ca. 32% (4026 kg/a) zu niedrige Phosphorfracht. Die Abweichung vom Mittelwert der Messungen (690 kg/a) beim 698 ha großen Einzugsgebiet des Doldener Baches liegt bei 10% (757 kg/a). Die Messwerte am Doldener Bach wurden aber aufgrund des großen Schwankungsbereiches (435-945 kg/a) und der nur für 2 Jahre vorliegenden Messungen hier nicht weiter verwendet. Die Messungen an der Hopfensee Achen liegen dagegen seit 1997 bis heute konstant um die 4000 kg/a.

Ein direkter Vergleich zwischen den Schöpfproben und den Modellberechnungen ist nicht möglich, da der Abfluss für die Teileinzugsgebiete nicht gemessen wurde. Für die Validierung wurde daher die Annahme getroffen, dass der Abfluss mit zunehmender Einzugsgebietsgröße linear zunimmt. Die gemessenen mittleren Phosphorkonzentrationen wurden dafür mit der Teileinzugsgebietsgröße in ha multipliziert. Dieser Wert wurde mit den für das entsprechende Teileinzugsgebiet berechneten Gesamt P-Austrag in kg/a verglichen. Dies ergab ein hohes Bestimmtheitsmaß von $R^2=0,85$, so dass angenommen werden kann, dass das Modell die Phosphorausträge räumlich richtig verteilt berechnet.

5 Schlussfolgerungen

Die Berechnung von Phosphorausträgen unter Grünland stellt eine besondere Herausforderung dar, der momentan nur durch eine starke Vereinfachung und Verallgemeinerung durch die Modellierung Rechnung getragen werden kann. Gründe hierfür sind die starke Kopplung von Austragsvorgängen an Starkregenereignisse, die nicht mit vertretbarem Aufwand ermittelbare Düngeintensität von Grünlandflächen und das Fehlen von erprobten Modellen zur Abschätzung des Phosphoraustrages unter Grünland. Auch die Anwendung von Austragswerten und Berechnungsverfahren die für andere Maßstabs- und Anwendungsbereiche insbesondere Ackerland, entwickelt wurden sind kritisch zu betrachten. Dies ist vor allem bei der Berechnung der Allgemeinen Bodenabtragsgleichung der Fall, da diese nicht für Grünlandstandorte wie Weiden auf extrem steilen Lagen entwickelt wurde. Trotz dieser vielen Unsicherheiten bei den Eingangswerten und der Berechnung ergibt die Validierung eine gute Übereinstimmung. Diese lässt zudem die Schlussfolgerung zu, dass die Modellberechnung die Nährstoffaustragsquellen räumlich richtig verteilt (Schöpfproben), aber um ca. ein Drittel zu niedrig abschätzt (Dauerproben). Um das Modell noch zu verfeinern und den Gegebenheiten im Voralpenland noch besser anzupassen, sind Messkampagnen der einzelnen Austragspfade unter Grünland mit verschieden Nutzungen, Bodenarten und Hanglagen notwendig.

Wie sinnvoll sich die Modellierungsergebnisse in Maßnahmen umsetzen und sich die sehr flächenscharf vorliegenden Einteilungen der Gefährdungsstufen im Gelände nachvollziehbar wiederfinden lassen, wird sich durch die momentan laufende Anwendung durch die Landwirtschaft noch zeigen.

Literatur

HAMM, A., Hrsg. (1991): *Studie über Wirkungen und Qualitätsziele von Nährstoffen in Fließgewässern*. Academia Verlag. Sankt Augustin

POMMER, G. SCHRÖPEL, R. & JORDAN, F. (2001): *Austrag von Phosphor durch Oberflächenabfluß auf Grünland*. Wasser & Boden, 53/4, 34-38, Blackwell Wissenschafts-Verlag, Berlin

RENGER, M. & STREBEL, O. (1980): *Jährliche Grundwasserneubildung in Abhängigkeit von Bodennutzung und Bodeneigenschaften*. Wasser und Boden 32(8), S.362-366

SCHMIDT, C. & PRASUHN, V. (2000): *GIS-gestützte Abschätzung der Phosphor- und Stickstoffeinträge aus diffusen Quellen in die Gewässer des Kantons Zürich*. Schriftenreihe der FAL (35), Schweiz

SCHULLA, J. (1997): *Hydrologische Modellierung von Flußgebieten zur Abschätzung der Folgen von Klimaveränderungen*. Diss. ETH 12018, Verlag Geographisches Institut ETH Zürich

SCHWERTMANN, U., VOGL, W., KAINZ, M. (1987): *Bodenerosion durch Wasser - Vorhersage des Abtrags und Bewertung von Gegenmaßnahmen*. Stuttgart: Ulmer, 64 Seiten

VOLLENWEIDER, R. A. & KERKES, J. (1982): *OECD cooperative programme for monitoring of inland waters (eutrophication control)*. Synthesis Report, Paris

Die Erstellung, Verwaltung und Nutzung von 3D-Stadtmodellen mit dem System CITYGRID

Johannes HOLZER und Gerald FORKERT

Zusammenfassung

Der Beitrag bietet eine Übersicht über das System CITY**GRID** mit dem 3D Stadtmodelle generiert, verwaltet und genutzt werden können. Das System besteht aus mehreren Modulen die mit Hilfe genormter Schnittstellen auch unabhängig voneinander einsetzbar sind. Die Entwicklung erfolgte durch die Firmen No Limits (Graz, Wien) und GeoData (Leoben) in Zusammenarbeit mit dem Joanneum Reasearch (Graz) und dem K+ Zentrum VrVIS (Graz, Wien).

CITYGRID

CITYGRIDScanner

Der CITY**GRID**Scanner, entwickelt vom Joanneumn Research in Kooperation mit der Firma GeoData, dient zur effizienten multidimensionalen Abbildung der Stadt vom Strassenraum aus. Das auf einem Fahrzeug montierte, hybride Messsystem besteht aus einem GPS Empfänger, einem Laserscanner und mehreren Digitalkameras. Alle Sensoren sind zueinander kalibriert und liefern Zeit-synchronisierte Aufnahmen.

Zur Aufnahme von Fassaden fährt der CITY**GRID**Scanner im „dynamischen" Modus mit maximal 5 km/h entlang der Strasse. Mit Hilfe des fahrzeugeigenen Odometers werden die Kameras so ausgelöst, dass jeder Fassadenteil in mindestens 5 Aufnahmen abgebildet ist. Gleichzeitig mit jeder photographischen Aufnahme wird vom Laserscanner eine horizontal liegende Zeile entlang der Fassade gescannt.

Abb. 1: CITY**GRID**Scanner

Der GPS-Empfänger ermöglicht eine grobe Verortung für die Verwaltung der Aufnahmen in einem GIS. Für die Auswertung der Aufnahmen wurde am VrVIS ein Matching Verfahren entwickelt, das die horizontalen und vertikalen Fassadenstrukturen für die automatische Sensororientierung nutzt. Das Ergebnis dieses Prozesses ist ein absolut verzerrungsfreies „True" Orthophoto der Fassaden für die Texturierung des Stadtmodells.

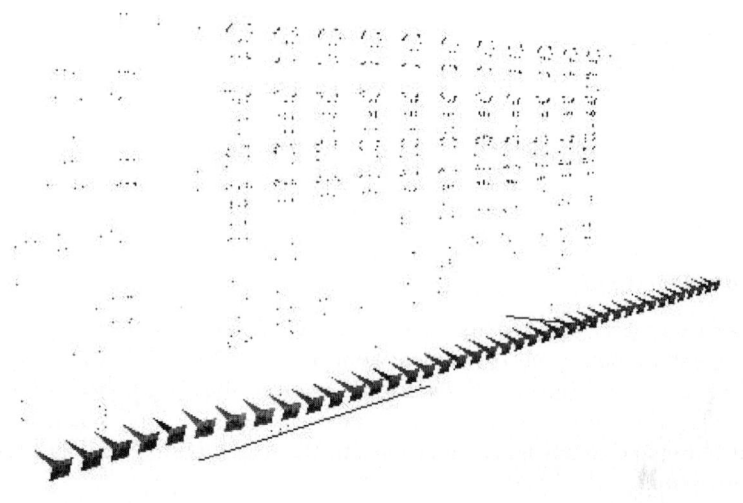

Abb. 2: Orientierung der Bildsequenz

Abb. 3: Bildsequenz

Abb. 4: True Orthophoto

Im „Stop and Go" Betrieb nimmt der **CITYGRID**Scanner Daten für die Naturbestandsaufnahme auf. Der Laserscanner erfasst eine ganze „Rundumszene" entsprechend den Bildausschnitten der Digitalkameras. Aus diesen Daten können im Wege des Post-Processing Objekte des Straßenraumes erkannt und verortet werden. Geeignete Algorithmen werden im Rahmen eines CD-Labors vom Institut für Photogrammetrie und Fernerkundung der TU Wien gemeinsam mit der Firma No Limits entwickelt.

Abb. 5: Bildsequenz und Flächenscan

CITYGRIDModeler

Die 3D-Modellierung der Gebäude erfolgt mit dem **CITYGRID**Modeler, entwickelt von No Limits auf der Basis von 3D Studio. Den Bedürfnissen der Stadtverwaltung Rechnung tragend, wird die Gebäudeform aus Linien abgeleitet: aus der Baukörperumfahrung und, falls vorhanden, aus Dachlinien. Die Baukörperumfahrung ergibt sich durch Verschieben des Gebäudegrundrisses auf die geschätzte bzw. die gemessene Gebäudehöhe. Die Dachlinien werden entweder aus einer Luftbild Stereoauswertung oder mit Hilfe von Airborne Laserscanning gewonnen.

Der **CITYGRID**Modeler trianguliert automatisch die aus diesen Linien vorgegebene Dachform. Etwaige Fehler in den gemessenen Linien können im Linien-Editiermodus bereinigt werden. Das Gelände wird durch ein Rastermodell mit Bruchkanten repräsentiert. Die Gebäudefassaden werden automatisch vom Dach bis zum Gelände extrudiert. Zukünftig wird auch der Dachvorsprung berücksichtigt werden können. Jedes Gebäude wir in vier LOD („level Of Detail") Stufen generiert:

1. Baukörperumfahrung,
2. Blockmodell mit flachem Dach,
3. Formmodell mit der groben Dachstruktur
4. Detailmodell mit detailliertem Dach und Fassaden.

Abb. 6: Blockmodell   **Abb. 7:** Formmodell   **Abb. 8:** Texturiertes Modell

Die photorealistische Texturierung der Dächer und des Geländes erfolgt mit Hilfe digitaler Luftbilder. Fassadentextur gewinnt man, wie oben beschrieben, aus den Aufnahmen des CITY**GRID**Scanners.

CITY**GRID**Manager

Zur Verwaltung der modellierten Gebäude dient der CITY**GRID**Manager, entwickelt von No Limits auf der Basis von Oracle. Im Sinne der relationalen Datenbank ist jedes einzelne Gebäudemodell eine „Unit" die unter einer eindeutigen Nummer verspeichert wird. Diese Unitnummer, zum Beispiel der von der Stadtverwatung vorgegebene Gebäudecode, ermöglicht die Kombination mit gebäudebezogenen Sachdaten im GIS. Der Anwender kann für den einfacheren Zugriff mehrere „Modelle" von verschiedenen Stadtbereichen definieren, zum Beispiel „gesamt", „Hauptplatz" oder „Innenstadt". Falls Straßennamen vorhanden sind, können diese über die Straßenachse den jeweiligen Gebäudemodellen zugeordnet werden. Dann kann der Anwender die Gebäude auch strassenweise aus der Datenbank abrufen. Über eine genormte XML Schnittstelle kann der CITY**GRID**Manager die Gebäudemodelle verschiedenen Anwendersystemen zur Verfügung stellen.

CITY**GRID**Plan

So können mit dem Modul CITY**GRID**Plan die Gebäudemodelle eines beliebigen lokalen Bereiches geladen und mit dem digitalen Architekturmodell eines Bauprojektes kombiniert werden. Auf diese Art lassen sich verschiedene Planungsvarianten in bezug zur bestehenden Umgebung dreidimensional visualisieren und aus der Sicht der Stadtplanung beurteilen.

Für 3D Internet Anwendungen wurde vom VrVIS der CITY**GRID**Walker entwickelt. Dieser Viewer ist für die flüssige Navigation in sehr großen Stadtmodellen optimiert und basiert auf der automatischen Vorselektion der im Sichtfeld liegenden Gebäude.

Mit dem System CITY**GRID** wurde im Auftrag des Grazer Stadtvermessungsamtes im Jahr 2002 ein Modell des inneren Stadtgebietes bestehend aus mehreren 1000 Gebäuden erstellt. 2003 folgen Teile der Wiener Innenstadt im Auftrag der MA 41 (Stadtvermessung) der Stadt Wien. Darüber hinaus sind Pilotprojekte in Deutschland in Vorbereitung.

Erstellung, Verwaltung und Nutzung von 3D-Stadtmodellen mit dem System CITYGRID 179

Abb. 9: CITY**GRID**Plan

Literatur

KARNER, K., A. KLAUS, J. BAUER, & C. ZACH (2003): *MetropoGIS: A City Modeling System* Vortrag im Rahmen der CORP 2003, TU-Wien, 25.2. bis 1.3. 2003.
http://www.corp.at

WACK, R., G. PAAR & B. NAUSCHNEGG, H. URBAN (2003): *Erzeugung von 3D Stadtmodellen* Vortrag im Rahmen der geodätischen Woche Obergurgl, Institut für Geodäsie der Universität Innsbruck, 16.2. bis 22.2. 2003.
http://www.uibk.ac.at

Gelebte GIS-Interoperabilität durch geeignete Datenmodellierung – Chance für die Herausbildung von anwendungs- und systemneutralen Geodatenzentren

Rolf JÜTTNER

Zusammenfassung

Trotz aller Standardisierungsbemühungen ist eine GIS-übergreifende Nutzung von Geoinformation – insbesondere vektorieller Daten – nicht oder nur unzureichend möglich. Es soll aufgezeigt werden, dass die Normierungen innerhalb des OGC-Gedankens (OpenGIS Consortium) ein wichtiger Impuls für eine breite Nutzung von Geoinformation sind, aber ohne konsequente Umsetzung nicht die gewünschten Ergebnisse bringen können. Erst durch zusätzliche Maßnahmen wie Modellierung können Daten über alle GIS-Schranken hinweg optimal genutzt werden. Das vom Verfasser erstellte Demoszenario „Rund um Düsseldorf" setzt dieses Konzept in die Praxis um und steht stellvertretend für eine offene Geodatenserverlösung. Eine solche Lösung ist die Grundvoraussetzung für die Bildung von Geodatenzentren als Verwalter und Verteiler der Geoinformation.

1 Ausgangssituation

Ein GIS-Anwender benötigt zur Lösung seiner Aufgabenstellungen Geodaten verschiedener Herkunft und eine für ihn geeignete Anwendung, die diese Daten verwaltet. Diese Anwendung repräsentiert in der Regel eine bestimmte Basis-Technologie.

In der Vergangenheit konnten die Daten als Grundlage für die Bewältigung der eigentlichen Aufgaben nur über mühevolle und umständliche Konvertierungsprozesse in das System überführt werden. In Konsequenz wird eine zum Teil stark eingeschränkte Nutzung akzeptiert, die den meisten Nutzeransprüchen nicht genügt.

Heute sind viele Geodaten erfasst. Auch auf Nutzerseite ist die Nachfrage nach geeigneter Geoinformation größer denn je. Dies betrifft nicht nur die klassischen GIS-Bereiche wie öffentliche Verwaltung, Vermessung, Planung, Ver- und Entsorgung, Telekommunikation und Verkehr. Daneben haben sich neue Bereiche aus dem Dienstleistungssektor, z.B. Handel, Banken, Versicherungen, Immobilien und Tourismus, als auch der Bürger zu zum Teil unbewussten Nutzern von Geoinformation entwickelt. Heute fehlen noch geeignete Geschäftsmodelle, dieser „neue Markt" ist noch in seiner Selbstfindungsphase. Ungeachtet dessen wird ihm ein großes Potenzial prognostiziert, welches heute nur zu einem ganz geringen Anteil ausgeschöpft ist.

2 Hindernisse für das Etablieren eines Geodatenmarktes

Zwangsläufig stellt sich die Frage, warum sich bis heute kein funktionierender Geodatenmarkt etabliert hat. Im Gegensatz zu anderen Märkten ist der Markt „Geodaten" Gesetzmäßigkeiten unterworfen, die wir in anderen Märkten in dieser Form nicht vorfinden. Dazu zählt beispielsweise eine starke Herstellergebundenheit, also eine technologische Abhängigkeit, die eine breite Nutzung der „Ware Geodaten" über Systemgrenzen hinweg erschwert oder erst gar nicht erlaubt. Bestehende Standardisierungs- und Integrationsansätze bringen nicht den gewünschten Nutzen. Oftmals bleibt Information „auf der Strecke", die Ware Geodaten wird nicht gemäß den Anforderungen der Kunden transportiert oder bereitgestellt.

Der Anspruch des Nutzers der Geoinformation hingegen ist sehr einfach zu definieren: Daten nach seinem Wunsch, für sein System, sofort und vollständig nutzbar. Daneben benötigt der Nutzer eine Garantie, dass die Daten auch für seinen Anwendungszweck verwendbar sind, zum Beispiel die geeignete Qualität haben. Technologische Einschränkungen oder Dependenzen interessieren hier nicht.

In Konsequenz oben geschilderter Wirkungsmechanismen existieren weder allgemeingültige Geodatenbanken, noch haben sich die für die Vermarktung von Geodaten notwendigen Geodatenzentren etabliert. Zur Zeit findet man allenfalls Insellösungen vor, die den allgemeinen Datenaustausch mehr behindern als unterstützen.

Überdies erschweren uneinheitliche und wenig transparente Lizenzierungs- und Preismodelle den Nutzen von Geoinformation. Die Definition geeigneter Metadatenmodelle ist eine weitere wichtige Grundvoraussetzung zur Orientierung über das Angebot. Daneben sollten auch die speziellen Nutzeranforderungen in einem Gesamtkonzept Berücksichtigung finden.

3 Lösungen

Der Wunsch nach der technologieübergreifenden Nutzung von Geodaten wird in der Vision des OGC-Gedankens wie folgt ausgedrückt:

„OGC envisions the full integration of geospatial data and geoprocessing resources into mainstream computing and the widespread use of interoperable, commercial geoprocessing software throughout the global information infrastructure."
(Quelle: The OpenGIS Guide (1998), www.opengis.org)

Dieser Gedanke und die Realisierung des OGC-Gedankens bilden das Grundgerüst für einen Lösungsansatz. Bestimmte Bereiche (Geometrietypen) sind als Standards definiert worden. Diese Standards werden von allen GIS verstanden und bilden somit den universellen Teil der Geoinformation. Darüber hinaus existiert aber ein spezieller und technologieabhängiger Teil der Geoinformation, der von den Systemen unterschiedlich interpretiert wird. Als Beispiel ist die unterschiedliche Behandlung von durchaus essentiellen Informationen wie Texten, Bögen, Splines etc. anzuführen. Diese nicht standardisierten oder im Sinne des OGC-Gedankens nicht spezifizierten Elemente können somit ohne zusätzliche Behandlung nicht nutzbar gemacht werden. Neben der gezielten syntaktischen Konvertierung und Bereitstellung müssen die speziellen Interpretationen der GIS berücksichtigt werden.

Der Begriff der OGC-Konformität ist ein dehnbarer Begriff, der einen großen Interpretationsspielraum zulässt. Die Einigung aller führenden GIS-Hersteller auf gewisse Standards muss da halt machen, wo weitere Standardisierungen tiefe technologische Einschnitte in die jeweiligen GIS-Architekturen nach sich ziehen würden. Das erklärt auch den Konsens zur Speicherung von Punkten (x- und Y-Koordinate), von Linien (die Verbindung von zwei oder mehreren Koordinaten) und von Flächen als Verbindung mehrerer Linien. Es erklärt aber auch, dass es zur Speicherung bestimmter Geometrietypen wie z.B. Bögen keine weiteren Einigungen geben kann, wenn dies durch verschiedene technische Verfahren realisiert werden kann. In der Regel sind diese Methoden tief in den Programmierungen der GIS verwurzelt. Eine Harmonisierung der Speicherverfahren solcher Geometrien hätte tiefe technische Einschnitte zur Folge. Daher ist auch zukünftig kein Konsens über die genannten und folgenden Punkte zu erwarten:

- Art der Datenspeicherung – redundant oder redundanzfrei
- Texte
- Splines
- Drehwinkel von Texten und Symbolen
- Collections vom selben Geometrietyp (gleichartige miteinander nicht verbundene Geometrien zu einem Objekt)
- Collections aus verschiedenen Geometrietypen (z.B. Flächenobjekt, das sowohl von Linien als auch von Bögen begrenzt sein kann)
- Koordinatensysteme
- Zeichensätze (Umlaute)

In Abhängigkeit der in einem jeweiligen Szenario eingesetzten Technologien muss also ein so allgemeingültiges Datenmodell beschrieben werden, dass alle oben genannten Besonderheiten voll berücksichtigt und gelöst werden. Mit Zusatztools der GIS ist das nicht möglich. Erst die Methode der Datenmodellierung ermöglicht, auch den verborgenen Teil der Geoinformation öffentlich zu machen und auf eine standardisierte Sprache abzubilden. Dafür muss bestimmte Software eingesetzt werden, die nebenbei einen wichtigen Beitrag zur Qualitätssicherung von Geodaten leisten kann.

4 Idee des Geodatenservers

Die Idee der offenen und zentralen Datenhaltung wird im Geodatenserver umgesetzt. Dieser beschreibt eine offene zentrale Datenhaltung in file-basierten Strukturen oder geeigneten Datenbanken. Im Folgenden wird die Speicherung der Daten in Datenbanken betrachtet, da sie gegenüber file-basierten Speicherverfahren Vorteile bezüglich der Speicherung größerer Datenmengen, der Verwaltung und Analyse und der Möglichkeit einer blattschnittfreien und redundanzfreien Speicherung bietet. Der Geodatenserver ermöglicht die Integration von Daten aus verschiedenen Quellen bzw. des Teiles, der für weitere Nutzer zur Verfügung gestellt werden soll. In der Praxis werden mehrere Geodatenserver eingesetzt.

Das Besondere ist, dass mit dem Transport der Daten in die Datenbank durch Modellierung offene Strukturen aufgebaut werden, die die Abhängigkeit von bestimmten Systemen aufheben. Beispiel: Landet ein Text als binäres Objekt in der Datenbank, wird er nur von System A verstanden, nicht aber von System B und C. Wird dieses Objekt modelliert, kann es von allen Systemen A, B und C verstanden werden.

Abbildung 1 zeigt, dass der Teil der Geoinformation, der zum OGC-Standard zählt (schraffierte Menge) nur eine kleine Teilmenge der Speichermöglichkeiten von Geoinformation in einer Datenbank darstellt. Ein weiterer Teil wird mit den Speichermechanismen der GIS in der Datenbank so technologiespezifisch gespeichert, dass andere Systeme diese Daten nur noch zu einem Teil interpretieren können (entspricht z.B. der Schnittmenge von Datenmodell GIS A und Datenmodell GIS B).

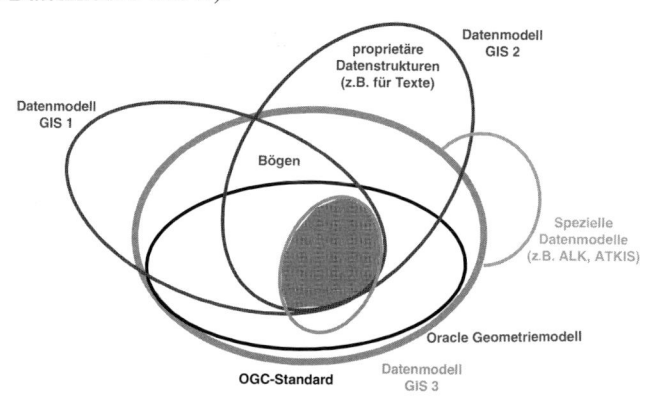

Abb. 1

Ein möglicher Lösungsansatz könnte sein, sämtliche Informationen auf die kleinste gemeinsame Schnittmenge abzubilden. Das wird wie oben erläutert von den jeweiligen Tools der GIS nicht unterstützt. Diese füllen immer auch einen Teil aus, der für andere GIS nicht verständlich ist. Nur geeignete Datenmodellierungssoftware erlaubt eine Übernahme aller Geodaten auf einen gemeinsamen Nenner. Je nach Datenbank kann ein gleichzeitiger direkter Zugriff auf dieselben(!) Daten ohne Informationsverlust mit vielen verschiedenen Technologien erfolgen (GIS, Web-Mapping-Produkte).

Das folgende Modell in Abbildung 2 zeigt die technische Vorgehensweise. Einzige Gesetzmäßigkeit ist eine Trennung von Produktion und zentralem Geodatenserver. Die Produktion verwendet in der Regel ausgereifte Fachapplikationen zur Erfassung und Präsentation der Daten. Die Speicherung erfolgt meist proprietär. Die Übernahme der Daten in die Datenbank über Schnittstellen und Veredelungswerkzeuge erlaubt eine bedarfsgerechte Aufbereitung.

Das Verfahren der Bereitstellung der Daten in einem zentralen Server mit vorheriger Modellierung weist dabei folgende Vorteile auf:

- Aufhebung der Technologieabhängigkeit (Überführen der Daten in eine allgemein verständliche Sprache)
- Aufhebung von Fachanwendungsabhängigkeiten (Zeichenmethoden etc.)
- Kreation neuer Geodatenprodukte (horizontale oder vertikale Verschneidung)
- Qualitätssicherung der Daten während des Transportes mit geeigneten Analyseprogrammen und mit Datenbankmitteln
- Fazit: Vorhalten eines qualitätsgesicherten, aktuellen und offenen neuen Datenbestandes: kein Sekundärdatenbestand

Die Aktualisierung ist über verschiedene Fortführungsmechanismen sichergestellt.

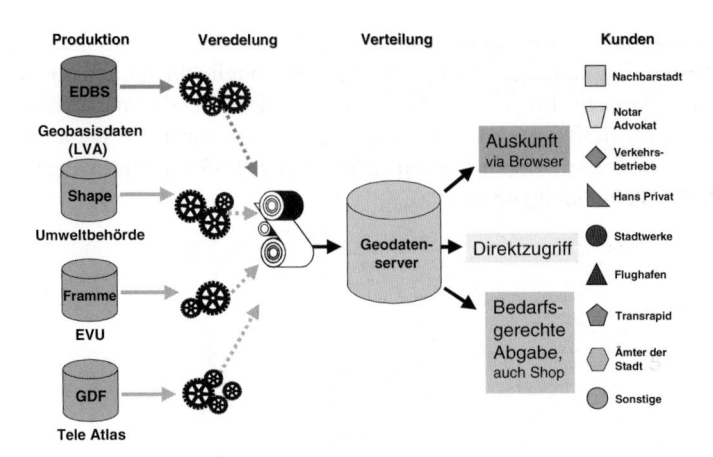

Abb. 2

Der Weg aus der Datenbank ist ebenfalls offen. Spezifische Kundenanforderungen können berücksichtigt werden. In der Regel ist das der Bezug bestimmter Datenkörper aus bestimmten räumlichen Gebieten, mit bestimmten Inhalten und in bestimmten Datenformaten. Über einen Browser kann auf die Daten des Geodatenservers kontrolliert zugegriffen werden, und die Daten können online bestellt werden. Der Nutzer kann sich die Daten in seinem Wunschformat herunterladen und in seinem GIS offline nutzen. Es können all die Nutzer komfortabel bedient werden, denen ein direkter Zugriff auf den Server aufgrund technologischer Einschränkungen ihrer GIS verwehrt ist oder die auf die Daten aufgrund sicherheitstechnischer Vorgaben nicht direkt zugreifen dürfen.

Das vom Verfasser erstellte Demoszenario „Rund um Düsseldorf" setzt dieses Konzept in die Praxis um. Daten verschiedener Fachbereiche aus insgesamt fünf verschiedenen Systemen und Formaten wurden in eine zentrale Datenbank (hier Oracle Spatial) integriert. Zu den Daten zählen digitale Straßendaten, Leitungsdaten verschiedener Gewerke, ATKIS-Daten und Stadtgrundkarten zweier benachbarter Großstädte.

Alle Daten wurden so aufbereitet, dass mit verschiedenen OGC-konformen GIS-Technologien, darunter Autodesk, ESRI, Intergraph, MapInfo und Smallworld, auf ein und denselben Datenbestand zugegriffen werden kann. Unter den Systemen sind sowohl GIS als auch Web-Mapping-Systeme vertreten. Mittels einer weiteren Komponente können die Daten aus dem Geodatenserver über einen Browser komfortabel online bestellt, in proprietären Formaten ausgeladen und in den jeweiligen GIS genutzt werden.

Die Aktualität der Daten im Geodatenserver wird über geeignete Fortführungsmechanismen sichergestellt.

5 Vorteile einer offenen neutralen Geodatenhaltung

Die Besonderheit der beschriebenen Lösung liegt in ihrem kundenorientierten Ansatz. Abhängigkeiten von Fachanwendungen und GIS werden aufgelöst. Hauptaugenmerk wird dem Nutzer geschenkt, dessen Anforderungen klar definierbar sind: Direkte Nutzungsmöglichkeit aktueller und geprüfter Geodaten in seinem GIS ohne mühevolle Integrations-/Konvertierungsprozeduren. Der gemeinsame Zugriff auf dieselben qualitätsgesicherten Daten mit verschiedenen Technologien ohne Informationsverlust erlaubt neue, bisher nicht realisierte Möglichkeiten. Daraus resultieren nicht zuletzt Einsparpotentiale durch die Vermeidung doppelter Datenerfassungen. Mangels Bezugsmöglichkeit aktueller Geoinformation müssen viele Nutzer noch heute mit hohem Investitionsaufwand als Grundlage für ihre Aufgaben Daten selbst erfassen, z.B. Energieversorger ALK-Daten. Volkswirtschaftlich ist diese Tatsache nicht vertretbar, aber dennoch tägliche Praxis.

6 Aufgaben und Möglichkeiten von Geodatenzentren

Geodatenzentren sollen als Institution den Betrieb von Geodatenservern aufbauen und unterstützen und damit eine effiziente und systemunabhängige Nutzung von Geoinformation sicherstellen. Sie sind als Betreiber verantwortlich für Qualität und Aktualität der Daten. Aufgrund der Erfahrungen sind professionelle GIS-Anwender wie EVU, Rechenzentren oder Verwaltungen prädestiniert für eine solche Aufgabe. Neben der bestehenden Kundennähe und der Kenntnis der Kundenbedürfnisse spricht auch die vorhandene Infrastruktur bei den potentiellen Betreibern für eine Erweiterung der bisher wahrgenommenen Aufgaben. Nicht zuletzt lassen sich neue Geschäftsmodelle generieren, die einen zusätzlichen kommerziellen Erfolg versprechen.

Der Kunde wiederum profitiert davon, dass er eine Übersicht über die in seiner Region verfügbaren Geodaten gewinnt und diese uneingeschränkt der Herkunft oder Besonderheiten in seinem GIS schnell und verlässlich nutzen kann.

7 Ausblick

Geoinformation kann durch Aufbereitung und Modellierung allgemein zur Verfügung gestellt werden. Damit kann der scheinbar nicht überwindbare GIS-monolithische Ansatz, aus dem bei globaler Betrachtung Informationsverlust resultiert, überbrückt werden. Geoinformation muss für jeden zur Verfügung stehen, der sie nutzen will. Das Hauptaugenmerk muss den Daten selbst und nicht seinen Werkzeugen, den GIS, geschenkt werden.

Geodatenzentren als Institution helfen, diesen Ansatz zu verwirklichen. Sie erlauben eine optimierte Verteilung und Nutzung von Geodaten.

Geodatenzentren können zukünftig neben den beschriebenen Aufgaben weitere wahrnehmen. Die Vielfältigkeit möglicher Anwendungen lässt der Fantasie freien Lauf. Neben dem Anbieten sogenannter online-Services (ASP) sind auch das Generieren neuer Geodaten durch Verschneiden vorhandener Geodatenprodukte keine Zukunftsvision mehr.

Georisikokarte Vorarlberg – Analyse geogener Gefährdungen mit GIS im regionalen Maßstab

Wolf KASSEBEER und Michael RUFF

Dieser Beitrag wurde nach Begutachtung durch das Programmkomitee als „reviewed paper" angenommen.

Zusammenfassung

Ziel des Projektes „Georisikokarte Vorarlberg" ist eine Bewertung der Gefährdung für Steinschlag und Rutschungen in einem regionalen Maßstab für die Talschaften von Vorarlberg. Grundlage der Arbeiten sind geologische und geotechnische Karten ausgewählter Untersuchungsgebiete und das digitale Höhenmodell. Alle Analysen werden durch die Verknüpfung von Rasterdaten durchgeführt. Die Gefährdung für Rutschungen wird mit einer qualitativen Indexmethode analysiert. Steinschlag-Trajektorien werden mit der D8-Methode berechnet.

1 Einleitung

Das beschleunigte Bevölkerungswachstum, vor allem aber die Urbanisierung ungeeigneter Landstriche, führt weltweit zu einer verstärkten Auswirkung von Naturkatastrophen. So sind auch die intensiv als Siedlungs- und Tourismusraum genutzten Täler Vorarlbergs gefährdet: Bergstürze, Steinschlag, Hangkriechbewegungen, Rutschungen, Muren und andere Arten von Massenbewegungen – auch als **Georisiken** bezeichnet – werden immer Teil des Lebens in den Alpen sein. Eine Vorhersage solcher Hangbewegungen sowie eine Abgrenzung gefährdeter Bereiche wäre wünschenswert – einerseits um bereits bebaute Bereiche so weit wie möglich zu sichern, andererseits um die Bebauung gefährdeter Bereiche zu verhindern. Die Vorhersage von Massenbewegungen, sowohl räumlich als auch zeitlich, ist jedoch eine schwierige Aufgabe, welche nur anhand detaillierter räumlicher Daten, langer Beobachtung betroffener Bereiche und einem präzisen Verständnis für die zugrundeliegenden Mechanismen zu verwirklichen ist. Hinzu kommt, dass eine zeitliche Vorhersage von Hangbewegungen außer von den statischen Gegebenheiten auch von dynamischen auslösenden Faktoren wie Niederschlag und Seismik abhängt; Phänomene, deren Vorhersage an sich schon schwierig ist.

Um für Vorarlberg einen ersten Schritt zu unternehmen, potenzielle Hangbewegungen räumlich abzugrenzen, arbeitet der Lehrstuhl für Angewandte Geologie der Universität Karlsruhe (AGK) in Kooperation mit der Vorarlberger Naturschau in Dornbirn und der Vorarlberger Landesregierung seit 1999 am Projekt **Georisikokarte Vorarlberg**. Langfristiges Ziel des Projektes ist ein flächendeckendes, GIS-gestütztes, geowissenschaftliches Kartenwerk der Vorarlberger Talschaften, dessen zentraler Bestandteil Gefährdungskarten sind. Als Grundlage für die Gefährdungskarten und als Ergänzung für den Benutzer werden flächendeckende geologische Karten erarbeitet, welche in das Landes-GIS (VoGIS) übernommen werden. Das Kartenwerk soll als Vorerkundungsinstrument und Ergänzung zu der Gefahrenzonenabgrenzung dienen, welche in letzter Instanz nur durch amtliche Stellen vorgenommen werden kann. Als GIS-Software wird ArcInfo^{TM} bzw. ArcGIS^{TM} verwendet, da es als hybrides GIS Vektor- und Rasterdaten verarbeiten kann und diese Software außerdem von der Landesregierung Vorarlbergs verwendet wird.

2 Arbeitsgebiete

Das Projekt Georisikokarte Vorarlberg besteht zur Zeit aus mehreren Arbeitsgebieten. Zunächst wurde das **Pilotprojekt Bregenzerwald** ins Leben gerufen, in dessen Rahmen verschiedene Methoden der Georisiko-Analyse angewandt wurden. Dazu wurde ein Gebiet gewählt, welches sich entlang der Bregenzer Ach von Bregenz bis Schoppernau erstreckt. Nach Abschluss der Pilotarbeiten wurde im Verlauf des **Projektes Hochtannberg/Arlberg** ein Gebiet am Oberlauf der Bregenzer Ach bei Schröcken über das Lechtal und den Flexenpaß bis nach Stuben bearbeitet. Beide Gebiete queren zusammen von Norden nach Süden die wichtigsten tektonische Einheiten der Alpen: Molasse, Helvetikum, Penninikum (hier v.a. Rhenodanubischer Flysch), Kalkalpin und Silvretta Kristallin. Die Gesteine dieser Einheiten unterscheiden sich grundlegend, sowohl im Alter als auch in der Ausbildung. Im Jahr 2003 ist ein weiteres Arbeitsgebiet hinzugekommen, in dem vermehrt statistische Methoden angewendet werden. Das Gebiet des **Projektes Großes Walsertal** soll bei Thüringen beginnen und über Damüls ein Gebietsanschluss zum Pilotprojekt vollziehen.

3 Massenbewegungen

Die wichtigste Grundlage bei großflächigen, langjährigen Projekten ist eine standardisierte Datenerhebung. In der Literatur finden sich eine Vielzahl von möglichen Klassifikationen von Massenbewegungen. Ein guter Überblick über die internationale Literatur findet sich bei CRUDEN & VARNES (1996). Grundsätzlich teilen die meisten Bearbeiter Hangbewegungen nach dem Bewegungsmechanismus sowie dem beteiligten Material ein. Auf dieser Grundlage basiert auch die Einteilung nach MOSER & ÜBLAGGER (1984), welche für den Alpenraum entwickelt und für diese Arbeiten leicht verändert übernommen wurde.

In diesem Sinne versteht man unter einer **Rutschung** (Gleitung) eine Bewegung mehr oder weniger zusammenhängender Massen entlang einer Gleitfläche. Abriss- und Akkumulationsgebiet liegen meist nahe beieinander und lassen sich als zusammenhängende Fläche kartieren. Langgestreckte Geländekanten, die meist aus einer Folge von Massenbewegungen entstanden sind, können als Abrisskanten kartiert werden. Als **Steinschlag** oder Felssturz wird die fallende Bewegung ein oder mehrerer Gesteinskörper bezeichnet, die sich nach dem Auftreffen auf den Untergrund springend, rollend oder gleitend fortbewegen können. Bei diesen Sturzbewegungen wird Material meist aus sehr steilen, wirtschaftlich weniger interessanten Bereichen weit in flachere, häufig genutzte Bereiche transportiert. Deshalb ist vor allem interessant, wohin die Massen transportiert werden.

Die starke lithologische Differenzierung der tektonischen Einheiten Vorarlbergs führt zur Ausbildung unterschiedlicher Gefährdungstypen. Helvetikum und Kalkalpin sind durch schroffe, steile Felswände geprägt. Eine Gefährdung besteht hier hauptsächlich durch

Steinschlag und Felssturz. Molasse und Flyschzone bestehen hingegen aus erosionsanfälligen Gesteins-Wechselfolgen klastischer Ablagerungen, welche hauptsächlich zu Rutschungen neigen. Aus diesem Grund muss die Gefährdung je nach Einheit unterschiedlich ermittelt werden.

4 Geländearbeit/Vorbereitung

4.1 Geologische Kartierung

Fast ganz Vorarlberg ist durch geologische Kartierungen abgedeckt. Allerdings decken sich die stratigraphischen Einteilungen der einzelnen Autoren meist nicht. Außerdem müssen die bis zu hundert Jahre alten Bearbeitungen mit neueren, plattentektonischen Modellen uminterpretiert werden. Eine Revisionskartierung der Arbeitsgebiete wurde somit unumgänglich. Um die bereits vorhandenen Kartierungen trotzdem so weit wie möglich vor einem einheitlichen topographischen Hintergrund verwenden zu können, wurden alle vorliegenden Arbeiten für den Bereich der Arbeitsgebiete digitalisiert.

4.2 Geotechnische Kartierung

Für eine Aussage über potenzielle Massenbewegungen im regionalen Maßstab ist ein genaues Studium der Verbreitung aktueller und historischer Massenbewegungs-Ereignisse unerlässlich. So kann ein Verständnis für die stabilisierenden bzw. destabilisierenden Faktoren erlangt werden. Die identifizierten Mechanismen werden dann auf geologisch ähnliche Situationen angewandt. Auf den geotechnischen Karten werden morphologische Geländekanten wie Abrisskanten und Erosionsrinnen als Lineare, sowie aktuelle Massenbewegungen als Flächen eingezeichnet. Außerdem werden die stratigraphischen Einheiten nach ihren lithologischen Eigenschaften zusammengefasst.

5 Arbeit mit dem GIS

5.1 Einteilung in Ebenen und Umwandeln in Rasterdaten

Die im Gelände gewonnenen Informationen werden anschließend an die Geländearbeit im Vektorformat abgelegt. Dabei werden stratigraphische Einheiten als Polygone, Störungen als Linien und Streich-/Fall-Werte als Punkte digitalisiert. Bevor mit der Berechnung der Gefährdungskarten begonnen werden kann, müssen die einzelnen Datenebenen zu flächenhaften gerasterten Faktorenebenen weiterverarbeitet werden. Dafür gibt es zwei wichtige Gründe: erstens eignen sich die Rasterdaten wesentlich besser für die Darstellung natürlicher, fließender Übergänge (z.B. Höhenmodelle), zweitens sind sie für Berechnungen besser geeignet, da jedem Punkt im Raum für jede Informationsebene ein Wert zugeordnet ist. Mathematische Operationen lassen sich auf dieser Grundlage einfach ausführen. Als Rasterweite wurde 25 m gewählt, was der Auflösung des amtlichen digitalen Höhenmodells (DGM) entspricht, dem einzigen Datensatz, welcher zu Projektbeginn bereits als Raster vorlag.

Auch die Informationsebenen, die lineare Daten wie z.B. Störungen enthalten, müssen erst in flächendeckende Information konvertiert werden. Da in Bezug auf Massenbewegungen bei Störungszonen der Abstand das eigentlich interessante Kriterium darstellt, wurde unter Anwendung von Buffern ein Raster mit der Information „Abstand zu Störungen" erstellt. Komplex gestaltete sich die Auswertung der Streich- und Fallwerte, welche die räumliche Lage der geologischen Schichten beschreiben. Da es sich bei diesen Daten um punktförmige Informationen handelt, ist die Abgrenzung von Homogenitätsbereichen erforderlich, um einen flächenhaften Datensatz zu erhalten. Obwohl von dem GIS verschiedene Methoden der Interpolation automatisch durchgeführt werden können, erwies sich aufgrund der geringen Punktdichte und der komplizierten geologischen Situation eine manuelle Abgrenzung einzelner Wertefacetten als realistischer. Im geotechnischen Sinn entsteht eine Gefährdung nicht durch die Schichtlagerung an sich, sondern erst durch ihre relative Lage in Bezug zur Hangmorphologie. So muss anschließend an die Facettenbildung eine Verschnittoperation mit dem DGM durchgeführt werden. Dabei wird in einem ersten Schritt das Streichen von der Exposition und das Einfallen von der Hangneigung subtrahiert. Durch die anschließende Klassifizierung der Ergebnisse entstehen zwei neue Datenebenen, in denen Zellen ähnlicher Orientierung bzw. Neigung höhere Werte als Zellen unterschiedlicher Orientierung bzw. Neigung erhalten. Durch eine Addition der beiden Raster wird abschließend eine Ebene generiert, in der die hohen Werte ein hohes Maß an Parallelität von Hang und Schichtung ausweisen.

5.2 Erstellen der Gefährdungskarten

5.2.1 Rutschungsgefährdung

In einer frühen Projektphase fiel die Entscheidung, eine qualitative Index-Methode für die Auswertung der Rutschungsgefährdung anzuwenden. Ein Grund für diese Auswahl war, dass dieses Verfahren für den angedachten Maßstab von 1:25.000 geeignet ist. Ein weiterer großer Vorteil dieses Ansatzes liegt in seiner Flexibilität. Nachdem die Verfahrensfrage entschieden war, konnte mit dem Sammeln und Aufarbeiten der Daten begonnen werden. Bei Indexmethoden werden die Inhalte der einzelnen Informationsebenen bezüglich ihres Beitrags zur Gefährdung bewertet und anschließend miteinander kombiniert. Nachdem feststeht, welche Informationsebenen verwendet werden sollen, muss ein Schema für die Kombination gefunden werden. Nach JUANG et al. (1992) und REITERER (2001) wurde ein dreiteiliger Entscheidungsbaum verwendet, um die „Formel" zu finden, mit der die Ebenen kombiniert wurden. Bei diesem Verfahren werden die einzelnen Faktoren zu Kategorien zusammengestellt. Die Bewertung erfolgt anschließend in drei Schritten (Abbildung 1):

- Relative Bedeutung der Inhalte der einzelnen Informationsebenen,
- Bedeutung des einzelnen Faktors innerhalb seiner Gruppe und
- Bedeutung der Gruppe als Ganzes.

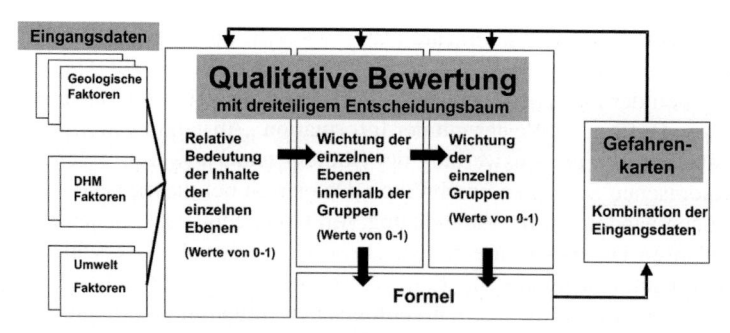

Abb. 1: Flussdiagramm der qualitativen Indexmethode. In einem dreistufigen Entscheidungsverfahren nach JUANG et al. (1992) wird die empirische „Formel" ermittelt, mit der die Faktorenebenen zu den Gefährdungskarten kombiniert werden.

Bei der Auswertung der Feldarbeiten wurden folgende relevante Faktoren erkannt: die Hangneigung (Exposition) erwies sich – wie erwartet – als wichtigster Faktor für das Entstehen von Rutschungen. Die Lithologie der geologischen Formationen konnte nach ihrer Anfälligkeit in Bezug auf Rutschungen klassifiziert werden. Die Mächtigkeit von Deckschichten, welche aus der Verwitterung von Festgesteinen entstehen, kann als Maß für deren Anfälligkeit für Rutschungen herangezogen werden. Die relative Schichtlagerung und die Nähe zu Störungen wurden bereits oben erwähnt. Die Nähe zu erosiven Bächen wirkt sich destabilisierend aus, während der Bewuchs mit Bäumen ein stabilisierender Faktor bei flachgründigen Rutschungen ist. Die Faktoren wurden in getrennten Datenebenen abgelegt und nach Tabelle 1 gruppiert und gewichtet.

Tabelle 1: Die in der Gefährdungseinschätzung verwendeten Faktoren und deren iterativ angepasste Gewichtung für den Bereich des Rhenodanubischen Flysch (nur für das Arbeitsgebiet gültig)

Ebene	Gruppe	Bewertung der Ebene	Bewertung der Gruppe	Gesamtbewertung
Hangneigung	DGM	1	0,3	0,3
Lithologie	Geologische Faktoren	0,3	0,5	0,15
Schichtlagerung		0,3		0,15
Deckschichten		0,3		0,15
Störungen		0,1		0,05
Bäche	Umweltfaktoren	0,6	0,2	0,12
Bewaldung		0,4		0,08
		Je Gruppe $\sum = 1$	$\sum = 1$	$\sum = 1$

Bei den Bewertungen werden Faktoren zwischen 0 und 1 vergeben, wobei 1 die maximale Gefährdung darstellt. Die Faktoren der Einzelebenen (z.B. Lithologie) ergeben sich aus dem Vergleich der Ebenen mit den vorhandenen Rutschungsflächen. In den folgenden Schritten wird die Summe der Bewertungen der Ebenen in der Gruppe und die Summe der Gruppenbewertungen auf 1 normiert. So erhält man letztendlich auch für die Gesamtbewertung Faktoren zwischen 0 und 1, welche sich direkt mit den Ergebnissen der einzelnen Ebenen vergleichen lassen. Die Faktoren, die den einzelnen Gruppen dabei zugeteilt werden, basieren auf Expertenwissen. Wie in Abbildung 1 angedeutet, kann die „Formel" bei diesem Verfahren in einem iterativen Prozess an die tatsächlichen Gegebenheiten angepasst werden. Ein wichtiger Punkt in diesem Zusammenhang ist natürlich, dass die kartierten Rutschungen in den als gefährdet markierten Bereichen liegen sollten.

5.2.2 Steinschlaggefährdung

Wie bereits erwähnt, ist die Gefährdung, welche von Sturzbewegungen ausgeht, eine grundlegend andere als im Fall von Rutschungen. Die Analyse von Sturzbewegungen muss in drei Teilbereiche eingeteilt werden:

- Ermittlung des Abbruchbereiches
- Ermittlung des Sturzweges
- Ermittlung der Reichweite

Abbruchbereiche können auf verschiedene Weise festgelegt werden. Eine Möglichkeit ist, alle potenziellen Abbruchbereiche direkt im Gelände zu kartieren. Auch wenn dies sicherlich die genaueste Methode ist, kann sie bei Bewertungen im regionalen Maßstab zu zeitintensiv – und damit zu teuer – sein. Eine weitere Möglichkeit ist die Ermittlung eines Grenzwertes für die Hangneigung, mit dem die Ausscheidung der gefährlichen Bereiche unter Verwendung des Höhenmodells erfolgen kann. Diese Vorgehensweise hat den Vorteil, dass sie schnell durchzuführen ist und im regionalen Maßstab homogene Ergebnisse liefert, welche nicht von der subjektiven Einschätzung des Feldgeologen abhängen. Nachteil dieses Ansatzes ist seine Abhängigkeit von der Genauigkeit des Höhenmodells.

Im Rahmen der geotechnischen Bearbeitung wurden die Abbruchbereiche kartiert (Abbildung 3), so dass eine solide Grundlage zur Kalibrierung eines solchen Ansatzes gegeben ist. Im Verlauf eines manuellen Iterationsprozesses wurden so lange Hangneigungsbereiche isoliert, bis sich eine möglichst genaue Übereinstimmung mit den kartierten Abbruchbereichen ergab. Das Ergebnis dieses Vorgangs war, dass im Höhenmodell Bereiche mit einer Hangneigung ab 50° als sturzgefährdet angenommen werden können. Diese werden als **Quellzellen** bezeichnet. Ausgehend von den ermittelten Abbruchbereichen konnten anschließend die **Trajektorien** (Sturzbahnen) berechnet werden. Hierzu wurde ein oft als D8-Methode (deterministic eight-neighbours) bezeichnetes Verfahren nach JENSON & DOMINGUE (1988) verwendet. ArcInfo^{TM} bietet dem Anwender die Möglichkeit, dieses Verfahren mit bereits implementierten Befehlen durchzuführen. Dabei wird anhand der Hangneigung für jede Zelle die Richtung zu der niedrigsten Nachbarzelle sowie der entsprechende Gradient berechnet. Anschließend wurde nach BERCEANU (in Vorb.) auf dieser Grundlage der Weg von den Ausgangszellen zu den tieferen Zellen dargestellt. Dabei wurde die Trajektorie so lange weitergezeichnet, bis nur noch gleich tiefe Zellen als Nachbarn der letzten Ausgangszelle vorlagen, oder bis als empirische Grenzbedingung die Hangneigung 20° unterschritt. Da ein Steinschlagkörper am wahrscheinlichsten den steilsten Weg nehmen wird, kann eine Gewichtung aller theoretisch möglichen Wege von der Quellzelle hangabwärts ermittelt werden. Man teilt Zellen mit hohen Gradienten niedrige Werte zu, während Zellen mit niedrigen Gradienten hohe Werte erhalten. Summiert man jetzt für die einzelnen Trajektorien die Gesamtwerte aller durchquerten Zellen auf, so kann eine Aussage über weniger gefährdete (große Summe) und stark gefährdete (kleine Summe) Bereiche erfolgen. Dieser recht einfache theoretische Ansatz liefert im untersuchten Gebiet gute

Ergebnisse (Abbildung 3 u. 4). Eine genauere Modellierung der Reichweite nach dem Vorbild von MEIßL (1998) wird zur Zeit an der AGK erarbeitet.

6 Fallbeispiele

6.1 Rutschungen am Nordhang des Schrecksbaches

Die Gefährdung durch Rutschungen ist im Arbeitsgebiet vor allem in den gut geschichteten, tonig-mergeligen Formationen hoch. Oft bilden die tonigen Schichten einen Wasserstauer, der bei stärkeren Regenfällen zur Ausbildung von schichtparallelen Gleitflächen führt. Ein typisches Beispiel ist die Piesenkopf Formation des Rhenodanubischen Flysch an den Flanken des Schrecksbachs südöstlich von Schoppernau (Abbildung 2).

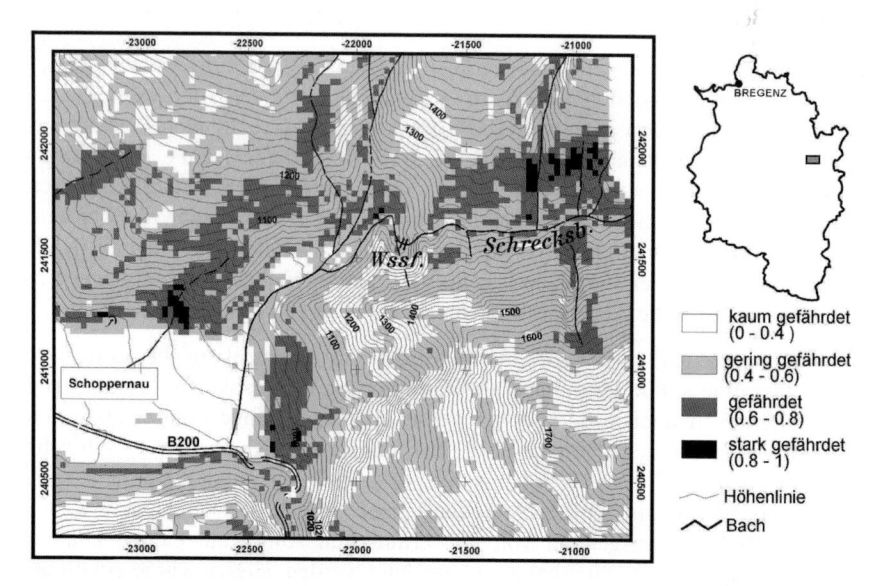

Abb. 2: Gefährdungskarte für Rutschungen am Schrecksbach bei Schoppernau. Die Berechnung erfolgte mit den Faktoren aus Tabelle 1.

Das Einfallen der Schichten nach Süden bewirkt vor allem an dazu parallel orientierten Hängen eine deutliche Destabilisierung (RUFF et al. 2002). Weitere gefährdete Gebiete entstehen durch die hohe Mächtigkeit der Deckschichten auf den kalkigen Sandsteinen der Reiselberger Formation. Aufgrund der Undurchlässigkeit des unterliegenden Festgesteins sättigen sich diese bei langen Feuchtperioden mit Wasser auf und es bilden sich Rotationsrutschungen.

6.2 Felssturz am Rüfikopf

Als Fallbeispiel für Steinschlag wird ein typischer Gipfel der Kalkalpen, der Rüfikopf östlich von Lech beschrieben. Am Rüfikopf ist die für das Kalkalpin charakteristische Abfolge von triassischen und jurassischen marinen Sedimenten aufgeschlossen. Die Erosionsbeständigkeit der Kalksteine und Dolomite von Arlberg Formation, Oberrhätkalken und Hauptdolomit Formation (dem wichtigsten Gipfelbildner der Region) führte in den Eiszeiten zur einer Herauspräparierung übersteilter Felswände. Wie überall in den Alpen sind die Kalksteine stark geklüftet. Durch den hydrostatischen Druck bei Starkregenereignissen oder durch Frostsprengung im Winter lösen sich immer wieder Gesteinsquader aus den Felswänden. Die Kartierung ergab die in Abbildung 3 dargestellte Situation. Die Schichten zeigen ein allgemein südliches Einfallen, so dass sich verstärkt im nördlichen Teil des Gipfels steile Hänge bildeten. Im Wesentlichen haben sich im Nordwesten und Nordosten zwei große Bereiche mit Schuttfächern gebildet, in denen regelmäßig Material nachstürzt. Diese Bereiche sind als gefährdet anzusehen und es soll ermittelt werden, ob diese Gefährdungen auch mit den bestehenden Datenebenen mit dem GIS nachgewiesen werden können.

Alle Zellen, die unter den oben genannten Voraussetzungen überhaupt von einer der Quellzellen erreicht werden könnten, sind in Abbildung 4 in Grautönen dargestellt. Durch die oben erwähnte Berechnung von Gesamtwerten für die einzelnen Wege kann eine Gefährdungsabschätzung erfolgen. Eine Einteilung der Zellen in die zwei Kategorien „stark gefährdet" (geringe Summe, mittelgrau) und „gefährdet" (hohe Summe, hellgrau) kann anschließend erfolgen.

Ein Vergleich von Abbildung 3 und 4 zeigt, dass der oben genannte Ansatz zu einer regional guten Annäherung an die reale Situation führt. Das ist vor allem darauf zurückzuführen, dass in dem Digitalen Höhenmodell bereits morphologische Geländestrukturen (Bacheinschnitte, Felskanten etc.) mit eingearbeitet sind. Allerdings stimmt die Orientierung der Schuttfächer am Nordwesthang nur schlecht mit der Berechnung überein. Dies liegt daran, dass sich an die Morphologie angepasste Rinnen entwickelt haben, die im Höhenmodell nicht aufgelöst sind.

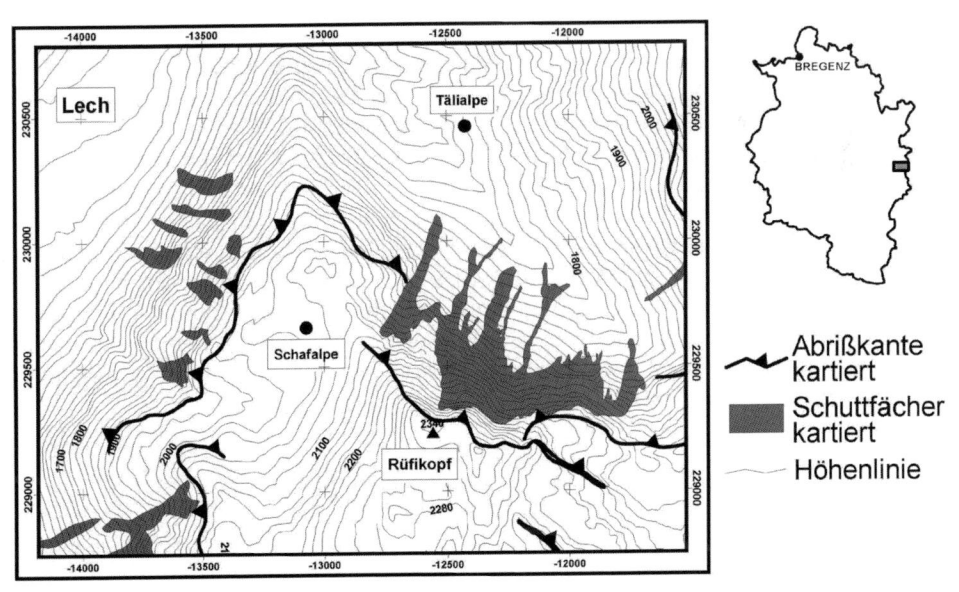

Abb. 3: Reale Situation am Rüfikopf bei Lech. Dargestellt werden die kartierten Abrisskanten und die aktiven Schuttfächer.

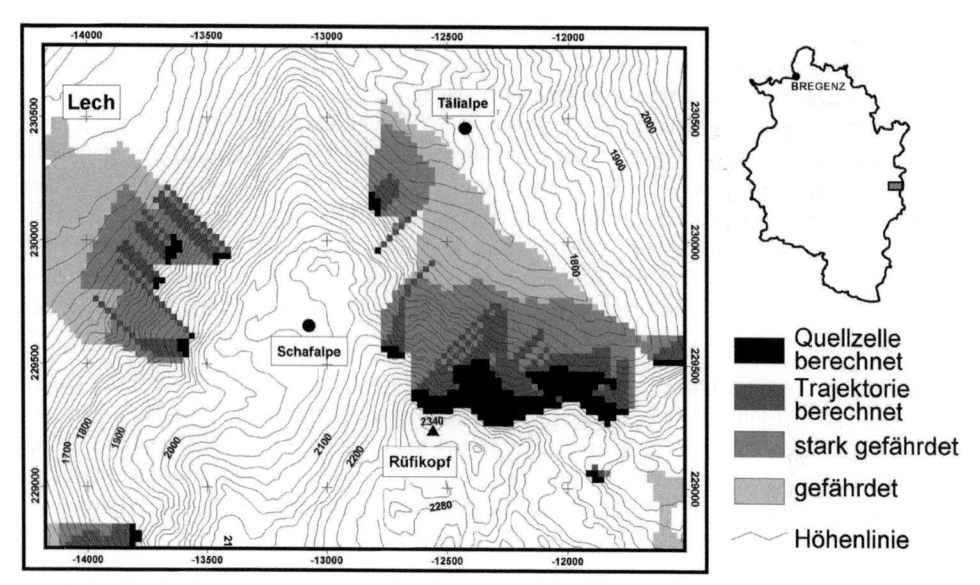

Abb. 4: Anhand des Höhenmodells berechnete Gefährdungskarte für Steinschlag am Rüfikopf bei Lech.

7 Fazit

Grundsätzlich haben sich die verwendeten Methoden als geeignet erwiesen, einen regionalen Überblick über die Gefährdung in den einzelnen Teilgebieten zu vermitteln.
Es muss jedoch betont werden, das die verwendeten qualitativen Methoden fast ausschließlich auf sogenanntem "Expertenwissen" basieren. Die D8-Methode zur Ermittlung der Steinschlaggefährdung hat im Arbeitsgebiet zufriedenstellende Ergebnisse gebracht. Es wird jedoch an einer verbesserten Methodik gearbeitet. Um in Zukunft die Bearbeitung des Projektes zu erleichtern wäre es sinnvoll, wenn in Vorarlberg alle bekannten Massenbewegungen zentral inventarisiert würden. Die Lage von wichtigen Schutzbauten und Verbauungen sollten ebenfalls zentral archiviert werden. Unter Verwendung von Geoinformationssystemen könnte so eine Datenbank erstellt werden, welche auf lange Sicht die Auswertung von Zeitreihen ermöglicht, was wiederum Vorraussetzung zur Entwicklung von Frühwarnsystemen ist. Weiterführende Informationen zum Projekt und aktuelle Ergebnisse können auf den Web-Seiten der AGK (www.agk.uni-karlsruhe.de oder www.georisiko.net) bzw. der Naturschau in Dornbirn (www.naturschau.at) abgerufen werden.

Literatur

BERCEANU, V. (in Bearb.): *GIS-Rockfall modelling in the Eastern Alps*. Diss. Uni. Karlsruhe; Karlsruhe

CRUDEN, D.M. & VARNES, D. J.(1996): *Landslide Investigation and Mitigation*. Transp. Res. Board, Nat. Acad. Sci. Special Report 247; Washington, D.C.

JENSON, S. K. & DOMINGUE, J. O. (1988): *Extracting Topographic Structure from Digital Elevation Data for Geographic Information Systems Analysis.* In: Photogrammetric Engineering and Remote Sensing, Vol. 54: No. 11, S. 1593-1600

JUANG, C. H., LEE, D. H. SCHEU, C. (1992): *Mapping slope failure potential using fuzzy sets.* In: Journal of Geotechnical Engineering,118: S. 475-494; American Society of Civil Engineers, New York

MEIßL, G. (1998): *Modellierung der Reichweite von Felsstürzen, Fallbeispiele zur GIS-gestützten Gefahrenbeurteilung aus dem Bayerischen und Tiroler Alpenraum.* Innsbrucker Geogr. Studien 28, 249 S.; Innsbruck

MOSER, M. & ÜBLAGGER, G. (1984): *Vorschläge zur Erstellung von geotechnischen Karten und Erhebungen im Rahmen von Gefahrenzonenplänen in Hangbereichen.* Int. Symp. Interpraevent, Band II; Villach

REITERER, I. (2001): *Gefahrenbeurteilung von Rutschungsbereichen; Versuch der Ausweisung rutschungsgefährdeter Bereiche im südlichen Salskammergut mittels Geographischer Informationssysteme (GIS).* In: Strobl, J., Blaschke, T. & Angewandte Geographische Informationsverarbeitung XIII; Beiträge zum AGIT-Symposium 2001: S. 387-399; Wichmann Verlag, Heidelberg

RUFF, M., KASSEBEER, W. & CZURDA, K. (2001): *Die Geologie in der Umgebung von Schoppernau und ihre Bedeutung bei der Entstehung von Hangbewegungen.* - Vorarlberger Naturschau 11, S. 59-72; Dornbirn

Ballonluftbild- und GIS-basierte photogrammetrische Auswertung kulturhistorischer Objekte in Patara/Türkei

Gerhard KEMPER, Orhan ALTAN, Murat CELIKOYAN und Gönül TOZ

Einleitung

Die Dokumentation und photogrammetrische Vermessung historisch bedeutender Objekte und Stätten ist das Betätigungsfeld der Nahbereichs- oder terrestrischen Photogrammetrie mit dem Ziel, hochaufgelöste Daten für die Analyse der oft detailreichen Objektstrukturen zu gewinnen. Dabei können die terrestrischen Techniken nur ein Teil der benötigten Bilddaten liefern, sie müssen mit Luftbildaufnahmen verbunden werden. Die klassische Luftbildfotografie ist dabei oft zu teuer, begrenzt durch die geforderte Auflösung in Kombination mit Mindestflughöhen, limitiert von politisch-militärischen Gesichtspunkten oder durch entsprechende Lizenzierungsregeln schwerfällig. Ferner gibt es dadurch auch Begrenzungen in der Zeitwahl, d.h. an welchem Tag und zu welcher Uhrzeit die Aufnahmen gemacht werden und deren möglichen Wiederholungen. Als Alternative mit ausreichend hoher Auflösung und der unmittelbaren Verfügbarkeit der Daten für die Analyse wurde eine digitale Kamera einsetzt, für die als Plattform ein System mit Heliumballon entwickelt wurde.

Abb. 1: Kamera, Aufhängung und Ballon

1   Technik

Wesentlicher Bestandteil des Systems ist eine nichtmetrische digitale Kamera mit einer Auflösung von 4 Mega-Pixeln. Es ist schwierig, abgesehen von teuren Profisystemen, digitale Kameras mit hoher Auflösung und fester Brennweite zu erhalten. Wir müssen uns daher bei Kameras mit Zoom-Objektiven für die extremen Einstellungen entscheiden. Für geometrisch exaktes Arbeiten sind die physikalischen Eigenschaften von zentraler Bedeutung, welche über eine Kamerakalibration ermittelt werden können. Diese Arbeit wurde im Testfeld der ETH Zürich vorgenommen. Für jede der extremen Brennweitenstellungen wurden 9 Aufnahmen aus verschiedenen Perspektiven auf das 3D-Testfeld gemacht. Die exakte Chip- und Pixelgröße, die radiale Verzeichnung der jeweiligen Einstellung, die kalibrierten Brennweiten und der zentrale Versatzpunkt wurden mit dem Softwaretool BAAP, welches in der Technischen Universität in Istanbul (ITÜ) entwickelt wurde, berechnet. Als Trägersystem für die Kameraplattform wurde ein Heliumballon mit 2,5 m Durchmesser gewählt, der ein Volumen von 8 m³ besitzt. Das Volumen von 8m³ Helium bedingt einen Auftrieb von etwa 8 kg, entsprechend musste das Gewicht aller Systemkomponenten sorgfältig balanciert werden. Größere Ballone haben stärkere Nutzlasten, jedoch einen deutlich höheren Bedarf an He. Das gewählte Volumen ist insofern ideal, als dass eine große HE-Flasche etwa 9-10 m³ freies He ergibt. Dies reicht sowohl für die Erstbefüllung als auch zum Ausgleich des Diffusionsverlustes, wodurch man den Ballon 2-3 Wochen betreiben kann. Dies setzt jedoch eine entsprechende „Parkmöglichkeit" für den gefüllten Ballon voraus. Die eigentliche Kameraplattform besteht aus einem an der Kamera befestigten Trägerarm, der an einer Achse freidrehend aufgehängt ist. Das Eigengewicht der Kamera bewirkt ein entsprechend günstiges Drehmoment. Die Achse selbst wurde im rechten Winkel wiederum an einer Achse befestigt, wodurch eine kardanische Aufhängung entstand. Die Kamera versucht, die Rollwinkel φ und ω klein zu halten und damit möglichst den senkrechten Blick zu wahren. Gegen Schwingungen wurde eine Dämpfung integriert, sodass starke Bewegungen schnell ausklingen. Diese Aufhängung ist an einem Dreiecksrahmen befestigt, der mit 6 Seilen unter dem Ballon hängt. Am Ballon sind die Seile an eingeklebten Ösen befestigt. Nach unten wird der Dreiecksrahmen mit drei bis zu 50 m langen Führungsseilen gehalten und kontrolliert. Die Drehung um die Nadirachse wird dadurch die das Seil haltenden Personen bestimmt. Eines der Seile dient zugleich als Kontrollverbindung für den Operator. Es wird hier das Fernbedienungs- und Videosignal übertragen. Das PAL-Signal der Kamera wird per Koaxialkabel entlang am Führungsseil nach unten geführt und mit dem Video-In-Eingang eines portablen, batteriebetriebenen SW-Fernsehers verbunden. Damit kann das Sichtfeld der Kamera von unten kontrolliert und auch die Lage und Qualität des aufgenommenen Bildes begutachtet werden. Die IR-Fernbedienung der Olympus-Kamera besitzt eine geringe Reichweite. Die Sende-LED wurde ausgebaut und via Kabel, das wie das Videokabel am Führungsseil befestigt wurde, der Kamera vor den Empfangssensor beschattet montiert. Damit wurden gleichzeitig die Übertragungsprobleme von IR-Sendern in heißen Umgebungsbedingungen eliminiert.

2 Das Untersuchungsobjekt: Theater von Patara

Die antike Ruinenstadt Patara liegt im Südwesten der Türkei direkt an der Küste nahe der Stadt Kalkan, zwischen Fethiye im Westen und Antalya im Osten.. Heute ist nur mehr ein Dorf mit gleichem Namen in der Nähe erhalten. Patara wurde 500 v.C. an der Mündung des Xanthos-Flusses gegründet und war der Hauptseehafen des Lykischen Reiches. Unter Alexander dem Großen wurde die Stadt 333 v.C. ausgebaut. Um 300 v.C. wurde in Patara St. Nicholas (Nikolaus) geboren, der in dieser Region als Wohltäter für die einfachen Leute geachtet und unweit in Myra Bischof war. Patara verlor später an Bedeutung, zumal der Xantos viel Erosionsmaterial aus dem westlichen Taurus an die Küste schwemmte und große Sandmengen ausgeweht und in der Stadt zu Dünen aufgetürmt wurden. Auch der Hafen verlandete. In den letzten Jahren haben hier umfangreiche Ausgrabungen stattgefunden, speziell am Theater. Dieses war zu 70% mit Sand verfüllt und mehrere hundert LKW-Ladungen dieses feinen Dünensandes wurden abtransportiert. Neben diesen Grabungen wurden auch die Arbeiten der türkischen Archäologen verstärkt, um die Geschichte von Patara aufzuhellen. Um genaue, geodätisch exakte Kartengrundlagen zu erstellen, wurde die ITÜ in das Projekt integriert. Es ging um eine genaue Aufnahme des Theaters in seinem derzeitigen Zustand – eine komplexe Aufgabe für ein teilweise zerstörtes Gebäude. Die Ballonphotogrammetrie erschien als eine preiswerte und praktikable Lösung, die sich auch kurzfristig und unkompliziert realisieren lässt. Eine Befahrungskampagne, (Befliegung) wurde für August 2002 geplant und die Genehmigungen der lokalen Behörden und dem Türkischen Ministerium für Kultur eingeholt.

Abb. 2: Ballon über dem Theater von Patara während der Luftbildbefahrung

3 Vorbereitung der Feldkampagne

Nachdem die Tests in Deutschland erfolgreich waren, wurde das System im Linienflug nach Dalaman gebracht. Gasflaschen sind grundsätzlich nicht im Flugzeug transportabel, daher musste HE in Antalya gekauft und mit dem Linienbus nach Patara gebracht werden. Im Grabungsareal wurde vor Jahren ein Archäologen-Campus errichtet, ein gut ausgestattetes Gebäude für die Arbeiter und Wissenschaftler mit Küche, Büros, usw., das auch eine Werkhalle besitzt. Hier konnte der Ballon nach jeder Befahrung geparkt werden, so reichte eine Gasflasche für die Erstbefüllung und einen mehrwöchigen Betrieb. Erster Schritt war, wie auch bei normalen Luftbildkampagnen, die Vorbereitung von Grundkontrollpunkten (GCPs). Es gab 2 Arten von Punkten, zum einen Markierungen, die mit Farbe auf Steine aufgebracht werden, und zum anderen solche, die zum Auslegen sind. Erstere wurden als 10 cm große „L" mit blauer Dispersionsfarbe auf glatte Steinquader aufgemalt. Wichtig war, dass die Farbe rückstandsfrei entfernbar, schnell trocken, und zumindest über mehrere Wochen wetterfest ist. Da der Stein porös ist, durfte die Farbe nicht in den Stein eindringen, andernfalls wäre es eine Beschädigung archäologischer Güter. Die zweite Art von GCPs waren blau angemalte CDs, die mit Nägeln in den Sitzfugen oder auf der Mauerkrone befestigt wurden. Das gesamte Gebiet wurde mit 80 Kontrollpunkte versehen, welche klassischen Verfahren eingemessen wurden. Da nicht genügend geeignete Basispunkte in der Nähe vorhanden waren, wurde ein lokales, aber hochgenaues Koordinatensystem installiert. Die Befahrungs- (Flug-) Planung basierte auf Streifen und Bildüberlappungen. Die resultierende Flughöhe bezogen auf die gewünschte Lage- und Höhengenauigkeit wurde mit 34 m errechnet. Dies garantierte eine Bodenauflösung von 1 cm. Die erste Befahrung war ein Test um zu sehen, wie sich der Ballon verhält, wie gut tatsächlich die Bilder werden und wie die allgemeine Handhabung des Systems ist. Die Erstbefüllung musste langsam erfolgen, da sich das Gas stark abkühlt und die Ballonhaut am Einlassstutzen beschädigt werden könnte. Um den Ballon auf die gewünschte Position zu bringen, sind für eine Befahrung 3 Personen notwendig. Einer davon ist der Operator, der den Monitor und die Fernbedienung kontrolliert. Er muss die anderen anweisen. Die ersten Aufnahmen waren erstaunlich gut. Es wurde aber festgestellt, dass der Ballon sehr empfindlich auf den Wind reagiert. Manchmal wurde er ein paar Meter nach unten gedrückt oder begann um die eigene Achse zu drehen. Ebenso traten durch böige Winde kurze, heftige Stöße auf, welche die Kamera in Schwingung versetzen und so verwackelte Bilder entstanden. Speziell die lokalen Bedingungen an der Küste machten eine tageszeitliche Planung unter Berücksichtigung meteorologischer Vorhersagen notwendig.

4   Die Luftbildbefahrung

Die geringsten Windströmungen herrschten am frühen Morgen. So entstand ein günstiges „Zeitfenster" von etwa 2 Stunden nach Sonnenaufgang. Der Ballon wurde von Auslösepunkt zu Auslösepunkt gezogen. Die genaue Richtung war jedoch nicht einfach zu kontrollieren, da in dieser Höhe der Ballon eine eigene Bewegungen besitzt. Der Ballon dreht leicht und schon kleine Windströmungen beeinflussen ihn deutlich. Daher wurden mehr Aufnahmen gemacht um eine entsprechende Auswahl zu haben. Hier war der große Speicher der SM-Karte mit 128 MB (50 Bilder) von Vorteil.

Abb. 3:   Blick auf das Bühnengebäude des Theaters vom Ballon aus

Die Auflösung des Kontrollmonitors, der den aktuellen Blick der Kamera und nach dem Auslösen das gemachte Bild zeigte, war hinreichend gut, so dass auch Schärfe und Platzierung der Photos überprüft werden konnte. Das größte Problem war die Eigendrehung des Ballons (χ) da das Drehmoment der Plattform zu klein ist. Diese Erkenntnis wurde bereits in die Konzeption weiterer Systeme aufgenommen. Über einen größeren Auftrieb kann die Stabilität ebenfalls erhöht werden, dies erfordert jedoch einen größeren Ballon und damit höhere Betriebskosten. Außerdem müssen 2 Gasflaschen transportiert werden. In geringerer Höhe ist der Auftrieb durch das geringere Seilgewicht stärker und die Kontrolle der Bewegung entsprechend besser. Die aufgenommenen Bilder haben die eine Auflösung von 1-2 cm.

5 Ergebnisse

Die Fotos wurden direkt im Archäologen Campus in Patara ausgewertet. Dazu wurden die Softwareprogramme Pictran und PhoTopoL genutzt. Zunächst wurden die Daten gesichtet und die günstigsten Bildserien selektiert. Dann folgte zunächst die innere Orientierung der Bilder entsprechend den kalibrierten Kamerawerten. Die Bildecken ersetzen dabei die Rahmenmarken. Schließlich erfolgte die äußere Orientierung in Verbindung mit einer Aerotriangulation. Alle sichtbaren GCPs wurden zur Berechnung der Bildpaar-Orientierung mittels Bündelausgleich herangezogen. Schließlich wurden alle Gruber-Punkte zu einer relativen Streifen- und Blockorientierung verwendet, welche dann mit den GCPs zu einem Bündel-Block-Ausgleich weiter kalkuliert wurden. Das Ergebnis war in allen Richtungen besser 4 cm, ein erstaunlich gutes Ergebnis. Dennoch führt die nicht quadratische Form der CCD-Chips zu einer ungleichen Radialverzeichnung, was besonders bei den extrem kurzbrennweitigen digitalen Kameras hervorsticht. Daher wurde bevorzugt der quadratische Zentralbereich ausgewertet. Zunächst erfolgte die Erfassung von Punktinformationen in der Software Pictran, die besonders für die Nahbereichsphotogrammetrie entwickelt wurde. Besonders an den Fassaden, was ebenfalls ein Teil der Aufgaben waren, hat diese Software geeignete Tools. Die Punkte wurden mit Linien verbunden und so entstand ein erster Grundriss des Theaters, der bereits sehr gut die Grundstruktur, die Abmessung und Höhendifferenzen aufzeigt. Details wurden jedoch nicht kartiert, was bei einem solchen Objekt auch außerordentlich schwierig ist. Zahlreiche runde Kanten, große Höhendifferenzen, teilweise Zerstörungen der Architektur, u.v.m. machen es fast unmöglich, mit einem punktbasierten System zeiteffektiv zu arbeiten. Aus diesem Grund wurde für die weitere Bearbeitung PhoTopoL eingesetzt, was eine stereo-skopische Digitalisierung der detailreichen Strukturen viel besser ermöglicht. Ferner besteht hier die Möglichkeit der Berechnung von Orthophotos, welche wiederum die Details unterstreichen. Nach der Orientierung in PhoTopoL wurde eine Aerotriangulation mit Bündel-Block-Ausgleich in Aerosys durchgeführt und anschließend wiederum in PhoTopoL Epipolarbilder erstellt. Auf einem zweiten Monitor, der mit einem Stereo-Viewing System ausgestattet ist, wurde in 3D digitalisiert. Diese Auswertung ist noch im Gange, die Daten liegen direkt in TopoL-GIS Umgebung vor. Das Ergebnis dieser Auswertung ist viel detailreicher, die Ober- und Unterkanten können exakt in Lage und Höhe erfasst werden.

Abb. 4: Ergebnis der Kantendigitalisierung über dem berechneten Orthophoto

Die Sitze des Theaters sind überhängend, was die Auswertung kompliziert. Der Überhang ist in den Stereobildern durch das Weitwinkel erkennbar und kann auch in 3D ausgemessen werden. Eine sichere Interpretation ist dahingehend schwierig, da in Geländemodellen solche Überhänge oft falsch interpretiert werden. Es fehlt in fast allen Softwaretools eine Möglichkeit, die Abfolge der Kanten zu steuern, es wird immer zur nächsten gerechnet. Auch im genutzten DGM System Atlas-DMT bestehen diese Einschränkungen, so wurden die Sitze als senkrecht erfasst und der Überhang ignoriert. Aus den Daten wurde ein Dreiecksnetz berechnet, wobei die digitalisierten Direktkanten und aus einer Autokorrelation ergänzend Punkte zugeführt wurden. Dieses Modell war Basis für die Orthorektifizierung. Die Analysen für die Archäologen sind abgeschlossen, die komplexeren Auswertungen gehen noch weiter. Es soll ein 3D-Stadtmodell des Objektes erstellt werden, die komplexen Strukturen sind hierfür jedoch nicht gerade zuträglich. Ferner ist die Weiterverarbeitung der gewonnenen Daten im GIS vorgesehen, das auch eine touristische Nutzung mit WEB-Anbindung erlauben soll.

6 Zusammenfassung

Die vorgestellte Technik hat dort Vorteile, wo Beschränkungen in der klassischen Luftbildbefliegung bestehen. Die unmittelbare Verfügbarkeit der Daten in digitaler Form ist von Vorteil. Die Konstruktion des Systems wurde hinsichtlich besserer Flugstabilität verbessert, wobei grundsätzlich die Windempfindlichkeit bestehen bleibt. Das Ergebnis der Auswertung ist zufriedenstellend, der Arbeitsaufwand durch die große Anzahl der Fotos aber hoch. Andererseits sind die Anschaffungskosten für das System gering, ebenso die Betriebskosten. Das System hat einen beschränkten Einsatzbereich, welchen er jedoch qualitativ und quantitativ sehr bereichert. Das System ist im Einsatzgebiet jederzeit verfügbar und wird derzeit für die Aufnahme hoher Fassaden getestet.

CORINE Land Cover 2000 – Stand des Teilprojektes in Deutschland

Ralph KIEFL, Manfred KEIL, Günter STRUNZ, Harald MEHL
und Birgit MOHAUPT-JAHR

Zusammenfassung

Das europaweite Programm CORINE Land Cover (CLC) dient dazu, vergleichbare Daten der Bodenbedeckung in Europa bereitzustellen. Auf der Basis von Satellitendaten werden dabei insgesamt 44 Bodenbedeckungskategorien ausgewiesen. Unter der Federführung der EEA läuft in den EU-Staaten zur Zeit im Projekt CLC2000 die Aktualisierung der Bodenbedeckung zum Bezugsjahr 2000. Im Auftrag des Umweltbundesamtes führt das DFD verantwortlich das deutsche Teilprojekt durch.

Der Beitrag gibt einen Überblick über den Stand des deutschen Projektes. Nach einer Erläuterung der Projektstruktur werden zunächst die Datengrundlagen und die Verarbeitungsschritte dargestellt, dann werden für mehrere Beispielregionen Ergebnisse der Aktualisierung diskutiert. In einem Ausblick wird auf laufende Forschungsarbeiten im Hinblick auf die Automatisierung des Interpretationsprozesses hingewiesen.

1 Einleitung

Etwa zehn Jahre nach dem ersten Bezugszeitraum des EU-Projektes CORINE Land Cover (CLC) wird die europaweite Datenbasis der Bodenbedeckung fortgeführt, das Referenzjahr ist 2000. Grundlage der Kartierung sind Daten des Landsat-7. Das CLC-Projekt stützt sich auf einen harmonisierten Klassifizierungsschlüssel und eine einheitliche Erfassungsmethode und erlaubt damit vergleichbare Aussagen zur Bodenbedeckung und Landnutzung in Europa sowie deren Veränderungen. Der Erhebungsmaßstab ist 1:100.000. Die Ersterfassung wurde in den Jahren 1986 bis 1995 durchgeführt und liegt für alle EU- und PHARE-Länder vor. Die Erfassungsuntergrenze für flächenhafte Elemente ist weiterhin 25 ha, Flächen mit linienförmiger Ausprägung werden ab 100 m Breite aufgenommen. Bei der Aktualisierung werden Veränderungen von Landnutzungsgrenzen ab 5 ha erfasst. Als wesentliche Ergebnisse werden zwei Datensätze erstellt: Die aktuelle Kartierung der Bodenbedeckung CLC2000 und die Kartierung der Veränderungen gegenüber CLC1990.

2 Das Projekt CLC2000 in Europa

2.1 Organisationsstruktur

Auf europäischer Ebene ist für das Management und die Koordination des Projektes CLC2000 die europäische Umweltagentur EEA mit dem *European Topic Centre for Ter-*

restrial Environment (ETC-TE) zuständig. Für die technische Unterstützung und Ausbildung, das Datenmanagement, die Datenintegration und -validierung in Europa wurde ein dem ETC-TE angeschlossenes *Technical Team* etabliert. Im Teilprojekt Image2000 wird in der Verantwortung des Joint Research Centre (JRC) eine EU-weite Satellitenbildgrundlage geschaffen, wobei die Daten des Landsat-7 ETM+ orthorektifiziert werden. Bei der Satellitenbildauswahl arbeiten die nationalen Teams zu.

Auf nationaler Ebene führen Projektteams, die *National CLC Teams,* die Interpretation der Satellitendaten, die Kartierung der Flächen und der Änderungen sowie die Qualitätssicherung und Validierung durch. Das Deutsche Fernerkundungsdatenzentrum (DFD) des DLR in Oberpfaffenhofen wurde vom Umweltbundesamt als national verantwortliche Einrichtung mit der Durchführung des deutschen Teilprojektes beauftragt.

2.2 Datengrundlage

Grundlage der aktualisierten Kartierung sind die orthorektifizierten Landsat-7 ETM+ Satellitendaten, die im Teilprojekt Image2000 erstellt werden. Dabei sind näherungsweise 330 Szenen für eine vollständige Abdeckung der 15 bisherigen EU-Staaten notwendig. Es wurde angestrebt, Daten aus der Vegetationsperiode des Jahres 2000 zu verwenden. Zum Teil musste auf Aufnahmen aus den Jahren 1999 bzw. 2001 ausgewichen werden. Durch die Verwendung von Landsat-7 steht mit dem neuen panchromatischen Kanal eine deutlich verbesserte geometrische Auflösung (15 m) gegenüber den Landsat-5 Daten zur Verfügung. Außerdem wird durch die Orthorektifizierung die Lagegenauigkeit der Daten gegenüber CLC1990 signifikant gesteigert.

2.3 Bodenbedeckungsklassen

In CLC2000 wurde das Klassifikationssystem der Bodenbedeckungskategorien grundsätzlich unverändert von der Kartierung CLC1990 übernommen und durch eine detaillierte Erläuterung der einzelnen Klassendefinitionen ergänzt (EEA 1997, BOSSARD et al. 2000). Die Nomenklatur unterscheidet 44 Bedeckungs- aber auch Nutzungskategorien in drei Hierarchieebenen. Die Hauptkategorien sind dabei (1) bebaute Flächen, (2) landwirtschaftliche Flächen, (3) Wälder und naturnahe Flächen sowie (4) Feuchtflächen und (5) Wasserflächen. Zudem sind nationale Verfeinerungen sowohl hinsichtlich des Maßstabes (> 1: 100.000) als auch des Klassifizierungsschlüssels in Form von weiteren Hierarchieebenen möglich.

3 Das deutsche Teilprojekt

3.1 Organisationsstruktur

Die Aktualisierung der Bodenbedeckung erfolgt in Deutschland im Rahmen des Projektes "CLC 2000 – Aktualisierung der Datenbasis für Deutschland", im vom Umweltbundesamt (UBA) geförderten FuE-Vorhaben 20112209, das im Mai 2001 startete. Das Umweltbundesamt ist die national verantwortliche Einrichtung für das Teilprojekt in Deutschland. In seinem Auftrag hat das Deutsche Fernerkundungsdatenzentrum (DFD) des DLR in Oberpfaffenhofen die Koordination und das Management des deutschen Teilprojektes übernommen, das im Mai 2001 startete und eine Laufzeit von drei Jahren hat. Die Aufgaben in dem Projekt gliedern sich in die folgenden wesentlichen Arbeitsschritte: Die Vorverarbeitung der CLC1990-Daten, die Auswahl von geeigneten Satellitendaten für Image2000, die Interpretation und Kartierung der Bodenbedeckung CLC2000 und der Veränderungen gegenüber CLC1990, die Integration und Validierung der Daten und schließlich die Aufbereitung der Daten und Metadaten auf CD-ROM und im Internet. In die fachliche Bearbeitung bei der Interpretation und Kartierung sind mehrere Firmen über Unteraufträge eingebunden.

3.2 Vorgehensweise und Projektstand

Der Ausgangsdatensatz für die Aktualisierung in Deutschland ist der Vektordatensatz CLC1990 (DEGGAU et al. 1998). Dieser weist für Deutschland 36 relevante Bodenbedeckungsklassen aus den 44 Kategorien im europäischen Umfeld auf (KEIL et al. 2002). Für die CLC1990-Daten ist eine Vorverarbeitung erforderlich, da sowohl die Ergebnisse der Auswertung 1990 (Vektordaten) als auch die zugrunde liegenden Satellitenbilder (Rasterdaten) an die verbesserte Geometrie der orthorektifizierten Satellitenbilddaten Image2000 angepasst werden müssen. Zur geometrischen Anpassung der Vektordaten wird ein Verfahren des „Rubbersheeting" genutzt. Die Vorverarbeitung ist inzwischen für große Teile von Deutschland (für ca. 84 %) abgeschlossen.

Die Überdeckung von Deutschland erfordert insgesamt 32 Landsat-Szenen. Bei den ausgewählten Szenen entstammen 19 Datensätze der Vegetationsperiode 2000 (Mai bis September), aus Gründen der Wolkenbedeckung mussten neun bzw. vier Szenen aus den Vegetationsperioden von 1999 und 2001 gewählt werden. Neben den Satellitendaten stehen für die Interpretation und die Qualitätssicherung flächendeckend digitale Daten der topographischen Karte TK25 zur Verfügung. Zur Validierung der Interpretation werden Feldbegehungen unter Verwendung von GPS-gekoppelten Laptops durchgeführt.

Die Aktualisierung der Bodenbedeckung CLC2000 erfolgt in einem GIS-gestützten System durch visuelle Interpretation. Die interpretierten Datensätze durchlaufen im Anschluss daran mehrere Qualitätskontrollen, wobei zahlreiche automatische Checkroutinen zur Anwendung kommen, aber auch visuelle Kontrollen zur Beseitigung von Interpretationsfehlern. Die Kartierung der Bodenbedeckung und der Landnutzungsänderungen erfolgt in zwei Phasen. Innerhalb der Phase A werden die neuen Bundesländer und der nördliche Teil der alten Bundesländer bearbeitet. Diese Phase ist zu einem großen Teil abgeschlossen. Aktuell werden noch aufgrund von Validierungen notwendige Korrekturen eingearbeitet. Für Westdeutschland als erstem Teilgebiet der Phase B liegt inzwischen die Erstlieferung der Interpretation komplett vor und wird zur Zeit auf topologische und thematische Fehler überprüft.

Die Integration und Validierung der Daten erfolgt sowohl begleitend zur Interpretation als auch zum Abschluss der Phasen A und B. Ein erster Verifizierungscheck für die Gebiete der Phase A wurde durch das Technische Team des ETC-TE Ende Oktober 2002 durchgeführt. Zum Projektende ist die Aufbereitung der Daten und Metadaten auf CD-ROM und eine Präsentation im Internet geplant.

3.3 Beispiele für Landnutzungsänderungen

Eines der wesentlichen Ziele des Projektes ist es, Aussagen über Änderungen der Landnutzung und Bodenbedeckung im Zeitraum zwischen 1990 und 2000 zu ermöglichen. Aufgrund der großen Anzahl von theoretisch weit über 1000 möglichen Klassenübergängen liegt es nahe, eine Klassifizierung der Landnutzungsänderungen durchzuführen. Eine von FERANEC et al. (2000) entwickelte Klassifizierungsmatrix wurde im vorliegenden Projekt um die Klassen „Rekultivierung von Tagebauflächen" und „neue Wasserfläche" erweitert und in einigen Definitionen angepasst.

In einem ersten Beispiel werden die Veränderungsklassen in einem der größten Abbaugebiete für Braunkohle in Deutschland, der Lausitz, dargestellt. Tabelle 1 zeigt die neun erarbeiteten Änderungsklassen und deren Flächenbilanzen für zwei TK100-Blätter aus der Region Lausitz.

Tabelle 1: Flächenbilanz der klassifizierten Landnutzungsänderungen der TK100-Blätter C4750 Hoyerswerda und C4754 Niesky

Änderungsklasse	Fläche (ha)	Anteil an der Gesamtfläche	Anteil an der Änderungsfläche
Keine Änderung	253023	88,07 %	
Intensivierung der Landwirtschaft	1109	0,39 %	3,24 %
Extensivierung der Landwirtschaft	5757	2,00 %	16,80 %
Aufforstungsfläche	8175	2,85 %	23,86 %
Fläche mit Waldverlust	1301	0,45 %	3,80 %
Urbanisierung / Zunahme der Versiegelung	1841	0,64 %	5,37 %
Neue Abbaufläche / Fläche mit Erdbewegungen	3413	1,19 %	9,96 %
Rekultivierung von Tagebauflächen	7710	2,68 %	22,50 %
Neue Wasserfläche	3237	1,13 %	9,45 %
Sonstige Änderung	1723	0,60 %	5,03 %
Gesamt	**287289**	**100,00 %**	**100,00 %**

Es zeigt sich, dass auf knapp 12 % der Gesamtfläche eine Veränderung der Landnutzung von 1990 zu 2000 stattgefunden hat, was im Vergleich der bisher kartierten Gebiete einen sehr hohen Wert darstellt. Als wichtigster Grund für diese flächenintensiven Veränderungen ist erwartungsgemäß in erster Linie die Rekultivierung von Braunkohletagebauen zu nennen. Einerseits spiegeln sich diese in der dazugehörigen Klasse wieder, andererseits manifestieren sie sich auch in einem hohen Anteil der Klasse „neue Wasserflächen". Mit über 8000 ha besitzen Aufforstungsflächen einen ähnlich hohen Stellenwert. In den meisten Fällen stehen diese im Zusammenhang mit der Aufgabe von militärischen Übungsplätzen bzw. ebenfalls mit der Stilllegung von Tagebauflächen.

Als drittes Phänomen spielen Flächenkonversionen in der Landwirtschaft eine gewichtige Rolle in der Region, wobei Extensivierungen die überwiegende Mehrheit darstellen. Meist handelt es sich dabei um den Übergang von Acker- nach Grünland. Insgesamt tritt demgegenüber die Urbanisierung etwas in den Hintergrund. Dennoch ist festzustellen, dass sich bebaute Flächen im Zeitraum von 1990 bis 2000 über 1800 ha ausgeweitet haben.

Weitaus raumprägender sind Erweiterungen von Siedlungs- und Gewerbeflächen an der Peripherie von größeren Ortschaften und Ballungszentren. Tabelle 2 zeigt die Flächenbilanz der Änderungsflächen für den Großraum Berlin, der die bebaute Fläche Berlins und eine Pufferzone von 6227 m Breite beinhaltet. Die Berechnung dieses Wertes geschah durch Anwendung der Formel $0{,}25 \cdot \sqrt{A}$, die in den Projekten MOLAND/MURBANDY (LAVALLE et al. 2002) zur Ermittelung der relevanten Pufferzone für die untersuchten Stadtregionen zugrunde gelegt wurde. Dabei stellt A die Flächengröße der Kernzone dar, die als zusammenhängende bebaute Fläche (Hauptkategorie 1 der CORINE Klassifizierung) definiert ist.

Tabelle 2: Flächenbilanz der klassifizierten Landnutzungsänderungen für Berlin und Umland (Pufferzone gemäß MOLAND / MURBANDY-Definition)

Änderungsklasse	Fläche (ha)	Anteil an der Gesamtfläche	Anteil an der Änderungsfläche
keine Änderung	171072	96,44 %	
Intensivierung der Landwirtschaft	387	0,22 %	6,13 %
Extensivierung der Landwirtschaft	1253	0,71 %	19,83 %
Aufforstungsfläche	782	0,44 %	12,38 %
Fläche mit Waldverlust	73	0,04 %	1,16 %
Urbanisierung / Zunahme der Versiegelung	3415	1,93 %	54,04 %
Neue Abbaufläche / Fläche mit Erdbewegungen	35	0,02 %	0,56 %
sonstige Änderung	373	0,21 %	5,91 %
Gesamt	**177391**	**100,00 %**	**100,00 %**

Es wird zunächst deutlich, dass Änderungen der Landnutzung auf etwa 3,5 % der betrachteten Fläche und damit in weitaus geringerem Maße als im ersten Beispiel stattfanden. Rekultivierungs- und neue Wasserflächen liegen überhaupt nicht, Flächen mit Waldverlusten oder neue Abbauflächen nur in unwesentlichem Umfang vor. Die dominierende Rolle mit über der Hälfte der gesamten Änderungsflächen spielt erwartungsgemäß die Urbanisierung. Ein Drittel der neu entstandenen bebauten Fläche sind Gewerbe- und Industrieflächen. Bei Betrachtung der Lage der Veränderungsflächen zeigt sich, dass in der Kernzone nur in sehr geringem Ausmaß Änderungen stattfanden. In der Pufferzone existieren im südlichen Bereich und im Nordosten zwei Entwicklungsschwerpunkte für bebaute Flächen.

Extensivierungen spielen mit nahezu 20 % der Änderungsflächen ebenfalls eine gewisse Rolle im Untersuchungsraum. Bei rund der Hälfte dieser Fälle handelt es sich um aufgegebene Obst- und Beerenobstbestände, bei einem weiteren Drittel um Umwidmungen von Acker- zu Grünland. Vergleicht man jedoch die Flächenanteile der Klasse Extensivierung an den jeweiligen Gesamtflächen in beiden Beispielregionen (2,0 % in Tabelle 1 gegenüber 0,71 % in Tabelle 2), wird das geringere Ausmaß im Berliner Umland deutlich.

In den dargestellten Beispielen spiegeln sich die typischen Landnutzungsänderungen wieder, die auch in anderen Regionen, v.a. aber in den neuen Bundesländern in der Kartierung erfasst werden konnten.

4 Ausblick

Im deutschen Teilprojekt CLC2000 steht die aktualisierte Kartierung der Bodenbedeckung in den neuen Bundesländern und in Norddeutschland kurz vor dem Abschluss. Die Gesamtüberdeckung für Deutschland wird 2004 verfügbar sein. Mit den bisherigen Ergebnissen konnten in einigen Regionen signifikante Landnutzungsänderungen aufgezeigt werden.

Dabei hat sich herausgestellt, dass für viele umweltbezogene Aufgabenstellungen im nationalen und regionalen Kontext eine verbesserte thematische und geometrische Auflösung bei der Landnutzungskartierung wünschenswert ist. Das Potential der Landsat-7 Daten für die Landnutzungskartierung ist mit dem Ansatz von CLC2000 auch längst nicht ausgeschöpft. Für häufigere Aktualisierungen der Nutzungsklassen, z. B. bei der Erfassung bebauter Flächen, ist eine möglichst weitgehende automatische Erfassung sinnvoll. Zur automatischen Siedlungsextraktion wurden verschiedene Untersuchungen durchgeführt, die meist auf Satellitendaten des IRS-1C/1D beruhen und die texturelle Information in Siedlungsbereichen mit nutzen (z.B. KRESSLER & STEINNOCHER 2001) oder objektbasierte Verfahren einsetzen (z. B. ESCH et al., 2003). Weiterer Forschungsbedarf besteht insbesondere darin, die Robustheit der Methoden und die Übertragbarkeit auf andere Gebiete zu gewährleisten.

Literatur

BOSSARD, M., FERANEC, J. & J. OTAHEL (2000): *CORINE Land Cover Technical Guide – Addendum 2000*. European Environmental Agency, Technical Report No. 40

DEGGAU, M., STRALLA, H. & A. WIRTHMANN (1998): *Klassifizierung von Satellitendaten (CORINE Land Cover), Endbericht zum Forschungsprojekt UFOPLAN 291 91 055/00*, Statistisches Bundesamt Wiesbaden

EEA (1997): *Technical and Methodological Guide for Updating CORINE Land Cover Data Base*. European Environmental Agency (http://www.ec-gis.org/clc)

ESCH, T., ROTH, A., STRUNZ, G. & S. DECH (2003): *Object-oriented classification of Landsat-7 data for regional planning purposes*. In: Proceedings Fourth International Symposium "Remote Sensing of Urban Areas", 27-29 June 2003, Regensburg

FERANEC, J., SURI, M., OTAHEL, J., CEBECAUER, T., KOLAR, J., SOUKUP, T., ZDENKOVA, D., WASZMUTH, J., VAJDEA, V., VIJDEA, A.-M. & C. NITICA (2000): *Inventory of major landscape changes in the Czech Republic, Hungary, Romania and Slovak Republic 1970s – 1990s*. JAG 2/2, S. 129-139

KEIL, M., MOHAUPT-JAHR, B., KIEFL, R. & G. STRUNZ (2002): *Das Projekt CORINE Land Cover 2000 in Deutschland*. In: Tagungsband 19. DFD-Nutzerseminar, 15.-16. Oktober 2002, S. 95–104, Oberpfaffenhofen

KRESSLER, F. & K. STEINNOCHER (2001): *Monitoring urban development using satellite images*. In: JÜRGENS, C. (Hrsg.): *Remote Sensing of Urban Areas*. Regensburger Geographische Schriften, Heft 35, S. 140-147

LAVALLE, C., DEMICHELI, L., KASANKO, M., MCCORMICK, N., BARREDO, J. & M. TURCHINI (2002): *Towards an Urban Atlas*. European Environmental Agency, Environmental Issue Report No. 30, Copenhagen

GIS als Werkzeug bei der Analyse der Erdbebengefährdung urbaner Räume

Alexander KIENZLE, Dieter HANNICH und Wolfgang WIRTH

> Dieser Beitrag wurde nach Begutachtung durch das Programmkomitee als „reviewed paper"
> angenommen.

Zusammenfassung

In den letzten Jahrzehnten ist global ein dramatischer Anstieg der durch Erdbeben verursachten volkswirtschaftlichen Schäden zu beobachten. Die Schadensschwerpunkte liegen dabei in den sich rasch entwickelnden urbanen Räumen, für die eine detaillierte Prognose der potentiellen Erdbebenschäden von besonderer Wichtigkeit ist.

Vor diesem Hintergrund beschäftigt sich die vorliegende Arbeit damit, den Einfluss der lokalen Geologie auf die Bodenerschütterungen in einem Testareal in Bukarest/Rumänien zu untersuchen und zu quantifizieren. Mit Hilfe eines GIS werden bestehende geologische Untergrundinformationen digital erfasst und verwaltet. Der nächste wichtige Zwischenschritt ist die Modellierung eines digitalen Untergrundmodells, aus dem wiederum verschiedene Karten mit schadensrelevanten Bodenparametern generiert werden können.

Die resultierenden Karten werden anhand von Aufzeichnungen historischer Erdbebenintensitäten verifiziert. Korrelationsanalysen zeigen, dass zwischen der räumlichen Verteilung verschiedener berechneter Bodenparameter und den Gebäudeschäden ein deutlicher Zusammenhang besteht. Die erstellten digitalen Karten stellen somit eine wichtige Basis für die Planung von Schutzmaßnahmen im Rahmen des Erdbebeningenieurwesens dar.

1 Einleitung

Studien der Münchener Rückversicherungs-Gesellschaft zeigen, dass die Anzahl von Naturkatastrophen mit schweren ökonomischen Schäden im letzten Jahrhundert von 20 in den 50er Jahren auf über 80 in den 90er Jahren anstieg. Der volkswirtschaftliche Schaden pro Dekade erhöhte sich im gleichen Zeitraum von 38 auf 535 Mrd. US$. Unter allen Naturkatastrophen kosten Erdbeben prozentual die meisten Menschenleben (47 %) und verursachen die größten volkswirtschaftlichen Schäden (35 %) (Münchener Rück, 1999).

Eine wichtige Ursache für die starke Zunahme der schweren Erdbebenkatastrophen in den letzten Jahrzehnten ist das überproportionale Wachstum von Metropolen, was eine starke räumliche Konzentration von Menschen und Sachwerten zur Folge hat. Weil gleichzeitig auch die Katastrophenanfälligkeit moderner Industriegesellschaften zusammen mit der Werteentwicklung ansteigt, werden Erdbeben in Zukunft immer häufiger schwere Schäden verursachen.

Bei zahlreichen zerstörerischen Erdbeben kann eine starke Variation der Zerstörungsintensität auf engstem Raum beobachtet werden, so z.B. in Mexico City (Mexiko, 1985) und Izmit (Türkei, 1999). Verantwortlich für diese standortabhängigen Effekte ist unter anderem der Aufbau und die Beschaffenheit des lokalen geologischen Untergrundes.

Im Rahmen des Sonderforschungsbereichs (SFB) 461 ‚Starkbeben: Von geowissenschaftlichen Grundlagen zu Ingenieurmaßnahmen' beschäftigt sich das Projekt mit der Einteilung eines Stadtgebietes hinsichtlich der oben genannten lokalen Effekte. Mit Hilfe einer GIS-gestützten seismischen Mikrozonierung wird bestimmt, inwiefern sich ein seismisches Eingangssignal flächenhaft durch den Einfluss des lokalen geologischen Untergrundes ändert.

Das Resultat ist ein Satz von digitalen Karten, welche die räumliche Verteilung verschiedener schadensrelevanter Bodenparameter darstellen. Diese Karten sind eine wesentliche Basis für die Prognose von Gebäudeschäden und damit eine wichtige Komponente für die Stadt- und Regionalplanung, die in bestehende Stadtinformationssysteme integriert werden kann.

Ein wichtiges Anliegen des Projektes ist es, mit Hilfe des GIS eine Methodik zur rationellen Erfassung, Verwaltung und Analyse von relevanten Geodaten zu entwickeln. Aufwändige Messkampagnen werden vermieden und statt dessen in erster Linie bereits vorhandene Untergrunddaten genutzt, die im Normalfall auch in weniger affluenten Kommunen zur Verfügung stehen.

Das Modellgebiet für die Mikrozonierung befindet sich in der rumänischen Hauptstadt Bukarest, welche in der Nähe eines der seismisch aktivsten Gebiete Europas liegt. Das bisher verheerendste Beben mit einer Momentmagnitude von 7,4 ereignete sich am 4. März 1977 und hatte mit 1.500 Todesopfern und über 11.300 Verletzten katastrophale Auswirkungen.

Zur Durchführung der Mikrozonierung sind folgende Schritte notwendig:
1. Die räumlichen Untergrundverhältnisse werden mit Hilfe eines GIS modelliert und in Form eines digitalen Untergrundmodells verwaltet und dargestellt.
2. Geologische und seismologische Daten müssen über bodendynamische Parameter verknüpft werden.
3. Basierend auf 1. und 2. können schadensrelevante Bodenparameter flächenhaft prognostiziert werden.
4. Die Zonierung wird anhand aktueller Bebenregistrierungen und der räumlichen Verteilung historischer Erdbebenschäden verifiziert.

2 Digitale Modellierung des geologischen Untergrundes

2.1 Erfassung von Untergrunddaten

Die Mächtigkeit oberflächennaher geologischer Einheiten hat einen bedeutenden Einfluss auf die spektralen Eigenschaften von Bodenerschütterungen (KRAMER 1996). Eine genaue Kenntnis der räumlichen Untergrundverhältnisse ist deshalb für eine flächenhafte Analyse der standortspezifischen Erdbebengefährdung unabdingbar.

Die oberflächennahe Geologie im Raum Bukarest besteht aus erdgeschichtlich jungen (quartären) Lockersedimenten. Zu beobachten ist eine inhomogene Wechsellagerung von Kiesen, Sanden und Tonen, die in sieben stratigrafische Haupteinheiten eingeteilt werden können (LUNGU et al. 1999).

Der erste Schritt in der Generierung eines digitalen Untergrundmodells von Bukarest ist die Erhebung und digitale Bearbeitung von analogen geologischen und geotechnischen Untergrunddaten. Diese Daten werden von mehreren rumänischen Institutionen zur Verfügung gestellt. Zu nennen sind in erster Linie die U-Bahngesellschaft S.C. Metroul S.A. und das Nationale Institut für Bauwesen (INCERC) in Bukarest.

Im einzelnen finden folgende, ausschließlich analoge Untergrunddaten Verwendung, die aufgrund unterschiedlicher Formate durch entsprechende Programme bearbeitet werden:
a) großformatige Karten, auf denen die Tiefen und Mächtigkeiten von geologischen Einheiten an einzelnen Bohrpunkten verzeichnet sind
b) Bohrprofile mit tabellarischen Beschreibungen der geotechnischen Bodenparameter
c) geologische Querprofile mit eingezeichneten Bohrprofilen
d) Lagepläne mit Lokalisierung der Profile aus b) und c)

Mit den GIS-Anwendungen ArcInfo™ 8.2 und ArcView™ 3.2 werden die raumbezogenen Daten verwaltet, modelliert und visualisiert. In ihrer Eigenschaft als hybride GIS-Software unterstützen beide Programme die Vektor-Raster-Konvertierung, die hinsichtlich der Erfordernisse der Arbeit von entscheidender Wichtigkeit ist.

Die oben genannten Karten und Lagepläne werden gescannt und anschließend mit dem GIS registriert, rektifiziert und digitalisiert.

Die tabellarischen Bohrdaten werden zunächst in eine ODBC-Datenbank eingegeben und mit SQL-Abfragen hinsichtlich der Zugehörigkeit zu geologischen Haupteinheiten klassifiziert. Die geografische Positionen der Bohrungen kann mit Hilfe des GIS aus den Lageplänen ausgelesen und den jeweiligen Bohrungen in der Datenbank zugeordnet werden. Damit besitzen diese Daten einen geografischen Raumbezug und können in das GIS exportiert und den bestehenden Bohrdaten beigefügt werden (siehe Abbildung 1).

Gegenwärtig sind einige Hundert Bohrungen im GIS als Vektordaten abgelegt, deren Attribute Auskunft über die Tiefe und Mächtigkeit von geologischen Einheiten geben.

2.2 Flächenhafte Interpolation

Um flächenhafte Informationen bezüglich des geologischen Untergrundaufbaus bereitstellen zu können, müssen die Vektordaten in kontinuierliche Rasterkarten (Grids) überführt werden.

Das Ziel dieses Arbeitsschrittes ist die Generierung von Schichtoberflächen, die hinsichtlich der geologischen Gesamtsituation plausibel sind. Zu diesem Zweck wurden verschiedene Interpolationsalgorithmen getestet. Die besten Resultate können mit der Kriging-Methode (z.B. ISAAKS & SRIVASTAVA 1989) und der TOPOGRID™-Interpolation des ArcInfo™ GRID™-Moduls (ESRI, 1994) erzielt werden.

Die generierten Oberflächen werden zum Abschluss einer Plausibilitätskontrolle unterzogen. Beim Auftreten unzulässiger Erscheinungen, wie beispielsweise isolierten Peaks, müssen die Attribute der Interpolationsstützpunkte entsprechend angepasst werden.

Die oben angesprochenen Prozesse sind im folgenden Flussdiagramm (Abbildung 1) nochmals im Überblick dargestellt.

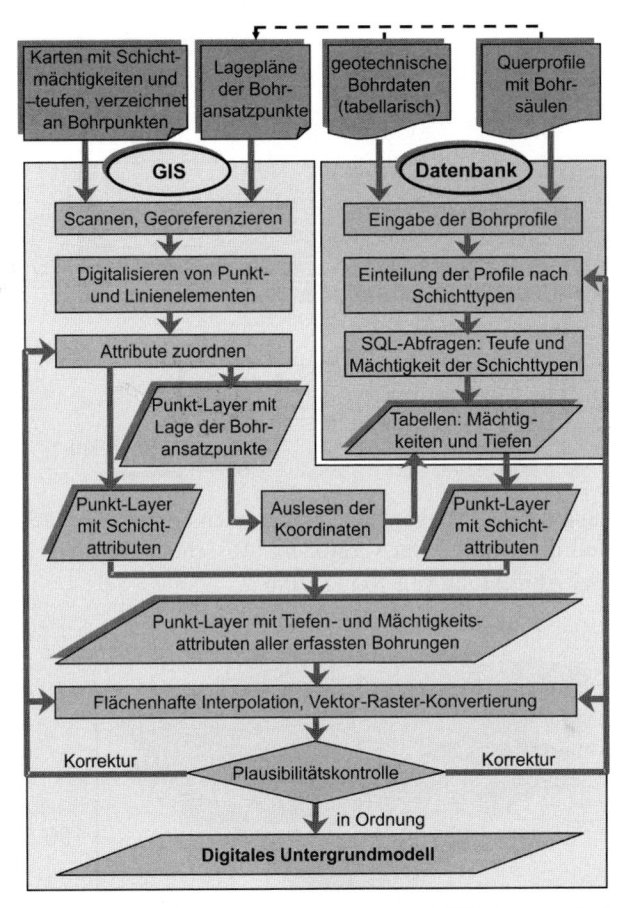

Abb. 1: Digitale Aufbereitung von Untergrunddaten mit Hilfe eines GIS und einer Datenbank. Prozesse sind durch rechteckige Boxen dargestellt, Datenausgabe durch Rhomben und Entscheidungen durch Rauten. Die geografische Lage der geotechnischen Bohrungen und der Querprofile ist in separaten Lageplänen verzeichnet (gestrichelte Linie).

2.3 Resultate der digitalen Modellierung

Die räumlichen Untergrundverhältnisse werden mit Rasterkarten (Grids) und dreidimensionalen Ansichten visualisiert. Zwei der Resultate sind exemplarisch in den Abbildungen 2 und 3 dargestellt.

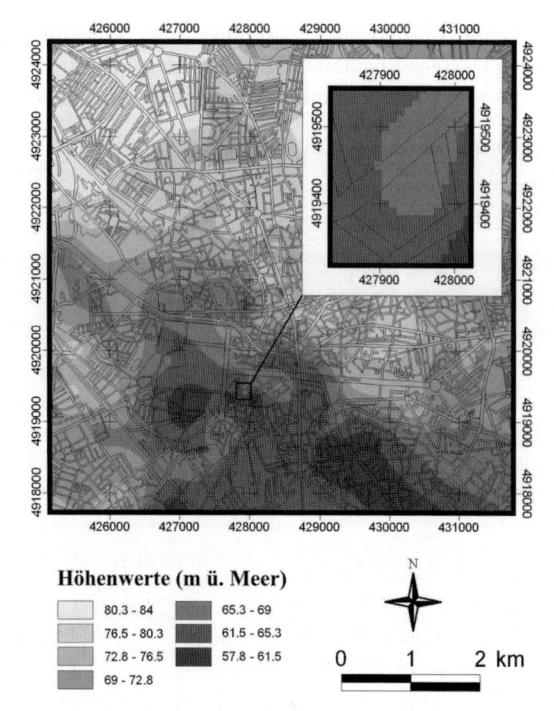

Abb. 2: Darstellung der Tiefenlage einer geologischen Schichtoberfläche als 2D-Grid mit UTM-Koordinatennetz. Der vergrößerte Ausschnitt zeigt die einzelnen Rasterzellen mit der Abmessung von 10 m × 10m.

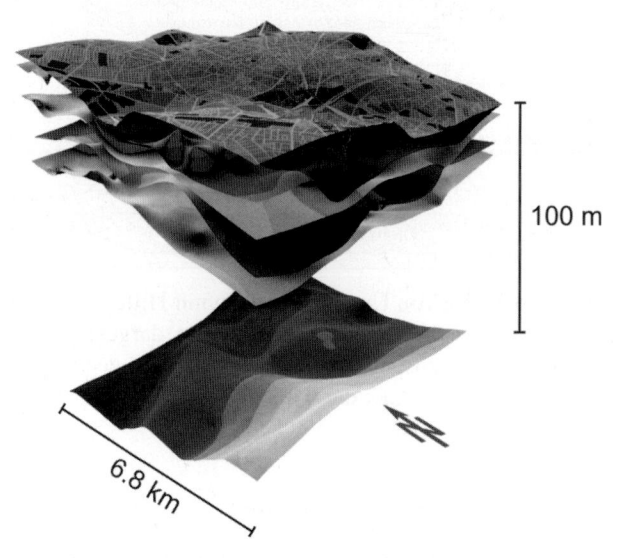

Abb. 3: Vertikal stark überhöhte 3D-Ansicht der geologischen Schichtoberflächen im Arbeitsgebiet in Bukarest. Die Geländeoberkante ist zur Orientierung mit einem topografischen Bezug (Stadtplan) überzogen.

Basierend auf dem digitalen Untergrundmodell kann die räumliche Verteilung Bauwerk-relevanter Bodenparameter mit Hilfe weiterer Softwareprodukte ermittelt werden. Verschiedene Methoden werden im nächsten Kapitel angesprochen.

3 Mikrozonierung

3.1 Generierung von Bodenparameter-Karten

Eine wichtige Fähigkeit der benutzten GIS-Module ist die Überlagerung räumlich kongruenter Grids durch verschiedene Operatoren. Das Resultat wird in einem neu generierten Grid dargestellt (Abbildung 4).

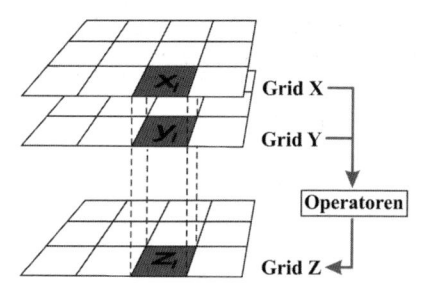

Abb. 4: Zellen-gebundene Verknüpfung der Attribute x_i und y_i der Grids X und Y

Mit Hilfe dieses Verfahrens werden eine Reihe von Bodenparametern flächenhaft ermittelt, die hinsichtlich der Bauwerkschäden relevant sind. Beispielhaft wird im Nachfolgenden die Berechnung der mittleren Scherwellengeschwindigkeit des oberflächennahen Untergrundes erläutert. Die mittlere Scherwellengeschwindigkeit ist ein wichtiger Parameter zur Quantifizierung von Standorteffekten, da sie eng mit der Verstärkung von Bodenerschütterungen korreliert ist (KRAMER 1996).

Die Berechnung des gewichteten arithmetischen Mittels der Scherwellengeschwindigkeit $v_S\sim$ nach Gl. 1 (Resultat siehe Abbildung 5) erfolgt mit dem ArcInfo^{TM} GRID^{TM}-Modul. Die Schichtmächtigkeiten können dem Untergrundmodell entnommen werden und dienen als Wichtungsfaktor. Die Scherwellengeschwindigkeiten der quartären Haupteinheiten in Bukarest wurden durch Feldmessungen und Labortests bestimmt (LUNGU et al. 1999).

$$v_S \sim = \frac{\sum_{k=1}^{n} H_i v_i}{\sum_{k=1}^{n} H_i} \quad (1)$$

mit: v_i: Scherwellengeschwindigkeit der Schicht i
       H_i: Mächtigkeit der Schicht i
       n: Gesamtanzahl der Gridzellen

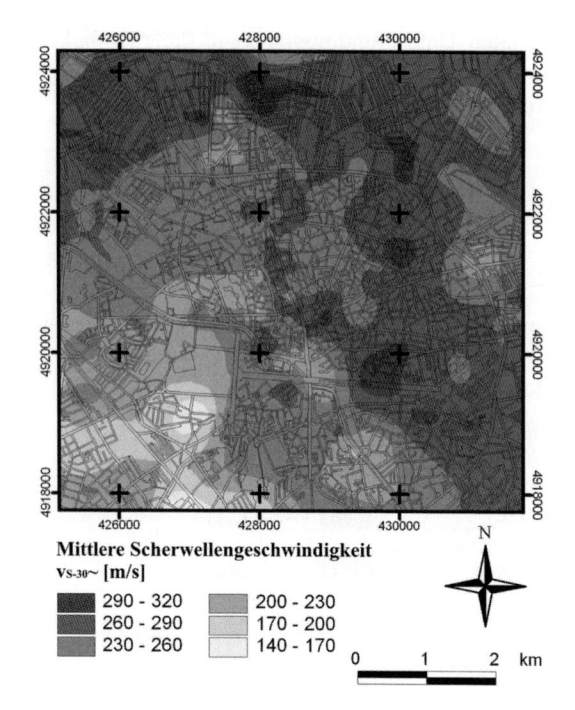

Abb. 5: Mittlere Scherwellengeschwindigkeit der obersten 30 m ($v_{S-30}\sim$) im Arbeitsgebiet

3.2 Numerische Modellierung der Bodenantwort

Eine hinsichtlich des Erdbebeningenieurwesens wichtige Untergrundeigenschaft ist die Bodenantwort. Sie gibt an, welchen Frequenzen einer Bodenerschütterung durch den lokalen Untergrund verstärkt oder gedämpft werden.

Die Beziehung zwischen den Fourier-Spektren einer Bodenerschütterung am Top und an der Basis eines Schichtpaketes kann durch eine Transferfunktion $F(\omega)$ beschrieben werden (Gl. 2, nach EduPro Civil Systems (1999)):

$$A(\omega) = F(\omega) \cdot B(\omega) \qquad (2)$$

mit: $A(\omega)$ Fourierspektrum der Erschütterung an der Oberfläche
$B(\omega)$ Fourierspektrum der Erschütterung an der Basis

Die Transferfunktionen werden an diskreten Punkten berechnet, die in Form eines quadratischen Rasters angeordnet sind. Eingangsparameter für die Berechnung der Transferfunktionen mit dem Programm ProShake® sind unter anderem die Mächtigkeiten und die Scherwellengeschwindigkeiten der geologischen Einheiten.

Eine Parametrisierung der Funktionen erfolgt durch das Auslesen charakteristischer Werte, wie z.B. der dominanten Frequenzen, maximalen Amplituden oder spektralen Beschleunigungen in einem definierten Frequenzintervall. Nach einer räumlichen Interpolation mit den in Kapitel 2.2 genannten Methoden können diese Parameter in Form von Grids dargestellt werden (Abbildung 6).

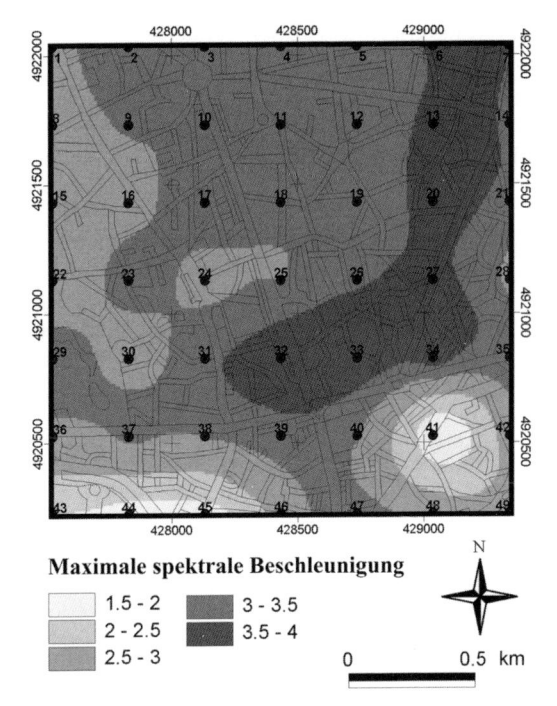

Maximale spektrale Beschleunigung
- 1.5 - 2
- 2 - 2.5
- 2.5 - 3
- 3 - 3.5
- 3.5 - 4

0   0.5 km

Abb. 6: Grid mit den Werten der maximalen spektralen Beschleunigung im Arbeitsgebiet. Zusätzlich dargestellt sind die als Interpolationsstützpunkte fungierende Rasterpunkte, an denen die Transferfunktionen berechnet werden.

3.3 Statistische Verifizierung der Mikrozonierung

Um die erstellten Bodenparameter-Karten hinsichtlich ihrer Eignung für eine Mikrozonierung zu überprüfen, werden sie mit der flächenhaften Verteilung von beobachteten Gebäudeschäden verglichen. Letztere wurde von SANDI & VASILE (1982) nach dem 1977er Erdbeben in Bukarest detailliert aufgezeichnet. Die Karten mit den Gebäudeschäden werden entsprechend der in Kapitel 2 geschilderten Verfahren digital aufbereitet und im Grid-Format gespeichert.

Der Grad der räumlichen Korrelation zwischen den Bodenparameter-Grids X und den Gebäudeschaden-Grids Y wird in erster Linie durch bivariate Korrelationsanalysen bestimmt. Die Ermittlung des linearen Produkt-Moment-Korrelationskoeffizienten r_{xy} erfolgt durch Zellen-gebundene Analysen mit folgender gängiger Formel (Gl. 3):

$$r_{xy} = \frac{\sum_{k=1}^{n}(x_i - x_m)(y_i - y_m)}{\sqrt{\sum_{k=1}^{n}(x_i - x_m)^2}\sqrt{\sum_{k=1}^{n}(y_i - y_m)^2}} \qquad (3)$$

mit: x_i/y_i: Wert der Zelle i aus den Grids X und Y
x_m/y_m: Mittelwerte der jeweiligen Attribute
n: Gesamtanzahl der Zellen bzw. Wertepaare

Die ermittelten Korrelationskoeffizienten weisen darauf hin, dass zwischen den räumlichen Verteilungsmustern der Schichtmächtigkeiten und Bodenparameter auf der einen Seite und der Schadensverteilung auf der anderen Seite zum Teil deutliche Zusammenhänge bestehen. So hat z.B. die Mächtigkeit der oberflächennahen geologischen Einheiten einen bedeutenden Einfluss auf die Schadensverteilung (Abbildung 7). r_{xy} erreicht hier Werte von 0,61.

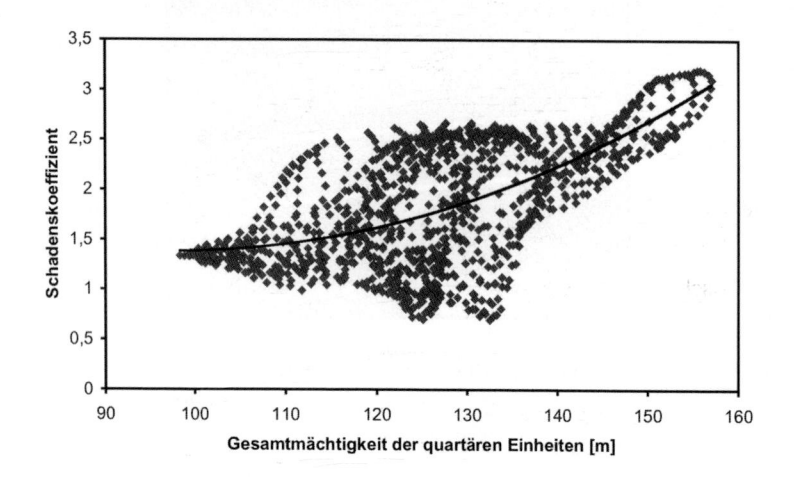

Abb. 7: Streudiagramm der Korrelation zwischen der Gesamtmächtigkeit der quartären Einheiten und dem Gebäude-Schadenskoeffizienten. Letzterer ist eine statistische Größe, die den Grad der Gebäudeschäden in einer Skala zwischen 0 (keine Schäden) und 5 (völlige Zerstörung) beschreibt. Die Trendkurve deutet einen nichtlinearen Zusammenhang der beiden Variablen an.

4   Fazit und Ausblick

Der Schwerpunkt der zurückliegenden Arbeit war die Verknüpfung von geologischen, bodendynamischen und seismologischen Parametern mit dem Ziel, verschiedene Methoden einer GIS-gestützten seismischen Mikrozonierung zu entwickeln und vergleichend zu bewerten.

In der aktuellen Projektphase werden diese Methoden ergänzt und weiterentwickelt. Einige der Ergebnisse der zurückliegenden Arbeiten müssen aufgrund unzureichender Untergrundinformationen als vorläufig bezeichnet werden. Das Untergrundmodell wird daher laufend durch Integration neuer Bohrdaten ausgeweitet und verbessert. Zusätzlich werden auch neue, bislang unberücksichtigte Untergrunddaten erhoben und integriert, so z.B. hydrogeologische Informationen.

Die statistischen Analysen zeigen, dass einige der Zusammenhänge zwischen den Untergrundeigenschaften und den Gebäudeschäden deutliche nicht-lineare Trends aufweisen (siehe Abbildung 7), die durch lineare Einfachkorrelationen nur unzureichend beschrieben werden können. Dieser Tatsache wird zukünftig durch Anwendung von nicht-linearen statistischen Verfahren Rechnung getragen.

Um den Wunsch nach rascher graphischer Information über das Internet zu erfüllen, werden folgende Inhalte benötigt:
- Eine Internetschnittstelle als Portal zu den gelieferten Informationen
- Eine Datenbank zur strukturierten Speicherung der thematischen Datenquellen
- Kartographisches Know-how für die Erzeugung einer georäumlichen Darstellung
- Aktuelle Wetterdaten der vollautomatischen Messstationen
- Grundlagen der Statistik für die Oberflächenberechnung

3   Systemkomponenten

Die Vorzüge von kartographischen Darstellungen im Internet liegen unter anderem in der Aktualität, im Kommunikationsaspekt (Interaktivität) sowie in der kostengünstigen und in der raschen Verbreitung. Um diese Vorteile für strategische Entscheidungsprozesse möglichst optimal auszunützen, bedarf es der automationsgestützten, kartographischen Visualisierung. Darunter werden Vorgänge verstanden, die mit Hilfe von standardisierten, kartographischen Darstellungsvorlagen und permanent verfügbaren, variablen, thematischen Geodaten kartographische Produkte zeitgesteuert und vor allem automatisch erstellen.

Layout sowie Design stellen den statischen Teil dieses Vorganges dar. Thematische Inhalte, die sich rasch ändern, z.B. die Wetterdaten, sind variable und werden in vorgegebenen Zeitintervallen aktualisiert. Somit müssen nicht alle Teile der Darstellung bei jeder Aktualisierung neu erstellt werden.

In vielen Fällen bremst die manuelle Bearbeitung kartographischer Visualisierungen mittels Grafikprogrammen den Informationsfluss. Die graphische Umsetzung ist das schwächste Glied im Informationsnetz mit automatischen Messinstrumenten und Online-Datenübertragung. Durch ihre manuelle Ausführung kann sie mit den vollautomatischen Technologien in der Geschwindigkeit der Ausführung nicht mithalten. Um diesen Arbeitsschritt zu beschleunigen, ist der Einsatz von Grafikprogrammen im Stapelbetrieb sinnvoll. Computerprogramme im Stapelbetrieb arbeiten eine Aufgabenliste ohne Mitwirken des Benutzers ab. Mit Hilfe des Stapelbetriebes kann ein zeitgesteuertes System sehr kurze Aktualisierungszeiten einhalten. Die Vorteile liegen demnach in der Aktualität, der hohen Wirtschaftlichkeit, gleich bleibender Qualität und der raschen weltweiten Verbreitung. Nachteile sind hohe Entwicklungskosten und Wartungsarbeiten.

Um eine automationsgestützte kartographische Visualisierung umzusetzen, werden mehrere Systemkomponenten benötigt. Die dafür erforderlichen Bausteine sind eine WWW-Schnittstelle, die Systemsteuerung, Grafiktools, thematische und geometrische Datenquellen, GIS und eine Datenbank. Die Systemsteuerung kombiniert und startet die einzelnen Arbeitsschritte. Dabei können die Aktualisierungen zeitgesteuert, nach der Systemzeit des Computers, oder ereignisgesteuert, z.B. Abfrage des Nutzers, sein. Bei ständigen Veränderungen der thematischen Daten eignen sich möglichst kurze Zeitintervalle, bei unregelmäßigen Veränderungen wird eine ereignisgesteuerte Erstellung bevorzugt.

4 Systemarchitektur

Bevor ein Modell erstellt werden kann, müssen die wichtigsten Funktionen der Applikation betrachtet werden. Die Aktualisierung der Karten und ihre Bereitstellung im WWW wird in einen zeitgesteuerten und in einen nutzergesteuerten Prozess unterteilt. Der Nutzer bestimmt wann und welche der bereitgestellten Informationen er abruft. Diese Abfrage kann zu jedem beliebigen Zeitpunkt erfolgen, sie ist nutzergesteuert. Der zeitgesteuerte Prozess wird in einem bestimmten Intervall gestartet, transferiert die aktuellen Wetterdaten und startet die automatische Erstellung der kartographischen Darstellungen.

Die Systemarchitektur (Abb. 1) zeigt die Schnittpunkte und Aufbau des Systems. Der nutzergesteuerte Prozess – die Abfrage der gewünschten Informationen – wird vom System Interface gestartet. Die im Archiv gespeicherten Ergebnisse des zeitgesteuerten Prozesses können zu jedem beliebigen Zeitpunkt angefordert werden.

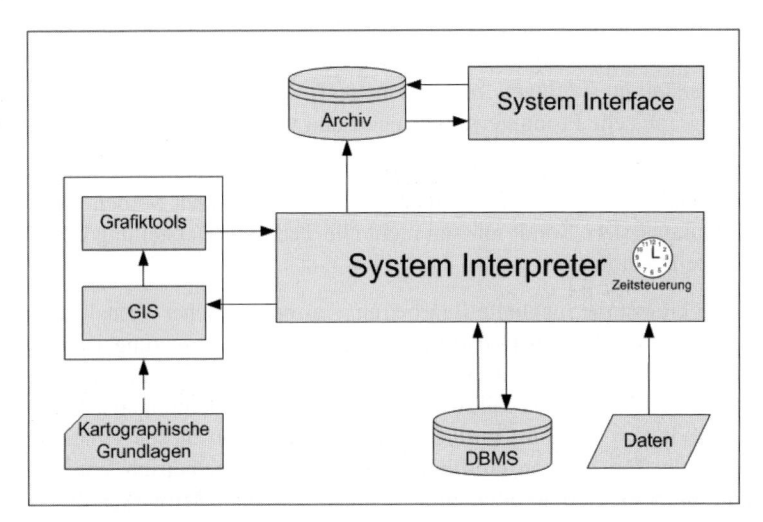

Abb. 1: Systemarchitektur

Der vom System Interpreter kontrollierte zeitgesteuerte Prozess hat zwei wichtige Zeitpunkte. *Zeitpunkt1* startet den Datentransfer, *Zeitpunkt2* die Erstellung und Archivierung der kartographischen Darstellungen.

Der in *Zeitpunkt1* gestartete Datentransfer überträgt die aktuellen Wetterdaten von einem externen Server. Dabei werden die *Daten* manipuliert und in eine *Datenbank (DBMS)* übertragen.

Zum *Zeitpunkt2* werden die benötigten Wetterdaten aus der *Datenbank* extrahiert, mit Hilfe eines *GIS* und unterschiedlichen *Grafiktools* kartographische Abbildungen erzeugt und diese in einem dem Nutzer zugänglichem *Archiv* gespeichert.

Für eine bessere Übersichtlichkeit werden die benötigten Arbeitsschritte in Module unterteilt. Diese Module fassen Arbeiten, die mit einer Software durchgeführt werden, oder solche die in den Aufgabenbereich eines Experten fallen, zusammen. Die vom System Interpreter gestarteten Vorgänge sind in sechs Module aufgeteilt. Bis auf die kartographischen Grundlagen, die nur einmal erstellt wurden, werden alle Module bei einem Aktualisierungsvorgang durchlaufen.

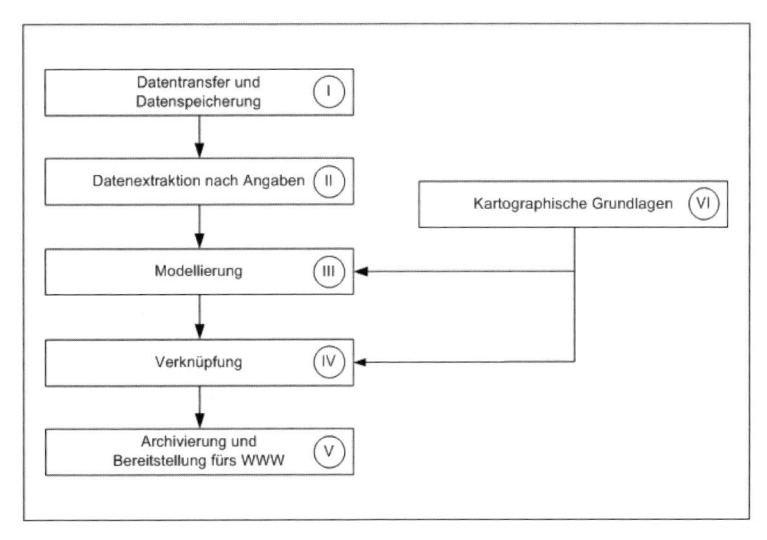

Abb. 2: Systemmodule

Die Arbeitsschritte werden in folgende Module unterteilt:

I Datentransfer und Datenspeicherung: Die Daten werden mittels ftp von einem externen Server übertragen. Um sie anschließend in einer Datenbank zu speichern, müssen die Daten noch auf ihre Plausibilität untersucht werden. Bei der Plausibilitätskontrolle werden die Werte der einzelnen Wetterstationen überprüft, und fehlerhafte Stationen aus der Berechnung ausgeschlossen.

II Datenextraktion nach Angaben: Die für die jeweilige Darstellung benötigten Daten werden abgefragt und nochmals auf Plausibilität geprüft. Je nach verwendetem GIS muss die Datei in ein importierbares Format gebracht werden.

III Modellierung: Das GIS liest nun die Datei mit den Punktdaten ein, transformiert die Koordinaten in die gewünschte Projektion und berechnet daraus eine kontinuierliche Werteoberfläche. Das klassifizierte eingefärbte Ergebnis wird als georeferenziertes Image exportiert.

IV Verknüpfung: Das georeferenzierte Image wird durch Grafiktools mit weiteren einmalig erstellten kartographischen Grundlagen verknüpft. Es entsteht eine kartographische Abbildung mit Legende.

V Archivierung: Die erzeugten Images wurden von Beginn an mit einem eindeutigen Dateinamen, der sich aus Art der Abbildung und Zeitpunkt der Daten zusammensetzt, versehen. Die für das WWW komprimierte Datei wird in einem Archiv gespeichert und steht damit für die Nutzerabfrage bereit.

VI Kartographische Grundlagen: Das Layout, die Grundkarte und die entsprechenden Legenden werden in einem einmaligen Prozess aufbereitet. Die Grunddaten werden in einem GIS dem Maßstab entsprechend generalisiert. Alle weiteren Manipulationen (Linienbreite, Farbgebung) erfolgen in einem Vektorgrafikprogramm.

5 Ergebnisse

Zur Zeit werden die Darstellungen der mittleren absoluten Schneehöhe, die 24, 48 und 72 Stunden Differenz der Gesamtschneehöhe im Landesgebiet von Tirol dargestellt. Die Daten werden von vollautomatischen Wetterstationen in und rund um Tirol geliefert. Die aktuellen Ergebnisse und weitere Informationen befinden sich unter:

http://www.gis.univie.ac.at/lawine

Neben den Schneehöhenkarten sollen in Zukunft noch weitere Wetterfaktoren, die einen Einfluss auf die Schneedecke ausüben, visualisiert werden. Visualisierungen von Wind nach Stärke und Richtung, sowie Lufttemperatur zu unterschiedlichen Zeitpunkten, sind in Vorbereitung.

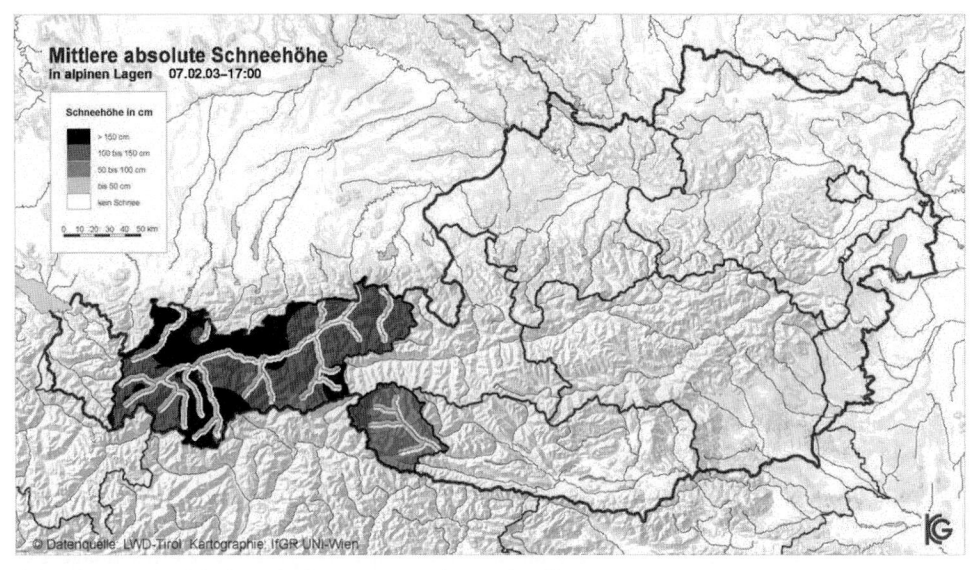

Abb. 3: Beispiel einer Online Karte (schwarz/weiß)

Literatur

GRÜNREICH, D. (1996): Der Standort der Kartographie im multimedialen Umfeld. In: MAYER, F. & KRIZ, K. (Hrsg., 1996): Kartographie im multimedialen Umfeld. 5. Wiener Symposium, Wiener Schriften zur Geographie und Kartographie, Bd. 8. Institut für Geographie der Universität Wien, Wien

HAKE, G., GRÜNREICH, D. & MENG L. (2002): Kartographie. Berlin/New York, Walter de Gruyter

HURNI, L., NEUMANN, A., WINTER A. M.: Aktuelle Webtechniken und deren Anwendung in der thematischen Kartographie und Hochgebirgskartographie. In: BUZIN, R. & WINTGES, Th. (Hrsg.)(2001): Kartographie 2001 – multidisziplinär und multidimensional. Beiträge zum 50. Deutschen Kartographentag. Wichmann, Heidelberg

IDEFIX – Integration einer Indikatorendatenbank für landscape metrics in ArcGIS 8.x

Hermann KLUG, Tobias LANGANKE und Stefan LANG

> Dieser Beitrag wurde nach Begutachtung durch das Programmkomitee als „reviewed paper" angenommen.

Zusammenfassung

In diesem Beitrag wird ein datenbankgestütztes Werkzeug zur Erfassung und detaillierten Katalogisierung von Landschaftsstrukturmaßen (*landscape metrics*) vorgestellt. Es ermöglicht Anwendern die vielfältig publizierten Maße zu recherchieren und weiterführende, spezifische Informationen zu extrahieren. Die Datenbank bietet Recherche- und Archivierungsfunktionen und fungiert damit auch als ein entscheidungsunterstützendes System. Die Anbindung der Datenbank an ArcGIS/ArcMap wird vorgestellt, sowie die Formularebenen in IDEFIX (**I**ndicator **D**atabas**e** for Scient**i**fic E**x**change) diskutiert. Integriert in ein GIS (Geographisches Informationssystem) kann sie zur Auswahl von Landschaftsstrukturmaßen für die Kontrolle und zur Überwachung von Naturschutzzielen beitragen. Das Indikatorpotenzial für letztere kann durch gezielte Datenbankabfragen abgeschätzt werden. Ein generelles Ablaufschema von der Definition einer Fragestellung bis zur Integration eines Indikators in ein Monitoringkonzept wird vorgestellt.

1 Landschaftsstrukturmaße im Kontext des Monitorings von Natura-2000-Flächen im SPIN-Projekt

Landschaftsstrukturmaße spielen im von der EU im fünften Rahmenprogramm geförderten SPIN-Projekt (**Sp**atial **I**ndicators for European **N**ature Conservation) eine bedeutende Rolle. Dort steht die Forderung nach objektivierbaren, transparenten und standardisierten Bewertungs- und Analyseverfahren im Mittelpunkt des Monitorings von Natura-2000-Gebieten mittels Fernerkundungsdaten (LANG et al. 2002). Um den hohen Anforderungen im Monitoring- und Berichtsverfahren genügen zu können, ist die Kenntnis der Aussagekraft von Landschaftsindikatoren unabkömmlich. In diesem Sinne wurde aufbauend auf eine umfangreiche Literaturrecherche eine Datenbank errichtet, mit deren Hilfe derzeit bekannte Eigenschaften von Landschaftsstrukturmaßen interaktiv abgerufen werden können.

1.1 Landschaftsstrukturmaße

Es existiert eine Vielzahl an quantitativen Maßzahlen zur Beschreibung der Landschaftsstruktur, die vor allem aus dem nordamerikanischen Ansatz der quantitativen Landschaftsökologie nach FORMAN & GODRON (1986) bzw. Forman (1995) hervorgingen. Allein in der Software FRAGSTATS Version 3.3 (vgl. MCGARIGAL 2002) sind über einhundert dieser *landscape metrics* implementiert. Ferner stehen zahlreiche Maße in Softwareprodukten wie FRAGSTATS for ArcView, Patch Analyst (Vers. 2.0 GRID und Vers. 2.2), RULE, r.le (GRASS), APACK und LEAP II zur Verfügung. Sie dienen der quantitativ-strukturellen Bewertung von Landschaftskonfiguration und -komposition, wobei sie Aufschluss über zugrunde liegende Prozesse geben sollen. Darüber hinaus können strukturelle Veränderungen in der Zeit beurteilt werden.

1.2 Natura-2000-Monitoring

Eine Vielzahl möglicher Maßzahlen und Kennziffern zur Landschaftsstrukturanalyse stehen prinzipiell zur Indikator-Entwicklung zur Verfügung. Wie LANG et al. (2002) gezeigt haben, ist es bei der Aufwertung räumlicher Zustandsparameter zu Indikatoren entscheidend, dies im Hinblick auf spezifische Schutzziele und, wie in diesem Fall auf das Monitoring der Natura-2000-Gebiete bezogen, zu tun. Im SPIN-Projekt wird u.a. die Entwicklung eines Sets an relevanten strukturellen Indikatoren angestrebt. Dies wird durch Abfrage verschiedener Einträge der nachfolgend beschriebenen Datenbank erleichtert. Darüber hinaus ist es auch möglich, den Auswahlprozess auf andere Fragestellungen anzuwenden, die die Analyse von Prozessen und Funktionen in der Landschaft zum Ziel haben.

1.3 Die Indikatordatenbank IDEFIX

Basierend auf einer umfangreichen Literaturrecherche zu publizierten Maßzahlen wurde eine umfangreiche Datenbank mit Namen IDEFIX erstellt. Ziel ist die detaillierte Katalogisierung von Maßen, die zur Bestimmung der Landschaftsstruktur herangezogen werden können. Dabei beschränken sich die Erfassungsmerkmale nicht nur auf Name und mathematische Formel, sondern beziehen vielmehr auch den Anwendungskontext, die Datenspezifizierung sowie Hinweise zu bereits vorliegenden Evaluierungsergebnissen und die kritische Auseinandersetzung mit der Maßzahl mit ein. Durch gezielte in das GUI implementierte und SQL gesteuerte Datenbankabfragen kann so für bestimmte Untersuchungszwecke eine semi-automatische Vorauswahl relevanter Maßzahlen erfolgen. Die Kopplung der Datenbank an eine ArcGIS/ArcMap 8.x-Umgebung ermöglicht den Zugriff auf die Wissensdatenbank und die kontrollierte Anwendung der Maßzahlen in Form einer ArcMap-Extension (vgl. Abb. 1).

Neben dem Aufbau der MS Access-Datenbank wurden über Visual Basic Formulare entwickelt, die die Visualisierung und Abfragemöglichkeit in IDEFIX ermöglichen. Dafür wurde die Datenbank an die graphische Benutzeroberfläche (GUI) angebunden und soll eingebunden in die ArcGIS/ArcMap 8.x-Oberfläche gegen Ende des Jahres einem breiten GIS-Publikum zur Verfügung (vgl. Abb. 2).

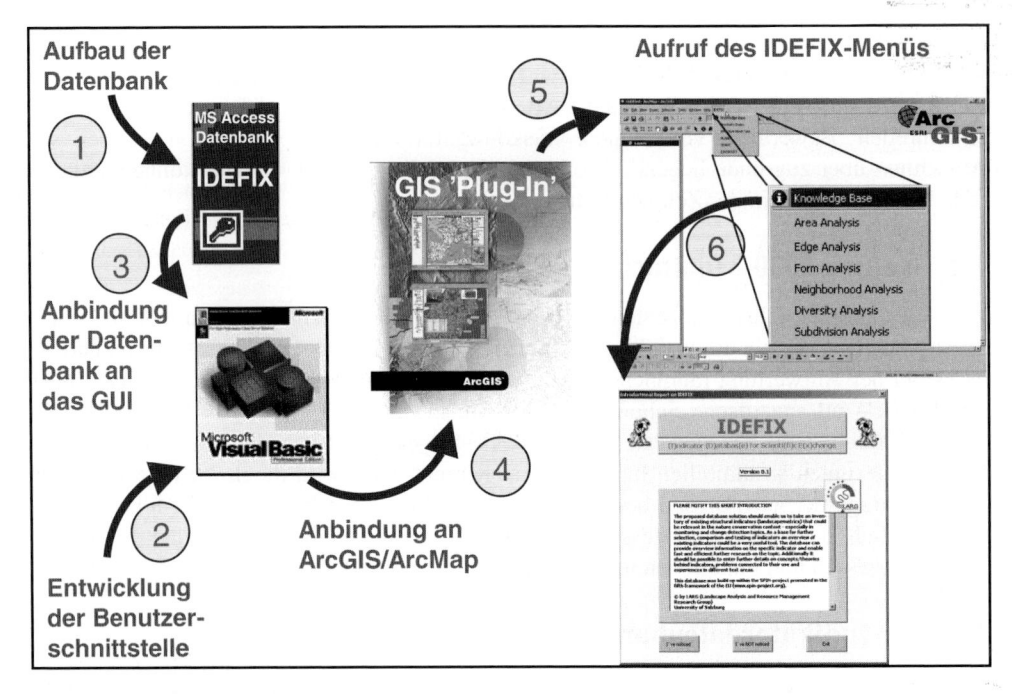

Abb. 1: Anbindung der Datenbank

2 Entwicklungskonzept von IDEFIX

2.1 Problemstellung

Obwohl bestehende Landschaftsstrukturmaße ein großes Potenzial bieten (GUSTAFSON 1998, BLASCHKE 2000) sind viele der bestehenden Landschaftsstrukturmaße mit Unsicherheiten behaftet. Solche auch als *biases* bezeichnete Eigenschaften betreffen einerseits die Robustheit der mathematischen Formel gegenüber verschiedenen Eingangsgrößen, andererseits aber auch die ökologische Relevanz und Signifikanz. Um diesen Bias-Eigenschaften zu begegnen ist ein intensiver Erfahrungsaustausch und die Anwendungsdokumentation relevanter Maße notwendig. Um diesen Informationsaustausch zu gewährleisten, bedarf es eines leistungsstarken Werkzeugs, welches die Nutzer im jeweiligen Anwendungskontext konsultieren können.

Neben IDEFIX als Auskunftsmedium bestehen Publikationen wie z.B. MCGARIGAL (2002). Das Fragstats-Handbuch weist aber insofern Defizite auf, als dass es wenig konkrete Informationen über Erfahrungen mit Indikatoren in der Anwendung beinhaltet und eine benutzergesteuerte Auswahl nur eingeschränkt möglich ist. IDEFIX hingegen ermöglicht eine schnelle Übersicht über derzeit publizierte Maße und dokumentiert und bietet zusätzlich die Möglichkeit Erkenntnisse über deren Anwendbarkeit zu erfassen. Die Datenbank leistet die Verbindung wissenschaftlicher Grundlageninformationen mit Aspekten der Anwendung und weiterführenden Informationen aus diversen Publikationen. Mit diesem Potenzial steht dem

Anwender ein breites, umfassendes Wissen zur Verfügung, auf welches im jeweiligen Anwendungskontext zurückgegriffen werden kann.

2.2 Die Formularebenen der Datenbank

Theoretisch stehen vielzählige Aspekte und Eigenschaften über Landschaftsstrukturmaße zur Auswahl, die in eine Datenbank einfließen könnten. Um den Anwendern aber ein übersichtliches Tool zur Verfügung stellen zu können, erfolgte eine themenbezogene Vorauswahl von relevanten Eigenschaften. Der Auswahlprozess für die in die Datenbank zu integrierenden Aspekte zu Landschaftsstrukturmaßen ist jedoch nicht trivial. Ein iterativer Kommunikationsprozess mit potenziellen Anwendern und Projektpartnern war notwendig, um den Leistungsumfang der Datenbank an deren Vorstellungen zu orientieren. Parallel erfolgten während des Auswahlprozesses Anwendungen in Testgebieten, die Lücken der zu integrierenden Eigenschaften aufzeigen und letztendlich auch schließen konnten. Aus einer Fülle möglicher Einträge wurden schließlich diejenigen Eigenschaften ausgewählt, die für die relevanten Untersuchungen sinnvoll erscheinen. Die dokumentierten Eigenschaften der Indikatoren sind auszugsweise in Abbildung 2, 3 und 4 dargestellt. Im Folgenden wird ein Überblick über die einzelnen Formulare gegeben. Dies kann aber weder eine vollständige Erklärung aller Einträge in IDEFIX beinhalten noch können die einzelnen Landschaftsstrukturmaße vorgestellt werden. Diesbezüglich sei für den Großteil der *landscape metrics* auf die Publikation von MCGARIGAL (2002) verwiesen. Für die detailliertere Erläuterungen der Formulare mit ihren Einträgen steht die integrierte Hilfe-Datei des Tools zur Verfügung. Nach der Komplettierung der Datenbank, des GUIs und der Hilfe steht den Anwendern IDEFIX auf der Homepage http://www.sbg.ac.at/larg zur Verfügung.

Über Schaltflächen der oberen Navigationsleiste (*tap stripes*) sind die verschiedenen thematisch geordneten Informationsebenen abrufbar. Zu diesen Informationen zählen für den Auswahl- und/oder Entscheidungsprozess wichtige Angaben, wie z.B. die exakte Beschreibung der mathematischen Formel sowie Erfahrungen zu im SPIN-Projekt durchgeführten Analysen im Natura-2000-Kontext. Die effiziente, schnelle und eindeutige Recherchierbarkeit der Indikatoren muss gebündelt über die Informationen aus dem Hauptfenster gewährleistet sein (vgl. Abb. 2). Dies wird durch die Erfassung des vollständigen Namens des Strukturmaßes und dessen Kurznamen erreicht. Neben weiteren Informationen zu den Formeln wird auch der zu erwartende numerische Ergebnis-Wertebereich sowie dessen Interpretation dokumentiert (vgl. Abb. 3). Einschränkungen und Informationen zur Anwendbarkeit, Aussagefähigkeit und Übertragbarkeit der Landschaftsstrukturmaße werden dargestellt (vgl. Abb. 4). Dies erleichtert die Festlegung von Grenz-, Richt- und Schwellenwerten, die für die Verwendung einer Maßzahl als Indikator entscheidend ist. Die gängigen Maßzahlen sind darüber hinaus oft hoch korreliert (RIITTERS et al. 1995) und bieten deshalb nicht unbedingt, oder nur in sehr speziellen Anwendungen, einen zusätzlichen Informationsgewinn. Die Datenbank soll unter Beachtung dieser Gesichtspunkte die Möglichkeit bieten, verschiedene Maßzahlen und deren Redundanz- und Korrelationseigenschaften miteinander zu vergleichen. Dadurch lässt sich die potenzielle Anzahl der für eine Analyse relevanten Maße reduzieren.

Um den Anwendern die Möglichkeit einer interaktiven Auswahl von Landschaftsstrukturmaßen zu bieten, sind auf entsprechende Analysen zugeschnittene, vordefinierte Abfragen notwendig. Dieser Such- und Auswahlprozess beruht auf Abfragen von in der Datenbank integrierten Eigenschaften, mit denen strukturbezogene naturschutzfachliche Fragestellungen beantwortet werden können. Der Prozess der Generierung von potenziell möglichen Abfragen ist derzeit noch nicht abgeschlossen und muss über weitere Gespräche mit den Anwendern forciert werden.

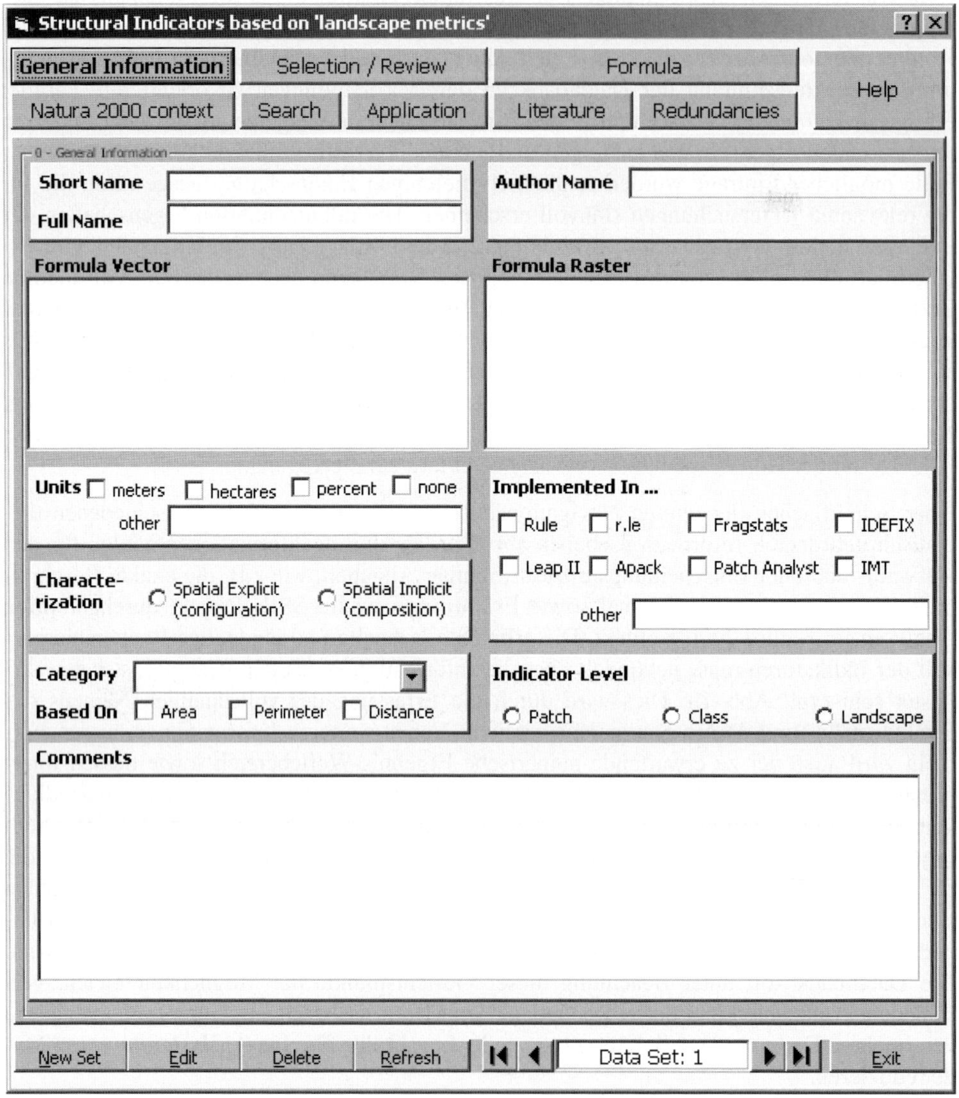

Abb. 2: Das Hauptfenster von IDEFIX

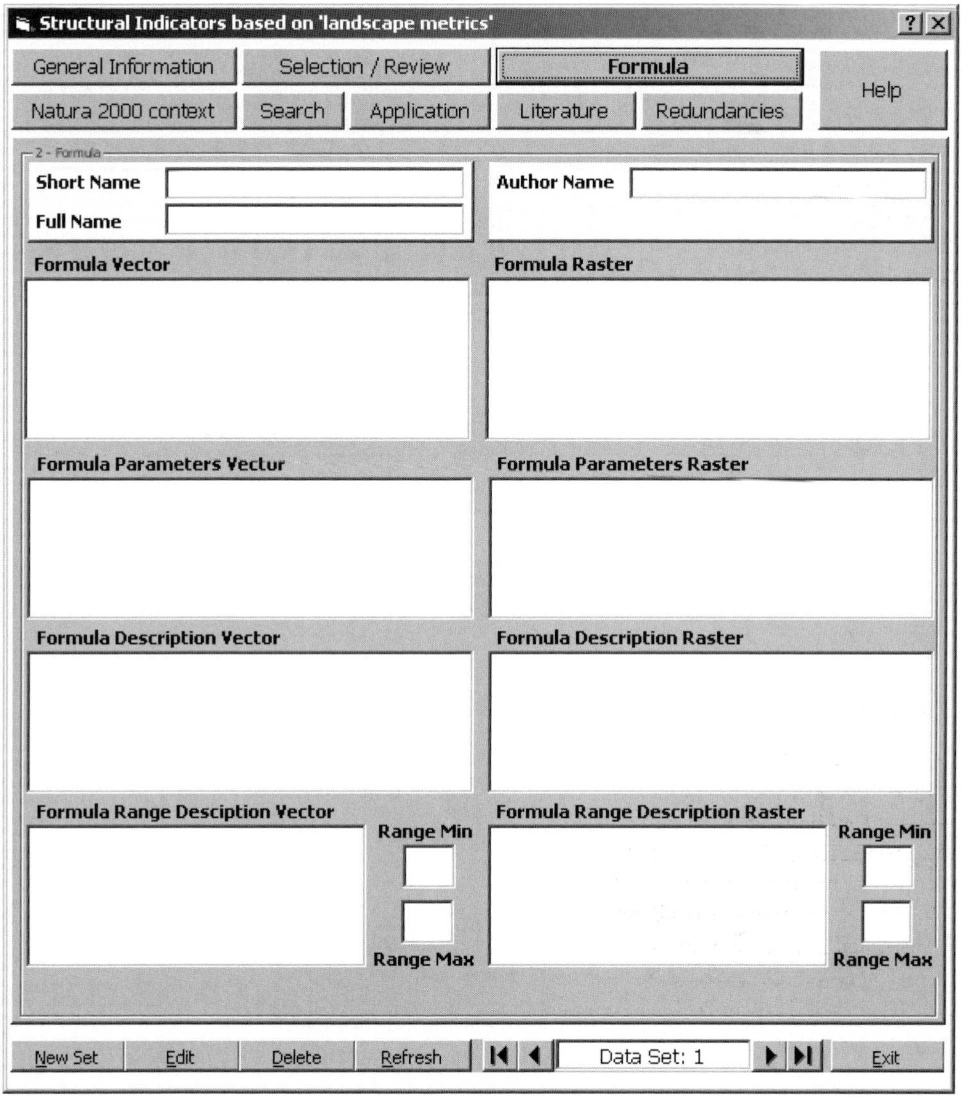

Abb. 3: Die Formel-Formularebene

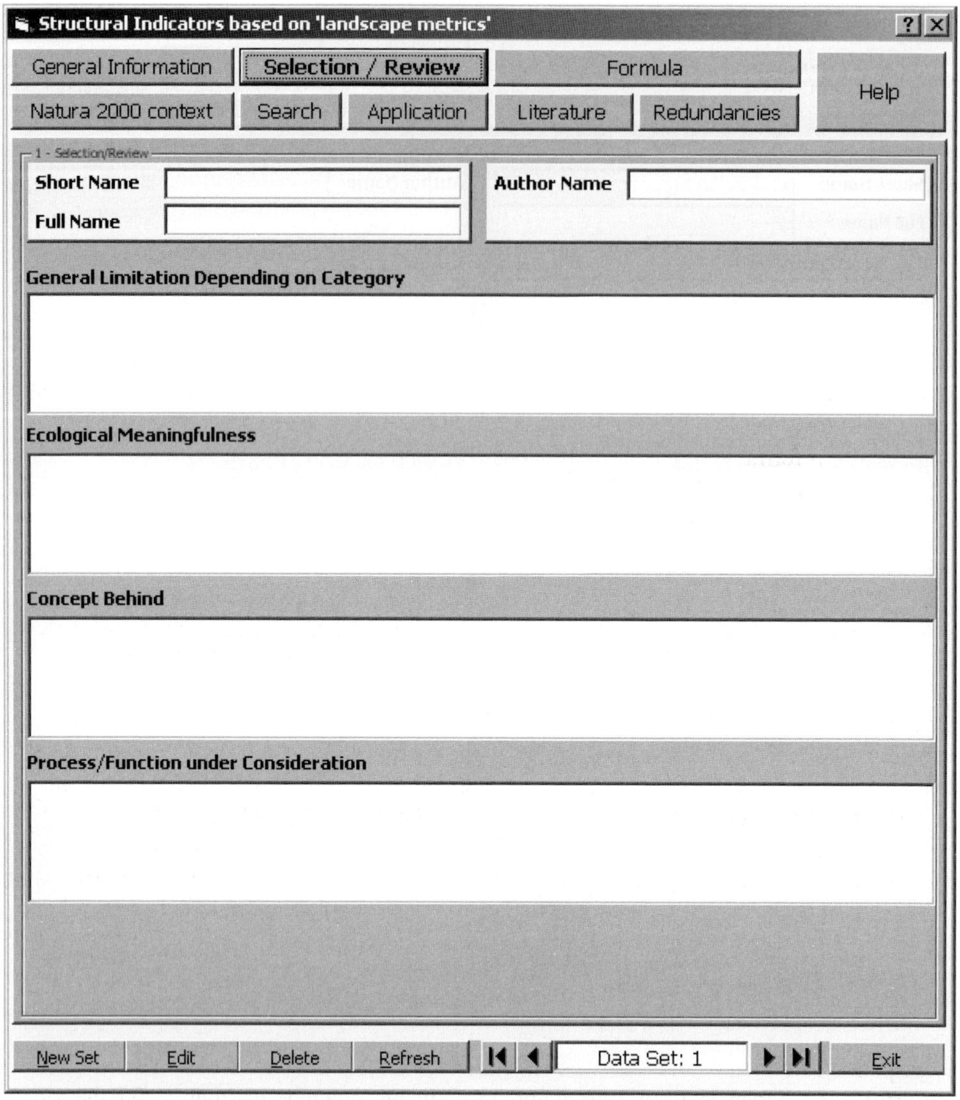

Abb. 4: Die Informationsebene „Selection / Review"

3 Potenzial von IDEFIX in der ArcGIS/ArcMap-Umgebung

3.1 Leistungsfähigkeiten von IDEFIX

Wie bereits erwähnt sind zahlreiche Produkte erhältlich, mit denen Landschaftsstrukturmaße berechnet werden können. Die vorgestellte Datenbank soll in Bezug dazu nicht den Anspruch erheben, die oben genannten Programme zu ersetzen. Die Anwendung versteht sich vielmehr als beschreibende Ergänzung zu bereits in anderen Softwareprodukten implementierten Indikatoren. Sie soll Unterstützung im Umgang mit Landschaftsstrukturmaßen leisten, der Verbesserung des Verständnisses der mathematischen Berechnungen dienen und die Darstellung der Informationen in einer anschaulichen, interaktiven Benutzerführung gewährleisten. Dementsprechend versteht sich die Datenbank primär als *on demand* Nachschlagewerk mit Suchfunktion und weniger als direkte Ausführplattform, denn nur wenige Maße, denen eine Indikatorfunktion beim Monitoring von Natura-2000-Flächen zukommt, sind implementiert und können in der GIS-Umgebung direkt umgesetzt werden. Im Folgenden soll das Leistungspotenzial der Datenbank in Form eines Ablaufschemas (vgl. Abb. 5) näher beschrieben werden.

3.2 Ablaufschema zur Anwendung von IDEFIX

Ausgehend von einer übergeordneten Aufgabenstellung müssen die jeweils zu erreichenden Ziele abgesteckt werden. Diese Ziele sind als Fragestellungen in Bezug zum Betrachtungsgegenstand zu formulieren. Daraufhin hat die Auswahl der für diese Fragestellung relevanten Faktoren zu erfolgen. Diese Faktoren beziehen sich auf diejenigen Kriterien, auf die bei der Analyse der Landschaftsstruktur zurückgegriffen werden soll. Das sind u.a. Formindikation, Kern- und Ökotonflächenanalyse sowie Vernetzungsgrad vs. Isoliertheit (vgl. Lang et al. 2002).

Der Prozess der Auswahl zu einem Set an Indikatoren verläuft iterativ, um ein zunächst relativ großes Set an möglichen Indikatoren weiter einschränken zu können. Nachdem ein erstes Set an Indikatoren über die Datenbankabfragen generiert ist, muss eine weitere inhaltliche Auswahl erfolgen. Diese bezieht die in Zitaten vorliegenden Informationen aus Publikationen mit ein, also z.B. Kenntnisse zur ökologischen Aussagekraft und zu den schon beschriebenen Bias-Eigenschaften. Letztere Auswahl muss inhaltlich erfolgen, ist also nicht automatisierbar. Nachdem auch die inhaltliche (Vor-)Analyse weiterer Maße erfolgt ist, werden die Landschaftsstrukturmaße angewandt. Aus dem Ergebnis lassen sich weitere Rückschlüsse bezüglich Kartierbarkeit, Visualisierung, Relevanz usw. ziehen. Diese Rückschlüsse können das vorausgewählte Set weiter eingrenzen. Im entscheidenden letzten Schritt erfolgt die Inwertsetzung des aus der Anwendung quantitativ vorliegenden Maßes zum Indikator. Der Experte des Fachbereichs der naturschutzfachlichen Fragestellung muss den quantitativ vorliegenden Wertebereich in qualitative Aussagen überführen. Insbesondere sind Richt-, Grenz- und/oder Schwellenwerte festzulegen, die für den jeweiligen Monitoringaspekt relevant sind. Nachdem die Auswahl von Landschaftsstrukturmaßen zu Indikatoren erfolgt ist, liegen je nach Auswahlprozess ein bis mehrere Ergebnisse für die zuvor generierte naturschutzfachliche Fragestellung vor und können in ein Monitoring einfließen.

Abschließend sei bemerkt, dass das vorgestellte, auf den Natura-2000-Kontext bezogene Verfahren, in ähnlicher Weise auch in anderen Monitoring- und Analysevorhaben umgesetzt werden kann.

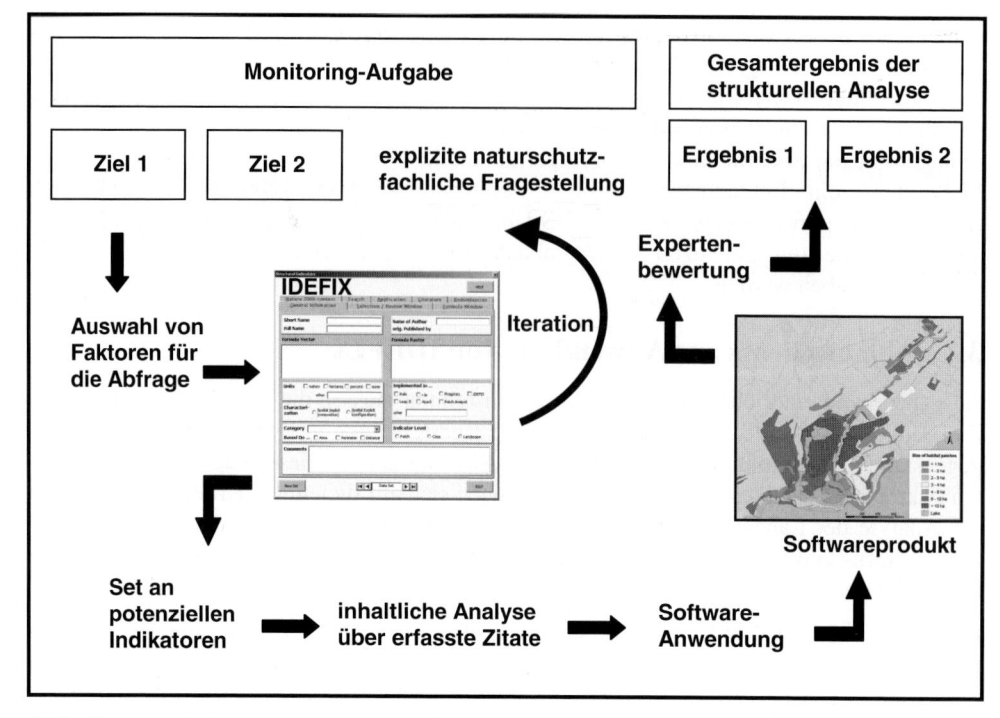

Abb. 5: Ablaufschema zur Auswahl von Indikatoren im Natura-2000-Kontext mit IDEFIX

4 Schlussfolgerungen und Ausblick

Mit der Datenbank IDEFIX wird ein Tool bereitgestellt, welches in Forschung, Praxis und Lehre eingesetzt werden kann. Obwohl die Datenbank IDEFIX grundlegende wissenschaftliche Probleme bei der Anwendung von landscape metrics (vgl. GUSTAFSON 1998, HARGIS et al. 1998, BLASCHKE 2000) nicht beheben kann, trägt sie dazu bei, das Verständnis von Landschaftsstrukturmaßen und deren Einsatzspektrum zu erweitern. Die Akzeptanz der Maße im ökologischen Anwendungsbereich kann durch die gewährleistete Transparenz in ihrer Aussagekraft erhöht werden. Die Autoren dieses Beitrags sehen aufgrund dessen ein großes Potenzial, Landschaftsstrukturmaße in Bewertungs- und Analyseprozesse zu integrieren und deren Einsatz in Behörden, Naturschutzverwaltung, Planungsbüros und anderen Einrichtungen zu etablieren. Für das jeweilige Einsatzspektrum können Sets an Landschaftsstrukturmaßen aus der Datenbank abgeleitet werden und mit Hilfe eines GIS zur Visualisierung sowie zur Zustands- und Veränderungsanalyse herangezogen werden. Diese vermitteln Orientierung der Entwicklungsrichtung der räumlichen Fläche und liefern darüber hinaus eine Grundlage als entscheidungsunterstützende Systeme in der Maßnahmenplanung.

Weitere Informationen zu IDEFIX können Sie in naher Zukunft auf unserer Webseite (http://www.sbg.ac.at/larg) abrufen. Das Tool zur Einbindung in die Oberfläche von

ArcGIS 8.x ist derzeit noch in der Komplettierung begriffen und wird frühestens gegen Ende des Jahres als Download verfügbar sein.

Danksagung

Wir danken Dipl. Ing. Frank Gottsmann für seine stete Bereitschaft, uns bei Umsetzungsproblemen von IDEFIX mit Rat und Tat zur Seite zu stehen.

Literatur

BLASCHKE, T. (2000): Landscape metrics: Konzepte eines jungen Ansatzes der Landschaftsökologie im Naturschutz. In: Archiv für Naturschutz & Landschaftsforschung 9, 267-299

FORMAN, R.T.T. & M. GODRON (1986): Landscape Ecology, New York

GUSTAFSON, E.J. (1998): Quantifying landscape spatial pattern: What is the state of the art? In: Ecosystems 1, 143-156

HARGIS, C.H., J.A. BISSONETTE, J.L. DAVID (1998): The behaviour of landscape metric commonly used in the study of habitat fragmentation. In: Landscape Ecology 13, 167-186

LANG, S., T. LANGANKE, H. KLUG, T. BLASCHKE (2002): Schritte zu einer zielorientierten Strukturanalyse im Natura2000-Kontext mit GIS. In: S. Strobl, T. Blaschke & G. Griesebner (Hrsg.), Angewandte Geographische Informationsverarbeitung XIV, 302-307

MCGARIGAL, K. (2002): Fragstats Dokumentation, part 3 (Fragstats Metrics). http://www.umass.edu/landeco/research/fragstats/documents/fragstats_documents.html

RIITTERS, K. H., R. V. ONEILL, C. T. HUNSAKER, J. D. WICKHAM, D. H. YANKEE, S. P. TIMMINS, K. B. JONES & B. L. JACKSON (1995): A factor analysis of landscape patterns and structure metrics. In: Landscape Ecology (10) 1, 23-39

GIS-unterstützte Bewertung der Wahlkreisneueinteilung auf das Ergebnis der deutschen Bundestagswahl 2002

Andreas KOCH

Dieser Beitrag wurde nach Begutachtung durch das Programmkomitee als „reviewed paper" angenommen.

Zusammenfassung

Angesichts der Tatsache, dass es bei politischen Wahlen kein optimales Verfahren zur Ermittlung der Sitzverteilung gibt, wurde das knappe Ergebnis der letzten Wahl zum Deutschen Bundestag vor dem Hintergrund der damit einhergegangenen Wahlkreisneueinteilung mit Hilfe des Geoinformationssystems ArcGIS untersucht. Als Vergleichswerte dienten die auf die neuen Wahlkreise umgerechneten Werte der Bundestagswahl von 1998. Hinsichtlich der Erststimmen lassen sich dabei unterschiedliche Auswirkungen dieser Neueinteilung für die jeweiligen Parteien durchaus erkennen, allerdings konnten keine signifikanten Aussagen über Art und Stärke des Zusammenhangs getroffen werden. Bei den Zweitstimmen wurde als Bewertungsmaß der Erfolgswert der Stimmen herangezogen. Dabei hat sich gezeigt, dass sich für alle im Parlament vertretenen Parteien die Situation bei diesem Kriterium verschlechtert hat bzw. unbefriedigend geblieben ist.

1 Einleitung

Mit lediglich 6027 Zweitstimmen Vorsprung hat sich die SPD bei der letzten Bundestagswahl vom 22. September 2002 gegenüber der CDU/CSU durchgesetzt. Die Tatsache, dass sie wieder stärkste Fraktion im deutschen Parlament ist, verdankt sie gleichwohl nicht diesem Stimmenunterschied, sondern einer Besonderheit des Wahlrechts, die sich in der Möglichkeit der Bildung von Überhangmandaten ausdrückt. Die vor dem Hintergrund dieses knappen Ergebnisses verstärkt einsetzende Kritik an Überhangmandaten (vgl. zum Beispiel FROMME 2002) wird mit einem wichtigen Wahlgrundsatz begründet, der so genannten **Erfolgswertgleichheit** von abgegebenen Stimmen. Eine weitere Bedeutung erlangt die **Wahlkreisneueinteilung** des Bundesgebietes, die erstmals seit 1949 zu einer Reduzierung der Sitze (ohne Überhangmandate) von 328 auf 299 geführt hat. Das Erfordernis einer Neuabgrenzung des Bundesgebietes hinsichtlich Anzahl und Form der Wahlkreise ergibt sich dabei aufgrund rechtlicher Vorgaben nach dem Bundeswahlgesetz. Im folgenden Beitrag spielen diese beiden Aspekte die zentrale Rolle – neben einer vergleichenden Betrachtung der Verteilung der Erststimmen zwischen veränderten und unverändert gebliebenen Wahlkreisen von 2002 im Vergleich zu 1998, wird allgemein (also über den Zusammenhang der Überhangmandate hinaus) der Erfolgswert der Zweitstimmen auf der Ebene der einzelnen Wahlkreise mit Hilfe eines Geoinformationssystems bewertet. Der Einsatz von ArcGIS übernimmt – im Rahmen dieses Beitrages und Bewertungsstadiums – die Funktion der Visualisierung der räumlichen Zusammenhänge. In einem nächsten Schritt werden dann unter Einbeziehung weiterer Variablen wie Parteienpräferenz, Wahlverhalten, Religionszugehörigkeit, etc. verstärkt analytische Instrumente von ArcGIS eingesetzt, um die Wahlkreisänderungen in dieser Hinsicht zu untersuchen.

2 Mögliche Wahlverfahren und ihre Eigenschaften

Seit 1953 gilt in der Bundesrepublik Deutschland das Verhältniswahlrecht, nach dem jeder Wahlberechtigte über zwei Stimmen verfügt: mit der Erststimme wird nach dem Prinzip der relativen Mehrheit der Wahlkreiskandidat, mit der Zweitstimme die Partei über ihren Stimmenanteil auf Bundesebene gewählt (vgl. BEYME 1993, 83f.). Damit eine Partei mit ihrem Zweitstimmenanteil im Bundestag vertreten ist, muss sie jedoch wenigstens 5 % der gültigen Zweitstimmen oder drei Wahlkreismandate erringen. Die durch Erststimme gewonnenen Mandate, die unter dem Schwellenwert von drei bleiben, sind davon jedoch unabhängig. So ist die PDS mit zwei direkt gewonnenen Wahlkreisen im aktuellen Bundestag vertreten, obwohl sie mit 4,0 % Zweitstimmenanteil an der 5 %-Hürde scheiterte. Für die Sitzverteilung im Parlament ist jedoch ausschließlich der Anteil der Zweitstimmen ausschlaggebend. Daraus folgt, dass die errungenen Wahlkreismandate auf den Proporz der jeweiligen Parteien angerechnet werden. Erhält eine Partei mehr Wahlkreisabgeordnete als ihr nach dem Zweitstimmenanteil zustehen, so gehen diese natürlich nicht verloren, sondern werden ihr als Überhangmandate hinzugefügt. Dieses Prinzip hat dazu geführt, dass die SPD im aktuellen Bundestag mit drei Mandaten vor der CDU/CSU stärkste Fraktion geworden ist. Ohne Überhangmandate würden beide Parteien mit jeweils 38,5 % Stimmenanteil – und lediglich 6027 Stimmen Differenz – über die gleiche Anzahl Sitze verfügen.

Das Grundproblem bei der Ermittlung der Mandate besteht in der Unmöglichkeit, ein Wahlverfahren zu entwickeln, das alle notwendigen Forderungen einer proportionalen Sitzverteilung gleichzeitig erfüllt (vgl. BALINSKI 2002a, 2002b). Dabei ist die Ausgangssituation, die für alle Wahlverfahren unstrittig ist, relativ einfach: „Nach der Wahl sollen für jede Partei so viele Abgeordnete ins Parlament einziehen, wie ihrem Anteil an der Gesamtstimmenzahl entspricht" (CARNAL/RIEDWYL 2002, 80). Da allerdings das Ergebnis einer derartigen Berechnung [1] keine ganze Zahl ist, entstanden aus der Frage, wie mit den Resten umzugehen sei, unterschiedliche Wahlverfahren (vgl. weiterführend HÜBNER 1984, BALINSKI 2002a, 2002b).

$$m_i = \frac{s_i}{S} \cdot M \, , \qquad [1]$$

mit: M = Mandate gesamt, S = Stimmen gesamt, s_i = Stimmenanteil für Partei i, m_i = Mandate für Partei i.

Eine Methode, die seit der Bundestagswahl 1987 angewendet wird, weist jeder Partei i zunächst den ganzzahligen Anteil von m_i zu. Bleibt nach diesem Vorgang die Summe der m_i kleiner als M, so werden die verbleibenden Sitze in der Reihenfolge der größten Reste vergeben. Im Unterschied zu diesem nach Hare/Niemeyer benannten Verfahren (auch Verfahren der ‚größten Reste' genannt), werden beim so genannten d'Hondtschen Verfahren (auch

Verfahren der größten Quotienten), welches bis 1987 bei Bundestagswahlen herangezogen wurde, die Stimmenzahlen durch die Zahlenfolge 1, 2, 3, etc. dividiert und die Mandate entsprechend der größten Quotienten vergeben. Auf diese Weise werden die Parlamentssitze an die jeweils ‚meistbietende' Partei ‚versteigert'.

Für einen bewertenden Vergleich dieser beiden hier relevanten Verfahren sind nun vier Kriterien heranzuziehen. Die **Quotenbedingung** verlangt, dass die Zahl der Mandate mindestens dem abgerundeten m_i bzw. höchstens dem aufgerundeten m_i entspricht. Diese Bedingung wird von der Methode der größten Reste vollständig, von jener der größten Quotienten teilweise (nur hinsichtlich des abgerundeten m_i) erfüllt. Die Restemethode (nicht die Quotientenmethode) verletzt dagegen das Prinzip der **Hausmonotonie**, wonach im Falle einer Erhöhung der Gesamtmandatszahl keine Partei ein Mandat verlieren darf. Entsprechend sind beide Verfahren hinsichtlich der **Mehrheitsbedingung** zu unterscheiden, die fordert, dass eine Mehrheit an Stimmen auch eine Mehrheit an Sitzen nach sich zieht. Das Resteverfahren verletzt – im Gegensatz zum Quotientenverfahren – auch diese Bedingung (mit Ausnahme absoluter Mehrheiten). Dies trifft auch für die letzte Bedingung der **Stimmenmonotonie** zu, da es nach dem Hare/Niemeyer-Verfahren möglich ist, trotz abnehmendem Stimmenanteil einen Sitz hinzu zu gewinnen. Vor dem Hintergrund dieser Bedingungen schneidet somit das Verfahren nach d'Hondt wesentlich besser ab. Dass es in Deutschland bei Bundestagswahlen dennoch zu einem Methodenwechsel kam, hing mit politischen Überlegungen zusammen. Zum einen sollte sich damit die Ausgangslage der kleinen Parteien verbessern, was im Verfahrensvergleich auch eintrat. So konnte PUKELSHEIM (2002, 75f.) für die bayerischen Landtags- und Kommunalwahlen zeigen, dass d'Hondt die kleinen Parteien zu Gunsten insbesondere der CSU benachteiligt. Zum anderen sollte sich die Zahl der Überhangmandate reduzieren, was nur bedingt eintrat (vgl. BEYME 1993, 88).

3   Die Neueinteilung der Wahlkreise und ihre Wirkungen

Mit der Entscheidung zugunsten eines Wahlverfahrens sind nicht allein Folgen für den Stimmenproporz, sondern auch für den Regionalproporz gegeben. Das zur Wahlkreisneueinteilung für die Bundestagswahl 2002 gültige Verfahren der größten Reste hat im Vergleich zur Quotientenmethode für Schleswig-Holstein, Hamburg und Thüringen je einen Wahlkreis (und damit zwei Bundestagsmandate) mehr bzw. für Niedersachsen, Nordrhein-Westfalen und Bayern je einen weniger gebracht (vgl. Tabelle 1). Allgemein gelten für eine Neuabgrenzung von Wahlkreisen zwei Kriterien: Erstens muss der Wahlkreisanteil in den einzelnen Bundesländern ihrem Bevölkerungsanteil soweit wie möglich entsprechen und zweitens soll die Bevölkerungszahl eines Wahlkreises von der durchschnittlichen Bevölkerungszahl der Wahlkreise nicht mehr als ±15 % abweichen; beträgt die Spannweite ±25 %, so muss eine Neuabgrenzung vorgenommen werden (vgl. http://www.bundeswahlleiter.de). Für die Reduzierung der Wahlkreise hat man die durchschnittliche Bevölkerungszahl auf 250.000 festgesetzt, woraus sich 299 Wahlkreise ergeben. Die dabei entstehende Spannweite beträgt nach der gültigen Methode immerhin 53.255 Einwohner (zwischen Bremen und Schleswig-Holstein). Überträgt man diesen Gedanken auf die Wahlberechtigten und dis-aggregiert auf den einzelnen Wahlkreis, so verschärft sich die Diskrepanz deutlich (Spannweite: 96.718). So sollte, unabhängig von politischen Überlegungen, einmal angedacht werden, ob nicht statt der Bevölkerung die Wahlberechtigten als Kriterium der Wahlkreiseinteilung herangezogen werden sollten. Würde man nämlich eine möglichst weitgehende Gleichverteilung der Wahlberechtigten anstreben, so käme man dem Ziel der Stimmwertgleichheit ein großes Stück näher (vgl. hierzu auch o.V., 2002, 1 und 5).

Tabelle 1: Wahlkreiseinteilung nach Hare/Niemeyer und d'Hondt (Quelle: CARNAL/RIEDWYL 2002, 84)

Bundesland	Bevölkerung 1999	W_1	B_1	W_2	B_2
Schleswig-Holstein	2.625654	11	238696	10	262565
Mecklenburg-Vorpommern	1.757671	7	251096	7	251096
Hamburg	1.442864	6	240477	5	288573
Niedersachsen	7.370958	29	254171	30	245699
Bremen	583902	2	291951	2	291951
Brandenburg	2.540028	10	254003	10	254003
Sachsen-Anhalt	2.604583	10	260458	10	260458
Berlin	2.953105	12	246092	12	246092
Nordrhein-Westfalen	15.955175	64	249300	65	245464
Sachsen	4.354716	17	256160	17	256160
Hessen	5.321459	21	253403	21	253403
Thüringen	2.407409	10	240741	9	267490
Rheinland-Pfalz	3.719085	15	247939	15	247939
Bayern	11.031710	44	250721	45	245149
Baden-Württemberg	9.170757	37	247858	37	247858
Saarland	983153	4	245788	4	245788
Gesamt	**74.822229**	**299**	**250242**	**299**	**250242**

W_1: Wahlkreise nach Hare/Niemeyer, W_2: Wahlkreise nach d'Hondt,
B_1: Bevölkerung je W_1, B_2: Bevölkerung je W_2 (

Auf der Grundlage der 299 neuen Wahlkreise wurden 75 Wahlkreise neu abgegrenzt. Gegenüber den 328 Wahlkreisen von 1998 führt dies in 145 Fällen zu einer Änderung der Vergleichswerte (Wahlberechtigte, Erst- und Zweitstimmenanteile), die sich aufgrund einer Umrechnung der 98er Ergebnisse auf die 299 Wahlkreise durch das Statistische Bundesamt ergeben. Mit anderen Worten: Stimmen die auf die Situation 2002 umgerechneten Werte des Wahlergebnisses von 1998 mit den tatsächlichen Werten von 1998 überein, dann blieb der Wahlkreis unverändert. Legt man diese theoretischen Werte zugrunde, so hätte beispielsweise die SPD mit einem Verlust von 24 Wahlkreisen, die CDU von drei Wahlkreisen rechnen müssen. Das tatsächliche Ergebnis kommt dem theoretischen dabei sehr nahe (vgl. SCHWARTZENBERG 2002, 830): Insgesamt verlor die SPD 20 Wahlkreise, 14 davon an die CDU, fünf an die CSU und einen an Bündnis'90/Die Grünen. Unverkennbar ist dabei der Einfluss der Wahlkreisneueinteilung, der im Falle der CDU einen Anteil von 43 % (davon in 50 % der Fälle mit knappem Ausgang), im Falle der CSU von 20 % (100 %) und im dritten von 100 % (100 %) ausmacht. Die CDU verlor tatsächlich drei Wahlkreise, die jedoch alle keine Veränderung erfuhren.

Um die absoluten Erststimmengewinne und -verluste zwischen den Wahlergebnissen von 1998 und 2002 direkt vergleichen zu können, wurden die Werte von SPD und CDU durch z-Transformation standardisiert (mit $\bar{z} = 0$ und $s_z = \pm 1$). Die Differenzierung der standardisierten Verluste und Gewinne in den Abbildungen 1 und 2 bedeuten dabei: ‚hohe Verluste' bzw. ‚hohe Gewinne' jenseits der Standardabweichung von -1 bzw. +1; ‚Verluste' bzw. ‚Gewinne' zwischen der Standardabweichung von -1 bzw. +1 und -0.1 bzw. +0.1; ‚ausgeglichen' innerhalb des Intervalls von -0.1 und +0.1. Abbildung 1 verdeutlicht für die SPD, dass die Änderung der Wahlkreise in ihren ‚traditionellen Hochburgen' keine gerichtete Wirkung hatte – Verlusten in Nordrhein-Westfalen und im Saarland standen Gewinne in Mecklenburg-Vorpommern, Schleswig-Holstein, Niedersachsen und Thüringen gegenüber, wohingegen die Situation in Brandenburg und Sachsen-Anhalt uneinheitlich ist. In 48 Wahlkreisen hat die SPD ihre nunmehr veränderten Wahlkreise wieder gewonnen, wenn auch mit relativen Verlusten.

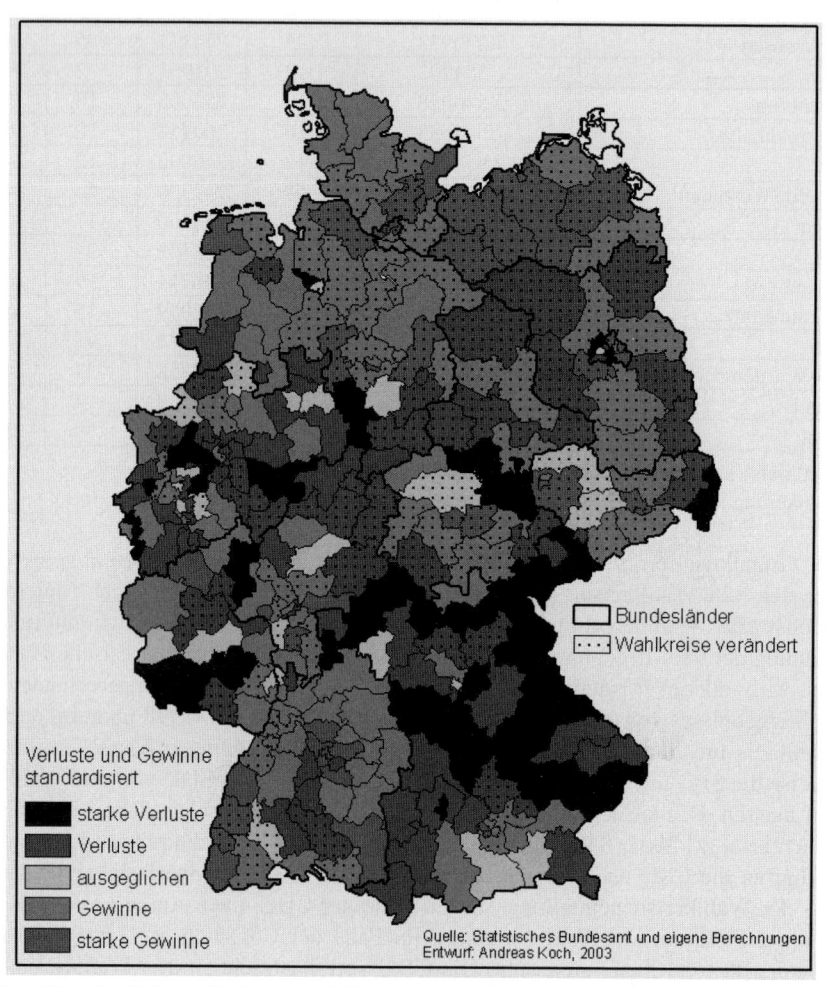

Abb. 1: Standardisierte Verluste und Gewinne der SPD bei der Bundestagswahl 2002

Auch in den von der CDU dominierten Regionen (ohne CSU in Bayern) lässt sich die These einer eindeutigen Tendenz in den neu eingeteilten Wahlkreisen nicht bestätigen (vgl. Abbildung 2). Während sie in Baden-Württemberg und Teilen Nordrhein-Westfalens relativ hinzu gewonnen hat, verlor sie in Sachsen relativ an Stimmen. Im direkten Vergleich der standardisierten Erststimmenverluste in den veränderten Wahlkreisen ergibt sich für SPD und CDU eine gemeinsame Schnittmenge von 33 Wahlkreisen (vor allem in Sachsen, Sachsen-Anhalt und Nordrhein-Westfalen), bei insgesamt 79 Fällen für die CDU und 66 Fällen für die SPD. Betrachtet man schließlich jene Wahlkreisgewinne, die von der SPD durch einen sehr knappen Stimmenvorsprung entschieden wurden, so kann auch hier kein kausaler Einfluss der Wahlkreisneueinteilung konstatiert werden (obgleich hier weitergehende Untersuchungen anzusetzen sind). Sowohl in veränderten Wahlkreisen (München-Nord, 348 Stimmen; Frankfurt a. M. II, 408 Stimmen) als auch in nicht veränderten (Offenbach, 766; Mettmann, 861) hat sich die SPD knapp gegenüber der CDU bzw. CSU durchgesetzt (vgl. http://www.btw2002.de).

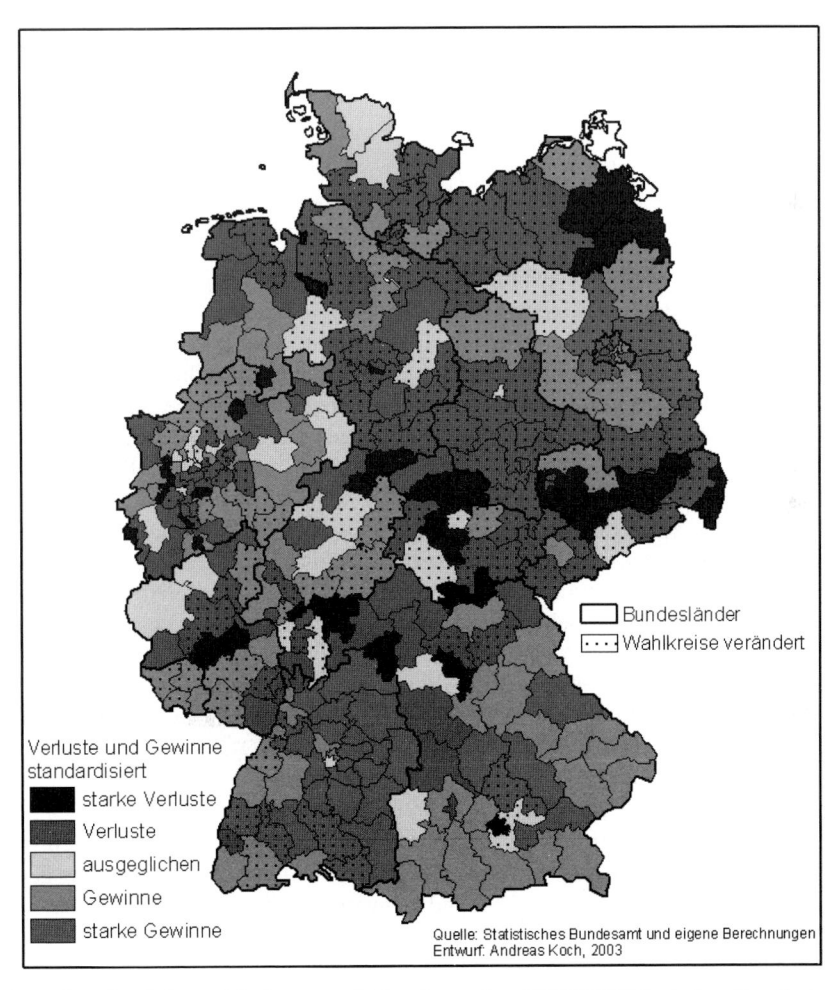

Abb. 2: Standardisierte Verluste und Gewinne der CDU/CSU bei der Bundestagswahl 2002

Unter der gewählten Betrachtungsperspektive bleibt als vorläufiges Ergebnis festzuhalten, dass – bezogen auf die Erststimmen – die Folgen der Neueinteilung für die SPD, im Unterschied zur CDU, erkennbar höher sind, dass aber gleichzeitig die Art und die Stärke des Zusammenhangs nicht eindeutig eine bestimmte Tendenz sichtbar werden lässt (hier sind weitere Variablen wie ‚Differenz des Wählerverhaltens' oder ‚Verluste/Gewinne der Stammwähler', etc. einzubeziehen).

4 Der Erfolgswert der Zweitstimmen

Diese Einschätzung ändert sich, wenn man den Erfolgswert der Zweitstimmen als Bewertungsgrundlage heranzieht. Der Erfolgswert E [2] einer Wählerstimme ergibt sich durch Umformung von [1] als Quotient des Mandatsanteils zum Stimmenanteil der Partei i und nimmt im Idealfall den Wert 1,0 an.

$$E = \frac{\frac{m_i}{M}}{\frac{s_i}{S}} \qquad [2]$$

Die Tatsache, dass es zu Abweichungen vom idealen Erfolgswert kommt, hängt jedoch nicht allein von der Unmöglichkeit eines umfassend optimalen Wahlverfahrens und der Möglichkeit der Bildung von Überhangmandaten ab, sondern erklärt sich auch aus wahltaktischen Erwägungen der Wähler. So erhalten und erhielten die großen Parteien SPD und CDU mehr Erst- als Zweitstimmen (bei der letzten Bundestagswahl betrug die Differenz bei der SPD +3,4 % und bei der CDU 2,6 %), wohingegen bei den kleineren Parteien der umgekehrte Effekt eintrat (-3,0 % für die Grünen und -1,6 % für die FDP; vgl. SCHWARTZENBERG 2002, 826). Obwohl also Schwankungen um den Idealwert unvermeidlich sind, bietet sich der Erfolgswert für eine vergleichende Bewertung an, da er eine Disaggregierung auf die Ebene des einzelnen Wahlkreises erlaubt und so als quantitatives Maß den Einfluss der Wahlkreisneueinteilung zu bestimmen vermag. Mit der Disaggregierung erhöht sich freilich, wie bei anderen Parametern auch, die Schwankungsbreite. Dies gilt es zu berücksichtigen.

Auf Länderebene kommt der Erfolgswert in den meisten Fällen dem Idealwert sehr nahe (vgl. Tabelle 2). Die wenigen Ausnahmen weichen allerdings stark hiervon ab: So liegt der Erfolgswert der Grünen in Rheinland-Pfalz 20 %, jener der CDU in Brandenburg fast 12 % unter 1,0. Bricht man nun den Erfolgswert auf die einzelnen Wahlkreise herunter, bezieht zudem nur die veränderten Wahlkreise mit ein und vergleicht die Veränderungen zur Bundestagswahl 1998, dann führt dies zu einem differenzierten Bild für die Parteien (vgl. Tabelle 3). Im Ergebnis liegen vier Klassen vor: unter bzw. über dem Erfolgswert geblieben, Aufwertung (von $E < 1,0$ zu $E > 1,0$) und Abwertung (von $E > 1,0$ zu $E < 1,0$). Die Schwankungsbreite spielt also keine Rolle.

Tabelle 2: Erfolgswert E der Zweitstimmen nach Bundesländern und Parteien Quelle: Eigene Berechnungen)

Bundesland	E_{SPD}	$E_{CDU/CSU}$	$E_{Grüne}$	E_{FDP}
Schleswig-Holstein	1,0008	0,9994	1,0024	0,9950
Hamburg	1,0005	0,9991	1,0021	0,9947
Niedersachsen	1,0008	0,9993	1,0024	0,9949
Bremen	1,0005	0,9991	1,0021	0,9946
Nordrhein-Westfalen	1,0009	0,9995	1,0025	0,9950
Hessen	1,0008	0,9994	1,0024	0,9950
Rheinland-Pfalz	1,0193	1,0178	0,8004	1,0133
Baden-Württemberg	1,0009	0,9994	1,0025	0,9950
Bayern	1,0019	1,0081	0,9333	0,9961
Saarland	1,0008	0,9993	1,0023	0,9949
Berlin	1,0006	0,9991	1,0022	0,9947
Brandenburg	1,0576	0,8811	1,0017	0,9943
Mecklenburg-Vorpommern	1,0008	0,9994	1,0024	0,9950
Sachsen	1,0010	0,9996	1,0026	0,9952
Sachsen-Anhalt	1,0009	0,9995	1,0025	0,9951
Thüringen	1,0008	0,9994	1,0024	0,9950

Tabelle 3: Veränderung des Erfolgswertes in den veränderten Wahlkreisen (in %) (Quelle: Eigene Berechnungen)

Partei	unter 1,0 geblieben	über 1,0 geblieben	Aufwertung	Abwertung
SPD	57	20	22	1
CDU	36	46	9	9
CSU	--	75	--	25
Grüne	17	61	1	21
FDP	15	39	4	42

Allgemein ist der unter dem Idealwert gebliebene bzw. entstandene Anteil hoch. Darüber hinaus führte die Neueinteilung insbesondere bei den beiden kleineren Parteien und der CSU zu deutlichen prozentualen Abwertungen; lediglich die SPD profitierte – allerdings bei einem hoch negativen Ausgangsniveau – von der Veränderung der Wahlkreiszuschnitte. Abbildung 3 zeigt die abgewerteten Stimmen der Parteien mit Bezug auf die Veränderung des Wahlkreiszuschnitts. Während die FDP insbesondere in den Neuen Bundesländern mit einer Abstufung des Erfolgswertes ihrer Zweitstimmen konfrontiert ist, liegen die Schwerpunkte hierfür bei Bündnis 90/Die Grünen mit Schleswig-Holstein, Hamburg, Niedersachsen, Rheinland-Pfalz und Baden-Württemberg vorrangig in den Alten Bundesländern (mit Ausnahme Berlins). Abbildung 3 macht zum Teil auch den oben beschriebenen Effekt der unterschiedlichen Stimmvergabe – Erst-/Zweitstimmenverhältnis von großen und kleinen Parteien – deutlich: FDP und Bündnis 90/Die Grünen büßten auch in nicht veränderten Wahlkreisen an Erfolgswert ein. Dies gilt allerdings – und überraschenderweise – auch für die CSU in Bayern und die CDU. Hier gilt es somit ebenfalls, weitere Untersuchungen anzuschließen.

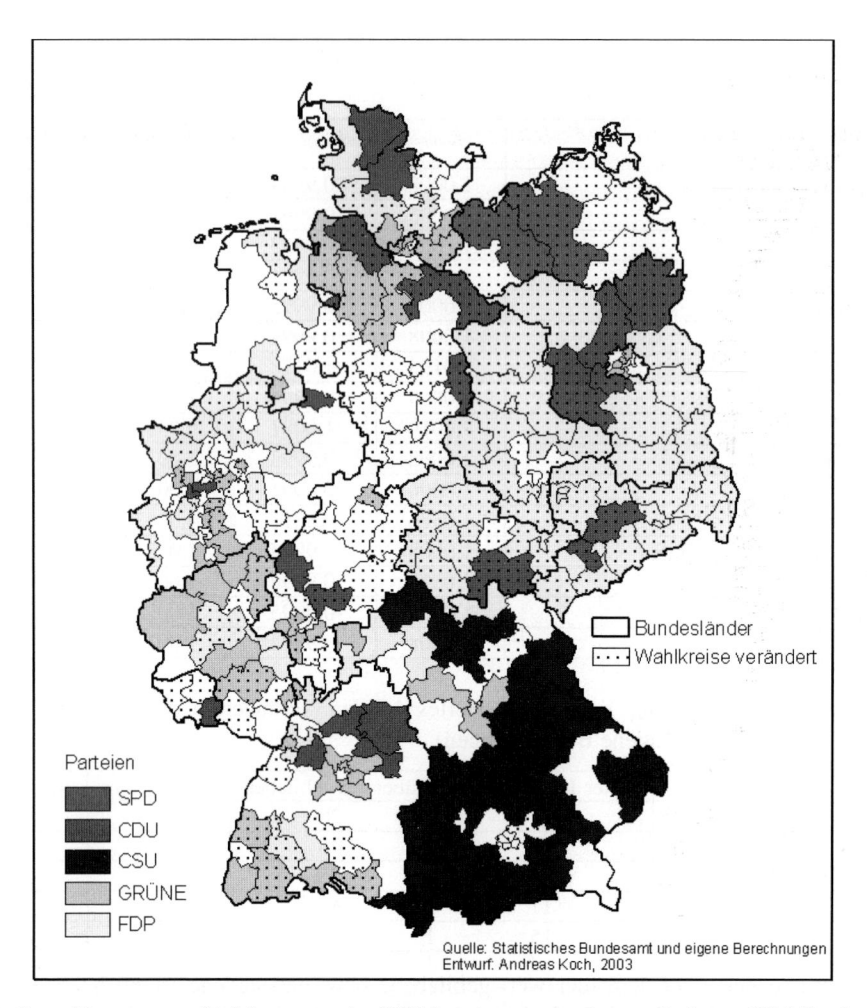

Abb. 3: Abgewertete Erfolgswerte der Wählerstimmen in den veränderten Wahlkreisen

Mit Blick auf die differenzierende Wirkung der Wahlverfahren im Allgemeinen – Stichworte sind hier Überhangmandate (Erststimme) und Erfolgswert (Zweitstimme) – und den Vergleich der Wahlergebnisse auf die Wahlkreisneueinteilung durch Umrechnung der Stimmen im Besonderen, ist hier ein erster Versuch unternommen worden, den Einfluss des räumlichen Faktors im Wahlgeschehen zu beurteilen. Da ein Wahlergebnis nicht allein von diesen eher formalen und Rahmen setzenden Bedingungen abhängig ist, bleibt die Bewertung ambivalent. Folglich sind in weiterführenden Untersuchungen andere Aspekte wie demographische und Präferenzbedingungen zu integrieren.

Literatur

BEYME, K. V. (1993): *Das politische System der Bundesrepublik Deutschland nach der Vereinigung*. 7. Auflage. Piper München Zürich

BALINSKI, M. (2002a): *Verhältniswahlrecht häppchenweise*. In: Spektrum der Wissenschaft 10/2002, S. 72-74

BALINSKI, M. (2002b): *Wer wird Präsident?*. In: Spektrum der Wissenschaft 09/2002, S. 74-79

CARNAL, H. & H. RIEDWYL (2002): *Wer kommt ins Parlament?*. In: Spektrum der Wissenschaft 09/2002, S. 80-84

FROMME, F. K. (2002): *Ist die SPD zu Recht die größte Fraktion?*. In: FAZ, 30.12.02, S. 12

HÜBNER, E. (1984): *Wahlsysteme*. Bayerische Landeszentrale für politische Bildungsarbeit. 6. Auflage. München

o.V. (2002): *Jede Stimme zählt gleich viel?*. In: BusinessGeomatics Ausgabe 06/02, 11.9.2002, S.1 u. 5

PUKELSHEIM, F. (2002): *Wahlgleichheit – Muster ohne Wert?*. In: Spektrum der Wissenschaft 10/2002, S. 75-76

SCHWARTZENBERG, M. V. (2002): *Endgültiges Ergebnis der Wahl zum 15. Deutschen Bundestag am 22. September 2002*. In: Wirtschaft und Statistik 10/2002, Statistisches Bundesamt Wiesbaden, S. 823-836

Internetquellen

http//www.bundeswahlleiter.de (Abruf vom 27.01.2003)

http//www.btw2002.de (Abruf vom 27.01.2003)

Biodiversitätsforschung in Westkenia – mit GIS und Fernerkundung von lokalen Beobachtungen zu Aussagen in Zeit und Raum

Tanja KRAUS und Gertrud SCHAAB

Zusammenfassung

Im Rahmen des Verbundprojektes BIOTA-Ost wird ein tropisches Regenwaldfragment, der Kakamega Forest in Westkenia, unter dem Gesichtspunkt „Biodiversität und Globaler Wandel" untersucht. Ziel der zumeist ökologischen Ansätze der einzelnen Teilprojekte ist es, den Einfluss anthropogener und natürlicher Landnutzungs- und Umweltveränderungen auf die ostafrikanische Artenvielfalt zu analysieren. GIS und Fernerkundung bieten hier nicht nur die Möglichkeit, vielfältige Datengrundlagen zur Verfügung zu stellen, sondern sie eignen sich im speziellen auch dazu, individuelle Aussagen auf Raum und Zeit übertragen zu können und Forschungsergebnisse zu visualisieren. Der Beitrag zeigt die Einsatzmöglichkeiten von Fernerkundung und GIS bei der Erforschung der biologischen Vielfalt anhand ausgewählter Beispiele auf. Hierzu werden erste Ergebnisse aus der Pilotphase von BIOTA-Ost präsentiert sowie ein Ausblick auf die nächste Projektphase gegeben.

1 Einleitung

GIS und Fernerkundung spielen im Projektverbund BIOTA-Ost eine zentrale Rolle. So ermöglicht die Implementierung von Fernerkundungsdaten in ein Geographisches Informationssystem eine genaue Analyse von räumlichen Verteilungsmustern, zeitlichen Veränderungen sowie funktionaler Beziehungen. Diese Einsatzmöglichkeiten stehen in engem Zusammenhang mit der UN-Biodiversitätskonvention (CBD, www.biodiv.org) von 1992. Demnach können Fernerkundung und GIS z.B. bei der Identifizierung von Habitaten und schutzwürdigen Gebieten (Artikel 7: Identifikation und Monitoring), bei der Vorstellung von Biodiversitätsprojekten und der Schaffung eines Problembewusstseins in der Bevölkerung (Artikel 13: Bewusstseinsbildung in der Öffentlichkeit), bei der Entwicklung von Biodiversitätsindikatoren und der Wiederherstellung degradierter Ökosysteme (Artikel 14: Verträglichkeitsprüfung und Minimierung ungünstiger Auswirkungen) und bei der Dokumentation von Umsetzungsmaßnahmen und der Beurteilung ihrer Effektivität als auch beim Transfer von Ergebnissen (Artikel 17: Austausch von Informationen) eine wichtige Rolle spielen (SCHAAB et al. 2002b).

2 Aufbau eines Geodatenbestandes

Ursprünglich waren Geodaten im Teilprojekt E02 insbesondere zur Schaffung der räumlichen Grundlagen für das Up-Scaling von Spurengasen vorgesehen. Ziel ist hier die Entwicklung eines Modells zum Spurenstoffaustausch zwischen tropischen Waldökosystemen und der bodennahen Troposphäre (SCHAAB & STEINBRECHER 2002). Der Aufbau eines Geo-Informationssystems als gemeinsame Datenbasis für alle Projektteilnehmer hat in der Zwischenzeit allerdings eine zentrale Bedeutung im Projektverbund gewonnen. Eine hierarchische Struktur innerhalb des GIS ermöglicht unterschiedliche Detailgenauigkeiten, so dass verschiedene Maßstabsebenen (Afrika, Kenia, Kakamega Forest etc.) hinsichtlich Monitoring und Modellierung abgedeckt werden können (SCHAAB 2001). Die in das GIS integrierten Geodaten setzen sich dabei aus Basis-Informationen zu Topographie, Infrastruktur und anderen abiotischen Faktoren zusammen, sowie aus speziell im Projekt aufbereiteten Daten wie z.B. zur Landbedeckung und Landbedeckungsänderung, Zeitreihen zu biophysikalischen Parametern oder den genauen Verortungen aller BIOTA-Ost-Untersuchungsflächen (vgl. Abb. 1). Zugriff auf die Daten haben die Projektpartner über einen Link von der BIOTA-Africa-Homepage (www.biota-africa.de) zum GIS-Daten-Server (www.eid.dlr.de/extranet/biota). Hier wurde einer technisch einfachen Realisierung der Vorzug gegeben, die leicht in der Handhabung, günstig im Aufwand und den Erfordernissen eines Drittmittelprojektes angepasst ist. Dennoch werden für jeden Datensatz eine Metadatenbeschreibung und ein Quicklook zur Verfügung gestellt sowie ein password-geschützter Download unterstützt.

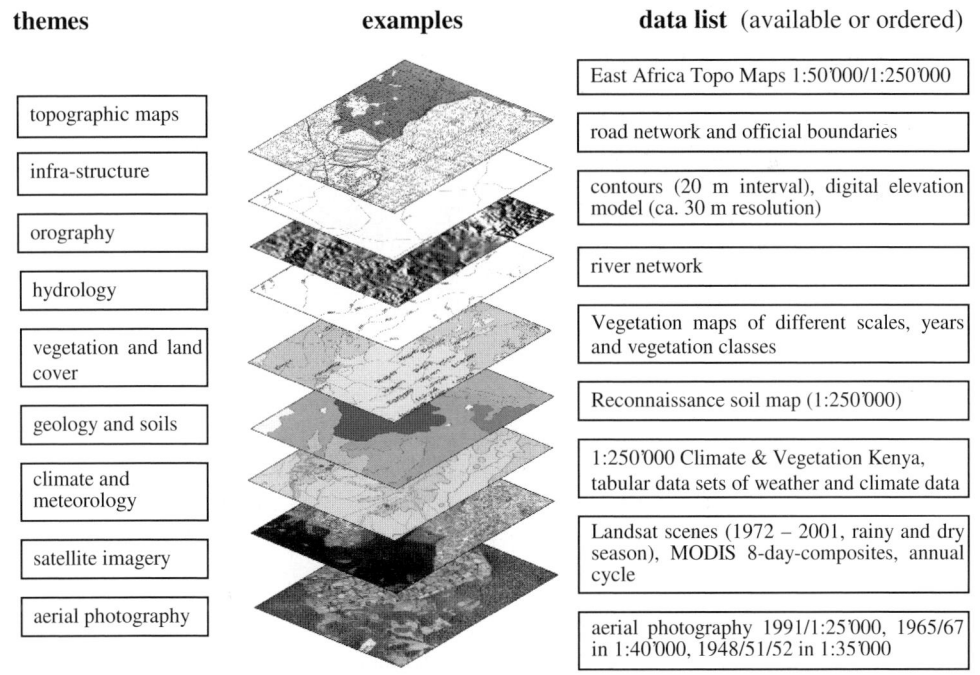

themes	data list (available or ordered)
topographic maps	East Africa Topo Maps 1:50'000/1:250'000
infra-structure	road network and official boundaries
orography	contours (20 m interval), digital elevation model (ca. 30 m resolution)
hydrology	river network
vegetation and land cover	Vegetation maps of different scales, years and vegetation classes
geology and soils	Reconnaissance soil map (1:250'000)
climate and meteorology	1:250'000 Climate & Vegetation Kenya, tabular data sets of weather and climate data
satellite imagery	Landsat scenes (1972 – 2001, rainy and dry season), MODIS 8-day-composites, annual cycle
aerial photography	aerial photography 1991/1:25'000, 1965/67 in 1:40'000, 1948/51/52 in 1:35'000

Abb. 1: BIOTA-Ost-GIS-Datensätze für die Ebene „Kakamega Forest und assoziierte Waldgebiete"

Zusätzlich wird an einer Web-GIS-Applikation für den Online-Geodatenkatalog gearbeitet, die eine interaktive Darstellung bei der Datensuche sowie die Visualisierung von Projektteilergebnissen erlaubt.

3 Fernerkundungsaktivitäten

Eine wichtige Aufgabe im Teilprojekt E02 betrifft die Ableitung von Zeitreihen zur Landbedeckung und -nutzung aus Satellitenbildern (Landsat MSS, TM und ETM+). Eine Schwellwert-Analyse des grünen Spektralkanals von sieben Landsat-Datensätzen der Jahre 1972-2001 zeigt hier erste Ergebnisse bezüglich der Klassen „Wald" und „Nicht-Wald" (SCHAAB et al. 2002b). Obwohl deutliche Unterschiede in der Flächenabdeckung zwischen den einzelnen Jahren zu erkennen sind, hat sich die Gesamtfläche der von „Wald" bestandenen Fläche bezogen auf die offizielle Waldgrenze nur unerheblich geändert. Dennoch ist der Kakamega Forest stark bedroht, wie eine kontrastverbesserte Darstellung der Kanalkombination 5/4/3 zusammen mit Vektordaten zu Waldflächen für 1972 bzw. den offiziellen, 1933 unter Schutz gestellten, Gebieten zeigt (vgl. Abb. 2). So fallen in die Klasse „Wald" neben weitgehend ungestörtem Wald auch lichte Waldbestände, verbuschte Flächen sowie Aufforstungsgebiete mit Monokulturen. Demnach weist der Kakamega-Forest eine starke Fragmentierung und eine große Heterogenität hinsichtlich seines Störungsgrades auf.

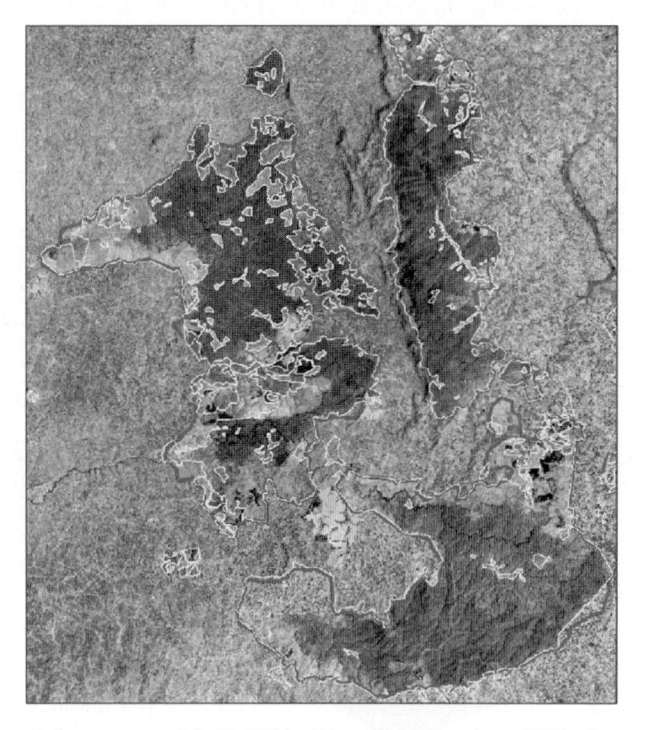

Abb. 2: Landsat-7-Szene vom 05.02.2001 (Kanalkombination 5/4/3, kontrastverbessert) für das Kakamega-Forest-Gebiet mit Vektordaten zu Waldflächen für 1972 (hell) bzw. 1933 (dunkel)

Dies wird durch eine überwachte Klassifizierung unter Berücksichtigung aller spektralen Kanäle genauer dokumentiert. Während für aktuelle Satellitenbilder ein Ground Truthing vor Ort möglich ist, kann für die Validierung der Klassifizierungsergebnisse von historischen Satellitenbildern auf verschiedene Vegetationskarten zurückgegriffen werden. Diese wurden für diesen Zweck digitalisiert und in das BIOTA-Ost-GIS integriert. Durch historische Luftbilder soll die Datenreihe weiterhin von 30 auf 50 Jahre ausgeweitet werden.

Die Erstellung von Zeitreihen zu biophysikalischen Parametern, wie Leaf Area Index (LAI), Fraction of Absorbed Photosynthetically Active Radiation (FPAR) und Land Surface Temperature (LST) erfolgt mit Hilfe von prozessierten MODIS-Daten. Die kostenlos verfügbaren Produkte werden umprojiziert, mosaikiert und dann auf das Untersuchungsgebiet in Kenia zurechtgeschnitten. Anhand von Qualitätskontroll- Informationen werden gültige Werte von solchen unterschieden, die maßgeblich durch Wolken, Wolkenschatten, Sensorstörungen u.ä. beeinflusst sind. Nach einer Ausmaskierung der ungültigen Pixel sollen die verbleibenden Werte durch eine Zeitreihenanalyse basierend auf dem Ansatz der Harmonischen Analyse (EIDEN 2000) für die Dauer einer Vegetationsperiode untersucht und die fehlenden Werte geschätzt werden. Die Ergebnisse fließen wiederum in eine Spurengasmodellierung ein (vgl. STEINBRECHER et al. 2001). Erste Untersuchungen zeigen für den Bereich des Kakamega Forest im Gegensatz zu seiner Umgebung nur wenig schwankende LAI-Werte im Jahresgang (vgl. Abb. 3). Hier machen sich in den umliegenden landwirtschaftlichen Nutzflächen der Wechsel zwischen Regen- und Trockenzeit sowie die Anbauzyklen der Feldfrüchte deutlich bemerkbar.

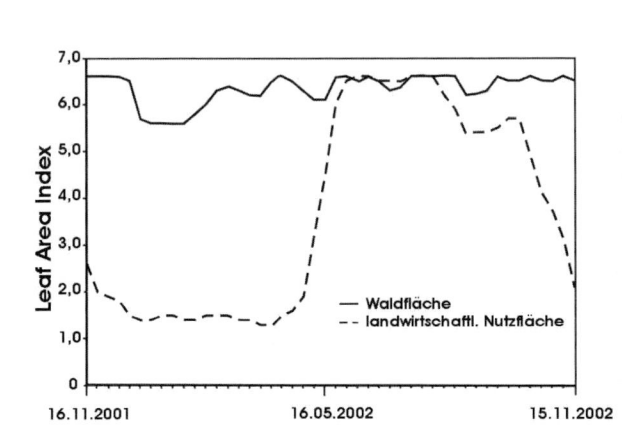

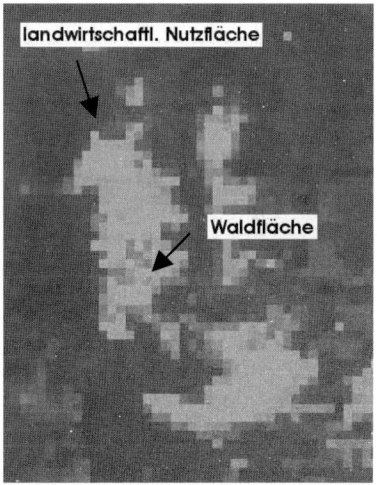

Abb. 3: Jahresgang eines MODIS-LAI-Pixels im Kakamega Forest (durchgezogene Linie) im Vergleich zu einem Pixel außerhalb des Waldes (gestrichelte Linie) für den Zeitraum 16.11.2001-15.11.2002. Die untersuchten Pixel sind in der MODIS-Szene (8-Tages-Komposit vom 26.02.-05.03.2002) durch einen Pfeil markiert.

Eine weitere Fragmentierung und Dezimierung der Waldfläche über die Jahre hinweg dürfte jedoch im Gegensatz zur Vegetationsentwicklung im Jahresverlauf einen größeren Einfluss auf den Spurengashaushalt in der Region haben.

4   GIS und Fernerkundung für Aussagen im Kontext von Biodiversität

Im Folgenden sollen drei Anwendungen kurz vorgestellt werden. Sie zeigen, wie GIS-Funktionalitäten in Zusammenarbeit mit anderen BIOTA-Ost-Teilprojekten bereits in der ersten Projektphase die Biodiversitätsforschung unterstützen:

Zum einen wurden die GIS-Daten für die Vorbereitung von Flugmesskampagnen (E02) eingesetzt. Hier erlaubte die digitale Aufbereitung unterschiedlicher Vegetationskarten sowie topographischer Karten Aussagen zum Gelände sowie zur Vegetationsverteilung. Beides ist nicht nur bei der Planung der Luftprobensammlung vom Flugzeug aus zu berücksichtigen, sondern auch bei der Auswertung der gemessenen Konzentrationen sowie der anschließenden inversen Modellierung. Die abgeleiteten Emissionsfaktoren werden später wiederum zusammen mit den genannten GIS-Daten sowie den Zeitreihen zur Landbedeckungsänderung für Abschätzungen von Spurengasen für größere Landschaftsausschnitte eingesetzt (SCHAAB et al. 2002a).

In einem anderen Teilprojekt (E11) von BIOTA-Ost liegt der Fokus auf der Samenausbreitung durch Vögel. Hierzu werden auf unterschiedlichen Beobachtungsflächen zahlreiche Daten zu vorkommenden Baumarten, zur Fruchtphänologie, zur Keimlingsetablierung und zur Verbreitung und zum Verhalten verschiedener Vogelarten erhoben. Für die Auswertung dieser Daten werden Informationen zu Distanzen zwischen den einzelnen Untersuchungsflächen sowie deren Prägung hinsichtlich biotischer und abiotischer Faktoren benötigt. Letztendlich sollen die Ergebnisse in Kombination mit der hinsichtlich Fragmentierung und Störungsgradienten analysierten Landbedeckungs-änderungs-Zeitreihe Aussagen zum Regenerationsvermögen gestörter tropischer Regenwälder erlauben (BLEHER ET AL. 2003).

Treiberameisen, eine Insektengruppe, über deren Ökologie bislang wenig bekannt ist, werden in einem weiteren Unterprojekt (E10) untersucht. Ihre Beobachtung erfolgt im Kakamega Forest entlang von Transekten. Mithilfe des GIS lassen sich hier durch Pufferbildung und Verschneidung mit Daten zur Landbedeckung etc. erste Aussagen zum Habitat und den möglichen Auswirkungen der Regenwald-Fragmentierung auf das Vorkommen diverser Arten machen (PETERS 2003).

5   Zusammenfassung und Ausblick

Das Aufgabenspektrum und die Bedeutung von GIS und Fernerkundung hat sich innerhalb der ersten Projektphase deutlich von der Zuarbeit für das Teilprojekt E02 hin zu einer zentralen Stellung im gesamten BIOTA-Ost-Projektverbund verschoben. Dazu haben nicht nur die unterwartete Datenfülle und das große Interesse an den Zeitreihen beigetragen, sondern auch das Erkennen der vielfältigen Möglichkeiten, die GIS und Fernerkundung in der interdisziplinären Zusammenarbeit bieten, um Aussagen zur Artenvielfalt über Raum und Zeit extrapolieren und skalieren zu können. In Konsequenz ist für die nächste Projektphase u.a. eine enge Zusammenarbeit mit anderen Projektverbundpartnern vorgesehen. Bereits jetzt werden die anderen BIOTA-Ost-Teilprojekte bei der Handhabung der Geo-Daten unterstützt und den kenianischen Kooperationspartnern Schulungen bezüglich GIS angeboten (Capacity Building). Neben dem Ausbau des GIS sowie weiteren aus Satellitenbilddaten abgeleiteten Zeitreihen für zusätzliche Untersuchungsgebiete entlang eines Störungsgradienten ist zudem die Entwicklung einer speziell den Bedürfnissen und Erfordernissen von Biodiversitätsforschung, -monitoring und -management angepassten Bedienungsoberfläche für das BIOTA-Ost-GIS vorgesehen. Ziel ist es letztlich, sich GIS und Fernerkundung für Aussagen auf der Landschaftsebene zunutze zu machen und interdisziplinär gewonnene Erkenntnisse zur Entwicklung von Empfehlungen für den Naturschutz einzusetzen.

Literatur

BLEHER, B., G. SCHAAB & K. BÖHNING-Gaese (2003): *Man, Birds and Berries – Human Impact of Forests and Plant-Animal-Interactions.* In: Tagungsband 16. Jahrestagung der Gesellschaft für Tropenökologie, Tropische Biodiversität im globalen Wandel, 19.-22. Februar 2003, Rostock, S. 29 (Abstract)

EIDEN, G. (2000): Charakterisierung der raum-zeitlichen Vegetationsdynamik von dürre- und desertifikationsgefährdeten, ariden und semi-ariden Regionen. Materialien zur Ostafrika – Forschung, H. 22, Trier, 223 S.

PETERS, M. (2003): *Habitatfragmentierung und ihre Auswirkung auf ostafrikanische Wanderameisen.* Unveröffentlichte Diplomarbeit. Rheinische Friedrich-Wilhelms-Universität Bonn. Diplomarbeit

SCHAAB, G. (2001): *Comparative analyses of biodiversity in the Kakamega Forest (Western Kenya) - The use of GIS within the BIOTA-East project.* In: Proceedings of the AfricaGIS Conference, 5.-9. November 2001, Nairobi.

SCHAAB, G. & R. STEINBRECHER (2002): *GIS-Unterstützung bei der Abschätzung des Stoffaustauschs zwischen tropischen Waldökosystemen und der Atmosphäre.* In: IFU-Jahresbericht 2001, 80-84

SCHAAB, G., A. AWITI, R. FORKEL, W. JUNKERMANN, G. STRUNZ, M. WALSH, R. ZUURBIER & R. STEINBRECHER (2002a): *Die Abschätzung des Stoffaustauschs zwischen tropischen Waldökosystemen und der Atmosphäre – ein Beitrag zum Forschungsschwerpunkt Biodiversität und Globaler Wandel.* BMBF-Tagung „Bedeutung der Wechselwirkungen Biosphäre - Atmosphäre für die nachhaltige Nutzung der Biosphäre und den Klimaschutz", 16.-17. September 2002, Bonn

SCHAAB, G., B. HÖRSCH & G. Strunz (2002b): *GIS und Fernerkundung für die Biodiversitätsforschung im Rahmen des BIOTA-Projektes.* In: CD-ROM mit den Tagungsbeiträgen zum 19. DFD-Nutzerseminar, 15.-16. Oktober 2002, Oberpfaffenhofen

STEINBRECHER, R., G. SCHAAB, G. SMIATEK & W. ZIMMER (2001): *Biogenic emission modelling on a regional scale: Some recent improvements.* In: Midgley, P. et al. (ed.), Proceedings from the EUROTRAC-Symposium 2000, CD-ROM, Berlin/ Heidelberg, 203-209

Automationsgestützte Erfassung der Landnutzung in Städten mittels objektorientierter Auswertung von Luftbildern

Florian KRESSLER, Michael FRANZEN und Klaus STEINNOCHER

Zusammenfassung

Das Bundesamt für Eich- und Vermessungswesen führt regelmäßig Bildflüge durch, die unter anderem der Aktualisierung der Benützungsarten/Nutzungen der Digitalen Katastralmappe (DKM) dienen. Besonderes Augenmerk wird dabei auf Neu-, Zu- und Umbauten gelegt. Zwar werden Orthophotos bereits auf digitalem Weg aus den Luftbildern abgeleitet, die Auswertung erfolgt in der Regel allerdings noch mittels visueller Interpretation. Der Einsatz automationsgestützter Verfahren könnte diesen Prozess beschleunigen und objektivieren. In diesem Sinne wird im Rahmen des Projektes City-Sat Austria[1] ein objektorientierter Klassifikator auf der Basis von eCognition für die Erhebung der Landnutzung aus Echtfarben-Orthophotos untersucht.

1 Einleitung

Die Auswertung von Echtfarben-Orthophotos wird in der Regel manuell durchgeführt, sowohl bei der Ersterfassung eines Gebietes als auch bei der Aktualisierung von vorhandenen Daten. Dies ist zeit- und kostenintensiv und die Tatsache, dass die Orthophotos in digitaler Form vorliegen, legt den Einsatz von automatischen, oder zumindest semi-automatischen Verfahren zur Unterstützung der Auswertungstätigkeit nahe. Aufgrund der hohen räumlichen Auflösung der Orthophotos (in der Regel im Dezimeterbereich) und der begrenzten spektralen Information (nur drei Kanäle im Bereich des sichtbaren Lichtes) wird ein objektorientiertes Verfahren herkömmlichen Verfahren vorgezogen. Dieses erlaubt die Klassifikation von Bildobjekten aufgrund der Eigenschaften (spektrale Werte, Form, Nachbarschaften, usw.) vorher identifizierter Bildsegmente. Für die Klassifikation werden Regeln aufgestellt, über die Segmente Objekten und anschließend Klassen zugeordnet werden. Ziel dieser Arbeit ist die Erstellung eines Klassifikationsschemas, das eine weitgehend automatische Klassifikation von Echtfarben-Orthophotos ermöglicht. Weitgehend deswegen, weil eine vollautomatische Auswertung aufgrund der Vielzahl der vorkommenden Strukturen und der spektralen Unterschiede bei unterschiedlichen Aufnahmezeitpunkten nur sehr begrenzt möglich wäre. Die Ergebnisse der Klassifikation werden mit der aktuellen Digitalen Katastralmappe (DKM) verglichen und Abweichungen hervorgehoben. Die Klassifikation der Landnutzung aus Orthophotos mittels objektorientierter Methoden ohne Verwendung zusätzlicher Informationen wie zum Beispiel Höhenmodelle ist sehr beschränkt und hat sich bisher vor allem aus Auswertungen von IKONOS-Aufnahmen konzentriert.

---

[1] Das Projekt City-Sat Austria wird vom Bundesministerium für Wirtschaft und Arbeit gefördert (GZ: 96000/30-I/11/01)

2 Untersuchungsgebiete und Daten

Für die vorliegende Untersuchung standen vier Orthophotos von Ferlach (Kärnten) zur Verfügung. Die Orthophotos wurden im Jahr 2001 mit einer räumliche Auflösung von $0,25 \times 0,25$ cm aufgenommen und decken mit drei Kanälen das sichtbare Licht ab. Die Größe eines Orthophotos beträgt $1,25 \times 1$ km², wodurch sich eine Gesamtgröße des Untersuchungsgebietes von $2,5 \times 2$ km² ergibt. Abb. 1 zeigt die Orthophotos von Ferlach, soweit sie mit dem vorliegenden Ausschnitt aus der DKM übereinstimmen.

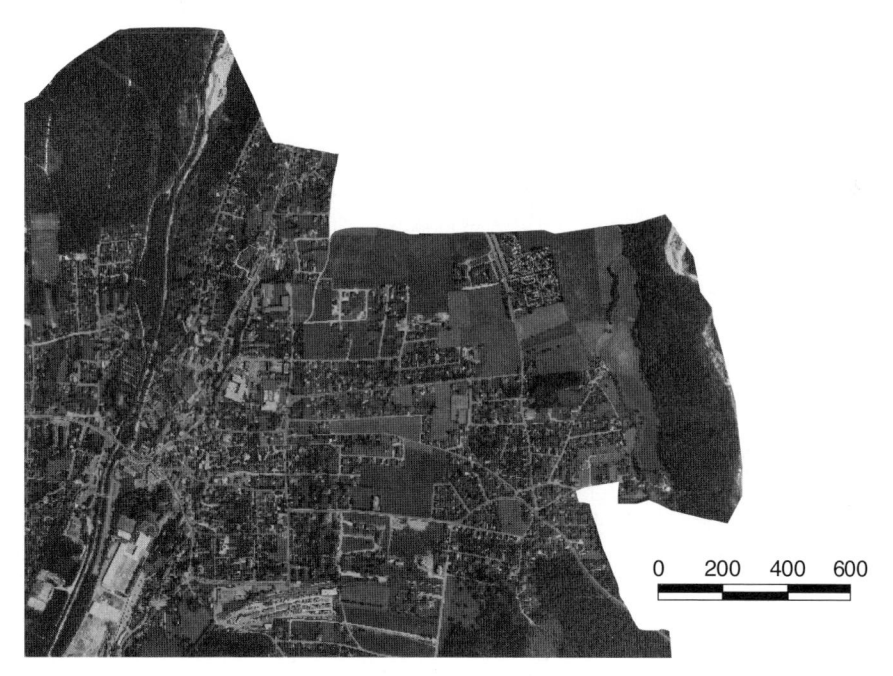

Abb. 1: Orthophotomosaik von Ferlach

Als Referenzdaten standen die aktuellen Kartenblätter 5316-36, -37, -44, -45 der DKM zur Verfügung. Im vorliegenden Ausschnitt kommen 19 Nutzungen vor, die für die Darstellung zu 4 Klassen zusammengefasst wurden (vgl. Abb. 2). Die Klasse offene Flächen in Abb. 2 umfasst Landwirtschaft, Acker, Wiese, Sonstiges, Streuobstwiese und Erholungsflächen. Wald wurde die DKM-Nutzungen Wald und Baufläche begrünt zugewiesen. Verbaut gliedert sich in Gebäude, Gärtnerein, technische Ver-/Entsorgungseinrichtungen, Straßenanlagen, Lagerplatz, Werksgelände, Bauland befestigt und Bahnanlagen. Die DKM-Nutzungen Gewässer fließend, Gewässer stehend und Ödland wurden ausmaskiert, da ihre Zuordnung zu Landbedeckung nicht eindeutig ist und sie als nicht relevant für die vorliegende Fragestellung erkannt wurden.

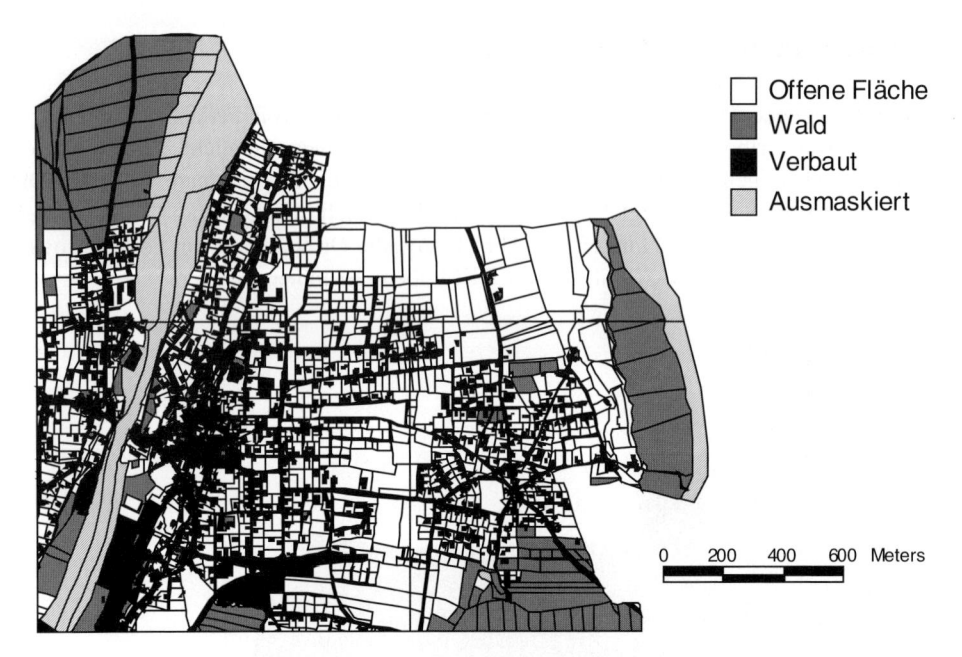

Abb. 2: Aggregierte Digitale Katastralmappe von Ferlach

3 Segmentierung und Klassifikation

Der Ablauf der segmentbasierten Klassifikation gliedert sich in zwei Schritte. Erstens die Identifikation von Bildsegmenten, zweitens die Zuordnung der Segmente zu Klassen auf der Basis eines Regelsystems. Das Ergebnis der Klassifikation wird im hohen Grad durch das der Segmentierung beeinflusst. Diese kann nach verschiedenen Kriterien und auf unterschiedlichen Aggregationsebenen erfolgen. Die Parameter *Scale*, *Color* und *Homogenity* steuern den Segmentierungsprozess (BAATZ & SCHÄPE 2000). Zusätzlich können, wenn eine Segmentierung bereits vorliegt, die spektralen Unterschiede zu Nachbarsegmenten als alleiniges Kriterium herangezogen werden.

Im vorliegend Fall wurde auf drei Ebenen segmentiert. Auf der untersten Ebene erfolgte die Segmentierung mit einem *Scale* von 45, *Color* mit 0,5 und *Homogenity* 0,5 (*Compactness* mit 0,1 und *Smoothness* mit 0,9). Diese Parameter erlauben eine Trennung von Einzelhäusern von ihrer Umgebung, ohne zu viele unerwünschte Details auszuweisen. Die Farbinformation hat mit einem Wert von 0,5 einen gleichwertigen Einfluss wie die Form der Objekte, wobei hier auf die Kompaktheit größerer Wert gelegt wurde. Auf der nächsten Ebene wurde der *Scale*-Parameter konstant gehalten und der *Color*-Parameter auf 1 gesetzt. Damit werden Segmente mit ähnlichen Farbinformationen kombiniert, was dazu führt, dass homogenere Flächen wie Felder und Wiesen zu größeren Segmenten zusammengefasst werden, heterogene Flächen jedoch, wie z.B. Stadtgebiete, die Segmentierung von Stufe eins beibehalten. Der dritte Segmentierungsschritt führte diese Zusammenfassung noch weiter, wobei als einziger Parameter der Unterschied zwischen den Mittelwerten der spektralen Kanäle benachbarter Objekt verwendet wurde.

Die Segmentierungsergebnisse können nun nach unterschiedlichsten Kriterien klassifiziert werden. Für die vorliegende Anwendung wurden für jede Klasse Regeln aufgestellt, die sich sowohl auf spektrale Eigenschaften als auch auf Parameter wie Größe, Form, Nachbarschaften, usw. beziehen. Ziel ist die Unterscheidung der Klassen Wald, Wiese, Acker, Straße, helle Objekte, Häuser (mit roten Dächern), Häuser, sonstiges verbautes Gebiet und Schatten. Die Klassifikation erfolgt in mehreren Schritten. Tabelle 1 zeigt eine Übersicht über die Kriterien, die bei Klassenzuordnung angewendet wurden.

Tabelle 1: Klassifikationskriterien

Schritt	Segmentier-ungsebene	Klasse	Klassifikationskriterien
1	2	Felder	Reflexion, Größe, Nachbarschaft
2	3	Straße	Reflexion, Größe, Form, Nachbarschaft
3	1	Vegetation	Reflexion
3a	1	Wald	Wenn Vegetation dann Standardabweichung
3b	1	Wiese	Wenn Vegetation und kein Wald
4	1	Helles Objekt	Reflexion
5	1	Rotes Dach	Reflexion
6	1	Schatten	Reflexion
7	1	Häuser	Reflexion, Form
8	1	Sonstiges	Keiner Klasse zugeordnet

Auf Basis des Klassifikationsergebnisses wurden die Orthophotos neuerdings segmentiert, was dazu führte, dass jetzt die Segmentgrenzen durch die Klassenzuordnung bestimmt sind. Im nächsten Schritt wurden auf der Basis von Größe, Form und Nachbarschaft Unsicherheiten korrigiert, die vor allem im Bereich von Wald, Wiese, Straße und Landwirtschaft auftraten. Anschließend fand ein Vergleich mit der DKM statt, der zeigt, wo Übereinstimmungen zwischen DKM und Klassifikation vorliegen und wo Abweichungen auftreten.

4 Ergebnisse

Für die Darstellung der Ergebnisse wurden die Klassen folgendermaßen zusammengefasst: Wiesen und Felder zu der Klasse offene Flächen, Wald bleibt unverändert und die verbleibenden Klassen zu der Klasse Verbaut (vgl. Abb. 2).

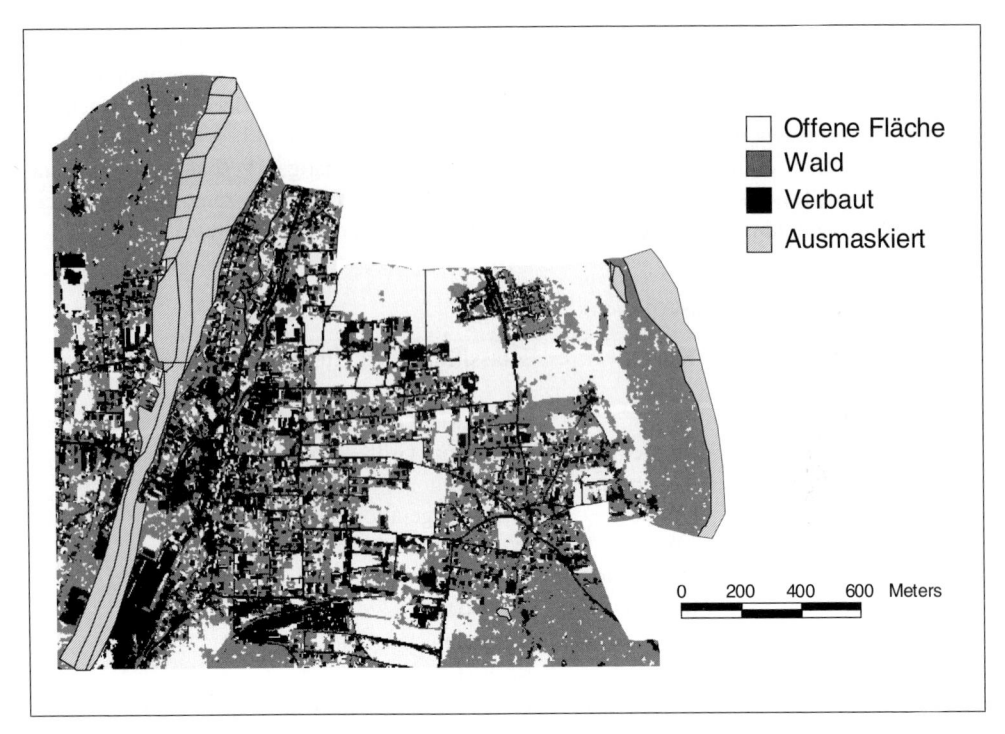

Abb. 3: Aggregiertes Klassifikationsergebnis

Für einen Vergleich der Klassifikation mit der DKM wurden Zuordnungen entsprechend der Übereinstimmung der Klassen vorgenommen. Daraus folgen 4 Klassen, die sich in korrekt, wahrscheinlich korrekt, mögliche Abweichung von der DKM und Abweichung von der DKM gliedern. Bei korrekt ist ein direkter Vergleich zwischen DKM und Klassifikation möglich, wie zum Beispiel das Aufeinandertreffen von Wald in beiden Datensätzen. Wahrscheinlich korrekt sind jene Klassen, die zwar nicht direkt übereinstimmen, aber durchaus zusammen vorkommen können, wie z. B. Wald in der DKM und Wiese in der Klassifikation. Mögliche Abweichung von der DKM zeigt Klassenkombinationen, die aller Wahrscheinlichkeit nach nicht zusammengehören, wie zum Beispiel Wald in der Klassifikation und Straße in der DKM. Trotzdem können diese Kombinationen plausibel sein, wie z.B. im Fall von Baumkronen, die einen Teil einer Straße abdecken. Abweichung von der DKM lässt auf echte Änderungen schließen, wie z. B. Haus in der Klassifikation und Wiese in der DKM. Abb. 4 zeigt den Vergleich zwischen DKM und Klassifikation. Korrekt ist weiß, wahrscheinlich korrekt hellgrau, mögliche Abweichung von der DKM dunkelgrau und Abweichung von der DKM schwarz gekennzeichnet. Da viele Felder als Wiese klassifiziert wurden, scheint hier sehr oft die Klasse wahrscheinlich korrekt auf. Mögliche Abweichungen von der DKM sind auch in diesem Bereich angesiedelt, wobei hier eher davon auszugehen ist, dass die Klassifikation korrekt ist. Abweichung von der DKM treten vor allem im Stadtgebiet auf. Dabei lassen sich zum Beispiel Strukturen erkennen, die auf neue Einfamilienhäuser hinweisen.

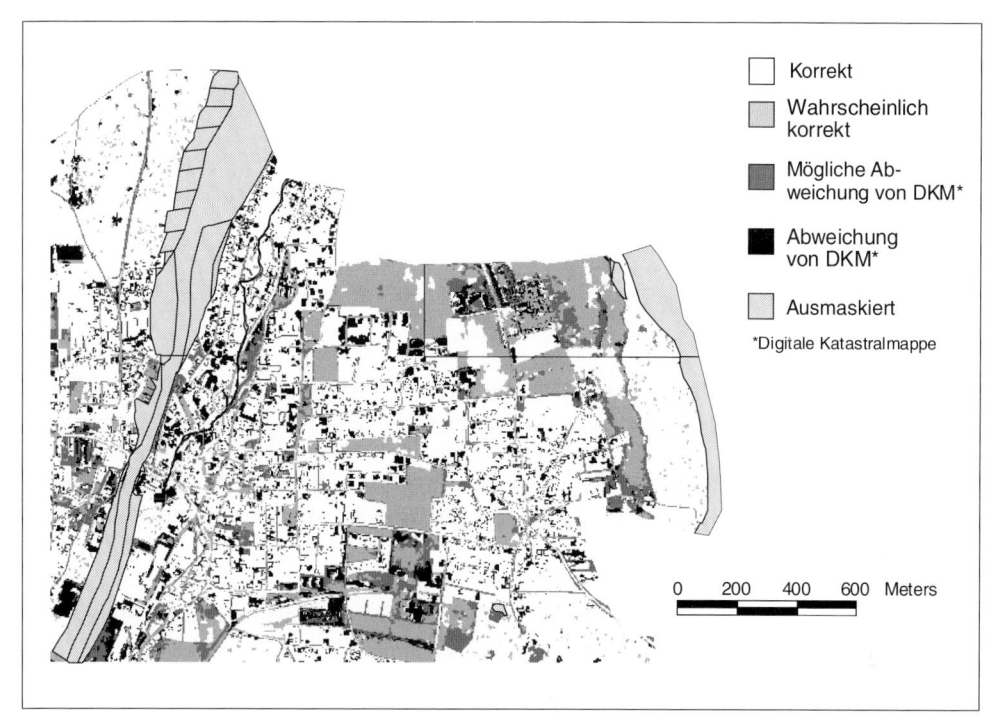

Abb. 4: Vergleich aggregierte DKM und aggregierte Klassifikation

5 Zusammenfassung

Die Ergebnisse zeigen, dass mittels objektorientierter Analyse Orthophotos erfolgreich klassifiziert werden können, wenn auch vereinzelt Fehlklassifikationen auftreten. Ist das Ziel nur die Klassifikation, müssten diese manuell korrigiert werden. Für eine weitere Verwendung, wie dem Vergleich mit der DKM, sind die Ergebnisse sehr gut geeignet. Es können nicht nur Änderungen hervorgehoben, sondern auch Aussagen über die Art der Änderungen geliefert und Unsicherheiten aufgezeigt werden. Die Übertragbarkeit des erstellten Regelsystems auf andere Untersuchungsgebiete ist gegeben. Die Klassifikationsregeln, die sich auf spektrale Charakteristika beziehen, müssen zwar an die jeweiligen Aufnahmebedingungen angepasst werden, dieser Aufwand ist jedoch sehr gering. Im restlichen Regelsystem sind nur dann Eingriffe notwendig, wenn vollkommen neue Strukturen auftreten.

Literatur

BAATZ, M. & A. SCHÄPE (2000): Multiresolution Segmentation – an optimisation approach for high quality multi-scale image segmentation. In Strobl, J. & T. Blaschke. (Hrsg.): Angewandte Geographische Informationsverarbeitung XII. Beiträge zum AGIT-Symposium Salzburg 2000. Karlsruhe. Herbert Wichmann Verlag, S. 12-23

Vegetation als möglicher Indikator für Kohleflözbrände? – Untersuchung mittels Fernerkundung und GIS

Claudia KÜNZER und Stefan VOIGT

Zusammenfassung

Die hier vorgestellte Untersuchung beschäftigt sich mit der Analyse eines möglichen Zusammenhanges zwischen Vegetationsdichte im Gelände und Temperatur- oder Emissionsstress verursacht durch Kohleflözbrände im zentralen Norden Chinas. Im Vordergrund steht dabei der synergistische Nutzen von im Feld erhobenen Vegetationsdichtekartierungen, optischen und thermalen Fernerkundungsdaten sowie einem digitalen Höhenmodell (DHM). Vegetationsdichtedaten werden mit kalibrierten Landsat-7 ETM+ Thermaldaten einer Korrelations- und Regressionsanalyse unterzogen. Dies geschieht mit dem Fokus, die Umweltveränderungen in unmittelbarer Nähe von Kohleflözbränden zu untersuchen. Die Ergebnisse zeigen eine hohe negative Korrelation zwischen Vegetationsdichte- und Temperaturdaten im Bereich des Untersuchungsgebietes. Auch eine großräumigere Analyse basierend auf Landsat-7 Thermaldaten und Landsat-7 NDVI-Daten weist auf den Einfluss von Kohlebränden auf die Vegetation bzw. deren Degradierung hin.

1 Kohleflözbrände: Problemstellung und Zielsetzung

Kohleflözbrände sind ein Umweltproblem internationaler Dimension, das in vielen Ländern der Erde, u.a. den USA, Südafrika, Europa, Indien, Indonesien und Australien auftritt. Das bezüglich Anzahl und Fläche größte Ausmaß weisen jedoch die Brände in China auf, wo sie zu besonders starken Umweltbelastungen, wie der hohen Emissionen toxischer und treibhausrelevanter Gase (CH_4, CO_2, CO, H_2S, NO_x), Verschmutzung von Luft, Wasser und Boden, oder Landabsenkungen durch Volumenschwund im Untergrund führen (ROSEMA et al. 1999).

Aufgrund dieser Belastungen ist die frühzeitige Detektion von be- und entstehenden Kohlebränden von dringlichem Interesse. Im Rahmen eines vom Deutschen Fernerkundungsdatenzentrum (DFD) des DLR durchgeführten Projektes steht daher neben der Detektion anhand thermaler Satellitendaten auch die Analyse der durch die Kohlebrände verursachten Landbedeckungsveränderungen im Vordergrund.

Ziel der vorliegenden Studie ist es, mittels Satelliten- und zeitgleich erhobenen Geländedaten mögliche Auswirkungen der Brände auf die Vegetationsdichte in der direkten Umgebung zu quantifizieren. Dies geschieht mit dem Fokus, neben der fernerkundlichen Thermaldetektion von Kohleflözbränden auch optische Indikatoren zu finden, die lokale Eingrenzung von Brandregionen ermöglichen.

2 Das Untersuchungsgebiet Wuda im zentralen Norden Chinas

Die Stadt Wuda liegt in der Provinz Innere Mongolei nahe der Grenze zur Provinz Ningxia am westlichen Ufer des Gelben Flusses *Huang He* (39.51 N, 106.60 E). Die durch mehrere geologische Störungen charakterisierte Region mit Höhenlagen zwischen 1010 und 1980m ü. NN wird von Ablagerungen aus Perm und Karbon (kohleführende Schichten), teils überlagert von tertiären und quartären Ablagerungen, geprägt. Sandsteine und Tonschiefer, die von ausstreichenden Kohleflözen unterbrochen werden, in denen der Kohleabbau stattfindet, dominieren die Geologie. Daneben sind lokal Kalkgesteine verbreitet. Es herrscht ein stark kontinentales, vollarides Klima der Mittelbreiten vor. Temperaturen variieren jährlich zwischen –30,6 °C und 39,3 °C (Extrema) um ein Mittel von 8,6 °C. Niederschläge schwanken zwischen 100-150 mm und verteilen sich auf 7-20 Tage im Jahr. Die meisten Gewässer haben saisonalen Charakter und der Oberflächenabfluss beträgt aufgrund kaum vorhandener Bodenentwicklung und einer geringen, durch Wüstensträucher geprägten Vegetationsdecke, nahezu 100 %. Vorherrschende Bodentypen sind Wüsten-böden, die in der 'US soil taxonomy' als Inceptisole und Aridisole geführt werden. Dominierende Pflanzenspezies der Strauchvegetation sind *Tetranea mongolica, Reaumuria soongorica, Bassia dasyphylla* und *Artemisia*-Arten. Bäume sind kaum verbreitet.

Kohleabbau findet in Wuda seit 1958 statt und ist neben der kohleverarbeitenden Industrie der wichtigste Arbeitgeber der Region. Erste Kohlebrände wurden 1961 entdeckt, wobei die in Wuda durchschnittlich pro Jahr verbrennende Kohlemenge auf 200.000 Tonnen geschätzt wird. Heute sind bereits 8,8 % der drei großen Kohleabbaugebiete in der westlich von Wuda gelegenen strukturellen Synklinale von Kohleflözbränden betroffen.

3 Vegetationsdichteuntersuchungen im Gesamtkontext

Im Rahmen des Projektes werden unterschiedlichste Methoden entwickelt, um Kohleflözbrände zu detektieren und Kohlebrandbereiche einzugrenzen. Die Untersuchung der Vegetationsdichte als ein möglicher optischer Indikator ist dabei nur eine Komponente in einem größeren Ablaufschema (vgl. Abb. 1).

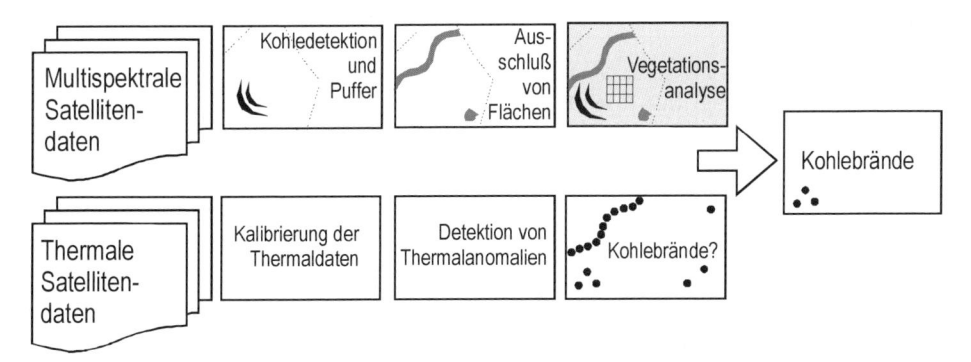

Abb. 1: Eingrenzung von Kohlefeuerbereichen und Kohlefeuerdetektion

Da Vegetationsdichte im allgemeinen von einer Vielzahl von Einflussgrößen abhängt und z.B. versiegelte Flächen, extreme Hangneigungen, Wasserflächen oder bestimmte Substrate eine Vegetationsdichte von 0 % aufweisen, müssen potentielle Areale, in denen Kohleflözbrände auftreten können, grob vorselektiert sein, um Vegetationsdichte als Parameter für eine weitere Eingrenzung heranzuziehen. Die vorliegen Untersuchung ist daher in ein Ablaufschema verschiedener vorangegangener Ausmaskierungen eingebettet. Da Kohleflözbrände immer in näherer Umgebung von Kohle auftreten, kann durch eine Klassifizierung von Kohle aus den optischen Satellitendaten und eine Pufferung dieser Regionen eine Eingrenzung von Gebieten stattfinden. Innerhalb dieser Gebiete können Wasserflächen und Siedlungsbereiche von der Analyse ausgeschlossen werden. In den verbleibenden Arealen kann nun die Untersuchung der Vegetationsdichte ansetzen.

4   Erhebung relevanter Geländeparameter

Während der Geländearbeiten in der Region Wuda im September 2002 wurden existierende Kohlebrände per GPS kartiert, und die Vegetationsdichte in deren Umgebung untersucht. Da es sich bei den Bränden selten um offene Feuer an der Erdoberfläche, sondern um schwelende Glut einige Meter bis mehrere Zehner Meter unter der Oberfläche handelt und somit die Oberflächentemperaturen nur mäßig von denen des unbeeinflussten Hintergrundes abweichen, ist die Existenz von Vegetation oberhalb von Kohleflözbränden nicht von vorn herein ausgeschlossen. Allerdings ist im Gelände deutlich erkennbar, dass Vegetation oberhalb von Kohlebränden aufgrund erhöhter Temperaturen oder toxischer Gase, die aus Spalten des Deckgesteins austretenden, degradiert oder abgestorben ist.

In drei verschiedenen Brandgebieten wurde ein jeweils 420.000 m²-, 472.500 m²- respektive 105.000 m² großes Landbedeckungs-Raster mit einer Zellengröße von 50 × 50 m per GPS eingemessen und die prozentualen Flächenanteile jeder Oberflächenklasse (Schätzung) innerhalb einer Zelle erfasst (vgl. Abb. 2).

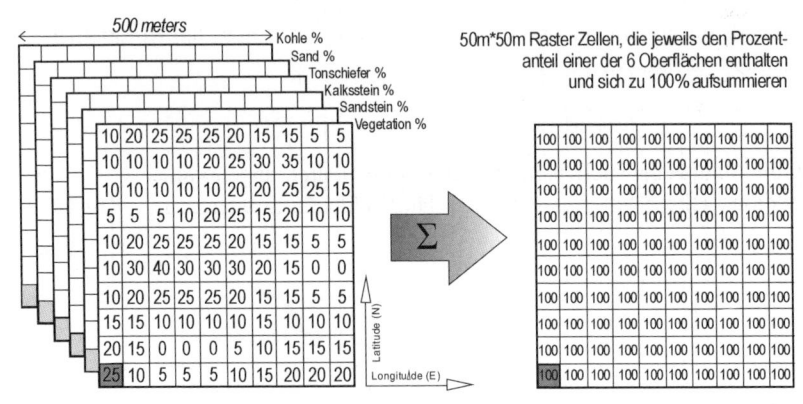

Abb. 2:   Prinzip der prozentualen Erfassung von Oberflächenanteilen in einem verorteten Raster mit 50 m Zellengröße

Diese Raster konnten durch ihren räumlichen Bezug in ein GIS (ArcGIS) überführt werden. Dabei ist wichtig anzumerken, dass Oberflächenanteile innerhalb einer Rasterzelle im Gelände immer nur geschätzt werden können. Die Vegetationsdichtedaten sowie die anderen prozentualen Oberflächenanteile wurden dabei von drei Personen unabhängig voneinander erhoben. Ein Vergleich der Ergebnisse zeigte nur sehr geringe lineare Abweichungen, die durch eine Mittelung der drei Schätzungen ausgeglichen wurden.

5 Verarbeitung der Landsat-7 ETM+ Satellitendaten

Für das Untersuchungsgebiet Wuda standen eine Landsat-7 ETM+ Tag- und eine Landsat-7 Nachtszene vom 21.09.2002 respektive 28.09.2002 zur Verfügung. Der Vorteil von Nacht-Szenen (nur der thermale Kanal 6) ist der weitgehende Ausschluss des solaren Einflusses, der bei Thermaldaten in Tagszenen aufgrund von topographischen Einflüssen auftritt (SABINS 1996). Da gut aufgelöste topographische Karten in ländlichen Regionen Chinas schwer zu erhalten sind, wurde während der Geländearbeiten mittels GPS das gesamte Straßennetzwerk der Region erfasst. Auf Basis dieser im Gelände erhobenen Vektordaten konnte die Landsat-7 Tagszene geometrisch korrigiert werden. Dabei wurde ein aus ERS Tandem Daten abgeleitetes Höhenmodell mit einbezogen, um den reliefbedingten Bildpunktversatz in den Satellitendaten durch eine Orthokorrektur auszugleichen. Die Nachtszene wurde anschließend ebenfalls unter Einbeziehung des DHM auf die Tagszene referenziert. Mit einem mittleren quadratischen Fehler von 14,6 respektive 23,9 Meter wurde für beide Szenen Subpixel-Genauigkeit erreicht ist. Des weiteren wurden die Daten einer Sensorkalibrierung und atmosphärischen Korrektur mit ATCOR-3 basierend auf MODRAN-4 Strahlungstransfercode unterzogen, um die multispektralen Kanäle in Reflexionswerte (%) und die Thermalkanäle in Temperaturen (°C) umzurechnen, atmosphärische Einflüsse zu eliminieren, sowie um reliefbedingte Beleuchtungsunterschiede in den optischen Daten zu auszugleichen (RICHTER 1998).

6 Ergebnisse: Korrelations- und Regressionsanalyse zwischen Vegetationsdichte und Thermaldaten

Ein Zusammenhang zwischen Vegetationsdichte und Temperatur wurde aufgrund der Geländekenntnis und der visuellen Interpretation der Daten angenommen (vgl. Abb. 3). Um die Vegetationsdichtedaten (Raster) und Thermaldaten (Raster) einer Korrelations- und Regressionsanalyse zu unterziehen, wurden die Vegetationsdaten auf 60 m Auflösung abgetastet und die Datensätze für die drei Test-Grids in pixelgenaue Übereinstimmung gebracht. Für jedes Raster lagen somit kartierte Vegetationsdichte, thermale Tag- und Nachtdaten und multispektrale Tagdaten vor. Für eine optimierte visuelle Interpretation wurden die geschätzten prozentualen Oberflächenanteile der Zellen jeweils dem Zellmittelpunkt zugeordnet und mittels Kriging Oberflächenkarten für Vegetationsdichte, Sandstein, Kohlevorkommen etc. abgeleitet. Diese wurden mit den in das GIS integrierten punktuellen Lokationen besonders warmer Spalten (teilweise Gas-Exhalationen) verglichen (vgl. Abb. 4). Diese Punkte besonders heißer Exhalationen und Brandspalten befinden sich dabei alle in Bereichen extrem geringer Vegetationsdichte.

Amplitude:
0-30%

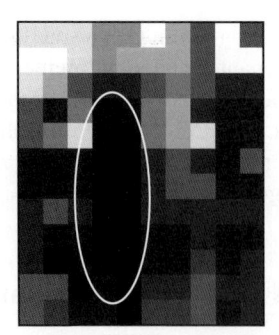

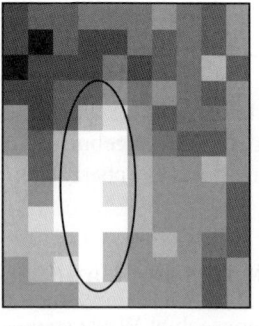

Amplitude:
33-40°C

Abb. 3: Vegetationsdichte-Raster, 60 m, im Kohleabbaugebiet Wuhushan (links) und zugehöriger Ausschnitt der Landsat-7 ETM+ Tagszene (Thermalkanal)

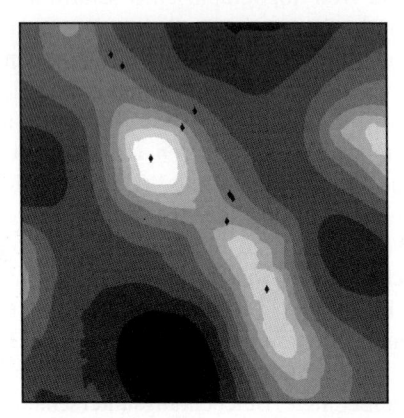

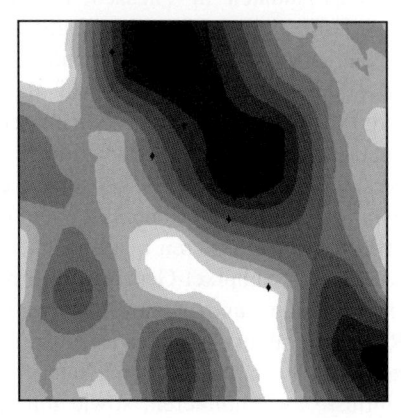

Abb. 4: Links: Ergebnis des Kriging für die Vegetationsdichte (hell = hoch, dunkel = niedrig) in einem 350*350m Raster. Rechts: Ergebnis des Kriging für Sandsteinanteile, schwarze Rauten: extrem warme Bereiche, teils mit Gasexhalationen

Die statistische Analyse basiert auf zwei Eingangs-Datensätzen. Zum einen gingen in die Untersuchung ein unveränderter Vegtationsdichtedatensatz und der Temperaturdatensatz ein, zum anderen wurden die beiden Datensätze basierend auf den optischen Satellitendaten wie nachstehend erläutert „normiert". Die drei Geländeeinheiten weisen ein relativ einheitliches Terrain auf; extreme Hanglagen kommen nicht vor. Im Gelände konnte lediglich ein leichter Unterschied der Bewuchsdichte auf Sand/Sandstein und Tonschiefer festgestellt werden. Tonschiefer weist einen stärkeren Verwitterungsgrad auf und ist nährstoffreicher als Sandstein. Diese Unterschiede konnten allerdings nicht quantifiziert werden. Auffällig war dagegen, dass auf Kohleflächen (ausstreichende Flöze, Lagerhalden, Abraum) unabhängig von deren Temperatur keine Vegetation wächst. Dies liegt daran, dass Kohle ein sehr saures Substrat ist (oftmals hohe Schwefelanteile) und aufgrund der extrem hohen Sorbtionskapazität mögliche Nährstoffe für Wurzeln nicht verfügbar sind. Da somit Pixel gegeben sind, die unabhängig von der Temperatur immer 0 % Vegetationsdichte aufweisen, wurden Kohleflächen für den zweiten Eingangs-Datensatz ausgeschlossen und nicht in die Analyse mit einbezogen. Dabei wurden lediglich < 10 % der Input-Datenpaare eliminiert.

Die Analyse ohne Ausschluss der Kohleflächen weist einen Korrelationskoeffizienten von −0.7390 und ein Bestimmtheitsmaß von $R^2 = 0.5461$ auf. Wird die Vegetationsverteilung durch den Ausschluss der Kohleflächen annähernd normiert wird ein Korrelationskoeffizient von −0.8896 und ein Bestimmtheitsmaß von $R^2 = 0.7915$ erzielt. Alle drei untersuchten Geländeeinheiten weisen somit einen guten Zusammenhang (ARMSTRONG 1998) zwischen Vegetationsdichte und hohen (schädigenden) Temperaturen in den Kohlefeuergebieten auf (vgl. Abb.5). Mit Tagdaten werden dabei bessere Korrelationen erzielt als mit Nachtdaten. Somit spielen die solaren Verhältnisse (Exposition) tagsüber eine entscheidendere Rolle für das Pflanzenwachstum als die weniger differenzierten Temperaturmuster nachts, die lediglich warme Brandbereiche und abgekühlte Hintergrundbereiche erkennen lassen.

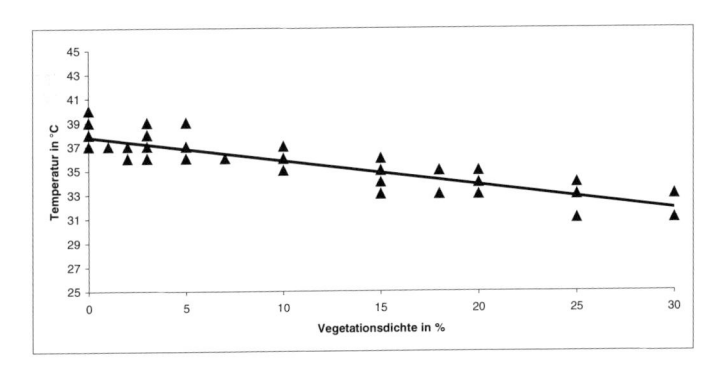

Abb. 5: Statistische Analyse der Vegetationsdichte- und Thermaldaten (98 Rasterzellen)

Des Weiteren wurde auf Basis eines NDVI Datensatzes (Maß für Vegetationsdichte bzw. Entwicklungsstadium) untersucht, ob sich die kleinräumig bestätigten Korrelation großräumig auf weitere Kohlefeuergebiete übertragen lässt. Die Ergebnisse zeigen auch hier einen kausalen Zusammenhang. Sämtliche Kohlefeuerbereiche auch außerhalb der drei untersuchten Raster weisen sehr niedrige NDVI Werte auf.

Somit konnte gezeigt werden, dass unter der Voraussetzung vorhandener Zusatzinformationen (vgl. Abb.1) Vegetationsdichte ein Indikator für Kohleflözbrände ist und die Berücksichtigung von Vegetationsdichtekartierungen oder NDVI-Daten die Eingrenzung und Spezifizierung von Arealen mit auftretenden Kohleflözbränden unterstützt.

Literatur

ARMSTRONG, M., (1998): Basic Linear Geostatistics. Berlin
RICHTER, R. (1998): Correction of satellite imagery over mountainous terrain. Applied Optics (37) 18, 4004-4015
ROSEMA, A., H. GUAN, H. VELD, Z. VEKERDY, A. TEN KATEN & A. PRAKASH (1999): Manual of coal fire detection and monitoring. Utrecht
SABINS, F.F. (1996): Remote Sensing. 3rd edition. New York

Einsatz von GIS und Geländevisualisierungssoftware in der Umweltbildung – Visualisierung der Deponie Piesberg

Sven LAUTENBACH, Jürgen BERLEKAMP und Michael MATTHIES

Zusammenfassung

Die Visualisierungsfähigkeiten moderner GIS-Systeme gehen – insbesondere bei Kombination mit speziellen Programmpaketen zur Geländevisualisierung – über die klassische kartografische Darstellung im Verbund mit Texten, Tabellen und Diagrammen hinaus. Die Möglichkeit dreidimensionale Animationssequenzen zu erzeugen eignet sich bei sachgerechtem Einsatz, um komplexe Sachverhalte in einfacher Weise, für Nicht-Fachleute, aufzubereiten. Die Visualisierung der Zentraldeponie Piesberg im Rahmen einer Ausstellung zur Thematik Abfall und Müll, demonstriert welche Einsatzpotentiale die vorhandenen Visualisierungskomponenten bieten. Aus Daten des Vermessungsamtes wurden digitale Geländemodelle erstellt, mit realitätsnahen Texturen gerendert und zu Videosequenzen zusammengebunden.

1 Einleitung

Um anthropogene Eingriffe in Landschaftselemente zu veranschaulichen werden traditionellerweise Texte, Tabellen und zweidimensionale Karten verwendet. Während diese Darstellungsformen für ein Fachpublikum angemessen sind, sind sie für die Informationsvermittlung an den „Normal"-Bürger ebenso wie in der Umweltbildung alleine nicht hinreichend. Hierbei werden Darstellungen gewünscht, die den normalen Sehgewohnheiten entsprechen. Dabei haben sich in der jüngsten Vergangenheit dreidimensionale Ansichten sowie entsprechend aufbereitete Animationen bewährt (BUZIECK et al. 2000). Vor allem im Bereich der schulischen Umweltbildung erregen diese Formen Aufmerksamkeit und können zu einem besseren Verständnis beitragen. Für die Visualisierung der Zentraldeponie Piesberg in Osnabrück wurde ein solcher Ansatz umgesetzt.

2 Rahmenbedingungen

Die Zentraldeponie Piesberg, als zweitgrößte Deponie Niedersachsens im Stadtgebiet von Osnabrück gelegen, wurde 1971 im Bereich eines stillgelegten Steinbruches eröffnet. Sie dient bis zur ihrer voraussichtlichen Schließung 2004 als zentrale Mülldeponie der Stadt und des Landkreises Osnabrück. Auf einem Gelände von etwa 29 Hektar werden bis 2004 etwa 6 Millionen Tonnen Müll eingelagert worden sein; stellenweise beträgt die Füllhöhe bis zu 70 Meter. Damit einher geht eine massive Umgestaltung der Landschaft, die sich als landschaftsprägendes Element manifestiert hat. Nach Schließung der Deponie soll das Gelände zu einem Landschaftspark umgestaltet und dort im Jahre 2015 die Bundesgartenschau ausgerichtet werden.

Das Thema Abfall und Müll nimmt in den Rahmenrichtlinien des Niedersächsischen Kulturministeriums für alle Schulzweige einen hohen Stellenwert ein. Viele der dort zum Themenkomplex Abfall und Müll vorgeschlagenen Unterrichtseinheiten sind mit außerschulischen Aktivitäten verknüpft. Jedoch fehlt es in der Praxis an geeigneten Anschauungsobjekten. Die Strukturveränderungen in der Abfallwirtschaft der letzten Jahrzehnte im Allgemeinen und die Situation der Zentraldeponie Piesberg im Besonderen einer breiten Öffentlichkeit nahe zu bringen, war das Ziel des vom Museum für Industriekultur Osnabrück gGmbH durchgeführten Projektes „Informationsvermittlung einmal anders das Thema Müll" (HAVERKAMP & VOLBERT 2000).

Im Zentrum des Projektes steht die Installation eines Info-Containers auf dem Deponiegelände, in dem mit optischen und technischen Hilfsmitteln versucht wird, das Innenleben der Deponie und ihres Werdeganges darzustellen. Ziel ist es, dem Besucher die vorhandenen technischen Anlagen in ihrer Funktionsvielfalt und in ihrem Gesamtzusammenhang zu veranschaulichen. Das Konzept des Info-Containers besteht aus drei Informationsbereichen: einer Basisinformationseinheit, der Messdatenerfassung und der computergestützten Visualisierung. Erstere stellt anhand von Bodenprofilen die Oberflächen und Grundabdichtung sowie die stattfindenden Veränderungen im Deponiekörper (Körnung des Mülls) dar. Mit der Messdatenerfassung werden kontinuierlich Daten zur Deponiegasbildung, dem Sickerwasseranfall sowie meteorologische Daten erfasst, ausgewertet und am Monitor im Info-Container dargestellt (GÜRBIG 2000). Die computergestützte Visualisierung veranschaulicht einerseits den Werdegang der Deponie, andererseits veranschaulicht sie die Infrastruktureinrichtungen im Inneren des Deponiekörpers.

3 Informationssystem Zentraldeponie Piesberg

Die Aufgabenstellung bestand darin, der Zielgruppe – vor allem Schülergruppen und interessierten Bürgern - in leicht verständlicher, motivierender Form Entwicklung und Zustand der Deponie nahe zu bringen. Für diesen Zweck wurde der Einsatz von computeranimierten Videosequenzen als geeignete Darstellungsform ausgewählt, um den Werdegang der Deponie und ihr komplexes Innenleben darzustellen.

Der Vorteil der gewählten Lösung liegt darin, dass auf einfache Art und Weise komplexe räumliche Veränderungen erfahrbar gemacht werden. Da die Animationen stets während des Abspielens kommentiert werden, können so weitere Informationen vermittelt werden.

4 Aufbau der Geländemodelle und Erstellung der Animationen

Für die Umsetzung waren umfangreiche GIS-gestützte Datenaufbereitungen und GIS-Analysen notwendig, die mit ArcInfo und ArcView der Fa. ESRI durchgeführt wurden. Zunächst wurden historische Daten der Geländehöhen (Vermessungsdaten der Stadt, Beginn 1971, Zeitschnitte von 1-2 Jahren) im Bereich des Deponiekörpers digital aufbereitet und digitale Geländemodelle für ausgewählte Jahre vom Beginn des Deponiebetriebes bis heute, unter Einbeziehung des amtlichen ATKIS-DGM5, erzeugt. Diese Geländemodelle bilden die Grundlage für Visualisierungen, die zunächst mit dem 3D-Analyst für ArcView 3.x erstellt wurden. Aus Verschneidungen der einzelnen Geländemodelle lassen sich die Form und das Ausmaß des eigentlichen Deponiekörpers ermitteln. Durch das Zusammenfügen der Geländemodellansichten für die einzelnen Jahre wurde eine Animation der Entwicklung des Deponiebereiches in den letzten 30 Jahren erstellt, die eindrucksvoll das Wachstum des Deponiekörpers veranschaulicht. Die Schritte der Datenaufbereitung und die eingesetzten Werkzeuge sind in Abbildung 1 dargestellt.

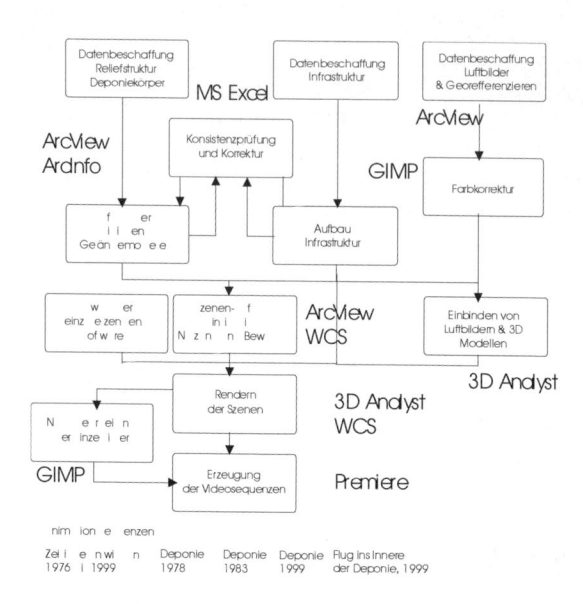

Abb. 1: Arbeitsschritte beim Aufbau des Informationsmoduls und eingesetzte Software

Im weiteren wurden auch die „inneren" Infrastruktureinrichtungen des Deponiekörpers (Gasbrunnen, Sickerwasserleitungen etc.) erfasst und als 3D-Objekte im GIS abgebildet. Eine entsprechende Animation („Abdeckung" der Deponie, zunehmende Transparenz und „Flug" durch den Deponiekörper) macht diese für die Funktion der Deponie wichtigen Infrastruktureinrichtungen sichtbar (siehe Abbildungen 2 und 3). Ergänzt wurde diese Darstellung durch deutlich sichtbare, außen liegende Infrastrukturelemente wie vorhandene Windkraftanlagen.

Um die Umgestaltung der Landschaft greifbarer zu machen wurden drei virtuelle Rundflüge über die Deponie für die Jahre 1978, 1983 und 1999 erzeugt. Diese sollten entsprechend der meist jugendlichen Zielgruppe möglichst realistisch aufbereitet, also mit Strukturinformationen der Oberfläche versehen werden. Während die jüngste Geländesituation durch die Einbeziehung hoch aufgelöster HRSC-Luftbilder realitätsnah dargestellt werden konnte, bereiteten die früheren Zustände größere Probleme. Vorhandene ältere Luftbilder wiesen nicht die geforderte Qualität auf und lagen überdies nicht zu den Zeitpunkten vor, zu denen Geländemodelle verfügbar waren. Zudem wies die einfache GIS-basierte Visualisierung systembedingte Schwächen auf: beim Rendern von Luftbildern über Geländemodellen mit Hilfe von GIS wird beim Heranzoomen erkennbar, das Bildelemente (Vegetation, Gebäude) flach am Hang „kleben".

Abb. 2: Deponie im Jahre 1999. Der Deponiekörper ist halbtransparent dargestellt, um einerseits das Ausmaß der Verfüllung zu verdeutlichen, andererseits die Infrastruktur im Inneren des Deponiekörpers sichtbar zu machen.

Abb. 3: Blick aus dem Inneren des Deponiekörpers nach oben (Stand 1999). Sichtbar sind die Gasbrunnen sowie die Sickerwasserleitungen im Inneren des Deponiekörpers. Die Abdeckung ist halbtransparent dargestellt.

Eine deutlich realitätsnäherer Eindruck kann durch den Einsatz spezieller Geländevisualisierungssoftware (hier: World Construction Set der Fa 3D NATURE[1]) erzielt werden. Sie rendern einzelne Objekte (Bäume, Gebäude etc.) ins Gelände, berücksichtigen dabei Schattenwurf und erzeugen an die Auflösung angepasste Details. Für die Landoberfläche lassen sich je nach Höhe, Hangneigung, Krümmung oder Exposition regelbasiert detaillierte Vegetationszonen definieren und mit Texturen versehen. Wenn auch mit hohem Aufwand erzeugt, so überzeugen die erstellen Animationen durch ihren Realitätsgrad. Einen Einblick in die Fähigkeiten des Programms bietet Abbildung 4.

---

[1] http://www.3dnature.com/

Abb. 4: Blick auf den Deponiekörper 1979. Verläufe von Texturen und Straßen wurden aus historischen Luftbildaufnahmen abgeleitet und mit dem World Construction Set erstellt.

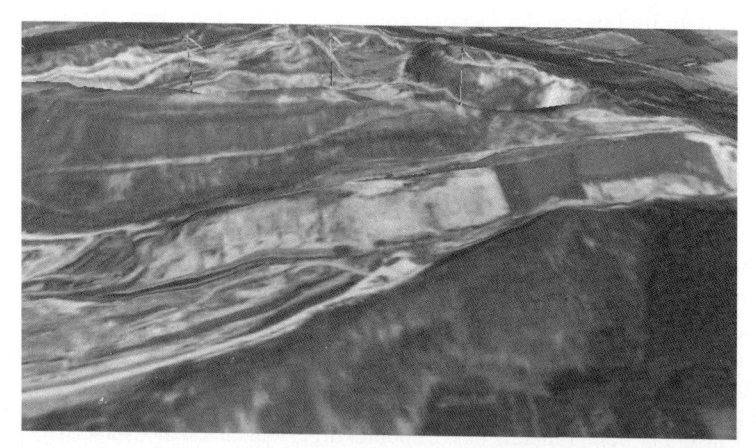

Abb. 5: Blick auf den Deponiekörper 1999. Über das digitale Geländemodell wurde in der Extension 3D Analyst von ArcView ein hochaufgelöstes Luftbild gelegt.

Beide Lösungen erzeugen entlang vordefinierter Pfade Einzelbilder, die anschließend in einem Videoschnittprogramm in Videoformate umgesetzt wurden. Während das World Construction Set komfortable Möglichkeiten bietet, Pfade zu definieren, geschah dies in ArcView über Avenue-Programme. Vor dem eigentlichen Erzeugen des Videoformates kann eine Bearbeitung der Bilder im Batch-Modus eines Bildbearbeitungsprogramms wie der Freeware GIMP[2] erfolgen. Die Erstellung der Animationen im AVI-Format geschah im Videoschnittprogramm Premiere der Firma Adobe.

Die erstellten Animationen wurden in einer leicht über Touchscreen zu bedienenden Oberfläche zusammengefasst und auf einem Rechner im Info-Container direkt auf dem Müll-

---

[2] http://www.gimp.org/

körper installiert. Die Erfahrungen nach über 2-jährigem Praxiseinsatz zeigen, dass die Visualisierungen und Animationen in hohem Maße dazu beitragen, Schülern und interessierten Laien das Themenfeld Mülldeponie und die damit verbundenen Landschaftsveränderungen sehr greifbar, intensiv und nachhaltig deutlich zu machen.

5   Ausblick

Neben den vorgestellten „Sichten" auf Entwicklung und Gegenwart des Deponiekörpers existieren weitere Möglichkeiten, GIS-gestützte Analyse und „Erfahrbarmachung" der Ergebnisse zu kombinieren. Denkbar wäre, den aktuellen biologischen und physikochemischen Zustand des Deponiekörpers anhand der fortlaufend erfassten Messdaten online darzustellen. Weiterhin könnten die unterschiedlichen Planungsvarianten für die Zeit nach der Schließung der Deponie so aufbereitet werden, dass sich jeder einzelne Bürger einen realistischen Eindruck vom zukünftigen Aussehen der Zentraldeponie machen könnte. Auch bei den Planungen zur Bundesgartenschau 2015 in Osnabrück können ähnlich aufbereitete Computeranimationen wertvolle Hilfsmittel zur Bürgerbeteiligung und zur Kommunikation nach außen darstellen.

Literatur

BUZIECK, G., D. DRANSCH & W.-D. RASE (Hrsg.) (2000): *Dynamische Visualisierung – Grundlagen und Anwendungsbeispiele für kartografische Animationen.* Berlin

GÜRBIG, M. (2000): *Messdatenerfassung und Messdatenimplementierung zur Visualisierung des Zentraldeponiekörpers.* In Haverkamp, M. & J. Volbert Unrath Abfall Müll – Von der Städtereinigung zum modernen Müllmanagement. Begleitmappe zur Ausstellung des Museums Industriekultur Osnabrück 2000, des Emslandmuseums Papenburg 2001, Rasch Verlag Bramsche, S. 145-146

HAVERKAMP, M. & J. VOLBERT (2000): *Unrath Abfall Müll – Von der Städtereinigung zum modernen Müllmanagement.* Begleitmappe zur Ausstellung des Museums Industriekultur Osnabrück 2000, des Emslandmuseums Papenburg 2001, Rasch Verlag Bramsche

Objektorientierte Klassifikation hyperspektraler CASI-Daten zur Ableitung naturschutzfachlich relevanter Landbedeckungs-Parameter

Florian LÖSCHENBRAND, Claudius MOTT, Thorsten ANDRESEN, Stefan ZIMMERMANN, Thomas SCHNEIDER und Ulrich KIAS

1 Einleitung

Die Untersuchung wurde im Rahmen des Projektes „Einsatz hochauflösender Satellitendaten und moderner Bildanalysemethodik zur Erfassung aquatisch/terrestrisch relevanter Parameter der oberbayrischen Seen" (AQUATIC) durchgeführt.

Im hier vorgestellten Teil-Aspekt wurden Daten des abbildenden Spektrometers CASI[1] ausgewertet. Ziel war die Kartierung relevanter Landbedeckungseinheiten und speziell die Klassifikation von Feuchtgebieten im Bereich der Ostersen-Gruppe und des Starnberger Sees vorgegeben.

Die fernerkundlich-methodische Herausforderung der Untersuchung lag darin, die mit den traditionellen, auf Pixelbasis arbeitenden, Klassifikationsverfahren nicht erreichbare Automatisierung der Datenauswertung mit einem objektorientiert arbeitenden Ansatz zu entwickeln. Traditionelle Klassifikationsverfahren berücksichtigen nur Grauwerte einzelner Bildpunkte. Bei räumlich sehr hoch aufgelösten Daten sind Landbedeckungsklassen mit einer sehr hohen spektralen Varianz repräsentiert, was zu unbefriedigenden Resultaten bei der Auswertung führt. Das hier zum Einsatz kommende Softwarepaket eCognition der Fa. DEFiNiENS umgeht dieses Problem, indem als Eingangsschritt Segmente anhand von Homogenitätskriterien gebildet werden (BAATZ & SCHÄPE 2000). Die Segmente werden anschließend anhand der in eine Datenbank geschriebenen „Objektmerkmale" weiter analysiert und klassifiziert. Der objektorientierte Ansatz von eCognition ermöglicht neben der Auswertung der spektralen Information auch die Einbeziehung von Objektparametern, wie Form, Flächeninhalt, Textur, Nachbarschaftsbeziehungen zu angrenzenden Objekten und den Aufbau eines darauf basierenden Regelwerkes (ANDRESEN et al. 2001, MOTT et al. 2002).

Als methodische Vorgabe dieser Arbeit stand die Forderung nach einem möglichst einfachen semantischen Regelwerk, das über Zugehörigkeitsfunktionen die klassen-spezifischen spektralen Objekteigenschaften und Nachbarschaftsbeziehungen nutzt.

---

[1] Der CASI-Sensor (compact airborne spectrographic imager) ist ein flugzeuggetrag-ener Hyperspektralscanner. Die Aufnahmen erfolgten im Wellenlängenbereich von 0,49-0,93 µm mit 44 Kanälen in 11-14 nm-Intervallen und einer räumlichen Auflösung von 3 m.

[2] Die Bezeichnung der Feuchtgebiets- und Hochmoorklassen erfolgte nach Sliva, J. (mündl. 2003).

2 Untersuchungsgebiet

Das Untersuchungsgebiet liegt ca. 40 km südlich von München im oberbayerischen Voralpengebiet und umfasst den Starnberger See inklusive der südlicher gelegenen Osterseen.

Das Kerngebiet für die aktuelle Untersuchung beschränkt sich auf die südlichen Osterseen.

Abb. 1: Lage des Untersuchungsgebietes

3 Das Regelwerk

Die Parameter für die Segmentierung der Bilddaten sind durch mehrere Testläufe ermittelt worden. Das hier angewandte Verfahren gliedert sich in zwei Hauptschritte, die auf 3 Maßstabsebenen ablaufen. Im ersten Schritt werden über hierarchische „ja/ nein"-Abfragen auf 4 Levels, mit identischer Segmentierung, spektral eindeutige Landbedeckungsklassen aussortiert. Im zweiten Schritt werden auf 2 weiteren Levels mittels kleinerer Objekte die Klassen der Feuchtgebiete und Wasser in ihre Unterklassen unterschieden, die dann als vollständige Klassifizierung direkt in ein GIS exportiert werden.

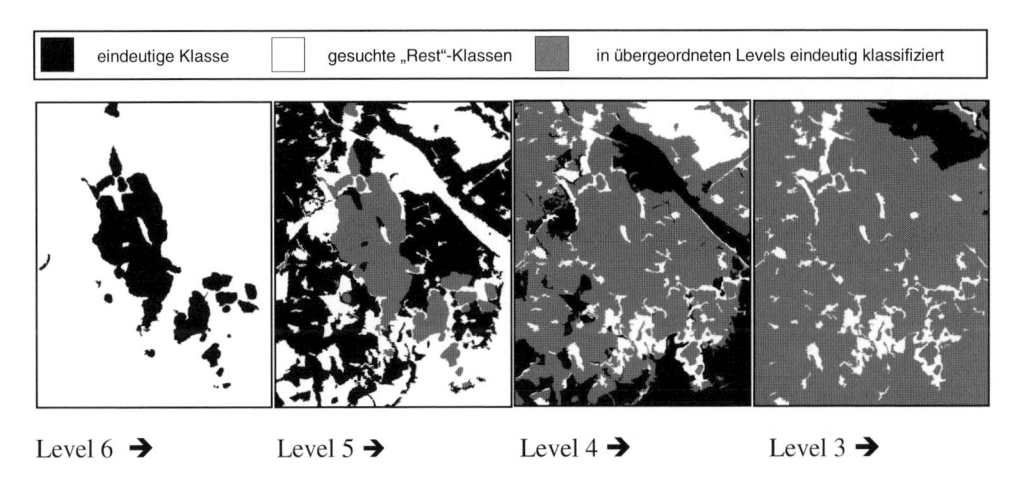

Level 6 ➔   Level 5 ➔   Level 4 ➔   Level 3 ➔

Abb. 2: Ergebnisse der hierarchischen Klassifikation von Level 6 bis Level 3

Beschreibung der Objektlevel:

Level 6: Wasser – Nicht-Wasser (weiß)

Die Trennung erfolgt durch den Schwellwert von 0,85 im Ratio nach Lichtenthaler (489 nm/ 739 nm), der sich im Verlauf der Untersuchungen als praktikable Grenze herausgestellt hat. Dabei liegt der Schwellwert relativ hoch, damit nur eindeutige Wasserflächen klassifiziert werden. Objekte, die durch Vegetation „verfälscht" sind und so nicht in die Wasser-Klasse fallen, werden später im Level 2, auf einer größeren Maßstabsebene differenziert.

Level 5: Wald – Nicht-Wald (weiß)

Auf diesem Level werden die Wälder (schwarz) aufgeteilt in die Klassen reiner Fichtenwald, Nadelwald und Laubwald.

Level 4: anthropogene – nicht anthropogene Bereich (weiß)

Die Klassen Landwirtschaft und Siedlung/Straßen werden als anthropogene Flächen (schwarz) in einem gemeinsamen Schritt von den übrig bleibenden Feuchtgebieten getrennt. Zusätzlich wird die Landwirtschaft weiter aufgeteilt in die Klassen Acker, abgeerntete landwirtschaftliche Flächen und Wiesen/ Weiden.

Level 3: offene Hochmoorflächen – andere Feuchtgebiete (weiß)

Die Klasse offene Hochmoorflächen (schwarz) wird auf diesem Level noch in offene Hochmoorflächen und Verbuschungsstadien auf offenen Hochmoorflächen unterteilt.

Level 2: Wasser detailliert

Auf diesem Level werden zuvor größtenteils als Feuchtgebiet klassifizierte, jedoch noch vom Wasser dominierte Randbereiche, der Klasse Wasser zurückgeführt. Es handelt sich z.B. um die Verbindungskanäle zwischen den Seen. Gewässerflächen werden teilweise auch noch im Level 1 ausgewiesen.

Level 1: Feuchtgebiete detailliert

Das mit dem entwickelten Regelwerk erzielte Ergebnis erlaubt die Differenzierung nachfolgender Klassen :

Wasser: Flachwasser, Tiefenwasser
Wald: Fichtenwald, Laubwald, Nadelwald
Landwirtschaft: Acker, Wiese/ Weide & abgeerntete Flächen
Feuchtgebiete: Feuchtwald , Röhricht, Seggenried & seggenreiche Nasswiesen
Hochmoorflächen: offene Hochmoorflächen, Verbuschungstadien auf offenen Hochmoorflächen, Entwässerungsgräben
Siedlung: versiegelte Flächen (Straßen, Gebäude)

4 Validierung

Die Klassifikationsgenauigkeit wurde durch eine flächendeckende Verschneidung der Ergebnisse mit einer aktuellen Kartierung ermittelt (KANGLER 2003). Durch die unterschiedlich detaillierten Klassenschemata, mussten sowohl Klassen der Kartierung als auch der Klassifikation zusammengefasst und neu benannt werden. Die Ergebnisse der so genannten Validierung sind als Produzentengenauigkeit (Producer´s Accuracy), Tabelle 1, und Benutzergenauigkeit (User´s Accuracy), Tabelle 2, dargestellt (CONGALTON 1991).

Tabelle 1: Producer´s Accurracy (Zeilen – Kartierung, Spalten – Klassifizierung)

Benutzer-Genauigkeit	Gewässer	Wald	Acker	Grünland	Seggenried und seggenreiche Nasswiesen	Röhricht	offene Hochmoorflächen	Verbuschungsstadien auf offenen Hoch-moorflächen	Versiegelung	Gesamtergebnis
Gewässer	94,7%	1,1%	0,0%	0,2%	13,8%	5,2%	3,2%	0,8%	0,5%	17,4%
Wald	0,9%	84,6%	1,0%	4,2%	10,3%	33,0%	1,5%	0,0%	10,8%	44,2%
Acker	0,0%	0,2%	57,5%	16,6%	0,0%	0,1%	0,0%	0,0%	3,0%	3,7%
Grünland	0,1%	2,8%	38,3%	68,4%	0,8%	3,6%	0,0%	0,0%	16,4%	13,3%
Seggenried	0,2%	1,0%	0,0%	3,4%	22,6%	20,1%	0,0%	0,0%	0,6%	1,5%
Röhricht	3,3%	1,8%	0,0%	1,6%	48,5%	31,8%	1,9%	0,0%	0,5%	5,4%
offene Hochmoorflächen	0,7%	0,7%	0,0%	0,0%	0,1%	2,3%	83,8%	25,1%	0,0%	3,9%
Verbuschungsstadien auf offenen Hochmoorflächen	0,0%	4,3%	0,0%	0,0%	1,7%	2,0%	9,6%	74,1%	0,0%	4,3%
Versiegelung	0,1%	3,4%	3,1%	5,6%	2,3%	2,0%	0,0%	0,0%	68,2%	6,4%
Gesamtergebnis	100,0%	100,0%	100,0%	100,0%	100,0%	100,0%	100,0%	100,0%	100,0%	100,0%

Tabelle 2: User´s Accurracy (Zeilen – Kartierung, Spalten – Klassifizierung)

Produzenten-Genauigkeit	Gewässer	Wald	Acker	Grünland	Seggenried und seggenreiche Nasswiesen	Röhricht	offene Hochmoorflächen	Verbuschungsstadien auf offenen Hochmoorflächen	Versiegelung	Gesamtergebnis
Gewässer	92,8%	3,1%	0,0%	0,2%	1,0%	1,8%	1,0%	0,1%	0,2%	100,0%
Wald	0,4%	91,6%	0,0%	1,8%	0,3%	4,7%	0,2%	0,0%	1,3%	100,0%
Acker	0,0%	3,0%	25,1%	67,1%	0,0%	0,2%	0,0%	0,0%	4,5%	100,0%
Grünland	0,1%	9,9%	4,7%	76,9%	0,1%	1,6%	0,0%	0,0%	6,8%	100,0%
Seggenried	1,6%	18,4%	0,0%	19,8%	11%	47,9%	0,0%	0,0%	1,4%	100,0%
Röhricht	13,0%	19,5%	0,0%	5,4%	14,0%	45,2%	2,2%	0,0%	0,6%	100,0%
offene Hochmoorflächen	2,3%	6,0%	0,0%	0,0%	0,0%	2,6%	81,3%	7,7%	0,0%	100,0%
Verbuschungsstadien auf offenen Hochmoorflächen	0,0%	52,1%	0,0%	0,1%	0,5%	3,2%	12,8%	31,3%	0,0%	100,0%
Versiegelung	0,2%	24,9%	0,8%	13,0%	0,4%	1,9%	0,0%	0,0%	58,7%	100,0%
Gesamtergebnis	17,0%	46,7%	1,6%	14,9%	1,2%	6,1%	5,2%	1,6%	5,5%	100,0%

5 Ergebnisse und Diskussion

Spektral gut trennbare Klassen wie **Wasser** zeigen ein sehr gutes Ergebnis von ca. 93 % (Tabelle 1) und nur geringe Überschneidungen. Die Seeflächen und ihre Verbindungskanäle konnten sehr genau getroffen werden, Bäche werden bei einer räumlichen Auflösung von 3m nicht erkannt. Zu 100 % von Wald eingeschlossene Kleinstgewässer fallen aufgrund von Beschattung in die Klasse Wald.

Die Klassen **Acker und Grünland** sind als Einzelklassen relativ schlecht klassifiziert worden. Vor allem Acker mit ca. 25 % (Tabelle 1) stellt kein zufrieden stellendes Ergebnis dar.

Das ist erstens auf den Zeitunterschied zwischen der Aufnahme der CASI-Szene (09.1999) und der Kartierung (2002) und zweitens auf den geringen Flächenanteil der Acker-Flächen an dem Gesamtgebiet zurückzuführen. Fasst man jedoch die Klassen Acker (ca. 25 %) und Grünland (ca.77 % – Tabelle 1) zusammen zur Klasse Landwirtschaft, wird eine hohe Übereinstimmung erreicht. Daraus lässt sich schließen, dass zwischen 1999 und 2002 ein Nutzungswechsel stattgefunden hat und die Äcker zu Wiese (und umgekehrt) umgewidmet wurden. Dies wurde durch eine visuelle Interpretation der CASI-Daten bestätigt. Die Klasse **Wald** erreicht eine Genauigkeit von gut 92 % (Tabelle 1), was ein sehr gutes Ergebnis darstellt.

Die **offenen Hochmoorflächen** wurden zu rund 81 % (Tabelle 1) erkannt und zeigen Überschneidungen mit **Verbuschungsstadien auf offenen Hochmoorflächen** (ca.8 % -Tabelle 1). Diese wiederum wurden nur zu gut 31 % (Tabelle 1) richtig klassifiziert. Die richtige Zuordnung von beschatteten, verbuschten Flächen stellt eine Gratwanderung dar. Beispielsweise fallen dicht verbuschte Hochmoorbereiche in die Klasse Wald, daher sind in der User´s Accuracy ca.4,5 % der als Wald klassifizierten Flächen in Wirklichkeit der Klasse Verbuschungsstadien auf offenen Hochmoorflächen zuzuordnen. Andererseits sind in der Producer´s Accuracy ca.52 % dieser verbuschten Hochmoorflächen als Wald klassifiziert. Das bedeutet, dass nur ca. 4,5 % der Wälder fälschlicher Weise der Klasse Verbuschungsstadien auf offenen Hochmoorflächen zugeordnet wurden, jedoch ca.52 % dieser Klasse der Klasse Wald zugefügt wurde. Dies ist nicht zu verhindern, da sich Moorflächen durch das Vorhandensein einer Torfauflage definieren. Die Fernerkundung ist nicht in der Lage diese zu erkennen. Solche „Moorwälder" werden immer in die Klasse Wald fallen, da sie sich spektral nicht unterscheiden lassen. Eine Lösung wäre, die Moorabgrenzung als thematischen Layer in eCognition einzuladen. Zusammengefasst ergeben die beiden Hochmoorflächen eine sehr hohe Genauigkeit und können als zufrieden stellend bezeichnet werden.

Die schlechteste Genauigkeit ergab sich bei der Klasse **Seggenried und seggenreiche Nasswiesen** (ca.11 % – Tabelle 1), die zu gut 20 % (Tabelle 1) als Grünland und zu gut 48% (Tabelle 1) als Röhricht klassifiziert wurde. Da sowohl **Röhricht** (45 % – Tabelle 1) als auch die Seggenrieder mit Schilf bestanden sind, war eine eindeutige Trennung nicht möglich. Verwechslungen gibt es bei Röhricht zu rund 13% (Tabelle 1) mit der Klasse Wasser, weil kleinere Röhrichtinseln und Wasser-Übergangsbereiche, die ein Interpret als aquatisches/ Übergangs- Schilf bezeichnen würde, der Klasse Wasser zugeordnet werden.

Objektivität der Auswertung ist, neben der damit zusammenhängenden Automatisierbarkeit, eines der Hauptargumente zugunsten einer digitalen Datenanalyse. Am Anfang des eCognition Verfahrens steht die Segmentierung als einziger nur bedingt transparenter Arbeitsschritt. Umso mehr Informationsebenen (z.B. Spektralkanäle) vom Segmentations-Algorithmus einbezogen werden, umso komplexer wird die Berechnung und umso länger die Rechenzeit. Die Anzahl der Ebenen kann der Bearbeiter beeinflussen. Da es bisher kein „Kochrezept" für die „richtige", d.h. für den jeweiligen Sensor und Fragestellung optimale Parametersetzung und Bandauswahl gibt, könnte bereits dieser Eingangsschritt entscheidenden Einfluss auf das Ergebnis ausüben.

Der Leistungsvergleich mit einer terrestrischen Kartierung muss unter zwei Aspekten betrachtet werden: thematisch ist eine terrestrische Kartierung immer genauer. Den hierbei erzielbaren Detaillierungsgrad kann eine FE gestützte Kartierung nicht erreichen, was sich auch in diesem Fall in der Zusammenfassung einiger Klassen für die Validierung bestätigt hat. Die terrestrische Kartierung ist allerdings immer stark vom Interpreten abhängig, der aufgrund seines Expertenwissens Grenzen zieht, ohne dass wirklich jede Fläche im Feld überprüft werden kann. Dieses wirkt sich insbesondere bei der Flächen- und Lagegenauigkeit der Kartierung aus. Obwohl diese bei der Validierung als 100%ig richtig angesehen wird, sind die durch eCognition gebildeten Segmente als weit objektiver anzusehen, da sie die Situation real und auf der Fläche nachzeichnen. Diese Zusammenhänge beeinflussen die Ergebnisse, da die Klassifikation mit eCognition in Teilen fein-maßstäblicher ist. Zusätzlich treten in vorliegender Arbeit falsch klassifizierte Objekte durch einen geometrischen Fehler der CASI-Szene auf, bei dem in Teilbereichen ein Versatz zwischen den Kanälen des sichtbaren und NIR-Bereich auftritt, der nicht vollständig korrigiert werden konnte.

6 Zusammenfassung

Der Vergleich der terrestrischen Kartierung mit den Klassifikationsergebnissen zeigt sehr gute Übereinstimmung. Es ist gelungen, die für die Erstellung und Aktualisierung von Gewässerpflegeplänen erforderlichen Objekte des aquatischen und Ufer- bis ufernahen Bereichs zu differenzieren. Wie das oben erwähnte Beispiel Acker/Grünlandkonversion aufzeigt, müssen Abweichungen nicht zwingend Fehler sein. Des weiteren ist nicht auszuschließen, dass die terrestrische Kartierung Fehler aufweist. Ein abschließendes Urteil muss an dieser Stelle daher zurückgestellt werden, zumindest bis die Ergebnisse der bi-saisonalen Ikonos Datenauswertung des AQUATIC Vorhabens vorliegen, die auch den Vergleich erlauben werden, in wieweit die hohe spektrale Auflösung eines Hyperspektral-Sensors Vorteile bringt.

Literatur

ANDRESEN, T., MOTT, C., SCHÜPFERLING, R., ZIMMERMANN, S. & T. SCHNEIDER (2001): Objektorientierte Analyse von Fernerkundungsdaten zur Erfassung aquatisch/terrestrischer Parameter. In: Strobl, J., Blaschke, T. & G. Griesebner (Hrsg.): Angewandte Geographische Informationsverarbeitung. Beiträge zum AGIT-Symposium Salzburg 2001, Herbert Wichmann Verlag, Heidelberg

BAATZ, M. & A. SCHÄPE (2000): Multiresolution Segmentation – an optimization approach for high quality multi-scale image segmentation. In: Strobl, J., Blaschke, T. & G. Griesebner (Hrsg.): Angewandte Geographische Informationsverarbeitung. Beiträge zum AGIT-Symposium Salzburg 2000, 12-13. Herbert Wichmann Verlag, Heidelberg

CONGALTON, R.G. (1991): A Review of Assessing the Accuracy of Classifications of Remotely Sensed Data. Remote Sensing of Environment (37) 1, 35-46

KANGLER, G. (2003): Historisch-geographische Landschaftsanalyse mit GIS als Grundlage für Naturschutzplanung – dargestellt am Gebiet um die Ostersen. Limnologische Station der TU München, Iffeldorf

MOTT, C., ANDRESEN, T., ZIMMERMANN, S., SCHNEIDER, T. & U. AMMER (2002): "Selective" region growing – an approach based on object-oriented classification routines. IGARSS, Toronto

GIS und modellgestütztes Lernen am Beispiel von Bewertungsaufgaben im Rahmen der Flächennutzungs- und Landschaftsplanung

Christian MAKALA und Martin HORSCH

Zusammenfassung

Handlungsfeld und Ziel der Umweltplanung ist es, aus naturwissenschaftlichen Erkenntnissen gesellschaftliche Ziele und Maßnahmen abzuleiten, die zu einer Sicherung möglichst vieler Umweltleistungen des Naturhaushalts auf einem hohen Niveau führen. Eine zentrale Aufgabe für die an diesem Prozess beteiligten Wissenschaftler(innen) und Planer(innen) sind daher Arbeitsprozesse, in welchen der Zustand der Umwelt erfasst und anschließend in gesellschaftliche Entscheidungsabläufe integriert wird. prozesshafte Abläufe – z.B. im Rahmen der Bewertung – bedürfen hierbei allerdings neuer Vermittlungsinstrumente. Möglichkeiten für ihre Entwicklung ergeben sich im Internet durch Konzepte der Medienverzahnung in den digitalen Medien. Der vorliegende Artikel vermittelt dazu einige didaktische Hintergrundaspekte sowie technische Umsetzungserfahrungen für die Entwicklung digitaler Umweltmedien.

1   Einleitung

Ein zentrales Anliegen der Umweltplanung ist die raumbezogene Visualisierung komplexer Umweltzusammenhänge. Die in der Praxis bislang angewendeten analogen Karten ermöglichen hierbei jedoch nur eindimensionale Darstellungen, bei denen (planerische) Prozessabläufe isoliert betrachtet werden. In der Vermittlung von Ergebnissen komplexer Planwerke – wie z.B. kommunaler Landschaftspläne oder anderer Umweltstudien – werden daher die eingeschränkten Verzahnungsmöglichkeiten der Erfassungs-, Verarbeitungs- und Bewertungsmethoden mit den Ergebniskarten zunehmend als Manko empfunden (vgl. KUNZE et al. 2002: 20). Seit einigen Jahren empfiehlt die Geografiedidaktik daher die Entwicklung rechnergestützter Umweltmedien, die es ermöglichen, größere Datenmengen zu bündeln, sowie Wirkungsgefüge – und damit verbunden auch die Herleitung von Ergebnissen – zu modellieren (HABRICH 1987, 176). Vor dem Hintergrund der großen Breitenwirksamkeit kartografischer Darstellungen in Computermedien – und speziell im Internet, gewinnen diese didaktischen Erfahrungen für die Bildung sowie die Umweltplanung zunehmend an Aktualität. Planerische Einsatzgebiete für sie sind z.B. interaktive Landschaftspläne (MAKALA 2000, KUNZE et al. 2002) sowie die im Aufbau befindlichen Umweltinformationssysteme. Im Rahmen des GIMOLUS-Projektes wurden an der Universität Stuttgart daher Konzeptansätze entwickelt, wie Bewertungsverfahren im Rahmen der Lehre und Öffentlichkeitsarbeit mit Hilfe von Internet-GIS-Systemen und Webtechnologien effizienter dargestellt und vermittelt werden können (vgl. VENNEMANN & MÜLLER 2002).

2 Geografiedidaktische Modelle in der Umweltplanung

Wesentliche Arbeitsinstrumente der Raum- und Umweltplanung sind systemanalytische Verfahren, in denen Fliess- und Ableitungszusammenhänge, räumliche Überlagerungen, inhaltliche Vernetzungen sowie Darstellungen von Wirkungsbeziehungen zur Raumbeschreibung und -planung eingesetzt werden. Kartografisches Basismodell fast aller Umweltplanungen sind dabei *räumliche Schichtenmodelle* (vgl. HAUBRICH et al. 1997, 236). Ihre Funktion ist eine möglichst vollständige Verortung, Darstellung und Beschreibung aller für die benannte Planung relevanter Raumeigenschaften und Planungskriterien. Bedingt durch die Komplexität der zu verarbeitenden Rauminformationen verfehlen analog publizierte Schichtenmodelle allerdings – nach heutigen didaktischen Erkenntnissen – noch zu weit ihr angestrebtes Ziel: eine transparente Visualisierung der Planungsauswirkungen und von aufeinander aufbauenden Planungskarten. Als Ergebnis werden in der Praxis planerische Ableitungszusammenhänge in analogen Darstellungen des Gesamtmodells daher unzureichend wahrgenommen (ebd.).

Um diese „vielschichtigen" Nutzungs- und Landschaftsbeziehungen effizient vermitteln zu können, bedarf die ökologische Planung demzufolge neue und wirkungsvollere didaktische Ansätze. Zwei Ansätze, die durch die Möglichkeiten der Computermedien hierbei immer öfter gewählt werden, sind das **Schicht-Beziehungsmodell** (z.B. KAULE 2002) sowie **Netzmodelle** (vgl. HAUBRICH et al. 1997, 236). In Schicht-Beziehungsmodellen werden neben den einzelnen räumlichen Datenschichten weiterführend auch die kontextuellen Zusammenhänge grafisch dargestellt, während Netzmodelle weiterführend auch – im Rahmen des möglichen – durch die Integration von Ableitungszusammenhängen und Regelwerken um Transparenz bemüht sind und zu einer aktiven Vermittlung von Analysemethodiken einladen.

3 Mehrwertkriterien für GIS-gestützte Lehrmaterialien

Die Entwicklung interaktiver Bildungsmedien hat infolgedessen nach Wegen zu suchen, wie räumliche Beziehungen und Landschaftsprozesse effizienter dargestellt und vermittelt werden können. Sollen Computermedien und das Internet wirkungsvoll diese Aufgaben erfüllen, müssen ihre technischen und didaktischen Möglichkeiten bei der Planung der Medienentwicklung berücksichtigt werden. Als Leitfaden dazu können die folgenden Kriterien herangezogen werden:

Ein didaktischer bzw. informationstechnischer Mehrwert für die Lehre und Öffentlichkeitsarbeit kann in Situationen erreicht werden, ...

- in denen das Internet ein wirksames **Distributionsmedium** ist (KERRES 2001),
- in denen **Kommunikation** den Informations- und Lernprozess bereichern kann (ebd.),
- in denen Computermedien allgemein die **Vermittlung prozessorientierter Zusammenhänge** veranschaulichen und unterstützen können (KUNZE et al. 2002) und die notwendigen Programme hierbei am kosteneffizientesten durch das Internet breitenwirksam zur Verfügung gestellt werden können,

- in denen im zu vermittelnden System diverse **Beziehungen zwischen Teilen** eines Ganzem bestehen und diese in einem Hypermediensystem mit veranschaulicht werden sollen (SHNEIDERMAN 1997), sowie
- in denen **komplexe Informationen** durch Datenbanktechnik sachgerecht auf den „Informationsbedarf des Augenblicks" aufzubereiten sind (ebd.).

4 Erweiterte GIS-Modelle auf Basis von ArcIMS, ArcSDE, PHP und Flash

Auf Basis der oben benannten Kriterien wurden im Rahmen des GIMOLUS-Projektes Techniken zur prozessorientierten Simulation und vernetzten Darstellung erprobt. Für die Prozessmodellfunktionen war hierbei die Entwicklung erweiterter GIS-Funktionalitäten notwendig, die zeitgleiche und synchronisierte Lese- und Schreibzugriffe ermöglichen. Anwendung fand hierbei eine **Architektur aus ArcSDE, ArcIMS, Microsoft SQL-Datenbanken, JavaScript und PHP-Skripten**. Durch die Implementierung der zum ESRI ArcIMS-Server zusätzlichen *middle-tier-Schicht*[1] *aus PHP und dem Apache Server* konnte die kartografische Webapplikation hierbei um serverseitige Schreibzugriffe erweitert werden (vgl. VENNEMANN & MÜLLER 2002). Dabei waren die Schreibzugriffe allerdings „multi-user-fähig" zu gestalten, um Datenkonflikte zwischen den einzelnen Nutzern zu verhindern. Möglich wurde dies durch Funktionen, die für jeden Benutzer eigene temporäre Datenspalten anlegen[2] und über einen Zeitstempel verwalten und um die Auslastung des Servers in Grenzen zu halten, die Spalten nach einigen Stunden wieder löschen.

Als eine besondere Anforderung bei der Entwicklung stellte sich die Synchronisation der Lese- und Schreibzugriffe heraus! So dürfen die ArcXML queries für funktionierende Modelle nur dann an den ArcIMS-Server weitergeleitet werden, wenn zuvor die richtige Datenkonstellation über PHP in der Datenbank gespeichert wurde. Voraussetzungen hierfür sind Prozessschleifen, in denen der Zustand der einzelnen Arbeitsprozesse durch Kommunikation zwischen Java-Script und dem verwendeten PHP solange abgefragt wird, bis die Schreibprozesse abgeschlossen sind und die individuellen Nutzerdaten vorbereitet sind. Durch die Laufzeit der SQL queries selbst und die anfallende zusätzliche Kommunikation zwischen den drei Schichten vervielfacht sich allerdings der zeitliche Aufwand einer Anweisung (z.B. Anzeige der Karte im Viewer). Als *Orientierungswerte* für einen reibungslosen Ablauf der Module in einer vertretbaren Geschwindigkeit konnten im Test Karten mit ca. 30.000 bis 40.000 Flächen erfolgreich verarbeitet werden. Bei der Realisierung der einzelnen Komponenten haben sich dabei die folgenden Wege als effizient erwiesen:

- Die im Rahmen der Flächennutzungsplanung bewährte Technik der „schrittweisen Zurückstellung" lässt sich mit Hilfe einer **Transparentstufe** erreichen, der Flächen – in Abhängigkeit ausgewählter Szenariostufen bzw. berechneter Werte zugeordnet werden.

---

[1] Als *middle tier* werden bei einer Client-Server-Anwendung Zwischenschichten zwischen der Benutzerschnittstelle (front end) und den Daten (back end) bezeichnet. Sie enthalten meist einen großen Teil der Programmlogik (business logic).

[2] Die Initialisierung der Ausgangskonstellation ist im Rahmen der entwickelten Technik gegenwärtig der zeitintensivste Schritt und kann leider bis zu einer Minute in Anspruch nehmen, während die weiterführenden Operationen deutlich schneller ablaufen.

- Die **Berechnung von Werten**, die in der Datenbank abgelegt werden sollen, läuft auf dem Server in PHP-Skripten schneller ab als über Anweisungen im JavaScript-Code! Die PHP-Skripte können dabei sowohl von Formularen aufgerufen werden, die in Flash oder einfachem HTML geschrieben sind. Im HTML werden sie in verschiedene Frames geladen, die einen Pixel hoch und damit vom Betrachter nicht zu erkennen sind. Durch die Verwendung mehrerer solcher Frames ist es möglich verschiedene SQL queries parallel statt sequentiell auszuführen. Dies bringt deutliche Zeitgewinne.
- Eine **schnelle Zuweisung individueller Wertspalten** im Hinblick auf die Multiuserfähigkeit ist über SQL-Queries möglich, bei denen individuelle Wertespalten in die synchronisierte Legendenspalte umgewandelt werden.
- Eine **vereinfachte Simulation von räumlichen Markerfunktionalitäten** im HTML-Viewer ist mit Hilfe eines transparenten Layers möglich, auf dem durch eine räumliche Auswahlfunktion die ausgewählten Flächen szenarioabhängig visualisiert werden.

5 Beispiele für Techniken in GIS- und Modellgestützen Übungen und Entscheidungssituationen

5.1 Schicht-Beziehungsmodelle als Träger der Karten

Zur Unterstützung der System- und Ableitungszusammenhänge wurde das angewendete Modell zur Abwägung städtebaulicher Eignungsflächen und von Landschaftsfunktionen in einem Schicht-Beziehungsmodell aufbereitet.

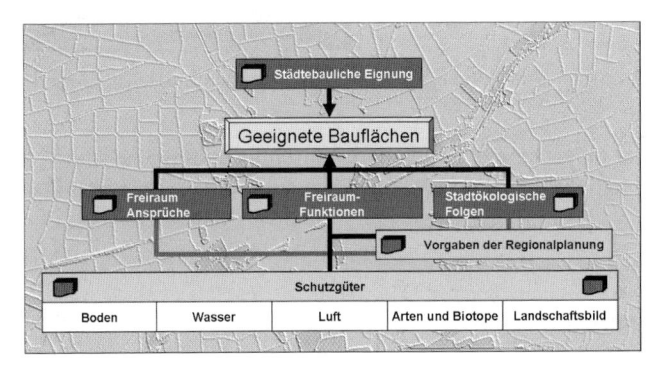

Abb. 1: Interaktive Schicht-Beziehungsmodelle, in denen Systemgrafiken mit den Karten kombiniert werden, erleichtern die systematische Einordnung

Texte und Karten werden dabei an eine interaktive Systemgrafik gekoppelt, die die Navigation zwischen den einzelnen Karten erlaubt. Als Vorteil dieser Technik sind die engen Verzahnungsmöglichkeiten von kartografischen Darstellungen, Erläuterungen und Systemmodellen hervorzuheben, die eine bessere Visualisierung der einzelnen Inhalte über die Mediengrenzen hinweg erlauben.

5.2 Verbindungen zwischen Karten und Regelwerken

Ein Schwachpunkt in der Vermittelbarkeit von Umweltplanungen war die Notwendigkeit zur isolierten Darstellung der einzelnen (Planungs-)Karten und der dazugehörenden Regelwerke in unterschiedlichen Medien. Hypermedien lösen dieses Problem und eröffnen neue medienverzahnte Darstellungswege, in die Eingabeinterfaces integriert werden können. Gewichtungs- und Präferenzmatrizen sowie sonstige Rechenvorschriften können so in aktive und dynamische Bewertungsprozesse integriert werden. Die unten stehende Grafik zeigt hierzu eine interaktive Matrix, mit der einzelne Kriterien der Bauleitplanung im Internet gegeneinander gewichtet werden können.

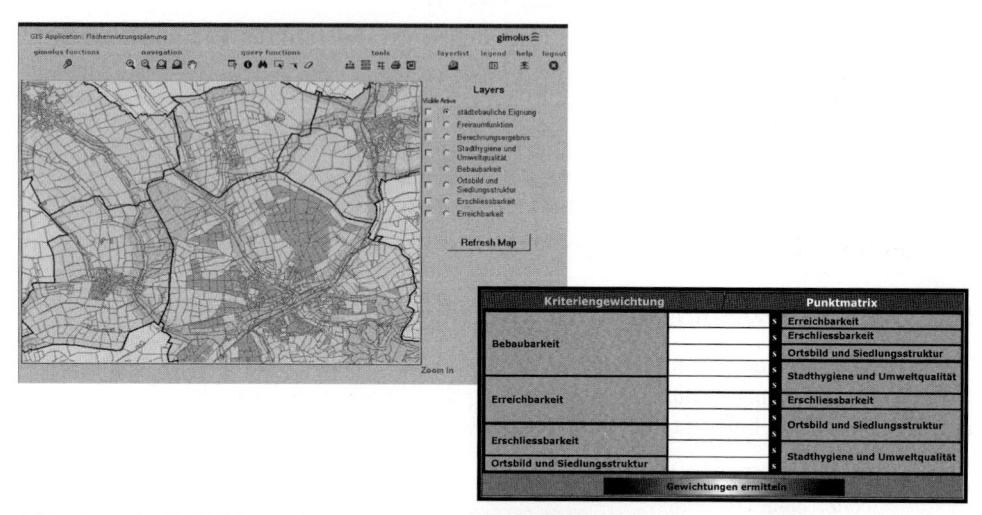

Abb. 2: ArcIMS Viewer lassen sich durch Flash Eingabemasken per PHP gut ergänzen

Die Ergebnisse der Gewichtung werden dabei anschließend in einer individuellen Ergebniskarte im ArcIMS angezeigt. Dabei hat sich Flash als front end für interaktive Eingabeinterfaces bewährt.

6 Diskussion

Aktive Arbeitsprozesse im Rahmen von GIS-gestützten Entscheidungssituationen, bei denen Geometrieänderungen zur Analyse und Visualisierung eingesetzt werden, bzw. auch eigene thematische Karten erzeugt und abgespeichert werden, lassen sich mit der gegenwärtigen in der Praxis eingesetzten InternetGIS-Software – ohne Terminalserverlösungen – nur sehr schwer realisieren (vgl. VENNEMANN & MÜLLER 2002, 569ff.). Hierdurch sind komplexeren Modellen in der Lehre und Öffentlichkeitsarbeit gegenwärtig technische und finanzielle Grenzen gesetzt. Dennoch konnten auf Basis der ArcIMS-Technologie mit Hilfe von PHP auch Modelle mit schreibenden Datenoperationen möglich gemacht werden. Spezielle *Ergebnislayertechniken* konnten hierbei erfolgreich erprobt werden.

Die für Prozessmodellabläufe angewendete HTML-Viewer-Technik hat sich dabei aufgrund der zusätzlich notwendigen middle-tier-Schicht und dem hierdurch hervorgerufenen Synchronisationsaufwand zwischen den einzelnen Techniken allerdings nicht als sehr leicht zu handhaben herausgestellt. Da der ArcIMS HTML-Viewer selber bereits aus ca. 10.000 Zeilen JavaScript Code besteht und JavaScript als Programmiersprache eher für kleine Anwendungen geeignet ist, sind der Weiterentwicklung dieser Technik durch den bereits erreichten Komplexitätsgrad technische Grenzen gesetzt. Möglichkeiten der Verwendung des ArcIMS-HTML-Viewers ergeben sich jedoch bei der Umsetzung der beschriebenen *Schicht-Beziehungsmodelle*. Durch Möglichkeiten der Medienverzahnung – z.B. mit Texten, Diagrammmodulen und die Visualisierung der systematischen Kartenbeziehungen können sie in komplexeren Medien effizient eingesetzt werden, um die auf die Karten bezogenen *Informationen 'en demande'* – auch über das Internet – anzuzeigen. Internet-GIS-Systeme lösen neben den mit ihnen verbundenen Chancen als Distributionsmedium somit auch einige didaktische Probleme in der Präsentation räumlicher Inhalte in der Öffentlichkeit.

Literatur

HABRICH, W. (1987): *Natur und Umwelt im Geografieunterricht*. In: Internationale Schulbuchforschung, 9. Jg., H. 2, S. 171-180

HAUBRICH, H., G. KIRCHBERGER, A. BURCKNER, K. ENGELHARD, W. HAUSMANN & D. RICHTER (1997): *Didaktik der Geografie Konkret*. München, (Oldenburg)

KAULE, G. (2002): *Umweltplanung. Die CD-ROM zum Buch*. Ulmer Verlag, Stuttgart

KERRES, M. (2001). *Mediendidaktische Professionalität bei der Konzeption und Entwicklung technologiebasierter Lernszenarien*. In: B. HERZIG (HRSG.) *Medien machen Schule. Festschrift für G. Tulodziecki*. Frankfurt, Lang Verlag

KUNZE, K.; HAAREN, C. VON; KNICKREHM, B.; REDSLOB, M. (2002): *Interaktiver Landschaftsplan. Verbesserungsmöglichkeiten für die Akzeptanz und Umsetzung von Landschaftsplänen*. Ergebnisse des F+E-Vorhabens 80901002 „Verbesserung der Akzeptanz und Umsetzung von Landschaftsplänen durch einen interaktiven Landschaftsplan" des Bundesamt für Naturschutz. Bonn-Bad Godesberg

MAKALA, C. (2000): *Der interaktive Landschaftsplan als (schulisches) Bildungsinstrument*. 172 S. Unveröff. Dipl. Arb. Univ. Hannover

SHNEIDERMAN, B. 1998: *Designing the User Interface – Strategies for Effective Human-Computer Interaction*; Addison-Wesley, Third Edition

VENNEMANN, K. & M. MÜLLER (2002): *Konzeption einer Internetplattform für GIS- und Modellbasierte Lernmodule*. In: AGIT XIV, 2.-4 Juli 2002, Beiträge zum AGIT-Symposium Salzburg 2002, S. 567-572

Beispielmodule finden Sie unter: *http://www.gimolus.de*

Flächennutzungsentwicklung der Stadtregion Dresden seit 1790 – Methodik und Ergebnisse eines Langzeitmonitorings

Gotthard MEINEL und Kathleen NEUMANN

Zusammenfassung

Der Bodenverbrauch durch Überbauung ist ein kumulativer, inzwischen über Jahrhunderte anhaltender und meist irreversibler Prozess. Diese besorgniserregende Entwicklung wird ungenügend als Umweltproblem wahrgenommen und der politische Wille zur Umsteuerung ist nur unzureichend ausgeprägt. Eine Erhebung, Analyse und Visualisierung des schleichenden und damit kaum wahrnehmbaren Prozesses könnte das Problembewusstsein stärken. Für die Stadtregion Dresden wird auf Basis historischer Kartenwerke und Fernerkundungsdaten die Flächennutzungsentwicklung für den Zeitraum 1790 bis 1998 GIS-technisch aufgezeichnet und analysiert. Methodik und Ergebnisse dieser Untersuchung werden in diesem Beitrag vorgestellt.

1 Bodenverbrauch durch Siedlungsentwicklung – Umweltproblem ersten Ranges

Für eine nachhaltige Entwicklung muss das Wirtschaftswachstum zwingend vom Naturverbrauch und der Umweltbelastung entkoppelt werden. Während es hier in einzelnen Bereichen wie der Schadstoffbelastung von Luft und Gewässern schon Erfolge gibt, steigt der Flächenverbrauch stetig an und ein wirksamer Bodenschutz wird zur Kernaufgabe des Umwelt- und Ressourcenschutzes in Deutschland und den entwickelten Industriestaaten. Dem Ziel, den Flächenverbrauch von 120ha/Tag in Deutschland im Jahre 1997 auf 30 ha/Tag in 2020 zu senken, ist man mit einem derzeitigen Wert von 131 ha/Tag (2001) nicht näher gekommen (vgl. UMWELTBUNDESAMT 2003).

Flächennutzungsänderungen, insbesondere Siedlungsentwicklungen sind als Einzelmaßnahme oft kleinräumig. Durch ihre Vielzahl und die schleichende Entwicklung über lange Zeiträume, sind derartige Prozesse nur sehr eingeschränkt sinnlich wahrnehmbar, obwohl sie in ihrer Kumulation zu einer erheblichen Umweltbelastung werden. Daher gilt es, diese Entwicklung an lokalen Beispielen über lange Zeiträume aufzuzeichnen, zu analysieren und geeignet zu visualisieren um dem Umweltproblem „Flächenverbrauch" zu einer deutlicheren Wahrnehmung zu verhelfen. Während sich der Prozess der Flächennutzungsentwicklung für die letzten 20 Jahre bei vorhandenen Geobasisdaten relativ unaufwendig analysieren lässt, ist die historische Flächennutzungsentwicklung bisher kaum GIS-technisch untersucht worden. Für die Stadtregion Dresden wurde nun erstmalig ein GIS-gestütztes Langzeitmonitoring der Flächennutzungsentwicklung durchgeführt. Ausgangspunkt dafür war das von der Europäischen Union 1998 initiierte Projekt MURBANDY (Monitoring Urban Dynamics), in dessen Rahmen die Entwicklung der Flächennutzung der vergangenen

50 Jahre von 31 europäischen Städten bzw. Regionen detailliert analysiert wurde (vgl. (EUROPEAN ENVIRONMENT AGENCY 2002).

2   Das Untersuchungsgebiet Dresden

Von MURBANDY wurde eine einheitliche Abgrenzungsdefinition für alle Untersuchungsstädte bzw. -regionen für ihren Kernraum und einer Umlandzone vorgegeben. Der Kernraum ergibt sich aus der (innerhalb der Stadtgrenze gelegenen) zusammenhängenden Siedlungsfläche ausgehend vom Siedlungsschwerpunkt der Stadt (Stadtzentrum Dresden). Das Umland (suburbaner Raum) wird durch die Berechnung einer Pufferzone, die in Abhängigkeit von der Größe des Kernraumes erfolgt, festgelegt (für Dresden 3,4 km). Die Vereinigung von Kernraum und Umland ergibt die Gesamtstadt.

Für eine vertiefende Flächennutzungsanalyse wurde diese Abgrenzung um einen zusätzlichen zweiten Umlandgürtel erweitert. Dieser zweite Umlandgürtel, im Folgenden das erweiterte Umland genannt (ländlicher Raum), umschließt den ersten Umlandgürtel vollständig und grenzt das Untersuchungsgebiet nach außen in Form eines Kreises ab. Der Radius dieses Kreises und somit der erweiterten Untersuchungsgebietesabgrenzung beträgt 20 km.

3   Datengrundlagen und Vorverarbeitung

In MURBANDY bestand das Ziel, rückwärtig ab 1998, im etwa 15-jährigen Abstand, die Flächennutzung zu erheben. Die Erfassung der jüngeren Flächennutzungen erfolgte für Dresden auf Basis folgender Satelliten- und Luftbilddaten: IRS-1C-Satellitenbilder (1998), SPOT-Satellitenbilder (1986), CORONA-Satellitenbilder (1968) und Luftbilder (1953) (vgl. MEINEL 1999). Für die in größere zeitliche Tiefe gehenden Untersuchungen der Flächennutzungsentwicklung musste auf historisches Kartenmaterial zurückgegriffen werden. Nach sorgfältiger Sichtung der Datenlage wurden folgende Kartenwerke zur Erfassung der Flächennutzung verwendet: Messtischblätter (1940 und 1900), Äquidistantenkarten (um 1880) und Meilenblätter (um 1790). Alle relevanten Karten des Untersuchungsgebietes wurden gescannt, georeferenziert, mosaikiert und einer visuellen Interpretation unterzogen. Für Letztere wurde ein erweiterter, vier Ebenen umfassender, hierarchischer Flächennutzungsklassifikationsschlüssel (nach MURBANDY-Definition) ausgehend von CORINE Landcover genutzt und die Daten jeweils in die zeitliche Tiefe hinein editiert. Die Flächennutzungserfassung und -analysen wurden im GIS ArcInfo 8.2 und ArcView 3.2 durchgeführt.

Für eine tief greifende Analyse der Siedlungsstruktur wurde anschließend der Siedlungskernraum generiert, der den zusammenhängenden Siedlungsraum ausgehend vom Mittelpunkt des Untersuchungsgebietes darstellt. Der Siedlungskernraum kann somit keine inselartigen Siedlungsflächen besitzen, allerdings können innerhalb des Siedlungskernraumes Freiräume existieren, z. B. die Elbe mit ihren angrenzenden Auen (vgl. Abb. 1). Die Siedlungskernräume stellen keine weitere Untersuchungsgebietsabgrenzung dar, sie dienen ausschließlich als Grundlage für eine vertiefende Raumsstrukturanalyse (vgl. NEUMANN 2002).

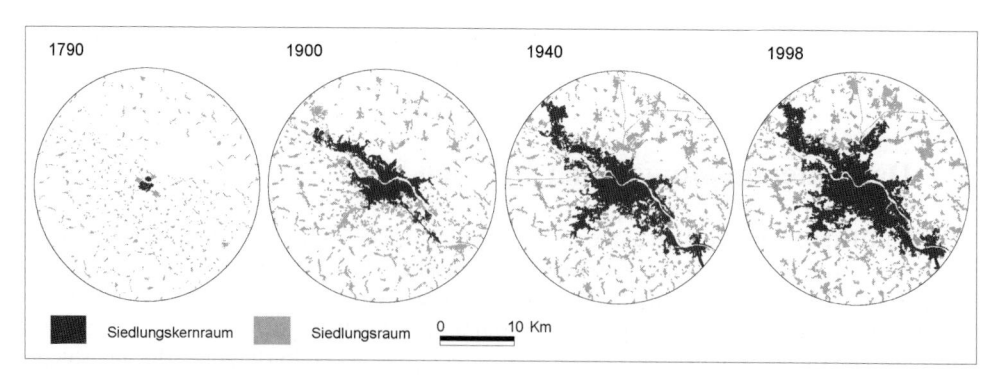

Abb. 1: Entwicklung der Siedlungskernräume dargestellt an ausgewählten Zeitschnitten

4 Datenanalyse und Ergebnisse

4.1 Quantitative Flächennutzungsentwicklung

Die Siedlungsentwicklung des Untersuchungsgebietes unterlag einer großen Dynamik. Das Wachstum der Siedlungsfläche, nicht nur im Kernraum, sondern auch in den peripheren Gebieten, erfolgte während der untersuchten mehr als 200 Jahre ohne Unterbrechung. 1790 lag der Verstädterungsgrad (Anteil Siedlungsfläche an Gesamtfläche) für alle Einheiten des Untersuchungsgebietes bei maximal 10 %. Die größte Entwicklungsdynamik wurde, aufgrund des raschen wirtschaftlichen Aufschwungs, während der Gründerzeit am Ende des 19. Jahrhunderts erreicht. Heute weist der Kernraum einen Verstädterungsgrad von 93 % auf. Aber auch im Umland, und sogar im erweiterten Umland ist er mit 23 % bzw. 15 % hoch.

Die starke Ausdehnung der Siedlungsfläche erfolgte in erster Linie auf Kosten landwirtschaftlicher Nutzflächen und Waldflächen (vgl. Abb. 2). Eine differenzierte Betrachtung des Siedlungsraumes zeigt, dass die städtisch geprägten Flächen sowie die Industrie- und Gewerbeflächen kontinuierlich zugenommen haben. Die stärkste Entwicklung lässt sich Ende des 19. Jh. und nach dem 2. Weltkrieg verzeichnen. Es sind jedoch auch rückläufige Entwicklungstendenzen innerhalb des Siedlungsraums fest zu stellen. Während bis Anfang der 50er Jahre die Zunahme städtischer Grün- und Freizeitflächen markant war, hat sich aufgrund des nach innen gerichteten Verdichtungsprozesses des Siedlungsraumes in den vergangenen Jahren ihr Umfang bis heute wieder stark verringert. Der Freiraum wurde durch die zunehmende Intensivierung der Landwirtschaft geprägt, naturnahe Vegetationsarten, z. B. Feuchtflächen und Strauch- und Übergangsvegetationen wurden stark zurück gedrängt.

Die größte Dynamik der Flächennutzungsentwicklung kann innerhalb des Kernraumes verzeichnet werden. In den Umlandbereichen spiegelt sie zwar ähnliche Trends wider, allerdings unterlag sie wesentlich geringeren Schwankungen bzw. war sie von einer insgesamt geringeren Dynamik geprägt.

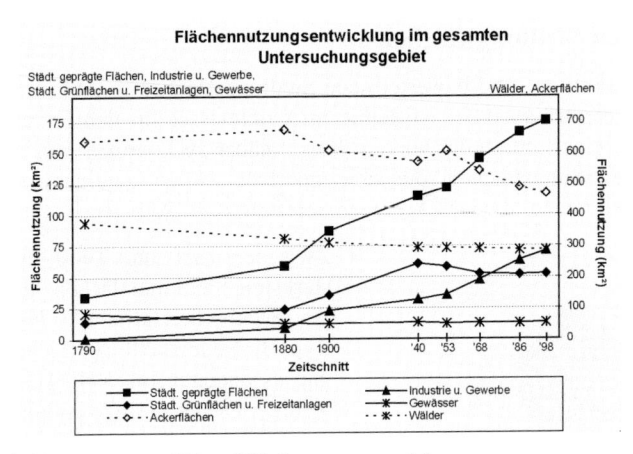

Abb. 2: Entwicklung ausgewählter Flächennutzungsklassen

4.2 Raumstrukturelle Kenngrößen zur Beschreibung der Siedlungsentwicklung

4.2.1 Kompaktheit des Siedlungskernraumes

Der Kompaktheitsgrad charakterisiert die Dichte des Siedlungsmusters auf der Grundlage eines Gravitationsansatzes. Nach THINH (2002) bestimmt er die Kompaktheit des Siedlungsraumes in Abhängigkeit des Verhältnisses von Flächengröße und Flächenabstand und den daraus resultierenden räumlichen Wechselwirkungen zwischen den einzelnen Siedlungsflächen. Die Ermittlung erfolgt anhand einer GIS-basierten Rasteranalyse. Je disperser die einzelnen Siedlungsflächen im Raum angeordnet sind und je kleiner die jeweiligen Siedlungsflächen sind, umso geringer sind die räumlichen Wechselbeziehungen und somit auch die Kompaktheit des Siedlungsraumes. Der Kompaktheitsgrad ist dimensionslos. Je größer er ist, desto kompakter ist der Siedlungsraum. Der Kompaktheitsgrad wurde für die Siedlungskernräume aller Untersuchungszeitschnitte berechnet.

Der Hauptschwerpunkt der Siedlungsentwicklung und -erweiterung war die Stadt Dresden. Ihre Kompaktheit war Ende des 18. Jahrhunderts am höchsten (vgl. Abb. 1). Die räumlichen Entfernungen innerhalb des Siedlungskernraumes waren gering, es existierten kaum eingeschlossene Freiflächen. 1790 betrug der Kompaktheitsgrad 189. Im Zuge der zunehmenden industriellen Entwicklung, der Anlage der Eisenbahntrassen, und der damit verbundenen Ausweitung der Industrie- und Wohngebiete, erfolgte eine verstärkt dezentrale Entwicklung des Siedlungskernraumes. Die Kompaktheit des Siedlungskernraumes hat sich dadurch rasch verringert. Die starke Zersiedlung des Freiraumes wurde erst während des zweiten Weltkrieges aufgrund der schwächeren Wirtschaftsentwicklung gebremst. Auch während der anschließenden Entwicklungsphase kann von keinem dispers verlaufenden Siedlungswachstum gesprochen werden. Bei einer insgesamt geringeren Neubautätigkeit erfolgte vorrangig eine zielgerichtete Verdichtung des Siedlungsraumes nach innen. Die in den 70er Jahren einsetzende Anlage großer Wohngebiete am Stadtrand stellten zwar umfangreiche Siedlungserweiterungen dar, führten jedoch insgesamt nicht zur Zersiedlung des Freiraumes. Seit 1953 stagniert der Kompaktheitsgrad bei 14.

4.2.2 Lage neuer Siedlungsflächen

Dieser Indikator definiert und bewertet neue Siedlungsflächen in Abhängigkeit ihrer Lage zu den Siedlungskernräumen. Er ist damit ein Gradmesser für den Erfolg einer Stadtentwicklungspolitik, einer „Stadt der kurzen Wege" näher zu kommen. Zur Berechnung wurden die neuen Siedlungsflächen, die sich innerhalb zweier aufeinander folgender Zeitschnitte entwickelt haben, in vier Lagetypen unterteilt (vgl. Abb. 3).

Zwischen 1880 und 1940, dem Zeitraum des stärksten Siedlungsflächenzuwachses, umfassten jeweils die Hälfte aller Neubauflächen den Typ B. Neue Siedlungsflächen des Typs AB gab es dagegen bis 1940 keine oder nur sehr wenige. Dieser geringe Anteil lässt auf äußerst kompakte Siedlungsstrukturen innerhalb des jeweils älteren Siedlungskernraumes dieser drei Zeiträume schließen, die nur sehr begrenzt Potenzial für einen nach innen gerichteten Verdichtungsprozess boten. Der Anteil neuer Siedlungsflächen die außerhalb der Siedlungskernräume entstanden sind ist dagegen für diesen Zeitraum mit 48% groß. Es bestätigt das starke Siedlungswachstum, verdeutlicht aber auch, dass diese Expansion nicht nur innerhalb der Siedlungskernräume stattgefunden hat. Die Erhöhung des Anteiles neuer Siedlungsflächen der Typen AB und B zwischen 1953 und 1986 weist auf einen Verdichtungsprozess im Zuge der Siedlungserweiterung hin, der verstärkt nach innen gerichtet ist. Von 1986 bis 1998 ist dagegen erneut eine verstärkt disperse Entwicklung zu verzeichnen, da der Siedlungskernraum in den Jahren zuvor stark verdichtet wurde und somit ein nur noch sehr begrenztes Potenzial für weitere Verdichtungen vorhanden war. Die Änderung der politischen Rahmenbedingungen beeinflusste ebenfalls die Siedlungsentwicklung. Neubauflächen ohne Anbindung an die Siedlungskernräume (Typ C) stellen seit 1986 mit 69% den Hauptanteil neuer Siedlungsflächen dar. Schwerpunkte der raschen Entwicklung von Siedlungsflächen befinden sich jetzt im suburbanen Raum der Stadt Dresden (vgl. NEUMANN 2002).

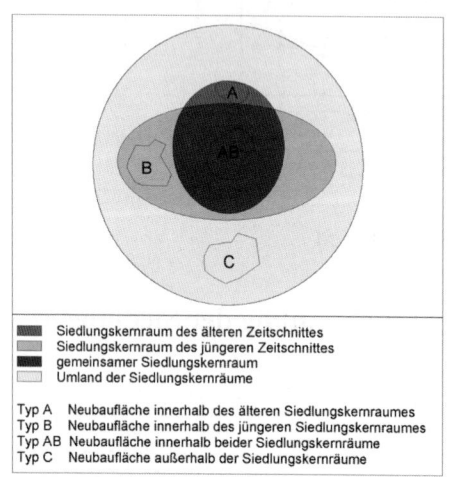

Abb. 3: Lagetypisierung neuer Siedlungsflächen

4.2.3 Integration neuer Siedlungsflächen

Neben der Lage neuer Siedlungsflächen zum Siedlungskernraum muss deren Integration in das bereits bestehende gesamte Siedlungsgefüge (nicht nur im Siedlungskernraum) ermittelt werden, denn aus städtebaupolitischen und ökologischen Gründen ist eine starke Integration neuer Siedlungsflächen in den Bestand an zu streben. In Abhängigkeit von der Stärke der Integration der Neubaufläche in eine bereits bestehende Siedlungsfläche, erfolgt eine Differenzierung in vier Integrationstypen (vgl. WINKLER 2001). Als Kriterium für diese Typisierung dient das Grenzlinienverhältnis G, das das Verhältnis von gemeinsamer Grenzlänge zwischen neuer und bestehender Siedlungsfläche und der Gesamtgrenzlänge der neuen Siedlungsfläche ist (vgl. Tabelle 1).

Tabelle 1: Integrationstypisierung neuer Siedlungsflächen

	Typ 1	Typ 2	Typ 3	Typ 4
Grenzlinienverhältnis G	$2/3 < G \leq 1$	$1/3 < G \leq 2/3$	$0 < G \leq 1/3$	0

In den sieben untersuchten Zeiträumen überwiegt jeweils der Anteil der gut und schlecht integrierten Neubauflächen (Typ 2 und 3). Der Anteil der vollständig (Typ 1) und der überhaupt nicht integrierten Neubauflächen (Typ 4), ist für alle Zeiträume am geringsten. Während der ersten großen Entwicklungsetappe zwischen 1790 und 1880 entstanden 44% der Neubauflächen in schlecht oder gar nicht integrierten Lagen. Unter Berücksichtigung des sehr kompakten Siedlungsraumes von 1790 ist diese Entwicklung verständlich. In den nachfolgenden Entwicklungsetappen hat sich der Anteil der besser integrierten Flächen vergrößert. Die bei der Siedlungserweiterung entstandenen Lücken innerhalb des Siedlungsraumes wurden geschlossen. Allerdings war die Erweiterung des Siedlungsraumes bis 1953 so stark, dass auch ein disperses Siedlungsflächenwachstum zu verzeichnen war. Dies verdeutlicht der gesunkene Flächenanteil der beiden Integrationstypen 1 und 2. Die Entwicklung des Siedlungsraumes zwischen 1953 und 1986 kann als stark nach innen verdichtend bzw. arrondierend charakterisiert werden. In der letzten Entwicklungsperiode bis 1998 muss ein Rückgang der Siedlungsentwicklung in der Kernstadt konstatiert werden. Die Siedlungsentwicklung findet überwiegend im Stadtrandbereich und mit geringerer Integration der Einzelflächen in den Siedlungsbestand statt.

Literatur

European Environment Agency (Hrsg., 2002): *Towards an urban atlas. Assessment of spatial data on 25 European cities and urban areas.* Copenhagen. (= Environmental issue report No 30 – European Environment Agency)

MEINEL, G., COLDITZ, U., GÖSSEL, J., HEBER, B., HENNERSDORF, J., SCHUMACHER, U., SIEDENTOP, S. (1999): *Monitoring Urban Dynamics (Murbandy) – Change Dresden. Die Entwicklung der Flächennutzung und der Transportinfrastruktur seit den 50er Jahren in Dresden und Umland.* – Abschlussbericht des EU-Projektes ‚Monitoring Urban Dynamics (Murbandy) – Change Dresden' (unveröffentlicht)

NEUMANN, K. (2002): *GIS-basierte Aufnahme und Analyse der Flächennutzungsentwicklung der Stadtregion Dresden von 1880 bis 1998.* Diplomarbeit, TU Dresden (unveröffentlicht)

Space Applications Institute (1998): *Invitation to Tender. Murbandy-Change: Development of land use data bases for selected European cities/regions.* Ausschreibungsunterlagen für den Projektteil Murbandy-Change, Ispra

THINH, N. X. (2002): *Entwicklung von AML-Programmen zur räumlichen Analyse der Flächennutzungsmuster von 116 kreisfreien Städten in Deutschland.* In: Photogrammetrie Fernerkundung Geoinformatik, 2002 (6), S. 409-422

Umweltbundesamt (2003): *www.umweltbundesamt.de/dux/bo-inf.htm* am 14.02.2003.

WINKLER, M. (2001): *GIS-basierte Flächenentwicklungsanalyse von fünf europäischen Großstädten (Bilbao, Bratislava, Dresden, Lyon, Palermo) und deren Visualisierung auf der Basis digitaler Datenbestände.* Diplomarbeit, TU Dresden. (unveröffentlicht)

Ein Framework zur Kopplung von Multi-Agenten-Systemen und GIS

Stefan MEINERT, Sven LAUTENBACH, Jürgen BERLEKAMP,
Bettina BLÜMLING und Claudia PAHL-WOSTL

Zusammenfassung

Viele Multi-Agenten-Systeme (MAS) haben einen räumlichen Bezug. Um diesen möglichst detailliert und ohne großen Aufwand abzubilden, bietet sich eine Kopplung dieser Modelle mit einem Geoinformationssystem (GIS) an. In der vorliegenden Arbeit wurde ein Framework entwickelt, das es ermöglicht, den räumlichen Bezug von Multi-Agenten-Modellen zu realisieren, indem es auf die Funktionalität eines GIS zugreift. Mit einem Landbewirtschaftungsmodell in China wird ein konkretes Multi-Agenten-Modell vorgestellt, das auf dem Framework aufbaut.

1 Einleitung

Modellierungstechniken sind in den Umweltwissenschaften, den Geowissenschaften und der Ökonomie üblich, um die zeitliche Dynamik von Systemen zu beschreiben. Weit verbreitet haben sich vor allem Differenzen- und Differenzialgleichungsmodelle, die z.B. zur Beschreibung von Stoffströmen in der Landschaftsökologie oder der Hydrologie eingesetzt werden. Um räumliche Aspekte von Systemen berücksichtigen zu können werden diese Modelle seit geraumer Zeit mit GIS gekoppelt, wobei verschiedene Kopplungsverfahren eingesetzt werden. Für die Modellierung des Verhaltens von Menschen, Gruppen oder Organisationen haben sich die klassischen Modellierungsverfahren als weitgehend ungeeignet erwiesen. Hier haben in der letzten Zeit Zelluläre Automaten (CA) und vor allem Multi-Agenten-Systeme (MAS) neue Möglichkeiten zur Modellierung der Interaktion von Akteuren ergeben. Obwohl viele der mit MAS modellierten Fragestellungen einen räumlichen Bezug besitzen, wird dieser vielfach gar nicht oder nur unzureichend berücksichtigt. Zwar finden sich einige Ansätze, die einen impliziten Rasteransatz für den Raumbezug verfolgen, jedoch beschränken sich GIS-Kopplungen in der Regel nur auf Datenaufbereitung oder Ergebnisvisualisierung durch GIS. Auch stoßen diese Ansätze sehr schnell an Grenzen, wenn Netzwerkfragen oder andere Phänomene berührt sind, die sich günstigerweise mit Hilfe von Vektordaten im GIS abbilden lassen.

Es ergibt sich also bei der Modellierung mit MAS einen direkten Bedarf für eine flexible Schnittstelle zu Geoinformationssystemen. Im Folgenden wird eine solche Schnittstelle vorgestellt und die Praxistauglichkeit an einem Anwendungsbeispiel gezeigt. Ziel bei der Entwicklung ist es nicht, eine lose Kopplung z.B. zur Ein- und Ausgabe von raumbezogenen Daten für eine spezielle MAS-Software zu realisieren, sondern eine moderne Programmierschnittstelle für beliebige MAS-Systeme in Form eines Frameworks zu entwickeln. Ein Framework ist eine Menge von zusammenwirkenden Klassen, die ein wiederverwendbares

Design für eine bestimmte Art von Software zur Verfügung stellen. Als GIS wird das Programm ArcGIS 8.1 der Firma ESRI eingesetzt. Das Framework wurde in Java implementiert und benutzt die Programmierschnittstelle ArcObjects von ArcGIS. Die Schnittstelle ist fest an ArcGIS gekoppelt, d.h. während eines Modellaufs besteht eine ständige Kommunikation zwischen dem GIS und dem Agentenmodell, um Daten aus dem GIS zu lesen oder in das GIS zu schreiben.

2 Das Framework

Das Framework ermöglicht es, Multi-Agenten-Systemen auf einfache Weise um einen räumlichen Bezug zu erweitern. Es stellt Klassen und Methoden zur Verfügung, die es Agenten ermöglichen, sich im Raum zu bewegen, ihre Umgebung zu analysieren (mittels räumlicher Abfragen) und in beschränktem Maße ihre Umgebung zu verändern. Bei der Entwicklung des Frameworks wird auf eine strikte Trennung zwischen dem räumlichen Kontext im Agentenmodell und dem „Rest" des Agentenmodells geachtet. Funktionalität, die nicht im räumlichen Kontext steht, wird nicht im Framework realisiert. Die Implementierung solcher Funktionalität muss dem Anwender überlassen bleiben. Zum jetzigen Zeitpunkt unterstützt das Framework ausschließlich einfache Vektordaten; Rasterdaten und Netzwerke werden z.Zt. nicht unterstützt. Existierende Ansätze, die GIS-Daten als räumliche Grundlage für MAS genutzt haben, beschränken sich bisher darauf, Rasterdaten zu nutzen (GIMBLETT 2002, KOCH 2000). Der vektorbasierte Ansatz schränkt den Einsatzbereich des Frameworks zwar ein, da sich einige Phänomene sinnvollerweise nur mit Rasterdaten abbilden lassen (Sichtbarkeitsanalysen auf der Basis von DGM's), jedoch ist der vektorbasierte Ansatz für viele Modelle ausreichend. Auch entspricht er dem gewählten objektorientierten Ansatz, da sich die räumliche Repräsentation eines Agenten direkt mit einem Vektorobjekt verknüpfen lässt. Die Bewegung von Agenten lässt sich mit diesem Ansatz exakter abbilden. Eine Erweiterung des Frameworks zur Unterstützung von Rasterdaten und Netzwerken ist möglich.

Das Framework bietet dem Anwender die Möglichkeit, beliebig viele Vektordaten-Layer im Modell zu verwenden. Dabei werden zwei Arten von Layern unterschieden: solche, die die „Bewegungsoberfläche" für die Agenten bilden und solche, deren Vektorobjekte die räumliche Ausprägung von Agenten darstellen. Für jede Klasse von Agenten, die in einem MAS existiert, sollte ein Agenten-Layer erstellt werden, da alle Agenten eines Agenten-Layers nur einer Klasse angehören können. Es werden zwei Arten von Agenten vom Framework unterschieden: nicht-mobile Agenten (Objekte der *Agent*-Klasse) und mobile Agenten (Objekte der *MobileAgent*-Klasse). Die *MobileAgent*-Klasse ist eine Unterklasse der *Agent*-Klasse und erweitert die Möglichkeiten eines Agenten um Methoden zur Bewegung im Raum. Diese Einteilung ist sinnvoll, da Agenten im Raum existieren können, ohne sich bewegen zu müssen und es damit nicht notwendig ist die Bewegung zu modellieren. Eine Einschränkung besitzen mobile Agenten allerdings: Während die räumliche Ausprägung von nicht-mobilen Agenten beliebig sein kann, können mobile Agenten nur durch einen Punkt im Raum dargestellt werden. In Abbildung 1 wird das Zusammenspiel der wichtigsten Klassen des Frameworks dargestellt.

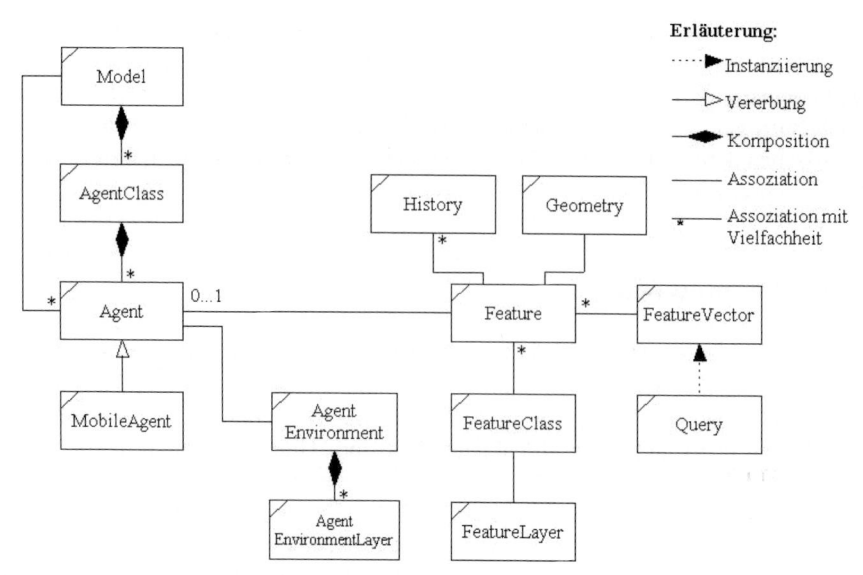

Abb. 1: Vereinfachtes Klassen-Diagramm des Frameworks

2.1 Geo-Objekte

Geo-Objekte, die sich nicht in Agenten-Layern befinden, sind Objekte der *Feature*-Klasse. Ein *Feature* ist ein Phänomen im Raum, das einen bestimmten Platz einnimmt. Es besteht aus seiner Geometrie, der Lage der Geometrie im Raum und Attributen. Die *Feature*-Klasse sollte im Modell abgeleitet werden, um modellspezifisches Verhalten der Geo-Objekte zu implementieren.

Ein wichtiger Aspekt in vielen MAS ist das „Gedächtnis" eines Agenten. Agenten müssen oftmals in der Lage sein, in der Vergangenheit liegende Zustände bei Bedarf abzurufen, um diese Zustände in die Entscheidungsfindung mit einzubeziehen. GIS sind normalerweise nicht in der Lage, raumzeitliche Daten zu speichern; zeitliche GIS (Temporal GIS) befinden sich noch in der Entwicklung und auch ArcGIS bietet keine Funktionalität in dieser Hinsicht. Deshalb wurde der zeitliche Aspekt rudimentär im Framework verwirklicht, indem es möglich ist, einem Attribut eines Geo-Objektes ein *History*-Objekt zuzuordnen. In diesem werden Veränderungen des Wertes eines Attributs mit dem dazugehörigen Zeitpunkt gespeichert, so dass ein Agent in der Lage ist, auf in der Vergangenheit liegende Werte zurückzugreifen. Da die Geschwindigkeit eines Agenten abhängig von der Oberfläche sein kann, auf der er sich bewegt, ist es möglich, ein Attribut „MOVE_COST" zu definieren. Dieses gibt an, wie stark die Bewegung des Agenten auf diesem Geo-Objekt verlangsamt wird. Geo-Objekte können auch als Hindernis markiert werden, solche Objekte kann ein Agent nicht betreten.

2.2 Agenten

Agenten besitzen eine Geometrie, die ihre räumliche Ausprägung darstellt. Bei *nicht-mobilen* Agenten kann diese sowohl in ihrer Form, wie auch in ihrem Ort nicht verändert werden.

Damit Agenten ihre Umgebung wahrnehmen und analysieren können, müssen sie in der Lage sein, räumliche Abfragen durchzuführen. Dafür gibt es zwei Möglichkeiten: mittels der *Query*-Klasse können beliebige Abfragen erstellt werden. Oder es können Methoden der *Agent*-Klasse genutzt werden, in denen häufig wiederkehrende Abfragen definiert sind, wie z.B. „finde alle Agenten oder Geo-Objekte im Sichtradius" oder „finde das nächstliegende Geo-Objekt eines bestimmten Layers". Agenten besitzen einen Sichtradius; viele vordefinierte Abfragen benutzen diesen Sichtradius, um die Geo-Objekte zu bestimmen, die innerhalb dieses Sichtradius liegen. Es muss allerdings darauf hingewiesen werden, dass dabei keine wirkliche Sichtbarkeitsanalyse durchgeführt wird, sondern nur alle Objekte in diesem Radius bestimmt werden. Das Gedächtnis eines Agenten wird zum einen durch die *History*-Objekte der Geo-Objekte simuliert. Da Agenten auch Geo-Objekte sind und somit Attribute im GIS besitzen, können diese Werte auch in *History*-Objekten gespeichert werden. Agenten sollten in der Lage sein, sich ihre bekannte Umgebung zu merken, d.h. Geo-Objekte zu handhaben, mit denen sie bereits in Kontakt getreten sind. Deshalb ist jeder Agent in der Lage, für jeden Layer zu speichern, welche Geo-Objekte dieses Layers er schon „kennt".

Mobile Agenten unterscheiden sich von nicht-mobilen Agenten darin, dass sie in der Lage sind, sich im Raum zu bewegen. Jeder mobile Agent besitzt eine Bewegungsgeschwindigkeit (in Koordinateneinheiten / Zeitschritt), die pro Agent verschieden sein kann. Zur Bewegung des Agenten werden verschiedene Methoden zur Verfügung gestellt: Bewegung relativ zur aktuellen Position, zu einem Geo-Objekt/Agenten hin, auf einer Linie (z.B. einer Straße). Da im Moment keine Netzwerke unterstützt werden, ist das Framework nicht in der Lage, Wege, z.B. mittels des *least-cost*-Algorithmus, zu berechnen, die vom Agenten abgelaufen werden sollen.

Optional kann von einem Agenten auch eine Historie des Weges gespeichert werden. In dieser wird der Aufenthaltsort eines Agenten zusammen mit dem Zeitpunkt, zu dem sich der Agent an diesem befand, gespeichert. Diese Historie kann nach dem Modellauf durch das GIS und mittels eines VisualBasic-Skriptes analysiert werden.

3 Die Benutzung des Frameworks

Die Benutzung des Frameworks gliedert sich im Wesentlichen in folgende vier Phasen:

1. Vorbereitungsphase, Datenaufbereitung im GIS:
   - Attribute und Startwerte der Layer setzen,
   - Bewegungskosten setzen, falls erforderlich,
   - Pre-Processing durchführen, um z.B. Bäume oder Graphen zu erstellen.
2. Implementierung des Agentenmodells:
   - unter Zuhilfenahme einer Multi-Agenten-Software, wie z.B. Quicksilver (BURSE & PAHL-WOSTL 2001)oder Swarm (LUNA & PERRONE 2001).
3. Modellauf
4. Analyse und Visualisierung der Daten:
   - Analyse der Daten durch externe Programme,
   - Analyse durch GIS-Funktionalität,

- Visualisierung im GIS mittels eines Visual-Basic-Skripts, welches den Zustand des Modells zu einem bestimmten Zeitpunkt darstellt.

4 Das Anwendungsbeispiel: Ein Bewirtschaftungsmodell in China

Das im Folgenden skizzierte Anwendungsbeispiel veranschaulicht, wie mit der Kopplung von MAS und GIS die Auswirkungen wissenschaftlicher Annahmen in Bezug auf menschliches Verhalten quantitativ erfasst werden können. Dies geschieht im Rahmen einer Untersuchung von Einsparpotentialen im landwirtschaftlichen Wasserverbrauch durch die Einführung alternativer Politikinstrumente im Einzugsgebiet des Hai-Flusses in China.

Es werden zwei Gesellschaftsformen, die in den Klassen einer kooperativen (*CoopSocietyClass*) und nicht-kooperativen Gesellschaft (*NonCoopSocietyClass*) ausgeführt werden, angenommen. Während in dem einen gesellschaftlichen Modell das gängige Konzept der Bounded Rationality Entscheidungen herbeiführt, werden den Entscheidungen im Modell einer kooperativen Gesellschaft Norm-orientierte Prinzipien zugrunde gelegt. Diese Unterscheidung dient dazu, die Auswirkungen von unterschiedlichen Annahmen über das Verhalten von Akteuren zu untersuchen. Die Gesellschaftsmodelle unterscheiden sich in Bezug auf das GIS zum Beispiel darin, dass für die Ackerflächen entlang des Kanals unterschiedliche Landverteilungsmethoden aufgerufen werden um es den „Bauern"-Instanzen als Attribute zuzuteilen. Mit der Baumtopologie des Kanalsystems (die Topologie wird in einem Pre-Processing mit Hilfe des Frameworks erstellt) und der daraus resultierenden Benachteiligung der Bauern mit am Unterlauf gelegenen Parzellen ist die Grundproblematik der Simulation geschaffen. Die Parzellen werden zu bestimmten Bewässerungsphasen (achtmal pro Jahr) über das Kanalsystem mit Wasser versorgt.

Der zu modellierende Beispielraum besteht aus drei benachbarten Dörfern und deren Ackerflächen. Das Modell beinhaltet vier Layer, die die räumliche Grundlage für die Agenten bilden: das Kanalsystem, die Ackerflächen, die Häuser der Dörfer und das Straßennetz. Zusätzlich wird ein Agenten-Layer für die Bauern eingebunden. Die Bauern besitzen folgende Informationen über Parameterzustände: Niederschlag zu bestimmten Jahreszeiten, Wasserverfügbarkeit in dem der Parzelle zugeordneten Kanalstück, Zustand des Kanalsystems, Getreideernte, Eigentümerschaft der benachbarten Parzellen. Diese Information wird je nach *SocietyClass* von den Agenten verarbeitet. Während Agenten einer *NonCoopSocietyClass* die ersten vier Informationen nutzenmaximierend verarbeiten (z.B. ihren Parzellen immer so viel Wasser zuweisen wie es das Getreide-Modell verlangt, bis schließlich am Unterlauf gelegene Parzellen kein Wasser mehr erhalten), orientieren sich die Bauer der *CoopSocietyClass* auch an der Eigentümerschaft der benachbarten Zellen. In der *CoopSocietyClass* sind die Familien in Clans organisiert. Über die *Clan*-Klassen, der jeder Bauer zugeordnet ist, sind die Methoden zur Bewässerung festgelegt. Es wird durch die Eigentümerschaft der benachbarten Parzelle entweder eine kooperative, und somit an den gesellschaftlichen Normen ausgerichtete „Wasserentnahme" durchgeführt, oder bei Besitz des Subkanals durch überwiegend andere Clans eine nutzenmaximierende Einstellung eingenommen. In der *CoopSocietyClass* ist der Bewässerungszeitpunkt in den Clans bekannt, in denen sich lokale Funktionsträger befinden. In der *NonCoopSocietyClass* ist der Bewässerungszeitpunkt nicht bekannt, deshalb sind alle Felder für die Bewässerung geöffnet und werden zu stark bewässert. Vor jeder Bewässerungsphase findet eine Bewegungsphase statt, in der die Bewegung der Clanoberhäupter im Dorf simuliert wird. Treffen sich Clanoberhäupter, erhöht dies die Chance, rechtzeitig von einer anstehenden Bewässerung zu erfahren, ansonsten werden die Parzellen einer Familie in diesem Zeitraum nicht bewässert. Nach jeweils vier Bewässerungsphasen findet eine Erntephase statt. Abhängig von der Wassermenge, die eine Parzelle in den Bewässerungsphasen bekommen hat und dem Bewässerungszeitpunkt, wird die Ernte für die Parzelle berechnet. Die Höhe der Ernte ist ein Indikator für den Wohlstand der Familien. Der Zustand des Kanalsystems verschlechtert sich im Laufe der Zeit und der Wasserverlust steigt kontinuierlich, wenn keine Instandsetzung der Infrastruktur vorgenommen wird. Diese wird vorgenommen, wenn eine Mindestzahl von Clan-Mitgliedern Parzellen entlang eines Subkanals besitzen.

Mit Hilfe der genannten Parameter soll aufgezeigt werden, inwiefern wissenschaftliche Grundannahmen über menschliches Verhalten Szenarien über landwirtschaftlichen Wasserverbrauch beeinflussen können. Darauf aufbauend soll untersucht werden, welche Auswirkungen Politikinstrumente haben, die in den beiden Gesellschaftsmodellen eingebracht werden.

Das Modell wurde mit Hilfe von Quicksilver (BURSE & PAHL-WOSTL 2001) entwickelt. Die Ergebnisse der Simulation lagen zum Zeitpunkt des Verfassens dieser Arbeit noch nicht vor, werden im Vortrag jedoch vorgestellt. Weitere Informationen finden sich unter: www.usf.uni-osnabrueck.de/~smeinert

Literatur

BURSE, J. & C. PAHL-WOSTL (2001): *Die Software „Quicksilver" – Modellierung von Akteuren und Unsicherheit,* Jahresbericht 2000 der EAWAG, 29. Januar 2001

GIMBLETT, R. (Editor) (2002): *Integrating Geographic Information Systems and Agent-Based Modeling Techniques for Understanding Social and Ecological Processes,* Oxford University Press

LUNA, F. & A. PERRONE (2001): *Agent-Based Methods in Economics and Finance: Simulations in Swarm,* Kluwer Academic Publishers

KOCH, A. (2000): *Linking Multi-Agent-Systems and GIS - Modeling and Simulating Spatial InterActions.* http://www.rwth-aachen.de/geo/Ww/deutsch/MultiAgentsKoch.pdf

Komponentenbasierte Modellbildung am Beispiel der Analyse verkehrlicher Umweltwirkungen

Markus G. MÜLLER

Zusammenfassung

Die Modellierung und Bewertung von Umweltbelangen erfordert neben der Verwendung von GI-Systemen insbesondere auch den Einsatz von stark spezialisierten Fachmodellen. Aufgrund der thematischen Vielfalt sind zudem große und sehr heterogene Datenbestände zu verwalten. Daher sind spezielle Strategien zur Bewältigung der Informationsflut und zum flexiblen und vielfältigen Einsatz der Daten und Methoden notwendig. Metadaten stellen hierbei eine zentrale Grundlage dar. Zusätzlich kann über Softwareentwicklung auf Komponentenbasis die Verfügbarkeit und die Wiederverwendbarkeit der Methoden erheblich verbessert werden. Durch die Integration der Daten und Methoden innerhalb eines Editors zur Modellbildung ergeben sich zusätzliche Synergieeffekte. Auf dieser Basis können in der Folge die einzelnen Methodenkomponenten mit den Daten zu komplexen Modellen verknüpft werden.

1 Einleitung

Der objektorientierte Ansatz und die komponentenbasierte Softwareentwicklung haben sich in den letzten Jahren zu den dominierenden Paradigmen für die Analyse, das Design und die Implementierung von Softwareapplikationen entwickelt. Auf der Basis dieser Techniken können Entwicklungsziele wie Modularisierung, Wiederverwendbarkeit und Flexiblität erreicht werden. Die komponentenbasierte Softwareentwicklung betrifft auch den Bereich der Geografischen Informationssysteme, was sich inbesondere in den Bestrebungen des Open GIS Consortium (OGC) (BUEHLER & MCKEE 1999) zeigt.

Metadaten zu Daten, Methoden und Modellen stellen ein weiteres zentrales Element im vorliegenden Projekt dar. Unter Verwendung eines speziell entwickelten Metadaten-Managementsystems und der Komponententechnologie wird am Institut für Landschaftsplanung und Ökologie der Universität Stuttgart derzeit ein System zur Modellbildung und -steuerung entwickelt. Ziel dieser Systementwicklung ist eine verbesserte Integration und der schnellere Zugriff auf die bereits vorhandenen Daten- und Methoden.

2 Komponentenbasierte Softwareentwicklung

Komponenten sind wiederverwendbare Code- oder Dateneinheiten die über Schnittstellen zugänglich sind. Diese gekapselten Teilsysteme können nach dem Baukastenprinzip zu größeren Systemen zusammengesetzt werden. Die Vorteile der komponentenbasierten Softwareentwicklung sind in der Wiederverwendbarkeit der konfigurierbaren Komponenten und der hohen Flexibilität beim Aufbau von Anwendungssystemen zu sehen. Die Softwareentwicklung lässt sich in diesem Zusammenhang in die Komponentenentwicklung und die eigentliche Anwendungsentwicklung untergliedern. Komponentenbasierte Systeme bieten allerdings keine fertigen Lösungen an, sondern stellen eine Entwicklungsplattform zur Verfügung mit deren Hilfe dann Lösungen bzw. Applikationen zu erarbeiten sind.

Auch im Bereich der GIS wird, wie sich an den Bestrebungen des OGC und in den aktuellen Entwicklungen im Bereich der GIS-Software erkennen lässt, die zentrale Bedeutung der Komponententechnologie erkannt. Auf Basis dieser Technologie wird die Entwicklung interoperabler Systeme bzw. Systemkomponenten angestrebt. Interoperabilität ist die Fähigkeit eines Systems Daten und Funktionen über Systemgrenzen hinweg auszutauschen. Der Austausch basiert hierbei auf Schnittstellen und vermeidet Datenkonvertierungen. Zur Schaffung solch interoperabler Komponenten liegen seit einiger Zeit die ersten Schnittstellenspezifikationen des OGC (www.opengis.org) vor. Der Weg führt somit von monolithischen GIS-Anwendungen zu interoperablen GIS auf Komponentenbasis.

3 Systemkonzeption

Am Institut für Landschaftsplanung und Ökologie sind durch vielfältige verkehrsbezogene Forschungsvorhaben auf Landesebene und auf regionaler Ebene reichhaltige Datenbestände und vielfältige Methoden und Modelle, insbesondere zu Luftschadstoff- und Lärmimmissionen vorhanden. Für die verbesserte Integration und den vereinfachten Zugriff auf diese Daten und Methoden wird ein System zur Modellbildung und Steuerung auf Komponentenbasis entwickelt. So soll einerseits durch Methodenentwicklungen auf Basis der Komponententechnologie die Wiederverwendbarkeit in unterschiedlichem Kontext erleichtert werden. Zusätzlich werden zu den Daten und den Methoden detaillierte Metainformationen in einer Metadatenbank verwaltet. Die Integration der Daten und Methoden für die Erstellung von komplexen Modellen wird durch einen grafischen Editor zur Modellbildung geschaffen. Die Modellerstellung mit Hilfe des Editors soll im Idealfall ohne eigenen Programmieraufwand erfolgen.

Für die Systementwicklung sind somit die folgenden Aufgaben zu nennen:
- Aufbau einer strukturierten Daten- und Methodenbank
- Entwicklung einer Metadatenverwaltung zur ausführlichen Dokumentation der Daten, Methoden und Modelle
- Entwicklung von Fachmodellen und GIS-Methoden auf Basis der Komponententechnologie
- Entwicklung eines Editors zur Modellerstellung und -steuerung
- Entwicklung zusätzlicher Komponenten wie Experimentenbank und Wissensbasis

Auf dieser Grundlage können die folgenden Systemkomponenten definiert werden:
- Datenbank bzw. Data Warehouse: streng strukturierte regionalen Umweltdatenbank auf Basis einer thematische Verzeichnisstruktur. Grundlage der Verzeichnisstruktur ist der Grunddatenkatalog des Bundes und der Länder (UMWELTBUNDESAMT 1996)

- Methodenbank: Entwicklung und Sammlung von Fachmethoden und -modellen aus dem Bereich Luftreinhaltung, Stadtklimatologie und Lärmausbreitung und Entwicklung von Pre- und Postprocessing-Komponenten
- Metadaten-Managementsystem: zur Erfassung und Verwaltung von Metadaten. Die Metadatenerfassung wird ebenso wie das Managementsystem komponentenbasiert entwickelt und dient insbesondere der Erfassung auf der Basis der GI-Systeme ArcView und ArcGIS der Firma ESRI
- Applikation zur Modellbildung und -steuerung mit integrierter Metadatenverwaltung und grafischem Editor
- Zusatzkomponenten: Experimentenbank und Wissensbasis

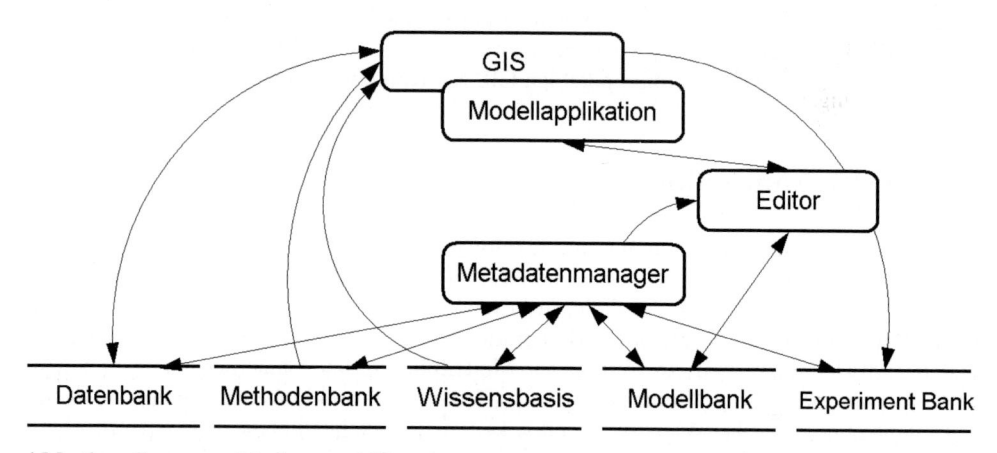

Abb. 1: Systemarchitektur und Komponenten

Die technische Basis der Systementwicklung wird durch das am Institut verwendete GIS ArcGIS der Firma ESRI vorgegeben. Als Entwicklungswerkzeuge kommen die im GI-System ArcGIS integrierte VBA-Entwicklungsumgebung bzw. MS Visual Studio mit den Programmierumgebungen Visual Basic und Visual C++ zum Einsatz. Als DBMS wird im Projekt vorerst die relationale Datenbank MS Access verwendet. Der Einsatz von ArcSDE in Verbindung mit MS SQL Server ist für die Zukunft vorgesehen.

Bei der Systementwicklung werden bestehende Normen und Standards wie die OGC-Spezifikationen oder die Metadatenstandards FGDC (FGDC 1998) und ISO 19115 (ISO 2001) berücksichtigt.

4 Systementwicklung

Die innerhalb der Systemkonzeption festgelegte Systemarchitektur definiert verschiedene unabhängige Komponenten die innerhalb der Modellbildungsumgebung eine Vernetzung erfahren. In der Folge werden die Methodenbank, die Metadaten-Komponente und die Applikation zur Modellbildung und -steuerung kurz vorgestellt.

Methodenbank

Die Methodenbank stellt eine Sammlung diverser EDV-Methoden und -Modelle auf der Basis der komponentenbasierten Entwicklung dar. Die Methodenbank ist sowohl in thematischer als auch in technischer Hinsicht sehr heterogen. Derzeit bestehen neben Methoden zur Datenkonvertierung, -registrierung und -visualisierung verschiedene Screeningmodelle zur Berechnung von Luft- und Lärmbelastungen durch den Straßen- und Schienenverkehr. Zusätzlich ist eine Methode zur Berechnung und Bewertung der Flächenzerschneidung realisiert:

- Screeningmodell zu Luftverunreinigung an Straßen auf der Basis der MLuS (FGSV 2002)
- Screeningmodell zu Lärmbelastungen an Straßen auf Basis der RLS-90 (FGSV 1990)
- Screeningmodell zu Lärmbelastungen von Schienenwegen Schall-03 (BUNDESBAHN-ZENTRALAMT MÜNCHEN 1990)
- Berechnungsmodell zur Flächenzerschneidung auf der Basis des Index „effektive Maschenweite" nach JAEGER (2001)

Die Methodenbank ist für weitere Ergänzungen zu den unterschiedlichsten raumbezogenen Themenbereichen offen. Problematisch ist die Anbindung hoch spezialisierter Fachmodelle aus dem Bereich der Immissionsmodellierung, da in diesen Bereichen noch praktisch keine Systeme auf Komponentenbasis verfügbar sind.

Metadaten-Komponente

Metadaten dienen der strukturierten Beschreibung und damit der Werterhaltung von Daten. Erst über Metadaten kann der potentielle Anwender die Eignung der Daten für einen bestimmten Zweck beurteilen. Für die institutsinterne Erfassung und Verwaltung von Metadaten wurde eine eigenständige datenbankbasierte Metadatenverwaltung implementiert die sich aus einer zentralen Verwaltungskomponente und verschiedenen Erfassungskomponenten zusammensetzt. Derzeit sind die folgenden Komponenten realisiert:

- ArcView-Extension zum Scan von Daten im ESRI-Format
- ArcGIS-Extension zum Scan von Daten im ESRI-Format
- ActiveX-Komponente zum Scan beliebiger Datenformate auf Betriebssystemebene
- ActiveX-Komponente zum Scan von Daten im Access-, Excel- und dBase-Format
- ActiveX-Komponente zur Metadatenverwaltung

Das Datenmodell wurde in Anlehnung an bestehende Standards und Normen, insbesondere an die Norm ISO 19115 und die US-amerikanische Entwicklung des FGDC entworfen. Die speziellen Anforderungen und Zielsetzungen innerhalb des Projektes machten jedoch eine starke Weiterentwicklung der Datenbankstruktur notwendig. Gegenüber den vorhandenen Standards und Normen ist insbesondere die Entwicklung einer objektorientierten Struktur anzuführen, die u.a. die flexible Abbildung von Beziehungen und Abhängigkeiten zwischen einzelnen Objekten ermöglicht (MÜLLER 2001).

Die Oberfläche wurde durch die Verwendung eines Objektbaum (TreeView) und die wahlweise Anzeige als frei konfigurierbare Kurzdarstellung der Metadaten über Listen (ListView) oder ausführliche Darstellung über Karteiblätter sehr intuitiv gestaltet. Neben den diversen Komponenten zur Metadatenerfassung sind zusätzliche Möglichkeiten zur

Interaktion mit anderen Anwendungen implementiert. So ist in Verbindung mit den GI-Systemen ArcView und ArcGIS der Aufruf von Daten aus der Metadatenanwendung möglich. Hierbei können zusätzliche Darstellungsoptionen wie Legenden und der Maßstabsbereich oder Verknüpfungsparametern übergeben werden.

Ergänzende Komponenten

Als zusätzliche Komponenten wurden in das System eine Experiment-Datenbank und eine Wissensbasis integriert. Die vollständig in die Metadatenbank integrierte Experiment-Datenbank dient der Dokumentation von Modellläufen. Erfasst und gespeichert werden Attribute wie Dateninput, Parameter, Datenoutput und Informationen zum Zeitpunkt und zur Dauer des Modelllaufs.

Die Wissensbasis ist als eigenständige Datenbankanwendung auf Access-Basis realisiert. Die für den operationellen Einsatz relevanten Daten werden den Anwendungen auf XML-Basis zur Verfügung gestellt. So verwenden z.B. die im Rahmen der Methodenentwicklung erstellten Ausbreitungs- und Bewertungsmodelle Grenz- und Zielwerte aus diesem System. Die Wissensbasis soll in Zukunft in Verbindung mit Analyse- und Bewertungskomponenten zu kleineren Expertsystem-Einheiten ausgebaut werden.

Modellbildung und -steuerung

Die Wiederverwendbarkeit der Softwarekomponenten und die Zusammenführung von Methoden und Daten ist ein zentrales Ziel der Systementwicklung. Zu diesem Zweck wurde ein grafischer Editor zur Modellbildung entwickelt. Über den Editor, der Zugriff auf die Metadatenbank und damit auf die Daten- und Methodenbank sowie auf die Wissensbasis besitzt, können Modellanwendungen auf Komponentenbasis erstellt, gestartet und überwacht werden. Die grafische Darstellung folgt dabei der UML-Notation. Die Modellanwendung greift im Verlauf der Berechnung auf die Daten- und Methodenbank zu, berechnet neue Datenebenen und sorgt für die Integration der Daten in die Datenbasis und die Registrierung der Berechnungsergebnisse in der Metadaten- und der Experiment-Datenbank.

Der grafische Editor wurde als datenbankgestützte Visual Basic-Applikation entwickelt und verwendet die als ActiveX-Komponente entwickelte Metadatenverwaltung. Für den Start eines Modelllaufs wird eine Steuerdatei im XML-Format erzeugt und durch eine Interpreterkomponente im GIS abgearbeitet.

5 Modellanwendungen

Das System wurde prototypisch am Beispiel des Modellregelkreis zur verkehrlichen Umweltmodellierung aus dem Projekt mobilist[1] (MÜLLER 2002) und eines Lernmoduls für das Projekt gimolus[2] entwickelt. Der Modellregelkreis ist Bestandteil der ökologischen Wirkungsanalyse im Projekt mobilist und basiert auf der Kopplung verschiedener Immissionsmodelle mit einem GIS und der Verbindung dieser Modellanwendung mit einen regelba-

---

[1] mobilist: Mobilität im Ballungsraum Stuttgart (http://www.mobilist.de)
[2] gimolus: GIS- und Modellgestützte Lernmodule für umweltorientierte Studiengänge"
www.gimolus.de

sierten und regionalisierten Zielsystem. Im Projekt gimolus wird eine internetbasiertes modulares Lernangebot erstellt das der anschaulichen Vermittlung vielfältiger Zusammenhänge aus den Umweltwissenschaften dient. Im Rahmen dieses Projektes wird ein Modul zur Thematik Stadtklimatologie und Luftreinhaltung erstellt. Zentrale Methodenkomponente ist in beiden Anwendungsfällen die Berechnung von Luftschadstoffimmissionen auf Basis des Screeningmodells MLuS.

Der Modellregelkreis und die Anwendung im Rahmen eines Lernmoduls stellen allerdings nur zwei der möglichen Umsetzungsvarianten dar. Prinzipiell sind die Daten und Methoden des Modellierungssystems flexibel zu variierenden Modellanwendungen verknüpfbar. Zudem können beliebige weitere Daten und Methoden in die Modellumgebung integriert werden die dann in der Zukunft als Bausteine für weitere Modellanwendungen zur Verfügung stehen.

Literatur

BUEHLER, K. UND MCKEE, L. (1999): The OpenGIS Guide. Third Edition. Introduction to Interoperable Geoprocessing and the OpenGIS Specification. 96 S.

Bundesbahn-Zentralamt München (Hrsg.) (1990): Schall 03. Richtlinie zur Berechnung der Schallimmissionen von Schienenwegen

Federal Geographic Data Committee (FGDC) (Hrsg.) (1998): Content standard for digital geospatial metadata. (FGDC-STD-001-1998). Reston/USA, 78 S.

Forschungsgesellschaft für Straßen- und Verkehrswesen (FGSV) (1990): RLS-90. Richtlinien für den Lärmschutz an Straßen. Bonn

Forschungsgesellschaft für Straßen- und Verkehrswesen (FGSV) (Hrsg.) (2002): MLuS-02. Merkblatt über Luftverunreinigungen an Straßen, Teil: Straßen ohne oder mit lockerer Randbebauung, Ausgabe 2002. Köln

International Organization for Standardization (ISO) (2001): ISO/FDIS 19115 Geographic information – Metadata

JAEGER, J. (2001): Beschränkung der Landschaftszerschneidung durch die Einführung von Grenz- oder Richtwerten. Natur und Landschaft, 76. Jg., Heft 1. S. 26-34

MÜLLER, M. G. (2001): Teilautomatisierte Erfassung und objektorientiertes Management von Metadaten. In: Strobl, J. Blaschke Th. Griesebner G. (Hrsg.): Angewandte Geographische Informationsverarbeitung XIII. Beiträge zum AGIT-Symposium Salzburg 2001. Heidelberg, S. 330-335

MÜLLER, M. G. (2002): Modeling and evaluating environmental stress based on traffic – a loop based controlling approach. In: Möhlenbrink, W., Bargende, M. Hangleiter U. und Martin, U. (Eds.): Networks for Mobility. Proceedings of the international symposium 2002, Stuttgart. Volume II. Stuttgart. S. 559-568

Umweltbundesamt (UBA) (Hrsg.) (1996): Grunddatenkatalog des Bundes und der Länder. Texte 20/96. 61 S.

OpenSource meets OpenGIS – Referenzimplementierung für OGC Web Services wird Freie Software

Markus U. MÜLLER und Andreas POTH

> Dieser Beitrag wurde nach Begutachtung durch das Programmkomitee als „reviewed paper" angenommen.

Zusammenfassung

Um Implementierungen der durch das *Open GIS Consortium* standardisierten Web Services WMS und WFS auf Konformität und Interoperabilität zu überprüfen, hat das OGC das Zertifizierungsprogramm CITE[1] ins Leben gerufen. Teil des Programms ist die Entwicklung von Referenzimplementierungen der entsprechenden Spezifikationen, die sich absolut standardkonform verhalten. Eine Gruppe von drei Freie Software-Initiativen wird diese Referenzimplementierung umsetzen und im Laufe des Projektes versuchen, die Ansätze der drei Initiativen teilweise zu harmonisieren. Durch die Umsetzung als Freie Software ist größtmögliche Transparenz und Stabilität gewährleistet.

1 Motivation

1.1 Die Notwendigkeit einer Referenzimplementierung

Das internationale *Open GIS Consortium* (OGC) hat es sich zum Ziel gesetzt, GI-Technologie in das *World Wide Web* (WWW), *location-based Services* (LBS) und Standard-IT-Verfahren zu integrieren. Die Vorgehensweise des OGC basiert auf einem Konsensprozess, der es den Mitgliedern erlaubt, Spezifikationen für interoperable Software zu erarbeiten. Der Großteil der Aktivitäten des OGC befasst sich mit der Spezifikation von *Web Services* auf Basis von http und XML. Die beiden ersten veröffentlichten *Web Service*-Schnittstellenbeschreibungen waren der *Web Map Service* (WMS) und der *Web Feature Service* (WFS). Spezifikationen weiterer *Web Services* befinden sich in Entwicklung bzw. stehen kurz vor Verabschiedung. Um die Einhaltung der Spezifikationen zu garantieren, müssen sich Softwarehersteller einem Konformitätstest unterziehen, der es ihnen nach Bestehen erlaubt, ein offizielles OGC-Zertifikat für ihre Produkte zu führen. Leider existiert für die zwei genannten OGC *Web Services* (OWS) bislang kein Konformitätstest, ein Defizit, das jetzt im Rahmen der CITE-Initiative ausgeräumt werden soll. Die Initiative wird vom OGC im Rahmen einer Ausschreibung durchgeführt und bezieht sich auf die WMS- und WFS-Spezifikation.

Um Konformitätstests zu entwickeln wird für jeden zu testenden Dienst eine Implementierung benötigt, die sich vollständig standardkonform verhält. Teil der Initiative ist folglich

---

[1] Conformance and Interoperability Testing and Evaluation Initiative

auch die Erstellung einer solchen Referenzimplementierung. Ein Verbund von drei Institutionen, die sich jeweils für ein Freie Software -Projekt verantwortlich zeigen, hat die Ausschreibung zur Implementierung der Referenzimplementierung gewonnen.

1.2 Web Map Service und Web Feature Service

Jeder OWS stellt bestimmte Operationen zur Verfügung, die durch einen Client angesprochen werden können und eine wohldefinierte Funktionalität zur Verfügung stellen. Als Client wird in diesem Zusammenhang jedes Programm bezeichnet, das Funktionalitäten des Services abruft, sei dies ein Desktop-Programm oder eine Web-Applikation. In Abbildung 1 werden die Operationen von WMS und WFS dargestellt.

Die *Web Map Service Implementation Specification* existiert aktuell in Version 1.1.1 (DE LA BEAUJARDIÈRE 2002). Ein WMS stellt Möglichkeiten zur Verfügung, Karten in Form eines Bildes[2] (GetMap) und Sachinformationen über Geoobjekte (GetFeatureInfo) anzufordern. Seit Version 1.1.1 werden in Verbindung mit einer anderen OGC-Spezifikation, der *Styled Layer Descriptor Specification* (SLD, LALONDE, 2002), auch explizit benutzerdefinierte Zeichenvorschriften und Legenden berücksichtigt.

Jeder OWS besitzt die Operation *GetCapabilities*, mit der es möglich ist, die Funktionalitäten und Daten, die ein Server zur Verfügung stellen kann, abzufragen. Dem gemäß können sowohl WMS als auch WFS auf eine *GetCapabilities*-Anfrage antworten.

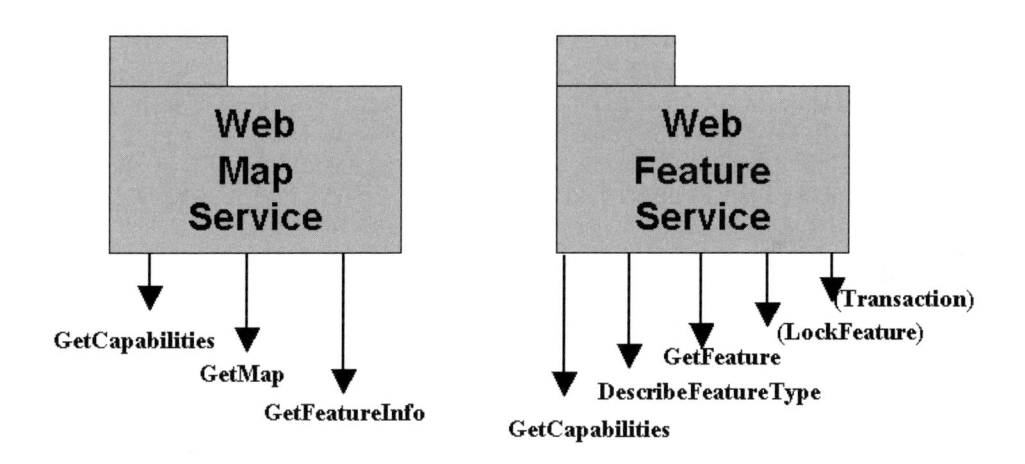

Abb. 1: OGC Web Services und ihre Operationen

Ein *Web Feature Service* (VRETANOS 2002a) erlaubt den Zugriff auf Vektor-Geodaten; der praktische Einsatz eines WFS wird beispielsweise von BRÄNDLI (2002) oder FITZKE, GREVE & MÜLLER (2002) gezeigt. Anfragen an einen WFS müssen in einer bestimmten

---

[2] Beispielsweise als GIF, JPEG oder PNG; vektorbasierte Bildformate wie SVG sind aber auch denkbar:

XML-Abfragesprache, dem *Filter Encoding* (VRETANOS 2002b) gestellt werden. Eine *GetFeature*-Anfrage enthält einen solchen Filter, der in seinem Funktionsumfang etwa mit einem SQL-Ausdruck vergleichbar ist. Zusätzlich können – unabhängig von einer speziellen Form der Datenhaltung oder einem speziellen Produkt – räumliche Operatoren (Schneiden, Enthaltensein usw.)[3] verwendet werden. Um eine solche Anfrage stellen zu können, ist es erforderlich, Informationen zum Schema der Daten zu besitzen. Diese Informationen werden in Form einer XML-Schemadefinition über die *DescribeFeatureType*-Operation für jeden verfügbaren *Feature Type*[4] bereit gestellt. Das Resultat einer *GetFeature*-Anfrage sind schliesslich XML-kodierte Geodaten. Die *Geography Markup Language* (GML, COX et al. 2002) beschreibt dieses XML-Format zur Kodierung von raumbezogener Information und stellt das Standard-Datenformat des WFS dar.

Abgesehen von den drei bereits erwähnten Operationen, die jeder WFS zur Erreichung von Spezifikationskonformität unterstützen muss, werden zwei weitere Operationen spezifiziert, die es erlauben, Daten nicht nur abzufragen, sondern auch zurückzuschreiben. Hierzu ist außer der eigentlichen *Transaction*-Operation noch die *LockFeature*-Operation notwendig, mit deren Hilfe man Daten temporär gegen den Zugriff anderer Nutzer sperren kann, um so Inkonsistenzen zu vermeiden.

Den Zusammenhang zwischen WMS und WFS erläutert Abb. 2., die das um die Dienste WMS und WFS erweiterte *Portrayal Model* des OGC darstellt. Das *Portrayal model* beschreibt den Ablauf, den eine kartografische Darstellung in einem digitalen Produktionsprozess durchläuft. Grundlage einer Karte sind die Originaldaten, die auf vielfältige Weise gespeichert werden können (*Data Source*). Beispielsweise kann dies eine Datenbank oder eine Menge von Dateien sein. Durch eine Abfrage (einen „Filter") an diese Datenquellen wird eine Menge von *Features* (Geo-Objekte) extrahiert. Im Umfeld der OWS wird eine solche Anfrage in der XML-Sprache *Filter Encoding* (VRETANOS 2002b) definiert und an eine *Web Feature Service* (WFS) gesendet. Ein WFS, der eine solche Anfrage entgegennimmt, beantwortet diese mit Geodaten, die in GML kodiert sind. Ein WFS ist allerdings nur für objektbasiert und nicht für feldbasiert modellierte (COUCLELIS 1992) Geodaten zuständig. Diese werden über eine *Web Coverage Service* (WCS) geliefert[5].

Aus *Features* werden durch die Verbindung mit *Styles* (Zeichenvorschriften) Darstellungselemente (*Display Elements*), also Graphik erzeugt. Zur Spezifikation von Darstellungsvorschriften existiert der OpenGIS Standard *Styled Layer Descriptor* (LALONDE 2002). Darstellungselemente können beispielsweise spezielle grafische Java-Klassen oder SVG-Elemente sein. Letztendlich werden diese Darstellungselemente benutzt, um mittels eines Zeichenvorgangs (*Render*) eine Karte zu erzeugen.

Ein WFS stellt in diesem Zusammenhang also einen Dienst auf Basis einer Datenquelle zur Verfügung, während ein WMS eine *Render-Engine* darstellt.

---

[3] Die räumlichen Operatoren entsprechen den acht Operatoren, die in *OpenGIS Simple Features Specification for SQL* (OGC 1999) beschrieben sind und einem zusätzlichen *Bounding Box*-Operator:
[4] Ein *Feature Type* entspricht im OGC-Jargon einem Objekttyp:
[5] Da sich mittels GML grundsätzlich aber auch feldbasierte Daten abbilden lassen, sind die Übergänge zwischen WFS und WCS fließend.

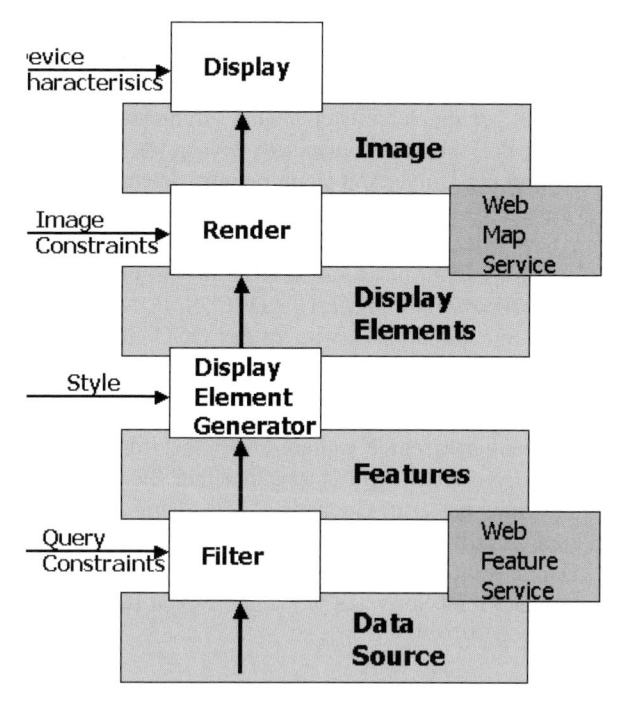

Abb. 2: *Portrayal model* mit WMS und WFS (Quelle: Cuthbert 1997, verändert)

2 Zusammenarbeit dreier *Free Software*-Projekte

Ein wesentliches Kriterium für die Entscheidung des OGC den Auftrag zur Erstellung der Referenzimplementierungen an *The Open Planning Project* (TOPP), das *Centre for Computational Geography* der *University of Leeds* und lat/lon zu vergeben, lag darin, dass die Anbieter die gesamte Implementierung als Freie Software zur Verfügung stellen. Freie Software bezeichnet Computerprogramme oder Teile davon, die frei kopiert und deren Quellcode frei weitergegeben und modifiziert werden kann (WILLIAMS 2002). Freie Software ist wesentlich weiter gefasst, als der vor allem durch Linux populär gewordene Begriff 'Open Source', denn den Quellcode eines Programm offen zu legen, besagt zunächst nichts über die lizenzrechtlichen Bestimmungen zu seiner Nutzung (FITZKE & WAGNER 2002). Durch die freie Verfügbarkeit des Quellcodes unterscheidet sich Freie Software von *Freeware* (*free* im Sinne von kostenlos) und darf mit dieser nicht verwechselt werden.

Jede der drei an der Referenzimplementierung beteiligen Institutionen zeichnet für ein Freie Software-Projekt im Bereich Geographischer Informationssysteme verantwortlich. Dem entsprechend gliedern sich die Aufgaben bei der Erstellung der WMF- und WFS-Referenzimplementierung. Im folgenden werden die drei Projekte und ihre Träger kurz vorgestellt. Den drei Projekten ist gemeinsam, dass sie in der Programmiersprache Java umgesetzt werden, da diese durch ihre konsequente Umsetzung objektorientierter Konzepte und Plattformunabhängigkeit große Vorteile bietet.

2.1 Deegree

Deegree[6] ist ein Java Framework, das die Implementierung von lokalen und netzbasierten GIS-Applikationen erlaubt, deren Schnittstellen und Architekturen an den Vorgaben des OGC orientiert sind. Das Projekt wird gemeinsam von lat/lon und der Arbeitsgruppe GIS am Geographischen Institut der Universität Bonn betreut. deegree kommt bereits in zahlreichen Projekten zum Einsatz. Zu den mit deegree bis jetzt realisierten OWS gehören ein WMS, ein WFS, ein *Web Coverage Service* (WCS, EVANS 2002), ein auf der OGC *Web Services Stateless Catalog Profile* Spezifikation (REICH 2001) beruhender *Catalog Service* und ein *Web Coordinate Transformation Service* (WCTS, POTH & MÜLLER 2002). Letzterer wurde von lat/lon als Spezifikationsentwurf in das OGC eingebracht. Die Entwicklung eines *Web Terrain Service* (WTS, SINGH 2001) zur Generierung dreidimensionaler Sichten auf Gelände und Objekte steht vor dem Abschluss.

Neben den OWS implementiert deegree weitere OGC-Spezifikationen wie die GML 2.1.1 *implementation specification* (COX ET AL. 2002). In seiner Basis setzt deegree auf ein ISO 19107 (ISO 2001)- und OGC-basiertes Geometrie- und *Feature*-Modell auf und bietet verschiedene Adapter zum Zugriff auf Geodatenformate wie z.B. ESRI-*Shapefiles*, Oracle-*Spatial* und GML. Damit stellt deegree die umfangreichste Implementierung von OGC-Spezifikationen im Bereich Freier Software, womöglich sogar darüber hinaus, dar.

2.2 GeoTools

Bei GeoTools[7] handelt es sich um ein vom *Centre for Computational Geography* der *University of Leeds* betreutes Projekt, das wie deegree und GeoServer auf der Programmiersprache Java aufsetzt. Die erste Version (GeoTools I) zielte vor allem auf die Realisierung von Client-Lösungen zur Darstellung von Karten. Eine explizite Berücksichtigung der OGC-Standards war nicht vorhanden.

Mit GeoTools II änderte sich die Ausrichtung des Projektes: Die nahezu ausschließliche Fokussierung auf Client-Applikation wurde aufgegeben und die Orientierung an den aktuellen OGC-Spezifikationen zum Paradigma der Entwicklung. Wie deegree ist auch GeoTools II als modulares Java Framework konzipiert, das die flexible Realisierung verschiedener Applikationen auf Client- und Serverseite gestattet. Vor allem die OGC-Spezifikationen zu den Themen Zeichenvorschriften, Koordinatentransformationen und GML haben starken Einfluss auf die Architektur von GeoTools. Im Gegensatz zu deegree versteht sich GeoTools aber eher als Baukasten für OWS Services und Clients, während deegree auf die konkrete Umsetzung der OGC Web Services für den praktischen Einsatz ausgerichtet ist.

Aufgrund der erheblichen Überschneidungen zu deegree, vor allem hinsichtlich der Konzeption und des zum Teil bereits gemeinsamen Quellcodes (im Bereich der räumlichen Referenzsysteme und Koordinatentransformationen verwenden beide Projekte den selben aus dem SEAGIS-Projekt[8] übernommenen Quellcode), ergeben sich die in Kapitel 3 dargestellten Harmonisierungsbestrebungen fast zwangsläufig.

---

[6] siehe http://www.deegree.org
[7] siehe http://www.geotools.org
[8] siehe http://seagis.sourceforge.net/

2.3 GeoServer

Das vom *The Open Planning Project* (TOPP) betreute GeoServer-Projekt[9] unterscheidet sich in verschiedenen Punkten deutlich von deegree und GeoTools. Das bis jetzt ausschließliche Ziel dieser Freien Software ist die Entwicklung eines *Web Feature Service* gemäß der OGC WFS 1.0.0 Spezifikation. Das unter der Leitung von Rob Hranac stehende Projekt verfolgt damit keinen umfassenden Ansatz, sondern spezialisiert sich im Gegensatz zu deegree auf die Entwicklung eines einzigen Dienstes. GeoServer ist weitgehend vollständig mit GeoTools harmonisiert, der Großteil des Quellcodes wird zwischenzeitlich im GeoTools-Projekt verwaltet und gepflegt.

Ein weiterer Unterschied zu den beiden anderen Projekten ergibt sich durch die verwendete *Open-Source*-Lizenz. Während deegree und GeoTools ihre Quellen unter der *GNU Library General Public Licence* (LGPL) veröffentlichen, die eine Integration des Quellcodes auch in nicht als *Open-Source* freigegebene Projekte erlaubt, verwendet GeoServer die 'einfache' *GNU General Public Licence* (GPL). Damit müssen alle Projekte, die den Code von GeoServer oder daraus generierten Bibliotheken nutzen, ebenfalls unter der GPL veröffentlicht werden, was die kommerzielle Nutzung stark einschränkt (O'REILLY & ASSOCIATES, INC. 1999).

3 Harmonisierungsbestrebungen

3.1 Ausgangsbedingung und Ansatz

Grundlegend besteht von Seiten der drei Freie Software-Projekte Einigkeit darüber, dass Doppelentwicklungen zu vermeiden sind und die Projekte aus diesem Grund harmonisiert werden sollten. Da aber leicht unterschiedliche Ansprüche an die Projekte bestehen, beschloss man eine schrittweise Harmonisierung, die es erlaubt, auf Basis der ersten gemeinsamen Projekterfahrung weitere Schritte zu vereinbaren. Da das GeoServer-Projekt sich bereits im Rahmen der Basisklassen an GeoTools angepasst hat, wurde vereinbart gemeinsam Kernklassen im Rahmen des GeoTools-Projektes zu entwickeln, auf denen aufbauend deegree und GeoServer die beiden OWS implementieren. GeoServer stellt hierbei den WFS zur Verfügung während deegree sich für die Umsetzung der WMS 1.1.1 Spezifikation verantwortlich zeichnet.

3.2 Erste Schritte: ein gemeinsames Datenmodell

Um zu einer gemeinsamen Architektur zu gelangen, ist es zunächst notwendig, auf unterster Ebene die Klassen und Schnittstellen zuerst zu vereinheitlichen. Es wurde deshalb vereinbart, ein gemeinsames Datenmodell zu entwickeln, das es beispielsweise erlaubt, Datenquellen zwischen den Projekten auszutauschen.

Ein Datenmodell für geographische Objekte umfasst Klassen zur Abbildung von Geometrien und Attributinformationen. Im OGC-Kontext spricht man in diesem Zusammenhang von *Features*, was am ehesten mit ‚Geoobjekten' zu übersetzen ist. Diese *Features* bestehen aus

---

[9] siehe http://geoserver.sourceforge.net/

properties (Attributen, Eigenschaften), die auch Geometrien sein können. GeoTools bedient sich zur Definition von Geometrien der Java Topology Suite (JTS)[10], einer Java-Bibliothek, die ebenfalls *Open Source* ist. JTS basiert auf der *Simple Features for SQL*-Spezifikation des OGC (OGC 1999) und setzt diese inklusive der Möglichkeiten zur räumlichen Analyse um. Ebenfalls sind im Rahmen von GeoTools Klassen zur Modellierung von *Features* entwickelt worden; die Abbildung von feldbasierten Daten beschränkt sich zur Zeit auf Rasterdaten, für die auf die *Grid Coverage Implementation Specification* zurückgegriffen (OGC 2001) wird.

deegree basiert in Bezug auf die Definition von Geometrien auf dem ISO Standard 19107 (ISO 2001), der über das *Simple Features*-Konzept hinausgeht. Während *Simple Features* nur die Definition von zweidimensionalen Geometrien mit linearen Verbindungslinien zulässt, erlaubt der ISO-Standard, der inzwischen auch eine *OpenGIS Abstract Specification*[11] darstellt, die Definition von 3D-Geometrien, *Splines*, Kreisbögen, feldbasierten Daten und Topologien.

Es zeichnet sich mittlerweile ab, dass man sich nicht auf eine gemeinsame Umsetzung festlegen wird, sondern mehrere Geometrie-Implementationen parallel erarbeitet, um verschiedene Ansprüche befriedigen zu können. Alle diese gemeinsam zu erarbeitenden Geometriemodelle werden auf ISO 19107 aufbauen. Eine Implementierung wird sich intern der in JTS bereits implementierten topologischen Operationen, eine andere sich der 2D oder 3D-API von Java bedienen oder auf den vorhandenen Geometrieklassen von deegree aufbauen. Die unterschiedlichen Implementationen werden sich hinsichtlich ihrer Performanz und ihres Funktionsumfanges unterscheiden.

Das *Feature*-Modell von deegree und GeoTools besitzt nur geringe Unterschiede und sollte deshalb auf einfache Art und Weise zu harmonisieren sein, auch hier wird es möglicherweise mehrere parallele Implementationen geben, die auf Schnittstellenebene kompatibel sind.

Ebenfalls einfach wird sich die Harmonisierung der Schnittstellen für Rasterdaten erweisen, da deegree ebenfalls auf die *Grid Coverage*-Spezifikation zurückgreift und ein gemeinsames Java-Profil bereits erstellt wurde.

3.3 GeoAPI – Konsens auf Schnittstellenebene

Um das gemeinsame Ziel, den Aufbau eines einheitlichen GIS-Java-Projekts im Stil, wie er von den bekannten Apache-Projekten vorgegeben wird, weiter voranzutreiben, wurde das GeoAPI-Projekt gegründet. Hier handelt es sich um eine Initiative der bereits erwähnten drei Freie Software-Projekte, aber auch weiterer Projekte und Entwickler. Die Gründung des Projektes fand Unterstützung durch das Internetforum DigitalEarth.org[12], hier können die ersten Schritte des Projektes nachverfolgt werden. Das Ziel ist es, eine einheitliche Java-API zu entwickeln, die von der gesamten Freie Software-Community für GIS benutzt wird. Hierfür sollen für die verschiedenen Bausteine (Datenmodell, Abfragesprachen, Datenquellen, Benutzerschnittstellen...) Java-Schnittstellen erarbeitet werden, die es erlauben, dass Java-Komponenten verschiedener Projekte, die diese Schnittstellen implementieren,

---

[10] http://www.vividsolutions.com/jts/jtshome.htm
[11] Die OGC Abstract Specification Topic 1: Feature Geometry wurde durch ISO 19107 ersetzt.
[12] http://digitalearth.org/

beliebig zu Softwaresystemen zusammengestellt werden können, ohne dass eine Harmonisierung bis auf Klassenebene notwendig ist. In Hinblick auf die unterschiedlichen Ansprüche der verschiedenen Freie Software-Projekte in Hinsicht auf Diskussionsaufwand und Entwicklungszyklen erscheint diese Schnittstellenharmonisierung als sinnvoller Schritt.

4 Ausblick

Das Konzept Freie Software als Alternative zu herkömmlicher, durch restriktive Lizenzbedingungen geschützte Softwareentwicklung bietet diverse Vorteile für die GIS-Community. In Hinsicht auf Nachhaltigkeit von Investitionen und gesellschaftlichen Nutzen sind die Vorteile des Konzeptes unbestreitbar, beispielsweise können Institutionen mit beschränkten finanziellen Ressourcen, wie sie beispielsweise für Entwicklungsländer charakteristisch sind, auf Basis dieser Lösungen mit geringem finanziellen Einsatz und insbesondere unter Aufwendung eigener personeller Ressourcen stabile und moderne Geodaten-Infrastrukturen etablieren. Dass Professionalität und Freie Software in keinerlei Widerspruch stehen, wurde eindrucksvoll von den Projekten LINUX, *Apache* oder *Mozilla* gezeigt. Kommerzielle Anbieter freier Software sind in der Lage, mit Dienstleistungen rund um Freie Software Geschäftsfelder zu entwickeln.

Speziell für die Referenzimplementierung bietet sich der Einsatz Freier Software an, da keine Probleme in Hinblick auf die Vervielfältigung der damit aufgebauten Systeme bestehen und die Funktionsweise vollständig transparent ist.

Im GIS-Sektor zeichnet sich ab, dass die genannten Projekte durch Harmonisierungsbestrebungen weiter zusammenwachsen und Ihre Popularität ausbauen werden. Es ist zu hoffen, dass weitere Projekte, man denke hier vor allem an die Entwicklungen, die an Universitäten ablaufen, sich den Projekten anschließen werden. Eine vollständige Harmonisierung auf Klassenebene scheint unwahrscheinlich und ist wie erläutert auch nicht zwingend notwendig, da der Diskussionsaufwand bei einer sehr großen Zahl von Entwicklern und den zum Teil unterschiedlichen Zielen der Projekte sehr schwer in den Griff zu bekommen ist und den Entwicklungsprozess zumindest für sehr dynamische Entwicklungen stark verzögert. Hiervon ausgenommen sind Klassen, die über lange Zeiträume weitgehend stabil bleiben, wie dies für Datenmodelle anzunehmen ist. Allgemein scheint der Ansatz der Schnittstellenharmonisierung für dynamische Komponenten erfolgversprechender und garantiert den Beteiligten in absehbarer Zeit greifbare Vorteile in Hinsicht auf die Verwendung von Quellcode anderer Projekte.

Literatur

BRÄNDLI, M. (2002): *Eine Virtuelle Datenbank als Grundlage für ein internet-basiertes Umwelt- und Landschaftsinformationssystem.* In: STROBL, J., BLASCHKE, T. & G. GRIESEBNER (Hrsg.): Angewandte Geographische Informationsverarbeitung XIV, Beiträge zum AGIT Symposium, Salzburg 2002, S. 48-57

DE LA BEAUJARDIÈRE, JEFF (Hrsg.)(2002): *OpenGIS® Web Map Server Interface Implementation Specification Revision 1.1.1.* OpenGIS Project Document 01-068r3.
http://www.opengis.org/techno/implementation.htm

COUCLELIS, H. (1992): *People manipulate Objects (but cultivate Fields): Beyond the Raster-Vector Debate in GIS.* In: FRANK, A.U., CAMPARI, I. UND FORMENTINI, U. (Hrsg.) (1992): Theories and Methods of Spatio-Temporal Reasoning in Geographic Space, Proceedings, Berlin, S. 65-77

COX, S., CUTHBERT, A., LAKE, R. & MARTELL, R. (Hrsg.) (2002): *OpenGIS® Geography Markup Language (GML) Implementation Specification, version 1.0.0.* OpenGIS Project Document 02-009.
http://www.opengis.org/techno/implementation.htm

CUTHBERT, A. (1997): *User interaction with geospatial data.* OpenGIS Project Document 98-060.
http://www.opengis.org/wwwmap/

EVANS, J. (Hrsg.)(2002): *OWS1 Web Coverage Service.* OpenGIS Project Document 02-024.
http://www.opengis.org/info/discussion.htm

FITZKE, J., GREVE, K. & MÜLLER, M.(2002): *Aufbau nationaler Geodatenkataloge am Beispiel Deutschland und Luxemburg.* In: Angewandte Geographische Informationsverarbeitung XIV, Beiträge zum AGIT-Symposium, Salzburg 2002, S. 96-104.

FITZKE, J. & WAGNER, J. (2002): *Freie GIS-Software.* In: STANDORT. Zeitschrift für Angewandte Geographie, 26. Jg, 2002, Heft 3, S. 107-109

[ISO] Norwegian Technology Standards Institution (NTS) (Hrsg.) (2001): DIS 19107, *Geographic Information – Spatial Schema.*
http://www.isotc211.org/

LALONDE, W. (Hrsg.)(2002): *Styled Layer Descriptor Implementation Specification.* OpenGIS Project Document 02-070.
http://www.opengis.org/techno/implementation.htm

[OGC] Open GIS Consortium (Hrsg.) (1999): *OpenGIS® Simple Features Specification for SQL Revision 1.1.* OpenGIS Project Document 99-049.
http://www.opengis.org/techno/implementation.htm

[OGC] Open GIS Consortium (Hrsg.) (2001): *OpenGIS Implementation Specification: Grid Coverage Revision 1.00.* OpenGIS Project Document 01-004.
http://www.opengis.org/techno/implementation.htm

O'Reilly & Associates, Inc. (Hrsg.)(1999): *Open Source: kurz & gut.* Köln

Poth, Andreas und Müller, Markus U. (2002) (Hrsg.) *Web Coordinate Transformation Service Implementation Specification.* OpenGIS Project Document 02-061r1.
http://www.opengis.org/info/discussion.htm

REICH, L. (Hrsg.)(2001): *OpenGIS® Web Services* Stateless *Catalog Profile. Version 0.06.* OpenGIS Project Document 01-062 (nicht öffentlich verfügbar)

SINGH, R. (Hrsg.)(2001): *OGC Web Terrain Server (WTS).* OpenGIS Project Document 01-061.
http://www.opengis.org/info/discussion.htm

VRETANOS, P. (Hrsg.)(2002a): *OpenGIS® Web Feature Service Implementation Specification Version 1.0.0.* OpenGIS Project Document 02-058.
http://www.opengis.org/techno/implementation.htm

VRETANOS, P. (Hrsg.)(2002b): *OpenGIS® Filter Encoding Specification Version 1.0.0.* OpenGIS Project Document 02-059
http://www.opengis.org/techno/implementation.htm

WILLIAMS, S. (2002): *Free as in Freedom. Richard Stallman's crusade for Free Software.* O'Reilly 2002, S. 202

Aufbau der technischen Infrastruktur einer Internetplattform für GIS- und modellgestützte Lernmodule im Projekt gimolus

Mark MÜLLER und Karsten VENNEMANN

Zusammenfassung

Im Rahmen des Projektes gimolus[1] wird eine Internetplattform für GIS- und modellgestützte Lernmodule erstellt. Dieser Beitrag beschreibt den Aufbau der technischen Infrastruktur dieser Plattform. Dabei liegt das Hauptaugenmerk auf den letztlich verwendeten Technologien ArcIMS einerseits und einem Terminalserver mit ArcGIS andererseits. Die Vor- und Nachteile der einzelnen Lösungen werden diskutiert und deren Möglichkeiten zur Modellanbindung erläutert.

1 Projektüberblick

Im Projekt gimolus wird eine Internetplattform für GIS- und modellgestützte Lernmodule aus umweltwissenschaftlichen Fachrichtungen aufgebaut. Mit Hilfe dieser Plattform sollen Studierende teilnehmender Studiengänge verbesserte Übungsmöglichkeiten zur Anwendung von Geoinformationssystemen und wissenschaftlichen Modellierungstechniken erhalten. Die zeitlich und örtlich flexibel einsetzbaren Lernmodule sollen als fester Bestandteil des Studienalltags intensivere Möglichkeiten bieten, die oft berufsqualifizierenden Fähigkeiten des Umgangs mit diesen Techniken zu erlernen. Angewendet werden sollen die Lernmodule im Selbststudium, ergänzend zu korrespondierenden Lehrveranstaltungen der teilnehmenden Studiengänge. (vgl. VENNEMANN & MÜLLER 2002)

Im Zentrum des Lernangebots steht eine virtuelle Landschaft, deren Geodaten die Grundlage für Übungen mit GIS und Modellen darstellen. Thematisiert werden die mathematischen Modellierungsschritte und die zugrundeliegenden landschaftsökologischen Zusammenhänge. Darauf aufbauend sind Aufgaben mit handlungsorientierten Konzepten der Leitfaden zum Arbeiten mit den Modellen und GIS-Anwendungen. Der interdiziplinäre Charakter vieler Themenbereiche und das gemeinsame Angebot der Lernmodule in einer Plattform sollen für mehr interdisziplinäres Verständnis und intensiven Austausch zwischen den Fachrichtungen sorgen. Das Angebot an Aufgaben reicht von einfachen Übungen mit einer Bearbeitungszeit von wenigen Minuten bis zu komplexeren Aufgaben, deren Bearbeitungsumfang im Bereich einer Stunde liegt. Das Spektrum der eingesetzten Programmiersprachen bzw. Programme reicht von Anwendungen mit Flash und Excel über die Verwendung von WEBGIS zur Datenanalyse bis hinzu Modellanwendungen in Java, Javascript, VisualBasic,

---

[1] Das Projekt GIMOLUS (GIS und modellgestützte Lernmodule für umweltorientierte Studiengänge) wird vom Bundesministerium für Bildung und Forschung (BMBF) gefördert. Informationen unter: http://www.gimolus.de

Pascal oder PHP in Verbindung mit den verwendeten GIS-Systemen. Derzeit behandelte Themen sind u.a. Modellbewertung, hydrologische Modellierungstechniken, populationsdynamische Modelle, Habitatmodellierung mit logistischer Regression, Erosionsmodellierung mit der ABAG, Probenahmeverfahren, landschaftsplanerische Bewertungsmodelle, Finite-Differenzen-Methoden, Netzwerkanalysen und geodätische Messmethoden. Beispiele zu entsprechenden Lernmodulen werden in den Beiträgen von RUDNER (Habitatmodellierung), SCHMIDT (HBV-Modell) und MAKALA (Landschaftsbewertung) im Rahmen dieser AGIT 2003 vorgestellt.

2 Zur Herausforderung des Aufbaus einer internetbasierten Plattform für GIS-basierte wissenschaftliche Übungen

2.1 Ausgangsituation und Anforderungen

Zur Konzeption der Plattform wurden die Anforderungen der beteiligten Projektpartner gesammelt und Ansätze zur Umsetzung für verschiedene Modellalgorithmen diskutiert. Bei einigen Partnerinstituten existierten zudem bereits Computermodelle und Anwendungen, welche sich mit einigen Anpassungen für studentische Übungen eignen. Die meisten dieser bestehenden GIS-Anwendungen waren auf der Grundlage von Avenue erstellt. Darunter waren auch einige WEBGIS-Anwendungen, die auf der Grundlage von ArcViewIMS erstellt wurden. Viele der weiteren Ansätze waren hingegen nicht direkt webtauglich. Als Datenbanksystem wurde im Rahmen einer Kooperation mit dem Rechenzentrum der Universität Stuttgart ein Microsoft-SQLServer zur Verfügung gestellt. Das zu erstellende System soll nun idealerweise den beteiligten Instituten ermöglichen, die bereits bestehenden Modellierungstools und GIS-Modellkopplungen zu verwenden und neue Ansätze auf aktueller WEBGIS-Technologie mit möglichst geringem technischem Aufwand zu erstellen. Die Plattform muss somit vielseitige technische Ansätze unterstützen und diese in eine Internetlösung integrieren können. Nahezu alle verwendeten Techniken müssen vollständig multiuserfähig sowie weitestgehend browserunabhängig und plattformübergreifend einsetzbar sein. Diesen hohen Anforderungen stehen systembegrenzende Faktoren gegenüber, wie möglichst geringe dauerhafte Kosten für Lizenzen und Systemwartung und möglichste sparsame Anschaffungskosten der Systemkomponenten. Die zu bewältigende Aufgabe besteht also darin, eine nachhaltig wartbare und finanzierbare Architektur aufzubauen, welche diesen Rahmenbedingungen gerecht wird und auch für zukünftige Erweiterungen ausreichend flexibel ist.

2.2 Unwegsamkeiten

Zu Projektbeginn (ab Herbst 2001) wurde entsprechend dieser Anforderungen mit einer Analyse der am GIS-Markt bestehenden Ansätze zum Aufbau einer internetfähigen Einbindung von GIS-Modellkopplungen begonnen. Die bereits vor Projektbeginn im kleineren Maßstab an einem Institut eingesetzte WEBGIS-Architektur auf der Basis von ArcView IMS war technologisch veraltet und nicht für die Projektanforderungen geeignet. Sie war nicht entsprechend stabil und skalierbar (kein Multithreading). Zudem wurde ArcViewIMS in der Produktreihe von ESRI gerade durch ArcIMS ersetzt. Das Hauptdefizit der zu diesem

Zeitpunkt verfügbaren WebGIS-Lösungen für den gimolus-Systemaufbau bestand aber vor allem in einem Mangel an ausreichender Funktionalität in Bezug auf schreibende Geodatenprozesse, insbesondere für Multiuseransätze. Diese sind allerdings für die im Projekt angestrebte Lösung der internetbasierten Umsetzung von Modellrechnungen in fast allen Fällen unverzichtbar.

2.3 Serverarchitektur für gimolus

Das gimolus-System verknüpft in einer an Webservice-Konzepte angelehnten Architektur verschiedene technische Komponenten wie Webserver, Datenbank-Anwendungen, WebGIS, Terminalserver-Anwendungen und weitere Komponenten (Java-Applets, Flash-Animationen, dynamischer Internet-Content und Kommunikationstools) zu einer gemeinsamen Plattform (siehe Abbildung 1). Den Zugriff auf die Lernmodule und die darin enthaltenen GIS- und Modellanwendungen erhalten registrierte Benutzer über eine vom Rechenzentrum der Universität Stuttgart erstellte Webanwendung. Mit dieser werden u.a. die Benutzerverwaltung und die Erzeugung dynamischer Webseiten aus den Lernmodulen – welche in einem XML-Format vorliegen – mittels XSL-Transformation realisiert. Als praktikabelste Lösungen der GIS-Integration wurden zwei Vorgehensweisen ausgewählt und parallel umgesetzt. Zum einen wird ArcIMS als Basiskomponente verwendet und mittels zusätzlich erstellter PHP-Skripte und Javaskripte im Funktionsumfang erweitert. Der zweite Lösungsweg besteht in der Verwendung eines Terminalservers, mit dem es möglich ist, Desktop-GIS-Systeme per Java-Applet in Internetbrowser zu integrieren. Den Produkten der Firma ESRI wurde bei der Umsetzung aufgrund technischer Eignung und der weiten Verbreitung bei den Projektpartnern der Vorzug vor Konkurrenzprodukten gegeben.

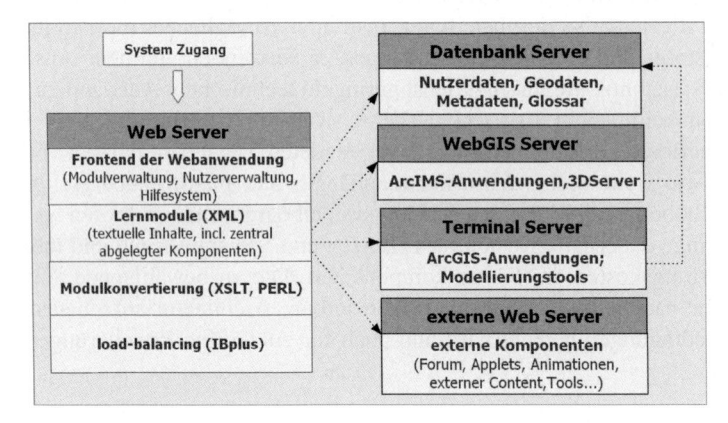

Abb. 1: Serverkomponenten des gimolus Systems

3 Lösungswege zur GIS-und Modellintegration

Die oben beschriebene verteilte Systemarchitektur ermöglicht die Integration sehr unterschiedlicher GIS-Technologien. Die verschiedenen Integrationswege werden in Abbildung 2 dargestellt.

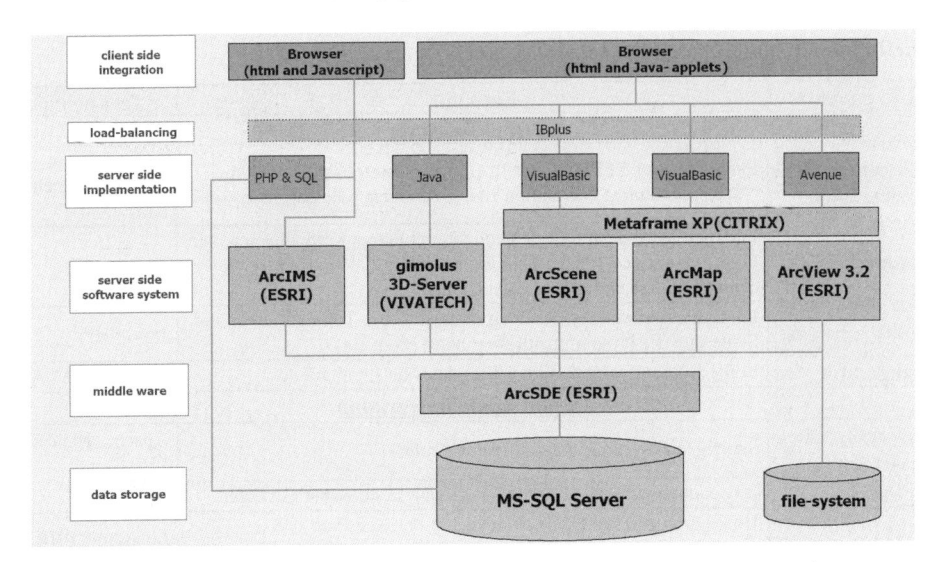

Abb. 2: Im gimolus-System verwendete GIS-Technologien und deren Integration

- Für rein lesende Zugriffe auf statische 2D-Geodaten wird der ArcIMS HTML-Viewer ohne weitere funktionale Anpassungen verwendet.
- Lesende Zugriffe auf dynamische 2D-Geodaten und schreibende Datenbankzugriffe auf Attributdaten ohne Veränderung der topologischen Informationen werden mittels des ArcIMS HTML-Viewers, zusätzlicher PHP-Skripte sowie weiterer Javascript-Funktionen umgesetzt. Die Modellalgorithmen werden mittels PHP und SQL-Requests umgesetzt.
- Für Anwendungen, welche umfangreichere GIS-Funktionen erfordern, als es die ArcIMS-Technologie ermöglicht, werden ArcMAP-, ArcSCENE- oder ArcVIEW.3.2.-Anwendungen mittels eines Terminalservers und der Metaframe-Technologie von CITRIX realisiert. Bei diesem zentralen Konzept werden die Anwendungen direkt auf dem Server ausgeführt, der User sieht auf seinem Rechner lediglich die Bildschirmausgabe, welche mittels eines Java-Applets in die Webanwendung eingebettet ist. Die Modellalgorithmen sind für ArcGIS-Komponenten auf der Basis von VisualBasic und für ArcView 3.2 mittels Avenue realisiert.
- Die Datenhaltung erfolgt über ArcSDE in einer MS-SQLServer Datenbank.
- Der eigenständige gimolus3D-Server ermöglicht ergänzende 3D-Darstellungen von Basisdaten der virtuellen Landschaft und zusätzlichen Vektordaten direkt aus ArcSDE. Die Anwendung besteht aus einem openGL basierten 3D-Server und einem Java-Client.

Tabelle 1: Komponenten des GIMOLUS Systems

Komponente	Funktion	Technologie
Lernmodulserver		
Webserver mit Servletengine	Integration der XML-Module in ein webbasiertes Framework mit Nutzerverwaltung, Navigation zu den Modulen, Glossar, usw.	Apache, Resin, Turbine, Velocity XML, XSLT
Lernmodule	Integrationsbasis für unterschiedliche webfähige Komponenten, wie Flash, Java, Excel (ActiveX), Lernmodule enthalten den eigentlichen textuellen und graphischen Content	XML
IBplus	Ressourcenverwaltung der Programme auf dem Terminalserver und Steuerung der Programmaufrufe (OBERKNAPP 2000)	Java, PHP
Moduleditor	Editierhilfe mit vorgefertigten Templates für Lernmodule	XERLIN; JAVA
GIS-und Modellintegration		
Webserver mit Servletengine	Servergrundlage zur Integration von ArcIMS	Apache, Tomcat, PHP
ArcIMS4	Anwendung zur Visualisierung und Analyse statischer Geodaten	Javascript
ArcIMS4 & PHP	Umsetzung von Modellalgorithmen auf der Basis von GIS-Operationen, Javascript-Funktionen und Datenbankabfragen von Attributdaten (ohne Veränderung der Datentopologie)	Javascript, PHP, SQL
ArcMap 8.2 & Extensions	Umsetzung von Modellalgorithmen auf der Grundlage von ArcObjects, ermöglicht auch die Umsetzung sehr komplexer Modellansätze mit Änderungen der Datentopologie oder mit Analyse von Nachbarschaftsbeziehungen der Geodaten	Metaframe, Java, VisualBasic
ArcScene	Integration verschiedener 3D-Funktionen	Metaframe
ArcView 3.2	Integration bestehender Modellansätze mit Avenue	Metaframe, Avenue
gimolus-3D-Server	3D-Visualisierung von beliebigen Vektordaten der virtuellen Landschaft	Java, ArcSDE
Terminalserver	dient als Terminalservertechnologie zur Integration der meisten Windows basierten Programme und gewährleistet per Java-Applets eine Webbrowser-Integration	Metaframe
Datenbankanbindung		
MS-SQLServer 7	Datenhaltung auf einem zentralen Datenbankserver	MS-SQLServer
ArcSDE 8.2	Middleware zur Verwaltung von Geodaten in MS-SQLServer	ArcSDE

4 Vergleich der verwendeten GIS-Architekturen

4.1 ArcIMS als Basistechnologie

Die ArcIMS Technologie ist für rein lesende Datenzugriffe zur Visualisierung und Analyse statischer Geodaten sehr gut geeignet. In Bezug auf schreibende Datenoperationen mittels Datenbankanbindung sind die direkten Funktionalitäten bei ArcIMS4 sehr stark eingeschränkt bzw. nicht vorhanden. In der Kombination mit serverbasierten Skriptsprachen sind die Verwendungsmöglichkeiten für derartige Zugriffe jedoch sehr weit ausbaubar. Je nach zur Verfügung stehender Datenbank und der gewünschten Funktionalität sind die Datenoperationen nur mit sehr viel Programmieraufwand zu realisieren. Mit der in gimolus zur Verfügung stehenden MS-SQLServer Datenbank müssen alle Zugriffe auf Geodaten über

ArcSDE umgesetzt werden. Direkte Zugriffe auf Geodaten sind nur eingeschränkt möglich. Im Rahmen von gimolus wird der Funktionsumfang des ArcIMS4-HTML-Viewers mittels umfangreicher Anpassungen an die Javascript-Funktionen und durch zusätzliche PHP-Funktionen erweitert. Möglich sind nun multiuserfähige Datenveränderungen bestimmter Attributdaten (ohne Veränderung der Topologie der Basisdaten). Die Algorithmen der umzusetzenden Modelle werden über PHP in Form von SQL-Requests direkt auf der Datenbank realisiert. Bis zum Projektabschluss sollen anhand von entsprechenden Beispielanwendungen Schablonen entstehen, welche die Umsetzung weiterer Modellalgorithmen mit wenig Aufwand ermöglichen. Die Gewährleistung der Browser- und Plattformunabhängigkeit bei eigenen Anpassungen des ArcIMS-HTML-Viewers ist mitunter sehr aufwendig, da es sich bei diesem um eine sehr umfangreiche Javascript-Anwendung handelt. Eine Reduzierung auf bestimmte Browser als Kompromiss zwischen möglichst niedrigem technischen Standard und der Anwendung zeitgemäßer Internettechniken ist auf jeden Fall zu prüfen. In gimolus wurden als vorwiegend zu unterstützende Browser Mozilla und InternetExplorer gewählt. Der ArcIMS Java-Viewer findet aufgrund mangelnder Browserunabhängigkeit in gimolus nur eingeschränkt Verwendung. Derzeit ist noch nicht abschätzbar, mit wieviel Aufwand die bisherigen Anpassungen an ArcIMS4-HTML-Clients auch auf zukünftige ArcIMS Versionen zu übertragen sind.

4.2 Metaframe und ArcGIS als Basistechnologie

Die internetbasierte Verwendung von ArcGIS über eine Terminalserver-Lösung mit Metaframe ist nach den bisherigen Erfahrungen eine sehr robuste und darüber hinaus vielseitig einsetzbare Lösung. Die aufgebaute Infrastruktur kann auch zur Internetintegration für eine Vielzahl anderer eigenständiger Programme eingesetzt werden, welche an sich keine direkte Internetanbindung haben. Diese Lösung spart effektiv Zeit bei der Anpassung älterer Anwendungen. Probleme mit der Cross-Browser-Integration per Java-Applets sind gering, abgesehen von recht hohen Ladezeiten beim Erstaufruf. Im Betrieb sind auch bei Verbindungen über 56k Modems die Zugriffe auf die Anwendung sehr stabil und erstaunlich schnell. Nicht zu unterschätzen, ist der Arbeitsaufwand für die ergonomische Anpassung der Programmoberflächen, nur die notwendigen Funktionalitäten sollten für die jeweilige Aufgabe verfügbar und nutzbar sein. Der Fehlgebrauch der umfangreichen ArcGIS-Funktionalität kann zu Datenkonsistenzen, instabilen Anwendungen und Sicherheitslücken auf dem Server führen und sollte daher verhindert werden. Nur durch die Entwicklung von externen Funktionen (z.B. in einer dll) lässt sich beispielsweise der Zugang zu (per Doppelklick) erreichbaren Kontextmenüs verhindern. Eine weitere Herausforderung besteht in der Automatisierung der ausgewogenen Ressourcennutzung und der Lizenzfreigabe aus der Webanwendung über verschiedene Server hinweg. Den Usern sollte der Arbeitsfluss nicht durch mehrmalige Eingabe der Zugangsdaten beim Wechsel der internen Server erschwert werden. Die Verwendung von ArcScene über Metaframe ist prinzipiell möglich, allerdings sehr ressourcenintensiv und netzwerkbelastend. Dies gilt auch für andere Programme, deren graphische Anzeige sich mit hoher Frequenz ändert. Die größte Einschränkung erfährt die internetbasierte Verwendung von ArcGIS mittels Metaframe letztlich durch die anfallenden Lizenzkosten. Für jeden Aufruf einer ArcGIS-Anwendung wird eine entsprechende Programmlizenz benötigt, welche über die komplette Dauer der aktiven Verbindung zwischen Applet und Server belegt ist.

4.3 Fazit des Technologievergleichs

Zusammenfassend lässt sich zum Aufbau der GIS-Infrastruktur im Projekt gimolus sagen, dass die Verwendung von Terminalserver-Lösungen dank umfangreicherer Funktionalität ein größeres Anwendungspotential aufweist als die Verwendung von reinen WebGIS-Technologien wie z.B. ArcIMS. Für ArcIMS sind viele Funktionen derzeit nur mit umfangreichen Programmierarbeiten zu integrieren. Terminalserver-Lösungen sind sehr vielseitig verwendbar und dabei weitgehend plattform- und browserunabhängig einsetzbar. Nachteilig an der Terminalserver-Technologie ist allerdings der finanzielle Aufwand für Hardware und Programmlizenzen, so dass bei vergleichbarem Einsatz von finanziellen Mitteln mit ArcIMS-Ansätzen mehr Nutzer bedient werden können, wenn die funktionalen Anforderungen im Rahmen der ArcIMS-Möglichkeiten liegen. Derzeitige Abschätzungen der Leistungsgrenzen des gimolus-Systems in Bezug auf die Anzahl der Nutzer liegen bei 25 gleichzeitigen Nutzern für den ArcGIS-Metaframe Ansatz. Für die, in der Systemanschaffung erheblich günstigere ArcIMS-Variante, ist diese Zahl stark abhängig von der Art der gewählten Anwendung und der seitens der Datenbank zu verarbeiteten Datenmengen, der Zahl der Arbeitsschritte des jeweiligen Algorithmus und der Parametrisierung der Modelle. Erste grobe Schätzungen liegen bei ca. 5 bis 30 parallelen Anwendungen. Mit steigender Nutzerzahl erhöht sich die Wartezeit zwischen den einzelnen Interaktionen.

5 Ausblick

Das gimolus-System wird ab dem Wintersemester 2003/04 fest in die Lehre der beteiligten Studiengänge integriert. Im ersten Anwendungszeitraum sollen Erfahrungen mit dem Einsatz von E-Learning und GIS gesammelt werden und Geschäftsmodelle für nachhaltige Sicherung entworfen werden. Das System soll auch weiteren interessierten Instituten zur Integration eigener Anwendungen zur Verfügung stehen.

Literatur

MAKALA, M. & M. HORSCH (2003): GIS und Modell*gestützes Lernen in derFlächennutzung- und Landschaftsplanung.* In: AGIT XV, 274-279

OBERKNAPP, B.: (2000): *Ein Modell zur Integration elektrischer Fachinformationen.* In: Wissen in Aktion, hg. Von Ralph Schmidt, Frankfurt am Main 2000, 84-94.

RUDNER, M. et al. (2003): *Habitatmodellierung in GIMOLUS,* In: AGIT, XV 2003, 387-396

SCHMIDT, F. & U. EHRET (2003):*HBV-IWS-02 und ArcGIS,* In: AGIT, XV 2003, 444-454

VENNEMANN, K. & M. MÜLLER (2002): *Konzeption einer Internetplattform für GIS- und Modellbasierte Lernmodule.* In: AGIT XIV, S. 567-572

VENNEMANN, K., MAKALA, C. & M. MÜLLER (2003): *Internetplattform Gimolus. Übungen zu GIS und Modellen.* In: ESRI ArcAktuell 1/2003, Kranzberg

Modellierung und Visualisierung einer geologischen Entwicklung

Hartmut MÜLLER und Sebastian WIDDER

> Dieser Beitrag wurde nach Begutachtung durch das Programmkomitee als „reviewed paper" angenommen.

Zusammenfassung

Wenn geologische Sachverhalte dargestellt und analysiert werden sollen, spielen stets die dritte Dimension des Raumes und die Abläufe entlang der Zeitachse eine wesentliche Rolle. Grafische Darstellungen versuchen, z.b. in Form von 3D-Blockbildern, den dreidimensionalen Raum auf die zweidimensionale Darstellungsebene abzubilden. Die zeitliche Entwicklung kann dabei z.B. über eine Folge von 3D-Blockbildern nachgebildet werden, die verschiedene Zustände entlang der Zeitachse darstellen. Der Beitrag beschreibt an Hand eines konkreten Beispiels, wie aus den vorhandenen analogen und digitalen Informationen zu einem Gebiet zunächst digitale 3D-Modelle dieses Gebiets erzeugt werden. Diese Modelle liefern die Grundlage, um anschließend sehr flexibel statische Ansichten sowie räumliche und/oder zeitliche Animationen aus beliebigen Blickwinkeln zu erzeugen. In der gedruckten Fassung können naturgemäß nur statische Ansichten wiedergegeben werden; vordefinierte und interaktive Animationssequenzen werden im Vortrag präsentiert.

1 Projektgebiet und Zielsetzung

Das Projektgebiet mit einer Fläche von etwa 10 km² liegt im Norden des deutschen Bundeslandes Hessen nahe der kleinen Stadt Korbach am Ostrand des Rheinischen Schiefergebirges (siehe Abbildungen 1und 2). Am Eisenberg als Teil dieses Gebiets lagert außer Eisen und Kupfer auch Gold, das im Mittelalter, vor allem im 15. und 16. Jahrhundert, sogar gewonnen wurde. In dieser Zeit entstand auch der heutige Ort Goldhausen aus einer Goldgräbersiedlung (WIDDER 2002). Nach weiteren, wegen des geringen Vorkommens jedoch erfolglosen Versuchen des Goldbergbaus im 20. Jahrhundert werden die bergbaulichen Anlagen als mittelalterliches Industriedenkmal heute nur noch zu wissenschaftlichen Zwecken genutzt. Ein Zugang für Besucher ist geplant (Scharfe, 2001).

Wegen der besonderen geologischen Bedeutung hat das Hessische Landesamt für Umwelt und Geologie das Gebiet bereits umfassend untersucht und dokumentiert. Die dabei gewonnenen Erkenntnisse sind u.a. in einer Reihe von 3D-Blockbildern verarbeitet, die auch auf der Website des Landesamts zur Verfügung stehen (HLUG 2002). Die Abbildung 3 zeigt ein solches Blockbild, welches die heutige Situation darstellt. Sämtliche Grafiken sind direkt in der dargestellten Projektion erzeugt. Es ist also nicht möglich, sich das Gebiet aus einem anderen als dem dargestellten Blickwinkel anzusehen. Dies wäre jedoch durchaus wünschenswert, um beispielsweise die Beschaffenheit des Untergrundes auch entlang der in

Abb. 1: Lage des Projektgebiets (FUB 2002)

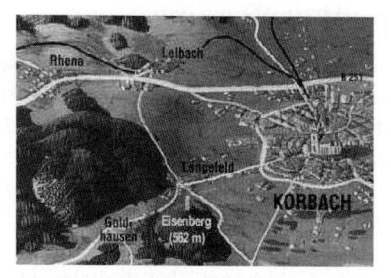

Abb. 2: Ansicht eines Teilgebiets (SCHARFE 2001)

der Projektion verdeckten Geländeschnitte zu sehen und durch Standpunktwechsel den Geländeeindruck zu variieren. Derartige Möglichkeiten eröffnen sich sofort, wenn ein vollständiges digitales Modell des Projektgebiets zur Verfügung steht, aus dem dann statische und dynamische Ansichten je nach den Wünschen des Betrachters erzeugt werden können. Der folgende Abschnitt beschreibt die Vorgehensweise, nach der digitale Geländemodelle für insgesamt 7 Zeiträume erzeugt wurden.

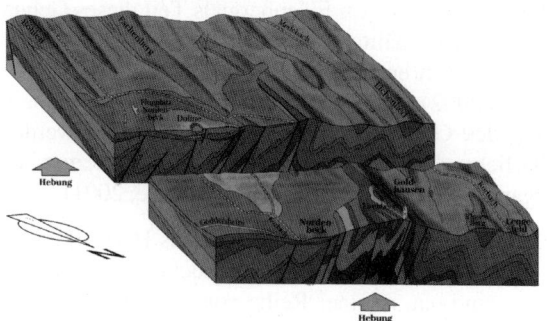

Abb. 3: 3D-Blockbild, Quartär (heutige Situation; HLUG 2002)

2 Erzeugung der digitalen Geländemodelle

Insgesamt wurden 7 Epochen modelliert, welche die geologische Entwicklung im Projektgebiet über einen Zeitraum von 320 Mio. Jahren dokumentieren (vgl. Abbildung 5). Da naturgemäß die Datenlage für die heutige Situation am günstigsten ist, wurde zunächst das zugehörige digitale Modell vollständig erstellt. Dieses Modell diente anschließend als Referenz, um die Modelle für die voran gegangenen Zeitspannen nach den Vorgaben des Hessischen Landesamts für Umwelt und Geologie als fachlich verantwortlichem Partner abzuleiten.

Digitales Geländemodell der heutigen Situation

Zu einem vollständigen digitalen Geländemodell gehören zunächst die geometrischen Eigenschaften der Geländeoberfläche. Es ist also notwendig, den geometrischen Geländeverlauf vollständig digital zu erfassen. Um dies zu erreichen, wurden die Höhenlinien der in digitaler Rasterform vorliegenden topographischen Karte 1:25000 (HKVV 2002) als Vektoren digitalisiert und über eine Dreiecksvermaschung ein digitales Höhenmodell in Form eines TIN (Triangular Irregular Network) berechnet.

Die geologisch interessierende Information ist darüber hinaus auch ganz wesentlich in den kartografischen Signaturen zur Darstellung von Gesteinsarten, Gesteinsgrenzen, Verwerfungs- und Schnittlinien, etc. enthalten. Das geometrische Modell wurde deshalb mit der digital vorliegenden Geologischen Karte 1:25000 in Form einer Oberflächentextur ergänzt. Die Texturen für die Seitenflächen des Blockmodells ergaben sich aus einer an die Signaturen der Geologischen Karte angepassten Einfärbung des Schichtenverlaufs im Untergrund entlang der Begrenzungslinien des Projektgebiets. Um den genauen geometrischen Verlauf der Schichten in das digitale Modell einzubringen, wurden für die vier Blockränder zunächst maßstäbliche Profildarstellungen aus dem digitalen Höhenmodell erzeugt. In diese Seitenprofile zeichneten die Geologen des Landesamts den Verlauf der einzelnen Schichten ein, der sich dann anschließend wieder aus den Zeichnungen als Seitentextur in das digitale Modell übernehmen ließ.

Digitale Geländemodelle für frühere Zeiträume

Alle weiteren Modelle wurden, wie bereits erwähnt, über entsprechende Modifikationen aus dem digitalen Modell für die heutige Situation (Quartär) abgeleitet. Grundlage für die Modifikation waren dabei die Erkenntnisse der geologischen Fachleute, die in verschiedener Form verarbeitet wurden. Angaben zu Überflutungsbereichen gehören ebenso dazu wie Hebungs- und Senkungsbeträge für markante Punkte wie z.B. Flusstäler und Bergkuppen. Alle metrischen Angaben sind als Höhenänderungen der zugehörigen Punkte im jeweiligen digitalen Höhenmodell berücksichtigt. Für die Zwischenbereiche ohne spezielle Angaben wurden die Höhen, ausgehend vom heutigen Geländeverlauf, entsprechend verändert, indem die Höhenwerte der zwischen den angegebenen Punkten bzw. Bereichen liegenden Höhenlinien manuell angepasst wurden. Als Ergebnis dieser Arbeitsschritte liegt für jeden betrachteten Zeitraum ein eigenes digitales Höhenmodell vor. Für alle Höhenmodelle wurden Profile entlang der Begrenzungslinien erzeugt, in welche die Geologen die entsprechenden Schichtverläufe entlang der Blockränder von Hand einzeichneten. Diese Zeichnungen dienten anschließend wiederum in gleicher Weise wie beim digitalen Geländemodell der heutigen Situation (siehe oben) als Basis für die Generierung der Seitentexturen der Blockmodelle.

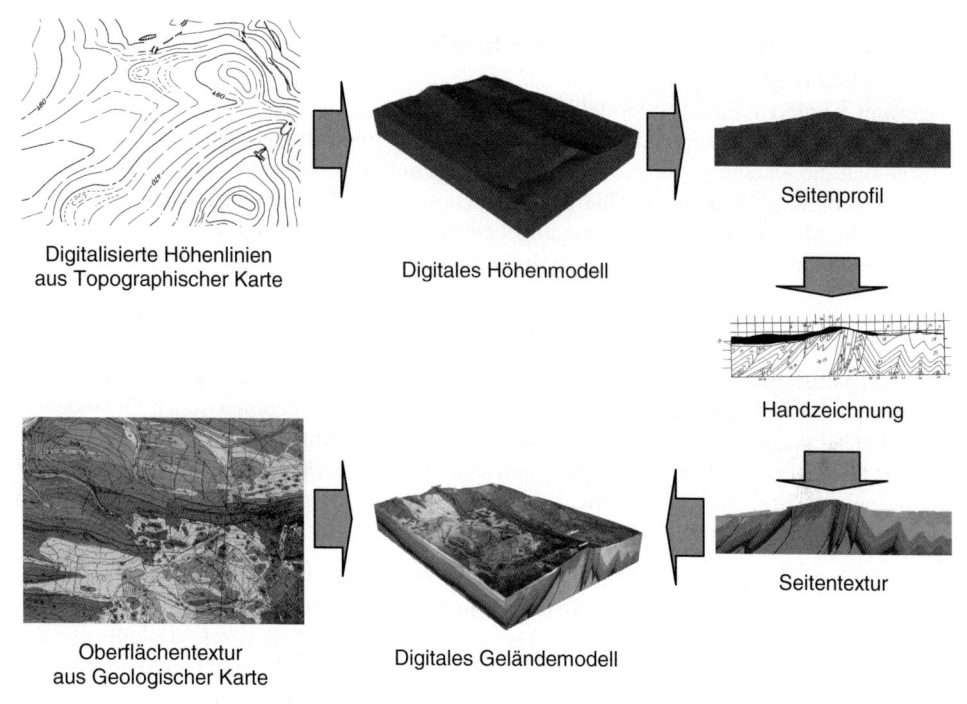

Abb. 4: Erzeugung eines digitalen Geländemodells, Ablaufdiagramm am Beispiel des Quartär (heutige Situation)

In Abbildung 4 ist der gesamte Arbeitsablauf, nach dem alle digitalen Geländemodelle erstellt wurden, exemplarisch für das Modell der heutigen Situation wiedergegeben. Um die Modelle für die früheren Zeiträume zu erstellen, waren die beiden auf der linken Seite der Abbildung dargestellten Arbeitsaufgaben zu modifizieren: die für die heutige Situation erzeugten Datenbestände wurden nach den Angaben der Fachleute an die im jeweiligen Zeitraum vorhandenen Gegebenheiten angepasst, und zwar sowohl hinsichtlich der Höhen als auch der Oberflächentextur. Das weitere Vorgehen entsprach dann dem in der Abbildung dargestellten Ablauf.

3 Visualisierung mittels statischer Perspektivansicht

Im beschriebenen Projekt spielten die Visualisierungsmöglichkeiten eine Hauptrolle. Im einfachsten Fall handelt es sich dabei um Perspektivdarstellungen der digitalen Blockmodelle. Abbildung 5 zeigt jeweils eine Ansicht von Südosten auf das Projektgebiet.

Quartär
(heute)

Mitteltrias-Kreide
(vor ca. 240-65 Mio. Jahren)

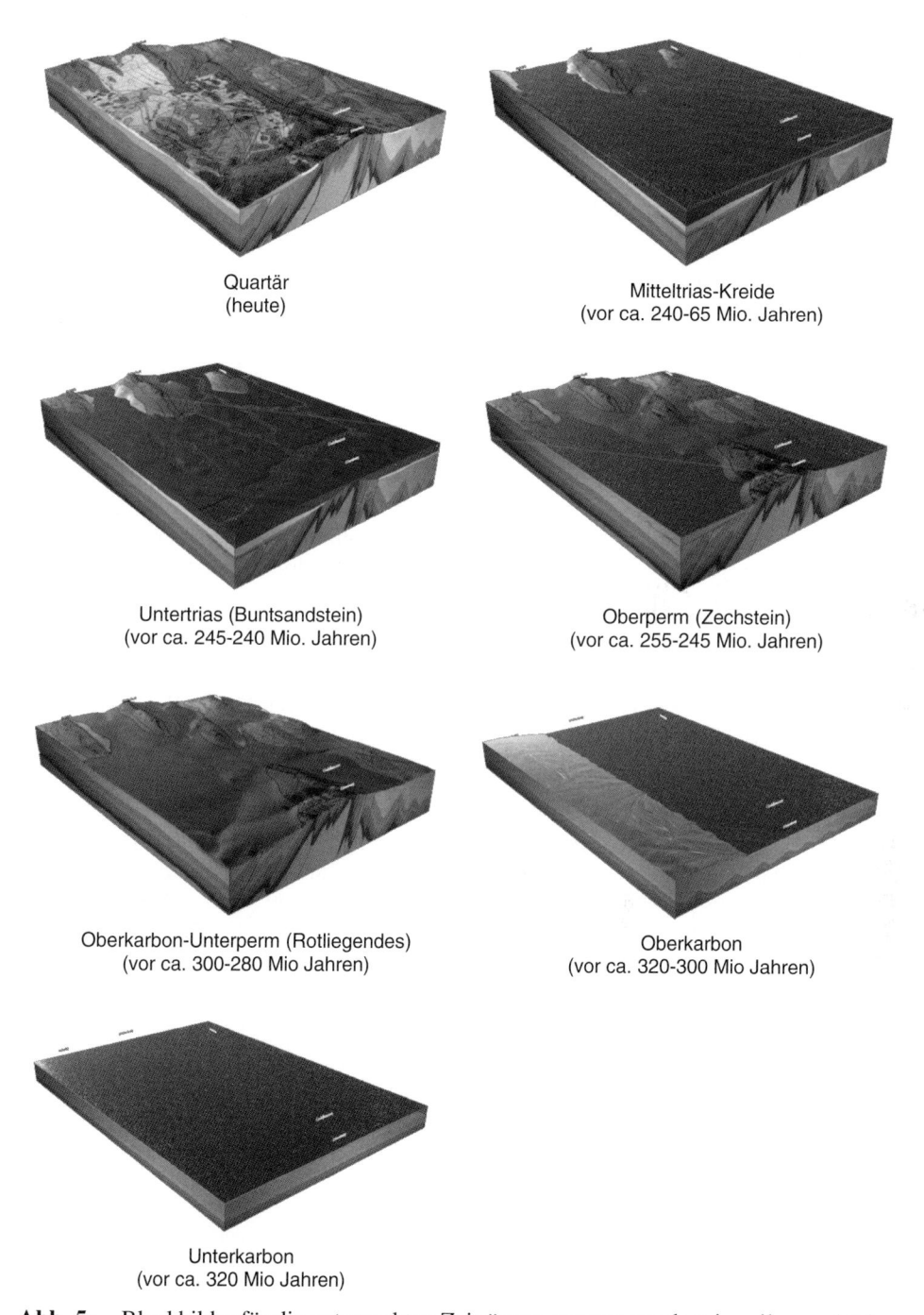

Untertrias (Buntsandstein)
(vor ca. 245-240 Mio. Jahren)

Oberperm (Zechstein)
(vor ca. 255-245 Mio. Jahren)

Oberkarbon-Unterperm (Rotliegendes)
(vor ca. 300-280 Mio Jahren)

Oberkarbon
(vor ca. 320-300 Mio Jahren)

Unterkarbon
(vor ca. 320 Mio Jahren)

Abb. 5: Blockbilder für die untersuchten Zeiträume, erzeugt aus dem jeweils zugehörigen digitalen Geländemodell

Es folgen einige Erläuterungen zu den einzelnen Darstellungen der Abbildung 5.

Quartär (heute)

Besonderes Kennzeichen dieser Zeit ist das Auftreten von Fließerden aus Lößlehm mit Hangschutt. Im Blockbild zeigt sich dies in Gestalt von gelb dargestellten Ablagerungen von Flüssen. Die Mächtigkeit der Gesteinsschichten kann streng genommen nur an Stellen angegeben werden, an denen Bohrungen durchgeführt wurden. Die Geländehöhe liegt bei maximal 560 m über NN (Eisenberg, Mitte Ostprofil) und bei minimal 365 m über NN (Sohle des Aartals). Die untere Begrenzung des Blockmodells liegt auf Meereshöhe.

Mitteltrias-Kreide, vor ca. 240-65 Mio. Jahren

Das Gebiet rund um den Eisenberg ist weitgehend von einem Flachmeer überdeckt. Man nimmt an, dass die ganze Gegend um etwa 130 m tiefer als heute lag. Die Seitentextur zeigt, dass das Relief und die tieferen Schichten von Westen in Richtung des Eisenbergs abfallen. Die Meerestiefe ist mit etwa 10 m angenommen.

Untertrias (Buntsandstein), vor ca. 245-240 Mio. Jahren

Nahezu das gesamte Gebiet ist von einer Sedimentschicht überdeckt, wobei der Eisenberg – in seinem Relief weitgehend unverändert - an seinem höchsten Punkt nur etwa 5 m unter der Oberfläche liegt. In Folge der Absenkung im Osten nimmt die Mächtigkeit der Sedimentschicht in Richtung Westen ab, so dass dort schon die Gebirge heraus ragen.

Oberperm (Zechstein), vor ca. 255-245 Mio. Jahren

Teile der Gegend sind von einem salzhaltigen Flachmeer, dem Zechsteinmeer, bedeckt. Am östlichen Gebietsrand liegt das Relief des Eisenbergs – mit einer maximalen Höhe von 540 m über NN nur rund 20 m niedriger als heute – weitgehend frei. Die in Rot dargestellte Schicht besteht aus Fanglomerat mit Komponenten aus Grauwacke und geschieferten Tonsteinen.

Oberkarbon-Unterperm (Rotliegendes), vor ca. 300-280 Mio. Jahren

Die Ansicht zeigt das Projektgebiet vor dem Eindringen des Zechsteinmeeres. In dieser Zeit werden Metalle, darunter auch Gold, aus tieferen Schichten teilweise bis an die Erdoberfläche transportiert. Aus den Gebirgen stammender Abtragungsschutt lagert sich in den Tälern und Senken ab und führt in Folge starker Erosion zur Bildung einer Mittelgebirgslandschaft.

Oberkarbon, vor ca. 320-300 Mio. Jahren

Das Gebiet unterscheidet sich sehr stark von den jüngeren Zeiträumen: weite Teile liegen unter Wasser, das heutige Relief mit dem Eisenberg und der näheren Umgebung beginnt in dieser Zeit erst zu entstehen. Die variskische Gebirgsbildung hat die vorhandenen verfestigten Sedimente im Süden über die damalige Meeresoberfläche gehoben, während weite Teile des Nordens noch unter dieser Oberfläche liegen.

Unterkarbon, vor ca. 320 Mio. Jahren

In der ältesten hier dargestellten Situation liegt das gesamte Projektgebiet vollständig unter der Meeresoberfläche. Das Meeresbecken ist einige 100 m tief, der Meeresboden fällt in Richtung Norden leicht ab, die Schichten liegen noch weitgehend gleichmäßig übereinander.

3 Dynamische Visualisierung

Die beschriebene Abbildung 5 liefert ein Beispiel für die Möglichkeiten und Grenzen, die Grafiken auf Papier bieten: um beispielsweise das Gebiet aus einer anderen Himmelsrichtung betrachten zu können, müsste ein vollständiger weiterer Satz entsprechender Grafiken dargestellt werden. An dieser Stelle bietet die Computeranimation wesentlich mehr Möglichkeiten: Bewegungen können am Rechner in Echtzeit oder in aufgezeichneter Form simuliert werden (RASE 2000). In beiden Fällen entsteht beim Betrachter der Eindruck von Bewegung, indem viele Bilder in kurzen Zeitabständen gezeigt werden.

Bei der Echtzeit-Animation, wie sie z.B. in Computerspielen eingesetzt wird, lässt sich die Animation interaktiv beeinflussen. Auf diese Weise lassen sich virtuelle Begehungen und Überflüge in den digitalen Geländemodellen realisieren, bei denen der Betrachter Betrachtungswinkel und –abstand sowie die Geschwindigkeit der Bewegung je nach Wunsch variieren kann. Bei aufgezeichneten Animationen sind Produktion und Betrachtung zeitlich getrennt. Dies hat den Vorteil, auch Animationen erstellen zu können, die mit hohem Rechenaufwand verbunden sind, für deren Echtzeit-Produktion also die Kapazität heutiger Rechner noch nicht ausreicht. Weiterhin lassen sich bei diesem Verfahren Flugpfade, Kamerarichtungen und weitere Parameter der Darstellung vorab optimieren, so dass auch einer computertechnisch weniger erfahrenen Zielgruppe sehr informative und ansprechende Animationen geboten werden können. Nachteilig ist bei diesem Verfahren die fehlende Eingriffsmöglichkeit während der Betrachtung.

Im hier beschriebenen Projekt wurde 3D Studio Max als integrierte Animationssoftware (VELSZ 2001) eingesetzt, um Animationssequenzen aus den digitalen Geländemodellen zu erzeugen. Zunächst wurde für alle 7 Epochen eine Animation im Windows Video Format (Dateityp AVI) erstellt, die sich mit Standardplayern auf PCs abspielen lässt. Die Animationen zeigen einen virtuellen Überflug über das Projektgebiet mit identischen Flugparametern, so dass sich die einzelnen Epochen auch parallel abspielen und dabei vergleichend betrachten lassen.

4 Schlussfolgerungen

Die für verschiedene geologische Zeiträume erzeugten digitalen Geländemodelle liefern die Basis für viele verschiedene Anwendungen. Die animierten Blockbilder in der vorliegenden Form sollen in geologischen Seminaren und zur Präsentation für Schulklassen eingesetzt werden, um die geologische Entwicklung des untersuchten Gebiets zu veranschaulichen. Eine Internet-Präsentation ist ebenfalls geplant, um die wissenschaftlichen Ergebnisse auch interessierten Bürgern in einer verständlichen Form nahe zu bringen.

Über die Visualisierung hinaus liefern digitale Modelle stets auch die Basis für eine Vielzahl unterschiedlichster wissenschaftlicher Auswertungen. Erwähnt sein sollen hier alle in einem bzw. über die Kombination mehrerer Modelle möglichen Standardauswertungen, wie beispielsweise die Berechnung von Auftrags- und Abtragsmassen zwischen den verschiedenen Zeiträumen, die Simulation von Wassertiefen und der damit verbundenen Auflast, die Bestimmung von Fließwegen, die Darstellung beliebiger Geländeprofile usw.

Als weitere Entwicklung lässt sich auch die Erzeugung temporaler Animationen ins Auge fassen, um die zeitlichen Abläufe der geologischen Entwicklung im Zeitraffertempo darzustellen: Auffaltungs- und Abtragungsvorgänge, das Vordringen und Zurückgehen von Meeren etc. ließen sich so sehr anschaulich darstellen. Wesentliche hierfür benötigte Basisinformationen sind in den vorliegenden digitalen Modellen bereits vorhanden.

Literatur

FUB (2002): *Freie Universität Berlin, Zentraleinrichtung für Datenverarbeitung, GraS Graphische Systeme GmbH.*
http://www.entry.de (zitiert 28. Dezember 2002)

HEGGEMANN, H. & J. KULICK (1997): *Geologische Karte von Hessen 1:25 000, Blatt 4718 Goddelsheim.* Wiesbaden (Hess. Landesamt f. Bodenforschung), ISBN 3-89531-014-X

HLUG (1997): *Geologische Karte von Hessen 1:25000, Bundesrepublik Deutschland, Blatt 4718 Goddelsheim, digitale Ausgabe, geologische Aufnahme H. Heggemann 1994 – 1996, J. Kulick und H. Heggemann 1994 –1996, Blatt 4719 Korbach, Feldaufnahme 1959-1962.* Hessisches Landesamt für Umwelt und Geologie, Wiesbaden

HLUG (2002): *Geologische Entwicklung am Ostrand des Rheinischen Schiefergebirges, dargestellt am Beispiel des Eisenberges westlich von Korbach.* Hessisches Landesamt für Umwelt und Geologie, Wiesbaden.
http://www.hlug.de/medien/boden/~ publikationen/schiefergebirge/index.html (zitiert 28. Dezember 2002)

HKVV (2002): *Rasterdaten Topographische Karte 1:25000, Blatt 4718 Goddelsheim, Blatt 4719 Korbach.* Hessische Verwaltung für Regionalentwicklung, Kataster und Flurneuordnung, Wiesbaden, http://www.hkvv.hessen.de/produkte/geo/raster/index.htm, zitiert 28. Dezember 2002.

RASE, W.-D. (2000): *Kartographische Animationen zur Visualisierung von Raum und Zeit.* In: Strobl/Blaschke/Griesebner (Hrsg.): Angewandte Geographische Informationsverarbeitung XII, Beiträge zum AGIT-Symposium Salzburg 2000, S: 419-429, Herbert Wichmann Verlag, Heidelberg

SCHARFE, V. (2001): *Goldhausen im Ferienland Waldeck, Informationen über die Ortschaft Goldhausen und die Lagerstätte am Eisenberg.*
http://www.goldhausen.de (zitiert 28. Dezember 2002)

VELSZ, I. (2001): *3ds max 4, Grundlagen und Praxis der 3D-Visualisierung und -Animation.* Addison-Wesley

WIDDER, S. (2002): *Visualisierung einer geologischen Entwicklung.* Diplomarbeit, Fachhochschule Mainz (unveröffentlicht)

Vergleich von Segmentierungsprogrammen für Fernerkundungsdaten

Marco NEUBERT und Gotthard MEINEL

Zusammenfassung

Dieser Beitrag dokumentiert die ersten Ergebnisse eines Vergleichs derzeit verfügbarer Segmentierungssoftware für Fernerkundungsdaten. Diese werden zunächst allgemein gegenübergestellt (Grundlagen, Implementierung usw.). Anschließend wird die Qualität der auf Basis panchromatisch geschärfter IKONOS-Multispektraldaten erzielten Segmentierungsergebnisse dargestellt, wobei ein Vergleich mit visuell kartierten Referenzflächen erfolgt.

1 Einleitung

Jüngere Untersuchungen haben gezeigt, dass eine allein pixelbasierte Klassifikation hochauflösender Fernerkundungsdaten nicht zu befriedigenden Ergebnissen führt (z. B. MEINEL, NEUBERT & REDER 2001). Die Gründe hierfür liegen insbesondere im abgebildeten Detailreichtum sowie in der starken spektralen Varianz innerhalb quasihomogener Areale. Daher hat sich die Vorverarbeitung hochauflösender Bilddaten durch Segmentierung als zweckmäßig erwiesen, indem homogene Bildareale – im besten Falle reale Objekte – abgegrenzt werden. Hierfür existieren unterschiedliche Segmentierungsprogramme, deren Eignung für Fernerkundungsanwendungen hier untersucht wird.

2 Segmentierung von Fernerkundungsdaten

Unter Segmentierung versteht man die Gruppierung benachbarter Bildelemente (Pixel) zu Pixelgruppen (Regionen, Segmenten) aufgrund von Ähnlichkeitskriterien (z. B. Grauwert, Textur). Durch diesen Verarbeitungsschritt sollen Objektgrenzen im Bild extrahiert werden. Dabei kommen vorwiegend regionen- bzw. kantenbasierte Verfahren zum Einsatz.
Die Bildsegmentierung ist bereits in vielen Anwendungsbereichen der digitalen Bildverarbeitung, wie der Medizin, der Mustererkennung oder der Werkstoffkontrolle erfolgreich etabliert. In der Fernerkundung hat sich dieser Ansatz lange Zeit nicht durchsetzen können, obwohl bereits frühzeitig Forschungen zu dieser Thematik vorlagen (z. B. KETTIG & LANDGREBE 1976). Die Gründe dafür liegen sicher in der hohen Komplexität fernerkundlichen Bildmaterials. Erst seit etwa fünf Jahren und mit der Markteinführung erster kommerzieller Softwareprodukte sowie der Verfügbarkeit sehr hochauflösender Fernerkundungsdaten werden Segmentierungsverfahren verstärkt entwickelt und eingesetzt. Von den implementierten Segmentierungsansätzen für Fernerkundungsdaten, mit zum Teil sehr unterschiedlichem Charakter, sind derzeit wenige kommerziell verfügbar, oft handelt es sich um Hochschulentwicklungen.

Neben Segmentierungsprogrammen existiert eine wachsende Anzahl von Objekterkennungsprogrammen, die im Gegensatz dazu das Bild nicht vollständig in Segmente aufgliedern, sondern gezielt nur bestimmte Objekte aus dem Bild selektieren (*Feature Extraction*). Dazu gehören u.a. *APEX* (PCI Geomatics), *FeatureXTR* (Hitachi Software Global Technology) oder *Feature Analyst* (Visual Learning Systems). Derartige Programme werden hier nicht betrachtet.

Die Segmentierung bildet häufig die Grundlage für eine anschließende Bildklassifikation, wobei im Vergleich zu pixelorientierten Verfahren neben der Spektralsignatur auch Textur-, Geometrie- und Kontexteigenschaften genutzt werden können. Die Segmentierungsgüte wirkt sich unmittelbar auf die Klassifikationsgüte aus. Erstere ist bei allen derzeit verfügbaren Programmen stark von den gewählten spezifischen Programmparametern abhängig.

3 Verglichene Segmentierungsansätze

Folgende Programme wurden für den Vergleich ausgewählt:
1. *eCognition* 2.1 bzw. 3.0 (Definiens Imaging)
2. *Data Dissection Tools* (INCITE, Stirling University)
3. *CAESAR* 3.1 (N.A.Software);
4. *InfoPACK* 1.0 (InfoSAR)
5. *Image segmentation* für Erdas Imagine (Remote Sensing Applications Center)
6. *Minimum Entropy Approach to Adaptive Image Polygonization* (Universität Bonn, Institut für Informatik).

In Tabelle 1 werden die Ansätze anhand verschiedener Vergleichskriterien gegenübergestellt. Nicht aufgeführt ist das inzwischen nicht mehr verfügbare *CAESAR*, jedoch dessen Weitentwicklung *InfoPACK*.

Die Entwickler der Programme sollten einen Testdatensatz gemäß den Zielvorgaben (u.a. Referenzsegmentierung) mit Hilfe ihres Expertenwissens segmentieren und einen umfangreichen Fragebogen beantworten. Da nicht alle Anbieter zu einer Zusammenarbeit bereit waren, erhebt dieser Vergleich nicht den Anspruch auf Vollständigkeit. Die Bearbeitung der Ansätze 1 und 5 extern erfolgte durch die Autoren.

4 Methodik

Anhand zweier Testgebiete – abgebildet durch panchromatisch geschärfte IKONOS-Multispektraldaten (1 m Bodenauflösung, jeweils ca. 2000 × 2000 Pixel, urban bzw. rural geprägt) – wurden Segmentierungen erstellt. Zielstellung war die Extraktion relevanter Objektgrenzen der Landbedeckung bzw. -nutzung. Alle Segmentierungsergebnisse wurden zum Vergleich vektorisiert.

Die unterschiedlichen Resultate wurden zunächst einer überblicksartigen, visuellen Bewertung der Gesamtsegmentierungsgüte unterzogen. Dabei standen allgemeine Aspekte, wie die Güte der Trennung unterschiedlicher Landbedeckungen (z. B. Wiese/Wald, Feld/ Wiese), die Abbildung linearer Objekte oder das Auftreten von Fehlsegmentierungen im Mittelpunkt.

Tabelle 1: Übersicht der getesteten Segmentierungsansätze

Segmentierungsansatz		eCognition 2.1 bzw. 3.0	Data Dissection Tools	InfoPACK 1.0	Image Segmentation (für Erdas)	Minimum Entropy Approach
Grundlagen	Algorithmus	Region growing	Superparamagnetic clustering	Simulated annealing	Region growing	Triangulation
	Anwendungsbereich	Fernerkundung	Bildanalyse, statistische Physik	Fernerkundung, insb. Radar	Fernerkundung	Polygonalisierung verrauschter Bilddaten
	Grundlegende Referenz	BAATZ & SCHÄPE 2000	FERBER & WÖRGÖTTER 2000	COOK et al. 1996	RUEFENACHT et al. 2002	HERMES & BUHMANN 2001
Implementierung	Stand der Software	04/2002 bzw. 11/2002	10/2002	03/2003	02/2002	08/2002
	Betriebssystem	WinNT, Win2000	WinXX, Unix, SGI, Linux u.a.	Linux, Win-2000, (Unix u.a. geplant)	WinXX	Linux
	System-Schale	Stand-alone	Evtl. MatLab	Stand-alone	Erdas	Stand-alone
	Parameterzahl	3	3	2	2	2
	Laufzeit**	Akzeptabel	Akzeptabel	Akzeptabel	Hoch	Hoch
	Reproduzierbarkeit bei verändertem Ausschnitt	Nein/ Ja (ab 3.0)	Nein	Nein	Nein	Nein
	Unterstützung einer Klassifikation	Ja (Fuzzy logic, Nearest Neighbour)	Nein	Ja (Maximum Likelihood)	Nein	Nein
Ein- und Ausgabe	Max. Bildgröße [Pixel]**	Ca. 10000 × 10000	Ca. 4000 × 4000	Keine Beschränkung	Ca. 2000 × 2000	Ca. 2000 × 1500
	Max. Farbtiefe	32 Bit	16 Bit	64 Bit	8 Bit	8 Bit
	Bildformate	Raster, Shape	Raster (TIFF)	NetCDF*	IMG	Raster
	Vektorausgabe/Format	Shape	Nein (extern)	Nein (extern)	ArcCoverage	Proprietäres Vektorformat
	Zusatzdaten nutzbar	Ja	Nein	Ja	Nein	Nein
Vertrieb	Verfügbarkeit	Kommerziell	Kommerziell	Kommerziell	Freeware	Auf Anfrage
	Ca. Preis*** (Kommerziell/Forschung)	14000 €/ 9000 € (non-profit)/2900 €	K.A./Kostenlos (non-profit)	8300 € / 5800 €	-	-

*Konvertierbar aus diversen Rasterformaten, z.B. GeoTIFF, IMG; **Angabe stark speicherabhängig; ***Stand 04/2003

Anschließend erfolgte ein detaillierter Vergleich anhand ausgewählter, visuell kartierter Referenzflächen. Bei deren Auswahl wurde insbesondere die visuell relativ einfache Abgrenzbarkeit berücksichtigt. Zunächst wurden die ausgewählten 20 Einzelflächen – die sich in Lage, Form, Größe, Bedeckung/Nutzung, Kontrast, Textur etc. unterscheiden – sowie deren segmentierte Pendants visuell verglichen und beschrieben.

Anschließend wurden die Ergebnisse quantitativ verglichen, wobei die Kriterien Anzahl von Teilsegmenten, die Segmentgröße, der Umfang, der *Shape-Index* (Umfang-Flächen-Verhältnis) sowie der Abweichung dieser im Vergleich zur Referenzfläche bestimmt wurden. Tabelle 2 zeigt die Ergebnisse beispielhaft für eine Referenzfläche.

Eine gute Segmentierungsqualität wird erreicht, wenn möglichst alle verschiedenartigen Flächen (Landbedeckung/-nutzung) korrekt abgegrenzt werden und andererseits homogene Flächen nicht übermäßig in Teilsegmente (*Übersegmentierung*) zerlegt werden. Zudem sollten die ermittelten Formkriterien möglichst gut mit den Maßen der Referenzfläche übereinstimmen.

5 Erste Ergebnisse

Die Verschiedenartigkeit der Ansätze sowie der Stand der Implementierungen hatten sehr unterschiedliche Segmentierungsergebnisse zur Folge (vgl. Tabelle 2).

eCognition bietet durch seine multiskalige Segmentierung sowie die *fuzzy-logic*-basierte Möglichkeiten der Bildklassifikation viele Potenziale. Durch die Reproduzierbarkeit der Segmentierung bei verändertem Bildausschnitt (ab Ver. 3.0) und die vielfältigen Schnittstellen zu anderen GIS- und Fernerkundungssystemen werden wichtige Anwenderanforderungen erfüllt. Allerdings enthalten die guten Ergebnisse bisweilen unsinnige, irregulär abgegrenzte Segmente. *InfoPACK* erbringt gute Ergebnisse, wenngleich der Ansatz zur Übersegmentierung und zur Bildung schlauchförmiger Segmente an Übergängen neigt. Hervorzuheben ist der verwendete *Tiling*-Algorithmus (Bildkachelung), um Bildszenen jeglicher Größe verarbeiten zu können, wobei dies zu zusätzlichen Segmentgrenzen führt.

Die Ergebnisse der weiteren Ansätze bleiben dahinter zurück, sie scheitern vermutlich an der hohen Komplexität der hochauflösenden Satellitenbilddaten. Performanceprobleme, eine starke Übersegmentierung oder Fehlsegmentierungen sind häufig die Folge. Begründbar ist dies durch die Herkunft der Ansätze, die teilweise nicht primär für die Fernerkundung entwickelt wurden. So neigen die aus der statistischen Physik stammenden *Data Dissection Tools* zur starken Übersegmentierung kleinteiliger Nutzungen sowie zu Fehlsegmentierungen bei kontrastärmeren Übergängen. Der *Minimum Entropy Approach to Adaptive Image Polygonization* bildet geradlinig verlaufende Grenzen (von sog. *man-made features*) gut ab. Natürliche Grenzverläufe werden durch das verwendete Triangulationsverfahren häufig ungenau abgeleitet. Die performanceschwache *Image-Segmentation*-Erweiterung für Erdas Imagine führt häufig zu Fehlsegmentierungen. Der für die Segmentierung von Radar-Daten entwickelte *InfoPACK*-Vorgänger *CEASAR* erbringt wenig nützliche Resultate.

Für den Anwender sind derzeit die kommerziell verfügbaren Programme vorzuziehen, da sie neben vergleichsweise guten Ergebnissen und einer guten Performance hilfreiche Werkzeuge zur Klassifikation bieten.

Tabelle 2: Vergleich der Segmentierungsergebnisse anhand einer Beispielreferenzfläche sowie allgemeine Bewertung der Gesamtsegmentierungen

Segmentierungsansatz	Referenzobjekt**	eCognition 2.1	eCognition 3.0	Data Dissection Tools	CAESAR 3.1	InfoPACK 1.0	Image Segmentation (für Erdas)	Minimum Entropy Approach
Graphische Darstellung								
Beschreibung/ Bemerkungen	Grünland umgeben von Wald und Straße, visuell segmentiert	Leichte Fehlsegmentierungen erkennbar	Leichte Fehlsegmentierungen erkennbar	Randbereich sehr stark übersegmentiert, sehr viele Kleinstsegmente	Stark übersegmentiert, Fehlsegmentierung (insb. Waldrand)	Stark übersegmentiert, schlauchförmige Randsegmente	Sehr starke Fehlsegmentierung	Übersegmentiert, Geradlinigkeit durch Triangulation deutlich
Teilsegmente	-	4	4	216	34	37	6	15
Größe [m²]*	19776	19250	18636	20146	20738	20223	72474	21549
Differenz [%]	-	-3	-6	2	5	2	266	9
Umfang [m]*	1054	1470	1194	1110	1550	1134	6628	1324
Differenz [%]	-	39	13	5	47	8	529	26
Shape-Index*	1,87	2,65	2,19	1,96	2,69	1,99	6,16	2,25
Differenz [%]	-	41	17	4	44	6	228	20
Visuelle Bewertung der Gesamtsegmentierung	Visuelle Abgrenzung als Vergleichsmaßstab der Segmentierungsqualität	Zumeist gute Ergebnisse, z. T. irregulär abgegrenzte Segmente, deutliche Abweichung zu Ver. 3.0	Zumeist gute Ergebnisse, z. T. irregulär abgegrenzte Segmente, deutliche Abweichung zu Ver. 2.1	Z. T. gute Ergebnisse, starke Übersegmentierung heller Objekte, Entstehung vieler Kleinstsegmente	Neigt zu kompakten Segmenten, Über- und Fehlsegmentierung (insb. linearer Objekte)	Zumeist gute Ergebnisse, neigt zur Übersegmentierung und zur Bildung schlauchförmiger Randsegmente	Bildung sehr großer Segmente sowie Kleinstsegmenten, nicht nachvollziehbare horizontale und vertikale Linien	Geradlinige Grenzen werden gut abgebildet, natürliche z. T. fehlerhaft, Übersegmentierung

* Werte ermittelt anhand entsprechend zusammengefasster Teilsegmente; **Referenzobjekt zum Vergleich aufgerastert

6 Schlussfolgerungen und Ausblick

Die Segmentierungsansätze reagieren häufig sehr sensibel gegenüber geringfügigen Veränderungen (leichte Parameterveränderungen, Reihenfolge bei hierarchischer Segmentierung, Bilddaten (Bildgröße, Farbtiefe), etc.), wodurch der Anwender mit einer großen Zahl von Freiheitsgraden konfrontiert wird. Durch die zumeist nach dem *trial-and-error*-Prinzip erfolgende Parameterwahl entstehen subjektiv beeinflusste Resultate. Eine Minimierung dieser Einflussmöglichkeiten sollte daher angestrebt werden.

Das Forschungsfeld der fernerkundlichen Bildverarbeitung ist gekennzeichnet durch eine hohe Entwicklungsdynamik getragen von der Entwicklung technischer Möglichkeiten. Die Segmentierung von Bilddaten ist für hochauflösende Bilddaten unverzichtbar geworden. Die weitere Entwicklung erster, erfolgversprechender Segmentierungsansätze bietet viele Potenziale, um die Anwendung im Bereich der Fernerkundung genauer und effizienter zu gestalten. So könnte z.B. die Nutzung der Texturinformation die Segmentierungsergebnisse weiter verbessern, derzeit bietet lediglich InfoPACK diese Option an.

Um die unterschiedlichen Segmentierungen räumlich vergleichen und deren Güte bewerten zu können, wird im weiteren Projektverlauf das JAVA-Tool SEQ (DELPHI IMM) genutzt. Durch SEQ wird ein Index berechnet, welcher die Güte der Segmentgrenzen im Vergleich zur Referenzfläche beschreibt, womit die Lageübereinstimmung bewertet wird.

Danksagung

Diese Forschungsarbeit wurde durch die Deutsche Forschungsgemeinschaft im Rahmen des Projektes „Nutzungsmöglichkeiten neuester, hochauflösender Satellitenbilddaten für die Raumplanung" (Me 1592/1-2) gefördert. Für die Bearbeitung der Segmentierungen danken wir Frau Dr. Prietzsch (Infoterra), Herrn Prof. Oliver (InfoSAR), Herrn Dr. von Ferber (Universität Freiburg) sowie Herrn Hermes (Universität Bonn). Für die Bereitstellung der Software SEQ sei Herrn Dr. Lessing (DELPHI IMM) gedankt.

Literatur

BAATZ, M. & A. SCHÄPE (2000): *Multiresolution Segmentation - an optimization approach for high quality multi-scale image segmentation.* In: Strobl, J. et al. (Hrsg.): Angewandte Geographische Informationsverarbeitung XII. Wichmann, S. 12-23

COOK, R.; I. MCCONNELL; D. STEWART & C. OLIVER (1996): *Segmentation and simulated annealing.* In: Franceschetti, G. et al. (Eds.): *Microwave Sensing and Synthetic Aperture Radar.* Proc. SPIE 2958, pp. 30-35

FERBER, C. VON & F. WÖRGÖTTER (2000): *Cluster update algorithm and recognition.* Phys. Rev. E 62, Nr. 2, Part A, pp. 1461-1464

HERMES, L. & J. M. BUHMANN (2001): *A New Adaptive Algorithm for the Polygonization of Noisy Imagery.* Technical Report IAI-TR-2001-3, Dept. of Computer Science III, University of Bonn

KETTIG, R. L. & D. A. LANDGREBE (1976): *Classification of Multispectral Image Data by Extraction and Classification of Homogeneous Objects.* IEEE Transactions on Geoscience Electronics, Vol. GE-14, No. 1, pp. 19-26

MEINEL, G.; M. NEUBERT & J. REDER (2001): *Pixelorientierte versus segmentorientierte Klassifikation von IKONOS-Satellitenbilddaten – ein Methodenvergleich.* PFG 3/2001, Schweizerbart, Stuttgart, S. 157-170

RUEFENACHT, B.; D. VANDERZANDEN; M. MORRISON & M. Golden (2002): *New Technique for Segmenting Images.* Programmdokumentation

Kartographische und methodische Gestaltung für Online-GIS – am Beispiel eines GIS Portals für den Katastrophenschutz

Sibylle NIEDERER und Karel KRIZ

Zusammenfassung

Kartographische Gestaltung als auch die Visualisierung von Geodaten spielen besonders im Bereich des Katastrophenschutzes eine besondere Rolle. Sie sind wichtig für die räumliche Kommunikation und für die Perzeption von entscheidenden Informationen. Aus diesen Gründen haben kartographische Gestaltungsfragen angesprochen zu werden, um eine kartographische Darstellung zu kontrollieren. Maßstabsbereiche müssen definiert werden, damit eine Datenvisualisierung nur innerhalb spezifischer Bereiche erfolgen können, wodurch eine nutzbare Darstellung erst möglich wird. Die kartographische Gestaltung und die Zusammensetzung von spezifischen Signaturen müssen jederzeit auffassbare und lesbare Darstellungen ergeben. Auf der Basis von speziellen kartographischen Überlegungen wird ein Internet GIS Portal entwickelt, welches im Detail besprochen wird.

1   Einleitung

Im Bereich des Katastrophenschutzes spielen Geoinformationssysteme eine wichtige Rolle. Diese räumlichen Analysewerkzeuge ermöglichen die Nutzung einer Vielzahl von hoch entwickelten Analyse- und Visualisierungsmöglichkeiten für hochkomplexe Daten. Aus diesem Grund haben viele Länder bereits Spezial GIS Anwendungen für den Bereich des Katastrophenschutzes implementiert. Eine Nebenerscheinung dieser regional administrierten Systeme ist die Entwicklung von inselhaften und in sich abgeschlossenen Datensätzen, die nicht über administrative Grenzen hinaus verbunden sind. Im Falle einer Naturkatastrophe kann das allerdings zu großen Problemen und zusätzlichen Hindernissen führen, das Naturkatastrophen keine natürlichen Grenzen gesetzt sind.

Um grenzenlose Datensätze im Bereich des Katastrophenschutzes zu ermöglichen, wurde das „Internet Katastrophenschutz Informationssystem" (IKI) gegründet. Dabei handelt es sich um eine Kooperation zwischen allen Österreichischen Bundesländern und der Autonomen Provinz Bozen (Italien) mit dem Ziel katastrophenschutzrelevante Daten über das Medium Internet grenzübergreifend zugänglich zu machen. Die Aufgabe von IKI ist es als Einstiegportal für den Katastrophenschutz zu dienen, über das erste Basisinformationen abgerufen werden können, die dann jeweils zu den GIS Anwendungen der teilnehmenden Regionen weiterverweisen sollen.

2 Aufgabenstellung

Bisherige Erfahrungen mit GIS haben verdeutlicht, dass zumindest 3 Grundvoraussetzungen für den optimalen Einsatz von GIS durch Hilfskräfte bei Katastropheneinsätzen gegeben sein müssen (vgl. NOGGLER 2000):

- Die Anwendungsmöglichkeiten von GIS müssen den Entscheidungsträgern in den Einsatzleitungen bekannt sein, damit diese bei Katastrophenfällen routinemäßig eingesetzt werden.
- Informationen über alle vorhandene Daten müssen sofort abrufbar sein – für welche Gebiete sind welche Datensätze in welcher Qualität vorhanden?
- Die zur Verfügung stehenden digitalen Daten müssen jederzeit zielgerichtet abrufbar sein.

Diesen Voraussetzungen soll durch IKI entgegengekommen werden, indem schnell und einfach Informationen über verschiedenste vorhandene Datensätze im internationalen Umfeld abgerufen werden können. Vor allem aber sollen diese Informationen jederzeit zielgerichtet aufbereitet und schnell abrufbar sein. Aus der Aufgabe des GIS Portals IKI folgt, dass vor allem die kartographische Gestaltung und Aufbereitung der Sachdaten von größter Wichtigkeit ist, da diese die dringend benötigten Informationen liefern. Aus diesem Grund ist bei der Erstellung eines GIS Portals für den Katastrophen- und Zivilschutz auf eine durchdachte Konzeption der Anwendung zu achten, die neben allen notwendigen Funktionen und Interaktionsmöglichkeiten vor allem auch die qualitative kartographische Visualisierung jederzeit sicherstellt. Für diese Sicherung von qualitativen kartographischen Darstellungen haben für den kartographischen Visualisierungsprozess gewisse kartographische Methoden und Techniken angewandt zu werden, die auf die betreffende Zielanwendung abgestimmt sind (vgl. KRAAK & BROWN 2001).

3 Konzeption

Die Anwendung von abgestimmten Techniken und Methoden im kartographischen Visualisierungsprozess verlangt nach konzeptionellen Überlegungen, anhand derer der Aufbau und die Gestaltung einer kartographischen Applikation vorgenommen werden kann. Als Konzeption gilt nach HAKE (1994) „die Summe der gedanklichen Ansätze und Vorstellungen zur Form und Inhalt eines kartographischen Projekts". Konzeptionelle Überlegungen zum Aufbau eines GIS Portals betreffen die Bereiche der Daten, der Funktionen und der Festlegung der äußeren Gestalt und können wie folgt beschrieben werden (vgl. RAUNER 1997):

- das **Datenkonzept**, in dem alle notwendigen Geometrie- und Sachdatensätze zusammengestellt und strukturiert sind,
- das **Funktionskonzept**, in dem die Fähigkeiten des Systems beschrieben werden und
- das **Gestaltungskonzept**, welches den Prozess der kartographischen Modellierung und die Gestaltung der Benutzeroberfläche beschreibt.

3.1 Datenkonzept

Das Datenkonzept fasst alle notwendigen Geometrie- und Sachdatensätze strukturiert zusammen. Dabei muss die Art der Datenvorhaltung (Datenbank, Datenformate) als auch die Datenaufbereitung festgelegt und beschrieben werden. Grundsätzlich müssen Daten in Geometrie- und Sachdaten (Attributdaten) getrennt werden. Die Verknüpfung zwischen diesen beiden erfolgt über einen eindeutigen Objektschlüssel, der zuvor festgelegt werden muss.

Sachdaten

Der Sachbezug umfasst alle auf das Wesen des Objektes bezogenen Angaben, wie beispielsweise substantielle Merkmale und Attributdaten (HAKE 2002). Die Vorgaben für die Sachdaten aus dem Katastrophen- und Zivilschutz enthalten für die Erstellung des GIS Portals IKI genaue Vorgaben, die mit den im Ernstfall wichtigen und abzurufenden Daten übereinstimmen sollten. Sie enthalten daher Informationen zu 7 Hauptinhalten:

- Blaulichtorganisationen (Polizei, Rotes Kreuz, Feuerwehr, etc.)
- Krankenhaus
- Verwaltung/Behörde (Bund, Land, Hauptverwaltungen, etc.)
- Verkehr Boden (Straßendienste)
- Verkehr Luft (Flughafen, Landeplätze)
- Energieversorgung (Strom, Gas)
- Messnetz (Hydrographie, Metrologie, etc.)

Um eine ständig lesbare kartographische Darstellung dieser Sachdaten zu erhalten, sind die vorhandenen Sachdaten nicht einfach nur in die Anwendung zu integrieren, sondern einer Aufbereitung durch den Vorgang der Generalisierung zu unterwerfen. Dabei werden die Vorgänge der semantische Generalisierung angewandt. Bei der semantischen Generalisierung treten den Merkmalen der Sachdaten entsprechend qualitative oder quantitative Generalisierungen auf (vgl. HAKE 2002). Dabei stehen bei der qualitativen Generalisierung die Vorgänge des Zusammenfassens, des Auswählens und des Klassifizierens im Vordergrund. Bei der quantitativen Generalisierung hingegen geht es vor allem um die Vorgänge des Vereinfachens, des Zusammenfassens, des Auswählens und des Klassifizierens.

Tabelle 1: Vorgänge der qualitativen Generalisierung (nach HAKE 2002)

Auswählen	Polizei, Flughafen, E-Werk
Auswählen und Zusammenfassen	Polizei – Rotes Kreuz – Feuerwehr
	Flughafen – Hubschrauberlandeplatz
Klassifizieren und Zusammenfassen	Polizei, Rotes Kreuz --> Blaulichtorg.
	Bezirk, Land, --> Verwaltung

Der Vorgang der semantischen Generalisierung besitzt auch geometrische Auswirkungen. Dabei wird durch die semantische Generalisierung durchaus auch die Geometrie der Sachdaten verändert. Beispielsweise wird für kleinere Maßstäbe die Summenbildung als quantitative semantische Generalisierungsmethode des Zusammenfassens angewandt. So werden etwa Blaulichtorganisationen und andere thematische Inhalte auf Bezirksebene aufsummiert und zusammengefasst für die Bezirke dargestellt. Dadurch verändern sich auch die geometrischen Bezüge dieser Sachdaten.

Geometriedaten
Nach Festlegung des darzustellenden Gebietsausschnittes und den vorgesehenen Maximal- bzw. Minimalmaßstäben ist das der Aufgabenstellung entsprechende **Koordinatensystem** festzulegen und die Daten in dieses System zu transferieren. Wenn es wie bei der Gestaltung eines grenzüberschreitendes GIS Portals zur Darstellung eines sehr großen Gebietes und zu einer sehr großen Vielfalt von unterschiedlichen Maßstäben kommt, sind auch mehrere Koordinatensysteme zu definieren. Für die Gestaltung von IKI ist das darzustellende Gebiet auf die Fläche Österreichs und des weiteren angrenzenden Auslandes abzugrenzen. Daraus ergibt sich ein maximaler Maßstab von etwa 1 : 3.500.000 und ein minimaler Maßstab von etwa 1 : 4.500. Aus diesem Grund wurden folgende Projektionen für Darstellungen in den unterschiedlichen Maßstabsebenen gewählt:

- Lambert konform: Maßstabsbereich 1 : 200.000 und kleiner
- UTM (Zone 32 und 33): Maßstabsbereich 1 : 200.000 und größer

3.2 Funktionskonzept

Mit Hilfe des Funktionskonzepts wird festgelegt, welche Fähigkeiten das System besitzen soll und welche Funktionalitäten dem Nutzer zur Verfügung gestellt werden. Die vorhandenen Funktionalitäten und Interaktionsmöglichkeiten einer kartographischen Applikation stehen im Zusammenhang mit dem User Interface, das die dafür notwenigen Interaktionselemente zur Verfügung stellen muss. Da IKI nur als Einstiegportal für die Ausgabe erster Basisinformationen im Katastrophenfall dienen soll, sind die zur Verfügung zu stellenden Funktionen relativ eingeschränkt: Zoomen, Panen, Abfrage von Koordinaten, Abfrage von Sachdaten über Karte oder Datenbank, Kennzeichnen und Setzen von Punkten, Messen von Strecken, Ortsnamenssuche.

3.3 Gestaltungskonzept

Das Gestaltungskonzept definiert das äußere Erscheinungsbild und die Gestaltung der funktionalen Fähigkeiten von digitalen kartographischen Anwendungen wie z.B. Online-GIS [vgl. RAUNER 1997]. Dabei können die interne und externe Gestaltung als zwei eigenständige Teilbereiche unterschieden werden, die durch ihre Aufgabe und durch die Zielsetzung der Applikation schlussendlich ein Ganzes bilden müssen (ARLETH 1999).

- Das **interne Gestaltungskonzept** (kartographische Modellierung) beschreibt die kartographische Modellierung, die die optimale Darstellung der Geo- und Sachdaten zum Ziel hat.
- Das **externe Gestaltungskonzept** ist zuständig für das Design der Benutzeroberfläche.

Ausgehend von der Aufgabenstellung, die vor allem auf eine hochwertige kartographische Visualisierung abzielt, soll in der Folge nur das interne Gestaltungskonzept besprochen werden.

Internes Gestaltungskonzept
Das interne Gestaltungskonzept legt die Art und Weise der kartographischen Modellierung fest, die eine optimale Visualisierung von Daten zum Ziel hat. Dabei unterscheiden sich die konzeptionellen Ansätze der Gestaltung von digitalen Produkten im theoretischen Bereich nicht maßgeblich von jenen der analogen Produkte (vgl. HAKE 2002). Dabei sind die

Schwerpunkte Methodische Gliederung, Maßstab, *level of detail* und Kartengraphik für die kartographische Modellierung eines Online-GIS genauer zu betrachten.

Methodische Gliederung
Die Inhalte und Bestandteile eines kartographischen Produktes müssen durch die methodische Gliederung so zusammengestellt werden, dass die einzelnen Komponenten ein sinnvolles Ganzes bilden. Für die methodische Gliederung von kartographischen Produkten wird in der Regel ein ebenenweiser Aufbau verwendet. Im Zusammenhang damit spricht man von *intelligent maps* (vgl. BÄR & SIEBER 1997). Diese setzen sich zusammen aus einer Anzahl von verschiedenen Ebenen, die jeweils mit einer Tabelle von Regeln verbunden sind, die definieren, wie die jeweiligen Daten visualisiert und welche Signaturen verwendet werden. Weiters legen diese Regeln auch fest, in welchen Maßstäben die jeweiligen Ebenen angezeigt und in welcher Kombination diese *layer* dargestellt werden (vgl. BÄR & SIEBER 1997).

Maßstab
Der Maßstab ist ein zentraler Faktor im traditionellen kartographischen Visualisierungsprozess, der genauso wie andere Darstellungsparameter abhängig ist vom Zweck der kartographischen Darstellung. Der Maßstab selber, beeinflusst wiederum die minimalen Signaturengrößen als auch die Kartendichte, welche wiederum die Auswahl der darzustellenden Karteninhalte und auch deren graphischer Gestaltung mitbestimmen (vgl. MÜLLER et al. 1995). Bei einem Internet GIS Portal ist jedoch das Erstellen einer kartographischen Darstellung nicht nur in einem Maßstab möglich, sondern eine Vielzahl von Maßstäben steht für die Visualisierung zur Verfügung. Mit dem durch einen Zoomvorgang verursachte Maßstabsänderung ist in der Regel eine Veränderung der kartographischen Generalisierung verbunden.

Level of Detail
In der heutigen Internetkartographie wird meist das Konzept des *level of detail* angewandt, um ein adaptives Zoomen zu ermöglichen. Dabei bezeichnet adaptives Zoomen (nach GALANDA & CECCONI 2003) „einen Zoomvorgang (Maßstabsänderung), der den Karteninhalt und die kartographische Signaturierung an den Zielmaßstab (Zoomstufe)" anpasst. Ein *level of detail* repräsentiert eine oder mehrere Objektklassen (z.B. Blaulichtorganisationen, Verkehr, Verwaltung) eines bestimmten Maßstabes. Dabei werden für jeden möglichen Maßstab die *level of detail* definiert, damit sämtliche Möglichkeiten für eine kartographische Darstellung abgedeckt sind. Damit wird sichergestellt, dass für jede Zoomstufe der *level of detail* dargestellt wird, der in dem entsprechenden Maßstab die beste kartographische Lösung hinsichtlich der Signaturierung und der Inhaltsdichte darstellt (vgl. GALANDA & CECCONI 2003).

Kartengraphik
Eine der wichtigsten Voraussetzungen für eine attraktive Karte ist eine gute Kartengraphik. Wegen den gröberen Auslösungen und der gröberen Minimaldimensionen von Bildschirmdarstellungen benötigen diese eine spezielle Grafik (vgl. SKG 2002). Im allgemeinen bedeutet dies für Bildschirmdarstellung die Verwendung von geringeren Inhaltsdichten, die Wahl von einfacheren Symbolen und Signaturen als auch die Verwendung von Schriften, die für die Wiedergabe am Bildschirm besonders geeignet sind (vgl. ARLETH 1999). Die Verwendbarkeit von Form- und Größenvariationen sowie von Flächenmustern für die Darstellung von Kartenelementen ist ebenfalls eingeschränkt. Die Gestaltungsvariable Farbe

gewinnt jedoch gerade für die Darstellung von Flächen umso mehr an Gewicht (vgl. YUFEN 1999).

4 Resümee

Die kartographische und methodische Gestaltung für ein Online-GIS im Katastrophen- und Zivilschutz ist eine weitreichende Aufgabe, die ohne eine umfassende Konzeption nicht zu bewerkstelligen ist. Vor allem um hochwertige kartographische Visualisierungen, die jederzeit lesbar und nutzbar sind, realisieren zu können, ist eine Konzeption, die alle Bereiche eines Online-GIS betrifft, unerlässlich. Wie wichtig die hochwertige kartographische Visualisierung von Geodaten ist, zeigt gerade deren Unverzichtbarkeit im Einsatz für den Katastrophen- und Zivilschutz, ohne die eine schnelle und rasche Hilfe nicht möglich wäre.

Literatur

ARLETH, M. (1999): Problems in Screen Map Design. In: Proceedings Ottawa ICA 1999

GALANDA, M., & CECCONI, A. (2003): Adaptives Zoomen in der Internetkartographie. In: Kartographische Nachrichten, Kirschbaum Verlag Gmbh, Bonn, 53. Jg., Heft 13, S. 11-16

HAKE, G., GRÜNREICH, D. & MENG, L. (2002): Kartographie – Visualisierung raumzeitlicher Informationen (8.Auflage). Berlin – New York, Walter de Gruyter

KRAAK, M-J. & BROWN, A. (2001): Web Cartography – Developments and Prospects. Taylor & Francis, London. http://kartoweb.itc.nl/webcartography/webbook/ (April 2003)

MÜLLER, J.C., LAGRANGE, J.P., WEIBEL, R. (1995): GIS and Generalization – Methodology and Practice. Taylor & Francis Inc., London (=Gisdata I, Series Editors)

NOGGLER, B. (2000): GIS im Katastrophen- und Zivilschutz. In: Strobl, J., Blaschke, T. und Griesebner, G. (Hrsg.): Angewandte Geographische Informationsverarbeitung XII. Beiträge zum AGIT-Symposium Salzburg 2000

RAUNER, A. (1997): Kartographisches Informationssystem für die Verkehrsplanung. In: Kartographische Nachrichten, Kirschbaum Verlag GmbH, Bonn, 47. Jg., Heft 5, S. 174-179

Schweizerische Gesellschaft für Kartographie (SKG) (2002): Topografische Karten – Kartengrafik und Generalisierung. Kartografische Publikationsreihe Nr. 16

SIEBER, R. & BÄR, H. R. (1997): Atlas of Switzerland-Multimedia Version. Concepts, Functionality and Interactive Techniques. In: Proceedings Stockholm ICA 1997, S. 1141-1149

YUFEN, C. (1999): Color Perception Research on Electronic Maps. In: Proceedings Ottawa ICA 1999

Entwicklung von Methoden zur semiautomatisierten Totholzinventur nach Borkenkäferbefall im Nationalpark Bayerischer Wald

Tobias OCHS, Thomas SCHNEIDER, Marco HEURICH und Eckhard KENNEL

Zusammenfassung

Zur fortschreibenden Erfassung der durch die Massenvermehrung des Buchdruckers (*Ips typographus*) im Nationalpark Bayerischer Wald entstandenen Totholzflächen auf Grundlage von CIR-Luftbildern soll aus Gründen der Kostenersparnis ein semiautomatisiertes Verfahren als Alternative zur bisherigen visuellen Interpretation entwickelt werden. Als Teil des an der Nationalparkverwaltung Bayerischer Wald angesiedelten Projektes "Forschung über Waldökosysteme – Innovative Methoden zur Erfassung von Waldstrukturen" im Rahmen der High-Tech-Offensive Bayern wurde untersucht, ob eine teil-automatisierte Erfassung der Totholzflächen mit der Software zur objektorientierten Bildanalyse *eCognition* der Firma Definiens Imaging München, GmbH verwirklicht werden kann. Es konnte ein Verfahren entwickelt werden, mit dem eine teil-automatisierte Delinierung der Totholzflächen gelingt, das darüber hinaus ein objektiveres und detaillierteres Ergebnis liefert als das bisherige Verfahren der visuelle Interpretation mit dem *ERDAS Stereo Analyst*. Für einen Einsatz zur Fortschreibung der Befallsentwicklung ergeben sich jedoch Probleme durch Lagefehler in den zugrunde liegenden Orthophotos aus Luftbildbefliegungen aufeinanderfolgender Jahre.

1 Einleitung

Im Nationalpark Bayerischer Wald sind durch die Massenvermehrung des Buchdruckers (*Ips typographus*) riesige Totholzflächen entstanden. Von den 249 km² Gesamtfläche des Nationalparks sind bis jetzt (Stand 2001) Bestände auf einer Fläche von 3,6 km² vom Borkenkäfer zum Absterben gebracht worden. Besonders betroffen sind die Fichtenbestände der Hochlagen, von denen mittlerweile rund 85 % abgestorben sind.

Eine zentrale Aufgabe der Nationalparkverwaltung ist die wissenschaftliche Beobachtung der Waldlebensgemeinschaft einschließlich der natürlichen und nicht anthropogen beeinflussten Abläufe in einer von forstlicher Nutzung freien Waldlandschaft. Hier stellt insbesondere die Dokumentation der durch den Borkenkäferbefall ablaufenden Prozesse und Strukturveränderungen als Ausdruck natürlicher Entwicklungskräfte eine große Herausforderung für die Nationalparkverwaltung dar. Neben der Erfassung kleinräumlicher Waldstrukturen besteht eine Notwendigkeit zu einer genauen flächenmäßigen Erfassung und zur Dokumentation der Entwicklung der Kalamitätsflächen (HEURICH et al. 2001). Zur Erfassung der Totholzflächen werden seit 1988 jährlich Luftbildbefliegungen zur Erstellung von Color-Infrarot-Luftbildern durchgeführt. Seit 2001 erfolgt die Delinierung der Kalamitätsflächen auf Basis von digitalen Orthophotos (Maßstab der Luftbilder 1:15.000, Scanauflösung 20 µm) mit dem *ERDAS Stereo Analyst*. Im Vergleich zum früher angewandten Verfahren – der manuellen Auswertung der Originalluftbilder unter dem Stereoskop – stellt diese Methode eine wesentliche Vereinfachung dar. Dennoch ist die Interpretation und Delinierung der Flächen zeit- und vor allem kostenintensiv (RALL & MARTIN 2001).

2 Erfassung der Totholzflächen mit eCognition

Zur teil-automatisierten Erfassung der Totholzflächen wurde ein Ansatz mit der objektorientierten Bildanalyse mit *eCognition* von Definiens Imaging GmbH, München verfolgt. Im Gegensatz zu pixelbasierten Verfahren geht der Klassifikation des Bildes eine Segmentierung voraus (Multiresolution Segmentation (BAATZ & SCHÄPE 2000)). Die in der Segmentierung erzeugten Bildobjekte bilden die Grundlage für die Klassifikation. Neben der spektralen Information können auch Eigenschaften für die Klassifizierung herangezogen werden, die auf den Wechselbeziehungen dieser Objekte zueinander basieren, kann also auch eine Klassifizierung unter Verwendung von semantischer Information verwirklicht werden.

Ziel der Bildsegmentierung ist das Aufteilen des Bildes in „sinnvolle" Einheiten, also Segmente, die Objekten in der Realität entsprechen. Bei der Segmentierung der bearbeiteten Luftbilder werden relativ kleine Bildobjekte erzeugt, die in ihrer Größe etwa einzelnen abgestorbenen Baumkronen entsprechen. Eine geeignete Parametereinstellung wurde durch ein iteratives Vorgehen ermittelt („bottom-up"-Ansatz). Die gebildeten Segmente haben in etwa die Größe abgestorbener Baumkronen, das Hauptkriterium für die Ausweisung der Totholzflächen darstellen. Mit dieser Einstellung werden auch die Schatten in einheitlichen Segmenten abgegrenzt, vitale Kronen, v.a. in Laubholzbeständen werden i. d. R. zu mehreren in einem Segment zusammengefasst. Durch die Integration eines aus dem Referenz-GIS der Nationalparkverwaltung Bayerischer Wald erstellten thematischen Layers mit Ausschlussflächen (Wege, Gewässer, etc.) für die Segmentierung werden die Grenzlinien dieser Flächen in das segmentierte Bild übernommen. Die Ausschlussflächen können nun aufgrund ihrer thematischen Attribute als solche klassifiziert werden.

Auf Grundlage dieser Segmente erfolgt zunächst die Klassifikation der Objekt-Primitive. Um die Helligkeitsunterschiede in Luftbildern zu umgehen, werden die Ratios der drei Bildkanäle für die Klassifikation der Bildobjekte herangezogen. Des Weiteren stellt sich der Vegetationsindex NDVI als Maß für die Vitalität der Vegetation als gut geeignet dar, die Totholzflächen von nicht befallenen Beständen zu unterscheiden. Die eigentliche Klassifikation erfolgt mit der Standard-Nearest-Neighbor-Funktion in *eCognition*. Über die Aufnahme von Sample-Objekten werden für die obigen Eigenschaften Zugehörigkeitsfunktionen im mehrdimensionalen Merkmalsraum für die Fuzzy-Logic-Klassifikation berechnet. Da die Luftbildbefliegung im Herbst stattfindet treten aufgrund der tief stehenden Sonne häufig Schatten auf. Diese lassen sich mit den verwendeten Object Features in Schatten auf Totholzfläche und Schatten auf nicht befallener Fläche unterscheiden.

Mit der Standard-Nearest-Neighbor-Funktion werden die Bildobjekt-Primitive (BAATZ & MIMLER 2002) den Klassen „Totholz", „Schatten auf Totholzfläche", „vitale Vegetation" und „Schatten auf vitaler Vegetation" zugeordnet, die in den Gruppen „Totholzflächen" und „vitale Bestände" zusammengefasst werden. Die Klassifikation der Ausschlussflächen erfolgt auf Grundlage der thematischen Information des eingebundenen GIS-Layers. Zusätzlich werden zwei Hilfsklassen („sonst. Totholzflächen" und „sonst. Flächen vital") eingeführt, die eine wissensbasierte Generalisierung der Flächen zu einheitlicheren „Totholzflächen" und „gesunden Beständen" ermöglichen. Einzelne nicht als Totholzflächen (bzw. „vitale Bestände") klassifizierte Objekte, die von Objekten dieser Klasse umgeben sind, werden durch die Funktion „class-related features – relative border to neighbor objects" dieser Klasse zugeordnet. Solche Flächen können beispielsweise aus dichter Bodenvegetation innerhalb der Totholzflächen bestehen, die als „vitale Bestände" klassifiziert wurden.

Die so klassifizierten Bildobjekt-Primitive werden dann durch eine „Classification-based Segmentation" in einem höheren Level zu größeren Objekten, den „Objects of interest" zusammengefügt. Es entstehen einheitlichere Flächen, die nicht mehr einzelne Baumkronen oder Schatten, sondern Totholzflächen bzw. nicht befallene Flächen repräsentieren. Die Objekte auf dem so erzeugten übergeordneten Level werden durch die Eigenschaft „existence of ... sub-objects" klassifiziert.

Die Arbeitsschritte der Bildsegmentierung und Klassifikation konnten über das Abspeichern in einem Protokoll automatisiert werden. Probleme bezüglich der Automatisierung des gesamten Arbeitsablaufs stellten sich bereits im Vorfeld der Bearbeitung. So konnte das gesamte Luftbildmosaik aufgrund der großen Datenmenge nicht am Stück aus dem MrSID-Format in das von *eCognition* benötigte TIFF-Format exportiert werden. Es entstehen hier zusätzliche Arbeitsschritte, um verarbeitbare Bildausschnitte zu exportieren. Nach Abschluss der Klassifizierung müssen die vektorisierten Ergebnisse der einzelnen Ausschnitte im GIS wieder zusammengefügt werden. Die durch die Klassifikation in *eCognition* erzeugten Polygone weisen stark fraktale Grenzverläufe auf, die ggf. nachträglich im GIS geglättet werden können.

3 Bewertung des Klassifikationsergebnisses

Zur Überprüfung des Klassifikationsergebnisses wurde der erstellte Regelsatz auf einen Referenzbildausschnitt übertragen. Als Referenz für die Überprüfung des Klassifikationsergebnisses mit dem in *eCognition* erstellten Regelwerk zur Erfassung der Totholzflächen stand das Ergebnis aus der von der Firma SLU, Gräfelfing durchgeführten visuellen Interpretation mit dem *ERDAS Stereo Analyst* zur Verfügung. Da die Ergebniskarten aus der Klassifizierung der bearbeiteten Bildausschnitte mit eCognition jedoch eine höhere Detailtiefe aufweisen als die Referenz aus der bisherigen Kartierung, konnte diese für eine Quantifizierung der Güte des Klassifikationsergebnisses (Accuracy Assessment) nicht herangezogen werden.

Zur Bestimmung der Güte der Erfassung der Totholzflächen auf der Datengrundlage des CIR-Luftbildmosaiks wurde daher der erste Teilschritt der Klassifizierung, die Extraktion der Objekt-Primitive, anhand einer Verwechslungsmatrix validiert. Als Referenz diente hierzu eine manuell erstellte Maske mit Testgebieten.

Um die Kartierung mit dem *ERDAS Stereo Analyst* dennoch als Referenz nutzen zu können, fand ein Vergleich des endgültigen Klassifikationsergebnisses mit dem Ergebnis der visuellen Interpretation im GIS statt.

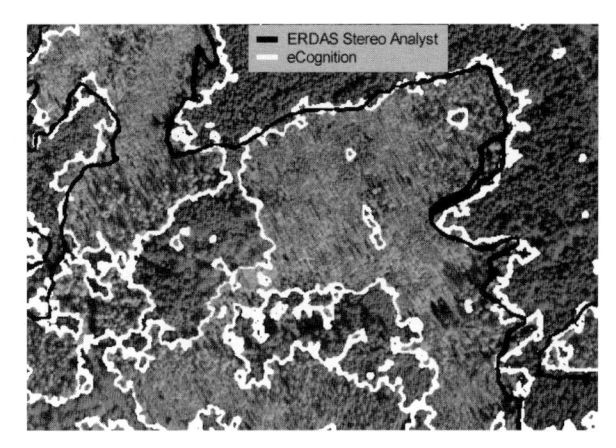

Abb. 1: Vergleich des Klassifikationsergebnisses mit *eCognition* mit dem Ergebnis der visuellen Interpretation mit dem *ERDAS Stereo Analyst* (Ausschnitt aus CIR-Mosaik 2001) – die Klassifizierung mit *eCognition* liefert ein wesentlich detaillierteres Ergebnis

Da das in *eCognition* erstellte Regelwerk auch auf Luftbilder aus anderen Befliegungsjahrgängen übertragen werden soll, wurden die Ergebnisse der Klassifikation des selben Bildausschnittes aus zwei unterschiedlichen Aufnahmejahren (Befliegungen 2001 und 2002) durch Verschneiden im GIS entsprechend einem Change Detection verglichen. Im Vergleich der beiden Verfahren, der eigenen Klassifikation des

Referenzbildes mit *eCognition* und der von der Firma SLU durchgeführten visuellen Interpretation mit dem *ERDAS Stereo Analyst*, trat an erster Stelle die unterschiedliche Detailtiefe der beiden Ergebnisse hervor. In der Klassifizierung mit *eCognition* werden kleinere Laubholzinseln innerhalb von Totholzflächen und Totholzinseln, stellenweise sogar einzelne abgestorbene Bäume innerhalb unbefallener Bestände erfasst, die in der visuellen Interpretation nicht berücksichtigt wurden. Schwächen in der Klassifikation mit *eCognition* treten an Stellen auf, an denen das Vorhandensein vitaler Bodenvegetation zu einer Ausweisung von unbefallenen Flächen führt, während bei der stereoskopischen Betrachtung im *ERDAS Stereo Analyst* hier eine deutliche Unterscheidung zwischen Bodenvegetation und vitalem Baumbestand möglich ist. Durch Einbindung eines digitalen Geländemodells, wie es im Projekt mit Hilfe von Laserscanneraufnahmen erstellt wird, sollte eine eindeutige Unterscheidung zwischen Bodenvegetation und Baumbestand möglich sein.

Insgesamt 74,4 % des Gesamtbildes wurden übereinstimmend klassifiziert, die unterschiedlich klassifizierten Flächen nehmen 25,6 % der Gesamtfläche ein. So führen beide Verfahren zu einer recht unterschiedlichen Flächenbilanz. Während die Totholzflächen bei der visuellen Interpretation des Referenzbildes knapp die Hälfte (49,1 %) der Fläche ausmachen, beträgt die mit eCognition erfasste Totholzfläche gerade etwas mehr als ein Drittel (35,6 %) der Gesamtfläche.

Ein Teil der Unterschiede zwischen beiden Ergebnissen lässt sich eindeutig auf einen geringen Lageunterschied zurückführen, dessen Ursache in der Erstellung des Orthophoto-Mosaiks zu suchen ist. Hierdurch begründet sind auch Unterschiede, die an Schnittkanten des Mosaiks zu finden sind. Auch die durch den thematischen Layer klassifizierten Ausschlussflächen unterliegen einem Lagefehler. Die von *eCognition* erzeugten Polygone haben bedingt durch die Segmentierung mit sehr kleinem Scale Parameter und der Zusammenfassung der dadurch kleinen Objekt-Primitive zu „Objects of interest" stark fraktale Grenzen. In Klassifikationen von Bildern aus folgenden Befliegungen können diese vor allem bei unterschiedlichem Schattenwurf nicht identisch reproduziert werden.

Durch den Vergleich zweier mit dem in *eCognition* entwickelten Regelwerk klassifizierten Aufnahmen des selben Bildausschnittes aus zwei aufeinanderfolgenden Luftbildbefliegungen wurde überprüft, ob dieses Regelwerk auf Bilder aus anderen Befliegungen übertragen werden kann. Durch Verschneiden der beiden Ergebnisse im GIS wurde darüber hinaus geprüft, inwieweit eine Erfassung neu hinzugekommener Totholzflächen entsprechend einem Change Detection möglich ist.

Bei der Klassifikation des Bildausschnittes aus dem Jahr 2002 konnte das erstellte Regelwerk nicht direkt übertragen werden. Aufgrund des späten Aufnahmezeitpunktes im Jahre 2002 und der daraus notwendigen Nachbearbeitung und starken Kontrastierung des Bildes konnte die für die Aufnahme aus dem Jahr 2001 angelegte Klassenbeschreibung kein sinnvolles Ergebnis produzieren. Durch die Aufnahme neuer Trainingssamples für die Nearest-Nighbor-Klassifikation konnte ein befriedigendes Klassifikationsergebnis erzeugt werden. Neben den zu erwartenden Unterschieden durch Veränderung der Totholzflächen zwischen den beiden Aufnahmen traten Unterschiede aufgrund der unterschiedlichen Aufnahmequalitäten (Kontrastierung, Schatten) der beiden Bilder auf. Als problematisch stellen sich Unterschiede in den Klassifikationsergebnissen dar, die durch teilweise gravierende Lagefehler zustande kommen. Diese Lagefehler werden durch Fehler bei der Auswahl geeigneter Passpunkte für die Orthobildberechnung verursacht. Durch Fehler im verwendeten Geländemodell (Auflösung 50x50m) können die so entstandenen Lageunterschiede in dem stark relieffierten Gelände zusätzlich verstärkt werden.

Die Verifikation des Klassifikationsergebnisses mit *eCognition* (Accuracy Assessment) erfolgte über die Aufstellung einer Fehlermatrix auf Grundlage einer manuell erstellten Maske mit Testgebieten. Hierbei wurde sowohl en pixelweiser Ansatz (Error Matrix based on TTA Mask), als auch ein objektweiser Ansatz (Error Matrix based on Samples) verfolgt. Nach beiden Verfahren ergeben sich für die Klassifikation der Objekt-Primitive zufriedenstellende Ergebnisse, die Gesamtgenauigkeit der Klassifikation (Overall Accuracy) bei einer pixelweisen Betrachtung liegt bei 74,6 %, nach einer segment- bzw. objektweisen Betrachtung beträgt die Overall Accuracy 80,8 %.

Die meisten Verwechslungen in der Klassifikation liegen bei den Schattenklassen. Ein Teil dieser Fehler wird bei der Zusammenfassung der Objekt-Primitive zu "Objects of interest" ausgeglichen. Die Genauigkeitsmaße für die Klassifikation auf dem überge-ordneten Level sind demnach – legt man nur die Güte der Klassifizierung des Bildmaterials zugrunde – noch über den bisher ermittelten Werten anzusiedeln. Die Overall Accuracy kann mit über 80 % angegeben werden. Werden die Klassen „Totholz" und „Schatten tot" und die Klassen „vitale Vegetation" und „Schatten vital" zu jeweils einer Klasse zusammengefasst, ergibt sich eine Gesamtgenauigkeit für die Klassifikation von 91,5 %.

4 Schlussfolgerung

Es hat sich gezeigt, dass eine Erfassung der Kalamitätsflächen im Nationalpark Bayerischer Wald auf Basis digitaler CIR-Luftbilder möglich ist, und dass diese sehr genau und detailliert erfolgt. Einschränkungen sind aber durch die Qualität des zugrunde liegenden Bildmaterials gegeben. Dennoch können auch Bilder, die von der Vorlage zur Erstellung des Regelwerkes zur Klassifizierung in *eCognition* abweichen, klassifiziert werden, indem in einem zusätzlichen Schritt im Arbeitsablauf neue Trainingssamples für die Nearest-Neighbor-Klassifikation aufgenommen werden. Durch diesen „click-and-classify"-Ansatz wird die Methode auch dem Anspruch auf eine Teil-Automatisierung gerecht. Nach dem Ausschneiden des zu bearbeitenden Bildausschnittes, dem Öffnen eines neuen Projektes in eCognition, und dem Laden der verwendeten thematischen Layer und des Protokolls mit den gespeicherten Arbeitsschritten können alle weiteren Bearbeitungsschritte automatisch ausgeführt werden. Es entstehen zusätzliche Arbeitsschritte, da die im Vektorformat exportierten Ergebnisse der Bildausschnitte nachträglich im GIS wieder zusammengesetzt werden müssen. Es empfiehlt sich außerdem, die sehr fraktalen Grenzen der Polygone durch eine Smooth-Funktion im GIS zu glätten.

Trotz allem ist eine Übernahme des Verfahrens in die praktische Umsetzung kritisch zu betrachten. Da das Verfahren zur jährlichen Fortschreibung der Entwicklung der Borkenkäferflächen eingesetzt werden soll, ist vor einer praktischen Anwendung des Verfahrens sicherzustellen, dass die Orthobilder, welche die Grundlage für die Klassifikation bilden, exakt aufeinandergepasst werden. Zum derzeitigen Stand sind diese mit noch zu großen Ungenauigkeiten behaftet.

Literatur

BAATZ & SCHÄPE (2000): *Multiresolution Segmentation – an optimization approach for high quality multi-scale image segmentation.* In: Angewandte Geographische Informationsverarbeitung. Beiträge zum AGIT-Symposium Salzburg 2000. Herbert Wichmann Verlag, Heidelberg

BAATZ & MIMLER (2002): *Bildobjekt-Primitive als Bausteine – Extraktion von Objekten „of interest" bzw. anthropogenen Objekten basierend auf der expliziten Kanteninformation von Bildobjekt-Primitiven.* In: Fernerkundung und GIS – Neue Sensoren – Innovative Methoden (2002)

HEURICH, M., REINELT, A. & L. FAHSE (2001): *Die Buchdruckermassenvermehrung im Nationalpark Bayerischer Wald.* In: Wissenschaftlich Schriftenreihe der Nationalparkverwaltung Bayerischer Wald, Band 14: Waldentwicklung im Bergwald nach Windwurf und Borkenkäferbefall; S. 9-48

RALL, H., & K. MARTIN (2002): *Luftbildauswertung zur Waldentwicklung im Nationalpark Bayerischer Wald 2001.* Berichte aus dem Nationalpark, Heft 1/2002

Fernerkundung und GIS im Katastrophenmanagement – die Elbe-Flut 2002

Osvaldo PEINADO, Claudia KÜNZER, Stefan VOIGT,
Peter REINARTZ und Harald MEHL

Zusammenfassung

Die Kombination von Fernerkundungs- und GIS Daten ermöglicht die rasche Kartierung großer Regionen der Erdoberfläche und kann somit eine wertvolle Hilfe für das Katastrophenmanagement darstellen. Während des Hochwasserereignisses an Elbe und Donau im September/Oktober 2002 akquirierte das Deutsche Fernerkundungsdatenzentrum (DFD) des DLR in Kooperation mit der „International Charter on Space and Major Disasters" sowie nationalen und internationalen Partnern alle für die Elbe-Region verfügbaren Satellitendaten (z.B. ERS-2, SPOT, MODIS, IRS 1C/1D, Landsat-7, RADARSAT, ASTER, BIRD, ENVISAT ASAR). Diese wurden den Krisen-Lagezentren in den betroffenen Gebieten für Vorsorgemaßnahmen und Bestandsaufnahme zur Verfügung gestellt. Während der Flut hat die Arbeitsgruppe „Elbe-Hochwasser" des DFD/IMF ca. 150 Informations- und Datenanfragen von Ministerien, Ämtern, Firmen und Privatpersonen erhalten, mehr als 100 Satellitenbilder prozessiert und für ihre weitere Evaluierung in ein GIS integriert.

1 Problemstellung und Datengrundlage

Für die Flutkatastrophe an Elbe und Donau wurde Ende August 2002 von den jeweiligen Innenministerien der beiden Länder die „International Charter on Space and Major Disasters" für die Elbregion in Deutschland und die Donauregion in Österreich ausgelöst. Die „Charter" ist ein Zusammenschluss internationaler Satellitendaten-Distributoren bzw. Forschungseinrichtungen (CNES, RSI, ESA, ISRO), die im Falle einer Naturkatastrophe kostenlos und schnellstmöglich Satellitendaten bereitstellen. Dies ermöglichte für das Katastrophenmanagement der Elbe-Flut kostenlosen Zugriff auf Spot-, IRS- Radarsat-, und ERS-2 Daten. Besonders den letzten beiden kommt in diesem Falle hohe Bedeutung zu, da Flutkatastrophen oftmals mit starker Bewölkung einhergehen, so dass Radardaten, die unabhängig von der Bewölkungsdichte sind, einen Vorteil gegenüber optischen Daten bieten.

Das DLR war von der Charter mit dem Projektmanagement betraut worden. Dies beinhaltet die Datenrecherche, -anforderung und weitergabe. In diesem speziellen Fall geschah die Analyse der Daten beim Deutschen Fernerkundungsdatenzentrum (DFD) und dem Institut für Methodik der Fernerkundung (IMF) des DLR. Die Szenen für Österreich wurden nach Rücksprache mit Österreicher Kollegen bestellt und sofort weitergeleitet. Für das notwendige „Value-Adding" der Daten für die Donauflut wurde die Universität Wien eingeschaltet.

Optische Fernerkundungsdaten geringer räumlicher Auflösung bieten einen schnellen Überblick über eine Region von besonderem Interesse. Im Rahmen der Elbe-Flutkatastrophe wurden hierfür MODIS-Daten eingesetzt, da mit einer Szene dieses Sensors (ca. 1000 × 1000) das ganze Einzugsgebiet der Elbe erfasst werden kann. Aufgrund der hohen zeitlichen Auflösung von einem Tag konnte man die Entwicklung der Wasserstände gut verfolgen (siehe Abb. 1). Auf dem Bild können die schwer betroffenen Regionen entlang der Elbe (Dresden, Bitterfeld, Umgebung von Magdeburg) deutlich erkannt werden. Dank eines besonders schnellen automatisierten Prozessierungsverfahrens des DFD konnten schon 4 Stunden nach der Aufnahme der MODIS-Daten erste Rasterdaten und GIS-Layer zur Verfügung gestellt werden.

Hausintern standen neben den MODIS Daten auch ASAR Szenen und Aufnahmen des Klein-Satelliten BIRD zur Verfügung. Zeitgleich wurden des weiteren aktuellste Landsat-7- und Aster Daten direkt von den Empfangsstationen als auch Archivdaten bestellt.

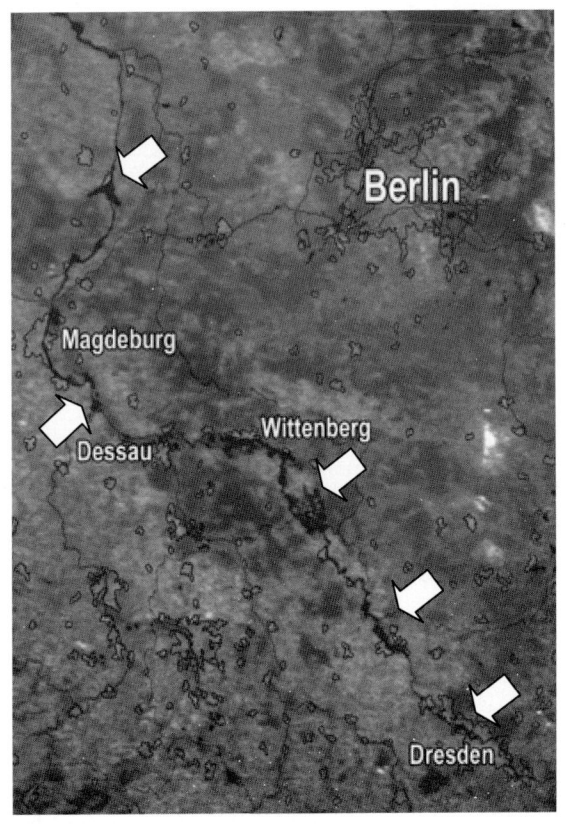

Abb. 1: Die MODIS Aufnahme vom 20.08.2002 zeigt das Ausmaß der Katastrophe über Ost-Deutschland

2 Datenauswertung und Vorgehensweise

Um die Bilder zu geokorrigieren und wichtige Informationen extrahieren zu können, wurden GIS-Layer bei der Bundesanstalt für Kartographie und Geodäsie (BKG) und den Landesämtern angefragt. Somit konnte ein Datensatz mit Bezirks- und Landesgrenzen sowie Infrastrukturdaten entlang der Elbe in ArcView GIS integriert werden.

Abb. 2: Die Abbildung zeigt ein GIS-Beispiel für den Sensor IRS in einem bestimmten Zeitraum

Am 20.08.02 wurde bei DLR-Neustrelitz eine wolkenfreie Landsat-7-Szene aufgenommen und dem DFD dank schnellster Prozessierung innerhalb von 5 Stunden zur Verfügung gestellt. Dieses Bild wurde als Basis für die Generierung von Wassermasken benutzt und neben den anderen Satellitendaten auch in das GIS integriert, um die Auswirkungen der Flutschäden zu analysieren. Obwohl Landsat noch kein offizielles Mitglied der „International Charter on Space and Major Disasters" ist, stellte das USGS in den folgenden Wochen aktuelle Landsat-Szenen ebenfalls kostenlos zur Verfügung.

Aufgrund der immensen Menge von Satellitenbildern mit verschiedenen Aufnahmezeiten, Auflösungen und Flächenabdeckungen wurde ebenfalls ein GIS zum Metadatenmanagement generiert, um die verschienenen Anfragen schnell und genau bedienen zu können (siehe Abb. 2). Dieses GIS wurde stündlich mit neuen Bildern aktualisiert und erlaubte sensor- als auch datumsspezifische Abfragen. Da die Bilder verschiedene Formate und Koordinatensysteme hatten und verschiedene Arbeitsgruppen mit unterschiedlicher Software rechneten, war es wichtig die einzelnen Prozessierungsschritte genau tabellarisch zu dokumentieren. Das zentrale GIS erwies sich als ideales Werkzeug für die Koordination und Arbeitsverteilung zwischen den einzelnen Teams.

3   Ergebnisse der Fernerkundungs- und GIS Analyse

Für die Ergebnisse der Analyse über das Ausmaß der Katastrophe ist von höchster Relevanz, dass die Informationen klar aufbereitet an Krisenmanager, die evtl. kein Hintergrundwissen über Fernerkundung haben, geliefert werden. Hierzu gehören neben übersichtlichen GIS Karten auch präzise Textdokumentationen und statistische Daten.

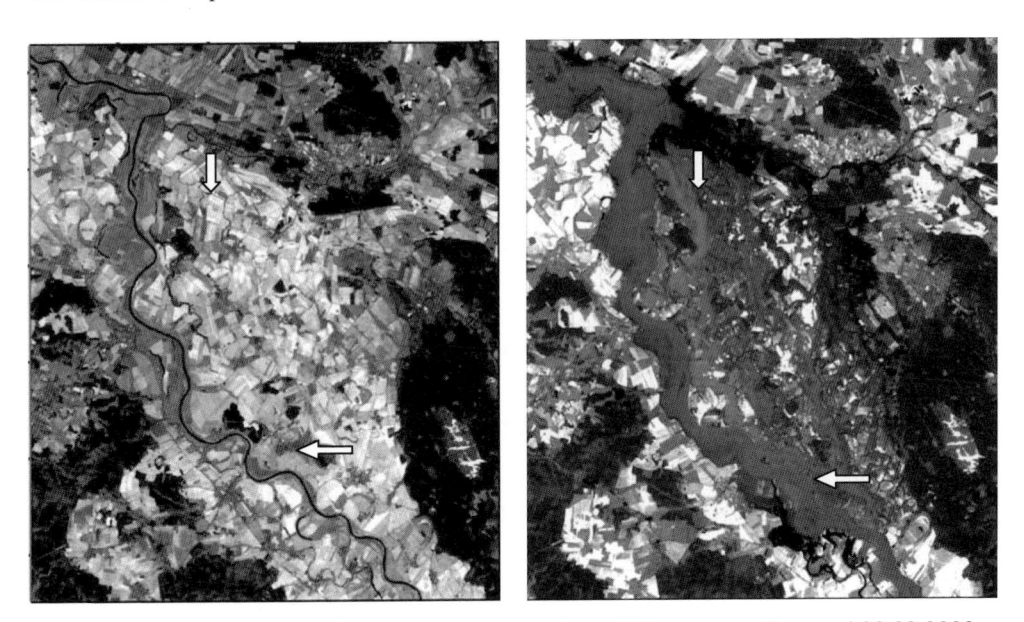

Abb. 3:   LANDSAT-7 ETM+ Aufnahmen vom 14.08.2000 (vor der Flut) und 20.08.2002 (während der Flut), über dem Gebiet Torgau in Sachsen-Anhalt

Abbildung 3 veranschaulicht das Ausmaß der Flutkatastrophe für das Gebiet Torgau in Sachsen-Anhalt. Es ist deutlich zu erkennen, dass neben den üblichen Auen- und Altarmbereichen auch landwirtschaftlich genutzte Flächen und Siedlungsgebiete betroffen sind.

Die Generierung von Wassermasken geschah je nach Art der Daten und deren Auflösung (optisch oder Radar) mit Methoden der interaktiven Klassifizierung, Kontraststärkung und Maskierung und automatisierten Spektralsignaturerkennung. Abbildung 4 zeigt die auf der Basis von zwei mosaikierten Landsat-Szenen generierten Wassermasken für Zeitpunkte vor und während der Flut innerhalb einer Pufferzone, die von der BKG definiert wurde. Der reguläre Flussverlauf und überschwemmte Bereiche sind in Weiß dargestellt.

Der Puffer diente der Standarisierung der aus verschiedenen Bildern (Radarsat, ERS, Spot, IRS, Landsat) generierten Wassermasken. Da in der Region parallel des Elbufers viele natürliche und künstliche Seen und geflutete ehemalige Tagebaugebiete existieren, wurde durch den Puffer garantiert, dass nur wirklich überflutete Bereiche von den Algorithmen erfasst wurden. Die Wassermasken wurden je nach Bedarf als Bild oder vektorisiert als GIS-Layer an die involvierten Behörden und Universitäten geliefert.

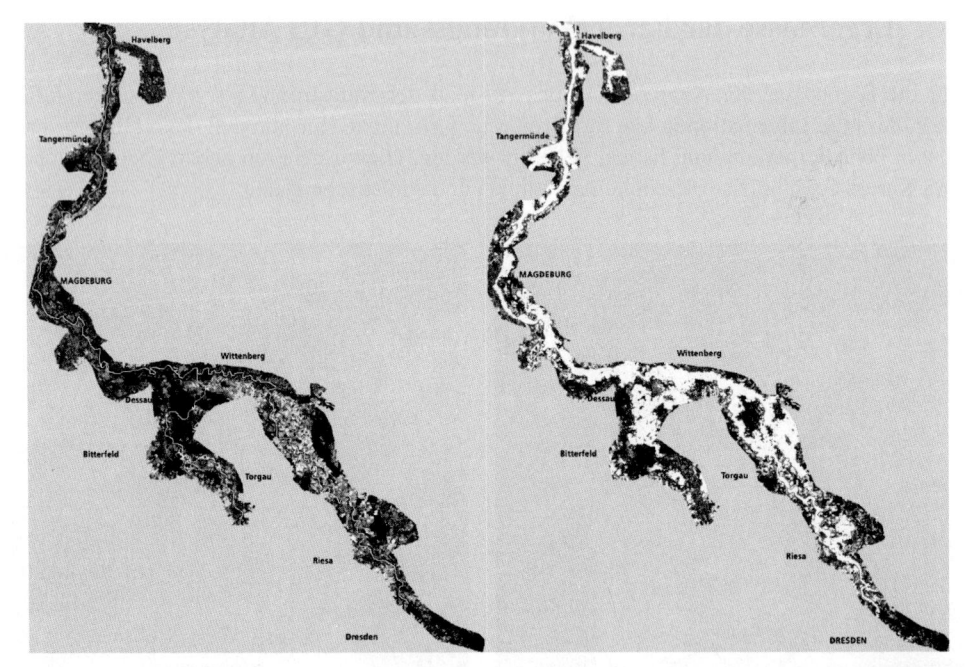

Abb. 4: Wasser Masken vor und während der Flutkatastrophe über der Elbe in Sachsen und Sachsen-Anhalt, abgeleitet aus LANDSAT-7 ETM+ Aufnahmen.

In Katastrophensituationen, in denen kurze Reaktionszeiten gefragt sind, muss man oftmals mit Daten arbeiten, die nicht optimal auf die Fragestellung zugeschnitten sind. So wurde zum Beispiel die Antenne von Radarsat neu orientiert, um Aufnahmen über den betroffenen Region zu ermöglichen womit jedoch die Modi (Größe der Radarszene und Pixelauflösung) sowie der Einfallswinkel nicht frei wählbar waren. Diese unterschiedlichen geometrischen Parameter erfordern eine individuelle Anpassung bei der Datenanalyse.

Da Radarbilder besonders für „Nicht-Fernerkundler" schwer zu interpretieren sind, wurden für die Weitergabe der Ergebnisse Multisensor-Bilder aus optischen- und Radardaten generiert, um den teils verschiedenen Informationsgehalt dieser Datensätze synergistisch zu nutzen. An Tagen mit Bewölkung wurden die Wassermasken aus Radardaten abgeleitet und für die kartographische Darstellung mit optischen Archivdaten hinterlegt.

Tabelle 1 zeigt die Fläche der überfluteten Bereiche für ausgewählte Landkreise in Sachsen und Sachsen-Anhalt. Diese Ergebnisse wurden aus den Fernerkundungs- und GIS Daten abgeleitet, um das gesamte Ausmaß des Schadens zu evaluieren. Einige Überflutungsflächen erscheinen relativ klein (z.B. Dresden); jedoch ist hier zu beachten, dass es sich oftmals um überflutete Altstadt- und Siedlungsbereiche handelte.

Der Landkreis Meissen war mit 9 km² am geringsten betroffen, während der Landkreis Wittenberg 203 km² überflutete Fläche aufwies. Die Fläche gibt jedoch keine Auskunft über das finanzielle Ausmaß des Schadens.

Tabelle 1: Überflutete Bereiche in km² für Sachsen und Sachsen-Anhalt

Landkreise	km²
Dresden	11
Meissen	9
Riesa	25
Torgau-Oschatz	68
Wittenberg	203
Dessau	19
Költhen, Schönebeck, Anhalt-Zerbst	87
Bitterfeld	20
Magdeburg	20
Jerichower Land	89
Ohre-Kreis, Stendal	89

Noch detailliertere Untersuchungen wurden auf Anfrage der Stadt Burg durchgeführt, um zu evaluieren welche Flächennutzungstypen innerhalb der Umgebung überflutet waren. Dafür wurde eine Landnutzungsklassifizierung auf der Basis von Landsat-7 Daten vor der Flut erstellt und diese Daten mit der Wassermaske zum Fluthöchststand verschnitten. So konnten genaue Aussagen getroffen werden, wie viel Ackerland, Grünland, Wald und Siedlung überschwemmt waren.

Basierend auf den sehr positiven Rückmeldungen des Landesbetriebes für Hochwasserschutz und Wasserwirtschaft des Landes Sachsen-Anhalt, des Ministeriums für Landwirtschaft und Umwelt und des Ministeriums für Bau und Verkehr des Landes Sachsen-Anhalt, der Stadt Dresden, der Stadt Magdeburg und der Gemeinde Burg u.a. konnte am Beispiel der Elbe-Flut konnte gezeigt werden, dass die Integration von Fernerkundungs- und GIS Daten im Katastrophenmanagement einen wertvollen Beitrag für die Entscheidungsfindung bei der Einleitung von Hilfsmaßnahmen und der Abschätzung des Schadensausmaßes liefern kann.

Einsatz höchstauflösender Satellitendaten im Kontext alpiner Naturgefahren

Frederic PETRINI-MONTEFERRI, Ute GANGKOFNER, Christian HOFFMANN, Johannes KANONIER, Bernhard MAIER, Andreas REITERER und Klaus STEINNOCHER

Dieser Beitrag wurde nach Begutachtung durch das Programmkomitee als „reviewed paper" angenommen.

Zusammenfassung

Der vorliegende Beitrag beschreibt den Einsatz von höchstauflösenden IKONOS-Satellitendaten in einem Testgebiet im Vorarlberger Montafon mit dem Ziel, aufbauend auf aktuellen Nutzerbedürfnissen und konkreten Zielvorgaben, eine Reihe von Grundlagendaten für Gefahrenhinweiskarten und angewandte Gefahrenzonenpläne zu liefern. Die aus Satellitendaten zu gewinnende Grundlageninformation umfasst zum einen die Landbedeckung unter besonderer Berücksichtigung naturgefahrenrelevanter Landbedeckungseinheiten, zum anderen die aus Stereobildern abgeleitete Topographie des Geländes in Form eines engmaschigen Oberflächenmodells.

1 Einleitung

Bezüglich des Umgangs mit Naturgefahren in den Alpen hat sich in den letzten Jahrzehnten, in denen der menschliche Nutzungsdruck und damit das Schadenspotenzial erheblich zugenommen haben, die Erkenntnis durchgesetzt, dass aktive Schutzmaßnahmen gegen alpine Naturgefahren auf Dauer nicht ausreichen und bezahlbar sind. Die neue Devise lautet daher, planerische Instrumente zur Vorbeugung von Naturgefahren (passiver Schutz) und auch zur gezielten Planung von aktiven Schutzmaßnahmen zu entwickeln und in die Raumplanung zu integrieren (STÖTTER et al. 1998).

Infolgedessen werden flächenhafte Aussagen bezüglich des Gefährdungsgrades und des Schadenspotenzials benötigt, wofür die Verwendung flächendeckender Grundlageninformationen eine wesentliche Voraussetzung ist. Fernerkundungsdaten, bisher fast ausschließlich Luftbilder, stellen hier neben topographischen und thematischen Karten(daten), Geländebegehungen, Katastern der Schadensereignisse und Modellierungsergebnissen eine wichtige Informationsbasis dar.

Die Entwicklung der satellitengestützten Sensoren für die Fernerkundung ermöglicht heute räumliche Auflösungen im 1m Bereich und darunter (QuickBird, 0,61m). Damit stoßen Satellitendaten in die traditionelle Domäne der Luftbilder vor. So eignen sich IKONOS-Daten mit ihrer räumlichen Auflösung von 1m (panchromatisch) bzw. 4m (multispektral) als erste Satellitendaten für Erhebungen bis zu Darstellungsmaßstäben von 1:10.000. IKONOS-

Daten können somit durch thematische Kartierungen und die Ableitung von Oberflächenmodellen wichtige Informationen für die Erstellung von Gefahrenhinweiskarten oder Gefahrenzonenplänen liefern.

2 Thematische Kartierungen auf Basis von IKONOS-Daten

Thematische Kartierungen der Landnutzung, Landbedeckung, Vegetation, Vegetationszustand oder Morphologie aus hochaufgelösten IKONOS-Daten bilden ein Anwendungsgebiet im Kontext naturgefahrenrelevanter Fragestellungen. Zusammen mit Oberflächen- oder Geländemodellen gehen diese (und weitere nicht mit Fernerkundung erfassbare) thematischen Daten in die Beurteilung des Gefährdungsgrades eines alpinen Gebiets ein. Vor einer thematischen Auswertung erfolgt die Aufbereitung der IKONOS-Daten durch radiometrische und geometrische Korrekturen.

2.1 Vorverarbeitung der IKONOS-Daten

Bei der verwendeten IKONOS-Satellitenbildszene des Testgebietes im Vorarlberger Montafon handelt es sich um Bilddaten im PSM (pan sharpened multispectral) - Modus. Die Kanalkombination NIR (near infrared) 0.76 – 0.90 µm, rot 0.64 – 0.72 µm, grün 0.52 – 0.60 µm, (alle 4 Meter Auflösung) wurde über das Prinzip der *Image Fusion* mit dem panchromatischen Kanal (1 Meter Auflösung) geschärft. Das Bildprodukt ist ein multispektrales Infrarotbild mit 1 Meter Auflösung. Das Aufnahmedatum der Szene ist der 21. Juli 2000, 10:05 Greenwich Mean Time (GMT).

Die Vorverarbeitung der IKONOS-Daten umfasst die Orthorektizierung des Datensatzes, eine anschließende Kontrolle der Lagegenauigkeit sowie eine Kontraststreckung. Die Orthorektifizierung der IKONOS-Daten erfolgt auf Basis genauer und aktueller Entzerrungsgrundlagen (Ortholuftbilder), die anschließende Kontrolle auf Basis von Ortholuftbildern und unabhängigen, terrestrisch vermessenen Kontrollpunkten. Die resultierende geometrische Genauigkeit bezogen auf die Ortholuftbilder weist einen mittleren Lagefehler (RSME) von 2.6 Metern auf, für tiefere Talbereiche lag der RMSE der terrestrisch vermessenen Kontrollpunkte bei nur einem Meter. Ähnlich gute Ergebnisse konnten bereits im Rahmen von Orthorektifizierungen von IKONOS-Daten für größere Gebiete in und um Klagenfurt und Belgrad erzielt werden (HOFFMANN et al. 2001; PETRINI-MONTEFERRI et al. 2001).

2.2 Auswertung der IKONOS-Daten

Die Auswertung der Satellitendaten setzt sich aus folgenden Schritten zusammen:
- Festlegung der Legende
- Aufstellen von Kartierungsrichtlinien
- Interpretation der Landbedeckung
- Kontrolle der Interpretationsergebnisse

Die Legende der Landbedeckungseinheiten folgt einem streng hierarchischen Ansatz, der speziell bei der Waldeinteilung zum Tragen kommt. Sie wurde von der Nutzergruppe, die das Amt der Vorarlberger Landesregierung, den Forsttechnischen Dienst der Wildbach- und Lawinenverbauung - Sektion Vorarlberg sowie den Stand Monatfon – Forstfonds umfasst, nach spezifischen, naturgefahrenrelevanten Aspekten entwickelt. Der Wald wird dabei nach Waldtyp (Nadelwald, Mischwald, Laubwald), Beschirmungsgrad (Angabe in Prozent), und Baumalter unterschieden, um die Schutzfunktion des Waldes vor Lawinen und Steinschlag optimal erfassen zu können.

Anhand von Kartierungsrichtlinien wurde festgelegt, dass der Aufnahmemaßstab der Landbedeckungseinheiten die Hälfte des Zielmaßstabes betragen soll. Die thematische Kartierung zeigt, dass ein überwiegender Anteil des Testgebietes durch Waldflächen bedeckt ist (siehe Abbildung 1). Entsprechend der Waldtypisierung ist ein Großteil davon Nadelwald mittlerer Beschirmungsdichte in Form von Baumaltholz (siehe Tabelle 1). Andere vorherrschende Landbedeckungen sind Strauchvegetation (Zwergstrauchheiden, Latschen) und offene Vegetation (alpine Rasen, Weiden, etc.).

Tabelle 1: Waldtypisierung und Anteile am interpretierten Gebiet

Unterklassen Wald	Hektar der Waldfläche	Prozent der Waldfläche
Nadelwald	343.9	69.0
Mischwald	113.3	22.7
Laubwald	41.3	8.3
Gesamt	498.5	100
Beschirmungsgrad 30 – 60 %	75.2	15.1
Beschirmungsgrad 60 – 80 %	239.3	48.0
Beschirmungsgrad 80-100 %	184.0	36.9
Gesamt	498.5	100
Verjüngung (bis 5m)	2.6	0.5
Dickung/Stangenholz	56.0	11.2
Baum-Altholz	439.9	88.3
Gesamt	498.5	100

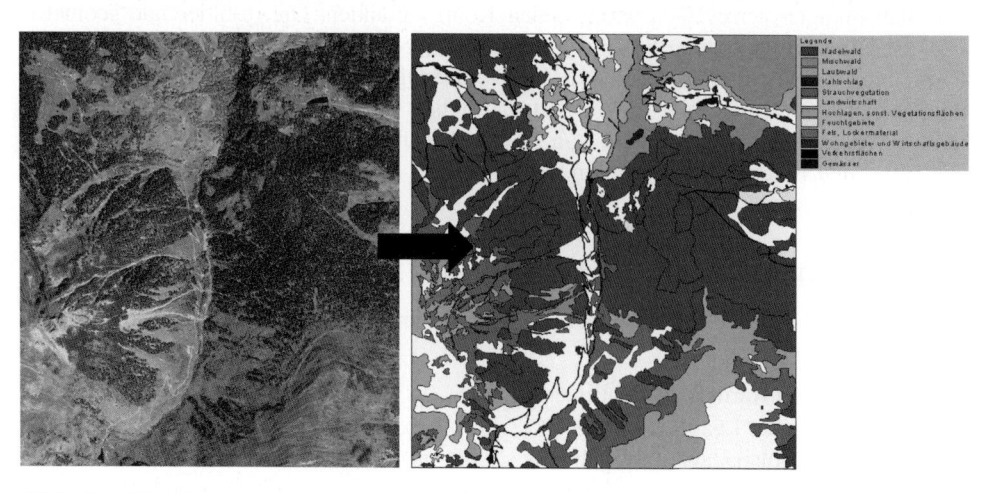

Abb. 1: IKONOS-Satellitendaten und kartierte Landbedeckungseinheiten (aggregierte Legende)

2.3 Vergleich des Informationsgehaltes mit CIR-Luftbilddaten

Auf Grundlage der interpretierten Satellitenbilddaten wurden Stichprobenflächen relevanter Landbedeckungseinheiten ausgewählt, um Bildvergleiche mit CIR Luftbild-Aufnahmen der Vorarlbergweiten Befliegung im Jahr 2001 durchzuführen. Die CIR-Daten (Aufnahmedatum 25.08.2001), die mit einer Auflösung von 25cm und der Datentiefe von 8bit vorlagen, wurden geokodiert und im Hinblick auf eine Unterscheidbarkeit der definierten Klassen im Vergleich zu den 11-bit IKONOS-Daten (Aufnahmedatum 21.07.2000) analysiert.

Mit einem Originalmaßstab von 1:68.000 ist der Aufnahmemaßstab von IKONOS-Daten etwa 3-5 mal kleiner als der von Luftbildern für Übersichtskartierungen mit Zielmaßstäben um 1:20.000. Für Kartierungen im Maßstab 1:10.000 und darüber klaffen die Maßstäbe bis ca. zum Faktor 10 (und mehr) auseinander. Trotzdem kann der Ausgabemaßstab 1:10.000 als maximal erreichbarer Grenzmaßstab für IKONOS-Auswertungen gelten (JACOBSEN 2002). IKONOS-Daten sind damit in erster Linie für Übersichtskarten der Naturgefahrenzonierung geeignet.

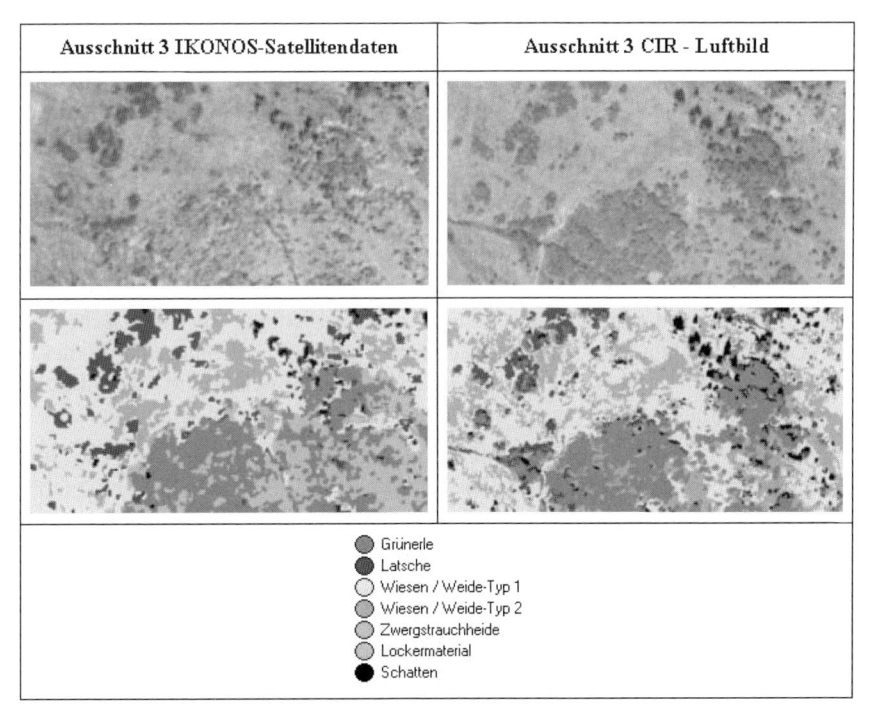

Abb. 2: IKONOS-Satellitendaten und CIR-Luftbildausschnitt von Strauch- und offener Vegetation mit zugehörigen objektorientierten, automatischen Klassifikationsergebnissen

Testflächen für den Vergleich der beiden Datensätze waren Bildausschnitte mit Wald-, Strauch- und offenen Vegetationsflächen sowie vegetationslose Flächen und Siedlungen. Die Klassifikation der Testflächen erfolgte über einen automatischen, objektorientierten Klassifikationsansatz mittels der Bildanalysesoftware eCognition, da dieser im Gegensatz zur subjektiven visuellen Interpretation eine Klassifikation der Datensätze nach objektiven Kriterien durchführt und für die Auswertung von Luft- und Satellitenbilddaten eine wesentliche Zeitersparnis bedeutet.

Speziell für die Waldklassen sollte eine weitreichende Untergliederung erreicht werden, wie sie bereits in Ansätzen von BEBI et al. (2001) und HILL & LECKIE (1999) geschildert wurde.

Die Gegenüberstellung der Klassifikationsergebnisse aus Luft- und Satellitendaten zeigt, dass in beiden Datensätzen alle relevanten Klassen eindeutig differenziert werden konnten. Die Auswertung des Luftbildes grenzt dabei die einzelnen Landbedeckungsobjekte schärfer ab, während das Satellitenbild einige Klassen im Vegetationsbereich besser unterscheidet (siehe Abbildung 2). Bei der Beurteilung müssen allerdings auch die unterschiedlichen Zeitpunkte der Aufnahme und die daraus resultierenden phänologischen Unterschiede berücksichtigt werden.

Ein wesentlicher Aspekt für den Einsatz von Satellitenbildern liegt in der Verfügbarkeit der Daten. Während Luftbilder im Rahmen von eigens geplanten Befliegungen entstehen, können Satellitenbilder jederzeit aufgenommen werden. Dies erlaubt ein flächendeckendes Monitoring auf regionaler Ebene ebenso wie eine regelmäßige Kontrolle einzelner Risikogebiete. Allerdings besteht bei der Akquisition von Satellitenbildern ein gewisses Risiko hinsichtlich externer Faktoren wie Bewölkung oder Schneebedeckung.

3 Ableitung eines Oberflächenmodells aus IKONOS-Stereodaten

Neben den thematischen Kartierungen besteht in der Ableitung von Oberflächenmodellen aus IKONOS-Stereobildern ein weiteres Nutzungspotenzial im Kontext naturgefahrenrelevanter Anwendungen. Um stereoskopische Bilder von Satelliten zu erhalten gibt es in Abhängigkeit vom Aufnahmesystem zwei Möglichkeiten:

- Along-track Stereoskopie, bei der Szenen desselben Orbits als vorwärts und rückwärts blickende Szenen genutzt werden (z.B. IKONOS)
- Across-track Stereoskopie, bei der Aufnahmen unterschiedlichen Orbits und damit auch unterschiedlicher Aufnahmetage verwendet werden (z.B. SPOT, IRS)

Die im vorliegenden Fall eingesetzte Along-track Stereoskopie bietet den entscheidenden Vorteil, dass die verwendeten Szenen im Gegensatz zu Across-track Szenen dasselbe Aufnahmedatum haben. Damit werden radiometrische Unterschiede durch abweichende Jahreszeit, Sonnenstand, Rückstrahlungseffekte und Veränderungen in der Landnutzung minimiert und die Identifikation von Stereo-GCPs (Ground Control Points) und TPs (Tie Points) für den Bildabgleich erleichtert.

Aus Gründen der Datenverfügbarkeit wurden panchromatische IKONOS-Stereodaten mit Aufnahmedatum 11. November 2001 verwendet. Aus den Datensätzen mit einer Auflösung von 1 Meter wurde nach Durchlaufen einer umfangreichen Prozessierungskette (siehe Abbildung 3) mittels der verwendeten PCI Geomatics Software ein Oberflächenmodell abgleitet.

Es wurde eine Maschenweite von 4 Metern gewählt, um Fehlbereiche bei der Modellableitung zu minimieren. Die Qualitätskontrolle des Modells anhand terrestrisch vermessener Triangulierungspunkte zeigt eine sehr gute Übereinstimmung der Höheninformation mit Durchschnittswerten von ±3 Metern. Ähnliche Werte finden sich in der Literatur bei ZHANG et al. (2002) und – untergliedert nach Landbedeckung – bei TOUTIN & CHENG (2001). In höher gelegenen Bereichen des Testgebietes ergeben sich dort größere Abweichungen, wo bei der Modellbildung Korrelationsprobleme (z.B. durch Schnee, Waldgebiete und Schattenwurf) in den Stereodaten auftreten.

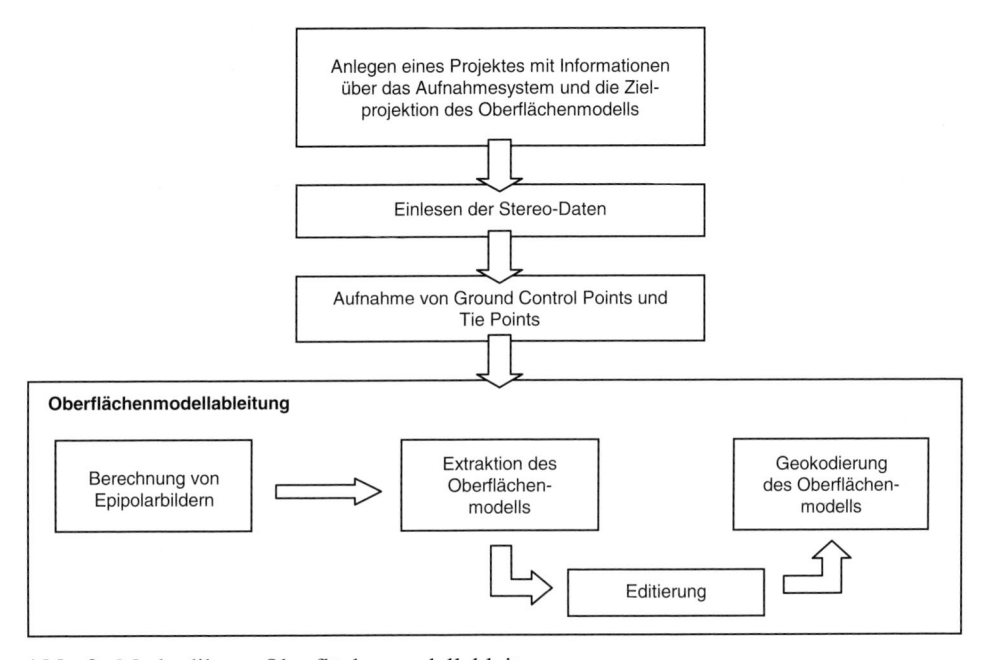

Abb. 3: Methodik zur Oberflächenmodellableitung

Für einen ausgewählten Bereich wurde zur Evaluierung der maximalen Detailerfassung ein Oberflächenmodell mit einer Maschenweite von 2 × 2 Metern generiert. Diese Maschenweite stellt den Minimalwert für ein Oberflächenmodell dar, das aus IKONOS-Stereodaten mit 1 Meter Auflösung abgeleitet werden kann. Da bei der Wahl einer maximalen Detailschärfe vermehrt Pixelkorrelationsprobleme durch geringe Schwellenwerte in den Stereodaten auftreten, bietet sich diese Maschenweite vor allem für kleinere Gebiete außerhalb von Problembereichen (z.B. Wald) an, um die Anzahl von Pixel mit Fehlwerten in akzeptablem Umfang zu halten.

Abbildung 4 zeigt das abgeleitete Oberflächenmodell mit der Maschenweite von 2 Metern sowie die entsprechende Gebietsabdeckung im Satellitenbild überlagert mit Katasterdaten. Die einzelnen Gebäude heben sich deutlich vom umliegenden Gelände ab und können eindeutig identifiziert werden.

Die aus Fernerkundungsdaten abgeleiteten Oberflächenmodelle sind damit zur Erfassung von alpinen Gefährdungsbereichen aufgrund von Abfluss- oder Sturzmodellen geeignet.

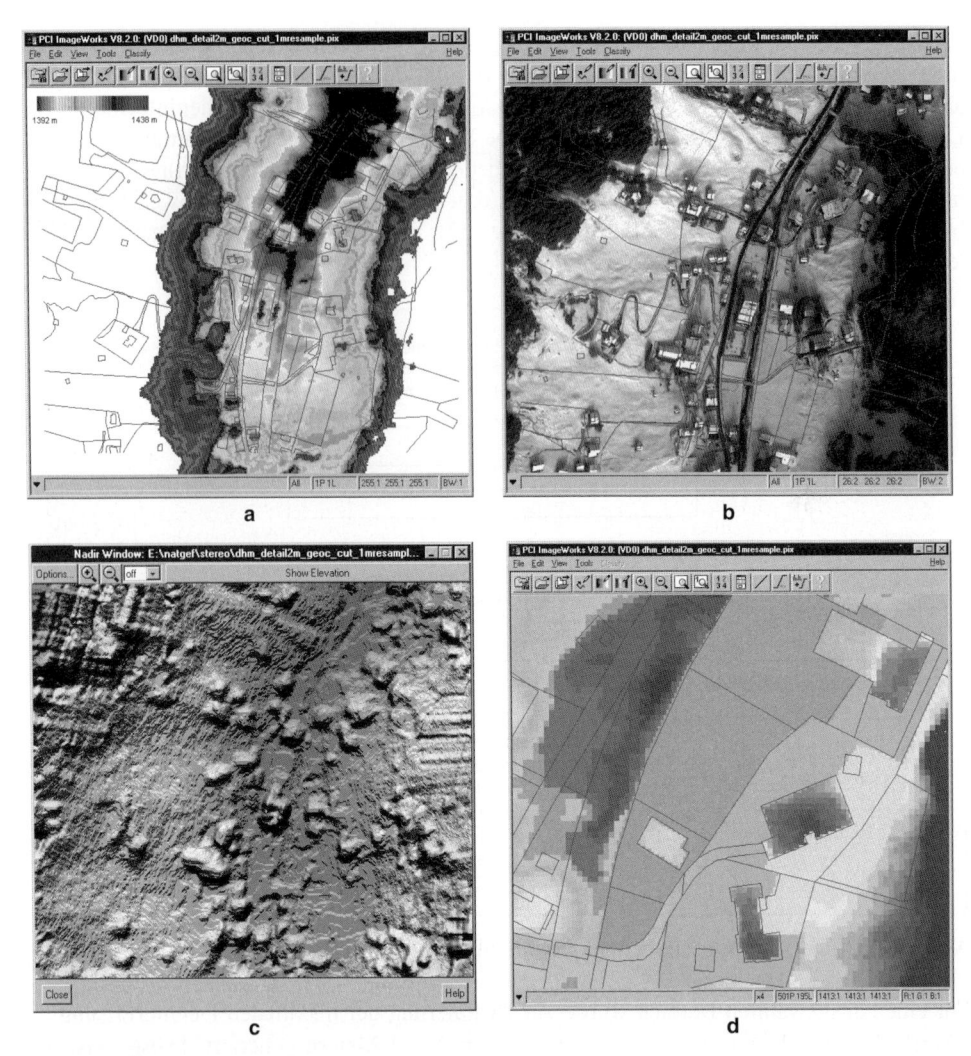

Abb. 4: Überlagerung von Detail-Oberflächenmodell und Satellitenbild mit Katasterdaten (a, b), Darstellung des Gebietes als "Shaded Relief" (c) und Gebäudeabgrenzung im Detail (d)

4 Kombination der thematischen Informationen mit Geländemodellanalysen

Die Verknüpfung der Informationen aus der thematischen Kartierung mit den Ergebnissen von Geländemodellanalysen ermöglicht die Ableitung von Gefährdungsbereichen. Dazu wurde das aus den IKONOS-Daten erstellte Oberflächenmodell durch ein vom Bundesamt für Eich- und Vermessungswesen zur Verfügung gestelltes Geländemodell mit einer Rastergröße von 10 x 10 Metern ergänzt, auf dessen Basis auch die Orthorektifizierung der

IKONOS-Daten vorgenommen wurde. Die Geländemodellanalyse umfasst die Berechnung von Hangneigung und Hangrichtung sowie hydrologischer Parameter, die im Folgenden mit den Informationen der thematischen Kartierung kombiniert wurden.

So wurde für die nach WILSON & GALLANT (2000) berechnete Hangneigung eine Klassifikation nach dem Neigungsgrad vorgenommen, um lawinengefährdete Bereiche mit einer Neigung zwischen 30 und 50 Grad auszuweisen. Durch Kombination mit den Landbedeckungsklassen stellte sich zum Beispiel heraus, dass mehr als die Hälfte der lawinenkritischen Hangneigungsbereiche bewaldet sind (siehe Abbildung 5).

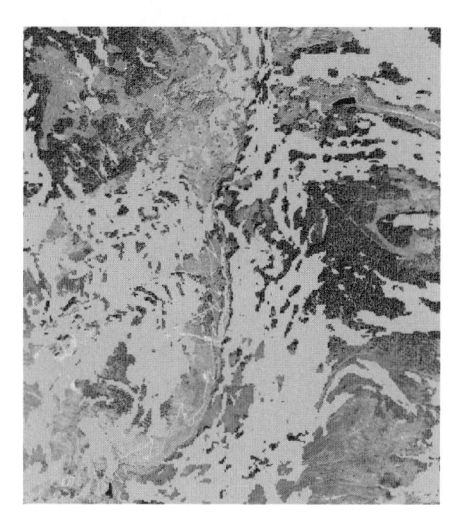

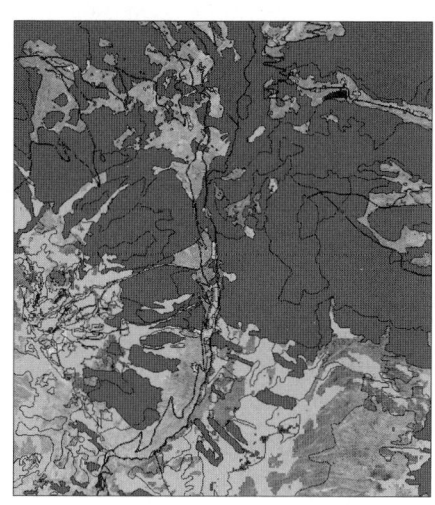

Abb. 5: Lawinenkritische Hangneigungen zwischen 30 und 50 Grad (links) und Überlagerung der Waldflächen über die kritischen Hangbereiche (rechts)

Für die verbleibenden Risikoflächen wurde im GIS eine Hangrichtungsanalyse durchgeführt, die zeigt, dass der Großteil dieser Flächen zur niederschlagbringenden Hauptwindrichtung ausgerichtet ist und damit durch massive Schneeverfrachtungen einen besonderen Gefährdungsbereich darstellt.

Es wurden auch hydrologische Parameter aus dem Höhenmodell abgeleitet, die das Abflussverhalten im Untersuchungsgebiet charakterisieren. Sie wurden zur Bestimmung des Entwässerungsnetzes und zur Berechnung des Oberflächenabflusses verwendet. Durch Überlagerung mit thematischen Kartierungen der Stabilität der Hänge (Georisken) konnten erosionsgefährdete Bereiche entlang von Wildbächen ermittelt werden (siehe Abbildung 6). Ein erhöhtes Gefahrenpotenzial ergibt sich im vorliegendem Fall bei Unterschneidung von Hangbereichen mit tiefreichender, instabiler Massenbewegung durch Gerinne sowie beim Durchfließen von Lockersedimentkörpern mit Anzeichen aktueller Erosions- und Geschiebeherdbildung durch Muren.

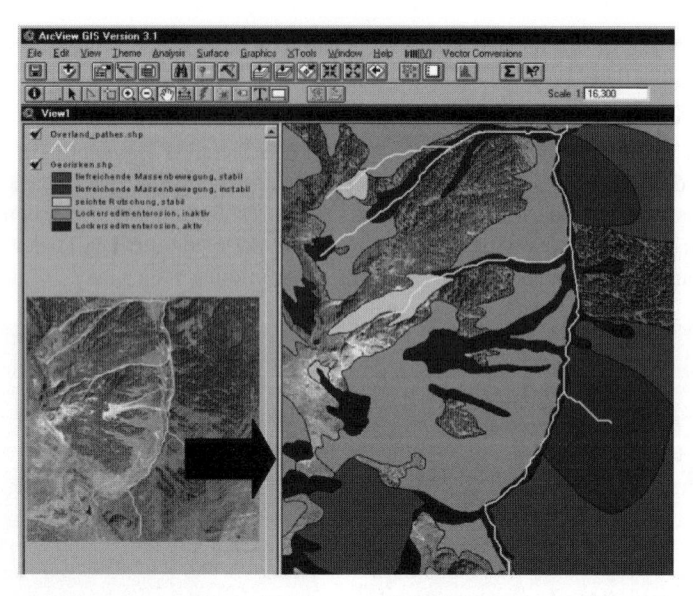

Abb. 6: Überlagerung von Entwässerungsnetz mit thematischen Kartierungen der Hangstabilität nach BERTLE et al. 1995

5 Schlussfolgerungen

Für die Abschätzung, Beobachtung und Erfassung von Naturgefahren gibt es klar definierte Einsatzmöglichkeiten für höchstauflösende Satellitendaten. Dies bezieht sich sowohl auf die Abschätzung des Gefahrenpotenzials, als auch auf die Erfassung des Ausmaßes eines eingetretenen Schadenfalles. Die aus den Daten zu gewinnende Information ist zum einen die Landbedeckung, zum anderen die aus Stereobildern abgeleitete Geländetopographie.

Für die Abschätzung von Naturgefahren ist vor allem die Differenzierung von Vegetationstypen – beispielsweise für die Parametrisierung von Oberflächenrauhigkeiten in lawinengefährdeten Gebieten – von entscheidender Bedeutung. Bei einer Kombination dieser aus den Satellitendaten abgeleiteten thematischen Information mit Höhenmodellanalysen können Aussagen über das Gefährdungspotenzial getroffen werden. Die Genauigkeit von aus Satellitendaten abgeleiteten Oberflächenmodellen hängt direkt mit der räumlichen Auflösung der Bilddaten zusammen. Die minimale Maschenweite eines Oberflächenmodells, das aus IKONOS-Daten mit einem Meter Auflösung abgeleitet werden kann, liegt bei zwei Metern Horizontalausdehnung. Die durchschnittliche Höhengenauigkeit beträgt für die verwendeten Daten ±3 Meter für flache Talbereiche.

Höchstauflösende Satellitenbilder können bestimmte Informationslücken in der Abschätzung, Beobachtung und Erfassung von Naturgefahren schließen. Ihre Stärke liegt in der Komplementarität zu Luftbildern, die zwar eine höhere räumliche Auflösung bieten, aber in ihrer zeitlichen Verfügbarkeit limitiert sind. Der Einsatz der Satellitendaten ist für Primär- und Sekundäraufnahmen kleinerer Flächen wirtschaftlich rentabel, für die sich eine eigene bzw. neuerliche Befliegung nicht lohnt. In Bezug auf ihre thematischen Inhalte sind beide Informationsquellen durchaus vergleichbar.

Danksagung

Die vorliegenden Untersuchungen wurden im Rahmen des Projektes "Einsatz hochauflösender Satellitendaten (IKONOS) für Gefahrenzonenkartierungen in den Alpen" (GZ 79.098/2-VIII/A/5/2001) durchgeführt. Besonderer Dank gilt den finanzierenden Einrichtungen Bundesministerium für Bildung Wissenschaft und Kultur, Bundesministerium für Wirtschaft und Arbeit sowie der Gemeinsamen Forschungsstelle (GFS) der Europäischen Union.

Literatur

BEBI, P., KIENAST, F. & W. SCHÖNENBERGER (2001): *Assessing structures in mountain forests as a basis for investigation the forests' dynamics and protective function*, Forest Ecology and Management, Vol. 145, Issues 1-2, pp. 3-14

BERTLE, H., MÄHR, L. & H. PIRKL (1995): *Flächenhafte Darstellung von Georisken des Montafons auf Basis einer Luftbildauswertung*. Bericht für das Bundesministerium für Land- und Forstwirtschaft und den Forsttechnischen Dienst für Wildbach- und Lawinenverbauung – Sektion Vorarlberg

HILL, D.A. & D.G. LECKIE (1999): *Automated interpretation of high spatial resolution digital imagery for forestry*. Canadian Government Publishing Center, Pacific Forestry Centre, Victoria, Canada, 402 pp.

HOFFMANN, C., STEINNOCHER, K., KASANKO, M., TOUTIN, T. & P. CHENG (2001): *Urban Mapping with High Resolution Satellite Imagery*. In: GeoInformatics Magazine, Volume 4, December 2001, S. 34-37

JACOBSEN, K. (2002): *Mapping with IKONOS images*. EARSeL Symposium, Prague, June 4-6, 7p.

PETRINI-MONTEFERRI, F, STEINNOCHER, K., HOFFMANN, C., ENGELHARDT, K. & G. KOREN (2001): *IKONOS-Satellitendaten für Stadtinformationssysteme – Fallbeispiel Klagenfurt*. In: STROBL, J, BLASCHKE, T. & G. GRIESEBNER (Hrsg.): Angewandte Geographische Informationsverarbeitung XIII, Wichmann Verlag, Heidelberg, S. 356-361

STÖTTER, J., BELITZ, K., FRISCH, U., GEIST, TH., MAIER, M. & M. MAUKISCH (1998): *Konzeptvorschlag zum Umgang mit Naturgefahren in der Gefahrenzonenplanung*. In: Innsbrucker Geographische Gesellschaft (Hrsg.) Innsbrucker Jahresbericht 1997/98

TOUTIN, T & CHENG (2001): *DEM with Stereo IKONOS: A Reality if...* Earth Observation Magazine, Vol. 10, No. 7

WILSON, J.P. & J.C. GALLANT (Eds.) (2000): *Terrain Analysis – Principles and Applications*, New York 479 p.

ZHANG, L., PATERAKI, M. & E. BALTSAVIAS (2002): *Matching of Ikonos Stereo and Multitemporal GEO Images for DSM Generation*, ISPRS Commission III, PCV'02, 9-13, Sep., 2002, Graz, Austria

GIS-gestützte Bewertungsverfahren in einer zukunftsorientierten Stadt- und Regionalplanung

Thomas PRINZ

Zusammenfassung

Die Realisierung einer zukunftsorientierten Raumentwicklungspolitik erfordert den Einsatz multithematischer Bewertungsverfahren die es ermöglichen, räumliche Entwicklungen mit all ihren räumlichen-sozialen-ökonomischen-ökologischen Auswirkungen zu koordinieren und zu steuern. GIS-gestützten regionalisierten Bewertungsverfahren kommen daher sowohl in der Entscheidungsvorbereitung als auch in der Entscheidungsunterstützung eine besondere Rolle zu. Multithematische Bewertungsverfahren ermöglichen beispielsweise konkrete (Bau)vorhaben und Maßnahmen auf ihre Raumverträglichkeit sowie auf ihre wirtschaftliche Tragfähigkeit hin zu bewerten (Szenarienbildung) und tragen somit wesentlich zur Erhöhung der Entscheidungsqualität bei interdisziplinären raumorientierten Fragestellungen bei.

1 Einleitung

Das europäische Raumentwicklungskonzept thematisiert das Modell einer nachhaltigen Entwicklung und stellt für die österreichische Raumentwicklungspolitik einen richtungsweisenden Orientierungsrahmen dar. Primäre Leitvorstellungen einer ausgewogenen Raumentwicklungspolitik sind u.a.: gleichwertige räumliche Lebensbedingungen, Erhaltung der natürlichen Lebensgrundlagen, Sicherung eines gleichwertigen Zugangs zu Infrastruktur und Wissen sowie soziale Integration. Somit muss die Planung nach einer ausgewogenen räumlichen Entwicklung, die soziale, wirtschaftliche und ökologische Anforderungen berücksichtigt, streben. Dies ist Grundvoraussetzung für die Sicherstellung von Lebensqualität sowie Erfolgsbedingung für den immer härter werdenden Wettbewerb unter städtischen Regionen. Die in den letzten Jahren geänderten Rahmenbedingungen (Zersiedelung, Motorisierung, Flächen- Ressourcenverbrauch, Freizeitgesellschaft, etc.) stellen die raumrelevanten Planungsbereiche daher vor neue Herausforderungen.

Im Spannungsfeld dieser im Planungsprozess zu berücksichtigenden Komponenten besteht die Notwendigkeit Methoden und Instrumente zu entwickeln, die die Entscheidungsfindung bei fachübergreifenden Fragestellungen unterstützen. Im Kontext einer nachhaltigen Raumentwicklung wird u.a. der Infrastrukturplanung eine zentrale Rolle zugewiesen, welche die Forderungen nach Wirtschaftlichkeit sowie nach einer angemessenen qualitativen Versorgungsqualität – akzeptablen Erreichbarkeit – flächendeckend sicherzustellen hat.

Insbesondere in Zeiten steigender finanzieller Belastung kommunaler Haushalte gewinnt eine verstärkte Berücksichtigung wirtschaftlicher Aspekte in der Raumentwicklungspolitik an Bedeutung. Im folgenden Beitrag werden ausgewählte Beispiele einer bedarfsorientierten Infrastrukturplanung für die wohnungsnahe Grundversorgung mit Gütern des täglichen

Bedarfes sowie von Kinderbetreuungseinrichtungen in der Stadt Salzburg dokumentiert. Das Projekt wurde von der Stadtgemeinde Salzburg, Mag. Abt. 9/00 Raumplanung und Verkehr, im Auftrag gegeben, basierend auf Grundlagenforschungsergebnisse des RSA-iSPACE. Als zentrales Instrument wird auf die Entwicklung eines multithematischen Bewertungsverfahrens hingewiesen.

2 Bedarfsorientierte Infrastrukturplanung

Alltäglich wird über den „Nutzen" sowie die wirtschaftliche Tragfähigkeit (Investitions- und Betriebsausgaben) infrastruktureller Maßnahmen und deren Folgewirkungen diskutiert. Gerade hier helfen Geographische Informationssysteme mit ihren umfassenden Analysefunktionalitäten die Entscheidungsfindung zu optimieren und transparenter zu gestalten.

Insbesondere sind bei Planungen die Wechselwirkungen zwischen Siedlungsentwicklung und Infrastrukturplanung zu beachten. Eine Abstimmung der Siedlungsentwicklung mit einer ressourcenschonenden (umweltschonenden) sowie kostengünstigen Erschließung mit verkehrlicher-, Ver- und Entsorgungs- Infrastruktur ist in Planungen in den Vordergrund zu stellen. Das Verkehrsaufkommen sowie der Verbrauch an Ressourcen werden wesentlich von der Siedlungsentwicklung und Standortplanung beeinflusst. Im Planungsprozess kommt dem Prinzip der „räumlichen Nähe" bzw. Erreichbarkeit eine besondere Bedeutung zu. Die Nähe von Einrichtungen der Grunddaseinsfunktionen erhöht einerseits die Wahrscheinlichkeit der Nutzung umweltfreundlicher Verkehrsmittel und stärkt andererseits bestehende öffentliche und private (Einzelhandel) Einrichtungen in ihrer Wirtschaftlichkeit. Bei Infrastrukturplanungen sollten neben betriebswirtschaftlichen Kostenfaktoren auch die nutzer-umweltspezifischen Kosten (zurückzulegende Wege, Zeit- und Staukosten) im Bewertungsprozess Eingang finden.

2.1 Versorgungsanalyse: Kinderbetreuungsplätze

Ziel der durchgeführten Versorgungsanalysen ist es, unterversorgte bzw. schlecht versorgte Bereiche zu lokalisieren und unter Einbeziehung möglichst kleinräumiger sozio-demographischer Strukturdaten zu quantifizieren sowie bei Neuplanungen die ortsansässige Nachfrage abzuschätzen. Die wechselseitige Betrachtung der Versorgungsqualität mit den betroffenen Einwohnern bzw. der potentiellen Zielgruppe ist Voraussetzung für eine nachfrageorientierte Infrastrukturplanung sowie einer Prioritätenreihung von Investitionsvorhaben. Durch Geographische Informationssysteme wird die Aussagekraft und Transparenz der zu verarbeitenden Daten erheblich gesteigert. Dadurch ergeben sich qualitativ wesentlich bessere Entscheidungsgrundlagen für die Stadtplanung.

Eine fundierte Bewertung sowohl der Standorte als auch der Versorgungssituation erfordert zielgruppenspezifische Daten, die die alterspezifischen Charakteristika der Wohnbevölkerung repräsentieren. Die bedarfsgerechte flächenhafte Versorgung mit wohnungsnahen Kinderbetreuungsplätzen ist Ziel der Raumentwicklungspolitik. Abbildung 1 stellt das standortbezogene Angebot an Kinderbetreuungsplätzen für 3- bis 7-jährige der entsprechenden Zielgruppe gegenüber. Für die kartographischen Visualisierungen wurden die adressspezifischen Alterstrukturdaten auf die jeweiligen räumlich zugehörigen Hektarrasterzellen aufsummiert.

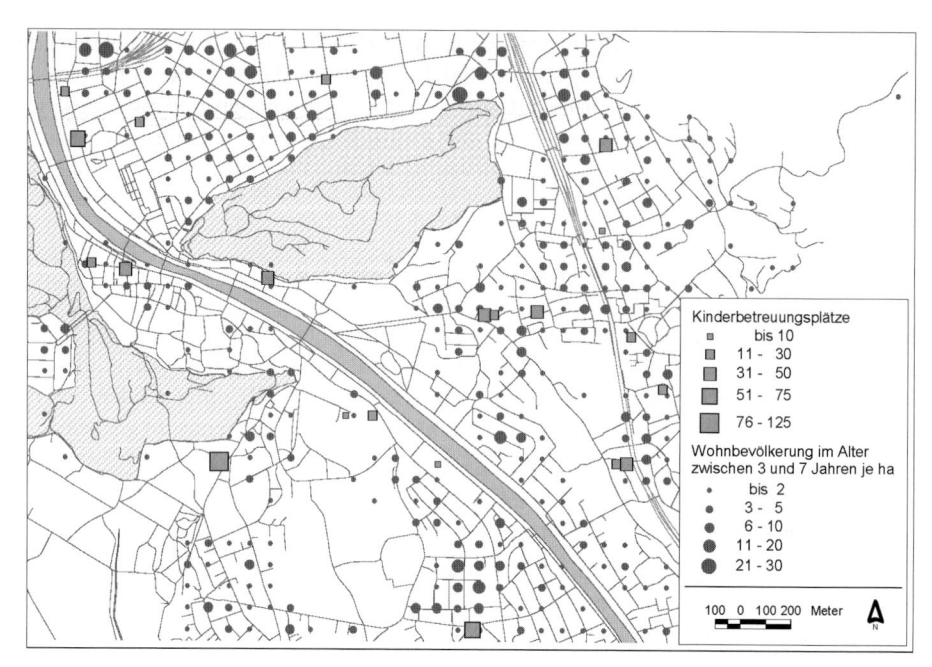

Abb. 1: Wohnbevölkerung im Alter zwischen 3 und 7 Jahren je Hektar vs. entsprechenden Kinderbetreuungsplätzen

2.2 Versorgungsanalyse: Geschäfte des täglichen Bedarfes

Der anhaltende Konzentrationsprozess im Einzelhandel verursacht zunehmende räumliche Disparitäten bei der Versorgung mit Gütern des täglichen Bedarfes. Durch die Bevorzugung verkehrsorientierter Nahversorgungsstandorte gegenüber wohnungsnahen Lagen, ist in der Regel eine Verschlechterung der wohnortnahen Versorgung mit Gütern des täglichen Bedarfes feststellbar. Dem Rückzug des Handels aus der flächenhaften Versorgung sind vor allem die darauf angewiesenen Bevölkerungsschichten (weniger mobile Personen) ausgesetzt.

Abbildung 3 stellt die wohnungsnahe Versorgungssituation mit Gütern des täglichen Bedarfes in den Stadtteilen Herrnau, Josefiau, Aigen und Nonntal der Stadt Salzburg dar. Die Grundlagen der Analyse der wohnungsnahen Versorgung mit Gütern des täglichen Bedarfes sind Abbildung 2 zu entnehmen. Dabei wird ersichtlich dass durch die räumliche Nähe „einfache" Geschäfte wie Bäcker, Fleischer etc. zu höherrangigen Versorgungszentren agglomerieren können.

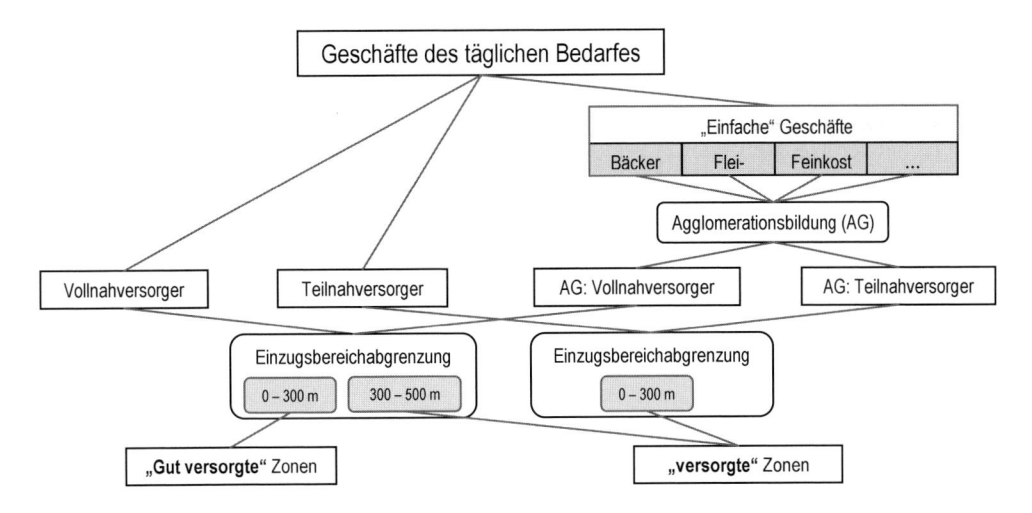

Abb. 2: Analyseablauf – Qualitätsstufen der Nahversorgung

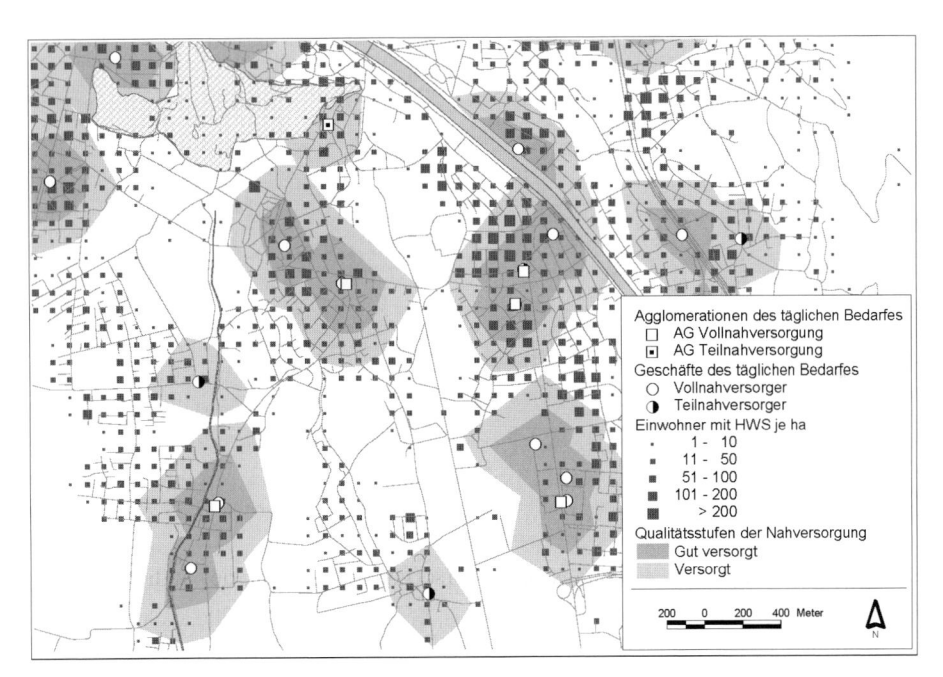

Abb. 3: Qualitätsstufen der Nahversorgung vs. Einwohner mit Hauptwohnsitz in der Stadt Salzburg

Für eine realitätsnahe Quantifizierung der Versorgungsqualitäten ist eine Berücksichtigung standortspezifischer Angebotsqualitäten (Attraktivitäten) in einer distanzbasierten Versorgungsanalyse erforderlich.

3 Multithematische Bewertungsverfahren

Speziell durch die multithematische Bewertung entsteht für die raumbezogene Planung ein entsprechender Mehrwert, der es ermöglicht, Standortqualitäten zu analysieren, um zukünftige räumliche Entwicklungen zu kontrollieren und zu steuern. Dazu werden GIS-gestützte Methoden für die Integration heterogener Datenbestände wie auch multithematische Verfahren für die raumbezogene Analyse und Bewertung im RSA-iSPACE entwickelt und kalibriert. Die Berücksichtigung von Distanz-Attraktivitätsfunktionen (in Form von fuzzy membership functions) in der Beurteilung von Standortattraktivitäten ermöglicht eine realitätsnahe Modellierung kontinuierlicher Attraktivitätspotentiale.

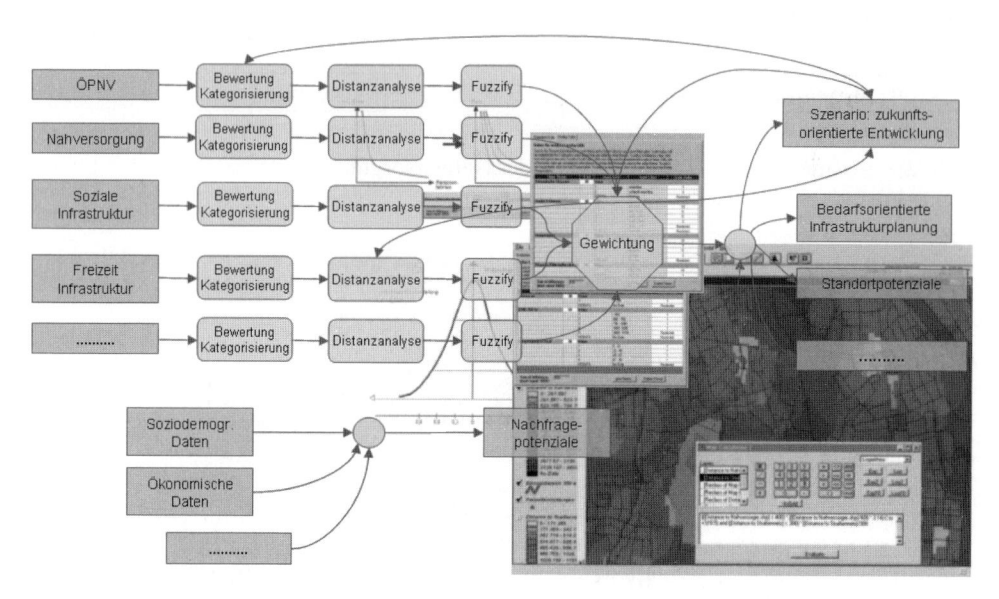

Abb. 4: Multithematisches Bewertungsverfahren

Durch Distanz-Attraktivitätsfunktionen wird die standortbezogene Attraktivität in Abhängigkeit von Wege-Entfernungen sowie Angebotsqualitäten (Beispiel ÖPNV: Bedienungs- und Verbindungsqualität etc.) beschrieben.

Diese wechselseitige Berücksichtigung von fußläufiger Erreichbarkeit sowie infrastruktureller Angebotsqualität in der multithematischen Bewertung entspricht auch vielmehr der menschlichen Wahrnehmung von Standortattraktivitäten. Verschiedene Untersuchungen zur Attraktivität von Haltestellen des Öffentlichen Personennahverkehrs zeigen, dass die Attraktivität einer Haltestelle einerseits von der vom potentiellen Nutzer zurückzulegenden Distanz sowie andererseits von der Qualität des ÖPNV Angebotes abhängig ist.

Realisiert wird das Bewertungsverfahren u.a. mit ArcView GIS der Firma ESRI (inkl. Extensions und div. Erweiterungen) sowie den MapModels von Leopold Riedl (http://srf.tuwien.ac.at/MapModels/MapModels.htm).

Der Einsatz des multithematischen Verfahrens in der Planungspraxis bietet die Möglichkeit Entwicklungsziele einer vorrausschauenden Raumentwicklungspolitik „aktiv" (agierend) – d.h. nicht auf (ungewünschte) Entwicklungen zu reagieren – in frühen Planungsphasen zu berücksichtigen. Außerdem können durch die Simulationsfähigkeit des Verfahrens – Änderung der relativen Gewichtungen der Eingangsthemen zueinander – Entwicklungsszenarien evaluiert werden.

4 Ausblick

Das ständig erweiterbare und regional übertragbare Verfahren stellt bedeutende Entscheidungshilfen für eine interdisziplinäre Standortsuche bzw. Standortbewertung sowie für eine bedarfsorientierte Infrastrukturplanung zur Verfügung. Aufgrund der Komplexität bei interdisziplinären Fragestellungen und des steigenden Kostendruckes in der Raumentwicklungspolitik ist ein zunehmender Bedarf an multithematischen Bewertungsverfahren zu erwarten. Das Verfahren wird sowohl methodisch als auch inhaltlich weiterentwickelt, um den ständig wachsenden Anforderungen einer innovativen und vorrausschauend agierenden Planung vollständig gerecht zu werden.

Literatur

BRÖTHALER, J. (2000): *Die Gemeindebonität im kommunalen Planungskontext – ein Planer sieht rot!*. In: Schrenk, M. (Hrsg.): Computergestützte Raumplanung – Beiträge zum Symposium CORP 2000. Wien, S. 119-126

HOCEVAR, A. & L. RIEDL (2003): *Vergleich verschiedener multikriterieller Bewertungsverfahren mit MapModels*. In: Schrenk, M. (Hrsg.): Computergestützte Raumplanung – Beiträge zum Symposium CORP 2003. Wien, S. 299-304

KILCHEMANN, A. & H.-G. SCHWARZ-VON-RAUNER (Hrsg.) (1999): *GIS in der Stadtentwicklung. Methodik und Fallbeispiele*. Berlin

Österreichische Raumordungskonferenz (Hrsg.) (2001): *Österreichisches Raumentwicklungskonzept*. Wien

Österreichische Raumordungskonferenz (Hrsg.) (2002): *Zehnter Raumordnungsbericht*. Wien

PRINZ, T. (2001): *GIS als Instrument zur Standortoptimierung. Am Beispiel von Bushaltestellen in der Stadt Salzburg*. Diplomarbeit, Salzburg

PRINZ, T. (2002): *GIS als Instrument zur Standortoptimierung im öffentlichen Personennahverkehr*, In: Strobl, J., T. Blaschke und G. Griesebner (Hrsg.): Angewandte Geographische Informationsverarbeitung XIV, Beiträge zum AGIT-Symposium Salzburg, S. 424-429

STATLAS – Web Services als Basis eines modularen, grenzübergreifenden statistischen Atlas der EU

Alexander PUCHER und Karel KRIZ

Zusammenfassung

Die räumliche und fachliche Trennung der STATLAS Projektpartner verlangt nach einer besonderen Architektur sowie innovativen Methoden der Implementierung einer einheitlichen und homogenen Applikation. Statistische Expertenmodule, hochqualitative Kartographie und GIS Funktionalität gilt es zu vereinigen, wobei ein modularer und flexibler Ansatz angestrebt wird.

Web Services erlauben es den Projektpartnern, Module unabhängig voneinander zu entwickeln, Fachwissen gezielt zu implementieren und so eine Qualitätsoptimierung zu erzielen. Intelligente Prüfverfahren anhand vordefinierter Spezifikationen werden zur Laufzeit in das System integriert und garantieren einen permanent konsistenten Zustand der Applikation in thematischer, geometrischer und kartographischer Hinsicht.

1   Einleitung

Das Projekt „STATLAS – Statistical Atlas of the European Union" befindet sich mittlerweile im letzten Drittel seines Projektzyklus. Unter der Mitwirkung aller Konsortiumsmitglieder sind große Teile der zu Beginn gemachten Anforderungen an das Projekt verwirklicht worden. Alle benötigten Systemmodule stehen bereit, oder sind kurz vor ihrer Fertigstellung.

Das primäre Ziel der Mitglieder des STATLAS Konsortiums ist es, ein Produkt zu erstellen, das statistische Informationen der Europäischen Union auf Staaten- und Regionalebene präsentiert. Sowohl räumlich-statistische Analysen als auch hochqualitative kartographische Darstellungen ermöglichen es dem Nutzer, die umfangreichen Datenbestände des Statistischen Amtes der Europäischen Union raumbezogen und explorativ zu verarbeiten. Die Basis des Systems stellen mehrere Einzelmodule dar, deren Summe die Applikation bildet. Als wesentliche Module sind die Benutzeroberfläche, das zentrale Verwaltungsmodul, das Datenbankmanagementsystem, die Toolbox, sowie die Visualisierungsumgebung zu nennen.

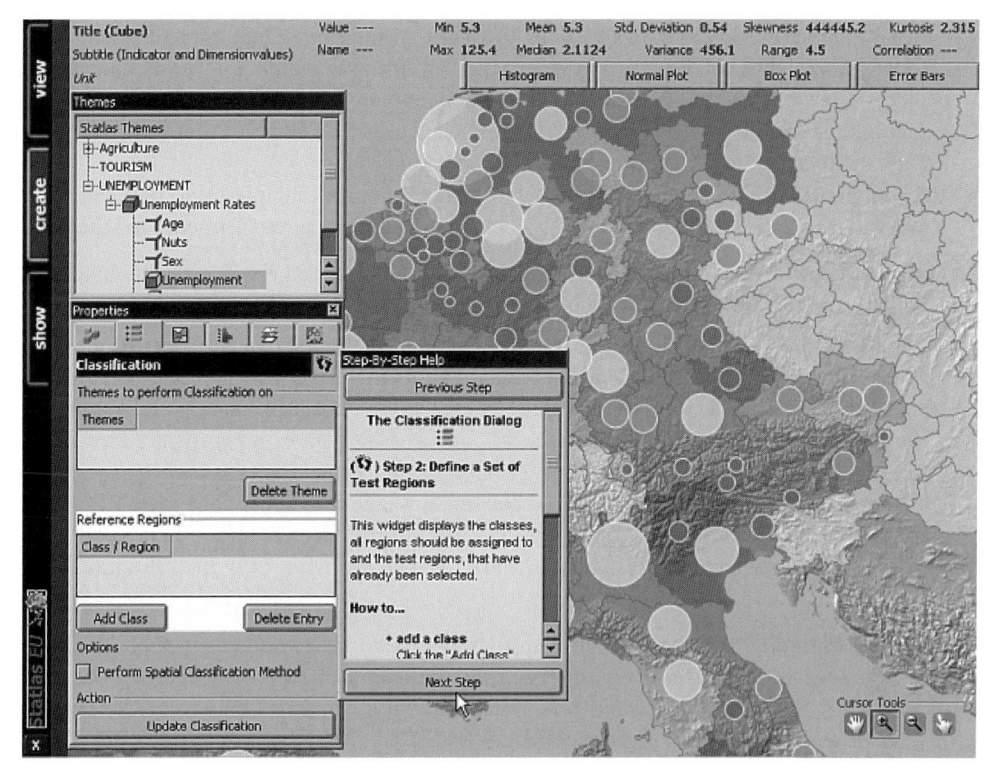

Abb. 1: Das „Gesicht" von STATLAS, die grafische Benutzeroberfläche mit Funktionstools und Kartenfeld

Die räumliche Verteilung der Projektpartner über mehrere Europäische Länder sowie deren unterschiedliche thematische Interessen führte bald zur Notwendigkeit einer klaren und wohldefinierten Systemarchitektur, die jedem Partner größtmögliche Freiheit und Flexibilität bei der Planung und Erstellung der jeweiligen Systemkomponente bietet, gleichzeitig aber die Zusammenführung der einzelnen Bausteine zu einem funktionierenden Gesamtpaket gewährleistet.

2 Problemstellung

Basierend auf eine umfangreiche Analyse der Nutzeranforderungen wurden im Rahmen eines konsequenten Qualitätssicherungsplans Lösungskonzepte und mögliche Alternativen der Implementierung evaluiert.

Als grundlegende Prinzipien der Systemarchitektur von STATLAS gelten:

- Modularität: Der modulare Aspekt ermöglicht die dezentrale Arbeit in gewohnter Umgebung, und gewährleistet damit eine hohe Effizienz bei der Implementierung spezieller Systemfunktionen. Jedes Modul ist nur für die Bereitstellung eigener, spezieller Funktionalitäten verantwortlich.

- Flexibilität: Wesentlicher Aspekt eines flexiblen Ansatzes ist nicht die technische Umgebung einzelner Projektpartner, sondern die Definition von einheitlichen Schnittstellen an den Berührungspunkten der Systemkomponenten. Als Konsequenz einer solchen Architektur ergibt sich ein System, das im Gegensatz zu einer schwerfälligen, „fat"-Implementierung als „thin" beschrieben werden kann.
- Erweiterbarkeit: Die gewählte Systemarchitektur muss so konzipiert und implementiert werden, dass ein Hinzufügen weiterer Module zu einem späteren Zeitpunkt möglich ist.

Neben diesen Anforderungen an das zu erstellende System müssen etwaige Beschränkungen bedacht werden, die bei der Wahl der Implementierung eine wesentliche Rolle spielen:

- Verteilte Ressourcen: Die Erstellung eines statistischen Atlas bedarf der Mitwirkung diverser Experten mehrerer Fachrichtungen. Die thematische Verknüpfung heterogener und fachverschiedener Expertenmodule in eine homogene Applikation stellt eine der Herausforderungen des Projekts dar.
- Heterogene Arbeitsumgebungen: Das Prinzips, jeden Projektpartner in seiner gewohnten, technischen Arbeitsumgebung zu belassen, um eine möglichst hohe Flexibilität und Effizienz zu gewährleisten, resultiert in einer stark differenzierten Landschaft aus unterschiedlichen Betriebssystemen (Linux, Windows, Mac OS) und Programmiersprachen (C/C++, Java, PHP, Perl).

Die Berücksichtigung der bestehenden Anforderungen und Beschränkungen führt zur Festlegung von zwei wesentlichen Konsequenzen für die technische Implementierung der Projektapplikation. Da die Module weitgehend unabhängig voneinander entwickelt werden, ist eine eindeutige Definition der Schnittstellen zwischen den Modulen von essentieller Wichtigkeit. Neben dieser Grundvoraussetzung besteht weiterhin die Notwendigkeit, das System der Expertenmodule auf thematischer Ebene zu homogenisieren und so einen logisch korrekten Workflow zu gewährleisten.

3 Architektur

Die räumliche Distanz der Projektpartner sowie die heterogenen Arbeitsumgebungen verlangen nach einer Technik die es ermöglicht, sämtliche Module über definierte Schnittstellen miteinander kommunizieren zu lassen. Die Bereitstellung der Funktionalität dieser Systemkomponenten über „Remote Procedure Calls" erfüllt die Anforderung einer modularen, flexiblen Architektur. Zentraler Gedanke hierbei ist die Tatsache, dass nicht einzelne Applikationen zusammengeführt werden, sondern diese ihre Funktionalität als Online-Dienste („Web Services") zur Verfügung stellen.

Als Schnittstellenprotokoll wurde SOAP („Simple Object Access Protocol") gewählt, ein W3C Standard zum Austausch von strukturierter und typisierter Informationen in einer heterogenen, vernetzten Umgebung. SOAP definiert die technische Komponente der Schnittstellen, wobei XML zur Abbildung der Information und HTTP als Transportprotokoll zum Einsatz kommt. Die inhaltliche, semantische Komponente der Schnittstellen ist vom jeweiligen Modul abhängig und wird aufgrund seiner Funktionalitäten definiert.

Die Verknüpfung der Systemkomponenten kann unterschiedlich erfolgen. Es wäre denkbar, jeweils zwei beteiligte Module in einer separaten Session zu verbinden, deren Workflow abzuarbeiten um danach zwei weitere Module zu verknüpfen. Auf diese Weise wäre ein kompletter Systemdurchlauf von der grafischen Benutzerschnittstelle über die zur Verfügung stehenden Datenbanken, die Visualisierungsumgebung zurück zum GUI denkbar. Der wesentliche Nachteil dieses Ansatzes ist das Nichtvorhandensein einer Kontrollinstanz, die den permanenten konsistenten Status der Applikation während des gesamten Workflows überwacht und gegebenenfalls die Aktion abbricht.

Um diese Systemintegrität zu gewährleisten, wurde ein weiteres Modul konzipiert – der „Broker". Aufgabe dieser Komponente im Zentrum der Systemarchitektur ist die Steuerung der Kommunikationsabläufe und Überwachung der logischen Konsistenz innerhalb des Systems. Jeder Kommunikationsvorgang in STATLAS erfolgt ausschließlich zwischen dem Broker und einer weiteren Systemkomponente.

Die Basiskonzepte des Brokers:

- Zentrales Modul der Applikation, das sternförmig mit allen Systemkomponenten in Verbindung steht.
- Standardisierte Schnittstellen ermöglichen die Kommunikation zwischen Broker und der allen Systemkomponenten.
- Spezifikationen zur Überprüfung der statistischen, geometrischen und kartographischen Konsistenz der Applikation werden vom Broker zur Laufzeit eingesetzt, um Plausibilitätsprüfungen durchzuführen.

4 Implementierung

Die unterschiedlichen Arbeitsumgebungen der Projektpartner spiegeln sich in der Implementierung der Systemmodule wieder. So wird das GUI in C/C++ realisiert, ebenso die Visualisierungsumgebung „iMap", wohingegen die „Statistic Toolbox" in Java implementiert ist. Die Umsetzung des Brokers wird in einer reinen Webserverumgebung in der Skriptsprache PHP umgesetzt, wobei das NuSOAP Toolkit zur Anwendung kommt.

Der Broker besteht aus einer Vielzahl von Funktionen, die sequentiell abgearbeitet werden.

Eine typische Interaktion des Users zur Darstellung einer Karte mit vorgeschalteter Cluster-Analyse sieht folgenden Workflow vor:

- Die Benutzereingaben werden von der grafischen Oberfläche an den Broker übertragen, dieser unterzieht die Werte einer ersten Plausibilitätsprüfung. So wird etwa an dieser Stelle die Angabe des gewünschten Kartenausschnitts mit der tatsächlichen Geodatengrundlage, bzw. deren Metadaten verglichen.
- Der Broker extrahiert die notwendigen Informationen zur Abfrage der thematischen und geometrischen Daten, erstellt dementsprechende Anfragen und übermittelt diese an die Datenbank.
- Die extrahierten Geodaten werden als GML abgelegt, die thematischen Daten zusammen mit der Anforderung zur Cluster-Analyse an die „Statistical Toiolbox" übermittelt.
- Geodaten und das Ergebnis der statistischen Analyse werde vom Broker der Visualisierungsumgebung übermittelt, diese rendert die Karte, die wiederum in das GUI integriert wird.

Jeder Kommunikationsvorgang in STATLAS erfolgt ausschließlich zwischen dem Broker und einer weiteren Systemkomponente. Als Initialisierungsschritt der Bearbeitung einer Nutzeranfrage kann die Anfrage des GUI an den Broker bezeichnet werden. Um diese Anfrage positiv zu beantworten, muss der Broker alle benötigten Module ansprechen und zu den jeweiligen Funktionalitäten anweisen. Erst nach Abarbeitung aller Arbeitsschritte kann das erstellte Ergebnis – im Regelfall eine Karte – an die grafische Oberfläche übermittelt werden.

Der technischen Vernetzung der Systemmodule via SOAP steht die inhaltlich, logische Komponente der Parameterübergabe gegenüber. Jedes Modul bietet hierfür eine definierte API an, die vom Broker angesprochen werden kann. Als Übergabeparameter werden entweder Strukturen oder Anweisungsskripts („Control XML") übergeben, die von SOAP in XML gekapselt und via HTTP übertragen werden.

5 Fazit

Der konsequente Einsatz von Web-Services zur Modularisierung und Steigerung der Flexibilität hat im vorliegenden Projekt eine Arbeitsumgebung geschaffen, die es den beteiligten Partnern ermöglicht, faschspezifische Anwendungen zu entwickeln, ohne Vorgaben und Beschränkungen des Gesamtprojekts berücksichtigen zu müssen. Das Prinzip eines zentralen Brokers bietet eine effiziente Möglichkeit der Verknüpfung der vorliegenden Module zu einer gesamtheitlichen Applikation. Aufgrund der Unabhängigkeit der Module von einer monolithischen Architektur ist eine hohe Nachhaltigkeit und Wiederverwendbarkeit der Funktionalitäten gegeben.

Literatur und Links

PUCHER, A. & K. KRIZ (2002): STATLAS – Kartographische Visualisierung multinationaler europäischer Statistik im 21. Jahrhundert. In: Angewandte Geographische Informationsverarbeitung XIV. Beiträge zum AGIT-Symposium 2002. Heidelberg, Wichmann Verlag

STATLAS-Homepage:
  http://www.statlas.org
Institut für Kartographie, ETH Zürich:
  http://www.karto.ethz.ch
Institut für Länderkunde, Leipzig:
  http://www.ifl-leipzig.com
LIAISON Systems, Athen:
  http://www.liaison.gr
Cartography Laboratory, NTU Athen:
  http://www.survey.ntua.gr/main/labs/carto/carto-e.html
Institut für Geographie und Regionalforschung, UNIVIE Wien:
  http://www.gis.univie.ac.at/karto
World Wide Web Consortium: Simple Object Access Protocol (SOAP). May 2000.
  http://www.w3.org/TR/SOAP/

The Compilation of a modern Landscape Inventory by the Synopsis of Spatial Layers

Karl REITER, Thomas WRBKA und Georg GRABHERR

Zusammenfassung

Zur Erstellung eines naturräumlichen Leitbildes für das Biosphären-Reservat Großes Walsertal wurde ein Landschaftsinventar erstellt. Die vorliegende Arbeit liefert methodische Ansätze, wie Landschaftsinventare relativ rasch, großräumig und dabei mit geringem finanziellen Bedarf erstellt werden können. Neben Erhebungen zur Landnutzung und Landbedeckung bzw. Kulturlandschaft auf Basis von Satellitenbildern (Landsat TM) wurden für die Erstellung des Landschaftsinventars vom Land Vorarlberg räumliche Sachdaten (Geologie, Biotopkartierung, Waldkarte, Höhenmodell, Gewässer- und Wegenetz) zur Verfügung gestellt. Die gesamte Fläche des Großen Walsertals wurde in 3264 Rasterzellen mit einer Kantenlänge von 250 m mal 250 m unterteilt. Mit Methoden des Geographischen Informationssystems ARC/Info wurde jede Rasterzelle hinsichtlich ihrer Ausstattung bezogen auf die einzelnen räumlichen Sachebenen untersucht. Jede dieser Rasterzelle stellte ein Objekt für eine multivariate Analyse dar. So wurden auf Basis der Ausstattung aller Rasterzellen 21 Klassen (= Landschaftstypen) geschaffen. Die Landschaftstypen bildeten die Grundlage einer Hemerobiebewertung (Grad des menschlichen Einflusses), die für die Untermauerung des Zonierungsplans für das Biosphären-Reservat Verwendung fand. Es wurden 37 % der Fläche als natürlich (Kernzone), 28 % als naturnahe bzw. 26 % als halbnatürlich (Pflegezone) und 9 % als weitgehend kulturbedingt (Entwicklungszone) beschrieben.

1 Introduction

Under the new Environmental Protection Act for the Austrian province of Vorarlberg, the provincial government is obligated to compile inventories of natural zones and habitats. It was the aim of the pilot project conducted in the Grosse Walsertal to prepare such landscape inventory and, at the same time, develop suitable work strategies by relying on the methods of remote sensing and of the geographical information systems and existing pools of data. One of the reasons why the Grosse Walsertal was chosen as project region was the fact that for the establishment of a Biosphere Reserve envisaged for that region, a spatial landscape model based on such landscape inventory was required. The present paper describes methodologies allowing landscapes to be classified relatively fast, comprehensively, and at the same time, cost-effectively. In this connection, remote sensing data constitutes an essential source of information.

2 Investigated Region

The Grosse Walsertal (192 km²) is undoubtedly one of the most beautiful high Alpine valleys in Austria. It is situated in the province of Vorarlberg, about 70 kilometres south-east of Bregenz, the provincial capital. Since the immigration of the Walser people in the 13th and 14th centuries, a system of pastures, extensive forestry and mountain farming has been developed. The mosaic of open land, forests and traditional settlements is the origin of very high animal and plant diversity. The geological patterns force a high diversity of different landscape and vegetation types. The Grosse Walsertal is, along its main axis, a V-shaped valley and, along its slopes, characterised by so-called gorges ("Tobel"). The numerous small, deep valleys has given rise to the Grosses Walsertal being described as "a gorge with gorges and mini gorges". The gorge forests in these gorges – each of which is in a largely virgin state - form the characteristic biotopes of this valley. On the 1. 2.2001 the UNESCO signed the declaration of the „Biosphere Reserve Grosses Walsertal".

3 Methods

For the compilation of the landscape inventory, factual spatial data was provided by the authorities of the province of Vorarlberg (geology, biotope mapping, forest map, information derived from a digital elevation model, network of waterways, roads, byways and logging trails). The maps of land cover and land use (cultural landscape types) for the research area were offered by the project SINUS (WRBKA et al. 1999), which was set up as an interdisciplinary research project combining remote sensing methods and ecological field-investigations, aiming at the elaboration of spatial indices of sustainable land use. This work step takes place in co-operation with the Institute of Surveying, Remote Sensing and Land Information, University of Natural Resources and Applied Life Sciences, Vienna. The project collaborators in the Project SINUS and in the here presented project are almost the same. The applied satellite images were LANDSAT TM5 compositions out of 6 canals, except the thermal canal.

3.1 Automatic satellite image segmentation and classification

Automatic delineation and identification of segments and image classes is desirable for the following reasons:

- For larger areas, automatic image analysis is more economic in terms of money and time, in particular also with a view to the shortage of experts for this task.
- The result of automatic image analysis is more homogeneous than a map compiled by subjective visual interpretation.

3.1.1 Segmentation

Segmentation in general is the process of partitioning an image into regions (segments, sets of adjacent pixels) having a meaning in the real world (HARALICK & SHAPIRO 1993). In any case, segmentation is performed employing a region growing method. Starting from an arbitrary seed pixel, pixels are added, if their spectral difference from the mean of the region existing so far is below a certain threshold. If a region stops growing, a new seed pixel is placed automatically in the image area not yet assigned to a segment. The main parameters for choosing the mean segment size are the thresholds controlling termination of the growing process. These thresholds are specified as percentages of the histogram widths in the individual spectral bands and are adjusted in test runs. The region growing algorithm is applied to the geocoded LANDSAT TM5 scenes of 30m pixel size. In order to include in the segmentation process information on abrupt and, in particular, straight boundaries with subpixel accuracy, the region growing procedure is made to stop at pixels for which a subpixel model has been found. The result of the segmentation process is directly coded in vector format (STEINWENDNER, SCHNEIDER & SUPPAN 1998).

3.1.2 Land cover classification

Spectral, textural and shape parameters are determined as attributes of the individual segments. Land cover information on the segments is obtained in a classification step. Based upon the methods, which were develop at the Institute of Surveying, Remote Sensing and Land Information, a decision tree classification was used. The decision rules are formulated using expert knowledge on satellite image interpretation. Information from training samples is used for iterative refinement of the decision rules (SUPPAN et al. 1999).

From a total amount of 17 Austrian land cover types, 11 were detected for the Grosses Walsertal, which were allocated to 350 segments.

3.2 Digital Elevation Model

In the current study we used a fine grained DEM with a ground resolution of 25 m. We derived from the DEM elevation-classes, exposition and inclination. The scaling of the elevation-classes was based on Austria's elevation zones (GRABHERR et al. 1998), exposition was divided into four classes (north, east, south, west) and the inclination was scaled into seven classes ($<1.5°$, $<3°$, $<6°$, $<12°$, $<24°$, $<45°$, $<90°$).

3.3 Small-scale visual satellite image interpretation

The determination of land use classes – expressed by the cultural landscape types – was carried out by means of a visual interpretation of the satellite images. In this research, trained collaborators delimited polygons in maps, based on the Landsat TM images. The homogeneity of land use, landscape structure (FORMAN & GODRON 1986), and the relief features were decisive for the delimitation of a polygon. These three criteria could be derived from the colour and the texture of the images. About 13,000 such polygons (= individual landscapes) have been delineated for the whole Austrian territory and then classified into 42 groups of cultural landscape types. Those types reflect the dominant land use system to a high degree, but also features like geometrisation, fragmentation or dissection. For the region of the Grosses Walsertal (Table 1) eight different cultural landscape types were detected .

Table 1: The cultural landscape types (land use classes) of the Grosses Walsertal based upon a visual satellite image interpretation

Cultural Landscape Types
Rocks and glaciers of the alpine region
Seminatural and natural grassland of alpine highlands
Sub-alpine intensive range land
Forested mountain slopes
Forested gorges and narrow valleys
Grassland dominated inneralpine clearings
Grassland dominated, narrow, alpine valleys
Grassland dominated clearings on the fringes of the alps

3.3 From spatial layers to the inventory of landscape-types

The entire area of the Grosse Walsertal was subdivided into 3,264 grid cells having a side length of 250x250m. This grid size was determined on the basis of the analysis of individual areas of land cover classes. Using methods of the Geographical Information Systems (ARC/Info), each grid cell was subsequently examined with regard to its qualitative and quantitative contents, related to the various spatial layers (land use, land cover, geology, exposition, inclination, elevation, forest types, waterways). Consequently, each grid cell now forms an object for a multivariate analysis, the attributes of these objects resulting from the spatial analysis. The method used for this multivariate analysis was a divisive cluster analysis - conducted by TWINSPAN (HILL 1979). The generated classes – further termed as landscape types – were checked and partial reclassified by a discriminant analysis. Similar investigative approaches using TWINSPAN were also employed by BUNCE (1996) in the ITE Land Classification of Great Britain.

4 Results

Based on the contents of all grid cells, the multivariate analysis yielded 21 classes, and each of the 3,264 grid cells could be allocated to one of these classes (REITER et al. 2001b). Each of the 21 classes represented a landscape type of the landscape inventory to be compiled: 2 landscape types of the meadow land and the permanently settled area, 7 landscape types in the area of brooks and gorges, 6 types of Alpine meadow landscape, 6 types of mountainous landscape (Figure 1). The names of landscape types resulted from the features (= attributes) found to be characteristic (e.g. rich in meadows, rich in forests, on the shady side, etc.). The results of the definition of landscape types were verified at the site in a field inspection based on representative sample (REITER, HÜLBER & GRABHERR 2001a). For this inspection, several grid cells of each landscape types were chosen by random selection. We discovered that only such grid cells having a great proportion of areas facing westwards had in part been allocated to a wrong landscape type. This was due to the fact that in the images, zones facing westwards contain very dark, shady zones that are difficult to interpret.

In addition, each of the landscape types was assigned a naturality rating in a personal, subjective appraisal. More specifically, the naturality rating is a 4-step subjective evaluation of landscape types with regard to their naturalness (or intensity of current use). In a refined, objective procedure, these naturality ratings for the landscape types, at first defined on a purely empirical basis, were computed further into so-called hemeroby values (= the degree of anthropogenic influence) per grid cell, which subsequently formed one basis of a zoning proposal for the Grosse Walsertal Biosphere Reserve. In the hemeroby assessment used in this case, the network of roads and trails, the existence of biotopes, and the insular character as regards the naturalness (surrounding cells are rated better or worse) of a grid cell were applied as criteria for improvement or worsening of the resulting hemeroby value. In the analysis of the landscapes of the Grosse Walsertal and the assessment based thereon, 37 % of the area were described as natural, 28 % as close-to-natural, 26 % as semi-natural, and 9 % as largely culture-related. For the zoning proposal for the biosphere reserve, the areas rated as "natural" were defined as core area, the "close-to-natural" and "semi-natural" areas as buffer zone, and the areas classified as largely culture-related as transition area.

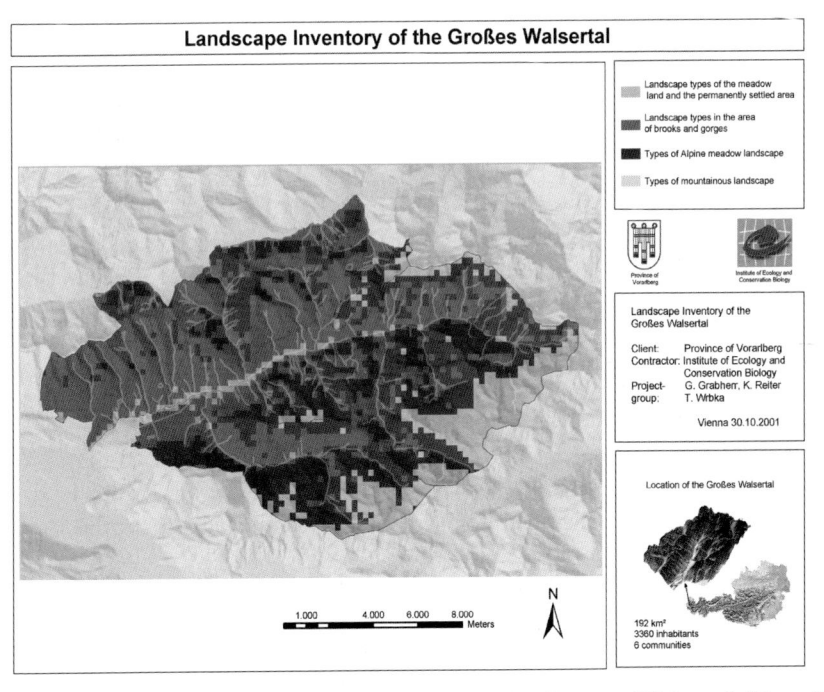

Fig. 1: Map of the aggregated landscape types of the Grosses Walsertal (Vorarlberg – Austria)

5 Discussion

The present study has elucidated how studies which, taken alone, convey only a part of the knowledge about a landscape, can be combined into a bigger perspective in the form of a landscape inventory. All this must also be viewed under the aspect that the efficient use of existing data by the work strategies presented herein (remote sensing, GIS, and multivariate analysis) helps achieve savings in terms of both financial and human resources.

Literature

BUNCE, R.H.G., C.J. BARR, R.T. CLARKE, D.C. HOWARD & A.M.J. LANE (1996): Land classification of Great Britain. Journal of Biogeography, 23, S. 625-634

FORMAN R. T. T. & M. GODRON (1986): Landscape Ecology, Wiley & Sons, London-New York

GRABHERR, G., G. KOCH, H. KIRCHMEIR & K. REITER (1998): Hemerobie österreichischer Wald-Ökosysteme. MAB- Berichte Band 18, Innsbrucker Universitäts Verlag

HARALICK, R.M. & L.G. Shapiro (1993): Computer and Robot Vision. 2 Volumes, Addison-Wesley, Reading, Massachusetts

HILL, M.O. (1979): TWINSPAN, A FORTRAN Program for Arranging Multivariate Data in an Ordered Two-way Table by Classification of the Individuals and Attributes. Cornell University, Ithaca, New York

REITER, K., K. HÜLBER & G. GRABHERR (2001a): Semi-objective sampling strategies as one basis for a vegetation survey. In: Global Change and protected areas, ed.: G. Visconti et al.,Advances in Global Change Research,Vol. 9, Kluwer Academic Publishers, S. 219-229

REITER, K., T. WRBKA, K. HÜLBER & G. GRABHERR (2001b): Vegetationsökologische und landschaftsökologische Analysen durch Verwendung von Fernerkundungsdaten am Beispiel des Grossen Walsertals, Berichte der Reinh. -Tüxen-Ges. 13, Hannover, S. 197-212

STEINWENDNER, J., W. SCHNEIDER & F. SUPPAN (1998): Vector segmentation using multiband spatial subpixel analysis for object extraction. In: Proceedings of ISPRS Commission II "Object Recognition and Scene Classification from Multispectral and Multisensor Pixels'

SUPPAN, F., J. STEINWENDNER, R. BARTL & W. SCHNEIDER (1999): Automatic Determination of Landscape Elements from Satellite Images. In: Kovar, P. et al. (ed.): 'Present and histroical nature-culture interactions in landscapes – experiences for the 3rd millennium', Proceedings of the CLE conference 9/98, Prague

WRBKA, T., K. REITER, E. SZERENCSITS, H. BEISSMANN, P. MANDL, A. BARTEL, W. SCHNEIDER & F. SUPPAN (1999): Landscape structure derived from satellite images as indicator for sustainable landuse. In: Nieuwenhuis, G.J.A., R.A. Vaughan u. M. Molenaar (Eds.): Operational Remote Sensing for Sustainable Development. Proceedings of the 18th EARSeL Symposium on "Operational Remote Sensing for Sustainable Development", 11-14 May 1998, Enschede. A.A. Balkema, Rotterdam-Brookfield

Verjüngungsinventur mit Hilfe von CIR-Luftbildern in totholzreichen Beständen im Nationalpark Bayerischer Wald

Arno RÖDER und Steffen ROGG

Zusammenfassung

Die Beobachtung der Wiederbewaldung der Totholzflächen in den Hochlagen ist für den Nationalpark Bayerischer Wald von zentraler Bedeutung. Angesichts der zunehmenden Gefährdung der Aufnahmetrupps bei der terrestrischen Inventur entstand der Bedarf an alternativen Erhebungsverfahren. Anhand drei verschiedener Luftbildserien mit unterschiedlichen Maßstäben sollte evaluiert werden, inwiefern man die Verjüngung mit Hilfe von CIR-Luftbildern erfassen kann. Als Auswertungsverfahren für die Luftbildinventur wurde die sogenannte „Softcopy Photogrammetrie" gewählt. Anhand von im Untersuchungsgebiet durchgeführten Clusterstichproben wurden die Ergebnisse mit der realen Verjüngungssituation verglichen. Es zeigte sich, dass Luftbilder in den Maßstäben 1:10.000 und 1:15.000 für die Erkennung von Verjüngung in Totholzbeständen gänzlich ungeeignet sind. Die Bilder mit dem Maßstab 1:3.500 brachten eine deutliche Steigerung hinsichtlich erkannter Pflanzenzahlen und Höhenverteilung. In Flächen mit liegendem Totholz konnten durchschnittlich 25 Prozent der Clusterstichprobe erfasst werden. Anhand eines zweiphasigen Stichprobenverfahrens könnte der Einsatz von Luftbildern bei der Aufnahme der Verjüngung optimiert werden.

1 Einleitung

Aufgrund der Borkenkäfergradation der vergangenen Jahre sind in den Hochlagen des Nationalparks Bayerischer Wald große Flächen mit Totholz bestockt. Der Beobachtung der Waldentwicklung auf den Totholzflächen ist für den Nationalpark Bayerischer Wald von großer Bedeutung. Allerdings ist die terrestrische Erfassung durch den Zusammenbruch des stehenden Totholzes mit erheblichen Gefahren für die Inventurtrupps verbunden. Alternative Erfassungsmethoden sind deshalb in der Zukunft notwendig. Ziel dieser Untersuchung war es, die Erkennbarkeit der Verjüngung in den Totholzflächen mit Hilfe von CIR-Luftbildern zu evaluieren. Für die Kartierung des Borkenkäferbefalls werden alljährliche Befliegungen durchgeführt, die CIR-Luftbilder im Maßstab zwischen 1:10.000 und 1:15.000 liefern. Außerdem lag für das Untersuchungsgebiet ein Ausschnitt mit Luftbildern im Maßstab 1:3.500 vor (siehe Tabelle 1). Somit konnten für die Untersuchung Bilder mit drei unterschiedlichen Maßstäben herangezogen werden.

Tabelle 1: Eigenschaften der verwendeten CIR-Luftbilder (RÖDER & ROGG 2003)

Flugdatum	Bild-maßstab	mittlere Flughöhe	Kamera	Film	Scan-auflösung	Boden-auflösung
22.05.2002	1:3.500	1.070 m	Zeiss RMK TOP 30/23	FarbIR Kodak Aerochrome III 1443	10 µm	3,5 cm
29.08.2001	1:15.000	4.570 m	Zeiss RMK TOP 30/23	FarbIR Kodak Aerochrome II 2443	20 µm	30,0 cm
01.10.2002	1:10.000	3.050 m	Zeiss RMK A 30/23	FarbIR Kodak Aerochrome III 1443	15 µm	15,0 cm

2 Untersuchungsgebiet

Das Untersuchungsgebiet hat eine Fläche von 59 Hektar und liegt im Südosten des Nationalparks Bayerischer Wald auf einer Höhe zwischen 1.100 und 1.250 m üNN. Kennzeichnend für die klimatischen Verhältnisse sind ein geringes Jahresmittel der Lufttemperatur von 3-5 °C, eine jährliche Niederschlagssumme von ca. 1200 – 1800 mm und eine Schneedeckenzeit von mindestens 5 Monaten. Das geologische Ausgangsmaterial für die Bodenentwicklung sind Gneise und Granite. Der vorherrschende Bodentyp ist die Braunerde, welche sich durch Podsolierungserscheinungen, geringe Basensättigung und niedrige pH-Werte auszeichnet. Die Humusform ist zumeist Rohhumus bzw. rohhumusartiger Moder (ELLING et al. 1987). Die natürliche Pflanzengesellschaft im sogenannten Inneren Bayerischen Wald ist – in Abhängigkeit von Geländemorphologie und Exposition – ab einer Höhe von ca. 1150 m ü NN der Hochlagenfichtenwald (*Soldanello-Piceetum*). Kennzeichnend für die Vegetation sind Bergreitgras (*Calamagrostis villosa*) und Drahtschmiele (*Deschampsia flexuosa*) (PETERMANN & SEIBERT 1979). Aufgrund der Borkenkäfergradation der vergangenen Jahre sind die Waldbestände im Untersuchungsgebiet fast gänzlich mit Totholz bestockt. Infolge von Stürmen sind in weiten Teilen dieser Totholzbestände Baumstämme eingebrochen, was zum einen zu einer Auflichtung der Bestände und zum anderen zu größeren Verhauflächen führte.

3 Luftbildinterpretation und Verjüngungsinventur

3.1 Verjüngungsinventur

Um Vergleiche zwischen den Aufnahmen aus den Luftbildern und der tatsächlich vorkommenden Verjüngung durchführen zu können, wurde im Untersuchungsgebiet eine Verjüngungsinventur durchgeführt. Die Wahl des Stichprobenverfahrens fiel auf eine Clusterstichprobe, da diese einen Kompromiss aus geringem Varianzunterschied bei vertretbarem systematischem Fehler versprach. Weiterhin wurden damit folgende Bedingungen berücksichtigt:

- Vergleichbarkeit mit den Inventurblöcken der Luftbildinterpretation,
- die Randlage des Untersuchungsgebietes und die damit verbundene nicht immer hohe Genauigkeit des empfangbaren GPS-Signals,

- die schwierigen Bedingungen in den durch den Borkenkäfer geschädigten Beständen des Nationalparks Bayerischer Wald,
- das Vorkommen der Verjüngung in Verjüngungskegeln.

Als Probeflächen dienten rechteckige Inventurblöcke mit einer Ausdehnung von 100 m in Ost-West-Richtung und 50 m in Nord-Süd-Richtung. In diesen Blöcken wurden im Abstand von 9 m fünf Streifen mit einer Breite von 1 m aufgenommen. Es ergab sich somit eine stichprobenartige Aufnahme von 500 m². Der nordöstliche Anfangspunkt jedes Inventurblockes wurde mit Hilfe eines GPS-Gerätes eingemessen. Anschließend wurden per Kompass und Ultraschall-Entfernungsmessgerät mit Neigungskorrektur die Aufnahmestreifen vom Anfangspunkt aus eingelegt. Auf den 1 m breiten Streifen erfolgte die Erfassung aller Bäume analog der forstlichen Inventuren ab einer Höhe von 20 cm bis zu einem Durchmesser in 1.3 m Höhe von 7 cm in Dezimeter-Klassen.

3.2 Luftbildinterpretation

Für die Luftbildinterpretation wurde die sogenannte „Softcopy Photogrammetrie" als Arbeitsverfahren ausgewählt. Die CIR-Luftbilder standen hierfür in digitaler Form zur Verfügung. Zunächst wurden die Luftbilder der unterschiedlichen Bildflüge mit Hilfe von Erdas Imagine Ortho Base räumlich orientiert. Anschließend konnten mit Hilfe der eingemessenen Anfangskoordinaten die Inventurblocks im Erdas Stereo Analyst ausgewertet werden. Dabei wurde das Polarisationsverfahren als Technik zur digitalen stereoskopischen Darstellung eingesetzt. Im ersten Arbeitsgang stand die Ermittlung der Stammzahl der Verjüngung im Vordergrund. In einem weiteren Arbeitsschritt wurde anschließend die Höhe der einzelnen Individuen geschätzt. Auf eine photogrammetrische Messung der Pflanzenhöhen wurde verzichtet, da sich diese bei den genannten Höhen als zu fehlerhaft herausstellte. So hängt die Qualität der ermittelten Baumhöhe von der Erkennbarkeit des Baumfußpunktes und des Terminaltriebes des Baumes ab. In Rottenstrukturen ist der Baumfußpunkt allerdings nicht einzusehen. Außerdem erschwert die Bodenvegetation dessen Ermittlung. Der Terminaltrieb ist bei spitzkronigen Baumarten wie etwa der Fichte ebenfalls nicht zu erkennen, weshalb die Messmarke meist auf den ersten Astquirl aufgesetzt wird. Aus diesem Grund wird für die Fichte tendenziell eine zu geringe Baumhöhe ermittelt. Außerdem nimmt HILDEBRANDT (1996) in Abhängigkeit des verwendeten Gerätetyps einen theoretischen Höhenmessfehler von 0,1 bis 0,3 Promille der Flughöhe an. Bei einer mittleren Flughöhe von ca. 1070 m ergeben sich daraus schon Fehler in der Größenordnung von 1-3 m.

3.3 Statistische Auswertung

Die Auswertung der Luftbildinventur erfolgte mit Hilfe der Ermittlung des Stichprobenfehlers und einem Schätzer für den Gesamtwert unter Berücksichtigung einer einfachen Zufallsstichprobe. Die Auswertung der terrestrischen Inventur erfolgte anhand der Schätzer der zweistufigen Stichprobe (VRIES 1986). Zur Beurteilung der Effektivität der Clusterstichprobe diente der Intercluster-Korrelationskoeffizient. Um die beiden Inventuren vergleichen zu können, wurde der approximative T-Test nach WELCH verwendet (ZAR 1996).

Als Möglichkeiten der Korrektur der Werte einer Luftbildinventur mit den Daten der terrestrischen Stichproben wurden Regressionsschätzer mit und ohne Fehlerkorrektur in den abhängigen Variablen (HARTUNG, ELPLELT & KLÖSNER 1998) und der Verhältnisschätzer verwendet.

4 Ergebnisse

Mit 28 Primärblöcken mit jeweils 5 sekundären Stichproben wurde ein Stichprobenfehler von 17 Prozent erreicht. Der Mittelwert von 3.693 Pflanzen pro Hektar stimmt mit den Inventurergebnissen der Verjüngungsinventur des Nationalparks Bayerischer Wald aus dem Jahr 2000 annähernd überein (HEURICH 2001). Aufgrund des nur sporadischen Auftretens höherer Pflanzen, steigt bei diesen der Stichprobenfehler stark an. Je nach Höhenklasse beträgt der Intercluster-Korrelationskoeffizient 0,6 bis 0,8. Vergleicht man die Variationskoeffizienten zwischen primären und sekundären Inventureinheiten, so zeigt sich, dass insbesondere die Varianz zwischen den Inventurblöcken verringert werden muss. Die in den Luftbildern erkannten Pflanzenzahlen betrugen unter Verwendung der Luftbilder im Maßstab 1:15.000 51 Pflanzen pro Hektar, im Maßstab 1:10.000 88 Pflanzen pro Hektar und im Maßstab 1:3.500 481 Pflanzen pro Hektar. Tabelle 2 zeigt die ermittelten durchschnittlichen absoluten Pflanzenzahlen pro Höhenklasse und Inventurblock in Abhängigkeit vom Inventurverfahren sowie den prozentualen Anteil der Luftbildinventuren im Verhältnis zur Clusterstichprobe. Die Werte unterscheiden sich signifikant von den terrestrischen Werten. Die Höhenstruktur wurde im Maßstab 1:3.500 jedoch analog zu den terrestrischen Daten wiedergegeben.

Gründe für die Unterschiede sind:

- In den Maßstäben 1:10.000 und 1:15.000 können kleinere Pflanzen nicht wahrgenommen werden.
- In geschlossenen Totholzbeständen ist es nicht möglich, die Verjüngung anzusprechen. Bei stärkerer Konkurrenzvegetation wird die Sicht auf die kleineren Pflanzen ebenfalls eingeschränkt.

Wesentliche Ursache für die Differenzen zwischen der terrestrischen und der Inventur der Luftbilder im Maßstab 1:3.500 scheint jedoch die Tatsache zu sein, dass Gruppen mehrerer, dicht beieinanderstehender Individuen nur sehr schwierig aus den Luftbildern zu erkennen sind. Die Naturverjüngung und vor allem die älteren Pflanzen kommen aber in den Hochlagen des Nationalparks Bayerischer Wald vor allem in Rotten vor. Mit Hilfe von vier verschiedenen Regressionsschätzern und dem Verhältnisschätzer wurde versucht, die Ergebnisse der Luftbildmessungen zu korrigieren. Der Verhältnisschätzer lieferte dabei den geringsten Stichprobenfehler von 9 Prozent.

Tabelle 2: Vergleich der durchschnittlichen absoluten Pflanzenzahlen pro Höhenklasse und Inventurblock sowie prozentualer Anteil der Luftbildinventuren im Verhältnis zur Clusterstichprobe

Pflanzen-größe	Anzahl pro Klasse und Inventurblock				Anteil an der Clusterstichprobe		
	Luftbilder 15.000	Luftbilder 10.000	Luftbilder 3.500	Cluster-stichprobe	Luftbilder 15.000	Luftbilder 10.000	Luftbilder 3.500
20-29 cm	0,0	0,0	82,8	447,4	0 %	0 %	19 %
30-39 cm	0,3	2,4	73,8	356,7	0 %	1 %	21 %
40-49 cm	1,2	6,5	25,8	234,4	1 %	3 %	11 %
50-59 cm	4,9	4,4	12,7	164,9	3 %	3 %	8 %
60-69 cm	4,9	4,4	12,7	119,3	4 %	4 %	11 %
70-79 cm	1,3	3,4	5,6	87,4	1 %	4 %	6 %
80-89 cm	2,0	8,6	7,0	79,0	3 %	11 %	9 %
90-99 cm	0,6	0,6	1,9	67,7	1 %	1 %	3 %
100-119 cm	2,9	5,5	5,5	88,4	3 %	6 %	6 %
120-139 cm	1,8	3,7	3,4	61,2	3 %	6 %	6 %
140-159 cm	2,1	2,3	2,4	40,1	5 %	6 %	6 %
160-179 cm	0,4	0,3	0,6	22,1	2 %	1 %	3 %
180-199 cm	0,3	0,3	0,8	21,2	1 %	2 %	4 %
200-299 cm	2,1	1,2	2,6	35,9	6 %	3 %	7 %
>=300 cm	0,6	0,1	2,8	20,7	3 %	0 %	14 %

5 Diskussion

Für die Untersuchung wurden Luftbilder mit unterschiedlichem Aufnahmezeitpunkt verwendet. Lediglich die Aufnahmen vom 01.10.2002 (1:10.000) spiegeln die tatsächliche Höhe der Vegetation, welche bei der Verjüngungsinventur aufgenommen wurde, wider. Die beiden anderen Bildflüge wurden vor der Vegetationsperiode des Jahres 2002 geflogen, was bei der Beurteilung der Ergebnisse berücksichtigt werden muss. Diesem Umstand wurde durch die Gruppierung der Pflanzengröße Rücksicht getragen.

Mit Zunahme der Bodenauflösung steigt auch die Anzahl der erkannten Pflanzen. Vom Maßstab 1:15.000 auf 1:10.000 wird das 1,8-fache an Verjüngungszahlen und vom Maßstab 1:10.000 auf 1:3.500 das 5,5fache erkannt. Trotzdem decken sich die in den Luftbildern ermittelten Werte nicht mit den Ergebnissen der terrestrischen Inventur. Bei der Untersuchung der Ergebnisse zeigt sich, dass die Auflösung der CIR-Luftbilder in den Maßstäben 1:15.000 und 1:10.000 nicht ausreicht, um kleinere Pflanzen zu erkennen. Auch im Maßstab 1:3.500 kann keine Ansprache der Verjüngung in den Totholzbeständen durchgeführt werden. Hauptursache für die unbefriedigende Ansprache in den Luftbildern mit dem Maßstab 1:3.500 ist das Vorkommen der Verjüngung in Rottenstrukturen.

Die Erfassung von Stammzahl und Höhenklasse der Naturverjüngung in den Totholzflächen der Hochlagen des Nationalparks Bayerischer Wald ist anhand der verwendeten CIR-Luftbilder nicht möglich. Durch die terrestrischen Clusterstichproben können zwar Arbeitsaufwand und Stichprobenfehler optimiert werden, aber bei größeren Flächen steigt der

Aufwand überproportional. Durch eine zweiphasige Stichprobeninventur ist es jedoch möglich die Vorzüge beider Verfahren sinnvoll zu ergänzen.

Inzwischen wurden die Dauerbeobachtungsflächen des Nationalparks durch die Fachhochschule München hoch genau eingemessen. Mit den Informationen der jährlichen Aufnahmen dieser Flächen kann die Höhenmessung der Pflanzen überprüft werden. Ziel wird es sein, mit Hilfe dieser Daten die Verjüngung ab einer bestimmten Höhe automatisiert aus Orthophotos erkennen zu können.

Danksagung

Diese Studie wurde durch das Kuratorium der Bayerischen Landesanstalt für Wald und Forstwirtschaft gefördert (Forschungsvorhaben ST 126).

Literatur

ELLING, W., BAUER, E., KLEMM, G. & H. KOCH (1987): *Klima und Böden - Waldstandorte.* Wissenschaftliche Schriftenreihe, Bayerisches Staatsministerium ELF, München, 255 S.

HARTUNG, J., ELPLELT, B. & K.-H. KLÖSNER (1998): *Statistik: Lehr- und Handbuch der angewandten Statistik.* Oldenbourg Verlag, München, 973 S.

HEURICH, M. (2001): *Waldentwicklung im montanen Fichtenwald nach großflächigem Buchdruckerbefall im Nationalpark Bayerischer Wald.* In: Nationalparkverwaltung Bayerischer Wald: Waldentwicklung im Bergwald nach Windwurf und Borkenkäferbefall. Wissenschaftliche Schriftenreihe Heft 14, S. 99-177.

HILDEBRANDT, G. (1996): *Fernerkundung und Luftbildmessung für Forstwirtschaft, Vegetationskartierung und Landschaftsökologie.* Wichmann Verlag, Heidelberg, 676 S.

PETERMANN, R. & P. SEIBERT (1979): *Die Pflanzengesellschaften des Nationalparks Bayerischer Wald.* Wissenschaftliche Schriftenreihe, Bayerisches Staatsministerium ELF, München, 142 S.

RÖDER, A. & S. ROGG (2003): *Verjüngungsinventur mit Hilfe von CIR-Luftbildern in totholzreichen Beständen im Nationalpark Bayerischer Wald.* Abschlussbericht zum Forschungsvorhaben ST 126, Freising-Weihenstephan, 54 S.

VRIES, P. G. DE (1996): *Sampling Theory for Forestry Inventory.* Springer-Verlag, Berlin, 339 S.

ZAR, J. (1996): *Biostatistical Analysis.* Prentice Hall, New Jersey, 662 S.

Monitoring von naturschutzrelevanten Flächen mit Hilfe objektorientierter Bildanalyse anhand S-W-Luftbilder im Naturschutzgebiet Osterseen

Caroline ROGG, Stefan ZIMMERMANN, Tomi SCHNEIDER, Thorsten ANDRESEN, Claudius MOTT und Ulrich KIAS

Zusammenfassung

Neue Richtlinien des Naturschutzes fordern ein kontinuierliches Monitoring von Flächen. Der Beitrag berichtet über den Ansatz aktuelle und historische S-W-Luftbilder mit der Software eCognition im Sinne eines Monitorings auszuwerten. Es wurden naturschutzrelevante Objektklassen wie Wasserflächen, Wald und Gehölze, Schilfflächen und sonstige Feuchtgebiete, aber auch anthropogene Flächen wie Siedlung und Straßen erfasst. Es werden verschiedene Methoden der Klassifikation, z. T. unter Einbeziehung eines aus dem gleichen Datensatz erstellten Oberflächenmodells, dargestellt und eine Abschätzung über die Aussagefähigkeit der Verfahren im Hinblick auf Veränderungen versucht.

1   Einleitung

Im bayerischen Luftbildarchiv liegen ca. 700 000 hochauflösende Luftbilder die bis in das Jahr 1941 (http://www.blva.de/lbarchiv.html) zurückreichen und warten auf die Nutzung der in ihnen gespeicherten Information. Diese Luftbilder sind preisgünstig sowie unkompliziert verfügbar. Die Methode zur Erstellung von Orthophotos und Oberflächenmodellen aus Stereo-Luftbildpaaren ist weitgehend operationalisiert.

Als Teil des Projektes „AQUATIC" (Näheres: http://www.limno.biologie.tu-muenchen.de/forschung/projekte/index.html), soll im Zusammenhang mit neuen Richtlinien, wie FFH- oder der EU-Wasserrahmenrichtlinie, hier auf die Fragestellung eingegangen werden, ob es möglich ist, trotz des geringen spektralen Informationsgehaltes naturschutzfachlich relevante Informationen aus aktuellen und historischen S/W Luftbildaufnahmen automatisiert zu extrahieren. Aufgrund der hohen räumlichen Auflösung wird ein objektorientierter Bildanalyseansatz zur Klassifizierung der Luftbilder verwendet. Des Weiteren wird der Frage nachgegangen, in wieweit zusätzliche Informationsquellen, wie z.B. ein aus dem gleichen Datensatz erstelltes digitales Oberflächenmodell (DOM) das Ergebnis verbessern. Es werden insgesamt 3 Klassifizierungsergebnisse eines Testgebietsausschnittes vorgestellt: Die des Orthophotos von 1964 sowie von 1999, letzteres wurde mit und ohne Einbeziehung eines Oberflächenmodells klassifiziert. Um zeitliche Veränderungen der Landbedeckung darzustellen, werden die Klassifizierungen ohne DOM der Jahre 1999 und 1964 verglichen.

2 Untersuchungsgebiet

Das Osterseengebiet liegt etwa 50 km südlich von München und erstreckt sich südlich des Starnberger Sees zwischen den Ortschaften Seeshaupt und Iffeldorf. Das Gebiet der Osterseen umfasst 19 Kleinseen, welche durch natürliche oder auch künstliche Kanäle miteinander verbunden sind und fast ausschließlich über Grundwasserzutritte gespeist werden. Naturschutzfachlich interessant sind hier vor allem die Feuchtflächen des Gebietes, die eine Vielzahl von geschützten Tier- und Pflanzenarten beheimaten. Das hier vorgestellte Testgebiet liegt im Norden des Bearbeitungsgebietes

3 Datengrundlagen

Die verwendeten Luftbildaufnahmen werden vom Landesvermessungsamt Bayern im Rahmen von Routinebefliegungen erstellt. Die Luftbilder des Testgebiets „Nördliche Osterseen" wurden im September 1999 aufgenommen. Als historische Aufnahmen stehen Bilddaten aus dem August 1964 zur Verfügung. Die errechneten Orthophotos des Jahres 1999 haben eine Bodenauflösung von 0,4 Metern, die des Jahres 1964 eine Auflösung von ca. 0,5 Metern.

Eine Einschränkung bei der Auswertung von S-W-Luftbildern ist der geringe spektrale Informationsgehalt. Die verwendete Bildanalysesoftware arbeitet auf der Basis von Bildobjekten, die durch eine vorangegangene Segmentierung erstellt werden. Bei der Klassifizierung ist es möglich, zusätzlich Texturinformationen, Formmerkmale oder Nachbarschaftsbeziehungen, die ein Bildobjekt charakterisieren, zu nutzen. Die vielen Faktoren, die bei einer Luftbildaufnahme eine Rolle spielen, wie etwa verwendetes Filmmaterial, Aufnahmezeitpunkt, Beleuchtung, etc. beeinflussen die Trennung von Objektklassen. Neben diesen spektralen, Textur- oder Forminformationen besitzen Luftbilder aber auch stereoskopisch ableitbare Informationen. Deshalb wurde für 1999 auch ein Oberflächenmodell aus Stereoluftbildpaaren errechnet, für das Jahr 1964 war das aufgrund der momentan vorliegenden Scanqualität noch nicht möglich. Externe, stabile Informationen, wie Höheninformationen, können die spektrale Variabilität von Luftbildaufnahmen z. T. kompensieren.

4 Die Software eCognition

Bei der objektorientiert arbeitenden Software eCognition werden in einem ersten Schritt homogene Flächen zu „aussagekräftigen" Bildsegmenten zusammengefasst. Die Segmentierung eines Bilddatensatzes kann auf mehreren Segmentierungsebenen, mit unterschiedlichen Objektgrößen, erfolgen. Anschließend findet in einem zweiten Schritt die eigentliche Klassifizierung statt. Diese erfolgte in dieser Auswertung über Zugehörigkeitsfunktionen (Membership functions). Während des Segmentierungsprozesses wird eine Datenbank angelegt, die Relationen zu benachbarten, unter- oder übergeordneten Bildsegmenten, sowie Informationen über das Objekt selbst (Form, Textur, spektrale Eigenschaften, etc.) enthält (ANDRESEN, T. et al. 2002). Durch die Zugehörigkeitsfunktionen können genaue Wertebereiche einer Eigenschaft, z.B. Grauwertintensität, definiert werden, die eine Klasse, z. B. „Feuchtflächen", beschreiben.

5 Klassifizierung

5.1 Die Klassenhierarchie

Die Klassenhierarchie ist das Regelwerk für die Klassifikation der Bildobjekte. Sie enthält alle klassenspezifischen Beschreibungen. Die Klassen können in einer hierarchischen Form strukturiert werden, so dass Eigenschaften übergeordneter Klassen auf die untergeordneten vererbt, oder thematisch zusammengehörende Klassen zu semantischen Gruppen kombiniert werden.

Die hier vorgestellten 3 Klassifikationen sind vergleichbar aufgebaut. Es wurden 4 Levels erstellt. Höhere Level enthalten größere Objekte, niedrigere Level kleinere. So werden unterschiedliche Maßstabsebenen repräsentiert. Eine Klasse wird in demjenigen Level definiert, in dem ihre Merkmale am eindeutigsten ableitbar sind (vgl. BLASCHKE, T. 2001). Zusammengefasst ist die gesamte Klassifikation im Level 2.

Zuerst werden die Klassen erstellt, die durch ein relativ stabiles Merkmal eindeutig beschreibbar sind. Bei den Klassifizierungen ohne digitales Oberflächenmodell ist dieses „stabile" Merkmal in erster Linie der Helligkeitswert eines Objekts, der signifikant unterscheidbar von anderen sein muss, also besonders hell, oder besonders dunkel. Bei der Klassifikation mit DOM ist dieses „harte" Merkmal in erster Linie die Höheninformation.

Alle Objekte, die den Kriterien einer Oberklasse, z. B. *Wasser*, nicht entsprechen, werden in der Oberklasse *Nicht Wasser* zusammengefasst. Diese unterteilt sich in *anthropogene Flächen* und nicht *anthropogene Flächen* etc. Je weniger eindeutige spektrale oder höhenspezifische Merkmale eine Klasse aufweist, desto weiter unten steht sie in der Klassenhierarchie. Der Schwerpunkt der Charakterisierung liegt dann auf Nachbarschaftsbeziehungen, Formeigenschaften oder Texturparametern, bzw. auf Kombinationen dieser.

5.2 Klassifizierungsergebnis

Bei der **Klassifizierung ohne DOM** für das Jahr 1999 sind die Klassen *tiefes Wasser*, *Flachwasserbereiche*, *Schilfflächen*, *Wald* bzw. *Gehölzflächen* und *Siedlungsgrün*, sowie *anthropogene Flächen* und *Straßen* extrahiert worden.

Bei der **Klassifizierung mit DOM** konnte zusätzlich, *Schilf, verbuscht* oder *nicht verbuscht* und *sonstige Feuchtflächen* erfasst werden. Die Klasse *Wald/Gehölze* wurde um die Klasse *Gehölze in Feuchtgebieten* erweitert. Ebenso wurden in einem feineren Level noch *Einzelbäume* bzw. *Büsche* extrahiert.

Für das **Jahr 1964** konnten die Klassen *tiefes Wasser, Flachwasserbereiche*, sowie *Schilfflächen* und *sonstige Feuchtflächen* extrahiert werden. Die Klasse *Wald/Gehölze* wurde in *lockere* und *dichtere Bestände* unterschieden, sowie in *Siedlungsgrün*. Ebenfalls erfasst wurden *anthropogene Flächen* und *Straßen*.

Die Validierung der Klassifikationsergebnisse erfolgte durch visuellen Vergleich mit Farbluftbildern, einer Landnutzungskartierung und Geländebegehungen.

Die Möglichkeiten und Grenzen des Erkennens von Oberflächen mit eCognition sollen im Folgenden anhand der zwei Klassen, *Wald/Gehölze* und *Schilfflächen*, beispielhaft für alle 3 Klassifikationen dargestellt werden.

5.3 Möglichkeiten und Grenzen des Ansatzes

Klasse Wald/Gehölze

1964 ohne DOM   1999 ohne DOM   1999 mit DOM

Abb. 1: Klasse *Wald/Gehölze*

Die Identifizierung von **Waldflächen und Gehölzen** erwies sich **ohne DOM** als schwierig. Diese Klasse weist sehr heterogene Bestände auf, was eine einheitliche Charakterisierung erschwert. Die Klasse *Wald/Gehölze* konnte für das **Jahr 1999** ohne das DOM nur über eine Kombination von Grauwertintensität, zweier Texturparameter und einen weiteren Parameter bestimmt werden. Dieser berechnet den Durchschnittsgrauwert des Objekts im Verhältnis zum gesamten Bildausschnitt. Für das **Jahr 1964** gelang die Klassifizierung auf ähnliche Art und Weise. Aufgrund der veränderten Eigenschaften des Bildmaterials (Filmmaterial, Belichtung, Aufnahmezeitpunkt etc.) musste ein anderer Texturparameter verwendet werden und die Wertebereiche der anderen Parameter angepasst werden. Klassifiziert wurde in beiden Fällen zum Großteil in einem grob segmentierten Level, da Texturen skalenabhängig sind und erst bei größeren Segmenten aussagefähig erscheinen (FERRO, J.C.S. 1998). Dies hatte zur Folge, dass Feinheiten durch die gröbere Abgrenzung verloren gingen, wie etwa kleine Lichtungen oder aber Schatten am Waldrand hinzugenommen wurden. Auch kleinere Gehölzgruppierungen wurden aufgrund der gröberen Segmente „geschluckt". Schattenbereiche innerhalb der Waldflächen mussten zunächst separat klassifiziert werden, um sie dann wieder den Waldflächen hinzuzufügen.

Mit der zusätzlichen Höheninformation des **DOMs** wurde direkt in einem feiner segmentierten Level klassifiziert, da die Höheninformationen bei einer gröberen Segmentierung „verwischen". Wald und Gehölze wurden nun über ihre Höhenlage, einen weiter gefassten Helligkeitswert und nur einem Texturparameter ermittelt. Schattenflächen innerhalb des Waldes wurden der Klasse Wald zugeordnet, am Waldrand hingegen fielen sie heraus. Bedingung für den Ausschluss von Schattenflächen am Waldrand ist eine hohe Genauigkeit des Oberflächenmodells, die hier leider nicht in allen Fällen gegeben war. Zusätzlich verhinderte das Oberflächenmodell, dass niedrige Gebüsche, die in direkter Nachbarschaft zu Waldflächen liegen, als Wald klassifiziert wurden. Hellere Bereiche, die in eine Waldfläche hineinragen und ohne DOM z.B. der Klasse *Schilf* angehören, wurden nun der Klasse *Wald/Gehölze* zugewiesen.

Klasse Feuchtgebiete

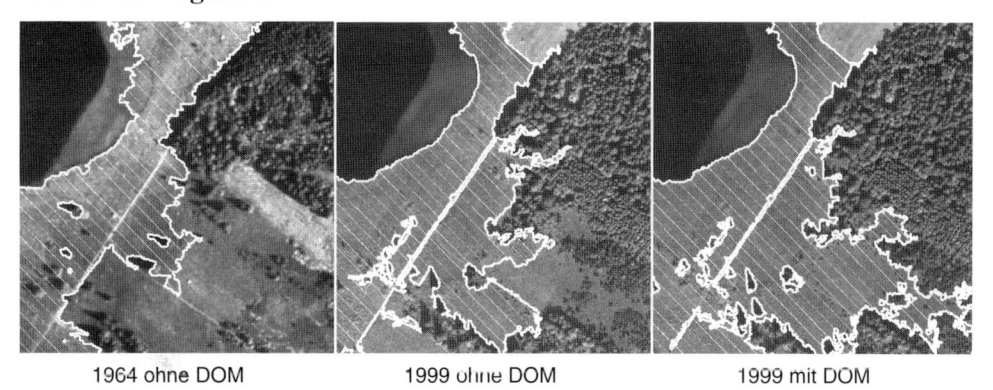

1964 ohne DOM   1999 ohne DOM   1999 mit DOM

Abb. 2: Klasse *Feuchtgebiete*

Für das Jahr 1999
Schilfflächen sind aufgrund ihrer spektralen Eigenschaften in einem S/W Luftbild nur schwer von Wiesenflächen oder Äckern zu unterscheiden. ***Feuchtgebiete*** wurden bei der Klassifikation **ohne DOM** über den engen Wertebereich eines Texturparameters klassifiziert. Dies fand ebenfalls zum großen Teil in einem gröber segmentierten Level statt, da hier die Abgrenzungen am besten waren und die Nachbarschaftsbeziehungen zu Wasser am eindeutigsten. Die Nachbarschaftsbeziehung zu Wasserflächen war eine notwendige Bedingung für eine Zuordnung, um texturell ähnliche Flächen, wie Wiesen oder Moore, auszuschließen. Feuchtflächen, die keinen direkten Bezug zu Gewässern haben, konnten nicht klassifiziert werden.

Die Klassifikation von Feuchtgebieten im Luftbild des **Jahres 1964** fand auch hier in gröber segmentierten Levels statt. Die Klasse *Feuchtgebiete* wurde zum einen über eine Kombination aus zwei Texturparametern erfasst, zum anderen über den Helligkeitswert und den Wertebereich eines Texturparameters sowie über die Nähe zu Wasserflächen. Flachwasserbereiche waren aufgrund ihrer Ähnlichkeit zu Schilfflächen nicht immer von diesen zu trennen. Wegen der spektralen Ähnlichkeit zu Wiesen musste der Grauwertbereich sehr eng gefasst werden, so dass auch dunklere Schilfflächen ausgeschlossen wurden.
Die Klasse *Feuchtgebiete* konnte in „gewässernah" und „gewässerfern" unterschieden werden.

Mit Verwendung des **DOMs** war es möglich, Feuchtflächen direkt im feineren Level durch ihre relativ ebene Fläche bzw. ihrer einheitliche Höhenlage zu charakterisieren. Dadurch ist es auch möglich einzelne Gehölze herauszufiltern.

Die eindeutige Charakterisierung über einen Höhenwert machte es möglich andere Parameter weiter zu fassen, so dass auch z.B. die Feuchtflächen, die spektral anderen Klassen ähnlich sind, klassifiziert werden konnten. Des Weiteren ist es so möglich auch verbuschte Schilfflächen zu erfassen. Ohne Oberflächenmodell schließt die Struktur der Fläche und die fehlende Nachbarschaft zu offenen Wasserflächen, eine Klassifizierung als Feuchtgebiet aus. Mit DOM wurde die Verbuschung über die Existenz von Einzelbäumen, die in einem feineren Level klassifiziert wurden, ermittelt.

6 Diskussion

Die Ergebnisse haben gezeigt, dass es mit dem objektorientierten Ansatz durchaus möglich ist, aus S/W Luftbildern der Luftbildarchive naturschutzrelevante Flächen zu extrahieren. Bei der Klassifikation der S/W Luftbilder erwiesen sich aber einige Parameter aufgrund der Unterschiede im verwendeten Bildmaterial als besonders instabil, vor allem die Stabilität der Texturparameter, welche neben der Grauwertintensität am häufigsten verwendet wurden, war beeinträchtigt. Durch Einbeziehung des DOM in die Klassifikation konnte das Ergebnis deutlich verbessert werden. Voraussetzung dafür ist aber eine hohe Genauigkeit des digitalen Oberflächenmodells, die nicht immer hergestellt werden konnte.

Beim Vergleich der 3 Klassifikationsergebnisse wird ersichtlich, dass deutliche Veränderungen der Klasse *Wald*, wie eine Aufforstung, aus S/W Luftbildern gut zu extrahieren sind. Auch die Aussage, dass sich zerstreute Gehölzgruppen zu einem geschlossenen Bestand entwickelt haben, ist eingeschränkt möglich. Aussagen über Baumartenzusammensetzung oder Altersklassen können dagegen nicht getroffen werden.

Eine Klassifikation von Feuchtflächen ohne Verwendung eines DOM ist ohne die Bedingung der Nachbarschaft zu Wasser schwer möglich. Mit Einbeziehung eines Oberflächenmodells und der Annahme, dass sich die Feuchtgebiete in diesem Testgebiet eher in einer niedrigen Höhenlage befinden, war eine bessere Differenzierung möglich. Auch hier können nur Aussagen über auffällige Veränderungen, wie Gehölzaufwuchs oder Mahd, getroffen werden. Eine Zu- oder Abnahme von Feuchtflächen kann aufgrund der unvollständigen Erfassung aller Feuchtflächen nicht festgestellt werden.

Literatur

ANDRESEN, T. et al. (2001): *Objektorientierte Analyse von Fernerkundungsdaten zur Erfassung aquatisch/terrestrischer Parameter.* In: BLASCHKE, T. (Hrsg.): GIS und Fernerkundung. Neue Sensoren – Innovative Methoden. Wichmann Verlag, Heidelberg. S. 222-232

BLASCHKE, T. (2000): *Multiskalare Bildanalyse zur Umsetzung des Patch-Matrix-Konzepts in der Landschaftsplanung.* In: Naturschutz und Landschaftsplanung, Heft 33 (2/3) S. 84-89

FERRO, C. J. S. (1998): *Scale and texture in digital image classification.* Eberly College of Arts and Sciences, Morgantown, WV, West Virginia University

Kontakt: www.limno.biologie.tu-muenchen.de

Habitat modelling in GIMOLUS – webGIS-based e-learning modules using logistic regression to assess species-habitat relationships

Michael RUDNER, Boris SCHRÖDER, Robert BIEDERMANN und Mark MÜLLER

Dieser Beitrag wurde nach Begutachtung durch das Programmkomitee als „reviewed paper" angenommen.

Abstract

Habitat modelling is a tool for regionalisation of biotic information by predicting the spatially explicit distribution of species on the basis of environmental properties. Since this recent method has a high relevance in questions of nature conservation and ecological research, there is a need to teach it in environmental studies. The multimedia GIMOLUS-environment provides all elements necessary to teach and learn the application of this method in a realistic setting. It's constituting an innovation to environmental courses as it introduces the proceeding of a complete modelling procedure on practical examples offering a high interactivity level on low technical requirements. The internet-based learning unit 'habitat modelling with logistic regression' uses webGIS applications to illustrate the sampling procedure and the spatial extrapolation of habitat models. The learning unit comprises six learning modules. Spatially explicit habitat modelling is presented starting from sampling, through model evaluation, to predictions of the probability of species occurrence. Step by step, the complete model calculation as well as the evaluation are proceeded in the GIMOLUS-environment, as shown in an exemplary case study. The data sets used in the analyses of species-habitat-relationships are sampled in a virtual landscape.

Zusammenfassung

Es wird eine internet-basierte Lerneinheit vorgestellt, die an entscheidenden Stellen WebGIS einsetzt. Die Einführung der vollständigen Bearbeitung eines Modellierungsverfahrens an praxisnahen Beispielen bei zugleich hohem Grad an Interaktivität und geringen technischen Anforderungen stellt eine Neuerung für umweltorientierte Studiengänge dar. Diese Einheit ist in sechs Module gegliedert. Die räumlich explizite Habitatmodellierung wird von der Probenahme in der virtuellen Landschaft mit WebGIS über die Modellbildung und die räumliche Extrapolation wiederum im WebGIS bis zur Validierung vermittelt. Prognosekarten für das Auftreten von Arten werden erzeugt. Die gesamte Modellrechnung und -bewertung wird schrittweise in der GIMOLUS-Umgebung durchgeführt, wie an einer Fallstudie gezeigt wird. Die Datensätze für die Analyse von Art-Habitat-Beziehungen werden aus der virtuellen Landschaft erzeugt oder in der Geodatenbank vorgehalten.

1 Introduction

Habitat models serve two complementary yet related purposes: First, they serve as a tool for regionalisation of biotic information by predicting the spatially explicit distribution of species on the basis of environmental properties. Second, they improve our understanding of species-habitat relationships and provide quantitative descriptions of habitat requirements (Morrison et al. 1998). They may directly predict the effect of landscape change on species distribution (Schröder 2000), and serve as a basis for population dynamic models in changing landscapes (AKÇAKAYA et al. 1995, SÖNDGERATH & SCHRÖDER 2002). Thus, habitat modelling plays a substantial role in modern ecological research and conservation biology (SCOTT et al. 2002).

To provide students with this up-to-date methodology, habitat modelling should become part of the curriculum in environmental study courses. Integrated courses that reflect the statistical background, teach the model building procedure and deal with spatial extrapolation via GIS are scarce. Teaching of habitat modelling in environmental courses lacks the training on detailed practical examples, whereas the methods sometimes are taught in statistics lessons using chiefly medicinal examples. The presented learning unit will fill this gap, interactively working through the habitat modelling procedure at examples located in a virtual landscape. Hereby we follow the advice of the German Science Council (WISSENSCHAFTSRAT 1998), to develop multimedia learning modules that promote problem-oriented and interdisciplinary learning. The GIMOLUS-project offers the possibility to impart spatially explicit habitat modelling without requiring access to statistical software or GIS. The internet-based learning modules are realised in XML with embedded interactive elements in JavaScript or Java. The modules are linked to the virtual landscape which may be accessed via the ArcIMS®-webGIS. Customised webGIS functions for sampling procedures or spatial extrapolation of habitat models are coded in PHP with embedded SQL.

2 Module structure

2.1 GIMOLUS-project

The objective of the GIMOLUS-project ('GIS- und modellgestützte Lernmodule für umweltorientierte Studiengänge' i.e. 'learning modules based on GIS and modelling in environmental courses') is to provide multimedia modules and learning units relevant to different aspects of general or specific environmental studies. The modules deal with GIS and modelling issues which are embedded in a webGIS-based virtual landscape. The students are thought to use e-learning modules as a complement to traditional courses. A specific web-based system is built up by the GIMOLUS-team to provide the administration of users and content. All modules are defined according to an XML-structure with single pages being generated dynamically on request and sent in HTML-format.

Each module is a small unit that the user may proceed within 30 minutes to one hour time. Groups of modules serve as learning units to give a comprehensive illustration of relevant issues of a scientific topic. Finally, modules of different topics can be combined to demonstrate complex, interdisciplinary relationships.

GIMOLUS-modules are interconnected and located in a virtual landscape which is built up on a realistic map basis (Elsenz catchment in the Kraichgau region, south-west Germany). Environmental data providing the setting for different didactic purposes are surveyed in or referred to the virtual landscape. The users access to this virtual landscape via the webGIS-system ArcIMS®. This 2D-system enables the display of thematic maps as well as their storage in a geo-database. Spatially explicit results of model applications may also be displayed in the browser via the webGIS-application. In the case of interactive exercises, the users may save their specific progress and results in the databases for a limited period of time (VENNEMANN & MÜLLER 2002).

2.2 Technical requirements

The technical requirements on the hardware and software of the users are low. Provided with a GIMOLUS-account the user needs not more than access to the internet as well as an up-to-date internet browser provided with i) a Java virtual machine, ii) JavaScript activated, and iii) a flash-plug-in. Additionally, a standard text editor and a spreadsheet are needed to print results of computations or to prepare data sets.

2.3 Habitat modelling with logistic regression

Among other methods (e.g. canonical correspondence analysis DULLINGER et al. 2001), logistic regression is a well established method to perform habitat modelling (TREXLER & TRAVIS 1993, PEARCE & FERRIER 2000). A recent review of the literature reveals that logistic regression is the most frequently used statistical technique in this context. It is a simple and robust procedure, and yields comparatively high performance as well as interpretable model parameters (MANEL et al. 1999). In addition, excellent documentation as well as availability in the standard statistical software packages may also explain the frequent application of logistic regression. Since this method is implemented in the GIMOLUS via JavaScript access to software packages is not necessary during the teaching/learning process.

Logistic regression is used in analyses where the dependent variable, y, has only two possible values, e.g. in our case: the presence or absence of a species. The probability of one of the two states, here: the probability of occurrence $\pi(\bar{x}) = Prob(y=1|\bar{x})$, is assumed to be a function of one or more independent explanatory variables $\bar{x}$, which is the vector of k environmental variables (x_j with j ranging from 1 to k). The specific function estimated by logistic regression is given in Eq. (1).

$$\pi(\bar{x}) = Prob(y=1|\bar{x}) = \frac{e^{(\beta_0+\beta_1 x_1+...+\beta_k x_k)}}{1+e^{(\beta_0+\beta_1 x_1+...+\beta_k x_k)}} \qquad (1)$$

It can be obtained by transforming a linear regression for a logit function (see Eq. (2), Hosmer & Lemeshow 2000). β_j designates the regression coefficient estimated for the jth habitat factor, which are usually estimated using the maximum likelihood method.

$$logit(\pi(\vec{x})) = ln\left(\frac{\pi(\vec{x})}{1-\pi(\vec{x})}\right) = \beta_0 + \beta_1 x_1 + ... + \beta_k x_k \tag{2}$$

2.4 Workflow of spatially explicit habitat modelling

The workflow of habitat modelling with spatial extrapolation (see box ‚module content' in Fig. 2) starts with defining the scientific problem. The user selects a target object (e.g. a plant species) for which he wants either to quantify the species-habitat relationships, or to analyse and predict its spatial distribution, or to design measures to optimise its habitat. Then the user has to collect data following a specified sampling design. Each user samples her/his own data set. Model building starts with estimation and visualisation of univariate models regarding single environmental variables hypothesised to affect the species' distribution. The next step will be the selection of explanatory variables in a multivariate model, where the user may follow a stepwise selection method. The next step will be the calculation and assessment of the model's goodness-of-fit regarding calibration and discrimination. The final model needs to be interpreted ecologically, since statistically significant correlations do not necessarily reflect causal relations. If regionalisation was formulated as an aim, the final model has to be extrapolated from point samples to the study area by applying the model on maps of the independent variables. The resulting map of predicted probabilities of occurrence of the target species may be classified to yield a map of predicted incidences using a cut-off value depending on the model evaluation. Based on these maps the model should be validated comparing the predicted probabilities of occurrence with observed incidences.

2.5 Learning unit ‚Habitat modelling with logistic regression'

Our learning unit ‚Habitat modelling with logistic regression' consists of six learning modules (Fig. 1). An introductory module is followed by modules dealing with single steps of the logistic regression method and modelling procedures as described above. The last element of the learning unit is the so-called ‚virtual problem', i.e. an exercise that comprises all steps of the modelling procedure from data sampling in the virtual landscape to validation and discussion of specific modelling results.

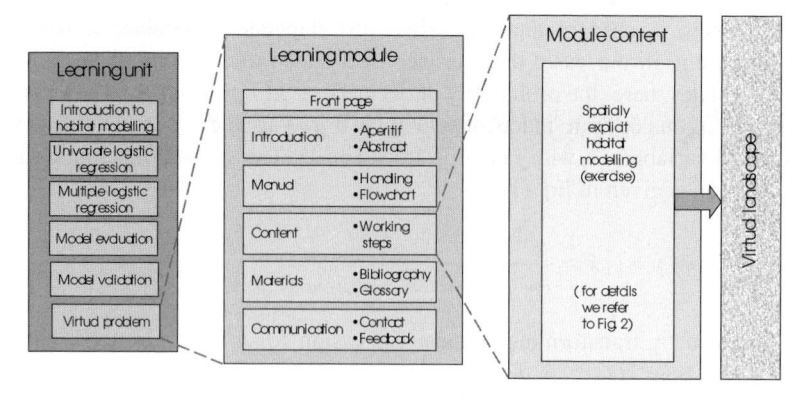

Fig. 1: Structure of the learning unit 'Habitat modelling with logistic regression' and a general learning module

2.6 Workflow of the module 'virtual problem'

The structure of the virtual problem follows the procedure of habitat modelling. Step by step, the user will proceed in the module and is taught to develop a habitat model. Fig. 2 illustrates the flowchart of procedures involved with its corresponding technical realisation.

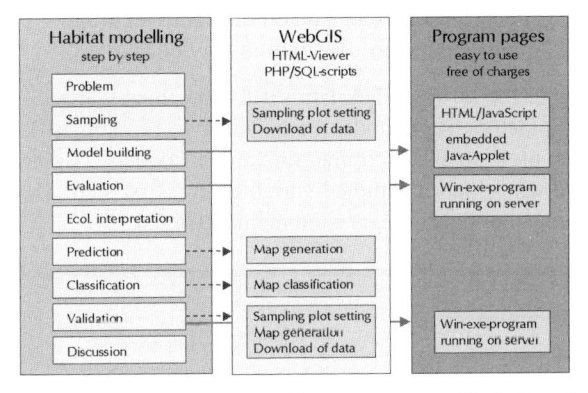

Fig. 2: Technical realisation of the working steps specified for the module content 'habitat modelling'.

The user is asked to analyse the species-habitat relationship of *Salvia pratensis*, a perennial plant species, in one part of the virtual landscape. The module starts with the selection of environmental factors, that are supposed to play a key-role for the presence of *S. pratensis*. The following module page describes the sampling procedure in the virtual landscape. From this page the user has direct access to the webGIS that will be displayed in a new browser window (Fig. 3).

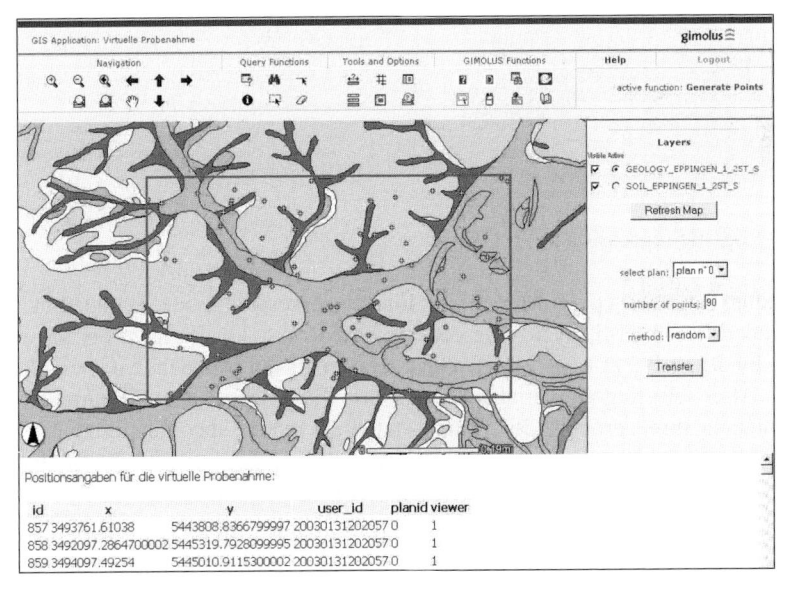

Fig. 3: WebGIS sampling page

The user will select the relevant factors in the theme overview. With the number of sampling points being specified, three sampling strategies can be selected: random sampling, regular grid sampling, or sampling along a linear transect. The sampling procedure is coded in PHP with embedded SQL. The buttons in the GIMOLUS-functions-group offer the sampling functionality step by step. The user has to activate the sampling, to delimit the study area and to evaluate the data on the sampling points. The sampled data are transferred to a table and the frequency distribution may be charted.

The user might enlarge the downloaded data set for columns that will contain the squared values of the sampled factors, if unimodal models have to be estimated. To get an overview about the data, the user shall determine univariate models (sigmoidal and unimodal relationships) for the whole set of sampled variables in a first step. The module provides a program page to realise the logistic regression method (Fig. 4).

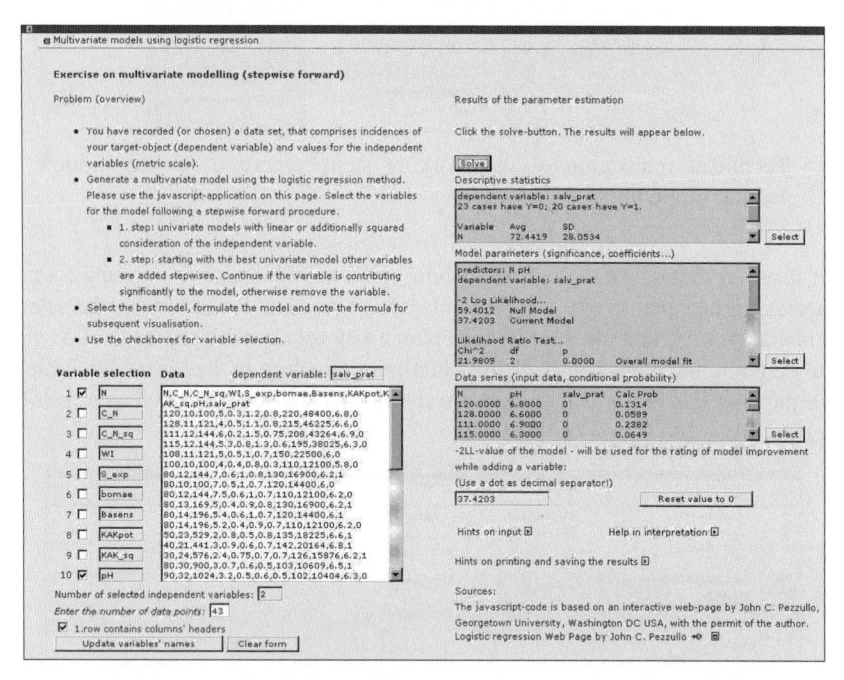

Fig. 4: Logistic regression modelling page

The procedure estimating parameters of the logistic regression model is coded in JavaScript and embedded in a HTML-page. The code is based on a JavaScript program written and published by JOHN PEZZULLO (2002). Data sets up to ten independent variables may be processed. After selecting the variables in question the program may be started. The results are presented in three groups: descriptive statistics, model specifications, and data. The univariate models may be visualised in an embedded Java-Applet (ORR 2002), that has been presented to the user already in the module on univariate logistic regression.

The next module page gives the instructions for stepwise variable selection. One by one the variables of the best univariate model shall be integrated to the multivariate model depending on significant model improvement. The visualisation of multivariate models is limited to bivariate plots, so-called 'response surfaces' (Fig. 5).

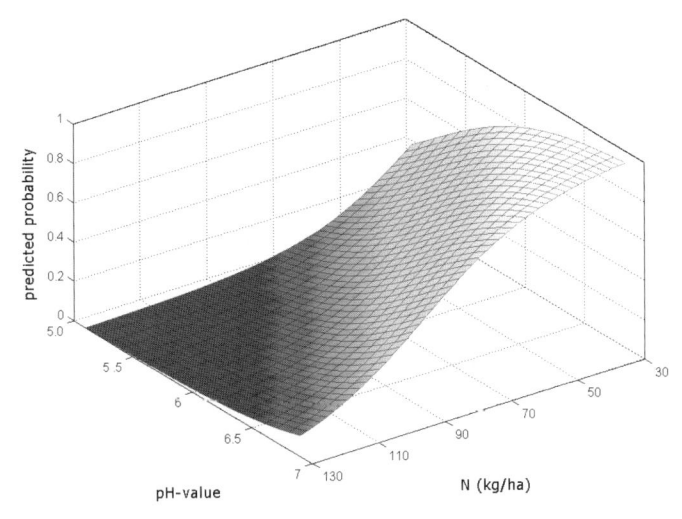

Fig. 5: Exemplary response surface depicting the probability of occurrence of *Salvia pratensis* depending on two habitat factors (N-content, pH-value).

Observed incidences and calculated probabilities will be compared to evaluate the model. The corresponding data are provided in the output window of the logistic regression page. Assessment measures are calculated in the ROC-AUC-program (SCHRÖDER 2002), that can be run on the server as executable windows-file. The display of the graphical user interface is routed to the client via a Citrix-Metaframe XP™ connection. The ROC-AUC-program yields an assessment of model discrimination, i.e. the model's ability to correctly predict the species' distribution (AUC-value, etc, cf. Tab. 1).

Table 1: Model specifications (regression coefficients, goodness-of-fit, ROC-curve)

Variable	regression coefficients	standard error	p-Value (Wald-test)
–	$\beta_0 = -9.506$	–	–
N (kg/ha)	$\beta_1 = -0.057$	0.017	0.001
pH-value	$\beta_3 = 2.127$	0.963	0.027
cut-off value P_{crit}	0.42	Cohen's κ	0.72
% correct	86.05	R^2 Nagelkerke	0.534

AUC = 0.874

After the statistical evaluation, the ecological meaningfulness of all parameters of the final model needs to be discussed and the spatial extrapolation of the model can be performed. The according module page giving the instructions for extrapolation, is directly linked to the webGIS-application. The webGIS page contains input-fields for model parameters, i.e. regression coefficients related to explanatory variables. Based on the values of the referred variables the model will be calculated for all polygons in the study area. The results will be written to a new column in the geo-database. The calculated probabilities of occurrence are presented as a habitat suitability map (Fig. 6). This application is again coded in PHP with embedded SQL. All calculations are performed in the database.

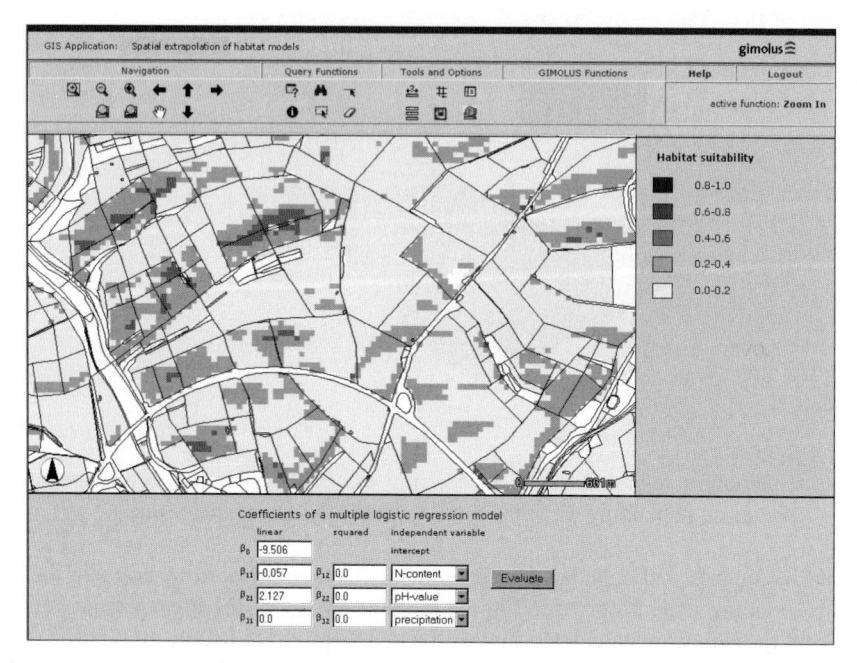

Fig. 6: Map of probabilities of occurrence of *Salvia pratensis* in the virtual landscape estimated with the model specified in Tab. 1 (webGIS application)

In a further step the map shall be classified to predict presence (1) or absence (0) of the species. Based on the output of the ROC-AUC program (Tab. 1) the user has needs to select an appropriate cut-off value to distinguish between the two states presence and absence. This value has to be typed to an input field on the webGIS page to classify the map.

The validation of the results is carried out by sampling the study area for a second time. A minimum distance between sampling points of the first and the second data set has to be respected. This data of second sampling provide both the observed species incidences and the calculated probabilities of occurrence. This data set is analysed in the ROC-AUC program. The obtained AUC-value is a measure for the transferability of the model to the whole study area (SCHRÖDER 2000).

3 Advantages and limitations

The GIMOLUS-learning unit 'habitat modelling with logistic regression' gives a detailed overview about the sequence of different steps necessary to estimate habitat models and provides an introduction to the methods involved. Beginning with the description of meaningful applications to the spatial extrapolation of the modelling results and its validation, all essential working steps are prepared in a multimedia environment. The modules can assist in teaching this procedure to students of environmental studies, but they are also designed for self-study purposes. The low requirements of software and technical equipment of the client computer are essential for a broad acceptance of the internet-based learning unit. The user only needs access to the internet, a browser and a GIMOLUS-account. Neither the GIS-software embedded in the system nor the statistical programs require temporal (training) or financial investments (licence fees). This is essential, since the GIS-application is fundamental to visualise the model's spatial extrapolation.

We do not know any other online or offline course providing a comparable comprehensive ability to teach / learn habitat modelling considering not only statistical issues but also a real-world application with an interactive GIS-background. We take the advantages of e-learning systems as the possibility of asynchronous and spatially independent learning. The design of the practical exercises in the learning module 'virtual problem on habitat modelling' shows a procedural character, that is well suited to promote the increase of the users' skills in habitat modelling.

The simplicity of operation is related to limitations of functionality on the other hand. The only procedure for building multivariate models provided in the learning unit is the stepwise variable selection. The user has to walk through this procedure step by step. As a part of a learning environment, this is not a disadvantage, because the user is forced to assess each step. Finally the spatial reference of the geo-database is limited to the virtual landscape. For teaching purposes this is also advantageous, as the virtual landscape is structured in a simpler and clearer way than real landscapes (WESNER et al. 2002). The didactical value regarding the presentation of the content in e-learning modules is based on the important part of interactive exercises and the formulation of practical problems in the modules (cf. virtual problem). The user is asked to improve and integrate his knowledge working on larger exercises. The understanding of single issues is promoted by interactive graphs and by the proceeding of exercises. The integration of the knowledge of the whole procedure and the interrelation of the working steps will be taught by means of the interactive virtual problem at the end of the learning unit. The didactical orientation of the module is corresponding to the demands of media didactics to use the potential of electronic media in a skilful way following the sequence model for e-learning units by Gagné (KERRES 1999) that postulates the transfer of learnt issues on new situations as an essential part. The learning process should notably be based on the independent activity of the learning person that will be supported by the learning environment attending their learning interest (KERRES et al. 2002).

Bibliography

AKÇAKAYA, H.R., MCCARTHY & M.A. & J.L. PEARCE (1995): Linking landscape data with population viability analysis: management options for the helmeted honeyeater *Lichenostomus melanops cassidix*. Biological Conservation 73: 169-176

DULLINGER, S., DIRNBÖCK, T., GOTTFRIED, M., GINZLER, C. & G. GRABHERR (2001): Kombination von statistischer Habitatanalyse und Luftbildauswertung zur Kartierung alpiner Rasengesellschaften. Proceedings AGIT2001, Salzburg, pp. 114-123

HOSMER, D.W. & S. LEMESHOW (2000): Applied logistic regression. 2nd edn. Wiley, New York
KERRES, M. (1999): Didaktische Konzeption multimedialer und telemedialer Lernumgebungen. HMD – Praxis der Wirtschaftsinformatik 205.
KERRES, M., DE WITT, C. & J. STRATMANN (2002): E-Learning. Didaktische Konzepte für erfolgreiches Lernen. In: Schwuchow, K. & J. Guttmann (Eds.): Jahrbuch Personalentwicklung & Weiterbildung, Luchterhand Verlag
MANEL, S., DIAS, J.-M. & S.J. ORMEROD. (1999): Comparing discriminant analysis, neural networks and logistic regression for predicting species distributions: a case study with a Himalayan river bird. Ecological Modelling 120: 337-348
MORRISON, M.L., MARCOT, B.G. & R.W. MANNAN (1998): Wildlife-habitat relationships - concepts and applications. 2nd edn. The University of Wisconsin Press, Madison
PEARCE, J. & S. FERRIER (2000): Evaluating the predictive performance of habitat models developed using logistic regression. Ecological Modelling 133: 225-245.
SCHRÖDER, B. (2000): Zwischen Naturschutz und Theoretischer Ökologie: Modelle zur Habitateignung und räumlichen Populationsdynamik für Heuschrecken im Niedermoor. PhD-Thesis, TU Braunschweig, Braunschweig
SÖNDGERATH, D. & B. SCHRÖDER (2002): Population dynamics and habitat connectivity affecting spatial spread of populations – a simulation study. Landsacpe Ecology 17: 57-70
SCOTT, J.M., HEGLUND, P.J., MORRISON, M., HAUFLER, J.B., & W.A. WALL (Eds.) (2002): Predicting species occurrences: issues of accuracy and scale, pp 868. Island Press.
TREXLER, J.C. & J. TRAVIS (1993): Nontraditional regression analyses. Ecology 74: 1629-1637
VENNEMANN, K. & M. MÜLLER (2002): Konzeption einer Internetplattform für GIS- und Modellbasierte Lernmodule. In: STROBL, J.; BLASCHKE, T. & GRIESEBNER, G. (Hrsg.): Angewandte Geographische Informationsverarbeitung XIV. Beiträge zum AGIT-Symposium Salzburg 2002. Heidelberg. pp. 567-572
WESNER, S., WULF, K. & M. MÜLLER (2002): How GRID could improve E-Learning in the environmental science domain. Proceedings of the 1st LeGE-WG Workshop 15.09.2002, Lausanne.
WISSENSCHAFTSRAT (1998): Empfehlungen zur Hochschulentwicklung durch Multimedia in Studium und Lehre. Drs. 3536/98. http://www.wissenschaftsrat.de/drucksachen/drs3536-98/drs3536-98.htm

Other sources

ORR, J.L. (1996): Formula Graphing Applets – Zoomgrapher.
    http://www.math.unl.edu/~jorr/java/html/ZoomGrapher.html
PEZZULLO, J. (2001): Logistic regression. http://members.aol.com/johnp71/logistic.html
RUDNER, M. (2003): Logistic regression page. Landscape ecology group, University of Oldenburg, gimolus-project, unpublished
SCHRÖDER, B. (2002): ROC-AUC-program. Landscape ecology group, Universitiy of Oldenburg. http://www.uni-oldenburg.de/landeco/Download/Software/Roc/Roc.htm

Ein GIS System zur nachhaltigen Bewirtschaftung tropischer Regenwälder in West-Malaysia

Gernot RÜCKER und Georg BUCHHOLZ

Zusammenfassung

Die nachhaltige Bewirtschaftung ist entscheidend für die Erhaltung bedeutender Gebiete tropischer Regenwälder. Malaysia besitzt einen hohen Anteil an den tropischen Regenwäldern Asiens und hat sich zur Implementierung nachhaltiger Waldwirtschaft bekannt. Das hier vorgestellte GI System dient der Unterstützung von Verfahren der Planung und Durchführung von Inventuren, Holzernte und Bestandespflegemaßnahmen. Diese Verfahren umfassen unter anderem die Erfassung von Waldfunktionen, von Produktions- und Schutzzonen, forstliche Vermessung, Bestandesinventur, Einzelbauminventur und die Erntebaummarkierung (*Timber Tagging*). Das vorgestellte System unterstützt nicht nur die Planung und Umsetzung von Maßnahmen der nachhaltigen Waldbewirtschaftung, sondern ermöglicht auch eine größere Transparenz und eine verbesserte Datenhaltung und trägt damit zu einer erhöhten Effektivität der Forstverwaltung bei.

1 Einleitung

Die nachhaltige Bewirtschaftung tropischer Regenwälder ist weltweit der Schlüssel zur quantitativen und qualitativen Erhaltung bedeutender Waldbestände auch außerhalb von begrenzten oder isolierten Schutzgebieten. Auf der UN Konferenz über Umwelt und Entwicklung in Rio de Janeiro 1992 wurde deshalb das Ziel der nachhaltigen weltweiten Waldbewirtschaftung festgeschrieben. International anerkannte, gleichwohl nicht völkerrechtlich verbindliche Grundlage sind die in Rio 1992 verabschiedeten „Waldgrundsätze" sowie das Kapitel 11 der Agenda 21 zur Bekämpfung der Waldzerstörung.

Die Umsetzung und Überwachung dieser nachhaltiger Bewirtschaftungsweisen ist im Rahmen einer Initiative der International Tropical Timber Organization (ITTO) an eine Reihe von Kriterien und Indikatoren gebunden (FAO 2001, ITTO 1998). In Malaysia, einem der Vorreiter in diesem Prozess, wurden deshalb Richtlinien entwickelt, um die nachhaltige Waldwirtschaft in den staatlichen Forstverwaltungen zu verankern Die *Malaysian Criteria, Indicators, Activities and Standards of Performance for Forest Management Certification* (MC&I) enthalten Grundelemente für eine nachhaltige Waldbewirtschaftung unter ökonomischen, sozialen und umweltpolitischen Aspekten. (MTCC 2001). Bei den Bemühungen, die MC&I in die routinemäßige Waldbewirtschaftung zu integrieren, kommt der Informationstechnologie eine bedeutende Rolle zu. Sie unterstützt die Forstverwaltung bei der Planung und Durchführung forstwirtschaftlicher Maßnahmen, bei der Sicherung von Qualitätsstandards sowie der Vollzugskontrolle.

Im Rahmen des *Sustainable Forest Management and Conservation Projects* (SFMCP) arbeitet die Deutsche Gesellschaft für Technische Zusammenarbeit (GTZ) mit der Forstverwaltung an Konzepten zur nachhaltigen Waldbewirtschaftung, unter anderem auch an der Erstellung eines Management-Informationssystems. Als Bestandteil dieses Systems wurde ein Geographisches Informationssystem entwickelt, in dem Planungs- und Bewirtschaftungsdaten verwaltet und analysiert werden können. Dieses System (*Sistem Maklumat Geographi Perhutanan*, SMGP) soll 2003 an die Bundesstaaten Westmalaysias ausgeliefert werden, um die dortigen Verwaltungen zu unterstützen und die Erfüllung der Qualitätsvorgaben der Forstverwaltung zu gewährleisten. Derzeit wird das System im Bundesstaat Negeri Sembilan im Rahmen einer Feldstudie getestet.

2   Aufbau und Zweck des Systems

Das System baut auf der Arbeit eines früheren GIS-Projektes der Europäischen Union auf, das stark auf Datenerfassung und Datenhaltung fokussierte, und ergänzt dieses durch die umfassende Unterstützung der operationalen Waldbewirtschaftung auf der kleinsten Bewirtschaftungseinheit - der Abteilung. Dabei wird der Schwerpunkt auf die Umsetzung von Verfahren nachhaltiger Waldwirtschaft gesetzt. Das Programm setzt Richtlinien der Forstverwaltung basierend auf dem Qualitätsstandard ISO 9002, Vorgaben des Forstgesetzes, Erfordernisse der Zertifizierung der Forstverwaltungen nach den Anforderungen der malaysischen Kriterien und Indikatoren (MC&I, MTCC 2001), und Ergebnisse der Beratungstätigkeit der GTZ um. Ziel ist die Unterstützung der Planung und Durchführung von Inventuren, Holzernte und Bestandespflegemaßnahmen als Teilkomponenten einer multifunktionalen nachhaltigen Waldbewirtschaftung.

Die SMGP-Anwendung basiert auf dem Desktop-GIS ArcView GIS, dessen Oberfläche vollständig überarbeitet wurde. Das System ist wie ein digitaler Atlas aufgebaut, der das einfache Navigieren in den Forst- und Verwaltungsdaten der Halbinsel Malaysia ermöglicht. Hier kann der Nutzer rasch verschiedene thematische Karten auf den Ebenen des Bundesstaats, Forstdistrikts oder des Staatswaldgebiets (*Permanent Reserved Forest, PRF*) anzeigen. Auf der Bewirtschaftungsebene des einzelnen Staatswaldgebietes können sämtliche die Waldabteilung betreffenden Informationen verarbeitet werden. Auf dieser Ebene besteht eine Verbindung zur Datenbank des Waldabteilungsregisters, die mit dem Datenbanksystem Oracle 8i umgesetzt wurde. Hier werden sämtliche die Waldabteilungen betreffenden Sachdaten gespeichert. Durch eine Lese- und Schreibverbindung vom GIS können neue Waldabteilungen angelegt und Daten abgefragt und verändert werden.

3   Unterstützung von Methoden der nachhaltigen Waldwirtschaft durch das GIS

Die forstlichen Vorrangsflächen Westmalaysias sind die „*Permanent Reserved Forests*" (PRF), die eine Gesamtfläche von 4,8 Millionen ha umfassen. Die Holzernte wird in Bewirtschaftungszyklen in fest vorgeschriebenen Arbeitsschritten durchgeführt. Im Laufe eines Bewirtschaftungszyklus werden verschiedene Arbeiten von der Grenzvermessung, Vorernteinventur bis hin zur waldbaulichen Pflege nach dem Einschlag durchgeführt. Vorbereitende Arbeiten wie die Bestandesinventur und Markierungen der zu fällenden Bäume, sowie Planung und Durchführung von Nacherntemaßnahmen liegen im Aufgabenbereich der jeweiligen Forstverwaltungen beziehungsweise werden von Unternehmern im Auftrag ausgeführt. Der Holzeinschlag wird von privaten Unternehmern auf der Basis von Lizenzvergaben durchgeführt. Eine wichtige Aufgabe des Systems ist neben der Bewirtschaftungsplanung auch die Kontrolle der Arbeiten des Einschlagsunternehmens, um die Einhaltung der Vorgaben einer nachhaltigen Waldbewirtschaftung sicherzustellen.

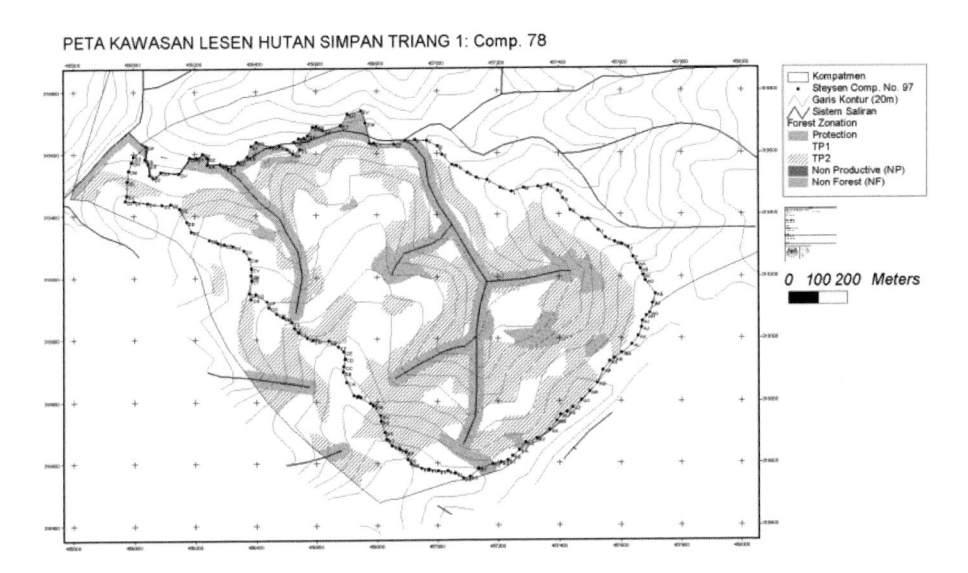

Abb. 1: Waldzonierungskarte für eine Waldabteilung im Bundesstaat Negeri Sembilan. Grau: geschützte Gebiete, weiß: konventioneller Einschlag, schraffiert: bodenschonende Ernteverfahren. Die Grenzmarkierungen (schwarze Punkte) sind durch Buchstaben (A bis ZZ) gekennzeichnet.

Die folgenden Aufgaben werden bisher durch das System unterstützt:

Waldzonierung: durch Gutachten und GIS-Datenauswertung wird der Staatswald mittelmaßstäbig in Produktions- und Schutzzonen unterschieden. Diese Flächenausweisung wird herangezogen um die Nettoproduktionsfläche abzuschätzen und ist entscheidend für die Berechnung des jährlichen Hiebsatzes.

In einem zweiten Schritt werden großmaßstäbig auf Abteilungsebene Waldfunktionen ausgewiesen, die aufgrund der Hangneigung, des Vorkommens seltener Tier- und Pflanzenarten oder ihrer Funktion als Wasserschutzgebiete und/oder als Stätte kultureller Bedeutung Restriktionen der forstlichen Nutzung bedingen. Die Waldfunktionskartierung ist der erste Schritt zur Zonierung jeder Waldabteilung, bei der die Gesamtfläche in geschützte und produktive Flächen unterteilt wird. Die produktiven Flächen wiederum werden unterteilt in Gebiete, in welchen konventionelle Holz-Erntemethoden mit Bulldozern und Raupen möglich sind und solche, die bestandesschonende (z.B. Seilkran) Ernteverfahren erfordern. Die gesamte produktive und geschützte Fläche jeder Waldabteilung sowie die Flächen der in der Abteilung erfassten Waldfunktionen werden in die Datenbank eingetragen.

Vermessung: die bestehenden Daten über Waldabteilungen in Malaysia sind im Allgemeinen ungenau. Vor der Vergabe von Einschlaglizenzen muss deshalb das betreffende Waldstück neu vermessen werden. Hierbei werden Grenzbäume und Vermessungspunkte markiert, um die Abteilungsgrenze im Gelände kenntlich zu machen. Mit Hilfe des GIS können zur Unterstützung dieses Prozesses Arbeitskarten erstellt werden. Bei der Eingabe der Vermessungsdaten werden Qualitätstests durchgeführt und die Grenzen der Waldabteilung in den GIS-Daten aktualisiert. Die Positionen der Grenzbäume werden ebenfalls permanent in der Datenbank gespeichert.

Bestandesinventur: um den zulässigen Hiebsatz festzulegen, wird eine Bestandesinventur (*Pre-F*) vor der Holzernte durchgeführt. Hierbei werden entlang einer im GIS definierten Grundlinie Stichprobenpunkte definiert und im Gelände inventarisiert. Das gleiche Inventurdesign wird für die Nachernteinventor (*Post-F*) herangezogen.

Einzelbauminventur: basierend auf der in der Bestandesinventur definierten Grundlinie wird die Waldabteilung in quadratische Inventurblocks unterteilt. In diesen Blocks wird jeder potenzielle Erntebaum aufgenommen und mit einer Nummer versehen. Position, Spezies, Durchmesser, Qualität und Anzahl der Stammabschnitte jedes Baumes werden registriert und in die Datenbank eingelesen.

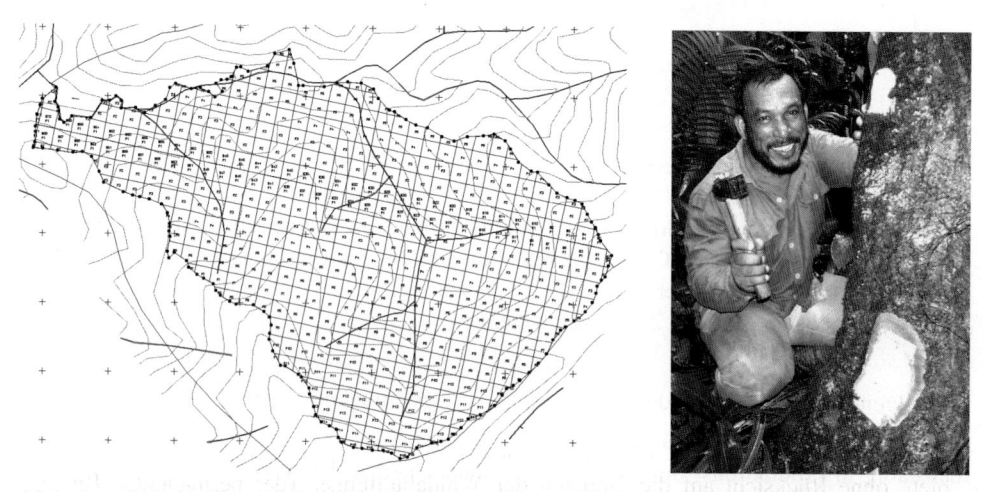

Abb. 2: Links: Karte des Lizenzgebietes mit Gitter für die Einzelbauminventur; rechts: Erntebaummarkierung (*Timber Tagging*) zur Unterstützung der *Chain of Custody*-Zertifizierung.

Timber Tagging: zur Planung der Holzernte wird eine Karte der Abteilung mit allen erntefähigen Bäumen erzeugt, an der die zu fällenden Bäume nach den Nachhaltigkeitskriterien ausgewählt werden. Diese Bäume werden mit einer eindeutigen Kennung versehen. Diese Kennung wird mit X- und Y-Koordinaten in der Datenbank gespeichert, im GIS ist damit die Abfrage des ehemaligen Standortes jedes gefällten Baumes möglich. Da am Fuß des

Baumes ebenfalls eine Marke befestigt ist, kann der Weg des Produktes vom Produzenten zum Konsumenten vollständig verfolgt werden.

Erschließungsplanung/Wegeinventur: Forststraßen und Rückegassen können im GIS dargestellt werden. Zur Wegeinventur können GPS-Daten in das GIS eingelesen werden. Erschließungsplanung und Wegebau sind Bestandteil der Unternehmerleistungen, der Abgleich zwischen Planung und Umsetzung somit Teil des Abnahmeverfahrens.

Nachernteinventur: Nach der Holzernte wird eine neue Inventur (*Post-F*) an den alten Inventurplots durchgeführt, um den Einfluss der Holzernte auf den bestehenden Bestand abzuschätzen und die Leistungen des Einschlagunternehmens zu beurteilen, sowie gegebenenfalls notwendige waldbauliche Maßnahmen festzulegen.

Waldbauliche Planung: Die waldbauliche Planung wird zudem durch die Ermittlung des Kronenschlussgrades unterstützt. Durch eine einfache Kartierung der Abteilung sollen Flächen identifiziert werden die für eine selbständige Regeneration zu sehr geschädigt sind. Bei Unterschreitung eines kritischen Kronenschlussgrades (75%) können Rehabilitierungspflanzungen mit Pflanzdesign im GIS geplant werden.

5 Geoinformation zur Unterstützung transparenter zertifizierungswürdiger Waldwirtschaft

In der jüngeren entwicklungspolitischen Diskussion ist häufig die Rede von „*Good Governance*", dem guten, richtigen Regieren (UN 2000) als Voraussetzung nachhaltiger Entwicklung. Hierzu gehören eine kluge Gesetzgebung, aber auch die richtige Umsetzung von Gesetzen und Verordnungen, das Überwachen ihrer Einhaltung und die Herstellung von Transparenz gegenüber den verschiedenen Teilnehmern an gesellschaftlichen und ökonomischen Prozessen, sowie die vorausschauende Planung einer nachhaltigen Entwicklung der natürlichen Ressourcen des Landes. Die Informationstechnologie kann diese Aufgaben unterstützen.

Ein Beispiel hierfür ist das Verfahren der Vergabe von Einschlagslizenzen und Definition von Lizenzgebieten. Bei der Lizenzvergabe ist eine Karte des im Feld vermessenen und markierten Lizenzgebietes rechtsverbindlicher Bestandteil des Lizenzvertrages. Um eine langfristig ausgelegte Waldwirtschaft zu gewährleisten müssen Planung und Vollzugskontrolle auf der gleichen Fläche stattfinden. Tatsächlich jedoch ist es gängige Praxis, Lizenzgebiete ohne Rücksicht auf die Grenzen der Waldabteilungen (der permanenten Bewirtschaftungseinheiten) zu vergeben, und häufig suchen sich die Lizenznehmer bereits vor dem Vergabeverfahren die besten Bestände anhand von Luftbildern heraus und erwirken die für sie günstigste Grenzziehung bei der Forstverwaltung. Eine geregelte Waldwirtschaft ist so jedoch nicht möglich, da eine Konstanz in den Bewirtschaftungsmaßnahmen nicht gegeben ist und die permanenten Bewirtschaftungseinheiten nicht respektiert werden. Grund für diese Vergabepraxis ist unter anderem, dass der Holzeinschlagsunternehmer im derzeitigen Verfahren nicht nur für die Produktionsfläche, sondern für die Gesamtfläche des Lizenzgebietes Gebühren zu zahlen hat, und deswegen versuchen wird, das Lizenzgebiet auf die besten Flächen zu beschränken.

Man kam deshalb mit der Forstverwaltung überein, die Einheit von Lizenzgebiet und Abteilung beziehungsweise Unterabteilung im GIS-System programmatisch umzusetzen. Zugleich wird jedoch durch die Kartierung der Waldfunktionen und die Ausweisung von Bewirtschaftungs- und Schutzzonen die genaue Produktionsfläche einer Abteilung bestimmt. Durch die Einzelbauminventur ist auch die Bestockung bekannt. Diese Transparenz stellt sicher, dass der Unternehmer nur für die produktiven Flächen zahlen muss und somit für ihn keine Notwendigkeit besteht, das Vergabeverfahren bereits im Vorfeld zu beeinflussen.

Die Einzelbauminventur mit resultierender Holzerntekarte und Einschlagslisten gewährleistet eine lückenlose Kontrolle des Holzes bis zur weiterverarbeitenden Industrie. Damit kann für jeden Baum im Rahmen der „*Chain of Custody*" Zertifizierung, der lückenlosen Überprüfung des gesamten Produktions- und Handelsweges, die Herkunft ermittelt werden. Mit dieser neuen Datenverwaltung ist es erstmals möglich, zeitnah die Wege des eingeschlagenen Holzes nach zu verfolgen. Außerdem bietet sie die Möglichkeit einer besseren Überwachung des Holzflusses und kann als effektives unterstützendes Kontrollwerkzeug gegen illegalen Holzeinschlag dienen.

Im GIS-System sind zudem Routinen zur Kontrolle der Datenqualität und Plausibilitätsprüfung der Vermessungsdaten implementiert. Da die vom System erzeugten Karten zum Teil rechtsverbindlich sind, wird durch die mit Hilfe der Geoinformatik verbesserte Datenqualität die Rechtssicherheit aller Beteiligten erhöht.

Literatur

FAO (2001): Global Forest Resources Assessment 2000. FAO Forestry Paper 140, FAO, Rome
ITTO (1998): Manual on Criteria and Indicators for Sustainable Management of Natural Tropical Forests, ITTO Policy Development Series No. 9
ISO 9002:1994 Sustainable Management of Timber Production for Natural Forest in Permanent Reserved Forest. Forestry Department Peninsular Malaysia, Kuala Lumpur
MTCC (2001) Malaysian Criteria, Indicators, Activities and Standards of Performance for Forest Management Certification (MC&I).
    http://www.mtcc.com.my/documents/documents.html.
SFMCP (2003): Forest Management Rules & Guidelines, Kuala Lumpur, in review
UN (2000): The United Nations Millenium Declaration. Resolution 55/2 adopted by the General Assembly of the United Nations

Ein satelliten- und GIS-gestütztes Waldbrand-Frühwarnsystem für Tropische Regenwälder in Ost-Kalimantan, Indonesien

Gernot RÜCKER

Dieser Beitrag wurde nach Begutachtung durch das Programmkomitee als „reviewed paper" angenommen.

Zusammenfassung

Als Konsequenz wachsenden Nutzungsdrucks hat die Häufigkeit katastrophaler Waldbrände im Bereich der inneren Tropen in den letzten Jahrzehnten drastisch zugenommen. In der vorliegenden Arbeit wird ein empirisches Modell zur Einschätzung der Wald- und Buschbrandgefahr für die indonesische Provinz Ost-Kalimantan vorgestellt. Dieses Modell basiert u. a. auf Informationen zum Vegetationszustand aus Daten der amerikanischen NOAA-Satellitenserie, Daten zur Landnutzung und meteorologischen Daten. Den einzelnen Einflussfaktoren wurden mit Hilfe der *Weights of Evidence*-Methode über den Vergleich mit historischen Feuerereignissen Gewichte zugewiesen. Das Modell wurde in einer Software für ArcView GIS implementiert, die eine schnelle Erstellung von Feuergefahrenkarten aus den Eingangsdaten ermöglicht.

1 Einleitung

In den Jahren 1982/83 und 1997/98 wurde die indonesische Provinz Ost-Kalimantan auf Borneo von verheerenden Wald- und Buschbränden heimgesucht. Dabei verbrannten in den achtziger Jahren ca. 4 Mio. ha und in den Neunzigern 5,2 Mio. ha Land. Wegen dieser enormen Ausmaße wurden die beiden Ereignisse als die größten Waldbrände in der Geschichte der tropischen Regenwälder bezeichnet (SIEGERT et al. 2001). Die Auswirkungen dieser Brände sind enorm: nicht nur wurden Ökosysteme unschätzbaren Wertes zerstört (z.B. 73% der Sumpfwälder Ost Kalimantans, SIEGERt et al. 2001) und erlitten Tausende von Menschen infolge der Luftverschmutzung akute und chronische Gesundheitsschäden, die Waldbrände in Indonesien waren auch für den besonders steilen Anstieg der globale Emissionen des Treibhausgases CO_2 im Jahre 1998 mitverantwortlich (Page et al. 2002). Millionen von toten, aber in den geschädigten Wäldern verbliebenen Bäumen stellen das Brennmaterial für eine drohende neue Feuerkatastrophe.

Zur zukünftigen Vermeidung und Eindämmung solcher katastrophalen Ereignisse sind gezielte Vorsorgemaßnahmen notwendig. Dazu gehören die Durchführung von Wachsamkeitskampagnen, um die Bevölkerung auf die erhöhte Waldbrandgefahr aufmerksam zu machen, erhöhte Bereitschaft der Feuerwehren und Freiwilligen-Brigaden in den Dörfern in gefährdeten Gebieten sowie ein verschärftes Vorgehen gegen Brandstiftung und den illegalen und gefährlichen Einsatz von Feuer in der Land- und Forstwirtschaft.

Dies ist in einer großen, nur dünn bevölkerten und schwer zugänglichen Region wie Ost-Kalimantan nur dann möglich, wenn die Verwaltung in der Lage ist, ihre Anstrengungen an den „Hot Spots" der Feuergefahr zu bündeln.

Um dies zu ermöglichen, wurde ein GIS-basiertes Frühwarnsystem für Waldbrände entwickelt, das mittels aktueller Wetterdaten, Daten über den Vegetationszustand aus Satellitenbildern und Informationen zur Landnutzung, Meereshöhe und zum Verkehrsnetz eine Vorhersagekarte erstellt, in der besonders gefährdete Gebiete einfach zu identifizieren sind. Diese Arbeit wurde von der Deutschen Gesellschaft für Technische Zusammenarbeit (GTZ) im Rahmen des Projektes Integrated Forest Fire Management (IFFM) in Auftrag gegeben.

2 Bestehende Feuergefahrenmodelle

In den USA wurden schon früh Modelle zur Einschätzung der Feuergefahr entwickelt, und seit 1972 als Feuergefahrenindex auf nationaler Ebene eingesetzt. Dieses National Fire Danger Rating System (NFDRS) beruht auf mathematischen Modellen der Prinzipien der Verbrennungsphysik. Das NDFRS ist u. a. abhängig von Angaben zu Vegetation, Wetter und Terrain. Aufgrund der Zusammensetzung der Bestände in einer Region wird dieser ein „Fuel Model" zugewiesen, welches die Eigenschaften des Bestandes im Brandfall beschreibt. Basierend auf Komponenten dieses National Fire Danger Rating Systems (DEEMING et al. 1974), haben BURGAN et al (1998) einen satellitengestützten Fire Potential Index entwickelt. Dieser Index basiert auf NDVI (Normalized Difference of Vegetation Index) Messungen des amerikanischen NOAA (National Ocean and Atmospheric Administration) Satellitensystems, auf Bodenbeobachtungen aus einem Netz an Messstationen und Berichten der lokalen Feuerwehren. Dieser Ansatz wurde am Joint Research Centre der Europäischen Union auf die Verhältnisse im mediterranen Europa übertragen. Beide Fire Potential Systeme sind derzeit in der experimentellen Phase. Das Kanadische Fire Danger System ist ähnlich dem US-Amerikanischen aufgebaut, und wird vom Canadian Forest Service auch für das Gebiet der ASEAN-Staaten errechnet (http://fms.nofc.cfs.nrcan.gc.ca/asean).

Gegen eine einfache Übertragung der in Nordamerika eingesetzten Frühwarnsysteme spricht jedoch, dass in den Tropen die Vorraussetzungen zum erfolgreichen Betrieb eines solchen Systems nicht gegeben sind. Zum einen existieren für das Brandverhalten tropischer Vegetation keine Äquivalente in den Modellen der nordamerikanischen Systeme, zum anderen ist das Netz der Wetterstation nicht dicht genug, um eine verlässliche Interpolation zu erlauben. Eine routinemäßige Auswertung von Satellitenbildern sollte deshalb wesentlicher Bestandteil eines Feuergefahrenmodells sein.

Das NOAA-Satellitensystem ist hierfür geeignet, da es mehrmals täglich Aufnahmen von jedem Punkt der Erde in verschiedenen Wellenlängenbereichen liefert. Der NDVI, ein Ratioprodukt aus Intensitätsmessungen im sichtbaren Roten und nahem Infraroten Bereich, wird von mehreren Autoren zur Erfassung von Bereichen mit Vegetation unter Stress verwendet (KOGAN 1997, BURGAN et al. 1998, CHUVIECO et al. 2002, SEBASTIÁN-LÓPEZ et al. 2002).

3 Daten und Methoden

3.1 Vorgehensweise

Mit Hilfe von Überlagerungstechniken der bekannten Einflussfaktoren von Waldbränden kann ein einfaches, empirisches Feuergefahrenmodell erstellt werden.

Um eine erste Version eines solchen dynamischen Frühwarnsystems zu erstellen, haben wir eine statistische Analyse der Stärke der jeweiligen Einflussvariablen auf das Auftreten von Waldbränden durchgeführt und den verschiedenen Eingangsdaten aufgrund des von ihnen ausgeübten Einflusses Gewichte zugewiesen. Hierbei wurde ein Bayes'sches Entscheidungsfindungsmodell in einer loglinearen Form angewendet, das sogenannte *Weights of Evidence* Modell (BONHAM-CARTER 1994). Bayes'sche Ansätze arbeiten mit bedingten Wahrscheinlichkeiten: die Auftrittswahrscheinlichkeit eines Phänomens wird durch bestimmte Faktoren positiv oder negativ beeinflusst; die *a posteriori* Wahrscheinlichkeit am Auftrittsort des Faktors ist somit von der *a priori* Wahrscheinlichkeit in der Grundgesamtheit (dem Studiengebiet) verschieden. Dadurch können den einzelnen Eingangsfaktoren aufgrund ihrer Bedeutung für das Auftreten des untersuchten Phänomens (hier: Feuer) Gewichte zugewiesen werden. Diese werden aus der relativen Häufigkeit von Feuern bezogen auf den Flächenanteil einer bestimmten Faktorenkombination für einen Referenzzeitraum errechnet:

$$W^+ = \ln \frac{N(B \cap D)/N(D)}{[N(B) - N(B \cap D)]/[N(T) - N(D)]}$$

Hierbei ist N(T) die Anzahl der Rasterzellen im gesamten Untersuchungsgebiet, N(B) die Anzahl der Zellen, in denen der Eingangsfaktor auftritt, und N(D) die Gesamtzahl der Zellen, in denen Feuer registriert wurden. Die loglineare Form des Modells wurde gewählt, da sie eine tatsächliche Häufigkeitsverteilung besser widerspiegelt als die lineare Form. Bei einer Multifaktorenanalyse werden alle Einflussfaktoren überlagert, und an jedem Punkt wird aus den ermittelten Gewichten der einzelnen Faktoren, die *a posteriori* Wahrscheinlichkeit für das Auftreten von Feuern errechnet.

3.2 Daten

Für die Erstellung des Feuergefahrenmodells wurden NDVI-Daten des AVHRR-Sensors (Advanced Very High Resolution Radiometer) mit einer Auflösung am Boden von ca. 1,1 km an Bord der NOAA-Satellitenserie (NOAA 12 und NOAA 14) verwendet, die an der Empfangsstation des Integrated Forest Fire Management Projektes (IFFM) in Samarinda empfangen und bearbeitet werden. (Zur Zeit der Arbeit waren an dieser Station Daten der Satelliten NOAA 16 und 17 noch nicht verfügbar.)
Der NDVI ist definiert als:

$$NDVI = \frac{NIR - R}{R + NIR}$$

Wobei R = Reflektion im sichtbaren Roten (AVHRR Kanal 1) und NIR = Reflektion im nahen infraroten Bereich (AVHRR Kanal 2). Die Daten wurden an der Empfangsstation in

Samarinda kalibriert und navigiert. Um eine genauere Georeferenzierung zu erreichen, wurde ein Referenzbild mit Hilfe von Kontrollpunkten entlang der Küste Borneos georeferenziert und anschließend wurden alle Bilder mit einer Bild-zu-Bild Registrierung an das Referenzbild angepasst (mittlerer quadratischer Fehler der Registrierung < 1 Pixel). Um ein möglichst wolkenfreies Bild zu erzielen, wurden Maximumkomposite über einen Zeitraum von bis zu 30 Tagen angefertigt. Dabei wird für jeden Pixel des Ergebnisbildes das Maximum der Bildwerte aller Eingangsbilder an dieser Stelle ausgewählt. Das resultierende Bild zeigt damit den „grünsten" Zustand der Vegetation innerhalb des Kompositzeitraumes an. Der NDVI allein sagt jedoch relativ wenig über den Vegetationszustand aus, da z.B. degradiertes Sumpfland immer einen erheblich niedrigeren NDVI aufweisen wird als gesunder tropischer Regenwald. Deshalb sind hierfür relative NDVI zu bevorzugen, z.B. *relative Greenness* oder Vegetation Condition Index (VCI).

Dabei wird der NDVI in Bezug zu den historischen Maxima und Minima an diesem Ort gesetzt, und eine Verschlechterung des Vegetationszustandes durch Dürre lässt sich an entsprechend niedrigen Werten des VCI ablesen (KOGAN 1997). Für das vorliegende Modell wurde jedoch statt des VCI ein Index errechnet, der den aktuellen NDVI als Prozentzahl des historischen Maximums angibt. Dies ist durch die geringe Saisonalität des Klimas in den Tropen gerechtfertigt – ein deutlicher Abfall des NDVI gegenüber dem Maximum ist deshalb im Allgemeinen auf Dürrestress zurückzuführen (sofern im fraglichen Zeitraum keine starke Degradation der Vegetation durch den Menschen stattfindet). Die historischen Maxima zur Berechnung dieses relativen NDVI wurden für den Zeitraum von 1993-1995 aus Archivdaten des United States Geological Service (USGS) erstellt (Eidenshink et al. 1994). In Abbildung 1 (rechts) wird der relative NDVI für August 1997 dargestellt.

Der Keech-Byram Dryness Index (KBDI, DEEMING 1995) ist ein Trockenheitsindex, der in Ost-Kalimantan seit Jahren erfolgreich zur Charakterisierung der Feuergefahr verwendet wird. Leider sind jedoch nur für wenige Wetterstationen zuverlässige Daten erhältlich. Für das Feuergefahrenmodell wurde der KBDI für die Provinz mittels Inverse Distance Weighting (IDW) interpoliert. Die Genauigkeit dieser Interpolation ist jedoch gering, da es im Landesinneren wenig und in Gebieten über 300 m Meereshöhe keine einzige Station gibt. Zudem stellte sich im Laufe der Arbeiten heraus, dass die Messdaten von fast allen Stationen erheblich durch Mess- und Ablesefehler beeinträchtigt und äußerst lückenhaft waren.

Weitere Eingangsdaten waren eine einfache Vegetationskarte aus ERS-2 SAR Daten (SIEGERT et al. 2001), das Straßen- und Flussnetz, Siedlungen und ein digitales Höhenmodell (USGS) mit 1km Auflösung (siehe Tabelle 1).

Zur Erstellung und Validierung des Modells wurden Punktdaten des Auftretens von Feuern (sog. „Hotspots") benutzt. Diese Daten werden routinemäßig an der NOAA-Empfangsstation in Samarinda aus den Daten des Kanals 3 des AVHRR-Sensors gewonnen (SIEGERT et al. 2001).

Alle Eingangsfaktoren wurden in eine relativ geringe Anzahl von Klassen unterteilt, um die Errechnung der Gewichte effizienter zu gestalten. Insgesamt sind durch die Klasseneinteilung 960 unterschiedliche Kombinationen der Einflussfaktoren möglich (Tabelle 1). Mit der Software ArcWofE (KEMP et al., 1999) wurde eine *Weights of Evidence*- Analyse für einen Referenzmonat (August 1997) durchgeführt. Dabei wurde das Maximum-NDVI Komposit von Juli 1997 und die interpolierten KBDI-Werte des 30.07.1997 verwendet, um so die

Vorhersagekraft der Daten zu untersuchen. Als Ergebniskarte der Überlagerung aller Eingangsfaktoren wurde eine Karte der bedingten Wahrscheinlichkeit von Waldbränden errechnet.

Tabelle 1: Verfügbare Daten zur Feuergefahrenmodellierung

Datensatz	Anzahl Klassen	Quelle
Einfache Vegetationskarte (ERS-2 Radar Kartierung)	5	IFFM (SIEGERT et al. 2001)
1km Digitales Höhenmodell	6	USGS
Straßen, Flüsse und Siedlungen (Erreichbarkeit)	2	IFFM
Keech-Byram-Trockenheits Index (KBDI)	4	IFFM (DEEMING 1995)
NOAA-Satelliten Bilder relativer NDVI	4	IFFM
Historische Feuerdaten (NOAA Hotspots)	-	IFFM
Anzahl möglicher Faktoren-Kombinationen	**960**	

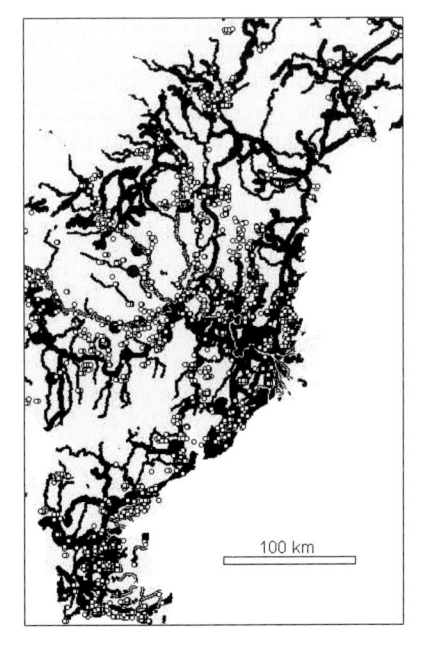

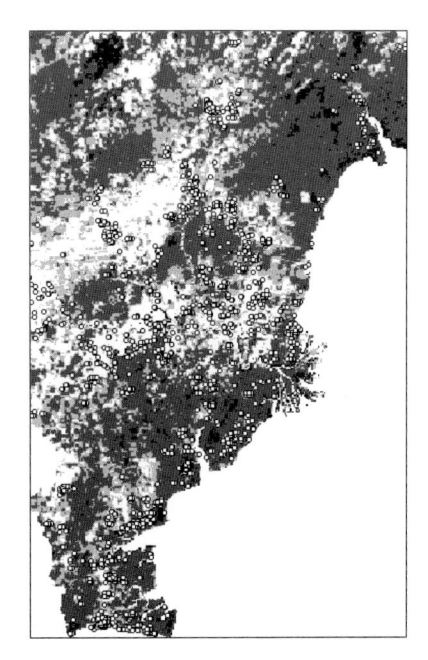

Abb. 1: Einflussfaktoren der Waldbrandwahrscheinlichkeit, überlagert mit tatsächlich registrierten Bränden für August 1997 (Hotspots aus NOAA-AVHRR: weiße Punkte): links: Erreichbarkeit (Kombiniert aus Straßen, Flüssen, Siedlungen), rechts: relativer NDVI (dunkel: hoch, hell: niedrig)

Diese Karte wurde in vier Klassen unterteilt, die „Low", „Medium", „High" und „Very High" genannt wurden. Die Klassen wurden entsprechend der Häufigkeitsverteilung im Referenzmonat August 1997 gebildet (Abb. 2).

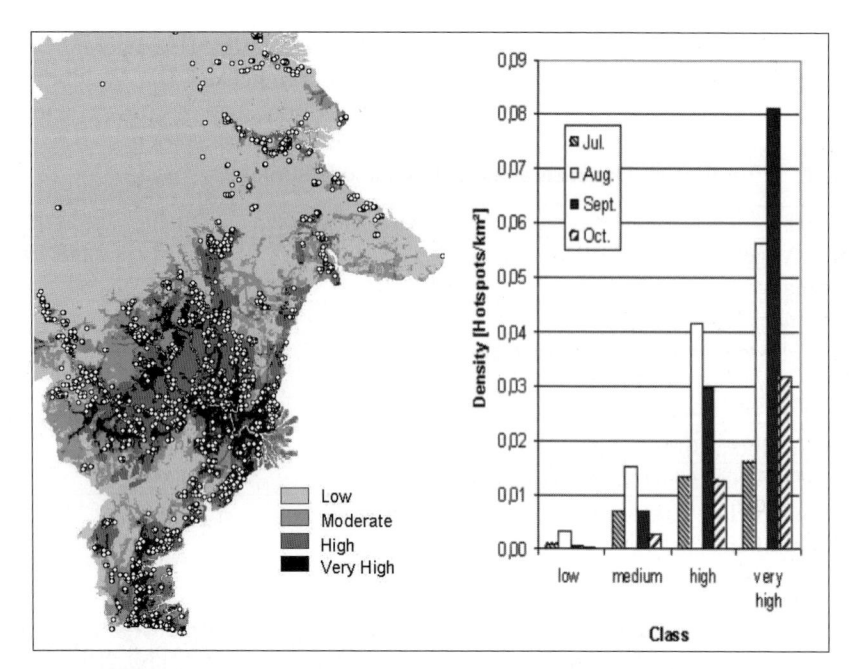

Abb. 2: Links: Ergebniskarte der Feuergefahrenwahrscheinlichkeit mit überlagerten tatsächlich registrierten Bränden (weiße Punkte) für August 1997. Rechts: Dichte der Brände nach Feuergefahrenklasse für die Monate Juli bis Oktober 1997.

Das Modell mit den gewonnenen Gewichten wurde in eine Software für ArcView GIS umgesetzt, mit der für andere Zeitpunkte Karten der Feuergefahr errechnet werden können. Um die Verwendbarkeit der im Referenzmonat gewonnen Gewichte für die einzelnen Faktoren abzuschätzen, wurden die Feuergefahrenkarten für die anderen Monate der Feuersaison 1997 (Juni-September) ebenfalls berechnet und mit den tatsächlich aufgetretenen Feuern verglichen. Die *a priori* Wahrscheinlichkeit des Auftretens von Feuern wurde anhand einer Beziehung zwischen KBDI und Hotspot-Auftreten für die gesamte Provinz geschätzt.

4 Ergebnisse und Diskussion

Die Ergebnisse der *Weights of Evidence* Analyse für den Referenzmonat August 1997 zeigten, dass alle Einflussfaktoren zumindest eine mäßige Vorhersagekraft für das Auftreten von Bränden haben. Zwei Faktoren hatten extrem starken Einfluss, nämlich Gras- und Buschland für das Auftreten und eine Meereshöhe von über 200 m für die Abwesenheit von Feuern. Ein Absinken des NDVI war mit dem gehäuften Auftreten von Feuern positiv korreliert, ein hoher NDVI hingegen stand mit der Abwesenheit von Feuern in engem Zusammenhang. Die Nähe zu Siedlungen und Verkehrswegen stand nur in mäßig starker Verbindung mit dem gehäuften Auftreten von Feuern. Die Untersuchungen der anderen Monate der Feuersaison von 1997 zeigten, dass mit den im Referenzmonat August 1997 errechneten Faktorengewichten die Schätzung der Feuergefahr auch für andere Monate befriedigende Ergebnisse erbrachte. Wie aus Abbildung 2 (rechts) ersichtlich ist, nimmt die Dichte der

Hotspots mit der Feuergefahrenklasse in allen Monaten zu, allerdings liegt sie in der höchsten Gefahrenklasse in den beiden Monaten mit geringerer Feueraktivität (Juli und Oktober) deutlich unter der nach dem *Weights of Evidence* Modell geschätzten. Dies mag an einer zu hoch geschätzten *a-priori* Wahrscheinlichkeit liegen, aber auch an einer wechselseitigen Abhängigkeit der Eingangsfaktoren, die zu einer zu hohen Schätzung der Wahrscheinlichkeit führt.

Mit der ersten Version dieses Feuergefahrenmodells liegt ein experimentelles Produkt vor, das erste Ansätze für eine flächenhafte Abschätzung der Feuergefahr in den Tropen bietet. Durch die Überlagerung der verschiedenen Einflussfaktoren in einem einfachen empirischen Modell konnte ein Mehr an Informationsgehalt gegenüber einer isolierten Betrachtungsweise der Einflussfaktoren erreicht werden. Zur Erstellung des Modells wurden leicht verfügbare Fernerkundungsdaten verwendet, mit dem Ziel die Abschätzung der Feuergefahr auf eine solidere Basis zu stellen, als dies bisher ausschließlich mit den KBDI-Daten möglich war. Damit wird Feuermanagern ein Entscheidungswerkzeug mit höherer Auflösung und Zuverlässigkeit an die Hand zu geben. Im Laufe der Arbeiten an diesem Modell stellte sich allerdings heraus, dass die Qualität der zugrunde liegenden Daten in vielen Fällen unbefriedigend war. So waren Straßendaten unvollständig und z.T. fehlerhaft, und auch die Messdaten der meteorologischen Stationen mussten wegen Inkonsistenzen in mehreren Fällen von der Interpolation ausgeschlossen werden. Durch die geringe Anzahl verfügbarer Stationen war damit eine sinnvolle Abschätzung des KBDI für große Teile der Provinz nicht möglich. Derzeit liefern sechs Klimastationen in Ost-Kalimantan regelmäßig Daten. Alle Stationen sind entlang der Küste Ost-Kalimantans gelegen, Wetterdaten aus dem Inland sind weiterhin nicht zuverlässig verfügbar.

Die räumliche Auflösung der AVHRR-Daten war für das Feuergefahrenmodell auf Provinzebene oder auch Distriktebene ausreichend, da die von den Ergebniskarten unterstützten Entscheidungsprozesse sich im mittleren bis kleineren Maßstabsbereichen abspielen. Aus der Verwendung von MODIS-Daten (max. 250m Auflösung) könnte man allerdings zusätzliche Informationen in höherer räumlicher und spektraler Auflösung gewinnen, die eine weitere Verfeinerung des Modells ermöglichen würden. Derzeit sind NOAA-AVHRR Daten wegen ihrer hohen zeitlichen Auflösung und des routinemäßigen Einsatzes in Samarinda für operationelle Zwecke vorzuziehen. Durch die hohe Repetitionsrate kann mit Hilfe der Maximum-Komposit Methode ein weit gehend wolkenfreies Bild für einen Zeitraum von 10-20 Tagen erstellt werden. Gerade in Trockenperioden können wolkenfreie Komposite weiter Gebiete der Provinz auch innerhalb kürzerer Zeiträume erstellt werden. Allerdings treten gerade während starker oder katastrophaler Feuersaisonen (wie 1997/98) Störungen durch Dunst und Rauch auf.

5 Ausblick

Durch die Einbindung weiterer Informationen aus Fernerkundungsdaten soll die Güte des Modells verbessert werden. Fernerkundung ist gerade in tropischen Gebieten, in denen Daten aus unzugänglicheren Regionen oft fehlen, unvollständig, ungenau oder nicht zeitnah verfügbar sind, für die Frühwarnung eine unentbehrliche Komponente. Insbesondere bieten die Kanäle des AVHRR-Sensors im mittleren und fernen Infrarot eine weitere, effiziente

Möglichkeit zur Erfassung von Trockenstress der Vegetation (KOGAN 1997, BOYD 2002). Die Analyse der Bewölkung mit Hilfe der Satellitendaten kann ebenfalls weitere Hinweise auf anhaltende Trockenheit oder mögliche Niederschläge geben. Eine genauere und aktuelle Kartierung der Vegetationseinheiten kann schließlich zu einer besseren Abschätzung des Feuerpotenzials der Vegetation führen. Dies würde dann auf mittlere Sicht die bessere Erforschung des Brandverhaltens der Vegetation und damit eine erhebliche Verbesserung zukünftiger Frühwarnsysteme für Waldbrände ermöglichen.

Literatur

BONHAM-CARTER, G.F. (1994): Geographic information systems for geoscientists: Modelling with GIS. Pergamon, Oxford, 398 p.

BOYD, D.S., P.C. PHIPPS, G.M. FOODY, et al. (2002): Exploring the utility of NOAA AVHRR middle infrared reflectance to monitor the impacts of ENSO-induced drought stress on Sabah rainforests, *International Journal of Remote Sensing*, Vol 23, No. 23: 5141-5144

BURGAN, R.E., KLAVER, R.W. & J.M. KLAVER (1998): Fuel models and fire potential from satellite and surface observations. *International Journal of Wildlife Fire*, 8, 159-170.

CHUVIECO, E., RIAÑO, D., AGUADO, I. & D. COCERO (2002): Estimation of fuel moisture content from multitemporal analysis of Landsat Thematic Mapper reflectance data: Applications in fire danger assessment. *International Journal of Remote Sensing*, Vol 23, No. 11: 2145-2162

DEEMING, J.E.; LANCESTER, J.W., FOSBERG, M.A., FURMAN, W.R. & M.J. SCHROEDER (1974): The National Fire-Danger Rating System. United States Department of Agriculture, Forest Service. Research Paper RM-84, Fort Collins, Colorado. 165 p.

DEEMING, J.E.(1995): Development of a fire danger rating system for East Kalimantan, Indonesia., IFFM Doc. No. 02, Samarinda

EIDENSHINK, J. C. & J.L: FAUNDEEN (1994): The 1-km AVHRR global land data set: first stages in implementation. *International Journal of Remote Sensing*, 15, 3443-3462

KEMP, L.D., BONHAM-CARTER, G.F. AND RAINES, G.L. (1999): Arc-WofE: ArcView extension for weights of evidence mapping. http://ntserv.gis.nrcan.gc.ca/wofe

KOGAN, F.N. (1997): Global Drought Watch from Space. *Bulletin of the American Meteorological Society*, 78, 621-636

PAGE, S.E., SIEGERT, F., RIELEY, J.O., BOEHM, H.D., JAYA, A. & S. LIMIN (2002): The amount of carbon released from peat and forest fires in Indonesia during 1997, Nature, 420: 61-6.

SEBASTIÁN-LÓPEZ, A., AN MIGUEL-AYANZ, J., BURGAN, R.E. (2002): Integration of satellite sensor data, fuel type maps and meteorological observations for evaluation of forest fire at the pan-European scale. *International Journal of Remote Sensing*, Vol 23, No. 13: 2713-2719

SIEGERT, F., RUECKER, G., HINRICHS, A. & A.A. HOFFMANN (2001): Increased Damage from fires in logged forests during droughts caused by El Niño, *Nature*, 414: 437-440

United States Geological Service: Global 30-Arc-Second Elevation Data Set, available at: http://edc.usgs.gov/products/elevation/gtopo30.html

Tirol Atlas[1] – ein Datenbank gestütztes und vektorbasiertes Atlas-Informationssystem im Internet

Johannes RÜDISSER, Armin HELLER, André M. WINTER, Klaus FÖRSTER, Angela DITTFURTH und Bernhard GSTREIN

Dieser Beitrag wurde nach Begutachtung durch das Programmkomitee als „reviewed paper" angenommen.

Zusammenfassung

Im Rahmen des Projektes Tirol Atlas wird ein über das Internet zugängliches Informationssystem entwickelt, welches planungsrelevante und aktuelle Themen in Nord-, Ost- und Südtirol bearbeitet. Raum bezogene Inhalte unterschiedlichster Natur werden auf moderne und innovative Art visualisiert, multimedial aufbereitet und dem Benutzer interaktiv zugänglich gemacht. Dabei werden an die Bildschirmkartographie als ein Mittel zur Visualisierung komplexer Sachverhalte besonders hohe Ansprüche hinsichtlich Funktionalität und graphischer Qualität gestellt.

Seitens der Technik wird besonderer Wert auf die Verwendung offener Standards gelegt. Mit Linux als Betriebssystem, PostgreSQL als Datenbank, PostGIS als Geometriemodul für die Datenbank, Apache als Webserver, Perl als Skriptingsprache und SVG als XML-basierte Vektorbeschreibungssprache verfügt der Tirol Atlas über ein verlässliches, unabhängiges und vor allem flexibles System, welches die Basis für viele Module und Anwendungen bildet.

1 Zielsetzung und Projektumfeld

Der Tirol Atlas ist ein grenzüberschreitendes Interreg III A-Projekt. Ziel ist der Aufbau eines über das Internet zugänglichen Atlas-Informationssystems für den Kernraum Nord-, Ost- und Südtirol sowie benachbarter Gebiete. Die angestrebte Benutzergruppe ist breit und reicht von der Tiroler Bevölkerung in Stadt und Land, über Touristen, Schüler und Lehrer bis hin zu lokalen Entscheidungsträgern. Die Erarbeitung und Weiterentwicklung neuer Methoden und Standards für die Kartographie im Internet ist dabei ebenso von Bedeutung wie die Umsetzung der angestrebten inhaltlichen und funktionellen Ziele unter Verwendung innovativer und zukunftsweisender Techniken. Auf den Einsatz offener Standards, sowohl bei der Erstellung als auch bei der endgültigen Visualisierung im Internet, wird großen Wert gelegt.

Da die Konzeption und Realisierung zur Gänze am Institut für Geographie der Universität Innsbruck erfolgt, kann auf Wissen und langjährige Erfahrung in der grenzübergreifenden Landeskartographie (KELLER 1999, TIROL-ATLAS 1969-1999) zurückgegriffen werden.

---

[1] tirolatlas.uibk.ac.at

Die Finanzierung für die Laufzeit von 2001 bis 2007 übernehmen das Land Tirol, die Autonome Provinz Bozen-Südtirol und die Europäische Union.

2 Herausforderungen

2.1 Arbeitsgebiet

Der Tirol Atlas behandelt neben dem Kernraum Nord-, Ost- und Südtirol auch benachbarte Gebiete in Österreich, Italien, Deutschland und der Schweiz. Diese erstrecken sich ca. 20 km über den Kernraum hinaus. Die genaue Abgrenzung erfolgt auf Basis naturräumlicher Gegebenheiten. Damit werden den herkömmlichen Ansprüchen an eine Rahmenkarte auf eine neue Art entsprochen und Vergleiche und Verflechtungen über Landesgrenzen hinweg ermöglicht. Das eigentliche Arbeitsgebiet erweitert sich dadurch von 20.060 km² auf 39.600 km². Es werden somit Daten aus insgesamt 796 Gemeinden in 13 Ländern, Provinzen bzw. Kantonen und 4 Staaten bearbeitet. Für diese Gebiete gibt es weder einheitliche Statistik- noch Geometriedaten in der angestrebten Qualität. Aus der Notwendigkeit, Daten unterschiedlichster Quellen zusammenzufassen und zu vereinheitlichen, ergeben sich besondere Ansprüche im Zusammenhang mit Datendokumentationen und Quellenangaben. Die effiziente und übersichtliche Verwaltung und Bearbeitung von Metadaten ist daher von größter Bedeutung.

2.2 Medium

Das Internet als Präsentationsmedium für geographische Inhalte und als Plattform für ein Atlas-Informationssystem unterscheidet sich von einer gedruckten Karte, dem gedruckten Atlas oder auch der digitalen Ausgabe in Form einer CD/DVD in vielfältiger Form (vgl. BORCHERT 1999, HURNI et al. 2001, HURNI 2000, KRAAK 2001). Aus den Unterschieden ergeben sich viele Vorteile und neue Möglichkeiten, aber auch eine ganze Reihe von Herausforderungen und Problemen, von denen hier nur einige wenige exemplarisch angeführt werden können.

Das Internet bietet einerseits die Möglichkeit mit minimalen Verbreitungskosten ein sehr breites Publikum anzusprechen – das System ist für nahezu jeden und jederzeit verfügbar – andererseits stellen verschiedene Benutzergruppen unterschiedliche und oft gegensätzliche Ansprüche an Inhalt und Darbietungsform. Ein Jugendlicher muss natürlich anders angesprochen werden als beispielsweise ein Raumplaner. Will man mehrere Gruppen erfolgreich erreichen, sind die unterschiedlichen Erwartungen bereits bei der Gesamt-Konzeption zu berücksichtigen. In diesem Zusammenhang ist auch die konsequente mehrsprachige Umsetzung des Projektes zu sehen. Die angestrebte synchrone Wiedergabe aller Inhalte in Italienisch, Deutsch und Englisch ist eine große Herausforderung für ein dynamisches und wachsendes System.

Ein weiteres Charakteristikum des Internets ist die Aktualität und teilweise auch Schnelllebigkeit dargebotener Inhalte. Aktualisierungen vorhandener Daten und Karten sind zwar mit relativ geringem technischem Aufwand möglich, werden aber auch erwartet. Inhalt und Technik müssen oft in sehr kurzen Zeitabständen erweitert und angepasst werden.

Ein besonderer Vorteil des Internets bei der Wiedergabe kartographischer Inhalte ist die Möglichkeit interaktiver Zugriffe. Das System kann und soll in einem definierten Rahmen auf den Benutzer reagieren und von diesem beeinflusst werden. Für eine Bildschirmgerechte Darstellung von Informationen sind neben Interaktionen auch Animationen, Simulationen und Multimedialisierung von großer Bedeutung und wirken sich direkt auf die Kartengestaltung aus. Viele konventionelle Mittel der Kartengestaltung können nicht eins zu eins auf eine Bildschirmkarte übertragen werden, da am Bildschirm andere Voraussetzungen herrschen als in gedruckten Karten. Eine geringere Auflösung, deutlich reduziertes Ausgabeformat und die Notwendigkeit zur effizienten Reduktion der für Darstellungen benötigten Datenmengen schränken neben anderen Faktoren die Darstellungsmöglichkeiten ein. Trotzdem sollte die graphische Qualität nicht vernachlässigt werden, da sie maßgeblich zur Lesbarkeit einer Darstellung beiträgt (vgl. NEUDECK 2001).

2.3 Inhalt

Inhaltlich strebt der Tirol Atlas eine breite Abdeckung der für diesen Raum charakteristischen Themen an. Aktuelle und gesellschaftsrelevante Fragestellungen sollen wissenschaftlich aufbereitet und ansprechend dargestellt werden. Das Themenspektrum reicht von Besonderheiten des alpinen Naturraums und sich daraus ergebenden Problemen über demographische und wirtschaftliche Daten bis hin zu Informationen über die touristische Erschließung oder der Verkehrssituation. Aufbauend auf einem allgemeinen Teil werden einzelne Spezialthemen in größerer inhaltlicher Tiefe bearbeitet. Junge Benutzer sollen mit einem speziellen Jugendmodul angesprochen werden.

2.4 Projektorganisation

Sowohl die Größe (Laufzeit von sechs Jahren und derzeit elf Mitarbeiter) als auch die unterschiedlichen Fachkompetenzen, die zur Umsetzung dieses Projektes notwendig sind, führen dazu, dass einer effektiven und angepassten Projektorganisation eine entscheidende Rolle bei der Realisierung der angestrebten Ziele zukommt.

Da das Projekt Tirol Atlas in weiten Bereichen technisches, aber auch inhaltliches Neuland beschreitet, ist eine Umsetzung auf Basis eines rigiden Arbeitsplanes nicht möglich. Die Projektorganisation muss einerseits eine ausreichende Koordination und Abstimmung zwischen den verschiedenen Projektfeldern (Erfassung und Homogenisierung von Grunddaten, redaktionelle und wissenschaftliche Bearbeitung von Themen, Entwicklung des technischen Arbeitsumfeldes, Administration von Web-Server und Datenbank, Entwicklung und Implementierung verschiedener Visualisierungsmethoden) gewährleisten und zugleich eine konzeptionelle Flexibilität und Offenheit ermöglichen.

3 Umsetzung

3.1 Die Datenbank als Herzstück des Tirol Atlas

Die Datenbank ist ein elementarer Bestandteil des gesamten Projektes. Mit dem Einsatz von PostgreSQL als Datenbanksystem wurde auch hier das Ziel offene Standards zu verwenden umgesetzt. PostgreSQL als eine Objekt relationale freie Datenbank verfügt neben Subselects, Views, Aggregierungen, Sequenzen, Constraints, Triggern, Transaktionen, benutzerdefinierten Datentypen, eingebetteten Sprachen wie PL/pgSQL oder PL/Perl auch über Schnittstellen zu den gängigen Programmiersprachen (WORSLEY & DRAKE 2002). PostgreSQL orientiert sich an allgemein gültigen Standards, im Konkreten am „ANSI SQL" Standard (GSCHWINDE & SCHÖNIG 2002).

Ein großer Teil der im Rahmen des Tirol Atlas verarbeiteten Statistikdaten basiert auf administrativen Einheiten wie Gemeinden, Planungsregionen, Bezirken, NUTS3 Regionen, Bundesländern und deren Entsprechungen in Italien, Deutschland und der Schweiz. Die Originaldaten stammen oft von verschiedensten Quellen. Aufgrund der Uneinheitlichkeit dieser Unterlagen hinsichtlich Erhebungszeitpunkt, Gebietsstand und Definition ist ein automatisches Überführen in einen harmonisierten Bereich nicht möglich und muss daher „händisch" über Importskripts und ein eigenes internes Datenformat bewerkstelligt werden.

3.2 Topographische Karten und räumliche Funktionalitäten von PostGIS

Das PostGIS Modul ermöglicht das Verwalten geometrischer Objekte in der Datenbank. Punkte, Linien, Polygone und Geometrie Kollektionen können mit oder ohne Projektion in 2D- oder 3D-Koordinaten in der Datenbank abgelegt, von dort abgefragt und über Webapplikationen beim Client visualisiert werden. PostGIS orientiert sich wie PostgreSQL an allgemein gültigen Standards. Im Falle von PostGIS ist dies die „Simple features specification for SQL" des OpenGIS Konsortiums.

Abb. 1: Gemeindesuche auf Basis einer räumlichen Abfrage über PostGIS. Gemeinden können entweder über eine Textfeldsuche oder durch Klick auf die Karte gefunden werden.

PostGIS ermöglicht neben der Speicherung und Ausgabe geometrischer Objekte auch direkte räumliche Abfragen. Im bestehenden System wird im Bereich der Gemeindebeschreibungen (http://tirolatlas.uibk.ac.at/places/) Gebrauch von einer solchen räumlichen Abfrage über PostGIS gemacht. Eine Übersichtskarte dient gleichzeitig als Navigationsinstrument. Bei einem Klick auf die Karte erfolgt eine Anfrage an die Datenbank nach Ortspunkten, die im Umkreis von 15 km zum geklickten Punkt liegen. Das Ergebnis wird in Form einer nach Entfernung sortierten Liste in HTML angezeigt.

3.3 Bildschirmkartographie auf Basis von Vektordarstellung

Alle derzeit verfügbaren Onlinekarten und viele zusätzliche Funktionalitäten und Anwendungen des Tirol Atlas werden in Form von Scalable Vector Graphics (SVG) umgesetzt. SVG ist ein XML-basierter offener Standard, der von einem breiten Softwarekonsortium entwickelt wurde. Aufwändige Vektor-Graphiken einschließlich ihrer Animations- und Interaktionsmöglichkeiten werden mit einfachem ASCII-Text beschrieben (vgl. FIBINGER 2002). Eine Lizenz gebundene Software wird weder beim Client noch im Servereinsatz benötigt. Dokumentationen zum SVG-Standard sind frei verfügbar. Das unterscheidet SVG von Macromedia Flash, dem derzeit am weitesten verbreiteten Vektorformat im Internet. Macromedia Flash ist proprietär, das heißt die Entwicklung und Weiterführung erfolgen nur durch die Erzeugerfirma. Dadurch ergibt sich eine Abhängigkeit von den entsprechenden Softwareprodukten (NEUMANN & WINTER 2000).

Für die Kartographie im Internet bringt die Verwendung eines Vektor basierten Graphikformates eine Reihe von Vorteilen (vgl. NEUMANN & WINTER 2003):

- Die Darstellungsqualität ist hoch und maßstabsunabhängig.
- Zoom- (Maßstab) oder Panfunktionen (Position im Darstellungsgebiet) können relativ einfach realisiert werden, ohne ein Nachladen von Daten notwendig zu machen.
- In einer Vektordarstellung sind einzelne Kartenelemente als Objekte identifizierbar und können so mit zusätzlichen Informationen (Attributen) verknüpft werden. Diese können entweder im Rahmen von User-Interaktionen (z.B. Mausklick) abgefragt werden, oder dazu dienen, ein vordefiniertes Ereignis auszulösen (z.B. Link auf eine Detailkarte). In einem Raster basierten System kann ein dargestelltes Objekt nur angesprochen werden, indem auf Basis von Koordinaten eine Serverabfrage durchgeführt wird, um so das Objekt am Server zu identifizieren.
- Animationen auf Basis von Vektorobjekten bieten gute Möglichkeiten dynamische Prozesse darzustellen.
- Bei der Erstellung führen Vektordarstellungen zu Vereinfachungen in den Arbeitsabläufen: Es muss keine Aufrasterung als eigener Arbeitsschritt durchgeführt werden, mehrschichtiges Arbeiten wird möglich, originale Vektorgrundlagen können bei Bedarf eingebunden werden.

Durch die Verwendung von SVG als Darstellungsmethode kann prinzipiell auf die volle Funktions- und Darstellungspalette von Graphikprogrammen zurückgegriffen werden. Die gewohnte Abbildungsqualität von Programmen wie CorelDRAW, Adobe Illustrator oder Macromedia Freehand steht auch im Internet zur Verfügung.

3.4 Datenbankgestütztes Kartographiemodul mit Online-Kartengenerierung

Eine in Perl programmierte Webapplikation erlaubt Redakteuren auf Basis der dem Tirol Atlas zur Verfügung stehenden Statistikdaten und Grundgeometrie, thematische Karten zu erstellen und deren Konfiguration in der Datenbank zu speichern. Titel, Untertitel, Darstellungsart, Schwellenwerte, Farben und Legendentexte lassen sich dabei ebenso leicht handhaben wie Berechnungen darzustellender Merkmale aus verschiedenen Variablen der Datenbank mit Hilfe eines einfachen Formeleditors. Mehrere Einzelkarten, die aus verschiedenen Layern aufgebaut sein können, werden zu Kartensets zusammengefasst.

Mit Hilfe eines weiteren Perlskripts werden die benötigten Daten aus der Datenbank abgerufen, interpretiert und im öffentlich zugänglichen Atlasteil ins Navigationsinterface eingebaut. Die Visualisierung übernimmt ein Javascript Objekt, welches für die Umsetzung der thematischen Darstellung im SVG über DOM-Manipulationen beim Client verantwort-lich ist. Neben einfacher Flächendarstellung sind derzeit Kreise nach Größe und Farben, Sektorendiagramme und Balkendiagramme mit den dazugehörigen mehrsprachigen Beschriftungen und Legenden implementiert.

Dieses System ermöglicht eine flexible, einfache und ortsunabhängige Bearbeitung und Erstellung von Karten für den Tirol Atlas. Redakteure können ohne besondere Datenbankkenntnisse auf den gesamten Datenbestand zugreifen und so mit relativ geringem Aufwand neue Karten erstellen bzw. bestehende Karten aktualisieren.

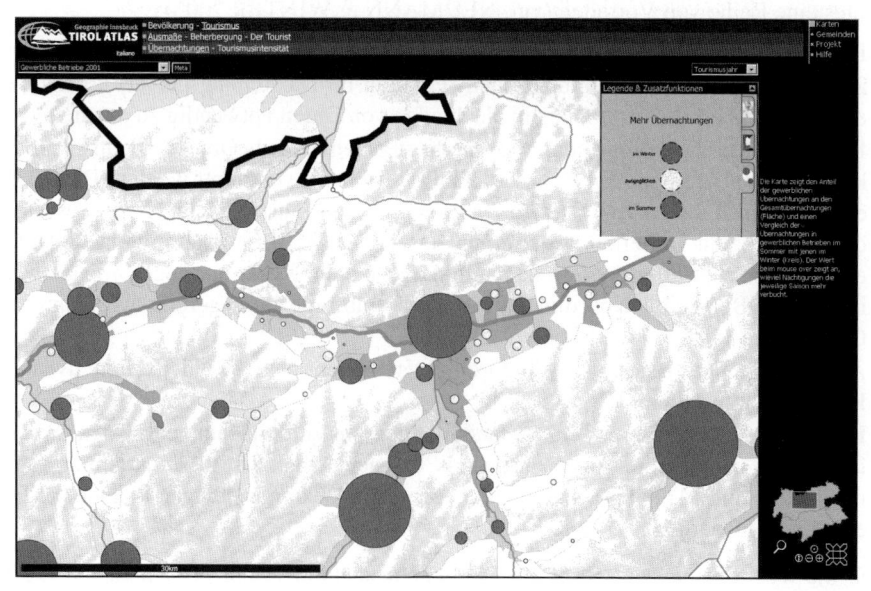

Abb. 2: Beispiel für eine thematische Karte (http://tirolatlas.uibk.ac.at/maps/thematic)

Die Stärke des Systems wurde erstmals bei den österreichischen Nationalratswahlen am 24. November 2002 erfolgreich getestet. Unmittelbar nach Bekanntgabe der Wahlergebnisse wurden über 30 Karten zum Tiroler Wahlausgang online zur Verfügung gestellt (http://tirolatlas.uibk.ac.at/maps/wahlen/). Die Kartendefinitionen wurden mit Datensätzen der beiden letzten Wahlen von 1995 und 1999 vorbereitet – am Wahlabend mussten dann lediglich die Wahlzeitpunkte ausgetauscht und Schwellenwerte für die Darstellung, wenngleich auf Grund des Wahlausganges in erheblichem Ausmaß, angepasst werden.

3.5 Thematische Karten und Gemeindebeschreibungen

Derzeit stehen etwa 120 thematische Karten zu den Bereichen Tourismus und Bevölkerung online zur Verfügung (http://tirolatlas.uibk.ac.at/maps/thematic/). Die Interpretation der thematischen Karten, Diagramme, Graphiken und Tabellen ermöglicht sowohl regionale Vergleiche als auch die Beantwortung konkreter Fragestellungen aus der Praxis, beispielsweise durch die direkte Gegenüberstellung benachbarter Gemeinden. Die grenzüberschreitenden Darstellungen und Abfragemöglichkeiten sind dabei von besonderer Bedeutung.

Während die thematischen Karten einen räumlichen Überblick zu den behandelten Themen liefern, erlauben die Gemeindebeschreibungen (http://tirolatlas.uibk.ac.at/places/) einen direkteren Zugang zu den unteren Verwaltungseinheiten. Sie bieten Basisinformationen in multimedialer Form (Karte, Text, Bild, Graphik, Datenblatt usw.) und sind ein erstes Beispiel für die unterschiedlichen Präsentationsmöglichkeiten landeskundlicher Inhalte. Vorerst werden nur die Gemeinden des zentralen Arbeitsraumes behandelt. Diese Individualinformation soll im weiteren Ausbau des Tirol Atlas auf Raumeinheiten unterschiedlicher Maßstabsebenen (Gemeinden, Täler, Berge etc.) ausgedehnt werden.

Abb. 3: Beispiel für eine Gemeindebeschreibung (http://tirolatlas.uibk.ac.at/places/)

4 Ausblick

Ziel des Projektes Tirol Atlas ist die Schaffung eines ausbaufähigen Datenbank gestützten Atlas-Informationssystems zur interaktiven Präsentation behandelter Themen. Die technischen Aspekte des Projektes wie Datenbankstrukturen, räumliche Funktionalitäten oder Visualisierungsmöglichkeiten sind in dieser ersten Umsetzungsphase von besonderer Bedeutung, da diese das Fundament für eine erfolgreiche Umsetzung der angestrebten inhaltlichen Ziele schaffen.

Der Tirol Atlas (http://tirolatlas.uibk.ac.at) ist kein statisches oder abgeschlossenes System. Parallel zu einer wissenschaftlichen Bearbeitung raumbezogener Inhalte aus den Bereichen Tourismus, Bevölkerung, Verkehr, Umwelt, Naturgefahren, Regionalversorgung und Industrie wird auch die technische und funktionelle Weiterentwicklung des Produktes Tirol Atlas angestrebt. Neben einem weiteren Ausbau der bereits vorhandenen Themenkreise Bevölkerung und Tourismus ist in nächster Zukunft vor allem die Bearbeitung der Themen Landwirtschaft und Verkehr geplant.

Gleichzeitig wird an einer so genannten „Jugendzone" gearbeitet, mit der man speziell bei jungen Benutzern Interesse wecken will. Neben kinder- und jugendgerechten Erklärungen sollen die verschiedenen Atlasthemen vor allem mit Hilfe interaktiver Spiele aufbereitet werden.

Und „last but not least" wird derzeit intensiv an der Erstellung einer topographischen Karte – natürlich ebenfalls auf Vektorbasis – gearbeitet.

Links

Apache: http://www.apache.org/
Interreg IIIA, Österreich – Italien: http://www.interreg.net/
OpenGIS Konsortium: http://www.opengis.org/
Perl: http://www.perl.com/
PostgreSQL: http://www.postgresql.org/
PostGIS: http://postgis.refractions.net/
RedHat Linux: http://www.redhat.com/
SVG Allgemein: http://www.carto.net/papers/svg/index_d.html
SVG Anwendungen (Sammlung): http://www.carto.net/papers/svg/links/
Tirol Atlas (1969 - 1999): http://geowww.uibk.ac.at/land/atlas/
WWW-Konsortium: http://www.w3c.org/

Literatur

BORCHERT, A. (1999): *Multimedia Atlas Concepts*. In: Cartwright, W., M. P. Peterson & G. Gartner (Eds.) Multimedia Cartography. Springer-Verlag, Berlin

FIBINGER, I. (2002): *SVG – Scalable Vector Graphics, Praxiswegweiser und Referenz für den neuen Vektorgrafikstandard*. Markt + Technik Verlag, München

GSCHWINDE, E. & H. SCHÖNIG (2002): *Datenbank-Anwendungen mit PostgreSQL, Einführung in die Programmierung mit SQL, Java, C/C++, Perl und Delphi.* Markt + Technik Verlag, München

HURNI, L., A. NEUMANN & A. M. WINTER (2001): *Aktuelle Webtechnik und deren Anwendung in der thematischen Kartographie und der Hochgebirgskartographie.* In: Buzin, R. & T. Wintges (Hrsg.): Kartographie 2001 – multidisziplinär und multidimensional. Beiträge zum 50. Deutschen Kartographentag. Wichmann, Heidelberg

HURNI, L. (2000): *Atlas der Schweiz – interaktiv.* In: Neue Wege für die Kartographie? Kartographische Schriften Bd. 4, Bonn. S. 35-42

KELLER, W. (1999): *Der Tirol-Atlas als zentrale Aufgabe der Landeskunde in Tirol. Zum Abschluss des Gesamtwerkes.* In: Mitteilungen der Österr. Geographischen Gesellschaft, 141. Jg., S. 233-254

KRAAK, M. J. (2001): *Webmapping – Webdesign.* In: Herrmann C. & H. Asche (Hrsg.): Web.Mapping 1. Wichmann, S. 33-45

NEUMANN, A. & A. WINTER (2003): *Webmapping with Scalable Vector Graphics (SVG): Delivering the promise of high quality and interactive web maps.* In: Peterson, M. (Ed.): Maps and the Internet. Elesevier Science (in press)

NEUMANN, A. & A. WINTER (2000): *Kartographie im Internet auf Vektorbasis, mit Hilfe von SVG nun möglich.* http://www.carto.net/papers/svg/index_d.html

NEUDECK, S. (2001): *Zur Gestaltung topographischer Karten für die Bildschirmvisualisierung.* Dissertation an der Universität der Bundeswehr München

Tirol-Atlas (1969-1999): *Eine Landeskunde in Karten.* Herausgegeben von Ernest Troger und Adolf Leidlmair. Mit 109 Kartenblättern und insgesamt 220 Karten; Universitätsverlag Wagner Innsbruck.

WORSLEY, J. C. & J. D. DRAKE (2002): *Practical PostgreSQL.* O`Reilly & Associates, Sebastopol, CA, USA.

Früherkennung und Beobachtung von Hochwasser anhand von ERS-Scatterometerdaten am Beispiel der Einzugsgebiete Limpopo und Sambesi im Zeitraum von 1992 bis 2000

Cornelia SCHEFFLER, Wolfgang WAGNER, Klaus SCIPAL und Marco TROMMLER

Zusammenfassung

Hochwasser sind ein immer wiederkehrendes Ereignis, die zu einer Bedrohung des menschlichen Aktionsraum führt. Flutbeobachtung und Früherkennung werden unter diesem Gesichtspunkt auch in Zukunft eine wichtige Rolle spielen. Das ERS-Scatterometer, konzipiert für Beobachtung von Seewinden über den Ozeanen, ermöglicht auf Basis eines *change detection*-Algorithmus die Ableitung der Bodenfeuchte über Landoberflächen. Im Mittelpunkt der Untersuchung stand die Frage, in wieweit diese abgeleiteten Bodenfeuchtigkeitswerte in Bezug auf hydrologische Fragestellungen eingesetzt werden können.

1 Einleitung

Die Region des südlichen Afrika wurde in den letzten Jahrzehnten des öfteren von Hochwasserkatastrophen heimgesucht. Im Jahre 2000 ereignete sich eines der schwersten Flutereignisse der letzten 50 Jahre (CHRISTIE & HANLON 2001). Der dabei entstandene Schaden belief sich auf etwa 430 Millionen US-Dollar (WELTBANK 2002).

Naturkatastrophen, wie Hochwasser, haben erhebliche ökonomische und gesellschaftliche Folgen (WEICHSELGARTNER 2000), die besonders in den Entwicklungsländern zu tiefen Einschnitten im sozialen, als auch wirtschaftlichen Bereich führen können. Hochwasser entsteht in erster Linie infolge extremer Niederschlagsmengen. Das Niederschlagswasser infiltriert dann je nach vorhandener Bodenfeuchte entweder in den Boden oder gelangt zum direkten Abfluss. Der Anteil des direkten Abflusses ist erhöht, wenn der Boden mit Wasser gesättigt ist. (vgl. ARNELL 1999, LIEBSCHER 1996).

2 Das Untersuchungsgebiet

Im Mittelpunkt der Studie standen die zwei wichtigsten Wasseradern des südlichen Afrikas; die Flüsse Limpopo und Sambesi. Die Abbildung 1 zeigt die Lage der beiden Einzugsgebiete im südlichen Afrika. Die Region unterliegt der wandernden Innertropischen Konvergenzzone, wodurch das Jahr in Trocken- und Regenzeit geteilt wird. In der Trockenzeit (Mai bis Oktober) ist der Südostpassat die vorherrschende Luftmasse, während in der Regenzeit (November bis April) der Monsun das klimatische Geschehen bestimmt. Dieser Luftmassenwechsel kann zu extremen Wetterbedingungen führen.

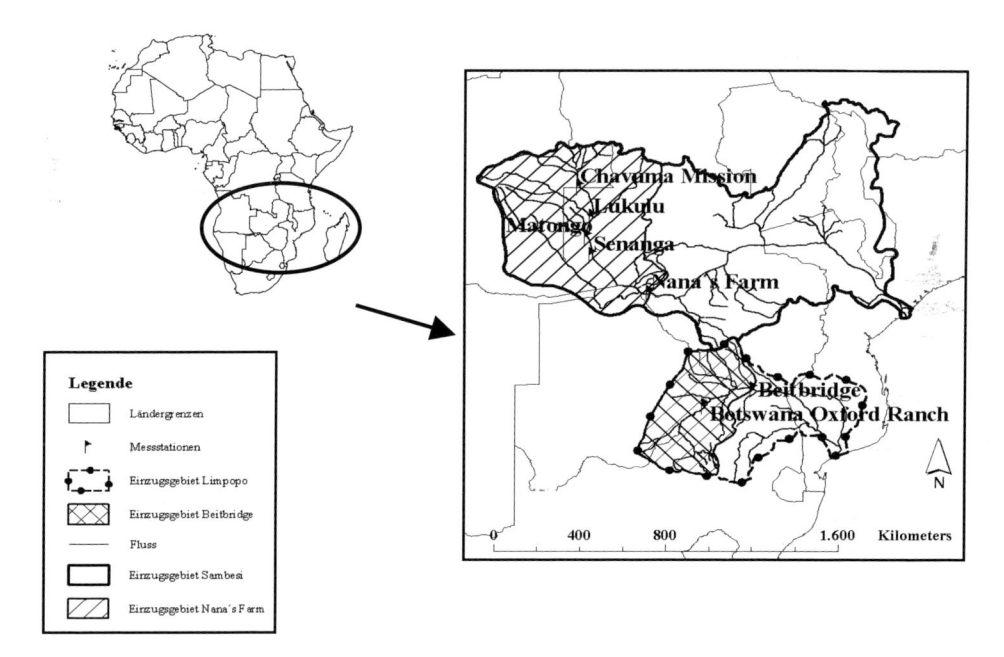

Abb. 1: Lage des Untersuchungsgebietes und Messstationen

3 Datenmaterial

3.1 Soil Water Index

Die Datengrundlage bildet der aus Scatterometerdaten abgeleitete *Soil Water Index* (SWI)- ein Indikator des Wassergehaltes für tiefere Bodenschichten (< 1 m). Der Berechnung des SWI's liegt ein, aus zwei Schichten bestehendes, Wasserbilanzmodell zugrunde. Die obere Schicht repräsentiert die vom Sensor „abgetastete" Bodenschicht (< 5 cm). Die zweite Schicht entspricht dem Reservoir, das durch den Wassergehalt der oberen Schicht beeinflusst wird. Mit Hilfe einer gewichteten Funktion berechnet sich der SWI, wobei kürzlich stattgefundene Ereignisse ein größeres Gewicht erhalten (WAGNER 1999).

3.2 Hydrologische Vergleichsdaten

Von den folgenden Stationen der Flüsse Sambesi und Limpopo lagen die Wasserstand- bzw. Abflussdaten vor: Messstation Nana's Farm, Chavuma Mission, Senanga, Matongo und Lukulu entlang des Sambesi (bereitgestellt von der *Zambezi River Authority*); sowie Stationen Beitbridge und Botswana Oxford Ranch am Flusslauf des Limpopo vom *Department of Water Affairs and Forestry* in Südafrika.

4 Datenauswertung

4.1 Definition von Vergleichsparametern

Die Untersuchung erfolgte mittels der Gegenüberstellung der SWI-Daten mit den Wasserstand- bzw. Abflussdaten. Die vorliegenden Abfluss- bzw. Wasserstandsdaten stellen ihrerseits eine Punktmessung dar, mit denen ein bestimmtes Teileinzugsgebiet des gesamten Gebietes erfasst wird. Um einen Vergleich durchführen zu können, wurden die SWI-Werte über das jeweilige Einzugsgebiet gemittelt. Die täglichen Abfluss- und Wasserstandswerte für den Sambesi wurden auf 10-Tagesintervalle bestimmt.

4.2 Vergleich des *Soil Water Index* mit hydrologischen Daten

Die zwei folgenden Graphiken (Abbildungen 2 und 3) zeigen den Abfluss in Gegenüberstellung zum SWI, der über das entsprechende Einzugsgebiet berechnet wurde. Der in der Abbildung 2 dargestellte Abfluss kennzeichnet den Summenwert über einen Monat für die Messstation Beitbridge am Flusslauf des Limpopo. Die beiden herausragenden Flutereignisse 1996 und 2000 sind klar in den SWI Zeitreihen erkennbar. Für die Flut im Jahr 2000 sind keine Abflussmessungen vorhanden.

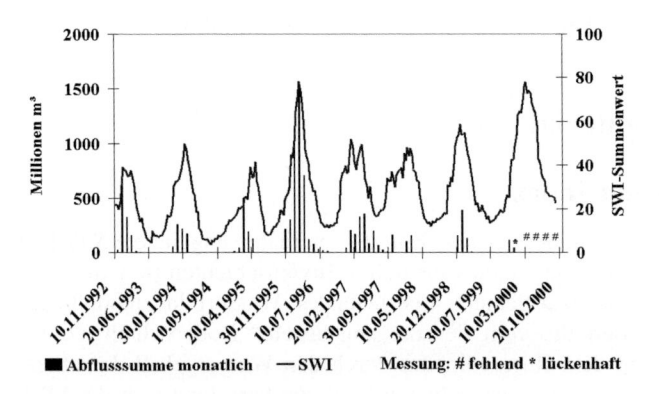

Abb. 2: SWI (Linie) und Abfluss (Balken) der Messstation Beitbridge am Flusslauf des Limpopo im Zeitraum November 1992 bis Oktober 2000

Die Abbildung 3 veranschaulicht die Kurvenverläufe der Messstationen Chavuma Mission und Nana´s Farm am Flusslauf für des Sambesi. Wie aus den Darstellungen 2 und 3 hervorgeht, wurden in den Jahren 1992/1993, 1997/1998, 1998/1999 sowie 1999/2000 Abflussspitzen erreicht. Mit Ausnahme des Sommers 1992/1993 war die Region um den Sambesi in diesen Jahren von Hochwasser betroffen.

In den Hochwasserjahren sind SWI Werte von bis zu 80 Prozent ablesbar. Bei der Betrachtung der Zeitreihen in Abbildung 3 wird eine zeitliche Verschiebung zwischen den Kurven sichtbar.

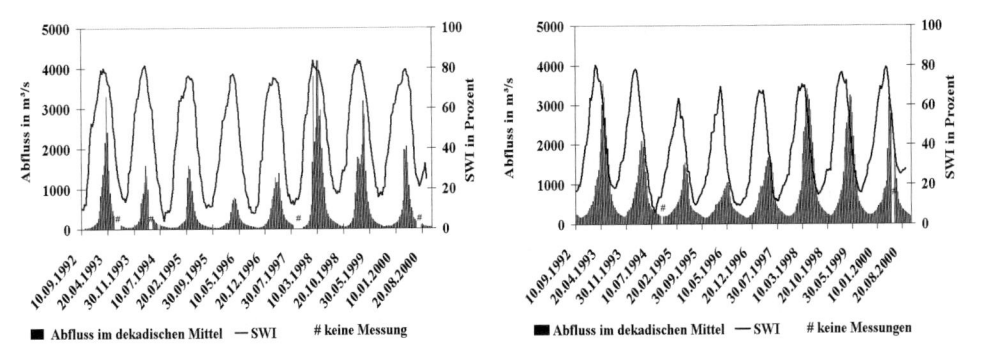

Abb. 3: SWI (Linie) und Abfluss (Balken) der Messstation Chavuma Mission (links) und Nana´s Farm (rechts) im Zeitraum September 1992 bis September 2000

Der zeitliche Versatz beträgt einen Zeitrahmen von bis zu 60 Tagen, je nach Lage der Station entlang des Flusslaufes. Im Quellgebiet des Sambesi umfasst der zeitliche Versatz 30 Tage und vergrößert sich flussabwärts. An die Verschiebung der Abfluss bzw. Wasserstandskurve wurde eine nichtlineare Regressions- und Korrelationsanalyse angeschlossen. Abbildung 4 zeigt die Streuungsdiagramme der Messstationen Chavuma Mission und Nana´s Farm.

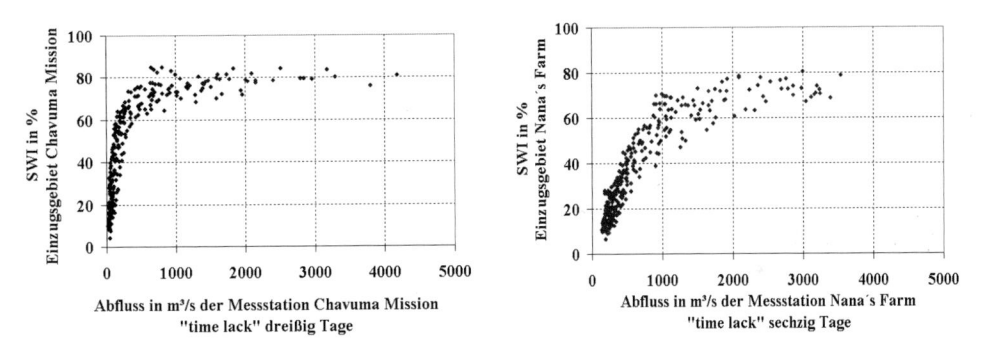

Abb. 4: Streuungsdiagramme des SWI in Gegenüberstellung mit hydrologischen Vergleichsdaten für die Messstationen Chavuma Mission (links) und Nana´s Farm (rechts)

Die berechneten Korrelationskoeffizienten (R) erreichten Werte von über 0.9. Für die, in Abbildung 4 darstellten Stationen, errechnete sich für die Messstation Chavuma Mission ein Korrelationskoeffizient von 0,92 ($R^2 = 0,84$) bei einer zeitlichen Versetzung um 30 Tage, für die Messstation Nana´s Farm betrugen diese Koeffizienten R=0,95 bzw. R^2=0,9 bei einer Versetzung um 60 Tage. Für die nichtgezeigten Stationen ergaben sich folgende Werte: $R^2 = 0.83$ für Lukulu (30 Tage) und $R^2 = 0.91$ für Matongo (50 Tage).

5 Schlussfolgerungen

Die Studie zeigte zum einen, dass in den Jahren in denen Flutereignisse in der Region beobachtet wurden, hohe Werte in den abgeleiteten Bodenfeuchtigkeits-Zeitreihen klar erkennbar sind. Als weiteres Ergebnis berechneten sich zwischen den Untersuchungsgrößen Bodenfeuchte und Abfluss (Wasserpegel) hohe Korrelationen ($R^2 > 0,83$) bei einer zeitlichen Versetzung der Zeitreihen zueinander. Dies bietet die Möglichkeit der Abschätzung des Abflusses- bzw. des Wasserstandes von bis zu sechzig Tagen im voraus. Die Ergebnisse verdeutlichen das hohe Potenzial der *Soil Water Index*-Daten in Bezug auf hydrologische Fragestellungen. In einem nächsten Schritt sollte untersucht werden, wie diese Daten in hydrologische Modelle integriert werden könnten.

Die vorliegende Analyse wurde für das südliche Afrika durchgeführt. Diese Region befindet sich in der subtropischen Klimazone, und demzufolge unter dem Einfluss zweier Luftmassen. Im Gegensatz dazu liegt Europa in der gemäßigten Klimazone, so dass in diesem Fall andere Niederschlagsintensitäten und -häufigkeiten zu verzeichnen sind. Hinter diesem Hintergrund muss eine Übertragung der Ergebnisse auf Europa gesondert untersucht werden.

Danksagung

Ein besonderer Dank gilt der *Zambezi River Authority* und dem *Department of Water Affairs and Forestry* in Südafrika, welche die hydrologischen Daten des Sambesi bzw. des Limpopo zur Verfügung stellen. Dank geht auch an Dieter Gerten, vom Potsdam Institut für Klimafolgenforschung.

Literatur

ARNELL, N.W. (1999): *A simple water balance model for the simulation of streamflow over large geographic domain*, In: Journal of Hydrology, pp. 314-335

CHRISTIE, F. & J. HANLON (2001): *Moçambique & the Great Flood Of 2000*. The International African Institute, James Currey, Oxford

LIEBSCHER, H-J. (HRSG.) &BAUMGARTNER (1996): Lehrbuch der Hydrologie Bd.1- Allgemeine Hydrologie – Quantitative Hydrologie, 2. Auflage, Berlin

SCHEFFLER, C. (2002): Früherkennung und Beobachtung von Hochwasser mittels ERS-Scatterometerdaten am Beispiel der Einzugsgebiete Limpopo und Sambesi im Zeitraum 1992 bis 2000, Technische Universität Dresden

WAGNER, W., G. LEMOINE & H. ROTT (1999): A method for Estimating Soil Moisture from ERS Scatterometer and Soil Data, In: Remote Sensing Environment, pp. 191-207

WEICHSELGARTNER, J. (2000): Hochwasser als soziales Ereignis – Geschäftliche Faktoren einer Naturgefahr, HW 44, Heft 3, S. 122- 131

WELTBANK (2002): http://www.worldbank.org/afr/mz2.htm [abgerufen, am 24.03.2003]

Konzept zur Ableitung von Verkehrsdaten und Verkehrsinformationen auf der Basis eines opto-elektronischen Sensornetzwerkes

Adrian SCHISCHMANOW, Anko BÖRNER, Ralf REULKE,
Carsten DALAFF und Borys MYKHALEVYCH

Zusammenfassung

Die Entwicklung bodengestützter optischer Sensorsysteme gewinnt zunehmend an Bedeutung für die Verkehrsdatenerfassung und Datenintegration in Verkehrsmanagement- und GIS[1]-Systeme.

In dem Beitrag wird das Konzept zur Ableitung dynamischer Verkehrsdaten und Verkehrsinformationen auf der Basis bildgebender opto-elektronischer Sensoren innerhalb eines Sensornetzwerkes vorgestellt.

Ausgehend von dem Leistungsumfang gegenwärtiger Verkehrsdatenerfassungssysteme und den Anforderungen an innovative Messdaten zur Verkehrsbeeinflussung im innerstädtischen Bereich werden Anforderungen an das Sensorsystem definiert. Anschließend werden das Sensorkonzept und die Komponenten der Datenverarbeitungskette erläutert. Außerdem werden Möglichkeiten der Datenvernetzung mit einem GIS vorgestellt. Abschließend wird auf den aktuellen Stand der Umsetzung des Konzepts im Rahmen des Projektes OIS[2] eingegangen.

1 Projekthintergrund

Kommerzielle optische Verkehrsdatenmesssysteme[3] erfassen i.d.R. induktionsschleifenspezifische Verkehrskenngrößen[4]. Die Beschränkung des Messbereichs auf punktuelle Straßenquerschnitte limitiert die Erfassung dynamischer Verkehrsprozesse durch diese Systeme wesentlich.

Durch weiträumige Verkehrsbeobachtungen sind innovative Verkehrskenngrößen, z.B. Verkehrsdichte, Fahrzeugtracking, Verkehrszählung (LEICH, FLIEß & JENTSCHEL 2001) u.a. ableitbar. Verkehrszustände können dadurch detaillierter abgebildet und innerstädtische Verkehrsströme gezielter beeinflusst werden. Die Messdaten können für unterschiedliche Aufgaben zur Steuerung von Lichtsignalanlagen (LSA), Störfallerkennung, Routing, Parkraumbewirtschaftung (LEICH, FLIEß & JENTSCHEL 2001) u.a. verwendet werden.

---

[1] Geographische Informationssysteme.
[2] Optische Informationssysteme (OIS) für die Verkehrsszenenanalyse und Verkehrslenkung.
[3] Z.B. SOLO, Traficon u.a.
[4] I.d.R. Anzahl, Klasse, Anwesenheit, Abwesenheit, Zeitlücke.

Auf der Basis opto-elektronischer Flächensensoren sind solche innovativen Verkehrskenngrößen ableitbar. Die Entwicklung operationell einsetzbarer Sensorsysteme zur Erfassung dieser Kenngrößen wird jedoch durch bestimmte Problembereiche, vor allem wechselnde Beleuchtungsbedingungen und (partielle) Fahrzeugverdeckungen, innerhalb der digitalen Bildverarbeitung erschwert.

Innerhalb des Projektes OIS wird ein opto-elektronisches Messsystem zur Ableitung innovativer Verkehrskenngrößen entwickelt. Die Messdaten werden primär zur Optimierung vorhandener sowie zur Entwicklung innovativer Knotenpunkt- und Netzsteuerungen im innerstädtischen Bereich verwendet. Von den Daten können außerdem andere verkehrsrelevante Applikationen[5] partizipieren. Die Anforderungen an das Verkehrsdatenerfassungssystem werden durch Vorgaben der LSA-Steuerung definiert. Folgende Anforderungen werden an das Messsystem gestellt.

- Robuste Algorithmen (witterungs-, beleuchtungs-, verkehrsunabhängig)
- Skalierbarkeit (Messbereiche, Messkonfiguration z.B. Anzahl der Sensoren)
- Echtzeitfähigkeit[6]
- Graphische Benutzerschnittstellen (Systemkonfiguration, Datenmanagement, Datenvisualisierung und Datenanalyse innerhalb GIS)
- Datenvernetzung (GIS, LSA-Steuerung, Routing)

2 Sensorkonzept

Das Konzept basiert auf der Verbindung einzelner Sensoren über ein Netzwerk mit weiteren Systemkomponenten zu einem hierarchisch gegliederten Gesamtsystem (s. Abb. 1). Ein solches System wird als Sensornetzwerk bezeichnet (REULKE, BÖRNER, HETZHEIM, SCHISCHMANOW & VENUS 2002). Die Anzahl logischer Ebenen und der physischen Geräte auf einer Ebene ist skalierbar, für den Einsatz im innerstädtischen Bereich werden vier Ebenen als sinnvoll erachtet.

Ein Kameraknoten (Ebene1) besteht aus einem zentralen Rechner und einer variablen Anzahl ihm zugeordneter Sensoren[7] sowie weiterer Peripherie[8]. Durch überlappende Abbildungsbereiche benachbarter Sensoren kann ein zusammengesetztes Abbildungsmosaik erzeugt werden. Der Messraum ist dadurch beliebig skalierbar. Die Aufnahme des Straßenraums aus unterschiedlichen Richtungen gestattet außerdem die Erfassung verdeckter oder teilverdeckter Verkehrsobjekte. Einem zentralen Kreuzungsknotenrechner (Ebene2) werden die Informationen aller zu ihm gehörenden Kameraknoten zugeführt und dort weiterverarbeitet. Auf Regionalknotenebene (Ebene3) werden die Informationen aller Kreuzungskno-

---

[5] Z.B. Routing u.a.
[6] Aktorische Systeme und Verkehrsteilnehmer müssen durch die Verkehrsdaten und Verkehrsinformationen des Messsystems in die Lage versetzt werden, auf aktuelle Verkehrssituationen zu reagieren bzw. den Verkehr entsprechend zu beeinflussen.
[7] Charge Coupled Device (CCD), Complementary Metal Oxide Semiconductor (CMOS), Infrarotbolometer.
[8] Z.B. zur Zeitsynchronisation GPS (Global Positioning System) oder DCF77 (Zeitsignal für Funkuhren).

tenrechner innerhalb einer definierten Region zusammenzuführt und weiterverarbeitet. Auf der Leitstellenebene (Ebene4) werden die Informationen aller Kreuzungs- und Regionalknoten einem zentralen Rechner zugeführt und dort weiterverarbeitet.

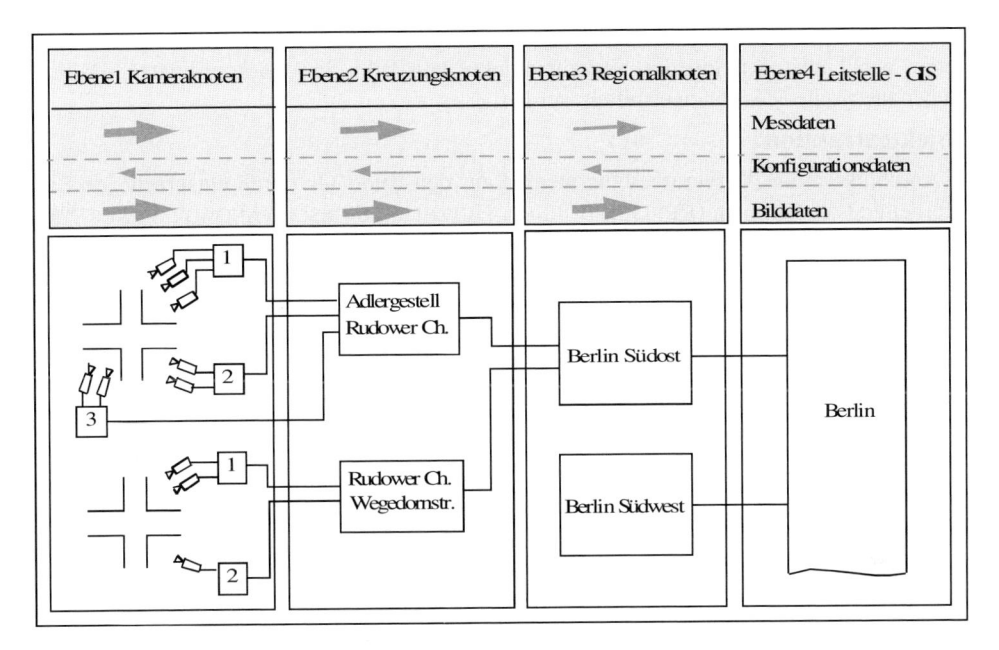

Abb. 1: Systemaufbau – Beispiel

3 Datenverarbeitung

3.1 Überblick

Die einzelnen Module der Datenverarbeitung sind auf den logischen Aufbau des Gesamtsystems abgestimmt. Ergebnisse der Datenverarbeitungsoperationen sind Verkehrsdaten und Verkehrsinformationen. Die Messdaten werden auf den jeweils höheren Instanzen weiterverarbeitet. Dies ist mit einer Datenabstraktion und Datenreduktion auf höheren gegenüber tieferen Ebenen verbunden. Ein komplexes Datenmanagementsystem regelt den Zugriff, den Transport und die Verwaltung der Daten.

Die Datenströme sind bidirektional. Der primäre Datenstrom beinhaltet die im operationellen Betrieb abgeleiteten Verkehrsdaten und Verkehrsinformationen. Er ist von tieferen auf höhere Ebenen gerichtet. Der sekundäre Datenstrom beinhaltet Daten zur Systemkonfiguration und Datenanfragen höherer Ebenen. Er ist von höheren auf tiefere Ebenen gerichtet.

3.2 Kameraknoten

Datenvorverarbeitung

An den Bilddaten werden zunächst Bildverarbeitungsoperationen zur Bildkorrektur[9] vorgenommen. Ein weiterer Bereich der Datenvorverarbeitung ist die Bereitstellung von Parametern zur Transformation der Verkehrsobjekte von Bild- in Weltkoordinaten. Dadurch können metrische Messdaten ermittelt werden.

Objektextraktion

Im Anschluss an die Vorverarbeitung werden aus den Bilddaten durch entsprechende Bildverarbeitungsalgorithmen (REULKE, BÖRNER, HETZHEIM, SCHISCHMANOW & VENUS 2002) Verkehrsobjekte mit definierten Merkmalen extrahiert. Die Bilddatenverarbeitung wird durch Auslagerung bestimmter Operationen auf FPGA[10]-Prozessoren wesentlich beschleunigt.

Abb. 2: Objektdatenextraktion

3.3 Kreuzungsknoten

Objektdatenfusion

Die Objektdatenfusion beinhaltet die Zusammenführung aller zu einem definierten Zeitpunkt von den Sensoren eines Kreuzungsknotens erkannten Verkehrsobjekte. Die redundanten Objektinformationen[11] werden gelöscht. Vorraussetzung sind zeitlich und räumlich synchronisierte Daten.

Objekttracking

Objekttracking bezeichnet das Wiederfinden von Objekten während ihrer Anwesenheitsdauer im Abbildungsbereich der Sensoren. Die benötigten Informationen werden aus den fusionierten Objektdaten extrahiert. Das Tracken aller Objekte erfolgt über einen zeitlichen Vergleich der Objekte über ihre Merkmale. Nach dem Objekttracking sind die Orte, der

---

[9] Z.B. Photo Response Non-Uniformity (PRNU), Integrationszeitregelung, thermische Kalibration, Kompression.
[10] Field Programmable Gate Array.
[11] Z.B. Position, Form u.a.

Weg und damit die Fahrtrichtung sowie die Anwesenheitsdauer der Objekte während ihrer Erfassung durch die Sensoren bekannt.

Spurtracking

Spurtracking bezeichnet die Zuordnung von Objekten zu Fahrspuren. Dadurch sind räumliche Beziehungen zwischen den zu einem bestimmten Zeitpunkt detektierten Verkehrsobjekten herstellbar und fahrspurbezogene Kenngrößen z.B. Verkehrsdichte, ableitbar.

Verkehrsdaten – Verkehrsinformationen

Aus den bisher vorgestellten Datenverarbeitungsoperationen werden primäre und sekundäre Verkehrsdaten abgeleitet. Primäre Verkehrsdaten sind alle zu einem definierten Zeitpunkt ableitbare Kenngrößen, z.B. Geschwindigkeit, Beschleunigung, Fahrzeugdichte. Sekundäre Verkehrsdaten sind aus primären Verkehrsdaten abgeleitete Kenngrößen, z.B. Verkehrsstärke, Verkehrsgeschwindigkeit. Daraus können Informationen bezüglich der Verkehrslage, z.B. flüssiger Verkehr oder Stau u.a., auf Kreuzungsebene abgeleitet werden.

3.4 Regionalknoten – Leitstelle

Auf den beiden obersten Ebenen (Regionalknoten, Leitstelle) werden kreuzungsübergreifende regionale und innerstädtische Verkehrsinformationen ermittelt. Die Leitstelle hat darüber hinaus übergeordnete Aufgaben[12] zu erfüllen.

4 Integration Sensorsystem – GIS

Die abgeleiteten Messdaten können innerhalb GIS für Verkehrssteuerungsaufgaben[13] und Verkehrsplanungsaufgaben visualisiert und analysiert werden. Die Darstellung primärer und sekundärer Verkehrskenngrößen ist in Form von Tabellen, Graphen und als Projektion innerhalb digitaler Karten vorgesehen.

Darüber hinaus bietet sich eine Kopplung von Sensornetzwerk und GIS zu einem integrierten System an. Das erfordert eine Ausweitung des „klassischen" Funktionsumfangs[14] von GIS um Aufgaben zur Konfiguration und Überwachung des Sensornetzwerks. Das GIS ist dabei die graphische Benutzerschnittstelle zwischen einem Operateur und dem Sensorsystem. Innerhalb des GIS vorgenommene Konfigurationseinstellungen müssen dem Sensorsystem über geeignete Schnittstellen kommuniziert werden. Die Integration der Konfigurationsaufgaben in GIS bietet sich vor allem aufgrund der benötigten und in GIS bereits teilweise verfügbaren graphischen Benutzerwerkzeuge zur Definition und Visualisierung graphischer Objekte an. Folgende Konfigurationsschritte sind durch einen Operateur vorzunehmen.

---

[12] Systemkonfiguration, Datenvisualisierung, Datenanalyse, Datenzugriff externer Verkehrsapplikationen, z.B. LSA, Routing u.a.
[13] LSA (Knotenpunkt- und Netzsteuerung).
[14] i.d.R. Datenvisualisierung, Datenanalyse, Datenmanipulation.

- Administration der logischen Struktur
- Konfiguration der Datenverarbeitungskette (Anzahl der Sensoren u.a.)
- Geometrische Kamerakalibration (Transformation von Bild- in Weltkoordinaten)
- Definition der Messbereiche (ROI, Fahrspuren, Fahrspurabschnitte)
- Übergabe von Verkehrsobjekten zwischen den Datenbanksystemen benachbarter Kreuzungen (Relationen zwischen Fahrspuren benachbarter Kreuzungen)

5 Projektstand

In einem fortgeschrittenen Stadium der Entwicklung befinden sich folgende Komponenten[15]:

- Bildverarbeitung zur Objektdatenextraktion
- Voruntersuchungen zur FPGA-Implementierung
- Verfahren zur Bilddatenkompression
- Sensorhardware
- Ableitung innovativer Verkehrskenngrößen (partiell)

Die folgenden Aufgaben sind noch im Rahmen des Projektes zu realisieren:

- Fertigstellung o.g. Komponenten
- Fusion, Tracking
- Ableitung innovativer Verkehrskenngrößen
- Datenbankdesign
- GIS-Integration
- Prinzipieller Nachweis der Funktionsfähigkeit des Systems unter den in 1. definierten Anforderungen im operationellen Datenverarbeitungsbetrieb

Literatur

FRANK, TH., M. HAAG, H. KOLLNIG & H.-H. NAGEL (1996a): *Tracking of Occluded Vehicles in Traffic Scenes*. In: Fourth European Conference on Computer Vision 1996 (ECCV'96). 15-18 April 1996. Cambridge/UK; BUXTON, B. & R. CIPOLLA (Eds.). Lecture Notes in Computer Science 1065 (Vol. II). Springer-Verlag Berlin. Heidelberg 1996. S. 485-494

LEICH, A., T. FLIEß & H.-J. Jentschel (2001): *Bildverarbeitung im Straßenverkehr*. Zwischenbericht. Institut für Verkehrsinformationssysteme TU-Dresden. Dresden 2001

MALIK, J., S. RUSSELL, J. WEBER, T. HUANG D. & J. KOLLER (1997): *A Machine Vision Based Surveillance System for California Roads*. In: PATH project MOU-83 Final Report. Computer Science Division University of California. USA

REULKE, R., A. BÖRNER, H. HETZHEIM, A. SCHISCHMANOW & H. VENUS (2002): *A Sensor Web for Road-Traffic Observation*. In: Image and Vision Computing. New Zealand 26-28. November 2002. S. 293-

---

[15] Hardware- und Software.

Extrahierung von stabilen Strukturen aus Satellitenbildern zur Klassifizierung von Mosaiken

Christian SCHLEICHER, Peter KAMMERER, Roeland DE KOK und Tobias WEVER

Einleitung

Konkrete Anstrengungen, ein für Europa flächendeckendes Landnutzungsmodell auf Grundlage von Satellitendaten zu erstellen, gibt es, seit dem die Europäische Kommission im Jahre 1991 das Projekt Corine Landcover (CLC) ins Leben gerufen hat. CLC ist die einzige einheitliche Kartierungsgrundlage mittleren Maßstabs von Europa und basiert zum Großteil auf einer visuellen Interpretation von Landsat-Daten. Image 2000 und CLC (I&CLC2000), ein Gemeinschaftsprojekt der European Environment Agency (EFA) und des Joint Research Centers (JRC), soll durch Herstellung eines aus orthorektifizierten Satellitenbildern erstellten Mosaiks die Corine Datenbank aktualisieren. Der Zyklus der Aktualisierung ist derzeit für alle 5 bis 10 Jahre vorgesehen (JRC 2000). Erstrebenswert ist jedoch, die Datenbank immer auf einem hochaktuellen Stand zu halten.

Das Erstellen des Mosaiks sowie die Extraktion von Daten aus dem Mosaik sind kosten- und zeitaufwendig. Dieser Aufwand könnte durch eine weitgehende Automatisierung dieser Prozesse reduziert werden. Zusätzlich ist anzunehmen, dass eine einheitliche, automatisierte Auswertung homogene Ergebnisse liefern würde.

Hier soll nun eine Methodik vorgestellt werden, welche die rechnergestützte Klassifizierung multitemporaler Mosaike erlaubt. Die automatisierte Extrahierung klassenbildender Objekte beruht dabei auf der Annahme, dass das Bild Strukturmerkmale besitzt, die weitgehend unabhängig sind von:

- Aufnahmezeitpunkt
- Geländerelief
- Vegetationsstand
- atmosphärischen Einflüssen (eingeschränkt).

Belegt ist, dass diese Merkmale einen Einfluss auf den Albedo haben, der für die Verteilung der Grauwerte im Merkmalsraum verantwortlich ist (BUITEN & CLEVERS 1993).

Das menschliche Auge ist in der Lage, wissensbasierte Informationen im Bildraum auch jahreszeitenunabhängig zu erkennen. In hohem Maße sind die räumlichen Strukturen der Grauwerte, die sich durch Textur, Form, Orientierung, Lage und räumliche Zusammenhänge beschreiben lassen, dafür verantwortlich (STEINNOCHER 1997).

Ein Pixel ist als Teil einer Population der Bild-Domäne, der spektralen Domäne und des Merkmalsraums definiert (LANDGREBE 1999). Eine parallele Nutzung der rechnergestützten Analyse im Bild- und Merkmalsraum wäre für die gegebene Aufgabe nur erfolgreich, wenn nachgewiesen würde, dass die räumlichen Strukturen über das Mosaik stabil und trennbar sind. Aufbauend auf durchgeführten Studien (STEINNOCHER 1997) wird hier eine Messreihe vorgestellt, welche die charakteristischen Eigenschaften von Texturen nachweist. Zur Präsentation der Ergebnisse ist eine Auswahlprozedur notwendig, wobei neben der Selektion des Sensors (1.1) die angewendeten Texturmerkmale (1.1) und die Wahl des Eingangskanals (1.2) begründet werden müssen.

1 Datenanalyse

1.1 Auswahl des Sensors und der Texturmerkmale

Da in dieser Arbeit die kommerzielle Nutzung detaillierter Daten über große Flächen im Vordergrund steht, kommen nur Daten der Sensoren von IRS, SPOT und Landsat in Frage. Diese Sensoren haben sich beim Einsatz für langfristige Programme bewährt. Die verwendeten Daten werden in Abb. 1 (Tabelle rechts unten) mit Angabe des Sensors und des Aufnahmezeitpunktes aufgeführt.

Die Texturanalyse wird mit verschiedenen Filtern, die auf Statistiken 1. und 2. Ordnung basieren, durchgeführt (HARALICK et al. 1973). Die berechneten Texturkanäle werden im Bildraum, im spektralen Raum und im Merkmalsraum verglichen. Die Entscheidungsdomäne sowie die Domäne der Klassenzuordnung sind dabei in erster Linie der Bild- und der Merkmalsraum. Der spektrale Raum ist als Referenzraum der Klassen zu sehen, in dem die spektralen Klassenprofile differenziert werden können. Die Auswahl führt zu den Ergebnissen wie sie in Abbildung 1 im Bildraum dargestellt werden. Aufgrund der hohen Redundanz der Ergebnisse aus verschiedenen Texturanalysen werden hier nur die Resultate der Texturanalyse aus Inverse-Difference-Moment (IDM) (grün) und Data-Range (blau) als Farbkomposite dargestellt, die aus der Hauptkomponente 1 (HK 1) berechnet wurden (siehe 1.2). Neben der Auswahl des Sensors und der Texturanalysemethode stellt sich die Frage nach dem Eingangskanal, welche nachfolgend diskutiert wird.

1.2 Auswahl des Eingangskanals

Mögliche Eingangskanäle sind die multispektralen Kanäle, evtl. der panchromatische Kanal oder synthetisch generierte Kanäle. Erstrebenswert ist, dass die vorhandenen Informationen in einem einzigen Kanal zur Verfügung stehen, um so den Prozessierungsaufwand auf ein Minimum zu reduzieren. Bekannt ist, dass die Korrelation der spektralen Kanäle operationeller Fernerkundungssatelliten z. T. groß ist. Die Komprimierung wesentlicher Informationen aus „n" spektralen Kanälen in „n–k" Kanäle bieten unter anderem die Hauptkomponententenstransformation (HKT) und die Tassled-Cap-Transformation (TCT).

Es wird angenommen, dass in der HK 1 die maximale Varianz der Daten aus einem mehrkanaligen Bild enthalten ist und es möglich macht, den größten Teil der Information in einem Kanal zu speichern. Dies ist speziell für Siedlungskartierungen eine geeignete Vorgehensweise. Verschiedene Tests deuten jedoch darauf hin, dass die Texturberechnungen aus jedem einzelnen spektralen Kanal für besondere Fragestellungen spezifische Informationen enthalten, was in Abbildung 2 nachgewiesen wird. Hier wird belegt, dass Infrastruktur in allen IRS-Liss-Kanälen inhomogen ist (niedriger IDM, dunkle Bereiche). Dagegen sind dichte Nadelwaldbestände in allen drei Kanälen homogen. Die Ergebnisse aus der Texturanalyse der verschiedenen Spektralbänder zeigt Unterschiede für Gebiete mit Agrarfläche, Laubwald oder Sukzessionsfläche.

Die Anwendung der Texturanalyse auf große Datenmengen und das Thema Siedlungskartierung stehen hier jedoch im Vordergrund, so dass die Eigenschaften der HK 1 ausreichen.

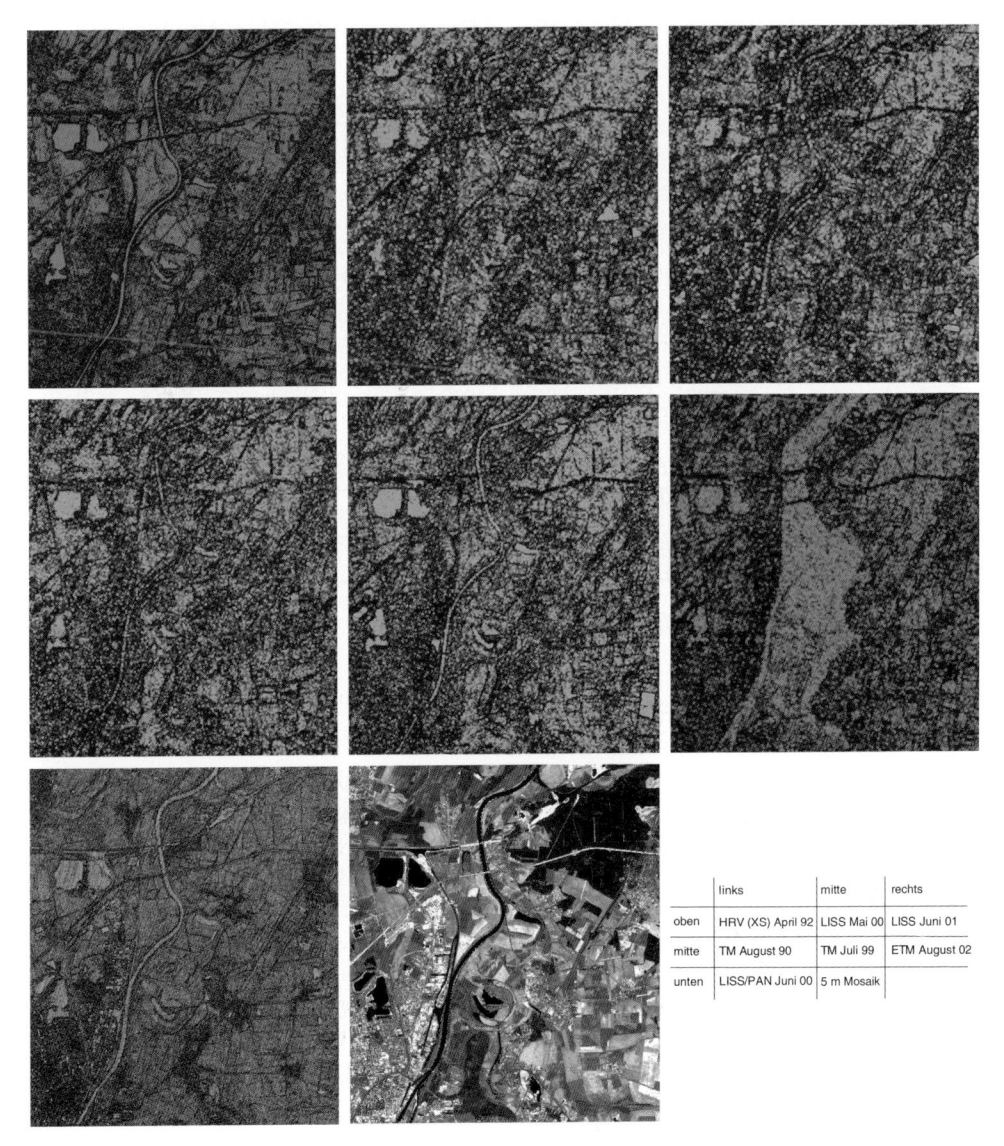

	links	mitte	rechts
oben	HRV (XS) April 92	LISS Mai 00	LISS Juni 01
mitte	TM August 90	TM Juli 99	ETM August 02
unten	LISS/PAN Juni 00	5 m Mosaik	

Abb. 1: Texturkanäle IDM (grün) und Data-Range (blau) in einem Ausschnitt des Testgebietes (Nordosten von Magdeburg, links und rechts der Elbe)

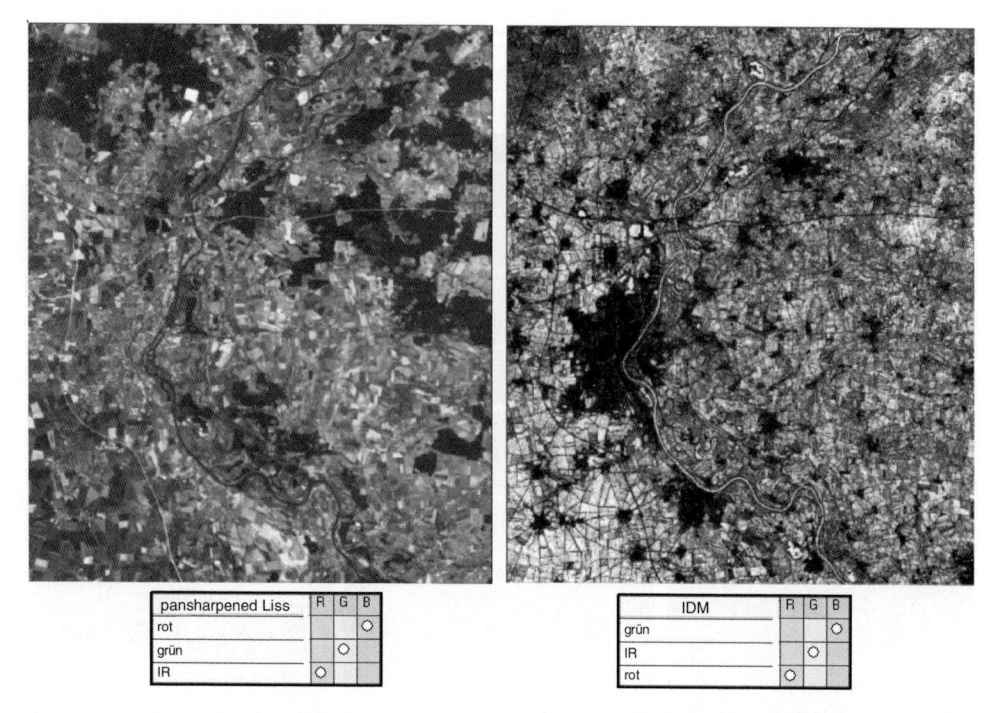

Abb. 2: Links: CIR pansharpened IRS-Liss, rechts: Farbkomposite der IDM-Berechnung aus IR, rot und grün.

Wie in Abbildung 1 im Bildraum visuell belegt ist, zeigen typische Objekte wie Wasser, Stadt, Wald und Agrarfläche stabile Texturmerkmale. Auch bei wechselnden Bedingungen (Aufnahmezeitpunkt, Sensor) sind Parallelen im Texturbild erkennbar. Was hier visuell festzustellen ist und auch mit Hilfe spektraler Profile nachgewiesen werden kann, gilt es zusätzlich im Merkmalsraum zu belegen.

2 Von der Stabilität zur Trennbarkeit

Der Nachweis der Stabilität allein ist noch nicht ausreichend um eine Zuweisung klassenbildender Objekte in multitemporalen Daten durchzuführen. Die stabilen Merkmale müssen für eine generelle Zuweisung sowohl in der Domäne des Bildraumes wie auch im Merkmalsraum trennbar sein. Eine Klassenzuweisung erfolgt dabei durch einen Vergleich der Verteilung von Objektprimitiven in den beiden Räumen.

2.1 Trennbarkeit im Merkmalsraum

Der Grauwert eines einzelnen Pixels im Texturbild (Abb. 1) ist kaum aussagekräftig, obgleich der Merkmalsraum die Domäne darstellt, in welchem in der Regel die Entscheidung über die Klassenzugehörigkeit eines einzelnen Pixels getroffen wird. Bestimmt jedoch eine vorangegangene Segmentierung in der Bilddomäne welcher Population ein Pixel zugeordnet wird, kann dieses Pixel nur noch indirekt über die Attribute seiner Objektprimitive angesprochen werden.

Die Anwendung der Texturanalyse bezieht sich auf benachbarte Pixelgruppen und kann in der Pre-Klassifikation wie z. B. der Binarisierung (STEINNOCHER & TÖTZER 2001) oder auch in einer Postklassifikation genutzt werden.

2.2 Segmentbasierte Texturanalyse

Seit September 2002 besteht mit Erscheinen der eCognition Version 3.0 die Möglichkeit im Anschluss an eine Segmentierung im Bildraum eine Texturanalyse pro Segment durchzuführen (siehe Abb. 2 rechts). Damit entstand eine geeignete Alternative zu üblichen Textur-Filter-Verfahren, die sich auf eine festgelegte Fenstergröße beziehen (BLÜMEL 2000). Die Texturanalyse erfolgt nun über eine vordefinierte Pixelpopulation, den Objektprimitiven. In der objektorientierten Bildanalyse ist es u. a. möglich die Mittelwerte der Objektprimitive aufzuspannen. Die Attributierung der Objektprimitive muss nicht zwingend in einem unabhängigen Raum erfolgen, was die Mischung verschiedener Datentypen (ratio-type continuous, ratio-type discrete) auf den Achsen des gleichen Merkmalsraumes erlaubt. Damit wird die Annahme der Normalverteilung und die Anwendung von Maximum Likelihood verfahren eingeschränkt. In Abbildung 3 wird solch ein Merkmalsraum, der durch die Intensität (HK 1) und die Homogenität (IDM) von Objektprimitiven aufgespannt ist, dargestellt.

3 Ergebnisdarstellung

Die Verteilung der Segmente im Merkmalsraum, mit der unter 2.2 beschrieben Achsenbelegung, ergibt eine charakteristische Verteilung der Objektprimitive (siehe Abb. 3), welche in den untersuchten Datensätzen nur geringfügigen Änderungen unterlegen ist. Auf Basis dieser Figur ist die Übertragbarkeit der Stabilität von der Bilddomäne in den Merkmalsraum zu belegen. Dabei sind die Verteilung und die daraus resultierende Idealvorstellung auf zweierlei Weise zu nutzen. Zum einen als Selektionskriterium bei der Auswahl von Mosaikteilen und zum anderen als Modell für ein Fuzzy Logic Regelwerk, welches für das gesamte Mosaik Gültigkeit hat.

Voraussetzung zur Verwendung dieser Methoden ist die charakteristische Verteilung der Elemente in der Domäne des Merkmalsraumes. Weicht die Verteilung ab, wie es bei weiterführenden Versuchen in einzelnen Fällen auftrat und vorwiegend auf atmosphärische Einflüsse zurückzuführen ist, wird keine korrekte Zuordnung der Objektprimitive zu den Klassen erreicht.

In Abbildung 3 sind Kernbereiche und Überlappungsbereiche zu erkennen. Das Fuzzy Logic Regelwerk ist ausreichend für die Zuweisung der Kernbereiche zu den Basisklassen. Für die Überlappungsbereiche müssen Attribute wie Nachbarschaft und Form der Objektprimitive herangezogen werden.

Der Merkmalsraum aus Abbildung 3, welcher auf Basis der Diplomarbeit von SCHLEICHER (2003) entstand, wird innerhalb der GAF AG zur Siedlungskartierung genutzt.

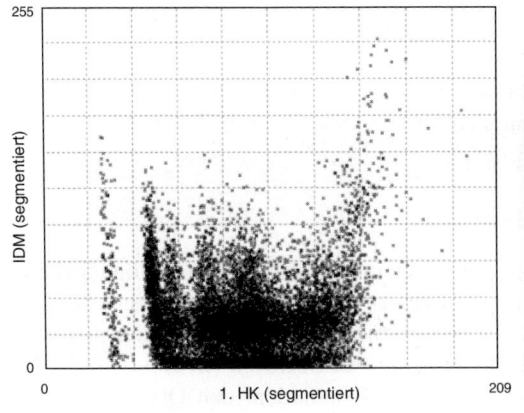

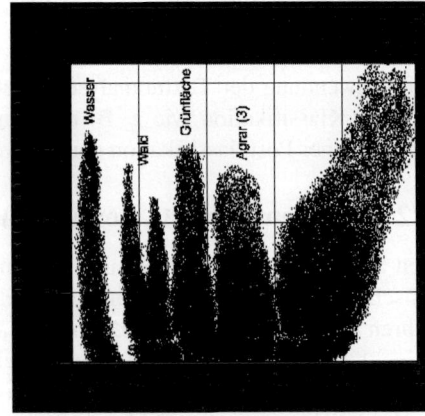

Abb. 3: Links: Segmentverteilung der TM-Daten vom August 1990 (siehe auch Abb. 1). Rechts: die ideale Zuordnung der Objektprimitive im Merkmalsraum

Die auf Objektprimitiven basierte Texturanalyse ist damit ein wesentlicher Teil der automatischen Siedlungskartierung im mittleren Maßstabsbereich (M 1 : 100 000, Corine Landcover Level 3, Klasse 1.1.1 und 1.1.2), wobei in Mitteleuropa wie auch in Nordafrika ein befriedigendes Niveau erreicht werden kann.

Literatur

BLÜMEL, A. (2000): *Der Einsatz von Texturparametern zur Verbesserung der Klassifikationsgenauigkeit von Forstbeständen in hochauflösenden Fernerkundungsdaten*. Diplomarbeit an der Universität Trier

BUITEN, H.J. & J.G.P.W. CLEVERS (Eds.) (1993): *Land observation by remote sensing, Theory and applications*. Current Topics in R. S. Vol 3, Gordon and Breach, 642 pp.

HARALICK, R.M., SHANMUGAM, K.S. & DINSTEIN, I. (1973): *Textural Features for Image Classification*. IEEE Trans., Man, and Cybernetics, vol. SMC-3, no. 6, pp. 610-621

JRC (2000): *Image2000 – Procedure for image selection*.
http://image2000.jrc.it/reports/procedure_image_selection.pdf

LANDGREBE, D. (1999): *Some Fundamentals and Methods for Hyperspectral Image Data Analysis*. School of Electrical & Computer Eng. Purdue University, West Lafayette

SCHLEICHER, C. (2003): *Extrahierung von stabilen Strukturen aus Satellitenbildern zur Klassifizierung von Mosaiken*. Diplomarbeit an der Fachhochschule München

STEINNOCHER, K. (1997): *Texturanalyse zur Detektion von Siedlungsgbeieten in hochauflösenden panchromatischen Satellitenbilddaten*. In: Dollinger, F.& J. Strobl (Hrsg.): Proceedings of Angewandte Geographische Informationsverarbeitung IX, Salzburger Geographische Materialien, no. 26.pp. 143-153, Salzburg

STEINNOCHER, K. & T. TÖTZER (2001): *Analyse von Siedlungsdynamik durch Verknüpfung von Fernerkundungs- und demographischen Daten*. In (Umweltbundesamt Hrsg.): Versiegelt Österreich? Der Flächenverbrauch und seine Eignung als Indikator für Umweltbeeinträchtigungen. UBA Conference Papers, CP-030, Wien, pp. 39-47

Simulation der großräumigen Grundwasser- und Überflutungsdynamik in einem degradierten Flussdelta als Basis für eine ökologische Bewertung alternativer Wassermanagementstrategien

Maja SCHLÜTER, Andre SAVITSKY, Nadja RÜGER und Helmut LIETH

Zusammenfassung

Die Simulation der langjährigen Dynamik des Grundwasserspiegels und des Überflutungsregimes im Delta des Amudaryaflusses in Zentralasien mit Hilfe einfacher GIS-basierter Modelle ist ein zentrales Modul des Simulationswerkzeugs TUGAI. Die Veränderungen dieser wichtigen Habitatvariablen werden als Funktion der modellierten raum-zeitlichen Wasserverteilung im Delta abgebildet. Das Tool ermöglicht die integrierte Bewertung von Wassermanagementalternativen hinsichtlich ihrer ökologischen Auswirkungen. Szenarienanalysen zeigen, dass die Modelle den Einfluss von Managemententscheidungen auf die abiotischen Habitatvariablen differenziert und konsistent abbilden. Farbcodierte Kartenserien unterschiedlicher Alternativen können als Diskussionsgrundlage dienen und Politikentscheidungen und Zielfindungsprozesse unterstützen.

1 Einleitung

Zustand und Entwicklung der Ökosysteme im semi-ariden Amudaryadelta (mittlerer Jahresniederschlag: 80-120 mm) werden maßgeblich vom hydrologischen Regime des Amudarya bestimmt. Durch die Intensivierung der Bewässerungslandwirtschaft in den ehemaligen sowjetischen Republiken Zentralasiens seit den 60er Jahren ist die Wasserentnahme aus dem gesamten Fluss stark angestiegen. Eine der vielen Folgen jahrzehntelangen Missmanagements ist die Degradierung der Ökosysteme im gesamten Aralseebecken. Das Deltagebiet ist als Endnutzer des Wassers am stärksten betroffen. Um eine zumindest teilweise Rehabilitierung seiner Ökosysteme zu ermöglichen, streben die neuen unabhängigen Staaten der Region eine Erhöhung der Wasserzufuhr zum Aralsee und seinen Deltagebieten von zur Zeit ca. 8 km^3 auf mindestens 20 km^3 an. Bisher fehlen jedoch konkrete Vorstellungen, wie dieses „zusätzliche" Wasser ökologisch und ökonomisch sinnvoll genutzt werden könnte.

Ziel dieser Arbeit ist die Integration, Formalisierung und Strukturierung des vorhandenen hydrologischen und ökologischen Wissens über das Deltasystem in einem GIS-basierten Simulationswerkzeug zur Unterstützung von Politikentscheidungen für eine nachhaltige Nutzung der Wasserressourcen. In Zusammenarbeit mit lokalen Wissenschaftlern aus den Bereichen Hydrologie, Geobotanik und Vegetationskunde wurden verschiedene Modelle zur Abschätzung der Wirkung alternativer Managementstrategien entwickelt und in einem GIS integriert. Die Bewertung des ökologischen Zustands des Deltagebiets unter einer bestimmten Strategie erfolgt mit Hilfe von Habitateignungsmodellen. Die Kopplung von Habitateignungsmodellen mit Geographischen Informationssystemen ist eine weit verbreitete Methode im Ressourcenmanagement und Artenschutz (siehe z.B. DETTMERS & BART 1999, KOBLER & ADAMIC 2000, STORE & KANGAS 2001, etc.). Habitateignungsmodelle bestimmen die Eignung eines Standorts als Habitat für eine Art oder Artengemeinschaft unter den vorherrschenden Umweltbedingungen. Die Eignung wird mit Hilfe eines Indices beurteilt, der auf statistischen Analysen der Art-Habitat Beziehungen oder Expertenwissen beruht. GIS dienen dabei der Lagerung und Analyse der räumlichen Daten, die als Habitatvariablen in die Indexberechnung eingehen, und der Visualisierung der Ergebnisse. Die für die Habitateignung relevanten Umweltvariablen werden dabei meist als statisch betrachtet.

Für eine Beurteilung der Wirkung unterschiedlicher Ressourcenmanagementstrategien durch Szenarienanalysen ist jedoch eine dynamische Betrachtungsweise der zugrundeliegenden Landschaft notwendig (SCHULTZ & WIELAND 1995, KLISKEY et al. 1999). In diesem Beitrag sollen zwei einfache, direkt im GIS implementierte Modelle zur Simulation der räumlich-zeitlichen Veränderungen der wichtigsten Habitatvariablen für eine ausgewählte Baumart vorgestellt werden. Die Modelle bilden die jährlichen Schwankungen im Grundwasserspiegel und das Überflutungsregime im nördlichen Amudaryadelta über einen Zeitraum von 30 Jahren als Funktion der räumlich-zeitlichen Wasserverteilung im Flussnetzwerk ab.

2   Das TUGAI Simulationswerkzeug

Das Werkzeug besteht aus drei Einzelmodulen (Abbildung 1). Der Einsatz eines GIS der Deltaregion ermöglicht nicht nur den expliziten Raumbezug und die Berücksichtigung der für die ökologische Beurteilung wichtigen räumlichen Heterogenität, sondern dient als zentrales Modul (1) zur Integration und als Benutzeroberfläche für die anderen Module (Hydrologie, Umweltveränderungen, ökologische Bewertung), (2) zur Simulation der räumlich-zeitlichen Dynamik ausgewählter Umweltfaktorenfaktoren als Eingangsgrößen für das ökologische Indexmodell und (3) zur Analyse und Visualisierung der Szenarienergebnisse für Vergleich und Evaluierung.

Als Indikatoren für den ökologischen Zustand des Deltas werden die charakteristischen Tugai Auenwälder verwendet. Sie sind in ihrer Entwicklung direkt vom hydrologischen Regime abhängig und haben eine ökologische, ökonomische und kulturelle Bedeutung. Die Wasserverteilung im Deltagebiet wird durch ein System von Reservoiren am Eingang des Deltas fast vollständig vom Menschen kontrolliert. Alternative Szenarien der räumlich - zeitlichen Wasserverteilung werden mit Hilfe eines Wassermanagementmodells in monatlichen Zeitschritten modelliert. Darauf basierend werden im GIS die räumlich-zeitlichen Veränderungen in den wichtigsten Habitatfaktoren für die Tugaiwälder abgeschätzt. Eine integrierte Bewertung der sich verändernden Umweltbedingungen bezüglich ihrer Auswirkungen auf die Habitatqualität erfolgt mit Hilfe eines fuzzy-basierten Habitatindexmodells. Zeitserien farbcodierter Karten und statistischer Analysen im GIS, die die Entwicklung der Habitateignung im Delta unter den gegebenen Managementalternativen zeigen, dienen als Diskussionsgrundlage für die Beurteilung unterschiedlicher Optionen.

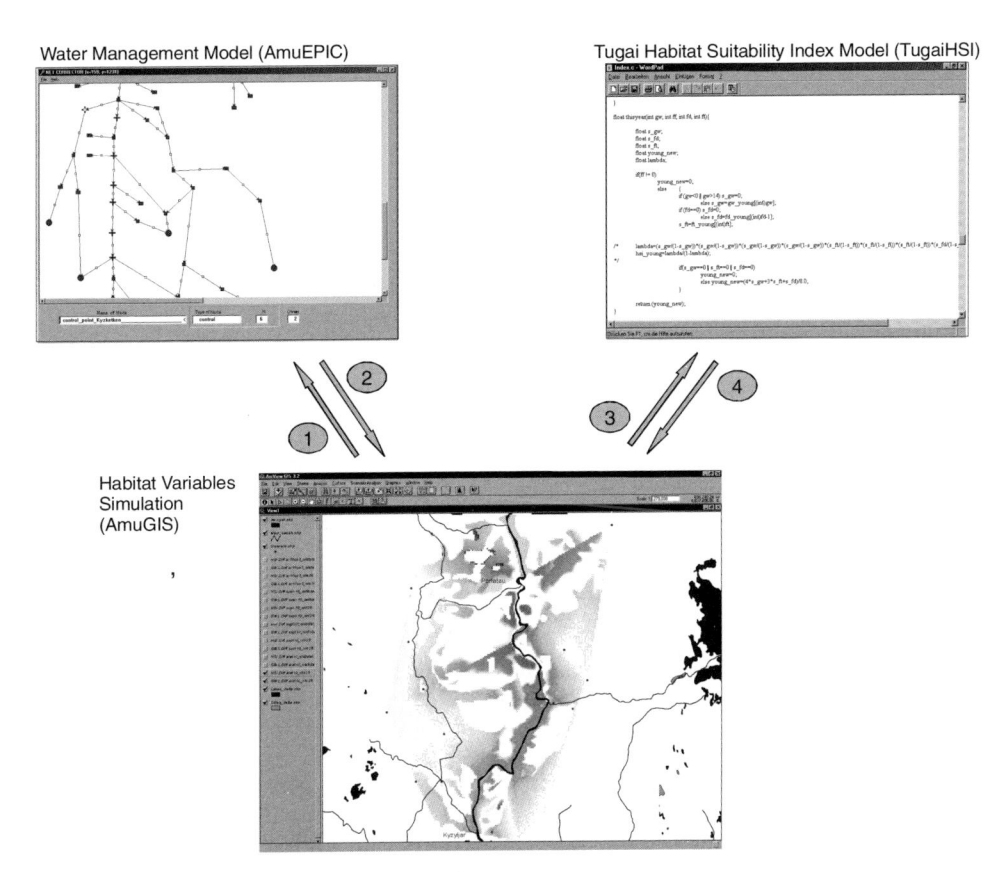

Abb. 1: Schema des TUGAI Simulationswerkzeugs

3 Simulation der räumlich-zeitlichen Dynamik der Habitatfaktoren für die Tugai-Auenwälder

Die Güte eines Standorts für die dominante Tugaiart *Populus euphratica* wird wesentlich von dem Grundwasserflurabstand und dem Überflutungsregime bestimmt (Abbildung 2). In die Habitatbewertung gehen diese Faktoren als dynamische Größen ein. Aufgrund der großen räumlichen (10.000 km^2) und zeitlichen (ca. 30 Jahre) Skalen, die für eine Folgenabschätzung berücksichtigt werden müssen, und der schlechten Datenlage mussten relativ einfache Modelle für die Abbildung der langjährigen Grundwasser- und Überflutungsdynamiken gefunden werden. Sie reichen für die damit angestrebten Aussagen jedoch aus. Beide Modelle basieren auf dem modellierten mittleren monatlichen Abfluss im Hauptfluss.

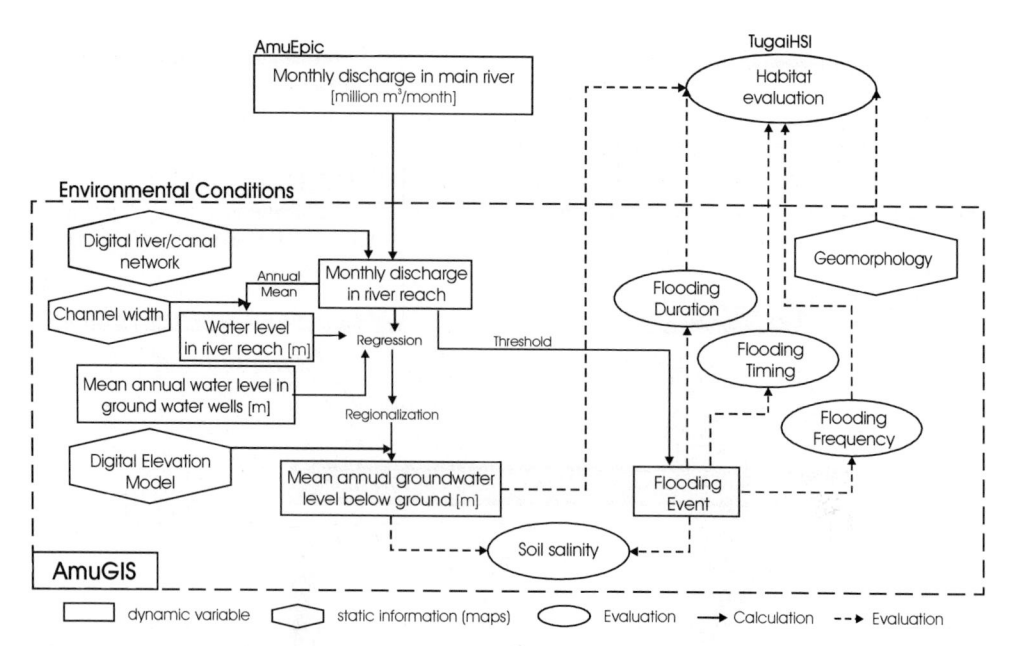

Abb. 2: Systemdiagramm des AmuGIS Moduls, in dem die räumlich-zeitlichen Veränderungen der Habitatvariablen simuliert und beurteilt werden

3.1 Abschätzung des jährlichen mittleren Grundwasserflurabstands

KRAPILSKAYA (1987) und LETOLLE & MAINGUET (1996) haben eine enge Kopplung des Oberflächenabflusses im Amudarya mit dem Grundwasser im Delta festgestellt. Zeitreihenanalysen der monatlichen Grundwasserstände in 11 Beobachtungsbrunnen im nördlichen Deltagebiet von 1991-1999 und Vergleiche mit den mittleren monatlichen Abflusswerten im Amudarya bestätigen dies. Diese Abhängigkeit wird in einer multiplen Regression genutzt, um den jährlichen mittleren Grundwasserstand in 15 Brunnen in nördlichen Deltagebiet zu simulieren. Neben dem Abfluss im jeweils nächstgelegenen Flussabschnitt geht der hydraulischen Gradient zwischen dem Wasserstand im Fluss und im Brunnen im vorherigen Zeitschritt in die Berechnung ein. Er spiegelt die Abhängigkeit der Grundwasseranreicherung von der Distanz zum Oberflächenabfluss und von den historischen Gegebenheiten wider (HOLFELDER et al., 1999). Das Regressionsmodell der Form

$$H_{n,t} = a \cdot \ln Q_{j,t} + b \cdot (H_{j,t-1} - H_{n,t-1}) + c$$

mit $H_{n,t}$ = Wasserstand in Brunnen n zum Zeitpunkt t
$Q_{j,t}$ = Abfluss (m³/s) in Flussabschnitt j zum Zeitpunkt t
$H_{j,t-1}$ = Wasserstand in Flussabschnitt j zum Zeitpunkt $t-1$
t = Zeitschritt (Jahre), a,b,c = Regressionskoeffizienten

wurde über Avenue Scripte direkt im GIS implementiert. Mittels Dreiecksvermaschung werden die mittleren jährlichen Grundwasserstände in den Brunnen räumlich interpoliert. Der Grundwasserflurabstand in jeder Zelle eines 300 × 300 m Gitters wird dann mit Hilfe eines digitalen Höhenmodells ermittelt. Die Simulationsergebnisse wurden soweit möglich anhand der errechneten Gleichenpläne und historischer Daten validiert. Sie sind in sich konsistent und liegen im Rahmen der erwarteten Werte. In Abbildung 3 ist beispielhaft ein Szenario dargestellt, in dem pro Jahr mindestens 10km^3 in den Aralsee fließen sollen (von ursprünglich ca. 50km^3). Man sieht, wie diese Forderung den Grundwasserstand im Vergleich mit dem Referenzszenario in weiten Bereichen anhebt. Der Effekt ist über den Simulationszeitraum jedoch relative gering, wirkt sich in Kombination mit den Änderungen im Überschwemmungsregime jedoch deutlich auf die Habitatgüte für die Auenwälder aus.

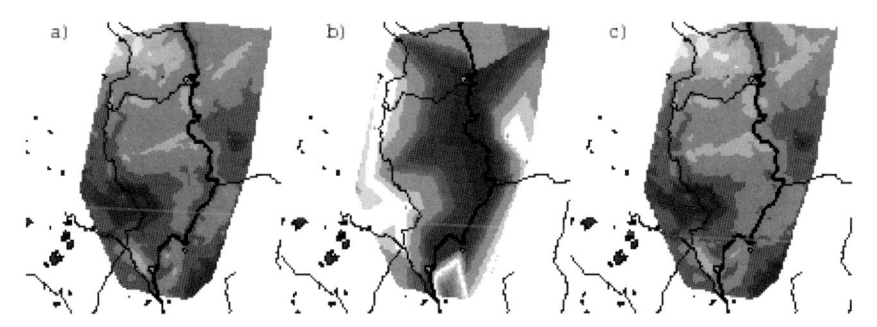

Abb. 3: Simulierter mittlerer jährlicher Grundwasserstand im nördlichen Amudarya Delta für das Simulationsjahr 28 im a) Referenzszenarium (keine Veränderung im Wassermanagement) b) Vergleich der beiden Szenarien (Referenz- minus Managementszenario) c) Jährlicher Zufluss zum nördlichen Teil des Deltas mind. 10km^3. Je dunkler ein Pixel in a) und c) desto größer der Grundwasserflurabstand , in b) desto größer die Differenz zwischen Szenario a) und c).

3.2 Abschätzung und Bewertung des Überflutungsregimes

Die Modellierung von Überschwemmungsereignissen erfolgt regelbasiert. Sie beruht auf einem Schwellenwert des Oberflächenabfluss an der letzten Messstation im nördlichen Delta, der aus historischen Abflusserien der letzten 50 Jahre ermittelt wurde. Bei einer Überschreitung des Grenzwertes kommt es in den nördlich der Station liegenden Gebieten zu einer Überschwemmung von der Dauer eines Monates. Werden im nächsten Monat Abflusswerte erreicht, die einen zweiten, geringfügig niedrigeren Schwellenwert überschreiten, dann kommt es auch in diesem Monat zu einer Überschwemmung. Die Verringerung des Schwellenwertes beruht auf der Annahme, dass Überschwemmungsbarrieren bereits von der vorhergehenden Flut beseitigt wurden. Die eigentliche Dauer der Flut kann aufgrund mangelnder Daten über die Bodenbeschaffenheit und das Relief, sowie die Verdunstung nicht bestimmt werden. Für die Auenwälder ist das Auftreten einer Flut jedoch das entscheidendere Kriterium. Die Dauer wird nur in jenem Fall kritisch, in dem das Wasser mehrere Monate auf der Oberfläche steht. Dies kann v.a. zu einer starken sekundären Versalzung führen. Satellitenbilder einiger Monaten des Hochwasserjahres 1998, in dem große Teile des nördlichen Deltas überschwemmt wurden, wurden digitalisiert und für die Abschätzung der Ausdehnung der Überschwemmungsereignisse herangezogen. Für die Habitatbewertung werden der simulierte Überflutungszeitpunkt, die -dauer und -häufigkeit auf jährlicher Basis hinsichtlich ihrer Eignung für die Tugaiwälder beurteilt. Die Überflutungshäufigkeit spiegelt die Vorgeschichte eines Standorts wider, die für die Beurteilung der

Habitateignung neben dem aktuellen Zustand von Bedeutung ist. Die Überschwemmungsereignisse unter verschiedenen Szenarien sind in Tabelle 1 dargestellt.

Tabelle 1: Überschwemmungsereignis und -zeitpunkt unter verschiedenen Wassermanagementszenarien (BAU – Referenzszenarium, ARAL10 – Zufluss ins nördliche Delta pro Jahr min. 10 km^3, SUPL10 – Zufluss zu Delta 10 % höher als in BAU, SUPL-10 – Zufluss zu Delta 10% geringer als in BAU, AR10US3 – Zufluss zum nördlichen Delta mind. 10km^3/Jahr und Rückgang der Wassernutzung durch die Landwirtschaft bei 3 % pro Jahr)

	BAU	ARAL10	SUPL10	SUPL-10	AR10US3
Year (Months)	13 (5-7)	13 (5-7)	13 (5-7)	13 (7)	13 (5-7)
			14 (7)		
					23 (7)
	27 (5-7)	27 (5-7)	27 (5-7)	27 (7)	27 (5-7)
			28 (7)		28 (6-7)

Die resultierenden jährlichen Karten des mittleren Grundwasserstands und des Überflutungsregimes bilden zusammen mit der Karte der Geomorphologie die Eingangsgrößen für die Berechnung des jährlichen Habitateignungsindizes.

4 Fazit und Ausblick

Mit diesem Ansatz wird versucht, potentielle ökologische Veränderungen des Deltagebiets als Folge von anthropogenen Maßnahmen auf Landschaftsebene nicht nur räumlich-explizit sondern auch dynamisch abzubilden und zu bewerten. Die dynamische Sichtweise erlaubt die Berücksichtigung der Geschichte eines Standorts hinsichtlich z.B. vergangener Überflutungsereignisse oder des Einflusses hoher Grundwasserstände auf die Bodensalinität. Außerdem ermöglicht sie die Analyse von Übergangszuständen, die v.a. bei langlebigen Ökosystemen wie den Auenwäldern, die einen Gleichgewichtszustand nur langsam oder nie erreichen, von Bedeutung sind. Für eine Beurteilung der langfristigen Auswirkungen von Managemententscheidungen spielen diese Aspekte eine wichtige Rolle. Dies ist in statischen Habitateignungsmodellen, wie sie meist üblich sind, nicht möglich.

Das Wissen über die Hydrologie und Ökologie des Deltagebiets ist in vielfältiger Weise als Expertenwissen, Daten, Informationen, Erfahrungen, etc. vorhanden. Durch den Einsatz sehr unterschiedlicher Modellierungsmethoden in den einzelnen Modulen des Tools wurde dem sehr heterogenen und oft unscharfen Wissen, von quantitativ und semi-quantitativ zu qualitativ, und den verschiedenen Methoden in den individuellen Disziplinen Rechnung getragen. So basiert das Wassermanagementmodell auf einem multi-kriteriellen Optimierungsansatz, die Simulationen im GIS auf statistischen und regelbasierten Ansätzen und das Indexmodell auf Methoden der Fuzzy Mengen und der Fuzzy Logik. Der Einsatz des geographischen Informationssystems zur Simulation und Integration ermöglicht eine integrierte Analyse auf einer den Problemen des Deltagebiets angepassten räumlichen und zeitlichen Skala, die zum Verständnis großräumiger Managemententscheidungen beitragen kann.

Weitere Indexmodelle für dominante Arten anderer Ökosysteme, z.B. aquatische, sollen entwickelt werden, um unterschiedliche zeitliche und räumliche Ansprüche in der Wasserverteilung gegeneinander abzuwägen.

Literatur

DETTMERS, R. & J. BART (1999): *A GIS method applied to predicting forest songbird habitat.* Ecological Applications, Heft 9(1), S. 152-163

HOLFELDER, T., MONTENEGRO, H.& B. WAWRA (1999): *Interaktion zwischen Fluß- und Grundwasser in einer Flußaue an der Elbe bei Lenzen.* http://wabau.kww.bauing.tu-darmstadt.de/aktuell/holfelder/elbe09_99.html

KLISKEY, A.D., LOFROTH, E.C., THOMPSON, W.A., BROWN S. & H. SCHREIER (1999): *Simulating and evaluating alternative resource-use strategies using GIS-based habitat suitability indices.* Landscape and Urban Planning, Heft 45, S. 163-175

KRAPILSKAYA, N.M. (1987): *Bewertung und Prognose der Veränderungen der Hydrogeologischen Bedingungen unter dem Einfluß von Wassermanagementmaßnahmen mit Hilfe von Luftbildern und Satellitenaufnahmen (am Beispiel des Amudaryadeltas).* Dissertation. Institut für Hydrogeologie und Ingenieurgeologie, Moskau [in Russisch]

KOBLER, A. & M. ADAMIC (2000): *Identifying brown bear habitat by combined GIS and machine learning method.* Ecological Modelling, Heft 135, S. 291-300

LETOLLE, R. & M. MAINGUET (1996): Der Aralsee. Eine ökologische Katastrophe. Springer, Berlin

SCHULTZ, A. & R. WIELAND (1995): *Die Modellierung von biotischen Komponenten im Rahmen von Agrarlandschaften.* Arch. Für Nat.-Lands., Heft 34, S. 79-98

STORE, R. & J. KANGAS (2001): *Integrating spatial multi-criteria evaluation and expert knowledge for GIS-based habitat suitability modelling.* Landscape and Urban Planning, Heft 55, S. 79-93

HBV-IWS-02 und ArcGIS – Entwicklung eines GIS-gekoppelten hydrologischen Modells

Fridjof SCHMIDT und Uwe EHRET

Dieser Beitrag wurde nach Begutachtung durch das Programmkomitee als „reviewed paper" angenommen.

Zusammenfassung

Der Einsatz geographischer Informationssysteme in der hydrologischen Einzugsgebietsmodellierung ist in den vergangenen Jahren durch die zunehmende Verfügbarkeit digitaler Geodaten und die Entwicklung von GIS-Werkzeugen für hydrologische Fragestellungen gefördert worden. Dieser Beitrag stellt die Kopplung eines Niederschlag-Abfluss-Modells mit einem GIS vor. Die GIS-Komponente wird dabei für die Modellkonfiguration, Datenaufbereitung, Parameterschätzung, Kalibrierung und Ergebnisvisualisierung eingesetzt. Sie wird als ArcMap-Erweiterung bereitgestellt, ist an das ArcHydro-Datenmodell von ESRI angelehnt, baut auf den Funktionsumfang der ArcHydro Tools auf und verwendet wie diese die Entwicklungsbibliothek ApFramework. Beim Niederschlag-Abfluss-Modell handelt es sich um eine am Institut für Wasserbau der Universität Stuttgart entwickelte Version des zuerst in Schweden entwickelten HBV-Modells. Das Modell kann zur Bearbeitung wasserwirtschaftlicher Fragestellungen wie Hochwasservorhersage, Berechnung von Bemessungshochwässern oder Wasserhaushaltssimulationen eingesetzt werden.

1 Einleitung

Die Hochwasserereignisse der jüngeren Vergangenheit haben wieder einmal die Bedeutung nachhaltiger Hochwasserschutzkonzepte vor Augen geführt und ihre Planung und Umsetzung vorangetrieben. Neben der Verbesserung des natürlichen Rückhalts und bautechnischer Maßnahmen sind im Rahmen der weitergehenden Hochwasservorsorge zeitnahe, zuverlässige und ausreichend lange Vorhersagen gefordert, um die rechtzeitige Einleitung von Schutzmaßnahmen zu ermöglichen. Solche Vorhersagen sind mit Hilfe hydrologischer Modelle möglich, in kleineren Einzugsgebieten insbesondere in Kombination mit einer Niederschlagsvorhersage (EHRET 2002).

Hydrologische Modelle werden häufig zur quantitativen Bearbeitung wasserwirtschaftlicher Fragestellungen eingesetzt, beispielsweise zur Bestimmung von Bemessungshochwässern in der Talsperren- und Rückhaltebeckenplanung (DIN 19700) oder zur Simulation des Wasserhaushalts von Einzugsgebieten. Im Hinblick auf eine mögliche Zunahme der Häufigkeit und Intensität lokaler Starkniederschläge durch Klimaänderungen ist ferner die Simulation von Klima- und Landnutzungsszenarien, inklusive Szenarien zu Hochwasserschutzmaßnahmen, als wichtiger Anwendungsbereich hydrologischer Modelle zu verstehen.

Die Berücksichtigung der räumlichen und zeitlichen Variabilität von Gebietseigenschaften und meteorologischen Größen impliziert einen Bedarf an großen Datensätzen für die Modelleingangsgrößen. Mit der zunehmenden Verfügbarkeit digitaler Geodaten und geographischer Informationssysteme ist in den vergangenen Jahren ein verstärktes Interesse an distributiven (flächendetaillierten) hydrologischen Modellen zu verzeichnen. Hydrologisch relevante raumbezogene Daten sind u. A. digitale Höhenmodelle, Boden- und Landnutzungsinformationen, Gewässernetze, Luft- und Satellitenbilder sowie Radarniederschlagsdaten. Einen Überblick über GIS-Anwendungen in der hydrologischen Modellierung und häufig verwendete Datenquellen geben MAIDMENT & DJOKIC (2000), OGDEN et al. (2001) und GARBRECHT et al. (2001).

Bei der Kalibrierung hydrologischer Modelle werden die freien Modellparameter durch den Vergleich beobachteter und modellierter Abflussganglinien unter Anwendung unterschiedlicher Optimierungstechniken angepasst. Insbesondere bei konzeptionellen Modellen, welche die physikalischen Prozesse des Wasserkreislaufs im Einzugsgebiet vereinfacht darstellen, kann die Parameteranpassung aber nur in begrenztem Umfang automatisiert werden, da die meisten Parameter mit Gebietseigenschaften in Beziehung stehen und nur innerhalb natürlicher Schwankungsbereiche variieren dürfen (z. B. Feldkapazität des Bodens).

Die Aufteilung eines Einzugsgebietes in hydrologische Berechnungseinheiten kann in einem distributiven Modell zu einer großen Zahl von Parametern für das Gesamtgebiet führen. Um Unsicherheiten in der Modellkalibrierung zu minimieren, ist jedoch eine möglichst geringe Parameteranzahl wünschenswert. Ein erfolgversprechender Ansatz ist hier die Definition von Transferfunktionen, durch welche Gebietscharakteristika wie Landnutzungs- und Bodeneigenschaften, Topographie etc. auf die Modellparameter abgebildet werden. Die Kalibrierung des Modells anhand beobachteter Abflüsse erfolgt anschließend durch Modifikation der Parameter der Transferfunktionen anstelle der direkten Modifikation der Modellparameter (HUNDECHA et al. 2002).

Der Raumbezug der Ein- und Ausgangsdaten legt die Verwendung eines GIS zu deren Aufbereitung nahe. Bei der Erstellung der Gebietskonfiguration lassen sich hydrologisch ähnliche Berechnungseinheiten durch Kombination unterschiedlicher Basiskarten abgrenzen (z. B. Verschneidung von Bodeneigenschaften und Landnutzung) und zusammenfassen (z. B. Reklassifizierung der Verschneidungsergebnisse). Bei der Interpolation meteorologischer Eingangsgrößen kann die Verwendung von Zusatzinformationen aus dem GIS (Geländehöhen, Exposition etc.) gewinnbringend eingesetzt werden.

Die Visualisierung von Gebietseigenschaften und Modellparametern ermöglicht eine verbesserte Interpretation von Zusammenhängen im Vergleich zur Modellkalibrierung ohne GIS-Komponente. Räumliche Analysefunktionen des GIS (z. B. Berechnung von Flächenanteilen und Gebietsmittelwerten) lassen sich zur Unterstützung bei der Definition von Transferfunktionen heranziehen. Schließlich ist eine raumbezogene Darstellung der Modellergebnisse möglich und wünschenswert.

Bestrebungen zufolge, die hydrologische Modellierung am Institut für Wasserbau der Universität Stuttgart (IWS) stärker an die GIS-Bearbeitung der Datenbasis anzubinden, wurde die Entwicklung eines GIS-gekoppelten hydrologischen Modells geplant und mit seiner

Umsetzung begonnen. Richtungsweisend war dabei unter anderem die Veröffentlichung des Datenmodells ArcHydro und der ArcHydro Tools von ESRI (ESRI 2003).

2 Anforderungen an die GIS-Modell-Kopplung

2.1 Problemstellung und Ansätze

Bei der Kopplung eines bestehenden Modells an ein GIS liegen typischerweise zwei Anwendungsprogramme vor, die mit inkompatiblen Datenformaten arbeiten. Die Datenbasis beider Programme soll jedoch von diesen gemeinsam genutzt werden. Insbesondere erfordern die GIS-gestützte Modellkonfiguration, die Bereitstellung von Eingangsvariablen und die Initialisierung und Modifikation der Modellparameter einen schreibenden, die Visualisierung der Modellergebnisse einen lesenden Zugriff des GIS auf die Datenbasis. Umgekehrt benötigt das Modell Lesezugriff auf alle Eingangsdaten und schreibenden Zugriff zur Ausgabe der Ergebnisse.

Hierfür sind mehrere Ansätze denkbar. Im einfachsten Fall, einer losen Kopplung, werden die Ein- und Ausgabedaten in das jeweils andere Format konvertiert. Diese „schnelle Lösung" ist in der Regel auch die einzige Möglichkeit, wenn das Modell nur in kompilierter Form ohne Zugang zum Quellcode vorliegt. Weiterhin kann diese Lösung erstrebenswert sein, wenn das Modell auch unabhängig vom GIS betrieben werden soll.

Bei einer engen Kopplung, die man als „elegante Lösung" bezeichnen könnte, wird das Modell direkt aus der Benutzeroberfläche des GIS bedient. Weiterhin sind Änderungen im Code des Modells denkbar, welche diesem ermöglichen, direkt auf die GIS-Datenbasis zuzugreifen. Hierbei muss allerdings sicher gestellt werden, dass es zwischen Modell und GIS nicht zu Konflikten beim Datenzugriff kommen kann.

Schließlich ließe sich das Modell als Programmerweiterung in die GIS-Anwendung integrieren. Diese „umfassende Lösung" kann allerdings bedeuten, dass das Modell komplett neu geschrieben werden muss, um es z. B. als DLL (*Dynamic Link Library*) einzubinden.

Bei der Überarbeitung des institutseigenen Niederschlag-Abfluss-Modells HBV-IWS im Hinblick auf die GIS-Kopplung fiel die Entscheidung für eine enge Kopplung von Modell und GIS. Dabei wurde die Ein- und Ausgabe der Modelldaten über ASCII-Textdateien realisiert, um das Modell weiterhin unabhängig vom GIS betreiben zu können und um zeitkritischen Routinen einen schnelleren Zugriff auf die Eingangsdaten zu ermöglichen.

2.2 Funktionsumfang

Abhängig von Fragestellung, Gebietsgröße und vorliegenden Basisdaten kann die GIS-gestützte Aufbereitung von Modelleingangsdaten stark variieren. Die GIS-Komponente des Modells sollte daher flexibel mit unterschiedlichen Ausgangsdaten anwendbar sein. Ein primäres Ziel der Entwicklung war die Bündelung häufig verwendeter Funktionen und die Vereinfachung und Automatisierung typischer Aufgaben bei der Bearbeitung hydrologischer Fragestellungen. Die Funktionen lassen sich einmaligen und wiederholten Abläufen zuordnen. Erstere umfassen die Erstellung der Gebietskonfiguration, die Aufbereitung der meteorologischen Eingangsgrößen und die Ableitung von Gebietskennwerten, letztere die Modellkalibrierung und Ergebnisdarstellung.

2.2.1 Modellkonfiguration

Um das GIS für die Erstellung der Modellkonfiguration einzusetzen, sollten dem Anwender folgende Funktionalitäten zur Verfügung stehen:

- Abgrenzung von Einzugsgebieten und Teileinzugsgebieten aus einem digitalen Höhenmodell (DHM), sofern Einzugsgebietsgrenzen noch nicht zur Verfügung stehen, mit Integration digitaler Fließgewässerkarten,
- Unterteilung der Teileinzugsgebiete in hydrologische Berechnungseinheiten (Zonen),
- eindeutige Identifizierung aller Teilflächen, Gewässerabschnitte und Modellknoten sowie Erstellung ihrer Konnektivität für die logische Struktur des Modells.

2.2.2 Meteorologische Eingangsgrößen

Zur Aufbereitung der meteorologischen Eingangsgrößen Niederschlag und Temperatur kann eine Einbeziehung von Zusatzinformationen, insbesondere der Geländehöhe, sinnvoll sein. Die Interpolation der punktförmig erhobenen Daten in die Fläche erfolgt bevorzugt mit geostatistischen Methoden, z. B. External Drift Kriging (AHMED & DE MARSILY 1987). Da für die hydrologische Modellierung mit langen Zeitreihen eine Vielzahl von Interpolationen durchgeführt werden muss, wird dieser Schritt der Datenaufbereitung oft ausgelagert, andernfalls wären im GIS entsprechende Stapelverarbeitungsroutinen zu implementieren. Für die Ermittlung von Gebietswerten der interpolierten Größen für jede Zone bieten sich an:

- Interpolation auf ein regelmäßiges Raster mit anschließender Mittelwertbildung, oder
- Interpolation auf den räumlichen Schwerpunkt jeder Zone.

In jedem Fall kann das GIS zur Bestimmung der Schwerpunkte und mittleren Geländehöhen der Zonen eingesetzt werden, wenn ein DHM vorliegt. Weiterhin kann die raumbezogene Darstellung von Gebietswerten der Eingangsgrößen bei der Interpretation von Modellergebnissen hilfreich sein.

2.2.3 Parameterschätzung und -modifikation

Zur Schätzung von Modellparametern sollte die Benutzeroberfläche Funktionen zur Analyse hydrologisch relevanter Gebietseigenschaften und zur Abbildung dieser Eigenschaften auf die Modellparameter beinhalten, z. B.

- Berechnung morphometrischer Größen, z. B. mittleres Gefälle, Fließlänge, Formindizes,
- Aggregierung von Gebietseigenschaften aus Basiskarten (Boden, Landnutzung, Geologie etc.) auf die hydrologischen Berechnungseinheiten,
- Verknüpfung von Gebietseigenschaften mit den Modellparametern durch interaktive Definition von Zusammenhängen (Transferfunktionen).

2.2.4 Modellkalibrierung und Ergebnisdarstellung

Die Kalibrierung der Parameter sollte im GIS unterstützt werden durch

- raumbezogene gemeinsame Darstellung von Modellergebnissen und Beobachtungen sowie aggregierter Eingangsgrößen, insbesondere Zeitreihen (visuelle Interpretation),
- Ausgabe statistischer Kennzahlen zur Beurteilung der Qualität der Modellergebnisse.

Das Modell soll direkt von der GIS-Oberfläche gestartet werden können. Für eine halbautomatische Kalibrierung ist außerdem geplant, die Ausführung aufeinander folgender Modellläufe unter sukzessiver Änderung ausgewählter Parameter zu automatisieren.

3 Umsetzung

3.1 Niederschlag-Abfluss-Modell HBV-IWS-02

Das HBV-Modell ist ein konzeptionelles, semidistributives Niederschlag-Abfluss-Modell, dessen Grundlagen in den 70er Jahren am Schwedischen Institut für Hydrologie und Meteorologie (SMHI) zur Abflusssimulation und zur hydrologischen Vorhersage entwickelt wurden (BERGSTRÖM & FORSMAN 1973). HBV steht für „Hydrologiska Byråns Vattenbalansavdelning" (Abteilung Hydrologie, Referat Wasserhaushalt). Semidistributiv bedeutet, dass das Einzugsgebiet in Teileinzugsgebiete und diese in hydrologisch ähnliche Zonen unterteilt werden. Die räumliche Anordnung der Zonen im Teileinzugsgebiet ist für das Modell ohne Belang, da sie nur als Prozentsatz der Teileinzugsgebietsfläche berücksichtigt werden. Die Werte der Modellparameter werden durch Kalibrierung anhand beobachteter Abflussganglinien bestimmt.

Basierend auf Beschreibungen einer verbesserten Version des Originalmodells wurden am IWS eigene Versionen entwickelt und in zahlreichen Projekten angewandt (z. B. HABERLANDT et al. 2001, M'CHIRGUI et al. 2001). Die Größe der Untersuchungsgebiete variierte zwischen 57.000 (Rheineinzugsgebiet zwischen Maxau und Lobit, HUNDECHA et al. 2002) und 75 km^2 (Goldersbach-Einzugsgebiet bei Tübingen, EHRET 2002), die Diskretisierungszeitschritte zwischen 1 Tag und 15 Minuten.

Die jüngste Überarbeitung des Modells, HBV-IWS-02, wurde für die Kopplung mit ArcGIS konzipiert und objektorientiert realisiert, wobei sich das Objektdesign an den Konzepten des ArcHydro-Datenmodells orientiert, um eine reibungslose Kommunikation der Objekte im Modell und ihren Äquivalenten im GIS zu gewährleisten. Die Ein- und Ausgabe erfolgt über Textdateien, um auch einen vom GIS entkoppelten Modellbetrieb zu ermöglichen.

Abbildung 1 zeigt die schematische Aufteilung des Modellgebietes in Prozessebenen (Teileinzugsgebiete und Zonen). Die Eingangsdaten für das Modell sind Niederschlag und Lufttemperatur. Die Modellprozesse werden im Folgenden kurz erläutert.

Zur Berechnung der Schneeakkumulation und Schneeschmelze wird ein einfacher Grad-Tag-Ansatz verwendet. Durch Berücksichtigung der Geländehöhen bei der Zonierung der Teileinzugsgebiete und bei der Interpolation der Temperaturzeitreihen werden die Schneeverhältnisse für jede Zone individuell modelliert. Modellparameter sind der Grad-Tag-Faktor und die kritische Temperatur an der Regen-Schnee-Grenze.

Abb. 1: Prozessebenen des HBV-Modells mit Unterteilung in Teileinzugsgebiete (T1, T2) und Zonen (Z1-Z7), Speichermodell (S1, S2) sowie Gerinneablauf (R). Modifiziert nach GRAHAM (2000).

Das Modell HBV-IWS enthält einen Speicher zur Berücksichtigung der saisonal abhängigen Interzeption der Pflanzenbedeckung. Bis zur Höhe des maximalen Interzeptionswertes (saisonal variabler Parameter) werden Niederschläge gespeichert, höhere Niederschläge werden als Direktniederschlag weitergeleitet. Die Interzeption wird für jede Zone berechnet.

Es werden bis zu vier Abflusskomponenten berücksichtigt. Übersteigt die Niederschlagsintensität die Infiltrationskapazität des Bodens (Parameter), wird der Überschuss als Oberflächenabfluss behandelt. Die weitere Aufteilung des Niederschlags in Bodenfeuchteänderung und Effektivniederschlag wird für jede Zone als nichtlineare Funktion des Bodenfeuchtedefizits mit zwei Parametern vorgenommen (vgl. LINDSTRÖM ET AL. 1997).

Zur Berechnung der Verdunstung in jeder Zone werden mittlere Monatswerte der potenziellen Evapotranspiration zu Grunde gelegt. Abhängig von der Abweichung der aktuellen Temperatur von der Monatsmitteltemperatur wird dieser Wert korrigiert. Die reale Evapotranspiration entspricht bei mittleren Bodenwassergehalten der potenziellen und wird unterhalb einer Grenzbodenfeuchte linear reduziert. Die Evapotranspiration entleert den Interzeptionsspeicher und verringert anschließend den Bodenfeuchtespeicher.

Der Effektivniederschlag wird in ein Modell mit zwei Speichern geleitet, die über einen Sickerterm verknüpft sind. Der erste Speicher (Abbildung 1: S1) generiert den schnellen und verzögerten Zwischenabfluss, der zweite (S2) den Basisabfluss. Das Speichermodell ist für jedes Teileinzugsgebiet definiert. Seine Parameter sind die Retentionskoeffizienten für jede Abflusskomponente und den Sickeranteil sowie ein Schwellenwert für den schnellen Zwischenabfluss. Die Summe der Abflusskomponenten wird anschließend über eine Dreiecks-Gewichtsfunktion mit einem Parameter zeitlich verteilt.

Der Wellenablauf und die damit verbundene Wellenverformung im Gewässerlauf wird durch ein einfaches Wasserlaufmodell nach dem Muskingum-Verfahren mit einem Retentions- und einem Gewichtungsparameter beschrieben.

3.2 GIS-Komponente

Die GIS-Anbindung des Modells wurde für die Desktop-Anwendung ArcMap aus dem ArcGIS-System von ESRI konzipiert. Für die Umsetzung wird die COM-Technologie ArcObjects verwendet. Die Speicherung der Geometrien und Attributdaten der Modellobjekte erfolgt in einer Personal Geodatabase (MS Access-Datenbank), aus welcher die Eingangsdaten des Modells in Dateien des Modellformats exportiert werden.

Im vergangenen Jahr wurden von ESRI in Zusammenarbeit mit dem Water Resources Consortium das ArcHydro-Datenmodell und die ArcHydro Tools entwickelt und veröffentlicht (MAIDMENT 2002, ESRI 2002). Das Datenmodell ist ein Geodatabase-Designvorschlag für GIS-Anwendungen, die sich mit Problemen des natürlichen Wasserkreislaufs auseinandersetzen. Es enthält erweiterbare Klassen, die zur Bearbeitung einer Vielzahl fachlicher Fragestellungen herangezogen werden können. Die meisten Objektklassen des Modells HBV-IWS-02 lassen sich problemlos in diesem Datenmodell abbilden.

Die ArcHydro Tools stellen dem Anwender Funktionen für die Erstellung und Bearbeitung einer ArcHydro-Geodatabase zur Verfügung. Ein Großteil der für die Modellkonfiguration benötigten Operationen kann mit Hilfe der ArcHydro Tools durchgeführt werden. Neben der Abgrenzung von Einzugsgebieten ist hier insbesondere die Erstellung von Beziehungen zwischen Flächen (Einzugsgebiete), Linien (Gewässer) und Punkten (Auslass von Einzugsgebieten, Pegel, Zusammenflüsse) über Identifikationsnummern (*HydroID*) hervorzuheben.

Zur Anpassung an die Bedürfnisse des HBV-Modells waren Erweiterungen der ArcHydro Tools notwendig. Die aktuelle Version der ArcHydro Tools ist so konzipiert, dass zur Erstellung des Netzwerks *HydroNetwork* (bestehend aus *HydroEdges* und *HydroJunctions*) das aus dem DHM extrahierte Gewässernetz (*DrainageLines*) verwendet und Knoten (*HydroJunctions*) nur an den Zusammenflüssen erstellt werden. Für das HBV-Modell spielt dagegen die Miteinbeziehung benutzerdefinierter Punkte (v. a. Pegel) und ihrer Einzugsgebiete eine entscheidende Rolle. Diese Punkte stellen Knoten des Modells dar, an welchen Abflussganglinien berechnet und mit Beobachtungen, soweit vorhanden, verglichen werden.

Neu zu entwickeln waren Funktionalitäten zur Parameterschätzung und -modifikation, zur Ausgabe der Modelleingangsdaten in Textdateien und zur Bedienung des Modells. Zur Verarbeitung und Darstellung von Zeitreihen sind in den ArcHydro Tools mit dem *TimeSeriesManager* bereits Funktionen verfügbar, die im Rahmen der GIS-Modell-Kopplung erweitert werden sollten. Alle Funktionen sollten mit der ArcView-Lizenz von ArcGIS zugänglich sein, so dass insbesondere zur Erstellung des *HydroNetwork*, die nur mit ArcEditor bzw. ArcInfo möglich ist, eine Alternative gefunden werden musste.

3.3 GIS-gekoppeltes Modell

Die Funktionen der GIS-Komponente werden dem Anwender als ArcMap-Erweiterung in einer Menüleiste gruppiert zur Verfügung gestellt (*HBV-IWS Tools*). Sie verwenden wie die ArcHydro Tools die von ESRI bereitgestellte Entwicklungsbibliothek *ApFramework*. Diese stellt dem Entwickler vorgefertigte Funktionen für wiederkehrende Abläufe zur Verfügung, z. B. zur Abfrage von Ein- und Ausgabeebenen (Layers) einer Operation (siehe z. B. Abbildung 2: Dialogfenster „Create HBV SubWatersheds").

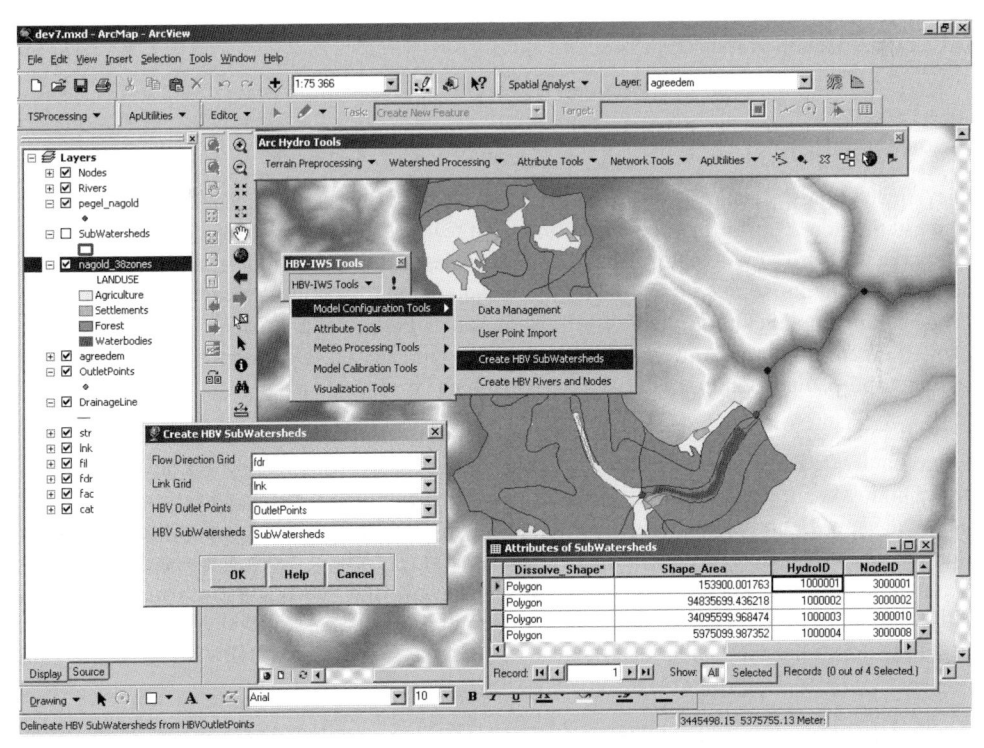

Abb. 2: GIS-Ansicht eines für die hydrologische Modellierung unterteilten Einzugsgebietes, ArcHydro Tools und HBV-IWS Tools

Die von den einzelnen GIS-Funktionen benötigten Layers (einschließlich Attributfelder) und Funktionsparameter sind in einer XML-Datei definiert, die vom *ApFramework* eingelesen wird. Dort ist beispielsweise ein Layer *HBVSubWatersheds* vom Geometrietyp *Polygon* mit den Feldern *HydroID* und *NodeID* vom Typ *Long Integer* spezifiziert. Über einen so genannten *TagName* wird einem entsprechenden Layer des ArcMap-Dokuments seine Rolle in den HBV-IWS Tools zugeordnet. Die Zuordnung wird im Dokument gespeichert. Ein Vorteil der XML-Schnittstelle ist, dass beispielsweise Definitionen neuer Parameterfelder zukünftiger Modellversionen ohne umfangreiche Änderungen des Codes der GIS-Erweiterung integriert werden können.

Zur Erstellung der Modellkonfiguration werden Funktionen der ArcHydro Tools eingesetzt, ergänzt um neue Funktionen, welche die Konnektivität der Einzugsgebiete, Gewässerabschnitte und Knoten in der Form erstellen, wie sie vom HBV-Modell benötigt wird. Die dabei zugewiesenen eindeutigen Identifikationsnummern (*HydroID*) und Verknüpfungen zu Nachbarobjekten (z. B. *NextDownID*, *NodeID*) werden mit den Modellparametern in Tabellen übernommen, auf die das Modell später zugreift.

Die Modellparameter können einerseits direkt in der Tabelle editiert bzw. aus Werten verknüpfter Tabellen berechnet werden, andererseits lassen sich Transferfunktionen definieren, die eine wiederholte automatische Berechnung der Parameterwerte aus den Gebietseigenschaften ermöglichen. Beim Start des Modells aus dem GIS werden die Parametertabellen exportiert und dann das Modell aufgerufen. Nach einem Modelllauf lassen sich die Ergebnisse raumbezogen graphisch darstellen.

4   Ausblick

Die Anwendungsrelevanz hydrologischer Modelle zur Bearbeitung wasserwirtschaftlicher Fragestellungen wurde in der Einleitung aufgezeigt. Mit der Entwicklung der GIS-Komponente wird eine leichtere Handhabbarkeit des HBV-IWS-Modells angestrebt, womit an die Geschichte seiner erfolgreichen Anwendung in forschungs- und praxisorientierten Fragestellungen angeknüpft werden soll. Nach seiner Fertigstellung soll das GIS-gekoppelte Modell einem breiteren Anwenderkreis zur Verfügung stehen. Dies dürfte insbesondere für Ingenieurbüros und Behörden der Wasserwirtschaft von Interesse sein.

Das GIS-gekoppelte Modell hat weiterhin ein bedeutendes Potenzial für den Einsatz in der Lehre natur- und ingenieurwissenschaftlicher Studiengänge. Einerseits sind die Modellkonzepte hinreichend einfach, um mit hydrologischen Kenntnissen verstanden werden zu können, wie sie in Lehrveranstaltungen zur Hydrologie vermittelt werden, andererseits dient die raumbezogene Visualisierung der Ein- und Ausgangsgrößen einer Verbesserung dieses Verständnisses. Hier sei auf das gimolus-Projekt verwiesen (www.gimolus.de), in dem mit Hilfe internetbasierter Lernmodule Studierenden umweltwissenschaftlicher Fächer die GIS-gestützte Modellierung näher gebracht wird. Es ist geplant, das HBV-Modell bis zum Sommer 2003 im Teilprojekt Hydrologie zu integrieren.

Nach Abschluss der Entwicklung der ersten GIS-gekoppelten Version des HBV-IWS-Modells stehen Weiterentwicklungen zur Debatte. Für den operationellen Einsatz in der Hochwasservorhersage wird das HBV-IWS-Modell derzeit im Hinblick auf die Laufzeitoptimierung überarbeitet. Weitere mögliche Schritte sind die Kopplung eines vorgeschalteten meteorologischen und eines nachgeschalteten hydraulischen Modells. Konzepte für letztere werden in Zusammenarbeit mit dem Institut für Wasserwesen der Universität der Bundeswehr München erarbeitet. In Kombination mit hoch aufgelösten digitalen Höhenmodellen, wie sie in jüngster Zeit aus Laserscanner-Befliegungen erstellt werden, ist der Einsatz eines solchen Modellkomplexes für Überschwemmungsvorhersagen denkbar (vgl. HERRMANN & TINZ 2002). Zur automatisierten Nutzung von Radar-Niederschlagsdaten sind am IWS Weiterentwicklungen angelaufen, die an Vorarbeiten von EHRET (2002) anknüpfen. Diese betreffen u. a. eine an das Radar-Niederschlagsraster angepasste Zoneneinteilung des Modellgebietes.

Im Rahmen der Überarbeitung des Modells wird auch die GIS-Kopplung überprüft. Eine noch engere Kopplung wäre durch Integration des Modells in die GIS-Erweiterung realisierbar, für wiederholte zeitkritische Abläufe (z. B. Kalibrierungsläufe mit automatischer Optimierung) könnte sich aber die Trennung in GIS-Komponente und laufzeitoptimierten Modellkern, wie bisher vorgesehen, als die bessere Alternative erweisen.

Danksagung

Die Autoren möchten sich für die Unterstützung durch das gimolus-Projekt (www.gimolus.de) und für die Verbesserungsvorschläge der anonymen Reviewer bedanken.

Literatur

AHMED, S., & G. DE MARSILY (1987): *Comparison of Geostatistical Methods for Estimating Transmissivity Using Data on Transmissivity and Specific Capacity.* Water Resources Research 23: 1717-1737.
BERGSTRÖM, S., & A. FORSMAN (1973): *Development of a conceptual deterministic rainfall-runoff model.* Nordic Hydrology 4 (3): 147-170
DEUTSCHES INSTITUT FÜR NORMUNG (2002): *DIN 19700 – Stauanlagen* (Entwurf).
EHRET, U. (2002): *Rainfall and Flood Nowcasting in Small Catchments using Weather Radar.* Dissertation am Institut für Wasserbau der Universität Stuttgart, Stuttgart
ESRI (2002): ArcGIS Desktop Hydro Data Models.
http://arconline.esri.com/arconline/datamodels_one.cfm?id=15 [30.01.2003]
GARBRECHT, J., F. L. OGDEN, P.A. DEBARRY & D.R. MAIDMENT (2001): *GIS and Distributed Watershed Models. I: Data Coverages and Sources.* Journal of Hydrologic Engineering 6 (6): 506-514
GRAHAM, P. (2000): *Large-scale hydrologic modelling in the Baltic Basin.* Dissertation am Royal Institute of Technology, Division of Hydraulic Engineering, Stockholm.
HABERLANDT, U., V. KRYSANOVA, B. KLÖCKING, A. BECKER & A. Bárdossy (2001): Development of a metamodel for large-scale assessment of water and nutrient fluxes – first components and initial tests for the Elbe River basin. Regional Management of Water Resources, IAHS Publ. no. 268: 263-269
HERRMANN, S. & M. TINZ (2002): *Operationelle Überschwemmungsvorhersage mittels GIS-Modellkopplung.* GeoBIT/GIS 6/2002: 8-14

HUNDECHA, Y., E. ZEHE & A. BÁRDOSSY (2002): *Regional Parameter Estimation from Catchment Properties for the Prediction of Ungauged Basins*. Proceedings of the Kick-off Workshop of the IAHS Decade on Prediction of Ungauged Basins (PUB) 2003, Brasilia, Brasil

LINDSTRÖM, G., B. JOHANSSON, M. PERSSON, M. GARDELIN, & S. BERGSTRÖM (1997): *Development and test of the distributed HBV-96 hydrological model*. Journal of Hydrology, Vol. 201: 272-288

M'CHIRGUI, R., Z. BARGAOUI & A. BÁRDOSSY (2001): *Incidence de l'incertitude pluviométrique sur la modélisation pluie-débit*. Soil-Vegetation-Atmosphere Transfer Schemes and Large-Scale Hydrological Models. IAHS Publ. no. 270: 269-278

MAIDMENT, D. (2002) (Hrsg.): *Arc Hydro*. ESRI Press, Redlands, CA.

MAIDMENT, D. & D. DJOKIC (2000) (Hrsg.): *Hydrologic and Hydraulic Modeling Support with Geographic Information Systems*. ESRI Press, Redlands, CA

OGDEN, F.L., J. GARBRECHT, P.A. DEBARRY & L.E. JOHNSON (2001): *GIS and Distributed Watershed Models. II: Modules, Interfaces, and Models*. Journal of Hydrologic Engineering 6 (6): 515-523

Die Eignung verschiedener digitaler Geländemodelle für die dynamische Lawinensimulation mit SAMOS[1]

Ronald SCHMIDT, Armin HELLER und Rudolf SAILER

Dieser Beitrag wurde nach Begutachtung durch das Programmkomitee als „reviewed paper" angenommen.

Zusammenfassung

Die Simulation von Naturgefahren gewinnt immer mehr an Bedeutung. In der vorliegenden Arbeit wird untersucht, wie und in welchem Ausmaß die dynamische Simulation von Trockenschneelawinen mit dem Programm SAMOS von der Qualität der verwendeten digitalen Geländemodelle (DGM) beeinflusst wird. Es konnte gezeigt werden, dass sich die Qualität der DGM stärker auf die Simulation des Fließanteils und der Ablagerungsmasse und weniger auf die Simulation des Staubanteils der Lawine auswirkt.

Der Grossteil der durchgeführten Untersuchungen basiert auf der visuellen Beurteilung und Interpretation graphischer Simulationsergebnisse. Da eine Darstellung der verwendeten Graphiken den Rahmen dieser Arbeit sprengen würde, sei an dieser Stelle auf die komplette farbige Dokumentation zu dieser Arbeit im Internet verwiesen: http://fbva.forvie.ac.at/800/2105.html.

1 Einleitung

Lawinen gehören neben Felsstürzen und Muren zu den Naturgefahren für menschliche Siedlungen und Infrastruktur im Gebirgsraum. Allein in Österreich sind 4.500 Lawinenstriche registriert, die den Siedlungsraum gefährden. Bei den Katastrophenereignissen handelt es sich meist um Trockenschneelawinen.

Um Schutzmaßnahmen vor Lawinen treffen zu können, werden Modelle entwickelt, welche die Lawinenbewegung möglichst wirklichkeitsnah simulieren und als Ergebnis Geschwindigkeiten, Auslauflängen und Druckverteilungen liefern. Diese Ergebnisse finden Berücksichtigung in der Gefahrenzonenplanung, bei der Dimensionierung von Ablenk- und Bremsverbauungen, anderen lawinenresistenten Bauwerken und im Katastrophenmanagement.

Seit 1999 existiert in Österreich das gekoppelte Lawinensimulationsmodell SAMOS. Dieses Modell ermöglicht es, die Bewegung von Trockenschneelawinen (bestehend aus Fließ- und Staubanteil) dreidimensional zu simulieren. Grundlage dieser Simulation sind digitale Geländemodelle. Zurzeit erfolgt die Simulation hauptsächlich mit DGM aus analytischer photogrammetrischer Auswertung (10 m-Raster mit Bruchkanten). Bisher ist jedoch der Ein-

---

[1] **S**now **A**valanche **MO**delling and **S**imulation.

fluss verschiedener DGM auf die Simulationsergebnisse noch nicht ausreichend erforscht. Ziel dieser Untersuchung ist deshalb die Beantwortung folgender Fragen:

- Wie und in welchem Ausmaß wirken sich unterschiedliche DGM auf die Simulationsergebnisse aus?
- Welche Auflösungen und Genauigkeiten sind für gute Simulationsergebnisse wirklich erforderlich?
- Sind alle DGM auch für unterschiedliche Relief- und Lawinentypen geeignet?
- Welche Höhendatenquellen eignen sich besonders für die Erstellung von DGM für SAMOS?

2 Lawinensimulation mit SAMOS

2.1 Entwicklung

SAMOS wurde zwischen 1991 und 1999 in Zusammenarbeit des Institutes für Lawinen- und Wildbachforschung der Forstlichen Bundesversuchsanstalt[2], der AVL Ges. für Verbrennungsmotoren und Messtechnik m.b.H. in Graz, dem Bundesministerium für Land- und Forstwirtschaft und dem Forsttechnischen Dienst für Wildbach- und Lawinenverbauung entwickelt.

Auf den Erfahrungen der AVL bei der Simulation von turbulenten Gasströmungen (Einspritzvorgang des Kraftstoff-Luft-Gemisches in die Brennräume von Motoren) aufbauend, wurde ein gasdynamisches Lawinenmodell entwickelt, welches dann später durch ein Fließlawinenmodell ergänzt wurde. So existiert seit 1999 ein gekoppeltes Modell, mit dem erstmals Staub- und Fließanteil von Trockenschneelawinen gleichzeitig nebeneinander existierend dreidimensional simuliert werden können.

2.2 Funktion

SAMOS geht von einem dreischichtigen Aufbau der Trockenschneelawine aus: Fließphase, Übergangszone (Resuspensionsschicht) und Staubphase.

Physikalische Grundlagen und mathematische Modellierung
Die gasdynamische Simulation des Staubanteils beruht auf der Analogie der Strömung des Schnee-Luft-Gemisches mit der Strömung zweier mischbarer Fluide unterschiedlicher Dichte. Der Staubanteil wird als Fluid höherer Dichte betrachtet, das durch die Schwerkraft beschleunigt wird, während die Umgebungsluft das Fluid niedrigerer Dichte darstellt. Die Kraftübertragung erfolgt durch die Viskosität der Luft. Für die dreidimensionalen instationären Bewegungen des Staubanteils werden die aus der Strömungslehre bekannten Erhaltungssätze für Massen, Impuls und Energie angewandt.

Der Fließanteil bewegt sich in Form eines granularen Partikelstromes, der von der Schwerkraft angetrieben dem Gelände folgend zu Tal fließt. Die Kraftübertragung erfolgt durch Partikelkontakt. In der Resuspensionsschicht findet der Übergang zwischen am Boden fließenden und im Luftraum darüber stiebenden Lawinenschnee statt.

---

[2] Heute: Bundesamt und Forschungszentrum für Wald – BFW.

Numerische Umsetzung

Der simulierte Zeitraum kann in beliebig viele Zeitschritte von 0,1 s unterteilt werden. Der Fließanteil wird nach dem Lagrange'schen Finiten Volumen Verfahren berechnet (HAGEN & HEUMADER 2000). Dabei wird der Fließanteil in Massenpunkte zerlegt, welche vor jedem Zeitschritt mittels Delaunay-Triangulation vernetz werden, so dass Voronoi-Polygone in Größenordnungen zwischen 5 und 20 m entstehen. Diese Voronoi-Zellen sind in ihrer Masse und ihrem Volumen konstant, so dass die Zellen gestreckt oder gestaucht werden, wenn sich das Lagrange'sche Gitter über das DGM bewegt.

Die Berechnung des Staubanteils erfolgt in einem raumfesten Gitter aus mindestens 64.000 Berechnungszellen. Das Gitter ist im Normalfall 40 Zellen breit, 80 Zellen lang und liegt in 20 Schichten übereinander, wobei die Zellenanzahl in Breite, Länge und Höhe variiert werden kann. Die Zellengröße ergibt sich aus dem Verhältnis von Zellenanzahl und Größe des Simulationsraumes und liegt horizontal zwischen 4 und 7 m. Die unterste Schicht ist 4,8 m hoch, wobei die Schichtmächtigkeit mit jeder höheren Schicht um das 1,2 fache ansteigt.

Während der Simulation werden nach den oben genannten Erhaltungssätzen die Druck-, Dichte-, Geschwindigkeits- und Turbulenzwerte für jede einzelne Zelle und für jeden Zeitschritt berechnet. Die Zellen sind durch physikalische Gesetzmäßigkeiten, wie Massenbilanz und Impulsgleichgewicht über komplexe Formeln mit ihren Nachbarzellen verknüpft. Dabei ergeben sich einige Tausend Gleichungssysteme für Zellen mit unbekannten Größen. Im Ablauf der Simulation werden die Gleichungssysteme für jedes Zeitintervall neu berechnet und alle Zellen erhalten neue Werte für Druck, Dichte, Geschwindigkeit und Turbulenz. Durch mehrfaches Lösen der Gleichungssysteme mit fortschreitender Zeit wird so das gesamte Lawinenereignis berechenbar (BRANDSTÄTTER & SAMPL 1996).

2.3 Ablauf des Simulationsverfahrens

Der gesamte Ablauf eines Lawinensimulationsverfahrens ist eine vielseitige Kopplung der Funktionalitäten Geographischer Informationssysteme (GIS) mit dem eigentlichen Simulationsprogramm SAMOS.

Zunächst erfolgt die Aufnahme und Aufbereitung der Höhendaten für das notwendige DGM mit einem GIS. Die daraus resultierenden dreidimensionalen Punktdaten werden schließlich in SAMOS trianguliert (Delaunay) und stellen zusammen mit dem Anbruchgebiet (Polygonzug), der Anrissmächtigkeit, der Dichte im Anbruchgebiet und dem Partikeldurchmesser alle notwendigen Eingabeparameter dar.

Nach diesem Preprocessing erfolgt die eigentliche Simulation. Die Berechnungszeiten betragen ca. 15 min für eine Fließlawine, hingegen 6 bis 12 Stunden für eine gekoppelte Simulation (Fließ- und Staubanteil werden gleichzeitig berechnet). Dabei werden im Normalfall die Ergebnisse jedes 50. Zeitschrittes gespeichert.

Die Simulationsergebnisse wie Druck, Maximaldruck, Dichte, Turbulenz, Geschwindigkeiten, Fließhöhen und Ablagerungshöhe können schließlich wieder exportiert und mit einem GIS weiterverarbeitet werden. Hier folgt nun die detaillierte Auswertung, Analyse, Interpretation und kartographische Visualisierung der Simulationsergebnisse. Diese gehen dann oft direkt in die Gefahrenzoneplanung ein, die wiederum mit einem GIS durchgeführt wird.

2.4 Verifizierung

Die Verifizierung des Staublawinenmodells von SAMOS erfolgte zum einem mit Hilfe von Laborstudien (Salzlösung in Wassertanks), zum anderen an 8 Katastrophenlawinen, die sich zwischen 1981 und 1988 im westlichen Tirol ereigneten. Von diesen Lawinen waren Wirkungsbereiche und Schäden sehr gut dokumentiert und Anbruchgebiete und Anbruchmächtigkeiten bekannt.

3 Die Untersuchungsgebiete

Bei der Auswahl der Untersuchungsgebiete für die DGM-Studie waren verschiedene Kriterien ausschlaggebend. Zum einen sollten möglichst vielfältige Relieftypen erfasst und damit auch möglichst alle Lawinentypen abgedeckt werden. Zum anderen konnten nur Lawinen in Frage kommen, bei denen die Katastrophenereignisse (Wirkungsbereiche, Schäden, Anbruchgebiete, Anrissmächtigkeiten) sehr gut dokumentiert sind.

So wurden vier Lawinenstriche ausgewählt, bei denen diese Kriterien zutreffen, die aus diesem Grund auch schon bei der Verifizierung von SAMOS verwendet wurden und nachfolgend charakterisiert werden (Abbildungen und Karten der Untersuchungsgebiete unter http://fbva.forvie.ac.at/800/2105.html):

Untersuchungsgebiet 1: Ferwall-Lawine in Obergurgl
Sehr kleine Lawine mit besonders flächenhaftem Charakter. Der ganze Hang ist bis auf das Auslaufgebiet relativ gleichmäßig geneigt und nur von einzelnen kleinen Gräben durchzogen.

Untersuchungsgebiet 2: Moosbach-Lawine in Kappl/Paznauntal
Sehr große Runsenlawine, stark kanalisiert. Das Anbruchgebiet ist kesselförmig und verengt sich dann stark. Die ganze Sturzbahn verläuft durch einen sehr engen tiefen Graben. Das Auslaufgebiet ist ebenfalls tief eingeschnitten.

Untersuchungsgebiet 3: Madlein-Lawine in Ischgl/Paznauntal
Sehr große gemischte Lawine. Das Anbruchgebiet und der obere Teil der Sturzbahn sind flächig, jedoch von einem Graben durchzogen. Dann knickt die Sturzbahn scharf nach links ab und verengt sich zu einem tieferen Graben. Das Auslaufgebiet im Paznauntal ist wieder flächiger und terrassiert.

Untersuchungsgebiet 4: Wolfsgrube-Lawine in St. Anton a. A./Stanzertal
Große stark kanalisierte Lawine. Das flächige Anbruchgebiet geht rasch in einen Kessel über, der sich zu einer stark kanalisierten Sturzbahn in einem tiefen Graben verengt. Das Auslaufgebiet ist ein breiter Schwemmkegel und reicht auch am Gegenhang hinauf.

4 Die verwendeten DGM und Datenaufbereitung

Bei den verwendeten DGM sollte ein möglichst großes Spektrum an Höhendatenquellen und Herstellungsmethoden in verschiedenen Auflösungsbereichen vertreten sein. Der limitierende Faktor war allerdings eher die Erhältlichkeit der Daten und die Höhe des Preises.

Die erhaltenen Rohdaten (Raster- und Punktdatenformate) wurden in verschiedenen GIS-Produkten aufbereitet und in Stützpunkte für TINs umgerechnet, weil in SAMOS die Generierung der DGM ebenfalls durch Delaunay-Triangulation erfolgt. Zum Teil wurden zusätzlich Bruchkanten integriert. Die Stützpunkte der aufbereiteten TINs wurden anschließend als XYZ-Koordinaten exportiert und in SAMOS eingelesen. Die Verwendung von TINs erlaubt einerseits einen unverfälschten Vergleich der Originaldaten, andererseits wäre ein Test verschiedener anderer Interpolationsalgorithmen zur Verbesserung der DGM eine eigenständige sehr aufwändige Untersuchung.

Tabelle 1: Liste der verwendeten DGM mit Angaben zu Herstellungsmethode, Auflösung und mittlerer Punktdichte

DGM	Herstellungsmethode	Horizontale Auflösung in m	Mittlere Punktdichte je km^2
Laserscan Rohdaten	Flugzeuggetragener Laserscan (TOPSCAN), triangulierte Rohdaten	<1	367.000 – 442.000
Laserscan 5m-Raster	Flugzeuggetragener Laserscan (TOPSCAN), abgeleitetes 5m-Raster	5	35.000
Laserscan 10m-Raster	Flugzeuggetragener Laserscan (TOPSCAN), abgeleitetes 10m-Raster	10	9.000
Laserscan 25m-Raster	Flugzeuggetragener Laserscan (TOPSCAN), abgeleitetes 25m-Raster	25	1.500
BEV 50m-Raster	Interpolation analytisch photogrammetrischer Auswertungen (BEV)	50	450
BEV 10m-Raster	Interpolation analytisch photogrammetrischer Auswertungen (BEV)	10	8.700
Höhenlinien	Extraktion von Vertices aus Höhenlinien	Angabe nicht möglich	1.600 – 1.800
Höhenlinien SPANS	Extraktion von Vertices aus Höhenlinien und automatische Generierung von Bruchkanten (SPANS)	Angabe nicht möglich	4.000 – 5.200
Analyt. photogr. Auswertung	Analytische photogrammetrische Auswertung (EPS-WLV und AVT)	10 bzw. 20	8.550
Analyt. Photogr. Auswertung mit Bruchkanten	Analytische photogrammetrische Auswertung (EPS-WLV und AVT) mit Bruchkanten	10 bzw. 20	8.750
Digitale photogr. Auswertung	Digitale photogrammetrische Auswertung (Pixel-Korrelation, MatchT, PCI)	7,5 bzw. 8	15.000
Lage- und Höhenplan	Analytische photogrammetrische Auswertung (Abt. Vermessung- und Geologie des Landes Tirol)	Angabe nicht möglich	18.000
Die verwendeten Bruchkanten wurden analytisch photogrammetrisch ausgewertet (EPS, AVT).			

Um selbst Höhendaten aus Stereoluftbildpaaren zu gewinnen, wurde die automatische Pixelkorrelation der OrthoEngine von PCI Geomatica mit Erfolg eingesetzt.

5 Durchgeführte Untersuchungen

Die durchgeführten Untersuchungen gliedern sich in zwei Teile. Im ersten Teil wurden die DGM einem technischen Vergleich unterzogen. Neben Lieferbedingungen und Preis-Leistungs-Verhältnis wurden vor allem Auflösung und Genauigkeit, Neigungs- und Expositionsverhältnisse, sowie die Höhendifferenzen zum Referenzmodell (Laserscan-DGM) untersucht. Mittels geodätischer GPS-Messungen wurde die Repräsentation des wirklichen Geländes durch das DGM überprüft. Weitere angewendete Untersuchungsmethoden wurden bereits in MAUKISCH et al. (1996) beschrieben.

Im wichtigeren zweiten Teil wurden die verschiedenen DGM für Simulationen in SAMOS verwendet und die Simulationsergebnisse miteinander verglichen. Als Eingabeparameter dienten die bei den Katastrophenereignissen dokumentierten Größen. Sie wurden während den Simulationen nicht verändert. Alle Simulationen wurden mit 64.000 Zellen im Staubgitter und 5.000 Fließpartikeln (bei Ferwall-Lawine 1.000 Partikel) durchgeführt. Vor jeder Simulation musste das Staubgitter dem jeweiligen DGM angepasst werden. Um mögliche negative Auswirkungen zu grober Staubzellen und Fließpartikel auf hoch auflösende DGM abschätzen zu können, wurde bei allen Lawinen zusätzlich eine Simulation mit 144.000 Staubzellen und 25.000 Fließpartikeln auf dem 5 m-Raster aus Laserscan-Daten durchgeführt. Die Simulationsergebnisse (Staubspitzendruck, Fließspitzendruck und Ablagerungshöhe) wurden anschließend als ASCII-Grid aus SAMOS exportiert und in ESRI GIS-Software analysiert und miteinander verglichen. Die Analyse der Simulationsergebnisse untergliederte sich dabei in quantitative und qualitative Aspekte.

Die quantitative Analyse umfasste den Vergleich von Anbruchfläche, Anbruchmasse, Fließmasse, Staubmasse, Fließspitzendruck, Staubspitzendruck, Masse, Volumen, Fläche und maximale Höhe der Ablagerung, maximale Vorstoßlängen, Breitenverhältnisse im Auslaufgebiet und die Passform des Staubgitters. Die Werte der Massenverhältnisse konnten bereits in SAMOS extrahiert werden. Die Größen der Druckverhältnisse, sowie der Ablagerungsverhältnisse wurden in ESRI GIS-Produkten mittels gängiger Analysemethoden aus den exportierten Rasterdaten gewonnen. Für die Bewertung der Vorstoßlängen von Staub- und Fließanteil und der Ablagerung, sowie deren Breite wurde in jedem der vier Auslaufgebiete rechteckige Auswertebereiche mit einem eigenständigen Koordinatensystem eingerichtet. Innerhalb der Auswertebereiche konnten nun die Vorstoßlängen und -breiten erfasst werden. Durch das Koordinatensystem des Auswertebereiches ist die Vergleichbarkeit der Ergebnisse gewährleistet. Innerhalb des Auswertebereiches wurden mittels Analysen der Druckverteilungen auch die zentralen Sturzlinien von Staub- und Fließanteil ermittelt, und damit die Stoßrichtung bestimmt. Bei den meisten Analysen kamen AML-Scripten (Arc Macro Language) zum Einsatz, um Rechenoperationen zu vereinfachen und Abläufe zu automatisieren.

Die qualitativen Analysen wurden vor allem mittels Interpretation visueller Darstellungen der Simulationsergebnisse durchgeführt. Dabei wurden die Lage und Form der Sturzbahn, Form und Verteilung der Fließ- und der Staubfronten, Lage, Form und Verteilung der Ablagerungen und Position der Maxima von Druck und Ablagerung in Bezug auf das DGM untersucht. Hierbei kamen nicht nur zweidimensionale Abbildungen zum Einsatz, sondern auch dreidimensionale Darstellungen der Werte von Staub- und Fließdruck, sowie der Ablagerungshöhe (ArcGis 8 ArcScene). Dadurch konnten die Unterschiede von Größe und räumlicher Lage besser erfasst und interpretiert werden.

Abbildungen zu Methodik und Ergebnissen sowie Diagramme sind im Internet unter http://fbva.forvie.ac.at/800/2105.html zu finden.

6 Untersuchungsergebnisse

Auf die Ergebnisse des technischen Vergleichs der DGM soll an dieser Stelle nicht eingegangen werden.

Die Auswertung der Simulationsergebnisse hat gezeigt, dass sich die unterschiedlichen DGM im erwarteten Ausmaß auf die Lawinensimulation auswirken. Der Einfluss der DGM auf quantitative Merkmale wie Druck- und Massenverhältnisse ist eher gering und lässt sich nicht signifikant mit der Art des DGM in Verbindung bringen. Eindeutige und sehr starke Zusammenhänge bestehen hingegen zwischen den unterschiedlichen DGM und qualitativen Merkmalen der Simulationsergebnissen wie Lage und Form der Sturzbahnen und besonders Lage, Form, Ausdehnung und Verteilung der Ablagerung.

Abb. 1: Auswirkung unterschiedlicher DGM auf die Ablagerungsverhältnisse der Wolfsgruben-Lawine

Die größten Auswirkungen ließen sich bei der Ablagerung, etwas geringere beim Fließanteil feststellen (Abbildung 1). Direkte Auswirkungen auf den Staubanteil waren nicht zu erkennen.

Im Laufe der Untersuchungen konnte festgestellt werden, dass nicht die Auflösung des DGM primär für die Qualität der Simulationsergebnisse ausschlaggebend ist, sondern der Detailreichtum und die Qualität der Repräsentation des wirklichen Geländes. Damit gewinnt die Qualität der Höhendaten, aus welchen die DGM abgeleitet sind, enorm an Bedeutung.

Weiterhin zeigte sich, dass sich die Qualität des DGM viel stärker auf flächige Lawinen auswirkt, als auf kanalisierte Lawinen.

Bei kanalisierten Lawinen wirken sich Auflösung und Qualität der DGM unterschiedlich auf die Simulation von Staub- und Fließanteil aus.

Bei der Simulation des Fließanteils sind vor allem Auflösung und Detailreichtum des Anbruchgebietes und der oberen Sturzbahn, sowie des Auslaufgebietes von Bedeutung. In der oberen Sturzbahn werden Form und Richtung der Lawinenbahn des Fließanteils entschieden. Da sich der Staubanteil erst später aus dem Fließanteil entwickelt, wird damit auch die Richtung der Staublawine beeinflusst (Abbildung 2).

So sind für die Simulation des Fließabteils alle DGM bis 10 m Auflösung sehr gut geeignet. Modelle bis 25 m Auflösung sind nur unter der Bedingung ausreichend geeignet, dass sie entweder aus Höhendaten hoher Qualität abgeleitet wurden und/oder über ausreichend detaillierte Strukturinformation verfügen.

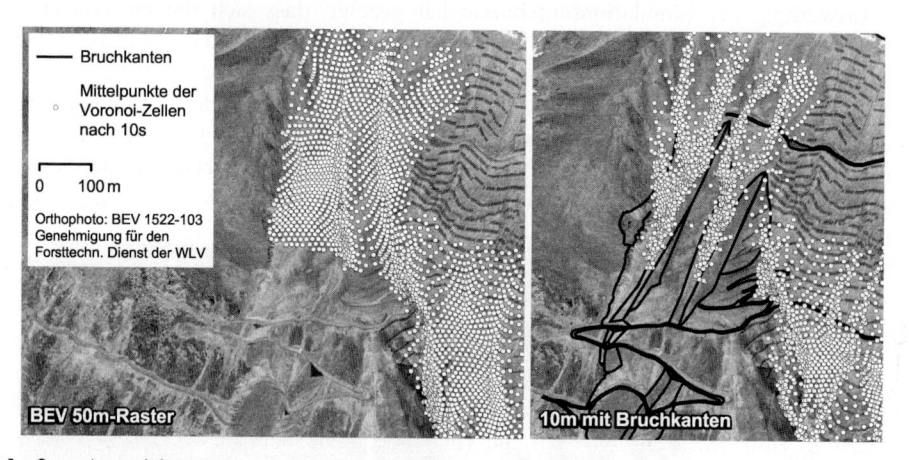

Abb. 2: Auswirkung unterschiedlicher DGM auf die Bewegungsrichtung des Fließanteils der Madlein-Lawine, 10 s nach dem Anbruch

Bei der Simulation des Staubanteils von kanalisierten Lawinen spielen Auflösung und Detailreichtum des DGM eine sehr geringe Rolle, weil das Staubgitter nicht entsprechend an das DGM angepasst werden kann. Simulationen mit einer DGM-Auflösung von 25 m würden ausreichende Ergebnisse liefern. Jedoch ist, wie oben schon beschrieben, der Staubanteil stark von der Sturzrichtung des Fließanteils abhängig. Deshalb wird auch für die Simulation des Staubanteils höhere Auflösung und Detailreichtum empfohlen.

Modelle aus digitaler und analytischer photogrammetrischer Auswertung sind sehr gut geeignet. Nicht geeignet sind interpolierte Raster, Modelle über 25 m Auflösung und aus Höhenlinien erzeugte Modelle. DGM aus Laserscan-Daten sind ebenfalls sehr gut geeignet, verbessern aber die Simulationsergebnisse nicht in dem Ausmaß, wie sich die Kosten für die DGM-Erstellung erhöhen.

Im Gegensatz zu kanalisierten Lawinen sind bei flächigen Lawinen für Fließ- und Staubanteil gleichermaßen DGM mit höherer Auflösung und besonders mit höherem Detailreichtum notwendig. Der Fließanteil strömt in breiter Front zu Tal und reagiert dabei auf kleinste Strukturen im Geländemodell. Das Staubgitter lässt sich wesentlich besser an das Gelände anpassen, so dass sich die Qualität des DGM auch viel stärker auf den Staubanteil auswirken kann.

Bei flächigen Lawinen sind alle DGM mit Auflösungen über 10 m gänzlich ungeeignet, ebenso aus Höhenlinien erzeugte DGM. Gut geeignet sind die Ergebnisse von hoch auflösenden analytischen und digitalen photogrammetrischen Auswertungen (Raster, Lage- und Höhenplan), besonders wenn diese noch durch Bruchkanten ergänzt werden. Mit dem 10 m-Modell des BEV konnten bei der flächigen Ferwall-Lawine keine guten Ergebnisse erzielt werden. Grobe Strukturen und Bruchkanten sind zwar vorhanden, aber die flächigen Hänge sind zu glatt und es fehlt jegliche feine Strukturinformation. DGM aus Laserscan-Messungen liefern bei flächigen Lawinen sehr gute Ergebnisse, ihre Qualität kommt hier richtig zum Tragen.

7 Fazit und Ausblick

Abschließend lässt sich feststellen, dass qualitativ hochwertige DGM die dynamische Lawinensimulation mit SAMOS positiv beeinflussen, besonders bei flächigen Lawinenbahnen. Bei der normalerweise gekoppelten Simulation von Staub- und Fließanteil sollte sich die Qualität des DGM nach den Anforderungen des Fließanteils richten. Alle bisher üblichen DGM (photogrammetrische Auswertung) bis 10 m Auflösung sind gut geeignet. Beim 10 m-DGM des BEV wurden starke regionale Unterschiede in den Strukturinformationen festgestellt, wodurch das Modell für flächige Lawinen nur eingeschränkt nutzbar ist. DGM aus Laserscan-Daten haben ihre Berechtigung vorwiegend bei flächigen Lawinenbahnen.

Große Potentiale sind in der Anwendung von DGM aus digitaler photogrammetrischer Auswertung (MatchT, PCI-Geomatica) zu sehen. Die Vorteile des TIN sollten in Zukunft noch stärker ausgenutzt werden durch Integration von zusätzlichen detaillierten Höheninformationen an Schlüsselstellen (Anbruch- und Auslaufgebiet).

Ziel dieser Untersuchung war es auch, dem Anwender von SAMOS einen Behelf an die Hand zu geben, um das richtige DGM für eine Simulation auszuwählen und anschließend die Qualität der Ergebnisse beurteilen zu können. Durch diese Maßnahmen soll es bei zukünftigen Simulationen zum effektiveren Umgang mit DGM und zur Kosten- und Zeitersparnis kommen.

Literatur

BRANDSTÄTTER, W. & P. SAMPL (1996): *Ein gasdynamisches Lawinensimulationsmodell*. In: Proceedings INTER-PREAVENT 96, Garmisch Partenkirchen Bd. 2, S. 31-51

HAGEN, G. & J. HEUMADER (2000): *Das österreichische Lawinensimulationsmodell SAMOS*. In: Proceedings INTER-PREAVENT 2000, Villach Bd. 1, S. 371-382

HUFNAGEL, H.J. (1996): *Ein gasdynamisches Simulationsmodell – Verifizierung des Lawinensimulationsmodelles anhand von Katastrophenlawinen des Lawinenwinters 1984.* Proceedings INTER-PREAVENT 96, Garmisch Partenkirchen Bd. 2, S. 67-80

KLEBINDER, K. (2003): *Sensitivität des Lawinensimulationsmodells SAMOS bezüglich der Eingabeparameter Anbruchdichte, Fließdichte und Partikeldurchmesser.* Diplomarbeit am Institut für Geographie der Universität Innsbruck

MAUKISCH, M., K. BELITZ, U. FRISCH, J. STÖTTER, F. WILHELM, K. STREMPEL & B. ZENKE (1996): *Vergleich digitaler Geländemodelle als Grundlage für Naturraumanalysen.* In: Proceedings INTER-PREAVENT 1996, Garmisch Partenkirchen Bd. 4, S. 51-61

SAMPL, P., T. ZWINGER, & A. KLUWICK (1999): *SAMOS – Simulation von Trockenschneelawinen.* In: Wildbach- und Lawinenverbau 63 (138), S. 7-21

STRASSER, R. (2002): *Der Höhenfehler in Digitalen Höhenmodellen mit besonderem Augenmerk auf die Situation in Hochgebirgen.* Diplomarbeit am Institut für Geographie der Universität Innsbruck

AnSiM – GIS-gestützte Optimierung von Anschlusssicherungsmaßnahmen

Anita SCHÖBEL und Michael SCHRÖDER

Dieser Beitrag wurde nach Begutachtung durch das Programmkomitee als „reviewed paper" angenommen.

Zusammenfassung

Die Gewährleistung der Anschlusssicherheit ist ein wesentlicher Faktor für die Zufriedenheit der Kunden im öffentlichen Personenverkehr (ÖPV). In diesem Beitrag beschreiben wir ein Modell zur Beurteilung von Anschlusssicherungsmaßnahmen. Die Integration des Modells in ein geographisches Informationssystem erlaubt die Visualisierung der Auswirkungen von Verspätungen und Fahrplanänderungen und zeigt dadurch, wo Anschlusssicherungsmaßnahmen nötig werden und wie sie sich auf weitere Fahrzeuge und die Fahrgäste auswirken. Integrierte Optimierungsverfahren generieren kundenfreundliche Anschlusssicherungsmaßnahmen. AnSiM kann sowohl zur Online-Neuplanung im Fall unerwarteter Verspätungen als auch bei der mittelfristigen Planung von Fahrplanänderungen eingesetzt werden.

1 Einleitung und Problemstellung

Verspätungsmanagement ist eine wichtige distributive Tätigkeit im ÖPV, um einen reibungslosen Betriebsablauf zu gewährleisten. Dabei sind aber nicht nur organisatorische Belange relevant, sondern es müssen auch die Interessen der Kunden berücksichtigt werden. Das betrifft im Falle von akuten Verspätungen insbesondere die Entscheidung, ob ein Anschlussfahrzeug auf ein verspätet ankommendes Zubringerfahrzeug warten soll, und wenn ja, wie lange. Die folgenden Konsequenzen sind dabei zu berücksichtigen.

- **Anschluss sichern:** In diesem Fall wird den Anschlussreisenden das Umsteigen ermöglicht. Andererseits führt ein längerer Aufenthalt des Anschlussfahrzeuges zu Ärger für die Kunden, die bereits im Fahrzeug sitzen, oder die später zusteigen möchten. Außerdem wird an nachfolgenden Anschlüssen die Verspätung möglicherweise in einer Art Domino-Effekt auf weitere Fahrzeuge übertragen.
- **Keine Anschlusssicherungsmaßnahme:** Fährt das Anschlussfahrzeug pünktlich ab, so erreichen die Umsteiger ihren Anschluss nicht und müssen unter Umständen lange auf eine Möglichkeit zur Weiterfahrt warten.

Aufgrund der Auswirkungen solcher Anschlusssicherungsmaßnahmen, die sich im Extremfall über das ganze Verkehrsnetz ausbreiten können, ist die Entscheidung *„Warten oder Abfahren"* äußerst komplex. Dennoch muss sie im Falle von Verspätungen oft innerhalb weniger Minuten getroffen werden.

Eine ähnliche Situation, allerdings unter weniger Zeitdruck, liegt auch bei mittelfristigen Fahrplanänderungen vor. Hier geht es um Fahrplananpassungen, die aufgrund vorübergehender Störfaktoren (wie z.B. einer Großbaustelle) nötig sind, oder auch um die regelmäßigen Modifikationen zum Fahrplanwechsel. Bei jeder solchen Fahrplanänderung müssen die Anschlüsse überprüft und gegebenenfalls durch geeignete Maßnahmen gesichert werden.

Anschlusssicherungsmaßnahmen werden zumeist direkt durch die zuständigen Sachbearbeiter getroffen und erfordern ein umfangreiches Wissen über die Fahrpläne, Anschlüsse und Kundenströme. Mit dem von uns entwickelten GIS-gekoppelten Optimierungsmodell AnSiM können Planer bei der Anschlusssicherung u.a. durch folgende Funktionen unterstützt werden:

- Die Auswirkungen von Fahrplanänderungen und/oder Verspätungen auf Fahrzeuge und Anschlüsse werden innerhalb des GIS dargestellt, so dass ein schnelles visuelles Erfassen der Situation und ihrer Auswirkungen möglich wird.
- Anschlusssicherungsmaßnahmen können anhand verschiedener Kriterien (wie z.B. der Anzahl der verpassten Anschlüsse, der Anzahl der verspäteten Fahrzeuge oder einem Maß für die Kundenzufriedenheit) beurteilt werden. Die Auswirkungen können innerhalb des GIS visualisiert werden.
- Es können Anschlusssicherungsmaßnahmen mit hoher Kundenzufriedenheit automatisch generiert, dargestellt und beurteilt werden.

AnSiM wurde am Fraunhofer Institut für Techno- und Wirtschaftsmathematik, Kaiserslautern, im Rahmen des von der Stiftung Rheinland-Pfalz für Innovation geförderten Projektes „Anschlusssicherung in multimodalen Verkehrssystemen" entwickelt. Projektpartner waren der Verkehrsverbund Rhein-Neckar, die Verkehrsverbund-Gesellschaft Saar und die DB Regio.

2 Das Modell

2.1 Bewertung von Anschlusssicherungsmaßnahmen

Wir gehen zunächst darauf ein, wie die Qualität von Anschlusssicherungsmaßnahmen beurteilt werden kann. Dabei wird insbesondere die Kundensicht berücksichtigt.

Tabelle 1: Bewertungskriterien für Anschlusssicherungsmaßnahmen. Zum Teil basieren sie auf der Kenntnis von Kundendaten, die jedoch nicht immer verfügbar, oder nicht in ausreichender Qualität vorhanden sind.

Bewertungskriterium	Kundendaten erforderlich?
Anzahl verpasste Anschlüsse	nein
Anzahl verspäteter Fahrzeuge	nein
Anzahl Kunden mit verpasstem Anschluss	ja
Anzahl Verspätungsminuten über alle Fahrzeuge	nein
Verspätung, gemittelt über alle Kunden	ja
Grad der Unannehmlichkeit, gemittelt über alle Kunden	ja

Einige der Kriterien aus Tabelle 1 werden im folgenden näher erläutert.

Anzahl der verpassten Anschlüsse: Als ein mögliches Kriterium bietet sich die Minimierung der Anzahl der verpassten Anschlüsse an. Sollen alle Anschlüsse gehalten werden, so muss jedes Anschlussfahrzeug warten, bis das letzte (verspätete) Zubringerfahrzeug an der jeweiligen Haltestelle eingetroffen ist. Die Einführung aller dieser Anschlusssicherungsmaßnahmen gewährleistet, dass kein Fahrgast seinen Anschluss verpasst. Dennoch ist solch eine Lösung aus Kundensicht meist nicht optimal. Alle Anschlüsse zu halten führt nämlich zu sehr vielen verspäteten Fahrzeugen und somit auch zu sehr vielen Kunden, die ihre Zielhaltestellen verspätet erreichen.

Anzahl der verspäteten Fahrzeuge: Besteht das Ziel darin, nur wenige verspätete Fahrzeuge zu erzeugen (beispielsweise weil für jede Verspätungsminute Kosten anfallen) so sollten alle Fahrzeuge so pünktlich wie möglich abfahren, unabhängig davon, ob alle Zubringerfahrzeuge eingetroffen sind oder nicht. Allerdings wird bei solch einer Strategie auf Fahrgäste, die in ein anderes Fahrzeug umsteigen möchten, keinerlei Rücksicht genommen, so dass auch dieser zweite Extremfall aus Kundensicht im allgemeinen nicht die Optimallösung darstellt. Die verspäteten Fahrzeuge für eine mögliche Lösung sind in Abbildung 4 ersichtlich.

Durchschnittliche Verspätung über alle Kunden: Als ein Mittelweg zwischen den beiden eben aufgeführten Strategien *alles wartet* und *alles fährt pünktlich ab* bietet sich die Minimierung der Summe aller Verspätungsminuten an. Dabei werden für jeden Kunden die Verspätungsminuten bei seiner Ankunft an der Zielhaltestelle gezählt. Verspätungen, die während seiner Fahrt auftreten, aber durch Pufferzeiten kompensiert werden, werden dabei nicht berücksichtigt. Wird allerdings ein Anschluss verpasst und muß dementsprechend eine spätere Verbindung benutzt werden, erhöhen sich die Verspätungsminuten bei der Ankunft an der Zielhaltestelle.

Weitere Zielfunktionen: Neben den genannten Bewertungen bieten sich auch solche an, mit denen versucht wird, den Nutzen der Kunden (beziehungsweise ihre Unannehmlichkeiten aufgrund von Verspätungen) abzuschätzen. Dazu wird beispielsweise angenommen, dass ein Kunde das Warten an Haltestellen als unangenehmer empfindet, als die zusätzliche Zeit, die er im Bus oder Zug verbringt. Außerdem können verpasste Anschlüsse zusätzlich bestraft werden.

2.2 Struktur des Modells

Das Modell AnSiM ist in Abbildung 1 schematisch dargestellt. Wichtige Eingabeparameter sind zunächst die sogenannten *Ereignisse*, zu denen alle Ankünfte und Abfahrten von Fahrzeugen an Haltestellen zählen. Zu jedem solchen Ereignis gibt es eine planmäßige Abfahrts- oder Ankunftszeit, die im Falle von Verspätungen gestört wird, oder im Rahmen von Anschlusssicherungsmaßnahmen verändert werden kann. Weiterhin können in dem Modell Pufferzeiten berücksichtigt werden, so dass Verspätungen durch schnelleres Fahren oder kürzere Pausen an Haltestellen reduziert werden können. Treten keinerlei Verspätungen auf, so kann der Fahrplan eingehalten werden und es sind keine Anschlusssicherungsmaßnahmen nötig.

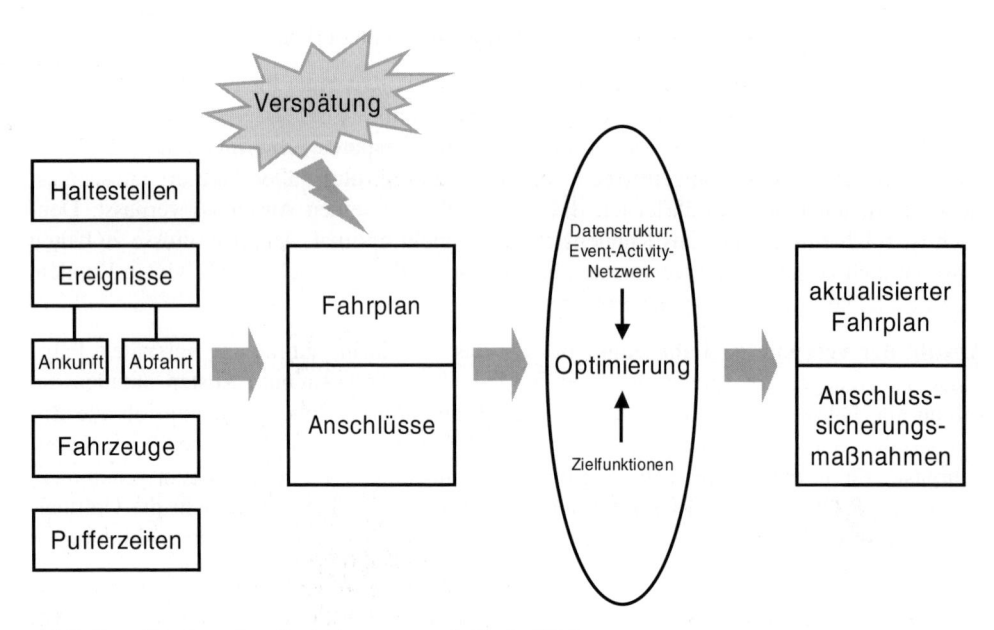

Abb. 1: Struktur des Optimierungsmodells AnSiM

Für gegebene Quellverspätungen generiert das Optimierungsmodell verschiedene Anschlusssicherungsmaßnahmen, die anhand der in Tabelle 1 aufgelisteten Zielfunktionen beurteilt werden. Das Ergebnis besteht aus einer Menge von optimierten Anschlusssicherungsmaßnahmen, also der Entscheidung, welche Fahrzeuge auf ihre Zubringerfahrzeuge warten sollen, und aus einem aktualisierten Fahrplan.

Zur Lösung des Optimierungsmodells stehen verschiedene Verfahren zur Verfügung. Wegen der enormen Komplexität und Größe der Praxisanwendungen bieten sich vor allem heuristische Lösungsverfahren an, mit denen es möglich ist, in vertretbarer Zeit gute Lösungen zu generieren. Eine Klasse von Heuristiken baut auf der mathematischen Beschreibung des Modells als gemischt-ganzzahliges Programm auf. Es kommen aber auch konstruktive Verfahren und sogenannte Metaheuristiken wie genetische Verfahren und Simulated Annealing zum Einsatz. Für eine mathematische Analyse des Problems und die detaillierte Beschreibung von Lösungsalgorithmen verweisen wir auf SCHÖBEL 2001, SCHÖBEL 2002 und GINKEL & SCHÖBEL 2002.

3 Integration des Modells in GIS

Das beschriebene Optimierungsmodell AnSiM wurde als Erweiterung in das geographische Informationssystem MapInfo integriert. Ähnlich wie bei Routenplanungssystemen, welche eine erfolgreiche Kopplung von GIS mit mathematischen Optimierungsverfahren darstellen, sind damit eine Reihe von Vorteilen verbunden:

- Haltestellen, Fahrzeugwege, Anschlussbeziehungen, etc. sind Daten mit geographischem Bezug. GIS bietet den geeigneten Rahmen zur Verwaltung, Verarbeitung und Visualisierung solcher Informationen.
- Die Implementierung der Optimierungskomponente kann auf deren Kernbestandteile beschränkt werden. Datenmanagement, Benutzerinteraktion sowie Ergebnisaufbereitung und -darstellung werden auf Seiten des GIS realisiert.
- Die Aufbereitung von Darstellungen für Präsentationszwecke, insbesondere vor politischen Gremien und Nichtfachleuten, ist im Rahmen der Entscheidungsfindung im ÖPV häufig zu leisten. Die eingebauten Werkzeuge von GIS unterstützen diese Aufgabe in direkter Weise. So lassen sich zum Beispiel die von einem verspäteten Anschluss betroffenen Fahrzeuge sehr einfach über dem Layer eines Stadtplans darstellen (Abbildung 2).

In den folgenden Abschnitten wird die Integration von AnSiM in MapInfo näher beschrieben.

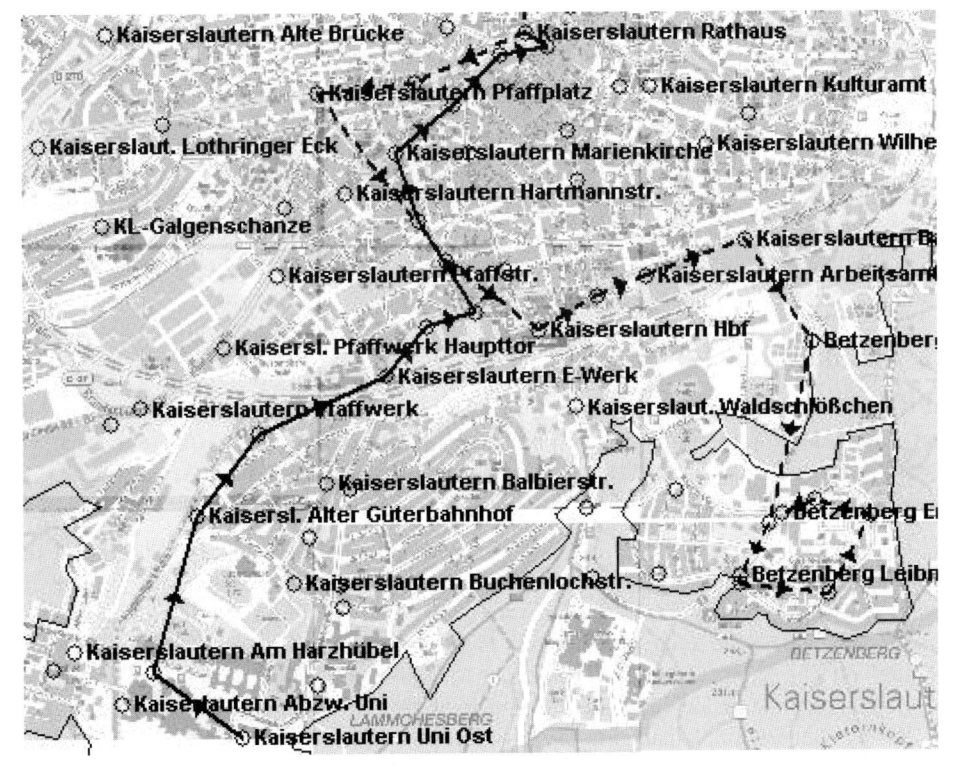

Abb. 2: Visualisierung einer Anschlussbeziehung zwischen zwei Fahrzeugen. Es sind zwei Umsteigemöglichkeiten vorhanden.

3.1 Datengrundlage

Tabelle 2 führt die wichtigsten im GIS verwalteten Datentabellen und die damit verbundenen geographischen Objekte auf.

Tabelle 2: Datentabellen für die GIS-Integration von AnSiM

Datentabelle	Geogr. Objekt	Beschreibung
Haltestellen	Punkt	Tabelle aller Haltestellen
Fahrzeugwege	Polylinie	Routen und Zeiten der Fahrzeuge
Fahrtabschnitte	Linie oder Polylinie	Fahrtwege zwischen je zwei aufeinanderfolgenden Haltestellen
Anschlüsse	Punkt	Anschlussbeziehungen zwischen zwei Fahrzeugwegen mit Zeitpunkt
Ereignisse	Punkt	Ankunfts- und Abfahrtsereignisse an Haltestellen mit Zeitpunkt
Fahrgastwege	Polylinie	Benutzte Fahrtabschnitte und Anschlüsse der Kunden

Die Kenntnis der Haltestellenkoordinaten reicht aus, um alle in Tabelle 2 genannten geographischen Objekte daraus abzuleiten. Fahrtabschnitte werden dann als gerade Linien dargestellt. Für die Visualisierung von Vorteil, aber nicht notwendig, ist die Digitalisierung der Fahrtabschnitte als Polygonzüge (Polylinien), die dem tatsächlichen Straßenverlauf folgen.

3.2 Struktur der Integration

Die Optimierungskomponente von AnSiM wurde als Windows-DLL implementiert und über eine Schnittstelle zum Datenaustausch an MapInfo angebunden. Auf der Seite von MapInfo wurde die Schnittstelle mit MapBasic realisiert. Abbildung 3 verdeutlicht die Struktur der Integration.

Die Optimierungskomponente ist in zwei Schichten aufgeteilt. Auf der unteren Ebene sind die mathematischen Verfahren (Heuristiken) angeordnet. Darüber liegt die Schicht des *Szenariomanagers*. Unter einem Szenario wird hier eine Planungsfragestellung aus Benutzersicht verstanden. Sie kann zum Beispiel lauten: Was sind die Auswirkungen einer Verspätung von Zug X um 15 Minuten, unter der Maßgabe, dass Busse grundsätzlich auf verspätete Züge warten, jedoch maximal 5 Minuten? Eine Auswahl derartiger Szenarien ist auf der Szenarienebene implementiert. Für die zur Beantwortung der Fragestellung notwendigen Berechnungen wird auf die darunter liegende Schicht der Heuristiken zugegriffen.

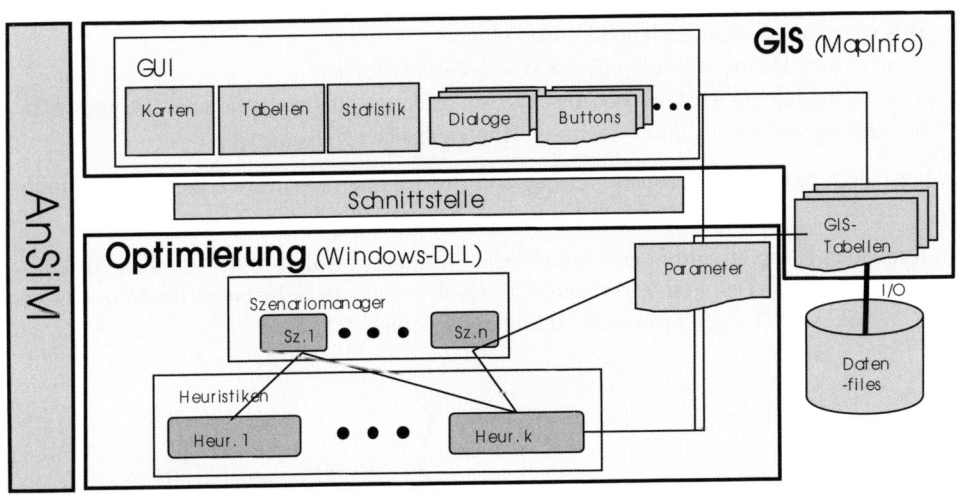

Abb. 3: Integration der Optimierungskomponente von AnSiM in das GIS MapInfo. Datenverwaltung und Benutzerinteraktion sind in MapBasic realisiert, die Optimierungskomponente wird als DLL eingebunden.

3.3 Benutzerinteraktion

Die Interaktion des Benutzers mit AnSiM erfolgt innerhalb der Oberfläche von MapInfo. Sie wird um ein weiteres Menü und eine Werkzeugleiste erweitert, worüber sich die AnSiM-spezifischen Funktionen aufrufen lassen. Hierunter fallen zum Beispiel:

- Darstellung eines Fahrzeugweges in einem Kartenfenster.
- Darstellung einer Anschlussbeziehung in einem Kartenfenster.
- Darstellung des Verkehrsnetzes (Fahrtabschnitte, Anschlussbeziehungen) innerhalb eines gewählten Zeitintervalls.
- Berechnung eines gewählten Szenarios.
- Selektive Darstellung verspäteter Fahrzeuge (siehe Abbildung 4).
- Thematische Darstellung verpaßter Anschlüsse, wobei als Attribut die Anzahl der betroffenen Fahrgäste gewählt wird.

4 Anwendung von AnSiM

Anhand von zwei Planungssituationen wird die Verwendung des Optimierungsmodells AnSiM verdeutlicht.

4.1 Auswirkungen eines verspäteten Fahrzeugs auf den Netzverkehr

Wenn eine Verspätung eines Fahrzeuges auftritt, hängen die Auswirkungen auf den Netzverkehr und die Kunden vor allem davon ab, welche Anschlusssicherungsmaßnahmen ergriffen werden. Mit AnSiM lassen sich die Auswirkungen von Verspätungen für unterschiedliche Maßnahmen analysieren. Beispiele hierfür sind:

- Bus wartet auf Zug, jedoch nicht umgekehrt.
- Es wird eine Höchstschranke für die Wartezeit vorgegeben.
- Tageszeitabhängig wird nur bei Anschlüssen stadteinwärts bzw. stadtauswärts gewartet.
- Es wird nur an ausgewählten zentralen Knoten des Netzes gewartet.

Insbesondere das Zusammenspiel von Zug und Bus im intermodalen Verkehr kann so untersucht werden.

Im folgenden Beispiel wird eine sehr einfache Strategie verfolgt, in der an allen Anschlüssen gewartet wird. Dadurch wirkt sich eine Quellverspätung sehr lange im Netz aus und zieht weitere Verpätungen nach sich. Abbildung 4 verdeutlicht dies.

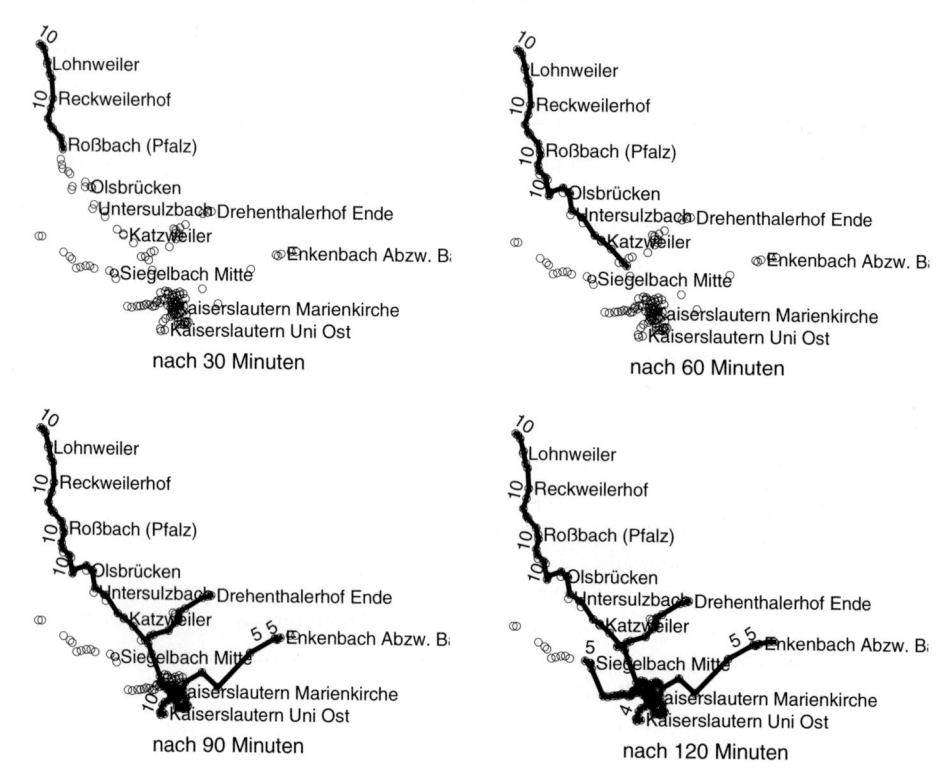

Abb. 4: Ausbreitung einer Verspätung im Netz. Ausgehend von einem Zug mit 10 Minuten Verspätung, zeigen die Abbildungen verspätete Fahrzeuge innerhalb 30, 60, 90 und 120 Minuten. Hierbei wird an allen Anschlüssen gewartet. Innerhalb des GIS können die Verspätungen mittels Ausschnittsvergrößerungen detailliert analysiert werden.

4.2 Optimierung von Anschlusssicherungsmaßnahmen

Pauschale Regeln zur Sicherung von Anschlüssen, wie sie im vorhergehenden Abschnitt beispielhaft aufgeführt sind, sind im allgemeinen nicht optimal. Sie berücksichtigen nicht die grundsätzlich vorhandene Möglichkeit, für jeden Anschluss individuell zu entscheiden, ob und wie lange im Fall einer Verspätung des Zubringerfahrzeugs gewartet werden soll. Auf der anderen Seite erlauben die Interdependenzen der Anschlussbeziehungen keine isolierte Betrachtung.

AnSiM bietet deshalb die Möglichkeit, Anschlusssicherungsmaßnahmen zu optimieren, und dabei jeden Anschluss individuell zu behandeln. Wesentliche Eingabegröße sind hierbei Informationen über die Kundenströme, wie sie in der Datentabelle *Fahrgastwege* (siehe Tabelle 2) hinterlegt werden können.

Zwei Vorgehensweisen sind mit AnSiM möglich:

- **Halbautomatische Optimierung:** Hierbei legt AnSiM dem Benutzer einzelne Anschlussbeziehungen nacheinander vor, geordnet nach einer aus Umsteigerzahlen berechneten Priorität. Für jeden Anschluss kann der Benutzer entscheiden, ob eine Sicherungsmaßnahme ergriffen werden soll, oder nicht, d.h. ob im Fall einer Verspätung gewartet werden soll. Hierbei kann das Erfahrungswissen des Benutzers einfließen.
- **Vollautomatische Optimierung:** Durch die eingebauten Optimierungsheuristiken ist AnSiM in der Lage, selbstständig für eine gegebene Menge von Quellverspätungen optimierte Anschlusssicherungsmaßnahmen zu berechnen. Als Zielkriterien kommen dabei die in Tabelle 1 aufgeführten in Betracht. Der vollautomatische Modus hat insbesondere den Vorteil, optimierte Entscheidungen in kurzer Zeit treffen zu können, wie dies in Online-Situationen benötigt wird.

Literatur

GINKEL, A. & A. SCHÖBEL (2002): *The bicriterial delay management problem.* Report in Wirtschaftsmathematik Nr. 85/2002, Universität Kaiserslautern

GÜNTHER, R. (1985): *Untersuchung planerischer und betrieblicher Maßnahmen zur Verbesserung der Anschlusssicherung in städtischen Busnetzen.* Dissertation, Technische Universität Berlin

SCHÖBEL, A. (2001): *A model for the Delay Management Problem based on Mixed-Integer Programming.* Electronic Notes in Theoretical Computer Science, 50, S. 3-12

SCHÖBEL, A. (2002): *Customer-oriented optimization in public transportation.* Habilitationsschrift, Universität Kaiserslautern

STEMME, W. (1988): *Anschlussoptimierung in Netzen des öffentlichen Personennahverkehrs.* Dissertation, Technische Universität Berlin

Rahmenbedingungen rasterbasierter Web3D-Systeme zur kartografiegerechten Geovisualisierung

Alexander SCHRATT und Andreas RIEDL

Zusammenfassung

Webinhalten auf Basis von 3D-Multimedia (Web3D) werden signifikante Wachstumsraten für die kommenden Jahre vorhergesagt (www.jpa.com). Virtual Reality (VR)-Welten auf Rasterbasis sind derzeit im Web besonders häufig anzutreffende 3D-Multimedia-Inhalte, wobei insbesondere „QuickTimeVR" (QTVR)-Systeme einen hohen Verbreitungsgrad erreicht haben. Um eine für einen breiten Anwenderkreis möglichst attraktive und leicht zu bedienende rasterbasierte VR-Applikation zu gestalten, bedarf es eines fundierten theoretischen Grundwissens, um den Interaktionskomplex „Navigation und Orientierung" zielführend umzusetzen. Dies setzt einerseits Kenntnisse hinsichtlich Interfacedesign und Perzeption voraus, anderseits sind der Erfahrungsschatz und die Methoden der Kartografie, räumliche Informationen nutzergerecht aufzubereiten, essentieller Bestandteil eines qualitativ anspruchsvollen VR-Systems. Auf jeden Fall benötigt man zum Erstellen einer derartigen Anwendung neben den handelsüblichen „Stitcher"-Programmen eines der mächtigeren Multimedia-Autorensysteme wie z.B. „Macromedia Director" (www. macromedia.com) zur Erweiterung des Funktionsspektrums. Derartige Produkte zeichnen sich, neben der Möglichkeit, eine Vielzahl diverser Medienformate zu integrieren, vor allem durch ihre umfangreichen Programmierfunktionen aus, die es erst möglich machen, das Potential interaktiver rasterbasierter VR-Applikationen voll auszuschöpfen.

1 Einleitung

Rasterbasierte DesktopVR-Systeme haben gerade in den letzten Jahren über das Internet eine enorme Verbreitung erfahren. Wohl nicht zuletzt deshalb, weil sie, im Vergleich zu eher vektorbasierten Formaten wie VRML, rasch und mit geringem technischen Aufwand erstellt werden können. Zudem sind diese plattformunabhängig und mit QuickTimeVR hat sich, im Gegensatz zu den vektorbasierten Systemen, wo nach wie vor zahlreiche „Plug-Ins" konkurrieren, seit einigen Jahren ein Quasi-Standard etabliert.

Von den im Internet anzutreffenden rasterbasierten virtuellen Touren, die häufig dazu eingesetzt werden, den Natur- bzw. Nationalpark-Tourismus zu bewerben, gibt es de facto kaum eine Anwendung, die man als „nutzergerecht" bezeichnen könnte. Vor allem hinsichtlich „Navigation und Orientierung" in solchen Szenen sind zahlreiche Schwachpunkte festzustellen.

2 RasterVR-Basiselemente und deren Ausprägungen

2.1 RasterVR-Panoramen

Bei einem RasterVR-Panorama wird, ausgehend von einem Standpunkt („VR-Node"), eine Serie von Einzelbildern aufgenommen. Dabei wird die Kamera für jede Aufnahme um einen bestimmten, idealer Weise konstanten, horizontalen Winkel weitergedreht. Die Bilddateien können einerseits fotografischen Ursprungs sein, indem mit einem Stativ Aufnahmen von der realen Welt gemacht werden, oder es werden per virtueller Kamera computergenerierte Bilder z.B. von einem digitalen Landschaftsmodell unter Einsatz von 3D-Render-Software generiert. In weiterer Folge werden diese Einzelbilder mittels „Stitcher"-Software zu einem einzigen großen Panoramabild zusammengefügt und (im Normalfall) auf einen virtuellen Zylinder projiziert. Nach der Ausdehnung des horizontalen Blickfeldes (HFOV = Horizontal Field Of View) dieses Panoramabildes bzw. dem dadurch determinierten Freiheitsgrad der horizontalen Drehbewegung im VR-Panorama unterscheidet man zwischen Teilpanoramen und Rundbilder.

Bei Verwendung eines Fischauge-Weitwinkelobjektivs während der Aufnahme kann die Situation auch in der Vertikalen vollständig erfasst werden. Ist das vertikale Blickfeld (VFOV = Vertical Field Of View) der Bilddateien demnach gleich 180°, hat dies eine unmittelbare Auswirkung auf den Freiheitsgrad der vertikalen Drehbewegung in einem VR-Panorama, da in diesem Fall das Panoramabild auf einen virtuellen Würfel (oder eine virtuelle Sphäre) projiziert wird. Daher lässt sich eine weitere Gliederung vornehmen in Zylindrische Panoramen und Kubische/Sphärische Panoramen.

Allerdings machen kubische VR-Panoramen ohnehin nur dann Sinn, wenn sich im Zenit bzw. im Nadir Objekte befinden, die für die VR-Szene von Bedeutung sind. So ist es etwa wenig plausibel, den Himmel oder den (Erd-)Boden in ein VR-Panorama mit einzubeziehen, wenn sich dort nichts befindet, was für die Nutzer von Interesse sein kann.

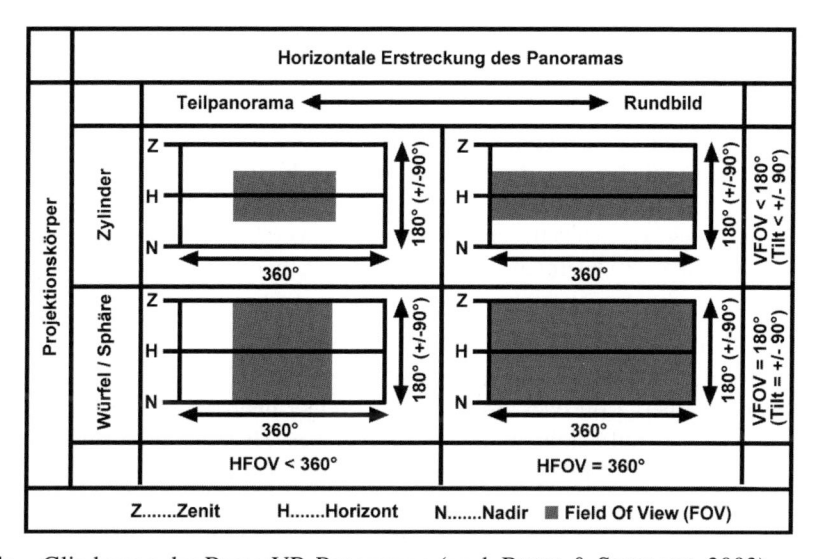

Abb. 1: Gliederung der RasterVR-Panoramen (nach RIEDL & SCHRATT, 2003)

2.2 RasterVR-Objekte

Bei RasterVR-Objekten wird ein Objekt aus unterschiedlichen Winkeln aufgenommen. Ein VR-Objekt kann daher sehr viel Speicher benötigen, wenn die Abstände zwischen den Einzelaufnahmen entsprechend klein sind (damit beim Ziehen mit der Maus die Illusion einer kontinuierlichen Drehung entsteht) und das Objekt sowohl horizontal, als auch vertikal vollständig erfasst wurde, um es von allen Seiten betrachten zu können. Bei VR-Objekten gibt es daher ebenso die Unterscheidungsmöglichkeit nach der Vollständigkeit der Erfassung und den damit verbundenen Freiheitsgraden der horizontalen bzw. vertikalen Drehung des VR-Objekts.

2.3 Sonderformen und Variationen

RasterVR-Basiselemente können auch über „einfache" VR-Panoramen oder VR-Objekte hinausgehende Konstrukte sein. Möglichkeiten, die sich hier anbieten, wären etwa:

- Kombination aus VR-Panorama und VR-Objekt: VR-Objekte lassen sich direkt in VR-Panoramen integrieren. Derartige Visualisierungen wären etwa dann sinnvoll, wenn veranschaulicht werden soll, wie ein mittels 3D-Software gerendertes Objekt (VR-Objekt) in einer Landschaft (VR-Panorama) wirken würde.
- Mehrschicht-VR-Objekte: In VR-Objekte können mehrere Bildebenen („Layer") implementiert werden. Diese Funktion könnte somit etwa für räumliche Interpretationen oder zur Visualisierung einer Zeitreihe (Animationssequenz) herangezogen werden.
- Anaglyphen-VR-Elemente: Mit Hilfe der stereoskopischen Technik des Anaglyphen-Verfahrens ist eine signifikante Steigerung des Realitätsempfindens bei VR-Panoramen oder VR-Objekten möglich (3D-Effekt).

3 Kartografiegerechte Adaptierung rasterbasierter VR-Welten

Obwohl VR-Panoramen und VR-Objekte häufig im Internet anzutreffen sind, treten sie doch meist als isolierte Elemente und nur sehr selten in verknüpfter Form als RasterVR-Szene in Erscheinung. Dies liegt wohl in erster Linie daran, dass beim Erstellen von RasterVR-Welten mittels Standardprogrammen üblicherweise eine einzige, riesige Datei erzeugt wird, die sämtliche per „Hot Spot" gelinkten VR-Elemente enthält. Derartige VR-Welten sind speziell für Online-Applikationen wegen der langen Download-Zeiten ungeeignet. Ein Lösungsweg wäre, indem man „Hot Spots" innerhalb von VR-Elementen einfach nur als (Hyper-)Links zu anderen, separaten VR-Panoramen bzw. VR-Objekten definieren würde.

Durch den Einsatz von Multimedia-Autorensystemen (wie etwa „Macromedia Director") könnten die Wartezeiten beim „Durchwandern" einer RasterVR-Szene nochmals reduziert werden, wenn etwa bei „Roll over" mit dem Mauszeiger über einem „Hot Spot" das Ziel-VR-Element oder generell bereits nach dem Laden eines VR-Panoramas bzw. VR-Objekts alle „benachbarten", über „Hot Spots" zu erreichenden, VR-Elemente ebenfalls vorausgeladen würden.

3.1 Möglichkeiten der Umsetzung des Interaktionskomplexes Navigation- und Orientierung

Von den drei in der Kartografie eingesetzten Interaktionskomplexen „Navigieren und Orientieren", „Einflussnahme auf die Gestaltungsparameter" und „Informationsabfrage und Integration" spielt insbesondere der Erstgenannte in VR-Systemen eine Schlüsselrolle hinsichtlich der Akzeptanz durch den Anwender. Das Interface, insbesondere die Navigations- und Orientierungshilfen, waren bisher ein signifikanter Schwachpunkt vor allem rasterbasierter DesktopVR-Welten. Dies mag maßgeblich ein Grund dafür sein, warum über einzelne VR-Panoramen und -Objekte hinausgehende, komplexere RasterVR-Szenen noch nicht sehr verbreitet sind.

Basierend auf Veröffentlichungen über die allgemeinen Prinzipien des Interfacedesigns von MANDEL, REITERER, SCHULZ und SHNEIDERMAN, sowie den Interface-Richtlinien der Firma APPLE, sollten demnach die im Folgenden für rasterbasierte VR-Welten adaptierten Kriterien umgesetzt werden:

3.1.1 Metaphereinsatz

Darunter versteht man den Einsatz von Objekten, die aus dem täglichen Gebrauch bekannt sind und deren Bedeutung bzw. Funktionalität selbsterklärend ist. Die wohl wichtigste Metapher in einer kartografischen Bildschirmapplikation wird der Einsatz einer adaptiven Übersichtskarte (ÜK) sein, die permanent entsprechend der jeweils aktuellen Situation in der VR-Szene adaptiert und aktualisiert werden muss und bei Bedarf ein- bzw. ausgeblendet werden kann, damit der virtuelle Wanderer stets einen Überblick über die Gesamtsituation hat und laufend darüber informiert wird, welche Routen und Optionen zur Verfügung stehen. In der Übersichtskarte werden wiederum Elemente zum Einsatz kommen, deren Funktionsweise man aus Erfahrung kennt: So bietet sich etwa zur Anzeige des Drehwinkels bzw. der Blickrichtung ein, mit dem VR-Basiselement synchronisierter, rotierender Pfeil in der ÜK als ideale Metapher an – so wie auch ein „echter" Wanderer neben der Karte einen Kompass verwendet. Ein anderes Beispiel für eine Metapher wäre etwa das Markieren des bereits zurückgelegten Weges mittels Signaturen, etwa in Form einer Fußspur.

3.1.2 Feedback

Es ist unbedingt erforderlich, dass Nutzer über das Resultat ihrer Handlungen laufend informiert werden. Dies setzt voraus, dass ein Interface permanent den aktuellen Stand der Dinge anzeigen muss. Im Falle einer virtuellen Wanderung auf Basis rasterbasierter VR-Elemente würde das bedeuten, dass etwa der Blickrichtungspfeil in der ÜK synchron mit der Drehung in einem VR-Panorama bewegt, bzw. die Positionsanzeige laufend dem aktuellen Standpunkt des virtuellen Wanderers angepasst werden muss, um nicht fehlerhafte Informationen zu vermitteln. Besonders wichtig im Falle rasterbasierter VR-Systeme ist das Feedback hinsichtlich der „Hot Spots", also jener Bereiche innerhalb eines VR-Panoramas bzw. -Objekts, wo man per Mausklick zu einem benachbarten VR-Element gelangt. Hier wäre neben der üblichen Anzeige eines sensitiven Bereichs im VR-Basiselement selbst, welches standardgemäß durch einen sich ändernden Mauszeiger dargestellt wird, auch das Hervorheben des Ziel-Panoramas bzw. -Objekts in der ÜK hilfreich.

3.1.3 Integrität und Konsistenz

Beim Interface einer Anwendung ist darauf zu achten, dass ein einheitliches und durchschaubares Konzept umgesetzt wird. Für grafische Elemente wie Signaturen, Beschriftung usw. ist ein einheitliches Layout zu verwenden, welches in der gesamten Applikation eingehalten werden sollte. Das bedeutet, dass etwa in der ÜK Signaturen für VR-Panoramen sich von jenen für VR-Objekte eindeutig unterscheiden müssen, damit es zu keinen Verwechslungen kommt.

3.1.4 Kontrolle und Stabilität

Anwender sollten immer das Gefühl haben, die Kontrolle über das System auszuüben und nicht umgekehrt. Reaktionen der Applikation auf bestimmte Ereignisse müssen vorhersehbar sein und dürfen die Nutzer nicht verwirren. Unter Bezugnahme auf rasterbasierte VR-Touren würde das etwa bedeuten, dass z.B. nach dem Klicken auf einen „Hot Spot" das zu ladende Ziel-Panorama in etwa die gleiche Orientierung aufweisen sollte wie das Start-Panorama, damit Nutzer sich in der neuen Situation rasch zurechtfinden, indem sie den gleichen Gebietsausschnitt wie zuvor zu sehen bekommen. Negativbeispiele, wo dieses Prinzip der direkten Sichtverbindung nicht umgesetzt wurde, sind, insbesondere bei virtuellen Online-Touren im Internet, leider der Normalfall.

3.1.5 Zugänglichkeit

Jene Bereiche eines Interface, die für Interaktionen der Anwender mit der Applikation reserviert sind, dürfen nicht verborgen sein, damit auch ungeübte User die implementierte Funktionalität leicht durchschauen können. Auch bei RasterVR-Systemen kann nicht davon ausgegangen werden, dass alle Nutzer bereits Erfahrung mit virtuellen Panoramen und Objekten haben bzw. dass diese sofort durchschauen, wie ein derartiges VR-Element zu bedienen ist. Es wäre daher wohl in jedem Fall vorteilhaft, die Steuerung in den VR-Panoramen und -Objekten nicht nur durch Ziehen mit der Maus zuzulassen, sondern darüber hinaus auch Buttons zu implementieren, welche diese Funktion übernehmen könnten. Wichtig in diesem Zusammenhang scheint auch zu sein, dass die „Hot Spot"-Felder eine gewisse Mindestgröße nicht unterschreiten dürfen, damit User nicht Schwierigkeiten haben, diese sensitiven Bereiche mit dem Mauszeiger ausfindig zu machen.

3.1.6 See and Point

Bei einem Interface sollte stets berücksichtigt werden, dass dieses nicht mit zu vielen simultanen optischen und akustischen Reizen überfrachtet ist. Wichtig scheint in dieser Hinsicht zu sein, dass Anwender sich auf das Wesentliche konzentrieren können, ohne zu sehr abgelenkt oder verwirrt zu werden. Die Konzentration eines Users während einer Interaktion ist in erster Linie auf jenen Bereich fokussiert, wo sich die Anzeige des Steuergerätes (Mauszeiger) befindet. Hinsichtlich Navigation und Orientierung in RasterVR-Systemen würde das bedeuten, dass etwa in den VR-Basiselementen einblendbare Zusatzinformationen, insofern diese implementiert sind, nur zu jenem Objekt (durch „Roll over" mit dem Mauscursor) sichtbar gemacht werden, welches gerade die Aufmerksamkeit des Nutzers erregt.

3.1.7 Fehlervermindernd und Tolerant

Eine erfolgreiche Applikation zeichnet sich wohl auch dadurch aus, dass es zu keinen (schwerwiegenden) Fehlern durch falsche Bedienung kommt. Sollten dennoch Probleme auftreten, so muss es möglich sein, eine getätigte Aktion rückgängig zu machen. Darüber hinaus sollte in jeder Situation ein „Hilfe-System" zugänglich sein, welches Probleme mit der Anwendung auf unkomplizierte Art zu lösen hilft.

4 Ausblick

Die Ergebnisse der Untersuchung fließen in den Prototyp für einen multimedialen Wanderführer durch den Naturpark Blockheide bei Gmünd, im Niederösterreichischen Waldviertel, ein (Fertigstellung Spätsommer 2003). Ein derartiges Produkt ist ein mächtiges Marketinginstrument nicht nur für Naturparks, sondern praktisch auch für die gesamte Tourismusbranche, Gemeinden, Betriebe, etc., um etwa bei deren Auftritt im Internet weltweit potentiellen Kunden eine virtuelle Tour durch ihre Gebiete oder Gebäude zu ermöglichen, ohne dass diese, durch lange Download-Zeiten oder unzureichende Navigations- und Orientierungshilfen verärgert, schnell wieder die Website verlassen.

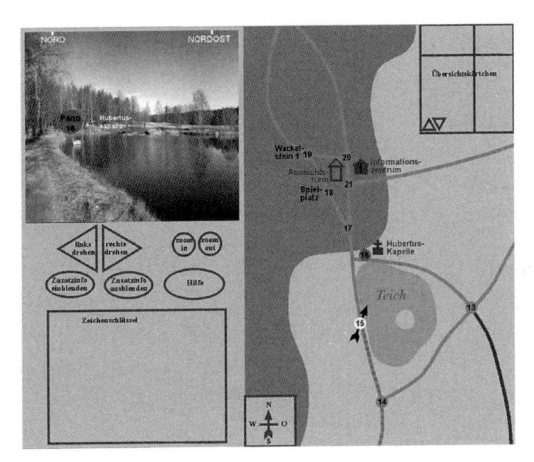

Abb. 2: Interface-Konzept für eine virtuelle Wanderung durch den Naturpark Blockheide

Literatur

APPLE COMPUTER INC. (1994): *Multimedia Demystified: A guide to the world of multimedia from Apple Computer Inc.* New York, Random House
APPLE COMPUTER INC. (2002): *QuickTimeVR,.* developer.apple.com/techpubs/quicktime/
MANDEL, T. (1997): *The elements of user interface design.* New York, Wiley & Sons
REITERER, H. (1994): *User interface evaluation and design.* St. Augustin, GMD

RIEDL, A. (2000): *Virtuelle Globen in der Geovisualisierung, Untersuchungen zum Einsatz von Multimediatechniken in der Geopräsentation*. In: Wiener Schriften zur Geographie und Kartographie, Band 13, Wien

RIEDL, A. & A. SCHRATT (2003): *Das Potential rasterbasierter Virtual Reality-Systeme zur Landschaftsvisualisierung*. In: M. Schrenk (Hrsg.): CORP2003 – GeoMultimedia03: Beiträge zum 8. Symposion zur Rolle der Informationstechnologie in der und für die Raumplanung, Wien, 2003, S. 399-405

SCHULZ, A. (1998): *Interfacedesign: Die visuelle Gestaltung interaktiver Computeranwendungen*. St. Ingberg, Röhrig

SHNEIDERMAN, B. (1998): Designing the user interface. Strategies for effective human-computer interaction. Reading, Addison-Wesley

Integration von Infrarot-Ortholuftbilddaten zur Modellierung einer nachhaltigen Landwirtschaft

Beatrice SCHÜPBACH, Erich SZERENCSITS und Thomas WALTER

Dieser Beitrag wurde nach Begutachtung durch das Programmkomitee als „reviewed paper" angenommen.

Zusammenfassung

Interdisziplinäre Projekte, die sich mit der Modellierung nachhaltiger Landwirtschaft beschäftigen, verlangen zum Aufbau der Modelle schon in frühen Projektphasen nach flächendeckender Information zur Landnutzung. Selten sind solche Daten aktuell und in befriedigender Qualität verfügbar.

Ein wesentlicher Bestandteil dieser Projekte ist demnach die Erzeugung eines flächendeckenden Landnutzungsdatensatzes. Grundlage dazu waren Ortholuftbilddaten, digitale Planwerke mit Informationen zu Wald, Siedlung, Straßen und Schutzgebieten sowie im Feld erhobene Trainingsflächen.

Der nachfolgende Artikel zeigt, wie mit diesen Grundlagen und einem Geographischen Informationssystem auch in einem engen zeitlichen Rahmen ein flächendeckender Landnutzungsdatensatz erzeugt werden kann, der den Ansprüchen unterschiedlicher wissenschaftlicher Disziplinen gerecht wird.

1 Einleitung und Zielsetzung

Das interdisziplinäre Forschungsprojekt ‚Nachhaltige land- und forstwirtschaftliche Produktion im Schweizer Mittelland anhand der Region Greifensee' hat zum Ziel, im Einzugsgebiet des Greifensees (165 km^2) ‚eine ressourceneffiziente, sozialverträgliche, ökologische und wirtschaftliche Land- und Landschaftsnutzung' zu entwickeln (PEZZATI 2001). Im Kernprojekt werden die Resultate aus 8 Teilprojekten (vgl. Abb. 1) in ein mathematisch-ökonomisches Modell integriert und Nutzungskonflikte aufgezeigt. Neben der aktuellen Landnutzung und betriebswirtschaftlichen Daten und Gesetzmäßigkeiten sollen auch die Resultate der Teilprojekte räumlich explizit als Restriktionen oder Vorgaben einfließen.

Gemeinsame Basis und Schnittstelle der Projektmodule ist ein flächendeckender expliziter Landnutzungsdatensatz. Dieser Datensatz soll für die Ausweisung von Vorrangflächen für die Biodiversität, zur Bewertung des Landschaftsbildes (SCHÜPBACH 2000) und die Modellierung von Erosion und Nährstoffaustrag (SCHMID & PRASUHN 2000) ebenso geeignet sein, wie für die Errechnung des landwirtschaftlichen Einkommens.

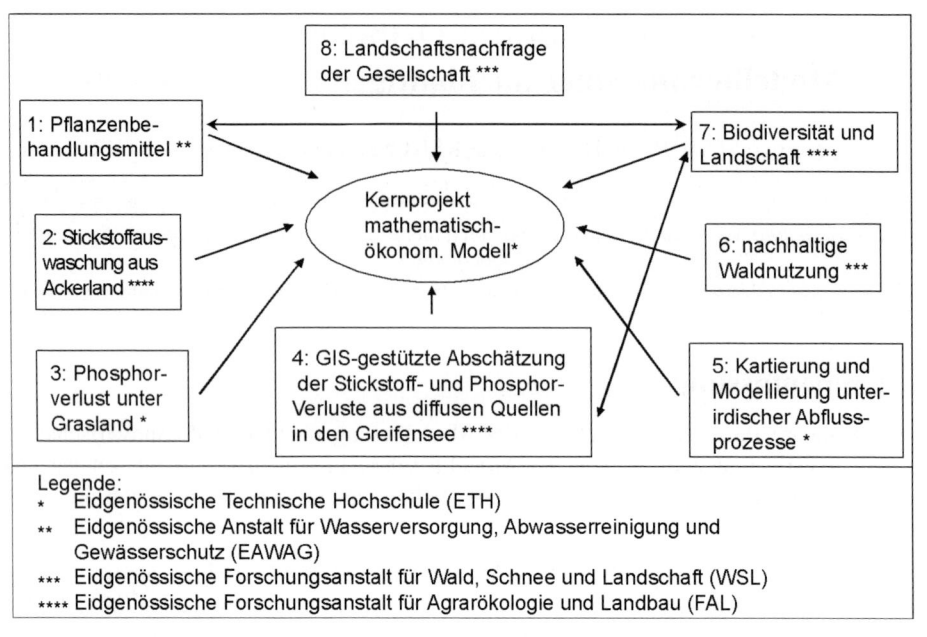

```
                    8: Landschaftsnachfrage
                    der Gesellschaft ***

1: Pflanzenbe-                                            7: Biodiversität und
handlungsmittel **                                        Landschaft ****

                              Kernprojekt
2: Stickstoffaus-            mathematisch-                6: nachhaltige
waschung aus                 ökonom. Modell*              Waldnutzung ***
Ackerland ****

3: Phosphor-      4: GIS-gestützte Abschätzung            5: Kartierung und
verlust unter     der Stickstoff- und Phosphor-           Modellierung unter-
Grasland *        Verluste aus diffusen Quellen           irdischer Abfluss-
                  in den Greifensee ****                  prozesse *

Legende:
 *    Eidgenössische Technische Hochschule (ETH)
 **   Eidgenössische Anstalt für Wasserversorgung, Abwasserreinigung und
      Gewässerschutz (EAWAG)
 ***  Eidgenössische Forschungsanstalt für Wald, Schnee und Landschaft (WSL)
 **** Eidgenössische Forschungsanstalt für Agrarökologie und Landbau (FAL)
```

Abb. 1: Datenfluss zwischen Kernprojekt und Teilprojekten im Greifenseeprojekt

2 Fragestellung

Schon zu Beginn des interdisziplinären Projektes stellte sich heraus, dass ein flächendeckender Landnutzungsdatensatz für die meisten Teilprojekte von zentraler Bedeutung ist. Er erfüllt die Funktion einer gemeinsamen Schnittstelle für den Datenaustausch zwischen den verschiedenen Projektmodulen. Bevor die Erzeugung eines derartigen Datensatzes angegangen wurde, stellte sich die Frage nach dem geeigneten Modellierungsansatz und der geeigneten Vorgehensweise, wenn dabei die nachfolgenden Rahmenbedingungen erfüllt werden sollen:

- Ein Testdatensatz soll innerhalb eines Jahres zur Verfügung stehen
- Der Datensatz soll ein Optimum zwischen räumlicher Auflösung und Datenmenge darstellen. Die räumliche Auflösung soll so gewählt werden, dass kleinflächige Strukturen der Agrarlandschaft, wie Buntbrachen (eingesäte Wildblumenstreifen), Gehölze und Kleingewässer) abgebildet werden.
- Das gewählte Verfahren der Luftbildauswertung soll es ermöglichen allgemein verfügbare Datensätze zur Verbesserung des Resultats zu nutzen.
- Das gewählte Verfahren der Luftbildauswertung soll es erlauben, durch Feldarbeit gewonnene Nutzungs- und Biotoptypenkarten, als zusätzliche Information für die Luftbildklassifizierung zu nutzen.

3 Material und Methoden

3.1 Datengrundlagen

Für das gesamte Projektgebiet von 165 km^2 und für die angrenzenden Gebiete wurden am 11. August 2000 Luftbilder mit einer Kamera des Typs Wild RC30 (f = 15/21cm) in einem Maßstab von 1:20.000 aufgenommen. Die Infrarot-Ortholuftbilder mit 8 Bit Farbtiefe auf 3 Kanälen haben eine Auflösung von 30 cm. Das Datenmaterial enthält Heterogenitäten die einerseits auf die Bildqualität, andererseits auf die unterschiedliche Verteilung der Landnutzungen zurückzuführen sind. Neben diesem Luftbilddatensatz standen folgende Datensätze zur Verfügung:

- Das Landschaftsmodell Vector25© 2001 des Bundesamtes für Landestopographie. Der Datensatz basiert auf der Landeskarte 1:25.000 und enthält Vektor-Datensätze mit Wald, Straßen, Siedlung, Gewässer, sowie verschiedene Typen von Gehölzen (Einzelbäume, Hecken, Obstbaumreihen, Baumreihen und Obstgärten).
- Die digitalen Daten des Kantonalen Richtplanes Siedlung und Landschaft 1:50.000, des Kanton Zürich (1997).
- Das Inventar der Natur und Landschaftsschutzobjekte 1:5'000 des Kanton Zürich (1980).
- Eine Landschaftstypenkarte des Wassereinzugsgebiet des Greifensees nach der Methode von WRBKA et al. (1997). Die Landschaftstypenkarte basiert auf geomorphologischen Einheiten, Landnutzung und Bodeneigenschaften.
- Von 11 jeweils 1 km^2 großen, auf Basis der Landschaftstypen repräsentativ ausgewählten Flächen lagen Nutzungstypen- und Biotoptypenkarten vor. Die Karten enthalten Nutzungseinheiten mit Nutzungstypen nach SZERENCSITS et al. (1999). Der Nutzungstyp ‚Grasland' ist nach DIETL et al. (1998) in 4 Intensitätsstufen gegliedert. Außerdem ist ein Biotoptyp nach DELARZE et al. (1999) ausgewiesen.

3.2 Auswahl des geeigneten Modellierungsansatzes

Die Auswahl des geeigneten Modellierungsansatzes für den Landnutzungsdatensatz wurde durch die Anforderungen der schnellen Verfügbarkeit und einfacher Handhabbarkeit stark beeinflusst. Zusätzlich basieren Modelle, die aus früheren Arbeiten übernommen wurden, auf einem 100 × 100 m Raster (SCHMID & PRASUHN 2000). Aus diesem Grund stand ein regelmäßiges Gitternetz als räumliche Modellierungseinheit des Landnutzungsdatensatzes im Vordergrund. Damit lassen sich räumliche Daten einfach beschreiben und modellieren. Schmale, langgestreckte Strukturen können aber nur bei sehr hoher Auflösung abgebildet werden (BASTIAN & SCHREIBER 1999).

Aus diesem Grund wurden in einem nächsten Schritt Testdatensätze mit unterschiedlichen Maschenweiten erzeugt. Es zeigte sich, dass das Optimum zwischen räumlicher Auflösung und Datenmenge bei einer Maschenweite von 25 × 25 m erreicht wird.

3.3 Überblick über die gebräuchlichsten Klassifizierungsverfahren.

Der Fernerkundung stehen verschiedene Methoden zur Verfügung, um aus Ortholuftbildern eine Bodenbedeckungskarte abzuleiten. Neben der visuellen Interpretation existieren verschiedene Techniken der automatisierten digitalen Auswertung (HILDEBRANDT 1996, 528).

Häufig wird eine unüberwachte Klassifizierung mit einem Segmentierungsalgorithmus angewandt (vgl. SUPPAN et al. 1999). Die Bodenbedeckungsklassen (Objektklassen) werden dabei in einem zweiten Arbeitsschritt zugeordnet (vgl. DIRNBÖCK et al. 1999:122f). Mit einem der Landschaft angepassten Segmentierungsalgorithmus lassen sich Nutzungseinheiten gut abgrenzen, was ein häufig angeführter Vorteil der Methode ist.

Das objektbasierte Verfahren (vgl. BLASCHKE 2000, STEINMEIER et al. 2002) vereint die beiden Arbeitsschritte der Segmentierung und der Klassifizierung.

Eine weitere Methode ist die pixelbasierte überwachte Klassifizierung. Der dazu am häufigsten eingesetzte und bezüglich Rechenaufwand aufwändigste Algorithmus ist der Maximum-Likelihood-Klassifikator (HILDEBRANDT 1996, 540). Dieser wurde auch in der vorliegenden Arbeit eingesetzt.

3.4 Der Maximum-Likelihood-Klassifikator

Der Maximum-Likelihood-Klassifikator von ESRI / GRID berücksichtigt Varianz und Covarianz des Spektralbereiches innerhalb der Trainingsflächen der einzelnen Bodenbedeckungsklasse. Unter der Annahme, dass die Werte einer Bodenbedeckungsklasse innerhalb ihres Spektralbereiches normalverteilt sind, kann die einzelne Bodenbedeckungsklasse durch die Covarianzmatrix und durch den Vektor, der die grösste Varianz erklärt, beschrieben werden. Auf diese Weise wird für jedes Pixel berechnet, mit welcher Wahrscheinlichkeit es zu einer der ausgewiesenen Bodenbedeckungsklassen gehört. Bei der Standardeinstellung des Maximum-Likelihood-Klassifikators von ESRI / GRID wird angenommen, dass jede Bodenbedeckungsklasse dieselbe Wahrscheinlichkeit des Vorkommens hat. Pixel, die im statistischen Überschneidungsbereich zweier Klassen liegen, werden derjenigen Klasse zugeordnet, zu der sie mit höherer Wahrscheinlichkeit gehören. Das Ergebnis der Klassifizierung wird besser, wenn mit Hilfe eines „a priori-files" die reale Wahrscheinlichkeit des Vorkommens der einzelnen Bodenbedeckungsklassen berücksichtigt werden kann.

3.5 Kombiniertes Verfahren zur Erzeugung einer Landnutzungskarte

Zur Klassifizierung der Ortholuftbilder wurde in einem ersten Schritt eine Maximum-Likelihood-Klassifizierung durchgeführt. Anschließend erfolgte eine Postklassifizierung (vgl. HILDEBRANDT 1996:549) mit Hilfe vorhandener digitaler Daten (Vektor 25 und kantonale Schutzgebiete) und eine visuelle Interpretation.

3.5.1 Vorbereitung der Daten

Durch Maskierung, dem Eingrenzen des zu klassifizierenden Gebietes, lässt sich die Datenmenge verkleinern und die spektrale Überschneidung zwischen verschiedenen Bodenbedeckungsklassen verringern (HILDEBRANDT 1996, 531). Deshalb wurden in einem ersten Schritt Wälder, größere Siedlungen und hochrangige Straßen maskiert und das Gebiet auf die landwirtschaftlich genutzten Flächen, naturnahe Flächen, Streusiedlungen und Kiesgruben eingegrenzt. Zur Erzeugung der Maske wurde der Kantonale Richtplan des Kantons Zürich benutzt.

3.5.2 Durchführung der Klassifizierung

In den Tagen nach der Luftbildaufnahme wurden im Feld Trainingsflächen erhoben. Diese wurden für die erste Klassifizierung verwendet, die im Winter 2000/2001 mit einem Maximum-Likelihood-Klassifikator ohne „a priori-file" durchgeführt wurde. Das Ziel war es, bis Juli 2001 mit einer beschränkten Zahl von Trainingsflächen eine provisorische Bodenbedeckungskarte zu erstellen. Das Resultat wurde mit dem Modellraster von 25 × 25 m überlagert. Anschließend wurde jeder Gitterzelle die dominante Bodenbedeckung zugeordnet. Dieser Testdatensatz wurde zum Aufbau der Modelle der Teilprojekte und des Kernmodells verwendet.

Bei der zweiten Klassifizierung wurde die Heterogenität der Landnutzungsverteilung berücksichtigt und eine deutlich größere Zahl an Trainingsflächen ausgeschieden. Die Gliederung des Projektgebietes in Landschaftstypen erlaubte es, die Klassifizierung für jeden Landschaftstyp einzeln durchzuführen. Da die kartierten Quadrate repräsentativ für einen Landschaftstyp sind, konnten aus den kartierten Nutzungseinheiten pro Landschaftstyp die Anteile der verschiedenen Bodenbedeckungsklassen errechnet und die Information in einem „a priori-file" für die Klassifizierung verwendet werden.

Die Zahl der Trainingsflächen wurde erhöht, indem die digitalisierten Nutzungseinheiten aus der Nutzungs- und Biotoptypenkarte miteinbezogen wurden. Dazu wurden sie teilweise editiert, z. B. wurden in den Obstwiesen die Bäume ausgeschieden und entsprechend codiert. Dies ermöglichte eine genauere Beschreibung der Klassen insbesondere im Grasland, da die Information zu Nutzungsintensität und Nutzungs-/Biotoptyp aus der Feldkartierung übernommen wurde. Bei den Graslandflächen wurde zusätzlich noch zwischen Grasland mit kurzer Vegetation, Grasland mit mittlerer Vegetationshöhe und Grasland mit hoher Vegetation unterschieden. Die unterschiedenen Bodenbedeckungsklassen sind in Tabelle 1 zusammengestellt.

Parallel dazu wurden die Gehölze extrahiert, indem eine Abfrage nach der Kombination von Schatten, Bodenbedeckungsklasse ‚Bäume' und Bodenbedeckungsklasse ‚Mais' gemacht wurde.

3.5.3 Aufbereitung der Ergebnisse für die Modellierung

Wälder, Siedlungen und Straßen, die vor der Klassifizierung maskiert wurden, wurden in das Ergebnis der Klassifizierung eingefügt. Dabei wurden Siedlungen von Straßen (versiegelte Flächen) und versiegelte Straßen von Wegen mit Naturbelag in eigene Klassen getrennt. Zu diesem Zweck wurden Daten aus dem Vektormodell der Landeskarte 1:25.000 verwendet.

Mit Hilfe des Datensatzes der kantonalen Schutzverordnung wurden die Feuchtgebiete verifiziert.

Tabelle 1: Bodenbedeckungsgruppen, Bodenbedeckungsklassen und Landnutzungsklassen der Ortholuftbildklassifizierung

Bodenbedeckungsgruppen	Bodenbedeckungsklassen	Landnutzungsklassen interpretiert
Ackerbau	Getreide - ausgereift - Stoppelacker	Getreide
	Mais	Mais
	Sonnenblumen	Sonnenblumen
	Mischkultur	Gemüsebau, Schrebergärten
	Wildblumenstreifen	Buntbrachen
	lückige Vegetation	krautige Randstruktur
Grasland	sehr chlorophyllreiches Grasland - mit kurzer Vegetation - mit mittlerer Vegetation - mit hoher Vegetation	intensiv genutztes Grasland
	chlorophyllreiches Grasland - mit kurzer Vegetation - mit mittlerer Vegetation - mit hoher Vegetation	mittel intensiv genutztes Grasland
	wenig chlorophyllreiches Grasland - mit kurzer Vegetation - mit mittlerer Vegetation - mit hoher Vegetation	extensiv genutztes Grasland
	lückiges Grasland mit unterschiedlicher Vegetationshöhe	Weide
Reben und Niederstammobstanlagen	Reben	Rebkulturen
	dichter regelmässig linienförmig angeordneter Baumbestand	Niederstammobstanlage
Gehölz	Bäume, Gebüsch	Bäume, Gebüsch
Feuchtgebiet	Feuchtgebiet - Röhricht - Hochmoor - Zwischenmoor - Flachmoor - Grasland feucht	Feuchtgebiet
	Hochstaudenflur	Hochstaudenflur
Wasser	Wasser	Wasser
unversiegelt	vegetationsfreie unversiegelte Fläche	unbefestigte Straßen, Hausumschwung, Kiesgruben
versiegelt	versiegelte Fläche	Siedlung, Einzelhäuser, Straßen
Schatten	Schatten	Schatten

Das überarbeitete Ergebnis der Klassifizierung wurde mit dem 25 × 25 m Gitternetz überlagert. Die resultierenden Gitterzellen wurden in eine Datenbank überführt und jeder Gitterzelle die dominante Bodenbedeckungsklasse zugeordnet. Da die verschiedenen Bodenbedeckungsklassen unterschiedlich fein aufgegliedert waren, wurden sie vor der Bilanzierung innerhalb der Gitterzellen zu Bodenbedeckungsgruppen zusammengefasst (vgl. Tabelle 1). Damit sollte verhindert werden, dass eine von Grasland dominierte Gitterzelle wegen der im

Vergleich zu den Ackerkulturen stärkeren Gliederung des Graslandes einer anderen Gruppe, z. B. Ackerland zugeordnet wird. In einem zweiten Schritt wurde innerhalb der dominanten Bodenbedeckungsgruppen die dominante Bodenbedeckungsklasse abgefragt. Diese wurde dem Gitternetz als Attribut zugewiesen.

Das Resultat wurde visuell überprüft und es wurden Korrekturen vorgenommen.

Zusätzlich wurden die Bodenbedeckungsklassen „Reben", „dichter regelmäßig linienförmig angeordneter Baumbestand", „Sonnenblumen" und „Mischkulturen" unterschieden.

Mit Hilfe des Vektormodells der Landeskarte 1:25.000 und der visuellen Interpretation wurden die extrahierten Gehölze, im Sinne einer Postklassifizierung, den Kategorien „Einzelbäume", „Baumreihe", „Obstbaumreihe", „Hecke" und „Obstgarten" zugeordnet.

Gebietskenntnis und die Daten der Feldkartierung erlaubten es, den Bodenbedeckungsklassen die entsprechenden Landnutzungsklassen zuzuordnen (vgl. Tabelle 1).

4 Diskussion von Methoden und Resultaten

Bei der Klassifizierung hochauflösender Luftbilddaten ist es schwierig, homogene (Nutzungs-)Einheiten abzugrenzen, die der Parzellenstruktur ähnlich sind (vgl. SMITH & FULLER 2001). Mit der Generalisierung auf das 25 × 25 m Gitternetz wurde dieses Problem umgangen. Die visuelle Kontrolle zeigte, dass größere Nutzungseinheiten, die sich über mehrere Gitterzellen erstrecken, meist homogen einer Bodenbedeckungsklasse zugeordnet wurden.

Das gewählte Verfahren hat außerdem den Vorteil, dass das Resultat der ersten Klassifizierung schon in einer frühen Projektphase für die Entwicklung der Modelle genutzt werden konnte. Hätte man eine Segmentierung durchgeführt und deren Resultat als gemeinsame räumliche Modellierungseinheit gewählt, wäre das Landnutzungsmodell der Realität ähnlicher geworden (vgl. SUPPAN et al. 1999). Der Ablauf des Gesamtprojektes hätte sich aber verzögert und die Modelle wären wesentlich komplexer geworden. Der beschriebene Ansatz stellt demnach eine pragmatische Lösung dar.

Das Ziel der zweiten Klassifizierung war, mit Hilfe der Nutzungs- und Biotoptypenkartierung das Resultat der Klassifizierung zu verbessern. Da aus diesem Datensatz eine grosse Anzahl an Trainingsflächen mit detaillierter Information vorlag, war dies möglich. Die Zahl der Trainingsflächen ist ein entscheidender Faktor für die Qualität einer überwachten Klassifikation (WRBKA et al. 1999). Trainingsflächen, die nach repräsentativer Auswahl im Feld erhoben wurden, stellen demnach einen wertvollen Datensatz für die Luftbildklassifizierung dar.

Die Postklassifikation mit den vorhandenen digitalen Daten ermöglichte die zuverlässige Klassifizierung der Feuchtgebiete sowie die Unterscheidung von Siedlung, versiegelten bzw. unversiegelten Straßen. Mit demselben Datensatz konnten auch die extrahierten Gehölze klassifiziert werden.

Die Kombination von überwachter, pixelweiser Klassifizierung mit visueller Interpretation ist deshalb sinnvoll, weil automatisierte Verfahren bei grossen Gebieten objektiver und wirtschaftlicher sind als eine rein visuelle Interpretation (WRBKA et al 1999, 123). Probleme bereiten Klassen, die sehr heterogen sind oder selten vorkommen und solche, die sich spektral überschneiden. Mit Kontextwissen und der Assoziationsfähigkeit des Interpreten / der Interpretin wird mit einfachen Mitteln eine korrekte Klassifizierung erreicht (HILDEBRANDT 1996, 545). Die visuelle Interpretation erlaubt daher neben der Korrektur fehlklassifizierter Flächen auch die Unterscheidung zusätzlicher Klassen.

In bezug auf die Qualität der Klassifizierung zeigte sich, dass in etwa 7 % der Gitterzellen eine Fehlklassifizierung vorlag, die manuell korrigiert wurde. Die korrekte Zuordnung der folgenden Klassen war problematisch:

- Abgeerntete Getreidefelder überschneiden sich spektral mit vegetationslosen Flächen (versiegelt und unversiegelt).
- Abgeerntete Getreidefelder überschneiden sich spektral mit frisch geschnittenen Wiesen.
- Maisfelder überschneiden sich spektral mit Laubgehölz.
- Maisfelder überschneiden sich spektral mit chlorophyllreichen Wiesen mit hoher Vegetation.

Maisfelder, Laubbäume und Wiesen, sowie auch Wiesen und vegetationslose Flächen konnten gut unterschieden und mit vertretbarem Aufwand zuverlässig korrigiert werden. Abgeerntete Getreidefelder und frisch geschnittene Wiesen blieben problematisch in der korrekten Zuordnung. Bei einer rein visuellen Interpretation hätten diese Klassen nicht zuverlässiger zugeordnet werden können.

Die Trainingsflächen für die Bodenbedeckungsklassen ‚Moorfläche' und ‚Röhricht' wurden getrennt ausgewiesen. Eine scharfe Trennung zwischen Mooren und Röhrichten war durch den unterschiedlichen Grad der Verschilfung der Moorflächen nicht möglich. Bei der Zuordnung der Bodenbedeckungsklassen zu den Landnutzungsklassen wurden diese zu Feuchtgebieten zusammengefasst.

Der Vergleich zwischen Ortholuftbild, Ortholuftbildinterpretation und Feldkartierung (Abb. 2) zeigt, dass schmale Strukturen wie Wegränder oder Feldraine sowie schmale Hecken, Baumreihen und Einzelbäume durch die Generalisierung verloren gehen, während Baumgruppen, breitere Hecken und Gehölze sowie teilweise Fliessgewässer abgebildet werden. Dies bedeutet, dass die Landschaftsstruktur in den Grundzügen erfasst wird. Ein Teil der Feinstrukturen, die durch die Generalisierung auf 25 x 25 m verloren gingen, blieb durch die Extraktion und separate Klassifizierung der Gehölze in einem gesonderten Datensatz erhalten. Dieser kann für detailliertere Auswertungen der Gehölzstruktur und der Gehölzverteilung verwendet werden.

Für die Modellierung von Stickstoff- und Phosphorverlusten (SCHMID & PRASUHN 2000) stellt der vorliegende Datensatz eine verbesserte Grundlage dar, da er mit 25×25 m feiner aufgelöst ist, als die in der Schweiz flächendeckend verfügbare ‚Arealstatistik' mit Stichprobenpunkten auf einem 100×100 m Gitternetz, mit der bisher modelliert wurde. Außerdem unterscheidet die Arealstatistik nicht zwischen Ackerkulturen und Grasland.

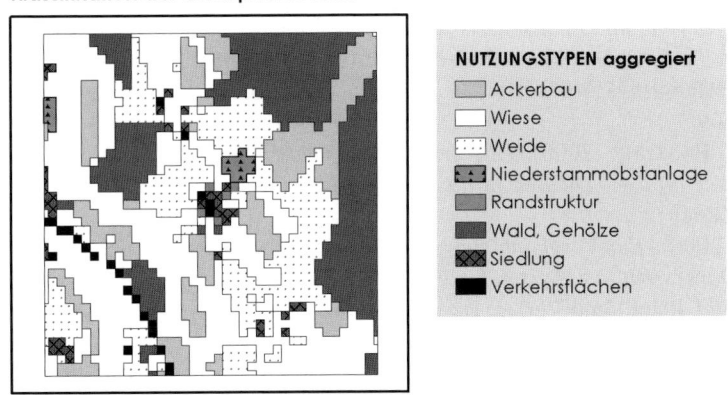

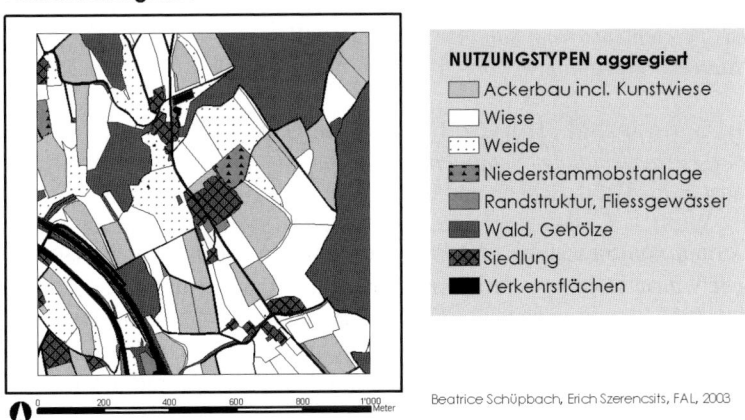

Abb. 2: Vergleich zwischen digitalem Ortholuftbild mit extrahierten, klassifizierten Gehölzen, digitaler Landnutzungsklassifizierung und Feldkartierung

Literatur

BASTIAN, O.& K. SCHREIBER (1999): *Analyse und ökologische Bewertung der Landschaft.* Akademischer Verlag, Heidelberg

BLASCHKE, T. (2000): *Objektextraktion und regelbasierte Klassifikation von Fernerkundungsdaten: Neue Möglichkeiten für GIS-Anwender und Planer.* http://mmp-tk1.kosnet.com/corp/archiv/papers/2000/CORP2000_blaschke.pdf

DELARZE, R., GONSETH, Y. & P. GALLAND (1999): *Lebensräume der Schweiz. Ökologie – Gefährdung- Kennarten.* Ott Verlag Thun

DIETL, W., LEHMANN, J., M. JORQUERA (1998): *Wiesengräser.* Hrsg.: Arbeitsgemeinschaft zur Förderung des Futterbaus, Zürich u. Landwirtsch. Lehrmittelzentrale Zollikofen

DIRNBÖCK, TH., DULLINGER, S., GOTTFRIED, M. & G. GRABHERR (1999): *Die Vegetation des Hochschwab (Steiermark) – Alpine und Subalpine Stufe.* Mitteilungen naturwissenschaftlicher Verein Steiermark, Band 129, S. 111-251. Graz

HILDEBRANDT, G. (1996): *Fernerkundung und Luftbildvermessung für Forstwirtschaft, Vegetationskartierung und Landschaftsökologie.* Wichmann Verlag, Heidelberg

PEZZATI, M. (2001): *Forschungsprojekt Greifensee – Nachhaltige Land- und Forstwirtschaft im Wassereinzugsgebiet des Greifensees.* Agrarwirtschaft und Agrarsoziologie 1/01, S. 143-149

SCHMID, C. & V. PRASUHN (2000): *GIS-gestützte Abschätzung der Phosphor- und Stickstoffeinträge aus diffusen Quellen in die Gewässer des Kantons Zürich.* Schriftenreihe der FAL 35, Zürich

SCHÜPBACH, B. (2000): *Ein Vergleich zwischen landschaftsästhetischer und ökologischer Bewertung. Dargestellt am Beispiel von vier Untersuchungsgebieten im schweizerischen Mittelland.* Peter Lang Verlag, Bern

SMITH, G., FULLER, R.M. (2001): *An integrated approach to land cover classification: An example in the Island of Jersy.* Int. Journal of Remote Sensing, 2001, vol. 22. No.16, S. 3123 - 3142.

SUPPAN, F., STEINWENDNER, J., BARTL, R. & W. SCHNEIDER (1999): *Automatic determination of landscape elements from satellite images.* In: Kovar, P. et al. (Ed.): *Present and Historical Nature-Culture Interactions,* Proceed. of the CLE98 / IALE Conference, Praha.

STEINMEIER, CH., SCHWARZ, M., HOLECZ, F., STEBLER, O. & S. WAGNER (2002): *Evaluation moderner Fernerkundungsmethoden zur Sturmschadenerkennung im Wald.* Eidg. Forschungsanstalt für Wald, Schnee und Landschaft (WSL), Birmensdorf

SZERENCSITS, E., WRBKA, T., REITER, K. & J. PETERSEIL (1999): *Mapping and Visualizing Landscape Structure of Austrian Cultural Landscapes.* In: Kovar, P. et al. (Ed.): *Present and Historical Nature-Culture Interactions,* Proceed. of the CLE98 / IALE Con., Praha

WRBKA, T., REITER K., SZERENCSITS, E., MANDL, P., BARTEL, A., SCHNEIDER, W. & F. SUPPAN (1999): *Landscape Structure Derived from Satellite Images as Indicator for Sustainable Land Use.* Proc. of the EARSEL Symposium on 'Operational Remote Sensing for Sustainable Development' 5/1998, Enschede

WRBKA, T., SZERENCSITS, E. & K. REITER (1997): *Classification of Austrian Cultural Landscapes – Implications for Nature Conservation and Sustainable Development.* In: Miklos, L. (Ed.): *Sustainable Cultural Landscapes in the Danube-Carpathian Region.* Proc.II Intern. Conference on Culture and Environment: S. 31-41; Banska Stiavnica

Realisierungsaufwand zur Herstellung einer Geodatenbasis für die intermodale Routenberechnung zwischen Individual- und öffentlichem Personennahverkehr

Martin STARK und Volker TORLACH

Dieser Beitrag wurde nach Begutachtung durch das Programmkomitee als „reviewed paper" angenommen.

Zusammenfassung

Durch ein besseres Zusammenwirken der Verkehrsträger (Straße, Schiene, Wasser, Luft) kann ein wichtiger Beitrag zu Sicherung der individuellen Mobilität bei stetig steigendem Verkehrsaufkommen geleistet werden. In diesem Beitrag ist anhand eines konkreten Beispiels der Arbeitsaufwand dokumentiert, welcher erforderlich ist, um eine digitale Geodatengrundlage für die Region Stuttgart (ca. 3650 km²) aufzubauen und so den Anforderungen einer netzübergreifenden, intermodalen Routenplanung gerecht zu werden. Darüber hinaus sind Aspekte zur kartographischen Präsentation für den Kunden und Verwertungskonzepte des Systems für die verbesserte Fahrgastinformation des Verkehrs- und Tarifverbundes Stuttgart (VVS) dargestellt.

1 Einleitung

Das Ziel des vorliegenden Beitrags ist die Dokumentation des Aufwands, welcher erforderlich war, eine digitale Geodatenbasis für die intermodale Routenberechnung zwischen dem Individualverkehr (Pkw, Fahrrad, Fuß) und den Verkehrsmitteln des öffentlichen Personennahverkehrs der Region Stuttgart aufzubauen. Bei der intermodalen Routenberechnung werden die Routensuchsysteme der verschiedenen Verkehrsnetze so miteinander gekoppelt (Abb. 1), dass einem Reisenden neben der reinen Fahrtauskunft mit dem Pkw bzw. einem öffentlichen Verkehrsmittel eine Reiseauskunft unter Nutzung beider Verkehrsmittel zur Auswahl gestellt werden kann.

Notwendige Voraussetzung dieser Kopplung ist eine gemeinsame Geodatenbasis, welche die Umsteigepunkte (Haltestellen des ÖV) zwischen dem Straßennetz und dem Verkehrsnetz des öffentlichen Personenverkehrs beinhaltet und umsteigerelevante Informationen in Form von Attributen (Fußwegzeit, P&R-Platz, B&R-Platz etc.) enthält (STARK 2001). Konkret impliziert die gemeinsame Geodatenbasis eine Verknüpfung beider Verkehrsnetze (routingfähiges Straßennetz von z. B. NavTech im GDF 3.0-Format) in Form einer Zuweisung der Haltestellen des öffentlichen Personennahverkehrs (ÖPNV) zu den entsprechenden Straßenkanten.

Im Rahmen des vom Bundesministerium für Bildung und Forschung (BMBF) geförderten Leitprojektes MOBILIST zum Thema „Mobilität in Ballungsräumen" entstand für die Ballungsräume Stuttgart und Ulm durch Zusammenarbeit zwischen der DaimlerChrysler AG, der Firma MentzDV, dem Verkehrs- und Tarifverbund Stuttgart (VVS) sowie den Stadtwerken Ulm (SWU) ein internetbasiertes Auskunftssystem zur intermodalen Routenplanung. Am Beispiel der Region Stuttgart soll hier deshalb der Arbeitsaufwand zur Realisierung der digitalen Geodatengrundlage aufgezeigt und Aspekte der kartographischen Visualisierung zur optisch gerechten Kundenpräsentation sowie mögliche Verwertungskonzepte des Systems im Rahmen von Fahrgastinformationen und Neue Medien (digitale Verkehrslinienpläne) dargestellt werden.

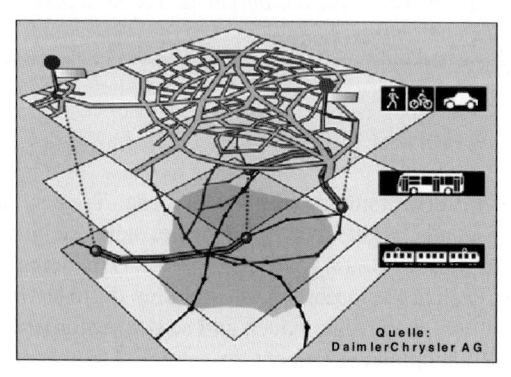

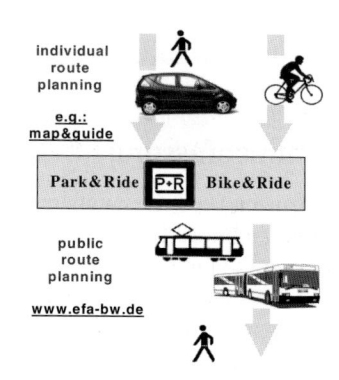

Abb. 1: Verknüpfung mehrerer Verkehrsnetze

2 Funktionsweise einer intermodalen Routenberechnung

Die Ausgangspunkte der intermodalen Routenberechnung sind die Start- und Zieladressen in Form eindeutiger Objektschlüssel der entsprechenden Straßenkanten (Kanten-ID). Während bei der rein auf dem Straßennetz basierenden Routenberechnung mit Hilfe eines geeigneten Algorithmus die kürzeste Verbindung im Netzwerk berechnet wird, ermittelt ein intermodaler Routenplaner zuerst im Umkreis der Start- und Zielkante die jeweils nächstgelegenen Haltestellen des ÖPNV (Abb. 2a). Anschließend erfolgt die Berechnung der besten ÖPNV-Verbindung durch das Elektronische Fahrplan-Auskunftssystem (EFA) (Abb. 2b).

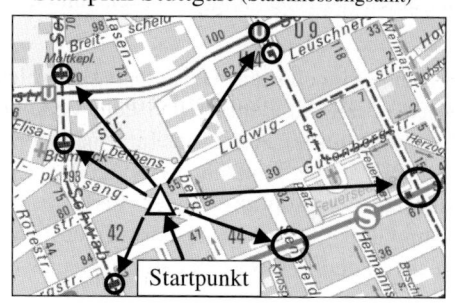

Abb. 2a: Routing von Startpunkt zu möglichen Haltestellen

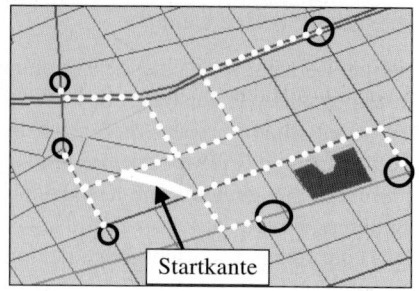

Abb. 2b: EFA-Auskunft zwischen den Haltestellen

Eine intermodale Route wird vom Kunden allerdings nur dann als Alternative zu einer reinen IV- bzw. ÖV-Route gewählt werden, wenn die Übergangswiderstände an den Umsteigestellen minimal sind. Diese können sowohl durch persönliche Präferenzen, z. B. Gewohnheit, Anforderungen an eine bestimmte Art der Gepäckbeförderung, aber auch durch Informationsdefizite über den Umsteigeweg, die benötigte Zeit sowie die angeschlossenen Verkehrsmittel bestimmt sein. Aus diesem Grund ist eine alleinige Objektrelation zwischen Haltestellenobjekten und Straßenkanten unzureichend, vielmehr müssen sämtliche umsteigerelevanten Informationen modelliert und einer Datenbank zugeführt werden.

3 IV/ÖV-Modellierung zur Verknüpfung der Verkehrsnetze

Zur Minimierung der Übergangswiderstände sind dem Kunden lückenlose Informationen über den Umsteigevorgang rechtzeitig vor Fahrtantritt bereitzustellen. Diese Informationen müssen darüber Auskunft geben, an welchem Ort und zu welcher Zeit der Kunde in welches Verkehrsmittel umsteigen muss. Bei der intermodalen Routenberechung ist die Frage nach dem Verbleib des IV-Verkehrsmittels (P&R-Platz, B&R-Platz, etc.) besonders wichtig. Um diese Informationen zu generieren, müssen die Netzwerke der Straße und der Schiene über die ÖV-Haltestellen miteinander verbunden werden. Diese Zuordnung einschließlich der Attributierung mit umsteigerelevanten Informationen wird nachfolgend als IV/ÖV-Modellierung bezeichnet. Sie besteht aus den Einzelschritten:

- Nachbearbeitung der digitalen Straßenkarte
- Modellierung der ÖPNV-Haltestellen
- Erfassung des ÖV-Netzwerks
- Georeferenzierung der Haltestellen und Linien

3.1 Nachbearbeitung der digitalen Straßenkarte

Da die digitale Straßenkarte zum Zwecke der Fahrzeugnavigation und Routenberechnung aufgebaut wurde (CEN 1995), sind in ihr keine flächendeckenden Informationen für das Fußgängerrouting enthalten. Darüber hinaus stehen zur adressscharfen Routenberechnung nur unzureichend Straßenkanten zur Verfügung, die mit Hausnummernbereichen versehen sind. Die Nachbearbeitung der digitalen Straßenkarte umfasst deshalb die (a) Erfassung von Fußwegen an Haltestellen, (b) die Änderung der Attributierung der Straßenelemente sowie (c) das Vervollständigen der Hausnummernbereiche sämtlicher Straßenkanten. Die Erfassung von Fußwegen dient zur fußgängerspezifisch richtigen Berechnung (vgl. JERMANN 2001 und PRINZ 2001) des Weges zwischen Startkanten und Haltestellen. Bei einer Gesamtanzahl von 3440 Haltestellen im Verkehrsgebiet des Verkehrs- und Tarifverbunds Stuttgart mussten für 1376 Haltestellen neue Fußwegverbindungen modelliert werden. Da im Durchschnitt pro Haltestelle ca. zwei Fußwege hinzugekommen sind, kann von einer Gesamtanzahl von 2750 neuen Fußwegen in Form von Kantenelementen ausgegangen werden.

Die *Änderung der Attributierung der Straßenelemente* im Umkreis der Haltestellen ist erforderlich, da die digitalen Straßendaten Attribute enthalten, welche die Nutzung des Straßenelements in Form von zugelassenen Verkehrsmitteln (motorisierter Verkehr, bevorrechtigter Verkehr, Eisenbahn, Straßenbahn) charakterisieren. Eine Änderung dieser Attributierung ist für die Berechnung der Fußwege von der Haltestelle zur Zielkante notwendig und wird durch die Erweiterung der Attributwertliste um „Fußweg" und „Radweg" realisiert. Bei innerstädtischen Bundesstraßen in akzeptabler Fußwegentfernung von ÖPNV-Haltestellen muss deren Attributierung spezifisch angepasst werden, da nicht jede Bundesstraße über Geh- oder Radwege verfügt, die ein diesbezügliches Routen gestattet.

Die *Hausnummernbereiche,* die die Grundvoraussetzung für das Fußgängerrouting von den Haltestellen zu den Start- und Zielkanten darstellen, sind oftmals gar nicht oder nur unvollständig im Datenbestand der digitalen Straßenkarte enthalten. So lagen z. B. im März 2001 für das Gebiet der Bundesrepublik Deutschland im TeleAtlas-Datenbestand (TELEATLAS 2001) nur für ca. 48% der Bevölkerung tatsächlich erfasste Hausnummernbereiche für die Straßenkanten vor. Eine Analyse der Straßendaten (NavTech) mit ArcGIS ergab, dass für nur 24 von insgesamt 141 Gemeinden des VVS-Gebiets Hausnummernbereiche vorliegen. Alle anderen Straßenkanten verfügen lediglich über eine sogenannte Zentrumskoordinate des Straßenelements, die als Zielkoordinaten des Routingalgorithmus verwendet wird. Zur Verbesserung der Auskunftsqualität des intermodalen Dienstes wurden durch den VVS Adressdatenbestände zugekauft und mit den Straßendaten verknüpft.

3.2 Modellierung der ÖPNV-Haltestellen

Das Ziel der IV/ÖV-Modellierung ist die Zuordnung einzelner Haltestellenobjekte zu den Straßen- oder Schienenelementen. Die dafür notwendige Grundlage ist das Datenmodell der Firma MentzDV (MENTZDV 2000) (vgl. Abb. 3). Darin wird eine *Haltestelle* nicht nur durch ein Objekt repräsentiert, sondern hierarchisch in *Haltestellenbereiche* und *Steige* aufgegliedert. Dabei sind die *Haltestellenbereiche* der Start und das Ziel der Fußwege zur Festlegung der Gehzeiten. Eine *Haltestelle* wird immer dann in Bereiche unterteilt, wenn mehr als ein ÖV- oder IV- Verkehrsmittel (S-Bahn, U-Bahn, Auto, Taxi, Fahrrad, Bus) an dieser *Haltestelle* angeschlossen ist. Die *Haltestellenbereiche* können ihrerseits in die *Steige* mit den zugehörigen Attributen der Steignummer, des Steignamens, der Koordinate und der geographischen Referenz unterteilt werden.

Bei diesen *Steigen* kann es sich sowohl um Bahnsteige als auch um Treppen, Aufzüge und ggf. Zugangswege für Fußgänger zu Haltestellen handeln. Sie sind die geographisch genauen Punkte des Ein- oder Ausstiegs bzw. des Wechsels des Verkehrsmittels.

Da im Rahmen des Fahrplanauskunftssystems EFA bereits sämtliche Haltestellenobjekte (122 Schienenhaltestellen) erfasst und in ihre Teilbereiche aufgeteilt worden sind, mussten für die intermodale Routenberechnung lediglich die zusätzlich erforderlichen Haltestellenbereiche und Steige hinzugefügt werden.

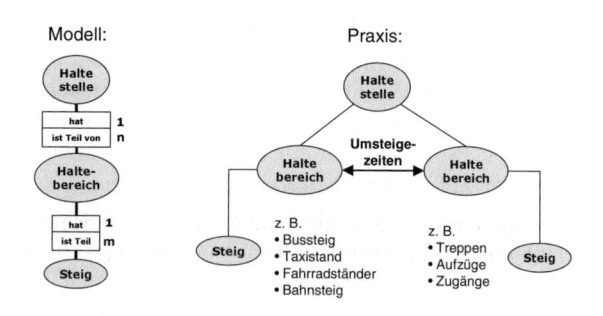

Abb. 3: Datenmodell für Haltestellen des ÖPNV

Tabelle 1: Zeitaufwand zur Modellierung der Schienenhaltestellen

Existierende ÖV Kombinationen	Häufigkeit	Anzahl neuer Bereich			Absoluter Zeitbedarf [min]
		neuer P&R-Platz	neuer B&R-Platz	neuer Taxi-stand	
ohne Bereich	23	21	12	3	72
mit 2 Bereichen	82	62	53	29	288
mit 3 Bereichen	16	13	14	14	82
mit 4 Bereichen	1	1	0	1	4
Gesamt	**122**	**97**	**79**	**47**	**446**

Der Zeitbedarf ergibt sich in Abhängigkeit von der Anzahl neu hinzukommender Bereiche, die den existierenden Haltestellenkombinationen (ohne Bereich, zwei bis vier Bereiche) hinzugefügt werden müssen (Tabelle 1). Berücksichtigt man darüber hinaus den Zeitaufwand zur Modellierung der Haltestellenzugänge mit 540 min sowie der Modellierung der Umsteigezeiten zwischen den existierenden und den neu hinzugekommenen Bereichen mit 520 min, ergibt sich eine benötigte Gesamtzeit zur vollständigen Modellierung der Schienenhaltestellen für das VVS-Gebiet von ca. 25 h.

3.3 Erfassung des ÖV-Netzwerks

Zumal die digitalen Straßendaten der Herstellerfirmen (TeleAtlas bzw. NavTech) die Schienenwege lediglich teilweise und auch nur ihre Geometrie zum Zwecke der kartographischen Visualisierung enthalten, waren sämtliche ÖV-Linien (Schienewege DB und Regionalverkehr, Buslinien) in den Datensatz aufzunehmen. Die Geometrie der Schienenstrecken der DB, in deren Gleisbett S-Bahn- und Regionalbahnstrecken verlaufen, war zu 90 % in der digitalen Straßenkarte enthalten. Für die S-Bahnstrecken betrug die Abdeckung nahezu 100 %, während bei den Regionalbahnen einige Strecken in weniger dicht besiedelten Gebieten fehlten. Die Liniengeometrien der Stadtbahnen im VVS-Gebiet waren zu Beginn der IV/ÖV-Modellierung allerdings nicht digital verfügbar. Da die Linienführung der Busse fast ausschließlich auf den vorhandenen Straßenelementen stattfindet, musste für den Busverkehr keine eigene Netzgeometrie aufgebaut werden, sondern die Buslinien konnten auf die entsprechenden Straßenkanten referenziert werden (vgl. hierzu Abschnitt 3.4). Die Hauptaufgabe der Erfassung des ÖV-Netzes bestand folglich darin, die Linienverläufe der Stadtbahnen vollständig und die Verläufe der fehlenden DB-Strecken nachzudigitalisieren sowie die Buslinien den Straßenkanten hinzuzufügen. Die gesamte Streckenlänge der Schienen im VVS-Gebiet setzt sich zusammen aus

- dem neu zu erfassenden Anteil der Stadtbahnen mit 203 km,
- den nahezu komplett vorhandenen Strecken der S-Bahnen mit 246 km sowie
- den mit ca. 56 km nachzuerfassenden Strecken der Regionalbahn (10 %) (gesamt: 559 km).

Die Erfassungsvorlagen zur Digitalisierung und Orientierung des Linienverlaufs dieser Strecken bilden Orthophotos, die kommerziell auf CD-ROM zu erwerben sind und eigene analoge Verkehrslinienpläne des VVS. Die Nachbearbeitung wurde mit dem Verfahren der Bildschirmdigitalisierung („On-Screen-Digitizing") durchgeführt (vgl. BILL 2001), wobei die Arbeiten in einer Zeit von ca. 32 h realisiert werden konnten.

3.4 Georeferenzierung der Haltestellen und Linien

Die Verbindung zwischen dem Straßenelement und der Haltestelle wird über eine Objektzuweisung realisiert. Im einfachsten Fall (Bushaltestelle) genügt eine Verknüpfung zwischen der ID des Straßenelements und der ID der Haltestelle. Bei komplexen Haltestellen mit mehreren Treppen, Aufzügen, Gleisen und Ebenen genügt diese Verbindung nicht mehr. In diesem Fall ist die Verknüpfung durch einzelne Zugänge modelliert, die dann dem entsprechenden Straßenelement hinzugefügt werden. Die vollständig modellierten Haltestellen werden zusammen mit allen Haltebereichen und Steigen in einem Geoinformationssystem dem Straßennetz überlagert. Das Straßennetz ist dann bereits um die Schienengeometrie relevanter S-, U- und Regionalbahnen erweitert. Im Moment der Überlagerung der beiden Datenbestände existiert außer der Hauptkoordinate, die lediglich zur Platzierung der Haltestelle in der Karte dient, noch keine Georeferenz für die einzelnen Bereiche und Steige. Sie „hängen" in Form einer aufgereihten Perlenkette an der Haltestelle (Abb. 4a) und erhalten erst aufgrund einer manuellen Zuordnung ihre Koordinate zugewiesen. Durch Verschieben eines Steiges auf ein Straßenelement wird die Koordinate des gerechneten Lotfußpunktes dem Steig zugeordnet (Abb. 4b).

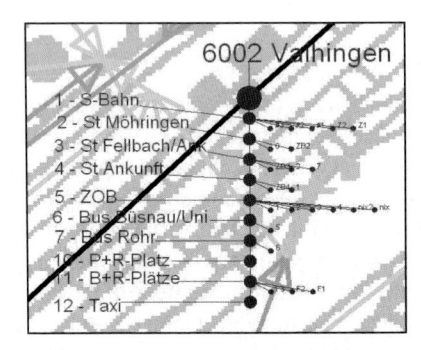

Abb. 4a: Startsituation der Haltestellenreferenzierung

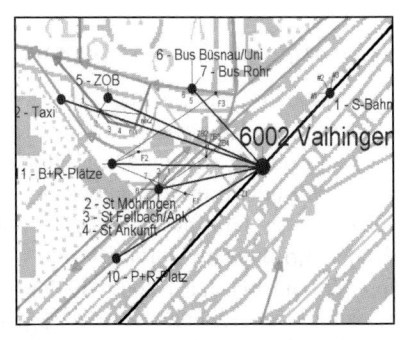

Abb. 4b: Endsituation der Haltestellenreferenzierung

Die *Linienreferenzierung* zwischen Schienenhaltestellen kann, durch die hergestellte Geometrie (vgl. Abschnitt 3.3) automatisiert, GIS-gestützt ablaufen. Für die Bushaltestellen findet diese Linienreferenzierung allerdings in drei aufeinanderfolgenden halb-automatischen Arbeitsschritten statt (Abb. 5).

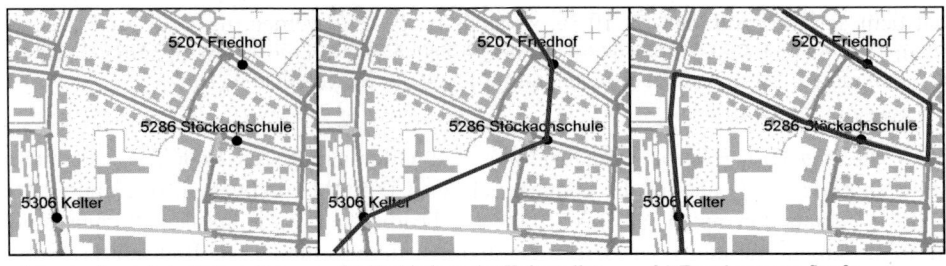

1.) georeferenzierte Haltestellen   2.) Verbindung der Haltestellen   3.) Zuordnung zur Straße

Abb. 5: Ablauf der Linienreferenzierung von Bushaltestellen

Nach der Georeferenzierung der einzelnen Haltestellenobjekte (Bus) (1) erfolgt im zweiten Schritt (2) die Verknüpfung der Haltestellen als „Luftlinien" entsprechend ihrer sequentiellen Reihenfolge über die Informationen aus den Linienfahrplänen automatisch. Erst jetzt erfolgt im dritten Schritt (3) die Zuordnung der Teilstücke zu dem Straßennetz.

Dabei wird die Verbindungslinie durch den Bearbeiter ungefähr in ihrer Mitte angewählt und dieser Linienpunkt in Richtung des gewünschten Straßenverlaufs verschoben. Dadurch wird verhindert, dass der assistierende Routenplaner eine mögliche, jedoch von der Linienführung her falsche, Straßenfolge berechnet. Die Linienreferenzierung, welche hauptsächlich zur Verbesserung der kartographischen Präsentation der dynamisch generierten Haltestellenpläne dient, wurde für alle 524 Linien des VVS durchgeführt, wobei die Gesamtdauer hierfür 185 h betrug.

4 Kostenfaktoren zur Realisierung der Geodatengrundlage

Stellt man die Kostenfaktoren zueinander in Relation, so ergibt sich eine deutliche Dominanz des Preises der *Digitalen Straßenkarte* mit 37 %, gefolgt von jenen für die *Hard- und Software* mit 20 % Anteil (Abb. 6). Darüber hinaus zeigt sich, dass die beiden Kostenstellen *Überprüfung* 19 % und *Georeferenzierung* 15 % innerhalb der IV/ÖV-Modellierung die mit Abstand größten Kostenfaktoren sind.

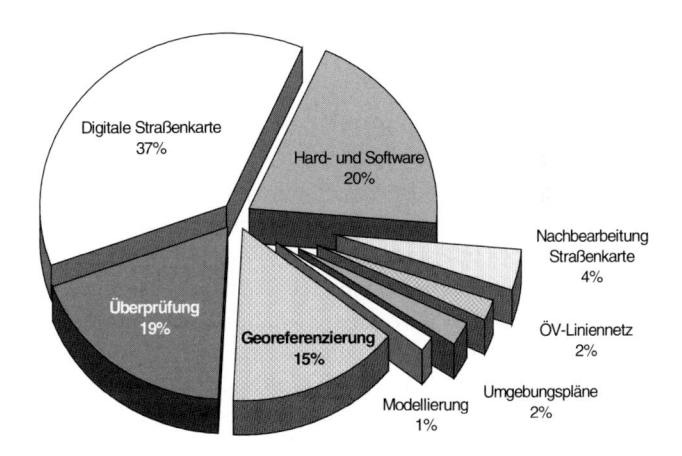

Abb. 6:   Kostenfaktoren der Geodatengrundlage

Ihnen gegenüber stehen die Arbeiten der *Modellierung* (1 %), die Zeichnung der *Umgebungspläne* (2 %), die Digitalisierung des *ÖV-Netzes* (2 %) und die *Nachbearbeitung der Straßenkarte* (4 %). Sie haben in der Summe lediglich einen Anteil von 7 % an den Gesamtkosten. Vergleicht man den Kostenfaktor der IV/ÖV-Modellierung von insgesamt 22 % mit dem der Überprüfung von 19 %, so kann festgestellt werden, dass zur zuverlässigen Realisierung einer Geodatenbasis nicht nur die Datenerfassung, sondern auch die Qualitätskontrolle der eigenen Datenerfassung einen maßgeblichen Kostenfaktor darstellt. So wurden im Rahmen des 1992 fertig gestellten Benchmarktests EDRM, welcher zur Vorbereitung des Aufbaus der europäischen Straßendatenbank für die Fahrzeugnavigation im Rahmen des EU-Projekts DRIVE durchgeführt wurde, die annähernd gleichen Anteile für die Erfassung der Daten (23 %) bzw. deren Überprüfung und Korrektur (26 %) ermittelt werden (MÖHLENBRINK 1992).

5 Verwertungskonzepte des Verkehrs- und Tarifverbunds Stuttgart

5.1 Kundenorientierte Optimierung der Fahrplanauskunft EFA

Der Verkehrs- und Tarifverbund Stuttgart (VVS) nutzt die für MOBILIST erbrachten Leistungen für die Weiterentwicklung der internetbasierten Elektronischen Fahrplanauskunft (EFA) zu einem intermodalen zeitlichen und räumlichen ÖV/IV-Auskunftssystem. Ziel ist es, den gestiegenen Erwartungen an eine moderne, umfassende Fahrgastinformation gerecht zu werden. Dies bedeutet auch, dass nach einer Ersterfassung die betreffenden Geodaten permanent an das sich ständig verändernde ÖPNV-Netz angepasst werden müssen. Die erforderliche Datenpflege (z. B. bei Fahrplanänderungen, baulichen Maßnahmen an Haltestellen oder Siedlungsentwicklung) stellt zum einen ein neues Tätigkeitsfeld eines Verkehrsverbundes dar, bedingt jedoch auch einen intensiven Arbeits- und Personalaufwand. Dieser kann aus Sicht des Verbundes nur realisiert werden, wenn sich daraus eine hohe qualitative und kundenorientierte Informationsdichte ableitet, welche sich aus den folgenden Aspekten zusammensetzt:

- Nutzbarmachung der hauptsächlich für eine kartographische Präsentation geschaffenen Datenbasis für die ÖPNV-Benutzer in Form von informativen und einfach zu lesenden Vektorkarten.
- Flächendeckende Bereitstellung von Haltestellen- und Routinginformationen. Gerade in weniger dicht besiedelten Gebieten können diese Informationen z. B. für potentielle Pendler wichtig sein.
- Informationen zur behindertengerechten Ausstattung von Haltestellen
- Nicht nur die Start- und Zieladresse vereinfachen die Auskunftserstellung, sondern auch die Angabe von „points of interest" (Behörden, Hotels, Freizeiteinrichtungen etc.) für die Kunden. Die ca. 2500 POIs im Gebiet des VVS, die in der bisherigen EFA erfragt werden können, werden sukzessive für eine räumliche Fahrplanauskunft georeferenziert. Komplexe Flächen-POIs wie Parks werden mit verschiedenen Zugängen versehen, die beim Routing angesteuert werden können.

Die qualitativ hochwertige Gestaltung der digitalen Routingkarten bildet einen Schwerpunkt der Fahrgastinformation im Internet. Es sind weniger die kleinmaßstäblichen Übersichtskarten, die eine Fahrtroute im Gesamtverlauf anzeigen, als die Umstiegssituationen an einer Haltestelle oder die Fußwege zu einer Haltestelle, die eine hochwertige Orientierung geben sollen. Während von vielen Anbietern digitaler Karten den Bedürfnissen der Nutzer kaum Rechnung getragen wird, können mittels einer kundengerechten Gestaltung dieser Karten (Lesbarkeit von Straßennamen, Farbgebung, Orientierungselemente, Hervorhebung der ÖPNV-relevanten Inhalte) innovative Ergebnisse erzielt werden.

5.2 Umsetzung von Verkehrslinienplänen auf Basis georeferenzierter Linienwege

Die für die optische Kartenpräsentation angezeigten Linienwegen der verschiedenen ÖPNV-Verkehrsmittel zum Zwecke der Orientierung (in welche Richtung fährt der Bus etc.) stellen im Rahmen der Georeferenzierung für die intermodalen Dienste einen beträchtlichen Arbeitsaufwand dar. Der Grund hierfür liegt daran, dass sämtliche Fahrten bzw. Teilstrecken in Hin- und Rückrichtung aus einem bestehenden Fahrplan generiert und anschließend halbmanuell geroutet werden müssen. So gibt es Buslinien, deren Linienwege aufgrund von Stichfahrten und im Tagesverlauf häufig variierender Fahrten aus bis zu 100 Teilstrecken aufgebaut sind. Für das Gebiet des VVS waren deshalb insgesamt ca. 15.000 Teilstrecken (Fahrten zwischen zwei Haltestellen) zu routen.

Der Schwerpunkt des künftigen Einsatzes der modellierten Linien liegt im Ersatz unterschiedlicher Printmedien im Bereich von Verkehrslinienplänen, welche heute arbeitsintensiv von Hand erstellt werden. Bei der händischen Kartengestaltung werden auf eine Kartengrundlage manuell die Linienwege eingezeichnet, was den Vorteil hat, dass ein erfahrener Bearbeiter optisch sehr anspruchsvolle Karten erzeugen kann. Diese Qualität wird aber mit einem sehr hohen Aufwand erzielt, welcher Aktualisierungen der Pläne teuer und zeitaufwändig macht. Abb. 7 zeigt einen Ausschnitt aus dem Verkehrslinienplan Stuttgart, der auf Basis einer digitalen Karte sowie modellierter Haltestellen und gerouteter Linienwege im PDF-Format erzeugt wurde. In diesen Karten sind zwar im Vergleich zu herkömmlichen Verkehrslinienplänen weniger topographische Basisinformationen vorhanden, die eine herkömmliche topographische Hintergrundkarte enthält, dafür tritt die ÖPNV-Thematik stärker in den Vordergrund. Durch eine geeignete Konfiguration der darzustellenden Objekte können Mängel wie die automatische Positionierung von Beschriftungen abgefangen werden. Die verschiedenen Typen von Verkehrslinienplänen des VVS, welche auf der Basis digitaler Vektorkarten mit Routinginformationen zukünftig erstellt werden, sind in Tab. 2 abgebildet.

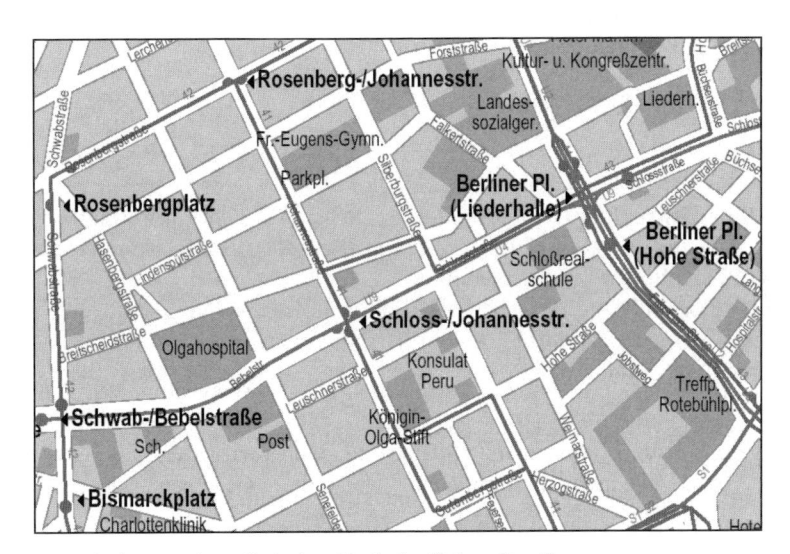

Abb. 7: Ausschnitt aus dem digitalen Verkehrslinienplan Stuttgart

Tabelle 2: Produktübersicht Verkehrslinienpläne beim VVS

Produkt	Verwendungszweck	Format	Maßstab	Ausschnitte	Auflage
Regionaler Verkehrslinienplan	Aushang an großen Haltestellen, für Behörden und Verwaltungen	A0	1:25.000	16	groß
Gemeindebezogener Verkehrslinienplan	Werbung und verkaufsfördernde Maßnahmen	A2	1:7.000 – 1:15.000	ca. 50	groß
Stadtplanausschnitt an Haltestellen	Haltesteleninformation	A4	1:5.000	ca. 500	klein
Linienverlaufsplan	Internet, für Planungen	A3	variabel	ca. 350	klein

6 Ausblick

Durch den Aufbau dieser intermodalen routingfähigen Geodatengrundlage können nicht nur reine Reiseauskunftssysteme mit innovativen Informationen versorgt werden. Die exakten Streckenlängen der einzelnen Linien lassen sich optimal für die Zwecke der Betriebsleistungsstatistik und als Planungsgrundlage für zukünftige Linien verwenden. Eine aufwendige Erhebung vor Ort entfällt. Des weiteren können mit Hilfe der neuen Technik Pläne und Karten mit variablen Inhalten und Maßstäben flexibel erzeugt werden. Darüber hinaus erfolgt die Umsetzung der GIS- und ÖV-Daten in die Pläne praktisch ohne Informationsverlust, da die bisherigen Abstimmungen zwischen den verschiedenen Zuständigkeitsbereichen (Fahrplanabteilung, Planer, Kartographen) entfallen. Und schließlich besteht hier ein großes Einsparpotential, indem durch den Wegfall von externen Kartographen sowie aufwendigen Drucktechniken Kosten reduziert werden.

Literatur

BILL, R. (2001): *Lexikon der Geoinformatik*, Heidelberg, Wichmann Verlag
Cen (2003): *Geographic Data Files – Version 3.0*, Europäisches Komitee für Normung, CEN TC 278. (http://www.ertico.com)
JERMANN, J. (2002): *GIS-gestützte Modellierung von Anmarschwegen auf Haltestellen des öffentlichen Verkehrs.* In: Strobl, J. et al (Hrsg.): Angewandte Geographische Informationsverarbeitung. XIIV Beiträge zum AGIT-Symposium 2002, Heidelberg, Wichmann Verlag 2002
MentzDV (2000): Internetseite der Fa. MentzDV: (http://www.mentzdv.de)
MÖHLENBRINK, W. (1992): *EDRM-Further Strategy, Outlook,* Beitrag zum Internationalen Workshop: European Digital Road Map, unveröffentlicht.
PRINZ, T. (2002) *GIS als Instrument zur Standortoptimierung im öffentlichen Personennahverkehr,* In: Strobl, J. et al (Hrsg.): Angewandte Geographische Informationsverarbeitung. XIIV Beiträge zum AGIT-Symposium 2002. Wichmann-Verlag. Heidelberg
STARK, M. (2001): *Informationsanforderung an die intermodale Routensuche zur Verknüpfung der Verkehrsnetze.* Artikel zur DGON Jahreshauptversammlung 2001, Mobilität und Sicherheit, Wolfsburg
TeleAtlas (2000): *MultiNet, Standard Data Model Description*, Version 3.0, TeleAtlasBV, Gent, Belgien, interne Spezifikation (unveröffentlicht)

3D-Stadtmodelle mit dem CyberCity-Modeler – Generierung und Echtzeitbegehung

Franz STEIDLER und Michael BECK

Zusammenfassung

Virtuelle 3D-Stadt- und Werksmodelle nehmen im Geodatenmarkt eine immer größere Bedeutung ein. Der an der ETH Zürich ursprünglich in einem Forschungsprojekt entworfene *CyberCity-Modeler* wurde von CyberCity AG weiterentwickelt. Mit den Produkten *TerrainView* und *CityView* der ViewTec AG können die mit dem *CyberCity-Modeler* generierten Daten in Echtzeit visualisiert werden.

1 Einführung

In stark zunehmendem Umfang verlangen viele Disziplinen wie Stadt- und Regionalplanung, Telekommunikation, Umweltwissenschaften, Versicherungswesen, Tourismusindustrie, Denkmalschutz, etc. nach 3D-Daten städtischer und ländlicher Bereiche in digitaler und strukturierter Form. 3D-Modelle dienen Architekten, Stadt- und Verkehrsplanern zur Visualisierung ihrer Objekte in der natürlichen Umgebung und zur Berechnung von Immissionen und damit zur Verhinderung von Einsprachen. Weiterhin hilft es Tourismusmanagern zur Darstellung von Sehenswürdigkeiten, Restaurants und Hotels. Energieversorger benötigen es zur optimalen Ausrichtung von Solarzellenanlagen, Mobilfunkbetreiber zur Bestimmung von Antennenstandorten, Versicherungen zur Beurteilung von Gefahren bei gefährlichen Transporten oder Naturkatastrophen.

Virtual Reality (VR) Systeme werden in der heutigen Zeit zur 'Echtzeit-Visualisierung' dreidimensionaler Sachverhalte in verschiedenen Gebieten wie beispielsweise Chemie, Medizin, Simulation, Konstruktion, Design und Architektur erfolgreich eingesetzt.

Konventionelle Geographische Informationssysteme, welche auf einem Datenbanksystem beruhen, bieten eine Vielzahl von Operationen auf geographischen Daten an, ohne das in einem Virtual Reality System gewünschte 'Echtzeitverhalten' für den Zugriff auf mehrdimensionale Daten zu bieten.

2 Datenfluss des *CyberCity-Modelers (CC-Modeler™)*

Folgende Arbeitsschritte sind erforderlich zur Generierung der 3D-Modelle:
1. Erfassen der Geometrie aus photogrammetrischen Stereomodellen
2. Kontrollieren und Editieren
3. Verschneiden der Trauflinien mit dem Digitalen Geländemodell
4. Dachüberstände: Verschneiden von Grundrissen mit den Dächern

5. Anbringen der Texturen der Dächer
6. Anbringen der Texturen der Fassaden
7. Anbringen der Texturen des Geländes

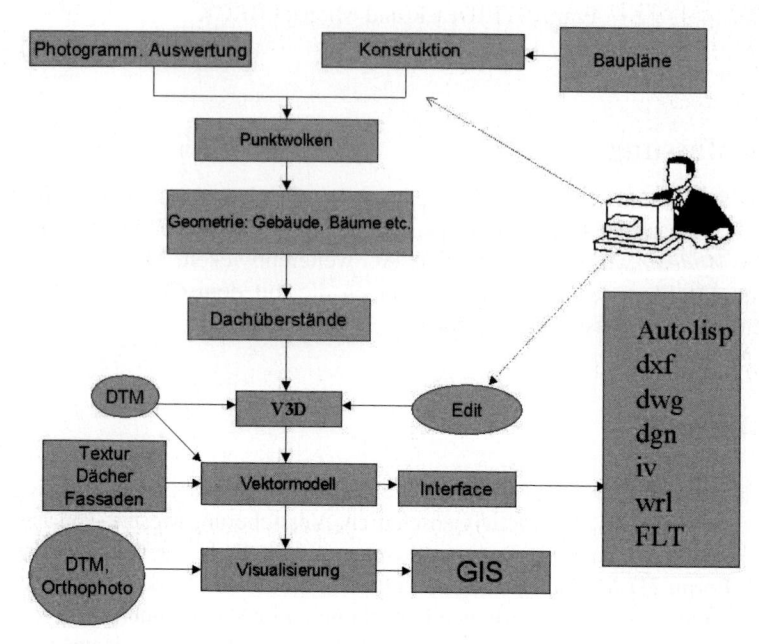

Abb. 1: Datenfluss zur Generierung und Visualisierung von 3D-Stadtmodellen

2.1 Erfassung der Geometrie aus photogrammetrischen Stereomodellen

Bei der Datenerfassung werden die Einzelpunkte des Objekts nach zwei Typen entsprechend ihrer Funktion und Struktur kodiert: Dachbegrenzungspunkte und innere Punkte. Es liegt in der Verantwortung des Operateurs, den Detaillierungsgrad je nach Aufgabenstellung selbst zu bestimmen. Die gemessenen Punkte werden automatisch strukturiert und zu Flächen umgewandelt. Als Ergebnis liefert der *CC-Modeler* sämtliche Oberflächenbeschreibungen und speichert die Daten objektweise im internen V3D-Format. (GRÜN, STEIDLER & WANG 2000).

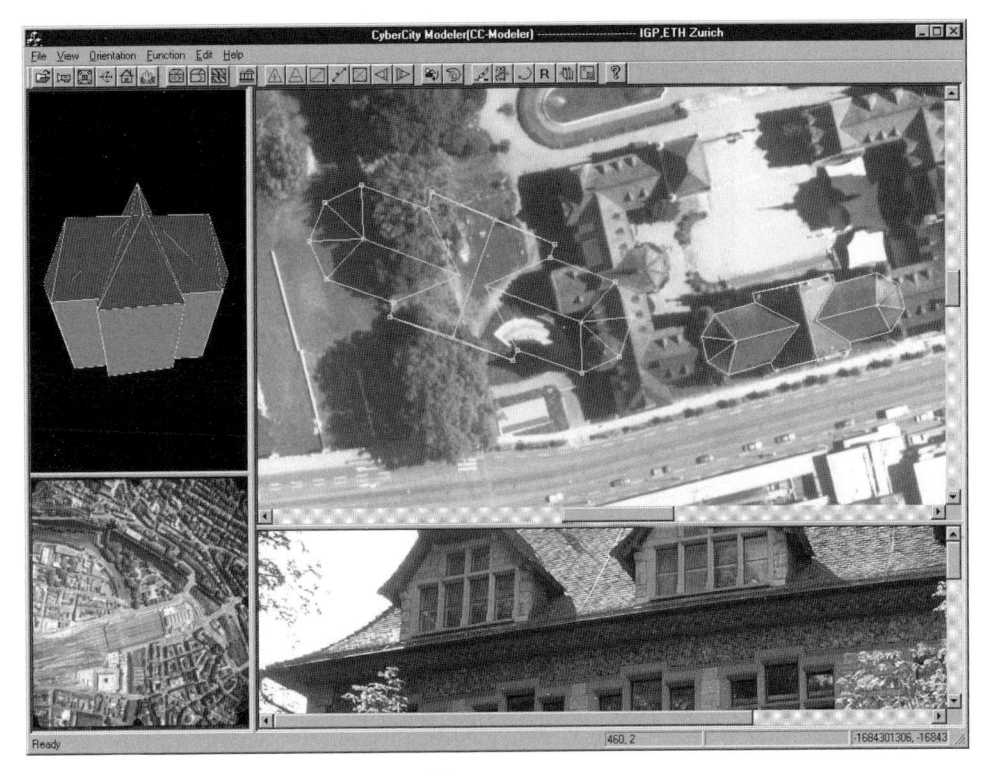

Abb. 2: Benutzeroberfläche *CC-Modeler*

2.2 Kontrollieren und Editieren

Die 3D-Modelldaten können je nach den Anforderungen auch editiert werden, wobei einige Editierfunktionen auch automatisch ablaufen können. Es stehen über 20 Editierfunktionen zur Verfügung. Darunter fallen Funktionen wie Rechtwinkligkeit, Anhalten von gleichen Höhen der Traufen- und Firstlinien, Parallelität von Trauf- mit Firstlinien, Verschieben von sich überschneidenden Objekten und von Einzelobjekten, Einrechnen von Punkten in Linien (2D- oder 3D), Kopieren von Gebäuden, Einrechnen von Kreisen, Idealisierung von Standardformen etc.

2.3 Verschneiden der Trauflinien mit dem Digitalen Geländemodell

Als Option können die Trauflinien mit dem Digitalen Geländemodell verschnitten werden. Die senkrechten Flächen bilden die Wände. Dieser Schritt wird mit dem *CC-Modeler* automatisch durchgeführt.

2.4 Dachüberstände: Verschneiden von Grundrissen mit den Dächern

Falls die Grundrisse der Gebäude zur Verfügung stehen, können diese den Dächern zugeordnet und mit ihnen automatisch verschnitten werden. Dadurch erhält man die Dachüberstände, wie in Abbildung 3 gezeigt.

Abb. 3: Generierung von Dachüberständen

2.5 Anbringen der Texturen der Dächer

Die Dachtexturen können mit Hilfe des *CC-Modeler* automatisch angebracht werden. Die Dachumringungspolygone werden hierzu ins Luftbild projiziert und die darin liegenden Texturpixel auf das 3D-Modell transformiert. Die Orientierungparameter der Luftbilder müssen hierfür bekannt sein.

2.6 Anbringen der Texturen der Fassaden

Um der Realität von 3D-Stadt- oder Werksmodellen besonders nahe zu kommen, können Fassadenbilder angebracht werden. *CC-Mapping* erlaubt auf einfache Art die Integration der Fassadenbilder. Die notwendigen Arbeitsschritte sind Photographieren, Editieren und Anbringen.

Die Fassadenphotos werden mit einer Digitalkamera aufgenommen. Man sollte sich auf ein Bild pro Fassade beschränken und das Photo senkrecht auf die Fassade ausrichten. Auch soll vermieden werden, dass sich so wenig wie möglich Hindernisse wie Bäume, Autos, Menschen etc. zwischen Aufnahmestandpunkt und Fassade befinden. Durch solches Vorgehen kann später hoher Editieraufwand vermieden werden. Es lässt sich dennoch in der Praxis oft nicht verhindern, dass pro Fassade mehrere Aufnahmen gemacht werden müssen, da der Abstand vor dem Objekt meist begrenzt ist. Diese Aufnahmen sollten sich so überlappen, dass einige Punkte auf beiden Bildern identisch und leicht wieder erkennbar sind. Verbleibende Hindernisse im Bild müssen entfernt werden. Dies geschieht durch Nachbearbeitung mit kommerziellen Bildverarbeitungsprogrammen (*Photoshop*, etc.). Bei „mehrteiligen" Fassaden werden die einzelne Bilder entzerrt, editiert, in der Farbe aufeinander abgestimmt und zusammengesetzt.

Vom gesamten Arbeitsgang zur Generierung der 3D-Stadtmodelle ist dieser Teil der aufwendigste, da hier die manuelle Bearbeitung nicht zu vermeiden ist.

Liegt nach dem Editieren pro Fassade jeweils ein entzerrtes Bild vor, wird dieses auf der entsprechenden Seite des 3D-Gebäudemodells angebracht. Dies geschieht mit dem *Cyber-*

City-Modeler oder dem *CC-Mapping* (Modul von *CC-Modeler™*, Abbildung 4). Wegen der besseren Übersichtlichkeit wird das gesamte 3D-Modell dargestellt. Die zu texturierenden Fassaden können frei ausgewählt, bereits texturierte Fassaden angezeigt und abgefragt werden. Die zu mappende Fassade wird angewählt und im Photo durch 4 oder mehrere Punkte (im Perspektivbild oder im Grundriss) identifiziert. Die Entzerrung findet automatisch statt.

Abb. 4: Anbringen von Fassadenphotos mit *CC-Mapping*

3 Visualisierung mit TerrainView

TerrainView ist ein Virtual Reality basiertes geografisches Informationssystem (VRGIS). mit interaktiver Benutzerschnittstelle. Es erlaubt die freie Navigation des Benutzers innerhalb und außerhalb eines selektierten geographischen Geländes und bietet Standard GIS-Funktionalität (Anfragen, Analyse) durch eine 3D-Datenbank. Datenbankeigenschaften können direkt durch Klicken in die perspektivische Landschaft dargestellt werden.

Die Sichtbarkeitsfunktion ist ein natürlicher und integrierter Bestandteil der Benutzerschnittstelle. Auf der Basis der *TerrainView* Anwendung wurden mit geringem Aufwand verschiedene VR Applikationen entwickelt. Die Verwendung von Standardsoft- und Hardwarekomponenten war bei der Realisierung der Virtual Reality Applikation *TerrainView* von zentraler Bedeutung.

Die Architektur von *TerrainView* wurde so ausgelegt, dass das VR System in der Lage ist, große geographisch Gebiete (Schweiz, Deutschland, Europa, etc.) auf einem PC mit dem Betriebssystem Windows zu explorieren.

Damit eine hohe Interaktivität der VR-Benutzerschnittstelle erreicht wurde, mussten verschiedene Optimierungen durchgeführt werden. Die dynamische Verwaltung des Terrains zur Laufzeit konnte durch eine Aufteilung der Geländedatenbasis in Mosaikteile und deren verzögerungsfreies Nachladen zur Laufzeit realisiert werden. Die Anzahl Polygone in der zu visualisierenden Szene muss minimal sein und zum anderen darf das Bildmaterial für die Texturierung nicht zu groß sein. *TerrainView* bietet hierzu Unterstützung durch die „Level of Detail" (LOD) Verwaltung an. Mehrere distanzabhängige Auflösungsstufen können so in Abhängigkeit zum Betrachterstandort verwaltet werden. Je näher man beim Objekt ist, um so detaillierter wird die Szene dargestellt. Damit durch das Wechseln verschiedener LODs die adaptiv triangulierten Mosaikflächen an den Kanten keine Löcher aufweisen, müssen sie entsprechend feinmaschig bleiben. Die Texturdaten werden Wavelet-komprimiert und zur Laufzeit in verschiedenen Auflösungsstufen distanzabhängig geladen.

Als Geländedatenbasis dienen digitale Oberflächenmodelle weltweit mit einer Maschenweite von bis zu wenigen Zentimetern. Zur Erhöhung des Realitätsgrades des zu visualisierenden geographischen Gebietes wurden verschiedene Texturkonzepte eingesetzt. Satellitenbilder sowie Luftbilder können in sehr hoher Auflösung in *TerrainView* verwendet werden. Damit die Geländedatenbasis verschiedenen Benutzern gleichzeitig zur Verfügung gestellt werden kann, wurde zusätzlich eine Webvariante von *TerrainView* realisiert.

Die Haupteigenschaften von *TerrainView* sind:
- Geländeverfolgung in konstanter Höhe
- Integrierte Fluginstrumente
- Automatisches LOD Switching
- Verschiedene Flugmodi
- Realistische Wetterdarstellung
- Direkte Generierung von Bildsequenzen für Digitalfilme
- Integrierte 2D-Darstellung für einfache Navigation
- Netzwerkfähigkeit
- Erweiterbare Benutzerschnittstelle

4 Schlussfolgerungen

Das Softwarepaket *CC-Modeler*™ *(CyberCity-Modeler)* ist sehr gut geeignet zur halbautomatischen Generierung von Stadtmodellen. Durch Anbringen von Texturen für Dächer, Fassaden und Gelände kommen wir der Realität schon sehr nahe. Mit der *CityView* Applikation können die 3D-Gebäudedaten für die Darstellung in Echtzeit aufbereitet werden. Das interaktive Visualiserungswerkzeug *TerrainView* bietet komfortable Möglichkeiten zur Echtzeitbegehung von Stadt- und Werkslandschaften und zur Ansteuerung eines GIS.

Literatur

BECK, M. (1999): *WorldView - Ein generisches Virtual Reality Framework für die interaktive Visualisierung grosser geographischer Datenmengen.* Dissertation in Informatik an der Universität Zürich

GRÜN, A., STEIDLER, F. & X. WANG (2000): *CyberCity Modeler – ein System zur halbautomatischen Generierung von 3-D Stadtmodellen.* Vermessungsingenieur 8-00

GRÜN, A. & X. WANG (1998): *CC-Modeler: A topology generator for 3-D city models.* Presented Paper ISPRS Commission IV Symposium on "GIS - between Vision and Application", September 7-10, Stuttgart

GRÜN, A. & X. WANG (1999): *CyberCity Spatial Information System (SIS): A new concept for the managemnet of 3D city models in a hybrid GIS.* Proc. 20th Asian Conference on Remote Sensing, November, Hongkong, pp. 121-128

Beobachtung der Siedlungsentwicklung in österreichischen Zentralräumen

Klaus STEINNOCHER, Christian HOFFMANN und Mario KÖSTL

Zusammenfassung

Im Rahmen des Projektes EO-PLAN-GIS wird für drei österreichische Zentralräume (Achse Klagenfurt – Villach, das Rheintal in Vorarlberg und das Dreieck Linz – Wels – Steyr) die Entwicklung der bebauten Flächen der letzten 15-30 Jahre analysiert. Als Bilddaten kommen CORONA Aufnahmen aus den späten 60er Jahren, SPOT-Daten aus den 90ern und aktuelle IRS-1C/D Aufnahmen zum Einsatz. Die aus den Siedlungsmasken abgeleiteten Veränderungskarten zeigen die räumliche Entwicklung der Siedlungsflächen. Die Integration von Zensusdaten ermöglicht in der Folge eine differenzierte Betrachtung des Flächenverbrauches und seiner Entwicklung.

1 Einleitung

Der zunehmende Flächendruck vor allem in suburbanen Räumen erfordert effektive Methoden zur Stadt- und Raumplanung auf Basis aktueller raumbezogener Informationen. Ein Großteil des verfügbaren Informationsbestandes beschränkt sich jedoch auf Querschnittsinformationen, die aus amtlichen Statistiken abgeleitet werden. Sie beziehen sich auf statistische Raumeinheiten wie Bezirke, Gemeinden oder Zählsprengel. Die geographische Ausprägung dieser Entwicklungen innerhalb der statistischen Einheiten wird in der Regel nicht erfasst. Während innerhalb von Städten die Größe der Zählsprengel ausreicht, um auf die räumliche Verteilung der Bevölkerung zu schließen, sind die Zählsprengel in Stadtumlandgebieten zu groß, um räumlich detaillierte Untersuchungen durchzuführen. Durch die Einbindung von Satellitenbildern kann jedoch die realräumliche Komponente berücksichtigt und die Zensusinformation räumlich verfeinert werden (CHEN 2002).

Die im folgenden präsentierten Untersuchungen basieren auf der Verknüpfung von Information über Siedlungsflächen aus Satellitendaten mit Bevölkerungsdaten aus dem Zensus. Die dafür eingesetzten Methoden wurden bereits ausführlich diskutiert und können in STEINNOCHER (1997), STEINNOCHER et al. (2000) und STEINNOCHER & KÖSTL (2001) nachgelesen werden. Das vorliegende Paper konzentriert sich auf die Anwendung dieser Methoden zur Untersuchung österreichischer Zentralräume und die Erstellung von Pilotprodukten im Rahmen des Projektes EO-PLAN-GIS.

2 Untersuchungsräume

In Abstimmung mit den Fachleuten der Landesregierungen von Kärnten, Oberösterreich und Vorarlberg wurde eine erste Abgrenzung der Untersuchungsgebiete durchgeführt. Danach wurden die aktuellen Szenen des IRS-1C/D und die Aufnahmestreifen von CORONA respektive die SPOT-Szene mit den Gemeindegrenzen von 1999 verschnitten, wobei nur vollständige Gemeindeflächen berücksichtigt wurden. Diese Vorgangsweise stellt sicher, dass der Vergleich zwischen den beiden Zeitpunkten sowohl auf real-räumlicher als auch auf statistischer Ebene in konsistenter Art und Weise möglich ist. Abbildung 1 gibt einen Überblick über die Untersuchungsgebiete.

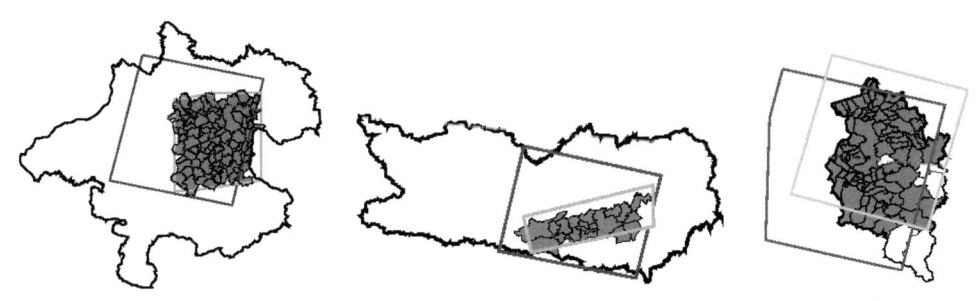

Abb. 1: Übersicht über die drei Untersuchungsgebiete und deren Abdeckung durch Satellitenbildszenen. Links: Oberösterreich, Mitte: Kärnten, rechts: Vorarlberg. Die äußere Umrandung repräsentiert die Landesgrenzen, die untersuchten Gemeinden sind grau hinterlegt.

In Oberösterreich wurden CORONA-Aufnahmen aus 1965 und eine IRS-1D Szene aus 2001 analysiert. Der gesamte Untersuchungsraum bedeckt eine Fläche von ca. 2134 km² und umfasst neben der Landeshauptstadt Linz 89 Gemeinden des oberösterreichischen Zentralraumes, darunter auch die Städte Steyr und Wels.

Das Untersuchungsgebiet Kärntner Zentralraum umfasst 20 Gemeinden inklusive der Städte Klagenfurt und Villach und bedeckt insgesamt ca. 898 km². Als Datengrundlage wurde ein CORONA Streifen aus 1967 und eine IRS-1C Szene aus 2001 herangezogen.

In Vorarlberg umfasst das Untersuchungsgebiet das gesamte Landesgebiet, eine Fläche von ca. 2600 km². Die von der IRS-1C Szene aus 2000 nicht abgedeckten Gebiete wurden auf Basis einer ETM-Aufnahme aus 2001 visuell interpretiert. Da keine wolkenfreien CORONA-Aufnahmen von Vorarlberg verfügbar waren, musste für die historische Betrachtung auf eine SPOT Szene von 1990 zurückgegriffen werden. Für die Gemeinden Lech, Warth, Schröcken und Damüls konnte aufgrund der Aufnahmeverhältnisse von 1990 (Schneebedeckung) keine Wohnbauland-Änderungen festgestellt werden, sodass von den 96 Gemeinden nur 90 vollständig analysiert werden konnten.

3 Analyse

Oberösterreichischer Zentralraum

Tabelle 1 zeigt die Wohnbauland- (Wobl) und Bevölkerungsentwicklung (Bev) in aggregierter Form. Die Wohnbaulandfläche im gesamten Untersuchungsraum hat um 64,6 % zugenommen, während die Bevölkerung nur um 12,2 % gestiegen ist. Der massive Bevölkerungsanstieg im Bezirk Linz-Land und die damit verbundene Siedlungstätigkeit geht vor allem auf Kosten der Stadt Linz, die einen Bevölkerungsrückgang von fast 11% aufweist.

Tabelle 1: Wohnbauland- und Bevölkerungsentwicklung im Oberösterreichischen Zentralraum

	Fläche [ha]	Wobl65 [ha]	Wobl00 [ha]	Bev71	Bev01
Untersuchungsraum	213.367	10.277	16.920	558.576	626.923
Bezirk Linz-Land	46.075	2.368	4.006	98.552	129.059
Stadt Linz	9.559	1.764	2.456	205.308	183.504

Die stärksten prozentuellen Zuwächse weisen kleinere Gemeinden auf. Interessant ist dabei das Wachstum der nordöstlich von Linz gelegenen Gemeinden, was wahrscheinlich mit der besseren Anschließung dieser Region durch den Bau der Mühlkreisautobahn zu erklären ist. Ein weiteres Gebiet mit sehr starkem Anstieg des Wohnbaulandes liegt im Zentrum des Untersuchungsraumes zwischen West- und Inkreisautobahn.

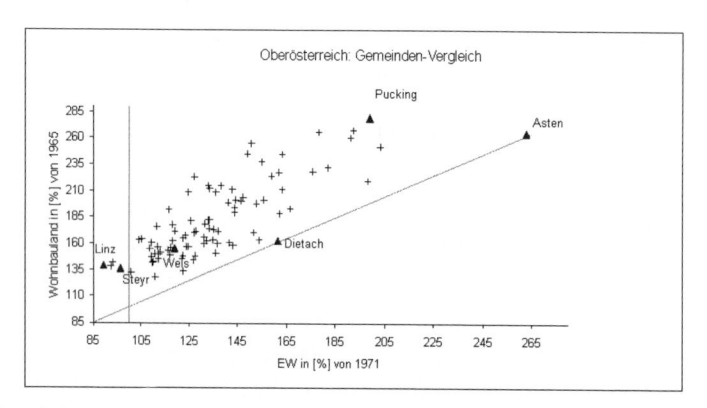

Abb. 2: Entwicklung des Flächenverbrauchs im Oberösterreichischen Zentralraum

Ein Vergleich der Entwicklung aller Gemeinden ist in Abbildung 2 zu sehen. Die diagonale Linie entspricht dabei einem gleichbleibenden Flächenverbrauch, d.h. die Siedlungsflächen wachsen proportional zur Bevölkerung. Die senkrechte Linie repräsentiert die Trennung zwischen Bevölkerungswachstum und -rückgang. Der Abstand von der Diagonalen zeigt die Veränderung des Pro-Kopf-Flächenverbrauchs. Wie leicht zu sehen ist, weisen alle Gemeinden mit Ausnahme von Dietach und Asten einen Anstieg des Flächenverbrauches auf, d.h. die Siedlungsfläche ist im Vergleich zur Bevölkerung überproportional gewachsen.

Kärntner Zentralraum

Auch der Kärntner Zentralraum zeigt eine sehr starke Bevölkerungs-Dynamik und damit verbunden signifikante Zuwächse des Wohnbaulandes (siehe Tabelle 2).

Tabelle 2: Wohnbauland- und Bevölkerungsentwicklung im Kärntner Zentralraum

	Fläche [ha]	Wobl67 [ha]	Wobl01 [ha]	EW71	EW01
Untersuchungsraum	89.775	4.703	7.666	186.254	212.489
Raum Nordost	15.546	357	754	9.989	12.778
Stadt Klagenfurt	11.964	1.403	2.121	82.840	90.141

Die Bevölkerung nimmt zwischen 1971 und 2001 um 14,1 % zu – wobei allerdings mehr als die Hälfte dieses Zuwachses auf Klagenfurt und Villach fällt –, während die Wohnbaufläche zwischen 1967 und 2001 um 63,0 % steigt. In den Gemeinden nordöstlich von Klagenfurt (dies sind Maria Saal, Poggersdorf, Magdalensberg und Brückl – zusammengefasst unter der Bezeichnung Raum Nordost) nimmt im selben Zeitraum die Bevölkerung um 27,9 % zu, die als Wohnbauland genutzte Fläche wächst jedoch um mehr als 110%.

Die sehr hohen Zuwächse des Wohnbaulandes und der damit verbundene Anstieg des Flächenverbrauchs im Raum Nordost übertreffen prozentuell gesehen sogar die sehr stark vom Fremdenverkehr geprägten Gemeinden im Zentrum des Untersuchungsgebietes. In Abbildung 3 sind wieder alle Gemeinden zusammengefasst. Wie deutlich zu erkennen ist, dominiert ein starker bis sehr starker Zuwachs des Pro-Kopf-Flächenverbrauchs.

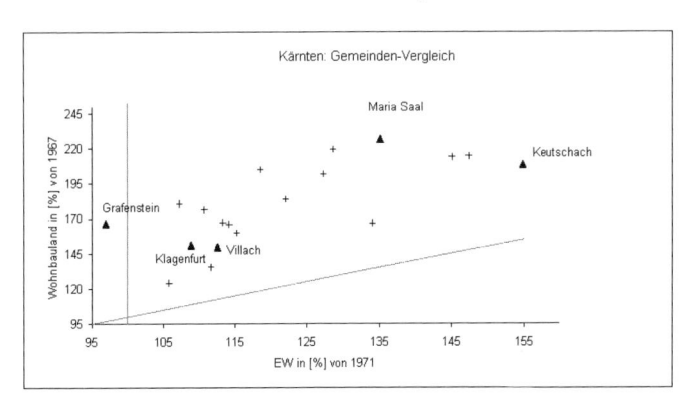

Abb. 3: Entwicklung des Flächenverbrauchs im Kärntner Zentralraum

Vorarlberg

In Vorarlberg ist die Ausgangslage aufgrund des kürzeren Untersuchungszeitraumes etwas differenzierter. Da ein großer Teil des Landes von den Alpen geprägt wird, wurden zum Vergleich 40 Gemeinden des Raums Bodensee-Rheinebene-Walgau – wo immerhin 80 % der Gesamtbevölkerung leben – als Zentralraum zusammengefasst. Zusätzlich wurde die

Gemeinde Feldkirch mit dem höchsten absoluten Bevölkerungszuwachs separat angeführt. Die maßgeblichen Kennzahlen sind in Tabelle 3 dargestellt.

Tabelle 3: Wohnbauland- und Bevölkerungsentwicklung in Vorarlberg

	Fläche [ha]	Wobl90 [ha]	Wobl00 [ha]	EW91	EW01
Untersuchungsraum	259.975	8.342	9.076	331.472	351.095
Zentralraum	70.513	6.613	7.216	265.717	282.273
Gemeinde Feldkirch	3.460	717	771	26.730	28.607

Im gesamten Untersuchungsgebiet nimmt die Bevölkerung zwischen 1991 und 2001 um 5,9 % zu, während sich das Wohnbauland um 8,8 % vergrößert. Viele Gemeinden – vorwiegend in der Rheinebene – zeichnen sich durch starken Bevölkerungszuwachs aus. Das gleichzeitig geringe Flächenwachstum führt zum Teil zu einer Verringerung des Pro-Kopf-Flächenverbrauchs. Eine deutliche Zunahme des Flächenverbrauchs – vor allem verursacht durch starkes Flächenwachstum – tritt hingegen im Bregenzerwald und an den Rändern des Zentralraumes auf.

Diese gegenläufige Entwicklung wird auch in Abbildung 4 deutlich. Im Gegensatz zu Oberösterreich und Kärnten kommt es bei einigen Gemeinden zu einer signifikanten Verdichtung innerhalb des Siedlungsgebietes. Der Grund dafür dürfte auf den kürzeren Beobachtungszeitraum zurückzuführen sein. Der Zersiedelungstrend der 70er und 80er Jahre konnte durch Schließen von Baulücken innerhalb der Siedlungen und Intensivierung einer geschlossenen Bauweise aufgehalten und teilweise umgekehrt werden.

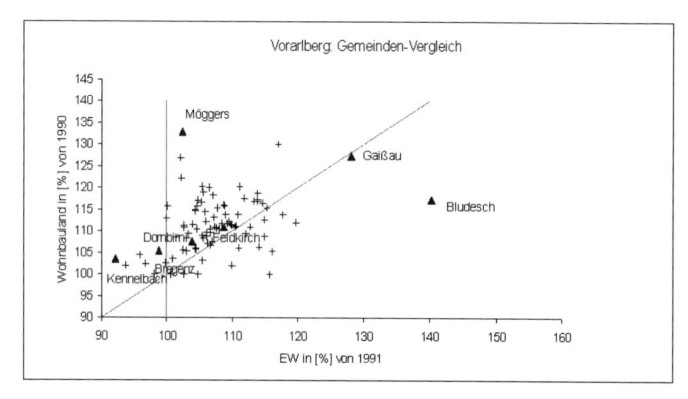

Abb. 4: Entwicklung des Flächenverbrauchs in Vorarlberg

4 Conclusio

Satellitendaten ermöglichen die flächendeckende und kontinuierliche Beobachtung der räumlichen Entwicklung von Siedlungsflächen. In Kombination mit Zensusdaten können durch den Einsatz von Satellitendaten räumlich differenziertere Aussagen über die Bevölkerungsentwicklung abgeleitet werden. Aufgrund der einheitlichen Erfassungsmethode sind die Ergebnisse sowohl für die Erstellung von Zeitreihen einer Region geeignet, als auch für Vergleiche zwischen unterschiedlichen Regionen. Die Informationen dienen als aussagekräftige Entscheidungsgrundlagen für die Raumplanung, wie im Projekt EO-PLAN-GIS anhand konkreter Pilotprodukte für österreichische Zentralräume demonstriert werden konnte.

Acknowledgment

Das Projekt EO-PLAN-GIS wird vom Bundesministerium für Verkehr, Innovation und Technologie gefördert (GZ 615557/1-V/B/10/2001) und in Arbeitsgemeinschaft von Geo-Ville Informationssysteme GmbH und ARC Seibersdorf research GmbH bearbeitet.

Literatur

CHEN K. (2002): *An approach to linking remotely sensed data and areal census data.* In: Int. J. Remote Sensing, (23) 1, 37-48

STEINNOCHER K. (1997): *Texturanalyse zur Detektion von Siedlungsgebieten in hochauflösenden panchromatischen Satellitenbilddaten.* In: F. Dollinger & J. Strobl (Hrsg.): AGIT IX, Salzburger Geographische Materialien, 26, 143-152

STEINNOCHER K. & KÖSTL M. (2002): *Verdichtung oder Zersiedelung? Eine Analyse des Flächenverbrauchs im Umland von Wien.* In: Schrenk, M. (Hrsg.): CORP2002. Beiträge zum 7. Symposion zur Rolle der Informationstechnologie in der und für die Raumplanung, 193-200

STEINNOCHER K., F. KRESSLER & M. KÖSTL (2000): *Erstellung einer Siedlungsmaske aus Fernerkundungsdaten und Integration zusätzlicher Information aus Zensusdaten.* In: Strobl, J., T. Blaschke & G. Griesebner (Hrsg.): Angewandte Geographische Informationsverarbeitung XII, 481-488. Wichmann Verlag, Heidelberg

Von der Vorsorge bis zur Krisenbewältigung – Hochwasser-Risikomanagement im Rahmen der GMES-Initiative

Marek TINZ und Nadine SCHMIDT

Zusammenfassung

Das ESA-Projekt „Risk Earth Observation Services (EOS)" ist eines der ersten zehn Projekte, die im Rahmen der Initiative „Global Monitoring for Environment and Security (GMES)" an der Entwicklung von operationellen Anwendungen arbeiten, die Geoinformationen zur Unterstützung der politischen Verantwortlichen bei der Entscheidungsfindung bereitstellen sollen. „Risk EOS" fokussiert dabei auf Geoinformationen, die wesentlich sind für das Management von Naturgefahren von der Vorsorge über die Vorwarnung und das Handeln im Ereignisfall bis zur Nachsorge. In einem internationalen Team arbeiten dabei die deutschen Partner an der Entwicklung prä-operationeller Dienstleistungen für das Hochwasser-Risikomanagement, die in einem Testgebiet im Einzugsgebiet der Elbe demonstriert und validiert werden.

1   Die GMES Initiative

Bereits 1998 wurde ein gemeinsamer Aktionsplan der Europäischen Kommission und der Europäischen Raumfahrtagentur (ESA) für Globale Umwelt- und Sicherheitsüberwachung („Global Monitoring for Environment and Security") ins Leben gerufen. Hauptziel dieser GMES-Initiative ist die Entwicklung nutzer-orientierter Anwendungen und Dienste auf der Grundlage von weltraum-, land- und luftgestützter Daten und Technologien. Diese Instrumente der Umwelt- und Sicherheitsüberwachung sollen den politischen Verantwortlichen auf europäischer, nationaler und lokaler Ebene relevante und aktuelle Informationen bereitstellen und damit wesentlich zur Entscheidungsfindung beitragen. Es ist geplant, bis zum Jahre 2008 damit eine eigenständige weltumspannende Überwachungskapazität Europas für Umweltschutz und Sicherheitszwecke aufzubauen und in einen operativen Betrieb zu überführen.

Im Februar 2003 wurde im Rahmen des ESA-Earthwatch Programmes eine erste GMES-Konsolidierungsphase „GMES Service Element (GSE)" gestartet mit zehn Projekten, die unterschiedliche Themenbereiche abdecken. Neben Themen wie „Umweltbelastungen in Europa", Globale Meeresüberwachung" oder „Humanitäre Hilfe" steht vor allem auch das Thema „Risikomanagement" im Vordergrund.

Die Intention innerhalb dieser GMES-Konsolidierungsphase ist es, erste prä-operationell einsetzbare Anwendungen für die genannten Themenbereiche zu entwickeln. Die dabei verfolgte Logik zur Auswahl und Entwicklung dieser Dienstleistungen ist in Abbildung 1 dargestellt:

- Wesentlicher Bestandteil der Dienstleistungsentwicklung ist die direkte Einbindung der Nutzer, die in einer frühen Phase des Projektes ihre Anforderungen an die jeweiligen Produkte – basierend auf Ihren Direktiven und Mandaten/Aufgaben – formulieren.
- Die Geoinformations-Dienstleister erarbeiten darauf aufbauen ihre Produkte von der Spezifikation bis zur Pilot-Implementierung.
- Am Ende der Kette steht die Demonstration der Dienstleistungen und die Bewertung durch den Nutzer
- Neben der direkten Einbindung der Nutzer wird dieser Prozess ebenso von Anfang bis Ende durch Wissenschaftler begleitet, die durch die Validierung die wissenschaftliche Akzeptanz sicherstellen und direkte Anknüpfungspunkte für weitere Forschungsaufgaben identifizieren.

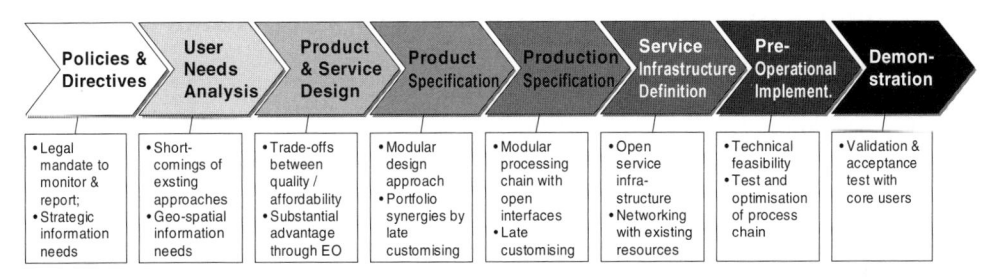

Policies & Directives	User Needs Analysis	Product & Service Design	Product Specification	Production Specification	Service Infrastructure Definition	Pre-Operational Implement.	Demonstration
• Legal mandate to monitor & report; • Strategic information needs	• Shortcomings of exsting approaches • Geo-spatial information needs	• Trade-offs between quality / affordability • Substantial advantage through EO	• Modular design approach • Portfolio synergies by late customising	• Modular processing chain with open interfaces • Late customising	• Open service infrastructure • Networking with existing resources	• Technical feasibility • Test and optimisation of process chain	• Validation & acceptance test with core users

Abb. 1: Von der Nutzeranforderung bis zur Demonstration eines prä-operationalen GMES-Service – der Ansatz zur Produkt- & Service-Entwicklung

2 Das Projekt „Risk EOS"

Im Rahmen eines der o.g. zehn GSE Projekte beschäftigt sich ein europaweites Konsortium bestehend aus Industrie, europaweiten Wetterdienst-Agenturen, nationalen Behörden und Forschungseinrichtungen unter der Führung des französisch-deutschen Raumfahrtkonzerns Astrium mit dem Thema „Management von Naturgefahren". Der Schwerpunkt des Projektes „Risk-EOS – **E**arth **O**bservation based **S**ervices for Natural Risks Management" ist die Definition und Entwicklung von operationellen Anwendungen und Diensten, die zum Management von Naturgefahren von der Vorsorge bis zu Bewältigung der Krise und der Nachsorge unterstützend eingesetzt werden können.

Das zwanzig Monate dauernde Projekt wird in Testgebieten in Schweden, Frankreich und Deutschland beispielhaft Geoinformations-Dienstleistungen zum Management von Hochwasserrisiken entwickeln, testen und demonstrieren. In Spanien und Italien werden korrespondierende Produkte für das Management von Waldbränden (z.B. Risikokarten für Waldbrände) entstehen. Als spätere Nutzer sind Behörden und Institutionen, die für dieses Risiko-Management zuständig sind, von Beginn an in das Projekt integriert. Entsprechend den staatenspezifischen Verantwortlichkeiten sind Pilot-Anwender unterschiedlichster administrativer Ebenen involviert, wie z.B. auf staatlicher Ebene das französische Direktorat für Verteidigung und zivile Sicherheit DDSC (verantwortlich für den Zivilschutz in Frankreich) oder aber auch auf lokaler Ebene das Umweltamt der Stadt Dresden (verantwortlich für den Hochwasserschutz der Stadt).

Die Entwicklung der prä-operationellen Dienstleistungen für das Management von Naturgefahren ist nicht auf die lokale, bzw. regionale Demonstration beschränkt. Wesentliche Zielstellung des Projektes ist es vielmehr, die Übertragbarkeit und Ausdehnung der lokal/regional entwickelten Dienstleistungen auf andere europäische Einsatzgebiete sicherzustellen und ggf. die Einsetzbarkeit in einem gesamteuropäischen Kontext zu ermöglichen. Als Datengrundlage für diese Zielstellung können gerade Geoinformationen aus der Fernerkundung einen wesentlichen Beitrag liefern. Doch erst durch das sinnvolle Kombinieren dieser Informationen mit weiteren, auch anwenderspezifischen Daten und Modellen und den Aufbau einer europaweiten Geodaten-Infrastruktur wird ein effizientes Risikomanagement über die Ländergrenzen hinweg möglich.

3 Informationsprodukte für das Hochwasser-Risikomanagement

Innerhalb des Projektes „Risk-EOS" arbeiten auf nationaler Ebene zwei Geoinformations-Dienstleister, die Infoterra GmbH und die geomer GmbH in Zusammenarbeit mit dem Institut für Ökologische Raumentwicklung (IÖR) Dresden im Themenbereich des Hochwasser-Risikomanagements. Ziel ist es, in enger Zusammenarbeit mit regionalen und lokalen Behörden Informationsprodukte zu definieren und entwickeln, die zur Entscheidungsunterstützung im Hochwasser-Risikomanagement beitragen. Dabei liegt der Schwerpunkt nicht auf der Neuentwicklung von Datenerhebungssystemen oder Modellen, sondern auf der Entwicklung eines operativen und effektiven Hochwasser-Informationssystems basierend auf der Integration bestehender Systeme, Daten und Modelle. Dazu muss sichergestellt werden:

- die Zugänglichkeit und Verfügbarkeit relevanter Basisdaten (Geodaten, wie z.B. TK, DEM oder auch statistische Daten)
- die Zugänglichkeit und Verfügbarkeit relevanter Fernerkundungsdaten
- die operative Integration der Daten mit z.B. anwender- und regionalspezifischer Modelle zur Erstellung der endgültigen Informationsprodukte
- die Zuverlässigkeit der Informationsprodukte (sowohl inhaltliche Qualität als auch zeitliche Verfügbarkeit)
- die Aufbereitung der Informationsprodukte für den End-Anwender (Formate, Semantik etc.)
- den Aufbau einer End-to-End Infrastruktur von der Datenerhebung bis zum Einsatz beim End-Anwender.

Als Pilot-Informationsprodukte für das Hochwasser-Risikomanagement (Vorsorge und Krisenbewältigung) werden drei Informationsdienstleistungen entwickelt und für Demonstrationszwecke implementiert, sowie durch die Nutzer validiert:

Für die Vorsorgephase wird vom Institut für Ökologische Raumentwicklung Dresden eine **Geo-Datenbank** aufgebaut, die Informationen über historische und rezente Flutereignisse der Elbe sowie Informationen über historische und rezente Siedlungsentwicklung enthält. Durch GIS-Analysen können auf diesen Geoinformationen wichtige Erkenntnisse für die Landschafts- und Stadtplanung gewonnen werden: z.B. Interaktionen Flutereignis – Siedlungsentwicklung, Entwicklung der Schadenspotentiale. Ebenso stellt diese Datenbank ein wichtiges Instrument zur Nachbearbeitung von Flutereignissen dar und kann auch zur Validierung von Modellrechnungen eingesetzt werden.

Ein ebenso wichtiges Instrument für die Hochwasser-Vorsorge stellen **Risikokarten** dar, die die Ausweisung von potentiellen Überschwemmungsflächen und die Erfassung von Schadenspotentialen ermöglichen. Die Firma geomer GmbH wird mit Hilfe ihres Überschwemmungsmodells FloodArea© in einem Testgebiet der Mulde, einem Zufluss der Elbe, diese potentielle Überschwemmungsflächen modellieren und auf der Grundlage aktueller Landnutzungsinformationen Schadenspotentiale ermitteln (Abb. 2).

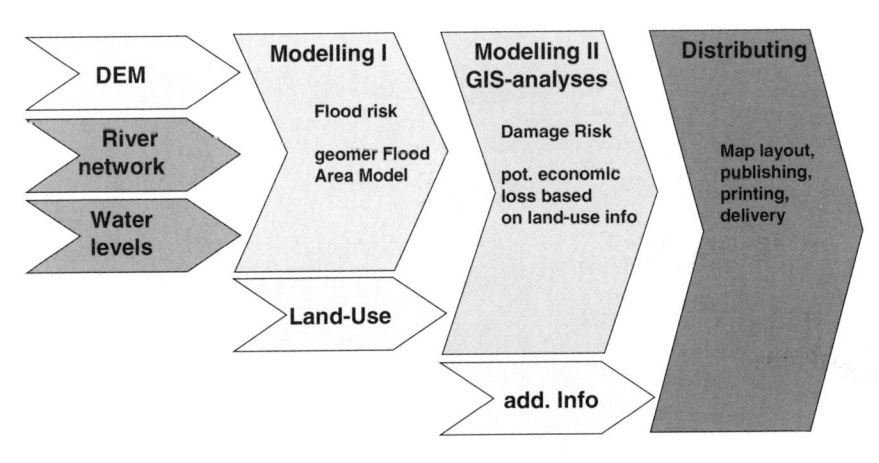

Abb. 2: Prozesskette zur Erstellung von Hochwasser-Risikokarten

Im Ereignisfall sind zur Krisenbewältigung Informationen über die Ausdehnung von Überschwemmungsflächen und über das Ausmaß der Schäden von wichtiger Bedeutung. Entscheidend ist dabei vor allem das schnelle Bereitstellen dieser Informationen, so dass sie direkt in den Krisenstäben eingesetzt werden können. Die Infoterra GmbH entwickelt dazu im Rahmen ihres „Earth Observation Service" eine prä-operationelle Dienstleistung, die eine zeitnahe **Kartierung der Überschwemmungsflächen im Ereignisfall** auf der Grundlage von Satellitendaten ermöglicht (Abb. 3). Neben der reinen Kartenerstellung werden darüber Analysen z.B. auf der Grundlage von Landnutzungsinformationen demonstriert. Abbildung 4 zeigt ein Kartenbeispiel, das im Jahre 2002 während des Elbe-Sommerhochwassers in den lokalen Krisenstäben zum Einsatz kam.

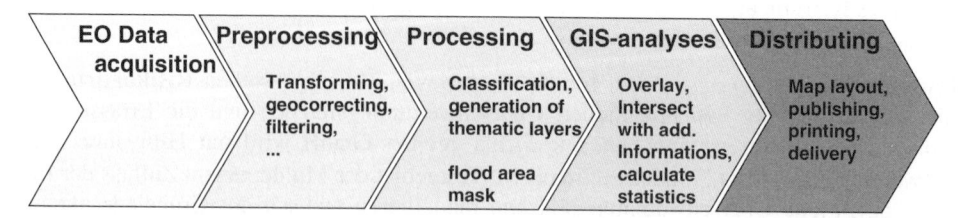

Abb. 3: Prozesskette zur Kartierung von Überschwemmungsflächen im Ereignisfall

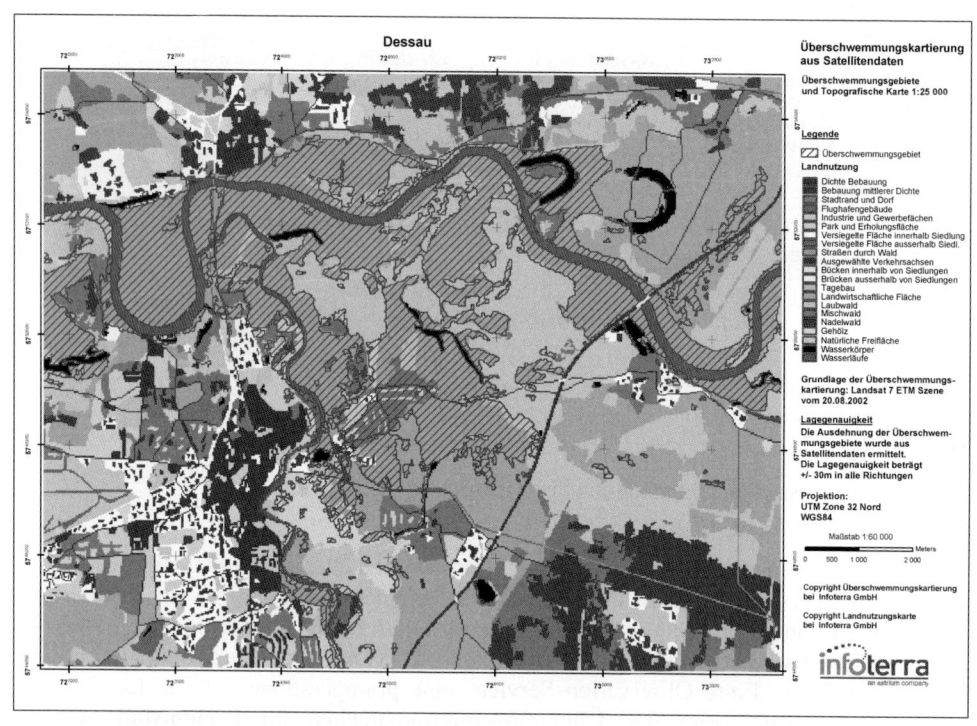

Abb. 4: Überschwemmungsflächen bei Dessau während des Elbhochwassers am 20.8.2002 in Kombination mit aktueller Landnutzung

4 Zusammenfassung und Ausblick

Im Rahmen des Projektes „Risk EOS" werden die ersten Schritte unternommen, entscheidungsunterstützende Informationen für ein effektives Hochwasser-Risikomanagement von der Vorsorge bis zur Nachsorge in einem europäischen Kontext operativ bereitzustellen. Die Arbeiten sind sowohl zeitlich als auch vom Umfang her limitiert, so dass dieses Projekt in erster Linie dazu dient, beispielhaft Produkte zu entwickeln, in Testgebieten zu demonstrieren und zu validieren und Möglichkeiten für einen operativen Betrieb aufzuzeigen.

Ebenso können Lücken und Schwachstellen identifiziert werden, die in weiteren Forschungs- und Implementierungsprojekten geschlossen, bzw. verbessert werden müssen.

Für eine operative Bereitstellung für das Hochwasser-Risikomanagement relevanter Informationsprodukte ist von entscheidender Bedeutung zum einen die nachhaltige Verfügbarkeit und Verlässlichkeit der Informationen, zum anderen aber auch das angemessene Verhältnis von Kosten und Nutzen für den Anwender. Mit der generellen Herangehensweise der GMES-Initiative der Europäischen Kommission und der Europäischen Raumfahrtagentur ESA sind die Grundsteine gelegt, eine eigenständige Überwachungskapazität Europas auf der Grundlage von operativen Geoinformations-Dienstleistungen gerade auch im Bereich des Risikomanagements von Naturgefahren aufzubauen. Die nun laufenden GSE Projekte sowie alle weiteren Aktivitäten im Rahmen der GMES-Initiative zur Harmonisierung sowohl der Inhalte, als auch der Infrastruktur (INSPIRE) und der rechtlichen Rahmenbedingungen, werden zeigen, in wie weit die bisher theoretischen Überlegungen in der Praxis Fuß fassen und einen wertvollen Nutzen für politische Entscheidungsträger von der lokalen bis zur europäischen Ebene in Zukunft bieten.

Links

GMES-Homepage der Europäischen Kommission: http://www.gmes.info
GMES-Homepage der ESA: http://earth.esa.int/gmes/
ESA Disaster management database DISMAN: http://earth.esa.int/applications/dm/disman/
Rheinatlas der IKSR: http://www.rheinatlas.de/
Hochwasserforschungszentrum Dresden: http://www.dresden-frc.de/

Effiziente Topologiebestimmung von Vektor-GIS-Daten

Florian TWAROCH, Tibor STEINER und Richard MALITS

> Dieser Beitrag wurde nach Begutachtung durch das Programmkomitee als „reviewed paper" angenommen.

Zusammenfassung

Zwei neue Ansätze zur automatischen Bestimmung der Topologie von Vektor-GIS-Daten werden vorgestellt. Die betrachteten Verfahren, deren Effizienz und Robustheit in diesem Beitrag untersucht wird, basieren auf Ansätzen der algorithmischen Geometrie. Im Rahmen von Testimplementierungen zeigt sich, dass theoretisch optimale Algorithmen in der Praxis jedoch ein anderes Verhalten aufzeigen als erwartet. Die Ergebnisse empirischer Tests mit realen Datensätzen werden präsentiert.

1 Einleitung

Die Bestimmung der Topologie von Vektor-GIS-Daten ist eine herausfordernde Aufgabe, zumal sie numerisch aufwendig und rechenintensiv ist. Im Rahmen eines K Plus Projekts wurden in Kooperation der Firmen Advanced Computer Vision GmbH – ACV und rm-DATA Datenverarbeitungsg. m. b. H. zwei Verfahren untersucht, welche auf einer Zerlegung der Ebene beruhen. Im Unterschied zu herkömmlichen Verfahren zur Topologiebildung, welche zunächst die Eingangsdaten bereinigen und hernach Topologien bilden, führen die zwei vorgestellten Verfahren die Fehlererkennung und -bereinigung während des Topologieaufbaus durch.

Wie im Verlauf der folgenden Ausführungen gezeigt werden wird, erfüllen die beiden zur Diskussion stehenden Algorithmen die nachstehend angeführten Kriterien:

- Bestimmung der gesamten Knoten-Kanten-Polygon Topologie eines Katasterplanes, wahlweise mit und ohne Berücksichtigung von Einsetzpunkten. (Unter Einsetzpunkten versteht man jene Punkte eines Polygons, denen semantische Informationen wie beispielsweise Namen zugeordnet werden.)
- Das Verfahren soll eine hohe Effizienz (günstiges Laufzeitverhalten) und geringen Speicherbedarf aufweisen. Die Verarbeitung von Massendaten (einige Millionen Liniensegmente) soll in einer Standard PC Umgebung möglich sein.
- Aufbau der Knoten-, Kanten- und Polygontopologie unter Berücksichtigung von Inselpolygonen.
- Berücksichtigung einer Fehlertoleranz beim Bilden der Topologie: Leichte Ungenauigkeiten bei der Datenerfassung führen zu Kanten mit freien Enden (Over- und Under-shootkonfigurationen). Das sind Kanten, die in mindestens einem Endpunkt mit

keinen weiteren Kanten inzidieren. Sie sind als Datenfehler zu interpretieren und sollen durch das Vorsehen einer Fehlertoleranz erkannt und bereinigt werden.

2 Algorithmische Geometrie und GIS

Die algorithmische Geometrie geht auf M. Shamos zurück, der in seiner Dissertation (SHAMOS 1978) Methoden zur Lösung geometrischer Probleme mit dem Computer analysiert. In ihrem Standardwerk beschreiben Preparata und SHAMOS (PREPARATA & SHAMOS 1985) eine Vielzahl von Algorithmen, welche dem Finden konvexer Hüllen von Polygonen, der Triangulation gegebener Punktmengen, etc. dienen. Seit der Veröffentlichung haben sich eine Vielzahl von Autoren, auch mit Aspekten der algorithmischen Geometrie im Konnex mit Problemen aus dem GIS-Bereich beschäftigt (DE FLORIANI, PUPPO & MAGILLO 1999).

Um die Topologie von Liniensegmenten zu bestimmen, führen (KRIVOGRAD & ŽALIK 2000) in einem ersten Schritt eine Vorverarbeitung durch, in deren Rahmen zunächst die Polylinien in Liniensegmente aufgespalten und – unter Berücksichtigung eventueller Spezialfälle – sämtliche Schnittpunkte ermittelt werden. Sofern ein konsistenter Datensatz vorliegt, wird in einem zweiten Schritt das äußere Hüllpolygon, welches nicht notwendigerweise konvex sein muss, bestimmt. Ausgehend von dieser Datenstruktur, werden in einem dritten Schritt Umfahrungspolygone, sowie Inselpolygone ermittelt; es wird jedoch nicht beschrieben wie man zu Einsetzpunkten gelangt. (KRIVOGRAD & ŽALIK 2000) führen in ihrer Arbeit auch Performanceuntersuchungen durch, welche jedoch nur auf kleinen und auch nicht realen Geodatenmengen beruhen.

Um die automatische Generierung der Topologie bei gescannten Karten zu ermitteln, untersuchte (GOLD 1997) drei Verfahren, wobei das erste statisch (unveränderlicher Datensatz), die beiden letzteren hingegen dynamisch (veränderlicher Datensatz) arbeiten. Punkt Voronoi Diagramme, zwangsbasierte Delaunay Triangulierung und Voronoi Diagramm von Liniensegmenten und Punkten kommen dabei zum Einsatz. Details zu den Algorithmen oder deren Implementierungen findet man bei Gold nicht, er verweist jedoch auf die entsprechende Literatur der algorithmischen Geometrie.

3 Anordnung von Liniensegmenten

Die Bestimmung der Topologie von Geodaten ist in der algorithmischen Geometrie als Anordnung von Linien (Segmenten) bekannt. Gegeben sei eine endliche Menge von Linien L. Der durch sie induzierte Zellenkomplex wird Anordnung $A(L)$ genannt. 0-Flächen (Knoten) sind die Schnittpunkte der Linien, 1-Flächen (Kanten) sind die maximalen Teile der Linien von L, die keinen Knoten enthalten, und schließlich 2-Flächen (Zellen genannt – in der Folge Umfahrungspolygone) sind die zusammenhängenden Komponenten des R^2. Der in 3.1 vorgestellte Algorithmus führt eine Zerlegung der Ebene in Trapeze durch, wohingegen der in 3.2 betrachtete Algorithmus die Anordnung der Liniensegmente in der Ebene durch eine Zerlegung in Dreiecke realisiert.

3.1 Trapezoidale Zerlegung

In CHAZELLE, EDELSBRUNNER & GUIBAS (1991) und DEBERG, DOBRINT & SCHWARZKOPF (1995) wird ein *randomized incremental algorithm* zur Berechnung einer Anordnung von Liniensegmenten vorgestellt. Die Grundlage dieser Methode ist eine Zerlegung der Ebene in Trapeze. Diese werden in einer baumartigen Datenstruktur (history-tree (Abb. 1b) verwaltet. Wird ein neues Liniensegment in die Datenstruktur eingefügt (Abb. 1a), werden zunächst alle möglichen Schnittpunkte mit bestehenden Trapezen ermittelt und gegebenenfalls weitere Trapeze erzeugt. Eine weitere Datenstruktur repräsentiert die Nachbarschaft der momentan aktuellen Trapeze (Abb. 1c).

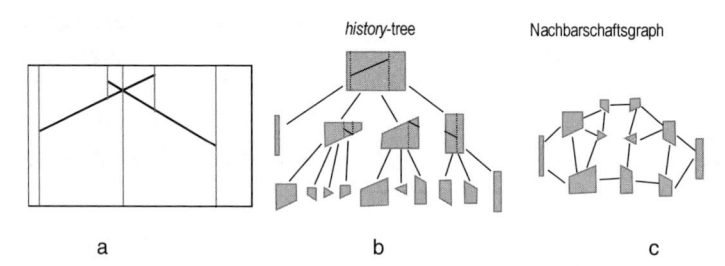

Abb. 1: Der Nachbarschaftsgraph (a) verbindet ausschließlich die Blätter des *history*-tree (b) und wird beim Einfügen eines Liniensegmentes (a) in den history-tree, aktualisiert.

Die Methode eignet sich auch sehr gut, zu einem gegebenen Einsetzpunkt zugehörige Polygone aufzusuchen. Die Suche nach einem Polygon erfolgt in zwei Schritten:

1. Ein Trapez wird als Starttrapez in der Datenstruktur gekennzeichnet. Dazu wird der *history-tree* traversiert, solange bis ein Trapez gefunden wurde, das einem bestimmtem Kriterium entspricht (z. B. Enthaltensein eines Einsetzpunktes – Abb. 2 dunkelgraues Trapez).
2. Ausgehend vom Starttrapez werden rekursiv alle Nachbarn, welche über eine vertikale Seite benachbart sind, ermittelt und zu einer Region zusammengefasst (hellgraue Trapeze in Abb. 2). Hierzu werden die im Nachbarschaftsgraph gespeicherten Adjazenzbeziehungen verwendet.

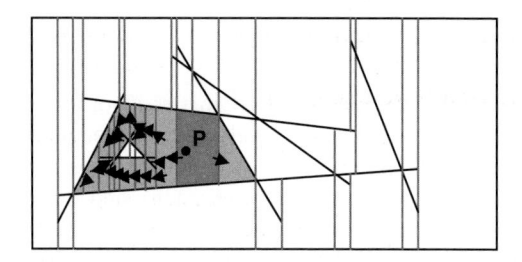

Abb. 2: Suche des Umfahrungspolygons zu einem Einsetzpunkt P – ausgehend von einem Starttrapez (dunkelgrau) werden benachbarte Trapeze ermittelt

Die kombinatorische Komplexität einer Aufgabe gibt Auskunft über die Effizienz eines möglichen Algorithmus. Bei der Anordnung von Liniensegmenten ist die obere Grenze der Komplexität $O(n^2)$ für zufällig angeordnete Liniensegmente. Für ein einzelnes Polygon in der *Annordnung* von Linien ist die obere Grenze der Komplexität gleich der Anzahl der Kanten des Polygons. Für *m* Polygone und *n* Liniensegmente gilt laut (AGARWAL 1990):

$$O(m^{2/3} n^{2/3} + m + n)$$

In ersten empirischen Tests mit einem Demonstrator konnten für kleine Datenmengen ein Verhalten, das in etwa $O(n\ log(n))$ entspricht, festgestellt werden.

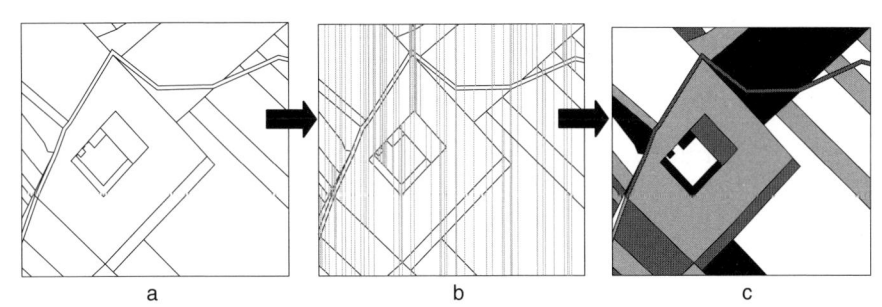

Abb. 3: Ausgehend von Spaghettidaten (a) werden in einem Dreischrittverfahren mittels Zerlegung der Ebene in Trapeze (b) Polygontopologien (c – grau schattiert) gebildet.

In einem ersten Schritt werden Fehler in den Ausgangsdaten bereinigt (z. B. doppelte Segmente, Segmente der Länge Null etc.). In einem zweiten Schritt erfolgt die Zerlegung der Ebene in Trapeze (Abb. 3b). Abb. 3b demonstriert auch das stark globale Verhalten des Algorithmus, der lang gezogene Feldweg wird vielfach in Trapeze zerteilt. In einem abschließenden Schritt erfolgt die Bildung von Ergebnispolygonen (Abb. 3c), sowie eine Fehlerdetektion.

3.2 Zwangsbasierte Triangulierung

Ein alternativer Algorithmus bedient sich einer zwangsbasierten Triangulierung einer Punktmenge in der Ebene. Für die vorgestellten Berechnungen ist keine spezielle Triangulierung erforderlich, wie z. B. die bekannte Delaunay Triangulierung (DELAUNAY 1934). Es sei hier auf die umfangreiche Literatur zur Bildung von Triangulierungen verwiesen (BERN & EPPSTEIN 1992, DWYER 1987, SHEWCHUK 1996).

In einem Dreischrittverfahren können topologisch unreine Massendaten verarbeitet werden (Abb. 4). Die Fehlerdetektion und -bereinigung erfolgt während des Topologieaufbaus. Der in einem Demonstrator umgesetzte Algorithmus arbeitet in 3 Schritten:

Schritt 1 (Vorverarbeitung): Es erfolgt eine Sortierung der Punkte nach der *x*-Koordinate, um doppelt vorkommende Punkte zu ermitteln und dafür Sorge zu tragen, dass sie nur einmal in der Datenstruktur abgelegt werden. Das bringt eine erhebliche Reduzierung der Datenmenge mit sich. Liniensegmente werden in Referenzen zu Punktdaten umgewandelt. Identische Segmente werden hierbei entfernt.

Schritt 2 (Triangulierung): Zunächst werden die Endpunkte der vorgegebenen Liniensegmente nach einem beliebigen freien Verfahren trianguliert (Abb. 4a). Dann werden die Segmente in die Triangulierung eingefügt (Abb. 4b). Ist ein Segment bereits durch eine Kante der Triangulierung repräsentiert wird eine Referenz gesetzt, alle anderen Segmente werden in die Triangulierung gezwängt. Dazu werden alle Kanten gelöscht die von dem einzufügenden Segment (Zwangskante) geschnitten werden (Abb. 4c). Die beiderseits der Zwangskante verbleibenden Polygone werden erneut trianguliert (Abb. 4d). Das Ergebnis ist eine zwangsbasierte Triangulierung aller vorgegebenen Liniensegmente.

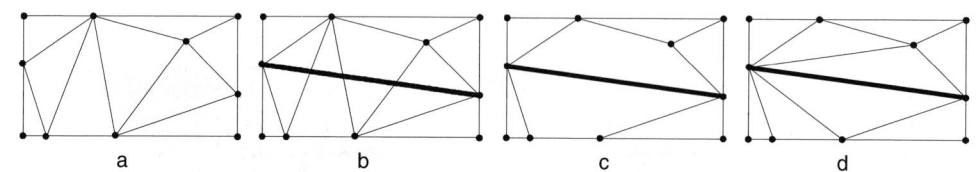

Abb. 4: Nach einer freien Triangulierung (a) der Endpunkte der Liniensegmente können Liniensegmente (b) in die Triangulierung als Zwangskanten eingefügt werden. Ist die Zwangskante nicht Teil der Triangulierung werden geschnittene Kanten gelöscht (c) und die beiderseits verbleibenden Polygone erneut trianguliert (d).

Schritt 3 (Topologiebildung): Die Topologiebildung läuft in zwei Schritten ab:

- Zuerst werden Dreiecke, die nicht über vorgegebene Kanten (Abb. 5a) benachbart sind, zu Gebieten zusammengefasst. Dies kann durch rekursives Durchsuchen der Dreiecksstruktur (Abb. 5b) erreicht werden. Elemente, die zweimal in die Struktur eingefügt werden, werden aus der Struktur gelöscht.
- Es verbleiben nur mehr Kanten, die Polygonen angehören. Die Kanten der Gebiete werden sortiert und als geschlossene Polygone ausgegeben (Abb. 5c). Treten bei der Sortierung der Kanten mehrere Umfahrungspolygone auf, so werden Inselpolygone identifiziert. Das Polygon mit der größten Fläche bildet das äußere Umfahrungspolygon.

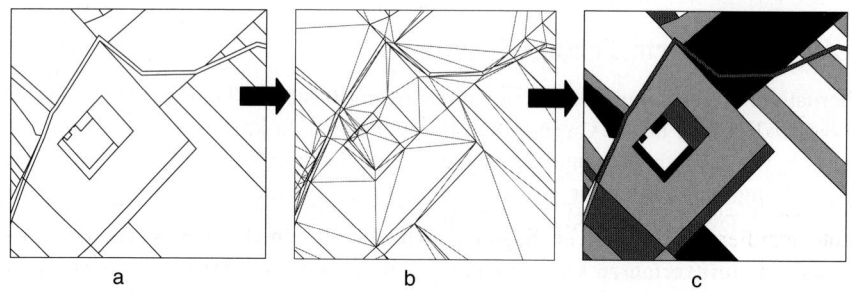

Abb. 5: Aus den Eingangsdaten (a) entsteht in einem Dreischrittverfahren eine zwangsbasierte Triangulierung (b); in einem abschließenden Schritt wird die Polygontopologie (c) gebildet.

Mit einem Demonstrator kann auch für große Datenmengen (1.000.000 Liniensegmente) quasilineares Leistungsverhalten aufgezeigt werden. Dies ist auf die Lokalität des Verfahrens zurückzuführen.

4 Adaptionen für einen GIS-Algorithmus

Bei der theoretischen Untersuchung geometrischer Algorithmen werden häufig praktische Aspekte außer Acht gelassen, die für die Funktionsfähigkeit eines GIS-Algorithmus wesentlich sind. Ein GIS-Algorithmus für Vektordaten benötigt z. B. Fließkommaarithmetik, Berücksichtigung von Fehlertoleranzen etc. Auch die Verarbeitung großer Datenmengen muss in Betracht gezogen werden. Auf zwei wesentliche Punkte unserer Implementierung soll hier näher eingegangen werden.

4.1 Bestimmung eindeutiger Einsetzpunkte

In vielen digitalen Katasterplänen existieren Einsetzpunkte, über die semantische Informationen Polygonen zugeordnet werden. Dabei kann es vorkommen, dass kein, ein oder mehrere Einsetzpunkt(e) einem Polygon zugeordnet werden können. Ziel ist es, jedem Polygon genau einen Einsetzpunkt zuzuordnen. Ein begrenzendes Rechteck zum Plazieren von Texten bzw. Symbolen soll berücksichtigt werden. Die folgende Abb. 6 beschreibt die Funktionsweise des von uns entwickelten Algorithmus.

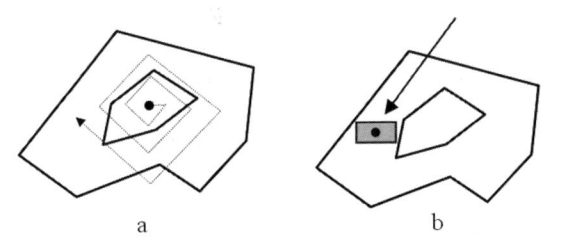

Abb. 6: Ausgehend vom Schwerpunkt des Polygons wird das Polygon spiralförmig abgetastet (a), bis eine Position für einen Einfügepunkt (b) gefunden wurde.

In den, von uns durchgeführten Tests erwiesen sich die Schwerpunkte der Polygone in 90 % der Fälle als gültige Einsetzpunkte, während in den restlichen 10 % geeignete Einsetzpunkte durch eine spiralförmige Abtastung der jeweiligen Polygone ermittelt wurden.

4.2 Behandlung von Over- und Undershoots

Eine wichtige Funktionalität ist die Behandlung von Over- und Undershoots. Das sind vorgegebene Liniensegmente, die in mindestens einem Endpunkt mit keinem weiteren Liniensegmente inzidieren. Sind solche Segmente kleiner als ein definiertes Toleranzkriterium handelt es sich um einen Overshoot, andernfalls liegt ein Undershoot vor. Zunächst soll die Triangulierung eines Over-/Undershoot freien Polygon betrachtet werden (Abb. 7a). Hinzufügen eines weiteren Liniensegments (Abb. 7b) verursacht eine stärkere Segmentierung des Polygons. Im Unterschied zu Abb. 7a enthalten in Abb. 7b, Dreiecke im Inneren des Polygons ebenfalls Referenzen auf vorgegebene Kanten. So können fehlerhafte Liniensegmente identifiziert werden.

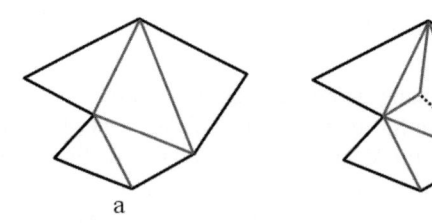

Abb. 7: Im Gegensatz zur Triangulierung eines fehlerfreien Polygons (a), enthält ein topologisch unreines Polygon (b) im Inneren Referenzen auf vorgegebene Liniensegmente.

Bei der Bildung der Umfahrungspolygone (vgl. 3.2) werden solche Polygone speziell markiert und in einem Nachbearbeitungsschritt bereinigt. Overshootkonfigurationen beeinflussen die Funktionsweise des Algorithmus nicht.

5 Empirische Tests

Im Verlauf von empirischen Tests (Pentium IV - 2,2 GHz, 512 MB, Windows XP Professional) wurde das Leistungsverhalten der prototypischen Implementierungen bezüglich Laufzeit und Speicherbedarf wiederholt untersucht, wobei sich zeigte, dass durchgeführte Erweiterungen und Verbesserungen des Algorithmus einen nachhaltigen Einfluss auf das Verhalten ausübten. Der Algorithmus, welcher eine Unterteilung des Untersuchungsgebiets in Trapeze vornimmt, wurde objektorientiert in C++ umgesetzt, während der Algorithmus, der eine zwangsbasierte Triangulierung anwendet, funktionsorientiert in C umgesetzt wurde.

Wegen des globalen Verhaltens des Trapez-Algorithmus bezüglich Laufzeit und Speicherbedarfs konnte eine Verarbeitung von Massendaten nicht ohne weiteres in Angriff genommen werden. Eine Aufteilung der Daten in kleinere Recheneinheiten musste umgesetzt werden, dabei wurden räumliche Indizierungsmethoden, wie Quadtree und R-Tree (SAMET 1990) angewendet. In weiteren Leistungstests stellte sich sehr bald heraus, dass der Algorithmus mit der Dreieckszerlegung ein wesentlich besseres Leistungsverhalten aufweist, als der Algorithmus mit der Trapezzerlegung. Aus diesem Grund werden im Folgenden nur die Ergebnisse des leistungsstarken Algorithmus „zwangsbasierte Triangulierung" präsentiert.

Die verwendeten fünf Datensätze, welche von der Firma rmDATA zur Verfügung gestellt worden sind, dienten ausgiebigen Leistungtests. Es sind dies Testdatensätze aus dem Burgenland mit dem Ortsgebiet von Leitha Prodersdorf (32.535 Liniensegmente) und Stadt Schlaining (91.055 Liniensegmente), sowie ein Testdatensatz aus Deutschland vom Gebiet Ingolstadt (982.891 Liniensegmente). Die weiteren Datensätze Ingolstadt 500 k (497.396 Liniensegmente) und Ingolstadt 250 k (249.243 Liniensegmente) sind Ausschnitte des zuvor genannten deutschen Gesamtdatensatzes.

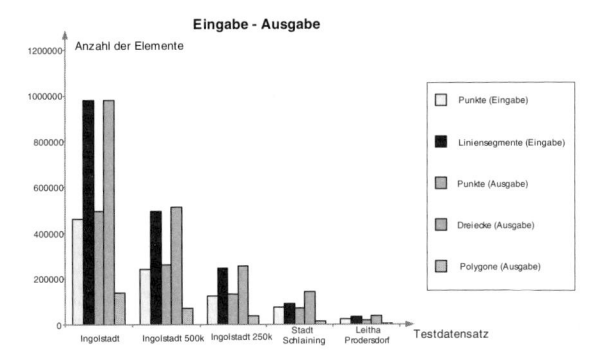

Abb. 8: Die Graphik stellt für die zur Verfügung stehenden Datensätze die Anzahl der vom Algorithmus gebildeten Element gegenüber. Einen dominierenden Anteil haben vorgegebene Liniesegmente und ausgegebene Dreiecke; die Anzahl der gebildeten Polygone ist verhältnismäßig klein.

Anhand von Abbildung 8 lässt das quasilineare Verhalten der Methode der „zwangsbasierten Triangulierung" erkennen. Die von rechts nach links dargestellte zunehmende Anzahl vorgegebener Elemente (Punkte, Liniensegmente) bewirkt nur eine lineare Steigerung der vom Algorithmus ausgegebenen Elemente (Punkte, Dreiecke, Polygone). Wie bereits erwähnt, lassen sich mit der zwangsbasierten Triangulierung wesentlich größere Datenmengen ohne eine Zerlegung der Eingabedaten in kleinere Recheneinheiten verarbeiten, als mit der Zerlegung der Ebene in Trapeze. Das Verfahren zeichnet sich durch sein lokales Verhalten aus. Das schlägt sich auch im Speicherbedarf nieder, der in der folgenden Tabelle 1 abgebildet ist.

Tabelle 1: Speicherbedarf des Algorithmus (in Megabyte)

Ingolstadt	Ingolstadt 500k	Ingolstadt 250k	Stadt Schlaining	Leithaprodersdorf
213	112	59	29	8

Eine Ermittlung des Gesamtzeitbedarfs des Algorithmus – sowohl inklusive als auch exklusive des Zugriffs auf den Sekundärspeicher – bestätigt die Laufzeit des Verfahrens, was bedeutet, dass eine Vervielfachung der Anzahl der Eingabesegmente um den Faktor k eine Vervielfachung der Gesamtrechenzeit um den Faktor k nach sich zieht (Abb. 9).

Abbildung 9 bzw. Tabelle 2 geben Auskunft darüber, welche Schritte des Algorithmus für Performanzeinbußen verantwortlich sind. Wie sich gezeigt hat, müssen sowohl während der Vor- als auch der Nachbearbeitungsphase die Zugriffe auf den Sekundärspeicher optimiert werden. Dies lässt sich dadurch realisieren, dass in Zukunft anstelle von ASCII-Dateien binäre Dateien verwendet werden.

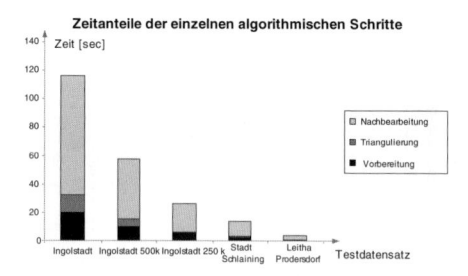

Abb. 9: Für die zur Verfügung stehenden Testdatensätze wurde die Gesamtlaufzeit des Algorithmus ermittelt. Die Grauschattierungen der Balken geben dabei den Zeitbedarf der einzelnen Schritte (Vorbereitung, Triangulierung, Nachbearbeitung) des Algorithmus an.

Tabelle 2: Analyse des Zeitbedarfs (in sec.) der einzelnen Schritte des Algorithmus

	Daten erstellen	Triangulierung	Ergebnis bilden	Gesamt (inkl. Disk)	Gesamt (exkl. Disk)
Ingolstadt	20	12	84	116	42
Ingolstadt 500k	10	5	42	57	20
Ingolstadt 250 k	5	1	20	26	9
Stadt Schlaining	2	1	11	14	4
Leitha Prodersdorf	1	0	3	4	1

6 Resümee

In der vorliegenden Arbeit wurden zwei Verfahren aus der algorithmischen Geometrie zur automatischen Bildung der Topologie von Vektor-GIS-Daten vorgestellt. Die zwangsbasierte Triangulierung erwies sich dabei als die bessere Methode um die Topologie „realer" Geodaten zu ermitteln. Aufgrund des effizienten Speicherbedarfs der Methode ist die Behandlung großer Datenmengen, ohne eine Zerlegung der Daten in kleinere Recheneinheiten, möglich. Mit den, im Beitrag getesteten Datensätzen (bis zu 1.000.000 Liniensegmente) konnte die Leistungsgrenze auf einem Standard PC nicht ermittelt werden. In den Ausführungen wurde zudem gezeigt, wie die Ermittlung bzw. Elimination redundanter Punkte und Segmente, topologische Fehlerbereinigung und das eindeutige Zuordnen von Einsetzpunkten in den Ablauf des Algorithmus eingebunden sind.

Weitere Anwendungen, die von den entwickelten Algorithmen und der guten Performance profitieren, sind unter anderem: automatische Erzeugung von topologischen Vektordaten aus bestehenden Rasterkarten, Topologieüberlagerungen, sowie der digitale Teilungsplan.

Unabhängig von proprietären Formaten ermöglichen die vorgestellten Verfahren eine automatische Bestimmung der Topologie von Geodaten. Nur wenige Datenformate unterstützen topologische Informationen, so ist z. B. das beliebte Datenaustauschformat DXF nicht in der Lage, mit diesen Informationen umzugehen. Geodaten mit Topologie sollten auch in komponentenbasierte Gesamtsysteme integriert werden, die Operationen auf topologischen Geodaten ausführen können.

Danksagung

Besonderer Dank gilt Dr. David Heitzinger und Doz. Martin Peternell, die Wesentliches zum Projekt beitrugen. Die Forschungsergebnisse sind im K plus Kompetenzzentrum Advanced Computer Vision entstanden. Die Arbeit wurde aus dem K plus Programm gefördert.

Literatur

AGARWAL, P.K. (1990): *Partitioning Arrangment of Lines II: Application.* In: Handbook of Discrete and Computational Geometry, 449-483. Springer, New York

BERN, M. & D. EPPSTEIN (1992): *Mesh Generation and Optimal Triangulation. Computing in Euclidian Geometry.* In: Lecture Notes Series on Computing, World Scientific, Singapore, 1, 23-90.

CHAZELLE, B., EDELSBRUNNER, H., GUIBAS, L. & M. SHARIR (1991): *Computing a Face in an Arrangement of Line Segments,* In: Proc. 2nd ACM – SIAM Symposium on Discrete Algorithms, 441-448

DEBERG, M., DOBRINDT, K. & O. SCHWARZKOPF (1995): *On Lazy Randomized Incremental Construction,* In: Discrete Computational Geometry, Springer, New York, 14, 261-286

DELAUNAY, B.N. (1934): *Sur la Sphère Vide,* Izvestia Akademia Nauk SSSR, VII Seria, Otdelenie Matematicheskii I Estestvennyka Nauk, 7, 793-800

DE FLORIANI, L., PUPPO E. & P. MAGILLO (1999): *Applications of computational geometry to geographical information systems,* In: Handbook of Computational Geometry, Elsevier Science, 333-388

DWYER, R. (1987): *A Faster Divide-and-Conquer Algorithm for Constructing Delaunay Triangulations.* Algorithmica 2(2), 137-151. Springer, New York

GOLD, C.M. (1997): *Simple topology generation from scanned maps.* In: Proc. Auto-Carto 13, ACM/ASPRS; Seattle, WA, 337-346

KRIVOGRAD, S. & B. ŽALIK (2000): *Constructing the topology from a set of line segments.* In: Proc. Spring conference on computer graphics 2000, 231-240. Budmerice, Slovakia

PREPARATA, F. & M. SHAMOS (1985): *Computational Geometry. An Introduction.* Springer, New York

SAMET H. (1990): The *Design and Analysis of Spatial Data Structure.* Addison Wesley, Boston

SHAMOS, M. (1978): *Computational Geometry.* Dissertation, Yale University

SHEWCHUK, J.R. (1996): *Triangle: Engineering a 2D Quality Mesh Generator and Delaunay Triangulator,* 1st Workshop on Applied Computational Geometry, 124-133. Philadelphia, Pennsylvania

Landnutzungsänderungen im Überschwemmungsbereich der Oberelbe

Ulrich WALZ und Ulrich SCHUMACHER

1 Zielstellung und Hintergrund

Extreme Naturereignisse wie das Elbe-Hochwasser im August 2002 zeugen von der ungebrochenen Dynamik der Flüsse. Im Bereich der Oberelbe liegen ähnliche Ereignisse wie 2002 historisch weiter zurück: Das letzte vergleichbare Hochwasser gab es im Frühjahr 1845. Durch die relative Seltenheit bedrohlicher Überschwemmungen und dem Bewusstsein einer vergleichsweise naturnahen Flusslandschaft an der ostdeutschen Elbe sind die tatsächlichen Gefahren – bis zum Sommer 2002 – offensichtlich unterschätzt worden. Selbst Experten tun sich im Umgang mit Hochwasserjährlichkeiten im Rahmen von Entscheidungsprozessen schwer.

Abb. 1: Das Hochwasser 2002 im Engtal der Elbe in der Sächsischen Schweiz – hier in Bad Schandau (Foto: R. Heselbarth)

Seit dem Frühjahrsereignis von 1845 haben in den Überschwemmungsgebieten der Elbe erhebliche Nutzungsänderungen stattgefunden, die in diesem Beitrag untersucht werden sollen. Dies betrifft insbesondere den Ausbau der Siedlungen und der Infrastruktur, einen starken landwirtschaftlichen Strukturwandel sowie die Veränderung von Flussquerprofilen. Dabei interessiert die Bewertung aus Sicht des Hochwasserschutzes um Schlüsse zur Verringerung des künftigen Schadenspotenzials im Sinne einer angepassten Nutzung zu ziehen.

Für eine transparente Verfügbarkeit des Wissens über potenzielle Risikogebiete spielt die angewandte Geoinformatik heute eine entscheidende Rolle. Die Einbeziehung raumbezogener Informationen aus historischen Karten ist dabei unverzichtbar: Gerade das Beispiel der Elbstromkarte von 1845 zeigt, dass Erkenntnisse über mögliche Überschwemmungsflächen durchaus vorhanden waren, aber in planerisches Handeln langfristig kaum eingeflossen sind.

Zielstellungen der Untersuchung waren:
- die digitale Aufbereitung und Georeferenzierung geeigneter historischer Kartengrundlagen zur Einbindung in ein Informationssystem;
- der Aufbau eines Vektordatensatzes für die Überschwemmungslinie von 1845 im Vergleich zu 2002;
- die Analyse und Bewertung der Flächennutzungsänderungen in den Überschwemmungsflächen.

2 Hochwasserereignisse 1845 und 2002

Die Flusslandschaft der Elbe ist seit Menschengedenken von immer wiederkehrenden Hochwassern geprägt; in der Literatur sind solche Ereignisse seit 1015 dokumentiert (FÜGNER 1995). Dabei spielt das Hochwasser vom 31. März 1845 als Maximalereignis an der Oberelbe seit Beginn der Aufzeichnungen eine besondere Rolle. Dessen Scheitelwert von 8,77 m am Pegel Dresden wurde erst am 17. August 2002 mit dem neuen Rekordstand von 9,40 m übertroffen. Als überraschend stellt sich allerdings die ungefähr gleiche Durchflussmenge beider Ereignisse dar (SÄCHSISCHES LANDESAMT FÜR UMWELT UND GEOLOGIE 2002; SÄCHSISCHES STAATSMINISTERIUM FÜR UMWELT UND LANDWIRTSCHAFT 2002). Dies lässt vermuten, dass Veränderungen im Überschwemmungsbereich der Elbe das Stauvolumen erheblich eingeschränkt haben. Zur Überprüfung dieser These werden teilräumliche Analysen auf der Basis historischer Geodaten durchgeführt.

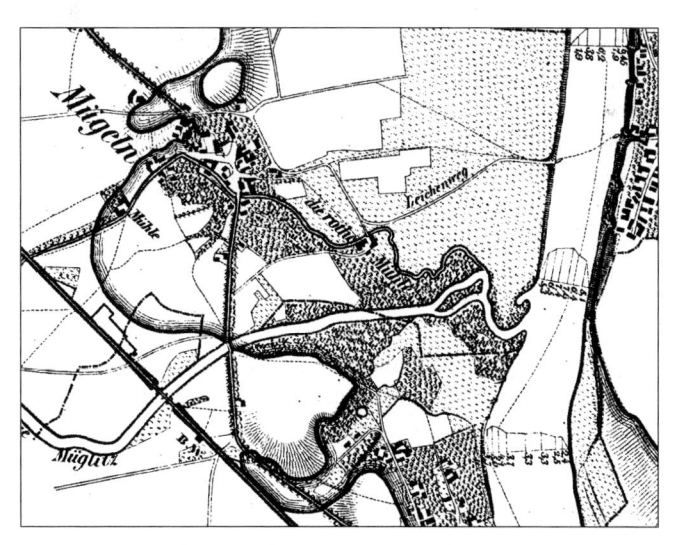

Abb. 2: Ausschnitt der Müglitzmündung aus der „Karte des Elbstromes innerhalb des Königreiches Sachsen" 1:12.000 mit 1845er Hochwasserlinie von A.W. Werner (Quelle: Sächsische Landes- und Universitätsbibliothek)

Das 1845er Hochwasser gab Anlass, das weit ausgreifende Überschwemmungsgebiet detailliert zu kartieren, um bei weiteren Baumaßnahmen - besonders in der Stadt Dresden - die mögliche Gefährdung berücksichtigen zu können: Es entstand um 1850 die „Karte des Elbstromes innerhalb des Königreiches Sachsen" (s. Abb. 2), bestehend aus 15 Sektionen im Maßstab 1 : 12.000 (mit zusätzlichen Längsprofilen). In den Lithographien von A.W. Werner wurden Gewässer und Überschwemmungsgebiet dunkel- bzw. hellblau koloriert (STAMS 1994).

Das nächste große Hochwasserereignis vom 6./7. September 1890, das allerdings nicht die Ausmaße von 1845 erreichte, ist im Maßstab 1:10.000 in einer als Unikat vorliegenden Karte dokumentiert.

Zur Integration dieser historischen Rauminformation in eine Geodatenbasis wurden Kopien der genannten Kartenwerke eingescannt, georeferenziert sowie Gewässer- und Hochwasserlinien interaktiv digitalisiert.

Für das Hochwasserereignis 2002 stehen im Bereich der Oberelbe zahlreiche Luft- und Satellitenaufnahmen zur Verfügung. Eine detaillierte Kartierung der Überschwemmungsgrenze kann allerdings nicht allein aus Bilddaten erfolgen, weil eine sichere Klassifikation von getrübten Wasserflächen (typisch für Hochwasser) nicht möglich ist. In vielen Fällen sind terrestrisch erhobene Zusatzinformationen erforderlich. Für das Dresdner Stadtgebiet erfolgte die Kartierung der Hochwasserlinien durch die Stadtverwaltung mittels visueller Interpretation auf Basis von unreferenzierten Luftbildaufnahmen einer Tornado-Befliegung der Bundeswehr am Tag des höchsten Pegelstandes. Zu Kontroll- und Korrekturzwecken wurden georeferenzierte IKONOS-Satellitenbilder des Folgetages herangezogen (MEINEL et al. 2003). Für Bereiche außerhalb des Dresdner Stadtgebietes wird zzt. von den zuständigen Behörden noch an der Kartierung der Überschwemmungsflächen gearbeitet.

3 Nutzungsänderungen

Am Institut für ökologische Raumentwicklung (IÖR) liegen bereits umfangreiche Erfahrungen zur Ableitung von Landschaftsveränderungen aus historischen Kartenwerken vor (s.a. www.ioer.de/nathist). So wurden u.a. mittelmaßstäbige sächsische Kartenwerke (Meilenblätter, Äquidistantenkarten und Messtischblätter) digital aufbereitet und für ein Landschaftsmonitoring ausgewertet (WALZ & SCHUMACHER 2003; WITSCHAS 2002). Diese Kartenwerke von 1790 bis 1940 standen zu Vergleichszwecken ebenfalls zur Verfügung.

Bei der vorliegenden Untersuchung konnten diese Kenntnisse genutzt werden, da die Werner'sche Elbstromkarte im Wesentlichen Meilenblattsignaturen enthält. So wurden bei der Digitalisierung der 1845er Überschwemmungsflächen zwölf verschiedene Nutzungsarten unterschieden: Wohnbaufläche, Gewerbefläche, Garten und Park, Verkehrs- und Lagerfläche, Obstgarten, Ackerfläche, Wiese, Wald und Gehölz, Wasserfläche, Brache, Abbaufläche sowie Feuchtfläche.

Als Basis für die aktuelle Flächennutzung wurden zunächst die Vektordaten der Biotop- und Landnutzungskartierung (CIR-Befliegung 1993) verwendet. Auf Grund der hohen Entwicklungsdynamik im Oberen Elbtal entsprechen diese (seit 2000 auf CD-ROM vorliegenden) Daten bereits heute nicht mehr dem aktuellen Stand. Als Kompromiss wurden deshalb verfügbare Ortholuftbilder (von 1997) zum interaktiven Editieren der Flächennutzung im Überschwemmungsbereich herangezogen.

Für die quantitative Analyse der Entwicklung von Siedlungs- und Freiräumen seit 1845 für unterschiedlich ausgestattete Landschaftsausschnitte kamen GIS-gestützte Verfahren zum Einsatz. Als typische Fallbeispiele wurden der Kurort Bad Schandau in der Sächsischen Schweiz sowie die Bereiche der Müglitz- und Wesenitz-Mündung in der Dresdner Elbtalweitung ausgewählt, weil hier vermutlich Nutzungsänderungen mit erheblicher kumulativer Wirkung stattgefunden haben. Im Falle der Müglitzmündung im Stadtgebiet von Heidenau (Mügeln) kam zusätzlich die Hochwasserwelle aus dem Erzgebirge zum Tragen. In 30-jährigem Abstand gab es entlang der Müglitz verheerende Hochwasser, die hier in die Elbe mündeten, so in den Jahren 1897, 1927 und 1957.

Die Entwicklung der Stromlandschaft der Elbe zeigt vor allem in Ballungsräumen eine starke Zunahme der Bebauung (einschl. Versiegelung) im Überschwemmungsgebiet, aber auch eine großflächige Umwandlung von relativ naturnahen, an die Funktionen der Aue angepassten Nutzungen in intensiv genutzte Flächen für Landwirtschaft und Erholung (z. B. Sportstätten und Kleingärten).

Im Rahmen einer statistischen Auswertung der Flächennutzungsdaten von 1845 und 1997 wurden Nutzungsbilanzen für die beiden Fallbeispiele aufgestellt (Abb. 3).

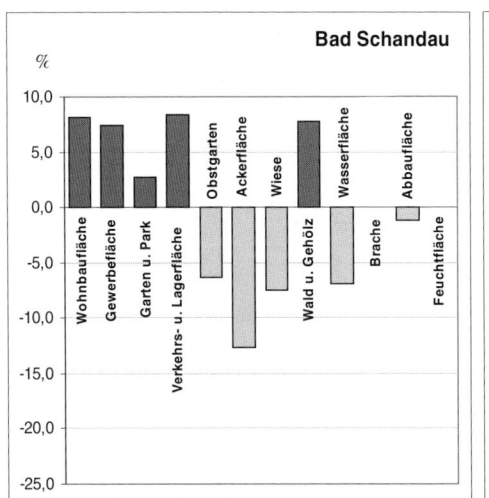

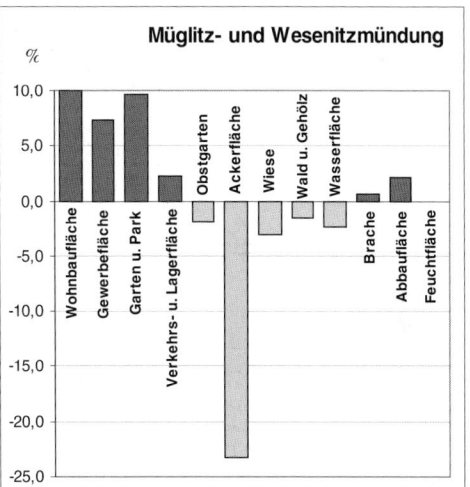

Abb. 3: Anteilmäßige Veränderung einzelner Nutzungsarten 1845-1997 für ausgewählte Untersuchungsgebiete im Überschwemmungsbereich der Oberelbe (Quelle: Eigene Bearbeitung)

Auffällig ist für beide Untersuchungsräume die Zunahme von bebauten und versiegelten Flächen, aber auch von Garten- und Parkanlagen, während ein Rückgang landwirtschaftlich genutzter Flächen (v. a. Ackerland) zu verzeichnen ist. In der Abnahme der Wasserfläche zeigen sich Auswirkungen von Stromkorrekturen zugunsten der Schifffahrt im vergangenen

Jahrhundert, die zu einer Einengung des Niedrig- und Mittelwasserbereiches sowie einer Aufhöhung potenzieller Überschwemmungsflächen geführt haben.

Interessant sind aber auch Unterschiede zwischen beiden Flächenbilanzen: Im engen Elbtal der Nationalparkregion Sächsische Schweiz (s.a. Abb. 1) – mit seiner großen Bedeutung für die Erholung - hat der Waldanteil wieder zugenommen, der Abbau von Elbsandstein wurde ebenso wie der Ackerbau im Überschwemmungsgebiet Bad Schandau inzwischen eingestellt. Dagegen hat sich der ehemals stark ackerbaulich geprägte Bereich von Müglitz- und Wesenitzmündung im Zuge der Industrialisierung v. a. linkselbisch entsprechend gewandelt. Die auf beiden Elbufern vorhandenen zahlreichen Kiesgruben lassen die Verringerung der Wasserfläche durch den Elbausbau hier nicht so stark ausfallen.

Die jeweiligen Nutzungsänderungen, beispielsweise die Umwandlung von Auwald- und Grünlandbereichen, wurden nach dem Grad ihrer Angepasstheit an die Lage im Überschwemmungsgebiet bewertet. Dabei fällt auf, dass gerade im stark überschwemmungsgefährdeten Bereich der Müglitzmündung (Abb. 2) zahlreiche Flächen, die 1845 noch als Auwald, Grünland oder Ackerland genutzt waren, heute mit Wohn- und Gewerbeflächen überbaut sind. Ufernahe Bereiche werden häufig auch als Lagerfläche oder Kleingartenanlage genutzt. Hier zeigt sich eine Tendenz der sukzessiven Umwidmung von relativ überflutungstoleranten Nutzungen hin zu solchen mit höherem Schadenspotenzial. Dies kann z.B. über die Kette von einfachem Garten(Grabe-)land über Kleingärten mit ausgebauten Gartenhäusern bis zum Wohngebiet gehen. Ein anderer Fall ist die Nutzung von überflutungsgefährdeten Flächen als einfacher (Rasen-)Sportplatz, der später als fester Sport- bzw. Tennisplatz mit Vereinshäusern ausgestattet wird. Im Extremfall geht dies – wie in Bad Schandau – bis zum Bau eines Hallenbades mit hohem Schadenspotenzial (Abb. 1). Solche Prozesse verlaufen häufig schleichend über mehrere Zwischenstufen und längere Zeiträume. In der Summe können sie einen erheblichen Anstieg des Schadenspotenzials bewirken.

4 Schlussfolgerungen

In der Studie wird nach veränderten Prioritäten bei der weiteren Entwicklung der Elb-Auenlandschaft gefragt – im Sinne einer stärker ökologisch funktionsorientierten Ausrichtung. So ist der Umgang mit Siedlungsbrachen und bestehenden Freiflächen vor diesem Hintergrund zu überdenken. Wie im 7-Punkte-Programm des IÖR zum Hochwasserschutz im Einzugsgebiet der Elbe (INSTITUT FÜR ÖKOLOGISCHE RAUMENTWICKLUNG E.V. 2002) festgestellt wird, ist eine Vorsorge gegenüber den Schäden von Hochwasserereignissen nur auf der Basis ausreichender Informationen über die komplexen Zusammenhänge bei der Entstehung und dem Abfluss von Hochwasser möglich.

Für eine integrierte Entwicklung der Landschaft im Bereich der sächsischen Elbe fehlt bislang ein „Landschafts-Informationssystem Elbe". Ein solches System könnte durch Aufzeigen möglicher Handlungsfolgen eine Grundlage für Regional- und Landschaftsplanung bilden und damit zur Entscheidungsunterstützung beitragen (WALZ 2003). Durch eine breit und offen angelegte Systemarchitektur – mit Präsenz wesentlicher Teile im Internet – kann ein gesamträumliches Problembewusstsein für die nachhaltige Entwicklung im Elbeeinzugsgebiet bei den Entscheidungsträgern und der Öffentlichkeit gefördert werden. Es sollten Hochwasser-Risikokarten für die betroffenen Kommunen ins System integriert werden, die auf Basis von Modellrechnungen sowie real eingetretenen Ereignissen (potenziell) überschwemmte Flächen ausweisen. Diese Karten könnten – nach dem Vorbild der Landeshauptstadt Dresden (www.dresden.de) – auch im Internet für jedermann verfügbar sein und damit zu einem wichtigen Ziel des vorbeugenden Hochwasserschutzes beitragen: der Freihaltung der Überschwemmungsflächen von weiterer Bebauung.

Literatur

CARSTENSEN, D. (2003): *Die Elbe im Raum Dresden.* In: Gewässer in der Stadt. Dresdner Wasserbauliche Mitteilungen, 24, 31-47

FÜGNER, D. (1995): *Hochwasserkatastrophen in Sachsen.* Taucha, 78 S.

INSTITUT FÜR ÖKOLOGISCHE RAUMENTWICKLUNG E.V. (2002): *7-Punkte-Programm zum Hochwasserschutz im Einzugsgebiet der Elbe.* Dresden (www.ioer.de)

MEINEL, G., SCHUMACHER, U. & E. ELEFANT (2002): *GIS-gestützte Bestimmung von Überschwemmungsgebieten auf Basis von Laserscannerdaten, Echolotprofilen und Pegelwerten.* In: Angewandte Geographische Informationsverarbeitung XIV. Beiträge zum AGIT-Symposium Salzburg 2002, 335-340. Wichmann, Heidelberg

MEINEL, G; SCHUMACHER, U. & J. GÖSSEL (2003): *Analyse der Hochwasserkatastrophe vom Sommer 2002 für die Stadtfläche Dresdens auf Basis von GIS und Fernerkundung.* In: Computergestützte Raumplanung CORP 2003, Wien, 8 S. (www.corp.at)

ROMMEL, J. (2000): *Laufentwicklung der deutschen Elbe bis Geesthacht seit ca. 1600.* Studie im Auftrag der Bundesanstalt für Gewässerkunde Koblenz, 1-61
http://elise.bafg.de/

SÄCHSISCHES LANDESAMT FÜR UMWELT UND GEOLOGIE (2002): *Vorläufiger Kurzbericht über die Meteorologische-hydrologische Situation beim Hochwasser im August 2002.* Vers. 5 vom 2.12.2002. Dresden, 22 S.

SÄCHSISCHES STAATSMINISTERIUM FÜR UMWELT UND LANDWIRTSCHAFT (2002): *Bilanz für die Flussgebiete Weißeritz, Gottleuba, Mulden, Pleiße, Elbestrom*
http://www.landwirtschaft.sachsen.de/de/wu/aktuelles_und_spezielles/hochwasser/flussgebiete/

SCHANZE, J. (2002): *Nach der Elbeflut 2002: Die gesellschaftliche Risikovorsorge bedarf einer transdisziplinären Hochwasserforschung.* In: GAIA 11 (2002) 4, 247-254

SCHNELL, J. (Hrsg.) (2002): *Stromabwärts. Von Bad Schandau bis Meissen. Die Elbe am 16. August 2002 und zwei Monate später.* Dresden, 96 S.

SIEGEL, B. (1998): *Siedlungs- und Landschaftsentwicklung im Bereich der sächsischen Elbe – ein mittelmaßstäbiges Bewertungs- und Handlungskonzept.* IÖR-Schriften, 27, 96 S. Dresden

STAMS, W. (1994): Die *sächsischen Elbstrom-Kartenwerke – ein Überblick.* In: Die Elbe im Kartenbild. Vermessung und Kartierung eines Stromes. Kartographische Bausteine, 9, 39-51. Dresden

WALZ, U. (2003): *Landschaftsanalyse und Monitoring der sächsischen Elbe.* In: Flusslandschaften an Elbe und Rhein. Aspekte der Landschaftsanalyse, des Hochwasserschutzes und der Landschaftsgestaltung, 1-15. Berlin

WALZ, U. & U. SCHUMACHER (2003): *Flächennutzungsinformationen aus historischen Kartenwerken für die Freiraumentwicklung in Sachsen.* In: Historische Landnutzung im thüringisch-sächsisch-anhaltischen Raum, 12 S. Lang, Frankfurt a. M. (im Druck)

WITSCHAS, S. (2002): *Erinnerung an die Zukunft – sächsische historische Kartenwerke zeigen den Landschaftswandel.* In: Kartographische Nachrichten, (52) 2, 111-117

Abbildung 1 ist mit freundlicher Genehmigung des Fotografen R. Heselbarth entnommen aus Schnell (2002).

Die visuelle Simulation als Kommunikationsmittel in der Landschaftsplanung – ein Beispiel für die mögliche Anwendung in der Praxis

Björn WEDIG

Dieser Beitrag wurde nach Begutachtung durch das Programmkomitee als „reviewed paper" angenommen.

Zusammenfassung

Eine gute Kommunikation zwischen Planer und Betroffenen in der Landschaftsplanung kann Missverständnisse zwischen den Beteiligten vermeiden und spart letztendlich Kosten. Die Arbeit untersucht den Einsatz computergenerierter, photorealistischer Darstellungen zukünftiger Umweltzustände – sogenannter visueller Simulationen – als Kommunikationsmittel in der Landschafts- und Umweltplanung. Das Hauptaugenmerk liegt dabei auf einem möglichen Einsatz in der Planungspraxis.

Es wird aufgezeigt, inwieweit visuelle Simulationen die Kommunikation im Planungsprozess verbessern können. Anhand eines Beispiels unter Verwendung der Visualisierungssoftware „World Construction Set 5" wird dargestellt, dass unter bestimmten Vorraussetzungen der Einsatz von computergenerierten, photorealistischen Bildern auch unter den wirtschaftlichen und zeitlichen Restriktionen der freien Wirtschaft möglich ist.

1 Einleitung

„Mehr als eine technische Disziplin gilt Raumplanung heute als eine ihrem Wesen nach interdisziplinäre, koordinative und kommunikative Tätigkeit." (KOSCHITZ 1993, 3).

Landschafts-, Raum- und Umweltplanung findet schon lange nicht mehr hinter verschlossenen Türen statt. Die rechtlich vorgeschriebene Beteiligung der Öffentlichkeit, von Interessenverbänden und sonstigen Betroffenen bei Planvorhaben muss vielfach durch weitere Veranstaltungen oder offene Planungsprozesse wie das Planen am Runden Tisch ersetzt werden.. Die sogenannte „Planung am Runden Tisch" wird zunehmend praktiziert. In diesen Beteiligungen oder Diskussionsrunden sieht sich der Fachplaner meist auch einem fachfremden Personenkreis bzw. Planungslaien gegenüber. Um Verständigungsprobleme zwischen den Experten und den Laien auszuräumen bedarf es einer gemeinsamen Sprache, die frei ist von fachspezifischen Kodierungen, welche nur vom Expertenkreis verstanden werden.

Diese Publikation zeigt auf, welche Besonderheiten / Probleme bei der Kommunikation zwischen Planer und Laien in der Landschaftsplanung zu beachten sind und wie der Planer diese mit Hilfe von allgemein verständlichen, photorealistischen Bildern lösen könnte. Dabei wird besonders auf die Gefahr und Angst vor Verfälschung von Planauswirkungen durch den Computer eingegangen.

Anhand eines Beispiels unter Verwendung der Visualisierungssoftware „World Construction Set 5" (WCS) wird dargestellt, unter welchen Vorraussetzungen es möglich ist, computergenerierte visuelle Simulationen ohne nennenswerten Zusatzaufwand zur konzeptionellen Planung zu erstellen. Grundlage der Visualisierung sind dabei ArcView-Shapefiles, die bereits für die inhaltliche Planung verwendet wurden. Die Grenzen der Einsetzbarkeit dieser Visualisierungstechnik werden dabei von der Genauigkeit der Nutzungskartierung und des digitalen Geländemodells sowie der vorhandenen Datenbasis im World Construction Set definiert.

2 Die visuelle Simulation in der Planungskommunikation

2.1 Schwachstellen in der Kommunikation

Wie Studien von LUZ (1996) belegen, scheitert die Auseinandersetzung mit Planungszielen vielfach an der Art, wie diese kommuniziert werden. Dies führt nicht selten zum gegenseitigen Misstrauen der Gesprächspartner. Dieses wird u.a. dadurch gefördert, dass Planungslaien die Kodierung eines Kartenwerkes, das dem Experten einleuchtend erscheint, nicht lesen können. Sie fühlen sich somit uninformiert und in dieser Hinsicht dem Planer unterlegen. Die Vorlage eines vielseitigen Erläuterungsbandes mit Statistiken und Berechnungen ist für die Rechtssicherheit des Planwerkes in der Regel unabdingbar, sie hilft aber dem interessierten Laien aufgrund der Einarbeitungszeit, den verwendeten Begriffen u.Ä. nicht weiter. Erst wenn man eine gemeinsame Sprache findet, also eine von beiden Seiten verstandene Kodierung nutzt, kann das Misstrauen der Beteiligten abgebaut werden und die Vorraussetzungen für eine kooperative Planung gleichberechtigter Partner geschaffen werden.

Zusammenfassend lässt sich feststellen, dass die Bedeutung einer guten Kommunikation im Planungsprozess, vor allem zur Steigerung der Akzeptanz der Planungen in der Öffentlichkeit, deutlich zugenommen hat.

Man kann für Kommunikationsprobleme im Planungsprozess generell vier Gründe ableiten (vergleiche LUZ 1996, 81ff.):

- Wahrnehmungsdifferenzen
- Zurückhaltung von (Umwelt-) Wissen
- Vermittlungsschwächen
- Persönliche Grundeinstellungen von Planern und Betroffenen

Nachdem der Weg, alle an den „Runden Tisch" zu bekommen, an sich schon schwer genug scheint und z.T. bei schwierigen Planungsentscheidungen auch gescheut wird, ist es um so nötiger, eine gemeinsame Sprache zu finden. Die Planung „von oben" sollte dabei vermieden werden. Grundlage moderner Landschaftsplanung kann nur die gemeinschaftliche Planung mit den Betroffenen sein.

2.2 Überwindung von Vermittlungsschwächen

Visualisierungen von Planungen helfen vor allem bei der Überwindung von Vermittlungsschwächen. In diese Zusammenhang formuliert ASCH (1999), dass der Darstellung der jeweiligen Ergebnisse eine nicht zu unterschätzende Bedeutung zukommt, vor allem seit dem die Landschaftsplanung nicht mehr ausschließlich zwischen Experten, sondern „vor Ort" stattfindet und damit immer auch „verkauft" werden muss. Photorealistische Darstellungen eignen sich gegenüber Laien häufig besser zur Verdeutlichung von Umweltwissen als andere Darstellungsformen. So fällt es einem Laien deutlich leichter, sich eine zukünftige Situation anhand von Bildern anstele eines Fachplanes vorzustellen.

Eine Studie von DOLMAN et al. (2000) zur Beteiligung von Landwirten in einem Programm zum Flächenmanagement in West Oxfordshire bestätigt dies:

Die Studie untersuchte, inwieweit man ortsansässige Farmer „überreden" konnte, sich an einem gemeinschaftlichen Bewirtschaftungskonzept zu beteiligen. Dazu wurden vier Szenarien mit unterschiedlichen Intensitäten einer Bearbeitungsextensivierung dargestellt. Neben persönlichen Gesprächen wurden den Landwirten computeranimierte Visualisierungen der Szenarien vorgeführt. Unabhängig vom Gesamtuntersuchungsergebnis konnte ein großer Erfolg der Visualisierungen festgestellt werden. *„All farmers admitted that the visual images helped them significantly to form their views on the scenarios, even those not willing to co-opererate beforehand."* (DOLMAN et al. 66)

Die Autorenmeinungen über die Bedeutung der visuellen Simulation differieren jedoch:

Digitale visuell-räumliche Medien bilden laut DANAHY und HOINKES (1999, 22) auch für Laien einen großen Anreiz, über Landschaft und Architektur nachzudenken. Dabei ist das erste Anliegen der Autoren „den Dialog anzufachen" und nicht eine konkrete visuelle Bewertung der Beteiligten vorauszusagen.

„Zweifellos stellt die Bildkommunikation ein wesentliches Mittel für eine effektive Kommunikation dar. Obwohl gerade in den Planungsdisziplinen viel von Information und Partizipation die Rede ist, mangelt es an allgemein verständlichen Bildern" (LANGE 1999, 6). LANGE geht über den bloßen Wunsch nach allgemeiner Verständlichkeit der Planungsaufbereitung hinaus, indem er feststellt, dass, wenn die traditionell mit eher abstrahierten Darstellungen arbeitende Planung für „Planungslaien" wie auch für „Experten" visuell begreifbar werden soll, sie in und mit der dritten Dimension arbeiten sollte, da die reale Welt ebenfalls dreidimensional ist.

Allgemeiner und kritischer formuliert es SHEPPARD (1999, 28), der Visualisierungen „in Sachen Umwelt" einen gewaltigen Einfluss auf die Kommunikation zuspricht. Sie können „Wahrnehmungen manipulieren und auf die Entscheidungsfindung einwirken." Diese Manipulation ist es, die viele Planer häufig ausnutzen, um ihre Planungsideen zu präsentieren. Man könnte dies auch als Planwerbung bezeichnen.

2.3 Darstellungshilfe oder Faktenverschleierung

Die Visualisierung mit dem Computer eröffnet dem Planer völlig neue Möglichkeiten der Darstellung. Wie bei vielen Neuerungen taucht aber auch vielerorts Skepsis gegenüber dem noch jungem Medium auf, da besonders mit Techniken der virtuellen Realität die ernste Gefahr von Suggestion verbunden sei. Denn „technische Raffinesse und Realitätstreue machen es immer schwieriger, Fehler und Willkür in der Darstellung auszumachen" (SHEPPARD 1999, 28).

Problematisch ist häufig auch der Versuch der Einflussnahme auf die Visualisierung durch den Auftraggeber. Es sind laut SHEPPARD Fälle aufgetreten, in denen die Verantwortlichen die öffentliche Visualisierung unterbunden haben, weil sie gegen das Projekt gesprochen hätte (ebd. 29). Diesen Sachverhalt könnte man eigentlich als Qualitätszeichen der in dieser Arbeit betrachteten Technik der Visualisierung ansehen. Denn gerade die am späteren Ergebnis überprüfbare Realitätsnähe von Visualisierungen hilft Misstrauen gegenüber dem Darstellungsmedium und somit letztlich gegenüber dem Planer abzubauen.

Generell ist die Verschleierung oder Verschönerung von Planungsauswirkungen auf die Landschaft aber kein spezifisches Problem der visuellen Simulation. Ebenso könnte durch Fotomontage, geschickte Farbwahl oder die Auswahl eines bestimmten Blickwinkels in analogem Karten- und Bildmaterial Verschleierung von Inhalten stattfinden. Vorsätzliche Fälschungen in der Visualisierung eines zukünftigen Zustandes sind per se nicht vom Darstellungsmedium, sondern von deren Ersteller abhängig. Die Ehrlichkeit der Projektbearbeiter sollte also an dieser Stelle vorausgesetzt werden.

Der Vorteil der dreidimensionalen visuellen Simulation liegt laut DANAHY & HOINKES (1999) vor allem im erweiterten Sichtfeld gegenüber statisch-analogen Darstellungsmethoden. Für die beiden Autoren ist es wichtig, neben der gezielten Lenkung des Betrachters durch Einzelbilder auch eine komplette Visualisierung des Ausschnittes zu zeigen, damit die Repräsentativität des Einzelbildes für die Szenerie ermittelt wird.

Durch die visuelle Simulation ist es grundsätzlich möglich, jeden Ausschnitt des Planungsgebietes darzustellen. Somit kann auch dem Wunsch der Beteiligten nach der individuellen Darstellung der Planungsauswirkungen relativ schnell nachgekommen werden.

Mit der Technik der visuellen Simulation verfügt der Planer sicherlich über ein starkes Instrument zur Beeinflussung des Betrachters. Zum Beispiel können mittels der Integration von Lichteffekten oder Wetterphänomenen in die Simulation Stimmungen erzeugt werden, die sich u.U. auf die Entscheidung zwischen zwei Varianten auswirken können. Diese Beeinflussung ist mit „klassischen" Visualisierungsmethoden aber genauso möglich, eine höhere Empfindlichkeit computergestützter Techniken gegenüber Verschleierung kann ohne vergleichende Untersuchungen nicht festgestellt werden. Das spezifische Problem der Beeinflussung durch Photorealismus wird sich in Zukunft vermutlich selber lösen, da die Adressaten der Planung zunehmend durch Film, Fernsehen und Computer an digital erzeugte Landschaften gewöhnt werden und sich somit auch nicht (mehr) allein durch eine „perfektrealistische" Darstellung von den Inhalten ablenken lassen.

Die visuelle Simulation alleine kann Akzeptanz- und Kommunikationsprobleme in der Landschaftsplanung jedoch nicht lösen. „Die Demokratie als Städtebauer und der Computer als Werkzeug sind kein Garant für Qualität. Sie sind aber entscheidende Werkzeuge bei der Steigerung der Akzeptanz für das, was entstehen soll." (KUHLMANN 1999, 160).

3 Beispiel einer computergestützten, visuellen Simulation

Ziel der vorliegenden Methodik zur Erstellung photorealistischer, dreidimensionaler Simulationen ist eine möglichst rasche und unkomplizierte, aber auch kostensparende Anwendung in der Planungspraxis. Daher wird bei der Verwendung der Software und der Daten darauf geachtet, dass ein möglicher Mehraufwand für die Visualisierung, neben der eigentlichen thematischen Arbeit, gering gehalten werden kann. Die Simulation greift ausschließlich auf für die konzeptionelle Arbeit aufgenommene Daten zurück. Zusätzliche Ortsbegehung, Geländeaufnahmen oder Digitalisierungen wurden soweit wie möglich vermieden. Die Nutzungskartierung sowie die zukünftige Planung lagen als ArcView-Shapefiles vor. Das digitale Geländemodell (DGM) als ASCII-File. Zur Aufbereitung der Visualisierung wurde das Programm World Construction Set 5 (WCS) des Softwareherstellers 3d-nature verwandt.

Ziel der Simulation ist es, landschaftliche Veränderungen durch den Neubau eines Feldweges im Rahmen eines Flurbereinigungsverfahren zu visualisieren. Bei strittigen Varianten könnte sie eine Entscheidungshilfe in der Diskussion zwischen Planer und Adressaten sein. Daher wird auf eine möglichst realistische Darstellung der realen Landschaft Wert gelegt.

3.1 Methodik

Die Nutzungskartierung wird in Form von ArcView-Shapefiles in das WCS importiert. Bei diesem Vorgang kann der Nutzungsschlüssel aus der relationalen Datenbank der Shapefiles in das WCS übernommen werden. Dadurch ist eine flächengenaue Darstellung der Nutzungen möglich ist. Die Shapefiles werden dabei in ihre einzelnen Vektoren aufgeteilt. Die Einzeldaten werden jedoch anhand des Nutzungsschlüssels automatisch erneut zu Layern zusammengefasst, was eine gemeinsame Bearbeitung der Vektoren entsprechend der Nutzungen möglich macht.

Das importierte Shapefile wird durch Texture-Mapping, d.h. durch das Aufspannen der zweidimensionalen Karte auf das digitale Geländemodell der Topographie des Geländes angepasst.

Anschließend werden den GIS-Daten (Polygon, Linie, Punkt) entsprechend des Nutzungsschlüssels graphische Eigenschaften zugeordnet. Durch eine Kombination von Texturen, Farben und Vegetation sowie einer möglichen temporären Veränderung der Oberfläche (Terraffector) des Geländemodells können sämtliche Flächennutzungen realitätsnah dargestellt werden. Linienelemente also z.B. Wege werden durch eine vom Vektor als Zentrum definierte Abfolge (Gradient) von Texturen, Strukturen und Vegetationsdefinitionen visualisiert.

Das WCS speichert diese Definitionen als sogenannte „Ecosystems" separat ab. Somit stehen sie auch in anderen Projekten zur Verfügung. Weiterhin ist es bei der Definition der Ecosystems möglich, drei Ebenen zu definieren: den Boden, den Unterwuchs (Understory) und die höhere Vegetationsebene (Overstory). Alle drei Ebenen können vollständig unabhängig voneinander definiert werden. Die Editoren der Vegetationsebenen ermöglichen es, neben der Verwendung von Texturen und Strukturen, Pflanzendarstellungen als Billboards oder echtes 3D-Objekt einzuladen. Um den Rechenaufwand zu verringern wurden in der vorliegenden Arbeit nur Billboards verwandt. Dies sind senkrecht auf dem Boden stehende, eigentlich flache Bilder, die sich automatisch zur Sichtachse des Betrachters drehen und somit Dreidimensionalität simulieren. Diese Darstellungen können anhand der unterliegenden Texturen platziert und in ihrer Dichte und Höhe anhand von Grenzwerten variiert werden. So ist es z.B. möglich, einen Laubmischwald mit 10 % Esche, 20 % Ahorn, 15 % Ulme usw. zu generieren. Dadurch wird eine sehr realistische Darstellung erreicht, auch wenn der Einzelbaum nicht an der geografischen Position steht, welche er in der Natur einnimmt.

Die Platzierung von Einzelobjekten, wie markanten Bäumen, ist durch die Verbindung von Punktinformationen mit eigenen Billboards möglich. Somit können Alleen oder markante Einzelbäume realistisch nachgebildet werden

3.2 Ergebnisse

Es hat sich gezeigt, dass bei einer relativ genauen Nutzungskartierung und unter Verwendung vorgefertigter und leicht angepasster Ecosystems das WCS sehr realistische Ergebnisse erzielen kann. Verbessert man zusätzlich die Zuordnung einiger Geometrien, z.B. bei markanten Einzelstrukturen, lässt sich relativ einfach ein annähernd realistisches Abbild der realen Situation und der Planung darstellen (vgl. Abbildungen 1-3).

Abb. 1: Originalphoto des Bearbeitungsgebietes (Panoramabild)

Abb. 2: Visualisierung des Bearbeitungsgebietes unter automatisierter Verwendung der vorliegenden „Shapefiles" ohne Nachbesserung der Polygonzuordnung. Zeitaufwand je nach Datenbasis, Renderzeit hier ca. 7 Minuten (Prozessor: AMD Athlon 1Ghz , 370 MB RAM).

Die visuelle Simulationen als Kommunikationsmittel in der Landschaftsplanung   543

Abb. 3: Visualisierung des Bearbeitungsgebietes nach Verbesserung der Polygonzuordnung (Baumgruppe in der Mitte). Zusätzlicher Zeitaufwand zu Abb. 2 ca. 5 Minuten + Renderzeit ca. 7 Minuten.

Abb. 4: Simulation eines geplanten Feldweges mit max. 20 % Gefälle, Seitenböschungen max. 20 %. Zusätzlicher Zeitaufwand zu Abb. 2 ca. 20 Minuten + Renderzeit ca. 7 Minuten.

Abb. 5: Simulation des gleichen geplanten Feldweges mit max. 10 % Gefälle, Seitenböschungen max. 45%. Zusätzlicher Zeitaufwand zu Abb. 2 ca. 20 Minuten + Renderzeit ca. 7 Minuten.

Abb. 6: Simulation Bestand (Kamera 30 m über Grund, Kamerawinkel: -20°). Renderzeit ca. 14 Minuten.

Abb. 7: Szenario einer Entwicklung aller im Untersuchungsgebiet vorhandenen Äcker zu Laubmischwald. Zusätzlicher Zeitaufwand zu Abb. 5 ca. 5 Minuten, Renderzeit ca. 14 Minuten.

3.3 Praktische Anwendbarkeit

Der Zeitaufwand für die Visualisierung in dieser Arbeit wäre für ein einfaches Flurbereinigungsverfahren, wie im Beispiel dargestellt, im Normalfall zu hoch. Die meiste Zeit wurde dabei zur Einstellung der Darstellungsparameter für die unterschiedlichen Nutzungen (Ecosystems) im World Construction Set benötigt. Da sich diese separat speichern und somit „wiederverwenden" lassen, würde sich mit steigender Projektzahl der Aufwand für das Erstellen der Ecosystems deutlich minimieren lassen, zu mal der Softwareanbieter 3d-Nature immer wieder Daten-CDs mit vorgefertigten Ecosystems zum Kauf anbietet. Diese können relativ schnell durch Austauschen der Pflanzendarstellungen oder durch Veränderungen in der Pflanzdichte den individuellen Anforderungen der jeweiligen Projekte angepasst werden.

Ein weitaus größeres Problem als die Pflanzendarstellung stellt die Einbindung von Gebäuden in die Visualisierung dar. Im vorliegenden Modellprojekt konnten diese nur mit erheblichem Mehraufwand integriert werden. Dies ist unter anderem auf die für diese Zwecke mangelhafte Datenbasis (Nutzungskartierung) zurückzuführen. Bei einer möglichen Forderung nach genaueren Geländeaufnahmen, sollte man sich jedoch klar machen, dass solche Aufnahmen für die konzeptionelle Planungsarbeit nicht nötig wären. Sie stellen somit einen deutlichen Mehraufwand für ein Büro gegenüber der klassischen Raumplanung ohne visuelle Simulation dar. Auch wenn genauere geografische Daten über die Lage von Gebäuden vorliegen, muss doch für eine wirklich realistische Simulation jedes sichtbare Haus einzeln bearbeitet werden. In der Tiefe der Bearbeitung, also z.B. beim Applizieren von Phototexturen auf Gebäudedarstellungen, könnte man sich, da dieser Vorgang sehr zeitintensiv ist, auf die Gebäude im Vordergrund beschränken. Rendert man nur wenige Ansichten und liegen Fotografien der Baukörper aus der entsprechenden Richtung vor, können im Einzelfall diese Gebäude auch relativ einfach, mittels Billboards dargestellt werden, wobei dies bei einer Animation mit Kamerabewegung aufgrund falscher Raumlage und der fehlenden Dreidimensionalität der Bilder unzulässig ist.

Akzeptiert man Einbußen in der Realitätsnähe bei Gebäuden, kann man nach entsprechender Einarbeitungszeit in das Programm und unter Verwendung von vorhandenen Shapefiles, sehr schnell zu ansprechenden Ergebnissen mit hohem Informationsgehalt gelangen, da die Shapefiles nur noch bestehenden Ecosystems zugewiesen werden müssen. Bearbeitungsgebietsspezifische Besonderheiten können relativ schnell eingefügt werden, insbesondere wenn sich die Visualisierung auf wenige Ansichten beschränken soll (Abbildung 3). Nach der Erstellung eines virtuellen Abbildes des Ist-Zustandes sind Veränderungen desgleichen schnell und variabel darstellbar (Abbildungen 4, 5 und 7).

Der Vorteil der visuellen Simulation gegenüber der statischen Photomontage liegt dabei u.a. im nahezu jederzeit frei wählbaren Bildausschnitt (vgl. Abbildungen 3 und 6) und in der Möglichkeit bislang in der Realität verborgene Blickbeziehungen – z.B. bei der Visualisierungen von Einschnitten in Wäldern oder Hügel durch Straßenbauvorhaben – darzustellen (Abbildung 5).

Neben der möglichen Realitätsnähe ist die Form der Darstellung für den sinnvollen Einsatz der visuellen Simulation von entscheidender Bedeutung.

In einem kleineren Projekt reicht die Berechnung statischer Simulationen aus, da meist alle Beteiligten mit dem Bearbeitungsgebiet vertraut sind. Kurze Videosequenzen (Renderzeit pro Sekunde Film ca. 3h) sind zur Hinführung an die statischen Bilder oder zur Verdeutlichung der Validität der Einzelbilder vorstellbar aber nicht prinzipiell nötig.

Das angewendete Verfahren eignet sich bei entsprechender Datenbasis und vorhandenen Ecosystems gut zur Verdeutlichung von Planauswirkungen im mittleren Entfernungsbereich. Rechenzeitintensive Videos und weiter entfernte Ansichten sind aufgrund der dafür benötigten großflächigeren Nutzungskartierungen hingegen erst bei größeren Projekten oder sehr schwierigen Planungsvoraussetzungen sinnvoll.

Es ist davon auszugehen, dass durch die weitere Verbesserung von Hard- und Software die Erstellung von visuellen Simulationen zunehmend erleichtert wird und somit auch die Schwelle für den Einsatz dieser Präsentationsform in der Praxis mit der Zeit sinken wird.

Literatur

ASCH, K. (Hrsg.) (1999): *GIS in Geowissenschaften und Umwelt.* Springer Verlag, Stuttgart
DANAHY J. & HOINKES R. (1999): *Praktikable Panorama-Techniken für die Planung – Schauen, Bewegen, Verknüpfen.* In: Garten und Landschaft, 11, 22-27
DOLMAN P, O'RIORDAN T., LOVETT A., COBB D. & G. SÜNNENBERG (2000): *Designing and implementing whole landscapes.* In: ECOS, (21) 1, 57-68

KOSCHITZ P. (1993): *Zur Methodik kommunikativer Planungsprozesse.* In: Dokumente und Informationen zur Schweizerischen Orts-, Regional- und Landesplanung, 114. Zürich

KUHLMANN C. (1999): *Computergestützte Planung im Planungsprozess.* Vortragsskript im Rahmen des 4. Symposiums für computergestützte Raumplanung, CORP 1999, Selbstverlag des Institutes für EDV-gestützte Methoden in Architektur und Raumplanung der TU Wien

LANGE, E. (1999): *Our Visual Landscape – Bemerkungen zur Conference on Visual Ressource Management auf dem Monte Verita.* DISP 139

LUZ F. (1996): *Von der Arroganz der Wissenden zur Mitwirkung der Betroffenen – Kriterien für Akzeptanz und Umsetzbarkeit in der Landschaftsplanung.* In: Selle K. (Hrsg.): *Planung und Kommunikation – Gestaltung von Planungsprozessen in Quartier, Stadt und Landschaft – Grundlagen, Methoden, Praxiserfahrung.* Bauverlag Wiesbaden

SHEPPARD, S. R. J. (1999): *Manipulation und Irrtum bei Simulationen – Regeln für die Nutzung der digitalen Kristallkugel.* In: Garten und Landschaft, 11, 28-32

Das HyPa-Verfahren – eine GIS-basierte Methode zur Ermittlung des Grundwasserdargebotes in Festgesteinsaquiferen des Rheinischen Schiefergebirges

Guido WIMMER

Dieser Beitrag wurde nach Begutachtung durch das Programmkomitee als „reviewed paper" angenommen.

Zusammenfassung

Der klassische Ansatz bei der Bestimmung des Grundwasserdargebotes in Einzugsgebieten über Kluft- und Karstaquiferen, mit Hilfe der Wasserhaushaltsgleichung, wird bei der praktischen Anwendung durch die Vielzahl und Komplexität der Eingangsparameter erschwert. Insbesondere ist die Vernachlässigung des oberirdischen Abflussanteiles, wie dies bei Lockergesteinsaquiferen gerne vereinfachend angenommen wird, in Festgesteinsbereichen nicht zulässig, so dass hier zusätzlich eine detaillierte Abflussbetrachtung vorgenommen werden muss.

Im Hinblick auf eine Integration der Information „Grundwasserdargebot" in das Fachinformationssystem Grundwasser NRW des Landesumweltamtes Nordrhein-Westfalen wurde ein Verfahren entwickelt, das eine Ermittlung von Grundwasserneubildung bzw. Grundwasserdargebot in Festgesteinsaquiferen, beruhend auf flächenhaft vorliegenden hydrogeologischen Parametern GIS gestützt ermöglicht (WIMMER 2002).

1 Einleitung

In Hinblick auf die vom deutschen Bundeskabinett am 26. Juli 2000 beschlossene Strategie zur nachhaltigen Nutzung natürlicher Ressourcen wird dem Schutz und der Bewirtschaftung der globalen und lokalen Süßwasserressourcen ein hoher Stellenwert beigemessen. In der Umsetzung der Lokalen Agenda 21 auf dem Gebiet der Wasserwirtschaft steht die Sicherung und der Erhalt der Qualität und Quantität von Trink- und Brauchwasser in der Gegenwart und Zukunft im Vordergrund. Das Fachinformationssystem „Grundwasser" NRW im Maßstab 1:25.000 stellt eine wichtige Planungsgrundlage im Bereich des Umweltmanagements, der Raumplanung und insbesondere der nachhaltigen Grundwasserbewirtschaftung dar. Trotz der rd. 50 berücksichtigten Informationsebenen sind derzeitig im Informationssystem keine Angaben zu Grundwasserneubildung bzw. zum einzugsgebietsbezogenen Grundwasserdargebot enthalten.

Für die Berücksichtigung und Darstellung dieser wasserwirtschaftlich relevanten Größen wurde das HyPa-Verfahren entwickelt, das, beruhend auf **Hy**drogeologischen **PA**rametern, eine Ermittlung des Grundwasserdargebotes in Festgesteinsaquiferen des Rheinischen Schiefergebirges unter Zuhilfenahme geografischer Informationssysteme ermöglicht.

Entwicklung, Anwendung, Randbedingungen sowie Stärken und Schwächen des Verfahrens sollen im Weiteren dargestellt werden.

2 Das HyPA-Verfahren

Bei der Ermittlung des Grundwasserdargebotes wird in der Regel auf die Lösung der Wasserhaushaltsgleichung

$$N = A_{ges} + ET_r + R$$

mit N = Niederschlag
  A_{ges} = Abfluss bestehend aus oberirdischem A_o und unterirdischem A_u Abfluss
  ETr = Reelle Evapotranspiration
  R = Rücklage im Aquifer gespeicherten Wassers

zurückgegriffen.

Während R im langjährigen Mittel zu 0 angenommen werden kann, ist es im Gegensatz zur Betrachtung in Lockergesteinsaquiferen in Karst und Kluftgrundwasserleitern unzulässig den Anteil des oberirdisch abströmenden Wassers A_o zu vernachlässigen. Dementsprechend muss für solche Gebiete nicht nur die komplexe und auf vielen, häufig nicht flächenhaft vorliegenden Daten beruhende reelle Evapotranspiration ermittelt werden, sondern zusätzlich noch eine detaillierte Abflussbetrachtung mit Separierung von ober- und unterirdischen Abflussanteilen durchgeführt werden. Gerade letztere ist infolge unzureichender Pegeldichten, insbesondere aber als Folge der häufig anthropogenen Überprägung bestehender Pegelganglinien nicht realisierbar.

Aus der Literatur (MARCINEK & SCHMIDT 1995, DÖRHÖFER et al. 2001) ist bekannt, dass in Festgesteinsgebieten die Grundwasserneubildung wesentlich von der Durchlässigkeit der anstehenden Gesteinsfolgen determiniert wird, ohne dass dies weiter quantifiziert wird.

Auf Grundlage dieser These wurde unter Auswertung bestehender Literatur, insbesondere aber mit hohem Aufwand von Feldversuchen eine Korrelation zwischen der Grundwasserneubildungsrate und dem Durchlässigkeitsbeiwert der Festgesteine in der Auflockerungszone ermittelt.

Die Umsetzung dieser Ergebnisse in ein Verfahren wurde an der Bergisch Gladbach-Paffrather Mulde entwickelt und anschließend anhand des Einzugsgebietes des Kronenburger Sees bei Hallschlag kalibriert. Die in diesen Gebieten anstehenden Gesteine bilden für das Rheinische Schiefergebirge charakteristische Karst- bzw. Kluftgrundwasserleiter aus.

2.1 Entwicklung des HyPa-Verfahrens

Im Zuge der Bearbeitung der Festgesteinskarten des Hydrologischen Kartenwerkes NRW werden standardmäßig Trockenwetterabflüsse für einen Großteil der Vorfluter gemessen. Dadurch ist es möglich, eine Vielzahl von für das Rheinische Schiefergebirge charakteristischen Flächenspenden zu ermitteln. Ziel der Untersuchungen ist die Bestimmung von durchschnittlichen, lithologieabhängigen Flächenspenden. Die Auswertung der hydrologischen Karten ist besonders geeignet, da hier infolge der ebenfalls dargestellten Durchlässigkeitsklasse der Festgesteine in der Auflockerungszone (KRAPP 1979) gezielt solche Einzugsgebiete betrachtet werden können, die über „monolithologischem" Untergrund liegen. Zusammen mit einer gleichfalls umfangreichen Literaturrecherche, ergänzt u.a. durch die Erläuterungsbände zu den Geologischen Karten GK25 des Geologischen Dienstes NRW, konnte eine Korrelation zwischen Lithologie bzw. Durchlässigkeitsklasse und Grundwasserneubildung hergestellt werden.

Dabei wird zunächst deutlich, dass unter der Randbedingung eines genügend hohen Niederschlages (>650 mm/a), wie er in der Eifel bzw. dem Bergischen Land gegeben ist, die Flächenspende nicht von der Niederschlagshöhe abhängt (Abb. 1).

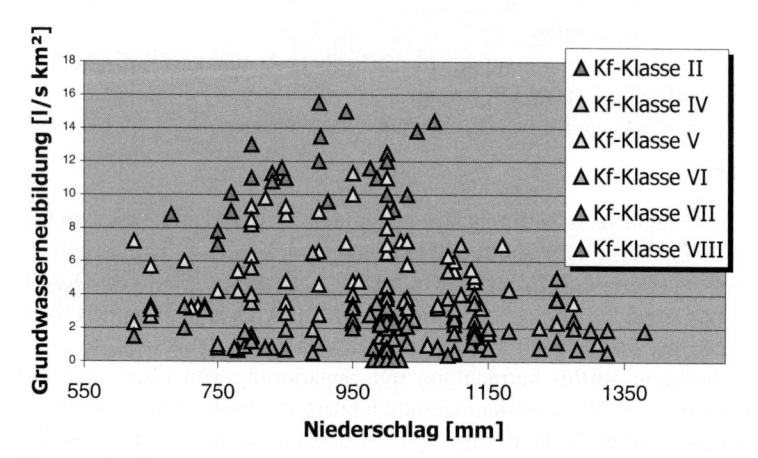

Abb. 1: Verhältnis der Niederschlagshöhe zur Grundwasserneubildung im Rheinischen Schiefergebirge in Abhängigkeit von der Gebirgsdurchlässigkeit der Festgesteine in der Auflockerungszone. Die Klassifizierung der K_f-Klassen beruht auf KRAPP (1979)

Wie aus unterschiedlichen Studien hervorgeht, besitzt das Relief keinen wesentlichen Einfluss auf die Grundwasserneubildung in Festgesteinsaquiferen (WEYER 1972, DÖRHÖFER et al. 2001, u.a.).

Infolgedessen stellt die Korrelation zwischen Kluftöffnungsweiten bzw. effektiv nutzbarem Kluftvolumen und dem Durchlässigkeitsbeiwert der Auflockerungszone der Festgesteine den maßgeblichen Parameter zur Steuerung der Grundwasserneubildung dar. Legt man das Modell der eindimensionalen Spaltströmung zugrunde, regelt die dritte Potenz der Kluftöffnungsweite das Wasservolumen, das je Zeiteinheit in das Kluftnetz einsickern kann. Der Durchlässigkeitsbeiwert K nimmt quadratisch mit der Kluftöffnungsweite zu. Daraus wird ersichtlich, dass die eindringende Wassermenge linear mit dem Durchlässigkeitsbeiwert ansteigen muss und somit dem Darcyschen Gesetz folgt.

Abbildung 2 zeigt die Korrelation der Grundwasserneubildung mit dem mittleren Durchlässigkeitsbeiwert einer hydrogeologischen Einheit. Neben der Angabe der durchschnittlichen Grundwasserneubildung ist in vertikaler Richtung die Schwankungsbreite mit Maximal- bzw. Minimalwerten angegeben. Durch das Einfügen einer Trendlinie kann innerhalb einer Bandbreite eine mittlere Grundwasserneubildung ermittelt werden.

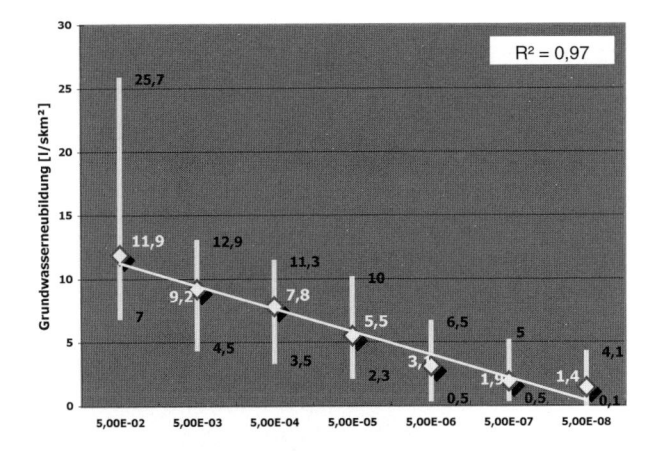

Abb. 2: Korrelation zwischen der Grundwasserneubildung und der Gebirgsdurchlässigkeit in der Auflockerungszone der Festgesteine mit Angabe der Bandbreite

Die Einführung von Bandbreiten hat sich im Rahmen des Hydrologischen Kartenwerkes schon bei der Festlegung der Durchlässigkeitsklassen nach Krapp (1979) bewährt und spiegelt realitätsnah die tatsächlichen hydrogeologischen Gegebenheiten wider. Das Klassifikationsschema der Durchlässigkeitsklassen wurde von Grün (1998) für den Raum Solingen mittels Pumpversuchen überprüft und mit ausgezeichneter Übereinstimmung bestätigt. Dementsprechend geben die Bandbreiten der durch die Lithologie determinierten Grundwasserneubildungsraten gleichfalls Schwankungen der faziellen Ausbildung einer Schichtenfolge sowie die typischerweise auftretenden Gesteinswechsellagerungen unterschiedlich durchlässiger Gesteine wider. Mathematisch lässt sich aufgrund der Regressionskurve zu jedem Durchlässigkeitsbeiwert eine mit hoher Wahrscheinlichkeit auftretende Grundwasserneubildung mit Hilfe der folgenden Beziehung zuordnen:

$$Gw_{neu} = 0{,}79 \ln(K) + 13{,}6$$

mit K = Durchlässigkeitsbeiwert in der Auflockerungszone der Festgesteine [m/s]

In der Praxis ist eine solche, vermeintlich genaue Umsetzung der mathematischen Beziehung nicht durchführbar, da bei der Betrachtung der Einzugsgebiete nie eine genaue, flächendifferenzierte Kenntnis über den Durchlässigkeitsbeiwert vorliegt. Da die Ergebnisse aus Abb. 2 auf rund 3500 Einzelmessungen beruhen, kann jedoch mit hinreichender Sicherheit von einer guten statistischen Absicherung ausgegangen werden.

2.2 Umsetzung das HyPa-Verfahrens mit Hilfe geografischer Informationssysteme

Das HyPa-Verfahren zur Ermittlung der Grundwasserneubildungsraten eignet sich aufgrund der Verfügbarkeit benötigter Ausgangsdaten für eine GIS-gestützte Umsetzung. Hierbei werden die Geometrien der Durchlässigkeitsklassen einer bestehenden hydrogeologischen Karte mit den zugehörigen Neubildungsraten gemäß der Korrelation aus Abb. 2 attributiert.

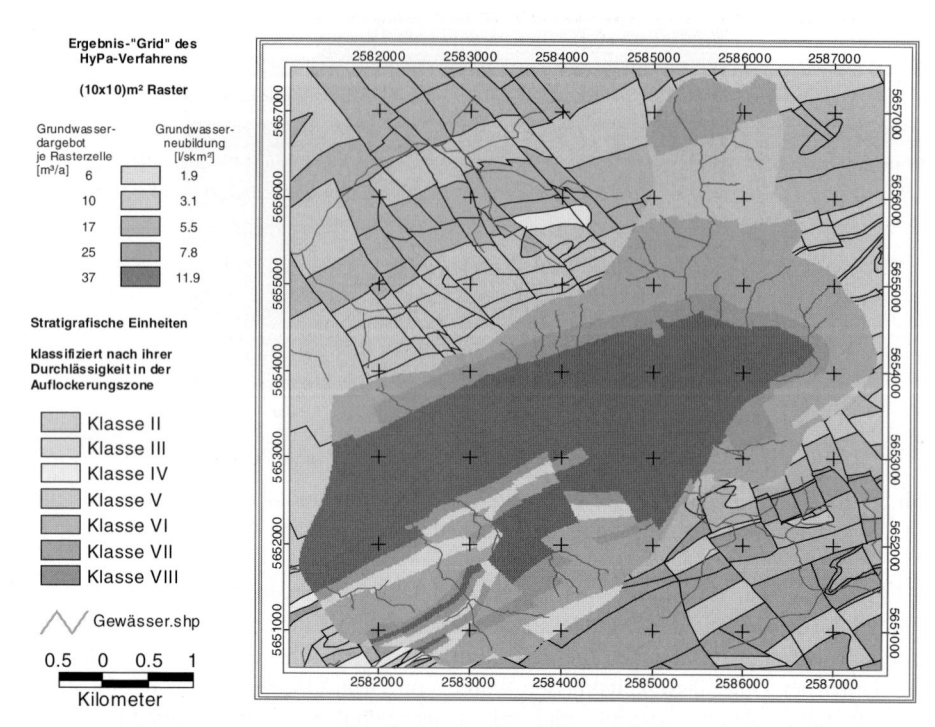

Abb. 3: Der zentrale Teil der Abbildung zeigt die Rasterung, der mit der Grundwasserneubildungsrate gemäß dem HyPA-Verfahren attributierten hydrogeologischen Einheiten. Das Ergebnis für das Gesamteinzugsgebiet resultiert aus der gewichteten Mittelwertbetrachtung des Grids und wird digital ermittelt.

Anschließend wird ein Rasterdatensatz über die Grundwasserneubildungsrate erzeugt und auf die flächenhafte Ausdehnung einer Rasterzelle bezogen, wodurch eine Aussage zum Grundwasserdargebot entsteht. Auf dieses Grid kann erneut ein Statistik-Tool angewandt werden, um das flächengewichtete, mittlere Grundwasserdargebot für das betrachtete Einzugsgebiet zu erfassen. Abbildung 3 zeigt das entsprechende Grid. Als Ergebnis für die Grundwasserneubildung im betrachteten Einzugsgebiet erhält man aus der statistischen Auswertung einen Betrag von 7,97 l/skm², was einer Sickerwasserhöhe von 251mm entspricht. Dieser Wert ergibt, multipliziert mit der Ausdehnung des Einzugsgebietes ein mittleres jährlich zur Verfügung stehendes Grundwasserdargebot.

Im Ergebnis zweieinhalb jähriger Felduntersuchungen im Hinblick auf die Grundwasserbilanzierung dieses Einzugsgebietes in der Bergisch Gladbach-Paffrather Mulde konnte eine Grundwasserneubildung von 248mm gemessen werden.

Trotz dieser sehr guten Übereinstimmung zwischen gemessenem und berechnetem Ergebnis hat das hier angewandte HyPA-Verfahren in gewissen Fällen seine Grenzen.

2.3 Randbedingungen des HyPa-Verfahrens

Das HyPa-Verfahren basiert im Wesentlichen auf der Bewertung der Gebirgsdurchlässigkeit anstehender Festgesteine. Niederschläge, sofern sie in ausreichender Höhe jährlich vorhanden sind sowie morphologische Aspekte spielen für die Grundwasserneubildung in Festgesteinsaquiferen eine lediglich untergeordnete Rolle. Daraus ergeben sich eine Reihe von Betrachtungen, aus denen Randbedingungen für die Anwendbarkeit des Verfahrens aufgestellt werden können:

- Ist bereits die exakte Zuordnung der lithologischen Einheiten hinsichtlich ihrer Durchlässigkeit schwierig, so bleibt auch die Bestimmung der Grundwasserneubildung ungenau. Dieser Fall tritt besonders dann auf, wenn Wechsellagerungen von Gesteinen stark unterschiedlicher, primärer Durchlässigkeit im Untergrund vorhanden sind und die anteiligen Verhältnisse ebenfalls heterogen verteilt sind. Dies ist in erster Linie bei Tonstein-Kalkstein- oder Tonstein-Sandstein-Wechselfolgen der Fall.
- Besitzen die betrachteten Festgesteine Eigenschaften eines „doppelt porösen Mediums", muss infolge des größeren Speicherkoeffizienten mit einer vergleichsweise höheren Grundwasserneubildung gerechnet werden.
- In Karstaquiferen mit veränderlichen, grundwasserstandsbezogenen unterirdischen Einzugsgebieten variiert das Grundwasserdargebot in Abhängigkeit vom temporären Auftreten unterirdischer Grundwasserscheiden.
- Bei einer mächtigeren Lockergesteinsauflage im Hangenden des Festgesteines beeinflusst das nutzbare Porenvolumen bzw. die nutzbare Feldkapazität des Lockergesteins die Grundwasserneubildung. Die Frage, ab welchen Mächtigkeiten dies eine Rolle spielt und in welchem Maß die Neubildung dadurch beeinflusst wird, gibt Anlass zu weiterreichenden Untersuchungen. Qualitative Überlegungen zeigen jedoch, dass nur der Überlagerungsfall „durchlässige Lockergesteine" über „durchlässigem Festgestein" detailliert betrachtet werden muss.
- Die Methode ist zeitinvariant.
- Unterirdische, randliche bzw. anthropogene Fremdwasserzusickerungen sowie Versiegelungsflächen müssen gesondert betrachtet werden.

Aus diesen Feststellungen heraus lassen sich vier wesentliche Randbedingungen für die Anwendbarkeit des HyPa-Verfahrens formulieren:

1. Betrachtete Einzugsgebiete sollten sich in Festgesteinsarealen mit lediglich geringer Lockergesteinsüberdeckung befinden.
2. Zur Ermittlung des Grundwasserdargebotes ist die genaue Kenntnis der Ausdehnung des Einzugsgebietes erforderlich.
3. Unterirdische Grundwasserzuströme sowie Versiegelungsflächen müssen gesondert bei der Bestimmung des Grundwasserdargebotes berücksichtigt werden.
4. Die jährliche Niederschlagsmenge muss zwischen 650mm und 1500mm liegen.

2.3 Berücksichtigen versiegelter Flächen mit dem HyPa-Verfahrens

Versiegelte Flächen stören das natürliche Einsickern von Niederschlagswässern in den Untergrund. Wie bereits festgestellt wurde, wird diese einsickernde Wassermenge in Festgesteinsgebieten primär durch die Durchlässigkeit des Gebirges in der Auflockerungszone gesteuert, sofern genügend hohe jährliche Niederschläge zur Verfügung stehen. Die Übersetzung einer versiegelten Fläche in das GIS-gestützte HYPA-Verfahren bedeutet indes nichts anderes, als dass für solche Bereiche lediglich ein geringer Durchlässigkeitsbeiwert anzusetzen ist. Dementsprechend können versiegelte Flächen über geringdurchlässigem Untergrund vernachlässigt werden.

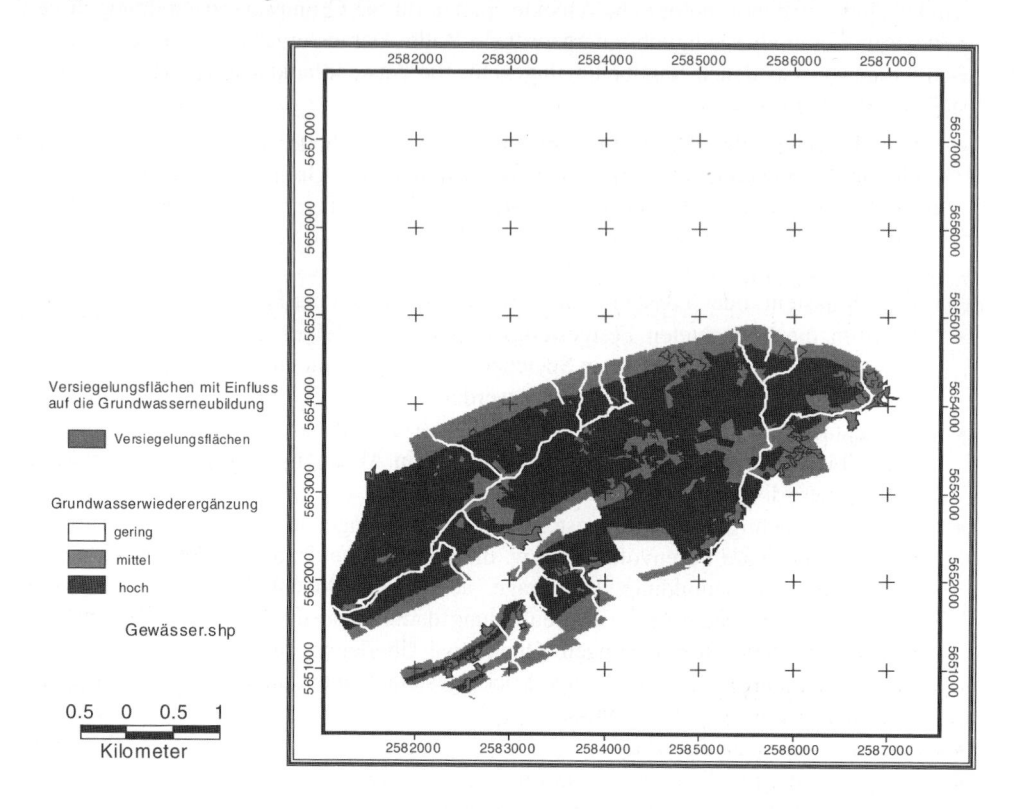

Abb. 4: Versiegelungsflächen über Arealen mit hoher Grundwasserneubildungsrate müssen bei der Bestimmung des Grundwasserdargebotes mit Hilfe des HYPA-Verfahrens gesondert berücksichtigt werden.

Bei dieser Betrachtung können GIS-technisch aus dem Bewertungsrasterdatensatz „Grundwasserdargebot" die versiegelten Flächen über durchlässigem Untergrund gelipt und das auf diesen Flächen generierte Grundwasserdargebot entsprechend eines zu ermittelnden Versiegelungsgrades korrigiert werden. Entscheidend für die korrekte Bewertung ist die möglichst genaue Ermittlung des Versiegelungsgrades. Dementsprechend würde lediglich ein prozentualer Anteil der natürlichen Wiederergänzung in versiegelten Bereichen dem Grundwasser zufließen. Das mit Kenntnis des Versiegelungsgrades auf diesem Weg leicht zu ermittelnde Ergebnis fließt in die anschließende Gesamtbetrachtung des Grundwasserdargebotes ein.

3 Kalibrierung des Verfahrens

Wie am Beispiel des Einzugsgebietes in der Bergisch Gladbach-Paffrather Mulde gezeigt werden konnte stimmen gerechnete und gemessene Ergebnisse für das Grundwasserdargebot überein.

Im Hinblick auf eine Anwendung des Verfahrens im Rahmen des Fachinformationssystems Grundwasser NRW sollte nun eine Kalibrierung auf Basis der im Informationssystem vorhandenen Eingangsdaten durchgeführt werden. Dafür wurde ein Einzugsgebiet in einem für das Rheinische Schiefergebirge typischen Kluftaquifer im Raum Hallschlag (Eifel) ausgewählt (Abb. 5), für das eine rezent bearbeitete Hydrogeologische Karte (WIMMER 2000) vorliegt.

Für eine Kalibrierung günstig, ist der Umstand das für das betrachtete Einzugsgebiet des Kronenburger Sees zwei Schreibpegel bestehen, die die Wassermengen der Vorfluter Kyll und Taubkyll permanent registrieren und die nicht anthropogen z.B. durch Fremdeinleitungen beeinflusst werden. Das Gesamteinzugsgebiet setzt sich aus verschiedenen Teileinzugsgebieten zusammen, deren Abgrenzung als Standardinformationsebene im Fachinformationssystem enthalten ist. Die Einzugsgebiete von Kyll und Taubkyll mit einer Gesamtgröße von 71,1km² weichen in der Summe lediglich um 0,1km² gegenüber der vom Pegelbetreiber angegebenen Einzugsgebietsgröße ab.

Aus den Pegelganglinien der Pegel „Steinebrück" und „Hallschlag" wurden gemäß der Methode von Kille (1970) die grundwasserbürtigen Abflussanteile separiert, wobei mehrere Jahre ausgewertet wurden. Aus dieser Betrachtung der gemessenen Werte ergibt sich eine mittlere Jährliche Grundwasserneubildung von rd. 2,5l/skm².

Bei der nach dem HYPA-Verfahren errechneten Grundwasserneubildung liegt das Ergebnis etwas geringer bei 2,4l/skm² und weicht somit um rd. 6 % vom gemessenen Wert ab. Bezogen auf das Einzugsgebiet steht hier ein jährliches Grundwasserdargebot von 5,29 Millionen m³ zur Verfügung.

4 Vor- und Nachteile des HyPa-Verfahrens

Die großen Vorteile des Verfahrens liegen in der geringen Anzahl flächenhaft vorliegender Eingangsparameter. Das GIS-technisch leicht umzusetzende Verfahren liefert Ergebnisse für Grundwasserneubildung, bzw. bezogen auf das jeweilige Einzugsgebiet, auch für das Grundwasserdargebot von Festgesteinsaquiferen, die sehr gut mit in situ gemessenen Werten übereinstimmen. Versiegelte Flächen können mit Kenntnis des Versiegelungsgrades sehr einfach in die Betrachtung integriert werden.

Demgegenüber steht der Nachteil, dass es sich bei diesem Verfahren um eine zeitinvariante Betrachtung handelt, die nicht für großmaßstäbliche Betrachtungen herangezogen werden sollte.

Bei der Ermittlung des Grundwasserdargebotes in größeren Einzugsgebieten wird lokal die Randbedingung einer lediglich geringen Lockergesteinsbedeckung verletzt werden. Dies geschieht schon daher, dass keine flächendeckenden Informationen über die Mächtigkeit von

Lockergesteinsdeckschichten über Festgesteinsaquiferen vorliegen. Da dieses Phänomen jedoch in einem gewissen Maß bei der Erstellung der Korrelation zwischen Grundwasserneubildung und Gebirgsdurchlässigkeit eingeflossen ist, ist die Verletzung dieser Randbedingung lediglich bei der Betrachtung kleiner Einzugsgebiete problematisch

5 Anwendungsgebiete des HYPA-Verfahrens

Das HYPA-Verfahren eignet sich in besonderer Weise für das Einbinden einer neuen Informationsebene „Grundwasserdargebot in Festgesteinsbereichen" in das Fachinformationssystem Grundwasser NRW (Maßstab 1:25.000).

Des Weiteren ist die Angabe der Grundwasserneubildung in solchen Gebieten auch ein wesentlicher Bestandteil der sogenannten „Risikokarte des Stoffeintrages NRW" gemäß dem Verfahren von HÖLTING (1995), wie sie im Informationssystem erstellt werden. Hier wird das HYPA-Verfahren bereits seit einem Jahr erfolgreich eingesetzt.

Im Rahmen des Grundwassermanagements von Festgesteinsaquiferen kann das neue Verfahren im Rahmen einer Erstbewertung herangezogen werden, sollte aber, z.B. vor der Vergabe von Wasserrechten unbedingt durch weiterführende Untersuchungen, in Karstgebieten insbesondere im Hinblick auf die genaue Abgrenzung des Einzugsgebietes, ergänzt werden.

Literatur

DÖRHÖFER, G., KUNKEL, R., TETZLAFF, B., & F. WENDLAND (2001): Der natürliche Grundwasserhaushalt in Niedersachsen. In: Arb.-Heft Wasser, 2001/1, 109-167. Hannover
GRÜN, B. M. (1998): Durchlässigkeitsbestimmung devonischer Festgesteine und ihrer Deckschichten durch Pumpversuche im Raum Solingen. Dipl.-Arb. RWTH-Aachen, 310 S. Aachen
MARCINEK, J. & K.-H. SCHMIDT (1995): Gewässer und Grundwasser. In: LIEDKE, H. & J. MARCINEK (Hrsg.): Physische Geographie Deutschlands. 131-155. Gotha, Perthes
KILLE, K. (1970): Das Verfahren MoMNQ, ein Beitrag zur Berechnung der mittleren langjährigen Grundwasserneubildung mit Hilfe der monatlichen Niedrigwasserabflüsse. In: Z. dt. geol. Ges., Sonderhf. Hydrogeol., Hydrochm., 89-95. Hannover
KRAPP, L. (1979): Gebirgsdurchlässigkeit im Linksrheinischen Schiefergebirge – Bestimmung nach verschiedenen Methoden. In: Mitt. Ing.- u. Hydrogeol., 9, 313-347. Aachen
WEYER, K. U. (1972): Ermittlung der Grundwassermengen in den Festgesteinen der Mittelgebirge aus Messungen des Trockenwetterabflußes. Diss. Univ. Bonn, 142 S. Bonn (unveröff.)
WIMMER, G. (2001): Hydrologische Karte von Nordrhein-Westfalen 1 : 25.000. Blatt 5604 Hallschlag. Hrsg. Landesumweltamt Nordrhein-Westfalen. Düsseldorf-Essen
WIMMER, G. (2002): Ermittlung des Grundwasserdargebotes in Karts- und Kluftaquiferen des Rheinischen Schiefergebirges mit Hilfe Geografischer Informationssysteme in ausgewählten Einzugsgebieten im Raum Bergisch Gladbach und Kronenburg/Eifel. In: Mitt. Ing.- u. Hydrogeol., 82, 314 S. Aachen

Kooperation, GIS und Entscheidungsunterstützung bei Problemen der Standortplanung

Nils ZIERATH, Angi VOSS und Stefanie ROEDER

Dieser Beitrag wurde nach Begutachtung durch das Programmkomitee als „reviewed paper" angenommen.

Zusammenfassung

Die Herausforderung in der Standortplanung liegt nicht in der Erhebung relevanter Daten, sondern in der Fähigkeit, diese sinnvoll miteinander zu verknüpfen, und zukunftsfähige Gestaltungsmöglichkeiten abzuleiten. Ziel des interdisziplinären Forschungsprojektes KogiPlan war die Entwicklung eines integrierten Softwaresystems zur Unterstützung räumlicher Problemlösungs- und Entscheidungsprozesse. Neben der Entwicklung der Software bestand die große Herausforderung in seiner Integration in einen Planungs- und Entscheidungsprozess. In einem Experiment wurde KogiPlan auf ein Standortplanungsszenario und den zugehörigen Entscheidungsprozess angewandt. Das System unterstützt den gesamten Prozess der Standortplanung: Zunächst werden die Ziele, Optionen und Zwänge der Projektplanung diskutiert. Daraus werden quantitative Planungsmodelle abgeleitet. Mehrere Planungsvarianten werden erarbeitet, visualisiert und vergleichend bewertet. Schließlich wird die Entscheidung für eine Planungsvariante getroffen.

Der vorliegende Beitrag präsentiert das Standortplanungskonzept KogiPlan als einen ganzheitlichen Ansatz für transparente und konsensgetragene Planungs- und Entscheidungsprozesse. Dabei ist es unser primäres Ziel, die Vorteile und Potentiale dieses Systems anhand der Dokumentation eines Planspiels herauszustellen. Zunächst werden das Gesamtkonzept von KogiPlan und die Aufgaben der in das System eingebetteten Software vorgestellt. Diesem theoretischen Rahmen folgt im zweiten Teil die Dokumentation des Planspiels, in welchem das integrierte Softwaresystem getestet wurde. In einem weiteren Schritt werden die methodischen Ergebnisse des Planspiels analysiert, zusammengefasst und hinsichtlich zukünftiger Anwendungen bewertet.

1 Es ist eine Frage des Standorts!

Wo befindet sich der geeignetste Standort für eine neue Bankfiliale, einen Gewerbepark oder ein Drive-In-Restaurant? Die richtige Standortwahl hat für den Erfolg von Unternehmen größte Bedeutung, jedoch ist die Komplexität der Einflussfaktoren kaum handhabbar. Auf der anderen Seite versprechen eine sorgfältige Standortplanung und eine optimierte Logistik effiziente Materialflüsse und niedrigere Kosten. Sie ermöglichen einen besseren Kundenservice, geringere Umweltbelastungen und eine höhere Rechtssicherheit.

Standortvariablen müssen so miteinander verknüpft werden, dass sie die komplexe Wirklichkeit in Planungsmodellen hinreichend genau abzubilden. Modelle und mit ihnen entwickelte Szenarien erlauben Planern, die Folgen ihres Handelns abzuschätzen. Dieses Wissen gestattet, zukünftige Entwicklungen innerhalb eines Handlungsrahmens kreativ und nachhaltig zu gestalten. Zukünftiges europäisches Recht (SUP-Richtlinie) etabliert die Kooperation zwischen unterschiedlichen Interessenvertretern als einen zentralen Aspekt von Planung. Planungsexperten werden herausgefordert, multikriterielle Analysen auch unscharfer qualitativer Daten durchzuführen und in einem für alle Beteiligte transparenten Entscheidungsprozess konsensfähige Ergebnisse zu erzielen. Daher wird zukünftig die *richtige Standortwahl* entscheidend durch die *Qualität des Entscheidungsprozesses*, der zu diesem Standort führt, gekennzeichnet sein. Für das interdisziplinäre Forschungsteam stellte sich daher die Aufgabe, den Standortentscheidungsprozess in ein System zu betten, welches moderierte, durch eine große Anzahl teilnehmender Parteien mit divergierenden Interessen geprägte, Planungsprozesse unterstützt. Das integrierte Standortplanungskonzept KogiPlan ist ein vielversprechender Ansatz zur Bewältigung dieser komplexen Aufgabe.

2 Das Konzept von KogiPlan

2.1 Der Ansatz

KogiPlan integriert und erweitert den Funktionsumfang mehrerer, ursprünglich isoliert entwickelter Softwareapplikationen dreier Projektpartner.[1] Auf der Grundlage eines zielgerichteten, strukturierten und moderierten Diskurses unterstützt es den gesamten Prozess der Standortplanung: von der ersten Idee über den Entwurf alternativer Planungsoptionen bis hin zur finalen Entscheidung.

Das konzeptuelle Fundament von KogiPlan wurden in mehreren Planspielen zur kooperativen Lösung raumbezogener Entscheidungsprobleme erarbeitet (VOSS et al. 2002a), (VOSS et al. 2002b). Auf Grundlage dieser Arbeiten war es möglich, mehrere, ursprünglich nebeneinander existierende Einzelapplikationen mit verschiedenen Aufgabenfeldern in ein integriertes Gesamtsystem zu überführen.

KogiPlan ist ein Expertensystem. Sein Potential wird erst vollständig nutzbar, wenn es nicht vom Projektträger (Auftraggeber) selbst, sondern einer externen interdisziplinären Expertengruppe („KogiPlaner") bedient wird. Scheinbare Nachteile (z.B. höhere Kosten) werden durch die hohe Effektivität des alle Arbeitsschritte umfassenden iterativen Planungsprozesses kompensiert. Von der Ideenentwicklung bis hin zur Auswahl optimierter Lösungen arbeiten der Auftraggeber und die externe Expertengruppe eng zusammen. Der Problemlösungsprozess einem Mediationsmodell aus 7 Phasen: (1) Prozessverständnis, (2) Informationsaustausch, (3) Formulierung der Interessen, (4) Entwicklung alternativer Lösungsvorschläge, (5) Entscheidung, (6) Vertragsabschluss, (7) Umsetzung (GORDON & MÄRKER 2003). In KogiPlan werden die Phasen 1-5 realisiert. Ein *Vertragsabschluss* und

---

[1] Das Projekt *KogiPlan* (Kooperation, Geoinformation und Entscheidungsunterstützung bei der Standortplanung) wurde vom Bundesministerium für Bildung und Forschung (BMBF) gefördert (Referenzindex VFG0003B). Laufzeit: Oktober 2000 bis März 2003. Budget: 1,2 Mio. Euro. Folgende Institute waren als Projektpartner beteiligt:
- Fraunhofer Institut für Autonome Intelligente Systeme (AIS), Sankt Augustin
- Fraunhofer Institut für Graphische Datenverarbeitung (IGD), Darmstadt
- Fraunhofer Institut für Techno- und Wirtschaftsmathematik (ITWM) Kaiserslautern.

die tatsächliche *Umsetzung* des Projektes liegen außerhalb des Verfahrens. Die Phasen 1-2 entsprechen der Festlegung der *Rahmen- und Nebenbedingungen*, die Phase 3 der Formulierung der *Aufgabenstellung*. Die Phase 4 (Entwicklung alternativer Lösungsvorschläge) entspricht der technischen Umsetzung der Aufgabenstellung: *Datenerhebung, Datenanalyse, Optimierung* und *Visualisierung*. Die Phase 5 ist equivalent zur Präsentation der Planungsvarianten und *Entscheidung für Planumsetzung* (Abb.1).

Auf die Hauptakteure der 7 Arbeitsschritte in KogiPlan bezogen, ist der Planungsprozess dreigeteilt (Abb.1, s. Farbgebung). Zunächst definiert der Auftraggeber seine Planungsziele und erstellt daraus Rahmenbedingungen für die Planung. Aus diesen wird als Aufgabenstellung ein quantitatives Planungsmodell abgeleitet. Zusätzlich werden qualitative Nebenbedingungen definiert, um bei der endgültigen Entscheidungsfindung (s.u.) „weiche" Planungsziele berücksichtigen zu können. Im Vorfeld können die Interessen der von der Planung „Betroffenen" über einen moderierten eDiskurs erfasst und bei der Definition der Ziele berücksichtigt werden.

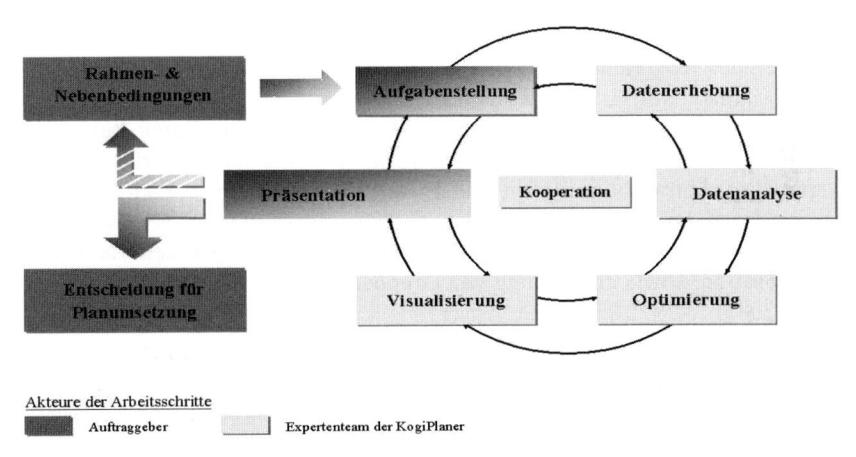

Abb. 1: Das Prozessmodell von KogiPlan

Entsprechend der definierten Ziele und Kriterien erarbeitet das Expertenteam mit Hilfe der KogiPlan-Software eine Reihe alternativer Planungsvarianten. Dazu müssen zunächst die Rahmenbedingungen in ein quantitatives Planungsmodell überführt und in die Software implementiert werden. Anschließend werden geeignete Daten erhoben oder bereits vorhandene aufbereitet. Entsprechend den im Planungsmodell definierten Kriterien werden die Daten analysiert. Im Zuge mehrerer Optimierungsdurchläufe werden die Gewichtung der quantitativen Kriterien variiert und verschiedene Standorte auf ihre Tauglichkeit hin überprüft bzw. als Alternative vorgeschlagen. Die optimierten alternativen Lösungsvorschläge werden visualisiert und dem Auftraggeber zur Entscheidung präsentiert.

Sollte keine der Varianten für eine Umsetzung überzeugen, besteht die Möglichkeit, eine oder mehrere von ihnen durch eine wiederholte Veränderung der Kriteriengewichtungen weiter zu bearbeiten und neu zu bewerten. Alternativ können die Vorschläge auch „manuell" entsprechend der festgelegten qualitativen Ziele verändert werden. Führt dies zu keinem befriedigenden Ergebnis, müssen der quantitative Rahmen der Planung überarbeitet und neue Lösungsvorschläge berechnet werden.

Die Dreiteilung des Planungsprozesses birgt große Vorteile für beide Projektpartner. Die inhaltliche Kontrolle des Prozesses hat der Auftraggeber. In seinen Händen liegen sowohl die Formulierung der Planungsziele und der Bewertungskriterien des Planungsmodells, als auch die Auswahl der umzusetzenden Variante. Spezialaufgaben wie die Moderation des Planungsprozesses oder die Implementierung des Modells in die Software kann er an das Expertenteam outsourcen. Der intensive Informationsaustausch zwischen dem Auftraggeber und den KogiPlanern gewährleistet ein hohes Maß an Transparenz und minimiert Brüche in der Kommunikation. Es wird sicher gestellt, dass sowohl die vom Auftraggeber gestellten Bedingungen optimal in das System implementiert werden können, als auch die erarbeiteten Ergebnisse die Forderungen des Auftraggebers erfüllen.

2.2 Das Softwaresystem

2.2.1 SPIN!: Plattform für multirelationale Data-Mining-Algorithmen

Um das Aufgabenfeld der Standortplanung umfassend abzudecken, wurden in KogiPlan mehrere Softwarekomponenten zu einem integrierten System zusammen gefügt. Als Integrationseinheit des KogiPlan-Systems dient die Plattform und offene Bibliothek für Data-Mining-Algorithmen SPIN!. Hier wird das Zusammenspiel der verschiedenen Softwaretools koordiniert und als Datenflussdiagramm dokumentiert. Die Daten werden in multirelationalen Operationen unmittelbar auf der Basis der miteinander verknüpften Tabellen ausgewertet. Die Abfragealgorithmen und Evaluationsmethoden werden über JDBC mit den verschiedenen Datenquellen bzw. den anderen Softwaretools verbunden (Abb. 2). Spezielle Datamining-Funktionen von SPIN! sind die Subgruppensuche und -analyse in großen Datensätzen, sowie die Bildung von Gruppen oder Cluster ähnlicher Objekte (MAY & SAVINOV 2001).

2.2.2 Zeno: Webbasierte Unterstützung von Partizipationsprozessen

Die webbasierte Partizipationsplattform Zeno® unterstützt strukturierte moderierte eDiskurse zwischen räumlich und zeitlich verteilten Akteuren. Bereiche in Zeno enthalten Netzwerke von Artikeln. Diese können z.B. das Ergebnis einer Diskussion als Netzwerk eines nun kollektiven Wissenspools wiederspiegeln, wobei die Etiketten der Artikel und Verknüpfungen durch dynamisch konfigurierbare Diskursontologien definiert werden. Ein integriertes Nutzer- und Gruppenmanagementsystem erlaubt die Festlegung spezifischer Zugriffsrechte. Über eine Schnittstelle können in Zeno enthaltene Artikel mit in CommonGIS erzeugten thematischen Karten verknüpft werden. Weitere Funktionen wie Diskurs-Awareness, Chat und Abstimmungen werden gegenwärtig implementiert.

Die inhaltliche und strukturelle Archivierung des gesamten Diskurses gestaltet den Problemlösungsprozess transparent und nachprüfbar. Spielräume werden dokumentiert und Entscheidungen besser nachvollziehbar. Erfolgreiche Diskurskonzepte und Strukturen können auf ähnliche Situationen übertragen und optimiert werden (Voss 2002).

2.2.3 InGeo Information Center (InGeo IC): Web-Portal für Geodaten

Das InGeo IC ist ein Broker für Metadaten, der es dem Anwender ermöglicht, mit Hilfe innovativer Verfahren standortrelevante Informationen mittels verschiedener Metadatenserver zu beschaffen, zu verbreiten oder zu vermarkten. Anfragen der Benutzer werden durch Thesauri und Gazeteers analysiert und der Suchraum selbständig erweitert. Die

Ergebnisse werden entsprechend der vom Benutzer definierten Prioritäten in einer aussagekräftigen Rangliste ausgegeben. Der Datenexport an SPIN! erfolgt über JDBC.

2.2.4 LoLA: Bibliothek von Algorithmen zur räumlichen Optimierung

LoLA (Library of Location Algorithms) dient der Analyse und Optimierung der räumlicher Konstellationen. Für diese Aufgaben verfügt LoLA ein breites Spektrum von Lösungen, wie z.B. diskrete Modellierung komplexer Kostenfunktionen im Raum oder multikriterielle Zielfunktionen. Sein Bibliothekcharakter ermöglicht die Implementierung individueller Lösungen für spezifische Probleme. Die Ausgabe der Optimierungsergebnisse erfolgt über eine Schnittstelle zu WebGIS (HAMACHER & NICKEL 1997).

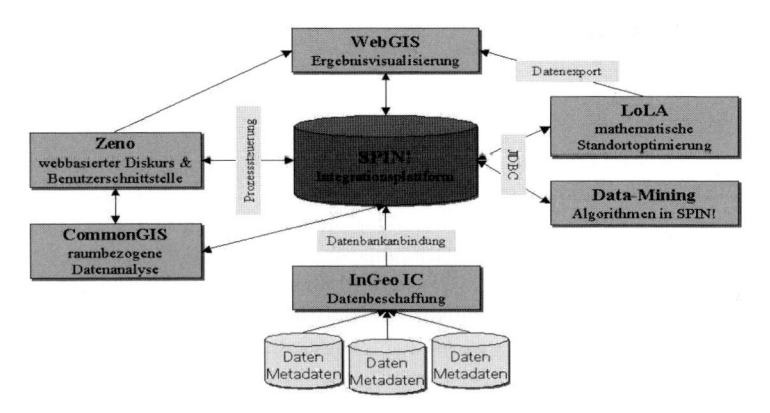

Abb. 2: Die KogiPlan-Softwarearchitektur.

2.2.5 WebGIS: Visualisierung der Analyseergebnisse

Mit WebGIS wurde eine speziell auf die Anforderungen von KogiPlan zugeschnittene Visualisierungskomponente entwickelt. Die zugrundeliegende Drei-Ebenen-Architektur generiert Kartenausschnitte *on-the-fly*, d.h. die Daten werden aus einer Datenbank ausgelesen über einen Applikationsserver an einen Client gesendet und dort visualisiert. Dies ermöglicht eine hohe Skalierbarkeit, flexible Serverstandorte (weltweit), eine gute Lastenverteilung, sowie Daten- und Ausfallsicherheit (HEIDEMANN & SCHULZ 2001). WebGIS beherrscht die Anwendung von Data-Warehouse Technologien (Kombinierbarkeit von Daten aus unterschiedlichen Systemen) und kann verschiedene Fachdatenquellen zu einem hybriden Geodatenmodell (Vektor- u. Rasterdaten) integrieren.

2.2.6 CommonGIS: Internetfähiges Geographisches Informationssystem

CommonGIS ist ein Java-basiertes webfähiges GIS. Es erlaubt die interaktive Manipulation thematischer Karten und multikriterielle Analysen raumbezogener Daten. Komplexe Entscheidungsprozesse werden insbesondere durch die dynamische Visualisierung, sowie Abstimmungsfunktionen unterstützt (ANDRIENKO & ANDRIENKO 2001). Über eine Schnittstelle können Beiträge in Zeno georeferenziert, d.h. mit einem Geoobjekt in CommonGIS assoziiert, werden. Dadurch können raumbezogene Diskurse gleichzeitig auf der Basis von (schriftlichen) Argumenten und Karten durchgeführt und besser informierte Entscheidungen herbeigeführt werden (JANKOWSKI et al. 2001).

3 Planspiel: Optimierung eines Bankenfilialnetzes

Um das Zusammenspiel der Softwarekomponenten zu testen und zu analysieren fand vom 14. bis 15. November 2002 im Fraunhofer Institut für Graphische Datenverarbeitung (IGD) ein Planspiel statt. Der Rahmen des Experiments war mit dem eines „Online-Mediations-Labors" zu vergleichen. Ziel ist es, reale Situationen wirklichkeitsgetreu nachzustellen, ohne deren potentiell negativen Konsequenzen fürchten zu müssen. Um eine reale Arbeitsatmosphäre zu erreichen, werden diese Experimente als moderierte Rollenspiele gestaltet (WHYTE 1991). Der Workshop wurde in einem Konferenzraum durchgeführt. Als Kommunikationsmedien dienten sowohl das Internet, als auch Einzel- u. Gruppengespräche. Der Ablauf des Workshops orientierte sich an dem o.g. beschriebenen Dreiphasenmodell mit den eingebetteten 7 Mediationsphasen.

3.1 Das Szenario

In einer Kleinstadt konkurrieren zwei Banken (*Sparbank* und *Volkskasse*). Die Sparbank möchte ihr Filialnetz restrukturieren. Ihre Motive sind (1) zu hohe Personal- und Fixkosten; (2) die Filialen sind schlecht ausgelastet oder stehen in gegenseitiger Konkurrenz; (3) Privat- und Geschäftskunden sollen separat angesprochen werden. Die Idee: eine *filialfreie Zone*, in der nur noch eine, maximal zwei Hauptfilialen alle Serviceleistungen anbieten. Die flächendeckende Versorgung mit Finanzdienstleistungen wird über ein räumlich und funktional optimiertes Netzwerk aus Geldautomaten und Franchise-Filialen (analog zur Post im Kiosk) abgedeckt. Neben der maximalen Anzahl der Hauptfilialen wurden die langfristige Maximierung des Profits (Bindung von Kunden mit hohem Einkommen) und die Minimierung der Kosten der Umstrukturierung als quantitative Rahmenbedingungen definiert. Die Qualität des Kundenservice soll mindestens auf gleichem Niveau bleiben. An der Planung sind der Chef der Sparbank und einige erfahrene Filialleiter (die Auftraggeber) und das Team der KogiPlaner. Weitere Interessensvertreter (Bürgermeister, Gewerkschaften, Verbraucherschützer) sollen während des Prozesses einbezogen werden.

3.2 Moderierter eDiskurs: Daten- und Informationsaustausch

Wegen des geringen Zeitbudgets von 1,5 Tagen während des Planspieles mussten alle erforderlichen Daten zu Beginn des Treffens vollständig vorliegen. Um dieses Ziel zu erreichen, wurde im Vorfeld des Planspiels ein Diskussionsbereich in Zeno eingerichtet, der für einen intensiven Daten- und Informationsaustausch genutzt wurde. Damit begann die Arbeit der Moderatoren. Der Bereich musste in Unterbereiche und Rubriken gegliedert werden. Alle Mitglieder der beteiligten Arbeitsgruppen mussten Lese- und Schreibrechte erhalten. Beiträge mussten, soweit nicht durch die Diskursteilnehmer selbst vorgenommen, miteinander verknüpft oder verschoben werden, um sie so als zusammenhängendes Netzwerk von Informationen zusammenzustellen.

3.3 Ablauf des Planspiels

Zur Durchführung des Workshops waren insgesamt 12 Mitglieder aus den 3 Partnerinstituten in Darmstadt anwesend:

- Fraunhofer-AIS: 2 Moderatoren, 1 Experte für Zeno, 3 CommonGIS-Experten, 1 Data-Mining-Experte, 1 SPIN!-Experte, 1 Datenbankexperte

- Fraunhofer-ITWM: 2 LoLA-Experten
- Fraunhofer-IGD: 1 WebGIS-Experte.

Um das Planspiel so real wie möglich zu gestalten, wechselten die Teilnehmer (ausgenommen die Moderatoren) in den einzelnen Phasen in die Rollen der jeweiligen Beteiligten (Vertreter der Bank, weitere Interessensvertreter, KogiPlaner; s.o.). Der gesamte Prozess wurde in Zeno und auf Video protokolliert. Um eine hohe Transparenz des Arbeitsablaufes zu erreichen, wurde die Benutzung aller Softwaretools synchron für alle Teilnehmer auf einem Smartboard visualisiert.

Entsprechend der Reihenfolge der Mediationsphasen eröffneten die Moderatoren das Planspiel mit einer kurzen Erläuterung des Vorhabens. Zum *Prozessverständnis* (1) schlugen sie Zeitplan und Vorgehensweise vor. Die Teilnehmer entschieden, dass ein bereits im Vorfeld ausgearbeitetes Szenario übernommen, die Rahmen- und Nebenbedingungen jedoch überarbeitet werden sollten. Die Phase *Informationsaustausch* (2) entfiel, da dies ebenfalls schon im Vorfeld des Workshops geschah. Um die Rahmen- und Nebenbedingungen zu überarbeiten mussten die Interessen aller potentiell von der Planung betroffenen Akteure identifiziert werden. Die *Formulierung der Interessen* (3) wurde als asynchroner eDiskurs in Zeno in folgender Rollenverteilung durchgeführt: 2 Bankenvertreter, 1 Bürgermeister, 1 Verbraucherschützer, 2 Gewerkschaftsvertreter, 4 Kunden. Dies hatte den Vorteil, dass alle Beteiligten gleichzeitig arbeiten und unmittelbar auf die Beiträge anderer reagieren konnten. Weiterhin wurden, im Gegensatz zu einer *face-to-face*-Situation, die Struktur und die Inhalte der Beiträge dokumentiert und standen für spätere Rückfragen und Analysen zur Verfügung. Nachdem der Moderator sichergestellt hatte, dass alle Gruppenmitglieder den Diskurs beendet hatten, entzog er, die 2 *Bankenvertreter* ausgenommen, den Teilnehmern den Zugang zum Diskursbereich. Alle *nicht-Banker* wechselten in die Rolle *KogiPlaner*. Die 2 *Bankenvertreter* entwickelten unter Berücksichtigung der Interessen der anderen Akteure die *Ziele der Bank* und definierten quantitative Bewertungskriterien für ihre Ziele.

Die Aufgabenstellung für die KogiPlaner lautete: Bei einem minimalen Budget (max. 10 % des Umsatzes) sollte die Anzahl der Hauptfilialen auf eine, maximal zwei reduziert, die Betriebskosten minimiert (mind. 20%) und der Umsatz maximiert (mind. 30 %) werden. Vorgaben für die anderen beiden Filialtypen *Franchise-Office* und *Geldautomat* wurden nicht gemacht. Weiterhin wurden 5 qualitative Ziele als Nebenbedingungen benannt. Eine repräsentative Filiale sollte sich im Stadtzentrum befinden, das Stadtbild erhalten und ein flächendeckender Service sichergestellt werden. Die Idee der Auftraggeber, letzteres Ziel über *Mobile Banken* abzudecken wurde von den KogiPlanern zurückgewiesen, da diese Funktion nicht in der im Planspiel verwendeten Softwareversion enthalten und eine nachträgliche Implementierung aus Zeitgründen nicht in Frage kam. Diese Nebenbedingungen wurden nicht über Kriterien in das Modell integriert. Vielmehr sollten sie bei der Nachbearbeitung und abschließenden Bewertung der quantitativ erarbeiteten Planungsvarianten transparente, konsensgetragene Entscheidungshilfen bieten.

Die beiden *Bankenvertreter* wechselten nun ebenfalls in die Rolle *KogiPlaner*. Auf Grundlage des Planungsmodells wurden mit InGeo IC Daten erhoben und an KogiPlan übergeben. Zu Beginn der Datenanalyse wurden die Datensätze auf Vollständigkeit überprüft und in einem Testlauf die Ist-Situation der Bankenfilialen visualisiert.

Im nächsten Arbeitsschritt (Entwicklung alternativer Lösungsvorschläge – Phase 4) wurden aus den Rahmenbedingungen spezifische Arbeitsanweisungen zur Erreichung der Ziele der Bank abgeleitet und in das KogiPlan-System implementiert. Die Filialen der Sparbank sollten räumlich so verteilt werden, dass der Umsatz (über Bindung möglichst vieler wohlhabender Kunden) maximiert wird. Dazu wurde die Kundenstruktur auf die Variablen *Alter* und *Einkommen* analysiert: gesucht wurde ein hoher Anteil von Senioren (>64 Jahre), ein hohes Einkommen (>4000 Euro) und ein hoher Anteil von Einfamilienhäusern. Als Aggregationsebene dienten die Straßenabschnitte. Die Ergebnisse der Analyse wurden an LoLA übergeben. Auf der Grundlage zweier unterschiedliche Finanzierungsmodelle für die Umstrukturierung wurden nun 2 Optimierungsvarianten erstellt und visualisiert.

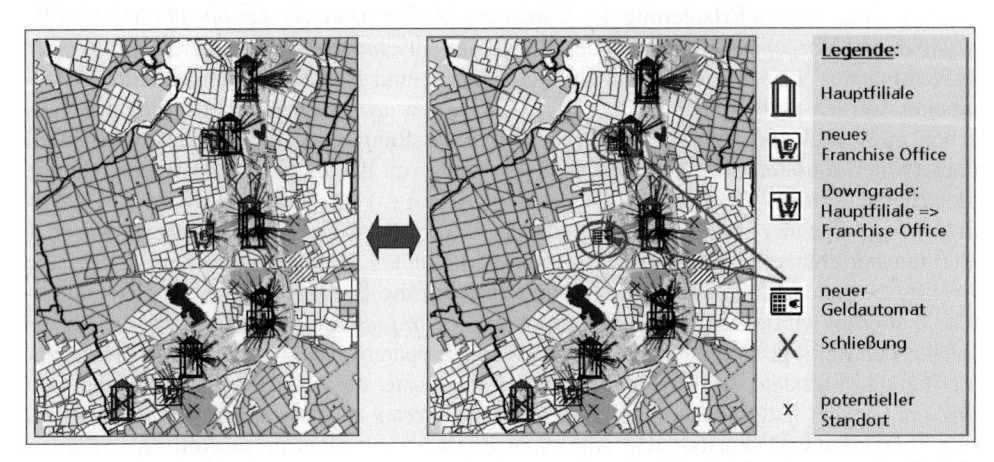

Abb. 3: Vergleich zweier optimierter Varianten für die Umstrukturierung. **A** (links): ohne Geldautomaten, **B** (rechts): mit Einrichtung von Geldautomaten.

Zwei der KogiPlaner wechselten in die Rolle *Bankenvertreter* und diskutierten die vorgelegten Ergebnisse. Sie bemängelten, dass die bisherigen Lösungsvorschläge zwar die Kriterien erfüllten, allerdings in ihrer Filialstruktur unausgewogen waren (keine Einrichtung von Geldautomaten). Die Ursache lag in den Finanzierungsmodellen, welche für Geldautomaten sehr hohe Investitionskosten veranschlagten. Unter Annahme eines veränderten Budgets wurde in einem dritten Optimierungslauf eine weitere Planungsvariante erarbeitet, die den Interessen der Auftraggeber entsprach.

Die drei alternativen Lösungen wurden nun den Betroffenen der Planung vorgestellt (die Teilnehmer wechselten ihre Rollen – s.o.). Für den raumbezogenen Diskurs wurde die CommonGIS-Zeno-Integration verwendet. Diskussionsbeiträge in Zeno konnten mit einem oder mehreren Geoobjekten in CommonGIS assoziiert werden. Mehrere Betroffene, darunter der *Bürgermeister*, waren mit keiner der Varianten zufrieden, da eine flächendeckende Versorgung mit Finanzdienstleistungen nicht gewährleistet war (In einem Stadtteil sollten alle Filialen geschlossen werden). Die *Bankenvertreter* entgegneten der Kritik mit wirtschaftlichen Argumenten, stimmten jedoch einer erneuten Veränderung der Bedingungen zu. In dem benachteiligten Stadtteil wurde die Einrichtung eines Franchise Office verbindlich in das Modell aufgenommen. Die Ergebnisse der vierten Optimierung zeigten, dass die quantitativen Ziele der Bank trotz der höheren Kosten für das zusätzliche Franchise Office erreicht werden würden. Als ein für alle Akteure tragbarer Kompromiss fiel die Entscheidung für die Umsetzung der vierten Variante (Phase 5).

Das Planspiel war damit abgeschlossen. Die Teilnehmer verließen ihre Rollen und diskutierten das weitere Vorgehen für die Auswertung des Planspiels und die Fortentwicklung des Projektes als Entwickler von KogiPlan.

4 Abschließende Bewertung

In dem hier dokumentierten Planspiel konnte KogiPlan erfolgreich auf ein Szenario angewendet werden. Die Vorbereitung des Treffens mittels des Daten- und Informationsaustausches in Zeno erwies sich als grosser Vorteil. Jeder der Teilnehmer konnte sich mit den von den anderen Partnern entwickelten Systemkomponenten vertraut machen. Alle benötigten Daten waren zugänglich und vollständig, sodass Verzögerungen ausblieben. Die zyklische Organisation der Arbeitsschritte und ihre Einbettung in einen intensiven Diskurs zwischen dem Auftraggeber und den KogiPlanern einerseits und dem Auftraggeber und den Betroffenen andererseits erwiesen sich als sehr vorteilhaft. Die Planungs- und Bewertungskriterien konnten auf diese Weise durch konstruktives Feedback zwischen allen Beteiligten verändert und ein fairer, für alle Akteure akzeptabler, Kompromiss erarbeitet werden. Die Aufzeichnung der Diskurse in Zeno spielte eine überaus wichtige Rolle, da frühere Aussagen zu jeder Zeit nachprüfbar und vorangegangene Entscheidungen nachvollziehbar waren. Auch für spätere Analysen erwies sich diese Art der Dokumentation als sehr sinnvoll. Die Ausgewogenheit und Transparenz des Planungs- und Entscheidungsprozesses, sowie die Möglichkeit alle Akteure einzubinden sprechen eindeutig für den zukünftigen Einsatz von KogiPlan in der Praxis.

Trotz der erfolgreichen Durchführung des Planspiels und der Erreichung des Projektzieles, ein integriertes Standortplanungskonzept mit einer unterstützenden Software zu entwickeln, bleiben Fragen für die Weiterentwicklung von KogiPlan offen. Zukünftige Projekte sollten sich auf den verstärkten Einsatz von eDiskursen, die technische Umsetzung oder die Vorgehensweise während des Planungsprozesses konzentrieren. Gegenwärtig wird dies häufig in zeitraubenden und ineffektiven face-to-face-Diskussionen ausgetragen. Eine grosse Herausforderung ist die Entwicklung eines Werkzeugs zur vergleichenden Analyse der von KogiPlan berechneten Lösungsvorschläge. Weiterhin könnte Zeno über Templates zum Einlesen von quantitativen Kriterien stärker in das System integriert werden. Ein weiteres wichtiges Ziel ist die praktische Anwendung von KogiPlan auf existierende Planungen und Projekte. Die daraus gewonnenen Erfahrungen würden dazu beitragen, den hier dargestellten Planungsablauf an die Bedürfnisse der Realität anzupassen.

5 Danksagung

Wir danken Ulrich Rottbeck für Co-Moderation des Planspiels, ebenso wie allen anderen Teilnehmern: Peter Gatalsky, Thomas Gärtner, Jörg Kalcsics, Felix Kollbach, Stefan Nickel, Volker Rudolph, Alexandr Savinov, Thorsten Schulz und Hans Voss. Dank gilt auch dem Fraunhofer Institut IGD, dass den Raum und die technische Ausstattung für das

Planspiel bereit stellte. Das Forschungsprojekt *KogiPlan* wurde vom BMBF gefördert (Referenzindex VFG0003B).

6 Literatur

ANDRIENKO, G. L., & N. V. ANDRIENKO. 2001. Interactive Visual Tools to Support Spatial Multicriteria Decision Making. In: E. Kapitanios (Hg.): Second International Workshop on User Interfaces to Data Intensive Systems, 127-131

GORDON, T., & O. MÄRKER. 2003. Mediation Systems. In: O. Märker & M. Trenél (Hg.): Online-Mediation: Neue Medien in der Konfliktvermittlung – mit Beispielen aus Politik und Wirtschaft. edition sigma, Berlin, 23-45

HAMACHER, H. W., & S. NICKEL. 1997. Classification of Location Models. Universität Kaiserslautern, Kaiserslautern

HEIDEMANN, M., & T. SCHULZ. 2001. Technische Lösung für eine Auskunftskomponente im Bodeninformationssystem Rheinland-Pfalz. In: K. Tochtermann, W.-F. Riekert, & [GI] Gesellschaft für Informatik, Arbeitskreis Hypermedia im Umweltschutz (Hg.): Hypermedia im Umweltschutz: Neue Methoden für das Wissensmanagement im Umweltschutz. Metropolis-Verlag, Marburg, 235-239

JANKOWSKI, P., N. V. ANDRIENKO, & G. L. ANDRIENKO. 2001. Map-Centered Exploratory Approach to Multiple Criteria Spatial Decision Making. International Journal Geographical Information Science, 15, 101-127

MAY, M., & A. SAVINOV. 2001. An Architecture for the SPIN!: Spatial Data Mining Platform. NTTS & ETK New Techniques and Technologies for Statistics (Eurostat), 467-472

VOSS, A. 2002. E-discourses with Zeno. In: A. M. Troja & R. R. Wagner (Hg.): Database and Expert Systems Applications (DEXA 2002). IEEE Computer Society, Los Alamitos, 301-306

VOSS, A., S. ROEDER, S. R. SALZ, & S. HOPPE. 2002a. Spatial Discourses in Participatory Decision Making. In: W. Pillmann & K. Tochtermann (Hg.): 16th Conference "Environmental Informatics 2002". ISEP International Society for Environmental Protection, Vienna, 371-374

VOSS, A., S. ROEDER, & U. WACKER. 2002b. IT-Support for Mediation in Spatial Decision Making. In: F. Adam, P. Brézillon, P. Humphreys, & J.-C. Pomerol (Hg.): International Conference on Decision Making and Decision Support in the Internet Age (DSIage). Oak Tree Press, Cork, 64-74

WHYTE, W. F. (Hg.): 1991. Participatory Action Research. Sage Publications, New York

Die Relevanz von Geoobjekten in Fokuskarten – zur Bestimmung von Bewertungsformeln unter Berücksichtigung personen- und kontextabhängiger Parameter

Alexander ZIPF

Dieser Beitrag wurde nach Begutachtung durch das Programmkomitee als „reviewed paper" angenommen.

Zusammenfassung

Um an individuelle Situationen und Benutzerbedürfnisse angepasste Karten erzeugen zu können, werden Metriken und Berechnungsformeln benötigt, die die Bedeutung der darzustellenden Geoobjekte bestimmen. Anhand der Ergebniswerte dieser Bewertung können wichtige Geoobjekte prominenter dargestellt werden, während die weniger relevante Information z.B. generalisiert und auch farblich zurückgenommen dargestellt werden kann. Derartige zweckgerichtete Karten, die das Augenmerk des Nutzers direkt auf den inhaltlichen und räumlichen Fokus lenken, werden als Fokuskarten eingeführt (ZIPF & RICHTER 2002). Ähnliche Konzepte sind Aspektkarten oder mono- und polyfokale Karten. ZIPF (2002) legt allerdings besonderen Wert auf die Einbeziehung situativer Parameter – die sich als personenbezogene Faktoren, oder allgemeiner Kontextparameter (vgl. DEY et al. 1999), äußern können. Gerade während der zunehmend bedeutenderen mobilen Nutzung digitaler Karten unterwegs gewinnt die Einbeziehung von Überlegungen zur individualisierten und situationsangepassten Kartendarstellung an Bedeutung. Während ähnliche Forderungen in jüngster Zeit an verschiedenen Stellen geäußert werden, gibt es hierzu kaum über konzeptionelle Überlegungen hinausgehende Arbeiten. In diesem Beitrag wird auf Methoden der Informationsvisualisierung aufbauend erstmals versucht, diese verschiedenen Einflussgrößen für die Kartengestaltung in einen mathematischen Zusammenhang zu bringen, der darauf hinzielt, für einzelne Geoobjekte tatsächlich dynamisch entsprechende Bedeutungswerte zu berechnen. Die Probleme, die mit dieser Formalisierung einhergehen, werden beleuchtet, in einen Forschungsansatz eingebettet, offene Fragen diskutiert und mögliche Lösungswege skizziert. Im Ergebnis wird eine Formel präsentiert, die die Gestalt entsprechender Bewertungsformeln beschreibt. Hierbei werden neben einer personen- und kontextabhängigen Bewertung von Geoobjekten zudem mit einbezogen, in wieweit sie als (personen- und kontextabhängige) Landmarke dienen können. Diese Ergebnisse bieten einen Rahmen für weitere Arbeiten zur Realisierung adaptiver Kartendienste z.B. für ortsbezogene Dienste (ZIPF 1998, 2001, 2003).

1 Einführung

Karten bieten eine ideale Unterstützung für vielfältige Aufgaben – insbesondere unterwegs. Sie ermöglichen es, generell einen Überblick über eine Umgebung zu gewinnen, Routen zu planen oder darzustellen, auf wichtige Objekte hinzuweisen, thematische Phänomene in ihrer räumlichen Ausbreitung zu vermitteln, etc. Dabei spielt jedoch die Art der Darstellung der abgebildeten Objekte auf der Karte eine große Rolle, ebenso wie das, was nicht abgebildet wird. Durch die Automatisierung der Erstellung digitaler Karten z.B. für Navigationszwecke oder in mobilen Stadtinformationssystemen, wird die Forderung erhoben, dass jeder einzelne Nutzer bei jedem „Karten-Request" eine individuell an die Bedürfnisse, Interessen und Erwartungen der Nutzer, sowie an die aktuelle Situation angepasste Karte erhält (ZIPF 1998, 2002; MENG 2002; REICHENBACHER et al. 2002; MENG & REICHENBACHER 2001). Z.B. könnten Farbschema und Symbolpaletten so angepasst werden, dass – neben ästhetischen Gesichtspunkten – der Nutzer sich maximal schnell zurechtfindet, der Kartenmaßstab, -ausschnitt und die Ausrichtung könnten automatisch der aktuellen, Position, Geschwindigkeit, Bewegungsrichtung, sowie der Struktur der Region entsprechend angepasst werden. Wenn noch für den Nutzer potentiell interessante Objekte oder allgemein bekannte Landmarken in der Umgebung sind, die auf dem ursprünglich angeforderten Kartenausschnitt nicht zu sehen wären, kann der Ausschnitt automatisch entsprechend angepasst werden (eine derartige Funktion wurde schon prototypisch im Rahmen des Projektes „Deep Map" realisiert, vgl. ZIPF 2000). Je nach Kulturkreis können die Erwartungen eines Benutzers an eine gegebene Karte variieren, denn es gibt verschiedene Standards bzw. Konventionen der Darstellung. Zudem sollte je nach aktueller Interessenslage „wichtigere" Objekttypen oder Einzelobjekte prominenter symbolisiert oder dargestellt werden. Noch fehlen für die Umsetzung derartiger Ideen mehrere Komponenten. So sind die Benutzereigenschaften, -interessen und -bedürfnisse weder ausreichend modelliert, noch leicht und sicher genug zu gewinnen. Selbst wenn diese in Interaktion mit dem System über eine Oberfläche eingegeben werden, folgt aus den Werten noch nicht unmittelbar, wie sie sich konkret auf die Kartengestaltung auswirken sollen, um einen echten Mehrwert zu bieten. Hier scheinen noch eine Reihe grundlegender Arbeiten nötig. Während einige Aussagen qualitativ über „Wenn-Dann"-Regeln fassbar sind, ist es das langfristige Bestreben, feinere Unterschiede mittels mathematischer Funktionen modellieren zu können. Hier setzt dieser Beitrag an. Dabei beschränken wir uns zunächst auf die Bewertung der Bedeutung der auf der Karte dargestellten Objekte. Es soll eine benutzer- und kontextabhängige (also „situative") Bedeutsamkeit der im GIS (bzw. der räumlichen Datengrundlage) existierenden Geoobjekte in der gegebenen Region für die angeforderte Karte berechnet werden. Dieser Bedeutungswert kann dann dazu genutzt werden, um den Grad der Generalisierung oder die farbliche Darstellung, die Symbolik oder ein Maß für die Wichtigkeit der Beschriftung (Labeling) der fraglichen Geoobjekte auf der Karte zu beeinflussen. Werden hierbei inhaltliche und räumliche Kriterien berücksichtigt, um den Fokus des Nutzers schnellstmöglich auf den oder die aktuell wichtigen Bereiche der Karten zu lenken, sprechen wir von Fokuskarten. Durch die Einbeziehung sich potentiell dynamisch verändernder Parameter wird ein dies berücksichtigender Kartendienst zu einem tatsächlich „adaptiven" Dienst.

2 Forschungsansatz

Um nach den eher visionären Ideen zu einer seriösen Auseinandersetzung mit kontextuellen und personalisierten Faktoren zu kommen, besteht dringender Forschungsbedarf darüber, welche Faktoren tatsächlich einen messbaren Einfluss auf das Verständnis von Karten haben, welche Kontextfaktoren welche Designentscheidungen bei Karten in welchem Maße beeinflussen, sowie welche dieser persönlichen und kontextbezogenen Faktoren überhaupt dynamisch erhoben und im System verarbeitet werden können (vgl. ZIPF 2003). Hierzu soll hier ein Forschungsansatz vorgeschlagen werden. Dieser besteht darin, fehlende Parameter zunächst zu simulieren, also anzunehmen, man würde diese Kontextdaten kennen (z.B. wie müde ist der Nutzer, welchem Kulturkreis gehört er an, wie alt ist er etc.) und dann Testpersonen entsprechend angepasste Karten anzubieten. Dann kann evaluiert werden, wie die Reaktion, Akzeptanz oder Verständnis sich gegenüber konventionellen Karten ändert. Ein Problem ist hierbei der Zeitfaktor. Die Ergebnisse werden davon beeinflusst wie lange sich die Testperson an eine neue Darstellungsform gewöhnen konnte. Wichtig erscheint aus geoinformatischer Sicht dabei, dass es sich bei der Kartengestaltung tatsächlich um dynamisch vom Computersystem generierte Karten handelt. Denn typischerweise sind die Unterschiede von vom ausgebildeten Kartographen erstellten und einem System automatisch erzeugten Karten noch recht beträchtlich – im Sinne, dass die von Hand erstellten Karten eine höhere Qualität vorweisen. Allerdings wird es kaum möglich sein, für einen extrem heterogenen Adressatenkreis und vielfältige Kontextsituationen entsprechend vorgefertigte individualisierte Karten vorzuhalten. Es scheint also kaum eine Alternative zur Automatisierung zu geben, wenn man nicht alle Nutzer mit dem gleichen Standardprodukt beglücken will. Ein weiterer Ansatz besteht darin, sich eine Reihe unterschiedlicher Kartengestaltungen für die verschiedenen Parameter von Hand zu erstellen und deren Vorteile und Akzeptanz beim Zielpublikum zu testen und dadurch die geeigneten Gestaltungsmerkmale zu bestimmen. Hierbei handelt es sich um kartographische (und z.T. psychologische) Grundlagenforschung. Die Abbildung dieser Ergebnisse in Algorithmen und Computerprogramme ist dann wieder eine Aufgabe für die Geoinformatik. Ein wirklich brauchbares Ergebnis scheint nur durch interdisziplinäre Zusammenarbeit möglich. Man darf diesen Aufsatz sehr gerne als Aufruf zu selbiger verstehen. Werden weitere qualitative oder quantitative Ergebnisse aus psychologischer und kognitionswissenschaftlicher Grundlagenforschung und Experimenten verfügbar, dann muss man in einem weiteren Schritt daran gehen, diese formal abzubilden. Hier bietet sich ein zweistufiger Ansatz an: Qualitative Ergebnisse können zunächst in explizite Regeln abgebildet werden. Sind die Resultate sogar quantitativ und mathematisch in Formeln abbildbar, dann können sie u.a. dazu verwendet werden, eine Gewichtung der Aussagen vorzunehmen. In derartigen Regeln könnte beispielsweise festgehalten werden, welche Gewichte in welchen Maßstabsebenen gelten, etc. Weitere Beispiele für derartige Regeln könnten sein: Regeln für die Auswahl der Repräsentationsform, also Objektdarstellung (versch. Generalisierungsstufen), Labeling (insbesondere die Frage, was – also welche Objekte – sollen überhaupt beschriftet werden und wie soll dies für unterschiedliche Benutzergruppen geschehen). Dies gilt natürlich nur, wenn festgestellt werden konnte, dass z.B. unterschiedliche Schriftarten, Farben, Fontgrößen für spezielle Gruppen überhaupt einen Vorteil darstellen. Ähnliches – aber in erweitertem Maße – gilt für unterschiedliche Symbolisierung (ANGSÜSSER 2002). Hier sind unterschiedliche Symbolpaletten für unterschiedliche Benutzertypen oder Typen der Kartenverwendung (Tasks) im Einsatz.

Letztendlich kann man aber davon ausgehen, dass es in den meisten Fällen nötig sein wird numerisch Funktionswerte und Gewichtungen zu berechnen, die es ermöglichen, einen graduellen Übergang von der einen zur anderen Repräsentationsform zu realisieren. Als ersten Schritt wird man einen pragmatischen Ansatz wählen, in dem im Wesentlichen binäre Aussagen (eine Darstellungsart wird gewählt oder nicht) zum Einsatz kommen. In diesem Fall bieten sich explizite Regeln der Form: Wenn A dann B unter Einbeziehung von Randbedingungen x,y,z an. Diese lassen sich z.b. auch in XML fassen, was die weitere Verarbeitung z.B. über Transformationen erleichtert. Unter anderem ermöglicht es auch das automatische Erzeugung z.B. von Java-Klassen über Data-Binding Mechanismen, wie JAXB von Sun oder unter der Nutzung von Werkzeugen wie „Castor" (www.castor.org).

Im Folgenden soll für den konkreten Anwendungsfall „Fokuskarten" ein Formalismus für die Bestimmung der Relevanz einzelner Geoobjekte für den Karteninhalt von Fokuskarten erstellt werden. Es soll also eine mathematische Formel aufgestellt werden, die die wesentlichen Parameter erhält, um eine derartige Bestimmung der Bedeutung von Geoobjekten durchführen zu können. Diese Formel soll insbesondere auch personen- und kontextspezifische Parameter abdecken können. Diese Forderung bringt einige Schwierigkeiten mit sich, da zunächst nur relativ allgemeine Aussagen zur Formel erlauben. Zunächst soll das Konzept der Fokuskarten erläutert werden.

3 Fokuskarten

Fokuskarten stellen nach ZIPF & RICHTER (2002) zweckgerichtete Karten dar, bei denen im Gegensatz zu herkömmlichen topographischen oder thematischen Karten, die der Übersicht dienen und hierzu Ausprägungen gleichgewichtet über den gesamten Kartenausschnitt darstellen, die Objekttypen, Einzelobjekte und Regionen innerhalb des Kartenausschnitts, die für die gegebene Aufgabe besonders wichtig sind, hervorgehoben dargestellt werden. Dies macht besonders bei mobilen Anwendungen Sinn, bei denen Karten in der Regel nicht lange studiert werden, sondern als Kurzzeitkarten (WINTER 2002) dynamisch erzeugt werden und nur weniger kurzer Blicke gewürdigt werden und hierbei ihre Informationsauftrag erfüllen müssen. Dieses Hervorheben kann mittels unterschiedlicher kartographischer Techniken geschehen, z.B. unterschiedliche Farbintensitäten, Symbole, Label, Generalisierung oder auch, dass die wichtige „Region" dadurch detaillierter dargestellt wird, dass ein größerer Maßstab verwendet wird. Derartige Distortionen – d.h. Maßstabsänderungen innerhalb eines Kartenausschnitts – sind u.U. problematisch, denn Nutzer, die üblicherweise herkömmliche gedruckte Karten verwenden, sind dies nicht gewohnt und damit ist es u.U. verwirrend und kognitiv schwer zu verarbeiten, wenn sich innerhalb einer Karte unterschiedliche Maßstäbe wiederfinden. Dies ist etwa bei Lupen-Karten, Fischaugeprojektionen oder andere kartenähnlichen Abbildungen mit Distortionen der Fall. Man kann eher davon ausgehen, dass ein typischer Nutzer im Maßstab in sich konsistente Karten gewohnt ist und daher nicht mit stark gewöhnungsbedürftigen Projektionen beglückt werden will. Allerdings sind dem Autor hierzu keine abschließenden empirischen oder kognitionspsychologischen Ergebnisse bekannt; d.h. man kann sicherlich Wege und Situationen finden, bei denen auch derartige Methoden sinnvoll und gut vermittelbar sind und die Kartenaussage unterstreichen. Dies ist insbesondere dann der Fall, wenn es für die zu lösende Aufgabe nicht wichtig ist, in der Karte metrische Distanzen richtig abschätzen zu können. Dies gilt, wenn metrische Distanzen nur eine untergeordnete Rolle spielen, wie etwa in U-Bahn-Plänen, bei denen nur topologische Beziehungen und Zeitdistanzen bedeutsam sind. Gerade bei Routenkarten gibt es eine Reihe von Ansätzen (z.B. AGRAWALA & STOLTE 2001, BUTZ et al. 2001, FREKSA 1999), die nur eine sehr grobe, ungefähre Repräsentation der metrischen Information verwenden. Stattdessen betonen sie die für die Navigation wesentlichen inhaltlichen und topologischen Informationen. Derartige topologische Karten sind also ein Spezialfall, bei dem von vorne herein kaum geometrische Lagetreue zu vermitteln versucht wird. Wenn man sich überlegt, wann geometrische Distortionen bei Übersichtskarten von Vorteil wären, kann man den folgenden Fall konstruieren: Wenn relativ weit von der dargestellten Region weg, noch eine sehr wesentliche und dem Nutzer bekannte Landmarke wäre, würde eine Distortion erlauben diese doch darzustellen. Aber da durch die Distortion die Entfernung nicht mehr dargestellt wird, hilft dies doch nicht so viel weiter. Einfacher ist es in diesem Fall am Kartenrand einen schriftlichen Verweis darauf mit Distanz- und Richtungsangabe anzubringen.

Im Wesentlichen verwendet unser Konzept der Fokus-Karten daher zunächst vorrangig die Mittel unterschiedlich starker Generalisierung der unterschiedlichen Informationsarten und unterschiedlich intensiver Farben, sowie variabler Darstellung (Form, Größe, Farbe) der Symbole. Diese Karteneigenschaften lassen sich zum Großteil auch noch mittels klassischer GIS-Methoden realisieren. Der räumliche Fokus wird dabei von mehreren Puffern mit unterschiedlichen Distanzen um die berechnete Tour oder die Nutzerposition bestimmt. Abhängig von diesen Puffern und der darzustellenden Objektklasse werden die Objekte unterschiedlich generalisiert – wobei in dem bei ZIPF & RICHTER 2002 realisierten Prototypen lediglich ein einfacher Linienausdünnungsalgorithmus (DOUGLAS & PEUCKER 1977) eingesetzt wird. Es soll auch nur das Prinzip verdeutlicht werden, da Generalisierungsverfahren ein eigenes Thema darstellen (vgl. z.B. MÜLLER et al. 1995, BARKOWSKY et al. 2000). Außerdem wird die Farbintensität mit zunehmendem Abstand vom Fokus zurückgenommen. Abbildung 1 verdeutlicht dies in sehr vereinfachter Weise. Andere kartographischen Techniken zur Fokusbildung sind vorstellbar.

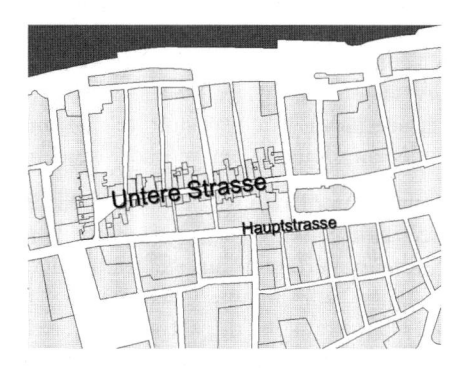

Abb. 1: Vereinfachtes Beispiel zum Konzept von Fokuskarten

4 Formalisierung der Bewertung von Objekten in Fokuskarten

Das übergeordnete Ziel ist es also, bei der Kartenerzeugung eine automatische Fokussierung auf kontext- und benutzerspezifisch wichtige Objekte zu ermöglichen. Wie erwähnt, kann die Fokussierung selbst dann durch verschiedene kartographische Techniken erreicht werden. Hier sollen zunächst die Einflussfaktoren, die die Bedeutung der auf die zu fokussierenden Objekte bestimmen, formal erfasst und in eine mathematische Formel abgebildet werden. Insbesondere werden die Charakteristika von Funktionen, die eine entsprechende Bewertung von Geoobjekten vornehmen können, untersucht. Im Folgenden wird hierzu ein formales Modell entwickelt. Die Idee hierbei ist eine Relevanzfunktion für Geoobjekte zu definieren; d.h. es soll eine – je nach verwendeter Funktion – stufenweise oder kontinuierliche Einteilung der darzustellenden Geoobjekte auf der Karte in solche, die inhaltlich und räumlich im Fokus liegen und solche, die dies nicht tun, sondern weniger dominant dargestellt werden können, erfolgen. Hierzu benötigen wir eine Funktion um Werte für derartige Anpassungen (Änderung der Farbe etc.) vorzunehmen. Dieser Ansatz basiert auf Arbeiten von ANDRE (1995) zur Erzeugung multimedialer Präsentationen. COORS (2002) verwendet ähnliche Verfahren um zu bestimmen, in welcher Reihenfolge 3D-Objekte über das Internet übertragen werden sollen. Wir möchten vorschlagen, ähnlich dem Ansatz von HARTMANN et al. (1999), jedem Geoobjekt einen sogenannten Dominanzwert zuzuordnen. Dieser soll die Bedeutung des Geoobjekts für die Vermittlung des aktuellen Ergebnisses der Anfrage repräsentieren. Nun ordnet eine zu definierende Dominanzfunktion DOM jedem Geoobjekt go abhängig von einer Anfrage ($query$) q an den Kartenservice (d.h. einer gewissen Parametern genügenden Karte) unter Berücksichtigung des Kontextes c, der Benutzereigenschaften und -präferenzen b, sowie der Eignung des Objekts als Landmarke lm ein reelles Ergebnis als Dominanzwert zu.

$$DOM_{q,c,b,lm} : go \rightarrow \Re$$

Im Folgenden soll die Dominanzfunktion genauer charakterisiert werden. Dann ist zu diskutieren, ob und wie die nötigen Werte zur Parametrisierung der gefundenen Funktion zu erheben sind. Dies ist allerdings im hier gegebenen Rahmen nicht erschöpfend möglich. Sicherlich kann erwartet werden, dass dies sehr schwierig wird und viele Faktoren experimentelle Näherungswerte sind. Aber wir wollen zunächst das Aussehen der Funktion untersuchen, um überhaupt Aussagen über eine Umsetzbarkeit treffen zu können. Dass in vielen Fällen auch pragmatische Ansätze (vgl. ZIPF & RICHTER 2002) akzeptable Lösungen ergeben, bietet einen Hoffnungsschimmer. Nichtsdestotrotz soll hier aufgezeigt werden, wie einer solche Bewertung mathematisch formal ausgedrückt werden kann.

Ein erster Faktor zur Bestimmung der Dominanz DOM_{go} eines Geoobjekts go ist die Wichtigkeit dieses Geoobjekts bezüglich der vom Nutzer gestellten Anfrage ($query$) q. Zum Errechnen dieses Wertes werden Verfahren aus der Informationsvisualisierung adaptiert (KEIM & KRIEGEL 1994). Zunächst soll für jedes Geoobjekt ein „Distanzmaß" zwischen den angefragten Parametern und Charakteristika des Geoobjekts errechnet werden. Dieses Distanzmaß zwischen Merkmal und den korrespondierenden Anfrageparametern hängt einerseits vom Typ des Merkmals, andererseits von der Aufgabe ab. Ein Problem hierbei liegt in der Definition inhaltlich passender Distanzfunktionen für unterschiedliche Datentypen. Während für metrische Datentypen üblicherweise die einfache Differenz als Distanzmaß verwendet wird, ist dies bei nichtmetrischen Datentypen ohne offensichtliche, oder nur schwer zu interpretierende, Distanz schwieriger. Daher ist es für die jeweiligen Merkmale notwendig, entsprechende spezielle Distanzen festzulegen. Im Falle räumlicher Daten sind geometrische Distanzen (euklidischer Abstand) üblich. Allerdings können in speziellen Fällen auch nur Aussagen zu topologischen Beziehungen von Interesse sein. In vielen Fällen – wenn z.B. wenn Ähnlichkeitsmaße zwischen unterschiedlichen Typen von Geoobjekten dargestellt werden sollen, wird man die Distanz nur über die Angabe entsprechender experimentell zu bestimmender Matrizen festlegen können.

Die merkmalsspezifische Entfernung eines Anfrageparameters q_i bzgl. einer Ausprägung a_i des entsprechenden i-ten Merkmals eines Geoobjekts wird also mit Hilfe einer jeweils noch zu bestimmenden Distanzfunktion

$$d_i = dist_i(q_i, a_i)$$

errechnet. Dieses Entfernungsmaß für alle Parameter zwischen einem Geoobjekt go und der Anfrage q ist also über einen Distanzvektor

$$d = (d_0, d_1, ..., d_n)$$

definiert. Die Parameter der Anfrage können je nach Benutzer und Kontext unterschiedliche Gewichtungen aufweisen. Dabei soll der Benutzer durch einen Vektor b = (b_0, b_1,... b_m) von Eigenschaften b_j, wie z.B. Interessen, beschrieben werden. Ähnlich wird der Kontext durch einen Vektor c = (c_0, c_1, ...c_k) mit Parametern c_l charakterisiert. Diese Distanz ist also von einer Funktion f von diesen Benutzer- und Kontextparametern abhängig. Dies soll durch folgende Formel ausgedrückt werden, die benutzer- und kontextabhängige Distanz $dist_{bc}$ eines Geoobjekts von einer Anfrage allgemein beschreibt:

$$dist_{bc}(q,p) = f(b,c,d(q,p))$$

Da man davon ausgehen muss, dass der Kontext wiederum einen Einfluss auf die Benutzerparameter (z.B. die Werte seiner aktuellen Interessen) hat, kann man die Vektoren b und c nicht ohne weiteres separieren und miteinander (u.U. gewichtet) multiplizieren, sondern kann nur die Aussage treffen, dass die Eigenschaften des Geoobjektes bzgl. einer Anfrage und die Kontext- und Benutzerparameter miteinander (möglicherweise über eine Multiplikation) verknüpft werden können. Dies stellt sich folgendermaßen dar:

$$dist_{bc}(q,p) = \alpha_1(b,c) \circ \alpha_2(d(q,p))$$

Pragmatische Ansätze aus anderen Bereichen verwenden meist einfach einen nutzer- oder kontextspezifischen Gewichtungsfaktor für jedes d_i.

Die gesamte Distanz $DIST_{gesamt}$ eines Geoobjektes go bezüglich einer Anfrage q mit n Anfrageparametern ist dann über die Summe der gewichteten Distanzen von Anfrageparametern und korrespondierenden Merkmalen des Geoobjekts zu bestimmen:

$$DIST_{gesamt} = \sum_{j=0}^{n} \omega_j \cdot dist_j(p,q) \quad \text{mit} \quad \sum_{i=0}^{n} \omega_i = 1$$

Dabei kommt für jeden Anfrageparameter an Indexposition j ein eigener Gewichtungsfaktor ω_j zum Einsatz, der die relative Bedeutung der Merkmale zueinander ausdrückt (daher wird er als Randbedingung auf 1 normiert). Nun ist aber $dist_i$ potentiell ein beliebig großer Wert (z.B. bei metrischen geographischen Distanzen) ohne natürliche obere Schranke und sollte daher erst noch in den Wertebereich [0...1] transformiert werden. Diese letztere Bedingung erfüllt man, indem man eine monotone Funktion verwendet, die das Distanzmaß $dist_i$ von $[0, \infty)$ auf $[0,1]$ abbildet. Dies kann z.B. folgende Funktion leisten:

$$dist_{i,normiert} = 1 - \frac{1}{1+dist_i}$$

Allerdings ist natürlich im Einzelfall auf die Semantik bezüglich der Daten, auf die die Funktion angewendet wird, zu achten. Es können jedoch auch Geoobjekte, die die ursprünglichen Anfragekriterien nicht erfüllen, d.h. z.B. außerhalb des Kartenausschnitts liegen, oder zunächst nicht explizit angefordert wurden, als wichtig erachtet worden sein und bei der Visualisierung berücksichtigt werden. Insbesondere gilt dies für Landmarken, deren Bedeutung auch wieder nach verschiedenen persönlichen oder kontextuellen Parametern gewichtet werden kann. Dieser Bedeutungswert, der die „Eignung als Landmarke" des Geoobjekts go in Kontext c für Benutzer b beschreibt, soll durch die Formel

$$LM = lm_{go}(b,c) \text{ mit } 0 \leq lm_{go} \leq 1$$

ausgedrückt werden. D.h. *LM* soll ebenfalls normiert sein. Damit kann man einen globalen Dominanzwert DOM_{go} als Bedeutung eines Geoobjektes bestimmen, indem man die verschiedenen Relevanzanteile summiert. Dies umfasst einerseits die abfrage-spezifische Bedeutung *BED*, definiert als:

$$BED = 1 - DIST_{gesamt}(b,c,q))$$

Die Subtraktion von *BED* von 1 ist nötig, da „gute" Differenzwerte zwischen Anfrage und verfügbaren Geoobjekten zunächst kleine Werte gegen Null aufweisen, aber größere Werte von *BED* eine größere Dominanz des Geoobjekts bedeuten sollen.

Andererseits kann als zweiter Anteil die oben eingeführte benutzer- und kontextabhängige Bedeutung des Geoobjekts als Landmarke *lm(b,c)*, die man mit den Faktoren λ_1 und λ_2 gewichtet, aufsummiert werden.

$$DOM_{go} = \lambda_1 \cdot (BED_{go}(b,c,q)) + \lambda_2 \cdot lm_{go}(b,c) \text{ mit } \sum_i \lambda_i = 1$$

oder in Kurzform:

$$DOM = \lambda_1 BED + \lambda_2 LM$$

Insgesamt kann man zum jetzigen Zeitpunkt sagen, dass mangels empirischer, kognitiver oder theoretischer Erkenntnisse fast alle Variablen in der vorgestellten Gleichung heute noch experimentell erhoben werden müssen und somit eine praktische Umsetzung noch sehr schwierig ist. Allerdings kann diese Formel aufzeigen, wie derartige kontext- und personenabhängige Parameter – so sie denn irgendwann tatsächlich zur Verfügung stehen – zur Realisierung von kontext- und benutzeradaptiver Karten eingesetzt werden können. Insbesondere können Veränderungen evaluiert werden, die durch Veränderung einzelner Parameter bei Festhalten der Werte der anderen Parameter entstehen. Hierdurch ist eine der Grundvoraussetzungen für die Überprüfbarkeit und Vergleichbarkeit wissenschaftlicher Resultate erfüllt. Sicherlich bedarf diese Funktion weiterer Verfeinerungen, und es muss überprüft werden, ob sie alle Erfordernisse erfüllt. Sollen zusätzliche Aspekte in die Bewertung aufgenommen werden, die bisher noch nicht durch die Formel erfüllt sind, so muss diese gegebenenfalls um die entsprechenden Terme erweitert werden.

5 Zusammenfassung und Ausblick

In diesem Beitrag wurde ein mathematischer Formalismus entwickelt, der es ermöglicht, die personen- und kontextspezifische Bedeutung von Geoobjekten für eine dynamisch erzeugte Karte unter Einbeziehung der personenspezifischen Eignung der Objekte als Landmarken zu bestimmen. Hiermit wurde ein Beitrag geleistet, die aktuelle Diskussion um mobile und situationsadaptive Kartographie (oder allgemeiner GIS-Dienste) einer Operrationalisierung ein Stück näher zu bringen. Durch die große Bandbreite möglicher Parameter und der fehlenden Erkenntnisse, wie diese jeweils mit welcher Gewichtung in die Kartengestaltung eingehen sollen, bleibt eine weitreichende Umsetzung im Sinne einer Implementierung noch in gewisser Ferne. Jedoch wird klarer, welcher Art die Informationen sind, nach denen in Kognitionswissenschaften, Psychologie, und Geowissenschaften geforscht werden sollte. Hierzu wurde eine empirische Forschungsmethodik konkret vorgeschlagen. In diesen Rahmen können zukünftige Ergebnisse eingebettet werden. Ähnliche Probleme wie die diskutierten finden sich in mehreren Bereichen, wenn Kartengestaltung oder GIS-Dienste adaptiv auf Kontext und Benutzerfaktoren reagieren sollen – nicht nur bei der Erzeugung von Fokuskarten. Insbesondere für das Gebiet der kartographischen Gestaltung mobiler Dienste werden von ZIPF (2003) wesentliche Forschungsfragen zusammengefasst.

Danksagung

Diese Arbeit erfolgte am European Media Laboratory, EML in Heidelberg mit Förderung der Klaus-Tschira Stiftung (KTS, Heidelberg). Ich danke alle Mitarbeitern des EML – insbesondere Matthias Merdes – sowie Kai-Florian Richter (FB Informatik, Universität Bremen) und den Kooperationspartnern für ihre Diskussionsbeiträge.

Literatur

AGRAWALA, M. & C. STOLTE (2001): *Rendering Effective Route Maps: Improving Usability Through Generalization.* In: SIGGRAPH 2001, Los Angeles, USA

ANDRÉ, E. (1995) *Ein planbasierter Ansatz zur Generierung multimedialer Präsentationen,* DISKI 108, infix, 1995.

ANGSÜSSER, S. (2002.12.02): *Aspekte adaptiver Symbolisierung.* DGfK-Workshop „Kann Kartengestaltung bleiben wie sie ist ?". Fulda, 2. & 3. Dezember 2002

BARKOWSKY, T. & FREKSA, C. (1997): *Cognitive Requirements on Making and Interpreting Maps.* In: HIRTLE, S. C. & A.U. FRANK (Eds.): *Spatial Information Theory – A Theoretical Basis for GIS.* Laurel Highlands, Pennsylvania, USA. International Conference COSIT, 347-361. Berlin, Springer

BARKOWSKY, T., LATECKI, LONGIN J. & K.-F. RICHTER (2000): *Schematizing Maps: Simplification of Geographic Shape by Discrete Curve Evolution.* In: FREKSA, C. et al. (Eds.): Spatial Cognition II – Integrating Abstract Theories, Empirical Studies, Formal Methods, and Practical Applications, 41-54. Berlin, Springer

BUTZ, A., BAUS, J., KYRÜGER, A. & M. LOYHSE (2001): *Some remarks on automated sketch generation from mobile route descriptions.* In Proceedings from the first Symposium for Smart Graphics. ACM Press. New York

COORS, V. (2002): *Dreidimensionale Karten für Location Based Services*. In: ZIPF, A. & STROBL, J. (Hrsg.): Geoinformation mobil. 14-25. Wichmann Verlag, Heidelberg

DEY, A.K., SALBERS, D. & G. ABOWD (1999): *Towards a better understanding of context and context-awareness*. GVU Technical Report GIT-GVU-99-22, College of Computing, Georgia Institute of Technology

DOUGLAS, D.H. & T.K. PEUCKER (1973): *Algorithms for the Reduction of the Number of Points Required to Represent a Digitzed Line or Its Character*. The Canadian Geographer, 10(2), 112-123

FINK, J. & A. KOBSA (2002): *User Modeling in Personalized City Tours*, In: Artificial Intelligence Review, 18(1), 33-74

FREKSA, C. (1999): *Spatial Aspects of Task-Specific Wayfinding Maps – A Representation-Theoretic Perspective*. In GERO, J.& B. TVERSKY (Eds.): Visual and Spatial Reasoning in Design, 15-32, University of Sidney. Key Centre of Design Computing and Cognition

HARTMANN et al. (1999): *Interaction and Focus: Towards a Coherent Degree of Detail in Graphics, Captions and Text*. In: LORENZ, P. & O. DEUSSEN (Eds): Simulation and Visualization '99, SCS-Society for Computer Simulation Int., Erlangen

HEIDMANN, F. (1999): *Aufgaben- und nutzerorientierte Unterstützung kartographischer Kommunikationsprozesse durch Arbeitsgraphik*. Konzeptionen, Modellbildung und experimentelle Untersuchung. CGA-Verlag, Herdecke

KEIM, D.A. & KRIEGEL, H.P. (1994): *VisDB: Database Exploration Using Multidimensional Visualization*, Computer Graphics & Applications Journal 1994.

MENG, L. (2002): *Personalisierung der Kartenherstellung und Mobilität der Kartennutzung*. Kart. Schriften, 6, 10-15, Kirschbaum Verlag, Bonn

MÜLLER, J.C., LAGRANGE, J.P. & R. WEIBEL (Eds.) (1995). *GIS and Generalization – Methodology and Practice*. London, Taylor & Francis

NYVERGES, T.L. et al. (Eds.)(1994): *Cognitive aspects of human-computer interaction for Geographic Information Systems*. NATO ASI Series D: Behaviourial and Socail Sciences, 83. Dordrecht

REICHENBACHER, T., ANGSÜSSER, ST. & L. MENG (2002)*: Mobile Kartographie – eine offene Diskussion*. In: Kartographische Nachrichten, (52) 4, 164-166. Bonn, Kirschbaum

ZIPF, A. & K.-F. RICHTER (2002): *Using FocusMaps to Ease Map Reading. Developing Smart Applications for Mobile Devices*. In: KI - Künstliche Intelligenz (Artificial Intelligence). Sonderheft/ Special issue on: Spatial Cognition, 04/2002, 35-37

ZIPF, A. (2000): *Deep Map / GIS – ein verteiltes raumzeitliches Touristeninformationssystem*. Dissertation. Mathematisch-Naturwissenschaftliche Gesamtfakultät. Geographisches Institut. Universität Heidelberg

ZIPF, A. (2002): User-*Adaptive Maps for Location-Based Services (LBS) for Tourism*. ENTER 2002, Innsbruck, Austria, 329-338

ZIPF, A. (2002): *Die mobile Geo-Informationsgesellschaft – Technologie, Chancen & Risiken*. In: ZIPF, A. und J. STROBL (Hrsg.) (2002): Geoinformation mobil, 2-12. Wichmann Verlag, Heidelberg

ZIPF, A. (2003): *Forschungsfragen zur benutzer- und kontextangepassten Kartenerstellung für mobile Geräte*. In: Kartographische Nachrichten (KN), 1/2003. Themenheft: Mobile Kartographie, 6-11

ZIPF, A. (1998): *Deep Map – a context aware tourist guide*. In: GIS Planet 1998. Lisabon, Portugal

Danksagung

Zu besonderem Dank sind wir den Mitgliedern des Programmkomitees der AGIT2003 verpflichtet, die das AGIT-Team in fachlicher Hinsicht ergänzen!

Die Programmgestaltung und Qualitätssicherung einer Veranstaltung dieser Größenordnung und thematischen Breite bedarf der Unterstützung durch Fachkollegen, die zusätzliche Kompetenzen einbringen und sich der Mühe einer Sichtung und Beurteilung der zahlreichen einlangenden Beitragsangebote unterziehen.

Auch im Namen aller Teilnehmer und vor allem der Autoren der AGIT2003 sei den nachstehenden Damen und Herren für Ihre Bereitschaft zur Mitarbeit Anerkennung und Dank ausgesprochen:

Albrecht, Jochen – Department of Geography, University of Wisconsin-Milwaukee
Bartelme, Norbert – Abteilung für mathematische Geodäsie und Geoinformatik, TU Graz
Bill, Ralf – Institut für Geodäsie und Geoinformatik, Universität Rostock
Blaschke, Thomas – Geographisches Institut, Universität Tübingen
Brückler, Manuela – Salzburger Institut für Raumordnung und Wohnen
Czeranka, Marion – Fa.Tydac, Uster
Dollinger, Franz – Amt der Salzburger Landesregierung
Ehlers, Manfred, Institut für Umweltwissenschaften, Universität Vechta
Frank, Andre – Abteilung für Geoinformation, TU Wien
Greve, Klaus – Institut für Geographie, Universität Bonn
Heller, Armin – Institut für Geographie, Universität Innsbruck
Kainz, Wolfgang – ITC Enschede
Kias, Ulrich – FH Weihenstephan
Kollarits, Stefan – Firma Prisma, Wien
Lehmann, Dieter, Fachhochschule Nürtingen
Leitner, Michael – Wirtschaftsuniversität Wien
Lorup, Eric, Geographisches Institut, Universität Zürich
Mandl, Peter – Universität Klagenfurt
Muhar, Andreas – Universität für Bodenkultur, Wien
Paulus, Gernot – Institut für Geologie, Universität Salzburg
Peyke, Gert – Friedrich-Alexander-Universität Erlangen-Nürnberg
Poiker, Thomas – Department of Geography, Simon Fraser University Vancouver
Pundt, Hardy – Hochschule Harz
Rase, Wolf-Dietrich – Bundesamt für Bauwesen und Raumordnung, Bonn
Riedler, Walter – Salzburger Institut für Raumordnung und Wohnen
Schwap, Alexander – Firma ICRA, Salzburg
Stahl, Roland – CSC Ploenzke, Bonn
Steinnocher, Klaus – ARC Seibersdorf
Wolf, Gert – Universität Klagenfurt
Zeil, Peter – Institut für Geographie und Angewandte Geoinformatik, Universität Salzburg

Autorenverzeichnis

ALMER, Alexander (→ S. 1)
Joanneum Research ForschungsGmbH,
Graz
alexander.almer@joanneum.at

ALTAN, Orhan (→ S. 196)
ITÜ – TU Istanbul/Turkey

ANDRESEN,
Thorsten (→ S. 268, S. 381)
Limnologische Station, TU München

ASSMANN, André (→ S. 7)
geomer GmbH, Heidelberg
aassm@geomer.de

AUBRECHT, Peter (→ S. 15)
IGISA GmbH, Wiener Neustadt
aubrecht@igisa.com

BAUER, Ulrike (→ S. 147)
Fachbereich Forstwirtschaft,
FH Weihenstephan

BECK, Michael (→ S. 501)
ViewTec AG, Zürich
beck@viewtec.ch

BENDER, Oliver (→ S. 21, S. 31)
Österreichische Akademie der
Wissenschaften, Wien
oliver.bender@oeaw.ac.at

BERLEKAMP,
Jürgen (→ S. 41, S. 262, S. 286)
Institut für Umweltsystemforschung,
Universität Osnabrück
juergen.berlekamp@usf.uni-
osnabrueck.de

BERTELMANN, Roland (→ S. 47)
GeoForschungsZentrum (GFZ),
Potsdam-Telegrafenberg
rab@gfz-potsdam.de

BIEDERMANN, Robert (→ S. 387)
AG Landschaftsökologie,
Universität Oldenburg

BLÜMLING, Bettina (→ S. 286)
Institut für Umweltsystemforschung,
Universität Osnabrück

BÖRNER, Anko (→ S. 425)
Deutsches Zentrum für Luft- und
Raumfahrt, Berlin
anko.boerner@dlr.de

BRAUNE, Stephan (→ S. 47, S. 135)
GeoForschungsZentrum (GFZ),
Potsdam-Telegrafenberg
braune@gfz-potsdam.de

BUCHHOLZ, Georg (→ S. 397)

CASALES, Pilar (→ S. 120)
Institut d'Estudis Espacials de Catalunya
(IEEC), Barcelona/Spain

CELIKOYAN, Murat (→ S. 196)
ITÜ – TU Istanbul/Turkey

CSIDA, Sascha (→ S. 53)
Institut für Geographie und
Regionalforschung, Universität Wien
a9309208@unet.univie.ac.at

CZEGKA, Wolfgang (→ S. 59)
Sächsische Akademie der Wissenschaft,
Leipzig
czegka@saw-leipzig.de

DACHNOWSKY,
Gangolf-Thorsten (→ S. 135)
Institut für Information und
Dokumentation, FH Potsdam
gdachnowsky@t-online.de

DALAFF, Carsten (→ S. 425)
Deutsches Zentrum für Luft- und
Raumfahrt, Berlin
carsten.dalaff@dlr.de

DE KOK, Roeland (→ S. 431)
GAF AG, München
dekok@gaf.de

DITTFURTH, Angela (→ S. 411)
Institut für Geographie,
Universität Innsbruck

DUMFARTH, Erich (→ S. 65)
ICRA, Salzburg
dumfarth@icra.at

EHRET, Uwe (→ S. 444)
Wasserwirtschaftsamt Kempten
uwe.ehret@wwa-ke.bayern.de

ETTINGER, Renate (→ S. 120)
Institut für Zoologie und Limnologie,
Universität Innsbruck

FAHSE, Lorenz (→ S. 153)
UmweltForschungsZentrum (UFZ)
Leipzig-Halle
lofa@oesa.ufz.de

FORKERT, Gerald (→ S. 175)
No Limits IT GmbH, Graz
gerald.forkert@nolimits.at

FÖRSTER, Klaus (→ S. 411)
Institut für Geographie,
Universität Innsbruck

FRANZEN, Michael (→ S. 250)
Bundesamt für Eich- und
Vermessungswesen, Wien

GANGKOFNER, Ute (→ S. 348)
GeoVille Informationssysteme und
Datenverarbeitung GmbH, Innsbruck
gangkofner@geoville.com

GARTMANN, Rüdiger (→ S. 73)
Fraunhofer Institut für Software- und
Systemtechnik (ISST), Dortmund
gartmann@do.isst.fhg.de

GEISELER, Katrin (→ S. 81)
Institut für Photogrammetrie und
Fernerkundung, TU Wien
katrin.geiseler@ipf.tuwien.ac.at

GIETLER, Lydia (→ S. 91)
FH Technikum Kärnten
geo@cti.ac.at

GRABHERR, Georg (→ S. 369)
Institut für Ökologie und Naturschutz,
Universität Wien

GRAF, Neil (→ S. 41)
Institut für Umweltsystemforschung,
Universität Osnabrück
neil.graf@usf.uni-osnabrueck.de

GREWELDINGER, Mark (→ S. 98)
Institut für Geographie,
Universität Tübingen
mark.greweldinger@web.de

GSTREIN, Bernhard (→ S. 411)
Institut für Geographie,
Universität Innsbruck

GÜNTHER-DIRINGER,
Detlef (→ S. 104)
WWF-Auen-Institut, Rastatt
guenther_diringer@wwf.de

HANNICH, Dieter (→ S. 208)
Lehrstuhl für Angewandte Geologie,
Universität Karlsruhe
dieter.hannich@agk.uni-karlsruhe.de

HANSEN, Claude M.E. (→ S. 120)
Institut für Zoologie und Limnologie,
Universität Innsbruck
claude.hansen@uibk.ac.at

HAUNSCHMID, Reinhard (→ S. 130)
Institut für Gewässerökologie,
Fischereibiologie und Seenkunde,
Mondsee
reinhard.haunschmid@baw.at

HÄUSSLER, Jochen (→ S. 110)
European Media Laboratory (EML)
GmbH, Heidelberg
jochen.haeussler@eml.villa-bosch.de

HEIM, Birgit (→ S. 135)
GeoForschungsZentrum (GFZ),
Potsdam-Telegrafenberg
bheim@gfz-potsdam.de

HELLER, Armin (→ S. 411, S. 455)
Institut für Geographie,
Universität Innsbruck
armin.heller@uibk.ac.at

HENNIG, Sabine (→ S. 141)
Nationalpark Berchtesgaden
s.hennig@nationalpark-berchtesgaden.de

HEURICH,
Marco (→ S. 147, S. 153, S. 336)
Nationalparkverwaltung
Bayerischer Wald
marco.heurich@fonpv-bay.bayern.de

HEYE, Corinna (→ S. 159)
Geographisches Institut der
Universität Zürich
cheye@geo.unizh.ch

HOFER, Barbara (→ S. 91)
FH Technikum Kärnten

HOFFMANN,
Christian (→ S. 348, S. 508)
GeoVille Informationssysteme und
Datenverarbeitung GmbH, Innsbruck
hoffmann@geoville.com

HOFFMANN, Florian (→ S. 169)
Limnologische Station der TU München
florian.hoffmann@wzw.tum.de

HOLZER, Johannes (→ S. 175)
No Limits IT GmbH, Graz
johannes.holzer@nolimits.at

HORSCH, Martin (→ S. 274)
Institut für Landschaftsplanung und
Ökologie, Universität Stuttgart

JÄGER, Stefan (→ S. 7)
geomer GmbH, Heidelberg

JENS, Doreen (→ S. 21)
Lehrstuhl für Landschaftsökologie,
TU München
doreen.jens@gmx.de

JUNGERMANN, Felix (→ S. 73)
Fraunhofer Institut für Software- und
Systemtechnik (ISST), Dortmund
jungerma@do.isst.fhg.de

JÜTTNER, Rolf (→ S. 180)
CISS TDI GmbH, Sinzig
r.juettner@ciss.de

KAMMERER, Peter (→ S. 431)
Fachbereich 08 (Kartographie),
FH-München
fb08@geo.fhm.edu

KANONIER, Johannes (→ S. 348)
Amt der Vorarlberger Landesregierung,
Bregenz
johannes.Kanonier@vlr.gv.at

KASSEBEER, Wolf (→ S. 186)
Institut für Angewandte Geologie
(AGK), Universität Karlsruhe
wolf.kassebeer@agk.uni-karlsruhe.de

KAUFMANN, Herrman (→ S. 135)
GeoForschungsZentrum (GFZ),
Potsdam-Telegrafenberg
charly@gfz-potsdam.de

KEIL, Manfred (→ S. 202)
Deutsches Zentrum für Luft- und
Raumfahrt (DLR), Oberpfaffenhofen
manfred.keil@dlr.de

KEMPER, Gerhard (→ S. 196)
GGS, Speyer
kemper@ggs-speyer.de

KENNEL, Eckhard (→ S. 336)
Wissenschaftszentrum Weihenstephan
(WZW), TU München

KIAS, Ulrich (→ S. 268, S. 381)
FH für Landschaftsarchitektur
Weihenstephan, Freising
ulrich.kias@fh-weihenstephan.de

KIDD, Richard (→ S. 81)
Institut für Photogrammetrie und
Fernerkundung, TU Wien
rk@ipf.tuwien.ac.at

KIEFL, Ralph (→ S. 202)
Deutsches Zentrum für Luft- und
Raumfahrt (DLR), Oberpfaffenhofen
ralph.kiefl@dlr.de

KIENZLE, Alexander (→ S. 208)
Lehrstuhl für Angewandte Geologie,
Universität Karlsruhe
kienzle@agk.uka.de

KINBERGER, Michaela (→ S. 218)
Institut für Geographie und
Regionalforschung, Universität Wien
kinb@atlas.gis.univie.ac.at

KLUG, Hermann (→ S. 224)
Institut für Geographie und Angewandte
Geoinformatik Universität Salzburg
hermann.klug@sbg.ac.at

KLUMP, Jens (→ S. 135)
GeoForschungsZentrum (GFZ),
Potsdam-Telegrafenberg
jklump@gfz-potsdam.de

KOCH, Andreas (→ S. 234)
Department für Geo- und
Umweltwissenschaften, LMU München
andreas.koch@ssg.geo.uni-muenchen.de

KÖSTL, Mario (→ S. 508)
ARC Seibersdorf research
mario.koestl@arcs.ac.at

KRAUS, Tanja (→ S. 244)
Deutsches Zentrum für Luft- und
Raumfahrt (DLR), Oberpfaffenhofen
tanja.kraus@dlr.de

KRCH, Martin (→ S. 91)
FH Technikum Kärnten

KRESSLER, Florian (→ S. 250)
ARC Seibersdorf research
florian.kressler@arcs.ac.at

KRIZ, Karel (→ S. 218, S. 330, S. 364)
Institut für Geographie und
Regionalforschung der Universität Wien
kriz@atlas.gis.univie.ac.at

KÜNZER, Claudia (→ S. 256, S. 342)
Deutsches Zentrum für Luft- und
Raumfahrt (DLR), Oberpfaffenhofen
claudia.kuenzer@dlr.de

LANG, Stefan (→ S. 224)
Institut für Geographie und Angewandte
Geoinformatik, Universität Salzburg
stefan.lang@sbg.ac.at

LANGANKE, Tobias (→ S. 224)
Institut für Geographie und Angewandte
Geoinformatik, Universität Salzburg
tobias.langanke@sbg.ac.at

LAUSCH, Angela (→ S. 153)
UmweltForschungsZentrum (UFZ)
Leipzig-Halle
lausch@alok.ufz.de

LAUTENBACH,
Sven (→ S. 41, S. 262, 286)
Institut für Umweltsystemforschung,
Universität Osnabrück
sven.lautenbach@usf.uni-osnabrueck.de

LIETH, Helmut (→ S. 437)
Institut für Umweltsystemforschung,
Universität Osnabrück
helmut.lieth@usf.uni-osnabrueck.de

LINDNER, Robert (→ S. 130)
Biogis Consulting, Wals-Siezenheim
robert.lindner@biogis.at

LOCHTER, Frank A. (→ S. 59)
LGR Brandenburg, Kleinmachnow
lochter@lgrb.de

LÖSCHENBRAND, Florian (→ S. 268)
FH für Landschaftsarchitektur
Weihenstephan, Freising
la5331@fh-weihenstephan.de

LULEY, Patrick (→ S. 1)
Joanneum Research ForschungsGmbH,
Graz
luley.patrick@joanneum.at

MAIER, Bernhard (→ S. 348)
Stand Montafon, Schruns
bernhard.maier@stand-montafon.at

MAKALA, Christian (→ S. 274)
Institut für Landschaftsplanung und
Ökologie, Universität Stuttgart
cm@ilpoe.uni-stuttgart.de

MALITS, Richard (→ S. 520)
rmDATA DatenverarbeitungsgesmbH,
Oberwart
malits@rmdata.at

MATTHIES, Michael (→ S. 41, S. 262)
Institut für Umweltsystemforschung,
Universität Osnabrück
michael.matthies@usf.uni-osnabrueck.de

MEHL, Harald (→ S. 202, S. 342)
Deutsches Zentrum für Luft- und
Raumfahrt (DLR), Oberpfaffenhofen

MEINEL, Gotthard (→ S. 280, S. 323)
Institut für ökologische
Raumentwicklung (IÖR) e.V., Dresden
g.meinel@ioer.de

MEINERT, Stefan (→ S. 286)
Institut für Umweltsystemforschung,
Universität Osnabrück
smeinert@uos.de

MELZER, Arnulf (→ S. 169)
Limnologische Station der TU München,
Wissenschaftszentrum Weihenstephan
(WZW), Iffeldorf

MOHAUPT-JAHR, Birgit (→ S. 202)
Umweltbundesamt (UBA), Berlin
birgit.mohaupt@uba.de

MOTT, Claudius (→ S. 268, S. 381)
Lehrstuhl für Landnutzungsplanung und
Naturschutz der Technischen Universität
München

MÜLLER, Hartmut (→ S. 315)
Institut für Raumbezogene
Informations- und Messtechnik,
FH Mainz
i3mainzmueller@geoinform.fh-mainz.de

MÜLLER, Mark (→ S. 308, S. 387)
Institut für Landschaftsplanung und
Ökologie, Universität Stuttgart
mamue@ilpoe.uni-stuttgart.de

MÜLLER, Markus G. (→ S. 292)
Institut für Landschaftsplanung und
Ökologie, Universität Stuttgart
mmu@ilpoe.uni-stuttgart.de

MÜLLER, Markus U. (→ S. 298)
lat/lon, Bonn
mueller@lat-lon.de

MYKHALEVYCH, Borys (→ S. 425)
Deutsches Zentrum für Luft- und
Raumfahrt, Berlin
borys.mykhalevych@dlr.de

NAIRZ, Patrick (→ S. 218)
Lawinenwarndienst Tirol
p.nairz@tirol.gv.at

NEUBERT, Marco (→ S. 323)
Institut für ökologische
Raumentwicklung (IÖR) e.V., Dresden
m.neubert@ioer.de

NEUMANN, Kathleen (→ S. 280)
Institut für ökologische
Raumentwicklung (IÖR) e.V., Dresden
kath.neumann@web.de

NIEDERER, Sibylle (→ S. 330)
Institut für Geographie und
Regionalforschung, Universität Wien
niederer@atlas.gis.univie.ac.at

OBERHÄNSLI, Hedwig (→ S. 135)
GeoForschungsZentrum (GFZ),
Potsdam-Telegrafenberg
oberh@gfz-potsdam.de

OCHS, Tobias (→ S. 336)
Wissenschaftszentrum Weihenstephan
(WZW), TU München
tobias.ochs@gmx.de

PAHL-WOSTL, Claudia (→ S. 286)
Institut für Umweltsystemforschung,
Universität Osnabrück

PEINADO, Osvaldo (→ S. 342)
Deutsches Zentrum für Luft- und
Raumfahrt
osvaldo.peinado@dlr.de

PETRINI MONTEFERRI,
Frederic (→ S. 348)
GeoVille Informationssysteme und
Datenverarbeitung GmbH, Innsbruck
petrini@geoville.com

PINDUR, Peter (→ S. 31)
Österreichische Akademie der
Wissenschaften, Wien
peter.pindur@oeaw.ac.at

POTH, Andreas (→ S. 298)
lat/lon, Bonn
poth@lat-lon.de

PRINZ, Thomas (→ S. 358)
Research Studios Austria,
Studio ISpace, Salzburg
thomas.prinz@researchstudio.at

PSENNER, Roland (→ S. 120)
Institut für Zoologie und Limnologie,
Universität Innsbruck

PUCHER, Alexander (→ S. 364)
Institut für Geographie und
Regionalforschung, Universität Wien
alexander.pucher@univie.ac.at

REIMER, Silke (→ S. 41)
silke@intevation.de

REINARTZ, Peter (→ S. 342)
Deutsches Zentrum für Luft- und
Raumfahrt (DLR)
peter.reinartz@dlr.de

REITER, Karl (→ S. 369)
Institut für Ökologie und Naturschutz,
Universität Wien
karl.reiter@univie.ac.at

REITERER, Andreas (→ S. 348)
Forsttechnischer Dienst für Wildbach-
und Lawinenverbauung, Sektion
Vorarlberg, Bregenz
andreas.reiterer@wlv.bmlf.gv.at

REULKE, Ralf (→ S. 425)
Institut für Photogrammetrie,
Universität Stuttgart
ralf.reulke@ifp.uni-stuttgart.de

RIEDL, Andreas (→ S. 53, S. 474)
Institut für Geographie und
Regionalforschung, Universität Wien
andreas.riedl@univie.ac.at

RIEGLER, Dieter (→ S. 53)
Institut für Geographie und
Regionalforschung, Universität Wien
dieter@rentokill.com

RÖDER, Arno (→ S. 375)
Fachbereich Wald- und Forstwirtschaft,
FH Weihenstefan, Freising
arno.roeder@fh-weihenstephan.de

ROEDER, Stefanie (→ S. 557)
Fraunhofer Institut Autonome
Intelligente Systeme, St. Augustin
stefanie.roeder@ais.fraunhofer.de

ROGG, Caroline (→ S. 381)
Fachbereich Landschaftsplanung,
FH Weihenstephan, Freising
cero.rogg@gmx.de

ROGG, Steffen (→ S. 375)
Fachbereich Wald- und Forstwirtschaft,
FH Weihenstefan, Freising

RÜCKER, Gernot (→ S. 397, S. 403)
ZEBRIS GbR, München
gruecker@zebris.com

RÜDISSER, Johannes (→ S. 411)
Institut für Geographie,
Universität Innsbruck
johannes.ruedisser@uibk.ac.at

RUDNER, Michael (→ S. 387)
AG Landschaftsökologie,
Universität Oldenburg
michael.rudner@uni-oldenburg.de

RÜETSCHI, Urs-Jakob (→ S. 159)
Geographisches Institut,
Universität Zürich
uruetsch@geo.unizh.ch

RUFF, Michael (→ S. 186)
Institut für Angewandte Geologie
(AGK), Universität Karlsruhe
ruff@agk.uni-karlsruhe.de

RÜGER, Nadja (→ S. 437)
UmweltForschungsZentrum (UFZ)
Leipzig-Halle
nadja@oesa.ufz.de

SAILER, Rudolf (→ S. 455)
Institut für Lawinen- und
Wildbachforschung, Innsbruck
rudolf.sailer@uibk.ac.at

SAVITSKY, Andre (→ S. 437)
Center 'Ecology of Water Management',
State Committee for Nature Protection,
Tashkent/Uzbekistan

SCHAAB, Gertrud (→ S. 244)
Hochschule für Technik, Fachbereich
Geoinformationswesen, FH Karlsruhe

SCHEFFLER, Cornelia (→ S. 420)
Institut für Photogrammetrie und
Fernerkundung, TU Wien
cscheffl@ipf.tuwien.ac.at

SCHISCHMANOW, Adrian (→ S. 425)
Deutsches Zentrum für Luft- und
Raumfahrt, Berlin
adrian.schischmanow@dlr.de

SCHLEICHER, Christian (→ S. 431)
Fachbereich 08 (Kartographie),
FH-München
schleicher@vr-web.de

SCHLÜTER, Maja (→ S. 437)
Institut für Umweltsystemforschung,
Universität Osnabrück
mschluet@usf.uni-osnabrueck.de

SCHMIDT, Fridjof (→ S. 444)
Institut für Wasserbau,
Universität Stuttgart
fridjof.schmidt@iws.uni-stuttgart.de

SCHMIDT, Nadine (→ S. 514)
Infoterra GmbH, Friedrichshafen
nadine.schmidt@infoterra-global.com

SCHMIDT, Ronald (→ S. 455)
Institut für Geographie,
Universität Innsbruck
ronald.schmidt@uibk.ac.at

SCHNEIDER, Sabine (→ S. 135)
GeoForschungsZentrum (GFZ),
Potsdam-Telegrafenberg
sschneider.geo@freenet.de

SCHNEIDER,
Thomas (→ S. 268, S. 336, S. 381)
Wissenschaftszentrum Weihenstephan
(WZW), TU München
tomi.schneider@lrz.tum.de

SCHÖBACH, Hans (→ S. 15)
Timelog International Inc.,
Ontario, Kanada
hds@timeloginternational.com

SCHÖBEL, Anita (→ S. 465)
Fraunhofer Institut für Techno- und
Wirtschaftsmathematik, Fachbereich
Mathematik, Universität Kaiserslautern
schoebel@mathematik.uni-kl.de

SCHRATT, Alexander (→ S. 474)
Institut für Geographie und
Regionalforschung, Universität Wien
a.schratt@gmx.at

SCHRÖDER, Boris (→ S. 387)
AG Landschaftsökologie,
Universität Oldenburg

SCHRÖDER, Michael (→ S. 465)
Fraunhofer Institut für Techno- und
Wirtschaftsmathematik, Fachbereich
Mathematik, Universität Kaiserslautern
schroeder@itwm.fhg.de

SCHUMACHER, Ulrich (→ S. 530)
Institut für ökologische
Raumentwicklung (IÖR) e.V., Dresden
u.schumacher@ioer.de

SCHÜPBACH, Beatrice (→ S. 481)
Eidgenössische FA für Agrarökologie
und Landbau (FAL)
beatrice.schuepbach@fal.admin.ch

SCIPAL, Klaus (→ S. 81, S. 420)
Institut für Photogrammetrie und
Fernerkundung, TU Wien
kscipal@ipf.tuwien.ac.at

STARK, Martin (→ S. 491)
Institut für Anwendungen der Geodäsie
im Bauwesen, Universität Stuttgart
martin.stark@iagb.uni-stuttgart.de

STEIDLER, Franz (→ S. 501)
CyberCity AG, Zürich
fsteidler@cybercity.tv

STEINER, Tibor (→ S. 520)
Advanced Computer Vision GmbH
(ACV), Wien
tibor.steiner@acv.ac.at

STEINNOCHER,
Klaus (→ S. 250, S. 348, S. 508)
ARC Seibersdorf research
klaus.steinnocher@arcs.ac.at

STELZL, Harald (→ S. 1)

STRUNZ, Günter (→ S. 202)
Deutsches Zentrum für Luft- und
Raumfahrt (DLR), Oberpfaffenhofen
guenter.strunz@dlr.de

STUPNIK, Kerstin (→ S. 91)
FH Technikum Kärnten
0098stuke@edu.fh-kaernten.ac.at

SWIERCZ, Steffi (→ S. 135)
Institut für Geologische Wissenschaften,
Freie Universität Berlin

SZERENCSITS, Erich (→ S. 481)
Eidgenössische FA für Agrarökologie
und Landbau (FAL)
erich.szerencsits@fal.admin.ch

TAIT, Danilo (→ S. 120)
Biologisches Labor der Landesagentur
für Umwelt, Leifers/Italien

THIES, Hansjörg (→ S. 120)
Institut für Zoologie und Limnologie,
Universität Innsbruck

TIMPF, Sabine (→ S. 159)
Geographisches Institut der Universität
Zürich
timpf@geo.unizh.ch

TINZ, Marek (→ S. 514)
Infoterra GmbH, Friedrichshafen
marek.tinz@infoterra-global.com

TOLOTTI, Monica (→ S. 120)
Institut für Zoologie und Limnologie,
Universität Innsbruck

TORLACH, Volker (→ S. 491)
Verkehrs- und Tarifverbund Stuttgart
torlach@vvs.de

TOZ, Gönül (→ S. 196)
ITÜ – TU Istanbul/Turkey

TROMMLER, Marco (→ S. 81, S. 420)
Institut für Photogrammetrie und
Fernerkundung, TU Wien
marco.trommler@ipf.tuwien.ac.at

TWAROCH, Florian (→ S. 520)
Advanced Computer Vision GmbH
(ACV), Wien
florian.twaroch@acv.ac.at

VENIER, Robert (→ S. 130)
Biogis Consulting, Wals-Siezenheim
robert.venier@biogis.at

VENNEMANN, Karsten (→ S. 308)
Institut für Landschaftsplanung und
Ökologie, Universität Stuttgart

VOIGT, Stefan (→ S. 256, S. 342)
Deutsches Zentrum für Luft- und
Raumfahrt (DLR) Oberpfaffenhofen
stefan.voigt@dlr.de

VOSS, Angi (→ S. 557)
Fraunhofer Institut Autonome
Intelligente Systeme, St. Augustin
angi.voss@ais.fraunhofer.de

WAGNER, Wolfgang (→ S. 81, S. 420)
Institut für Photogrammetrie und
Fernerkundung, TU Wien
ww@ipf.tuwien.ac.at

WALTER, Thomas (→ S. 481)
Eidgenössische FA für Agrarökologie
und Landbau (FAL)
thomas.walter@fal.admin.ch

WALZ, Ulrich (→ S. 530)
Institut für ökologische
Raumentwicklung (IÖR) e.V., Dresden
u.walz@ioer.de

WEDIG, Björn (→ S. 537)
AGL
bjoernwedig@aol.com

WEVER, Tobias (→ S. 431)
GAF AG, München

WIDDER, Sebastian (→ S. 315)
Institut für Raumbezogene
Informations- und Messtechnik i3mainz,
FH Mainz

WIMMER, Guido (→ S. 548)
Lehrstuhl für Ingenieurgeologie und
Hydrogeologie, RWTH Aachen
gwimmer@lih.rwth-aachen.de

WINTER, André M. (→ S. 411)
Institut für Geographie,
Universität Innsbruck

WINTER, Stephan (→ S. 91)
Institut für Geoinformation, TU Wien

WIRTH, Wolfgang (→ S. 208)
Lehrstuhl für Angewandte Geologie,
Universität Karlsruhe

WRBKA, Thomas (→ S. 369)
Institut für Ökologie und Naturschutz,
Universität Wien

WURZER, Gernot (→ S. 15)
IGISA GmbH, Wiener Neustadt
wurzer@igisa.com

ZAHNER, Volker (→ S. 147)
Fachbereich Forstwirtschaft,
FH Weihenstephan, Freising

ZIERATH, Nils (→ S. 557)
Fraunhofer Institut Autonome
Intelligente Systeme, St. Augustin
nils.zierath@ais.fraunhofer.de

ZIMMERMANN,
Stefan (→ S. 169, S. 268, S. 381)
Limnologische Station der TU München,
Wissenschaftszentrum Weihenstephan
(WZW)

ZIPF, Alexander (→ S. 110, S. 567)
Fachbereich Geoinformatik und
Vermessung, FH Mainz
zipf@geoinform.fh-mainz.de

Fünf weitere Wege zur Erleuchtung mit GeoMedia®

Brechen Sie auf zu ungeahnten Horizonten mit unserer offenen GIS-Software! Erleben Sie unter www.GeoMedia5.com 50 Highlights von GeoMedia® in der neuen Version 5.1. Es erwarten Sie neue Erfahrungen eines tatsächlich offenen Geo-Informationssystems.

Hier präsentieren wir Ihnen fünf zusätzliche einmalige Vorteile...

- **Dynamic Data Access** – ermöglicht den Zugriff auf alle verbreiteten Datenformate **ohne Konvertierung**
- GeoMedia's OpenGIS-Technologie basiert auf **ausgereiften, praxisbewährten und anerkannten Industriestandards**
- Erweiterte Funktionen im Bereich Daten-Analyse
- Umfangreiche Funktionen inklusive – **somit geringere Kosten** im Vergleich zu anderen GIS-Lösungen
- **Flexibel** und einfach in bestehende IT-Strukturen **zu integrieren**

Entdecken Sie die Möglichkeiten einer wirklich offenen GIS-Lösung mit GeoMedia®!

BRINGING IT TOGETHER.

GeoMedia

Intergraph (Deutschland) GmbH
Mapping and Geospatial Solutions
Reichenbachstr. 3
D - 85737 Ismaning
Tel. +49 (0)89 96106-0
Fax +49 (0)89 96106-100
eMail info-germany@intergraph.com
www.intergraph.de/gis

INTERGRAPH
Mapping and Geospatial Solutions

GEODÄSIE/GEOINFORMATIK
INTERNET UND MOBILE DIENSTE

Asche/Herrmann (Hrsg.)
Web.Mapping 2
Telekartographie, Geovisualisierung und mobile Geodienste
2003. VIII, 208 Seiten. Kartoniert.
€ 40,– sFr 67,–
ISBN 3-87907-388-0

Stand, Möglichkeiten, Tendenzen und Ideen zur raumbezogenen Visualisierung im Internet und für mobile Dienste werden hier präsentiert. Besonders interessant ist dieses Thema für die Informations- und Kommunikationstechnik, die Wirtschaft und Wissenschaft im GIS-Bereich und für die Internet-Gestaltung. Es handelt sich um die Beiträge zum jährlich in Karlsruhe stattfindenden Symposium Web.mapping, die speziell für Nichtteilnehmer zusammengefasst und für den jetzigen Erscheinungstermin aufbereitet wurden.

Zipf/Strobl (Hrsg.)
Geoinformation mobil
2002. VII, 230 Seiten. Kartoniert.
€ 40,– sFr 67,–
ISBN 3-87907-373-2

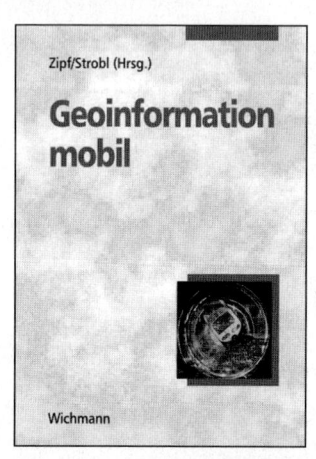

Die Beiträge in diesem Buch dokumentieren konkrete Erfahrungen von Fachleuten aus Forschung und Praxis. Auf dieser Grundlage werden Interessenten beim Entwurf zukunftsweisender Konzeptionen für eigene Lösungen unterstützt.
Ausgehend von technischen Grundlagen und modernen Werkzeugen illustrieren „best-practice"-Anwendungen das Potenzial für Lösungen in unterschiedlichen Bereichen.
Zusätzlich werden Themen wie Benutzerschnittstellen und Interaktionsmodelle, Datenschutz und interoperable Online-Dienste sowie „mobile business" diskutiert.
Neben den klassischen Bereichen rund um Geowissenschaften und Vermessung sind beispielsweise Transportwesen, Logistik oder Touristik mögliche Nutzer oder Anbieter mobiler Geoinformationen.

Herbert Wichmann Verlag, Hüthig GmbH & Co. KG
Postfach 10 28 69 · 69018 Heidelberg
Tel. 0 62 21/4 89-4 93 · Fax: 0 62 21/4 89-6 23
Kundenservice@huethig.de

Weitere Informationen unter
http://www.huethig.de

GISquadrat
Maßgeschneiderte Dienstleistungspakete für integrierte Geo-Informationssysteme.

Vom Consulting bis zum Datenmanagement - von intelligenter Software-Entwicklung bis zur Bereitstellung individueller GIS-Anwendungen im Intra- und Internet: GISquadrat hat für Sie die besten Köpfe unter einem Dach versammelt.

Know-how aus einer Hand: vom Technologie- und Marktführer.

Geodäten, Raumplaner, Kulturtechniker, Informatiker, Forstwirtschaftsingenieure, technische Mathematiker, Software- und Applikationsentwickler und Datenbankspezialisten: Sie alle garantieren die maßgeschneiderte Gesamtlösung für jedes Ihrer Projekte.

Komplexe Dienst-Leistung bis ins kleinste Detail.

Gemeinden, Verbände, Behörden, Ver- und Entsorgungsunternehmen, Land- und Forstwirtschaft, Transport- und Handelslogistik sowie die Telekom- und Medienbranche: Ihnen allen ist die Qualität unserer Erfahrung sicher.

**ÖFFNEN SIE IHREN ZIELEN DEN RICHTIGEN RAUM.
UNSER KNOW-HOW – IHR VORSPRUNG.**

GIS QUADRAT
www.gisquadrat.com

Mehr unter www.gisquadrat.com

GEODÄSIE/GEOINFORMATIK
GARTEN- UND LANDSCHAFTSPLANUNG

Patzl
GIS in der Gartenarchitektur
Erkundung, Dokumentation und Management von Garten- und Parkanlagen
2002. VIII, 84 Seiten. Kartoniert.
€ 19,80 sFr 33,50
ISBN 3-87907-389-9

Buhmann/Ervin (Eds.)
Trends in Landscape Modeling
Proceedings at Anhalt University of Applied Sciences 2003.
2003. XII, 275 Seiten. Kartoniert.
€ 42,– sFr 70,–
ISBN 3-87907-403-8

www.huethig.de/geoinformatik

Das vorliegende Werk erschließt erstmals zusammenfassend diesen Anwendungsbereich für GIS.

Geoinformationssysteme können ideal zur Rekonstruktion bzw. zeitgemäßen Revitalisierung und Erhaltung von Garten- und Parkanlagen eingesetzt werden.

Die Fachgebiete GIS und Gartenanlagen werden kurz erläutert. Danach werden die die Gartenarchitektur tangierenden GIS-Bereiche aufgezeigt (Baum- und Grünflächenkataster, Kulturgüterkataster etc.). Da viele Gartenanlagen historisch gewachsen sind, wird auch das Problem der Integration von historischem Planmaterial in GIS behandelt. Zuletzt werden zukünftige GIS-Einsatzbereiche bis hin zum Garteninformationssystem präsentiert.

Das Werk vermittelt einen umfassenden Überblick über die technischen Möglichkeiten und die Vorgehensweise bei der Gestaltung künstlicher Landschaften. Gleichzeitig werden dabei auch die vielfältigen Verwendungsmöglichkeiten dieser Technik dokumentiert.
Der vorliegende Band enthält alle Tagungsbeiträge der Veranstaltung. Tagungssprache ist Englisch.
Folgende aktuelle Themenschwerpunkte werden u. a. behandelt:
- Terrain Modeling
- Vegetation Modeling
- Landscape Modeling Software
- Integrated Landscape Visualization Systems
- Landscape Representation and Perception
- Virtual Landscapes
- Commercial Trends in Landscape Modeling

Herbert Wichmann Verlag, Hüthig GmbH & Co. KG
Postfach 10 28 69 · 69018 Heidelberg
Tel. 0 62 21/4 89-4 93 · Fax: 0 62 21/4 89-6 23
Kundenservice@huethig.de

Weitere Informationen unter
http://www.huethig.de

world of GIS

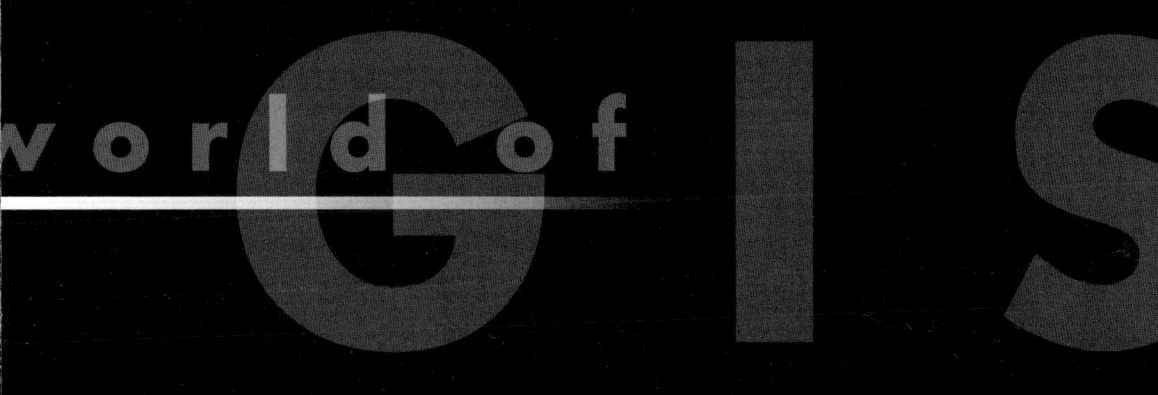

Gut sind viele.
Besser wollen alle sein.

Aber die besten?

SYNERGIS
Informationssysteme

more+better solutions ▶

A-1130 Wien
Amalienstraße 65
T. 01-87806-0
F. 01-87806-99
www.synergis.co.at

A-6063 Neu-Rum
Bundesstraße 35
T. 0512-262060-0
F. 0512-262060-20
www.synergis.at

ESRI
Official ESRI Distributor

GEODÄSIE/GEOINFORMATIK
GEOINFORMATIONSSYSTEME

Ellen Sallet
Fachwörterbuch Fernerkundung und Geoinformation
Englisch – Deutsch

2002. XVI, 350 Seiten. Gebunden.
€ 56,– sFr 91,–
ISBN 3-87907-378-3

Die Fachsprache im Bereich der Fernerkundung, der Photogrammetrie und der Vermessung ist Englisch; die wesentliche Literatur wird in Englisch publiziert. Da die einschlägigen Begriffe bislang nur weit verstreut, d. h. nicht zusammengefasst in einem Wörterbuch zu finden sind, besteht seit Jahren die Nachfrage nach einem Fachwörterbuch zu diesem Themenbereich.

Diese Lücke schließt nun das neue **Fachwörterbuch Fernerkundung und Geoinformation**. Es beinhaltet 105 Begriffsgruppen mit ca. 12.500 Begriffen von der Bildaufnahme bis zur Datenanalyse. Diese Einteilung ermöglicht einen schnellen Überblick über den jeweils gewünschten Bereich und erleichtert das Auffinden des gesuchten Begriffs.

Ralf Bill und Marco L. Zehner
Lexikon der Geoinformatik

2001. VII, 312 Seiten. Gebunden.
€ 56,– sFr 91,–
ISBN 3-87907-364-3

Mit der zunehmenden Etablierung der Geoinformatik als eigenständiges Fachgebiet hat sich eine große Anzahl neuer Begriffe entwickelt. Es wurde immer erforderlicher, diese Begriffe zusammenzutragen, aufzuarbeiten und sie einer breiten Nutzerzahl zur Verfügung zu stellen, um auch zu einer einheitlichen Nutzung und Standardisierung beizutragen.

Dieser Aufgabe stellt sich das neue Geoinformatik-Lexikon mit rund 4.500 Begriffen und Abkürzungen. Von A wie Abfragesprache bis Z wie Z-Wert enthält dieses Nachschlagewerk alle relevanten Begriffe der GI-Technologie.

Hier wird ein klassisches Lexikon umgesetzt, das durch Abbildungen, Verweise und Verzeichnisse ergänzt wird.

Herbert Wichmann Verlag, Hüthig GmbH & Co. KG
Postfach 10 28 69 · 69018 Heidelberg
Tel. 0 62 21/4 89-4 93 · Fax: 0 62 21/4 89-6 23
Kundenservice@huethig.de

Ausführliche Informationen unter
http://www.huethig.de

Educating GIS professionals
Distance Learning made by UNIGIS

UNIGIS-Lehrgangsbüro
Institut für Geographie und Angewandte Geoinformatik
Universität Salzburg

Hellbrunnerstraße 34, A-5020 Salzburg
Tel.: +43 (662) 8044-5222, Fax: DW 525
Email: office@unigis.ac.at
Internet: http://www.unigis.ac.at

GIS-Ausbildung an der Universität Salzburg

UNIGIS professional	UNIGIS MSc
Einjähriger stark praxisorientierter, innovativer Universitätslehrgang, der zum Ziel hat, Berufstätige zu qualifizieren, Geographische Informationssysteme effizient in der Praxis einzusetzen. • *standortunabhängig* • *praxisnah* • *online* • *moderne Kommunikation* • *ständige Betreuung* ***Abschluss:*** *akademische(r) GeoinformatikerIn*	Zweijähriges postgraduales Fernstudium mit zusätzlichen Studientagen. Zielqualifikation ist die Fähigkeit, verantwortlich Geographische Informationssysteme einzuführen, in bestehende Strukturen zu integrieren, zu managen sowie einen breiten Überblick über Geoinformation zu erwerben. • *umfassende Qualifikation* • *Management und GI-Science* • *karriereorientiert* ***Abschluss :*** *Master of Science (GIS)*

ZGIS-Seminare

Aktuelle Seminartermine finden Sie unter http://www.zgis.at/seminare
GIS-basierte Applikationsentwicklung, GPS-Anwendungen, Kartographie, Netzwerkanalyse, GIS in Raumplanung und UVP, Desktop Mapping.

Magisterstudium Angewandte Geoinformatik

Studieren nach dem neuen GIS-Studienplan: innovativ, praxisnah und kompetent
http://www.geo.sbg.ac.at/

GEODÄSIE/GEOINFORMATIK
GEOINFORMATIONSSYSTEME

Matthias Möller
Urbanes Umweltmonitoring mit digitalen Flugzeugscannerdaten

2003. IX, 126 Seiten. Kartoniert.
€ 40,– sFr 67,–
ISBN 3-87907-402-X

Für zahlreiche konkrete Untersuchungen stellen Fluzeugscannerdaten die ideale Datenbasis dar. Im vorliegenden Werk dokumentiert Matthias Möller die spezielle Eignung dieser neuen Bilddaten beispielhaft für die kommunale Verwaltung.

Das Buch wendet sich an Vermessungs-, Planungs- und Umweltbehörden in Städten, Gemeinden, Landkreisen und auf Landesebene sowie Anwender, Planer, Wissenschaftler und Studierende in den Bereichen Geo- und Umweltwissenschaften, Geodäsie, Kartographie, Stadt-, Raum- und Landschaftsplanung etc.

Dem Werk liegt eine CD mit allen im Buch verwendeten Abbildungen und weiteren Informationen rund um das Thema HRSC-A bei.

Ralf Bill, Robert Seuß und Matthäus Schilcher (Hrsg.)
Kommunale Geo-Informationssysteme
Basiswissen, Praxisberichte und Trends
2002. X, 416 Seiten. Kartoniert.
Mit CD-ROM.
€ 48,– sFr 78,50
ISBN 3-87907-387-2

Das Buch unterstützt Kommunen beim Einstieg und beim Ausbau der GIS-Technologie. Nach der Vermittlung von Grundlagenwissen folgen Fallbeispiele und Berichte aus der Praxis, die Hilfestellungen bei der GIS-Einführung geben. Weiterhin wird auf technologische Trends und Entwicklungen im Umfeld kommunaler raumbezogener Informationsverarbeitung hingewiesen. Das Werk wird durch ein Literaturverzeichnis, eine Auflistung nützlicher Internet-Adressen, ein Stichwortverzeichnis sowie einer CD mit einer PDF-Präsentation abgerundet.

Herbert Wichmann Verlag, Hüthig GmbH & Co. KG
Postfach 10 28 69 · 69018 Heidelberg
Tel. 0 62 21/4 89-4 93 · Fax: 0 62 21/4 89-6 23
Kundenservice@huethig.de

Ausführliche Informationen unter
http://www.huethig.de